U0385233

SELENIUM CHEMISTRY

硒化学

石尧成　程水源　编著

化学工业出版社

·北京·

内容简介

本书分为四部分，共十八章：第一部分，结构与反应，是全书的理论基础，第一章是结构理论与分析检测技术；第二章是化学反应，介绍自由基反应、酸碱反应、氧化还原反应、协同反应、光化学反应和固体表面化学反应。第二部分，硒的无机化学，包括单质硒、硒的二元化合物和硒的多元化合物。第三部分，硒的有机化学，包括硒的有机化学导论、硒醇、硒醚和二硒醚、次硒酸及其衍生物、硒羰基化合物、铈鎓盐、硒亚砜和硒砜、亚硒酸和硒酸及其衍生物。第四部分，生命中的硒，介绍全球硒循环和硒在生物中的代谢与作用，包括具有生物活性的硒化合物、硒与微生物、硒与植物、硒与动物和硒与人类健康。

本书既系统介绍硒化学知识，又提供研究方法，也指明硒化学的发展趋势，既有系统概括又有具体实例，特别适合有机化学、合成化学等相关领域研究人员以及高等院校师生参考。

图书在版编目（CIP）数据

硒化学 / 石尧成，程水源编著. —北京：化学工业出版社，2022.7

ISBN 978-7-122-41266-9

Ⅰ.①硒… Ⅱ.①石… ②程… Ⅲ.①硒-化学
Ⅳ.①TQ125.2

中国版本图书馆 CIP 数据核字（2022）第 067657 号

责任编辑：冉海滢 刘亚军 刘 军　　　　　文字编辑：姚子丽 师明远
责任校对：宋 夏　　　　　　　　　　　　装帧设计：张 辉

出版发行：化学工业出版社（北京市东城区青年湖南街 13 号　邮政编码 100011）
印　　装：河北鑫兆源印刷有限公司
787mm×1092mm　1/16　印张 37　字数 948 千字　2023 年 7 月北京第 1 版第 1 次印刷

购书咨询：010-64518888　　　　　　　　售后服务：010-64518899
网　　址：http://www.cip.com.cn
凡购买本书，如有缺损质量问题，本社销售中心负责调换。

定　　价：228.00 元　　　　　　　　　　　　　　　　　版权所有　违者必究

前　言

　　硒是生物学中最有趣的元素之一，因为它对大多数生物来说既是必需的，又是有毒的，与其它微量元素相比，硒的缺乏和毒性之间的窗口很窄。

　　许多生物之所以需要硒，是因为含有大量的硒蛋白质，它们的催化活性位置含有硒半胱氨酸残基。

　　自然界将含必需微量元素硒的氨基酸作为第 21 种氨基酸——硒半胱氨酸（SeCys，Sec；U）组装到硒蛋白质中：硒蛋白质具有氧化还原功能；哺乳动物硒蛋白质参与清除自由基（预防癌症）、免疫功能（抵抗病原体）、甲状腺功能和生殖功能。因此，适量的硒浓度有利于动物和人类的健康。对人类来说，成人每日摄入量的安全范围是 $40\sim400\mu g/d$。

　　大自然为什么选择了硒？硒在地壳中的分布极不均匀，其天然丰度只有硫的 $1/55500\sim1/6000$。虽然硒和生物学上更常见的同族的硫元素在许多方面是相似的，包括电负性、原子半径和氧化数，但是硒半胱氨酸与其对应的半胱氨酸（Cys）之间还是存在明显的差异，包括侧链 pK_a（硒半胱氨酸为 5.24，半胱氨酸为 8.25）、亲核性（硒半胱氨酸>半胱氨酸）和氧化还原电势（硒半胱氨酸比半胱氨酸约低 160mV）。因此，在活性位置引入 SeCys 而非 Cys 可以提高酶的氧化还原（催化）活性。

　　实际上，几乎在所有化学反应中，硒都快于硫进行的同样反应，因此容易得出这样的结论：由于高的化学反应活性尤其是高的氧化还原活性，大自然选择了硒来代替硫以加速酶催化反应。

　　以下是几点声明：①收录的热力学、电化学、动力学数据已与原始文献和其引用文献核对；②因涉及多个领域，保留部分非国际单位制数据；③根据需要，编著者使用了这三个字，它们是：硒（qí，读奇）（HSe—，硒基）、脴（xī，读西）（$RSeO_2H$，亚脴酸；$RSeO_3H$，脴酸）和锡（xī，读西）（RSe^+，锡离子；R_3Se^+，锡鎓离子）；④参考了国内外学位论文以及期刊论文等文献，在此一并向其作者表示衷心的感谢；⑤本书承蒙谭晓明教授、何静仁教授审阅并提出宝贵建议。

　　受编著者理论知识水平所限，书中疏漏之处在所难免，敬请读者批评指正。

编著者

2023 年 2 月

目　录

第一部分　结构与反应

第一章　结构理论与分析检测技术　　　　　　　　　　　　2

第一节　原子结构理论 2
　一、波函数 2
　二、原子轨道的角度分布 6
　三、原子的电子壳层结构 7
第二节　元素周期表和元素周期律 9
　一、元素周期表和元素周期律概述 9
　二、元素性质的递变规律 10
第三节　分子结构理论 13
　一、价键理论 14
　二、分子轨道理论及其应用 16
　三、分子性质的计算方法 23
　四、构象与立体电子效应 25
第四节　配合物的结构 31
　一、配合物的价键理论 31
　二、配合物的晶体场理论 32
　三、配合物的配位场理论 34
　四、十八电子规则和电子计数法 36
　五、硫族元素的配位方式 38
第五节　第十六族元素的性质递变规律 39
　一、第十六族元素的无机化合物 40
　二、第十六族元素的有机化合物 42
第六节　分析检测技术 47
　一、质谱联用技术 47
　二、核磁共振波谱学 50
　三、^{77}Se 核磁共振波谱学 52
　四、自由基的结构与电子自旋共振波谱学 58
参考文献 61

第一节　反应热力学...63
　一、等温方程和键离解自由能..63
　二、硒的热力学...67
第二节　反应动力学...69
　一、反应速率及其方程...69
　二、影响反应速率的因素..75
　三、合成动力学稳定化合物的策略...90
第三节　自由基反应..91
　一、自由基的产生..91
　二、自由基的基元反应...94
　三、自由基的链式反应...101
第四节　酸碱反应...108
　一、酸碱理论..108
　二、酸碱反应..113
　三、酸碱反应的机理..113
第五节　氧化还原反应...114
　一、电势和电化学电池...114
　二、电极反应动力学..118
　三、电化学测量...121
　四、氧化还原反应的机理...124
　五、硒的无机电化学..125
　六、硒的有机电化学..127
第六节　配合物的反应...130
　一、配合物的亲核取代反应..131
　二、配合物的氧化加成与还原消除.......................................134
　三、配合物的插入反应与消除反应.......................................138
　四、硫族配合物的合成方法学..139
第七节　协同反应...143
　一、环加成反应...143
　二、σ键迁移反应...144
　三、顺式热消除反应..146
第八节　光化学反应..149
　一、光化学原理...149
　二、单线态氧的光化学反应..160
　三、有机硒化合物的光化学反应...162
第九节　固体表面的化学反应...168

一、固体材料的表征 168

二、固体表面的吸附 171

三、硒在固体表面的吸附 174

四、纳米材料 180

第十节　硒和硫化学性质的比较 186

一、酸度 187

二、亲核性 187

三、离去能力 188

四、超价 188

五、亲电性 189

六、亲核性、亲电性、离去能力的综合比较 190

七、更弱的 π 键 190

八、氧化还原性质 190

九、大自然选择硒的原因 192

参考文献 193

第二部分　硒的无机化学

第三章　单质硒　199

第一节　硒元素的分布以及同位素 199

第二节　单质硒的制备 199

一、硒的提取 199

二、硒的纯化 200

三、纳米硒的制备 201

第三节　单质硒的物理性质 202

一、三方灰硒 202

二、单斜硒 202

三、无定形红硒 203

四、玻璃状黑硒 203

第四节　单质硒的化学性质 203

一、单质硒与非金属单质的反应 203

二、单质硒与金属单质的反应 203

三、单质硒与无机化合物的反应 204

四、单质硒与有机化合物的反应 205

参考文献 208

第四章　硒的二元化合物　　　210

第一节　硒化氢..210
一、硒化氢的制备...210
二、硒化氢的物理性质...210
三、硒化氢的化学性质...211
第二节　金属硒化物..212
一、金属硒化物的制备...212
二、金属硒化物的物理性质...213
三、金属硒化物的化学性质...213
第三节　其它非金属硒化物...215
一、二硒化碳..215
二、氮化硒...216
三、硒化磷...217
四、卤化硒...219
五、氧化硒...227
参考文献...232

第五章　硒的多元化合物　　　234

第一节　二卤氧化硒..234
一、二卤氧化硒的制备...234
二、二卤氧化硒的物理性质...234
三、二卤氧化硒的化学性质...234
第二节　二氟二氧化硒...236
一、二氟二氧化硒的制备..236
二、二氟二氧化硒的物理性质..236
三、二氟二氧化硒的化学性质..236
第三节　含氧酸及其盐...236
一、亚硒酸及其盐...236
二、硒酸及其盐..238
三、卤基含氧酸及其盐...239
参考文献...240

第三部分　硒的有机化学

第六章　硒的有机化学导论　**243**

第一节　有机硒化合物的分类与命名..................................244
第二节　有机硒化合物的性质..245
第三节　有机硒化合物催化的反应....................................246
　　一、加成环化反应..247
　　二、加成反应..250
　　三、取代反应..252
　　四、氧化反应..253
参考文献..255

第七章　硒醇　**257**

第一节　硒醇的制备..257
第二节　硒醇的物理性质..258
第三节　硒醇的化学性质..260
　　一、酸性..260
　　二、还原性..261
　　三、加成反应..263
　　四、取代反应..265
　　五、氧化加成反应..267
第四节　硒醇在有机合成中的应用....................................268
参考文献..270

第八章　硒醚和二硒醚　**272**

第一节　硒醚的制备..272
　　一、以无机硒化合物为原料的制备................................272
　　二、以有机硒化合物为原料的制备................................273
第二节　硒醚的物理性质..279
第三节　硒醚的化学性质..280
第四节　硒醚在有机合成中的应用....................................284
　　一、叠氮芳基硒醚的合成及其应用................................284
　　二、炔烯基硒醚的环化合成硒吩..................................285
　　三、硒稳定的碳负离子在有机合成中的应用........................287

四、硒稳定的碳正离子在有机合成中的应用............................290

五、硒醚作为烃基自由基的前体在有机合成中的应用.....................291

六、硒醚作为配体用于合成金属催化剂.............................294

七、硅硒醚在有机合成中的应用................................296

第五节　二硒醚的制备...................................297

一、$(2,6\text{-}Mes_2C_6H_3Se)_2$ 的制备..............................298

二、$(C_6F_5Se)_2$ 的制备.................................299

三、二烷基二硒醚的制备.................................299

第六节　二硒醚的物理性质................................300

第七节　二硒醚的化学性质................................300

第八节　二硒醚在有机合成中的应用...........................306

一、原位产生亲电硒试剂的合成应用...........................306

二、原位产生亲核硒试剂的合成应用...........................311

三、原位产生自由基硒试剂的合成应用..........................312

四、催化内过氧化反应..................................317

五、二硒醚模拟 GPx 的抗氧化活性............................318

六、合成金属簇合物...................................319

参考文献...319

第九章　次胨酸及其衍生物 323

第一节　次胨酸及其衍生物的制备............................323

一、CF_3SeCl 的制备..................................324

二、$PhSeSCN$ 的制备.................................324

第二节　次胨酸及其衍生物的物理性质..........................324

第三节　次胨酸及其衍生物的化学性质..........................326

一、次胨酸酐的水解反应.................................327

二、次胨酸以及次胨酸酐与硫醇进行的取代反应.....................327

三、次胨酸的氧化反应..................................328

四、次胨酸的消除反应..................................330

五、次胨酸的还原反应..................................330

六、次胨酰卤及其衍生物的反应.............................331

第四节　次胨酸衍生物在有机合成中的应用........................336

一、次胨酰卤及其衍生物在有机合成中的应用......................336

二、硒-砜化反应及其在有机合成中的应用........................339

三、硒氰酸酯在有机合成中的应用............................345

参考文献...346

第十章　硒羰基化合物　　348

第一节　硒醛和硒酮...348
　　一、硒醛和硒酮的制备.......................................348
　　二、硒醛和硒酮的物理性质.................................351
　　三、硒醛和硒酮的化学性质.................................351
第二节　硒羧酸及其衍生物.......................................354
　　一、硒羧酸...354
　　二、硒羧酸酯..356
　　三、硒酰胺...358
第三节　异硒氰酸酯及其衍生物.................................366
　　一、异硒氰酸酯...366
　　二、硒脲..371
参考文献...376

第十一章　硒鎓盐　　378

第一节　硒鎓盐的制备..378
第二节　硒鎓盐的物理性质......................................381
第三节　硒鎓盐的化学性质......................................382
　　一、负离子交换反应...382
　　二、亲核取代反应...382
　　三、重排反应..383
　　四、消除反应..383
　　五、还原反应..383
　　六、硒鎓盐芳香环上的亲电取代反应......................384
第四节　硒鎓盐在有机合成中的应用..........................384
　　一、硒鎓盐作为离子液体和催化剂.........................384
　　二、合成 α,β-不饱和酮...385
　　三、不饱和硒鎓盐的亲核反应...............................385
　　四、烯丙基硒叶立德的[2,3]-σ 键迁移重排...............386
参考文献...386

第十二章　硒亚砜和硒砜　　387

第一节　硒亚砜..387
　　一、硒亚砜的制备..387
　　二、硒亚砜的物理性质..389

三、硒亚砜的化学性质 ……………………………………389

四、硒亚砜在有机合成中的应用 …………………………393

第二节　硒砜 ……………………………………………………399

一、硒砜的制备 ……………………………………………399

二、硒砜的物理性质 ………………………………………400

三、硒砜的化学性质 ………………………………………401

四、硒砜在有机合成中的应用 ……………………………403

参考文献 …………………………………………………………408

第十三章　亚硒酸和硒酸及其衍生物　410

第一节　亚硒酸和硒酸的制备 …………………………………410

一、亚硒酸的制备 …………………………………………410

二、硒酸的制备 ……………………………………………411

第二节　亚硒酸和硒酸的物理性质 ……………………………412

第三节　亚硒酸和硒酸及其衍生物的化学性质 ………………416

一、亚硒酸及其衍生物的化学性质 ………………………416

二、硒酸及其衍生物的化学性质 …………………………421

第四节　亚硒酸和硒酸及其衍生物在有机合成中的应用 ……423

一、作为氧化剂和催化剂在有机合成中的应用 …………423

二、作为硒化剂在有机合成中的应用 ……………………432

参考文献 …………………………………………………………433

第四部分　生命中的硒

第十四章　具有生物活性的硒化合物　438

第一节　合成的硒药物 …………………………………………438

一、抗氧化剂和抗炎药 ……………………………………438

二、抗癌药 …………………………………………………442

三、抗高血压药 ……………………………………………444

四、抗病毒药和抗菌药 ……………………………………444

五、抗阿尔茨海默病药 ……………………………………445

六、抗原生动物活性药 ……………………………………445

七、抗抑郁药 ………………………………………………445

第二节　硒氨基酸和硒肽 ………………………………………446

一、氨基酸的化学性质 ……………………………………447

二、肽的化学合成 450

三、硒氨基酸的化学合成 453

四、硒半胱氨酸在蛋白质化学合成中的应用................................458

第三节　硒蛋白质 464

一、人体硒蛋白质的分类 464

二、硒蛋白质的功能 465

三、蛋白质的生物合成 472

四、硒蛋白质的生物合成 472

第四节　氢化酶 473

一、氢化酶的分类及功能 473

二、[FeNiSe]-氢化酶的特性 474

三、[FeNiSe]-氢化酶高活性的化学基础 474

第五节　硒糖 475

一、糖的结构与化学性质 475

二、糖的保护基化学 485

三、低聚糖的合成方法学 488

四、硒糖的合成方法学 499

五、多糖的硒化 505

第六节　硒核酸 510

一、核酸 510

二、聚核苷酸的化学合成 512

三、硒核苷酸 516

参考文献..524

第十五章　硒与微生物　**528**

第一节　大气的硒循环 528

一、大气硒源和全球通量 529

二、大气硒的物理和化学形态 530

三、硒的大气传输、转化和沉积..532

四、硒的同位素分馏 534

第二节　微生物与硒循环 535

一、硒还原细菌 535

二、硒氧化细菌 535

第三节　硒还原细菌 536

一、硒酸根呼吸菌 536

二、亚硒酸根呼吸菌 537

三、单质硒呼吸菌 538

四、微生物引起的硒的同位素分馏 539

第四节　硒酸根和亚硒酸根的还原机理 539

一、硒酸根的还原 539

二、亚硒酸根的还原 540

三、元素硒的产生位置与排出 542

第五节　硒还原菌的生物技术应用 542

一、微生物还原硒处理废水 542

二、除硒酸根和亚硒酸根的生物反应器 543

三、微生物制备功能硒化物纳米材料 543

参考文献 543

第十六章　硒与植物　545

第一节　土壤中的硒 545

一、土壤中硒的浓度 545

二、土壤中硒的化学反应 546

第二节　植物中硒的吸收与代谢 548

一、植物中硒的吸收与代谢的机理 548

二、硒在植物中的作用 552

第三节　植物的生物强化 554

参考文献 555

第十七章　硒与动物　556

第一节　动物对硒的吸收方式 556

一、硒在动物中的存在形态 556

二、动物对硒的吸收方式 556

第二节　硒在动物中的作用 559

一、硒的营养功能 559

二、硒缺乏与硒补充 559

参考文献 561

第十八章　硒与人类健康　562

第一节　人体中硒的吸收与代谢 562

第二节　硒在人体中的作用 564

第三节　硒与有毒元素的相互作用 565

一、硫醇和硒醇生物分子的汞和甲基汞的配合物 566

二、硒促进汞元素的生物矿化 569

参考文献 570

附录 1　物质的标准生成焓 572

附录 2　氧族元素的标准电势图 575

附录 3　硫族有机化合物的电势 576

第一部分
结构与反应

第一章

结构理论与分析检测技术

第一节　原子结构理论

一、波函数

实验发现电子等微观粒子存在干涉、衍射等波动现象，具有波粒二象性（wave-particle duality），因此必须用关于时间变量 t 和位置坐标（x,y,z）变量的波函数（wavefunction）描述其状态，波函数通常用希腊字母如 ϕ 或 ψ 等表示。波函数的平方（模的平方）表示粒子在空间出现的概率密度 P（$P=\psi^*\psi$），为使波函数有物理意义，它必须满足单值、连续和平方可积等数学条件，也必须满足线性叠加原理。虽然波函数不能用物理方法测量，但包含了体系性质的全部信息。1926 年，薛定谔（Schrödinger）根据波-粒二象性的概念提出了一个描述微观粒子运动状态的方程——薛定谔波动方程。

$$\int \psi_j^* \psi_i \mathrm{d}\tau = \begin{cases} 0 & i \neq j \\ 1 & i = j \end{cases}$$

以上为波函数的正交归一化条件（ψ_j^*，ψ_j 的共轭函数；$\mathrm{d}\tau = \mathrm{d}x\mathrm{d}y\mathrm{d}z$，体积元）。

在势场 V 中质量为 m 的粒子的稳定状态用不含时间变量的波函数即定态波函数描述，定态薛定谔波动方程可表示如下，式中 h 是普朗克常数，E 是体系的能量。

$$-\frac{h^2}{8\pi^2 m}\left(\frac{\partial^2}{\partial x^2} + \frac{\partial^2}{\partial y^2} + \frac{\partial^2}{\partial z^2}\right)\psi + V(x,y,z)\psi = E\psi$$

薛定谔方程

这一二阶偏微分方程也可用哈密顿算符（Hamiltonian operator）$\hat{H}$（粒子的动能算符和势场的势能算符之和）表示。

$$\hat{H}\psi = E\psi$$

$$\hat{H} \equiv -\frac{h^2}{8\pi^2 m}\left(\frac{\partial^2}{\partial x^2} + \frac{\partial^2}{\partial y^2} + \frac{\partial^2}{\partial z^2}\right) + V(x,y,z)$$

对于多电子体系，由于存在电子间的相互排斥能，不能分离变量，通常只能采用微扰理论和变分原理近似求解定态薛定谔方程。氢原子和类氢离子以及氢分子离子等简单体系的定态薛定谔方程可以精确求解。将定态薛定谔方程应用于研究氢原子中的电子，并采用图 1.1 所示的球极坐标 (r,θ,φ) 代替直角坐标 (x,y,z)，波函数可表示为三个变量函数的乘积，$\psi(r,\theta,\varphi)=R(r)\Theta(\theta)\Phi(\varphi)$ [$R(r)$ 称为波函数的径向函数，令 $Y=\Theta(\theta)\Phi(\varphi)$，$Y$ 称为波函数的角度部分]，将其代入上述方程，得到关于 $R(r)$、$\Theta(\theta)$、$\Phi(\varphi)$ 的三个常微分方程，解这三个方程，得到满足标准条件的波函数，具体表达式列于表 1.1 中，它由三个量子数确定，可表示为 $\psi_{nlm}(r,\theta,\varphi)=R_{nl}(r)Y_{lm}(\theta,\varphi)$（波函数中的径向部分由两个量子数 n 和 l 确定，以下标指示；波函数的角度部分即球谐函数由 l 和 m 决定，以下标指示）[1-3]。

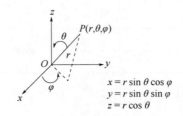

图 1.1　右手坐标系以及坐标变换

表 1.1　归一化的氢原子和类氢离子波函数

$$\psi_{1s} = \frac{1}{\pi^{1/2}}\left(\frac{Z}{a}\right)^{3/2} e^{-Zr/a}$$

$$\psi_{2s} = \frac{1}{4(2\pi)^{1/2}}\left(\frac{Z}{a}\right)^{3/2}\left(2-\frac{Zr}{a}\right)e^{-Zr/2a}$$

$$\psi_{2p_x} = \frac{1}{4(2\pi)^{1/2}}\left(\frac{Z}{a}\right)^{5/2} re^{-Zr/2a}\sin\theta\cos\varphi$$

$$\psi_{2p_y} = \frac{1}{4(2\pi)^{1/2}}\left(\frac{Z}{a}\right)^{5/2} re^{-Zr/2a}\sin\theta\sin\varphi$$

$$\psi_{2p_z} = \frac{1}{4(2\pi)^{1/2}}\left(\frac{Z}{a}\right)^{5/2} re^{-Zr/2a}\cos\theta$$

$$\psi_{3s} = \frac{1}{81(3\pi)^{1/2}}\left(\frac{Z}{a}\right)^{3/2}\left(27-18\frac{Zr}{a}+2\frac{Z^2r^2}{a^2}\right)e^{-Zr/3a}$$

$$\psi_{3p_x} = \frac{2}{81(2\pi)^{1/2}}\left(\frac{Z}{a}\right)^{5/2}\left(6-\frac{Zr}{a}\right)re^{-Zr/3a}\sin\theta\cos\varphi$$

$$\psi_{3p_y} = \frac{2}{81(2\pi)^{1/2}}\left(\frac{Z}{a}\right)^{5/2}\left(6-\frac{Zr}{a}\right)re^{-Zr/3a}\sin\theta\sin\varphi$$

$$\psi_{3p_z} = \frac{2}{81(2\pi)^{1/2}}\left(\frac{Z}{a}\right)^{5/2}\left(6-\frac{Zr}{a}\right)re^{-Zr/3a}\cos\theta$$

$$\psi_{3d_{xy}} = \frac{1}{81(2\pi)^{1/2}}\left(\frac{Z}{a}\right)^{7/2} r^2 e^{-Zr/3a}\sin^2\theta\sin 2\varphi$$

$$\psi_{3d_{xz}} = \frac{1}{81(2\pi)^{1/2}}\left(\frac{Z}{a}\right)^{7/2} r^2 e^{-Zr/3a}\sin 2\theta\cos\varphi$$

$$\psi_{3d_{yz}} = \frac{1}{81(2\pi)^{1/2}}\left(\frac{Z}{a}\right)^{7/2} r^2 e^{-Zr/3a}\sin 2\theta\sin\varphi$$

$$\psi_{3d_{x^2-y^2}} = \frac{1}{81(2\pi)^{1/2}}\left(\frac{Z}{a}\right)^{7/2} r^2 e^{-Zr/3a} \sin^2\theta\cos2\varphi$$

$$\psi_{3d_{z^2}} = \frac{1}{81(6\pi)^{1/2}}\left(\frac{Z}{a}\right)^{7/2} r^2 e^{-Zr/3a} (3\cos^2\theta-1)$$

$$\psi_{4s} = \frac{1}{16\pi^{1/2}}\left(\frac{Z}{a}\right)^{3/2}\left[2 - \frac{3}{2}\left(\frac{Zr}{a}\right) + \frac{1}{4}\left(\frac{Zr}{a}\right)^2 - \frac{1}{96}\left(\frac{Zr}{a}\right)^3\right]e^{-Zr/4a}$$

$$\psi_{4p_x} = \frac{5}{32(5\pi)^{1/2}}\left(\frac{Z}{a}\right)^{5/2}\left[1 - \frac{1}{4}\left(\frac{Zr}{a}\right) + \frac{1}{80}\left(\frac{Zr}{a}\right)^2\right]r e^{-Zr/4a} \sin\theta\cos\varphi$$

$$\psi_{4p_y} = \frac{5}{32(5\pi)^{1/2}}\left(\frac{Z}{a}\right)^{5/2}\left[1 - \frac{1}{4}\left(\frac{Zr}{a}\right) + \frac{1}{80}\left(\frac{Zr}{a}\right)^2\right]r e^{-Zr/4a} \sin\theta\sin\varphi$$

$$\psi_{4p_z} = \frac{5}{32(5\pi)^{1/2}}\left(\frac{Z}{a}\right)^{5/2}\left[1 - \frac{1}{4}\left(\frac{Zr}{a}\right) + \frac{1}{80}\left(\frac{Zr}{a}\right)^2\right]r e^{-Zr/4a} \cos\theta$$

$$\psi_{4d_{xy}} = \frac{3}{256(3\pi)^{1/2}}\left(\frac{Z}{a}\right)^{7/2}\left[1 - \frac{1}{12}\left(\frac{Zr}{a}\right)\right]r^2 e^{-Zr/4a} \sin^2\theta\sin2\varphi$$

$$\psi_{4d_{xz}} = \frac{3}{256(3\pi)^{1/2}}\left(\frac{Z}{a}\right)^{7/2}\left[1 - \frac{1}{12}\left(\frac{Zr}{a}\right)\right]r^2 e^{-Zr/4a} \sin2\theta\cos\varphi$$

$$\psi_{4d_{yz}} = \frac{3}{256(3\pi)^{1/2}}\left(\frac{Z}{a}\right)^{7/2}\left[1 - \frac{1}{12}\left(\frac{Zr}{a}\right)\right]r^2 e^{-Zr/4a} \sin2\theta\sin\varphi$$

$$\psi_{4d_{x^2-y^2}} = \frac{3}{256(3\pi)^{1/2}}\left(\frac{Z}{a}\right)^{7/2}\left[1 - \frac{1}{12}\left(\frac{Zr}{a}\right)\right]r^2 e^{-Zr/4a} \sin^2\theta\cos2\varphi$$

$$\psi_{4d_{z^2}} = \frac{1}{256(\pi)^{1/2}}\left(\frac{Z}{a}\right)^{7/2}\left[1 - \frac{1}{12}\left(\frac{Zr}{a}\right)\right]r^2 e^{-Zr/4a} (3\cos^2\theta-1)$$

$$\psi_{4f_{z^3}} = \frac{1}{3072(5\pi)^{1/2}}\left(\frac{Z}{a}\right)^{9/2} r^3 e^{-Zr/4a} (5\cos^3\theta - 3\cos\theta)$$

$$\psi_{4f_{xz^2}} = \frac{6}{6144(30\pi)^{1/2}}\left(\frac{Z}{a}\right)^{9/2} r^3 e^{-Zr/4a} (5\cos^2\theta - 1)\sin\theta\cos\varphi$$

$$\psi_{4f_{yz^2}} = \frac{6}{6144(30\pi)^{1/2}}\left(\frac{Z}{a}\right)^{9/2} r^3 e^{-Zr/4a} (5\cos^2\theta - 1)\sin\theta\sin\varphi$$

$$\psi_{4f_{z(x^2-3y^2)}} = \frac{2}{6144(2\pi)^{1/2}}\left(\frac{Z}{a}\right)^{9/2} r^3 e^{-Zr/4a} \sin^3\theta\cos3\varphi$$

$$\psi_{4f_{y(3x^2-y^2)}} = \frac{2}{6144(2\pi)^{1/2}}\left(\frac{Z}{a}\right)^{9/2} r^3 e^{-Zr/4a} \sin^3\theta\sin3\varphi$$

$$\psi_{4f_{z(x^2-y^2)}} = \frac{3}{3072(3\pi)^{1/2}}\left(\frac{Z}{a}\right)^{9/2} r^3 e^{-Zr/4a} \sin^2\theta\cos\theta\cos2\varphi$$

$$\psi_{4f_{xyz}} = \frac{3}{3072(3\pi)^{1/2}}\left(\frac{Z}{a}\right)^{9/2} r^3 e^{-Zr/4a} \sin^2\theta\cos\theta\sin2\varphi$$

[Z，核电荷数；$a = \varepsilon_0 h^2/(\pi m e^2) = 52.9\text{pm}$，玻尔半径]

解关于 $R(r)$ 的方程得到电子的能量：

$$E_n = -\frac{me^4}{8\varepsilon_0^2 h^2} \times \frac{Z^2}{n^2}$$

式中，ε_0 为真空的介电常数；e 为电子电量的绝对值；n 取正整数，$n=1,2,3,\ldots$，称为主量子数。氢原子以及类氢离子（Z 为核电荷数）中电子的能量由主量子数 n 决定。

解关于 $\Theta(\theta)$ 和 $\Phi(\varphi)$ 的方程得到电子绕核运动的轨道角动量 L 以及在外磁场方向（定为 z 轴）的分量 L_z 必须满足量子化条件：

$$L = \sqrt{l(l+1)}\frac{h}{2\pi}$$

式中，$l=0,1,2,\ldots,n-1$，称为角量子数。

$$L_z = m\frac{h}{2\pi}$$

式中，$m=0,\pm1,\pm2,\ldots,\pm l$，称为磁量子数，对于一定的 l，m 可取 $2l+1$ 个值。

根据有磁矩的氢原子在磁场中出现两种取向的事实，提出电子应具有自旋磁矩，存在自旋（即所谓绕自身轴旋转）性质，与轨道角动量类比，自旋角动量 S 以及在外磁场方向上的分量 S_z 必须满足量子化条件：

$$S = \sqrt{s(s+1)}\frac{h}{2\pi} \qquad S_z = m_s\frac{h}{2\pi}$$

式中，s 为自旋量子数；m_s 为自旋磁量子数，根据上述实验结果，s 只能取值 $1/2$，这样，m_s 可取值 $1/2$ 或 $-1/2$，这两种自旋状态波函数可分别标记为 α（表示顺时针自旋↑）和 β（表示逆时针自旋↓）。

在量子力学中，原子中电子的空间波函数常称为原子轨道，用缩写 OA 表示（atomic orbital）。一个电子的运动状态可用其空间波函数与自旋波函数的乘积即自旋-轨道（spin-orbit）表示，例如占据 1s 轨道具有 $1/2$ 自旋（自旋波函数用 α 表示）和 $-1/2$ 自旋（自旋波函数用 β 表示）的电子，其运动状态可分别用波函数 $\alpha\phi_{1s}$ 和 $\beta\phi_{1s}$ 表示。

因此根据波动方程以及电子存在自旋的事实，描述原子核外电子的运动状态需要四个量子数 n、l、m 和 m_s，它们的物理意义总结如下：主量子数 n，主要决定电子的能量，描述轨道的大小和定义电子层；角量子数 l，决定电子的轨道角动量，描述轨道形状和定义电子亚层；磁量子数 m，决定轨道角动量在外磁场方向上的分量，描述轨道在空间的取向；自旋磁量子数 m_s，决定电子的自旋角动量在外磁场方向上的分量，描述轨道中电子的自旋状态。习惯上，将 $l=0$、1、2、3 等状态用 s、p、d 和 f 表示。具有相应角量子数的电子分别称为 s 电子、p 电子、d 电子和 f 电子。

原子光谱实验揭示多电子原子中的电子是分层分布的。根据主量子数（n）的取值，每一个正整数代表一个电子层：$n=1$，第一层，用符号 K 表示；$n=2$，第二层，用符号 L 表示；$n=3$，第三层，用符号 M 表示；$n=4$，第四层，用符号 N 表示；$n=5$，第五层，用符号 O 表示；$n=6$，第六层，用符号 P 表示；$n=7$，第七层，用符号 Q 表示。根据角量子数（l）的取值，每一个 l 值代表电子层的一个电子亚层（又称为轨道能级），同时决定该亚层原子轨道的数目 $2l+1$：$l=0$，第一亚层，轨道呈球形，用符号 s 表示（即 s 亚层），只有一个 s 轨道；$l=1$，第二亚层，轨道呈哑铃形，用符号 p 表示（即 p 亚层），有三个等价而空间伸展方向不同的 p 轨道，分别

用符号 p_x、p_y 和 p_z 表示；$l=2$，第三亚层，轨道呈花瓣形，用符号 d 表示（即 d 亚层），有五个等价而空间伸展方向不同的 d 轨道，分别用 d_{xy}、d_{xz}、d_{yz}、$d_{x^2-y^2}$ 和 d_{z^2} 表示；$l=3$，第四亚层，用符号 f 表示（即 f 亚层），有七个等价而空间伸展方向不同的 f 轨道；$l=4$，第五亚层，用符号 g 表示（g 亚层），有 9 个等价而空间伸展方向不同的 g 轨道；$l=5$，第六亚层，用符号 h 表示（h 亚层），有 11 个等价而空间伸展方向不同的 h 轨道；$l=6$，第七亚层，用符号 i 表示（i 亚层），有 13 个等价而空间伸展方向不同的 i 轨道。

二、原子轨道的角度分布

为了直观表示原子轨道，可以采用函数图像法，由于原子轨道是三元函数图像，故不能窥其全貌，只能对部分自变量分别作图，如径向分布图 $R_{nl}(r)$ 和角度分布图 $Y_{lm}(\theta,\varphi)$。$|\psi|^2$ 的图像称为电子云（电子密度），$r^2R_{nl}^2(r)$ 的图像称为电子云的径向分布图，$Y_{lm}^2(\theta,\varphi)$ 则称为电子云的角度分布图。原子轨道的角度分布图，$Y_{lm}(\theta,\varphi)$，反映原子轨道的对称性，因此在化学中常常用于讨论化学键。原子轨道的角度部分列于表 1.2 中，从中可知，球谐函数 $Y_{lm}(\theta,\varphi)$ 具有 z 轴对称性，其分布（黑色表示函数为+的区域，空白代表函数为-的区域）示于图 1.2。s 轨道呈球形，无方向性；三个 p 轨道（p_x、p_y、p_z），呈哑铃形，分别沿三个坐标轴方向伸展；五个 d 轨道，呈花瓣形，其中 d_{z^2} 沿 z 轴伸展，$d_{x^2-y^2}$ 在 xy 平面分别沿 x、y 轴伸展，d_{xy}、d_{xz}、d_{yz} 轨道在各自平面沿两个坐标轴 45°夹角方向伸展。原子轨道分布的方向性决定了共价键的方向性。

表 1.2 归一化的 s、p、d、f 轨道角度实函数

$$Y_{s} = \frac{1}{(4\pi)^{1/2}}$$

$$Y_{p_x} = \left(\frac{3}{4\pi}\right)^{1/2} \sin\theta\cos\varphi \qquad Y_{p_y} = \left(\frac{3}{4\pi}\right)^{1/2} \sin\theta\sin\varphi \qquad Y_{p_z} = \left(\frac{3}{4\pi}\right)^{1/2} \cos\theta$$

$$Y_{d_{xy}} = \frac{1}{4}\left(\frac{15}{\pi}\right)^{1/2} \sin^2\theta\sin 2\varphi \qquad Y_{d_{xz}} = \frac{1}{4}\left(\frac{15}{\pi}\right)^{1/2} \sin 2\theta\cos\varphi$$

$$Y_{d_{x^2-y^2}} = \frac{1}{4}\left(\frac{15}{\pi}\right)^{1/2} \sin^2\theta\cos 2\varphi \qquad Y_{d_{yz}} = \frac{1}{4}\left(\frac{15}{\pi}\right)^{1/2} \sin 2\theta\sin\varphi$$

$$Y_{d_{z^2}} = \frac{1}{4}\left(\frac{5}{\pi}\right)^{1/2} (3\cos^2\theta - 1)$$

$$Y_{f_{z^3}} = \frac{1}{4}\left(\frac{7}{\pi}\right)^{1/2} (5\cos^3\theta - 3\cos\theta) \qquad Y_{f_{xz^2}} = \frac{1}{8}\left(\frac{42}{\pi}\right)^{1/2} (5\cos^2\theta - 1)\sin\theta\cos\varphi$$

$$Y_{f_{yz^2}} = \frac{1}{8}\left(\frac{42}{\pi}\right)^{1/2} (5\cos^2\theta - 1)\sin\theta\sin\varphi \qquad Y_{f_{x(x^2-3y^2)}} = \frac{1}{8}\left(\frac{70}{\pi}\right)^{1/2} \sin^3\theta\cos 3\varphi$$

$$Y_{f_{y(3x^2-y^2)}} = \frac{1}{8}\left(\frac{70}{\pi}\right)^{1/2} \sin^3\theta\sin 3\varphi \qquad Y_{f_{z(x^2-y^2)}} = \frac{1}{4}\left(\frac{105}{\pi}\right)^{1/2} \sin^2\theta\cos\theta\cos 2\varphi$$

$$Y_{f_{xyz}} = \frac{1}{4}\left(\frac{105}{\pi}\right)^{1/2} \sin^2\theta\cos\theta\sin 2\varphi$$

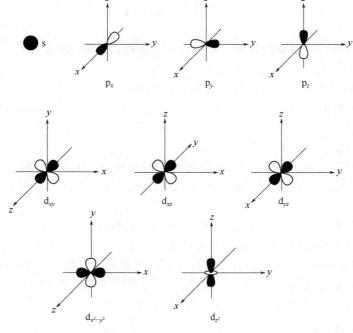

图 1.2　原子轨道的角度分布图

三、原子的电子壳层结构

1. 原子的轨道能级图及屏蔽效应

（1）原子的轨道能级图

前面提到，对单电子原子如氢原子和类氢离子，其轨道能量只由其主量子数决定，同一亚层，原子轨道能级相同。但对于多电子原子，除电子与核的吸引作用外还存在电子间的排斥作用以及自旋-轨道偶合、自旋-自旋偶合和轨道-轨道偶合，因此轨道能级不仅与主量子数有关而且与角量子数有关。在外磁场存在下，由于 Zeeman 效应，轨道能级与 m 有关。主量子数 n 与角量子数 l 一起决定电子亚层的能量，徐光宪提出其相对大小可近似表示为 $n+0.7l$，l 值越小，电子亚层的能量越低。原子中各原子轨道能级的高低，主要根据光谱实验确定，也可从理论上计算。原子轨道能级的相对高低，用图示法近似表示就称为近似能级图，根据鲍林（Pauling）近似能级图可知[4]：①各电子层能级相对高低为 K<L<M<N<O<P<Q；②同一电子层内，各亚层能级的相对高低为：$E_{ns}<E_{np}<E_{nd}<E_{nf}$；③同一电子亚层内各原子轨道能级相同，如 $E_{np_x}=E_{np_y}=E_{np_z}$；④同一原子内，不同类型的亚层间，有能级交错现象，如 $E_{4s}<E_{3d}<E_{4p}$ 等；⑤基态原子的外层轨道能级顺序为：$E_{ns}<E_{(n-2)f}<E_{(n-1)d}<E_{np}$。

（2）屏蔽效应

在多电子原子中，存在复杂的电子间相互作用，为简化讨论，常把电子间的相互作用归结为对核电荷的抵消或屏蔽（中心力场模型），相当于有效核电荷数（用 Z_{eff} 表示）减少，从而削弱了原子核对电子的吸引，这种作用称为屏蔽效应。若用 Z 表示核电荷数，S 表示屏蔽常数，则 $Z_{eff}=Z-S$，那么多电子原子的轨道能级（能量单位：J）可用如下类似于类氢离子的能级公式表示。

$$E_n = -\frac{me^4}{8\varepsilon_0^2 h^2} \times \frac{(Z-S)^2}{n^2} = -2.18 \times 10^{-18} \frac{(Z-S)^2}{n^2}(J)$$

从这一公式可知：屏蔽常数越小，有效核电荷数越大，轨道能量越低；反之，屏蔽常数越大，有效核电荷数越小，轨道能量越高。

屏蔽常数有多种计算方法，用得比较多的是 Slater 经验规则[5]：

① 将原子中的电子分组：（1s），（2s、2p），（3s、3p），（3d），（4s、4p），（4d），（4f），（4s、4p），（5s、5p）。

② 位于所考虑电子外侧的轨道组，$S=0$。

③ 同一轨道组中的电子对其它电子的屏蔽常数 $S=0.35$；但在 1s 情况下，$S=0.30$。

④ $n-1$ 层电子对 n 层电子的屏蔽常数 $S=0.85$；$n-2$ 层电子以及更内层的电子对 n 层电子的屏蔽常数 $S=1.0$。

⑤ 对 d 电子或 f 电子，前面组的每个电子对它的屏蔽常数 $S=1.00$。

根据屏蔽效应可以解释上面的能级交错现象。例如，K 原子，$Z=19$，最后一个电子填充到 4s 轨道，其屏蔽常数 $S=8\times0.85+10\times1.00=16.80$，有效核电荷数 $Z_{eff}=19-S=2.20$；最后一个电子填充到 3d 轨道，其屏蔽常数 $S=18\times1.0=18.0$，有效核电荷数 $Z_{eff}=19-S=1.0$。因此 4s 轨道能级低于 3d 轨道。这与前面经验公式 $n+0.7l$ 得到的结论相一致。

2. 核外电子的分布

（1）原子中的电子分布原理

① 泡利不相容原理。前面提到，一个电子运动状态的描述需要四个量子数（n，l，m，1/2）或（n，l，m，$-1/2$），那么是否会在原子中出现状态相同的电子，即 ψ_{nlm}（原子轨道）相同，自旋状态也相同（自旋量子数同为 1/2 或$-1/2$）的电子，迄今为止，在原子中，没有发现状态相同的电子，换言之，一个轨道只对应两个不同的电子自旋状态，即一个轨道只能容纳自旋不同（自旋方向相反）的两个电子，这就是泡利（Pauli）不相容原理。一个轨道中一对自旋相反的电子，即自旋配对的电子，可用一对上下箭头↑↓符号表示。根据泡利不相容原理，每一亚层容纳的电子数为 $2(2l+1)$：s 亚层、p 亚层、d 亚层和 f 亚层最多容纳的电子数为 2、6、10 和 14。每一电子层中总轨道数为 n^2，因此每一电子层最多容纳的电子数为 $2n^2$：第一层，2；第二层，8；第三层，18；第四层，32。最外层不超过 8，次外层不超过 18。

② 能量最低原理。多电子原子处于基态时，核外电子的分布在不违反泡利不相容原理的前提下，总是先分布在能量较低的轨道，以使原子处于能量最低状态。

③ 洪特规则。原子在同一亚层的等价轨道（即简并轨道）上分布电子时，尽可能单独分布在不同的轨道，而且自旋方向相同。洪特（Hund）规则，也称为最大自旋多重度规则。在光谱学中，如果自旋平行的单电子数为 n，则把 $n+1$ 称为原子体系的状态多重度或状态多重性：$n=0$，单重态（singlet）；$n=1$，二重态（doublet）；$n=2$，三重态（triplet）；$n=3$，四重态（quartet）；$n=4$，五重态（quintet）；$n=5$，六重态（sextet）。

（2）基态原子中电子的分布

根据泡利不相容原理、能量最低原理和洪特规则以及近似能级图，再考虑等价轨道全充满（p^6、d^{10}、f^{14}）、半充满（p^3、d^5、f^7）或全空（p^0、d^0、f^0）时，电子云分布呈球状，原子结构较稳定的规律，可正确确定 110 种元素中 99 种元素原子的核外电子分布式。

原子的电子分布式也称为原子的电子构型或电子组态。表示核外电子的分布（排布）有三种方法：电子排布式、轨道图排布式、整套量子数排布式。①电子排布式：根据能级图按电子在轨道中的占据情况，从左至右，按主量子数从小到大的顺序依次写出每个轨道符号，在每个轨道符号的右上角用阿拉伯数字标注该轨道填充的电子数，这个方法也可用于每个亚层。例如，6 号元素碳 C（6 个电子）的核外电子排布式：$1s^2 2s^2 2p^2$；7 号元素氮 N（7 个电子）的核外电子排布式：$1s^2 2s^2 2p^3$；氩的核外电子排布式为 $1s^2 2s^2 2p^6 3s^2 3p^6$。为避免书写冗长，可把内层已达到 18 族元素（稀有气体元素）结构的部分用该 18 族元素的元素符号加上方括号表示，称为"原子实"，例如 19 号元素钾 K 的核外电子排布式可表示为 $[Ar]4s^1$。34 号元素硒 Se 的核外电子排布式，$1s^2 2s^2 2p^6 3s^2 3p^6 3d^{10} 4s^2 4p^4$，可表示为 $[Ar]3d^{10}4s^2 4p^4$。②轨道图排布式：用圆圈或方格代表一个原子轨道，在圆圈或方格下面标注轨道能级，在圆圈或方格内用箭头表示电子的自旋（顺时针用↑；逆时针用↓）。例如，6 号元素碳和 34 号元素硒的核外电子轨道图排布式如下所示。③整套量子数排布式：根据每个电子的四个量子数（n, l, m, m_s），按顺序依次列出。例如，5 号元素硼 B 的整套量子数排布式可表示为（1,0,0,−1/2），（1,0,0,1/2），（2,0,0,−1/2），（2,0,0,1/2），（2,1,0,1/2）；$4s^2$ 的整套量子数排布式可表示为（4,0,0,−1/2），（4,0,0,1/2）。

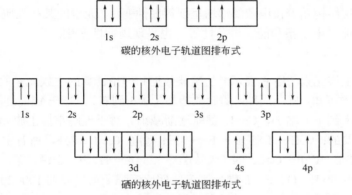

碳的核外电子轨道图排布式

硒的核外电子轨道图排布式

原子中参加反应的电子称为价电子，价电子所在亚层，称为价层（通常是最外层，对过渡金属还包括次外层）；原子的价层电子构型是指价层的电子分布式，它反映该元素原子电子层结构的特征，例如碳和硒原子的价层电子构型分别为 $2s^2 2p^2$ 和 $4s^2 4p^4$。

第二节　元素周期表和元素周期律

一、元素周期表和元素周期律概述

化学元素周期表由俄国科学家门捷列夫（Mendeleev）在 1869 年首先创制，他将当时已知的 63 种元素依原子量的大小并以表的形式排列，把有相似化学性质的元素放在同一列，并为待发现的元素留有空格，制成化学元素周期表的雏形。

迄今为止，已发现和合成的化学元素已达 118 种。元素周期表揭示了化学元素之间的内在联系，成为化学发展史上的重要里程碑之一。现代的化学元素周期表是元素的原子序数（原子的核内质子数）从小至大排序的列表。元素的性质随着原子序数（核电荷数）的递增而呈现周期性变化的规律，称为元素周期律。元素性质的周期性来源于原子核外电子层结构（电子构型）的周期性。

元素周期表共有 7 个周期，18 个族。根据原子的价层电子构型，可以把元素周期表分为五个区：①s 区，包括第 1 族（ⅠA）、第 2 族（ⅡA）元素，外层电子构型为 $ns^{1\sim2}$；②p 区，包括第 13 族（ⅢA）～第 17 族（ⅦA）和稀有元素，外层电子构型为 $ns^2np^{1\sim6}$；③d 区，包括第 3 族（ⅢB）～第 10 族（ⅧB）元素，外层电子构型为 $(n-1)d^{1\sim9}ns^{1\sim2}$，d 区元素都是金属元素，称为过渡元素；④ds 区，包括第 11 族（ⅠB）和第 12 族（ⅡB）元素，外层电子构型为 $(n-1)d^{10}ns^{1\sim2}$，ds 区元素也都是金属元素，常与 d 区元素一起合称为过渡元素；⑤f 区，包括镧系和锕系元素，外层电子构型为 $(n-2)f^{1\sim14}(n-1)d^{0\sim2}ns^2$，f 区元素都是金属元素，称为内过渡元素，也称为稀土元素。此外，根据价轨道数与价电子数的大小，可将主族元素分为三类：价电子数少于价轨道数，缺电子元素（原子）如硼族元素；价电子数等于价轨道数，等电子元素（原子）如碳族元素；价电子数多于价轨道数，多电子元素（原子）如氮族元素、氧族元素、卤族元素。在化学反应中，缺电子元素的化合物具有空轨道，易接受电子；多电子元素的（低价）化合物具有孤对电子，易给出电子。

二、元素性质的递变规律

原子的电子层结构随着核电荷的递增呈现周期性变化，元素的某些性质，如有效核电荷、原子半径、电离能、电子亲和能、电负性等，也呈现周期性变化。

1. 键能

实验测定的主族元素（用 E 表示）的键能数据和理论计算的主族元素的 π 键键能数据列于表 1.3[6]中。由表可知，同一周期，随族数增加（从左到右），C—E 键能逐渐增大；同一族，随着周期数（从上到下）增加，C—E 键能逐渐减小。对于理解掌握主族元素化学，下面几条结论是特别重要的：①E—H 键强于 E—C 键；②除 C—C 键外，所有主族元素中，E—E 键都是最弱的；③E—F＞E—O＞E—N（大致顺序）；④E—H、E—C 键，第二周期强于第三周期 50～100kJ/mol；⑤E—O、E—F 键，第三周期元素强于第二周期 100~200kJ/mol。

表 1.3　单键和 π 键键能

键型及键能*	键型及键能*
C—H，411，Si—H，318	O—N，200，S—O，265
C—C，346，Si—C，301	O—O，142，S—F，284
C—N，305，Si—O，458	S—S，226
C—O，358，Si—F，565	C＝C，272，Si＝Si，105
C—F，441，Si—Si，222	C＝N，263，Si＝P，121
N—H，386，P—H，322	C＝O，322，Si＝S，209
N—C，305，P—C，264	N＝N，251，P＝P，142
N—N，167，P—O，407	N＝O，259，P＝S，167
N—O，200，P—F，490	Si＝C，159，P＝N，184
N—F，283，P—P，201	P＝C，180，S＝N，176
O—H，459，S—H，363	S＝C，217，Si＝O，209
O—C，358，S—C，272	Si＝N，150，P＝O，222

*单位：kJ/mol。

第二周期元素间形成的 π 键强于第三周期元素间形成的 π 键，例如 C＝C 键（272kJ/mol）强于 Si＝Si 键（105kJ/mol）；第二周期与第三周期元素间形成的 π 键键能介于第二周期元素

间形成的 π 键和第三周期元素间形成的 π 键键能之间；第三周期及其以后的元素间难于形成 π 键。

2. 电负性

（1）电负性标度

电负性是表征分子中原子吸引电子能力的无量纲的量。电负性的标度有多种，常见的有 Pauling 标度 χ^P、Mulliken 标度 χ^M 和 Allred-Rochow 标度 χ^{A-R}。电负性标度不同，数据不同，但在周期表中变化规律是一致的。

对于双原子分子 AB，其键能与预期的单键键能（预期值通常采用 A—A 和 B—B 键能的算术平均值）有差别，差值 $\Delta=E_{A-B}-1/2(E_{A-A}+E_{B-B})$，键的增强是由于原子吸引成键电子的能力不同所致[7]。鲍林定义两个原子 A、B 的电负性（分别用 χ_A、χ_B 表示）差，$|\chi_A-\chi_B|=(\Delta/\kappa)^{1/2}$（其中 κ 为换算因子），规定 F 的电负性 $\chi_F=4.0$（后来重新计算时规定 F 的电负性为 3.98），这样就可利用实验测定的键能数据确定其它元素的电负性，元素的电负性列于表 1.4。根据鲍林的电负性定义，可以得到键能与电负性的方程，利用这个方程可以估算实验难于测定的键能。鉴于目前硒元素的实测热力学数据很少，粗略估算也是很有价值的。根据 C—C、O—O、N—N、S—S、Se—Se 键的键能，可以估算 C—Se、Se—N、Se—O 键的键能，用于指导实验研究[8,9]。

$$E_{A-B} = \kappa(\chi_A - \chi_B)^2 + \frac{1}{2}(E_{A-A} + E_{B-B})$$

鲍林电负性定义公式

（当键能单位用 kJ/mol 时，单位换算系数 $\kappa=96.485 \approx 96.5$；当键能单位用 kcal/mol 时，单位换算系数 $\kappa=23.06$；当键能单位用 eV 时，单位换算系数 $\kappa=1$。）

表 1.4 元素的电负性*

H 2.20 3.06																	He
Li 0.98 1.28	Be 1.57 1.99											B 2.04 1.83	C 2.55 2.67	N 3.04 3.08	O 3.44 3.22	F 3.98 4.43	Ne 4.60
Na 0.93 1.21	Mg 1.31 1.63											Al 1.61 1.37	Si 1.90 2.03	P 2.19 2.39	S 2.58 2.65	Cl 3.16 3.54	Ar 3.36
K 0.82 1.03	Ca 1.00 1.30	Sc 1.36	Ti 1.54	V 1.63	Cr 1.66	Mn 1.55	Fe 1.83	Co 1.88	Ni 1.91	Cu 1.90	Zn 1.65	Ga 1.81 1.34	Ge 2.01 1.95	As 2.18 2.26	Se 2.55 2.51	Br 2.96 3.24	Kr 3.34 2.98
Rb 0.82 0.99	Sr 0.95 1.21	Y 1.22	Zr 1.33	Nb	Mo 2.16	Tc	Ru	Rh 2.28	Pd 2.20	Ag 1.93	Cd 1.69	In 1.78 1.30	Sn 1.96 1.83	Sb 2.05 2.06	Te 2.10 2.34	I 2.66 2.88	Xe 2.95 2.59
Cs 0.79	Ba 0.89	La	Hf	Ta	W 2.36	Re	Os	Ir 2.20	Pt 2.28	Au 2.54	Hg 2.00	Tl 2.04	Pb 2.33	Bi 2.02	Po 2.0	At 2.2	Rn

* 鲍林标度 χ^P；穆利肯标度 χ^M。

（2）电负性的递变规律

根据表 1.4 可以得出如下结论：从左到右同一周期主族元素的电负性递增，从左到右同一周期的副族元素电负性总体上递增；自上而下同一主族元素的电负性递减，自上而下同一副族元素的电负性变化无明显规律性；电负性大的元素集中在元素周期表的右上角，电负性小的元素集中在元素周期表的左下角。

（3）电负性的应用

① 判断元素的金属性和非金属性。一般认为，电负性大于 1.8 的是非金属元素，小于 1.8 的是金属元素，在 1.8 左右的元素既有金属性又有非金属性。

② 判断元素的氧化数。电负性数值小的元素在化合物中吸引电子的能力弱，元素的氧化数为正值；电负性大的元素在化合物中吸引电子的能力强，元素的氧化数为负值。确定一个原子氧化数的具体规则如下：a. 对中性分子，所有原子氧化数的代数和等于零；b. 对于单原子离子，原子的氧化数等于离子的电荷数；c. 对于多原子离子，所有原子氧化数的代数和等于离子所带的电荷数；d. 在单质中，原子的氧化数是零；e. 对于共价键结合的原子，根据同种原子间的共用电子平均分配、不同原子间的共用电子指定分配给电负性大的原子而求得的电荷数就是原子的氧化数。牢记按电负性由大到小排列非金属元素的顺序，即 F（3.98）>O（3.44）>Cl（3.16）>N（3.04）>Br（2.96）>I（2.66）>S（2.58）>C（2.55）=Se（2.55）>H（2.20）>P（2.19）>As（2.18）>Te（2.10）>B（2.04）>Ge（2.01）>Si（1.90），有利于正确指定原子的氧化数。例如：在 OF_2 中，由于氟的氧化数为-1，因此氧的氧化数为 2（或+2）；在 SeO_2 中，由于氧的氧化数为-2，因此硒的氧化数为 4（或+4）；在 H_2O_2 中，一个氧原子形成一个 H—O 键和一个 O—O 键，由于氢原子的氧化数为 1，因此氧的氧化数为-1；在 Se_2Cl_2 中，一个硒原子形成一个 Cl—Se 键和一个 Se—Se 键，由于氯原子的氧化数为-1，因此硒的氧化数为 1（或+1）。

③ 判断分子的极性和键型。不同元素之间通过共价键结合的化合物称为共价化合物，电负性相同的非金属元素之间形成非极性的共价键，电负性差值小于 1.7（人为规定）的两种原子之间形成极性的共价键；电负性差值大于 1.7 的两种原子化合时，形成离子键，相应的化合物称为离子化合物。成键原子的电负性不同，吸引电子的能力不同，共用电子对会偏向电负性大的原子一端，造成电负性大的原子带部分负电荷，电负性小的原子带部分正电荷，这种共价键称为极性共价键。例如，HCl 分子，氯的电负性大于氢，氯带部分负电荷，用 δ-表示，氢带部分正电荷用 δ+表示，因此 H—Cl 键是极性共价键，可表示为 $H^{\delta+}—Cl^{\delta-}$。在 $SeCl_4$ 分子中，Se—Cl 键是极性共价键，可表示为 $Se^{\delta+}—Cl^{\delta-}$。类似地，在有机化学中，根据与碳成键的电子对偏向，将碳上的取代基分为吸电子基（electron-withdrawing group，EWG，如卤素）与给电子基（electron-donating group，EDG，如甲基）。极性键易进行化学反应，是反应的活性键。

键的极性可用键的离子性百分数衡量，电负性差与 A—B 单键的离子性大小列于表 1.5 中，键的离子性百分数也可根据近似公式，离子性百分数=$18(\chi_A-\chi_B)^{1.4}$，进行估算[10]。基于键的离子性百分数考虑，非极性的共价键与"真正"的离子键可以看成是共价键的两种极端情况。

表 1.5 电负性差与 A—B 单键的离子性大小

$\chi_A-\chi_B$	离子性/%	$\chi_A-\chi_B$	离子性/%
0.2	1	1.8	55
0.4	4	2.0	63
0.6	9	2.2	70
0.8	15	2.4	76
1.0	22	2.6	82
1.2	30	2.8	86
1.4	39	3.0	89
1.6	47	3.2	92

第三节 分子结构理论

稀有气体不活泼，之所以特别稳定，是由于它们具有稳定的最外电子层结构，除氢为 2 电子的 $1s^2$ 构型外，其它稀有气体为 8 电子的 ns^2np^6 构型。因此可以推测其它元素可以通过得失电子或共用电子达到 8 电子的稳定电子构型，这就是八电子规则（8-electron rule），也称为八隅体规则（octet rule）。对于电负性大的非金属元素与电负性小的金属元素，金属失去电子形成带正电荷的原子（即正离子），非金属元素接受电子形成带负电荷的原子（即负离子），相反电荷的离子相互吸引形成稳定的离子键（离子键理论）。对于电负性差别不大的元素，它们的原子可以通过共用电子对达到 8 电子的稳定电子构型形成共价键，以分子的形式存在（共价键理论）。共用一对电子形成共价单键，共用两对电子形成双键，共用三对电子形成三键。迄今为止，已发现五重键存在于分子 ArCrCrAr〔Ar=2,6–(2,6–$^iPr_2C_6H_3$)$_2C_6H_3$；^iPr=(CH$_3$)$_2$CH〕中。

既然达到 8 电子的物质比较稳定，那么少于 8 电子的物质（缺电子物质）就比较活泼。在主族元素化合物中，当与中心原子 E 键合的基团（或配体）数超过 4 时，主族元素的形式价电子数为 10 或 12。把这些主族元素的形式价电子数超过 8 的化合物，统称为超价化合物（hypervalent compound），可用符号 N-E-L 表示（N 表示中心原子的总价电子数；E 表示中心原子的元素符号；L 表示与元素 E 结合的配体数），例如 PF$_5$ 和 SeF$_6$ 可分别表示为 10-P-5 和 12-Se-6。

已发现硒的超价化合物可表示为 10-Se-3、10-Se-4、10-Se-5、12-Se-5 和 12-Se-6，其中四个硒的超价化合物示于图 1.3；同一类型硫族元素超价化合物的稳定性顺序是：Te>Se>S。

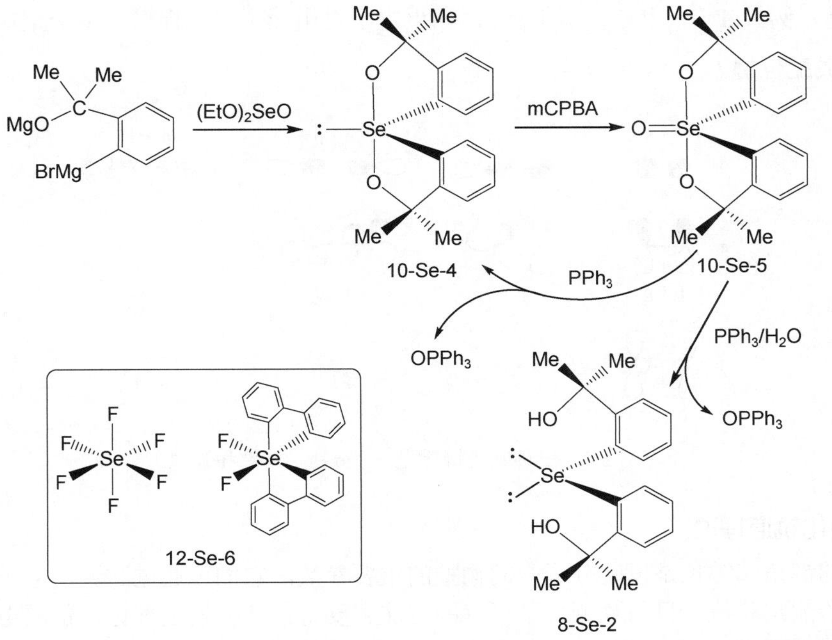

图 1.3 硒的超价化合物

一、价键理论

1927 年，海特勒（Heitler）和伦敦（London）用量子力学处理氢分子，得出结论：电子自旋相反的两个氢原子轨道重叠导致两核间电子密度增大，从而吸引原子核形成氢分子。将海特勒-伦敦处理氢分子的结论与方法推广到其它分子：两个自旋方向相反的单电子轨道重叠，即单电子配对才能形成共价键，放出能量达到体系能量最低。为形成稳定牢固的共价键以满足能量最低原理，原子轨道必须最大程度重叠，为此只有沿着轨道伸展的方向进行重叠，才能重叠程度最大，由此得到轨道最大重叠原理，这表明共价键具有方向性。根据自旋相反的单电子配对原理，得到推论：一个原子的未成对电子数决定形成的共价键数，即 n 个未成对电子可以形成 n 个共价键（$n=1$、2、3），这表明共价键具有饱和性。若 A、B 两原子各有一个未成对电子，且自旋相反，则 A 和 B 可以相互配对形成具有共价单键的分子 A—B，共价单键的这对电子为这两个原子所共有；若 A、B 两原子各有 2 个或 3 个未成对电子，则可以相互配对形成具有共价双键的分子 A=B 或具有共价三键的分子 A≡B，例如氮原子有 3 个未成对的 2p 电子，可以和另外一个氮原子自旋相反的 3 个未成对电子相互配对形成具有三键的氮分子 N_2。若 A 原子有 2 个未成对电子，B 原子有 1 个未成对电子，则 A 原子可以与两个 B 原子各共用一对成键电子形成分子 AB_2。例如，Se 有两个未成对的 4p 电子，H 原子有一个未成对的 1s 电子，因此一个 Se 原子可以和两个 H 原子形成 H_2Se 分子。应该指出的是，在价键理论范畴内，这种共价键是一种两中心两电子键（即 2c-2e 键）。依据两个原子轨道的对称性和重叠方式不同，存在三种双中心双电子共价键（2c-2e 键），分别示于图 1.4：σ键，原子轨道沿轨道伸展方向（即核间连线方向，z 轴方向）进行同号（"头碰头"）重叠，例如 s-s、s-p_z、p_z-p_z 和 d_{z^2}-d_{z^2}；π键，两原子轨道相互平行进行同号（"肩并肩"）重叠，例如 p_x-p_x、p_y-p_y、d_{xz}-d_{xz} 和 d_{yz}-d_{yz}，在 $Cl_2Se=O$ 中，π键则是由氧的 p 轨道与硒的 d 轨道重叠形成；δ键，例如 d_{xy}-d_{xy} 和 $d_{x^2-y^2}$-$d_{x^2-y^2}$。如果电子对由一个原子提供，另一个原子提供空轨道，则形成配位键。

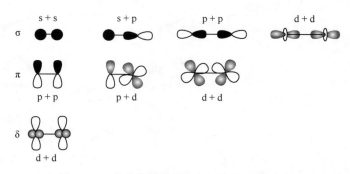

图 1.4　三种共价键键型——σ键、π键和δ键

1. 杂化轨道理论

分子的键角和键长是反映分子空间构型的重要参数，它们可通过微波、电子衍射、X 射线衍射实验测定获得。目前预测分子形状的方法主要有：杂化轨道理论，价层电子对排斥理论，分子轨道理论。

为了说明化合物的几何构型，鲍林提出原子轨道的杂化理论：成键时能级相近的价电子轨道混合，形成新的价电子轨道——杂化轨道（hybride orbital）；杂化前后轨道数目不变；杂化后轨道的伸展方向以及形状发生改变。根据对称性和能量近似，确定几种杂化方案如下：一个 s 轨道和三个 p 轨道杂化，形成分别指向四面体顶点的四个 sp^3 杂化轨道，两个杂化轨道间的夹角为 109.5°；一个 s 轨道和两个 p 轨道杂化，形成分别指向三角形三个顶点的 sp^2 杂化轨道，两个杂化轨道间的夹角为 120°；一个 s 轨道和一个 p 轨道杂化，形成两个 sp 杂化轨道，两个杂化轨道间的夹角为 180°。碳通过 sp^3 杂化形成四个 σ 键，采用 sp^2 杂化形成双键（一个 σ 键和一个 π 键），采用 sp 杂化形成三键（一个 σ 键和两个相互垂直的 π 键）。

对于第二周期以后的元素，如果 d 轨道参与杂化，则有：sp^2d 杂化（d 轨道为 $d_{x^2-y^2}$），四个杂化轨道位于同一平面；sp^3d 杂化（d 轨道为 $d_{x^2-y^2}$），五个杂化轨道按四方锥在空间分布；sp^3d 杂化（d 轨道为 d_{z^2}），五个杂化轨道按三角双锥在空间分布；sp^3d^2 杂化，六个杂化轨道分别指向八面体的六个顶点。这些杂化轨道的伸展方向示于图 1.5；硒的杂化轨道与分子形状的关联列于表 1.6 中。

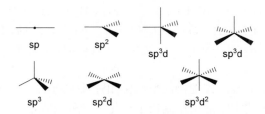

图 1.5　杂化轨道的伸展方向

表 1.6　中心原子的杂化轨道与分子形状

杂化轨道[1]	σ 键数	孤对电子对数	π 键数	几何形状	氧化数	实例
sp[2]	2	0	2	直线形	0	CSe_2[2]
sp^2	2	1	2	弯曲形	4	SeO_2
sp^3	2	2	0	弯曲形	-2	H_2Se[3]
sp^3	3	1	1	三角锥	4	$OSeCl_2$
sp^3	4	0	2	四面体	6	SeO_4^{2-}
sp^3d	4	1	0	"翘板"形	4	SeF_4
sp^3d^2	5	1	0	四方锥	4	SeF_5^-
sp^3d^2	6	0	0	八面体	6	SeF_6
sp^3d^2	6	1	0	八面体	4	$SeCl_6^{2-}$

①对主族元素而言，nd（$n \geq 3$）轨道是否参与成键是一直在争论的问题，目前认为除第二周期主族元素外，其它周期的重主族元素不采用 d 轨道成键。②对 CSe_2 的中心碳原子。③对重原子，只采用 p 轨道成键更合适。

2．共振论

路易斯（Lewis）的电子对键概念提供了成键电子只受两核吸引的定域键模型。为了在价键理论框架内描述价电子的离域即价电子受多核共用，1931 年鲍林引入共振的概念。共振论（resonance theory）是描述电子离域的简单方法：当一个路易斯结构式不能满意地表示分子、离子或自由基（统称为物种）的结构时可以用多个路易斯结构式表示。

共振论的基本假设是：①物种的真实结构，即共振杂化体（resonance hybrid），比任何一个路易斯结构都稳定，共振杂化体的能量比任何一个共振结构低；②物种的真实结构是多个路易斯结构式（称为共振式，resonance form）的叠加（或杂化）；③在共振结构之间用双箭头 ⟷ 表示它们的共振关系。每个共振式对共振杂化体的贡献不同：共振式越稳定，对共振杂化体的贡献越大；参加共振的结构数目越多，共振杂化体就越稳定；能量相同或相近的共振结构产生最大程度的稳定化。

估计共振式稳定性的原则是：①满足 8 电子的共振式比不满足的稳定；②共价键数目多者比少者稳定；③没有电荷分离的比有电荷分离的稳定；④对有电荷分离的共振式，电负性大的原子带负电荷、电负性小的原子带正电荷比相反者稳定。

书写合理的共振式必须遵守这些规定：①各共振式的原子位置相同；②各共振式的单电子数相同；③各共振式的总电荷相同。除了苯的结构用两个凯库勒结构式（Kekulé structure）表示外，其它离域物种用共振式表示如下：

臭氧分子，$O=O^+-O^- \longleftrightarrow {}^-O-O^+=O$；硒氰酸根，$Se^--C\equiv N \longleftrightarrow Se=C=N^-$；甲亚硒酸根，$Me-Se(=O)-O^- \longleftrightarrow Me-Se(-O^-)=O$；烯丙基正离子，$CH_2=CH-CH_2^+ \longleftrightarrow {}^+CH_2-CH=CH_2$；烯丙基自由基，$CH_2=CH-CH_2^{\cdot} \longleftrightarrow {}^{\cdot}CH_2-CH=CH_2$；烯丙基负离子，$CH_2=CH-CH_2^- \longleftrightarrow {}^-CH_2-CH=CH_2$；1,3-丁二烯，$CH_2=CH-CH=CH_2 \longleftrightarrow {}^-CH_2-CH=CH-CH_2^+$；$\alpha$-碳负离子，${}^-CH_2CH=O \longleftrightarrow CH_2=CH-O^-$；氯乙烯，$CH_2=CH-Cl \longleftrightarrow {}^-CH_2-CH=Cl^+$；烯胺，$CH_2=CH-NH_2 \longleftrightarrow {}^-CH_2-CH=NH_2^+$；重氮甲烷，$CH_2=N^+=N^- \longleftrightarrow {}^-CH_2-N^+\equiv N$。

共振的结果产生共振效应：使键特性平均化如键长平均化、电荷平均化、电荷离域等；使杂化体稳定。共振效应的实验证据：键长平均化；紫外吸收红移；比预期的反应热（如燃烧热、氢化热）低。为比较共振的稳定化效应引入共振能的概念：最稳定的共振结构与真实物质（共振杂化体）之间的能量差称为共振能。共振能可以通过量子化学方法进行计算，但是，通常由燃烧热或氢化热的测定得到。例如苯的共振能：环己烯的氢化热为 120kJ/mol，苯的凯库勒结构——环己三烯的预期氢化热是 3×120kJ/mol=360kJ/mol，实际苯的氢化热为 208kJ/mol，因此苯的共振能为 152kJ/mol。

二、分子轨道理论及其应用

价键理论（电子配对理论）描述两个原子间的成键，本质上是双中心的，适合于描述基态分子的成键，对于共轭分子则必须引入共振的概念。分子轨道本质是多中心的、多个原子间的成键——多中心键，也即离域键，特别适合于描述共轭分子和分子的激发态。价键理论的定性思想为理解分子结构与反应性之间的关系提供基础。分子轨道理论提供离域稳定性的起源，可以根据前线轨道的能量与对称性来评估反应性。

1. 分子轨道理论

分子中的电子运动状态用称为分子轨道（molecular orbital，MO）的波函数描述。分子轨道由组成分子的原子轨道（基函数）经线性组合（LCAO）得到，考虑两个原子轨道 ϕ_A 和 ϕ_B 线性组合形成分子轨道的情况，根据变分定理进行讨论[11,12]。

$$\psi=c_A\phi_A+c_B\phi_B$$

式中，c_A 和 c_B 为组合系数（即待定系数），将上式代入薛定谔方程中，利用原子轨道的归一化条件，并采用下面记号：

$$\alpha_A=\int\phi_A\hat{H}\phi_A\mathrm{d}\tau \qquad \alpha_B=\int\phi_B\hat{H}\phi_B\mathrm{d}\tau$$

$$\beta_{AB} = \int \phi_A \hat{H} \phi_B d\tau = \beta$$

$$\beta_{BA} = \int \phi_B \hat{H} \phi_A d\tau = \beta$$

$$S = \int \phi_A \phi_B d\tau$$

其中，α_A 和 α_B 称为库仑积分（Coulomb integral），分别相当于原子轨道 ϕ_A 和 ϕ_B 的能量，β 称为键积分或共振积分（resonance integral），S 称为重叠积分（overlap integral）。利用能量极值条件，选择适当的组合系数使能量取极小值，得到如下久期方程。

$$c_A(\alpha_A - E) + c_B(\beta - SE) = 0$$
$$c_A(\beta - SE) + c_B(\alpha_B - E) = 0$$

这是关于组合系数 c_A、c_B 的齐次线性方程组，有非零解的条件是如下行列式（久期行列式）为零。

$$\begin{vmatrix} (\alpha_A - E) & (\beta - SE) \\ (\beta - SE) & (\alpha_B - E) \end{vmatrix} = 0$$

展开久期行列式得到关于能量的二次方程。

$$(\alpha_A - E)(\alpha_B - E) - (\beta - SE)^2 = 0$$

这个抛物线方程，它有两个根，一个是成键分子轨道（用 ψ_1 表示）的能量 E_1，它小于任何一个原子轨道的能量，另一个是反键分子轨道（用 ψ_2 表示）的能量 E_2，它高于任何一个原子轨道的能量[12]。

假定 α_A 是能量低的原子轨道，α_B 是能量高的原子轨道，则能量的表达式为：

$$E_1 = \alpha_A - \frac{(\beta - \alpha_A S)^2}{\alpha_B - \alpha_A} \quad E_2 = \alpha_B + \frac{(\beta - \alpha_B S)^2}{\alpha_B - \alpha_A}$$

将得到的根再带回久期方程，并利用波函数应满足的归一化条件，即得到组合系数，从而得到两个分子轨道的表达式。根据分子轨道能量公式，可知为形成分子轨道，重叠积分不能为零，两原子距离越近重叠积分越大；键积分 β（$\beta<0$）的绝对值越大越好；两个原子轨道的能量差越小越好。

对于两个同核的能量相同的原子轨道即 $\alpha_A = \alpha_B = \alpha$，可以得到简明的能量公式和分子轨道表达式。

$$E_1 = \frac{\alpha + \beta}{1 + S} \qquad \psi_1 = \frac{\phi_A + \phi_B}{\sqrt{2(1 + S)}}$$

$$E_2 = \frac{\alpha - \beta}{1 - S} \qquad \psi_2 = \frac{\phi_A - \phi_B}{\sqrt{2(1 - S)}}$$

这个线性变分方法能推广到多个原子轨道组合的情况，由此得到分子轨道理论：分子轨道的数目等于参与组合的原子轨道的数目；原子轨道线性组合成为分子轨道必须遵守对称性匹配原则、能量相近原则和最大重叠原理；电子在分子轨道中的填充遵守能量最低原理、泡利不相容原理和洪特规则。

原子轨道的取向在成键中起极其重要的作用。两个相邻原子的两个原子轨道必须有相同的取向（即有相同的对称性），有相似的能量。两个原子轨道取向沿着键轴方向，头碰头重叠，称为 σ 相互作用；原子轨道取向平行，肩并肩重叠，称为 π 相互作用。同号重叠称为成键方式，异号重叠称为反键方式。在成键相互作用中，电子在两核间浓集，吸引两核；在反键相互作用中，电子远离两核，导致带正电荷的两核相互排斥。因此成键相互作用使分子稳定化，而反键相互作用使分子去稳定化。两个 ns 轨道形成两个分子轨道，一个是成键的，用 σ 表示，另一个是反键的，用 σ* 表示（星号*指示反键）。两个 p_z 轨道，沿核间轴（定义为 z 轴）相互作用，头碰头重叠，形成两个分子轨道，一个是成键的，用 σ_{p_z} 表示，另一个是反键的，用 σ_{p_z}* 表示（星号*指示反键）。两个 p_x 轨道，取向平行，肩并肩重叠，形成两个 π 分子轨道，一个是成键的，用 π_{p_x} 表示，另一个是反键的，用 π_{p_x}* 表示（星号*指示反键）。类似地，两个 p_y 轨道，形成两个 π 分子轨道，一个是成键的，用 π_{p_y} 表示，另一个是反键的，用 π_{p_y}* 表示。与原子轨道一样，π_{p_x} 与 π_{p_y} 以及 π_{p_z}* 与 π_{p_y}* 是相互垂直的。

　　正如原子的电子构型（电子组态）那样，根据电子在分子轨道的分布（排布），可写出分子的电子构型。为了衡量键的强度，分子轨道理论定义了键级（bond order）这个概念。键级=(成键轨道中总电子数−反键轨道中总电子数)/2，键级越大形成的共价键越强，因此键级也与键长相关，键级越大键长越短。

　　分子的化学反应活性主要由两种分子轨道决定，根据福井谦一（Fukui）提出的前线轨道理论（frontier orbital theory）[13,14]，这两种轨道分别是：电子对占据的能量最高的轨道，即最高占据轨道 HOMO（highest occupied molecular orbital）；能量最低的空轨道，即最低空轨道 LUMO（lowest unoccupied molecular orbital）。HOMO 的能级相当于改变了符号的电离能，而 LUMO 的能级相当于改变了符号的电子亲和能。电离能越小，HOMO 的能级越高，越易提供电子对给其它分子；LUMO 的能级越低，越易接受其它分子的电子对。化学反应就是前线轨道（HOMO-LUMO）相互作用即两种轨道重叠的结果。必须注意的是给体（HOMO）-受体（LUMO）关系是相对而言的，同一分子对于不同的反应对象，有时以给体有时以受体进行反应，这是需要依据具体反应而定的。对于自由基（奇电子分子或激发态分子），单电子占据分子轨道 SOMO（singly occupied molecular orbital）决定其反应活性，SOMO 就是前线轨道。

2. 分子轨道理论的应用

（1）双原子分子

　　相同原子组成的双原子分子，分子轨道对于反演中心具有对称性，可用分子轨道符号加下标 u 或 g 标示，其中 u 表示反对称、g 代表对称。例如氢分子的成键轨道与反键轨道分别是对称的和反对称的，可分别标记为 σ_g 和 σ_u。氢分子的两个电子填充到成键轨道，与氢原子相比能量降低，键级为 1，氢分子能稳定存在，电子构型为 $(\sigma_{1s})^2$。H_2^+ 在成键轨道有一个电子，电子构型为 $(\sigma_{1s})^1$，键级为 0.5，也能存在。H_2^- 在反键轨道有一个电子，电子构型为 $(\sigma_{1s})^2(\sigma_{1s}*)^1$，键级为 0.5，而 H_2^{2-} 在反键轨道有两个电子，键级为 0，因此它不能存在。

　　基态的 O_2（图 1.6）在两个反键轨道上有两个自旋相同的单电子，键级为 2，是三线态的双自由基（biradical），具有顺磁性（paramagnetic），标记为 $^3O_2$。如果两个电子配对处于同一反键轨道，则得到激发态的单线态氧分子，键级为 2，它是抗磁性的，标记为 $^1O_2$。如果基态氧分子接受一个和两个电子，可分别形成 O_2^- 和 O_2^{2-}，相应的键级分别为 1.5 和 1。如果基态氧分子失去反键轨道上的一个和两个电子，可分别形成 O_2^+ 和 O_2^{2+}，相应的键级分别为 2.5 和 3。向反键轨道中填充电子，削弱共价键，有利于活化分子。

根据理论计算，已确定 N_2 分子的基态电子构型。CO 与 N_2 分子是等电子分子，等电子分子往往有相似的分子轨道、电子排布和成键情况（等电子原理），因此可得到 CO 的电子构型，这一能级次序得到了光电子能谱（PES）的支持。

N_2: $(1\sigma_g)^2(1\sigma_u^*)^2(2\sigma_g)^2(2\sigma_u^*)^2(1\pi_u)^4(3\sigma_g)^2(1\pi_g^*)^0(3\sigma_u^*)^0$

CO: $(1\sigma)^2(2\sigma)^2(3\sigma)^2(4\sigma)^2(1\pi)^4(5\sigma)^2(2\pi^*)^0(6\sigma^*)^0$

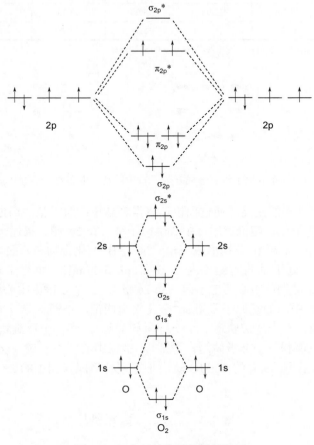

图 1.6 氧分子的分子轨道能级图

（2）多原子分子

① 水分子。水分子有 8 个价电子，基态的电子构型表示如下：

$$(1a_1)^2(1b_2)^2(2a_1)^2(1b_1)^2(3a_1^*)^0(2b_2^*)^0$$

其中，$1b_1$ 是非键轨道，垂直于分子平面。这一结论也适用于 H_2S 和 H_2Se 分子。

② 甲硒醛分子。实测与理论计算的甲硒醛、甲硫醛和甲醛分子轨道能级列于表 1.7。从表中可以看出：随着有效核电荷的增加，电离能增大（O>S>Se）；它们有相同次序的前线轨道。

③ AB_2 型分子。在 AB_2 型分子中，三个 p 轨道线性组合形成三个 σ 型分子轨道：一个成键 ψ_1、一个非键 ψ_2 和一个反键 ψ_3（图 1.7）。四个 p 电子分别填充成键轨道和非键轨道，形成 σ 型三中心两电子键（3c-2e 键）（应该指出的是在文献中一般称为三中心四电子键，考虑到四个电子中只有两个电子对成键有贡献，因此作者在本书中采用三中心两电子键这一概念），键级为 0.5。这个模型广泛用于描述超价化合物如 PF_5 和 SeF_4 等的轴向键[5,6,15]。

表 1.7 实测与理论计算的 $H_2C{=}E$ 电离能

电离能归属	电离能/eV					
	$H_2C{=}Se$		$H_2C{=}S$		$H_2C{=}O$	
	实验值	理论值[2]	实验值	理论值	实验值	理论值
$n_E(b_2)$[1]	8.95	8.8	9.34	9.08	10.9	10.81
$\pi_{C=E}(b_1)$	11.10	11.1	11.78	11.49	14.5	14.62
$\sigma_{C-E}(a_1)$	13.25	12.9	13.90	13.75	16.2	16.20
$\sigma_{HC}(b_2)$	15.1		15.15	15.78	17.0	17.36

①括号内为分子轨道对称性标记符号；②理论值用 Hartree-Fock 法计算。

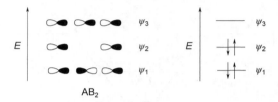

图 1.7 三个 p 轨道组合形成 σ 分子轨道以及三中心两电子键（ψ_1^2）

由于计算机运算性能的提高，通过理论计算得到结果：对于第二周期之后的主族元素，无需考虑 d 轨道参与杂化，超价键用三中心两电子键（3c-2e 键）描述[5,6,15]。对于过渡金属元素，用杂化轨道 dsp^3 和 d^2sp^3 分别形成三角双锥（TBP）化合物和八面体（O_h）化合物。在 TBP 构型化合物中，处于轴向的键称为 a 键（apical bond），垂直于轴向的键称为 e 键（equatorial bond），a 键为三中心两电子键（3c-2e 键），三个 e 键由中心原子的 sp^2 杂化轨道形成。在 O_3 分子中，中间的氧原子采用 sp^2 杂化轨道成键，垂直于分子平面的三个 p 轨道形成三个 π 型分子轨道：一个成键轨道 ψ_1、一个非键轨道 ψ_2 和一个反键轨道 ψ_3；四个 p 电子分别填充一个成键轨道和一个非键轨道，形成 π 型三中心两电子键（ψ_1^2）。在 $(Se_2I_4)(AsF_6)_2$ 中，$Se_2I_4^{2+}$ 可以看成由两个 SeI_2^+ 的 SOMO 轨道平行重叠形成（图 1.8）。

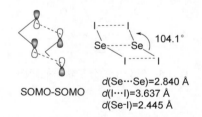

SOMO-SOMO
$d(Se{\cdots}Se)=2.840$ Å
$d(I{\cdots}I)=3.637$ Å
$d(Se\text{-}I)=2.445$ Å
$104.1°$

图 1.8 SeI_2^+ 的 SOMO 轨道重叠形成 $Se_2I_4^{2+}$

在 SeI_2^+ 中，垂直于离子平面的三个 p 轨道形成三个 π 型分子轨道：一个成键轨道 ψ_1、一个非键轨道 ψ_2 和一个反键轨道 ψ_3；三个 p 电子分别填充一个成键轨道和一个非键轨道，π 电子构型为 $\psi_1^2\psi_2^1$，π 键键级为 0.5；非键轨道 ψ_2 为 SOMO[16]。

（3）有机共轭分子

1931 年，休克尔（Hückel）提出处理有机共轭分子的分子轨道模型，即休克尔分子轨道（HMO）模型[17,18]。作为一种简化的 π 电子分子轨道理论模型，其假设为：所有共轭碳原子的库仑积分均为 α；所有原子间重叠积分为零；相邻原子的键积分均为 β。

① 无分支线性 π 体系。考虑每一个原子的一个 p 原子轨道构成 π 分子轨道。按 LCAO-MO 法，N 个 p 原子轨道构成 N 个分子轨道，可表示如下：

$$\psi_k = \sum_{j=1}^{N} c_{kj}\phi_j \quad (j=1,2,\cdots,N;\ k=1,2,\cdots,N)$$

通过计算得到在第 k 个分子轨道中第 j 个原子轨道组合系数 c_{kj} 以及分子轨道。

$$c_{kj} = \sqrt{\frac{2}{N+1}}\sin\left(\frac{\pi kj}{N+1}\right)$$

$$\psi_k = \sqrt{\frac{2}{N+1}}\sum_{j=1}^{N}\left[\sin\left(\frac{\pi kj}{N+1}\right)\right]\phi_j$$

第 k 个分子轨道的能级可用下面公式表示，其中 α 和 β 是库仑积分和键积分（$-\alpha > 0$；$-\beta > 0$）。

$$E_k = \alpha + 2\beta\cos\frac{k\pi}{N+1} \qquad k=1,2,\cdots,N$$

当 N 为偶数时，其中 $N/2$ 是成键轨道，$N/2$ 是反键轨道，在基态 N 个 π 电子恰好填充在 $N/2$ 个成键轨道中；当 N 为奇数时，其中 $(N-1)/2$ 是成键轨道，$(N-1)/2$ 是反键轨道，一个非键轨道 $\psi_{(N+1)/2}$，其序号是 $(N+1)/2$。当 $N \to +\infty$ 时，分子轨道形成宽度为 -4β 的能带。根据上面公式，可得到如下乙烯（图 1.9）、烯丙基体系（图 1.10）以及 1,3-丁二烯的 π 型分子轨道能级图（图 1.11）。

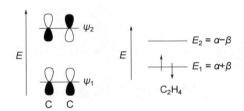

图 1.9 乙烯的 π 型分子轨道能级图

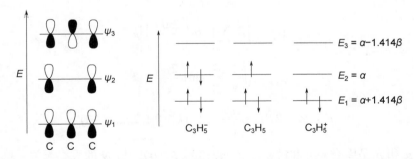

图 1.10 烯丙基体系（自由基、碳正离子、碳负离子）的 π 型分子轨道能级图

与前面的 σ 型三中心两电子键类似，烯丙基碳正离子、烯丙基自由基以及烯丙基碳负离子存在 π 型三中心键。根据上述分子轨道能级图，确定基态乙烯的前线轨道：ψ_1（成键轨道），HOMO；ψ_2（反键轨道），LUMO；烯丙基碳正离子的前线轨道：ψ_1（成键轨道），HOMO；ψ_2（非键轨道），LUMO；基态 1,3-丁二烯的前线轨道：ψ_2（成键轨道），HOMO；ψ_3（反键轨道），LUMO。基态乙烯的 π 电子组态（电子构型）为 ψ_1^2，π 电子总能量为 $2(\alpha+\beta)=2\alpha+2\beta$，因形成 π 键而产生的稳定能——键合能（binding energy，E_b）为 $2|\beta|$；基态 1,3-丁二烯的 π

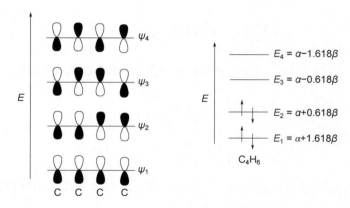

图 1.11　1,3-丁二烯的 π 型分子轨道能级图

电子组态为 $\psi_1{}^2\psi_2{}^2$，π 电子总能量为 $2(\alpha+2\beta\cos\pi/5)+2(\alpha+2\beta\cos2\pi/5)=4\alpha+4.472\beta$，键合能 E_b 为 $4.472|\beta|$。为了衡量 π 电子离域产生的稳定化效应，分子轨道理论定义了与共振能相当的概念——离域能（delocalization energy，E_d）：离域能=定域体系的能量−离域体系的能量。对于 1,3-丁二烯：假如两个 π 键是定域的，像两个乙烯的 π 键，两个孤立 π 键的能量为 $2(2\alpha+2\beta)=4\alpha+4\beta$；4 个 π 电子总能量为 $4\alpha+4.472\beta$；因此，1,3-丁二烯的离域能 $E_d=0.472|\beta|$，表示 4 个 π 电子由两个定域 π 键过渡到离域 π 键产生的稳定能。

②　无分支环状 π 体系。按 LCAO-MO 法，N 个原子的 p 原子轨道构成 N 个 π 型分子轨道，可表示如下：

$$\psi_k = \sum_{j=0}^{N-1} c_{kj}\phi_j \qquad (j=0,1,2,...,N-1;\ k=0,1,2,...,N-1)$$

通过计算得到如下分子轨道和分子轨道能级表达式。

$$\psi_0 = \frac{1}{\sqrt{N}}\sum_{j=0}^{N-1}\phi_j$$

$$\psi_k = \sqrt{\frac{2}{N}}\sum_{j=0}^{N-1}\left[\cos\left(\frac{2\pi kj}{N}\right)\right]\phi_j$$

$$\psi_{-k} = \sqrt{\frac{2}{N}}\sum_{j=0}^{N-1}\left[\sin\left(\frac{2\pi kj}{N}\right)\right]\phi_j$$

$$E_k = \alpha + 2\beta\cos\frac{2k\pi}{N} \qquad (k=0,1,2,...,N-1)$$

式中，α 和 β 是库仑积分和键积分（$-\alpha>0$；$-\beta>0$）。与 N 的大小无关，总有一个最低能级 $E_0=\alpha+2\beta$ 的分子轨道 ψ_0；N 为偶数时，总有一个最高能级 $E_{N/2}=\alpha-2\beta$ 的分子轨道；其余的分子轨道 ψ_k 和 ψ_{N-k} 是能级二重简并的（即 $E_k=E_{N-k}$）。通常把二重简并的分子轨道以及二重简并的能级分别简记为 ψ_k 和 ψ_{-k} 以及 E_k 和 E_{-k}。类似于线性体系，当 $N\rightarrow+\infty$ 时，分子轨道形成宽度为 -4β 的能带。

当所有成键轨道各被两个电子占据时，即总 π 电子数满足 $4n+2$（$n=0$，1，2，3，…）时，体系获得闭壳层稳定结构，这就是休克尔 $4n+2$ 规则（Hückel rule）。这一预言得到了实验的支持。例如环丙烯基正离子、环戊二烯基负离子、苯、环庚三烯正离子、环辛四烯负二价离子以及萘分别具有 2、6、6、6、10 以及 10 个电子，实验证明它们都是稳定的芳香体系。类似地，Se_4^{2+} 也具有芳香性。总 π 电子数为 $4n$ 者，基态是具有两个单电子的三重态，因而是不稳定的反芳香体系。例如环丁二烯是 4π 电子体系，极不稳定，迄今难以合成。

对于苯，6 个 π 分子轨道的能量分别为 $\alpha+2\beta$、$\alpha+\beta$、$\alpha+\beta$、$\alpha-\beta$、$\alpha-\beta$、$\alpha-2\beta$，π 电子组态为 $\psi_1^2\psi_2^2\psi_3^2$，6 个 π 电子总能量为 $2(\alpha+2\beta)+4(\alpha+\beta)=6\alpha+8\beta$；假定三个 π 键是定域的，相当于三个乙烯的 π 键，π 电子总能量为 $3(2\alpha+2\beta)$；因此，苯的离域能 $E_d=2|\beta|$，表示由假想的凯库勒结构过渡到苯的离域大 π 键产生的稳定能。苯的芳香性归因于苯大的离域能，而前述 1,3-丁二烯的离域能只有 $0.472|\beta|$。

三、分子性质的计算方法

用高斯（Gaussian）软件完成一个计算任务，必须确定计算方法和基组，计算方法和基组的组合定义高斯程序的模型化学。

按 LCAO-MO 法，N 个原子轨道构成 N 个分子轨道，可表示如下：

$$\psi_k = \sum_{j=1}^{N} c_{kj}\phi_j \qquad (j=1,2,...,N;\ k=1,2,...,N)$$

式中，ψ_k 是第 k 个分子轨道，c_{kj} 是第 k 个分子轨道中第 j 个原子轨道 ϕ_j 的组合系数。

构成分子轨道的原子轨道集合称为基组（basis set）。第二周期元素化合物的最小基组由每个原子的 1s、2s、$2p_x$、$2p_y$ 和 $2p_z$ 轨道（以及每个氢原子的 1s 轨道）组成。在 MO 计算中，选择一个初始分子结构和一组近似的分子轨道，计算出分子的能量。迭代计算（自洽场，SCF）和几何优化重复进行直到总能量最小。

不可能精确地进行这些计算，所以要做各种近似和或引入参数。特定的一组近似和参数定义不同的 MO 方法[19]。

计算结果的输出包括原子的位置、每个基组轨道对每个 MO 的贡献，即组合系数 c_{kj} 和每个 MO 的能量。分子的总键合能是填充电子的 MO 键合能之和。任一原子 r 的电荷密度 q_r 可通过下面方程计算：

$$q_r = \sum n_k c_{kr}^2$$

式中，n_k 是第 k 个分子轨道中的电子数，求和遍及占有电子的分子轨道；c_{kr} 是第 k 个分子轨道中原子 r 的原子轨道的组合系数。因此，分子轨道的计算提供分子结构、能量和电子密度的信息。

近似和参量化的程度因计算方法的不同而不同。随着计算机能力的扩大，用更大的基组和更少的近似和参数计算大分子已成为可能。随着处理各种近似的更好方法的发展，预测结构、能量和电子密度的计算精度得到了提高。

1. 从头计算的方法

从头计算（ab initio computations）是基于自洽场（SCF）的迭代计算，就像前面的 HMO 法一样，但是不使用实验数据来校准计算中出现的量。这些方法比半经验方法要求更多的计算机时，但是它们的可靠性和适用范围已经大大提高，因为功能更强大的计算机允许更复杂的方法，并且能够处理更复杂的分子。循环计算使电子分布和分子几何的能量最小化，直到没有进一步的改进，即到达收敛为止。

具体的从头计算方法取决于波函数的形式和所使用的基组函数的性质。波函数最常见的形式是用基函数的线性组合表示的分子轨道。早期的计算通常是用 Slater 型原子轨道，STO。目前大多数计算都是用高斯型原子轨道（GTO）完成的。相当准确地表示一个 STO 需要三个或更多个 GTO。目前大多数基组（basis set）使用六个 GTO 表达，通常记为 6G。在 SCF 计算的过程中，STO-NG 的 N 个分量的加权系数不会发生变化。

基组是基函数的集合。对于碳、氮和含氧化合物，最小基组由每个氢原子的 1s 函数和每个第二周期元素的 1s 函数、2s 函数和 2p 函数组成。使用更广泛的基组可能包含两个或更多的外层组分，称为分裂价组（split-valence set）。基组可能包括氢原子的 p 函数和/或其它原子的 d 和 f 函数，这些称为极化函数（polarization function）。基组也可包括扩散（弥散）函数（diffuse function）。在不同的环境中，分裂价组可以描述原子上更紧密或更松散的电子分布。极化允许轨道形状的改变和电荷中心的移动。扩散函数改进对电子分布外延的描述。

波普尔（Pople）提出了一个缩写系统，用以表示从头计算中所用基组的构成。在 3G 或 6G 后面的一系列数字表示每个连续壳层所使用的高斯函数数目。包含 d 和 f 轨道由*号表示：一个星*指示第二周期元素的 d 轨道，两个星**表示氢原子的 p 轨道也包括在内。如果使用了弥散轨道（diffuse orbital），它们就用一个加号+表示，双加号++意味着在氢和第二周期元素上都利用弥散轨道。分裂价组由一个序列表示，该序列定义了每个组分中的高斯轨道数。分裂价轨道用 "'" 表示，三个高斯轨道组成的系统用 "'" "″" "‴" 表示。计算化学中的一些基组缩写列于表 1.8。

表 1.8 描述高斯基组的缩写

表示符号	H	C	第二周期元素的函数
3-21G	2	9	1s'; 2s', 3 2p'; 2s‴, 3 2p″
3-21+G	2	13	1s'; 2s', 3 2p'; 2s‴, 3 2p″; 2s+, 3 2p+
6-31G*或 6-31G(d)	2	15	1s; 2s', 3 2p'; 2s″, 3 2p″; 5 3d
6-31G**或 6-31(d,p)	5	18	1s; 2s', 3 2p'; 2s″, 3 2p″; 2s‴, 3 2p‴; 5 3d
6-31+G*或 6-31+d	3	19	1s; 2s', 3 2p'; 2s″, 3 2p″; 5 3d; 2s+, 3 2p+
6-311G**或 6-311(d,p)	6	18	1s; 2s', 3 2p'; 2s″, 3 2p″; 2s‴, 3 2p‴; 5 3d
6-311G(df,p)	6	25	1s; 2s', 3 2p'; 2s″, 3 2p; 2s‴, 3 2p‴; 5 3d; 7 4f
6-311G(3df,3pd)	17	35	1s; 2s', 3 2p'; 2s″, 3 2p″; 2s‴3p″; 5 3d, 7 4f

从头计算的一个重要特点是它们处理电子相关（electron correlation）的程度。相关能定义为分子的精确能量和 SCF 计算所获得的最佳能量之间的差。在计算中，采用平均场近似，即假定每个电子受到一个由其它电子定义的平均静电斥力，这被称为 Hartree-Fock（HF）计算。相关能可以通过 Møller-Plesset（MP）的微扰方法或者通过引入激发态的组态相互作用（CISDT）进行计算。

从头计算的结果类似于 HMO 和半经验方法。计算得到最小能量下的原子坐标、每个 MO 的能量和原子轨道的组合系数，分子的总能量通过占据轨道的求和计算出来。文献报道计算化学研究的结果，一般惯例是列出相关性的处理方法，例如 HF、MP2、CISDT，然后是所使用的基组。很多研究在不同水平上进行计算。例如，分子几何可以用一个基组优化，然后用其它基组计算能量。

2. 密度函数理论

计算分子性质的另一重要方法是密度函数理论（density functional theory，DFT），该理论关注分子的总电子密度。20 世纪 90 年代，密度函数理论（DFT）的高效版本问世，彻底改变了计算化学。有机和金属有机中型体系的计算研究目前以密度函数（泛函）方法为主。DFT 基于 Hohenberg-Kohn 定理，这个定理指出基态体系的能量完全由电子密度和与能量相联系的电子密度的函数来定义。这意味着密度函数包含了所有关于电子相关性的信息。密度函数有用近似方法的发明使 DFT 变得功能强大和应用流行。

电子密度分布是由在任何点 r 的电子密度 $\rho(r)$ 确定的，$\rho(r)$ 的空间积分提供了描述分子结构和电子分布所需的信息。计算涉及电子密度表达式。体系的能量用 Kohn-Sham 方程表示。

$$E = T + V_{en} + J_{ee} - V_{xc}$$

式中，T 是电子的动能；V_{en} 和 J_{ee} 分别是电子-核相互作用能和电子-电子相互作用能；V_{xc} 是电子交换能。通过实验数据和计算值的比较，已经发展了各种近似方法并校准了它们。所采用的策略是对不能精确计算的项目进行参数化。泛函中的参数通常是通过优化分子数据来选择的。在有机化学中，最常用的方法是由 Becke 提出的。Lee、Yang 和 Parr（LYP）通过拟合建立了一个相关函数来精确地计算氢原子。将这种"纯 DFT"泛函与交换的 Hartree-Fock 形式结合起来是混合方法的基础。贝克的混合交换函数称为"B3"，与 LYP 相关函数相结合，是许多交换和相关函数中应用最广泛的。这种方法称为 B3LYP 方法。求解 Kohn-Sham 方程的方法类似于求解自洽场 Hartree-Fock 方程，并且使用相同的基组。也就是说，先猜测轨道，构造近似的 Kohn-Sham 哈密顿算符，然后解 Kohn-Sham 方程得到修正的轨道，用修正的轨道再重构哈密顿算符，如此反复进行，直到它收敛。

密度泛函计算耗时少于最先进的从头计算分子轨道方法。因此，B3LYP 和其它 DFT 方法在有机化学中得到了广泛的应用。与 MO 计算一样，密度泛函计算得到最小能量的几何形状和总能量。其它依赖于电子分布的性质，例如分子偶极矩、振动频率等，也可以计算出来。利用高斯软件中的 IRC 程序可以计算反应途径、研究反应机理。溶剂化模型的应用能调节分子的能量，涉及溶剂效应的计算可采用极化的连续介质模型程序（polarizable continuum model，PCM）。此外，还有溶剂化模型密度程序（solvation model density，SMD）。采用 B3PW91/6-311G(2df,p) 方法计算有机硒化合物的分子几何和能量给出了满意的结果。用几种 DFT 方法以及溶剂模型计算水溶液中硒醇的 pK_a，其中 ωB97XD/6-31+G(d,p) 方法以及 SMD，给出了较为满意的结果：对硒半胱胺，计算值 5.16 接近实验值 5.31。在 ZORA-SO 水平上，以 PBE0 混合函数和基组 TZ2P 计算 [Th{Se₂P(Ph)(OMe)}₄] 的 ^{77}Se 化学位移，计算值 224 与实验值 222 非常一致。

四、构象与立体电子效应

为了在二维平面上表示分子中的原子在三维空间的排布需要构型式（图 1.12）：①楔形式，指向纸面前方和纸面后方的键分别用楔形线（wedged line）和虚线（dashed line）表示，位于纸面的键用普通实线表示；②Fischer 投影式，十字交叉线表示四个键，交叉点表示手性中心，横线（水平线）表示指向纸面前方的键，竖线（垂直线）表示指向纸面后方的键；③Newman 投影式，适合于表示两个成键原子上其它基团的相对取向，圆圈表示前面的原子，前面原子的键从圆中心画出，后面原子的键从圆圈画出。立体化学（stereochemistry）是研究分子中原子在空间排列的，构造相同而原子在空间排列不同的异构体称为立体异构体（stereoisomer）。立体异构体分为构型异构体（configuration isomer）和构象异构体（conformer）。构型异构体分为顺反异构体（*cis-trans* isomer）（也称为几何异构体，geometric isomer）、对映异构体（enantiomer）（也称为光学异构体，optical isomer）和非对映异构体（diastereomer）。分子中原子在空间的固定排列称为分子的空间构型（configuration），分子因单键旋转产生的不同空间排列称为构象（conformation），通常各构象体之间能快速转化，一般不能予以分离，因此构象体也称为旋转异构体（rotamer）。分子的构型和构象影响分子的反应性。

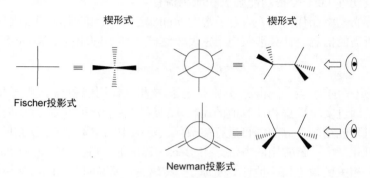

图 1.12 分子中原子空间排列的投影式

1. 构型

标记构型需要比较所连基团（配体）的优先次序，根据 CIP 次序规则（Cahn-Ingold-Prelog priority rules）确定基团的优先次序：①如果与立体中心直接相连的原子不同，原子序数越大越优先，例如 I>Br>Cl>F；②如果第一个原子相同，比较第二个原子是否异同，如有必要可依次比较直至两个基团有差别为止，例如 Me₃C>Me₂CH>Et>Me；③双键和三键作为双重单键和三重单键处理；④如果两个基团是同一元素的同位素，质量数越大越优先，例如 T>D>H；⑤孤电子对有最低优先次序，H>n（孤对电子）；⑥如果两个基团的差别仅仅是构型不同，则 *Z* 比 *E* 优先、*R* 比 *S* 优先。

常见取代基的优先次序为：I>Br>SeH>Cl>SH>F>HO>NH₂>COOH>CHO>CH₂OH>Ph>HC≡C>Me₃C>H₂C=CH>Me₂CH>CH₃CH₂CH₂>Et>Me>T>D>H>孤对电子（n）。

（1）双键的构型

sp² 杂化的碳原子是平面的，当碳碳双键所连四个基团（配体）不同时，存在可分离的两种烯烃异构体。由于高的旋转能垒（π 键键能，272kJ/mol），这两种几何异构体不易相互转化。如果一个双键碳上只有一个取代基，两个取代基在双键同一边者称为顺式异构体（*cis* isomer），而两个取代基分别在双键的两边者则称为反式异构体（*trans* isomer）。根据 CIP 次序规则，如果规定双键原子上的取代基优先次序大的两个基团在双键同一边者称为 *Z*-异构体（*Z*-isomer），而优先次序大的两个基团分别在双键的两边者为 *E*-异构体（*E*-isomer），那么 *E-Z* 构型标记法可以明确用于多取代不饱和体系如多取代烯烃、烯基负离子（vinyl anion）、亚胺（imine）和肟（oxime）等的构型标记（图 1.13）。例如，对烯基负离子：一个双键碳上 R>H，另一个双键碳上 H>n；因此，R 和 H 在双键同一边的负离子其构型标记为 *Z*，而 R 和 H 分别在双键两边的负离子其构型则标记为 *E*。

（2）环状化合物的构型

环上取代基处于环的同一边为顺式（*cis* isomer），位于两边为反式（*trans* isomer），例如

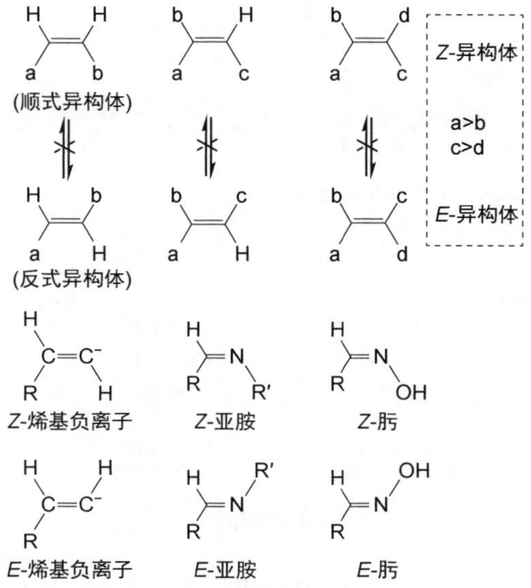

图 1.13　不饱和体系的构型标记

1,2-二甲基环己烷存在顺式异构体和反式异构体。两个环共一个边也产生顺反异构体，例如顺式十氢萘（*cis*-decalin）和反式十氢萘（*trans*-decalin）。

（3）立体中心的构型

分子与其镜像不能重合的性质称为手性（chirality，handedness）。具有手性的分子称为手性分子，手性分子的判断准则是：如果一个分子没有象转轴 S_n（$n=1$，S_1=对称面；$n=2$，S_2=反演中心、对称中心），那么分子具有手性。手性分子以彼此成镜像的两个异构体（对映异构体）存在。对映异构体具有使偏振光旋转的物理性质，因此对映异构体也称为光学异构体，使偏振光右旋者称为右旋体（dextrorotatory enantiomer），旋光度为正值标记为（+）或 *d*，使偏振光左旋者称为左旋体（laevorotatory enantiomer），旋光度为负值标记为（−）或 *l*，例如右旋甘油醛和左旋甘油醛分别表示为(+)-甘油醛（或 *d*-甘油醛）和(−)-甘油醛（或 *l*-甘油醛）。标记对映体的相对构型以甘油醛为标准：在 Fischer 投影式中，手性碳的羟基在右边的甘油醛构型标记为 D；手性碳的羟基在左边的甘油醛构型标记为 L；右旋甘油醛标记为 D-(+)-甘油醛，左旋甘油醛标记为 L-(−)-甘油醛。对于具有多个手性碳的立体异构体如糖类，指定编号最大的手性碳与甘油醛进行比较以确定其相对构型（参阅第十四章）。一对对映异构体具有符号相反的比旋光度（specific rotation）以及对手性试剂的不同反应性和不同的生物活性［香芹酮的一对异构体(*R*)-(−)-carvone（来自留兰香油）和(*S*)-(+)-carvone（来自香菜籽油）具有不同的气味］。一个带有四个不同基团的四面体碳原子称为不对称碳原子（asymmetric carbon）或手性碳原子，产生两个对映异构体。利用 CIP 优先次序规则可对 sp^3 杂化的手性碳原子进行构型标记：①确定手性中心四个配体的优先次序；②让最小次序基团 d 远离观察者，其余三个基团（a>b>c）如果按顺时针排列其构型标记为 *R*，逆时针排列则其构型标记为 *S*（图 1.14）。具有一个手性碳原子的甘油醛（glyceraldehyde，四个基团的次序：HO>CHO>CH$_2$OH>H）存在一对对映异构体，D-甘油醛和 L-甘油醛，手性碳原子的构型分别标记为（*R*）和（*S*）；具有一个手性碳原子的乳酸（lactic acid）（四个基团的次序：HO>COOH>CH$_3$>H）存在一对对映异构体，D-乳酸和 L-乳酸，手性碳原子的构型分别标记为（*R*）和（*S*）。对于有多个手性碳的分子利用上面的方法对每个手性碳进行标记，例如 D-(−)-酒石酸可表示为(2*S*,3*S*)-(−)-酒石酸。

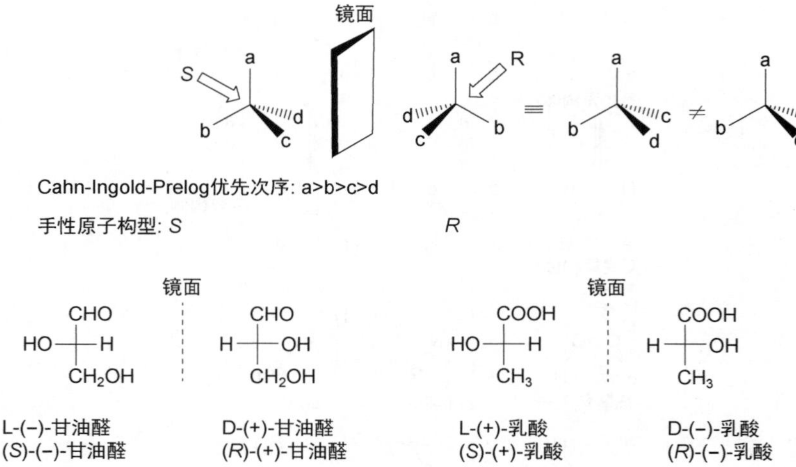
镜面
S
a
b
c
d
a
R
d
c
b
a
b
c
d
a
b
d
c
Cahn-Ingold-Prelog优先次序: a>b>c>d
手性原子构型: S
R
镜面
CHO
HO
H
CH2OH
CHO
H
OH
CH2OH
镜面
COOH
HO
H
CH3
COOH
H
OH
CH3
L-(−)-甘油醛
(S)-(−)-甘油醛
D-(+)-甘油醛
(R)-(+)-甘油醛
L-(+)-乳酸
(S)-(+)-乳酸
D-(−)-乳酸
(R)-(−)-乳酸

图 1.14　手性碳的构型标记

有两个相同手性碳原子的有机分子如酒石酸存在三个立体异构体：一对对映异构体，即 D-酒石酸和 L-酒石酸，一个内消旋体（mesomer），即内消旋酒石酸（meso-tartaric acid）。有两个不同手性碳原子的有机分子如丁醛糖 $C_4H_8O_4$ 存在四个立体异构体即两对对映异构体：一对赤藓糖（erythrose）异构体和一对苏阿糖（threose）异构体。为方便起见，在立体化学中，把不是对映关系的立体异构体称为非对映异构体（diastereomer），例如 D-酒石酸和 L-酒石酸与内消旋酒石酸为非对映异构体，一种赤藓糖与一种苏阿糖也是非对映异构体。非对映异构体具有不同的物理性质（如旋光度不同）和不同的化学性质。

为了表示对映体或非对映体的含量常用对映体过量（enantiomeric excess，ee）（光学纯度，optical purity）或非对映体过量（diastereomeric excess，de）表示，它们定义为两个主次异构体的百分含量之差，分别用%ee（% ee 或 ee%）和%de（% de 或 de%）表示。等量的一对对映体的混合物称为外消旋体（racemic mixture；racemate），它没有旋光性，可用前缀（±）或（*dl*）标记，例如外消旋乳酸可表示为(±)-乳酸或(*dl*)-乳酸。

除手性碳原子外，根据手性判据，含有三配位硒以及四配位硒等手性中心（不对称中心或立体中心）的化合物都存在对映异构体（R ≠ R′ ≠ R″）（图 1.15）。

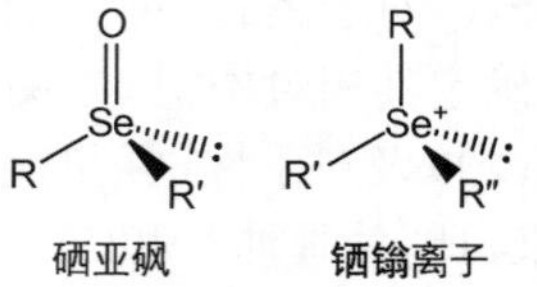
O
Se
R
R′
R
Se+
R′
R″
硒亚砜
硒鎓离子

图 1.15　硒手性中心

2. 构象

（1）环戊烷及其衍生物的构象

环戊烷存在三种能量差别很小的构象：平面构象（planar conformation），五个碳原子在同一平面；信封式构象（envelope conformation，E），其中一个碳原子位于其它四个碳原子所确定的平面外；半椅式（twist conformation，T）构象，其中两个碳原子分别位于其它三个碳原子所确定的平面两侧。就环戊烷本身而言，这两种非平面构象的能量几乎相同，很容易相互转化；与环戊烷不同，取代环戊烷观察到优势构象，例如甲基环戊烷、1,3-二甲基环戊烷的优势构象是信封式，而 1,2-二甲基环戊烷的优势构象则是半椅式；与此相关，环戊酮的优势构象是信封式。

（2）环己烷及其衍生物的构象

环己烷存在椅式（chair，C）、扭船式（skew，S）、船式（boat，B）和半椅式（half-chair，H）等四种构象，其中椅式构象是最稳定的优势构象。以椅式构象作为能量比较标准，扭船式、船式和半椅式的能量分别是：23kJ/mol（5.5kcal/mol）、30kJ/mol（7.1kcal/mol）和45kJ/mol（10.8kcal/mol）。在船式构象中，存在船底相邻两个 CH_2 的重叠产生的扭转张力和船头旗杆氢之间的范德瓦耳斯斥力。与船式相比，扭船式中相邻两个 CH_2 之间的重叠程度降低，旗杆氢进一步远离，因此能量比船式构象低。在半椅式中，四个相邻的碳原子共平面，相邻的 CH_2 重叠产生扭转张力，同时由于键角偏离 109.5°，存在角张力，因此半椅式构象的能量最高。在椅式环己烷中，存在直立氢与平伏氢，但由于两种椅式构象的快速相互转化，使一个椅式构象中的所有直立氢转化为另一椅式构象中的平伏氢，因此在室温下 ^1H NMR 只显示一个平均信号，但在低温下，两个椅式构象转化速率减慢，^1H NMR 能够检测到两种类型的氢信号（图 1.16）。对于取代环己烷，当分子为椅式构象时，处于 a 键的取代基存在 1,3-二竖键（1,3-二直立键）（1,3-diaxial interaction）范德瓦耳斯排斥作用，因此取代基处于 e 键的构象是稳定构象，通常占绝对优势（图 1.17），例如在室温下甲基环己烷的 e 式构象占 95%、叔丁基环己烷的 e 式构象占 99.99%、环己醇的 e 式构象占 77%。

图 1.16　椅式环己烷中键的取向　　　　图 1.17　1,3-二直立键相互作用

（3）环己烯及其衍生物的构象

烯碳原子具有平面性，与它们成键的原子必须处于同一平面，因此另外两个原子只能处于该平面的两侧，环己烯采取半椅式构象（图 1.18）。对于取代环己烯，取代基处于假平伏键（e'键）的构象比处于假直立键（a'键）的稳定。对于有四个原子处于平面的其它六元环体系也都采取半椅式构象，例如烯糖采取半椅式构象，对烯键的加成生成 1,2-直立键反式产物。

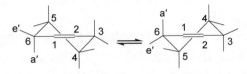

图 1.18　环己烯的半椅式构象

（4）硒杂环戊烷和硒杂环己烷衍生物的构象

经剑桥结构数据库（CSD）检索，在硒杂环戊烷衍生物中，五元杂环采取半椅式构象（half-chair，H）。在四氢硒吩（THS）溴化汞配合物 $HgBr_2 \cdot 2THS$（CSD：GASSUO）中，Se1-C1 键长 1.969(11)Å（$1Å=10^{-10}m$），Se1-C4 键长 2.007(9)Å，C1-Se1-C4 键角 90.4(4)°，硒

以及与之成键的两个碳原子构成一个平面 C1-Se1-C4,剩余的两个碳原子 C2 和 C3 分别距离该平面−0.360(9)Å 和 0.405(9)Å。在脱氧硒核苷(CSD:MABWAP)中,硒以及与之成键的两个碳原子 C6 和 C9 构成一个平面 C6-Se1-C9,剩余的两个碳原子 C7 和 C8 分别距离该平面 0.410(3)Å 和−0.297(3)Å。在硒核苷(CSD:PIRZAS)中,硒以及与之成键的两个碳原子 C5 和 C8 构成一个平面 C5-Se1-C8,剩余的两个碳原子 C6 和 C7 分别距离该平面 0.395(2)Å 和−0.329(2)Å(图 1.19)。值得注意的是:在这两种硒核苷中,糖苷键均处于假直立键(a'键)位置。

在硒杂环己烷衍生物中,六元杂环采取椅式构象(chair,C)。在 2-氰基硒杂环己烷(CSD:ZILZIF)中,Se1-C1 键长 1.937(5)Å,Se1-C5 键长 1.952(5)Å,C1-Se1-C5 键角 95.7(2)°(图 1.20)。

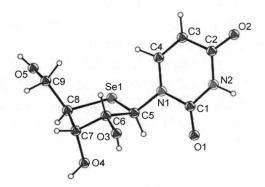

图 1.19 硒核苷的结构

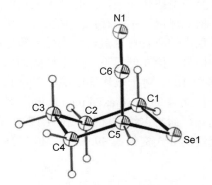

图 1.20 2-氰基硒杂环己烷的结构

在 1,4-二硒杂环己烷(1,4-diselenane,CSD:DSELAN)中,六元杂环采取椅式构象,Se1-C1 键长 1.985(7)Å,Se1-C2 键长 2.033(7)Å,C1-Se1-C2 键角 97.86(10)°。在配合物 (1,4-oxaselenane)$_2$PtBr$_2$(CSD:BOSEPT)中,六元杂环也是采取椅式构象,Se1-Pt1 键长 2.430(5)Å,Se1-C1 键长 1.959(4)Å,Se1-C2 键长 1.854(4)Å,C1-Se1-C2 键角 90.85(10)°。

3. 立体电子效应

分子内杂原子的孤对电子或相关的 σ 键电子对与反式共平面的反键轨道(或空轨道)相互作用产生稳定化效应,称为立体电子效应(stereoelectronic effect)[20]。图 1.21 示例立体电子效应的三种情况:①孤对电子与碳-杂原子 X 的反键轨道相互作用,$n_E \to \sigma^*_{C-X}$ 作用;②孤对电子与空 p 轨道相互作用,$n_E \to p$ 作用;③空 p 轨道与碳-杂原子的成键轨道相互作用,$\sigma_{C-E} \to p$ 作用。由于存在 $n \to \sigma^*_{C-E}$ 作用,第三周期(包括)以后的主族元素 E 有稳定 α-碳负离子的能力;由于存在 $\sigma_{C-E} \to p$ 作用,重原子 E 有稳定 β-碳正离子的能力;由于其极化率大,重原子 E 易发生化学反应。

像环己烷及其衍生物一样,吡喃环的优势构象是椅式构象。如果大取代基位于轴向位置(axial position),会发生不利的 1,3-二直立键排斥相互作用,因此在环己烷衍生物中取代基处于平伏键是能量有利的。对于吡喃糖类,这个规则仅适用于半缩醛(β-anomer),它们通过 β-羟基与环氧形成分子内氢键而稳定。当吡喃糖端基中心的取代基是卤素、烷氧基、烷硫基等时,这些取代基倾向于占据轴向位置。这种 α-异头物(α-anomer)占优势的现象称为异头效应(anomeric effect)。在吡喃糖中,异头效应的实质是孤对电子的轨道与极性键的反键轨道相互作用($n_O \to \sigma_{CO}^*$)导致的稳定化效应。如图 1.20 所示,由于异头效应,在 2-氰基硒杂环己烷中,氰基处于 a 键位置。

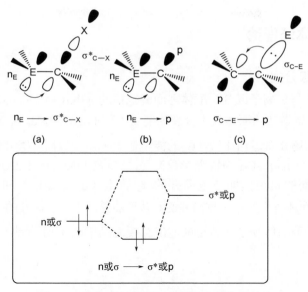

图 1.21　起源于轨道相互作用的立体电子效应

第四节　配合物的结构

研究配合物的结构和稳定性的理论有三种：价键理论；晶体场理论；分子轨道理论（即配位场理论）。

一、配合物的价键理论

价键理论认为配体提供的电子对进入中心金属的杂化空轨道形成配位键。这个理论能说明配合物的磁性和几何构型（表 1.9）。

表 1.9　杂化轨道与配合物的几何构型

轨道杂化方式	sp 杂化	sp^2 杂化	sp^3 杂化
实例	MeHgCl，直线形	Ag(CN)$_3^{2-}$，平面三角形	ZnCl$_4^{2-}$，四面体
轨道杂化方式	dsp^2 杂化	dsp^3 杂化	d^{2}sp^3 杂化
实例	Pt(NH$_3$)$_2$Cl$_2$，平面四边形	Fe(CO)$_5$，三角双锥；Ni(CN)$_5^{3-}$，四方锥和三角双锥	Mo(CO)$_6$，八面体

由于 Ni(NH$_3$)$_4^{2+}$ 与 Ni^{2+} 有相同的磁矩，而 Ni(CN)$_4^{2-}$ 磁矩为零，推测中心离子分别采用 sp^3 杂化和 dsp^2 杂化接受来自配体的电子对，因此 Ni(NH$_3$)$_4^{2+}$ 是四面体几何构型而 Ni(CN)$_4^{2-}$ 是平面四边形的，前者 3d 轨道电子构型与 Ni^{2+} 相同都有两个单电子，而后者 3d 轨道 8 个电子重新成对分布于 4 个 d 轨道，没有单电子因而没有磁矩。对 FeF$_6^{3-}$ 与 Fe(CN)$_6^{3-}$，中心离子分别采用 sp^{3}d^2 杂化轨道和 d^{2}sp^3 杂化轨道成键，前者使用 4d 轨道后者采用 3d 轨道，因而前者的单电子数与 Fe^{3+} 相同，都是五个单电子，而后者 5 个 d 电子重新分布于 3 个 3d 轨道因而只有一个单电子。这样根据所谓的内轨道 [(n−1)d、ns、np] 成键和外轨道（ns、np、nd）成键，价键理论就能解释过渡金属配合物的磁性。

二、配合物的晶体场理论

1. d 轨道的能级分裂

配合物中心离子与负离子或分子配体之间是纯粹的静电作用；中心离子五重简并的 d 轨道发生能级分裂。d 轨道在八面体场中分裂为能量不同的 t_{2g}（d_{xy},d_{xz},d_{yz}）和 e_g（$d_{x^2-y^2}$,d_{z^2}）两组轨道；与球形对称场 d 轨道相比较，t_{2g} 的能量低于 e_g，分裂后两类 d 轨道的能量差（轨道分裂能）$\Delta_O=E_{e_g}-E_{t_{2g}}=10Dq$（Dq 为场强参数），$e_g$ 能量高 6Dq（图 1.22）。d 轨道在四面体场中也分裂为能量不同的轨道，即三重简并的 t_2 轨道（d_{xy},d_{xz},d_{yz}）和二重简并的 e 轨道（$d_{x^2-y^2}$,d_{z^2}）；与八面体场不同，三重简并的 t_2 轨道能量高于二重简并的 e 轨道，分裂能 $\Delta_T=4/9\Delta_O$（图 1.23）。各种晶体场中 d 轨道的能级分裂总结于表 1.10[21,22]。

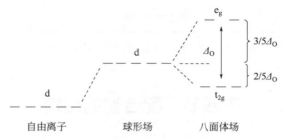

图 1.22　d 轨道在正八面体场中的能级分裂

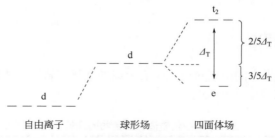

图 1.23　d 轨道在四面体场中的能级分裂

表 1.10　各种晶体场中 d 轨道的能级分裂　　　　　　单位：Dq

构型	晶体场	$d_{x^2-y^2}$	d_{z^2}	d_{xy}	d_{xz}	d_{yz}
L-M-L	直线（沿 z 轴）	−6.28	10.28	−6.28	1.14	1.14
L-M-L	直角形（配体分别在 x 轴和 y 轴）	6.14	−2.14	1.14	−2.57	−2.57
ML₃	三角形（在 xy 平面）	5.46	−3.21	5.46	−3.85	−3.85
ML₄	正四面体	−2.67	−2.67	1.78	1.78	1.78
ML₄	平面正方形（在 xy 平面）	12.28	−4.28	2.28	−5.14	−5.14
ML₅	三角双锥（赤道面在 xy 平面）	−0.82	7.07	−0.82	−2.71	−2.71
ML₅	四方锥（轴沿 x 轴）	9.14	0.86	−0.86	−4.57	−4.57
ML₆	正八面体	6.00	6.00	−4.00	−4.00	−4.00
ML₇	五角双锥（赤道面在 xy 平面）	2.82	4.93	2.82	−5.28	−5.28

2. 晶体场稳定化能与 d 电子构型

电子在分裂的 d 轨道上重新排布引起体系的能量降低，这个下降值称为晶体场稳定化能（crystal field stabilization energy，CFSE）。轨道分裂能决定配合物的电子构型、磁性以及稳定性，它是研究配合物的重要数据。分裂能主要依靠配合物的电子光谱来估计（也可以利用微扰理论进行计算）。根据光谱选律，在八面体配合物中，d-d 跃迁（$t_{2g} \rightarrow e_g$）发生在宇称相同的两态之间，跃迁是禁阻的，因而吸收强度弱。

配合物的磁性与未成对电子数有关。根据洪特（Hund）规则，在八面体配合物中，d^1、d^2、d^3、d^8 和 d^9 只有一种可能的电子排布。$d^4 \sim d^7$ 可能存在两种自旋组态即高自旋态和低自旋态。同一轨道上自旋相反的两个电子相互排斥存在电子成对能 P，当分裂能大于成对能即当 $\Delta_O > P$ 时，电子将首先填满能级较低的三重简并轨道，再依次填充二重简并的能级较高的轨道，这样导致未成对电子少，称为低自旋态；而当分裂能小于成对能即当 $\Delta_O < P$ 时，电子将分占不同的轨道保持最多的未成对电子，称为高自旋态。因此，弱场配体（weak field ligand）采取高自旋（high-spin）；强场配体（strong field ligand）采取低自旋（low-spin）。在四面体配合物中，d^1、d^2、d^7、d^8 和 d^9 只有高自旋一种可能的排布。$d^3 \sim d^6$ 原则上可能存在两种自旋组态即高自旋态和低自旋态。低自旋态要求 $\Delta_T > P$，由于四面体场分裂能小，$\Delta_T = 4/9\Delta_O < P$，因此 $d^3 \sim d^6$ 应该也是高自旋的，实际上迄今为止还没有发现低自旋的四面体配合物。

3. 影响轨道分裂能的因素

轨道分裂能依赖于金属和配体的性质以及配合物的几何构型。

（1）金属的性质

当配体相同时，金属的离子势（电荷/半径）越大，极化力越强，轨道分裂能越大。在同族元素中，轨道的主量子数越大分裂能越大，例如$[M(NH_3)_6]^{2+}$：M=Co，$22900cm^{-1}$；M=Rh，$34100cm^{-1}$；M=Ir，$40000cm^{-1}$。在同一族中，3d→4d 分裂能增加 40%～50%；4d→5d 分裂能增加 20%～25%。因此第二、三过渡系元素几乎都是生成低自旋八面体配合物，而第一过渡系则高、低自旋都有。实验发现第一过渡金属的八面体场轨道分裂能在 7000~35000cm^{-1}，由于 8066$cm^{-1} \approx 1eV$，所以第一过渡金属的八面体场轨道分裂能在 1～4eV 范围内。

（2）配体的性质

对于同一过渡金属离子来说，分裂能随配体而变。根据分裂能将常见配体排序得到光谱化学序列（spectrochemical series）：CO≈$CN^- > NO_2^- > en$(乙二胺)$> NH_3 > H_2O > C_2H_5OH > OH^- > F^- > SCN^-,Cl^- > Br^- > I^-$。CO 和 CN^- 等称为强场配体，Δ 为 30000～50000cm^{-1}；Br^- 和 I^- 等是弱场配体，$\Delta < 20000cm^{-1}$。只考虑静电作用的晶体场理论无法解释光谱化学序列，只有同时考虑静电作用和共价成键的分子轨道理论（配位场理论）才能给出满意的解释。

（3）几何构型的影响

不同几何构型的轨道分裂能次序：平面正方形（$1.3\Delta_O$）>八面体（Δ_O）>四面体（$4/9\Delta_O$）。

4. 配合物的几何构型与 Jahn-Teller 效应

实验发现，过渡元素的配合物或晶体中，配位数为 6 的构型并非都是理想的正八面体。这是由于存在所谓的 Jahn-Teller 效应畸变[23]。Jahn-Teller 定理的表述是：任何非线性分子其基态若存在轨道简并的电子态，则是不稳定的，它一定要通过几何变形降低对称性以解除简并使体系趋于稳定。根据这一定理作出如下的推断：高自旋的 d^4、低自旋的 d^7 在 e_g 轨道上只有 1 个电子，存在简并态，因而存在畸变；类似地，Cu^{2+}（d^9）的配合物，e_g 轨道未全充满，存在简并态，因而存在畸变，晶体结构研究证明 Cu^{2+}（d^9）的配合物常常是拉长的八面体几何构型。八面体配合物的构型畸变与 d 轨道能级相关图示于图 1.24。

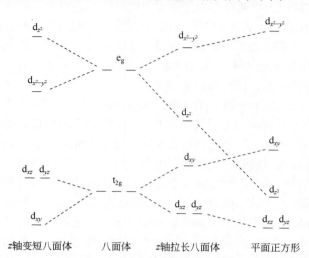

图 1.24　六配位（八面体）配合物的几何构型与 d 轨道能级相关图

图 1.25 是 D_{3h}（三角双锥场）和 C_{4v}（四方锥场）中 d 轨道能级相关图。五配位的配合物存在 D_{3h}（三角双锥）和 C_{4v}（四方锥）两种极端构型。由于两种构型能量相差不大，五配位的配合物（配离子）如 $Ni(CN)_5^{3-}$ 存在构型互变。已发现的结构常常介于两者之间。低自旋的 d^3、d^4 优选 D_{3h} 结构；d^5、d^6 优选 C_{4v} 结构，如 $M(CO)_5$（M=V、Cr、Mo、W）采取 C_{4v} 结构；低自旋 $d^7 M(CO)_5$ 优选 C_{4v} 结构；低自旋 d^8 两种结构处于平衡；高自旋的 d^3 优选 C_{4v} 结构；高自旋的 d^4、d^9 出现两种结构；高自旋 d^5、d^{10} 有利于 D_{3h} 结构，也可能出现两种结构。四配位化合物的几何构型 T_d（四面体场）、D_{2d}（扁四面体场）和 D_{4h}（平面四边形场）与 d 轨道能级相关图示于图 1.26。

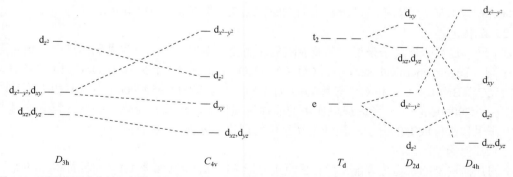

图 1.25　五配位配合物的几何构型与 d 轨道能级相关图　　图 1.26　四配位配合物的几何构型与 d 轨道能级相关图

三、配合物的配位场理论

晶体场理论模型简单，图像明确。由于只考虑了静电作用，完全忽略共价作用，因而存在明显的缺陷，不能解释光谱化学序列，不能解释许多金属有机化合物如 $Fe(CO)_5$、$Mo(CO)_6$ 和 $Fe(C_5H_5)_2$ 的生成。

　　配位场理论考虑了金属与配体的共价成键，它预言电子是离域的。根据金属与配体的成键方式可以分为三类。第一类：σ 给体如 H^-、H_2O、乙二胺（en）；第二类：σ 给体和 π 给体如 HO^-、咪唑（Im）；第三类：σ 给体和 π 受体如邻菲啰啉（phen）、联吡啶（bpy）、吡啶（py）、异腈、膦、CO 和 CN^-。

1. 含 σ 键 M-L 的八面体配合物

　　八面体配合物 ML_6 的分子轨道能级图示于图 1.27。金属的 9 个价轨道依据对称性分为四类：s 轨道，a_{1g}；三个 p 轨道，t_{1u}；d_{xy}、d_{xz}、d_{yz} 轨道，t_{2g}；$d_{x^2-y^2}$、d_{z^2} 轨道，e_g。除 3 个 t_{2g} 轨道外，金属剩余的 6 个轨道可与 6 个对称性匹配的配体群轨道组成 6 个成键 σ 轨道和 6 个反键 σ 轨道：6 个成键分子轨道，配体轨道贡献大，具有配体的性质；6 个反键分子轨道，金属轨道贡献大，具有金属的性质，e_g^* 虽然是反键的但仍具有金属 d 轨道的性质。此外，由于配体没有 t_{2g} 对称性的 π 轨道，因而在形成分子轨道 MO 时，金属的 t_{2g} 轨道作为非键轨道保留下来。这样，配体的 12 个电子填充于成键的 6 个分子轨道，形成 6 个 σ 配键，d 电子填充于 t_{2g} 和 e_g^* 轨道上，得到了与晶体场理论一致的结论。配体的成键能力越大，成键 MO 越稳定，反键 MO 的能量越高，因而分裂能就越大。对于 $[Co(NH_3)_6]^{3+}$ 离子，形成 18 电子的闭壳层组态。

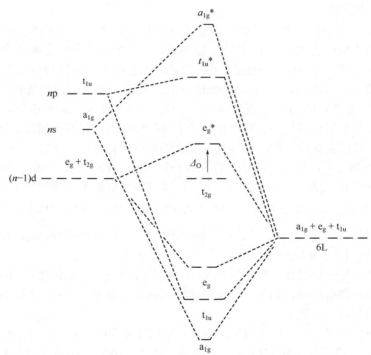

图 1.27　八面体配合物 ML_6 的分子轨道能级图

2. 含 π 键的八面体配合物

　　当配体存在 t_{2g} 对称性的 π 轨道时，将在金属和配体间形成 π 键。如果配体的 π 轨道是充满的，形成分子轨道能级图如图 1.28（左）：一组成键轨道，一组反键轨道，π 电子授予导致分裂能减小。如果配体的 π 轨道是空的，形成分子轨道能级图如图 1.28（右），π 电子接受导致分裂能增大。没有 π 成键能力的配体，介于两者之间。因此，光谱化学序列实际上是配体

的 π 电子授-受能力的顺序：π 接受体（CO）>σ 配体（H_2O）>弱 π 授予体（OH^-、F^-）>π 授予体（SCN^-、Cl^-、Br^-、I^-）。这样配位场理论完满地解释了光谱化学序列。

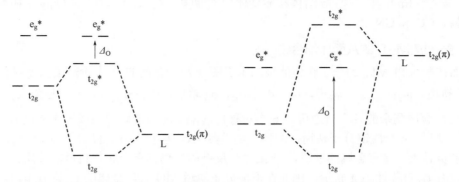

图 1.28　八面体配合物中 π 轨道对分裂能的影响（左，π 电子授予体；右，π 电子接受体）

四、十八电子规则和电子计数法

1. 十八电子规则

过渡金属元素有通过得到电子或共用电子达到稳定的外层电子构型 $(n-1)d^{10}ns^2np^6$ 的倾向，即中心金属的价电子数达到 18 的物质较为稳定。把中心金属的价电子数达到 18 的物质称为配位饱和（coordinatively saturated）的配合物，而把中心金属的价电子数小于 18 的物质称为配位不饱和（coordinatively unsaturated）的配合物。十八电子规则提供一种判断 d 区过渡金属配合物是否稳定的方法。正像八电子规则（8-electron rule）那样，十八电子规则（18-electron rule）也有许多例外。它不适用于弱场配体以及前过渡金属配合物，主要适用于强场配体以及后过渡金属配合物。许多稳定配合物的电子计数不是 18。例如 $MeTiCl_3$，8e；WMe_6，12e；$Pt(PCy_3)_2$，14e；$[M(OH_2)_6]^{2+}$（M=V，15e；Cr，16e；Mn，17e；Fe，18e）；$CoCp_2$，19e；$NiCp_2$，20e（$Cp=\eta^5\text{-}C_5H_5$；环戊二烯基）。根据晶体场理论，对于平面四边形配合物，$d_{x^2-y^2}$ 能级高，8 个 d 电子只能填充在其它 4 个 d 轨道上，因此 d^8 金属离子形成稳定的平面四边形的 16 电子（16e）化合物（参阅图 1.26），例如 $RhCl(PPh_3)_3$、$IrCl(CO)(PPh_3)_2$、$PdCl_2(PPh_3)_2$、$[PtCl_4]^{2-}$ 和 $[AuMe_4]^-$。

配位不饱和的配合物进行的配体取代反应一般是缔合机理；配位饱和的配合物进行的配体取代反应一般是离解机理；如果一个配体能通过重排使金属不饱和，那么配位饱和配合物的配体取代反应是缔合机理。

分子轨道理论提供了十八电子规则的解释：ML_m（$m≤9$）配合物，m 个配体轨道与 m 个金属轨道组成 m 个成键分子轨道和 m 个反键分子轨道，剩余的 $9-m$ 个金属轨道近似为非键轨道，成键轨道数与非键轨道数之和为 9，在电子不占有反键分子轨道的有利情形下，填满非反键分子轨道共需 18 个电子。在八面体配合物中，当配体是 σ 授予体时，形成 6 个成键 σ 轨道和 3 个简并的非键 t_{2g} 轨道，18 个电子填满这 9 个分子轨道形成闭壳层组态。如果配体是 π 接受体，则 t_{2g} 转变为成键轨道，填满 9 个成键轨道会使体系更稳定。

2. 电子计数法

已发展了两种列于表 1.11 中的计算配合物中心原子价电子的电子计数方法：授予对法

（离子键模型，方法 A），中性配体法（共价键模型，方法 B）[24]。这两种方法各有优势，方法 A 在某些情况下突出了配体-金属键的离子性；方法 B 计算快捷，但是金属的氧化数需要另外计算。授予对法（方法 A）需要考虑配体的电荷以及金属的氧化数。中性配体法（方法 B），所有配体看成是中性的；甲基（烷基）以单键配位，贡献 1 个电子；卤素配体，以单键配位贡献 1 个电子，以桥连方式配位贡献 3 个电子；氧、硫和硒配体以双键配位，各贡献 2 个电子；氮配体以三键配位，贡献 3 个电子。

表 1.11　配体的电子计数方法

配体*	授予对法（方法 A）	中性配体法（方法 B）	配体类型
H	2（H⁻）	1	X
F、Cl、Br、I	2（F⁻、Cl⁻、Br⁻、I⁻）	1	X
OH	2（OH⁻）	1	X
CN	2（CN⁻）	1	X
CH_3	2（CH_3^-）	1	X
NO（弯曲）	2（NO⁻）	1	X
CO、PR_3	2	2	L
H_2、NH_3、H_2O	2	2	L
Fischer 卡宾（单线态卡宾）	2	2	L
Schrock 卡宾（三线态卡宾）	4	2	X_2
C_2H_4	2	2	L
O、S、Se	4（O^{2-}、S^{2-}、Se^{2-}）	2	X_2
NO（线性）	2（NO⁺）	3	
η^3-C_3H_5	4（$C_3H_5^-$）	3	LX
CH（卡拜）	6	3	X_3
N	6（N^{3-}）	3	X_3
η^4-丁二烯	4	4	L_2
η^5-C_5H_5	6（$C_5H_5^-$）	5	L_2X
η^6-C_6H_6	6	6	L_3
η^7-C_7H_7	6（$C_7H_7^+$）	7	

*η^n，一个碳配体通过 n 个碳原子与一个金属成键。另外，κ^n，一个配体通过 n 个原子与一个金属成键，如 $W(CO)_5(\kappa^2$-$CH_2Se)$，有歧义时，在 κ^n 之后指明配位原子；μ_m，一个配体桥连 m 个金属，如 $Fe_3(CO)_9(\mu_3$-$Se)_2$。

　　对二茂铁（ferrocene）Cp_2Fe：按方法 A，环戊二烯基配体是负一价，因而铁的氧化数为 2，铁提供 6 个价电子，每一个配体提供 6 个电子，两个配体共提供 12 个电子，铁的价电子总数为 6+2×6=18；按方法 B，配体是中性的，中性的铁提供 8 个价电子，每一个配体提供 5 个电子，两个配体共提供 10 个电子，铁的价电子总数为 8+2×5=18。$CpFe(CO)_2Cl$：按方法 A，CO 是中性配体，环戊二烯基配体以及氯都是负一价，因而铁的氧化数为 2，铁提供 6 个价电子，环戊二烯基配体以及氯各提供 6 个电子和 2 个电子，2 个 CO 配体提供 4 个电子，所有配体共提供 12 个电子，铁的价电子总数为 6+2×2+2+6=18；按方法 B，配体是中性的，中性的铁提供 8 个价电子，环戊二烯基配体以及氯各提供 5 个电子和 1 个电子，2 个 CO 配体提供 4 个电子，所有配体共提供 10 个电子，铁的价电子总数为 8+2×2+1+5=18。类似地，对于锆氢化试剂 Cp_2ZrHCl，锆的价电子总数为 16；对于平面配合物 $Pd(PPh_3)_2Cl_2$，钯的电子计数为 16。

3. L-X 记号

将配体分为 L 型和 X 型：L 型配体是中性的 2 电子授予体如 CO 和 PPh_3；像 Cl、CH_3 等归属于 X 型，它们在方法 A 中是 2 电子给体而在方法 B 中是 1 电子给体。有些配体例如环戊二烯基，包含了这两种类型，它可以表示为 L_2X。一般而言，金属配合物可以用符号 $[MX_aL_b]^c$ 表示，式中 a 是 X 型配体的数目；b 是 L 型配体的数目；c 是物种的电荷数。总电子数=$N+a+2b-c$，式中 N 是金属 M 在周期表中的族数（中性原子 M 的价电子数）；配位数（coordination number，CN），CN=$a+b \leqslant 9$，过渡金属的最大配位数为 9（$[ReH_9]^{2-}$）；氧化数（oxidation number，ON），ON=$a+c \leqslant N$，过渡金属的最大氧化数为其族数 N；d 电子数 $n=N-ON=N-(a+c)$。例如，$(\eta^5\text{-}C_5H_5)Mo(CO)_3^-$ 可表示为 $[MXL_5]^-$，由此可知，配位数为 6，氧化数为 0，电子计数为 $6+1+2\times5+1=18$。

五、硫族元素的配位方式

1. H_2E（E=S、Se、Te）与过渡金属的配位方式

氢化物与过渡金属存在两种配位方式（图 1.29）：端基（Ⅰ）和桥连（Ⅱ）[25-27]。

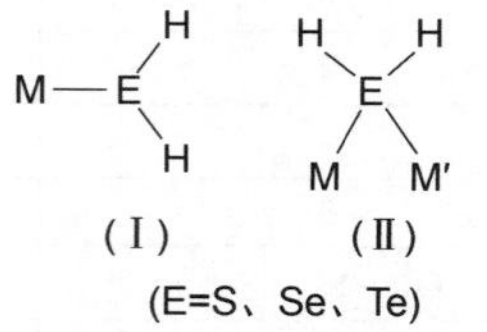

图 1.29　H_2E（E=S、Se、Te）与过渡金属的配位方式

2. HE^-（E=S、Se、Te）与过渡金属的配位方式

HE^-（E=S、Se、Te）与过渡金属（用 M、M′和 M″表示）存在三种配位方式（图 1.30）：端基（Ⅲ）、μ_2-桥连（Ⅳ）和 μ_3-桥连（Ⅴ）[27]。

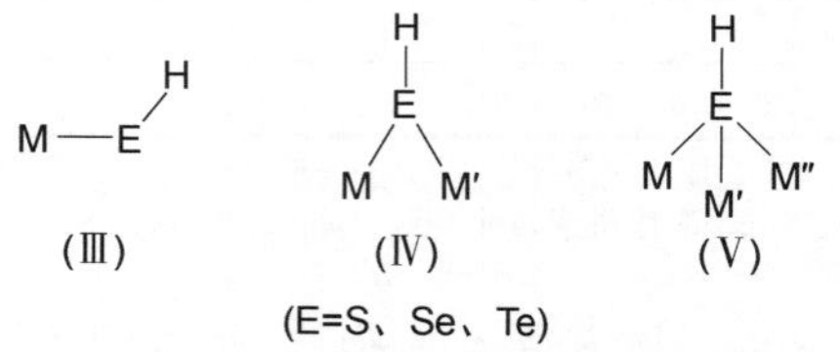

图 1.30　HE^-（E=S、Se、Te）与过渡金属的配位方式

3. E^{2-}（E=S、Se、Te）与过渡金属的配位方式

E^{2-}（E=S、Se、Te）与过渡金属存在四种配位方式（图 1.31）[28-30]：端基（Ⅵ）、μ_2-桥连（Ⅶ）、μ_3-桥连（Ⅷ）和 μ_4-桥连（Ⅸ）。

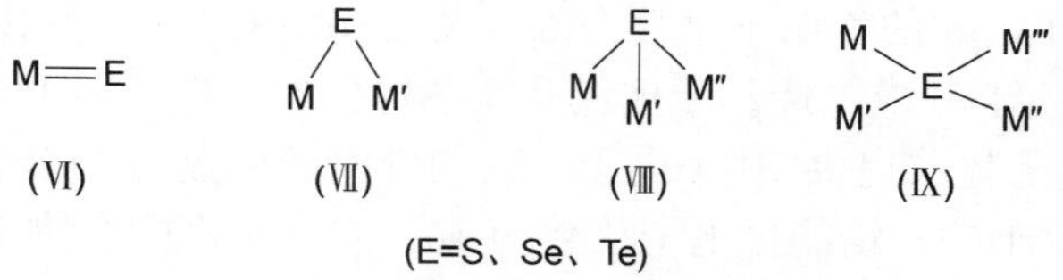

图 1.31　E^{2-}（E=S、Se、Te）与过渡金属的配位方式

4. RE⁻（E=S、Se、Te）与过渡金属的配位方式

RE⁻（E=S、Se、Te）与过渡金属主要存在三种配位方式（图 1.32）：端基（Ⅹ）、μ_2-桥连（ⅩⅠ）、μ_3-桥连（ⅩⅡ），其中 μ_2-桥连（μ-桥连）方式最为常见，而 μ_3-桥连、μ_4-桥连少见报道。在四价钍配合物(py)$_8$Th$_4$(μ_3-Se)$_4$(μ_2-SePh)$_4$(SeC$_6$F$_5$)$_4$中，硒醇负离子存在端基和 μ_2-桥连配位方式[31]。

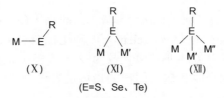

（E=S、Se、Te）

图 1.32　RE⁻（E=S、Se、Te）与过渡金属的配位方式

第五节　第十六族元素的性质递变规律

第十六族元素（第六主族元素）包括氧、硫、硒、碲和钋，它们的基本数据列于表 1.12。放射性元素——金属钋研究甚少，因此硫、硒和碲也常称为硫族元素。

表 1.12　第十六族元素的物理性质*

项目	O	S	Se	Te	Po
原子序数	8	16	34	52	84
基态电子构型	[He]2s²2p⁴	[Ne]3s²3p⁴	[Ar]3d¹⁰4s²4p⁴	[Kr]4d¹⁰5s²5p⁴	[Xe]4f¹⁴5d¹⁰6s²6p⁴
$\Delta_a H^\circ$/(kJ/mol)	249	277	227	197	146
$\Delta_{fus} H^\circ$/(kJ/mol)	0.44	1.72	6.69	17.49	—
IE$_1$/(kJ/mol)	1314	999.6	941.0	869.3	812.1
EA$_1$/(kJ/mol)	−141	−201	−195	−190	−183
共价半径/pm	73	103	117	135	
离子 E²⁻半径/pm	140	184	198	211	
电负性 χ^p	3.44	2.58	2.55	2.10	2.0
E°(E/E²⁻)/V	1.23	−0.45	−0.67	−1.14	−1.4

*原子化焓 $\Delta_a H^\circ$（反应的标准状态用"°"表示），O$_2$ 离解能的 1/2。熔化焓 $\Delta_{fus}H^\circ$；第一电离能 IE$_1$；第一亲和能 EA$_1$；鲍林电负性 χ^p。

第十六族元素的价电子构型为 ns^2np^4，价电子数是 6，可以接受 2 个电子或共用 2 对电子达到稳定的八电子结构。与氧相比，大原子半径的硫、硒和碲可以利用 nd 轨道成键（S，n=3；Se，n=4；Te，n=5），因此硫、硒和碲的化合物类型和立体化学非常丰富，最高配位数可达到 6。与电负性大的元素形成+2、+4 和+6 氧化数的化合物。随着原子序数的增加，从硫至钋，最高氧化数（6）物质的稳定性降低。由于小的原子半径，第二周期的氧元素有形成(p-p)π键的能力，从硫至碲随着原子序数的增加，重键（E=C、E=N、E=O）的稳定性降低，形成单键和高配位数化合物的趋势增强。

一、第十六族元素的无机化合物

与其它主族元素一样，随着原子序数的增加，元素的金属性增强：单质硫是绝缘体，单质硒是光导体，单质碲是半导体，单质钋是金属。与这一趋势平行的是，Te 的正离子性质逐渐出现，Po 则更为明显。例如，单质硒不溶于稀的盐酸，在有空气存在的情况下，单质钋很容易溶解，生成 Po^{2+} 的粉红色溶液。

硫、硒、碲和钋直接与大多数元素化合形成二元硫族化合物：①与碱金属、碱土金属和镧系元素形成硫化物（sulfide）、硒化物（selenide）、碲化物（telluride）和钋化合物（polonide）；②与电负性大的元素（O、F 和 Cl）形成氧化数为+2、+4 和+6 的化合物。硒、碲和钋的化合物往往不如硫或氧的相应化合物稳定；同样的趋势是氢化物（hydride）的热稳定性下降：$H_2O>H_2S>H_2Se>H_2Te>H_2Po$。

许多硫族金属化合物具有有趣的光学、电学和热学性质，已得到广泛的研究。对于第 1 族和第 2 族金属元素的硫族化合物可以认为是酸 H_2Se、H_2Te、H_2Po 的盐。在加热条件下碱金属与硫族单质直接反应制备碱金属硒化物和碲化物；它们是无色的、水溶性的，很容易被空气氧化成单质。碱金属与硒在液氨中的反应提供 M_2Se_2、M_2Se_3、M_2Se_4 和 M_2Se_5，类似的方法提供相应的多碲盐，但是这些化合物在热力学上不稳定，容易在空气中被氧化。Li_2Se、Na_2Se 和 K_2Se 具有反萤石结构，$MgSe$、$CaSe$、$SrSe$、$BaSe$、$ScSe$、YSe 和 $LuSe$ 等具有 $NaCl$ 结构，$BeSe$、$ZnSe$ 和 $HgSe$ 具有闪锌矿结构，$CdSe$ 具有纤锌矿结构。相应的碲化物是相似的。在无空气和加热（400～1000℃）条件下，硫族元素与过渡金属单质直接反应制备硫族过渡金属化合物。它们往往是非化学计量的金属合金，尽管金属间化合物也存在，例如 $TiSe_{0.95}$、$TiSe_{1.05}$、Ti_3Se_4、$TiSe_2$ 和 $TiSe_3$。

与硫一样，硒没有二元碘化物，而碲和钋可形成二元碘化物。四种元素都有大量的氯化物和溴化物，尤其是氧化数+1（XEEX）、+2（XEX）和+4（EX_4）的。硫和硒存在低价氟化物 FEEF、E＝EF_2 和 EF_2（E＝S、Se）。在最高配位数时，硫有 SF_6 和 S_2F_{10}，硒和碲有 EF_6（E＝Se、Te），而 PoF_6 是否存在则是未知的。硫具有强的自成链能力，存在大量多硫氯化物和多硫溴化物，S_nCl_2（$n=2～8$）和 S_nBr_2（$n=2～8$）。

氧能与除惰性气体之外的绝大多数元素形成氧化物。氧与硫、硒和碲形成酸性二氧化物 EO_2 和酸性三氧化合物 EO_3。在室温下，二氧化硫是无色气体；SeO_2 是挥发性的无色链状（—O—Se（＝O）—）$_n$ 聚合物；TeO_2 是由四配位结构单元{:TeO_4}形成的非挥发性白色固体；在 PoO_2 中钋的配位数进一步增加到 8，化合物具有典型的萤石 CaF_2 结构。气态三氧化硫是平面分子，固态存在几种变体：α-变体，SO_3 的层状聚合物；β-变体，SO_3 的链状聚合物（—O—S（＝O）$_2$—）$_n$；γ-变体，SO_3 的三聚体（—O—S（＝O）$_2$—）$_3$。三氧化硒是白色易潮解的四聚体（—O—Se（＝O）$_2$—）$_4$ 固体，易溶于水形成硒酸 H_2SeO_4。三氧化碲存在橙黄色的 α-变体和灰色的 β-变体，原碲酸 $Te(OH)_6$ 加热至 300～360℃脱水得到 α-变体，α-变体加热转变为稳定的 β-变体，原碲酸部分脱水形成聚碲酸$(H_2TeO_4)_n$。迄今为止，硫有丰富的含氧酸（H_2SO_4、$H_2S_2O_7$、$H_2S_2O_3$、H_2SO_5、$H_2S_2O_8$、$H_2S_2O_6$、$H_2S_{n+2}O_6$、H_2SO_3、$H_2S_2O_5$、$H_2S_2O_4$），而硒、碲和钋的含氧酸种类非常稀少。随着原子序数的增加，硫、硒、碲和钋的含氧酸（H_2EO_3 和 H_2EO_4）酸强度降低。

硫和硒能形成卤氧化物：OSF_2、$OSCl_2$、$OSBr_2$、O_2SF_2、O_2SCl_2；$OSeF_2$、$OSeCl_2$、$OSeBr_2$、O_2SeF_2。其中，$OSCl_2$ 和 $OSeCl_2$ 是广泛应用的溶剂和试剂。

第十六族元素的氧化还原性质也显示出有趣的趋势。硒对氧化到+6 具有明显的抗性。例如，硝酸容易将单质硫氧化为 H_2SO_4，而硒只能被氧化为亚硒酸（H_2SeO_3）。SO_2 具有还原性，可与亚硒酸溶液反应得到单质硒沉淀。各元素在酸性和碱性溶液中的标准还原电势表明形成 -2 氧化态物质的趋势降低。

1. 多原子正离子

与氧相比，硫、硒和碲具有成链和成环的能力。氧只有两种同素异形体——无色的顺磁性气体 O_2 和淡蓝色的抗磁性气体 O_3，均聚正离子 O_2^+ 和双、三核均聚负离子（O_2^{2-}、O_2^- 和 O_3^-）是已知的。

多原子硫属离子的结构无法用经典的路易斯结构式表示。量子化学计算表明，正电荷在多原子上离域，以便最大限度地减少静电斥力。这种电荷的分散可以通过（p-p）π 键、π^*-π^* 和 $n \rightarrow \sigma^*$ 或它们的组合来实现。

硫呈现出强的自身成键倾向：这种能力表现在 S_n 环（$n=6\sim26$）中，其中至少有 17 个同素异形体（$n=6$、7、8、$10\sim14$、18、20）存在于固态。在溶剂如液态 HF 或 SO_2 中，通过增加强氧化剂 AsF_5、SbF_5 和 $S_2O_6F_2$ 的用量，选择性地氧化单质硫，可以得到 S_4^{2+}、S_8^{2+} 和 S_{19}^{2+}。$[S_4]^{2+}[SbF_6]_2^{2-}$、$[S_8]^{2+}[AsF_6]_2^{2-}$ 和 $[S_{19}]^{2+}[AsF_6]_2^{2-}$ 的结构已被测得：S_4^{2+} 是平面正方形的；S_8^{2+} 具有八元环状结构带有跨环间距（S1···S5）283pm；S_{19}^{2+} 由五原子链桥接两个七元环组成。

在非水溶剂中进行的系统研究表明，硒和碲的多原子正离子可以在多种强酸如 H_2SO_4、$H_2S_2O_7$、HSO_3F、SO_2/AsF_5、SO_2/SbF_5 和熔融 $AlCl_3$ 中制备。$[Se_4][HS_2O_7]_2$ 的 X 射线晶体结构研究表明：像 S_4^{2+} 一样，Se_4^{2+} 离子为平面正方形；Se-Se 距离 228pm 短于 Se_8 中的 234pm，提示 Se-Se 中存在重键。在 $[Se_8][AlCl_4]_2$ 中，Se_8^{2+} 离子是环状结构带有一个 284pm 的（Se1···Se5）跨环间距。SbF_5 在 SO_2 中与过量的单质硒反应得到深红色晶体 $[Se_{10}][SbF_6]_2$：双环正离子由一个六元环以及连接 Se1 与 Se4 的 4 个原子链组成；Se-Se 距离 $225\sim246$pm，Se-Se-Se 键角 $97°\sim106°$。

可以用类似的方法制备多碲正离子。亮红色的 Te_4^{2+} 类似于 S_4^{2+} 和 Se_4^{2+}，是平面正方形，Te-Te 距离（266pm）略小于单质中 Te-Te 间距（284pm）。用 AsF_5 在 AsF_3 中氧化单质碲，产生棕色晶体化合物 $Te_6(AsF_6)_4 \cdot 2AsF_3$：X 射线衍射研究表明存在 Te_6^{4+}，具有三棱柱状结构，可以视为两个 Te_3^{2+} 通过 π^*-π^* 作用形成；三角面之间的 Te-Te 距离（313pm）大于三角面内 Te-Te 的距离（267pm）。在 200℃，$NbOCl_3$ 与 Te 和 $TeCl_4$ 反应生成 $[Te_6][NbOCl_4]_2$，Te_6^{2+} 具有船形结构，Te-Te 距离 $270\sim274$pm。在 230℃，$ReCl_4$ 与 Te 和 $TeCl_4$ 反应生成 $[Te_8][ReCl_6]$ 银色晶体，平均 Te-Te 距离 272pm。Te 与 WCl_6 的氧化产生 $[Te_8][WCl_6]_2$，其中 Te_8^{2+} 结构具有 C_2 对称性，Te-Te 距离 275pm，跨环 Te-Te 间距 299pm。在 150℃，Te 与 $WOCl_4$ 和 WCl_6 在封管中反应除主要产物 $[Te_8][WCl_6]_2$ 外产生 $[Te_7][WOCl_4(Cl)]$，其中 Te_7^{2+} 是螺双环（$[(\kappa^2\text{-}Te_3)Te(\kappa^2\text{-}Te_3)]^{2+}$），螺环内 Te-Te 距离 $274\sim297$pm，螺环间 Te-Te 距离 288pm；Te_7^{2+} 和 $[WOCl_4]^-$ 形成一维链。Se/Te 混合多元正离子，例如，Se 和 Te 在室温下溶于 65% 的发烟硫酸中，产生橙褐色溶液；^{125}Te 和 ^{123}Te 核磁共振波谱法显示含有 4 种离子，$[Te_nSe_{4-n}]^{2+}$（$n=1\sim4$），推测也存在 Se_4^{2+}。同样，在 SO_2 中用 AsF_5 氧化单质硒和单质碲等物质的量混合物所得溶液的 ^{77}Se NMR 和 ^{125}Te NMR 研究表明，不仅存在 Se_4^{2+}、Te_4^{2+} 和 Te_6^{4+}，而且有 $[TeSe_3]^{2+}$、顺式的 $[Te_2Se_2]^{2+}$ 和反式的 $[Te_2Se_2]^{2+}$、$[Te_3Se]^{2+}$、$[Te_2Se_4]^{2+}$ 和 $[Te_3Se_3]^{2+}$。用 X 射线衍射法测定了 $[Te_3S_3]^{2+}$ 和 $[Te_2Se_4]^{2+}$ 的结构，发现它们具有船形六元杂环。

2. 多原子负离子

元素硫的自身成键倾向在其链状均聚负离子 S_n^{2-} 中也很明显。加热含硫的硫化物溶液得到 S_3^{2-} 和 S_4^{2-}；S_n^{2-} 负离子（$n=2\sim8$），在大体积正离子（例如 Cs^+、R_4N^+）存在下，可得到晶体。多硒化合物和多碲化合物的合成、结构和配位化学是硫族化学的一个新领域。这些物质可以通过在液氨中用碱金属还原硒、碲的单质来制备。^{77}Se NMR 和 ^{125}Te NMR 技术的出现，以及冠醚（crown ether）和穴醚（2,2,2-crypt ether）用于制备 X 射线结构分析的结晶衍生物，为进一步的进展奠定了坚实的基础。与多硫化物和硫烷的比较是有启发意义的。人们对 H_2Se_2 和 H_2Te_2 知之甚少，对于较高级的同系物 H_2Se_n 和 H_2Te_n 是一无所知。然而，含有二价负离子 Se_n^{2-}（$n=2\sim11$）和 Te_n^{2-}（$n=2\sim5$、8、$\ldots$）的化合物在溶液中和结晶状态下都比母体氢化物稳定得多。Na_2Se 和 Na_2Se_2 在季铵盐的乙醇溶液和催化剂量 I_2 的存在下，与单质硒反应生成深绿色或黑色结晶的多硒化物（$n=3$、$5\sim9$），具体产物取决于所用的条件和所选择的正离子。

在固相和溶液中，Se_3^{2-} 是一种中等稳定的离子，但其 X 射线结构未见报道，推测为 S_3^{2-} 和 Te_3^{2-} 的 V 形结构。在[Ph_3PNPPh_3]$_2Se_4$、[Cs(18-冠-6)]$_2Se_5$、[Rb(crypt)]$_2Se_6$、[Na(12-冠-4)]$_2Se_7$、[$Me_3NC_{14}H_{29}$]$_2Se_8$ 中，Se_n^{2-} 的结构得到了确定[32]：负离子 Se_n^{2-} 是链状的。在 [Ph_3PNPPh_3]$_2Se_{10}$ 和 [PPh_4]$_2Se_{11}$ 中，Se_{10}^{2-} 是两个六元环稠合的双环结构，Se_{11}^{2-} 是两个六元环的螺环结构，[$Se(\kappa^2\text{-}Se_5)_2$]$^{2-}$。多硒负离子已被证明是主族和过渡金属的有效螯合配体，如 [$M(\kappa^2\text{-}Se_4)_2$]$^{2-}$（M=Zn、Cd、Hg、Ni、Pb）。配合物的合成通常是通过与预先形成的负离子直接反应或在适当的金属中心存在下合成，配合物[$Ti(\eta^5\text{-}C_5H_5)_2(\kappa^2\text{-}Se_5)$]分别与 SCl_2、S_2Cl_2 和 $SeCl_2$ 反应生成环状物质 Se_5S、Se_5S_2 和 Se_7。杂配体也是已知的，例如在配合物 [$PtCl(PMe_2Ph)(\kappa^2Se,Se\text{-}Se_3N)$] 中。

尽管碲在形成大环上的趋势有限，它的均聚负离子结构，比较轻的同族元素要丰富得多。这是由于超价键和 $n\rightarrow\sigma^*$ 的重要性不断增加。在它的多原子负离子中，碲可以通过参与键级为 0.5 的 3c-2e 键，将其配位数扩展到 3（T 形）或 4（平面）。孤对电子占据的 p 轨道与反键轨道 σ^* 之间的能量差随原子序数的增加而减小，从而产生分子内和分子间的有利的 $n\rightarrow\sigma^*$ 作用，特别是对于相对弥散的 $5p^2$ 和 σ^* 轨道。多碲负离子 Te_n^{2-} 常形成复杂单元配位于金属中心。在 K_2Te_2、Rb_2Te_2 和[K(crypt)]$_2Te_3$ 中存在离子 Te_2^{2-} 和 Te_3^{2-}。Te_4^{2-} 存在于 Ca、Sr 和 Ba 的冠醚配合物中，Te_5^{2-} 与[Ph_3PNPPh_3]$^+$ 作为盐存在。螺环聚碲离子 Te_7^{2-}（[$Te(\kappa^2\text{-}Te_3)_2$]$^{2-}$）和 Te_8^{2-}（[$(\kappa^2\text{-}Te_4)Te(\kappa^2\text{-}Te_3)$]$^{2-}$）也是已知的。简单的化学计量学常常掩盖了许多碱金属碲化物的结构复杂性。多碲配合物中的结构模式也多种多样，令人眼花缭乱。例如将 $K_2Hg_2Te_3$ 溶解在乙二胺中，然后用溴化四正丁基铵 $^nBu_4NBr$ 的甲醇溶液处理，得到深褐色的化合物 [N^nBu_4]$_4$[Hg_4Te_{12}]，含有负离子[Hg_4Te_{12}]$^{4-}$。相比之下，使用[PPh_4]$^+$ 作为正离子产生不分枝的、近似平面的聚合负离子[$\{Hg_2Te_5\}^{2-}$]$_\infty$，其中包含由 Te_2^{2-} 单元桥接的 $\{Hg_2Te_3\}$ 杂环。Cu^+ 和 Ag^+ 形成多碲负离子配合物[PPh_4]$_2$[M_2Te_{12}]（M=Cu、Ag），包含两个螯合和一个桥链 Te_4^{2-} 单元，[$(\kappa^2\text{-}Te_4)Te(\mu\text{-}Te_4)Te(\kappa^2\text{-}Te_4)$]$^{2-}$。[$HgTe_7$]$^{2-}$ 离子（[$(\kappa^3\text{-}Te_7)Hg$]$^{2-}$）出现在[K(15-冠-5)$_2$]$^+$ 盐中，而相应的 Zn 衍生物具有聚合物结构。

二、第十六族元素的有机化合物

从结构上看，第十六族元素的有机化合物一般可以视为烃基取代无机化合物中的氢、卤素和羟基等而形成：一个烃基取代 H_2E 中氢原子生成醇（alcohol）、硫醇（thiol）、硒醇（selenol）和碲醇（tellurol）；两个烃基取代 H_2E 中的氢原子提供醚（ether）、硫醚（sulfide）、硒醚（selenide）

和碲醚（telluride）；两个烃基取代 H_2EO_3 中的羟基形成亚砜（sulfoxide）、硒亚砜（selenoxide）和碲亚砜（telluroxide）；两个烃基取代 H_2EO_4 中的羟基得到砜（sulfone）、硒砜（selenone）和碲砜（tellurone）；一个烃基 R 取代 H_2EO_2 中的羟基生成次磺酸 RSOH（sulfenic acid）、次硒酸 RSeOH（selenenic acid）和次碲酸 RTeOH（tellurenic acid）；一个烃基 R 取代 H_2EO_3 中的羟基产生亚磺酸 RSO_2H（sulfinic acid）、亚硒酸 $RSeO_2H$（seleninic acid）和亚碲酸（tellurinic acid）；一个烃基取代 H_2EO_4 中的羟基得到磺酸 RSO_3H（sulfonic acid）、硒酸 $RSeO_3H$（selenonic acid）、碲酸 $RTeO_3H$（telluronic acid）。

1. 醇的类似物

硫醇、硒醇和碲醇的合成：①从硫化氢、硒化氢和碲化氢的盐进行烷基化；②单质插入碳-锂键或碳-镁键形成硫醇盐、硒醇盐和碲醇盐，然后酸化；③锂/液氨使二硫醚、二硒醚和二碲醚断裂，然后酸化；④$NaBH_4$ 还原二硫醚、二硒醚和二碲醚。氢化物的酸强度次序是碲醇>硒醇>硫醇>醇。因此负离子的碱性次序是 $RO^-\gg RS^->RSe^->RTe^-$。随着原子序数的增加，原子的极化率依次增大，因此负离子的亲核性次序是 $RO^-\ll RS^-<RSe^-<RTe^-$。

与硫醇 RSH 氧化形成二硫醚 RSSR（disulfide）相比，硒醇 RSeH 更容易生成二硒醚 RSeSeR（diselenide），碲醇对氧化特别敏感导致形成单质碲和其它产物而不是二碲醚 RTeTeR（ditelluride）。但是，大位阻的碲醇如 TippTeH（Tipp=2,4,6-^{i}Pr$_3$C$_6$H$_2$）却较为稳定，可缓慢氧化生成相应的二碲醚。硫、硒和碲单质插入有机锂或有机镁形成相应的硫醇盐、硒醇盐和碲醇盐，然后酸化，是制备硫醇、硒醇和碲醇的通法；温和氧化硫醇盐、硒醇盐和碲醇盐可提供二硫醚、二硒醚和二碲醚。由于弱的氢键，硫醇、硒醇和碲醇的沸点低于相应的醇。硫醇、硒醇和碲醇的还原性依次递增：芳香碲醇钠使邻二溴代烷脱溴形成烯烃，将 α-卤代羰基化合物还原为相应的无卤化合物。

2. 醚的类似物

醚的类似物，硫醚、硒醚和碲醚一般比对应的氢化物——硫醇、硒醇和碲醇更稳定。一般来说，硒醚是光敏感的无色化合物，具有毒性，其制备方法类似于硫醚的制备方法。硒醚对碱和还原剂较为稳定，但可氧化为硒亚砜；能够进行烷基化反应生成锍镓盐（selenonium salt）；失去 α-氢得到硒稳定的碳负离子；碳-硒键可以与烷基锂试剂反应或溶于胺中被金属锂断裂。碲醚与硒醚类似，但稳定性降低，因为原子越重（与碳）形成的共价键越弱。只有少数三硒醚被合成：它们容易遭受亲核试剂如氢氧根的进攻；利用三芳基膦可从二硒醚和二碲醚中提取硒和碲生成硒醚和碲醚。这些二配位化合物具有孤对电子，可以作为配体与过渡金属形成配合物。

3. 锍盐和叶立德

（1）锍盐

硫醚、硒醚和碲醚与卤代烷反应生成锍盐，利用负离子交换法可得到非卤素负离子的锍盐。在超酸中，质子化的硒醇、质子化的碲醚可用核磁共振波谱法观察，但没有被分离出来。锍盐通常不溶于非极性溶剂，易溶于水。它们的水溶液具有电导性。卤负离子的锍盐在水中与氧化银反应形成强碱性溶液。氢氧化物用酸中和形成新的盐。加热时，锍盐易分解，它们的热稳定性从硫到碲一般随着负离子的增大而增大。锍盐采取三角锥几何构型，当三个烃基不同时，锍盐具有手性（图 1.15），已拆分成对映体。

根据它们的性质，锍盐应该是强电解质。实际上这种描述过于简单化：只有硬的非配位负离子（如 BF_4^-、PF_6^-、AsF_6^-、SbF_6^- 等）的鎓盐具有预期的离子结构；从硫到碲，越软的卤负离子和拟卤离子越呈现共价作用。

（2）叶立德

鎓离子除去质子形成内鎓盐，即两性离子或硫属元素稳定的碳负离子或叶立德（ylide）。中等稳定或不稳定的叶立德与非烯醇化的醛、酮反应生成环氧化合物；与硫叶立德和硒叶立德不同，稳定化的碲叶立德如 $R_2Te{=}CHCO_2Et$ 可得到 α,β-不饱和酯。

4．亚砜、砜的类似物

（1）亚砜的类似物

与三角锥形的亚砜（sulfoxide）和四面体形的砜（sulfone）类似，硒存在硒亚砜（selenoxide）和硒砜（selenone），碲存在碲亚砜（telluroxide）和碲砜（tellurone），它们的合成可以通过氧化相应的硫醚、硒醚和碲醚而获得。

当两个烃基不同时，亚砜、硒亚砜、碲亚砜具有手性。亚砜、硒亚砜、碲亚砜具有碱性，从硫到碲依次增强，形成四配位的水合物。与酸作用形成盐[RRʹE(OH)]X（X=卤素、羧酸根、硝酸根等），与许多金属盐形成配合物。含 β-氢的硒亚砜在室温易发生 β-消除反应，这一反应是有机合成中构造碳碳双键的重要方法。与硒亚砜类似，含 β-氢的碲亚砜易发生 β-消除反应，在有机合成中，芳基碲亚砜$(4{-}MeOC_6H_4)_2Te{=}O$ 可用作温和的氧化剂。

（2）砜的类似物

硒砜和砜一样，是具有中等反应活性的稳定化合物。烷基芳基硒砜在有机合成中用作烷基化试剂，因为 $ArSeO_2$ 是一个好的离去基。芳香碲砜具有温和的氧化性能：$Tipp_2TeO_2$ 在回流的溶剂中将伯醇、仲醇转化为相应的醛、酮。根据等瓣相似原理，O$\Leftrightarrow$NH，获得了亚砜、硒亚砜和碲亚砜、硒砜的亚氨衍生物——硫亚胺、硒亚胺和碲亚胺。

5．醛、酮和羧酸以及碳酸的类似物

形成 π 键的稳定性次序是：C=O>C=S>C=Se>C=Te；随着原子序数的增加，形成 π 键的能力降低，羰基化合物的硫、硒、碲类似物稳定性依次降低。

（1）醛、酮的类似物

简单烃基的 C=S、C=Se 和 C=Te 化合物以低聚物的形式存在。采用大体积取代基或受阻结构防止聚合反应，从而可以制备稳定的单体物质。完全稳定的羰基硫（O=C=S）和二硫化碳（S=C=S）的硒类似物，羰基硒（O=C=Se）、硫羰基硒（S=C=Se）和二硒化碳（Se=C=Se）是已知的，尽管它们没有羰基硫和二硫化碳稳定，制备起来也更麻烦。它们的一般反应与硫类似物没有显著差别。碲的类似物，硫羰基碲（S=C=Te）在熔点（−54 ℃）以上的温度分解，而二碲化碳（Te=C=Te）尚不清楚。卤素取代系列也有类似的趋势：硫光气（$Cl_2C{=}S$）是一种非常稳定的红色液体；硒光气（$Cl_2C{=}Se$）是一种蓝色化合物，通过在−130℃以上的温度热解 2,2,4,4-四氯-1,3-二硒烷（$C_2Cl_4Se_2$）制得。

硫醛（thial）和硫酮（thione）不再是化学稀奇物，已知的例子如 $Me_3CCH{=}S$ 和 $(Me_3C)_2C{=}S$。真正的单体硒酮（selone）如蓝色$(Me_3C)_2C{=}Se$ 和硒封酮已经制备出，但稳定的碲酮（tellone）仍然少见。稳定的硫代烯酮 $RRʹC{=}C{=}S$（thioketene），通过 1,2,3-噻二唑快速热分解产生。硒代烯酮（selenoketene）$RRʹC{=}C{=}Se$ 包括母体化合物 $H_2C{=}C{=}Se$ 已被合成和表征，它们适合于冷藏。碲代烯酮 $RRʹC{=}C{=}Te$（telluroketene）尚属未知。

（2）羧酸和碳酸的类似物

硒代羧酸和硒代碳酸是非常不稳定的物质，含 C=Se 的化合物对氧气和光敏感，已制备

酯类化合物：$RCSe_2R'$、$RCSeSR'$和$RCSSeR'$。

碲羧酸衍生物（tellurocarboxylic acid）：通过碲醇的酰化反应合成羧酸碲醇酯。以叔醇 ROH、$[^tBuCCl=NMe_2]Cl$ 和碲氢化钠为原料，合成了第一批含 C=Te 的化合物 $^tBuC(=Te)OR$。硒酰胺、硒氨基脲和硒脲以及它们的一些杂环衍生物如硒脲嘧啶等都是相当稳定的化合物。已经可以合成出碲氰酸酯（tellurocyanate）：在二甲基亚砜中，碲氰酸钾进行烷基化反应提供碲氰酸烷基酯；芳香碲醇盐与 BrCN 反应制备碲氰酸芳香酯；已测得非常稳定的碲氰酸对硝基苄酯 $4\text{-}O_2NC_6H_4CH_2TeCN$ 的晶体结构。碲氰酸酯的不稳定性归因于弱的 C=Te 键。合成碲氰酸酯、碲酰胺和碲酸酯的综合经验表明：硒羰基和碲羰基衍生物之间没有根本区别；在合成方法上采取适当的预防措施如控温、绝氧和避光等，制备许多其它碲羰基化合物是可行的，因此也是可以期待的。

6. 硫、硒和碲的含氧酸

含氧酸类似物存在三种类型：二价的 REOH、四价的 REO_2H 和六价的 REO_3H。同氧化数的硫与硒类似物性质相似，碲表现出显著的差异。

（1）六价化合物

在最高价态下，硫酸（sulfuric acid）和硒酸（selenic acid），H_2EO_4（E=S、Se），是非常类似的强酸，而碲酸（telluric acid），实际上是原碲酸 $Te(OH)_6$，是一种弱酸，形成的盐其形式为 M_2TeO_4（少数情况，例如 Ag_6TeO_6）。然而，TeO_4^{2-}离子是含有氧桥的六配位的聚离子。已知的碲酸有机衍生物是 $Te(OMe)_6$。假设的脲酸（telluronic acid）$RTeO_3H$ 还没有衍生物已知。$RSeO_3H$ 具有氧化性，易爆炸；已制备出少数的脪酸。

（2）四价化合物

在四价系列中，亚硒酸（selenious acid）不同于亚硫酸（sulfurous acid），不仅酸性弱，而且主要表现出氧化性能。二氧化硒，即亚硒酸的酸酐，是合成有机化学中公认的专用氧化剂。同样，亚脪酸 $RSeO_2H$（seleninic acid）酸性不仅弱于脪酸 $RSeO_3H$（selenonic acid），而且弱于亚磺酸 RSO_2H（sulfinic acid），事实上，它们表现为碱，生成 $RSe(OH)_2^+$型的正离子。亚脪酸不同于亚磺酸，它是一种温和的氧化剂，以水合物的形式 $RSe(OH)_3$ 存在于水溶液中。亚脪酸的衍生物种类繁多，包括酰卤、酰胺、酯类和酸酐等等。苯亚脪酸酐作为一种温和的有机试剂，已获得广泛的应用。四价碲的二元衍生物的行为相当不同。虽然 TeO_2 和 SeO_2 一样，是一种氧化性的两性化合物，但是 TeO_2 的碱性更加明显，因此，它很容易与强酸反应生成四价盐。有机三卤化物 $RTeX_3$ 水解成亚脒酸（tellurinic acid）。然而，由于这些物质在水和有机溶剂中的不溶性，以及它们非常高且常常界限模糊的熔点，强烈地表明是含有氧桥的聚合物：$(MesTeOH)_2(\mu\text{-}O)_2$（Mes=$2,4,6\text{-}Me_3C_6H_2$）。

芳基二碲醚用臭氧（O_3）氧化，然后水解制备了少数芳香亚脒酸 $ArTeO_2H$（Ar=Ph、$2,4,6\text{-}Me_3C_6H_2$、$2,4,6\text{-}Et_3C_6H_2$、$2,4,6\text{-}^iPr_3C_6H_2$）。通过 $2\text{-}PyC_6H_4TeCl_3$（Py 为吡啶基）水解制备了完全表征的亚脒酸，$2\text{-}PyC_6H_4TeO_2H$：在晶体结构中，2-吡啶基的氮原子配位于碲原子[33]。

（3）二价化合物

二价的硫和硒化合物很多，它们包括卤化物、拟卤化物、羧酸酯等等。根据 IUPAC 规则，氢氧化物，REOH，被命名为次磺酸（sulfenic acid）、次脪酸（selenenic acid）和次脒酸（tellurenic acid）。它们本质上是两性的，只有极少数化合物是稳定的，因为它们很容易歧化为低氧化态的化合物 REH 和高氧化态的化合物 REO_2H。由于 REX 的 E 原子具有亲电性，因此可以有效地用卤化物 RSeX 和适当的亲核试剂反应制备 RSeSR、RSeCN、RSeSCN 和 RSeSeCN 等物质。虽然还没有被很好地研究过，但是芳香族 ArTeX 卤化物的行为很相似。因此，2-甲酰基苯基溴化物 2-HCOC$_6$H$_4$TeBr 与 AgCN 反应生成了 2-HCOC$_6$H$_4$TeCN。然而，在某些方面，次睇酰卤化物与次晰酰卤化物的反应是不同的。在合成方面有趣的是次晰酰卤对可烯醇化羰基化合物的 α-芳基硒化和与烯烃的反式加成。

7. 卤化物

硫族化合物许多含有卤素，根据卤素的数目可以分为三种主要类型：一卤化物 REX（monohalide）、二卤化物 R$_2$EX$_2$（dihalide）和三卤化物 REX$_3$（trihalide）。

（1）一卤化物

RSX 和 RSeX 是多用途的亲电试剂，可由二硫醚或二硒醚的卤解制备；它们的盐类衍生物如 RS$^+$PF$_6^-$ 和 RSe$^+$PF$_6^-$，常作为现代合成化学中的重要试剂。考虑到其它类型的具有碲-卤素键的有机化合物的稳定性，只有少数次睇酰碘如 2-NpTeI（2-Np=2-萘基）被合成，这很令人惊讶。

（2）二卤化物

硫族化合物 R$_2$E 与卤素反应生成 R$_2$EX$_2$ 型化合物：弱的 n$_E$→σ$^*_{(X-X)}$作用产生电荷转移复合物（charge-transfer complex，CTC）如 R$_2$S→I$_2$；强的 n$_E$→σ$^*_{(X-X)}$作用断裂卤素-卤素键形成 [R$_2$E$^+$X]X$^-$，最终生成稳定的氧化加成产物。一般来说，溴化物和碘化物在加热或溶解时分解，R$_2$EX$_2$ ⟶ R$_2$E+X$_2$；在水溶液中，观察到的导电性可归因于离解和水解。根据 X 射线衍射分析，R$_2$TeX$_2$ 是稳定的结晶化合物，经常用作制备碲醚的中间体。采用 AgF 或 NaF 复分解法或低温直接氟化法制备了氟化物 R$_2$TeF$_2$。在氟化反应（fluorination）中，Ph$_2$S 生成 Ph$_2$SF$_4$，没有类似的硒和碲化合物。

（3）三卤化物

有机硫族三卤化物是一类研究得很好的化合物。它们可以通过二硒醚或二碲醚的卤化反应制备；在芳香族系列中，使用四氯化硒和四氯化碲通过亲电取代反应合成。三卤化物广泛用于其它类型产品的合成；REX$_3$ 的水解产物能提供亚磺酸或亚硒酸；而芳基碲类似物 ArTeCl$_3$ 室温水解能提供亚睇酰氯 ArTe(=O)Cl［Ar=4-MeOC$_6$H$_4$、4-EtOC$_6$H$_4$、3,4-(MeO)$_2$C$_6$H$_3$］。PhTeCl$_3$ 的结构是缔合的，带有桥连的氯原子，每个碲原子被四个氯原子包围。

硫和硒的卤素化合物在性质和反应性方面再次表现出明显的相似性，而碲的更多的"金属"特征则反映在其有机衍生物的一些偏离行为上。

8. 第十五族元素的硫族化合物

（1）氮化物

次磺酰胺 RSNH$_2$ 已经过了详细的研究。而迄今为止，只有少量的次晰酰胺 RSeNH$_2$ 被制备出来，主要是通过次晰酰卤或次晰酸酯的氨（胺）解反应制备，它们不如次磺酰胺稳定。

次晰酰胺与亲核试剂的反应方式类似于次晰酰卤。因此，N-苯硒基邻苯二甲酰亚胺（N-phenylselenophthalimide，NPSP）由邻苯二甲酰亚胺钾（PhthNK）取代 PhSeCl 合成。其它已知的硫族氮化合物，如 Ar$_2$Se=NTs、Ar$_2$Te=NTs 和 Ar$_2$Se(O)=NTs 都是稳定的化合物类型。易于制备的硒二亚胺 ^{t}BuN=Se=N^{t}Bu 已被用作烯丙基胺化反应的有效试剂。

（2）磷和砷的化合物

叔膦与元素硫、硒和碲反应生成硫化膦（phosphine sulfide）、硒化膦（phosphine selenide）和碲化膦（phosphine telluride）。

9. 杂环化合物

存在呋喃的类似物——噻吩（thiophene）、硒吩（selenophene）和碲吩（tellurophene）。母体硒吩本身由乙炔和硒合成，2,5-二取代硒吩可由共轭二炔烃与硒化氢反应制备；母体碲吩本身由1,3-丁二炔和碲化钠在甲醇中合成，2,5-二取代碲吩可由共轭二炔烃与碲化锂反应或共轭炔基烯基碲醚环化制备。噻吩和硒吩惊人地相似，但碲吩与氯气反应产生稳定的 1,1-二氯化合物。类似于四硫富瓦烯，导电有机化合物的研究引起了人们极大的兴趣：四甲基四硒富瓦烯（tetramethyl tetraselenafulvalene，TMTSF）与 DMTCNQ（2,5-dimethyl-7,7,8,8-tetracyano-p-quinodimethane）形成电荷转移复合物（charge-transfer complex，CTC），其导电性超过了与其密切相关的硫类似物，个别物质具有超导性。碲的饱和杂环化合物如碲杂环己烷与硒的类似物非常相似。许多硒氮、碲氮杂环是已知的，例如硒唑（1,2-selenazole、1,3-selenazole）、硒二唑（1,2,5-selenadiazole）、硒唑啉（1,3,4-selenazoline）和碲唑（1,3-tellurazole）、碲二唑（1,2,5-telluradiazole）、碲唑啉（1,3,4-tellurazoline）以及由此衍生的稠环体系如苯并硒二唑（SeO₂ 与邻苯二胺反应生成 benzo-2,1,3-selenadiazole）和苯并碲二唑（TeCl₄ 与邻苯二胺反应生成 benzo-2,1,3-telluradiazole）。

第六节　分析检测技术

无论是从自然界提取的硒化合物还是合成的硒化合物，对其结构的鉴定是研究工作的第一步。利用元素分析仪确定样品元素的组成以及元素含量，利用高分辨质谱仪根据分子离子峰确定分子式。硒存在六种天然同位素：^{74}Se，0.87%；^{76}Se，9.36%；^{77}Se，7.63%；^{78}Se，23.8%；^{80}Se，49.6%；^{82}Se，8.73%。这一事实有助于通过质谱法确定含硒物质。与 ^{1}H 和 ^{13}C 同位素一样，^{77}Se 同位素核自旋量子数 $I=1/2$，是可以通过核磁共振（NMR）波谱检测的核素。与 ^{13}C NMR 相比，^{77}Se NMR 具有几个优点：①^{77}Se 同位素的丰度（7.63%）比 ^{13}C 同位素的丰度（1.11%）高；②^{77}Se NMR 的质子除偶谱简单，易于解析；③化学位移范围宽，极少可能出现信号重叠；④利用偶合常数有助于结构推断。

紫外（UV）光谱提供关于发色团的结构信息，已知物的紫外光谱可用于对其定量分析。由于元素效应（重原子效应），结构相同的物质最大吸收峰波长 λ_{max} 红移：Te>Se>S>O。红外（IR）光谱和拉曼（Raman）光谱提供基团振动的信息，两种方法在原理上相互补充；只有分子极化率发生改变的振动才显示拉曼吸收，而只有偶极矩发生变化的振动才是红外活性的，显示红外吸收；有结构鉴定意义的是 Se—H、C=Se 和 Se=O 等基团的振动频率。X 射线光电子能谱（XPS）根据结合能位移确定元素的价态。单晶 X 射线分析是化合物结构分析的最有效方法，它提供键长、键角数据，已在无机化合物、有机化合物、生物高分子结构研究中得到广泛应用。色谱分离技术如 PC、TLC、GC 和 LC 与检测技术如 MS、UV、IR 联用，特别是联用技术 HPLC-ICP-MS 大大提高工作效率。

一、质谱联用技术

联用技术是最常用的化学物种（chemical species）分析技术。一种元素的形态（speciation）定义为元素在一个系统中的化学物种的分布，而形态分析则定义为确定或测量样品中一个或多个化学物种的量。元素形态分析的联用技术由两种分析技术组成：分离技术和检测技术。

色谱和毛细管电泳用作分离技术。在这些分离技术中，色谱法，特别是 HPLC（高效液相色谱法）是最常用的。已经发展了元素检测的分析仪器，原子吸收光谱法（AAS）、原子荧光光谱法（AFS）、电感偶合等离子体-原子发射光谱（ICP-AES）和电感偶合等离子体-质谱（ICP-MS）用于硒元素的检测。电喷雾电离（electrospray ionization，ESI）质谱或大气压化学电离（APCI）质谱：作为 ESI 和 APCI 是比 ICP 更软的电离源，它们可以提供硒化合物的分子式和分子量信息。ICP 是用于产生离子的硬电离源，所产生的离子由质谱仪采样。单四极杆、三重四极杆、飞行时间（TOF）和扇区场（SF）质谱仪已与 ICP 一起使用。ICP-MS 具有高能量的氩等离子体，能有效地将硒离子化，以通过质谱仪进行检测。因为容易与 HPLC 联用，所以 HPLC-ICP-MS 是对生物样品进行形态分析的重要工具。

激光烧蚀（laser ablation）与电感偶合等离子体质谱（laser ablation inductively coupled plasma mass spectrometry，LA-ICP-MS）联用，目前正用于生物样品中痕量元素的显影和成像。作为一种联用技术，与 HPLC-ICP-MS 相比有一些优点，因为 ICP-MS 只提供可溶部分中化学物种的信息，很难提供诸如元素组织分布等空间信息。已发展硒蛋白质在电泳凝胶板上的定位技术，变性凝胶可用于硒蛋白质的分离和检测[34,35]。

硒不仅在生物学上而且在分析化学上都具有有趣的特征：①硒以超痕量的必需元素存在，这表明检测本身具有挑战性；②在植物中，硒不是必需元素，几乎具有与硫相同的代谢途径，这表明植物中存在相应的 Se 代谢物；③与植物相反，硒是动物必不可少的元素，其是通过特定途径代谢的，这表明独特的硒代谢物（selenometabolite）能在动物中被发现，硒存在六种天然同位素，这一事实有助于通过质谱法扫描含硒物质。

1. 硒蛋白质的形态分析

利用 ICP-MS/MS 在动物血浆中检测到两种硒蛋白质：谷胱甘肽过氧化物酶（GPx3）和硒蛋白质 N。ICP-串联质谱（ICP-MS/MS）和 ICP-MS 测定大鼠血清中硒的洗脱曲线，检测到两个主要的硒峰，根据蛋白质印迹，分别指定为 GPx3 和硒蛋白质 N。因为硒的身体营养状况反映了血清硒蛋白质的峰高，所以该技术可用于评估临床上是否缺硒。尽管 ICP-MS 是检测硒的强大工具，但多原子离子的干扰是不可避免的缺点[36]。硒的三个丰度较大同位素 ^{80}Se（49.6%）、^{78}Se（23.8%）和 ^{76}Se（9.36%）受同质量离子的干扰：等离子体源——氩气（Ar）的几种多原子离子如 $^{40}Ar^{40}Ar^+$、$^{40}Ar^{38}Ar^+$ 和 $^{38}Ar^{38}Ar^+$ 分别干扰同位素 ^{80}Se、^{78}Se 和 ^{76}Se，当氯存在于样品中，$^{40}Ar^{37}Cl^+$ 干扰同位素 ^{77}Se。因此，用 ICP-MS 检测硒时，丰度较低的 ^{82}Se 同位素（8.73%）最为常用。为克服这些问题，ICP-MS 配备了碰撞/反应池。在检测硒中，使用碰撞/反应池的几种技术是可用的。例如氢气（H_2）、氦气（He）和甲烷（CH_4）单独或混合使用作为碰撞/反应气。然而，这些气体通常会降低硒检测的灵敏度。H_2 的使用在检测细胞外液（例如血浆、血清和尿液）中的硒时导致另一个问题：由于细胞外液中含有大量的溴（Br），Br 和 H_2 反应生成的多原子离子如 $^{79}BrH^+$ 和 $^{81}BrH^+$ 会干扰对 ^{80}Se 和 ^{82}Se 的检测。使用氘（D_2）代替 H_2 能够避免这些干扰，因为干扰已转移到 81（$^{79}BrD^+$）和 83（$^{81}BrD^+$）。检测细胞外液中的硒，D_2 反应模式是有效的。但是，出现的一个新问题阻碍了 Se 同位素的精确测定：在反应池中，D_2 与 Se 反应产生 $^{78}SeD^+$ 和 $^{80}SeD^+$，分别干扰 ^{80}Se 和 ^{82}Se。

对于三种硒同位素而言，通过 ICP-MS/MS 获得的两种血清硒蛋白质的峰高比通过 ICP-MS 获得的结果更准确。因此，ICP-MS/MS 是一种更强大的分析工具。

2. 硒代谢物的鉴定

HPLC-ICP-MS 还可用于分析低分子量的硒代谢物。但是，HPLC-ICP-MS 具有一个关键的缺点：ICP-MS 仅提供代谢物的元素信息，无法鉴定新的代谢物。为了克服这个缺点，可使用 ESI-MS 或 APCI-MS。相比 ICP，ESI 和 APCI 是较软的电离源，它们可以提供分子量（分子式）的信息。此外，串联质谱（tandem mass spectrometry）（MS/MS）和多级质谱（multistage cascade of mass spectrometry）（用 MS" 表示）用于推测结构。实际上，已经有 ESI-MS-MS 和 ESI-MS" 用于鉴定未知的硒代谢物。但是，与 ICP-MS 相比，ESI-MS 有两个弱点：①ESI-MS 的检出限不如 ICP-MS；②ESI-MS 受到样品基质的严重影响。与 ICP-MS 相比，ESI-MS 需要更详细的样品预处理，因此，互补使用 ESI-MS 和 ICP-MS 是鉴定未知物的最佳方法。质谱难以区分对映体和非对映异构体。相反，NMR 波谱可以严格确定化学物种的结构或构型。因此，它是有价值的鉴定技术，可用于精确识别代谢产物。但是，NMR 波谱需要更严格的纯化方法和比 ESI-MS 高的样品浓度。因此，LC-ICP-MS(/MS)、LC-ESI-MS(/MS)和 NMR 联合应用是鉴定未知硒代谢物的最佳分析方法。

（1）硒糖

体内利用过的硒主要通过尿液排泄。在营养水平和低毒水平下，主要的尿代谢产物是 1-硒甲基-N-乙酰基半乳糖胺（MSeGalNAc，SeSugar1），由 HPLC-ICP-MS、ESI-MS-MS 和 NMR 鉴定。利用 HPLC-ESI-MS 获得 SeSugar1 的质谱离子：三个离子的质荷比（m/z）分别为 298、300 和 302。表示其中分别有 Se 同位素：^{78}Se、^{80}Se 和 ^{82}Se。第一个四极杆质谱仪的离子流引入碰撞池以获得它们的碎片离子，用第二个四极杆质谱仪检测这些碎片离子：在低碰撞能量下，所有母离子在 m/z 204 处产生相同的主产物离子，表明含硒的部分从每个母离子上裂解。由于前体离子和碎片离子之间 m/z 相差 96，系失去 CH_3SeH 的结果，因此推测硒糖具有 CH_3Se 单元。但是，糖部分的构型无法确定。利用核磁共振波谱进行了完整的识别。纯化的尿代谢物的 ^1H NMR 谱图显示在 2.08 和 1.96 处有两个（甲基）单峰，可归因于己糖胺单元 C1 位置的 CH_3Se 基和 C2 位置的 CH_3CONH 基。此外，C3 和 C4 之间质子的偶合常数表明己糖胺单元是半乳糖胺类型。质子去偶实验以及 ^1H-^{13}C 相关研究表明，主要尿液代谢物是 1β-硒甲基-N-乙酰基-D-氨基半乳糖。除了主要的尿硒糖（SeSugar1）外，利用 ESI-MS-MS 鉴定了几种次要的尿硒糖：1-硒甲基-N-乙酰氨基葡萄糖（MSeGluNAc，SeSugar2）、1-硒甲基-半乳糖胺（MSeGalNH$_2$，SeSugar3）。此外，利用 ESI-MS-MS 在实验动物的肝脏中鉴定了谷胱甘肽硒基-N-乙酰基氨基半乳糖（GSSeGalNAc），该硒糖被认为是尿硒糖 SeSugar1 的前体。第二种主要的尿代谢产物经鉴定是三甲基硒鎓离子（trimethyl selenonium ion，TMSe）（参阅第十七章）。

（2）硒氰酸根

哺乳动物培养细胞中的硒代谢机理尚不清楚，因此进行了这一实验：将人类肝癌细胞（HepG2）暴露于 10μmol/L 的亚硒酸钠溶液中，取上层清液进行硒的形态分析。在 HPLC 谱中，主峰出现在 35.6min（保留时间），归属于未知的硒代谢物。由于它的保留时间与任何先前报道的硒代谢物的保留时间都不匹配，因此这一代谢产物可能是新的，利用质谱法对其进行鉴定。ESI-四极杆-飞行时间质谱（ESI-Q-TOF-MS）获得了 $m/z=106$ 的峰。根据同位素峰型分析，归属为[$^{80}SeCN$]⁻，即硒氰酸根：[$^{80}SeCN$]⁻的测定质量为 105.92055，理论值为 105.91959。硒氰酸根虽然可以在已测试过的所有哺乳动物细胞如人类胚胎肾细胞（HEK293）、大鼠肝细胞（RL34）和猴肾细胞（COS7）中形成，但是并不需要酶，这提示内源氰化物可能参与了硒氰酸根的生物合成。因为硒氰酸根比亚硒酸盐和氰化物毒性要小得多，所以硒氰酸根的生物合成似乎是解亚硒酸盐和氰化物毒性的一种机理。此外，在大鼠中硒氰酸根像亚硒酸盐一样被同化为硒蛋白质和硒代谢物，因此硒氰酸盐可作为硒的一种营养来源。

二、核磁共振波谱学

适合核磁共振（NMR）波谱学研究的核素应满足这三个条件：①$I \neq 0$，有核磁活性（存在核自旋磁矩）；②有较高的天然丰度；③相对短的自旋弛豫时间 T_1，这既与核自身性质有关又与环境有关。核磁共振研究最为广泛的核素是 ^1H、^{13}C 和 ^{31}P。虽然硫在无机化学、有机化学和生物化学中占有重要地位，但是只有零星的 ^{33}S NMR 波谱学研究，这是由于唯一的核磁活性同位素 ^{33}S 具有不利的核磁性质——丰度太低（0.76%）。^{14}N 同位素虽然丰度很高（99.63%），由于电四极矩（quadrupole moment）（$I=1$）导致信号宽化，^{14}N NMR 波谱学的应用也非常少[37]。较重的硫族同位素 ^{77}Se（天然丰度 7.63%）和 ^{125}Te（天然丰度 6.99%）在性质上可与 ^{13}C（天然丰度 1.11%）相比，甚至更优越。现在，^{77}Se NMR 波谱学已成为硒化学一种有价值的结构鉴定以及表征工具，广泛用于反应活性中间体的原位检测。

1. 核磁共振条件

非零自旋的核（$I \neq 0$）具有量子化的自旋角动量和自旋磁矩：自旋角动量的大小为 $[I(I+1)]^{1/2}h/(2\pi)$，自旋角动量在 z 轴上的分量为 $m_z h/(2\pi)$；磁矩的大小为 $\mu = \gamma[I(I+1)]^{1/2}h/(2\pi)$，磁矩在 z 轴上的分量 $\mu_z = \gamma m_z h/(2\pi)$。其中，$I$ 为核自旋量子数，γ 为磁旋比，m_z 为核自旋磁量子数，取值范围为 $m_z = I, I-1, \ldots, 0, \ldots -(I-1), -I$，共 $2I+1$ 个值。根据磁矩与磁场作用能公式（作用能=-磁矩矢量与磁感应强度矢量的内积），对于磁旋比为 γ 核自旋量子数为 I 的核，在外磁场 B_0（z 轴方向）中产生的磁能级数为 $2I+1$（这种在外磁场中的能级分裂称为 Zeeman 能级分裂），磁能级可表示为 $E = -\gamma m_z B_0 h/(2\pi)$。

对于 $I=1/2$ 的核，只有两个磁能级，m_z 可取值 1/2 或 -1/2，这两种核自旋状态可分别标记为 α（顺外磁场方向↑）和 β（逆外磁场方向↓）。根据核自旋跃迁选律，只有核自旋磁量子数的改变为 ±1 即 $\Delta m_z = \pm 1$ 的跃迁是允许的，因此当两磁能级差 $\Delta E[\Delta E = \gamma B_0 h/(2\pi)]$ 满足 $\Delta E = h\nu$ 条件时，自旋体能吸收频率为 ν 的电磁波从低能态转变为高能态，即产生核自旋-磁共振吸收。

$$\nu_0 = \frac{\gamma B_0}{2\pi}$$

（裸核）

$$\nu = \frac{\gamma B_0 (1 - \sigma^*)}{2\pi} = \nu_0 (1 - \sigma^*)$$

（实际核）

由共振条件公式可知：吸收频率 [$\nu_0 = \gamma B_0/(2\pi)$，常称为 Larmor 进动频率] 与核的磁旋比 γ 和外磁场的磁感应强度 B_0 有关，这只适用于裸核的情形。对于实际核而言，由于核外电子在外磁场作用下产生的环电流对外磁场的屏蔽作用 $-\sigma^* B_0$（σ^* 称为屏蔽常数），实际感受的磁场为 $(1-\sigma^*)B_0$，因此在磁场中自旋量子数为 I 的核能量为 $E = -h\nu_0(1-\sigma^*)m_z$、能级差为 $\Delta E = h\nu_0(1-\sigma^*)$。这样，磁性核的共振吸收频率为 $\nu = \nu_0(1-\sigma^*)$，它是该磁性核具体化学环境（σ^*）的函数。用于描述屏蔽效应的屏蔽常数 σ^* 是一个用 3×3 矩阵表示的二阶张量：在固体或有序体系中，三个主值可以解析；在溶液中，由于布朗运动，只能观察到三个主值的平均值即平均的各向同性屏蔽常数 σ_{iso}^*。各向同性屏蔽常数可表示为：$\sigma_{iso}^* = \sigma_d + \sigma_p$，式中 σ_d 和 σ_p 分别为抗磁项和顺磁项；抗磁项也称为 Lamb 项，与 s 电子密度、基态的电子分布有关；顺磁项也称为 Ramsey 项，与 p 电子密度、d 电子密度、激发态有关，激发态的能量越高贡献越小。

2. 化学位移

由于磁性核具体环境不同，共振频率不同，共振吸收频率的位移称为化学位移（chemical shift）。为了便于应用和比较，化学位移并不直接采用屏蔽常数或共振频率或共振磁场表示，而是采用无量纲的 δ 表示，对不同种类的核规定不同的参考标准，其化学位移值为 0。例如 ^{1}H NMR 和 ^{13}C NMR 谱的参考标准是四甲基硅（TMS），其化学位移值规定为 0，即 $\delta=0$。化学位移的范围大致是：^{1}H NMR 谱，15～0；^{13}C NMR 谱，250～−50；^{31}P NMR 谱，300～−300；^{77}Se NMR 谱，2500～−1000。对于核磁共振信号的获得可以采用扫频式和扫场式：扫频式固定磁场，改变频率；扫场式固定射频频率，改变磁场。通常采用固定射频的扫场式。根据 Boltzmann 分布定律，在热平衡状态下，处于 α 态的核数 n_α 和处于 β 态的核数 n_β 满足关系式：$n_\alpha/n_\beta=e^{h\nu/(k_BT)}\approx1+h\nu/(k_BT)$（$k_B$ 为 Boltzmann 常数），因此低能态的核只稍微多于高能态的核，数目差为 $n_\alpha-n_\beta\approx nh\nu/(2k_BT)$（$n$ 为总核数），由此产生弱的核磁共振信号，表明核磁共振技术是一种灵敏度不高的检测技术。从 x 轴发射射频信号，体系吸收能量后，从 y 轴接收线圈记录信号强度（感应电动势）随时间的变化（free induction decay，FID），FID 经傅里叶变换（Fourier transformation，FT）得到核磁共振谱。从非平衡态返回平衡态，处于高能态（β 态）的核回到低能态（α 态）的过程称为弛豫（relaxation），有两种机理：一种是自旋-晶格弛豫（纵向弛豫，spin-lattice relaxation），自旋核与环境交换能量；另一种是自旋-自旋弛豫（横向弛豫，spin-spin relaxation），自旋核与另一种自旋核交换能量（实际是一种熵增过程）。两种过程的时间常数分别用 T_1 和 T_2 表示。核磁共振谱的信号半峰宽与横向弛豫时间 T_2 有关：$\nu_{1/2}=1/(\pi T_2)$，因此横向弛豫（自旋-自旋弛豫）时间 T_2 越长，峰越尖锐。核磁共振谱提供信号位置（δ）、信号强度（吸收峰面积）、峰型（偶合常数，coupling constant）等信息，其中化学位移和偶合常数是研究化合物结构和构象的主要参数。

如果存在其它磁性核，除受磁场影响外，所讨论的核磁能级还受邻近核自旋磁矩的影响，总核磁能级可表示为：$E=-h\nu_0\Sigma(1-\sigma_i^*)m_{zi}+h\Sigma J_{ij}I_iI_j$；第一项为核的 Zeeman 能级项，求和对所有磁性核素；第二项为邻近核的自旋-自旋相互作用、J_{ij} 为相互作用核间的偶合常数，求和对所有相互作用的磁性核。精细偶合起源于邻近核的自旋-自旋偶合（spin-spin coupling），它与外磁场无关：所讨论的核与另一个自旋量子数为 I 的核的偶合导致 $2I+1$ 个峰，裂距为精细偶合常数 J（单位：Hz，赫兹）；类似地，与 n 个其它等价核（核自旋量子数为 I）的偶合形成 $2nI+1$ 个峰。例如在 ^{1}H NMR 中，孤立的甲基出现单峰（singlet）；乙基 CH_2CH_3 出现四重峰（quartet，对应 CH_2）和三重峰（triplet，对应 CH_3）；异丙基 $CH(CH_3)_2$ 出现七重峰（septet，对应 CH）和二重峰（doublet，对应 CH_3）。在 ^{13}C NMR 中，$(D_3C)_2CO$ 的甲基碳（29.9）出现七重峰，羰基碳（206.7）是一个单峰；$DCCl_3$ 的碳（77.2）出现三重峰；D_2CCl_2 的碳（54.0）呈现五重峰（quintet）（氘的核自旋量子数 $I=1$）。偶合常数随间隔键的数目增大而减小，通常不超过三个 σ 键。Karplus 曾提出关联三键（H—C—C—H）偶合常数 $^3J(H,H)$ 与二面角 θ 之间关系的经验公式（Karplus relation）：$^3J(H,H)=A+B\cos\theta+C\cos2\theta$；$^3J(\theta=0)<^3J(\theta=180°)$；$^3J(\theta=\pm60°)<^3J(\theta=180°)$。$A$、$B$ 和 C 是经验常数。在椅式环己烷构象中，aa 键的 $^3J(H,H)$（13～8Hz）大于 ae 键的 $^3J(H,H)$ 和 ee 键的 $^3J(H,H)$（5～2Hz）；在烯烃中，反式的 $^3J(H,H)$（19～12Hz）大于顺式的 $^3J(H,H)$（11～7Hz）和 CH_2 的 $^2J(H,H)$（2～−3Hz）。在某些构型固定的环状结构中，观察到 M 或 W 型的长程偶合常数 $^4J(H,H)$（4～0.5Hz）。

$$\delta=\frac{\nu_{样品}-\nu_{标准}}{\nu_{标准}}\times10^6$$

（化学位移 δ 的定义式）

变温核磁共振谱（VTNMR；或动态 NMR，dynamic NMR）提供关于化学反应动力学（互变异构、自交换等）的信息。根据两分离信号刚好重合的温度 T_c（coalescence temperature），可计算该温度下的寿命 τ 以及速率常数 k_c，下式中 Δv 为两分离信号共振频率之差（单位：Hz，赫兹）。重合信号峰的化学位移 δ_{av} 是 δ_1 和 δ_2 的加权平均，n_1 和 n_2 是在 δ_1 和 δ_2 处共振的两核的数目。

$$1 / \tau = k_c = \frac{\pi \Delta v}{\sqrt{2}}$$

$$\delta_{av} \approx \frac{n_1 \delta_1 + n_2 \delta_2}{n_1 + n_2}$$

3. 影响化学位移的因素

①吸电子诱导效应：吸电子诱导效应降低原子核周围的电子密度，化学位移向低场（downfield）位移，δ 值增大。②共轭效应：给电子共轭效应，增大电子密度，化学位移向高场（upfield）位移，δ 值减小；吸电子共轭效应，降低电子密度，化学位移向低场位移，δ 值增大。苯上氢的化学位移为 7.26，在苯甲醚中处于给电子基——甲氧基邻位、间位和对位氢的化学位移分别为 6.84、7.18 和 6.90。③杂化效应：在乙烷、乙烯和乙炔分子中，杂化轨道 s 成分（1/4、1/3 和 1/2）不同，化学位移不同，分别为 0.88、5.23 和 2.88。④磁各向异性效应：双键、苯环、三键等官能团存在磁各向异性效应，处于环电流不同区域的质子其化学位移不同。双键平面上下方为屏蔽区，双键平面为去（除）屏蔽区。三键的轴向区域为屏蔽区，其它为去（除）屏蔽区。处于屏蔽区，化学位移向高场位移，δ 值减小；反之，化学位移向低场位移，δ 值增大。例如在十八轮烯中，环内氢在 -2.99 而环外氢在 9.28。单键也存在弱的各向异性效应。环己烷衍生物中，直立键上的氢处于屏蔽区在高场，平伏键上的氢处于去（除）屏蔽区在低场，两者化学位移相差大约 0.5。⑤氢键：氢键是去（除）屏蔽效应，引起 ^{1}H NMR 化学位移向低场位移，δ 值增大。例如存在分子内氢键的乙酰丙酮，化学位移 δ 在 15.4 左右。⑥温度：大多数信号受温度影响不大，但 OH、NH 和 SH 因存在氢键，温度升高、氢键减弱，化学位移向高场位移，δ 值减小。⑦溶剂效应：溶剂的磁各向异性效应以及溶剂与溶质形成的氢键会影响化学位移。

三、^{77}Se 核磁共振波谱学

在硒的六种稳定同位素中，只有 ^{77}Se 核自旋量子数 $I=1/2$，是核磁活性的。与 ^{1}H 核不同，没有观察到 NOE 信号增强现象。^{77}Se 的纵向弛豫是由自旋旋转（SR）和化学位移各向异性（CSA）机理决定的。一般而言，偶极弛豫不起主要作用，因此 NOE 信号增强效应不会发生（除硒醇 RSeH 外）。典型的，^{77}Se 核的纵向弛豫时间（自旋-晶格弛豫）T_1 值在 $1 \sim 30$s 的范围内，因此 ^{77}Se NMR 可用于研究各类硒化合物。固态弛豫时间长，固态 ^{77}Se NMR 测试需要采用高分辨 MAS（magic angle spinning）实验。与其它重核一样，^{77}Se 的化学位移与温度有很强的依赖关系。在几摄氏度的温度范围内，信号可能会发生位移，因此获得高分辨率的 ^{77}Se NMR 谱控制温度稳定是特别重要的。浓度的依赖性并不严重，如果使用低或中等浓度，可以忽略浓度效应。然而，改变溶剂，会改变 ^{77}Se 信号。例如，当从 C_6D_{12} 到 $(CD_3)_2SO$ 时，观察到 5%Me_2Se 的溶液化学位移向高场移动 21。

选择共同的化学位移参考标准在记录和比较 NMR 数据时是特别重要的，在 ^{77}Se NMR 中，采用的标准物质是：Me_2Se，规定其化学位移值为 0，用作外参考。由于 Me_2Se 是液体，

具有非常难闻的气味，许多人倾向于使用商业可得的低浓度 $CDCl_3$ 溶液和易于处理的固体如 Ph_2Se_2（^{77}Se NMR：$\delta\, 463$）分别作为内部或外部标准。

1. ^{77}Se 的化学位移

^{77}Se 化学位移的总范围约为 3500；低场共振极端值标志物是硒醛和一些钼硒化合物（2400），高场共振极端值标志物是硒桥连的钨配合物（−900）[38]。然而，最近的文献刷新了这一纪录[28]，在 [U(O)(Se)(NR$_2$)$_3$]$^-$ 中，其化学位移值为 4905，因此 ^{77}Se 化学位移的总范围已达到约 6000，表 1.13 收集了选定化合物的 ^{77}Se NMR 化学位移[38,39]。

表 1.13 硒化合物的 ^{77}Se NMR 化学位移*

	硒化合物	化学位移		硒化合物	化学位移
	H_2Se	−226		CSe_2	243
	SeO_3	944			
	Se_2Cl_2	1274		Se_2Br_2	1174
	$SeCl_2$	1758		$SeBr_2$	1474
	SeI_2	814		$SeCl_4$	1154
	SeF_4	1092		SeF_6	610
	$SeOF_2$	1378		$SeOCl_2$	1479
	$SeOBr_2$	1559		SeO_2F_2	948
	H_2SeO_3	1300		H_2SeO_4	1001
硒醇	MeSeH	−115	硒醇	EtSeH	36
	^nPrSeH	27		^nBuSeH	82
	$CH_2{=}CHCH_2SeH$	47		$HCCCH_2SeH$	90
	PhSeH	152		2,6-Mes$_2C_6H_3$SeH	67
	C_6F_5SeH	287			
硒醚	MeSeMe	0	硒醚	MeSeEt	112
	$MeSe^nPr$	75		$MeSe^nBu$	79
	EtSeEt	230		$^nPrSe^nPr$	155
	$^nBuSe^nBu$	161		$^tBuSe^tBu$	614
	MeSePh	202		MeSePy	254
	$MeSeCF_3$	370		CF_3SeCF_3	717
	$(C_6F_5)_2Se$	122		Fc_2Se	210
	Ph_2Se	416		$(2,6-Me_2C_6H_3)_2Se$	255
二硒醚	Me_2Se_2	270	二硒醚	Et_2Se_2	336
	$^nPr_2Se_2$	305		$^nBu_2Se_2$	346
	$^tBu_2Se_2$	491		Ad_2Se_2	438
	$(HOCH_2CH_2)_2Se_2$	259		$(HO_2CCH_2CH_2)_2Se_2$	325
	$(EtO_2CCH_2CH_2)_2Se_2$	324		$SeCys_2$	288
	Ph_2Se_2	463		Py_2Se_2	447
	$(2,4,6-Me_3C_6H_2)_2Se_2$	368		$(2,4,6-^iPr_3C_6H_2)_2Se_2$	359
	$(2,4,6-^tBu_3C_6H_2)_2Se_2$	516		$(2,6-Mes_2C_6H_3)_2Se_2$	422
	$1-Np_2Se_2$	430		Fc_2Se_2	479
硒鎓盐	Me_3SeOTf	254	硒鎓盐	Et_3SeOTf	373
	$Ph(^nBu)SeEtBF_4$	420		Ph_3SeBr	484
次脒酰卤	C_6F_5SeCl	801	次脒酰卤	C_6F_5SeBr	619
	$2,4,6-^iPr_3C_6H_2SeCl$	926		$2,4,6-^iPr_3C_6H_2SeBr$	758

续表

硒化合物		化学位移	硒化合物		化学位移
硒氰酸酯	MeSeCN	125	硒氰酸酯	PhSeCN	319
	C_6F_5SeCN	184		$HCCCH_2SeCN$	295
	CH_2=$CHCH_2SeCN$	258			
硒醇盐	MeSeLi	−346	硒醇盐	^tBuSeLi	172
	2,4,6-$^tBu_3C_6H_2SeLi$	129		$HOCH_2CH_2SeNa$	−224
硒羰基化合物	2,4,6-$^tBu_3C_6H_2CHSe$	2398	硒羰基化合物	Ad_2C=Se	2134
	PhCSeSeMe	1787, 770（SeMe）		PhCSeSMe	1624
	PhCSeOMe	910		$MeCSeNH^nBu$	517
	$MeCSeNMe_2$	620		$MeCSeNEt_2$	590
	$HCSeNBn_2$	570		PhCSeNHBn	619
硒脲	$H_2NCSeNH_2$	215	硒脲	$Me_2NCSeNH_2$	230
其它	Me_2SeO	812	其它	$MeSeO_2H$	1216
	$MeSeO_3K$	1045		$(MeO)_2SeO$	1339
	$(MeO)_2SeO_2$	1053		Me_2SeCl_2	448
	Me_2SeBr_2	389		$MeSeCl_3$	890
	硒吩	605		苯并硒吩	526

*单质 Se_6、Se_7、Se_8 在 CS_2 中 ^{77}Se NMR 化学位移：685、998、615。Py，2-吡啶基；1-Np，1-萘基；Fc，二茂铁基；$SeCys_2$，硒胱氨酸；Bn，苄基；Ad，金刚烷基。

在元素硒的研究报道中，比较有趣的是非晶态硒（固态 ^{77}Se NMR 实验）在化学位移 865 处共振，而三方硒是屏蔽的，$\delta=809$。在 CS_2 溶液中发现了几种环状硒：Se_6、Se_7 和 Se_8，它们的 [77]Se 化学位移（分别为 685、998 和 615）与固态硒基本一致。

另外六元至八元环的硒原子在不同程度上被硫和碲所取代，它们的化学位移也在这些范围内，而且七元环的化学位移也高于其它环（大约在 980～1100）。像 Se_4^{2+} 一类多硒正离子，它们的信号出现在低场（1432～1948）。

二卤化硒 SeX_2 的 [77]Se 化学位移显示出强烈的除（去）屏蔽倾向：随着电负性的降低除屏蔽效应减弱，在这一系列中 X=Cl（1758）、X=Br（1474）、X=I（814）中化学位移呈下降趋势。但在 $SeOX_2$ 系列中卤素效应与之相反：$SeOF_2$（1378）、$SeOCl_2$（1479）和 $SeOBr_2$（1559）。当电正性取代基如 H_3E（E=Si、Ge）连接到硒上这导致非常强的屏蔽效应，例如 H_3E—Se—EH_3 分别为：$\delta=-666$、$\delta=-612$，仅被 K_2Se 水溶液（−670）中的硒负离子超过。文献报道的非金属化合物的最高屏蔽是 $H_3SiSe^-Li^+$（$\delta=-736$）。对于 R—Se—X（R 为有机取代基）系列，一般趋势是：随着硒上的取代基电负性的增加，除屏蔽作用增强，PhSeCl（1039）、$PhSeNMe_2$（924）、PhSeBr（867）、PhSeSMe（514）、PhSeSeMe（447）。硒醇的化学位移从 MeSeH 的 −115 到硼烷硒醇($B_{10}H_{11}C_2$)SeH 的 733；烷基硒醇的屏蔽效应：$^tBu<^iPr<^nBu<Et<Me$，这表明烷基的 β-效应是除屏蔽的。在二烷基硒醚和烷基芳基硒醚中，烷基取代基的结构对 ^{77}Se 的屏蔽有很大的影响，与 ^{13}C NMR 和 ^{17}O NMR 相似，存在 α-效应、β-效应和 γ-效应。比较 PhSeH（145，无溶剂）和 PhSeMe（197）的化学位移可知 α-效应是大的，但 β-效应影响更大：一个甲基取代一个 α-氢原子导致 100～120 除（去）屏蔽位移。例如，Me_2Se（0）和 Me—Se—^tBu（294）之间的差异对应于三个甲基（Me→^tBu），而 Me_2Se 和 $^iPr_2Se$（466）之间的差异对应于四个甲基（2Me→2^iPr）。类似的趋势不仅存在于上述烷基硒醇（RSeH）中也存在于烷基苯基硒醚（PhSe-R）和烷基硒醇盐（RSe^-Na^+）系列中。对二烷基二硒醚（RSeSeR），效应衰减

为 65 左右。β-位被氟原子取代也导致除屏蔽。γ-效应（γ-effect）实质上是屏蔽的，例如：PhSe—Et（$\delta=325$）和 PhSe—^{n}Pr（$\delta=288$），$\Delta\delta=-37$。对硒处于 a 键的刚性环己烷衍生物的检验表明，γ-效应的影响程度非常相似（35～40）。PhSe-C-C-C 这样的结构单元倾向于交叉（gauche）构象。γ 位置之外的取代基效应可以忽略。

对苯环上取代的若干硒化合物（Ar—Se—Me）的研究表明，在双取代基参数（DSP）方法中，^{77}Se 的化学位移可以用参数 σ_I 和 σ_R（取代基的诱导效应参数和共振效应参数）的线性组合来表示。每个位置如邻位、间位和对位有不同的线性关系。对硒醇酯类化合物（selenoester）RCOSeR 进行了较为深入的研究。硒（II）氧化为硒（IV）一般导致显著的除屏蔽，例如：Me_2Se（0）、Me_2SeBr_2（389）和 Me_2SeCl_2（448）。在一系列烷基苯基硒亚砜 PhSe(=O)R 中有 450～630 的低场位移。烷基引起的取代基效应远小于相应硒醚 PhSeR 中的取代基效应。然而，卤代物表现出相反的趋势：CF_3SeCl（$\delta=1077$）、CF_3SeCl_3（$\delta=953$）。一般而言，Se(VI)物种的化学位移数值明显小于结构相关的 Se(IV)类似物，例如，H_2SeO_4 的 $\delta=1001$，H_2SeO_3 的 $\delta=1300$。同样，CF_3SeO_2H 的 $\delta=1231$，而 CF_3SeO_3H 的 ^{77}Se 化学位移仅为 981。含有 C=Se 基团的化合物的化学位移强烈地依赖于 C=Se 基团所连的原子和取代基，几乎遍布已知的化学位移范围。报告的化学位移最大的为 2,4,6-三叔丁基苯甲硒醛（2398），最小的为 O=C=Se（-447）。

文献报道了许多不饱和共轭杂环化合物。硒吩的 ^{77}Se 信号出现在 605，缩环导致移向高场如苯并硒吩在 526 处。电负性原子如氮取代杂环中的碳原子导致化学位移（向正值）移动 900 左右，例如 1,2,3-硒二唑化学位移值在 1499，苯并硒二唑在 1511。杂环化合物也存在取代基效应，例如 2-氟硒吩和 2-碘硒吩的 ^{77}Se 信号分别在 513 和 721。

一些高价的四芳基硒化合物，例如 Ph_4Se，已经在-100℃测量到 $\delta=377$，令人惊讶的是，它们的 ^{77}Se 化学位移与其它二价硒化合物如 Ph-Se-Ph（$\delta=416$）没有太大的差别。

在 P=Se 键中，^{77}Se 的化学位移值一般为负数，这表明偶极共振式（II）有重要贡献：P=Se(I)↔P$^+$-Se$^-$(II)。已获得的数据表明硒的化学位移强烈地依赖于磷上的取代基：$Me_3P=Se$，$\delta=-235$；$Et_3P=Se$，$\delta=-419$；$^nPr_3P=Se$，$\delta=-398$；$^iPr_3P=Se$，$\delta=-497$；$^tBu_3P=Se$，$\delta=-385$；$(MeO)_3P=Se$，$\delta=-396$；$(Me_2N)_3P=Se$，$\delta=-275$；$Ph_3P=Se$，$\delta=-275$；$(PhO)_3P=Se$，$\delta=-283$。

已报道许多含硒金属化合物的 NMR 数据。这些化合物可以分为三种不同类型：第一类，硒与主族金属形成共价键；第二类，硒以 σ、π、μ 方式与过渡金属原子配位；第三类，硒是配体的一个成员原子，但其它原子（氧、硫、氮、磷、砷等）配位于金属。第三类金属配合物的 ^{77}Se 化学位移与自由配体的 ^{77}Se 化学位移可能没有明显差别，除非硒与金属原子存在特定的相互作用。第一类化合物：与"自由"负离子相比，对于 13、14、15 族元素的化合物而言，硒常常是除屏蔽的，例如 $Sn(SeMe)_4$，$\delta=-127$（$MeSe^-$，-330）；$Na[Pb(SePh)_3]$，127（$PhSe^-$，104）；$M(SePh)_3$（M=As，$\delta=266$；M=Sb，$\delta=397$；M=Bi，$\delta=311$）。第二类化合物：这些配合物的 ^{77}Se 化学位移覆盖了整个硒化学位移范围。在大多数情况下，与自由的含硒配体相比，硒原子是除屏蔽的（200～1500）。钼配合物$(Et_4N)_2[Se=Mo(Se_4)_2]$的末端硒原子化学位移值为 2357，是所记录的最大值之一，而相应的钨类似物中的末端硒原子的 δ 值仅为 1787。钨配合物$[\eta^5-CpW(CO)_3]_2(\mu-Se)$中的桥连硒原子的化学位移值为-900，这是迄今为止报道的最小 ^{77}Se 化学位移。π 配合物$(OC)_5W(\kappa^2-Se=CHPh)$的 δ 值为 211，比预计的硒醛 PhCH=Se 的化学位移值（超过 2000）低得惊人。立体化学的正确指派在铂配合物中是可能的。例如，同分异构化合物 cis-$(PhSe)_2Pt(PPh_3)_2$（321）和 trans-$(PhSe)_2Pt(PPh_3)_2$（238），其化学位移的差值为 83。

2. ^{77}Se 的偶合常数

偶合常数 $^nJ(^{77}Se,X)$ 可以通过对 ^{77}Se 卫星峰的查测从相关偶合原子（如 ^1H、^{13}C、^{31}P、^{19}F、^{199}Hg、^{195}Pt 等）的光谱中容易地获得，与相应的主要信号相比，每一个约有 4% 的强度。

（1）$^nJ(^{77}Se,^1H)$ 偶合常数

一键偶合常数 $^1J(^{77}Se,^1H)$ 一般为正值。在 H_2Se 中，$^1J(^{77}Se,^1H)$ 为 65.4Hz；硒醇的 $^1J(^{77}Se,^1H)$ 在 44～65Hz 范围，其中 ^tBuSeH 的 $^1J(^{77}Se,^1H)$ 为 (38 ± 1)Hz；在 $CpW(CO)_3SeH$ 中，只有 5.3Hz。二键偶合常数 $^2J(^{77}Se,^1H)$ 也多为正值。对于脂肪族结构中的氢原子，它们的偶合常数在 4～16Hz 之间，但是如果结构中含有偕杂原子或者处于芳香环中（硒吩，47.5Hz），它们的偶合常数可以增加到 50Hz。只有在分子中硒没有孤电子对时，偶合常数才变成负数，例如，$MeSeO_3^-$，−17.4Hz。研究发现在二键和三键（邻位）偶合中存在立体化学依赖性。

（2）$^nJ(^{77}Se,^{13}C)$ 偶合常数

一键偶合常数 $^1J(^{77}Se,^{13}C)$ 为负值，很大程度上取决于碳原子的杂化态。C_{sp^3}-Se 的典型范围是 45～100Hz。芳香烃或烯烃 C=C—Se 为 −90～−162Hz；C=Se 为 −203～−249Hz；C≡C—Se 为 −184～−193Hz；N≡C—Se 为 −240～−292Hz；N=C=Se 为 −274Hz；O=C=Se 为 −287Hz。一个例外是甲硒酸根 $MeSeO_3^-$，−13Hz。二键偶合 $^2J(^{77}Se,^{13}C)$ 尚未得到深入研究。一般来说，它们是正的，比 $^1J(^{77}Se,^{13}C)$ 小得多，脂肪碳极少大于 15Hz。然而，在杂环芳烃中检测到了高达 34Hz 的数值，但这些数值不能与一键偶合相混淆。$^3J(^{77}Se,^{13}C)$ 知道得很少，它们似乎在 3～12Hz 范围内，但如果硒是氧化的，则减少到小于 3Hz。需要进一步地研究以探索是否存在 Karplus 型相关性。

（3）$^nJ(^{77}Se,^{15}N)$ 偶合常数

报道的一键偶合常数 $^1J(^{77}Se,^{15}N)$ 是：CF_3SeNH_2，60.1Hz；在 1,2,3-硒二唑中，83.4～92.2Hz。

（4）$^nJ(^{77}Se,^{19}F)$ 偶合常数

一键偶合常数 $^1J(^{77}Se,^{19}F)$ 通常非常大，可超过 1000Hz。如果氟原子处于不同的立体化学位置，它们很容易被识别。例如，在 SeF_4 中 ^{77}Se 与轴向氟原子的偶合常数为 284Hz，与平伏位氟原子的偶合常数为 1206Hz。SeF_6 及其相关的 Se(Ⅵ) 衍生物中偶合常数值在 1200～1500Hz 范围内，但是立体化学差异很小，不可能在此基础上作出可靠的归属。

（5）$^nJ(^{77}Se,^{31}P)$ 偶合常数

一键偶合常数 $^1J(^{77}Se,^{31}P)$ 是负数，可以有很大的绝对值。这种偶合常数的大小反映磷硒键的键级。P=Se 键偶合常数，−800～−1200Hz；P—Se 键，−200～−620Hz。偶合常数包含了所研究化合物的立体化学信息：在 4-甲基-1,3,2-二氧杂磷烷 $Se=P(SMe)(OCH_2CH_2CHMeO)$ 中，P=Se 键处于 e 键的偶合常数（−960Hz）的绝对值大于处于 a 键的偶合常数（−895Hz）的绝对值。

（6）$^nJ(^{77}Se,^{77}Se)$ 偶合常数

^{77}Se-^{77}Se 偶合并未受到太多关注，因为它们的观测需要至少有两个硒原子处于不对称位置的化合物。测定了若干二硒醚的一键偶合，发现 $^1J(^{77}Se,^{77}Se)$ 偶合常数在 22Hz（Ph—Se—Se—Me）～−66.5Hz（CF_2Cl—Se—Se—CF_2Cl）之间。在多硒负离子中，$^1J(^{77}Se,^{77}Se)$ 值在 230～270Hz 范围内。一个有趣的例子是，$^3J(^{77}Se,^{77}Se)$ 值在一对二元硒醚异构体中存在明显差别：cis-PhC(SeMe)=(SeMe)CH（96Hz）；trans-PhC(SeMe)=(SeMe)CH（12Hz）。

（7）$^{n}J(^{77}Se, ^{125}Te)$偶合常数

一键偶合 $^{1}J(^{77}Se, ^{125}Te)$，对于 Me—Se—Te—Me 是-169Hz。一些多硫属正离子和负离子，其数值在 189～670Hz 范围内。在有些环状化合物中硒和碲之间存在强偶合，表明这些原子之间存在着跨环相互作用（transannular interaction）。

（8）与金属的偶合常数

^{77}Se 与 ^{119}Sn 的 $^{1}J(^{77}Se, ^{119}Sn)$一键偶合常数一般在 500～1700Hz 之间。报道的 ^{207}Pb-^{77}Se一键偶合常数为 780Hz（Ph_3Pb—Se—$PbPh_3$）和 149Hz（$K_2Pb_2Se_3$）。典型的与过渡金属的偶合常数是：^{103}Rh，20～44Hz；^{113}Cd，126～195Hz；^{183}W，14～109Hz；^{195}Pt，74～630Hz；^{199}Hg，-751～1270Hz。值得注意的是 $^{1}J(^{77}Se, ^{195}Pt)$对取代基和立体化学有很强的诊断依赖性，可用于推断硒-铂化合物的结构。

3. ^{77}Se 核磁共振波谱学中的线性相关规律

$$\delta_X = \rho\sigma + \delta_0$$

根据线性自由能关系（linear free energy relationship，LFER）理论，如果将一个系列化合物的化学位移与取代基常数的相关性用方程表示是很有意义的。在以上方程中，δ_0 和 δ_X 分别为没有取代基和取代基为 X 的化学位移，σ 是取代基常数，ρ 是衡量化学位移对取代基变化的敏感性常数。化学位移满足这一线性方程表明取代基对化学位移的影响是电子效应[40]。

在 4-$XC_6H_4OC(=Se)NMe_2$（Ⅰ）中，C=Se 偶合常数 $^{1}J(^{77}Se, ^{13}C)$与对位 X 的取代基常数 σ_p 成线性关系：$^{1}J(^{77}Se, ^{13}C) = 4.14\sigma_p + 237$；在 4-$XC_6H_4SeC(=O)NMe_2$（Ⅱ）中，O=C—Se 中的偶合常数 $^{1}J(^{77}Se, ^{13}C)$与对位 X 的取代基常数 σ_p^- 成线性关系：$^{1}J(^{77}Se, ^{13}C) = -4.22\sigma_p^- + 123$，SeAr 中的偶合常数 $^{1}J(^{77}Se, ^{13}C)$与对位 X 的取代基常数 σ_p^- 成线性关系：$^{1}J(^{77}Se, ^{13}C) = 6.40\sigma_p^- + 93.3$。

根据 8 个含 C=Se 官能团化合物（包括 $^{t}Bu_2C=Se$ 在内的 5 个硒酮、$PhC(=Se)OEt$、$PhC(=Se)NMe_2$、$Me_3CC(=Se)NMe_2$）的 ^{77}Se 化学位移与紫外光谱的最大吸收波长（λ_{max}），得到线性相关方程[41]：$\delta(^{77}Se) = 5.891\lambda_{max} + 2020$。

4. 含硒化合物的特殊 NMR 技术以及应用

由于 ^{77}Se 化学位移的高灵敏度以及相合温度（coalescence temperature）通常远高于 ^{1}H 或 ^{13}C NMR 谱，因此利用变温核磁共振波谱法（VTNMR）能对含硒化合物进行构象分析（conformational analysis）。例如，苯硒基己烷环翻转过程的 ^{77}Se 信号在 10℃左右重合，而 ^{1}H 或 ^{13}C 信号在相同的外场强度下至少降低 60℃。通过对 2-芳硒基-1,3-二硫杂环己烷的研究，解释了芳硒基取代基的异头效应（anomeric effect）问题。特别有趣的发现是 ^{77}Se NMR 可用于手性识别（chiral recognition）和测定手性化合物的纯度。例如非对映的 α-苯硒基丙酸（光活性醇的）酯的信号存在明显差异。用手性衍生化试剂(4S,5R)-(-)-4-甲基-5-苯基噁唑啉-2-硒酮（oxazolidine-2-selone）与 5-甲基庚酸的外消旋混合物反应生成氮酰化产物，^{77}Se 信号一分为二，间隔为 5.3Hz。这是七键的手性识别。此外，在远离硒原子五键的氘，可以清楚地辨认出氘同位素的位移。

高分辨率固态 MAS ^{77}Se NMR 已应用于一些含硒分子。测定了一些无机化合物和有机化合物的 ^{77}Se 化学位移张量的三个主值 σ_{11}、σ_{22} 和 σ_{33}，并将它们的各向同性位移 δ_{iso} 与液体或溶液中的化学位移 δ 相比较，发现 δ_{iso} 和 δ 是非常相似的，但在某些情况下，晶胞中存在的晶体学非等价分子（物种）会导致信号增多。例如，硒脲($H_2N)_2CSe$ 在 36 范围内分布 5 线。记录到环状分子$(Me_2SnSe)_3$出现两个信号：-266[$^{1}J(^{77}Se, ^{119}Sn)$，1191Hz]和-352[$^{1}J(^{77}Se, ^{119}Sn)$，

1264Hz]，其强度比为 1：2，表明该分子采取具有二重对称轴的扭-船型构象。

　　尽管 ^{77}Se NMR 波谱学是用于鉴定无机硒化合物和有机硒化合物的可靠工具，但是很少用于含超痕量硒的生物样品。然而，由于 NMR 仪器和测量技术的最新进展使得硒化合物的常规检测成为现实。图 1.33 显示了用 NMR 仪器（ECZ600，JEOL）测量的硒代谢物（参阅第十七章；图 17.2）的化学位移。具有 Se(−Ⅱ) 的化合物，其化学位移在高场区域，具有从Ⅳ到Ⅵ价硒的化合物信号出现在低场区域。重要的硒代谢物，例如硒氨基酸、硒糖和甲基化的硒代谢物在从 0～300 的狭窄区域中观察到。因此，这一区域可称为"生物硒区域"。

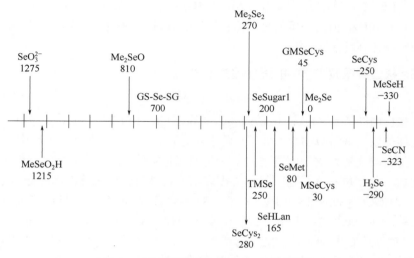

图 1.33　硒代谢产物的 ^{77}Se NMR 化学位移

　　通过异核多键相关（heteronuclear multiple bond correlation，HMBC）谱的间接测量是增强 ^{77}Se 信号强度的有效技术。由于 ^{77}Se 和 ^{1}H 的二维相关谱可以得到，这种方法为化学结构的测定提供决定性的信息。这些先进的 ^{77}Se NMR 波谱技术对于检测生物样品是非常有用的。例如，通过测定一种硒补充剂的 ^{77}Se 和 ^{1}H 的二维相关谱-HMBC 谱确定该膳食样品存在硒（代）蛋氨酸（SeMet）；测量生物活性硒肽的硒半胱氨酸残基的 pK_a 值，发现其 pK_a 值明显小于游离硒半胱氨酸。虽然在生物样品中 ^{77}Se NMR 的灵敏度与质谱法相比不能令人满意，但是使用富集 ^{77}Se 的样品可克服这一缺点。例如，制备富含 ^{77}Se 的蛋白质，使用 ^{77}Se NMR 技术可探测其中硒半胱氨酸残基的局域电子环境。

四、自由基的结构与电子自旋共振波谱学

1. 自由基的结构

　　具有单电子（未成对电子）的物质称为自由基（radical）；只有一个单电子的自由基是二重态的，其自旋磁量子数随机为 1/2 或−1/2，例如氢原子、氯原子等；具有两个单电子的自由基依据单电子的自旋磁量子数是相同（电子自旋方向相同）或不同（电子自旋方向相反）为三重态或单重态；讨论问题需要时在分子式或元素符号的左上角用数字 1、2、3 分别表示其光谱多重度（在外磁场中的能量多重度）。基态具有单电子的分子称为开壳层分子，例如普通的三线态氧分子 $^{3}O_2$ 和 NO；基态没有单电子的分子（基态用 S_0 符号表示）称为闭壳层分子。闭壳层分子最为常见，它们在紫外光照射下，HOMO 中的一个电子跃迁到 LUMO 轨道

导致产生两个单电子，如果这两个单电子自旋方向相反，那么这种激发态称为单重态激发态，用统一符号 S_1 表示，如果这两个电子自旋方向相同，那么这种激发态称为三重态激发态，用统一符号 T_1 表示。通常，三重态的能量低于相应的单重态的能量（参阅光化学反应）。自由基具有顺磁性（paramagnetic），例如 $^3O_2$ 和 $^3Se_2$。根据自由基是否带有电荷可将自由基分为两类：电中性的自由基（如甲基自由基）和带电荷的自由基，带电荷的自由基进一步分为自由基负离子（radical anion）（O_2^-、Se_2^-）和自由基正离子（radical cation）（O_2^+、Me_2Se^+），为强调自由基的单电子本书用单圆点标注在右上角，例如氯自由基用 $Cl^·$ 表示以便与氯基 Cl 区分。在碳中心的三种活性中间体如甲基负离子、甲基正离子和甲基自由基中，甲基正离子 CH_3^+ 和甲基负离子 CH_3^- 在碳离子和反离子之间存在离子键，并不特别不稳定。然而，甲基自由基 $CH_3^·$ 是一种极不稳定的活性物质，因为碳中心是 7 电子的，不满足 8 电子规则，极容易偶联形成乙烷分子。所述甲基正离子中的碳原子采用 sp^2 杂化，其结构为平面三角形（键角 120°）。甲基负离子中的碳原子采用 sp^3 杂化，孤对电子占据一个杂化轨道，其结构为锥形（键角 109.5°）。甲基自由基中的碳原子采取甲基正离子和甲基负离子之间的中间结构（极扁平的锥形，接近平面三角形），即使在极低的温度下，它的锥体也迅速翻转。由此可见，一般而言，自由基是独特而稀有的物种，只有在特殊和有限的条件下（浓度极低）才存在。本书所涉及的碳中心和硒中心活性中间体列于表 1.14。

表 1.14　活性中间体

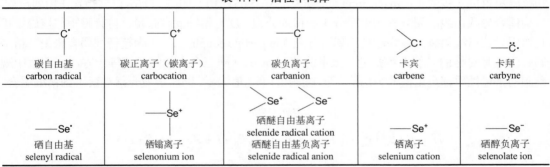

碳自由基 carbon radical	碳正离子（镓离子） carbocation	碳负离子 carbanion	卡宾 carbene	卡拜 carbyne
硒自由基 selenyl radical	锍离子 selenonium ion	硒醚自由基离子 selenide radical cation 硒醚自由基负离子 selenide radical anion	硒离子 selenium cation	硒醇负离子 selenolate ion

虽然很久以前，硒自由基，硒中心的自由基（selenium-centered radical），就设想为活性中间体，但是只得到自由基捕获实验的支持，直到最近才获得直接的结构证据（图 1.34）：利用在 800℃快速真空热解（flash vacuum pyrolysis）和 312nm 光解（photolysis）两种方法从 PhSeSePh 制备苯硒基自由基 $PhSe^·$（A），在 10K 温度下利用 Ar 基质将其捕获，当升温至 30K 时，自由基快速偶联形成 PhSeSePh[42]。超价自由基——硒烷自由基（selenuranyl）（B）是最近经 X 射线单晶衍射测定的自由基，它具有可逆的还原性质（即其负离子能可逆生成），可作为阴极电池材料[43]。

图 1.34　两种硒自由基

2. 电子自旋共振波谱学

自由基可用电子自旋共振（electron spin resonance，ESR）技术研究，使用电磁波的波长在微波范围。电子的自旋量子数为 1/2，因此在磁场中自旋磁矩有两个方向（自旋磁量子数 1/2，α；自旋磁量子数 −1/2，β），对应两个磁能级（Zeeman 效应）：$E_\alpha = 1/2(g_e\beta_e B_0)$，$E_\beta = -1/2(g_e\beta_e B_0)$；能级差 $\Delta E = g_e\beta_e B_0$，式中 g_e、β_e 和 B_0 分别为电子的 Lande 因子（g 因子）、磁矩单位——玻尔磁子和外加磁感应强度。当电磁波的能量满足条件 $h\nu = \Delta E = g_e\beta_e B_0$ 时，电子从低能级跃迁到高能级，即从 β 自旋改变为 α 自旋，产生自旋共振吸收（当存在磁性核时，在电子跃迁过程中，磁性核的自旋状态保持不变）。g_e 因子是自由基的电子环境的函数，对于自由电子，g_e 是一个值为 2.00232 的标量（scalar），自由基中电子的 g_e 因子由于轨道角动量的贡献而不同于纯自旋的自由电子。轨道混合的贡献既取决于单电子环境的不对称性，也取决于与其相互作用的原子的自旋-轨道偶合。因此，因子 g_e 是一个二阶张量（second-rank tensor），有三个主值（principal value），这些主值随分子的取向而定。如果 ESR 实验是单晶样品，那么共振信号（resonance signal）是一条窄线，其频率取决于磁场相对于 g_e 张量主轴的取向。如果研究一个多晶样品，ESR 谱是宽的包络信号。从这个包络信号中获取 g_e 张量的主值是可能的，但是不可能得到 g_e 张量的取向。如果对快速重新定向的自由基溶液进行 ESR 测量，那么光谱又是一条单线，其频率对应于 g_e 张量三个主值的平均值。

全面考虑影响能级的相互作用，可用哈密顿算符表示：单电子（自旋和或轨道）磁矩与磁场作用项、自旋磁矩与核磁矩作用项；电子间的自旋-自旋相互作用；核磁矩与磁场作用项。其中，g_e 和 β_e 分别是电子的 g 因子和磁子（9.274×10^{-24}J/T）；g_n 和 β_n 分别是磁性核的 g 因子和核磁矩单位（核磁子；magneton）（$\beta_n = \beta_e/1836$；5.051×10^{-27}J/T）；自旋-自旋相互作用即自旋-自旋偶合导致谱线的裂分称为零场分裂或精细分裂，D 为精细偶合张量；自旋磁矩与核磁矩相互作用导致谱线的裂分称为超精细偶合分裂（hyperfine coupling），A 为超精细偶合张量。精细偶合张量是对称的二阶无迹张量，张量的迹（trace）（即三个主值的和）等于零，在溶液中观察到的张量性质都是主值的平均值，无迹张量的平均值为零，因而溶液光谱观察不到精细偶合。

$$\hat{H}\psi = E\psi$$

$$\hat{H} = \beta_e(B_0 \cdot g_e \cdot S + L \cdot B_0) - g_n\beta_n B_0 \cdot I + AS \cdot I + S \cdot D \cdot S$$

自由基的哈密顿算符

ESR 谱的主要信息来源是电子磁矩和与之接触的原子的核磁矩相互作用产生的超精细偶合。与自旋量子数为 I 的核的偶合导致原来的单线分裂成 $2I+1$ 个分量，裂距为超精细偶合常数 A（单位为毫特斯拉，mT 或高斯，G）。这种超精细偶合有两种类型：一种是各向同性相互作用（费米接触项），它是由电子波函数在原子核处非零引起；另一种是各向异性相互作用。一般来说，超精细偶合常数 A 是各向同性项和各向异性项的总和即 $A_{iso}+A_{aniso}$。各向同性的超精细偶合常数 A_{iso} 和各向异性的超精细偶合常数 A_{aniso} 的计算公式如下：

$$A_{iso} = \frac{8\pi}{3} g_n g_e \beta_n \beta_e \psi(0)^*\psi(0)$$

$$A_{aniso} = \frac{4}{5} g_n g_e \beta_n \beta_e <\frac{1}{R(r)^3}>$$

式中，$\psi(0)^*\psi(0)$、$R(r)$ 和 $<1/R(r)^3>$ 分别是核位置处的电子密度、径向波函数和径向波函数立方倒数的平均值。唯一在原子核上没有节点的波函数是 s 函数。因此，各向同性超精细偶合常数是对原子核处单电子波函数 s 特性的一种度量。s 电子的超精细偶合常数既可以通过实验测量，也可以通过 Hartree-Fock 原子波函数计算，因此，在第一级近似下，s 电子密度可以通过实验偶合常数与原子偶合常数的比值来计算。如果单电子波函数的 s 特性为零,例如在平面甲基自由基中,那么一个小的各向同性偶合通常产生于二阶自旋——极化效应(spin polarization)。溶液的 ESR 谱只表现出各向同性的超精细偶合。如果磁核附近单电子的波函数具有某种程度的 p 或 d 特征,那么还存在着各向异性偶合的可能性,这种偶合用一个二阶张量来表示。可以证明这个张量的迹(即三个主值的和)等于零,它对溶液光谱中观察到的平均偶合没有贡献。一个单电子与一个自旋为 I 核的各向异性相互作用产生 $2I+1$ 个分量,裂距与取向有关,对这种关系的系统研究得到完整的各向异性偶合张量。既然超精细偶合常数是各向同性项和各向异性项的总和,那么在这种情况下实验确定的超精细偶合张量的迹就不等于零,但是三个主值的平均值等于各向同性偶合,因此就可以把这个项从每个主值中减去得到各向异性分量。从 p 电子的轴对称性可以看出,当磁场与 p 轨道方向平行时,观察到各向异性偶合的最大值,各向异性偶合张量的最大分量方向与 p 轨道方向一致,它取决于径向波函数 $R(r)$ 立方倒数的平均值。

对于自由原子,这个值可由原子波函数计算出来,因此,在一级近似下,所研究的磁性核的 p 电子密度可由实验偶合常数与原子偶合常数的比值计算出来。

对于固定电磁波频率 ν_0 的扫场测试:$g_e = h\nu_0/(\beta_e B_0)$;$B_0$ 越大,g_e 越小,反之亦然。为了获得高的分辨率,ESR 谱记录的是导数谱而不是线谱。

通过对自由基 PhO·(phenoxy radical)、PhS·(phenylthiyl radical)、PhSe·(phenylselenyl radical)以及 PhTe·(phenyltelluroyl radical)在 UB3LYP/Def2QZVPP 水平上计算单电子密度,证明单电子定域在大的杂原子碲、硒、硫上而对酚氧自由基单电子则主要离域在苯环上,这是由于原子越大与碳的 2p 轨道重叠越少共轭效应越弱的缘故。

在图 1.34 中三价硒自由基分子(9-Se-3)在室温显示一个没有裂分的包络信号 $g_e = 2.0242$,$A = 3.0 \text{mT}$,而它的硫类似物(9-S-3),其 ESR 谱尽管复杂但是利用参数($g_e = 2.0089$,$A_{H(1)} = 0.17 \text{mT}$,$A_{H(2)} = 0.07 \text{mT}$,$A_{F(1)} = 0.08 \text{mT}$,$A_{F(2)} = 0.06 \text{mT}$,$A_{C(1)} = 1.27 \text{mT}$)可以完美模拟,表明三价硫自由基分子具有穿过 C—S 键的 C_2 对称轴。ESR 测量能提供自由基结构(构象)的宝贵信息,与 DFT 计算相结合可推断前线轨道的性质,ESR 浓度测量可量化许多动态过程,这些信息在推断或支持反应机理方面具有突出的作用。

参考文献

[1] Li W K, Zhou G D, Mak T C W. Advanced Structural Inorganic Chemistry[M]. New York: Oxford University Press, 2008.

[2] Monk P. Physical Chemistry[M]. Chichester: John Wiley & Sons, Ltd., 2004.

[3] Mortimer R G. Physical Chemistry[M]. Canada: Elsevier Academic Press, 2008.

[4] 鲍林 L, 鲍林 P. 化学[M]. 北京: 科学出版社, 1982.

[5] Housecroft C E, Sharpe A G. Inorganic Chemistry[M]. London: Pearson Education Ltd., 2005.

[6] Akiba K Y. Organo Main Group Chemistry[M]. Singapore: John Wiley & Sons, Inc., 2011.

[7] 鲍林 L. 化学键的本质[M]. 上海: 上海科学出版社, 1966.

[8] Kildahl N K. J Chem Educ, 1995, 72(5): 423-424.

[9] Ji S, Cao W, Yu Y, et al. Angew Chem Int Ed, 2014, 53(26): 6781-6785.

[10] House J E. Inorganic Chemistry[M]. Canada: Elsevier Academic Press, 2008.

[11] 默雷尔 J N, 凯特尔 S F A, 特德 J M. 原子价理论[M]. 北京: 科学出版社, 1976.

[12] (a) 库尔森 C A, 麦克威尼 E. 原子价[M]. 北京: 科学出版社, 1986; (b) 斯坦纳 E. 分子波函数的确定和解释[M]. 上海: 上海科学技术出版社, 1983.

[13] 福井谦一. 图解量子化学[M]. 北京: 化学工业出版社, 1981.

[14] 福井谦一. 化学反应与电子轨道[M]. 北京: 科学出版社, 1985.

[15] Drabowicz J, Kiełbasiński P, Zając A. Hypervalent Derivatives of Selenium and Tellurium. PATAI's Chemistry of Functional Groups[M]. New Jersey: John Wiley & Sons, Inc., 2011.

[16] Brownridge S, Crawford M J, Du H, et al. Inorg Chem, 2007, 46(3): 681-699.

[17] 海尔布伦纳 E, 博克 H. 休克尔分子轨道模型及其应用[M]. 北京: 科学出版社, 1982.

[18] (a) 杜瓦 M J S. 有机化学分子轨道理论[M]. 北京: 科学出版社, 1979; (b) 朱永, 韩世钢, 朱平仇. 量子有机化学[M]. 上海: 上海科学技术出版社, 1986.

[19] (a) Young D C. Computational Chemistry[M]. New York: John Wiley & Sons, Inc., 2001. (b) Koch W, Holthausen M C. A Chemist's Guide to Density Functional Theory[M]. Weinheim: Wiley-VCH Verlag GmbH, 2001. (c) Carey F A, Sundberg R J. Advanced Organic Chemistry. Part A: Structure and Mechanisms[M]. Boston: Springer, 2008.

[20] (a) Yadav V K. Steric and Stereoelectronic Effects in Organic Chemistry[M]. Singapore: Springer, 2014. (b) Alabugin I V. Stereoelectronic Effects. Chichester: John Wiley & Sons, Ltd., 2016. (c) Miljkovic M. Electrostatic and Stereoelectronic Effects in Carbohydrate Chemistry[M]. New York: Springer, 2014.

[21] Strohfeldt K A. Essentials of Inorganic Chemistry[M]. Chichester: John Wiley & Sons, Ltd., 2015.

[22] Roat-Malone R M. Bioinorganic Chemistry[M]. New Jersey: John Wiley & Sons, Inc., 2007.

[23] Pearson R G. 化学反应对称规则: 轨道拓扑学和基元过程[M]. 北京: 科学出版社, 1986.

[24] Crabtree R H. The Organometallic Chemistry of the Transition Metals[M]. New Jersey: John Wiley & Sons, Inc., 2014.

[25] 宋礼成, 王佰全. 金属有机化学原理与应用[M]. 北京: 高等教育出版社, 2012.

[26] Ma E S F, Rettig S J, Patrick B O, et al. Inorg Chem, 2012, 51(9): 5427-5434.

[27] Peruzzini M, Rios I D L, Romerosa A. Prog Inorg Chem, 2001, 49: 169-453.

[28] Smiles D E, Wu G, Hrobarik P, et al. J Am Chem Soc, 2016, 138(3): 814-825.

[29] (a) Shi Y C, Wang S, Xie S. J Coord Chem, 2015, 68(21): 3852-3883. (b) Abramov P A, Zakharchuk N F, Virovets A V, et al. J Organomet Chem, 2014, 767: 65-71.

[30] Shi Y C, Shi Y, Yang W. J Organomet Chem, 2014, 772-773: 131-138.

[31] Stuber M A, Kornienko A Y, Emge T J, et al. Inorg Chem, 2017, 56(17): 10247-10256.

[32] Cusick J, Dance I. Polyhedron 1991, 10(22): 2629-2640.

[33] Deka R, Sarkar A, Butcher R J, et al. Dalton Trans, 2020, 49(4): 1173-1180.

[34] (a) Sonet J, Mounicou S, Chavatte L. Detection of Selenoproteins by Laser Ablation Inductively Coupled Plasma Mass Spectrometry (LA-ICP MS) in Immobilized pH Gradient (IPG) Strips. Selenoproteins. New York: Humana Press, 2018. (b) Cruz E C S, Becker J S, Becker J S, et al. Imaging of Selenium by Laser Ablation Inductively Coupled Plasma Mass Spectrometry (LA-ICP-MS) in 2-D Electrophoresis Gels and Biological Tissues. Selenoproteins[M]. New York: Humana Press, 2018.

[35] Maciel B C M, Barbosa H S, Pessôa G S, et al. Proteomics, 2014, 14(7-8): 904-912.

[36] (a) Vacchina V, Dumont J. Total Selenium Quantification in Biological Samples by Inductively Coupled Plasma Mass Spectrometry (ICP-MS). Selenoproteins[M]. New York: Humana Press, 2018. Ogra Y, Anan Y, Suzuki N. Bioanalytical Chemistry of Selenium. Selenium, Molecular and Integrative Toxicology[M]. Switzerland: Springer, 2018.

[37] McAteer D, Akhavan J. Propellants Explos Pyrotech, 2016, 41(2): 367-370.

[38] Duddeck H. Sulfur, Selenium, and Tellurium NMR[M]. New Jersey: John Wiley & Sons, Ltd., 2007. emrstm0543.

[39] Sunoj R B. Theoretical Aspects of Organoselenium Chemistry. PATAI's Chemistry of Functional Groups[M]. New Jersey: John Wiley & Sons, Ltd., 2011.

[40] Sørensen A, Rasmussen B, Pittelkow M. J Org Chem, 2015, 80(8): 3852-3857.

[41] Cullen E R, Guziec F S, Murphy C J, et al. J Am Chem Soc, 1981, 103(24): 7055-7057.

[42] Mardyukov A, Tsegaw Y A, Sander W, et al. Phys Chem Chem Phys, 2017, 19(40): 27384-27388.

[43] Imada Y, Nakano H, Furukawa K, et al. J Am Chem Soc, 2016, 138(2): 479-482.

化学反应

化学反应有多种分类法。根据反应物和生成物的组成（反应中心配位数是否变化）分类：加成反应（化合反应，在无机化学中）、消除反应（分解反应）、取代反应（置换反应，在无机化学中）、重排反应。根据反应物的氧化数是否变化（电子是否得失）分类：氧化还原反应和非氧化还原反应（酸碱反应、配位反应）。根据反应物和生成物的立体化学分类：立体选择反应（立体有择反应，stereoselective reaction），唯一或占优势生成一种立体异构产物的反应；立体专一反应（stereospecific reaction），立体异构的反应物生成立体异构产物的反应。

根据反应涉及的活性中间体分类：自由基反应、离子反应和分子反应。与之相关的是根据共价键的断裂方式，化学反应可分为均裂反应、异裂反应和协同反应。根据提供反应的能量形式分类：热反应（基态分子的反应）和光反应（激发态分子的反应）。根据反应的可逆性分类：可逆反应和不可逆反应。根据反应机理的复杂程度分类：基元反应［单分子反应、双分子反应以及（极少数）三分子反应］和复杂反应［可逆反应、竞争（平行）反应、连串反应］。根据反应快慢分类：扩散控制的反应［速率常数≈10^{10}mol/(L·s)］和活化能控制的反应［速率常数<10^{10}mol/(L·s)］。

化学反应还可根据反应中心分类：在金属化学中关注金属中心上的反应；在有机化学中关注碳中心上的反应；在主族元素化学中，依据具体对象，例如硅化学、锡化学、氮化学、磷化学、硫化学、硒化学分别关注硅中心、锡中心、氮中心、磷中心、硫中心、硒中心上的反应，应该指出的是不少反应涉及多个反应中心，例如二中心加成反应（在不饱和键上的加成）、二中心消除反应（形成不饱和键或成环）。在化学反应中，还就特定物质的授受命名反应：质子转移（proton transfer，PT）反应（酸碱反应）以及电子转移（electron transfer，ET）反应。

由于化学反应众多，将化学反应系统化、定量化一直是化学学科发展的目标，结构与反应性的定量关系（structure-reactivity relation，SRR）只取得极小范围的成功，统一的定量化工作任重道远。

第一节　反应热力学

一、等温方程和键离解自由能

1. 等温方程

可逆反应（reversible reaction）（图 2.1）如下所示：

$$aA + bB \rightleftharpoons cC + dD$$

图 2.1　可逆反应

根据化学反应等温方程（van't Hoff 方程），反应的自由能变化 ΔG 与反应的活度商 Q（reaction quotient）可表示如下：

$$\Delta G = RT \ln \frac{Q}{K_{eq}} \quad \left(Q \equiv \frac{a_C^c a_D^d}{a_A^a a_B^b} \right)$$

式中，R、T 和 K_{eq} 分别为理想气体常数、热力学温度和反应的平衡常数（equilibrium constant）。

化学反应等温方程可用于判断反应进行的方向以及限度：当 $Q<K_{eq}$ 时，$\Delta G<0$，反应向右进行；当 $Q>K_{eq}$ 时，$\Delta G>0$，反应向左进行；当 $Q=K_{eq}$ 时，$\Delta G=0$，反应处于动态平衡。反应的活度商 Q 是生成物活度的指数乘积与反应物活度的指数乘积之比，平衡常数 K_{eq} 是反应达到平衡时的活度商 Q_{eq}，这一实验规律常称为化学平衡的质量作用定律（law of mass action）。当质量作用定律应用于不同的具体反应类型时，化学平衡常数会有不同的名称：对于沉淀-溶解反应，化学平衡常数称为溶度积常数；对于酸、碱反应称为离解常数（电离常数）；对于配位-离解反应，化学平衡常数称为配合物的形成常数；应用于离子交换反应的称为离子交换常数（或离子交换系数）。$\Delta G°$-K_{eq} 公式建立了平衡常数与热力学数据之间的关系，可根据反应的标准自由能变化 $\Delta G°$（反应的标准状态用"°"指示）计算平衡常数[1]。反应的标准自由能变化 $\Delta G°$ 等于所有生成物的标准生成自由能之和减去所有反应物的标准生成自由能之和。此外，也可利用反应的标准焓变和标准熵变计算反应的标准自由能变化 $\Delta G°$。部分已知物的热力学数据可从有关手册和本书附录获得。

在应用化学等温方程时，请注意 IUPAC 关于物质标准状态的规定：温度 T，通常 $T=298.15K$（25℃）；压强，0.1MPa；对纯物质如气体、液体、固体，其活度规定为 1；溶液的溶质标准浓度 1mol/kg，可近似采用物质的量浓度 1mol/L。在计算活度商 Q 时，气体采用逸度（有效压强），其它物质用活度（activity）。

讨论生物化学能量学时，采用统一的能量变化规定：①在任何情况下，在一个稀释的水溶液系统中，当有水作为反应物或产物时，水的活度规定为 1.0；②标准状态为 0.1MPa，25℃，pH=7.0（为与化学反应的标准状态相区别，生物化学反应的标准状态用"°'"指示）；③对于可离解的反应物和产物，其标准状态是它的未离解形式和离解形式的混合状态，两种状态的存在前提是 pH=7.0 的环境；④自由能的变化用符号 $\Delta G°'$ 表示，采用焦耳每摩尔或千焦每摩尔（J/mol 或 kJ/mol）为单位。

$\Delta G°$=生成物标准生成自由能之和减去反应物标准生成自由能之和

$=c\Delta G_f°(C)+d\Delta G_f°(D)-a\Delta G_f°(A)-b\Delta G_f°(B)$

$\Delta G°=\Delta H°-T\Delta S°$

$\Delta H°$=生成物标准生成焓之和减去反应物标准生成焓之和

$=c\Delta H_f°(C)+d\Delta H_f°(D)-a\Delta H_f°(A)-b\Delta H_f°(B)$

$\Delta S°$=生成物标准熵之和减去反应物标准熵之和

$=cS°(C)+dS°(D)-aS°(A)-bS°(B)$

$$\Delta G^{\circ}=-RT\ln K_{eq}=-5.71\lg K_{eq}(kJ/mol)$$

$$(R=8.314J/(mol \cdot K)；T=298.15K)$$

一种物质的活度 a（即有效浓度）定义为活度系数 γ（activity coefficient）与其浓度 c 的乘积，$a=\gamma c$，在稀溶液中，近似用浓度值代替活度进行计算；对于电解质溶液，单种离子的活度系数无法通过实验测定，因此采用计算方法。

表 2.1　离子活度系数的计算公式

公式名称	公式	适用的离子强度（I）值及范围
Debye-Hückel 公式	$\lg\gamma_i=-Az_i^2\sqrt{I}$	<0.01
Extended Debye-Hückel 公式	$\lg\gamma_i=-Az_i^2\dfrac{\sqrt{I}}{1+Ba\sqrt{I}}$	0.01
Guntelberg 公式	$\lg\gamma_i=-Az_i^2\dfrac{\sqrt{I}}{1+\sqrt{I}}$	0.01（混合电解质）
Davies 公式	$\lg\gamma_i=-Az_i^2\left(\dfrac{\sqrt{I}}{1+\sqrt{I}}-0.3I\right)$	<0.5

注：在25℃的水溶液中，$A=0.509$；$B=0.328$；a，与离子大小相关的调节参数。离子强度的定义式：$I=\dfrac{1}{2}\Sigma c_i z_i^2$。

表 2.1 列入了在电化学、土壤-水化学中计算离子活度系数的四个公式，其中较为广泛应用的是 Davies 公式[2]。任意一种离子 i 的活度系数 γ_i 与溶液的离子强度 I 有关，在离子强度的定义式中，c_i、z_i 分别是离子 i 的物质的量浓度和离子电荷数（离子价），求和遍及所有离子。

2．键离解自由能

定量讨论溶液中物质的反应性时，需要利用已知的热力学数据设计合适的热力学循环计算有关共价键的键离解自由能（bond dissociation free energy，BDFE）。根据气相反应的键离解自由能（BDFE^g），设计如图 2.2 所示的热力学循环可建立溶液中键离解自由能 BDFE 关系式。根据这一关系式就可以理解：因为反应物、中间体和产物存在不同的溶剂化导致 BDFE≠BDFE^g，所以将气相中的性质应用于溶液化学反应总体而言没有意义。

对反应热力学的透彻理解对于区分可能的反应机理是必不可少的。含有电极电势的热力学循环提供了一种获得溶液中难于直接测定甚至不可能测定的反应热力学数据的方法。利用热力学循环方法可以估算非质子溶剂中弱 C—H 酸的 pK_a 值、醇的 pK_R^+ 值以及键的均裂能和异裂能等。

$$
\begin{array}{ccccc}
AB & \rightleftharpoons & A^{\bullet} & + & B^{\bullet} \quad (气相)BDFE^g(A\text{-}B)\\
\downarrow \Delta G_S^{\circ}(AB) & & \downarrow \Delta G_S^{\circ}(A^{\bullet}) & & \downarrow \Delta G_S^{\circ}(B^{\bullet})\\
AB & \rightleftharpoons & A^{\bullet} & + & B^{\bullet} \quad (溶液)BDFE(A\text{-}B)
\end{array}
$$

图 2.2　计算溶液中 BDFE 的热力学循环

BDFE 与 BDFE^g 的关系式：

$$BDFE(A\text{-}B)=BDFE^g(A\text{-}B)+\Delta G_S^{\circ}(A^{\bullet})+\Delta G_S^{\circ}(B^{\bullet})-\Delta G_S^{\circ}(AB)$$

$[\Delta G_S^{\circ}(A^{\bullet})$、$\Delta G_S^{\circ}(B^{\bullet})$ 和 $\Delta G_S^{\circ}(AB)$ 分别是 $A^{\bullet}$、$B^{\bullet}$ 和 AB 的溶剂化自由能$]$

一般地，由分子 AB 衍生出的离子和自由基的热力学性质之间的关系，可以方便地用七个独立的实验测量反应表示（图 2.3 反应 1～7）：分子 AB 及其相应离子的所有可能的均裂和异裂反应的热化学可以写成两个电极电势之差（反应 2～7）与键离解自由能（反应 1）的总和，这些自由能关系在图 2.3 中给出（下标为对应的反应编号）；利用反应 1～7 的自由能，可以计算出反应 8～13 的自由能。

$$1.\ AB \rightleftharpoons A^{\cdot} + B^{\cdot}\quad \Delta G_1^{\circ} = \text{BDFE (A-B)}$$
$$2.\ A^+ + e^- \rightleftharpoons A^{\cdot}\quad \Delta G_2^{\circ} = -FE_{A^+/A^{\cdot}}^{\circ}$$
$$3.\ B^+ + e^- \rightleftharpoons B^{\cdot}\quad \Delta G_3^{\circ} = -FE_{B^+/B^{\cdot}}^{\circ}$$
$$4.\ A^{\cdot} + e^- \rightleftharpoons A^-\quad \Delta G_4^{\circ} = -FE_{A^{\cdot}/A^-}^{\circ}$$
$$5.\ B^{\cdot} + e^- \rightleftharpoons B^-\quad \Delta G_5^{\circ} = -FE_{B^{\cdot}/B^-}^{\circ}$$
$$6.\ AB^+ + e^- \rightleftharpoons AB\quad \Delta G_6^{\circ} = -FE_{AB^+/AB}^{\circ}$$
$$7.\ AB + e^- \rightleftharpoons AB^-\quad \Delta G_7^{\circ} = -FE_{AB/AB^-}^{\circ}$$
$$8.\ AB \longrightarrow A^+ + B^-\quad \Delta G_8^{\circ} = \Delta G_1^{\circ} - \Delta G_2^{\circ} + \Delta G_5^{\circ} = \Delta G_1^{\circ} + F(E_{A^+/A^{\cdot}}^{\circ} - E_{B^{\cdot}/B^-}^{\circ})$$
$$9.\ AB \longrightarrow A^- + B^+\quad \Delta G_9^{\circ} = \Delta G_1^{\circ} - \Delta G_3^{\circ} + \Delta G_4^{\circ} = \Delta G_1^{\circ} + F(E_{B^+/B^{\cdot}}^{\circ} - E_{A^{\cdot}/A^-}^{\circ})$$
$$10.\ AB^+ \longrightarrow A^+ + B^{\cdot}\quad \Delta G_{10}^{\circ} = \Delta G_1^{\circ} - \Delta G_2^{\circ} + \Delta G_6^{\circ} = \Delta G_1^{\circ} + F(E_{A^+/A^{\cdot}}^{\circ} - E_{AB^+/AB}^{\circ})$$
$$11.\ AB^+ \longrightarrow A^{\cdot} + B^+\quad \Delta G_{11}^{\circ} = \Delta G_1^{\circ} - \Delta G_3^{\circ} + \Delta G_6^{\circ} = \Delta G_1^{\circ} + F(E_{B^+/B^{\cdot}}^{\circ} - E_{AB^+/AB}^{\circ})$$
$$12.\ AB^- \longrightarrow A^- + B^{\cdot}\quad \Delta G_{12}^{\circ} = \Delta G_1^{\circ} + \Delta G_4^{\circ} - \Delta G_7^{\circ} = \Delta G_1^{\circ} + F(E_{AB/AB^-}^{\circ} - E_{A^{\cdot}/A^-}^{\circ})$$
$$13.\ AB^- \longrightarrow A^{\cdot} + B^-\quad \Delta G_{13}^{\circ} = \Delta G_1^{\circ} + \Delta G_5^{\circ} - \Delta G_7^{\circ} = \Delta G_1^{\circ} + F(E_{AB/AB^-}^{\circ} - E_{B^{\cdot}/B^-}^{\circ})$$

图 2.3　分子 AB 及其衍生离子的热力学关系

利用 H_2 的有关热力学数据（包括 H^+ 在不同溶剂中的转移自由能），根据图 2.3 中的反应 1、2 和 4 可推算出列入表 2.2 中的电极电势 $E^{\circ}(H^{\cdot}/H^-)$ 和 $E^{\circ}(H^+/H^{\cdot})$。

表 2.2　不同溶剂中的电极电势 $E^{\circ}(H^{\cdot}/H^-)$ 和 $E^{\circ}(H^+/H^{\cdot})$ 以及 BDFE（H_2）

溶剂	$E^{\circ}(H^+/H^{\cdot})$/V	$E^{\circ}(H^{\cdot}/H^-)$/V	BDFE/(kcal/mol)	BDFE/(kJ/mol)
气相	—	—	97.2	406.7
水	−2.50	0.18	106.2	444.3
乙腈（AN）	−2.38	−1.13	102.3	428.0
二甲基亚砜（DMSO）	−3.08	−1.09	102.8	430.1
甲醇	−2.83	—	102.4	428.4

氢转移在化学及相关领域中占有重要地位。这一过程是通过目标 A—H 键在三种可能的途径中发生的，即负氢（H^-）、氢原子（$H^{\cdot}$）和质子（H^+）的转移；从热力学角度来看，这取决于 A—H 键的强度和 A 的性质。因此，了解负氢度（hydricity）ΔG_H、键离解自由能（BDFE）和酸度（acidity）pK_a 以及与这些过程有关的动力学，将有助于开发新的化学反应。

当热力学参数——在给定溶剂中的电极电势（可利用循环伏安法测试获得）以及电离常数（电离反应，质子转移反应 PT：$\Delta G^{\circ} = -RT\ln K_a = 2.303RTpK_a$）可得时，利用如下可视化的热力学循环计算键 AH 的 BDFE（图 2.4A）[3]：方法一，利用 AH 数据，$\Delta G_9^{\circ} = \Delta G_5^{\circ} + \Delta G_3^{\circ} - \Delta G_4^{\circ}$（图 2.3 反应 9），$\Delta G_9^{\circ} = 2.303RTpK_a(AH)$；方法二，利用 AH^+ 数据，$\Delta G_{11}^{\circ} = \Delta G_{11}^{\circ} + \Delta G_3^{\circ} - \Delta G_6^{\circ}$（图 2.3 反应 11），$\Delta G_{11}^{\circ} = 2.303RTpK_a(AH^+)$。这两种方法（途径）的计算公式示于图 2.4B。显然，方法（途径）的选择，取决于热力学数据的可得性。

式中，F 为法拉第（Faraday）常数（1mol 电子的电量绝对值，N_Ae），96485C/mol；$H^+ + e^- \longrightarrow H^{\cdot}$ 电极反应的自由能变为 C_G，不同溶剂中的 C_G 和相应的焓变 C_H 可查阅表 2.3。这些循环也适用于计算相应反应的焓变，包括键离解能（bond dissociation energy，BDE）。

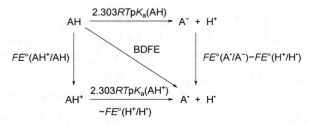

图 2.4A　计算 BDFE 的热力学循环

$$BDFE(AH) = 2.303RTpK_a(AH) + FE°(A^·/A^-) + C_G$$

$$BDFE(AH) = 2.303RTpK_a(AH^+) + FE°(AH^+/AH) + C_G$$

$$C_G = -FE°(H^+/H^·)$$

图 2.4B　计算 BDFE（AH）的公式

表 2.3　溶剂的 C_G 和 C_H 常数

溶剂（solvent）	C_G/(kcal/mol)	C_G/(kJ/mol)	C_H/(kcal/mol)	C_H/(kJ/mol)
乙腈	54.9	229.7	59.4	248.5
二甲基亚砜	71.1	297.5	75.7	316.7
N,N-二甲基甲酰胺	69.7	291.6	74.3	310.9
甲醇	65.3	273.2	69.1	289.1
水	57.6	241.0	55.8	233.5

注：数据来自 Warren J J. *Chem. Rev.*, **2010**, 110, 6961。温度，298.15K。1kcal=4.184kJ。假定 AH 和 A^· 的标准熵相等，得到关系式：$BDE(AH)=2.303RTpK_a(AH)+FE°(A^·/A^-)+C_H$。

　　测定溶液中 AH 的 BDFE 更方便的方法是利用标准试剂与其达成平衡，测定反应的平衡常数 $K_{eq}=[A^·][Mes^*OH]/\{[AH][Mes^*O^·]\}$，利用热力学关系式 $\Delta G°=-RT\ln K_{eq}=$BDFE（AH）$-$BDFE（Mes^*OH），即可确定 AH 的键离解自由能，BDFE（AH）。2,4,6-三叔丁基苯氧自由基（Mes^*O^·）不仅稳定而且易于制备提纯，在质子偶合电子转移（PCET）研究中得到广泛应用，Mes^*O^·/Mes^*OH 提供了测定 AH 的键离解自由能 BDFE 和键离解能（BDE）的重要平台（图 2.5）。

$$AH + Mes^*O^· \xrightleftharpoons{K_{eq}} A^· + Mes^*OH$$

图 2.5　氢原子转移平衡

二、硒的热力学

1. 硒化合物的反应焓变

　　实验测定在苯中 9-三蝶烯次胂酸（TripSeOH）与三叔丁基苯基氧自由基（Mes^*O^·）达到如下（图 2.6）化学平衡的平衡常数为 4.0±2.1，反应焓变 $\Delta H°$ 为(3.35±1.67)kJ/mol〔(0.8±0.4)kcal/mol〕，利用热力学关系式 $\Delta H°=$BDE(Mes^*OH)$-$BDE(TripSeOH)，计算得出在 TripSeOH 中 O—H 键的键离解能（BDE）为(338.48±3.35)kJ/mol〔(80.9±0.8)kcal/mol〕[4]。类似地，测定化合物 TripSOH 中 O—H 键的键离解能（BDE）为(300.8±1.26)kJ/mol〔(71.9±0.3)kcal/mol〕。

实验测定：苯硒醇（苯硒酚）与二苯基二硫醚的复分解反应，$2PhSeH+Ph_2S_2 \longrightarrow 2PhSH+Ph_2Se_2$、其标准反应焓变 $\Delta H^\circ=(-51\pm13)$kJ/mol。只有少数次胹酸 ArSeOH（如 Ar=2-$O_2NC_6H_4$、2-$PhCOC_6H_4$）是稳定的，这提供了测定次胹酸酐水解平衡常数（图 2.7）的机会。反应是在含水的二氧六环（1,4-dioxane）中进行的，平衡常数可表示为 $K_{eq}=[ArSeOH]^2/\{[ArSeOSeAr][H_2O]\}$，经测定次胹酸酐 ArSeOSeAr（Ar=2-$PhCOC_6H_4$）在不同温度下的平衡常数：温度升高，平衡常数值增大，25℃的平衡常数值为 0.16；$\Delta H^\circ=2.51$kJ/mol（0.6kcal/mol）[5]。这表明次胹酸酐的水解是微微吸热的。作为对比，其它酸酐如乙酸酐 $\Delta H^\circ=-58.58$kJ/mol（−14.0kcal/mol）和焦磷酸 $\Delta H^\circ=-31.80$kJ/mol（−7.6kcal/mol），水解则是明显放热的。

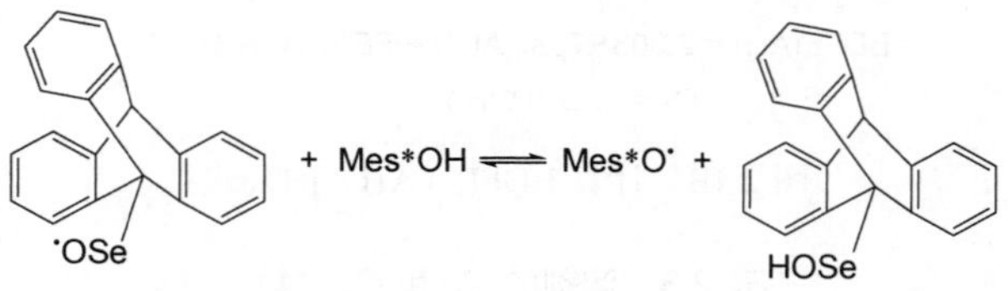

TripSeO•　　　　TripSeOH

图 2.6 TripSeOH 与 Mes*O•的可逆反应

$$ArSeOSeAr + H_2O \underset{}{\overset{K_{eq}}{\rightleftharpoons}} 2ArSeOH$$

图 2.7 芳香次胹酸酐的水解

测定的硒醚和二硒醚的标准生成焓数据列于表 2.4[6-8]。

表 2.4 硒醚和二硒醚的标准生成焓①　　单位：kJ/mol

化合物	ΔH_f°(lq)	ΔH_f°(g)	化合物	ΔH_f°(lq)	ΔH_f°(g)
Me_2Se	−12±8	18±8	Me_2Se_2	9±8	54±8
$(CH_2{=}CH)_2Se$	166±8	208±8		−45±2	−3±4
	77±3.5	119±4	Et_2Se_2	−63±12	−16±12
Et_2Se	−60±3	−21±3		−85±3	−38±4
	−88±3	−49±4	$^nBu_2Se_2$	−144±21	−88±21
$^iPr_2Se$	−151±3	−108±4	Bn_2Se_2	171±3†	301±3
$^nBu_2Se$	−179±4	−132±5	Ph_2Se_2	121±8†	237±11
$^nPn_2Se$	−225±4	−173±5			
Bn_2Se	131±5②				
Ph_2Se	226±6	290±6			

①Tel'noi V I. *Russ. Chem. Rev.*, **1995**, 64, 309; Voronkov M G. *Dokl. Akad. Nauk SSSR.*, **1989**, 307, 1139。②固态生成焓，ΔH_f°(s)。

水溶液脉冲辐解（pulse radiolysis）/电化学研究表明：二苯基硒亚砜中的 Se—O 键比二苯基亚砜中的 S—O 键弱大约 13kJ/mol，二苯基碲亚砜中的 Te—O 键比 Se—O 键弱大约 13kJ/mol。因此如下反应（图 2.8）的标准焓变分别为−13kJ/mol 和−26kJ/mol。

$$Ph_2EO + Ph_2S \longrightarrow Ph_2SO + Ph_2E$$

$$\Delta H^\circ = \left\{\begin{matrix} -13\ \text{kJ/mol}\ (E = Se) \\ -26\ \text{kJ/mol}\ (E = Te) \end{matrix}\right\}$$

图 2.8 硫醚与硒亚砜、碲亚砜的反应

2．硒化合物的键离解能

表 2.5 收录了有机硒化合物以及其它有机化合物的键离解能。由表可知，同一主族，原子越重，相同类型键的离解能越小：①在 E—E 键中，O—O 键和 Se—Se 键具有小的离解能；②E—H 键强于 E—C 键；③C_{sp^2}—H 键的离解能大于 C_{sp^3}—H 键的离解能，C_{sp^3}—H 键的离解能顺序为 CH_3—H>CH_3CH_2—H>$(CH_3)_2CH$—H>$(CH_3)_3C$—H>$PhCH_2$—H≈CH_2=$CHCH_2$—H；④C_{sp^2}—E 键的离解能大于 C_{sp^3}—E 键的离解能，其中最易均裂的键是 C_{sp^3}—I 键和 C_{sp^3}—Se 键。

在没有键离解自由能 BDFE 数据可利用的情况下，键离解能数据就特别珍贵，可根据表 2.5 中的键离解能（BDE）数据进行热力学分析：反应的焓变等于断裂键的离解能之和减去形成键的离解能之和。

表 2.5　有机化合物的键离解能

化合物中断裂的共价键	键离解能	化合物中断裂的共价键	键离解能
EtO—Et	361.9	$(CH_3)_3C$—H	403.76±1.7
EtS—Et	291.6	CH_2=$CHCH_2$—H	369.0±8.8
EtSe—Et	250.6	$PhCH_2$—H	370.3±6.3
PhO—Ph	428.4	1,4-环己二烯（3 位 C—H）	318.0
PhS—Ph	352.3	c-C_3H_6（环丙烷 C—H）	444
PhSe—Ph	297.1	CH_2=CH_2（C—H）	465.3±3.3
$^nBu_3Sn$—H	328.9	Ph—H	465.3±3.3
PhS—H	349.4	$HCOCH_2$—H	394.6±9.2
PhSe—H	326.35±16.74	$NCCH_2$—H	396.6±8.8
Me_3Si—H	397.5±2	$HOCH_2$—H	401.9±0.63
Et_3Si—H	397.9	CH_3—CH_3	377.4
$(MeS)_3Si$—H	366.1	PhCO—OCH_3	409.6
$(Me_3Si)_3Si$—H	351.5	^tBuO—O^tBu	159.8
$^nBu_3Ge$—H	370.7	CF_3O—OCF_3	198.7
Ph_3Ge—H	360.2	Me_2CH—I	234.7
TripSO—H	300.8±1.26	Ph—I	272.0
TripSeO—H	338.48±3.35	Ph—Br	336.4
CH_3—H	438.9±0.4	PhS—SPh	273.6
CH_3CH_2—H	423±1.7	PhSe—SePh	197.6
$(CH_3)_2CH$—H	412.5±1.7		

注：键离解能（BDE）单位：kJ/mol。H_2Se 的键离解能，(330.54±0.84)kJ/mol [(79.0±0.2)kcal/mol]；硒半胱氨酸（SeCys 或 Sec）的 Se—H 离解能[6]，310kJ/mol。

第二节　反应动力学

一、反应速率及其方程

1．反应速率

反应速率（rate）用单位时间内反应物或生成物的浓度改变衡量反应的快慢，是化学动力学研究的重要物理量。为了使反应速率不因反应物和生成物计量系数不同引起混乱，采用反应进度（extent of reaction，ξ）定义均相反应速率。

$$r = \frac{\mathrm{d}\xi}{V\mathrm{d}t} = \frac{1}{v_i} \times \frac{\mathrm{d}n_i}{V\mathrm{d}t} = \frac{1}{v_i} \times \frac{\mathrm{d}C_i}{\mathrm{d}t}$$

反应速率的定义式（$\xi \equiv \dfrac{n_i - n_{i0}}{v_i}$）

在定义式中，r 是反应速率［单位为 mol/(L·s)］；ξ 是反应进度；V 是反应体系的体积；v_i 是物质 i 的计量系数（对反应物取负值、对生成物取正值）；n_{i0} 是物质 i 的初始（即在 $t=0$ 时刻）物质的量（amount of substance）；n_i 和 C_i 分别是物质 i 在 t 时刻的物质的量和物质的量体积浓度（即物质的量浓度，单位为 mol/L）［在 $t=0$ 时刻，物质 i 的浓度即初始浓度（initial concentration）用 C_{i0} 表示］。

2. 反应速率方程

反应速率 r 与作用物（包括反应物、生成物以及添加剂）的浓度（或分压）关系的函数称为反应速率方程，可表示为一般式 $r=f(c_i)$。这是微分形式的速率方程，需要通过实验确定，因此速率方程也称为速率定律（rate law）。微分形式的速率方程可能有幂式和双曲线式等多种数学形式：

$$r = kC_A^n C_B^m \cdots$$

在这种幂式中，k 为反应速率常数。m、n 为各物质的反应级数，它们之和为反应的总级数。

基元反应（elementary reaction）的速率方程遵守反应速率的质量作用定律：基元反应的速率正比于反应物浓度的乘积，各反应物的级数（浓度的指数）为反应方程式的计量系数。反应速率常数与温度的关系满足 Arrhenius 方程。

$$k = A\mathrm{e}^{-E_a/RT}$$

Arrhenius 方程是一个二参数方程。在这一方程中，k 为速率常数；A 为指前因子［单分子反应，$A \approx 10^{13}\mathrm{s}^{-1}$；双分子反应，$A \approx 10^{11}\mathrm{L/(mol \cdot s)}$；三分子反应，$A \approx 10^9 \mathrm{L^2/(mol^2 \cdot s)}$］；$E_a$ 为反应的活化能；R 为理想气体常数；T 为反应的热力学温度。将 Arrhenius 指数方程变换为对数方程，$\ln k = \ln A - E_a/RT$，通过实验测定一系列温度下的速率常数，以 $\ln k$ 为纵坐标、$1/T$ 为横坐标作图（Arrhenius 图），从所得直线的截距和斜率分别得到指前因子和活化能。

对于由基元反应构成的复杂反应，总反应速率常数有时在形式上遵守 Arrhenius 方程，这时所对应的活化能称为表观活化能，它是否有物理意义视具体情况而定。化学反应的活化能大致在 40～400kJ/mol 范围，活化能小于 40kJ/mol 的反应属于快速反应，快速反应的动力学研究需要特殊的实验技术。当活化能小于 60kJ/mol 时，反应在室温下可瞬时完成；当活化能大约为 100kJ/mol 时，反应可在室温或稍高的温度下自发进行。

与上述均相反应中的质量作用定律类似，在多相反应中，固体表面发生的基元反应，其反应速率与反应物在表面上的浓度成正比，而浓度的幂是化学计量方程式的计量系数，这就是表面质量作用定律。

（1）一级反应的动力学方程

对于如下反应物 A 生成产物 P 的一级反应（图 2.9），反应速率 r 与反应物的浓度（C_A）成正比，比例系数 k_1 为一级反应速率常数，单位为 s^{-1}。由微分方程可得到积分方程以及一级反应的半衰期（half-life）$t_{1/2}$ 和时间常数（time constant）τ。半衰期 $t_{1/2}$ 和时间常数 τ 分别定义为反应物浓度降至初始浓度（C_{A0}）的一半和 $1/e$ 所需的时间。以 $\ln C_A$ 对时间 t 作图，直线的斜率即为一级反应速率常数。

根据半衰期公式可知，一级反应的半衰期与反应物的初始浓度（C_{A0}）无关，而与反应速率常数成反比。根据时间常数公式可知，一级反应的时间常数与反应速率常数成倒数关系，即 $\tau k_1 = 1$。

$$\ln \frac{C_{A0}}{C_A} = k_1 t$$

$$r = -\frac{dC_A}{dt} = k_1 C_A \Rightarrow \begin{array}{l} C_A = C_{A0}e^{-k_1 t} = C_{A0}e^{-t/\tau} \\[2mm] t_{1/2} = \dfrac{\ln 2}{k_1} \\[2mm] \tau = \dfrac{1}{k_1} \end{array}$$

$$A \longrightarrow P$$

图 2.9 一级反应

（2）二级反应的动力学方程

① 只有一种反应物 A 的二级反应。对于如下反应物 A 生成产物 P 的二级反应（图 2.10），反应速率 r 与反应物的浓度（C_A）的平方成正比，比例系数 k_2 为二级反应速率常数，单位为 $L/(mol \cdot s)$。由微分方程可得到积分方程以及二级反应的半衰期 $t_{1/2}$。以 $1/C_A$ 对时间 t 作图，直线的斜率即为二级反应速率常数。

$$\frac{1}{C_A} - \frac{1}{C_{A0}} = k_2 t$$

$$r = -\frac{dC_A}{dt} = k_2 C_A^2 \Rightarrow C_A = \frac{C_{A0}}{1 + k_2 t C_{A0}}$$

$$t_{1/2} = \frac{1}{C_{A0}k_2}$$

$$A \longrightarrow P$$

图 2.10 一种反应物的二级反应

根据半衰期公式可知，二级反应的半衰期与反应物 A 的初始浓度（C_{A0}）以及二级反应速率常数的乘积成反比。

② 两种反应物 A 和 B 都是一级的二级反应。对于两种反应物 A 和 B 都是一级的二级反应（图 2.11），当两种反应物初始浓度（C_{A0}、C_{B0}）相同时，这时方程的数学形式与上面的一种反应物的二级反应相同。当一种反应物的初始浓度远大于另一种反应物时，反应动力学方程形式上为一级反应（速率常数为 k_{obs}），称为准一级反应（也称为表观一级反应）。

$$r = \frac{dC_P}{dt} = k_2 C_A C_B$$

$$C_{A0} \ll C_{B0} \Rightarrow r \approx k_2 C_{B0} C_A = k_{obs} C_A$$
$$(k_{obs} = k_2 C_{B0})$$

$$A + B \longrightarrow P$$

图 2.11 两种反应物的二级反应

当两种反应物初始浓度（C_{A0}、C_{B0}）不同时，速率方程的积分形式如下。

$$r = \frac{dC_P}{dt} = k_2 C_A C_B \Rightarrow \ln\frac{C_B / C_{B0}}{C_A / C_{A0}} = (C_{B0} - C_{A0})k_2 t$$

（3）自催化反应的动力学方程

产物 P 是反应物 A 生成 P 的催化剂（图 2.12）。自催化反应的反应速率 r 与反应物的浓度（C_A）和产物的浓度（C_P）的乘积成正比，比例系数 k_2 为二级反应速率常数，单位为 L/(mol·s)。动力学微分方程是二级反应，当反应物和产物的初始浓度分别为 C_{A0} 和 C_{P0} 时，速率方程的积分形式如下。

$$r = \frac{dC_P}{dt} = k_2 C_A C_P \Rightarrow \ln\frac{C_{A0} C_P}{C_A C_{P0}} = (C_{A0} + C_{P0})k_2 t$$

$$A \longrightarrow P$$

图 2.12 自催化反应

（4）连串反应的动力学方程

反应物 A（初始浓度，C_{A0}）通过中间体 I 生成产物 P（图 2.13），两步一级反应的速率常数分别为 k_a 和 k_b。

$$A \xrightarrow{k_a} I \xrightarrow{k_b} P$$

图 2.13 连串反应

速率方程以及求解结果如下。

$$\left.\begin{cases} \dfrac{dC_A}{dt} = -k_a C_A \\[2mm] \dfrac{dC_I}{dt} = k_a C_A - k_b C_I \\[2mm] \dfrac{dC_P}{dt} = k_b C_I \end{cases}\right\} \text{微分方程}$$

浓度限制条件：

$$C_A + C_I + C_P = C_{A0}; \quad C_{I0} = 0; \quad C_{P0} = 0$$

$$\frac{dC_A}{dt} = -k_a C_A \Rightarrow C_A = C_{A0} e^{-k_a t}$$

将其代入

$$\frac{dC_I}{dt} = k_a C_A - k_b C_I$$

整理得到

$$\frac{dC_I}{dt} + k_b C_I = k_a C_{A0} e^{-k_a t}$$

解此微分方程得到

$$C_I = \frac{k_a}{k_b - k_a}(e^{-k_a t} - e^{-k_b t})C_{A0}$$

将 C_A、C_I 代入 $C_A + C_I + C_P = C_{A0}$，得到

$$C_P = \left(1 + \frac{k_a e^{-k_b t} - k_b e^{-k_a t}}{k_b - k_a}\right)C_{A0}$$

随着反应的进行，中间体 I 的浓度 C_I 先达到极大值然后衰减为零，产物 P 的浓度 C_P 从零趋向 C_{A0}。中间体 I 的浓度 C_I 达到极大值 C_{Imax} 的时间用 t_{max} 表示，可用下式计算。

$$t_{max} = \frac{\ln\dfrac{k_a}{k_b}}{k_a - k_b} \quad (\text{中间体浓度达到最大值的时间})$$

$$C_{Imax} = \left(\frac{k_a}{k_b}\right)^{\frac{k_b}{k_b - k_a}} C_{A0} \quad (\text{中间体浓度的最大值})$$

根据 C_P 表达式进行如下讨论：当 $k_a \gg k_b$ 时，$C_P = (1 - e^{-k_b t})C_{A0}$；当 $k_b \gg k_a$ 时，$C_P = (1 - e^{-k_a t})C_{A0}$。

这些结论表明产物 P 的生成速率由反应步骤中最慢的一步决定，因此把涉及产物生成的若干反应步骤中最慢的一步称为定速步骤（rate-determining step，RDS），也称为速控步骤（rate-controlling step，RCS）。

当氢转移反应是速率控制步骤时，氘代键的键强度增加导致氘代物的反应速率慢于未氘代物，存在动力学同位素效应（kinetic isotope effect，KIE），它用相应速率常数的比值 k_H/k_D 表示，通常 KIE$= k_H/k_D > 1$。

在处理复杂反应动力学时，一旦反应机理超过两个步骤，并且考虑到逆反应，数学复杂性就会大大增加。一个涉及多个步骤的反应动力学方程（组）一般难于求解，需要其它近似解法。一种方法是数值积分法。另一种方法是广泛使用的稳态近似法（steady-state approximation），也称为准稳态近似法（quasi-steady-state approximation，QSSA，用以与真正的稳态区分），假定反应的中间体 I 处于低的恒定浓度。具体地说，在最初的诱导期之后，在反应的主要阶段，所有反应中间体浓度的变化率可以忽略不计，换言之，对每一中间体而言其生成速率等于消耗速率。

稳态近似：

$$\frac{dC_I}{dt} \approx 0 \quad (\text{中间体的浓度恒定})$$

利用这一近似会极大地简化计算。例如，对于这一连串反应，采用稳态近似，很快获得同样的近似结果。

$$\frac{\mathrm{d}C_\mathrm{I}}{\mathrm{d}t} = k_\mathrm{a}C_\mathrm{A} - k_\mathrm{b}C_\mathrm{I} = 0 \Rightarrow k_\mathrm{a}C_\mathrm{A} = k_\mathrm{b}C_\mathrm{I}$$

代入 $\dfrac{\mathrm{d}C_\mathrm{P}}{\mathrm{d}t} = k_\mathrm{b}C_\mathrm{I}$，得到 $\dfrac{\mathrm{d}C_\mathrm{P}}{\mathrm{d}t} = k_\mathrm{a}C_\mathrm{A}$，积分，$\displaystyle\int_0^{C_p} \mathrm{d}C_\mathrm{P} = \int_0^t k_\mathrm{a}C_{\mathrm{A}0}\mathrm{e}^{-k_at}$，得到

$$C_\mathrm{P} = (1 - \mathrm{e}^{-k_at})C_{\mathrm{A}0}$$

（5）平行反应的动力学方程

反应物 A 和 B（初始浓度分别为 $C_{\mathrm{A}0}$ 和 $C_{\mathrm{B}0}$）通过两种途径分别生成两种产物 P1 和 P2，每一途径的二级反应速率常数分别为 k_a 和 k_b（图 2.14）。

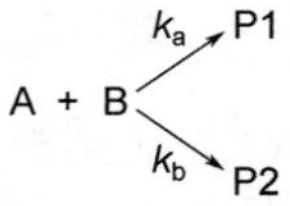

$$A + B \begin{array}{c} \nearrow^{k_\mathrm{a}} P1 \\ \searrow_{k_\mathrm{b}} P2 \end{array}$$

图 2.14 平行反应

对这两个平行反应或竞争反应（competing reaction）而言，在未达到平衡前任意时刻两种产物的浓度之比等于速率常数之比（$k_\mathrm{a}/k_\mathrm{b}$），这个比例代表对产物成分的动力学控制（kinetic control），即占优势的产物是其生成速率快的产物。如果反应达到平衡（通过延长反应时间或提高反应温度等），那么两种产物的浓度之比等于两个反应的平衡常数之比（$K_\mathrm{a}/K_\mathrm{b}$），这个比例代表对产物成分的热力学控制（thermodynamic control），即占优势的产物是热力学稳定的产物。

$$\left.\begin{array}{l} \dfrac{\mathrm{d}C_\mathrm{P1}}{\mathrm{d}t} = k_\mathrm{a}C_\mathrm{A}C_\mathrm{B} \\[2mm] \dfrac{\mathrm{d}C_\mathrm{P2}}{\mathrm{d}t} = k_\mathrm{b}C_\mathrm{A}C_\mathrm{B} \end{array}\right\} \Rightarrow \frac{C_\mathrm{P1}}{C_\mathrm{P2}} = \frac{k_\mathrm{a}}{k_\mathrm{b}} \ （动力学控制，在未达到化学平衡前）$$

$$\frac{C_\mathrm{P1}}{C_\mathrm{P2}} = \frac{K_\mathrm{a}}{K_\mathrm{b}} \ （热力学控制，反应处于化学平衡）$$

（6）电子转移反应的动力学方程

电子给体 D 与电子受体 A 进行电子转移反应生成离子 D^+ 和 A^-（图 2.15A）（D^+、A^- 分别表示溶剂化的自由离子），其反应速率常数为 k_r。反应机理可由三个基元步骤构成：首先，D 和 A 扩散形成遭遇复合物（encounter complex）DA；继而，复合物（complex）进行电子转移（electron transfer，ET）生成离子对 D^+A^-；最后，离子对扩散出溶剂笼（cage）形成自由离子（图 2.15B）。

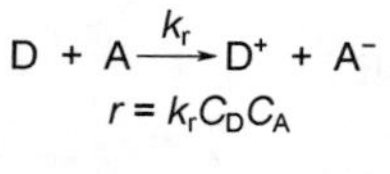

$$D + A \xrightleftharpoons[k_\mathrm{-a}]{k_\mathrm{a}} DA$$

$$DA \xrightleftharpoons[k_\mathrm{-et}]{k_\mathrm{et}} D^+A^-$$

$$D^+A^- \xrightarrow{k_\mathrm{d}} D^+ + A^-$$

$$D + A \xrightarrow{k_\mathrm{r}} D^+ + A^-$$
$$r = k_\mathrm{r}C_\mathrm{D}C_\mathrm{A}$$

图 2.15A 电子转移反应 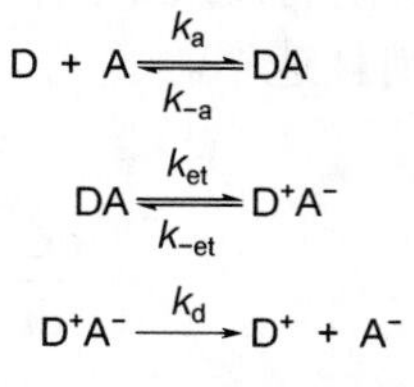 　　　　图 2.15B 电子转移反应的基元步骤

对中间体 DA 和离子对 D^+A^- 应用稳态近似，得到速率方程。

$$\left.\begin{array}{l} \dfrac{dC_{DA}}{dt} = k_a C_D C_A - k_{-a} C_{DA} - k_{et} C_{DA} + k_{-et} C_{D^+A^-} = 0 \\[3mm] \dfrac{dC_{D^+A^-}}{dt} = k_{et} C_{DA} - k_{-et} C_{D^+A^-} - k_d C_{D^+A^-} = 0 \end{array}\right\} \text{稳态近似}$$

$$\Rightarrow C_{D^+A^-} = \frac{k_a k_{et}}{k_{-a} k_{-et} + k_{-a} k_d + k_d k_{et}} C_D C_A$$

代入 $r = k_r C_D C_A = k_d C_{D^+A^-} \Rightarrow r = k_r C_D C_A = \dfrac{k_a k_{et} k_d}{k_{-a} k_{-et} + k_{-a} k_d + k_d k_{et}} C_D C_A$

将速率常数表达式进行线性化处理得到如下形式。

$$k_r = \frac{k_a k_{et} k_d}{k_{-a} k_{-et} + k_{-a} k_d + k_d k_{et}} \Rightarrow \frac{1}{k_r} = \frac{1}{k_a} + \frac{k_{-a}}{k_a k_{et}} \left(1 + \frac{k_{-et}}{k_d} \right)$$

为了深入理解速率常数方程和决定溶液中电子转移反应速率的因素，假设离子对的主要衰变途径是其离解成自由的离子，因此得到简化的速率常数表达式。

$$\frac{1}{k_r} = \frac{1}{k_a} + \frac{k_{-a}}{k_a k_{et}} \left(1 + \frac{k_{-et}}{k_d} \right) \xrightarrow{k_d \gg k_{-et}} \frac{1}{k_r} = \frac{1}{k_a} \left(1 + \frac{k_{-a}}{k_{et}} \right)$$

当 $k_{et} \gg k_{-a}$ 时，$k_r = k_a$，产物的形成由 D 和 A 的扩散控制。

溶液中扩散反应的速率常数 $k_a \approx \dfrac{8RT}{3\eta}$（其中 R 是理想气体常数、T 是热力学温度、η 是溶液的黏度）；当 $k_{et} \ll k_{-a}$ 时，$k_r = \dfrac{k_a}{k_{-a}} k_{et} = K k_{et}$，产物的形成由 DA 的电子转移控制。

二、影响反应速率的因素

1. 反应速率理论以及活化参数的测定

在碰撞理论基础上，过渡态理论（图 2.16）认为反应物分子 A 和 B 经过一个高能的活化复合物（即过渡状态，TS）形成产物，反应物与过渡态处于快速平衡，过渡态快速分解成产物。

$$\text{A} + \text{B} \underset{}{\overset{K^{\neq}}{\rightleftharpoons}} [\text{A---B}]^{\neq} \xrightarrow{k} \text{P}$$
$$\text{TS}$$

图 2.16 过渡态理论

$$k = \kappa \frac{k_B T}{h} e^{-\Delta G^{\neq}/RT} = \kappa \frac{k_B T}{h} e^{\Delta S^{\neq}/R} e^{-\Delta H^{\neq}/RT} \quad \text{（Eyring 公式）}$$

将 Eyring 公式与 Arrhenius 公式比较可得到：

$$A = \kappa \frac{k_B T}{h} e^{\Delta S^{\neq}/R}, \quad k = A e^{-\Delta H^{\neq}/RT}$$

式中，κ，传递系数，通常 $\kappa = 1$；k_B，玻尔兹曼常数；h，普朗克常数；$k_B T/h = 6.0 \times 10^{12}$/s（25℃）；$\Delta G^{\neq}$、$\Delta H^{\neq}$ 和 $\Delta S^{\neq}$ 分别为活化自由能、活化焓和活化熵（$\Delta G^{\neq} = \Delta H^{\neq} - T\Delta S^{\neq}$）。根据指前因子 A 与活化熵的关系式可计算活化熵。将 Eyring 速率常数公式（$\kappa = 1$）变换为对数式：

$\ln(k/T)=\ln(k_B/h)+\Delta S^{\neq}/R-\Delta H^{\neq}/RT$；通过实验测定一系列温度下的速率常数 k，以 $\ln(k/T)$ 为纵坐标、$1/T$ 为横坐标作图（Eyring 图），从所得直线的截距和斜率分别得到活化熵和活化焓。反应活化参数的测定，对于判断反应机理具有重要意义。当反应按缔合机理进行时，活化熵小于零；反之，当反应按离解机理进行时，活化熵大于零。

实验测定了烷基芳基硒亚砜分解生成 ArSeOH 和乙烯（ArSeOCH₂CH₃ $\longrightarrow$ ArSeOH+C₂H₄，Ar=2-O₂NC₆H₄、2-PhCOC₆H₄）的动力学，反应是一级的，活化参数 $\Delta H^{\neq}$ 和 $\Delta S^{\neq}$ 分别为 73.64kJ/mol（17.6kcal/mol）和−54.0J/(mol·K)（−12.9eu）以及 81.59kJ/mol（19.5kcal/mol）和−29.7J/(mol·K)（−7.1eu）。ArSOCH₂CH₂CH₃ 分解反应的活化参数 $\Delta H^{\neq}$ 和 $\Delta S^{\neq}$ 分别为 104.6～117.15kJ/mol（25～28kcal/mol）和−66.9～−46.0J/(mol·K)（−16～−11eu）。因此，硒亚砜和亚砜的分解反应是协同的顺式消除反应机理（参阅协同反应）。

超价化合物 Ph₄E（E=S、Se、Te）在 THF 或甲苯溶液中分解生成 Ph₂E 和 Ph-Ph。利用 ¹H NMR 波谱学跟踪确定在指定温度下（监测不同温度下有关氢信号面积的变化；Ph₄S：间位和对位氢，−82℃、−77℃、−72℃、−67℃；Ph₄Se：间位和对位氢，−15℃、−11℃、−5℃、0℃；Ph₄Te：邻位氢，52℃、63℃、74℃、84℃）反应物浓度的变化作为时间的函数，以 $\ln C_0/C$ 对时间 t 作图是直线（C_0、C 分别是反应物初始浓度和 t 时刻的浓度），表明这一分子内的配体偶联反应是一级动力学反应[9]。相关动力学数据列于表 2.6。

表 2.6　Ph₄E（E=S，Se，Te）热分解反应的动力学参数（25℃）

$$Ph-\overset{\overset{\displaystyle Ph}{|}}{\underset{\underset{\displaystyle Ph}{|}}{E}}\cdots Ph \longrightarrow Ph\text{-}E\text{-}Ph + Ph\text{-}Ph$$

E = S, Se, Te

化合物	溶剂	k_1/s^{-1}	E_a	$\Delta G^{\neq}$	$\Delta H^{\neq}$	$\Delta S^{\neq}$
Ph₄S	THF-d_8	2.48×10⁻⁴（−67℃）；1.22×10⁻⁴（−72℃）；5.00×10⁻⁵（−77℃）；3.25×10⁻⁵（−82℃）	45.6（10.9）	73.2（17.5）	43.9（10.5）	−98.3（−23.5）
Ph₄Se	THF-d_8	2.20×10⁻⁴（0℃）；1.30×10⁻⁴（−5℃）；5.31×10⁻⁵（−11℃）；2.21×10⁻⁵（−15℃）	89.1（21.3）	85.4（20.4）	89.1（21.3）	13.0（3.1）
Ph₄Te	toluene-d_8	3.91×10⁻⁴（84℃）；1.77×10⁻⁴（74℃）；3.00×10⁻⁵（63℃）；8.26×10⁻⁶（52℃）	121.3（29.0）	112.6（26.9）	118.8（28.4）	21.8（5.2）

注：资料来源于 Ogawa S. *Tetrahedron Lett.*, **1992**, 33, 7925。活化能：kJ/mol（括号内单位 kcal/mol）。活化自由能：kJ/mol（括号内单位 kcal/mol）。活化焓：kJ/mol（括号内单位 kcal/mol）。活化熵：J/(mol·K)［括号内单位 eu, cal/(mol·℃)］。使用 ¹H NMR 波谱学研究分解反应动力学：通过测定峰面积（Ph₄S，间位和对位；Ph₄Se，间位和对位；Ph₄Te，邻位）确定浓度的变化。

通过实验测定的速率常数 k_1（$\ln C_0/C$-t 图的斜率）采用作图法确定活化参数：Arrhenius 图，$\ln k_1$-$1/T$ 是直线，提供反应的活化能 E_a 和指前因子 A；Eyring 图，$\ln(k_1/T)$-$1/T$ 也是直线，提供活化自由能、活化焓和活化熵。根据表 2.6 中的数据，可知超价化合物 Ph₄E 的稳定性次序：Ph₄Te>Ph₄Se>>Ph₄S。

表 2.7 是在硒中心上的亲核取代反应动力学数据，为比较起见，列入了硫类似物的反应动力学数据。与硫相比较，在硒中心的反应活化自由能减小[10]。与其它证据一致，负的活化熵支持反应是经过缔合的 T 型中间体的双分子亲核取代反应，不同于碳上进行的经过过渡态的双分子亲核取代反应 S$_N$2 机理[11]。

Marcus 将反应的热力学推动力 ΔG° 与活化自由能 $\Delta G^{\neq}$ 关联，提出了利用自交换反应（self-exchange reaction）速率常数计算交叉反应（cross reaction）速率常数的方程，这一方程已在化学、生物学等领域获得广泛应用[12]。

在 Marcus 方程中，λ 是交叉反应的重组能，是将反应物及其周围的溶剂重新组织到产物结构所需要的能量；$\Delta G^{\neq}$ 是交叉反应的活化自由能；$\Delta G°$ 是交叉反应的标准自由能变化；$\Delta G_0^{\neq}$ 是交叉反应的固有能障，根据 Marcus 的假设，一般取两个自交换反应固有能障（自交换反应的活化自由能）的平均值。在 Marcus 交叉关系式中，k_1、k_2 是自交换反应 1 和 2 的反应速率常数，k 是相应交叉反应的速率常数；K_{eq} 是交叉反应的平衡常数；频率因子 f 通常可取值为 1。

$$\Delta G^{\neq} = \Delta G_0^{\neq} + 0.5\Delta G° + \frac{(\Delta G°)^2}{16\Delta G_0^{\neq}} \xrightarrow{\lambda = 4\Delta G_0^{\neq}} \Delta G^{\neq} = \frac{(\Delta G° + \lambda)^2}{4\lambda} \quad (\text{Marcus 公式})$$

$$k = \sqrt{k_1 k_2 K_{eq} f} \quad (\text{Marcus 交叉关系})$$

自交换反应
$$\begin{cases} A\text{-}H + A \xrightarrow{k_{AH/A}} A + A\text{-}H \\ B\text{-}H + B \xrightarrow{k_{BH/B}} B + B\text{-}H \end{cases}$$

交叉反应
$$A\text{-}H + B \xrightarrow[K_{eq}]{k_{AH/B}} A + B\text{-}H$$

$$k_{AH/B} = \sqrt{k_{AH/A} k_{BH/B} K_{eq}}$$

对于氢原子转移（hydrogen atom transfer，HAT）反应，只要测定两个氢原子自交换反应的速率常数 $k_{AH/A}$、$k_{BH/B}$，就能根据 Marcus 交叉关系式求得氢原子转移速率常数 $k_{AH/B}$。测定 $^tBuO^{\bullet}$、$^tBuOO^{\bullet}$ 和 $PhCH_2^{\bullet}$ 的自交换反应速率常数分别为 $3\times10^4 L/(mol \cdot s)$、$5\times10^2 L/(mol \cdot s)$ 和 $4\times10^{-5} L/(mol \cdot s)$，估算 $^tBuOO^{\bullet}+PhCH_3 \longrightarrow {}^tBuOOH+PhCH_2^{\bullet}$ 的速率常数为 $1.7\times10^{-2} L/(mol \cdot s)$。而 $^tBuOO^{\bullet}+PhOH \longrightarrow {}^tBuOOH+PhO^{\bullet}$ 的速率常数为 $2.8\times10^3 L/(mol \cdot s)$。因此，从碳上夺氢速率比在氧上慢五个数量级，这不是仅仅考虑苯酚和甲苯相关键的离解能（PhOH，$PhCH_3$ 分别为 368.2kJ/mol、375.7kJ/mol）所能解释的。

表 2.7　ArEX（E=S，Se；X=Cl，Br）亲核取代反应的动力学参数（25℃）

亲核试剂	$\Delta G^{\neq}$	$\Delta H^{\neq}$	$\Delta S^{\neq}$
$ArSCl+Nu^- \longrightarrow ArSNu+Cl^-$ Ar=2-$O_2NC_6H_4$ Nu^-=$(H_2N)_2C{=}S$;	83.26（19.9）	27.20（6.5）	−188.28（−45）
$Me_2NCS_2^-$;	74.06（17.7）	36.82（8.8）	−125.52（−30）
CN^-	68.62（16.4）	34.73（8.3）	−112.97（−27）
$ArSeCl+Nu^- \longrightarrow ArSeNu+Cl^-$ Ar=2-$O_2NC_6H_4$ Nu^-=$(H_2N)_2C{=}S$;	61.92（14.8）	14.64（3.5）	−158.99（−38）
$Me_2NCS_2^-$;	53.14（12.7）	23.43（5.6）	−100.42（−24）
$ArSeBr+Nu^- \longrightarrow ArSeNu+Br^-$ Ar=2-$O_2NC_6H_4$ Nu^-=$(H_2N)_2C{=}S$;	63.60（15.2）	13.81（3.3）	−167.36（−40）
$Me_2NCS_2^-$;	53.56（12.8）	24.69（5.9）	−96.23（−23）
CN^-	56.07（13.4）	36.40（8.7）	−66.94（−16）

注：活化自由能单位 kJ/mol（括号内单位 kcal/mol）。活化焓单位 kJ/mol（括号内单位 kcal/mol）。活化熵单位 J/(mol·K)［括号内单位 eu，cal/(mol·℃)］。资料来源：Austad T. *Acta Chem. Scand.* A, **1977**, 31: 93。

2. 影响化学反应速率的因素

反应速率是反应物、催化剂（添加剂）、溶剂（介质）、温度、压强等的函数。影响反应速率的内因是反应物（底物与进攻试剂）的本质，内因决定反应的类型。影响反应速率的外因是温度、催化剂、溶剂和介质（包括添加剂）等。对反应速率常数与结构的定量关系研究一直是令人感兴趣的化学课题。早在 1924 年，Brönsted 就提出了酸、碱催化反应的速率常数与酸、碱离解常数的关系式，lg$k$-pK_a 线性方程。1935 年，Hammett 发展了这一思想提出关联取代基电子效应与速率常数的关系式即 Hammett 方程。

（1）取代基的电子效应与 Hammett 方程

① 取代基的电子效应。比较取代乙酸 XCH_2CO_2H 的电离平衡常数得到如下结果：烷基引入，使其酸性减弱，因此烷基有给电子诱导效应，用+I 表示；卤素电负性大，引入乙酸，增强其酸性，因此卤素有吸电子诱导效应，用–I 表示。吸电子基越多，酸性越强，但没有加和性，距离越远，诱导效应越弱。吸电子基增强酸性而降低碱性；给电子基则降低酸性而增强碱性。芳胺的碱性顺序：苯胺>间硝基苯胺>对硝基苯胺，表明硝基除具有吸电子诱导效应–I 外，硝基还有吸电子的共轭效应–C。

② Hammett 方程。

$$\lg \frac{k_X}{k_H} = \rho\sigma \quad (\text{Hammett 方程})$$

实验测定间位和对位苯甲酸衍生物的电离平衡常数以及苯甲酸乙酯和一取代苯甲酸乙酯的碱性水解速率常数（苯甲酸和取代苯甲酸的电离平衡常数用 K_H、K_X 表示，苯甲酸乙酯和取代苯甲酸乙酯的碱性水解速率常数用 k_H、k_X 表示）。以 $\lg(K_X/K_H)$ 为横坐标、$\lg(k_X/k_H)$ 为纵坐标作图，得到一条通过坐标原点斜率为 ρ 的直线，用直线方程表示即得到上述 Hammett 方程，其中 σ 称为取代基常数，用一取代苯甲酸和苯甲酸的电离平衡常数对数差来定义（表 2.8），ρ 称为反应常数[13]。Hammett 方程只适用于间位和对位，取代基常数分别用 σ_m 和 σ_p 表示，因为邻位的取代基对反应中心存在至今难以度量的空间效应。自 Hammett 方程建立后，已测定了 500 多种取代基的 σ 值和 400 多种不同反应的 ρ 值。有机硒基团的取代基常数 σ 列于表 2.9，部分有机硒醚（有机硫醚）化合物的反应常数 ρ 列于表 2.10。与上述速率常数形式的 Hammett 方程类似，平衡常数形式的 Hammett 方程是：$\lg(K_X/K_H)=\rho\sigma$；规定一取代苯甲酸和苯甲酸在 25℃ 的水中的电离平衡反应作为标准可逆反应，其反应常数 $\rho\equiv1.00$。

③ 取代基常数 σ 和反应常数 ρ 的化学意义。取代基常数 σ，表示相对于氢原子而言，取代基接受电子或供给电子能力的大小。根据 σ 的定义可知，当 $\sigma>0$ 时，取代基使苯环电子密度降低，酸性增强，表现为吸电子基；当 $\sigma<0$ 时，取代基使苯环电子密度增加，酸性减弱，表现为给电子基。因此取代基常数 σ 反映了相应取代基电子效应的大小和方向。电子效应主要包括诱导效应和共轭效应，但在苯环上，共轭效应主要影响邻位和对位，间位取代基的电子效应主要是诱导效应，对位取代基的电子效应则是诱导效应和共轭效应的综合效应；可以把取代基常数看作诱导效应与共轭效应的贡献之和。曾有文献报道定量分割：$\sigma_m=\sigma_I+0.33\sigma_C$、$\sigma_p=\sigma_I+\sigma_C$。表 2.8 中的 σ_m^+ 和 σ_p^+ 适用于反应中心带正电荷的反应；表 2.8 中的 σ_p^-（$\sigma_m^-=\sigma_m$）适用于反应中心带负电荷的反应。

反应常数 ρ 是 Hammett 方程的斜率，表示反应对取代基电子效应的敏感程度，绝对值越大，电子效应对反应速率的影响越大。当 ρ 为正值时，表现为反应物的反应中心，在速率决定步骤的过渡态比起始状态有更多的负电荷（或正电荷有所减少）。例如，苯甲酸的电离、苯甲酸酯的碱性水解和苯甲醛的亲核加成等。当 $\rho>0$ 时，若 $\sigma>0$，$\rho\sigma$ 为正值，即吸电子取代基使反应加速；若 $\sigma<0$，$\rho\sigma$ 为负值，即给电子取代基使反应减速。当 ρ 为负值时，表现为反应

物的反应中心，在速率决定步骤的过渡态比起始状态有更多的正电荷（或负电荷有所减少）。例如，苄氯水解（S_N1 反应）和芳环上的亲电取代反应等。当 $\rho < 0$ 时，若 $\sigma < 0$，$\rho\sigma$ 为正值，即给电子取代基使反应加速；若 $\sigma > 0$，$\rho\sigma$ 为负值，即吸电子取代基使反应减速。当 $\rho \approx 0$ 时，取代基的电子效应对反应速率影响不大。

表2.8　取代基常数 σ

(X = H, F, Cl, Br, I, Me, Et, MeO, NH₂, NMe₂, NO₂, …)

$$\sigma \equiv \lg \frac{K_X}{K_H}$$

取代基	取代基常数 σ				
	$\sigma_m{}^*$	σ_p	$\sigma_m{}^{+\dagger}$	$\sigma_p{}^+$	$\sigma_p{}^{-\dagger}$
NMe₂	−0.16	−0.83		−1.7	
NH₂	−0.16	−0.66	−0.16	−1.3	
NHCOMe	0.21	0.00			
O⁻	−0.47	−0.81	−1.15	−4.27	
OH	0.12	−0.37		−0.92	
OMe	0.12	−0.27	0.017	−0.78	
OCOMe	0.39	0.31			
OPh	0.25	−0.03			
OCOPh	0.21	0.13			
CH₃	−0.07	−0.17	−0.066	−0.31	
Et	−0.07	−0.15	−0.064	−0.30	
CMe₃	−0.10	−0.20	−0.059	−0.26	
C₆H₅	0.06	−0.01	0.11	−0.18	
H	0.00	0.00	0.00	0.00	0.00
SiMe₃	−0.04	−0.07	0.01	0.02	
I	0.35	0.18	0.36	0.14	
Br	0.39	0.23	0.41	0.15	
Cl	0.37	0.23	0.40	0.11	
F	0.34	0.06	0.35	−0.07	
CO₂⁻K⁺	−0.10	0.00	−0.03	−0.23	
CO₂H	0.37	0.45	0.32	0.42	0.73
CO₂Me	0.37	0.45	0.37	0.49	0.64
CO₂Et	0.37	0.45	0.37	0.48	0.68
CO₂Ph	0.37	0.44			
CONH₂	0.28	0.36			
COMe	0.38	0.50			0.87
COCF₃	0.63	0.80			
CF₃	0.43	0.54	0.52	0.61	
CN	0.56	0.66	0.56	0.66	1.00
SO₃⁻	0.30	0.35			
SO₂NH₂	0.53	0.60			
SO₂Me	0.60	0.72			1.05

续表

取代基	取代基常数 σ				
	$\sigma_m{}^*$	σ_p	$\sigma_m^{+\dagger}$	σ_p^+	$\sigma_p^{-\dagger}$
NO$_2$	0.71	0.78	0.67	0.79	1.27
NH$_3^+$	0.86	0.60			
NMe$_3^+$	0.88	0.82	0.36	0.41	

*Hansch C. *Chem. Rev.*, **1991**, 91, 165。†根据如下标准反应确定 σ_m^+、σ_p^+:

(X = H, F, Cl, Br, I, Me, Et, MeO, NH$_2$, NMe$_2$, NO$_2$, …)

†H. C. Brown, Y. Okamoto. *J. Am. Chem. Soc.*, **1958**, 80, 4979。‡H. H. Jaffé. *Chem. Rev.*, **1953**, 53, 191。

　　总之，根据上面的讨论得到结论：吸电子基（$\sigma>0$），降低反应中心的负电荷，有利于负离子的稳定，从而促进产生负电荷的反应（$\rho>0$）；给电子基（$\sigma<0$），降低反应中心的正电荷，有利于正离子的稳定，促进产生正电荷的反应（$\rho<0$）。

　　Hammett 方程是线性自由能关系（linear free energy relationship，LEFR；$\Delta\Delta G^{\neq} \propto \Delta\Delta G^{\circ}$）的反映。取代基效应以及线性自由能关系的研究构成了有机化学的理论基础，对于解释有机反应机理以及预测许多反应的相对速率与平衡常数是特别重要的。这些概念和思想用于理解正离子、负离子、自由基以及官能团的结构-反应性关系（structure-reactivity relationship，SRR）。

表 2.9　硫取代基、硒取代基的取代基常数 σ*

取代基	σ_m	σ_p
SOCF$_3$	0.63	0.69
SeOCF$_3$	0.81	0.83
SO$_2$CF$_3$	0.83	0.96
SeO$_2$CF$_3$	1.08	1.21
SCF$_3$	0.40	0.50
SeCF$_3$	0.44	0.45
SCN	0.51	0.52
SeCN	0.61	0.66
SMe	0.15	0.00
SeMe	0.10	0.00
SCH=CHCl	0.31	0.24
SeCH=CHCl	0.28	0.26
SCH=CH$_2$	0.26	0.20
SeCH=CH$_2$	0.26	0.21
SCH$_2$CH=CH$_2$	0.19	0.12
SeCH$_2$CH=CH$_2$	0.21	0.12
SC(CF$_3$)$_3$	0.51	0.58
SeC(CF$_3$)$_3$	0.49	0.54
2-噻吩基	0.09	0.05
2-硒吩基	0.06	0.04

*Hansch C. *Chem. Rev.*, **1991**, 91, 165。

曾测定了部分硫醚和硒醚的除（去）质子速率常数，得到顺序：$ArSCH_3 > ArSeCH_3$；$ArSCH_2CH{=}CH_2 > ArSeCH_2CH{=}CH_2$；$ArSeCH{=}CH_2 > ArSCH{=}CH_2$。相应的反应常数列于表 2.10[14]。

表 2.10　除质子反应的反应常数 ρ

硫醚和硒醚	动力学反应常数	热力学反应常数
$ArSCH_3$	3.14	—
$ArSeCH_3$	—	—
$ArSCH_2CH{=}CH_2$	—	—
$ArSeCH_2CH{=}CH_2$	2.48	—
$ArSCH{=}CH_2$	2.83	4.75
$ArSeCH{=}CH_2$	2.73	4.20

注：数据来自 Reich H J. *J. Org. Chem.*, **1980**, 45, 5227。

实验测定表明，如下甲基转移反应（图 2.17）的（正向）速率常数以及平衡常数符合 Hammett 方程，动力学与热力学反应常数分别为 1.1 和 2.9，正值的反应常数指示离去基芳环上的吸电子基有利于正向反应[15]。

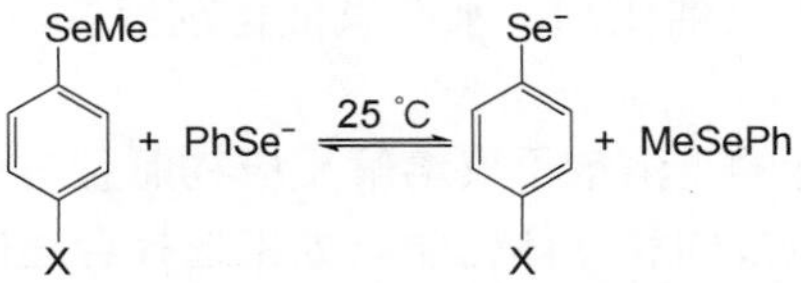

(X = Me_2N, MeO, ^{t}Bu, Me, F, Cl, CF_3)

图 2.17　甲基转移反应

（2）温度效应

温度升高，反应速率常数增大，反应加快。对大多数反应，反应速率常数与温度的关系遵守 Arrhenius 经验公式，当反应温度较高（200℃以上）时，反应速率常数与温度的关系可用三参数经验方程 $k = AT^n \exp(-E_a/RT)$ 描述。表 2.11 提供了部分实验测定的动力学参数，从中

表 2.11　实验测定的动力学参数

	反应	A[③]	E_a/(kJ/mol)
一级反应	$CH_2{=}CH{-}CH_2OO^{\bullet} \longrightarrow CH_2{=}CH{-}CH_2^{\bullet} + O_2$	1.6×10^{10}	53.3
	$CH_3NC \longrightarrow CH_3CN$	3.98×10^{13}	160
	$2N_2O_5 \longrightarrow 4NO_2 + O_2$ 气相（25℃）	4.94×10^{13}	103.4
二级反应	$HO^{\bullet} + H_2 \longrightarrow H_2O + H^{\bullet}$	8.0×10^{10}	42
	$(CH_3)_3CCl$ 溶剂解（在水中）[①]	7.1×10^{16}	100
	$(CH_3)_3CCl$ 溶剂解（在甲醇中）[①]	2.3×10^{13}	107
	$(CH_3)_3CCl$ 溶剂解（在乙醇中）[①]	3.0×10^{13}	112
	$(CH_3)_3CCl$ 溶剂解（在乙酸中）[①]	4.3×10^{13}	111
	$NaOH + C_2H_5Br \longrightarrow HOC_2H_5 + NaBr$（在乙醇中）[②]	4.30×10^{11}	89.5
	$NaOC_2H_5 + CH_3I \longrightarrow CH_3OC_2H_5 + NaI$（在乙醇中）[②]	2.42×10^{11}	81.6

①S_N1；②S_N2；③ [s^{-1}，一级；L/(mol·s)，二级]。

注：$H^+ + HO^- \longrightarrow H_2O$（在 25℃水中）的速率常数为 1.35×10^{11} L/(mol·s)；$NaOCH_3 + CH_3Br \longrightarrow CH_3OCH_3 + NaBr$（在 20℃甲醇中）的速率常数为 9.23×10^{-6} L/(mol·s)。

可以看出：在 25℃的水中，氢离子和氢氧根离子的反应是扩散控制的反应；大的溶剂极性有利于叔卤代烷的溶剂解；自由基参与的反应活化能不大（参阅自由基反应）。温度是调控反应的重要参数（变量）：对于过快的反应需适当降温、对于过慢的反应需适当升温。

（3）催化剂效应

催化剂是能改变一个热力学允许的化学反应的速率，而本身的数量和化学性质在化学反应前后并不改变的物质。加入催化剂改变反应速率的作用称为催化作用。

能加快反应速率的催化剂称为正催化剂；反之，能减慢反应速率的催化剂称为负催化剂。如无特殊说明，通常提到的催化剂，均是指能加速反应的正催化剂。催化剂之所以加速反应是因为通过参与反应改变了反应的机理，降低了反应的活化能。催化剂能同时加快正向反应与逆向反应的速率，促进化学平衡状态的到达，而不能改变平衡状态。催化剂具有选择性，不同的化学反应有不同的催化剂，没有"万能"催化剂。当催化剂与反应物处于相同的物相时，称为均相催化，例如 NO 催化 SO_2 氧化生成 SO_3；当催化剂与反应物处于不同的物相时，称为多相催化，例如银催化氧气与乙烯反应生成环氧乙烷，目前多相催化在化学工业上有较多的应用。以组成复杂的蛋白质为催化剂的反应称为酶催化反应。酶催化反应具有条件温和、活性高、选择性高的突出特点。生物体中各种生命活动几乎都是在酶高效催化下完成的，这对人类可持续发展来说，无疑有着无穷的吸引力。为了创造像酶一样的人造催化剂，人类正在向自然界学习，例如研发固氮催化剂、水产氢催化剂等等。

（4）溶剂效应

许多反应是在溶剂中进行的。溶剂不仅溶解反应物而且与反应物分子存在相互作用，另外溶剂还影响反应机理、反应方向和立体化学。如果选择合适的溶剂就可以使主反应加速，并且能有效地抑制竞争性的副反应。有时，改变溶剂会改变反应机理，例如 $Cp_2Fe_2(CO)_4$ 的卤素断裂反应：在极性溶剂氯仿中，反应经过离子中间体$[\{Cp_2Fe_2(CO)_4\}I]^+$的两步过程得到产物 $CpFe(CO)_2I$；在非极性的己烷溶剂中一步反应形成产物[16]。

① 溶剂的分类。溶剂根据介电常数的大小可分为非极性溶剂（nonpolar solvent）和极性溶剂（polar solvent）（表 2.12）。在极性溶剂中根据是否授予质子分为质子溶剂（protic solvent）和非质子溶剂，极性的非质子溶剂也常称为偶极（非质子）溶剂（dipolar aprotic solvent）[17]；根据形成氢键的关系，极性溶剂可分为：氢键给体溶剂（hydrogen-bonding proton donor，HBD）、氢键受体溶剂（hydrogen-bonding proton acceptor，HBA）和既具有氢键给体又具有氢键受体能力的两性溶剂（amphiprotic solvent）。此外，根据电子对的授受关系可把溶剂分为电子对授

表 2.12　溶剂的分类

分类		实例
根据溶剂介电常数（偶极矩）的大小分类	非极性溶剂	己烷
	极性溶剂	水、乙醇、THF、DMF
根据溶剂是否提供质子将极性溶剂分类	质子溶剂	乙醇、水
	偶极非质子溶剂	DMF、DMA、DMSO、HMPA
根据与溶质形成氢键的关系将极性溶剂分类	氢键给体溶剂	氯仿
	氢键受体溶剂	丙酮、乙腈、三乙胺
	两性溶剂	水、乙醇
根据与溶质形成配位键的电子对授受关系分类	电子对授予溶剂	三乙胺、DMF、DMA、DMSO、HMPA
	电子对受体溶剂	四氰乙烯（TCNE）

予溶剂（electron-pair donor，EPD，如丙酮、DMSO、硫醚等）和电子对受体溶剂（electron-pair acceptor，EPA，如 SO$_2$、四氰乙烯等）。表 2.13 列入了常用溶剂的性质，这对于选择反应溶剂是十分有用的。

表 2.13　溶剂的性质

溶剂	相对介电常数（ε_r）（20℃）	偶极矩 /($\times 10^{-30}$C·m)	沸点/℃	熔点/℃	水溶性
HCONH$_2$	109.5	11.2	210.5	2.5	+
HF	84①	6.15	19.5	−83.4	+
H$_2$O	78.36	6.2	100	0	+
碳酸丙烯酯（PC）	64.92	16.5	241.7	−54.5	部分溶解
HCO$_2$H	57.9	6.07	100	8.5	+
Me$_2$SO（DMSO）	46.45	13.5	189.0	18.5	+
环丁砜	43.3（30℃）	16.0	287.3	28.4	+
CH$_3$NO$_2$	35.87	12.0	101.2	−28.6	微溶
CH$_3$CONMe$_2$（DMA）	37.78	12.4	166.1	−20.1	+
HOCH$_2$CH$_2$OH	37.70	7.7	197.5	−12.6	+
HCONMe$_2$（DMF）	36.71	12.7	153.1	−60.4	+
N,N'-二甲基丙烯基脲（DMPU）	36.12	14.1	246.5	−23.8	+
CH$_3$CN（AN）	35.94	13.0	81.6	−43.8	+
CH$_3$OH	32.66	5.9	64.5	−97.7	+
N-甲基吡咯烷-2-酮（NMP）	32.2	13.6	202	−24.4	+
(Me$_2$N)$_3$PO（HMPA）	29.30	18.5	233	7.3	+
CH$_3$CH$_2$OH	24.55	5.8	78.3	−114.5	+
NH$_3$	23.9（−33℃）	4.9	−33.5	−77.7	+
CH$_3$COCH$_3$	20.56	9.0	56.1	−94.7	+
SO$_2$	17.6②	5.44	−10	−75.6	与水反应
(H$_2$NCH$_2$)$_2$	12.9	6.3	116.9	11.3	+
C$_5$H$_5$N	12.91	7.9	115.3	−41.5	+
ClCH$_2$CH$_2$Cl（DCE）	10.36	6.1	83.5	−35.7	−
CH$_2$Cl$_2$	8.93	3.8	39.6	−94.9	−
THF	7.58	5.8	66.0	−108.4	+
MeOCH$_2$CH$_2$OMe（DME）	7.20	5.7	84.6	−69.2	+
CH$_3$CO$_2$H	6.17	5.6	117.9	16.7	+
CH$_3$CO$_2$CH$_2$CH$_3$	6.02	5.9	77.2	−83.6	−
CHCl$_3$	4.89	3.8	61.2	−63.6	−
CH$_3$CH$_2$OCH$_2$CH$_3$	4.20	3.8	34.5	−116.3	−
CS$_2$	2.64	0	46.3	−111.6	−
1,4-二氧六环	2.21	1.5	101.3	11.8	+
CCl$_4$	2.24	0	76.7	−22.9	−
(CH$_3$CH$_2$)$_3$N	2.42	2.2	88.9	−114.7	部分溶解
C$_6$H$_5$CH$_3$	2.38	1.0	110.6	−95.0	−
C$_6$H$_6$	2.27	0	80.1	5.6	−
环己烷 c-C$_6$H$_{12}$	2.02	0	80.8	6.8	−
正己烷 C$_6$H$_{14}$	1.88	0	68.7	−95.4	−

注：+表示互溶；−表示不溶；①0℃；②−20℃。

② 溶剂效应的经验规则。根据溶剂效应对反应物和过渡态是起稳定还是去稳定化作用以及作用相对大小，可有如下情形：溶剂效应的差异导致活化能的降低，加快反应；改变溶剂不影响活化能，反应速率不变；溶剂效应的差异导致活化能的升高，减慢反应。溶剂效应对不同电荷型亲核取代反应的影响总结于表 2.14。在反应 1、4 中，中性反应物形成有电荷分离的过渡态，溶剂极性增大大有利于稳定过渡态，活化能降低，大大加速反应；在反应 2、3、6 中反应物（之一）是离子，过渡态分散了电荷，溶剂极性增大有利于反应物，活化能升高，减慢反应；在反应 5 中，过渡态电荷逐步中和，溶剂极性增大大有利于稳定反应物，活化能升高，大大减慢反应。

表 2.14　溶剂效应对不同电荷型亲核取代反应的影响

反应类型		反应物电荷分布*	过渡态电荷分布	增大溶剂极性对反应的影响
S_N1	1	RL	$R^{\delta+}\cdots L^{\delta-}$	大大加速
	2	RL^+	$R^{\delta+}\cdots L^{\delta+}$	略为减速
S_N2	3	Nu^-+RL	$Nu^{\delta-}\cdots R\cdots L^{\delta-}$	略为减速
	4	$Nu+RL$	$Nu^{\delta+}\cdots R\cdots L^{\delta-}$	大大加速
	5	Nu^-+RL^+	$Nu^{\delta-}\cdots R\cdots L^{\delta+}$	大大减速
	6	$Nu+RL^+$	$Nu^{\delta+}\cdots R\cdots L^{\delta+}$	略为减速

* L 和 L^+ 表示离去基分别以 L^- 和 L 离去；Nu^- 和 Nu 分别表示负离子亲核试剂和电中性亲核试剂。

　　例如，氯代叔丁烷的溶剂解（solvolysis），属于反应类型 1，反应速率常数在水中比在乙醇中大三个数量级（表 2.11）。根据库仑定律 $F=q_1q_2/(4\pi\varepsilon_0\varepsilon_r r^2)$（$q_1$、$q_2$、$\varepsilon_0$、$\varepsilon_r$、$r$ 分别是两种离子的电荷、真空中的介电常数、相对介电常数、离子间的距离），正负离子间的吸引力与介电常数成反比，大介电常数的极性溶剂能显著降低正负离子间的吸引力，有利于形成溶剂化的自由离子。如果溶剂能与负离子形成氢键、与正离子形成配位键，那么溶剂化将分别稳定负离子和正离子，因此溶剂化效应对于电离反应以及涉及离子的反应（即极性反应，polar reaction）是特别重要的。最强离子化的溶剂是既能溶剂化正离子又能溶剂化负离子的溶剂。

　　在通常的溶剂中，水是最强离子化的溶剂，而只能提供孤对电子形成配位键的溶剂如 THF、Et_3N、DMSO、DMF 是差的 S_N1 反应溶剂。对于 S_N2 反应，亲核试剂常常是金属盐如 NaCN、KSeCN，选择有孤对电子的极性溶剂使正离子溶剂化而负离子则甚少溶剂化，基本上裸露（无溶剂层）的负离子从而具有强的亲核性。因此，DMF、DMSO 等非质子极性溶剂既溶解盐类亲核试剂又有利于 S_N2 反应；在这些非质子溶剂中，卤素负离子的亲核性顺序是 $F^->Cl^->Br^->I^-$；而在质子溶剂如甲醇中，卤素负离子的亲核性顺序与之相反，是 $I^->Br^->Cl^->F^-$，这是由于在质子溶剂中氢键使负离子溶剂化强弱不同的缘故。

　　如图 2.18 所示，烯碳（C_{sp^2}）上的亲核取代反应，在质子溶剂中根本不能发生，但在偶极溶剂 DMF 中，却易于进行，并且烯键的构型保持。这类烯碳上的亲核取代反应是经过加成-消除机理进行的。

　　③ 动力学溶剂同位素效应。在水和重水（D_2O）中进行化学反应时，如果氢转移反应是速率控制步骤，那么在重水中的反应速率将慢于在水中的反应速率，存在动力学溶剂同位素效应（kinetic solvent isotope effect，KSIE）[18]。例如次脒酸（TripSeOH）与过氧自由基 $ROO^{\bullet}$ 的氢原子转移反应，动力学溶剂同位素效应 k_H/k_D 经测定为 6.7（表 2.15）。

R = Ph, PhS, PhSe
R' = Me, Me₂CH, Ph
X = Cl, Br, MeS, Me₂CHS, MeSe, PhSe

图 2.18　不饱和碳上的亲核取代反应

表 2.15　TripSeOH 和 TripSOH 与过氧自由基 ROO· 的氢转移反应速率常数　单位：L/(mol·s)

项目	TripSeOH	TripSOH
PhCl	$(1.7\pm0.3)\times10^5$	$(3.0\pm0.3)\times10^6$
CH_3CN	$(3.5\pm0.4)\times10^4$	$(1.6\pm0.3)\times10^5$
CH_3CN/H_2O	$(3.4\pm0.3)\times10^4$	$(1.1\pm0.2)\times10^5$
CH_3CN/D_2O	$(5.1\pm0.6)\times10^3$	$(1.8\pm0.2)\times10^4$
k_H/k_D	6.7 ± 0.9	6.1 ± 0.4

④ 亲核试剂与 α,β-不饱和硒亚砜以及 α,β-不饱和硒砜反应的溶剂效应。亚硒酰基 ArSeO（seleninyl group）和硒酰基 ArSeO₂（selenonyl group）是强吸电子基团：它们能活化 α,β-碳碳双键（以及 α,β-碳碳三键），使亲核试剂在 β-碳上加成即共轭加成（conjugate addition）（也称为 Michael 加成）；同时它们也是酸化基（acidifying group），使烷基 α-氢具有酸性，这导致在碱性条件下（负离子亲核试剂条件下）出现逆共轭加成（也称为逆 Michael 加成）；当键合在饱和碳上时，这两种取代基能起好的离去基团的作用。在适当的反应条件下，在烯碳上的亲核取代反应中 ArSeO 基团和 ArSeO₂ 基团也是好的离去基团。因此，原则上，乙烯基硒亚砜（$n=1$）和乙烯基硒砜（$n=2$）与亲核试剂（NuH）的反应可以通过如下两种不同的方式进行：在 β-碳上加成得到共轭加成的产物或在 α-碳上取代生成乙烯基取代的产物（图 2.19）。

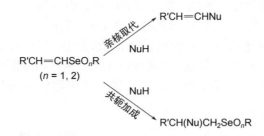

图 2.19　乙烯基硒亚砜和乙烯基硒砜与亲核试剂（NuH）的两种竞争反应

在 DMF 中，乙烯基硒亚砜和乙烯基硒砜对硫醇盐或醇盐负离子有不同的反应[19]。在硒亚砜的情况下，亲核试剂选择性地加成在 α-C 上，导致形成具有构型保持的乙烯基取代产物（图 2.20）：硫醇钠与乙烯基硒亚砜在室温（r.t.）下即刻进行 α 位的专一性取代生成乙烯基硫醚（图 2.20A）；甲醇钠与乙烯基硒亚砜在室温下进行 α 位的专一性取代 4h 内生成乙烯基醚（图 2.20B）。

亲核试剂与乙烯基硒砜的反应存在在 α-C 和 β-C 上的竞争性亲核进攻（图 2.21）：前者不可逆地产生乙烯基取代产物；而对 β-C 的进攻导致硒酰基稳定的碳负离子的可逆生成。硒酰基稳定的碳负离子的命运取决于使用的亲核试剂：如果亲核试剂是硫醇负离子，迅速地加成与消除导致乙烯基硒砜的构型异构，平衡偏向热力学稳定的(E)-异构体；与此相反，醇负离子缓慢地加成产生共轭加成物，由于其强碱性导致共轭加成物发生消除反应。

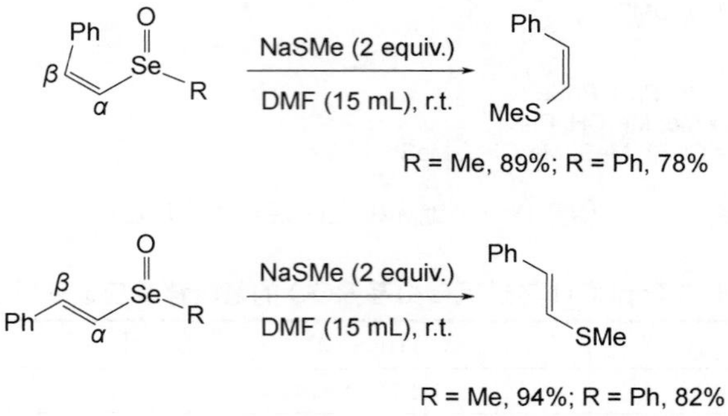

R = Me, 89%; R = Ph, 78%

R = Me, 94%; R = Ph, 82%

图 2.20A 在偶极非质子溶剂中硫醇负离子与乙烯基硒亚砜的取代反应

60%

80%

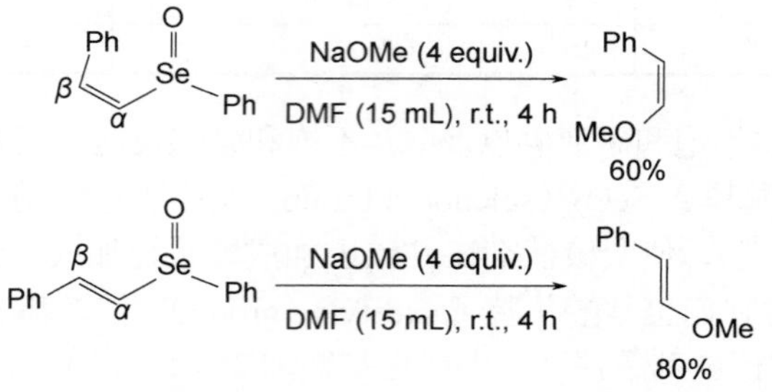

图 2.20B 在偶极非质子溶剂中醇负离子与乙烯基硒亚砜的取代反应

在 DMF 中，硫醇钠与乙烯基硒砜在室温迅速进行 α 位的取代生成乙烯基硫醚：(E)-乙烯基硒砜只生成(E)-乙烯基硫醚，(Z)-乙烯基硒砜则产生比例为 1:1 的两种乙烯基硫醚异构体的混合物（图 2.21A）。这是由于亲核试剂进攻 β-C 形成的 α-碳负离子然后消除亲核试剂导致 (Z)-乙烯基硒砜可逆异构为(E)-乙烯基硒砜的缘故（图 2.21B）。

在 DMF 中，甲醇钠与乙烯基硒砜在室温的反应观察到进攻 α 位取代生成乙烯基醚 $PhCH{=}CH(OMe)$ 以及进攻 β 位经加成物 $PhCH(OMe)CH_2SeO_2Ph$ 消除形成的产物 $PhC(OMe){=}CH_2$（图 2.21C）；类似于甲硫醇钠，实验发现少量甲醇钠能催化乙烯基硒砜的异构化（图 2.21D）。

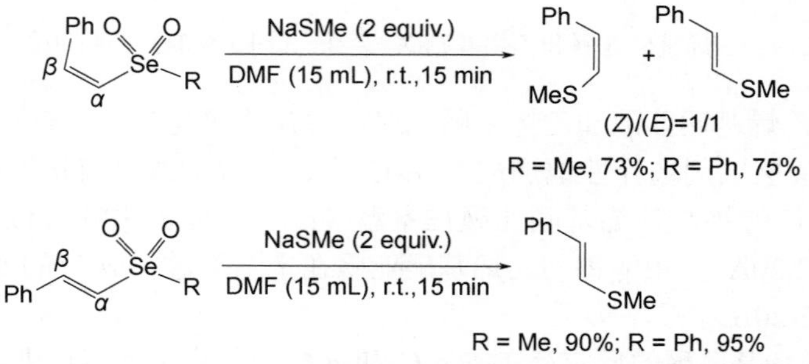

(Z)/(E)=1/1

R = Me, 73%; R = Ph, 75%

R = Me, 90%; R = Ph, 95%

图 2.21A 在偶极非质子溶剂中硫醇负离子与乙烯基硒砜的取代反应

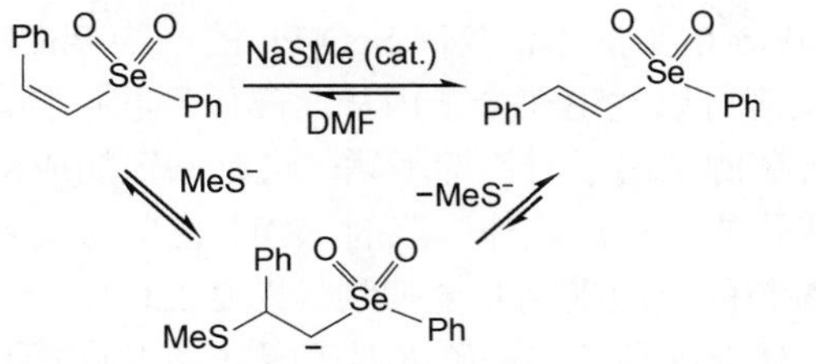

图 2.21B 在偶极非质子溶剂中硫醇负离子催化乙烯基硒砜的异构化

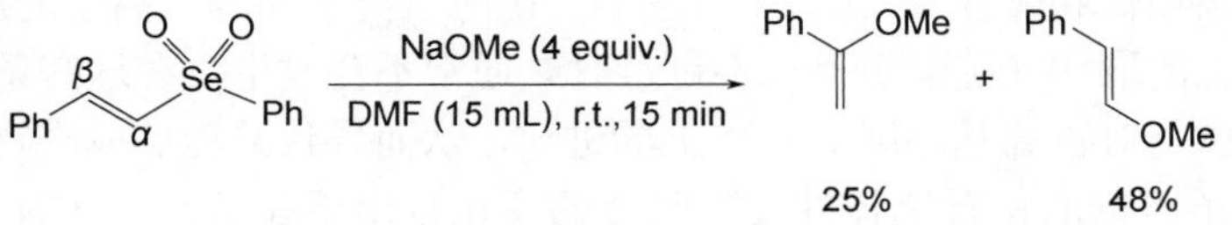

图 2.21C 在偶极非质子溶剂中醇负离子与乙烯基硒砜的取代反应

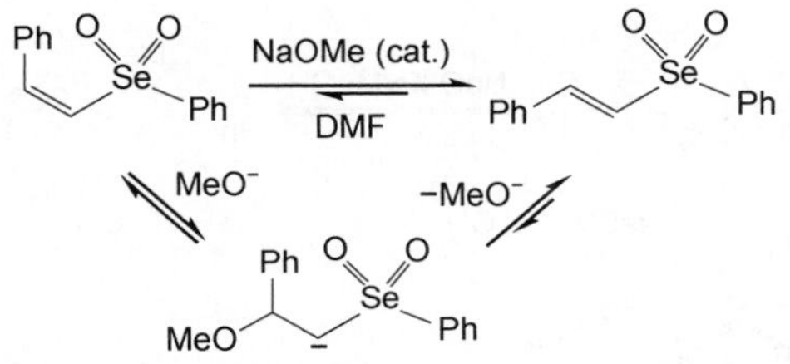

图 2.21D 在偶极非质子溶剂中醇负离子催化乙烯基硒砜的异构化

活性亚甲基化合物（active methylene compound）YCH₂Z（Y、Z 为吸电子基团）形成的碳负离子⁻CHYZ（如丙二酸酯负离子）只加成在乙烯基硒砜的 β-C 上，产生的碳负离子经质子转移和内部的䏺酰基取代，得到环丙烷衍生物（图 2.21E）。

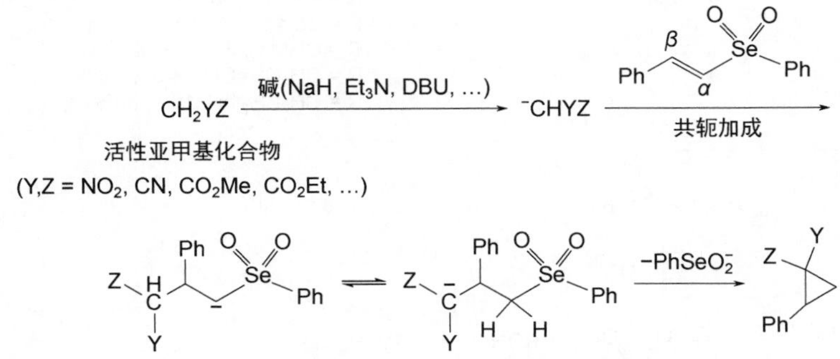

图 2.21E 在偶极非质子溶剂中活性亚甲基化合物对乙烯基硒砜的共轭加成与环化

在质子溶剂 ROH 中，醇负离子 RO⁻对乙烯基硒亚砜(E)-PhCH=CHSeOPh 的共轭加成强烈偏向左边，硫醇负离子则导致还原产物（图 2.22A）。

在质子溶剂ROH中，醇负离子RO⁻对乙烯基硒砜(E)-PhCH=CHSeO₂Ph进行共轭加成（图2.22B）。根据反应机理，醇 ROH 对乙烯基硒砜的共轭加成实际只需要催化量的醇负离子 RO⁻。醇 ROH 的共轭加成物 PhCH(OR)CH₂SeO₂Ph（β-烷氧基烷基苯基硒砜）能够进行几种反应，取决于与之反应的亲核试剂 Nu⁻（Nu⁻=或≠RO⁻）的性质和所用的反应介质：α-氢的提取产生乙烯基硒砜并伴随 RO⁻的消除，即逆 Michael 反应；对 β-氢的进攻生成产物 PhC(OR)=CH₂，伴随 PhSeO$_2^-$的消除；进攻 α-C 形成 Nu 取代 SeO$_2$Ph 的产物 PhCH(OR)CH$_2$Nu；当亲核试剂结构允许时，这种取代反应可以发生在分子内从而产生环状产物。

在质子溶剂 ROH 中，硫醇负离子对乙烯基硒砜进行共轭加成得到共轭加成产物和随后胂酰基被过量硫醇负离子取代的产物。此外，溶剂 ROH 也参与反应形成共轭加成产物，当硫醇钠大大过量时，溶剂参与的反应受到完全抑制（图 2.22C）。

上述观察到的乙烯基硒亚砜和乙烯基硒砜对硫醇盐（甲硫醇钠）和醇盐（甲醇钠）的行为是由于所使用溶剂的性质不同：在偶极非质子溶剂中，通过正离子的溶剂化大大提高了负离子的反应性（亲核性和碱性）；在质子溶剂中，硫醇负离子和醇负离子的反应性大大降低，非活化底物烯碳上的取代（硫醇负离子不过量时）通常不会发生，在这些条件下，唯一可以观察到的是亲核试剂对乙烯基硒砜的 β-碳上的进攻，从而导致共轭加成产物的形成。由质子溶剂到偶极非质子溶剂的位置选择性发生类似的变化也出现在负离子 CN$^-$ 与硝基烯烃的反应中。

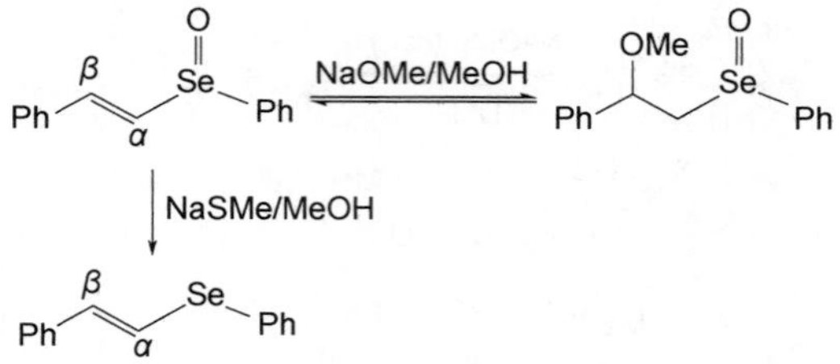

图 2.22A　在质子溶剂中硫醇负离子、醇负离子与乙烯基硒亚砜的反应

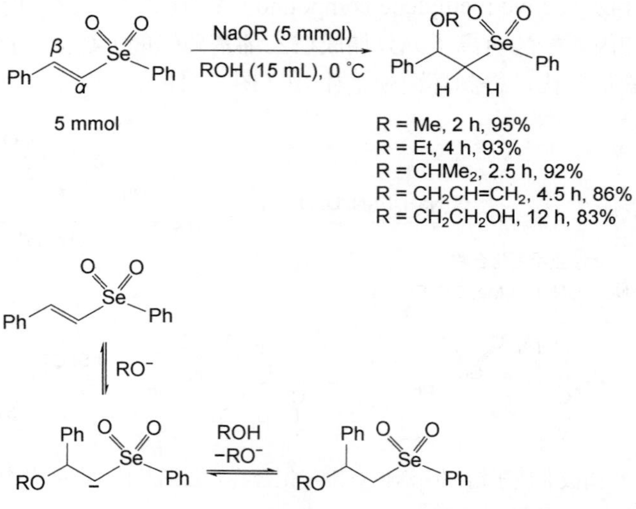

图 2.22B　在质子溶剂中醇负离子与乙烯基硒砜的反应

图 2.22C　在质子溶剂中硫醇负离子与乙烯基硒砜的反应

（5）影响碳上亲核取代反应的因素

卤代烷的亲核取代反应（nucleophilic substitution reaction）存在两种极端机理，S_N1 和 S_N2：三苯基卤甲烷、二苯基卤甲烷、叔卤代烷进行 S_N1 反应；伯卤代烷进行 S_N2 反应；仲卤代烷（以及苄基底物、烯丙基底物）既可进行 S_N1 反应也可进行 S_N2 反应，取决于具体反应条件。

① 影响碳上单分子亲核取代反应的因素。叔卤代烷的亲核取代反应是典型的单分子亲核取代机理（unimolecular nucleophilic substitution），即 S_N1 机理。S_N1 机理是两步机理（图 2.23）：第一步，卤代烷电离产生三配位的碳正离子（carbocation）和卤素负离子；第二步，亲核试剂（nucleophile）（负离子和有活性氢的中性分子分别用 Nu^- 和 NuH 表示）与碳正离子结合形成产物。由于第一步是反应的定速步骤 RDS，所以凡是有利于电离（溶剂化、催化）、有利于碳正离子稳定的因素（给电子共轭效应、给电子诱导效应、芳香性的获得）都有利于 S_N1 反应机理；卤代烷进行 S_N1 反应的顺序遵循产生稳定碳正离子的顺序，即苄卤代烷、叔卤代烷>烯丙基卤代烷、仲卤代烷>伯卤代烷>卤代甲烷（参阅自由基反应）。重金属离子如 Ag^+、Hg^{2+} 等能促进卤代烷的 S_N1 反应。

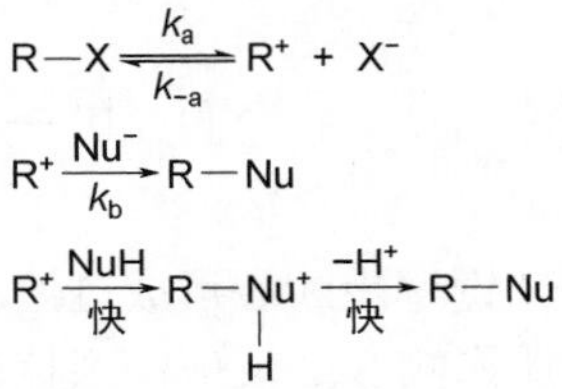

$$R-X \underset{k_{-a}}{\overset{k_a}{\rightleftharpoons}} R^+ + X^-$$

$$R^+ \xrightarrow[k_b]{Nu^-} R-Nu$$

$$R^+ \xrightarrow[\text{快}]{NuH} R-\overset{+}{\underset{|}{N}}u^+ \xrightarrow[\text{快}]{-H^+} R-Nu$$
$$\phantom{R^+ \xrightarrow{NuH} R-N}H$$

图 2.23　S_N1 反应机理

由于定速步骤断裂 C—X 键，因此键越弱、键的极化率越大，反应越快；当烃基相同卤素不同时，反应快慢顺序是 R—I>R—Br>R—Cl>R—F，元素效应表明原子越重、原子序数越大，反应越快。既然亲核试剂没有出现在定速步骤中，因此亲核试剂的性质（亲核性）差异对 S_N1 反应没有影响。

由于 S_N1 反应形成碳正离子中间体，它是平面的，亲核试剂可以在平面的两侧结合，如果原来的碳是手性中心，那么反应产物的手性碳构型将部分保留、部分反转，出现所谓的消旋化（racemization），这是 S_N1 反应的立体化学特征。

利用稳态近似 $\dfrac{dC_{R^+}}{dt} = k_a C_{RX} - k_{-a} C_{R^+} C_{X^-} - k_b C_{R^+} C_{Nu^-} = 0$ 得到：

$$C_{R^+} = \frac{k_a C_{RX}}{k_{-a} C_{X^-} + k_b C_{Nu^-}}$$

代入 $r = \dfrac{dC_{RNu}}{dt} = k_b C_{R^+} C_{Nu^-}$，得到动力学方程：

$$r = \frac{k_a k_b C_{RX} C_{Nu^-}}{k_{-a} C_{X^-} + k_b C_{Nu^-}}$$

当 $k_{-a} C_{X^-} \ll k_b C_{Nu^-}$ 时，这一复杂动力学方程简化为一级反应动力学方程：

$$r = k_a C_{RX}$$

由于第一步的电离反应是可逆的，正如上面复杂动力学方程所表示的，实验观察到了 X^-

的同离子效应。

② 影响碳上双分子亲核取代反应的因素。伯卤代烷以及卤代甲烷与亲核试剂（nucleophile）的反应是典型的双分子亲核取代（bimolecular nucleophilic substitution），即 S_N2 机理（图 2.24A）。S_N2 机理是一步机理：亲核试剂（Nu^-）从离去基的背面进攻反应中心碳原子形成过渡态，然后离去基离开完成取代反应。反应速率与底物以及亲核试剂浓度的乘积成正比，是二级反应动力学。由于碳原子半径小，五配位碳的过渡态较为拥挤，因此反应中心碳上取代基体积越小越有利于 S_N2 机理。进行 S_N2 反应的优先顺序是：卤甲烷>伯卤代烷>仲卤代烷>>叔卤代烷。当反应中心是手性碳时，背面进攻导致手性碳的构型反转（Walden inversion），这是 S_N2 反应的立体化学特征，如图 2.24B 所示，S_N2 反应的构型反转是前线轨道理论的 HOMO-LUMO 相互作用（即 n→σ*）的必然结果。

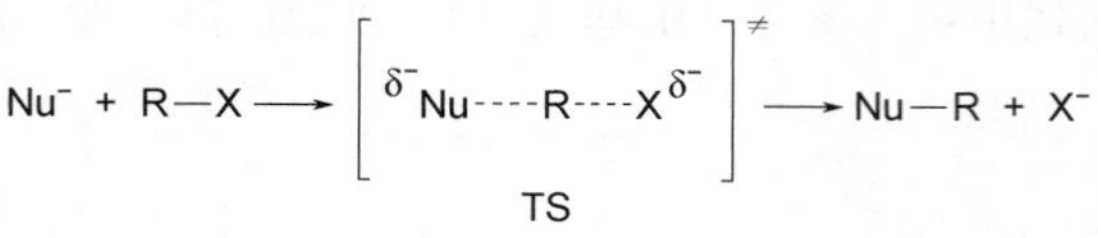

图 2.24A　S_N2 反应机理

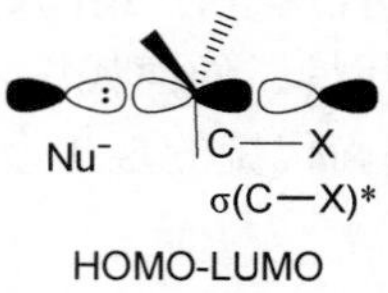

图 2.24B　HOMO-LUMO 相互作用导致 S_N2 反应的构型反转

由于 C—Nu 键逐步形成、C—X 键逐步断裂形成过渡态，因此进攻试剂（亲核试剂）的性质（亲核性）以及离去基团的性质影响 S_N2 反应：亲核试剂的亲核性（nucleophilicity）越大反应越快；C—X 键越弱、键的极化率越大、离去基 X^- 越稳定，反应越快。当烃基相同卤素不同时，类似于 S_N1 反应，S_N2 反应有相同的元素效应顺序，即 R—I>R—Br>R—Cl>R—F，原子越重、原子序数越大，S_N2 反应越快。此外，像 I^- 一样，强酸的负离子是好的离去基，例如对甲苯磺酸酯 ROTs（Ts=对甲苯磺酰基）、三氟甲磺酸酯 ROTf（Tf=三氟甲磺酰基）像 RI 一样易于进行 S_N2 反应。由于邻近基团参与（neighbouring group participation，NGP）稳定过渡态，α-卤代羰基化合物、α-卤代酸酯、α-卤代腈等易于进行 S_N2 反应。

实验测定了许多亲核试剂与碘甲烷在 25℃ 的甲醇中反应的速率常数，利用亲核试剂的二级反应速率常数除以碘甲烷在甲醇中的溶剂解速率常数的常用对数定义亲核试剂的亲核性常数（nucleophilic constant）n（根据这一定义，甲醇的亲核性常数是 0），因此亲核性常数越大、亲核性越强，反应越快[20]。根据亲核性常数数据，总结出如下规律：当亲核原子相同时，带负电荷的亲核试剂反应快于电中性试剂 [PhS^-（9.92）>PhSH（5.70）；MeO^-（6.29）> MeOH（0）]；对同一族的亲核试剂，亲核元素的原子序数越大，反应越快 [I^-（7.42）>Br^-（5.79）>Cl^-（4.37）>F^-（2.7），$PhSe^-$（10.7）>PhS^-（9.92）>PhO^-（5.75），$SeCN^-$（7.85）>SCN^-（6.70），Me_2Se（6.32）>Me_2S（5.54），亲核硒试剂是最好的亲核试剂]；给电子原子或基团增强亲核性，加快反应 [Et_2NH（7.0）>NH_3（5.50）]，反之亦然。此外，有实验发现所谓的 α 效应能增强亲核性，例如 HOO^- 和 H_2NNH_2 强于 HO^- 和 NH_3。

三、合成动力学稳定化合物的策略

一个不稳定化合物：易与水或氧气反应，难于按常规方法处理和合成；本身活性特别高，即使没有其它分子存在，也易于聚合或分解，寿命非常短。合成不稳定化合物有两种策略：一种是向中心原子引入体积足够大的基团保护活性官能团不受其它试剂进攻，这称为立体保护（steric protection）策略，也称为动力学保护（kinetic protection）策略；另一种是通过引入基团改变官能团的电子效应获得稳定性，这称为热力学保护（thermodynamic stabilization）策略，应用的强烈拉电子基是 C_6F_5。2,4,6-三甲基苯基（Mes）、2,4,6-三异丙基苯基（Tipp）、2,4,6-三叔丁基苯基（Mes*）、2,6-二(2,4,6-三甲基苯基)苯基（Dmp）、2,6-二(3,5-二异丙基苯基)苯基（Dpp）、2,6-二异丙基苯基（Dipp）、金刚烷基（adamantyl，Ad）以及 9-三蝶烯基（Trip）用于动力学保护策略。利用动力学保护策略成功制备了稳定的氮杂环卡宾（N-heterocyclic carbene，NHC）、硅烯 $Mes_2Si=SiMes_2$、膦烯 Mes*P=PMes* 和稳定的硒醛 DppCHSe（图 2.25）等。

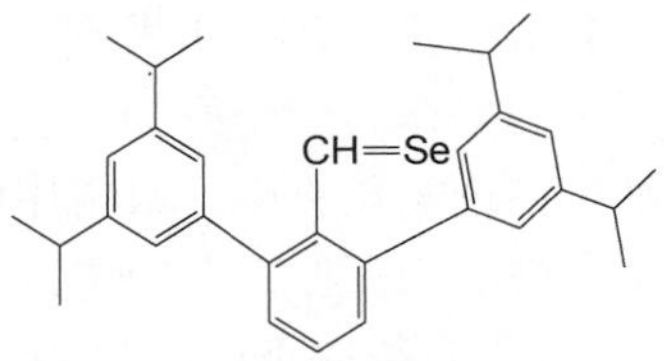

图 2.25　稳定的硒醛

第三节　自由基反应

一、自由基的产生

自由基是活性中间体，为提高反应的选择性，必须在温和条件下进行自由基反应，理想的目标是：室温，软照射（阳光或家用灯泡）和高选择性下清洁地产生自由基。为此必须不断开发新的自由基引发剂。所谓自由基引发剂（radical initiator，RI）是在温和条件下能够产生自由基促进化学反应的化合物。

一种自由基可以通过几种途径产生。第一种途径，称为均裂，它要求 RI 具有相对弱的共价键，为均裂提供能量的方式有：①加热；②光照；③辐射分解（radiolysis）；④超声（ultrasound，US）分解（sonolysis），空化效应（液体中空穴的形成和塌陷）产生的局部高温和高压导致键的断裂形成自由基。形成自由基的第二种途径是氧化还原反应。

自由基涉及的复杂反应可以是非链式反应（radical nonchain reaction）和链式反应（radical chain reaction）。自由基非链式反应如次氯酸酯光解和亚硝基化合物光异构为肟等。在有机合成中特别有用的是链式反应。链式反应包括链引发步骤、链传递步骤和链终止步骤。自由基的偶联或歧化终止链反应。为了有效的链传递过程，链传递步骤的速率必须大于链终止步骤的速率。根据如下观察：①液相中的终止速率常数受扩散控制［即 10^{10}L/(mol·s)］；②链反应中的自由基浓度约为 $10^{-8} \sim 10^{-7}$mol/L（视反应条件而定）；③试剂的浓度一般在 $0.05 \sim 0.5$mol/L 之间，得出链传递的速率常数必须大于 10^3L/(mol·s)。

在自由基的链传递步骤中，通常认为原料和产物之间键解离能的差异（$\Delta H<0$）是自由基反应的驱动力。

应该指出的是，虽然对于电中性自由基的反应，忽略溶剂效应用（气相）键离解能 BDE 与反应焓变（ΔH）讨论自由基反应的能量学，但是在有些情况下如使用强极性溶剂或涉及自由基离子的反应，存在不可忽略的显著的溶剂效应，讨论用所用溶剂条件下的键离解自由能

BDFE 和反应的自由能变化（ΔG）应该是比较合适的，这是目前开发新化学反应研究的一种新趋势[3]。

1. 热裂解产生自由基

自由基引发剂的热裂解与加热时的单键断裂有关。若要在低于 150℃的温度下工作，自由基引发剂的键离解能不能超过 167.4kJ/mol（40kcal/mol）。如表 2.5 所示，C—C 键通常过于稳定，不能进行温和的热分解。因此，能够满足能量要求的官能团主要是基于杂原子-杂原子或碳-杂原子键，如过氧化物、偶氮化合物、亚硝酸酯、卤素分子、N-羟基吡啶-2-硫酮酯（N-hydroxy-pyridine-2-thione ester，Barton 酯）等。引发剂本身是不稳定的，因此它们应存放在冰箱里，在处理这些化合物时要小心操作。一个好的引发剂必须在室温下保持稳定，但在温和的条件下分解产生目标自由基。在过氧化物中，最常用的自由基引发剂是过氧化苯甲酰（BPO）和过氧化月桂酰。在偶氮化合物中，偶氮二异丁腈（2,2'-azobisisobutyronitrile，AIBN），广泛用于有机合成和高分子科学在温和的条件下产生自由基：AIBN 产生异丁腈自由基；$Me_2C(CN)—N\!\!=\!\!N—C(CN)Me_2 \longrightarrow 2Me_2C(CN)^{\textbf{·}}+N_2$。三烷基硼烷通过与分子氧相互作用能有效地生成烷基自由基（有机硼烷衍生物对 O_2 敏感，必须储存在氩气中）：$R_3B+O_2 \longrightarrow R_2BOO^{\textbf{·}}+R^{\textbf{·}}$。三烷基硼烷，特别是 Et_3B 在有机合成中得到广泛应用。与其它典型的热分解引发剂（如过氧化物或偶氮化合物）相比，Et_3B 即使在非常低的温度（−78℃）下也能作为有效自由基生成剂，除在有机溶剂中使用外还可在水相使用。低温引发对于立体选择性自由基反应（stereoselective radical reaction）以及易于碎裂的自由基如酰基自由基的反应非常重要。值得注意的是这些反应只需要微量的氧气，通过空气流提供氧气很容易触发反应。

各种 N-羟基吡啶-2-硫酮酯类（Barton 酯）已被用作碳中心自由基的来源，Barton 自由基脱羧反应的驱动力是 Barton 酯的弱 N—O 键和高稳定性 CO_2 的形成（图 2.26）。然而，它们一般用于光解（photolysis）产生自由基，因为它们表现出非常合适的光吸收光谱，可利用通常的紫外-可见光灯的发射光谱。

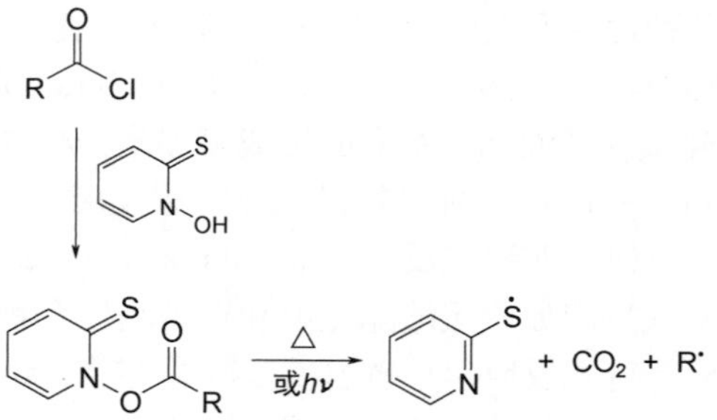

图 2.26　Barton 酯产生碳自由基

过氧化物或偶氮化合物热分解产生的自由基可以作为自由基链过程的起始自由基（引发自由基）$In^{\textbf{·}}$（initiating radical）。在第一步反应中，$In^{\textbf{·}}$ 与供氢体（H-donor，DH）进行氢提取反应 $DH+In^{\textbf{·}} \longrightarrow InH+D^{\textbf{·}}$，在氢转移之后启动自由基链反应，如将卤代烃 RX 还原为相应的烃 RH：$RX+D^{\textbf{·}} \longrightarrow DX+R^{\textbf{·}}$；$DH+R^{\textbf{·}} \longrightarrow RH+D^{\textbf{·}}$。供氢体 DH 必须具有良好的氢转移性能，以保证有效的还原步骤。

其它有用的合成反应（环化、黄原酸酯还原、C—C 键形成、硅氢化等）也可以通过自由基链过程进行。三正丁基氢化锡（$^nBu_3SnH$）是最广泛使用的进行自由基链反应的还原剂。

然而，由于这种锡化合物的毒性，已报道了各种有希望的自由基链反应还原剂，其中以硅烷（silicon hydride）最为引人注目，例如广泛使用的三（三甲基硅基）硅烷 TMS₃SiH。

2. 氧化还原反应产生自由基

自由基也可以通过氧化还原过程产生，例如通过还原反应，$RX+e^- \longrightarrow [RX]^- \longrightarrow R^·+X^-$；通过氧化反应，$RX-e^- \longrightarrow [RX]^+ \longrightarrow R^·+X^+$。氧化还原过程与热解和光解所观察到的离解过程不同，具有只能生成单一自由基而不是一对自由基的内在优势[21]。

氧化产生自由基：前体 RX 与 Ce(Ⅳ)盐、Mn(Ⅲ)盐、Ag(Ⅱ)盐等强氧化剂发生反应。这些盐被用于氧化许多化合物产生自由基。单电子氧化剂如 Mn^{3+}、Cu^{2+} 和 Fe^{3+} 从底物获取一个电子产生碳自由基：在 $Mn(OAc)_3$ 存在下，$(MeCO)_2CH_2 \longrightarrow (MeCO)_2CH^·+H^+$。

还原产生自由基：前体 RX 必须接受供电子体的一个电子。对比两种反应物的还原电势可判断这种氧化还原反应的可行性。特别是卤化物中加入一个电子是自由基生成的有效过程，卤素原子的电负性确保了相应的自由基负离子$[RX]^-$生成 X^-，二碘化钐 SmI_2、铁、铜和钌配合物被用来还原生成 $R^·$。多种有机单电子转移（SET）还原剂如四硫富瓦烯 TTF（tetrathiafulvalene）和四（二甲氨基）乙烯 TDAE（tetrakisdimethylaminoethene）也被发展[22]。过氧化物的还原通过电子转移到反键轨道 σ*，减弱了 O—O 键导致 σ 键的断裂，从而释放出负离子和相应的氧中心自由基。这个过程对应于芬顿反应（Fenton reaction），在著名的 $Fe(Ⅱ)/H_2O_2$ 体系中，芬顿反应产生羟基自由基 $HO^·$。其它还原剂如 Cr^{2+}、V^{2+}、Ti^{3+}、Co^{2+} 和 Cu^+ 也可以用来代替亚铁离子。用电化学方法直接氧化（或还原）一个负离子（或正离子）也导致自由基的形成：在阳极进行氧化反应，$R^--e^- \longrightarrow R^·$，$RSe^--e^- \longrightarrow RSe^·$；在阴极进行还原反应，$R^++e^- \longrightarrow R^·$（参阅氧化还原反应）。

3. 光化学产生自由基

在室温下，光（尤其是紫外光）可以诱导单键的均裂，从而产生相应的自由基。从激发态（单重态 S_1 或三重态 T_1）进行的裂解比从基态 S_0 更有利。电子从 HOMO（相当于成键或非成键轨道）激发到 LUMO（相当于反键轨道）导致激发态的键减弱：HOMO（↑↓）LUMO（0）（基态 S_0）$\longrightarrow$ HOMO（↑）LUMO（↓）（单重激发态 S_1）或 HOMO（↑）LUMO（↑）（三重激发态 T_1）。光诱导的均裂比热解具有决定性的优势，可以断裂强的共价键如 C—C 键。此外，光化学活化允许更清洁地产生自由基。

AIBN 在 340nm 波长附近有较强的吸收，偶氮二异丁腈经紫外线照射很容易产生异丁腈自由基：$Me_2C(CN)—N=N—C(CN)Me_2+h\nu \longrightarrow 2Me_2C(CN)^·+N_2$。由于氯代烃的吸收波长很短（$\lambda<200nm$），溴代烃和碘代烃在 200~350nm 处有明显的吸收，因此只能使用碘代烃和溴代烃作为烃基自由基前体。杂原子-卤素或杂原子-杂原子键的光解，例如氯胺 $R_2N—Cl$ 和次氯酸酯 RO—Cl，产生相应的胺基自由基和烷氧基自由基。

烃硫自由基可以通过光解二硫化物中的 S—S 键而产生。使用具有可调光吸收特性的光敏剂（photosensitizer，PS），通过能量转移和/或电子转移也可诱导 S—S 键的均裂。二硫代氨基甲酸苄酯 R_2NCS_2Bn（benzyldithiocarbamate）光解形成二硫代氨基甲酰自由基 $R_2NCS_2^·$，可用于不同单体（丙烯酸酯、甲基丙烯酸酯、苯乙烯等）的控制光聚合反应。

利用双分子氢提取反应是生成自由基的又一途径：$A^*+DH \longrightarrow AH+D^·$。这通常发生在羰基化合物的三重态 T_1 中。使用大范围的前体，吸收性能可以从紫外线（二苯甲酮）调节到近可见光（噻吨酮）或可见光［樟脑醌（camphorquinone）、香豆素、染料等］。

典型的供氢体（H-donor，DH）包括胺、硫醇、醇、醚、硅烷、硼烷、脂肪族或芳香族碳氢化合物等。前两类（胺和硫醇）的氢转移用电子-质子转移序列（ET/PT）描述，而其它结构通常涉及氢原子转移（HAT）。文献已测定了二苯甲酮（benzophenone）三重态 ^{3}BP 与不同供氢体反应的速率常数。对于三乙胺和巯基苯并噁唑（胺和硫醇的代表），氢转移反应的反应速率常数接近扩散极限，大于 ^{t}BuO$^·$相应的反应速率常数，支持 ET/PT 机理。在 ^{3}BP 与硅烷、锗烷、锡烷、硼烷等化合物的反应中，供氢体 TMS$_3$SiH、TMS$_3$GeH、Ph$_3$SnH 和 Et$_3$NBH$_3$ 与 ^{3}BP 或 ^{t}BuO$^·$的氢转移速率常数相当接近，在 $10^7 \sim 10^9$ L/(mol·s)范围。因此，在这些过程中，^{3}BP 表现为烷氧基自由基。通过酮的三重态与供氢体的反应可以产生许多自由基：烷基、氨基烷基、氨基、硅基、锗基、锡基、硼基等。

二、自由基的基元反应

1. 共价键的均裂与异裂

在极性反应（polar reaction）中，断裂或形成一个共价键时这一对电子归一方所有或由一方提供称为异裂反应（heterolysis）；在非极性反应（nonpolar reaction）中，断裂或形成一个共价键时由两方各拥有一个电子或各提供一个电子称为均裂反应（homolysis）。一对电子的转移用弯箭头表示：箭尾从提供电子对的原子或共价键的线中间出发，箭头指向接受电子对的原子或位置。一个电子的转移用鱼钩箭头表示：箭尾从提供电子的原子或共价键的线中间出发，箭头指向接受电子的原子或位置（图 2.27）。

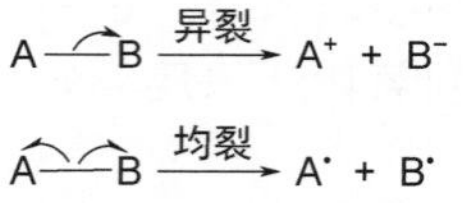

$$A \frown B \xrightarrow{\text{异裂}} A^+ + B^-$$

$$A \overset{\frown}{\frown} B \xrightarrow{\text{均裂}} A^· + B^·$$

图 2.27　共价键的均裂与异裂

2. 自由基的基元反应

（1）双分子均裂取代反应

双分子均裂取代反应（homolytic bimolecular substitution）即 S_H2 反应：一个自由基通过过渡态从一个分子中夺取一价基如氢原子或卤素形成一个新分子和新自由基的反应，例如氯原子与甲烷的反应：$Cl^· + CH_4 \longrightarrow [Cl\cdots H\cdots CH_3]^{\neq} \longrightarrow CH_3^· + HCl$。

烃基自由基与供氢体（hydrogen donor，DH）的反应即分子间氢原子转移反应，是有机物还原反应的一个基元步骤。自由基反应的速率常数，读者请参阅文献[23]。烷基（alkyl）、芳基（aryl）和乙烯基（vinyl）自由基与供氢体 ^{n}Bu$_3$SnH（三正丁基氢化锡）和(Me$_3$Si)$_3$SiH［三(三甲硅基)硅烷］的反应速率常数见表 2.16[24]和表 2.17[25]。一般来说，烃基自由基从 ^{n}Bu$_3$SnH 夺氢反应（hydrogen abstraction reaction）的速率常数：烷基自由基为 10^6 L/(mol·s)，芳基和乙烯基为 10^8 L/(mol·s)。硫醇和硒醇也是很好的供氢体，烷基自由基与它们反应的速率常数在 $10^7 \sim 10^9$ L/(mol·s)之间。在 25℃，伯烷基自由基与苯硫醇（苯硫酚）和苯硒醇的反应速率常数分别为 1.4×10^8 L/(mol·s)和 2.1×10^9 L/(mol·s)。根据表 2.16 和表 2.17 以及有关文献，总结供氢体的供氢能力顺序是：PhSeH>PhSH>^{n}Bu$_3$SnH>(Me$_3$Si)$_3$SiH>Et$_3$SiH。苯硒醇的反应比烷基自由基与 TEMPO（2,2,6,6-四甲基-1-哌啶-N-氧基）的偶联反应还要快，这种异常大的速率常数使得苯硒醇成为一种非常有用的自由基时钟，用于测量快速的自由基反应。

表 2.16 碳自由基与 ^{n}Bu$_3$SnH 的反应速率常数

$$R^{\cdot} + {}^{n}Bu_3SnH \xrightarrow[27\,°C]{k_2} RH + {}^{n}Bu_3Sn^{\cdot}$$

自由基	速率常数 k_2/[L/(mol·s)]	自由基	速率常数 k_2/[L/(mol·s)]
CH$_3^{\cdot}$	1×10^7	C$_6$H$_5^{\cdot}$	5.9×10^8
CH$_3$CH$_2^{\cdot}$	2.3×10^6	(CH$_3$)$_2$C=CH$^{\cdot}$	3.5×10^8
CH$_3$CH$_2$CH$_2$CH$_2^{\cdot}$	2.4×10^6		
(CH$_3$)$_2$CH$^{\cdot}$	2.1×10^6		
(CH$_3$)$_3$C$^{\cdot}$	1.8×10^6		
c-C$_3$H$_5^{\cdot}$	8.5×10^7		

表 2.17 碳自由基与(Me$_3$Si)$_3$SiH 反应的速率常数

自由基	(lg$A-E_a$)/θ[1]	E_a/(kJ/mol)	速率常数 k_2/[L/(mol·s)]（约 27℃）
RCH$_2^{\cdot}$	(8.9−4.5)/θ	18.8	3.8×10^5[2]
R$_2$CH$^{\cdot}$	(8.3−4.3)/θ	18.0	1.4×10^5[2]
R$_3$C$^{\cdot}$	(7.9−3.4)/θ	14.2	2.6×10^5[2]
Ph$^{\cdot}$			2.8×10^8[2][3]
n-C$_7$F$_{15}^{\cdot}$			5.1×10^7[4]
RCO$^{\cdot}$	(8.2−5.4)/θ	29.3	1.8×10^4[5]

① $\theta = 2.3RT$ (kcal/mol)。

② Chatgilialoglu C. Giese. *J. Org. Chem.*, **1991**, 56, 6399。

③ Garden S J. Beckwith, et al. *J. Org. Chem.*, **1996**, 61, 805。

④ Rong X X. *J. Am. Chem. Soc.*, **1994**, 116, 4521。

⑤ Chatgilialoglu C. *Organometallics*, **1995**, 14, 2672。

由于在 TMS$_3$SiH 中 Si—H 的键离解能和在 ^{n}Bu$_3$SnH 中 Sn—H 的键离解能相近，分别为 351.5kJ/mol 和 328.9kJ/mol（84kcal/mol 和 78.6kcal/mol），前者的活性与后者接近，因此毒性较小的 TMS$_3$SiH 可能在不久的将来代替 ^{n}Bu$_3$SnH 在有机合成中大显身手。当用全氟烷基代替烷基时，从供氢体中提取氢原子的速率常数会增加 $10^2\sim10^3$ 倍，这是由于形成了比 R—H 键更强的 R$_f$—H（R$_f$：全氟烷基）键的缘故[26]。

维生素 E 和维生素 C 是生命体中很好的供氢体。烷基自由基和烷氧基自由基与维生素 E 的反应速率常数分别为 1.7×10^6L/(mol·s)和 3.8×10^9L/(mol·s)。叔丁基氧自由基从供氢体如 TMS$_3$SiH 和 ^{n}Bu$_3$SnH 等中获得氢原子的速率常数分别为 1.1×10^8L/(mol·s)（27℃）和 5.0×10^8L/(mol·s)（30℃），由此可知 TMS$_3$SiH 和 ^{n}Bu$_3$SnH 是好的供氢体。

自由基与有机卤化物和硫属化合物进行的取代反应提供了产生烃基自由基的重要方法。有机底物与 ^{n}Bu$_3$Sn$^{\cdot}$ 和 TMS$_3$Si$^{\cdot}$ 反应的速率常数分别列于表 2.18 和表 2.19 中。如这 2 个表所示，碘代烃、溴代烃和硒醚具有高反应性，速率常数超过 10^6L/(mol·s)，可充分用于有机合成。根据速率常数，它们大致分为以下几组：10^9L/(mol·s)，碘代烷；$10^8\sim10^7$L/(mol·s)，溴代烷、碘代芳烃；$10^6\sim10^5$L/(mol·s)，烷基苯基硒醚、溴代芳烃、溴代烯烃、α-氯代酯和 α-苯硫基酯；$10^4\sim10^2$L/(mol·s)，氯代烷、烷基苯基硫醚、α-氯代醚和 α-苯硫基醚。

对 ^{n}Bu$_3$Ge$^{\cdot}$ 和 ^{n}Bu$_3$Sn$^{\cdot}$，当离去基 X 相同时，底物的反应活性顺序是：XCH$_2$CO$_2$Et> RCH$_2$OCH$_2$X>RCO$_2$CH$_2$X>RCH$_2$X；当底物的离去基不同时，底物的反应活性顺序是[27]：Br>PhSe>Cl>PhS>MeS。

表 2.18　自由基 $^n\mathrm{Bu_3Sn^{\cdot}}$ 与有机底物反应的速率常数

$$RX + {}^n\mathrm{Bu_3Sn^{\cdot}} \xrightarrow{k_2} R^{\cdot} + {}^n\mathrm{Bu_3SnX}$$

R—X	速率常数 $k_2/[\mathrm{L/(mol \cdot s)}]$[①]	R—X	速率常数 $k_2/[\mathrm{L/(mol \cdot s)}]$[①]
$^n\mathrm{BuOCH_2}$—SPh	1×10^3	$^n\mathrm{C_8H_{17}}$—Br	3×10^7
$^n\mathrm{BuOCH_2}$—SePh	3×10^7	PhCH$_2$—Cl	2×10^6
$\mathrm{EtO_2CCH_2}$—SPh	2×10^5	$\mathrm{C_6F_5}$—Br	1×10^8（80℃）
$\mathrm{EtO_2CCH_2}$—SePh	1×10^8	$\mathrm{MeOC_6H_4}$—Br	1×10^6（80℃）
$\mathrm{EtO_2CCH_2}$—Cl	1×10^6	$\mathrm{MeOC_6H_4}$—I	8.8×10^6（80℃）
$^n\mathrm{BuOCH_2}$—Cl	1×10^5	$\mathrm{C_{10}H_{17}}$—Br[②]	3.4×10^6（80℃）
$^n\mathrm{C_{10}H_{21}}$—Cl	7×10^3		

①在 25℃ 下二级反应速率常数，除非特别指明其它温度。②4-叔丁基-1-溴环己烯。

表 2.19　自由基 $\mathrm{TMS_3Si^{\cdot}}$ 与有机底物反应的速率常数

$$RX + \mathrm{TMS_3Si^{\cdot}} \xrightarrow{k_2} R^{\cdot} + \mathrm{TMS_3SiX}$$

RX[①]	速率常数 $k_2/[\mathrm{L/(mol \cdot s)}]$	RX[②]	速率常数 $k_2/[\mathrm{L/(mol \cdot s)}]$
$\mathrm{CH_3(CH_2)_4Br}$	2.0×10^7	$\mathrm{CCl_4}$	1.7×10^8
$\mathrm{CH_3CH_2CH(CH_3)Br}$	4.6×10^7	$n\text{-}\mathrm{C_{12}H_{25}C(O)Cl}$[②]	7×10^5（80℃）
$\mathrm{(CH_3)_3CBr}$	1.2×10^8	$n\text{-}\mathrm{C_{10}H_{21}SPh}$	$<5\times10^6$
$\mathrm{PhCH_2Br}$	9.6×10^8	$n\text{-}\mathrm{C_{10}H_{21}SePh}$	9.6×10^7
$\mathrm{C_6H_5Br}$	4.6×10^6	$n\text{-}\mathrm{C_{12}H_{25}C(O)SePh}$[③]	2×10^8（80℃）
$\mathrm{CH_3(CH_2)_5C(CH_3)_2Cl}$	4.0×10^5	$c\text{-}\mathrm{C_6H_{11}OC(S)SMe}$	1.1×10^9
$\mathrm{PhCH_2Cl}$	4.6×10^6	$c\text{-}\mathrm{C_6H_{11}NC}$	4.7×10^7
$\mathrm{CHCl_3}$	6.8×10^6	$\mathrm{(CH_3)_3CNO_2}$	1.2×10^7

①Chatgilialoglu C. *J. Org. Chem.*, **1989**, 54, 2492。②Ballestri M. *J. Org. Chem.*, **1991**, 56, 678。③Chatgilialoglu C. *Organometallics*, **1995**, 14, 2672。

注：反应温度 25℃，除非特别指明其它温度。

　　自由基 $^n\mathrm{Bu_3Ge}$、$^n\mathrm{Bu_3Sn^{\cdot}}$ 和 $\mathrm{TMS_3Si^{\cdot}}$ 与卤代烃的反应有如下规律：当烃基相同时，卤代烃的反应活性顺序为 RI>RBr>RCl>RF；当离去基相同时，卤代烃的反应活性顺序为苄基>叔烷基>仲烷基>伯烷基>苯基。

　　（2）加成反应

　　一个自由基加成到不饱和分子上形成新自由基的双分子反应，如溴原子加成到乙烯上形成自由基 $\mathrm{BrCH_2CH_2^{\cdot}}$，$\mathrm{Br^{\cdot}+CH_2{=}CH_2 \longrightarrow BrCH_2CH_2^{\cdot}}$。

　　在极性反应中，存在带负电荷的亲核物种（nucleophilic species）和带正电荷的亲电物种（electrophilic species）。电中性的自由基也可分为亲核自由基（nucleophilic radical）和亲电自由基（electrophilic radical），这些电子特征来自自由基单电子能级的差异。自由基的单电子所占据的分子轨道，SOMO，就是前线轨道（参阅第一章）。在自由基与另一个分子的反应中，自由基的 SOMO 与另一个分子的 HOMO 或 LUMO 相互作用，其反应性取决于 SOMO 的能级：一个具有高能量的富电子自由基，表现为亲核性，并与另一个分子的 LUMO 相互作用；缺电子的自由基，具有较低的能量，表现为亲电性，并与另一个分子的 HOMO 相互作用。

　　叔丁基自由基由于它的三个甲基的给电子诱导效应，SOMO 的能级较高，叔丁基自由基 $\mathrm{Me_3C^{\cdot}}$ 与烯烃反应时，表现为亲核自由基，与缺电子烯烃 $\mathrm{ZCH{=}CH_2}$ 如丙烯腈、丙烯酸乙酯等化合物比富电子（electron-rich）烯烃如乙烯基乙醚等化合物具有更高的反应活性，从而得到相应的 C—C 键形成产物：$Me_3C^· + ZCH{=}CH_2 \longrightarrow ZCH^·CH_2CMe_3$。例如它与丙烯腈反应，速率常数为 $2.4×10^6 L/(mol·s)$（27℃），而与富电子的 1-甲基环己烯反应，速率常数为 $7.4×10^2 L/(mol·s)$（21℃）。

二乙基丙二酰基自由基$(EtO_2C)_2CH^·$（diethyl malonyl radical）由于受到双酯基的吸电子共振效应，SOMO 的能级较低，当丙二酸二乙酯自由基与烯烃反应时，它表现为亲电自由基，对富电子烯烃的反应活性远高于缺电子烯烃，从而得到相应的 C—C 键形成产物：$(EtO_2C)_2CH^· + EtOCH{=}CH_2 \longrightarrow EtOCH^·CH_2CH(CO_2Et)_2$。

亲核的乙基自由基 $CH_3CH_2^·$ 与环己烯的反应速率常数为 $2×10^2 L/(mol·s)$，而亲电的 $C_3F_7^·$ 与环己烯的反应速率常数为 $6.2×10^5 L/(mol·s)$。酰基自由基也是亲核的，例如 $Me_3CCO^·$（叔丁基羰基自由基，特戊酰基自由基）与丙烯腈的反应速率常数为 $4.8×10^5 L/(mol·s)$（25℃）。

苯基自由基对苯、氯苯以及烯烃的加成反应速率常数列于表 2.20[28]。就与环己烯的反应而言，苯基自由基比乙基自由基反应速率快近 6 个数量级。

表 2.20　苯基自由基与有机底物加成反应的速率常数（25℃）[①]

反应物	速率常数 k_2/[L/(mol·s)]
苯	$4.5×10^5$
氯苯	$1.18×10^6$
苯乙烯	$1.10×10^8$
β-甲基苯乙烯	$3.0×10^7$
α-甲基丙烯酸甲酯	$1.8×10^8$
环己烯	$1.5×10^8$
枯烯	$1.4×10^7$

①Scaiano J C. *J. Am. Chem. Soc.*, **1983**, 105, 3609。

在自由基条件下，TMS_3SiH 可对各种化合物的 C=C 和 C=O 双键进行加成。表 2.21 收集了自由基 $TMS_3Si^·$ 与酮和烯烃反应的速率常数。在酮系列中，速率常数按顺序减小：醌>二芳基酮>二烷基酮。另外，$TMS_3Si^·$ 加成活化烯烃的速率常数接近 $10^8 L/(mol·s)$。

表 2.21　$TMS_3Si^·$ 与有机底物加成反应的速率常数（20℃）[①]

反应物	速率常数 k_2/[L/(mol·s)]
Duroquinone	$1.0×10^8$
Fluorenone	$3.8×10^7$
丙酮	$8.0×10^4$
苯乙烯[②]	$5.9×10^7$
丙烯腈[②]	$6.3×10^7$
丙烯酸乙酯[②]	$9.7×10^7$

①Alberti A. *Tetrahedron*, **1990**, 46, 3963。　②Ballestri M. *J. Org. Chem.*, **1991**, 56, 678。

苯硒基自由基对烯烃的加成反应速率常数以及逆向反应速率常数列于表 2.22[29]。文献报道 k_2 值大约 $10^8 \sim 10^9 L/(mol·s)$，因此，对乙酸乙烯酯而言，k_{-1} 估算大约 $10^6 \sim 10^7 L/(mol·s)$，进而估算加成反应的平衡常数为 $10^{-3} \sim 1$，这指示加成是吸热反应。根据 C—Se 键能（Et_2Se：

250.6kJ/mol）和 C—C π键键能（表 1.3：272kJ/mol），估算苯硒基自由基对烯烃的加成确实是吸热的，吸热 21.4kJ/mol。利用二硒醚 Ar_2Se_2（Ar=Ph、2-Np、1-Np；Np，萘基）的激光（355nm）光解，测定了产生的自由基对 α-甲基苯乙烯、2-甲基-1,3-丁二烯的加成反应速率常数，反应活性顺序是：$PhSe^· > 2\text{-}NpSe^· > 1\text{-}NpSe^·$，这与 PM3 计算的 SOMO 上硒的单电子密度顺序相一致。

表 2.22　$PhSe^·$ 与烯烃的加成反应速率常数

$$PhSe^· + RCH{=}CH_2 \underset{k_{-1}}{\overset{k_1}{\rightleftharpoons}} R\dot{C}HCH_2SePh \overset{k_2}{\underset{O_2}{\longrightarrow}} RCHCH_2SePh$$
$$|$$
$$O_2^·$$

烯烃	k_1	k_{-1}/k_2	烯烃	k_1	k_{-1}/k_2
α-甲基苯乙烯	$2.9×10^6$	$2.0×10^{-2}$	丙烯腈	$1.4×10^4$	$1.8×10^{-2}$
苯乙烯	$2.2×10^6$	$3.1×10^{-2}$	异丁基乙烯醚	$3.5×10^4$	$9.5×10^{-3}$
4-乙烯基吡啶	$5.0×10^5$	$1.3×10^{-2}$	乙基乙烯醚	$1.5×10^4$	$5.9×10^{-3}$
α-甲基丙烯酸甲酯	$4.2×10^4$	$6.7×10^{-3}$	乙酸乙烯酯	10^3	
间氯苯乙烯	$1.7×10^6$	$1.1×10^{-2}$	间甲苯乙烯	$2.5×10^6$	$3.5×10^{-2}$
对氯苯乙烯	$1.8×10^6$	$1.8×10^{-2}$	对甲苯乙烯	$3.3×10^6$	$2.0×10^{-2}$
对溴苯乙烯	$1.9×10^6$	$2.2×10^{-2}$	对甲氧苯乙烯	$5.0×10^6$	$4.8×10^{-2}$

注：1. 温度(23±1)℃；k_1 单位，L/(mol·s)；k_{-1}/k_2 单位，mol/L；溶剂，CCl_4。

2. 资料来源：Ito M. *J. Am. Chem. Soc.*, **1983**, 105, 850。

（3）β-裂解反应

酰氧自由基（$RCO_2^·$）（氧中心自由基）的脱羧反应属于 β-断裂反应（cleavage）[30,31]，$RCO_2^· \longrightarrow R^· + CO_2$，这些反应可以在 Kolbe 电解氧化和 Hunsdiecker 反应中观察到：形成的自由基越稳定，脱羧越快（图 2.28）。类似地，生成的自由基越稳定，酰基自由基脱羰越快。烷氧基自由基，特别是叔烷氧基自由基，β-裂解反应生成烷基自由基和稳定的酮。例如，叔丁氧基自由基很容易发生 β-裂解反应生成甲基自由基和丙酮：$Me_3CO^· \longrightarrow CH_3^· + Me_2CO$。对于异丙苯氧基自由基（cumyloxyl radical），也观察到类似的碎裂反应：$PhMe_2CO^· \longrightarrow CH_3^· + MeCOPh$。$\beta$-苯硒基自由基易于进行 β-裂解反应，因此它对烯烃的加成反应是可逆的（表 2.22）。

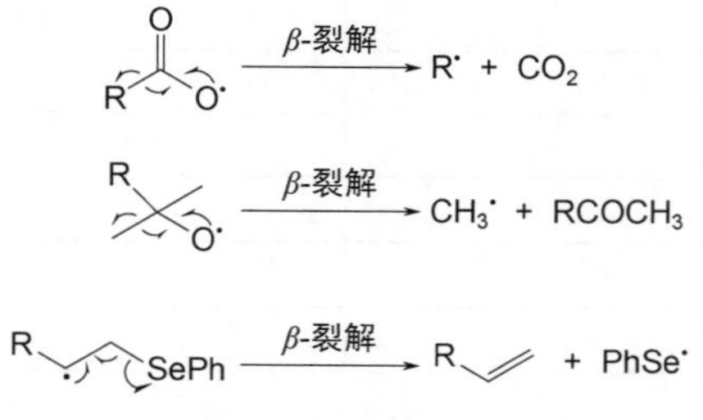

图 2.28　自由基的 β-裂解反应

五元环化合物和六元环化合物在热力学上是稳定的，因此不发生开环反应。由于环张力，三元环化合物和四元环化合物是热力学不稳定的。环丙基甲基自由基的开环非常迅速，几乎达到扩散控制速率：通过引入苯基或酯基来稳定形成的自由基，可以引起比母体更快的开环反应，其速率常数为 $10^{10} \sim 10^{11} s^{-1}$。环丁基甲基自由基开环的速率常数为 $5 \times 10^3 s^{-1}$，苯基的引入加速开环，速率常数为 $4.9 \times 10^6 s^{-1}$。通过比较环丁基甲基自由基和环丁基甲基锂（−32℃，速率常数 $1.1 \times 10^{-4} s^{-1}$；0℃时半衰期为 3min）的开环速率常数，可以看出它们的差异很大。因此，在环丁基甲基负离子中发生了非常缓慢的开环反应。此外，即使在 90℃，环丁基甲基溴化镁的开环速率（半衰期为 6.5h）也非常缓慢。既然自由基反应和极性反应之间的开环速率常数有很大的差别，那么环丙基甲基自由基和环丁基甲基自由基的开环反应可作为自由基反应的证据。

（4）自由基分子内的氢转移

分子内氢转移反应（hydrogen atom transfer，HAT）——分子内夺氢反应：氧中心自由基或氮中心自由基经过 6 元环过渡态（1,5-氢迁移、1,5-HAT）或 7 元环过渡态（1,6-氢迁移、1,6-HAT）的氢原子迁移形成碳中心自由基的反应（图 2.29）。这类反应的驱动力是形成一个强的 O—H 键或 N—H 键。通过这些反应，可以构筑四氢呋喃、四氢吡喃、四氢吡咯和哌啶骨架。

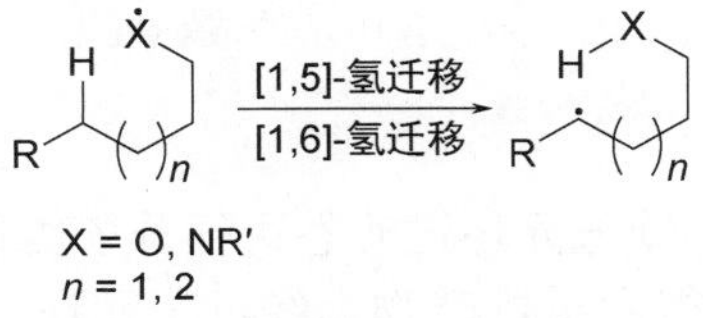

X = O, NR′
n = 1, 2

图 2.29　通过环状过渡态的氢原子转移反应

（5）环化反应

自由基的分子内加成反应导致环的形成。环化反应（cyclization reaction）的典型例子是 5-己烯-1-基的环化反应，得到环戊基甲基自由基（伯烷基自由基）和环己基自由基（仲烷基自由基）。这种环化反应被用作自由基反应的间接证据和构建五元和六元环状化合物的策略方法。

在丰富实验事实的基础上，Baldwin 提出了成环反应的三条规则（Baldwin 规则）。根据形成环的大小——构成环的原子数 n、断裂键的位置——在形成的环外（exo）或环内（endo）以及反应中心碳原子的三种可能杂化类型（sp^3，四面体：tet；sp^2，三角形：trig；sp，直线形：dig）将环化反应进行分类：n-exo-tet、n-exo-trig、n-exo-dig；n-endo-tet、n-endo-trig、n-endo-dig。虽然 n-endo-tet 方式并不成环，但是反应需经过环状过渡态，因此也包括在 Baldwin 规则中。规则 1：所有 n-exo-tet 都是有利的，当 $n<7$ 时所有 n-endo-tet 都是不利的；规则 2：n-exo-trig（$n=3 \sim 7$）是有利的，n-endo-trig（$n=3 \sim 5$）是不利的，n-endo-trig（$n=6$、7）是有利的；规则 3：n-exo-dig（$n=3$、4）是不利的，5-exo-dig 是可能的，6-exo-dig 是有利的，n-endo-dig（$n=3$、4）是不利的，5-endo-dig 是可能的，6-endo-dig 是有利的。Baldwin 规则作为经验总结自从 1976 年提出以来，已发现不少例外的实验事实，特别是关于 sp 杂化碳的成环反应，因此这里提供的是关于成环反应的最新总结，原始的 Baldwin 规则请读者参阅文献[32]。根据立体电子理论，有利的进攻方式是：进攻 sp^3（四面体：tet）碳，进攻基团与离去基成反式 180°角；进攻 sp^2（三角形：trig）碳，与平面成 109°角（Burgi-Dunitz 角）和进攻 sp（直线形：dig）碳，与直线成 120°角。因此不难理解 Baldwin 规则。例如，根据上述分类，5-己烯-1-基自由基有两种环化方式：通过 5-exo-trig 方式形成环戊基甲基自由基（一级烷基自由基），通过 6-endo-trig 方式形成环己基自由基（二级烷基自由基）。在苯回流条件下，

6-溴-1-己烯与 ^{n}Bu$_3$SnH/AIBN 体系反应，得到甲基环戊烷与环己烷的混合物，其比例为 98：2。因此，热力学不稳定的环戊基甲基自由基的形成意味着 5-己烯-1-基自由基的环化过程是动力学控制的。根据成环的过渡态分析，5-*exo*-trig 比 6-*endo*-trig 接近有利的 109°角。类似地，3-丁烯-1-基自由基通过有利的环化方式 3-*exo*-trig 生成环丙基甲基自由基而没有观察到 4-*endo*-trig 方式形成的产物（图 2.30）。

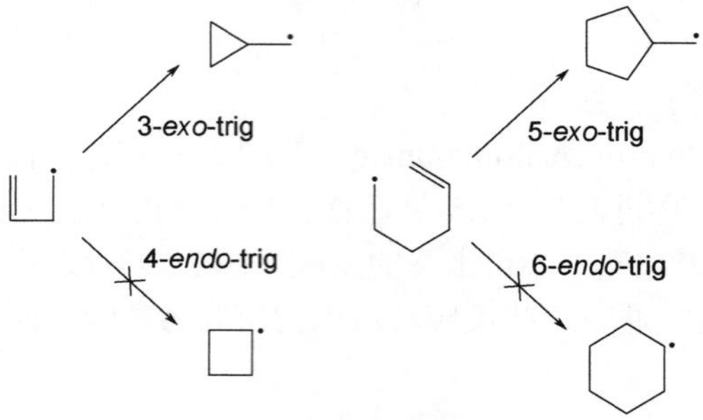

图 2.30　自由基的成环规则

（6）重排反应

β-酰氧自由基等通过三元环或五元环过渡态进行分子内重排。这类重排反应机理甚为复杂，在极端情况下经过离子对得到重排产物。经过三元环三电子的重排反应，速率常数为 $1.9 \times 10^6 \text{s}^{-1}$（图 2.31）。经过五元环五电子的重排反应，速率常数为 $6.2 \times 10^3 \text{s}^{-1}$。

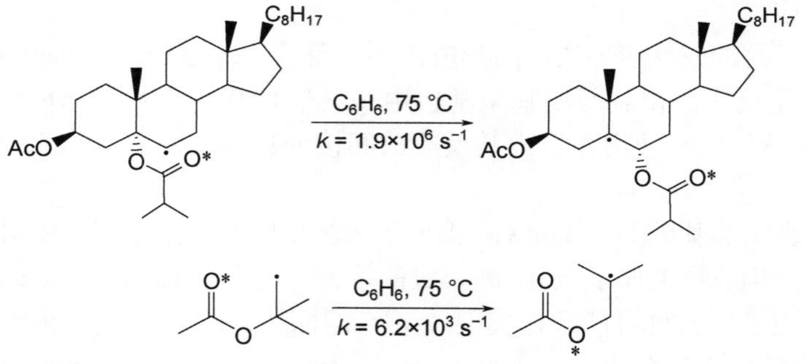

图 2.31　经过三元环、五元环进行的自由基重排反应

同位素 ^{18}O 实验证明：烯丙基过氧自由基的重排，[2O,3C]-重排，是通过五元环过渡态的协同机理进行的；戊二烯基过氧自由基的重排（pentadienylperoxyl rearrangement），[2O,5C]-重排，是通过离解的分步机理进行的，戊二烯基过氧自由基碎裂为戊二烯基自由基和氧分子，然后再结合导致重排。它们的差别反映了烯丙基自由基和戊二烯基自由基的相对稳定性：烯丙基自由基和戊二烯基自由基的离域能分别为 54～59kJ/mol 和 100～117kJ/mol。

（7）自由基的偶联反应

自由基的偶联反应，活化能几乎为零，是扩散控制的反应。TEMPO（2,2,6,6-四甲基-1-哌啶-*N*-氧基）对碳中心自由基的捕获，作为碳中心自由基形成的一种证明形式在自由基化学中得到了广泛应用[33]。此外，它可作为催化剂催化醇氧化成醛、酮等羰基化合物的反应。TEMPO 和碳中心自由基偶联反应的速率常数（25℃）：PhCH$_2^{\bullet}$，4.9×10^8L/(mol·s)；CH$_3$(CH$_2$)$_6$CH$_2^{\bullet}$，1.2×10^9L/(mol·s)；Me$_3$C$^{\bullet}$，7.6×10^8L/(mol·s)。烷基自由基 R$^{\bullet}$与分子氧快速反应形成过氧自由基 ROO$^{\cdot}$，速率常数 10^9 L/(mol·s)。

三、自由基的链式反应

1. 取代反应

在自由基反应条件下，$^nBu_3SnH$ 和 TMS_3SiH 还原有机物（特别是卤代烃）是重要的合成反应。相比于 $^nBu_3SnH$，TMS_3SiH 是无毒的和环境友好的，是一种逐步获得认可的有效的还原剂，尤其是对于卤代物、硫醚、硫醇酯、硒醚、硒醇酯和异腈的还原最为常见。还原碘代物和溴代物非常迅速。反应速率与烃基的性质相关，溴代烃的反应速率常数顺序是：苄基>叔烷基>伯烷基>苯基。

图 2.32 是以 $^nBu_3SnH$ 为还原剂在引发剂 AIBN 存在下的反应机理（包括链传递的循环图）。

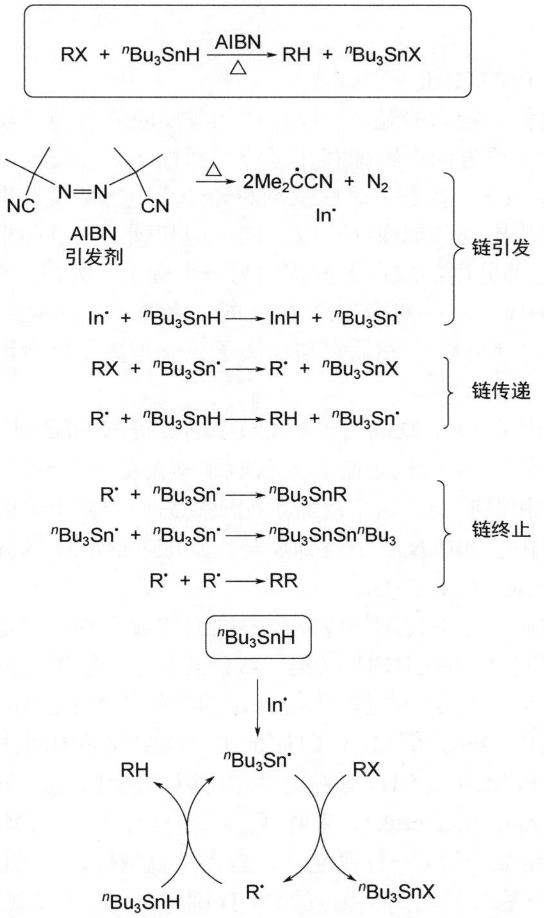

$$RX + {^nBu_3SnH} \xrightarrow[\triangle]{AIBN} RH + {^nBu_3SnX}$$

图 2.32 三正丁基氢化锡还原有机物的机理以及链传递循环图

在自由基反应条件下，酰基化合物 RCOX（如酰氯）和苯基硒醇酯 RCOSePh 在还原剂（如 TMS_3SiH）的存在下还原为相应的醛 RCHO 和烃 RH（图 2.33）。两种产物的比例在相同条件下，按次序一级、二级和三级反应取代酰基，醛的生成量逐渐减少，这表明烃基自由基越稳定，酰基自由基越容易脱羰基，从而形成越多的脱羰还原产物——烃。

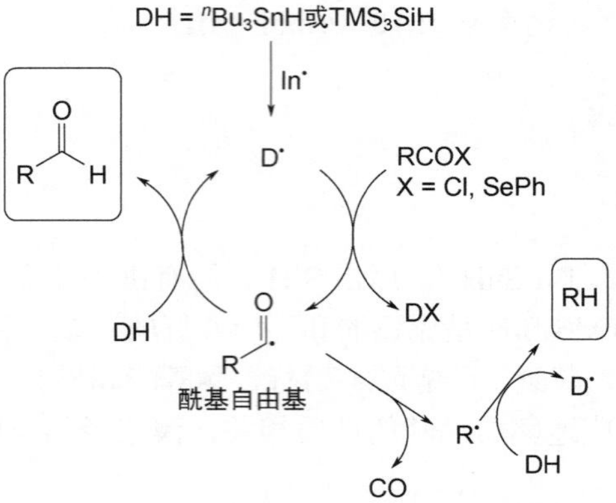

DH = $^{n}Bu_3SnH$ 或 TMS_3SiH

图 2.33　酰基化合物 RCOX 及其脱羰还原的机理

2. 加成反应

（1）自由基加成反应的取向

不对称试剂与不对称底物如烯烃、炔烃存在加成反应的方向（取向）（orientation）问题，有意义的反应产生一种加成方向产物即存在区位选择性（regioselectivity）优势。马尔科夫尼科夫规则（Markovnikov rule）就是不对称试剂对烯烃亲电加成反应取向的总结：在极性反应中，不对称亲电试剂的正电部分加成在少取代的不饱和碳上（以利于形成更稳定的碳正离子中间体），而试剂的负电部分则加成在多取代的另一个碳上。例如，溴化氢对异丁烯的亲电加成反应，$Me_2C{=}CH_2{+}HBr \longrightarrow Me_3CBr$，HBr 的一个质子先加成到异丁烯的末端 sp^2 碳上，生成稳定的叔丁基正离子 Me_3C^+，然后它与反离子——溴离子结合形成最终的加成产物，叔丁基溴化物 Me_3CBr。

在自由基反应中，用 BPO 引发剂通过 $PhCO_2^{\bullet}$ 或 $Ph^{\bullet}$ 提取 HBr 的氢原子，生成的溴原子加成到异丁烯的末端 sp^2 碳上，形成稳定的 β-溴代叔丁基自由基 $Me_2C^{\bullet}CH_2Br$，它从 HBr 夺取氢原子生成异丁基溴化物和溴原子，这个溴原子加成到另一个异丁烯的末端 sp^2 碳上，开始链传递反应。因此，在自由基加成反应中得到反马氏加成（anti-Markovnikov addition）产物：$Me_2C{=}CH_2{+}HBr \longrightarrow Me_2CHCH_2Br$。

在极性反应和自由基反应中得到加成方向不同的加成产物，但是，极性反应和自由基反应都不产生不稳定的中间体 $Me_2CHCH_2^+$（第一级碳正离子，伯碳正离子）和 $Me_2CBrCH_2^{\bullet}$（第一级自由基，伯碳中心自由基），而是产生更稳定的中间体 Me_3C^+ 和 $Me_2C^{\bullet}CH_2Br$，这是一个重要事实。为什么中间体 Me_3C^+ 和 $Me_2C^{\bullet}CH_2Br$ 比可能生成的中间体 $Me_2CHCH_2^+$（第一级碳正离子，伯碳正离子）和 $Me_2CBrCH_2^{\bullet}$ 更稳定？这可以用诱导效应（inductive effect）（I 效应）和超共轭效应（hyperconjugation effect）来解释。甲基具有通过 σ 键给出电子能力。中心碳所连的甲基越多，参与稳定效应的 C—H 键越多，自由基就越稳定。类似地，超共轭效应也是稳定效应：中心碳所连的甲基越多，参与稳定的 C—H 键越多，自由基就越稳定；根据共振论，它来自无键共振。因此，碳正离子和碳自由基通过甲基的给电子诱导效应和超共轭效应得到稳定，从而碳自由基与碳正离子有相同的稳定性顺序：第三级碳 Me_3C 自由基（正离子）>第二级碳 Me_2CH 自由基（正离子）>第一级碳 CH_3CH_2 自由基（正离子）>甲基 CH_3 自由基（正离子）。

诱导效应取决于原子和官能团的电负性，并通过 σ 键发挥作用。根据分子轨道理论，如图 2.34 所示，甲基的超共轭效应是碳中心 p 轨道和 β 位 C—H 键之间的轨道相互作用，因此超共轭效应也称为 σ-p 轨道相互作用。苄基自由基（正离子）和烯丙基自由基（正离子）比较稳定则是由于更有效的 p-π 共轭效应（conjugative effect）或共振效应（resonance effect）所致。

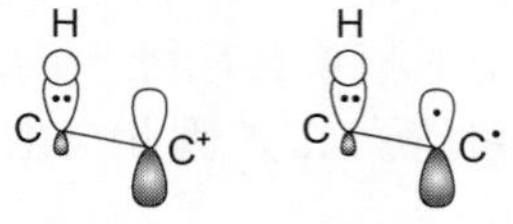

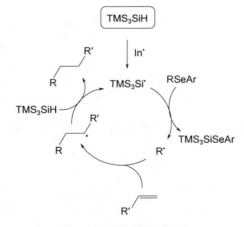

图 2.34 σ-p 轨道相互作用

（2）TMS₃SiH 对烯烃的加成还原

在引发剂存在或光照下，烃基前体如卤代烃和硒醚等对烯烃进行烃基化加成还原（图 2.35）[34]。为避免底物直接还原而不对烯烃加成，中间体必须满足这两个条件："Bu₃Sn˙ 或 TMS₃Si˙自由基与 RX（自由基 R˙的前体）的反应比与烯烃的反应快；烃基自由基 R˙与烯烃（形成加成物自由基）的加成反应比与锡烷或硅烷（供氢体）间的氢原子转移反应快。因此，在合成设计中，必须考虑动力学数据以及取代基对自由基选择性的影响。采用 AIBN 需加热或光照引发反应，利用 Et₃B/O₂ 可在室温或低温下进行反应。

$$TMS_3SiH + RSeAr + R'CH=CH_2 \xrightarrow{引发剂} TMS_3SiSeAr + R'CH_2CH_2R$$

图 2.35 烯烃的加成还原

（3）TsSePh 对烯烃、炔烃的加成

由于 S—Se 键是易于断裂的弱键，因此 TsSePh 易于进行加成反应。在路易斯酸催化下对烯烃、炔烃进行的亲电加成与在自由基引发剂条件下的自由基加成分别总结于图 2.36 和图 2.37。亲电加成的取向符合马氏规则：试剂的正电部分（亲电部分）PhSe⁺加成在少取代的不饱和碳上，试剂的负电部分（亲核部分）Ts⁻加成在另一碳上，反应的中间体是三元环的硒锇离子。与亲电加成不同，自由基加成的取向是反马氏规则的：在自由基反应条件下（如加热或光照）产生的 Ts·加成在少取代的不饱和碳上有利于形成相对稳定的碳自由基，形成的碳自由基从 TsSePh 夺取 PhSe 生成产物并释放 Ts·，因此自由基加成是链反应。

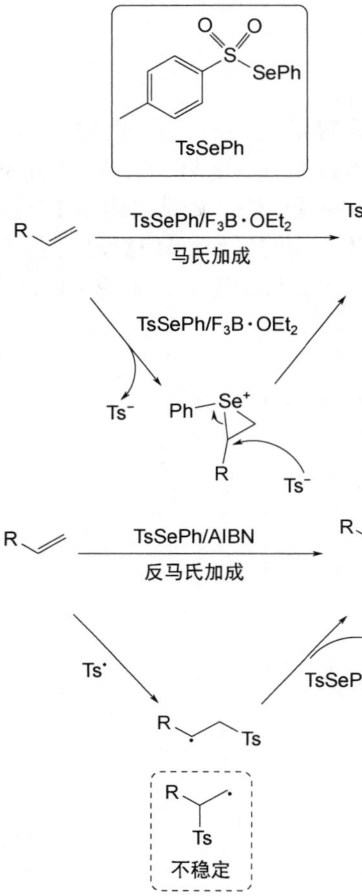

图 2.36　TsSePh 对烯烃的加成反应及其机理 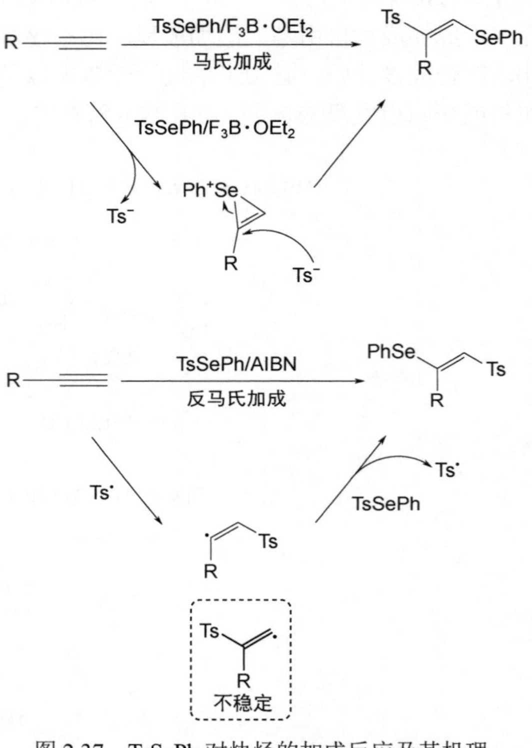　　　图 2.37　TsSePh 对炔烃的加成反应及其机理

这类自由基加成反应已设计为高分子支载版，一个有趣的例子如图 2.38 所示。

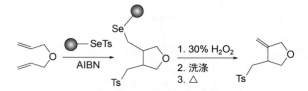

图 2.38　高分子支载参与的对甲苯磺酸硒酯对烯烃的自由基加成环化

（4）在氧化剂存在下 PhSeSePh/NaN₃ 对烯烃的加成

在氧化剂 PhI(OAc)₂ 存在下，在室温的二氯甲烷中，PhSeSePh/NaN₃ 体系对烯烃进行自由基加成引入 N_3 和 PhSe 基团，反应取向是反马氏规则的。如图 2.39 所示，提出的机理是：N_3^-

氧化产生叠氮自由基 N₃˙，它对烯烃加成形成相对稳定的碳自由基，碳自由基被 PhSeSePh 捕获生成产物并释放自由基 PhSe˙。利用 PhSeOTf/NaN₃ 体系在乙腈中对烯烃进行亲电加成得到马氏加成产物。这类双官能团的物质具有合成意义，例如叠氮基可还原为氨基，可作为氮烯（乃春）前体用于合成杂环化合物。

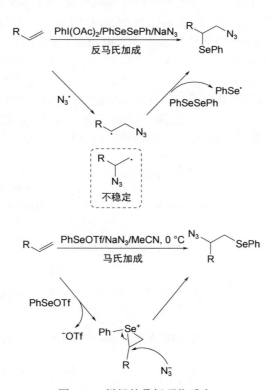

图 2.39 烯烃的叠氮硒化反应

（5）其它产生自由基中间体的反应

虽然溴化物和碘化物易产生相应的烃基自由基，但是常常发生的副反应例如碱性条件下的消除反应、亲核取代反应等，限制了其在合成中的应用。硒醚，通常含有 PhSe 基团，作为自由基前体，在 S_H2 反应方面的巨大优势是它们在大多数反应条件下的稳定性。在硒化学中，向有机分子引进 PhSe 和相关基团已经得到很好的发展。既可通过亲核试剂 PhSeNa（由 NaBH₄ 还原二硒醚 PhSeSePh 产生，这样可以避免使用气味更大的 PhSeH）引进 PhSe 基团，也可使用亲电试剂 PhSeX 引进 PhSe 基团。PhSe 基团或相关基团的主要优点是，它们不会受到目标分子中存在的亲核中心或含有胺或亚胺基团或碱性杂环芳基（如咪唑基、苯并咪唑基、吡唑基等）的亲核 N 中心的进攻。

① 碳自由基。

a. 烷基自由基。使用普通烷基硒醚提供烷基是一种常见的方法，但更广泛使用的是 PhSe 基团在醚、酮、腈、酯和酰胺的 α 位的前体（即带有其它官能团的硒醚）。生成的碳自由基可加成环化到烯键、芳环、醛基上。还可利用烷基硒醚前体产生烷基自由基，加入一氧化碳，形成中间体——酰基自由基，然后进行加成环化。

b. 酰基自由基。从酰卤 RCOX 除卤可生成酰基自由基 RCO˙，从 RCOSePh 用 $^nBu_3Sn˙$ 或 $TMS_3Si˙$ 夺取 PhSe 基团也产生酰基自由基 RCO˙。为防止酰基自由基 RCO˙ 在进行需要的反应之前，发生脱 CO 的离解反应，必须仔细控制反应条件。可喜的是用 RCOSePh 可以避免这一难题。与酰卤相比，RCOSePh 不仅是稳定的而且易于分离提纯。已经发展了成熟的合成 RCOSePh 的方法。这样由硒醚进行自由基反应如环加成反应就成为化学家手中重要的合成工具。为避免使用大气味的 PhSeH，可采用羧酸与 PhSeSePh 或 PhSeCl 在 $^nBu_3P$ 参与下高产率制备 RCOSePh。除了 $^nBu_3SnH$ 和 TMS_3SiH 外，$^nBu_3GeH$ 也是好的选择。$^nBu_3Sn˙$ 与 $TMS_3Si˙$ 从 RCOSePh 夺取 PhSe 基团要快于从烷基苯硒醚 RSePh（表 2.19）；酰基自由基 RCO˙ 脱 CO 的速率常数为 $2.1×10^2 L/(mol·s)$，而 CO 加成到 R˙（伯烷基自由基）形成酰基自由基 RCO˙ 的速率常数为 $6.3×10^5 L/(mol·s)$。因此可以在 CO 气氛中，抑制（不希望的）酰基自由基的离解反应，从而能有效利用酰基自由基进行环化反应（图 2.40 和图 2.41A）。

当用芳酰基硒化物 ArCOSePh 产生芳酰基 ArCO˙ 时，由于存在强的 Ar-CO 键，它比烷酰基 RCO˙ 稳定，因而没有酰基离解之虞，可利用这一性质合成杂环生物碱（图 2.41B）。

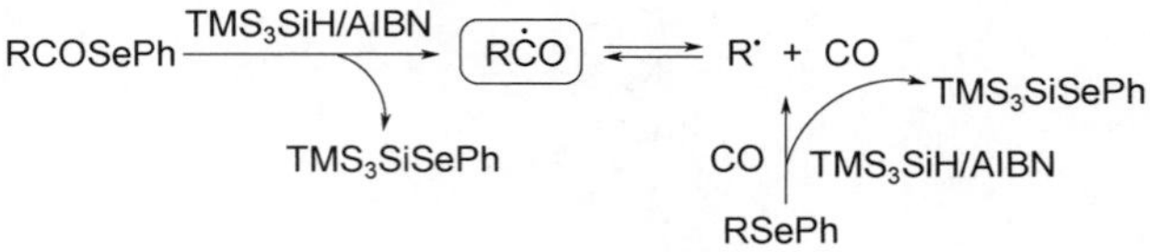

图 2.40 酰基自由基的形成

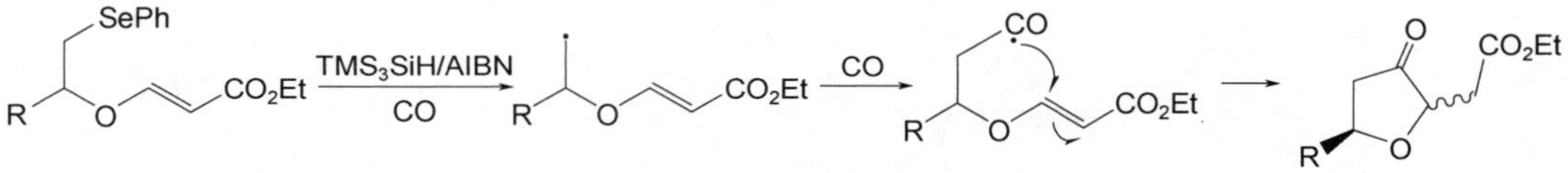

图 2.41A 在 CO 气氛中烷基硒醚形成酰基自由基的加成环化

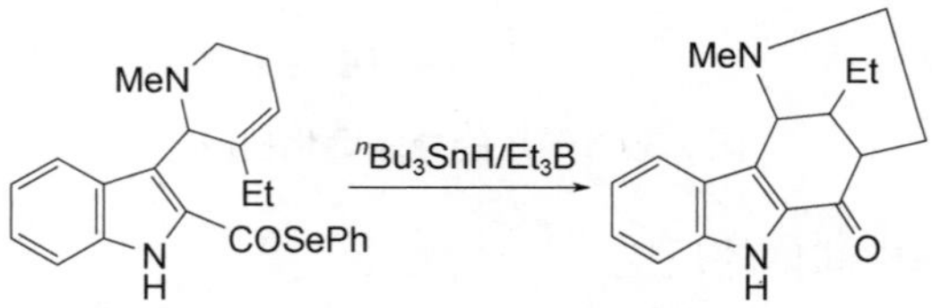

图 2.41B 酰基自由基的加成环化

碳酸硒酯（selenocarbonate）ROCOSePh 产生烃氧酰自由基 ROCO˙，如果烃基存在合适位置的烯键则可高产率合成内酯（lactone）（图 2.42）。采用类似的策略，氨基甲酸硒酯 $R_2NCOSePh$ 可合成内酰胺（lactam）。

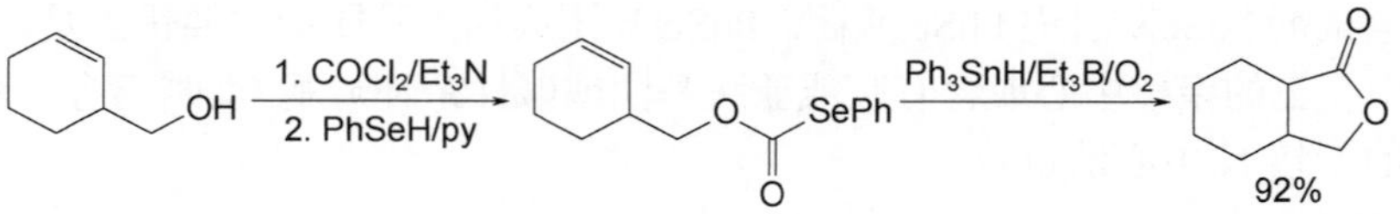

图 2.42 碳酸硒酯进行的环化反应

c. 亚胺酰基自由基。亚胺酰氯可由酰胺与光气或五氯化磷等氯化剂反应制备，经 PhSe⁻ 对其亲核取代反应提供亚胺硒醚（imidoyl selenide）。亚胺硒醚产生亚胺酰基自由基（imidoyl），可进行加成环化合成吲哚以及喹啉衍生物（图 2.43）。

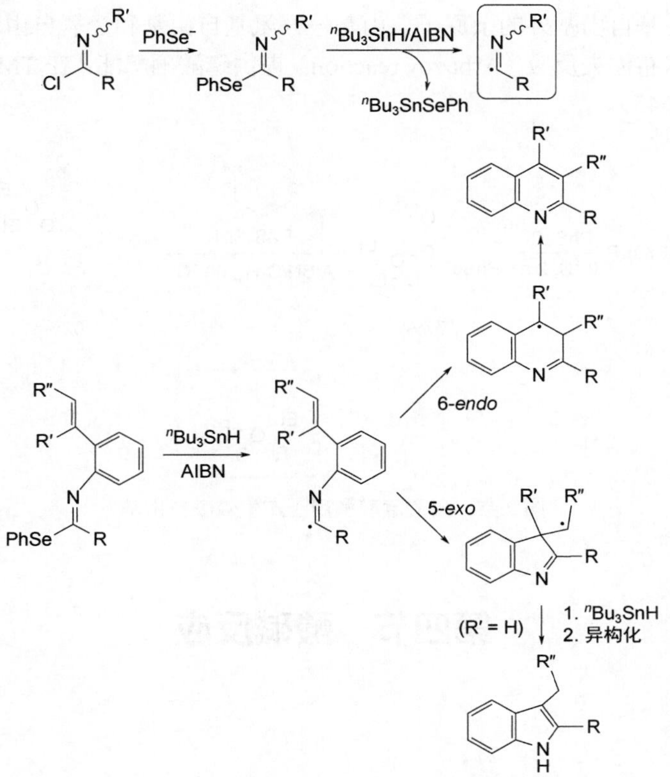

图 2.43　亚胺酰基自由基的加成环化

② 杂原子自由基。醛肟 RCH＝NHOH 用 NCS（N-氯代丁二酰亚胺）处理得到 RCCl＝NHOH，继而与 PhSeH 反应提供肟硒醚。如图 2.44 所示，肟硒醚衍生物可用于产生

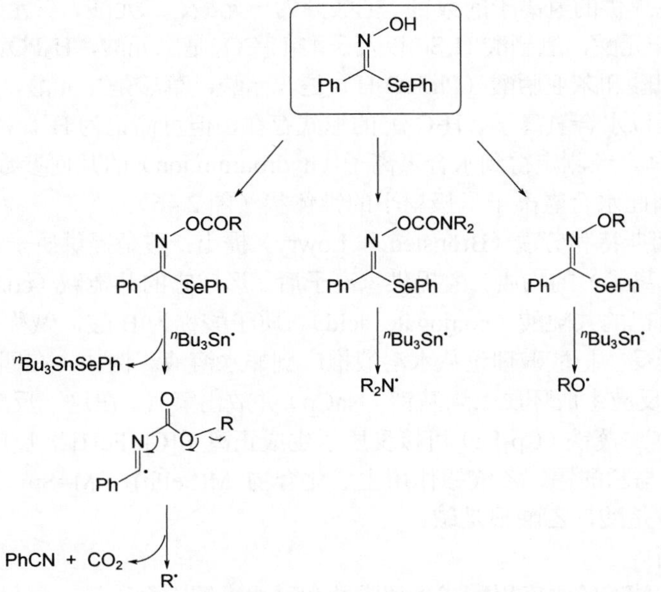

图 2.44　肟硒醚用于产生自由基

烃基自由基及除烃基自由基外的杂原子自由基——氨基自由基和烃氧自由基。亲电硒试剂与亚磷酸酯进行阿尔布佐夫反应（Arbuzov reaction）提供磷酸硒醇酯，在 TMS$_3$SiH 存在下产生磷酰自由基（图 2.45）。

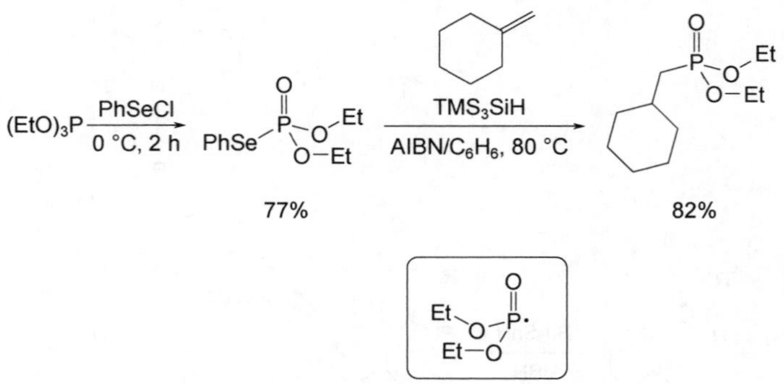

图 2.45　磷酸硒醇酯用于产生磷酰自由基

第四节　酸碱反应

一、酸碱理论

1. 酸碱电离理论和酸碱氢离子理论

1887 年，阿仑尼乌斯（Arrhenius）提出：在水溶液中电离产生 OH$^-$ 的物质称为碱，产生 H$^+$ 的物质称为酸。

根据酸分子能提供的氢离子的数目，把酸分为一元酸、二元酸、三元酸等。在无机酸中，氢氟酸（HF）是一元酸，氢硒酸 H$_2$Se 以及碳酸 H$_2$CO$_3$ 是二元酸，H$_3$PO$_4$ 是三元酸。在有机酸中，乙酸、苯甲酸和苯亚胂酸（PhSeO$_2$H）是一元酸，草酸是二元酸，柠檬酸是三元酸。在水溶液中氢离子以水合氢离子（H$_3$O$^+$）的形式存在，但可简记为 H$^+$。冷却 HClO$_4$ 水溶液，得到 H$_3$O$^+$ClO$_4^-$ 晶体，经测定得到水合氢离子（hydronium ion）的几何参数：键长 101pm；键角 100°～120°，因此水合氢离子呈极扁平的锥体状（图 2.46）。

1923 年，布朗斯特和劳瑞（Brönsted 和 Lowry）提出：酸是提供质子（氢离子）的物质，碱是接受质子（氢离子）的物质。酸提供氢离子后，形成它的共轭碱（conjugate base），碱接受氢离子后形成自己的共轭酸（conjugate acid）。质子酸称为 B 酸，碱称为 B 碱。酸碱质子理论关注氢离子授受，把酸碱理论从水溶液推广到非水溶液。例如，在四氢呋喃中氢化钠与环戊二烯（C$_5$H$_6$）反应生成环戊二烯基钠（NaCp）并放出氢气。在这一反应中环戊二烯是酸，H$^-$ 是碱（图 2.47）。二茂铁（Cp$_2$Fe）可接受质子生成正离子[Cp$_2$FeH]$^+$，反应中铁起碱的作用。苯硒醇（PhSeH）与乙酸锡、乙酸铅作用生成化合物 M(SePh)$_2$（M=Sn、Pb）和乙酸，在这一反应中，苯硒醇是酸，乙酸根是碱。

（1）电离平衡

在水溶液中，酸碱的强度用酸式离解常数和碱式离解常数衡量，如果碱用其共轭酸的酸式离解常数衡量，这样就建立了统一的酸性标度 $\left[50\mathrm{p}K_a(\mathrm{CH}_4)\sim-10\mathrm{p}K_a(\mathrm{HI})\right]$。对于第十六族

元素的氢化物 H_2E，其酸性强弱顺序为：$H_2Te > H_2Se > H_2S > H_2O$。这是因为：元素越重，H—E 键越弱，越易断裂；元素越重，生成的负离子 HE^- 越稳定。

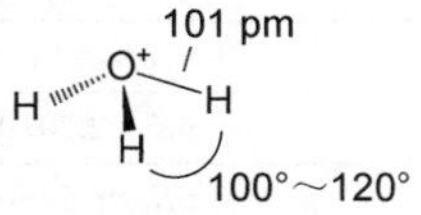

图 2.46　水合氢离子

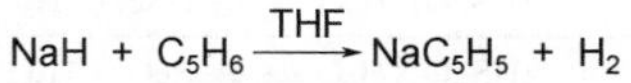

$$NaH + C_5H_6 \xrightarrow{\text{THF}} NaC_5H_5 + H_2$$

图 2.47　NaH 与环戊二烯进行的酸碱反应

超强酸（superacid）是指酸强度超过 100% 硫酸的物质。硫酸中的一个羟基 OH 被 Cl、F 取代后形成的氯磺酸（$ClSO_3H$）、氟磺酸（FSO_3H），其酸强度大于硫酸。当 Lewis 酸加入质子酸中时，也形成超强酸，其中 $HO_3SF\text{-}SbF_5$ 称为魔酸（magic acid）。令人惊奇的是它能溶解蜡烛。除液体超强酸外，也合成了固体超强酸，将氟磺酸或 SbF_5 等吸附在 SiO_2/TiO_2、SiO_2/ZrO_2、SiO_2/Al_2O_3 或 SiO_2 等上形成固体超强酸。魔酸能质子化烷烃、硫醇、硒醇、H_2S 和 H_2Se 等。超酸 HF/SbF_5 与 H_2Se 反应，超酸 DF/SbF_5 与 D_2Se 反应分别生成 $H_3Se^+SbF_6^-$ 和 $D_3Se^+SbF_6^-$，它们是热不稳定的，在 $-78℃$ 下可保存大约一周而在 $-60℃$ 下几分钟内分解。

超强碱（superbase）是指气相下质子亲和能（proton affinity，PA）大于 1000kJ/mol 的 B 碱。如 DBU（1,8-diazabicyclo[5.4.0]undec-7-ene，PA=1048kJ/mol）、1,8-双(二甲氨基)萘［质子海绵，proton sponge，1,8-bis(dimethylamino)naphthalene，PA=1028kJ/mol］和 1,3-双(二甲氨基)丙烷（PA=1035kJ/mol）。目前，超强碱在有机合成中得到应用。

酸 HA 在水中的反应示于图 2.48，其中 HA 是酸，水是碱，产物 A^- 和 H_3O^+ 分别是 HA 的共轭碱和水的共轭酸，当达到平衡时，反应平衡常数即为酸 HA 的离解常数 K_a（电离平衡常数），在平衡常数表达式中近似地用浓度代替活度得到 K_a。

$$K_a = \frac{a_{H_3O^+} \cdot a_{A^-}}{a_{HA}} \approx \frac{[H_3O^+][A^-]}{[HA]}$$

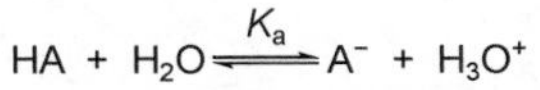

$$HA + H_2O \xrightleftharpoons{K_a} A^- + H_3O^+$$

图 2.48　在水中的酸碱反应平衡

引入定义 $pH = -\lg[H_3O^+]$ 以及 $pK_a = -\lg K_a$ 后，由 K_a 的表达式得到 Henderson-Hasselbalch 方程（H-H 方程）。

$$pH = pK_a + \lg\frac{[A^-]}{[HA]}$$

根据这一方程，可知当酸与共轭碱的浓度比从 $100:1$、$10:1$ 变到 $1:10$、$1:100$ 时，pH 值从 pK_a-2、pK_a-1 变到 pK_a+1、pK_a+2，而当酸与共轭碱的浓度比为 $1:1$ 时，$pH = pK_a$，两者各占一半，因此根据溶液的 pH 值和酸 pK_a 的大小，可以判断酸各物种（HA 和 A^-）的含量，它们也可以用分布系数 α 及其函数图像表示。

无机硒化合物的电离平衡常数列于表 2.23。根据表 2.23 提供的 H_2Se、H_2SeO_3 和 H_2SeO_4 的 K_a 值，用 H-H 方程容易判断在生理 pH 值条件下（pH=7.4），HSe^-、$HSeO_3^-$ 和 SeO_4^{2-} 是主要存在形态。

表 $2.24^{[35]}$ 和表 $2.25^{[36]}$ 分别是在 25℃ 下 2-硝基苯次胂酸和取代苯亚胂酸在水中的电离平衡常数，从中可以看出：苯环上的吸电子基增强酸性；苯环上的给电子基降低酸性。

表 2.23　无机硒化合物的电离平衡常数（25℃）

电离方程	平衡常数
$H_2Se+H_2O \rightleftharpoons HSe^-+H_3O^+$	$pK_{a_1}=3.8\pm0.01$
$HSe^-+H_2O \rightleftharpoons Se^{2-}+H_3O^+$	$pK_{a_2}=14\pm1$
$H_2SeO_3+H_2O \rightleftharpoons HSeO_3^-+H_3O^+$	$pK_{a_1}=2.70\pm0.06$
$HSeO_3^-+H_2O \rightleftharpoons SeO_3^{2-}+H_3O^+$	$pK_{a_2}=8.54\pm0.04$
$H_2SeO_4+H_2O \rightleftharpoons HSeO_4^-+H_3O^+$	$pK_{a_1}=-2.01\pm0.06$
$HSeO_4^-+H_2O \rightleftharpoons SeO_4^{2-}+H_3O^+$	$pK_{a_2}=1.8\pm0.1$

表 2.24　2-硝基苯次硒酸的电离平衡常数（25℃）

（X = H, Cl, Me, MeO）

取代基（X）	pK_a
H	10.45±0.04
Cl	10.17±0.04
Me	10.73±0.02
MeO	10.83±0.07

注：资料来源于 Kang S I. *J. Org. Chem.*, **1986**, 51, 287。

表 2.25　取代苯亚硒酸在水中的电离平衡常数（25℃）

（X = H, Me, F, Cl, Br, MeO, NO₂, Ph）

化合物	pK_a	化合物	pK_a
PhSeO₂H	4.79	4-BrC₆H₄SeO₂H	4.50
4-MeC₆H₄SeO₂H	4.88	3-BrC₆H₄SeO₂H	4.43
3-MeC₆H₄SeO₂H	4.80	4-MeOC₆H₄SeO₂H	5.05
4-FC₆H₄SeO₂H	4.50	3-MeOC₆H₄SeO₂H	4.65
3-FC₆H₄SeO₂H	4.34	3-O₂NC₆H₄SeO₂H	4.07
4-ClC₆H₄SeO₂H	4.48	2-PhC₆H₄SeO₂H	4.67
3-ClC₆H₄SeO₂H	4.47		

注：资料来源于 McCullough J D. *J. Am. Soc. Chem.*, **1949**, 71, 674。

（2）硒稳定的碳负离子和硒稳定的碳正离子

用强碱例如 LDA{LiN[CH(CH₃)₂]₂}夺取 α-氢形成碳负离子，通过 $n_C \rightarrow \sigma_{C-Se}^*$ 相互作用，硒具有稳定负电荷（碳负离子）的能力。碳负离子可与羰基进行亲核加成反应，可与卤代烷进行亲核取代反应（图 2.49），这在有机合成中用于形成 C—C 键，具有重要应用价值[37]。

通过溶液 ¹H NMR 和 ¹³C NMR（包括变温核磁 VTNMR）以及［BnC⁺(SeMe)₂SbCl₆⁻］晶体结构的研究，证明硒通过 $n_{Se} \rightarrow p_C$ 相互作用具有稳定正电荷（碳正离子）的能力（图 2.50）[38]。

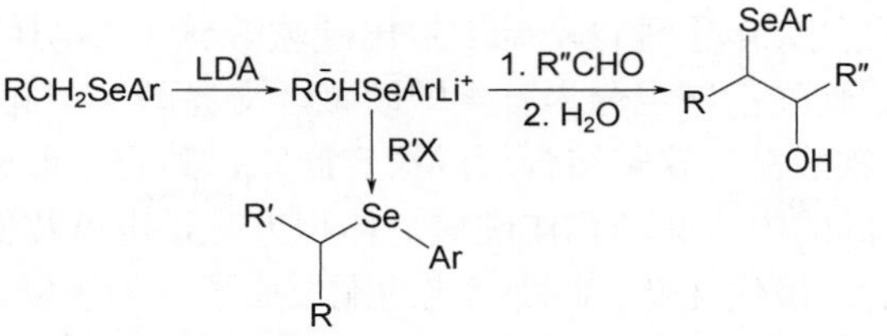

图 2.49 硒稳定的碳负离子及其形成碳-碳键的反应

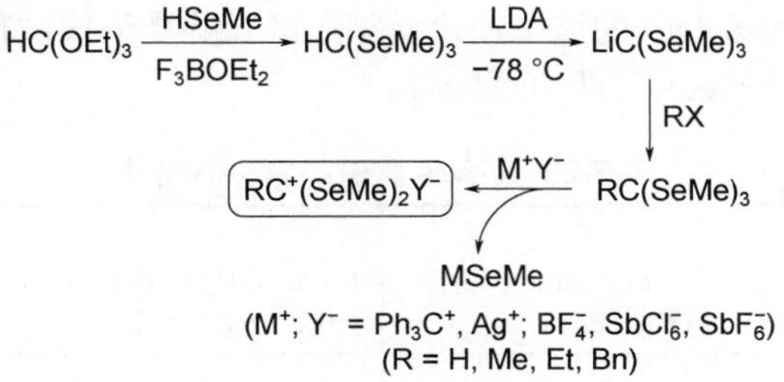

图 2.50 硒稳定的碳正离子

2. 酸碱电子理论

1923 年，Lewis 提出：酸是接受电子对的物质，碱是提供电子对的物质，酸-碱反应是生成酸碱加合物。Lewis 酸，简称 LA，常见的 Lewis 酸如 ZnI_2、BF_3、BCl_3、$AlCl_3$、$FeCl_3$、$TiCl_4$、$SiCl_4$、$SnCl_4$、SbF_5、$SbCl_5$ 等；Lewis 碱，简称 LB，常见的 Lewis 碱：胺类如三乙胺，氮杂环类如吡啶（py）和 N-甲基咪唑（N-methylimidazole，MIM），醚类如乙醚和四氢呋喃，硫醚类如四氢噻吩（THT），膦类如 PMe_3 和 PPh_3，氮杂环卡宾类（NHC）等。在有机化学中，Lewis 酸和 Lewis 碱常分别称为亲电试剂（electrophile）（有非键空轨道 n* 的 n* 亲电试剂，如碳正离子；有反键空轨道 π* 的 π* 亲电试剂，如缺电子烯烃、缺电子芳烃；有反键空轨道 σ* 的 σ* 亲电试剂，如卤代烷）和亲核试剂（nucleophile）（提供非键电子的 n 亲核试剂，如醇、胺；提供 π 电子的 π 亲核试剂，如烯烃、芳烃；提供 σ 电子的 σ 亲核试剂，如负氢化合物）。根据前线轨道理论，路易斯酸作为电子对接受体（acceptor）提供空轨道 LUMO，路易斯碱作为电子对授予体（donor）提供 HOMO，HOMO-LUMO 相互作用形成酸碱加合物。

在材料化学领域，HOMO-LUMO 相互作用不是形成共价键而是导致电子转移，形成导电体。四硒萘衍生物（DMTSN）作为电子给体（donor）与电子受体（acceptor）TCNQ（tetracyanoquinodimethane）作用可形成导电性的电荷转移复合物（charge-transfer complex，CTC）（图 2.51）[39]。

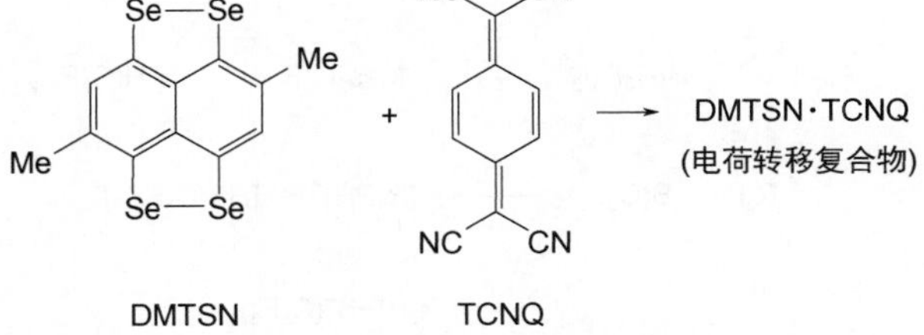

图 2.51 四硒萘衍生物形成的电荷转移复合物

1963 年，Pearson 在酸碱电子理论基础上提出硬软酸碱（HSAB）原理：酸分为三类即硬酸、交界酸（中间酸）、软酸；碱也分为三类即硬碱、交界碱（中间碱）、软碱。硬酸易与硬碱结合形成稳定产物、软酸易与软碱结合形成稳定产物，其它则形成不稳定产物。体积小、正电荷数高、可极化性低的中心原子称作硬酸，体积大、正电荷数低、可极化性高的中心原子称作软酸。将电负性高、极化性低、难被氧化的配位原子称为硬碱，反之为软碱。在 Pearson 的表中，没有硒化合物的分类，现根据其反应性列入酸碱分类表（表 2.26）中。硬酸和硬碱以库仑力作用为主，反应称为电荷控制；软酸和软碱以共价键作用为主，反应称为（前线）轨道控制。利用 Klopman-Salem 的这个理论模型，可以解释亲核试剂如 SCN^-、$SeCN^-$、亚磺酸根 $ArSO_2^-$ 和亚晒酸根 $ArSeO_2^-$ 的两可反应性。

表 2.26 Lewis 酸碱的 HSAB 分类

硬酸	硬碱
H^+, Li^+, Na^+, K^+, RCO^+, RSO_2^+, Be^{2+}, Mg^{2+}, Ca^{2+}, Mn^{2+}, Al^{3+}, Cr^{3+}, Co^{3+}, Fe^{3+}, Ti^{4+}, CO_2, $AlCl_3$, BF_3, SO_3	F^-, Cl^-, H_2O, OH^-, O^{2-}, RCO_2^-, ROH, RO^-, R_2O, $ArOH$, NO_3^-, ClO_4^-, CO_3^{2-}, SO_4^{2-}, PO_4^{3-}, NH_3, RNH_2, N_2H_4
交界酸	交界碱
Fe^{2+}, Co^{2+}, Ni^{2+}, Cu^{2+}, Zn^{2+}, Sn^{2+}, Pb^{2+}, Rh^{3+}, Ir^{3+}, Ru^{3+}, SO_2, NO^+	Br^-, NO_2^-, N_3^-, SO_3^{2-}, 咪唑, 吡啶
软酸	软碱
Cu^+, Ag^+, Au^+, Tl^+, $MeHg^+$, Cd^{2+}, Hg^{2+}, Pd^{2+}, Pt^{2+}, Tl^{3+}, RS^+, RSe^+, RTe^+, Br^+, I^+, I_2, Br_2, $X·$, $RO·$, RO^+, ICN, CH_2, M（金属）	H^-, I^-, H_2S, HS^-, SCN^-, $SeCN^-$, S^{2-}, $S_2O_3^{2-}$, $SeSO_3^{2-}$, H_2Se, HSe^-, Se^{2-}, RNC, R_2S, RS^-, R_2Se, RSe^-, CN^-, R^-, CO, C_2H_4, R_3P, $(RO)_3P$, R_3As

根据 HSAB 原理以及硬软酸碱加合物 AB 的组成，Saville 提出选择取代反应催化剂的两种方案：$N^s+A^sB^h+E^h$；$N^h+A^hB^s+E^s$。这便是酸-碱协同催化的思想。

迄今为止，Lewis 酸碱-硬软酸碱理论的定量化工作主要在热力学方面，测定了若干路易斯酸（如 BF_3 和 I_2）与一系列路易斯碱反应的平衡常数。利用 Marcus 理论，Mayr 对两亲试剂的反应性进行了实验和理论方面的再检验，发出了向 HSAB 原理和 Klopman-Salem 模型告别的呐喊[12a]。

酸碱理论的最近进展是 Stephan 提出的概念——受阻的路易斯酸碱对（frustrated Lewis pair，FLP），合成的酸碱对（图 2.52A）可用于小分子如 H_2、CO、CO_2、NO、N_2O、SO_2 的活化以及烯烃和亚胺的催化氢化（图 2.52B）[40]。

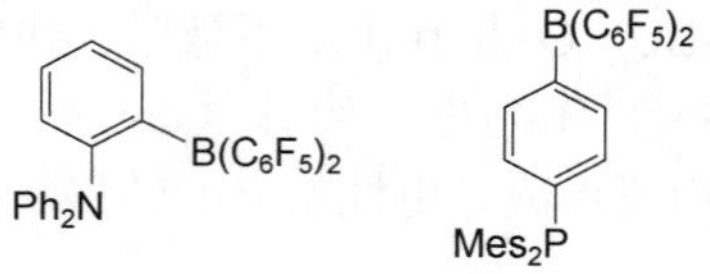

图 2.52A 两种典型的 FLP

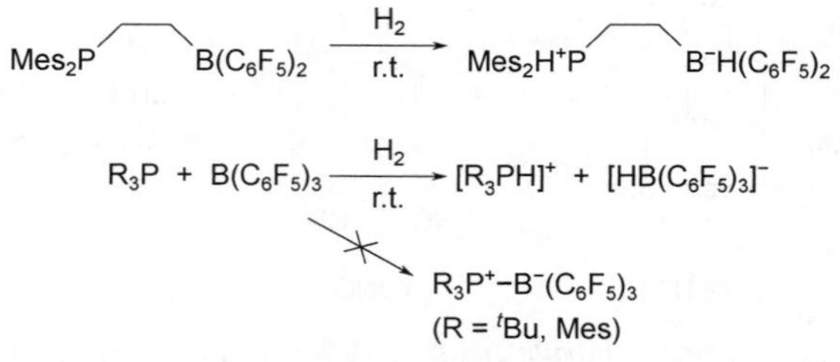

图 2.52B FLP 裂解氢分子

二、酸碱反应

从电子对授受来看,酸碱反应可分为加成反应(加合反应)、取代反应两种基本反应类型。

(1) 加成反应

酸 A 与碱 B 反应生成酸碱加合物 A-B(图 2.53A)。例如,二甲硒醚与三氟化硼形成相应的酸碱加合物(图 2.53B)。$NiCl_2$ 与 dppe($Ph_2PCH_2CH_2PPh_2$)或 dppf($Ph_2PC_5H_4FeC_5H_4PPh_2$)反应得到配合物$(\kappa^2P\text{-dppe})NiCl_2$ 或$(\kappa^2P\text{-dppf})NiCl_2$。

$$A + B \longrightarrow A\text{-}B \qquad\qquad Me_2Se + BF_3 \longrightarrow Me_2Se^+\text{-}B^-F_3$$

图 2.53A　酸碱加合反应(一)　　　　图 2.53B　酸碱加合反应(二)

(2) 酸取代反应

酸取代反应也称为亲电取代反应,S_E 反应。酸 A′ 与酸碱加合物 A-B 反应生成新酸 A 与新加合物 A′-B(图 2.54)。例如,三氯化硼取代 $H_3N \cdot BF_3$ 中的 BF_3,生成 $H_3N \cdot BCl_3$。

(3) 碱取代反应

碱取代反应也称为亲核取代反应,S_N 反应。碱 B′ 与酸碱加合物 A-B 反应生成新碱 B 与新加合物 A-B′(图 2.55)。例如,富勒烯(fullerene)C_{60} 取代$(Ph_3P)_2Pt(\eta^2\text{-}C_2H_4)$中的乙烯配体得到$(Ph_3P)_2Pt(\eta^2\text{-}C_{60})$,无水 $FeCl_2$ 与 NaCp 在 THF 中反应得到二茂铁 Cp_2Fe。

$$A' + A\text{-}B \longrightarrow A'\text{-}B + A \qquad\qquad B' + A\text{-}B \longrightarrow A\text{-}B' + B$$

图 2.54　酸取代反应　　　　　　　图 2.55　碱取代反应

(4) 复分解反应

两种酸碱加合物(A-B 和 A′-B′)相互交换成分生成两种新的酸碱加合物(A-B′和 A′-B)(图 2.56),这种复分解反应可以看作双重酸碱取代反应。例如,$Me_3SiCl+AgSeCN \longrightarrow Me_3SiNCSe+AgCl$。

$$A\text{-}B + A'\text{-}B' \longrightarrow A\text{-}B' + A'\text{-}B$$

图 2.56　复分解反应

三、酸碱反应的机理

亲核取代反应,碱 B′ 与酸碱加合物 A-B 生成碱 B 与加合物 A-B′的反应,分为缔合机理(A 机理)和离解机理(D 机理)以及交换机理(I 机理)。

1. 缔合机理(A 机理)

缔合机理:$r=k_2C_{AB}C_{B'}$,反应速率与两种反应物浓度成正比,是二级反应,特征是形成配位数增加的中间体(图 2.57)。

利用 B3LYP 和 Møller-Plesset 微扰理论(MP2 理论)研究了亲核试剂(HS^-、CH_3S^-、HSe^-、CH_3Se^-)与二硒醚 RSeSeR′以及硒硫醚 RSSeR′的反应(R、R′=H、Me):既然存在硒的超价中间体,那么硒醇的亲核取代反应是加成-消除机理(图 2.58)(缔合机理);在生理 pH 条件下,反应的亲核试剂是硒醇负离子;进攻硒无论在动力学上还是热力学上比进攻硫更有利[41]。

$$AB + B' \underset{快}{\overset{慢}{\rightleftharpoons}} B'\text{-}A\text{-}B$$
$$B'\text{-}A\text{-}B \xrightarrow{快} AB' + B$$

图 2.57　缔合反应机理

$$RSeH + R'SeSeR' \longrightarrow RSeSeR' + HSeR'$$

图 2.58　硒醇的亲核取代反应

2. 离解机理（D 机理）

离解机理：$r=k_1 C_{AB}$，反应速率只与底物浓度成正比而与进攻试剂无关，是一级反应，特征是形成配位数降低的中间体（图 2.59）。根据这一界定，碱取代反应的离解机理相当于有机化学中的 S_N1 反应机理。

三甲胺的自交换反应（取代反应，图 2.60），测定的活化熵 $\Delta S^{\neq}$ 为 65J/(mol·K)，是典型的 D 机理。

$$AB \underset{快}{\overset{慢}{\rightleftharpoons}} A + B$$
$$A + B' \xrightarrow{快} AB'$$

图 2.59　离解反应机理

$$Me_3BNMe_3 + {}^*NMe_3 \longrightarrow Me_3B{}^*NMe_3 + NMe_3$$

图 2.60　三甲胺的自交换反应

3. 交换机理（I 机理）

交换机理：$r=k_2 C_{AB} C_{B'}$，反应速率与两种反应物浓度的乘积成正比，是二级反应，特征是形成配位数增加的过渡态（图 2.61），没有中间体。根据这一界定，碱取代反应的交换机理相当于有机化学中的 S_N2 反应机理。

$$AB + B' \overset{慢}{\rightleftharpoons} \left[B'\text{-}\text{-}A\text{-}\text{-}B \right]^{\neq} \xrightarrow{快} AB' + B$$
$$\text{TS}$$

图 2.61　交换反应机理

第五节　氧化还原反应

在无机化学中，把有电子得失或氧化数改变的反应称为氧化还原反应。在有机化学中，常把氧增加或氢减少的反应称为氧化反应，而把氧减少或氢增加的反应称为还原反应。硒元素主要有六种氧化态（−2，0，1，2，4，6），因此具有丰富的氧化还原化学，在生物、材料等领域有重要应用[42-45]。把氧化还原反应设计成两个半反应——氧化反应和还原反应，能实现电能与化学能的相互转化[46]。

一、电势和电化学电池

在电化学中实现电能与化学能的转化采用电化学电池装置。电化学电池（electrochemical cell）包括原电池（galvanic cell）和电解池（electrolytic cell），它们由电解质溶液和插入电解质溶液的两个导电电极（electrode）组成。电极是电解质溶液交换电子的场所，应是优良的导电材料。根据电极的电势高低，两个电极分为正极（positive electrode）和负极（negative electrode）。根据电极上进行的反应可将电极分为阳极（anode）和阴极（cathode）。给出（或释放）电子，发生氧化反应的电极为阳极；接受电子，发生还原反应的电极为阴极。

原电池是利用自发的氧化还原反应产生电流的装置。在原电池中，化学能自发转变为电能。在原电池中的电极有正负之分。以铜-锌原电池（丹尼尔电池）为例，溶液中的铜离子在铜电极上获得电子发生还原反应，锌原子在锌电极上释放（失去）电子形成锌离子进入溶液发生氧化反应，因此铜电极是阴极、锌电极是阳极。铜-锌原电池中的氧化还原反应是自发进行的，铜电极的电势高，而锌电极的电势低，根据上述定义，在原电池中，作为阴极的铜电极是正极，作为阳极的锌电极是负极。

电解池是电能转变为化学能的装置，其中进行的氧化还原反应（电解）是热力学非自发的反应。与电源正极相连的电极就是正极，与电源负极相连的电极就是负极。在电解池中正极上进行的是氧化反应，负极上进行的是还原反应，因此在电解池中正极为阳极，负极为阴极。

1. 电极电势的产生

任何两相界面都存在电荷分离，形成双电层（electrical double layer，EDL），因而存在电势差。金属 M 浸于其盐的电解质溶液中，金属离子存在溶解与沉淀两个相反的过程，当达到动态平衡时，金属的表面与溶液间形成离子双电层，产生稳定的电势差，这种平衡电势差称为金属在此溶液中的电势或电极电势（图 2.62）。两种电解质溶液间会产生液接电势（扩散电势），它不稳定，难以测定，也不易计算，应用盐桥努力消除，即使如此也产生几毫伏的误差。相互接触的两种金属由于电子的逸出功不同，低者因电子离开带正电荷，高者因接受电子而带负电荷，从而形成双电层，产生金属相间电势即金属接触电势。

$$M^{n+}(溶液) + ne^- \rightleftharpoons M(s)$$

图 2.62　金属电极的沉淀-溶解平衡

2. 双电层理论

电极与电解质溶液的界面是电极与反应物进行电子交换的场所。1879 年，Helmholtz 提出电极-溶液界面的第一幅图景：金属的表面电荷与溶液中的反离子依静电作用形成紧密双电层，犹如充满正负电荷的平行板电容器。这就是"紧密双电层"模型。1911～1913 年间，Gouy 和 Chapman 提出修正意见，他们认为：由于热运动，溶液中的反离子不能与电极表面形成紧密双电层，而是形成扩散双电层，反离子在溶液的分布服从 Boltzmann 分布定律。这便是"扩散双电层"模型。1924 年，Stern 吸取两家之长，提出界面溶液可以分为紧密层和扩散层（也称为分散层），扩散层随条件而变。此模型能较好地解释微分电容曲线。1947 年，Grahame 进一步改进 GCS 模型：电极表面形成溶剂（水）层；电极带正电时，由于负离子较少溶剂化以及大多数负离子存在特性吸附因而溶剂分子以及被特性吸附的负离子形成紧密内层（也称为 Stern 层，内赫姆霍兹平面，inner Helmholtz plane，IHP），而溶剂化正离子则形成紧密外层（外赫姆霍兹平面，outer Helmholtz plane，OHP），其它离子从外赫姆霍兹平面到溶液本体形成扩散层；电极带负电时，由于正离子溶剂化以及大多数正离子不存在特性吸附因而溶剂分子形成紧密内层（内赫姆霍兹平面），而溶剂化正离子则形成紧密外层（外赫姆霍兹平面），其它离子从外赫姆霍兹平面到溶液本体形成扩散层（图 2.63）。

1963 年，Bockris、Devanathan 和 Müller 在 Grahame 工作基础上描绘了双电层的最新图景（BDM 模型）：没有特性吸附，溶剂分子形成紧密内层；有特性吸附，溶剂分子以及被吸附的离子形成紧密内层。

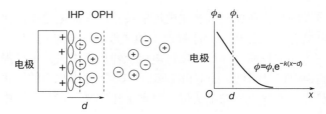

图 2.63　双电层模型（左）以及电势分布曲线（右）

规定远离电极表面的本体溶液电势为零，电极表面与本体溶液的电势差为 ϕ_a，距离电极表面 d 处（d 紧密层厚度）扩散层的电势差为 ϕ_1，电极表面的电荷面密度为 σ^M。根据 Stern 模型，电极表面至 OHP 场强均匀，紧密层电势分布呈线性 $d\sigma^M/\varepsilon$。扩散层电势 ϕ 的分布随离开电极表面的距离 x 呈负指数变化。

$$\sigma^M = \sqrt{8c\varepsilon RT}\,\text{sh}\,\frac{z\phi_1 F}{2RT}$$

$$\phi_a = d\frac{\sigma^M}{\varepsilon}+\phi;\ \ \phi = \phi_1 e^{-k(x-d)};\ \ k = \sqrt{\frac{2F^2}{\varepsilon RT}}(zc^{1/2})$$

式中，ε、R、F、T 分别为介电常数、气体常数、法拉第常数和热力学温度；c 为 z：z 型电解质溶液的浓度；k 的倒数，$1/k$，称为扩散层厚度，由上面公式可知，电解质浓度越大、离子强度越大，扩散层越薄，反之亦然。

3. 电动势和 Nernst 方程

测定一个电极 M 的电极电势，必须引入另一电极 M′组成回路以便测定电池的电动势 E_{cell}。由于只能测定电极电势的相对值，IUPAC 因此就选定一个共同标准，以标准氢电极（normal/standard hydrogen electrode，NHE/SHE）作为参比电极，规定氢的标准电极电势值为 0.000V，即 $E^\circ(\text{H}^+/\text{H}_2)=0.000\text{V}$（pH=0）。标准状态下的其它电极相对于标准氢电极的电极电势称为该电极的标准电极电势 E°。在生物化学中，标准电极电势用 $E^{\circ\prime}$ 符号表示，在 pH=7.0 的条件下，规定氢电极的电极电势为 0.000V，即 $E^{\circ\prime}(\text{H}^+/\text{H}_2)=0.000\text{V}$ ［在 pH=7.0 的条件下，氢电极的电极电势计算为 $E(\text{H}^+/\text{H}_2)=-0.414\text{V}$］。已测定了许多电对的标准电极电势，可查阅文献获得。为方便使用数据，已发展了将同一元素所有电极反应以及电极电势集中图示化的表示法，如元素-电势图（Latimer 图）和电势-pH 图（Pourbaix 图）等，它们出现在化学、地球化学等多个学科中，本书附录提供了硒元素的电势图。根据在标准状态下的电池电动势 E°_{cell}，利用电池反应的 Nernst 方程可计算其它状态下的电动势 E_{cell}。

讨论电极电势时，将每一半电池反应（电极反应，图 2.64）写成如下形式。

$$\text{Ox} + n e^- \Longrightarrow \text{Red}$$

图 2.64　电极反应

氧化型和相应的还原型构成电对 Ox/Red，氧化型 Ox 写在方程左边、还原型 Red 写在方程右边，电极电势记为 $E_{\text{Ox/Red}}$，标准电极电势记为 $E^\circ_{\text{Ox/Red}}$。一个氧化还原反应由氧化半反应和还原半反应组成，其电动势是氧化剂电对的电极电势与还原剂电对的电极电势之差。

$$E_{cell}=E_{\text{氧化剂电对}}-E_{\text{还原剂电对}}$$

当电池电动势为正值时，电池反应能自发进行。如果电池电动势为负值，电池反应就不能自发进行，也就是逆向反应自发进行。这样，通过计算电动势，就可以判断氧化还原反应进行的方向。电对 Ox/Red 的电极电势值越小，还原型物质 Red 的还原能力越强；电对 Ox/Red 的电极电势值越大，氧化型物质 Ox 的氧化能力越强。

电池反应的自由能用于做电功，得到关于反应自由能 ΔG 与电动势 E_{cell} 以及平衡常数 K_{eq} 与标准电动势 E°_{cell} 的重要关系式。

$$\Delta G = -nFE_{cell}$$

$$\Delta G^{\circ} = -nFE^{\circ}_{cell}$$

$$\ln K_{eq} = \frac{nFE^{\circ}_{cell}}{RT}$$

$$\lg K_{eq} = 16.9nE^{\circ}_{cell} \quad (T = 298.15\text{K})$$

根据化学反应等温方程得到电池电动势的 Nernst 方程。

$$E_{cell} = E^{\circ}_{cell} - \frac{RT}{nF}\ln Q$$

式中，E_{cell} 为电池电动势；E°_{cell} 为电池的标准电动势，V；R 为气体常数，8.314J/(mol·K)；T 为反应的热力学温度，K；F 为法拉第常数，96485C/mol；n 为反应转移的电子物质的量；Q 为反应商。测定标准状态下电池反应的电动势不仅可以判断标准状态下电池反应的自发方向，还可以计算反应的平衡常数。例如，亚硒酸根与碘离子的反应（图 2.65），通过计算表明这一反应能定量进行，是分析化学中碘量法测定硒含量的基础。

$$SeO_3^{2-} + 4\,I^- + 6\,H^+ \Longrightarrow Se + 2\,I_2 + 3\,H_2O$$

图 2.65　亚硒酸根与碘离子的反应

查表可得氧化剂电对以及还原剂电对的标准电极电势分别为 0.740V、0.5345V，这一氧化还原反应的标准电动势为 0.206V，平衡常数 K_{eq} 为 8.32×10^{13}。

$$E^{\circ}_{cell} = E^{\circ}_{H_2SeO_3/Se} - E^{\circ}_{I_2/I^-} = 0.740 - 0.5345 = 0.206(\text{V})$$

$$\lg K_{eq} = \frac{nE^{\circ}_{cell}}{2.303RT/F} = \frac{nE^{\circ}_{cell}}{0.0592} = \frac{4 \times 0.206}{0.0592} = 13.92$$

$$K_{eq} = 8.32 \times 10^{13}$$

类似于电池电动势的 Nernst 方程，可得到电极反应的 Nernst 方程。

$$E_{Ox/Red} = E^{\circ}_{Ox/Red} - \frac{RT}{nF}\ln Q = E^{\circ}_{Ox/Red} - \frac{0.0592}{n}\lg Q \quad (T = 298.15\text{K})$$

式中，$E_{Ox/Red}$，电对 Ox/Red 的电极电势；$E^{\circ}_{Ox/Red}$，电对 Ox/Red 的标准电极电势；Q，电极反应的反应商。利用标准电极电势，根据电极反应的 Nernst 方程，可计算其它状态下的电极电势。

根据电极反应的 Nernst 方程可知，除本质因素（电极的组成和表面状态）外，能影响电极反应的因素如参与反应物质的活度（浓度）、气体分压等都会改变电极电势。还原型生成沉淀或生成配合物的，将升高电极电势；氧化型生成配合物的，将降低电极电势。氧化型以及还原型均生成配合物的，电极电势的升降取决于它们的相对稳定性，有利于稳定氧化型，电极电势降低；有利于稳定还原型，电极电势升高。对 Cu^{2+}/Cu^+ 而言 $[E°(Cu^{2+}/Cu^+)=0.153V]$，如果还原型生成沉淀例如形成 $CuCl$，那么平衡右移，导致电极电势增大 $[E°(Cu^{2+}/CuCl)=0.538V]$，氧化型易于还原；对 Cu^{2+}/Cu 而言 $[E°(Cu^{2+}/Cu)=0.337V]$，如果氧化型生成配离子例如 $Cu(NH_3)_4^{2+}$，那么平衡左移，导致电极电势降低 $\{E°[Cu(NH_3)_4^{2+}/Cu]=-0.05V\}$，还原型易于氧化。

根据氧元素的电势图（图 2.66），计算过氧化氢歧化反应的电动势为 1.068V，正值指示过氧化氢能发生歧化反应，生成氧气和水。

$$O_2 \xrightarrow{0.695} H_2O_2 \xrightarrow{1.763} H_2O$$

$$E°_{cell} = E°_{H_2O_2/H_2O} - E°_{O_2/H_2O_2} = 1.068V$$

图 2.66 氧元素电势图的应用

推而广之，当右边电对的电极电势大于左边电对的电极电势时，电动势大于零，在标准状态下歧化反应能自发进行。

根据硒元素的电势图（图 2.67），计算单质硒歧化反应的电动势为−1.11V，负值表明在酸性条件下硒不能歧化为亚硒酸和硒化氢，亚硒酸和硒化氢反应生成单质硒即反歧化能自发进行。

除判断反应自发方向外，元素电势图（图 2.68）的另一个应用是：已知两个电对的电极电势数据可以计算相关的第三个电对的电极电势，这对于硒元素来说尤其重要，因为硒元素的电极电势数据很少并且年代久远[42]。

$$H_2SeO_4 \xrightarrow{1.15} H_2SeO_3 \xrightarrow{0.74} Se \xrightarrow{-0.37} H_2Se$$
$$pH = 0$$
$$E°_{cell} = E°_{Se/H_2Se} - E°_{H_2SeO_3/Se} = -1.11V$$

图 2.67 硒元素的电势图

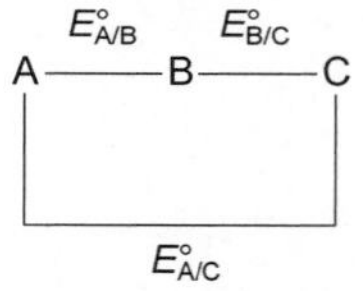

$$\begin{array}{ccc} & E°_{A/B} & E°_{B/C} \\ A & \!\!-\!\!-\!\! B & \!\!-\!\!-\!\! C \end{array}$$
$$E°_{A/C}$$

$$E°_{A/C} = \frac{n_1 E°_{A/B} + n_2 E°_{B/C}}{n_1 + n_2}$$

图 2.68 利用电势图计算电极电势

根据这一公式，可以计算硒电势图中 $E°(H_2SeO_4/Se)$ 在 pH=0 的值（图 2.69）。

$$H_2SeO_4 + 2H^+ + 2e^- \longrightarrow H_2SeO_3 + H_2O \quad E°_{H_2SeO_4/H_2SeO_3} = 1.15V$$
$$H_2SeO_3 + 4H^+ + 4e^- \longrightarrow Se(s) + 3H_2O \quad E°_{H_2SeO_3/Se} = 0.74V$$
$$H_2SeO_4 + 6H^+ + 6e^- \longrightarrow Se(s) + 4H_2O$$

$$E°_{H_2SeO_4/Se} = \frac{2\times1.15+4\times0.74}{2+4} V = 0.88V$$

图 2.69 计算电极电势 $E°(H_2SeO_4/Se)$

二、电极反应动力学

根据法拉第电解定律，在 t 时间内通过电极的电量 Q [单位：库仑（C）] 与电解反应的物质的量 N 成正比，因此电极反应（$Ox+ne^- \rightleftharpoons Red$）的速率（rate），即单位电极面积单位时间物质量的变化，与电流（强度）i 或电流密度 j（电极面积，A）成正比例关系。

$$Q = nFN \text{ (法拉第定律)}$$

$$i \equiv \frac{dQ}{dt} = nF\frac{dN}{dt} \quad \left(j \equiv \frac{i}{A}\right) \qquad 速率 \equiv \frac{1}{A} \times \frac{dN}{dt} = \frac{i}{nFA} = \frac{j}{nF}$$

当有净电流通过电极时，电极电势偏离平衡电势（E_{eq}）称为电极的极化，偏离值为电极的超电势 η（overpotential）（$\eta \equiv E - E_{eq}$），正如 Butler-Volmer 电极动力学方程所指示的，超电势是反应的推动力以维持电极反应的净电流。电极反应是异相反应，存在多个步骤：①反应物从溶液本体（bulk）扩散到电极表面；②反应物在电极表面吸附；③吸附的反应物在电极表面转变为产物（生成物）；④吸附的生成物解吸（脱附）；⑤生成物从电极表面迁移到溶液本体。原则上，每个步骤都可能是反应的速率控制步骤：如果传质步骤是控制步骤，反应速率受扩散定律（Fick 扩散第一定律：在稳态扩散情况下，扩散通量与浓度梯度成正比而与时间无关；Fick 扩散第二定律：在非稳态扩散情况下，浓度随时间的变化率等于该处扩散通量的时间变化率的负值）控制；如果电极的表面反应是控制步骤，反应速率与活化能（超电势）有关；一个简化的电化学模型示于图 2.70。

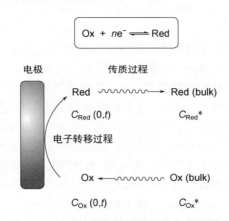

图 2.70　电子转移和传质过程的电化学模型

根据惯例，规定电极反应中还原方向的电流 i_c 为正，氧化方向的电流 i_a 为负：$|i_a| = nFAD_{Red}[C_{Red}* - C_{Red}(0,t)]/d_{Red} = nFAm_{Red}[C_{Red}* - C_{Red}(0,t)]$（$d_{Red}$、$D_{Red}$、$m_{Red}$ 分别是紧密层的厚度、Red 的扩散系数、Red 的质量传递系数）；$i_c = nFAD_{Ox}[C_{Ox}* - C_{Ox}(0,t)]/d_{Ox} = nFAm_{Ox}[C_{Ox}* - C_{Ox}(0,t)]$（$d_{Ox}$、$D_{Ox}$、$m_{Ox}$ 分别是紧密层的厚度、Ox 的扩散系数、Ox 的质量传递系数）。

当氧化型 Ox 的本体浓度 $C_{Ox}*$ 远大于电极表面处氧化型 Ox 的浓度 $C_{Ox}(0,t)$ 时，在电极表面 Ox 几乎耗尽 $[C_{Ox}(0,t) \to 0]$，这时，有最大还原电流，称为极限还原电流，用 i_{lc} 表示，极限还原电流反映了 Ox 传递到电极表面的最大速率；类似地，还原型 Red 的本体浓度 $C_{Red}*$ 远大于电极表面处还原型 Red 的浓度 $C_{Red}(0,t)$，在电极表面 Red 几乎耗尽 $[C_{Red}(0,t) \to 0]$，这时，有最大氧化电流（绝对值），称为极限氧化电流，用 $|i_{la}|$ 表示，极限氧化电流反映了 Red 传递到电极表面的最大速率。最大扩散速率与极限电流（limiting current）相关，由此得到：$i_{lc} = nFAm_{Ox}C_{Ox}*$，$C_{Ox}(0,t)/C_{Ox}* = 1 - i/i_{lc}$；$|i_{la}| = nFAm_{Red}C_{Red}*$，$C_{Red}(0,t)/C_{Red}* = 1 - i/|i_{la}|$。这样，电极表面电活性物质的浓度就可测量。如果传质过程是控制步骤，假定在电极表面 Nernst 方程总是成立的，那么可得到电极电势与电流的关系式。当电流是极限电流的一半时，对应的电势称为半波电势，用符号 $E_{1/2}$ 表示，它与物质的浓度无关，是反应体系 Ox/Red 的特征参量，是分析测量的依据；如果 Ox 和 Red 的质量传递系数相同，那么平衡电势就等于半波电势。

电极表面的 Nernst 方程

$$E = E^\circ - \frac{RT}{nF} \ln \frac{C_{\text{Red}}(0,t)}{C_{\text{Ox}}(0,t)}$$

如果初始时无 Red，那么可得到下面的关系式。

$$E = E^\circ - \frac{RT}{nF} \ln \frac{m_{\text{Ox}}}{m_{\text{Red}}} + \frac{RT}{nF} \ln \frac{i_1 - i}{i}$$

当 $i = \frac{1}{2} i_1$ 时，$E = E_{1/2} = E^\circ - \frac{RT}{nF} \ln \frac{m_{\text{Ox}}}{m_{\text{Red}}}$，利用 $E_{1/2}$，上式可改写成如下形式。

$$E = E_{1/2} + \frac{RT}{nF} \ln \frac{i_1 - i}{i}$$

如果初始时 Ox 和 Red 都存在，那么可得到下面的关系式。

$$E = E^\circ - \frac{RT}{nF} \ln \frac{m_{\text{Ox}}}{m_{\text{Red}}} + \frac{RT}{nF} \ln \frac{i_{\text{lc}} - i}{i - |i_{\text{la}}|}$$

如果表面电极反应是速率控制步骤，根据正向和逆向反应速率公式以及速率与电流的关系式：$i = nFA[k_1 C_{\text{Ox}}(0,t) - k_{-1} C_{\text{Red}}(0,t)]$（$k_1$ 和 k_{-1} 分别是正向和逆向反应的速率常数），经过推导得到著名的 Butler-Volmer 电极动力学方程：F，法拉第常数；A，电极表面积；R，理想气体常数；T，绝对温度；$C_{\text{Ox}}(0,t)$ 和 $C_{\text{Red}}(0,t)$，分别是电极表面处氧化型 Ox 和还原型 Red 的浓度；C_{Ox}^* 和 C_{Red}^* 分别是 Ox 和 Red 的本体浓度；k°，电极反应的标准速率常数（standard rate constant），其值大约在 $10^{-9} \sim 10\,\text{cm/s}$ 范围；i_0，电极反应的交换电流（exchange current），是当电极处于平衡状态时（净电流为零，氧化型 Ox 和还原型 Red 的电极表面浓度等于它们在溶液中的本体浓度），还原电流 i_c 或氧化电流 $|i_a|$ 的大小，它反映电对达到电极反应平衡的快慢；α 为传递系数（transfer coefficient）（$\beta = 1 - \alpha$），反映电极电势（的改变）对电极的还原反应活化能与氧化反应活化能的影响，是电极反应能垒的对称性的量度，因此 α 也称为对称因子。对大多数体系，α 值在 $0.3 \sim 0.7$ 范围，在没有确切的测量时通常假定 $\alpha = 0.5$。根据 Butler-Volmer 电极动力学方程，可以推导出关于电流-超电势的公式。如果溶液充分搅拌或者电流很小，电极表面浓度与本体浓度差别不大，得到近似公式，即 Butler-Volmer 公式：根据 Butler-Volmer 公式，当极化很小时，电流与超电势近似成线性关系；当极化很大时，通过 $\eta\text{-}\ln i$ 作图法可得到动力学参数 α 和 i_0。

$$i = i_c - |i_a| = nFA[k_1 C_{\text{Ox}}(0,t) - k_{-1} C_{\text{Red}}(0,t)]$$
$$k_1 = k^\circ e^{-\alpha nF(E - E_{\text{eq}})/RT} \qquad k_{-1} = k^\circ e^{\beta nF(E - E_{\text{eq}})/RT}$$

$$\Downarrow$$

$$i = nFAk^\circ [C_{\text{Ox}}(0,t) e^{-\alpha n\eta F/RT} - C_{\text{Red}}(0,t) e^{\beta n\eta F/RT}]$$
$$(\eta \equiv E - E_{\text{eq}})$$
$$(\alpha + \beta = 1)$$

Butler-Volmer 电极动力学公式

$$\Downarrow$$

$$i = i_0 \left[\frac{C_{Ox}(0,t)}{C_{Ox}*} e^{-\alpha n\eta F/RT} - \frac{C_{Red}(0,t)}{C_{Red}*} e^{\beta n\eta F/RT} \right]$$

$$(i_0 = nFAk°C_{Ox}*e^{-\alpha n\eta F/RT})$$

电流-超电势公式

$$i = i_0 [e^{-\alpha n\eta F/RT} - e^{\beta n\eta F/RT}]$$

Butler-Volmer 公式

当 η 很小时，得到 $i = -i_0 n\eta F/RT$

当 η 很大时，得到 $i = i_0 e^{-\alpha n\eta F/RT}$ 或 $\eta = \dfrac{RT}{\alpha nF} \ln i_0 - \dfrac{RT}{\alpha nF} \ln i$

三、电化学测量

在电化学研究中广泛使用的电化学池是三电极池（three-electrode cell）（图 2.71）[47]。工作电极（working electrode，WE）（研究反应的电极）的电势由其与电极电势稳定的参比电极（reference electrode，RE）组成的二电极系统测量。当工作电极有电流通过时，需另用一辅助电极（也称为对电极；counter electrode，CE），以便工作电极与辅助电极构成电流回路提供可调节的电流。为防止工作电极上反应产物与辅助电极上反应产物相互污染，常常将电极室用隔膜或砂芯隔离形成二室池或三室池。物质的电化学性质测试在电化学工作站上进行。在电化学实验中，所用的电解质溶液（electrolyte solution）均经过通氮气（或氩气）除去溶液中溶解的氧气，辅助电极用如石墨、铂丝等稳定导电材料，工作电极为玻碳电极（glassy carbon electrode，GCE）、铂片、石墨或其它特制电极，参比电极需根据研究体系是水相还是有机相进行选择：水相，Ag/AgCl 电极［内部体系电解质为饱和 KCl 溶液，电极电势（vs.NHE）为0.197V］、饱和甘汞电极［SCE，电极电势（vs.NHE）为 0.241V］（适用于酸性或中性水溶液）、硫酸亚汞电极（适用于酸性水溶液）、氧化汞电极（适用于碱性水溶液）；有机相，Ag/AgNO$_3$电极（乙腈溶液），Ag/AgNO$_3$（0.1mol/L）的电极电势（vs.NHE）为 0.580V。在有机溶剂中需用高浓度的支持电解质（supporting electrolyte），如四氟硼酸四乙基铵（Et$_4$NBF$_4$）、高氯酸四乙基铵（Et$_4$NClO$_4$）、六氟磷酸四乙基铵（Et$_4$NPF$_6$）、六氟磷酸四正丁基铵（^{n}Bu$_4$NPF$_6$）等来增强导电性。

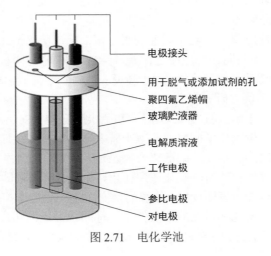

电极接头

用于脱气或添加试剂的孔

聚四氟乙烯帽

玻璃贮液器

电解质溶液

工作电极

参比电极

对电极

图 2.71　电化学池

利用恒电势仪控制电势信号测量电流强度随时间的变化或电流强度随电势（工作电极与参比电极间的电势差）的变化，称为计时电流法或计时安培法。改变电势的方法有电势阶跃法和电势扫描法。电势扫描法包括：线性电势扫描伏安法（电势随时间线性变化），循环伏安法［cyclic voltammetry，CV，到某一电势（称为换向电势）开始反向扫描］，脉冲伏安法，示差伏安法和方波伏安法。利用恒电流仪保持电流恒定测量电势（工作电极与参比电极间的电势差）随时间的变化，称为计时电势法，包括电量阶跃法、程控电流计时法和恒电流电解等。对于未知体系的研究，循环伏安法是最广泛采用的方法。

（1）循环伏安法

循环伏安法（cyclic voltammetry，CV）是控制工作电极（即研究电极）的电极电势在一定电势范围内以一定的速率 v（即扫描速率，单位为 V/s 或 mV/s），随时间以三角波形周期性变化（电势变化范围 $\Delta E=E_f-E_i=vt$；E_i 为初始电势，E_f 为最终电势），记录电流强度-电压（电势）曲线。在测试的电势变化范围内，如果研究体系存在电活性物质（即能发生氧化还原的物质），当电势向阴极方向扫描，电活性物质将在工作电极上还原，产生还原波（还原峰），当电势回扫时即向阳极方向扫描时，还原产物又会重新在工作电极上氧化，产生氧化波（氧化峰）。一次三角波扫描，完成一个还原和氧化过程的循环，故这一伏安研究法称为循环伏安法，其电流强度-电势曲线称为循环伏安图（cyclic voltammogram）。循环伏安法中电压扫描速率可从每秒数毫伏特到 1 伏特（V）。工作电极可用滴汞电极（dropping mercury electrode，DME）或铂片、玻碳、石墨等固体电极或其它功能电极。

对于可逆的电极反应，峰电流（peak current）（i_p）与扫描速率（v）的关系，可用 Randles-Sevcik 方程表示。

$$i_p = 2.69\times10^5 n^{3/2} AD_{Ox}^{1/2}C_{Ox}{}^* v^{1/2} \quad（25℃）$$

式中，n 为反应的电子物质的量，mol；A 为电极面积，cm^2；v 为扫速，V/s；$C_{Ox}{}^*$ 为电活性物质的本体浓度（bulk concentration），mol/L；i_p 为峰电流强度，A（安）；D_{Ox} 为电活性物质的扩散系数，cm^2/s。利用 Randles-Sevcik 方程：用二茂铁（Fc）或铁氰化钾作为标准电活性物质进行循环伏安测试，通过作图法可确定电极的表面积；峰电流强度与电活性物质的本体浓度成正比，可用于电活性物质的定量测定；此外，还能用于测定电活性物质的扩散系数。

可逆电极反应的循环伏安图[47b]（图 2.72 显示可逆电极反应，$Fc^+ + e^- \rightleftharpoons Fc$，电对的浓度[Fc]和[Fc$^+$]与电势的变化关系；Fc，二茂铁；Fc$^+$，二茂铁正离子）具有如下特征，即电极反应的可逆性判据：峰电流 i_p 正比于扫速的平方根；峰电势（peak potential）E_p 与扫速无关；阳极峰电流（绝对值）与阴极峰电流之比$|i_{pa}/i_{pc}|=1$；阳极峰与阴极峰电势差 $\Delta E_p=E_{pa}-E_{pc}=59/n$（mV）（25℃）。一般而言，$n=1、2$（对于新反应，$n$ 的具体值需根据本体电解实验确定）。

（2）硒胱氨酸的循环伏安研究

微量元素硒主要存在于硒蛋氨酸（SeMet）和硒半胱氨酸（SeCys）中，后者参与几个关键的生理氧化还原过程。生物化学研究证明硒半胱氨酸具有抗氧化应激的保护作用，并证实了细胞硒水平与人体健康的关系。二硒键化合物已被发现存在于水生生物和哺乳动物中。要完全理解含硒分子在生理学中的特殊氧化还原作用，有赖于精确测量它们的还原电势。然而，由于硫族元素与金属材料发生表面反应，传统的伏安法直接测定这些值受到影响。迄今为止，大多数这类体系的电化学研究都是在酸性条件下进行的。最近的初步研究证实了金电极能用于在生理 pH 值条件下硒胱氨酸（SeCys₂）/硒半胱氨酸（SeCys）氧化还原电对的伏安分析。

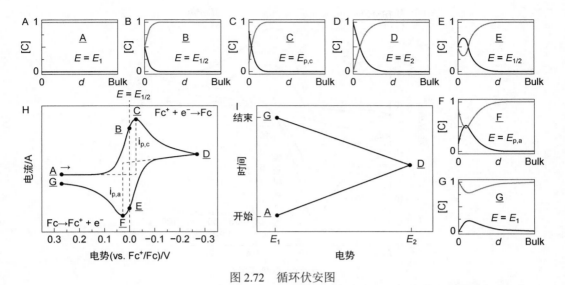

图 2.72　循环伏安图

图 2.72 中，A～G：在循环伏安测试中，Fc[+]（浅色）和 Fc（深色）的浓度（mmol/L）作为电极表面到本体溶液距离（d）的函数曲线；H：1mmol/L Fc[+]可逆还原为 Fc 的循环伏安图（扫速 100mV/s）；I：电势作为时间的函数曲线（图中 A、D 和 G 分别指示起始电势、换向电势和最终电势）[47b]。

硒胱氨酸与金的自发反应产生导电硒修饰的电极，为硒胱氨酸/硒半胱氨酸的伏安分析奠定了基础。电化学生成的表面修饰重现性好，在温和条件下容易形成，在阳极溶出后可循环使用。这些结果说明了硒修饰电极用于检测氧化还原活性的含硫族分析物的可行性[48]。

　　L-硒胱氨酸（为简化起见，这里用 RSeSeR 表示）在金上的伏安响应表现为平均电势为 486mV（相对于参比电极 Ag/AgCl）的准可逆氧化还原电对。如下的伏安图（图 2.73）显示了在磷酸盐缓冲生理盐水（PBS，pH 7）中增加硒胱氨酸浓度（0.2～2mmol/L）的循环伏安记录：0.2mmol/L，0.4mmol/L，1mmol/L，2mmol/L（图中曲线从下至上浓度依次增大）；第 100 次的扫描图；扫描速率，0.1V/s；内插图，峰电流强度与扫描次数（scan number）的关系。对于每一个浓度，在含硒溶液中电极被还原循环 [−0.7～−0.2V（vs. Ag/AgCl）] 连续扫描 100 次，以达到稳态信号。峰电流与 L-硒胱氨酸浓度呈线性关系。在金盘（gold disc）电极上观察到的伏安响应表明是多步骤过程，在扩散控制的电子转移之前贵金属经 L-硒胱氨酸修饰。X 射线光电子光谱学（XPS）证实在电化学循环处理的金表面存在硒，在 Se 3d 区域（54～56eV）观察到清晰峰。

　　这是二硒键的反应活性导致金表面形成导电硒膜，进而幸运提供硒胱氨酸/硒半胱氨酸电对的电分析。二硫代苏糖醇（dithiothreitol，DTT）的化学还原确证归属的伏安特性。硒胱氨酸（RSeSeR）还原为硒半胱氨酸（RSeH）是 2 电子-2 质子反应（RSeSeR+2H[+]+2e[−]——→ 2RSeH），pH 值（2.7～5.5）测量证实反应是扩散控制的质子偶合电子转移过程，pH 值降低，平均电势 [$(E_{pa}+E_{pc})/2$] 向正方向位移，有利于还原反应。硒修饰的表面可以通过还原循环或溶液沉积得到，呈现出高度重现性和稳定性。利用阳极溶出伏安法（anodic stripping voltammetry，ASV）可以除去吸附层，然后再生，表现出高度的可循环性。虽然硒胱氨酸在铂上也形成硒导电膜，但是在铂上硒胱氨酸的还原具有明显的不可逆性。这些发现提供了生理条件下硒胱氨酸/硒半胱氨酸电对的基础氧化还原化学。

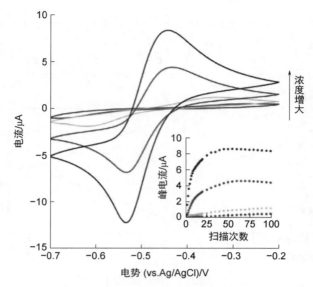

图 2.73 金修饰电极上 L-硒胱氨酸浓度增加的循环伏安响应

四、氧化还原反应的机理

氧化-还原反应按机理可分为：电子转移反应（electron transfer reaction）和原子转移反应（atom transfer reaction）。对配合物而言，电子转移时两种配合物的配位层保持不变，电子需通过两配位层，这种机理也称为外界机理（outer-sphere mechanism）。两种取代惰性配合物之间的电子转移主要按外界机理进行[49]。

如图 2.74 所示，同位素标记的$[MnO_4]^{-/2-}$、$[Fe(OH_2)_6]^{3+/2+}$以及$[Co(NH_3)_6]^{3+/2+}$的电子交换反应（electron exchange reaction）是按外界机理进行电子转移的。

$$[*MnO_4]^- + [MnO_4]^{2-} \rightleftharpoons [*MnO_4]^{2-} + [MnO_4]^-$$

$$[*Fe(OH_2)_6]^{2+} + [Fe(OH_2)_6]^{3+} \rightleftharpoons [*Fe(OH_2)_6]^{3+} + [Fe(OH_2)_6]^{2+}$$

$$[*Co(NH_3)_6]^{2+} + [Co(NH_3)_6]^{3+} \rightleftharpoons [*Co(NH_3)_6]^{3+} + [Co(NH_3)_6]^{2+}$$

图 2.74 $[MnO_4]^{-/2-}$、$[Fe(OH_2)_6]^{3+/2+}$以及$[Co(NH_3)_6]^{3+/2+}$的电子交换反应

外界机理的基元步骤一般包括：第一步，反应物形成前身复合物；第二步，前身复合物进行电子转移生成后继复合物；第三步，后继复合物分解得到产物。通常认为，外界机理的第二步（电子转移）是速率决定步骤（RDS）。

原子转移机理也称为内界机理（inner-sphere mechanism）。内界机理的基元步骤是：还原剂与氧化剂进行配体取代形成前身复合物（桥连配合物）；继而进行电子传递生成后继复合物；最后后继复合物离解得到产物。根据内界机理，氧化剂是取代惰性的且至少有一个桥基配体，而还原剂必须是取代活性的。内界电子转移反应常常伴有桥基配体的定量转移，$[Co(NH_3)_5X]^{2+}$与$[Co(CN)_5]^{3-}$反应生成产物$[Co(CN)_5X]^{3-}$（X=F、Cl、OH、NCS、N_3），提供了内界反应机理的证据。但是桥基的转移不能构成判断内界机理的必要条件。例如，图 2.75 所示的是一个内界机理的反应，在生成的桥连中间体中，Ir—Cl 键比 Cr—Cl 键强，因此 Cr—Cl 键断裂，在产物中没有观察到桥基 Cl 转移。

$$[Cr(OH_2)_6]^{2+} + [IrCl_6]^{2-} \longrightarrow [Cr(OH_2)_6]^{3+} + [IrCl_6]^{3-}$$

图 2.75　取代活性 Cr^{2+} 与取代惰性 Ir^{4+} 进行的内界反应

五、硒的无机电化学

无机硒物种的电极电势汇集于表 2.27[42,43]，硒存在多种氧化态和电对导致硒的电化学行为特别复杂，复杂的极谱图和伏安曲线通常难以解析。除了复杂的溶液化学以外，电极灵敏度、欠电位沉积（underpotential deposition，UPD）、电极材料、与电极材料形成化合物、偶合反应等多种相关因素使得硒体系相当复杂。Se^{+4} 的液/固体电极电化学或 Se^0 的电化学行为与电极材料和电解质组成密切相关。

表 2.27　无机硒物种的电极电势以及反歧化反应

编号	电极反应
1	$SeO_4^{2-}+4H^++2e^- \rightleftharpoons H_2SeO_3+H_2O$　$E^\circ_{SeO_4^{2-}/H_2SeO_3}=1.150V$
2	$SeO_4^{2-}+H_2O+2e^- \rightleftharpoons SeO_3^{2-}+2OH^-$　$E^\circ_{SeO_4^{2-}/SeO_3^{2-}}=0.050V$
3	$H_2SeO_3+4H^++4e^- \rightleftharpoons Se+3H_2O$　$E^\circ_{H_2SeO_3/Se}=0.740V$
4	$SeO_3^{2-}+3H_2O+4e^- \rightleftharpoons Se+6OH^-$　$E^\circ_{SeO_3^{2-}/Se}=-0.366V$
5	$HSeO_3^-+5H^++4e^- \rightleftharpoons Se+3H_2O$　$E^\circ_{HSeO_3^-/Se}=0.778V$
6	$H_2SeO_3+6H^++6e^- \rightleftharpoons H_2Se+3H_2O$　$E^\circ_{H_2SeO_3/H_2Se}=0.360V$
7	$SeO_3^{2-}+6H^++6e^- \rightleftharpoons Se^{2-}+3H_2O$　$E^\circ_{SeO_3^{2-}/Se^{2-}}=0.276V$
8	$HSeO_3^-+7H^++6e^- \rightleftharpoons H_2Se+3H_2O$　$E^\circ_{HSeO_3^-/H_2Se}=0.386V$
9	$Se+2H^++2e^- \rightleftharpoons H_2Se$　$E^\circ_{Se/H_2Se}=-0.369V$
10	$Se+2e^- \rightleftharpoons Se^{2-}$　$E^\circ_{Se/Se^{2-}}=-0.920V$
11	$2H_2Se+H_2SeO_3 \longrightarrow 3Se+3H_2O$

注：资料来源于 Séby F. *Chem. Geol.*, **2001**, 171, 173; Saji V S. *RSC Adv.*, **2013**, 3, 10058。

大多数关于 Se 的伏安法研究都用两步还原解释：$Se^{+4} \rightarrow Se^0$；$Se^0 \rightarrow Se^{-2}$；其中 Se^0 的还原发生在更负的电势上。Se^{+4} 还原通过表中的 4 电子（反应 3 和 5）或 6 电子反应（反应 6 和 8）进行。产生的 H_2Se 导致伏安图复杂化，它与 Se^{+4} 发生化学反应生成单质硒（元素硒，Se^0）（反应 11），这一反应在酸性和中性 pH 值范围内进行迅速，但在碱性溶液中反应缓慢。硒的半导体性质影响硒电极的极化。在弱酸性或中性溶液中，强烈光照降低了阴极极化（由于产生了自由电子），但对阳极极化影响不大。在强酸性条件下，硒电极的行为与弱酸性条件下的表现形成了鲜明的对比，在强酸性条件下，硒电极很少受光照的影响。

1. 固体电极伏安法

在酸性介质中，贵金属电极上的 Se^{+4} 还原可以通过 4 电子（反应 3）或 6 电子（反应 6）反应进行。在较大的负电势下，产生的 H_2Se 能与 Se^{+4} 发生反歧化反应生成红色的单质硒（元素硒）。6 电子还原反应是由于 4 电子还原产生的 Se^0（反应 9）进一步还原所致。有人指出，贵金属电极的 Se^{+4} 还原主要通过电化学反应 6 发生，其次是反歧化反应。在较高浓度 Se^{+4} 时，反歧化反应快，整体过程为电化学反应 3。在非贵金属电极的情况下，电极和电活性物种生成硒化物（图 2.76）。

$$nM + H_2SeO_3 + 4H^+ + 4e^- \longrightarrow M_nSe + 3H_2O$$
$$(M = Hg, Ag, Cu; n = 1, 2, 2)$$

图 2.76 电极表面产生硒化物

2. 溶出伏安法

溶出伏安法（stripping voltammetry）以其简便、快速、灵敏度高等优点被广泛应用于环境和生物材料中痕量硒的测定。溶出伏安法包括阳极溶出伏安法（anodic stripping voltammetry，ASV）和阴极溶出伏安法（cathodic stripping voltammetry，CSV）。ASV 通常需要对贵金属电极进行复杂而耗时的表面预处理，以获得可重现的溶出曲线。在较高的 Se 浓度（>8ng/mL）或较长的沉积时间下，CSV 和 ASV 都可能导致多溶出峰。通过提高溶液温度、使用碘离子、添加少量的 Cu(Ⅱ)或 Rh(Ⅲ)或适当控制预浓缩步骤中的沉积量，可以避免不必要的峰裂。典型 CSV 的第一步是硒在电极表面吸附积聚或电沉积的预浓缩，随后形成的金属硒化物被还原以产生溶出响应。电势扫描可采用示差脉冲法 DPV（differential pulse，DP）或方波伏安法 SWV（square wave，SW）等。经典 Se 的 CSV 是基于 HgSe 在汞电极上形成和随后的阴极溶出：$H_2SeO_3+Hg+4H^++4e^- \longrightarrow HgSe+3H_2O$；$HgSe+2H^++2e^- \longrightarrow Hg+H_2Se$。

富集的硒化汞在−0.50V（vs.Ag/AgCl）处出现一个尖锐的还原峰。对硒化亚铜富集在汞上的 CSV 也进行过广泛的研究：先富集，$Cu^{2+}+2e^-+Hg \longrightarrow Cu(Hg)$，$H_2SeO_3+2Cu(Hg)+4H^++4e^- \longrightarrow Cu_2Se(Hg)+3H_2O$；然后溶出，$Cu_2Se(Hg)+2H^++2e^- \longrightarrow 2Cu(Hg)+H_2Se$。

采用铜汞合金滴状电极（drop electrode）差分脉冲 CSV 检测微量硒，浓度可低至 0.25nmol/L。用旋转银盘电极（rotating Ag disk electrode）可检测纳克量的 Se^{+4}：在−0.40V（vs.SCE）下沉积 30min，$H_2SeO_3+2Ag+4H^++4e^- \longrightarrow Ag_2Se+3H_2O$；然后在 2mol/L NaOH 溶液中溶出，$Ag_2Se+2H^++2e^- \longrightarrow 2Ag+H_2Se$；在不加任何金属离子的情况下，在−0.95V 处产生一个明确的还原峰。

Se^0 可以在金属如金上富集，然后不可逆地氧化溶出：$Se \longrightarrow Se^{+4}+4e^-$。除了可能的多峰和耗时的电极预处理外，贵金属的氧化峰出现在沉积物溶出的电势区会使过程复杂化。为了克服电极预处理的缺点，采用可记录光盘作为电极来沉积金膜。沉积在金上的硒在 0.60V、0.80V 和 1.10V（vs.SCE）处有三个阳极溶出峰，分别归因于块体硒、单层硒和合金硒的氧化。1.10V（Au-Se 合金）的峰重现性好，线性范围宽（0.5～290ng/mL），相关系数（correlation coefficient）大于 0.996。

3. 电沉积

在不同的基底上电沉积硒作为制备半导体材料的一种经济可行的方法已经得到了广泛的研究。探讨了沉积的不同方面，即 Se^{+4} 还原途径、成核和生长动力学、实验参数的作用、UPD、原子层的表面结构、体相沉积的显微结构和相表征以及痕量元素的检测。

无论是以晶态形式还是以非晶态（无定形）形式获得硒膜，最好的方法是阴极还原 H_2SeO_3。用 H_2Se 进行阳极氧化，不是一个方便的合适策略。在室温条件下，水溶液的电沉积通常导致非晶态硒的形成。通过控制沉积参数（如温度和电流密度）可以实现单晶相沉积。在 Au 上的电沉积证实了 Se^0 存在三种不同的活性状态（单层、块体、Au-Se）。

电沉积的机理受电极材料、电解液 pH 值、UPD、半导体化合物形成、化学反应偶合等因素影响。伏安曲线通常表现出与 UPD 和体相沉积相对应的两个较大的阴极峰。在更负电势处会有额外的一个峰，归属于 H_2Se。6 电子还原在体相沉积过程中具有重要意义，而 4 电子还原在 UPD 过程中具有重要意义。6 电子还原路径与初始 4 电子还原路径相互竞争。在较负电势处的电化学行为反映了 4 电子（反应 3）和 6 电子（反应 6）还原和反歧化反应的复杂相互作用以及自初始 Se 层溶出的 Se^{-2} 的影响。电极电势和电解液中的 Se^{-2} 浓度是影响电沉积过程微妙平衡的主要因素。体相电沉积是通过反应 6 和反歧化反应（反应 11）进行的。4 电子还原在更负电势处，但效率较低。即使在低过电势时表观效率较好，但在高过电势时沉积速率较大。6 电子还原不是定量的，因为存在硒化氢从表面逃逸。在真正意义上，由于还原电势高于 4 电子还原的平衡电势，硒在 Au 上的 UPD 还原是一个超电势反应。

4. 电池

Se 和混合 Se_xS_y 是一类具有良好电化学性能的新型阴极材料。将富 S 体系的高容量和含 Se 体系的高电导率结合，从而混合 Se_xS_y 体系电极可调。碳纳米管 Se/SeS_2 复合电极可循环使用，电压可达 4.6V。Li/Se-C 体系在低电流密度（10mA/g）下，保持约 500mA·h/g，循环 25 次。具有可逆容量约为 650mA·h/g 的 Fe_2O_3-Se 纳米复合薄膜，经 TEM 和 XPS 数据分析，得到其放电以及充电反应（图 2.77）。

$$Fe_2O_3 + 6Li \longrightarrow 2Fe + 3Li_2O$$
$$Se + 2Li \longrightarrow Li_2Se$$

$$Fe + Li_2Se \longrightarrow FeSe + 2Li$$
$$2Fe + 3Li_2O \longrightarrow Fe_2O_3 + 6Li$$

图 2.77A　Fe_2O_3-Se 纳米复合薄膜放电反应　　　　图 2.77B　Fe_2O_3-Se 纳米复合薄膜充电反应

5. 太阳能电池

硒诱人的光电化学性质已被应用于光电化学电池中。三方相硒（t-Se）的带隙约为 1.9eV。最近的一项研究表明，在氧化锌中掺入少量（9%）的硒，可以极大地提高材料吸收光线的效率。硒修饰也能改善 TiO_2 的光电化学性能。采用电沉积法在 TiO_2 电极上制备了一种用于染料敏化光电化学电池的光电阴极。在这一领域的第一个重要贡献是 Gissler，他报道了 p-型硒薄膜的反常阳极光电流。从此以后大量的硒化合物如 $CdSe$、CdS_xSe_{1-x}、In_2Se_3、$ZnSe$、$CoSe$、CIS、$CIGS$ 和 $Cu_2ZnSnSe_4$ 等被用于光电化学应用的研究。

六、硒的有机电化学

硒的有机电化学的早期工作主要集中在电合成和表征方面[50]，电势数据的获得除脉冲辐解（pulse radiolysis）外主要来自循环伏安法。对 4,4'-二取代二芳基硒醚和碲醚，氧化峰电势 E_{pa} 与对位取代基 X（X=Me、OMe、NH_2、NMe_2、NO_2、CF_3、F、Cl、Br、CO_2H）的取代基常数 σ^+ 成线性关系：二芳基硒醚，$E_{pa}=1.417+0.411\sigma^+$；二芳基碲醚，$E_{pa}=0.955+0.244\sigma^+$。类似地，ArEMe（E=S、Se、Te）的氧化峰电势 E_{pa} 与对位取代基 X 的取代基常数 σ^+ 成线性关系：硫醚，$E_{pa}=1.607+0.391\sigma^+$；硒醚，$E_{pa}=1.242+0.236\sigma^+$；碲醚，$E_{pa}=0.743+0.122\sigma^+$。因此氧化峰电势可用通式表示：$(E_{pa})_X=(E_{pa})_0+\rho\sigma$，其中 $(E_{pa})_0$ 和 $(E_{pa})_X$ 分别为没有取代基和取代为 X 的氧化峰电势，σ 是取代基常数，ρ 是衡量氧化峰电势对取代基变化的敏感性常数。已有的这些数据表明对同一系列的氧族化合物，杂原子的氧化难易顺序与电负性和电离能大小的顺序一致：最易氧化的是碲化合物，最难氧化的是含氧化合物。由于大多数硒化合物以及相应的碲化合物其单电子氧化是不可逆的，因此提供的是氧化峰电势 E_{pa} 而不是氧化电势 $E_{1/2}$（可逆 CV），采用脉冲辐解获得的数据（vs.NHE）用 $E°$ 标记；由于各种文献采用的参比电极多有不同，讨论问题时需根据各参比电极的标准电极电势换算到同一参比标准（例如 SCE，参阅附录）。

近年来的一些有趣工作包括硒作为苯胺电聚合的促进剂、有机硒化合物作为胺氧化羰基化的催化剂、硒基自组装单分子膜和采用溶出伏安法对硒蛋白质进行定性和定量研究。硒醇的自组装单分子层（self-assembled monolayer，SAM）及其电化学特性是最近有机硒化学研究的一个重要领域，可用于高级涂层、传感器、杂化材料和分子电子学等方面。采用电化学和光谱技术相结合的方法，研究了不同硒化物和硒醇在金和银表面形成有序单分子膜的过程，证明了硒单层膜具有更好的导电性能。

1. 阴极还原

（1）单质硒的阴极还原

单质硒在石墨电极上或单质硒直接作阴极电解还原可产生二硒负离子 Se_2^{2-}：与卤烷或缺电子卤代芳烃反应得到二硒醚（表 2.28）；与其它卤代芳烃经自由基单分子亲核取代（$S_{RN}1$）得到二芳基二硒醚 ArSeSeAr；与腈反应得到硒酰胺（图 2.78）。

表 2.28　在卤代烃存在下用硒作阴极电解合成二硒醚

RX	E(vs.SCE)*/V	R_2Se_2	产率/%
BnCl	−1.25	Bn_2Se_2	96
2-$O_2NC_6H_4Cl$	−0.95	(2-$O_2NC_6H_4$)$_2Se_2$	92
c-$C_6H_{11}Br^{*}$	−1.2	(c-C_6H_{11})$_2Se_2$	70
^iPrBr	−1.5	$^iPr_2Se_2$	90

*硒电极的电势相对于饱和甘汞电极（SCE）；c-C_6H_{11}，环己基。

（2）硒醚的阴极还原

研究了在汞、铂、石墨、玻碳电极上硒醚的还原反应：如图 2.79 所示，硒醚的单电子还原形成自由基负离子，然后 C—Se 键断裂产生芳基硒负离子和芳基自由基。依据反应条件不同，负离子转变为 ArSeH 或经空气氧化得到 ArSeSeAr 或 PhSeSePh；芳基自由基从溶剂分子夺取氢原子生成相应的芳烃。

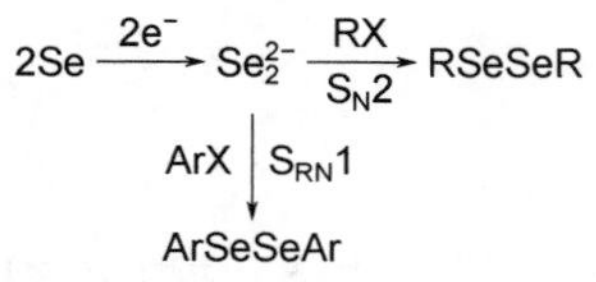

$$2Se \xrightarrow{2e^-} Se_2^{2-} \xrightarrow[S_N2]{RX} RSeSeR$$

$$ArX \downarrow S_{RN}1$$

$$ArSeSeAr$$

图 2.78　硒阴极还原产生 Se_2^{2-} 进行的反应

$$ArSePh \underset{e^-}{\rightleftarrows} [ArSePh]^- \begin{cases} ArSe^- + Ph^\bullet \\ PhSe^- + Ar^\bullet \end{cases}$$

图 2.79　二芳基硒醚的还原

（3）二芳基二硒醚的阴极还原

二芳基二硒醚 ArSeSeAr 在阴极上还原现场产生亲核试剂 ArSe$^-$，可与卤代芳烃 Ar′X 反应生成不对称二芳基硒醚 ArSeAr′，与亲电试剂 Me_3SiCl 反应得到非常有用的硒试剂 $Me_3SiSePh$（图 2.80）（参阅第八章）。

值得指出的是：二芳基二硒醚 ArSeSeAr 在汞电极上并没有出现自由基的 ESR 信号，因此提出如下产生亲核试剂 ArSe$^-$ 的机理（图 2.81）。

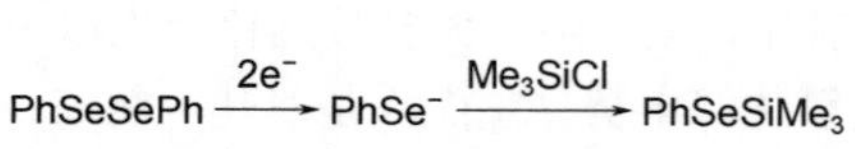

$$PhSeSePh \xrightarrow{2e^-} PhSe^- \xrightarrow{Me_3SiCl} PhSeSiMe_3$$

图 2.80　二芳基二硒醚的还原

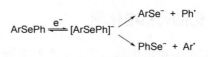

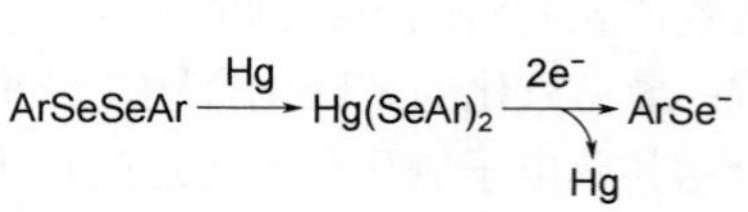

$$ArSeSeAr \xrightarrow{Hg} Hg(SeAr)_2 \xrightarrow[Hg]{2e^-} ArSe^-$$

图 2.81　二芳基二硒醚在汞电极上的还原

2. 阳极氧化

（1）二芳基硒醚的阳极氧化

二芳基硒醚在阳极失去电子形成自由基正离子（图2.82），它有三种反应方式：①与亲核试剂反应形成自由基，然后再失去电子与亲核试剂结合形成四配位产物；②发生歧化生成二价正离子；③直接在电极上再失去电子形成二价正离子，二价正离子与亲核试剂结合形成四配位产物。

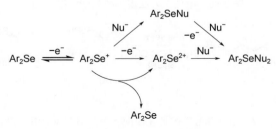

图 2.82　二芳基硒醚的阳极氧化

带吸电子基 Z 的烷基芳基硒醚在铂阳极上失去电子形成自由基正离子，进一步失去电子并向介质转移氢离子得到碳正离子，再与亲核试剂结合生成 α 位官能团化的产物。在乙酸-乙酸钠中得到酯化产物，在甲醇中得到 α-甲氧基化产物（图2.83）。

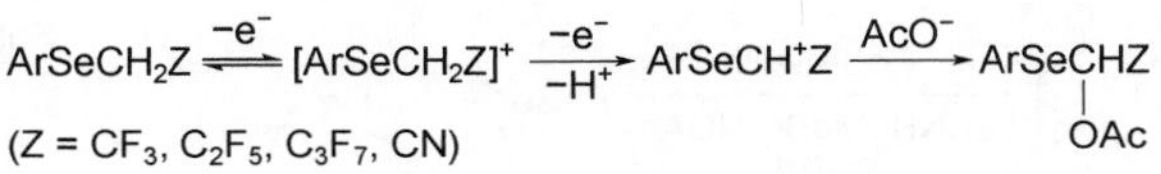

$$ArSeCH_2Z \underset{}{\overset{-e^-}{\rightleftharpoons}} [ArSeCH_2Z]^+ \xrightarrow[-H^+]{-e^-} ArSeCH^+Z \xrightarrow{AcO^-} ArSeCHZ$$
$$(Z = CF_3, C_2F_5, C_3F_7, CN) \qquad\qquad\qquad\qquad\qquad\quad |\ OAc$$

图 2.83　烷基芳基硒醚的阳极氧化

（2）二芳基二硒醚的阳极氧化

二芳基二硒醚先失去电子形成自由基正离子，然后 C—Se 键断裂形成芳硒基正离子和芳硒基自由基。依据反应介质不同，芳硒基正离子的命运不同：在含水乙腈中，它转变为 ArSeNHCOMe；在水中，生成 ArSeOH 后进一步反应最后得到 $ArSeO_2H$。

① 烯烃与炔烃的氟硒化反应。二芳基二硒醚 PhSeSePh 在阳极氧化产生 $PhSe^+$，被介质中的氟离子捕获，形成 PhSeF，然后对烯烃和炔烃进行亲电加成（图2.84和图2.85）。

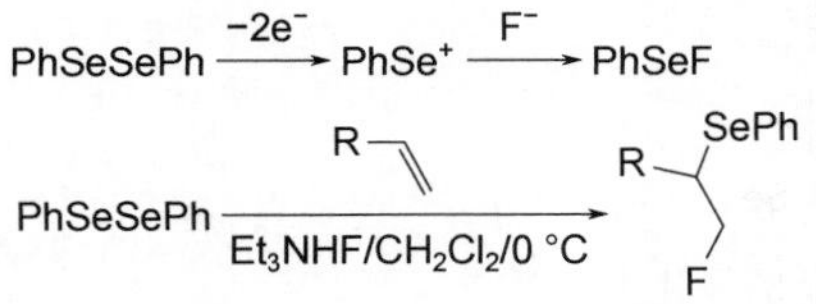

$$PhSeSePh \xrightarrow{-2e^-} PhSe^+ \xrightarrow{F^-} PhSeF$$

图 2.84　烯烃的氟硒化 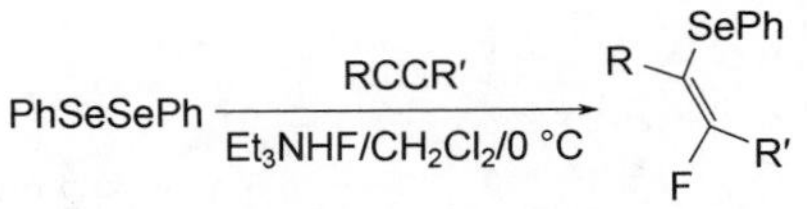　　　　　　　图 2.85　炔烃的氟硒化

② 烯与酮的硒化反应。PhSeX 是重要的亲电硒试剂，可用于合成新的有机硒化合物（参阅硒的有机化学）。采用电化学方法，可现场得到这类亲电试剂（图2.86）。如果电解反应在甲醇或乙酸或含水乙腈中进行，亲电试剂可对反应体系中的烯烃或炔烃进行加成并将亲核基团如甲氧基或乙酰氧基或羟基引入加成产物；如果不饱和反应物中存在位置合适的亲核基团，将得到加成环化产物（图 2.87）。采用电化学方法，现场产生这类亲电试剂，也可对有 α-氢的酮和活性亚甲基化合物进行 α-位硒化反应（图 2.88）。不对称的酮反应主要发生在取代程

度大的 α-碳上，例如 2-甲基环己酮进行硒化主要产物为 A（图 2.89）。

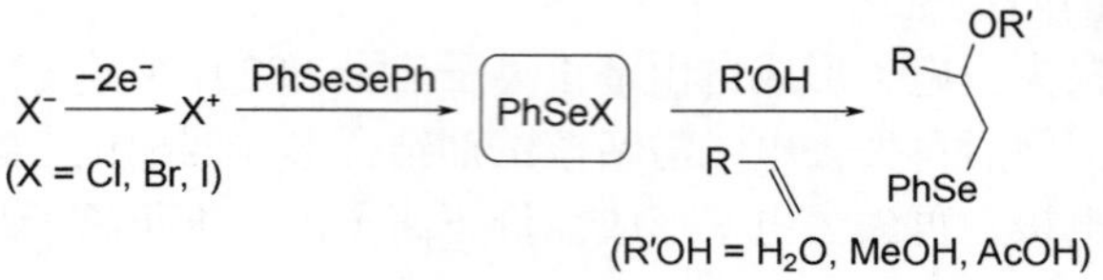

图 2.86　电化学方法现场得到亲电硒试剂

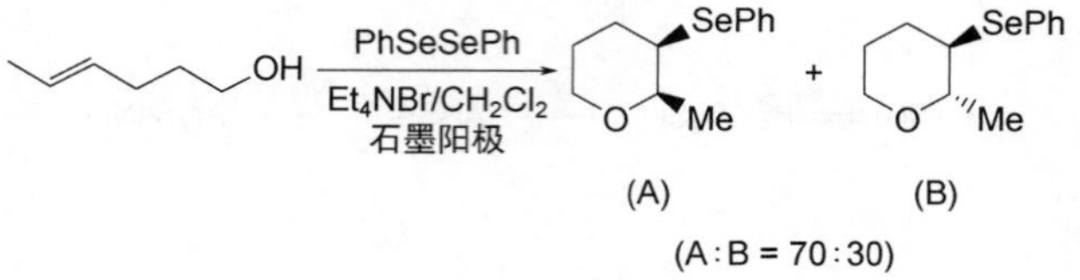

图 2.87　不饱和醇的硒环化反应（A 与 B 的总产率 77%）

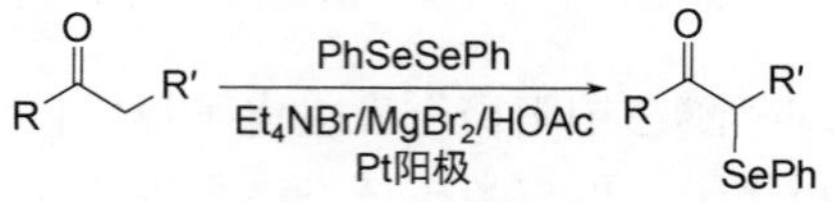

图 2.88　酮的 α-位硒化反应

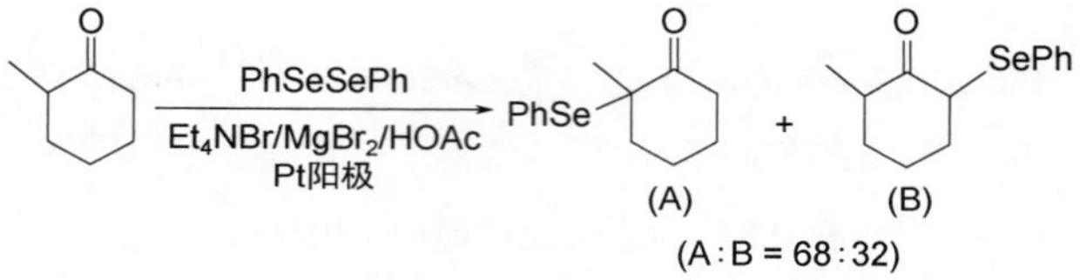

图 2.89　2-甲基环己酮的硒化反应（A 与 B 的总产率 84%）

（3）二烷基二硒醚的阳极氧化

二烷基二硒醚 RSeSeR 在玻碳电极或铂电极上的阳极氧化与二芳基二硒醚类似，也是硒硒键断裂形成 RSe$^+$（图 2.90）。如果 RSe$^+$ 进一步异裂能产生稳定的碳正离子，那么可以观察到单质硒在电极上沉积。

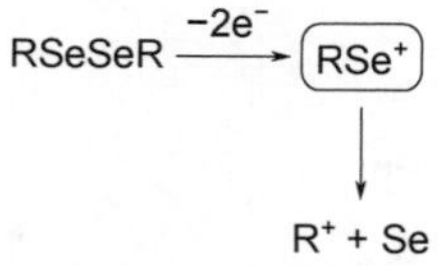

图 2.90　二烷基二硒醚的氧化

第六节　配合物的反应

配合物的反应可分为发生在金属中心上的反应和发生在配体上的反应。发生在金属上的配体取代反应已进行系统研究[51,52]。过渡金属元素的特点是：$(n-1)$d 轨道易与 ns、np 轨道形成杂化轨道，如 dsp^2、dsp^3 和 d^{2}sp^3 杂化；这些轨道可同符合对称性和能量要求的各种离子、分子（即配体）的原子轨道或分子轨道形成 σ 或 σ-π 键的单核或多核配合物；作为配合物的中心离子容易改变氧化数和配位数。这些特点使得过渡金属配合物在催化领域有十分重要的应用。

一、配合物的亲核取代反应

在配体取代反应中，作为反应物的金属配合物称为底物，离开金属中心的配体称为离去基团（leaving group）或离场配体（leaving ligand），与金属中心配位的新基团称为进入基团（entering group）或进场配体（entering ligand）。亲核取代反应机理如前所述，可分为离解机理（dissociative mechanism），即 D 机理；缔合机理（associative mechanism），即 A 机理；交换机理（interchange mechanism），即 I 机理。

1. 亲核取代反应机理

（1）D 机理

D 机理是两步机理（图 2.91）：第一步，离去基 X 离解形成低配位数的中间体；第二步，低配位数的中间体与进场配体 Y 结合形成产物。

$$ML_nX \xrightarrow{\text{慢}} ML_n + X$$
$$ML_n + Y \xrightarrow{\text{快}} ML_nY$$

图 2.91　配合物的离解机理

反应是一级动力学，有正的活化熵，反应速率只与底物浓度有关而与进攻试剂的浓度无关。18 电子的配合物六羰基钼［$Mo(CO)_6$］的光取代反应是离解机理。

（2）A 机理

A 机理是两步机理（图 2.92）：第一步，进场配体 Y 与反应中心形成高配位数的中间体；第二步，离去基 X 快速从高配位数的中间体离开。反应是二级动力学，有负的活化熵，反应速率与底物和进攻试剂浓度的乘积成正比。$Ni(CN)_4^{2-}$ 的配体自交换反应就是经过五配位中间体进行的 A 机理。

$$ML_nX + Y \xrightarrow{\text{慢}} YML_nX \xrightarrow{\text{快}} ML_nY + X$$

图 2.92　配合物的缔合机理

（3）I 机理

I 机理是一步机理（图 2.93）：进场配体 Y 与反应中心形成高配位数的过渡态随后生成产物。反应是二级动力学，有负的活化熵，反应速率与底物和进攻试剂浓度的乘积成正比。

$$ML_nX + Y \xrightarrow{\text{慢}} \left[Y\text{----}\overset{L_n}{M}\text{----}X \right]^{\neq} \xrightarrow{\text{快}} ML_nY + X$$

图 2.93　配合物的交换机理

2. 平面配合物的取代反应

（1）反应速率常数与亲核性参数

如图 2.94 所示，平面的四配位铂配合物的亲核取代反应得到系统研究：确定了影响反应速率的因素是进入基团的性质（亲核性）、离去基团的性质、立体效应以及旁观配体（spectator ligand）效应等；建立了如下反应速率常数 k 与进攻试剂亲核性 n_{Pt} 的线性方程。

$$\textit{trans-}[Pt(py)_2Cl_2] + Y^{m-} \longrightarrow \textit{trans-}[Pt(py)_2ClY]^{(m-1)-} + Cl^-$$

图 2.94　铂配合物上的亲核取代反应

$$\lg k = Sn_{Pt} + \lg k_0$$

式中，斜率 S 表征反应速率常数对进攻试剂的敏感程度，称为亲核性区别因子（nucleophilic discrimination factor）或敏感因子。对标准反应（底物 $\textit{trans-}[PtCl_2(py)_2]$），规定 $S=1$。其它底物：$\textit{trans-}[PtCl_2(PEt_3)_2]$，$S=1.43$；$\textit{trans-}[PtCl_2(AsEt_3)_2]$，$S=1.25$；$[PtCl_2(en)]$，$S=0.64$；$[PtCl(dien)]^+$ $[dien=(H_2NCH_2CH_2)_2NH]$，$S=0.65$；$[PtBr(dien)]^+$，$S=0.75$；$[Pt(dien)(OH_2)]^{2+}$，$S=0.44$。截距为 $\lg k_0$，其中 k_0 是甲醇反应的速率常数。根据表 2.29，亲核试剂的亲核性顺序如下：$I^->Br^->Cl^-\gg F^-$；$Se>S>Te\gg O$；$P>As>Sb\gg N$[16,51]。

表 2.29　亲核试剂的亲核性参数

亲核试剂	n_{Pt}	亲核试剂*	n_{Pt}	亲核试剂	n_{Pt}
$C_6H_{11}NC$	6.34	NH_3	3.07	F^-	<2.2
CN^-	7.14	$C_5H_{10}NH$	3.13	Cl^-	3.04
$MeOH$	0.00	$PhNH_2$	3.16	Br^-	4.18
MeO^-	<2.4	$C_3H_4N_2$	3.44	I^-	5.46
OH^-	<2.4	C_5H_5N	3.19	$PhSH$	4.15
$MeCO_2^-$	<2.4	N_3^-	3.58	PhS^-，$(H_2N)_2CS$	7.17
Me_2SO	2.56	NO_2^-	3.22	Me_2S	4.87
$(PhCH_2)_2S$	3.43	NH_2OH	3.85	SO_3^{2-}	5.79
SCN^-	5.75	N_2H_4	3.86	$S_2O_3^{2-}$	7.34
Ph_3As	6.89	$(MeO)_3P$	7.23	$(PhCH_2)_2Se$	5.53
Et_3As	7.68	Ph_3P	8.93	Me_2Se	5.70
Ph_3Sb	6.79	$^nBu_3P$	8.96	$SeCN^-$	7.11

*$C_5H_{10}NH$：哌啶；$C_3H_4N_2$：咪唑；C_5H_5N：吡啶。

（2）影响反应速率的因素

反位效应（trans effect）：在四配位平面配合物中，处于离去基团反位的基团对取代反应速率的影响，称为反位效应。基团的反位效应强弱顺序是：$C_2H_4\approx CO\approx CN^->(CH_3)_3P\approx H^->NO_2^->I^->SCN^->Br^->Cl^->py>NH_3>OH^->H_2O$。强 σ 给予配体或强 π 接受配体能大大加速处于反位的配体的取代。利用反位效应合成铂配合物的例子示于图 2.95。

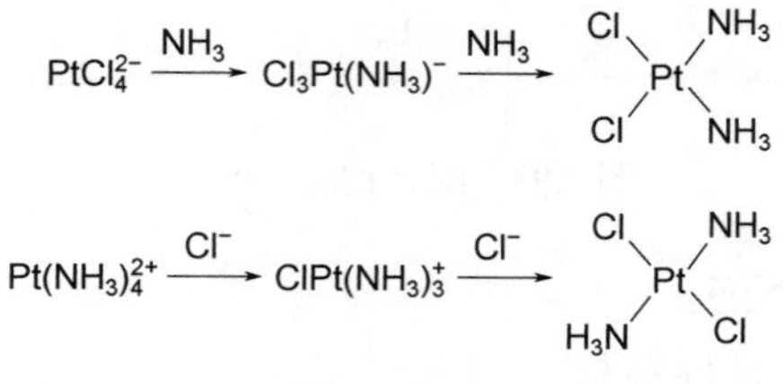

图 2.95　利用反位效应合成铂配合物

大体积的配体阻碍试剂进攻反应中心，位阻越大反应越慢。配合物 $cis\text{-}[PtClL(PEt_3)_2]$ 的 Cl^- 被水取代的反应速率常数（k，s^{-1}；$25℃$）：L=吡啶，$8×10^{-2}$；L=2-甲基吡啶，$2.0×10^{-4}$；L=2,6-二甲基吡啶，$1.0×10^{-6}$。平面四配位配合物的取代反应一般是缔合机理，但不排除大体积基团为解除张力而采取离解机理。

（3）取代反应的立体化学

已经发现平面四配位配合物的取代保持其几何构型不变，即顺式底物获得顺式产物，反式底物提供反式产物。

3. 八面体配合物的取代反应

影响八面体配合物取代反应速率的因素包括离去基团、旁观配体和立体效应。如果取代反应是缔合机理，反应速率常数与离去基团的本质无关；如果取代反应是离解机理，金属-离去基（M—X）键的强弱决定反应速率常数，键越弱反应速率常数越大，反之亦然。例如 $[CoX(NH_3)_5]^{2+}$ 的水解反应速率常数（s^{-1}）顺序：X=I>Br>Cl。旁观配体也影响反应速率，例如 $[NiXL_5]^+$ 的水解反应速率常数（s^{-1}）顺序：$L=NH_3>>H_2O$；旁观配体的立体拥挤有利于离解机理。

八面体中心的取代反应：通过四方锥中间体将保持原来的构型，而通过三角双锥中间体将导致构型的改变。

4. 其它配合物的取代反应

低配位数的金属配合物，其取代反应通常是 A 机理。二配位的金属离子，一般是 A 机理；对 $AuX(PR_3)$ 而言，当膦配体体积大时反应是 D 机理。水合银离子的取代反应是快速的，反应是 A 机理。在二价汞上的取代反应是 A 机理：水合离子特别活泼，$[MeHg(OH_2)]^+$ 与 pada $[2\text{-}C_5H_4NCH_2N(CH_2CO_2H)_2]$ 反应比 MeHgOH 快 10^4。

汞和硒之间的相互作用相关于汞的毒理学性质。例如，硒是抗氧化剂的重要成分，与汞的配位可以降低硒的生物利用率（bioavailability）。此外，硒存在于各种生物分子中，如硒半胱氨酸、硒甲硫氨酸、硒蛋白质，汞与硒酶的活性位点结合可抑制它们的功能。硒氨基酸能断裂甲基汞的 Hg—C 键，通过中间体 $(MeHg)_2Se$ 生成不溶性的硒化汞 HgSe。硒化汞的生成即汞的生物矿化被认为是一种生物解毒途径。除了汞的亲硒性外，汞中毒重要的原因是汞的亲硫性。由于有机汞化合物具有特殊的毒性，因此研究硒、硫与汞反应的化学尤为重要（参阅第十八章）。尽管硫醇或硒醇的汞配合物具有很高的热力学形成常数，但 Hg^{2+} 或 $MeHg^+$ 与硫醇或硒醇的配合物在动力学上是不稳定的，在自由硫醇或硒醇存在下会发生快速配体交换。配体的交换是通过一个三配位 Hg 中间体的缔合机理进行的（图 2.96）[16]。

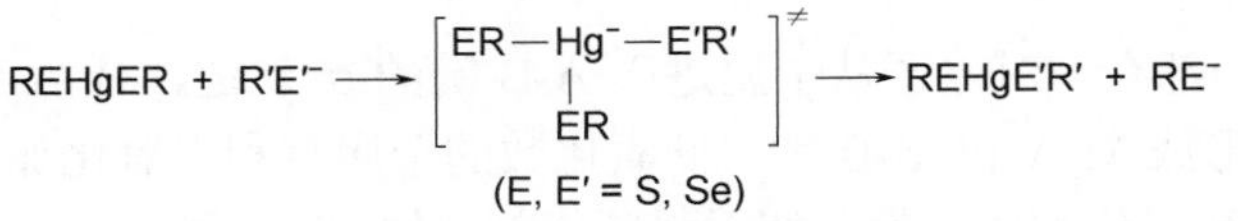

$$REHgER + R'E'^- \longrightarrow \left[\begin{array}{c} ER-Hg^-\!\!-E'R' \\ | \\ ER \end{array} \right]^{\neq} \longrightarrow REHgE'R' + RE^-$$

$$(E, E' = S, Se)$$

图 2.96 汞上的亲核取代反应

PhSeHgR 与 *RHgX 的复分解反应是经过 Se—Hg/X—Hg 键交换的四元环缔合机理进行的（图 2.97）[53]。

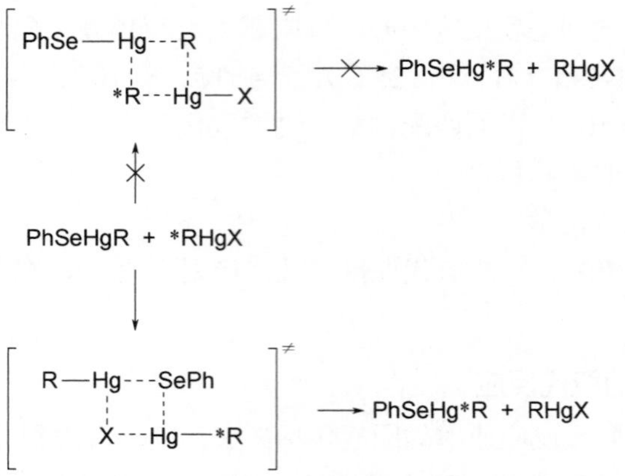

$$\left[\begin{array}{c} PhSe—Hg\text{-}\text{-}\text{-}R \\ *R\text{-}\text{-}\text{-}Hg—X \end{array}\right]^{\neq} \xrightarrow{\times} PhSeHg*R + RHgX$$

$$\times$$

$$PhSeHgR + *RHgX$$

$$\downarrow$$

$$\left[\begin{array}{c} R—Hg\text{-}\text{-}\text{-}SePh \\ X\text{-}\text{-}\text{-}Hg—*R \end{array}\right]^{\neq} \longrightarrow PhSeHg*R + RHgX$$

图 2.97　汞上进行的复分解反应

二、配合物的氧化加成与还原消除

氧化加成（oxidative addition，OA）：一个分子断裂成两个配体并加成到同一金属原子上[54]。通过 AB 分子（如 H_2、Cl_2、HCl、R_3C—H、CH_3—I、RCOCl、Me_3Si—H）的氧化加成，将一对负离子配体，A^- 和 B^-，引入金属的配位层（coordination sphere）。还原消除（reductive elimination，RE）：氧化加成的逆向反应；两个配体从一个金属原子上解离并结合成一个分子，导致 AB 从 $L_nM(A)(B)$ 配合物中挤出。在氧化方向，断裂 A-B 键形成 M-A 和 M-B 键：由于 A 和 B 都是 X 型配体，在反应过程中氧化数（或氧化态）、电子计数和配位数（coordination number，CN）均增加两个单位（图 2.98）。

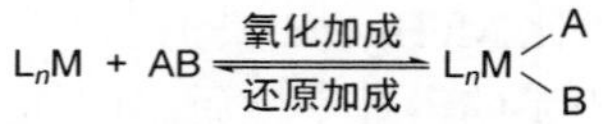

$$L_nM + AB \underset{\text{还原加成}}{\overset{\text{氧化加成}}{\rightleftharpoons}} L_nM{<}^{A}_{B}$$

图 2.98　氧化加成与还原消除

1. 氧化加成

氧化加成意味着在金属上需要一个空的位置（□=vacant site）：从 16e 配合物开始，或从 18e 配合物离解一个配体产生一个 2e 空位开始；氧化数的改变意味着一个给定氧化数的金属配合物必须具有高或低两个单位的氧化数进行氧化加成或还原消除。

少数配合物可以进行双核氧化加成（binuclear oxidative addition），其中每一种金属的氧化数、电子计数和配位数都改变了一个单位而不是两个单位，这通常发生在一个 17e 或一个有 M-M 键的双核配合物的情况下：$2L_nM+A\text{-}B \longrightarrow L_nMA+L_nMB$；$L_nM\text{-}ML_n+A\text{-}B \longrightarrow L_nMA+L_nMB$。

不管机理如何，都有一对电子从金属进入 A-B 键的 σ*轨道，或 A-B 键的 σ 电子进入金属，断裂 A-B 键，形成 M-A 和 M-B 键。低氧化数的金属有利于氧化加成，只有极少数氧化数高于+2 的金属进行氧化加成，除非使用强氧化剂（如 Cl_2）；相反，高氧化数（氧化态）的金属有利于还原消除。

原则上，这些反应是可逆的，但实际上，它们只是朝着氧化或还原的方向进行。反应平衡的位置由热力学决定，这取决于两种氧化态的相对稳定性以及 A-B 与 M-A 和 M-B 键强度的平衡：降温有利于反应向右进行，$[Ir(cod)_2]^+ + H_2 \rightleftharpoons cis\text{-}[IrH_2(cod)_2]^+$（cod，1,5-环辛二烯）。

烷基氢化物一般都能消除烷烃，但烷烃氧化加成的情况很少。相反，卤代烷通常加成到金属配合物中，但加成物很少还原性地消除卤代烷。第三周期元素有较强的金属-配体键，因此形成较为稳定的配合物。

强授予配体有利于氧化方向，因为这些配体稳定了高氧化态。虽然氧化加成反应的形式氧化数变化总是+2，金属上真正的电荷变化要小得多，因为 A 和 B 最终在 $L_nM(A)(B)$ 中不会是纯−1 电荷（遵守电中性原理）。实际电荷的变化主要取决于 A 和 B 的电负性，因此更易氧化的试剂顺序：$H_2 < HCl < Cl_2$。

二硒醚对 16 电子（16e）的平面配合物 [(bpy)PdMe$_2$] 进行氧化加成生成 18 电子（18e）的八面体配合物 [trans-(bpy)PdMe$_2$(SePh)$_2$]（图 2.99）[54]。次脒酰卤 PhSeX（X=Cl、Br、I）与 16 电子的平面配合物 [(Me$_2$phen)Pt(olefin)；Me$_2$phen，2,9-二甲基-1,10-邻菲啰啉；olefin= 乙烯、丙烯酸甲酯、马来酸甲酯、富马酸甲酯、富马酸苯酯、trans-NCHC=CHCN] 在室温的氯仿中迅速反应生成五配位的三角双锥配合物 [(Me$_2$phen)PtX(SePh)(olefin)]，其中卤素和 PhSe 位于轴向位置。

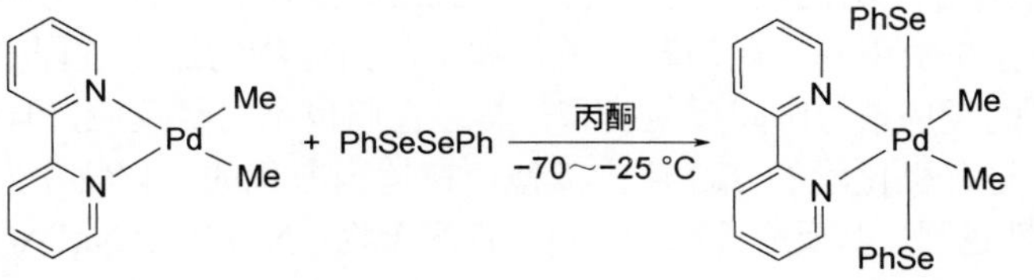

图 2.99　在钯（Ⅱ）上的氧化加成

特别有趣的是大位阻硒醇——三蝶烯硒醇（TripSeH）可对 Pt(PPh$_3$)$_2$(η^2-C$_2$H$_4$)氧化加成，以 78%的产率提供配合物 [cis-PtH(SeTrip)(PPh$_3$)$_2$]。用 HBF$_4$ 处理后，氢配合物转化为铂环化产物（60%产率），它也能从大位阻次脒酸（TripSeOH）与 Pt(PPh$_3$)$_2$(η^2-C$_2$H$_4$)反应以 94%的产率得到（图 2.100）。

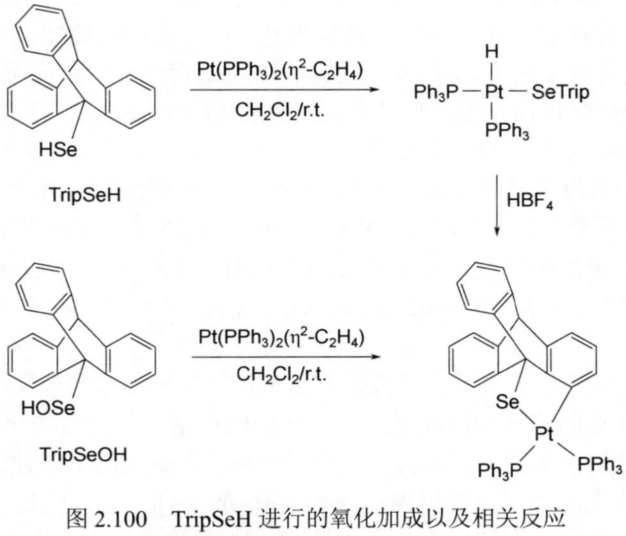

图 2.100　TripSeH 进行的氧化加成以及相关反应

氧化加成并不局限于过渡金属，最常见的氧化加成是格氏试剂（Grignard reagent）的形成。

由于过渡金属的氧化加成反应涉及的试剂种类异常广泛，因此氧化加成反应的机理是多种多样的，包括协同机理、S_N2 机理、自由基机理和离子机理等。

（1）协同机理

协同的、三中心的氧化加成实际上是一种缔合反应：第一步，形成 σ 配合物，如果它比较稳定，反应停止在这里；第二步，氧化步骤，金属的电子转移到 A-B 的 σ* 轨道（图 2.101）。相反地，在还原消除中，通常两个要消除的配体必须是顺式的。

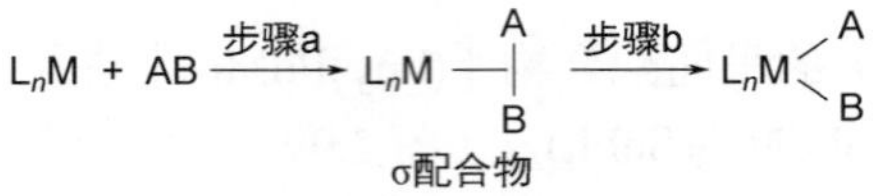

$$L_nM + AB \xrightarrow{\text{步骤a}} L_nM\begin{array}{c} A \\ | \\ B \end{array} \xrightarrow{\text{步骤b}} L_nM\begin{array}{c} A \\ \diagdown \\ B \end{array}$$
σ配合物

图 2.101 协同的氧化加成

（2）S_N2 机理

在 S_N2 机理中，L_nM 的金属电子对以共线方式直接进攻极性底物 AB 如卤代烷的 σ* 轨道（攻击电负性最小的原子）给出离子模型的碎片 L_nMA^+ 和 B^-，然后快速形成产物 $L_nM(A)(B)$。

S_N2 机理通常存在于甲基、烯丙基、酰基和苄基卤化物的加成过程中，如与 Vaska 配合物 $ClIr(CO)(PPh_3)_2$ 的反应。与协同反应类型一样，它们也是二级反应，但在极性溶剂中加速，表现为负活化熵。与有机化学的 S_N2 反应类似，在适当取代的卤化物中发现了碳原子的构型反转。金属的亲核性越强，其反应性越大，对于镍配合物：$Ni(PR_3)_4 > Ni(PAr_3)_4 > Ni(PR_3)_2(alkene) > Ni(PAr_3)_2(alkene) > Ni(cod)_2$（R=alkyl；Ar=aryl）。碳上的空间位阻阻滞反应：$MeI > EtI > {}^iPrI$。碳上的好离去基有利于反应：$ROTs > RI > RBr > RCl$。

（3）自由基机理

判断自由基反应的实验证据是获取 ESR 信号或加捕获剂捕获自由基中间体，现在已经区分出两种自由基机理——非链式和链式。非链式机理被认为在某些烷基卤化物 RX 与 $Pt(PPh_3)_3$（X=I，R=Me、Et；X=Br，R=Bn）的加成中起作用：$M + RX \longrightarrow M^+ + RX^- \longrightarrow MX + R^\bullet \longrightarrow RMX$。其关键特征是一个电子从 M 转移到 RX 的 σ* 轨道，形成 M^+ 和 RX^-；X^- 转移到 M^+ 后，$R^\bullet$ 被释放；在自由基逃脱溶剂笼之前，它们迅速偶合生成产物。金属越易给出电子，卤代烃越易接受电子，电子转移越容易发生，卤代烃的反应顺序是：$RI > RBr > RCl$。与 S_N2 过程不同，ROTs 反应很慢，烷基自由基 $R^\bullet$ 越稳定，越容易形成，反应越快，从而导致 R 基团的反应顺序是：3°>2°>1°>Me。

由于双核氧化加成反应涉及金属中的 1e 而不是 2e 的变化，它们通常是通过自由基进行的。最著名的例子之一就是，$2Co(CN)_5^{3-} + RX \longrightarrow RCo(CN)_5^{3-} + XCo(CN)_5^{3-}$：速率控制步骤是 d^7 配离子 $Co(CN)_5^{3-}$ 从 RX 中提取卤素原子 X，$Co(CN)_5^{3-} + RX \longrightarrow XCo(CN)_5^{3-} + R^\bullet$；由此产生的 $R^\bullet$ 与第二个 $Co(CN)_5^{3-}$ 快速结合生成 $RCo(CN)_5^{3-}$，$Co(CN)_5^{3-} + R^\bullet \longrightarrow RCo(CN)_5^{3-}$。

（4）离子机理

卤化氢常常在溶液中显著离解，负离子和质子往往分步加成到金属配合物中。已经发现了两个变种：在更常见的第一种情况下，配合物的碱性足以使其质子化（定速步骤，速率=$k_2[complex][H^+]$），之后卤素负离子结合产生最终产物；在少见的第二种情况下，卤素负离子 X^- 先进攻配合物形成中间体（定速步骤，速率=$k_2[complex][X^-]$），随后质子化。碱性配体和低氧化态的金属有利于第一条路线，电子受体配体和配合物上的净正电荷有利于第二条路线。极性溶剂对这两种类型都有利：$Pt(PPh_3)_4 + HCl \longrightarrow HPtCl(PPh_3)_2 + 2PPh_3$〔第一种机理，生成中间体 $HPt(PPh_3)_3^+$，16e 配合物〕；$Ir(cod)(PPh_3)_2^+ + HCl \longrightarrow HIrCl(cod)(PPh_3)_2^+$〔第二种机理，生成中间体 CIIr(cod)(PPh$_3$)$_2$，18e 配合物]。

其它酸（包括路易斯酸）如羧酸和 HgCl$_2$ 在溶液，也进行离子反应：CIIr(CO)L$_2$+HO$_2$CR $\longrightarrow$ HIrCl(CO)(κ-OCOR)L$_2$；CIIr(CO)L$_2$+HgCl$_2$ $\longrightarrow$ IrCl$_2$(CO)(HgCl)L$_2$。

烷基配合物 L$_n$MR 用酸裂解产生烷烃：通过金属的质子化产生[L$_n$M(H)R]$^+$或 M-R 键质子化形成 σ 配合物[L$_n$M(H-R)]$^+$；但在其它情况下，氧化加成-还原消除机理似乎更有可能，R$_2$PtL$_2$+HCl $\longrightarrow$ HPtClR$_2$L$_2$ $\longrightarrow$ RH+RPtClL$_2$。

2. 还原消除

还原消除，氧化加成的逆向反应，在较高的氧化态中最常见，因为金属的氧化数在反应中降低两个单位。对于 d^8 金属 Ni(Ⅱ)、Pd(Ⅱ)、Au(Ⅲ)和 d^6 金属 Pt(Ⅳ)、Pd(Ⅳ)、Ir(Ⅲ)、Rh(Ⅲ)等配合物，该反应特别有效。还原消除可以通过氧化或光解来促进：Cp*Ir(PMe$_3$)H$_2$+$h\nu$ $\longrightarrow$ Cp*Ir(PMe$_3$)+H$_2$（Cp*=C$_5$Me$_5$，五甲基环戊二烯基）。

某些基团比其它基团更容易消除：L$_n$MHR $\longrightarrow$ L$_n$M+HR，L$_n$MH(COR) $\longrightarrow$ L$_n$M+RCHO，L$_n$MR(COR′) $\longrightarrow$ L$_n$M+RCOR′，L$_n$MR′(SiR$_3$) $\longrightarrow$ L$_n$M+R′SiR$_3$；由于热力学原因，反应向右边进行；MH 反应快于 MR，可能是因为形成了一个相对稳定的 σ 键配合物降低了过渡态的能量。

根据微观可逆性原理（principle of microscopic reversibility）（可逆反应具有相同的中间体或过渡态即可逆反应在同一机理下向右和向左两个方向进行），由于氧化加成有几种机理，因此还原消除也应该如此，但这里只讨论协同机理。

在催化反应中，还原消除常常是催化循环的最后一步，产生的催化剂 L$_n$M 必须能够长时间存活，以便与底物反应，从而重新进入催化循环。消除反应的机理是协同的三元环过渡态，在碳上的构型保留是这类反应的特征。进行协同消除的两个配体必须处于顺式，否则消除反应将通过其它多步骤途径进行。

含酰基的还原消除比烷基的还原消除容易。例如，CpCoMe$_2$L 并不消除乙烷，而是通过加入的 CO 迁移插入得到酰基烷基配合物 CpCoMe(MeCO)L，随后消除丙酮；CpCoMe$_2$L 和 CpCo(CD$_3$)$_2$L 的交叉实验表明这个消除反应是分子内的。通过还原消除也能形成碳-杂原子（O、N、S、Se）键：Hartwig 开发出芳卤与胺在强碱存在下的钯催化芳氨基化反应；Canty 发现 Se-C(sp^3)键的形成速率快于 Se-C(sp^2)键（图 2.102）。

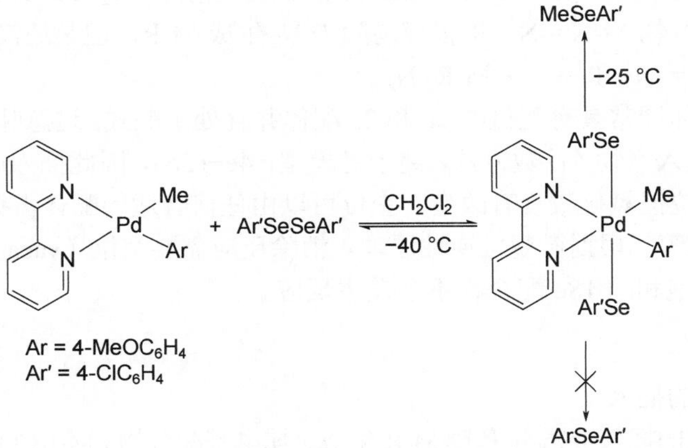

图 2.102 还原消除形成 Se-C(sp^3)键

如前所述，对于那些改变氧化数是一个单位的金属来说，氧化加成是双核的，还原消除也一样是双核的：$ArCOMn(CO)_5+HMn(CO)_5 \longrightarrow Mn_2(CO)_{10}+ArCHO$。

三、配合物的插入反应与消除反应

插入反应（insertion）：一个已配位的不饱和配体插入一个金属-配体键如 M-H 或 M-R 键中；插入反应的逆过程即消除反应（elimination）（或逆插入反应）。通过插入反应和消除反应，可以将配体在配位层内进行结合和转化，最终将转化的配体消除，形成无金属的有机化合物。在插入过程中，配位的 2e 配体 A═B 可以插入 M-X 键中，生成 M-(AB)-X（图 2.103）。

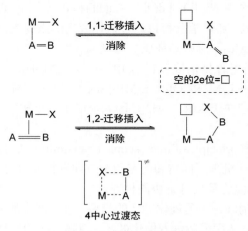

图 2.103　两种插入反应

如图 2.103 所示，插入反应有两种主要类型：1,1-插入和 1,2-插入；金属和 X 配体与 L 配体的同一(1,1)原子或相邻(1,2)原子成键，X 配体带着 M-X 的成键电子（例如 H⁻ 或 Me⁻）迁移进攻 A═B 配体的 π*轨道。插入反应的类型取决于 2e 插入配体的性质：一般来说，η^1 配体如羰基和异腈产生 1,1-插入，η^2 配体如烯烃产生 1,2-插入。SO_2 是唯一显示两种插入类型的配体，其配位模式可以是 κS 或 $\kappa^2 S,O$。原则上，插入反应是可逆的，但实际上只观察到插入或消除，可能是因为这个方向在热力学上特别有利的缘故。SO_2 通常插入 M-R 键生成烷基亚磺酸根配合物 M-SO_2R（alkyl sulfinate），很少发生消除 SO_2，$M\text{-}R+SO_2 \longrightarrow M\text{-}SO_2R$；相反，重氮芳烃配合物 M-N═N─R 很容易除去 N_2 生成 M-R，但是还没有观察到 N_2 插入金属-芳基键中，$M\text{-}N{═}N{─}R \longrightarrow M\text{-}R+N_2$。

插入反应的前体通常具有配位的 1e 和 2e 配体并且处于顺式。这意味着一组 3e 配体转化成一个 1e 配体的插入产物（计数方法，离子键模型：4e→2e），因此插入产生一个 2e 的空位，配位数降低一个单位但氧化数没有改变。空位可以由任何合适的配体占据，例如溶剂或过量 CO、过量烯烃或膦等。根据微观可逆性原理，消除反应需要空位（vacant site），因此除非配体首先离解，配位饱和的 18e 配合物不会发生反应。

1. 插入反应

（1）一氧化碳的插入

CO 表现出强烈的插入金属-烷基键 M-R 生成金属酰基配合物 LM-RCO 的倾向（图 2.103）。这个反应已经得到详细研究：烷基迁移至 CO 的碳上形成酰基配合物中间体（M-RCO），然后被配体 L（如溶剂或膦或过量 CO 等）捕获得到最终产物（LM-RCO），最著名的例子是：
$(OC)_5MnMe \longrightarrow (OC)_4Mn(MeCO)$。

前过渡金属具有路易斯酸性，酰基以 κ^2 方式配位于前过渡金属，有利于稳定酰基配合物：
$Cp*_2ZrR_2+CO \longrightarrow Cp*_2ZrR(\kappa^2\text{-}COR)$；$Cp*_2ThH(OR)+CO \longrightarrow Cp*_2Th(OR)(\kappa^2\text{-}OCH)$。

（2）烯烃的插入

配位的烯烃插入 M-H 键是一个非常重要的反应，因为它产生烷基，是各种催化反应中的关键步骤，包括烯烃聚合（它可能是最具商业重要性的金属有机反应）。作为 η^2 配体，烯烃是 1,2-插入，这是常见的 β-消除反应的逆过程。已知有些插入反应产生的是 C—H 键配位（agostic）的烷基配合物而不是经典的烷基配合物。平衡位置由特定体系的热力学决定，并且强烈依赖于烯烃：对于简单的烯烃（例如乙烯），平衡偏向左边（即烷基的 β-消除），但是对于含有吸电子基的烯烃（如 C_2F_4），平衡完全偏向右边；具有吸电子取代基的烷基配合物如 $L_nMCF_2CF_2H$，具有特别强的 M-C 键，即使含有 β-氢，也是稳定的。

正如 CO 的插入和消除，2e 空位是由烯烃插入产生的，也是消除所需要的。空位可以由任何合适的配体填充，例如溶剂、过量的烯烃、一个 C—H 键（agostic CH bond）或一个膦。

插入的过渡态要求共面的 M-C-C-H 排列，这意味着插入和消除都需要它们能够共面。由此可通过非共面的 M-C-C-CH 系统来稳定烷基配合物。同样的原理也适用于制备稳定的烯烃金属氢化物。

烯烃插入法的一个应用是通过锆氢化试剂（Schwartz reagent）Cp_2ZrHCl 对烯烃进行锆氢化反应（hydrozirconation），末端烯烃 $RCH{=}CH_2$ 以反马氏方向插入得到稳定的 1°烷基配合物 $Cp_2ZrCl(CH_2CH_2R)$。中间烯烃如 2-丁烯插入给出一个不稳定的 2°烷基配合物（并没有观察到），这种中间体通过消除产生 1-丁烯和 2-丁烯，最终生成稳定的 1°烷基配合物。

由于热力学原因，CO 通常易插入 M-R 键而不是 M-H 键。相比之下，烯烃易插入 M-H 键而不是 M-R 键。但是烯烃聚合（polymerization）是一种反复地将烯烃插入 M-R 键中的反应。热力学仍倾向于与 M-R 反应，所以它的相对稀有性一定是由于动力学因素的影响。

2. 消除反应

β-消除是含有 β-H 的烷基配合物的主要分解途径。金属需要一个 2e 空位，而且必须有共平面的 M-C-C-H 排列，使 β-H 接近金属。这个过程的一个复杂特征是烯烃反复插入金属氢化物中，这可能引起烯烃或起始烷基的异构化，正如在锆氢化反应中观察到的那样。在消除反应的最终产物中，烯烃很少配位，因为它通常被原先（为产生空位）离解的配体或者反应混合物中的其它配体所取代。在已知的极少数情况下，可以直接观察到烷基和烯烃的氢化物：

$$Cp_2NbH(C_2H_4)+C_2H_4 \rightleftharpoons Cp_2Nb(C_2H_5)(C_2H_4)。$$

一个 18e 配合物必须失去一个配体才能为消除反应提供一个空位，这个过程可能是限速步骤，也可能不是。加入过量的配体阻塞配位点可以抑制反应。

只有当消除本身是限速步骤的时候，才能观察到 H/D 动力学同位素效应 k_H/k_D，例如通过比较 $L_nMC_2H_5$ 与 $L_nMC_2D_5$ 的消除反应速率。

四、硫族配合物的合成方法学

对已有的硫族配合物进行修饰转化是合成新配合物的常用策略[55-57]，例如基于 $(\mu\text{-}Se_2)Fe_2(CO)_6$ 的合成方法学（图 2.104）[58-60]。在结构上，$(\mu\text{-}Se_2)Fe_2(CO)_6$ 类似于有机二硒醚，因此它们之间有某些相似的化学反应。

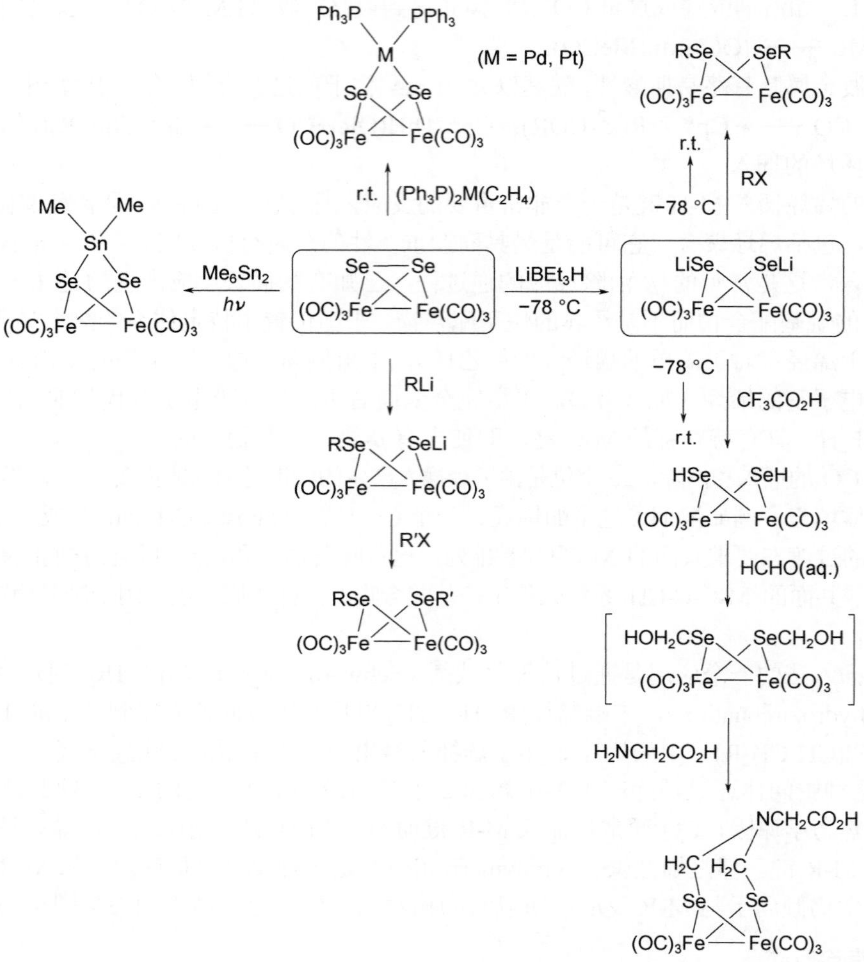

图 2.104 与(μ-Se₂)Fe₂(CO)₆ 相关的反应

在 THF 中，与有机锂 RLi 或格氏试剂 RMgX 反应断裂 Se—Se 键，生成(RSe)(MSe)Fe₂(CO)₆（M=Li、MgX）；作为金属有机亲核硒试剂，它们是合成其它金属有机化合物的重要"砌块"。在 THF 中，LiBEt₃H 还原断裂 Se—Se 键产生(LiSe)₂Fe₂(CO)₆，它可与各种亲电试剂包括无机亲电试剂和有机亲电试剂反应：酸化转变为(HSe)₂Fe₂(CO)₆，进一步与甲醛和胺 RNH₂ 进行曼尼希缩合得到含氮碱的双铁化合物 RN(CH₂Se)₂Fe₂(CO)₆，它是合成氢化酶模拟物的重要中间体；与金属盐作用提供高核数或异核金属簇合物；与卤代烷反应生成配合物(RSe)₂Fe₂(CO)₆。

(RSe)₂Fe₂(CO)₆ 配合物具有催化产氢活性，通过引入其它配体如 NO、CN⁻、py、phen、膦以及 NHC（氮杂环卡宾）等改变配合物的立体效应和电子效应，可以调节其催化活性。由于[FeFe]氢化酶活性中心具有 MeN(CH₂S)₂Fe₂ 骨架，因此模拟氢化酶的研究已从硫扩展到硒与碲的类似物（参阅第十四章）。随着对氮碱功能认识的深化，已提出了金属-配体协同（metal ligand cooperation，MLC）的催化概念。

除了利用已有的硫族配合物进行修饰转化这一重要策略外，这里主要总结从易得到的无机硒源和有机硒源进行合成的战略。利用氧化加成：低价金属配合物与硫族单质或与硫族化

合物如 H_2E、REH 等反应形成配合物。例如，PhSeSePh 与汞在甲苯中回流反应得到 $Hg(SePh)_2$，它与 PhSe$^-$ 在 $^nBu_4NBr$ 存在下进行配位反应得到三配位的平面构型配合物 $^nBu_4NHg(SePh)_3$。利用取代反应：金属中心的亲核试剂与硫族亲电试剂反应生成配合物，例如 $CpMo(CO)_3Na$ 与 PhSeCl 形成 $CpMo(CO)_3SePh$；金属中心的亲电试剂与硫族亲核试剂反应形成配合物，例如 Cp_2TiCl_2 与 PhSeNa 反应生成 $Cp_2Ti(SePh)_2$，$Cp^*Rh(PMe_3)Cl_2$（$Cp^*=C_5Me_5$）与 PhSeLi 作用得到 $Cp^*Rh(PMe_3)(SePh)_2$（图 2.105），cis-$PtCl_2(PPh_3)_2$ 与 ArSeNa 或 ArSeLi 反应得到顺式产物 cis-$Pt(SeAr)_2(PPh_3)_2$，Ph_3PAuCl 与 2-$Me_2NC_6H_4SeNa$ 反应生成硒配位的配合物 $Ph_3PAu(\kappa Se$-SeC_6H_4-2-$NMe_2)$，$Cd(OAc)_2$ 与 $NaSeCH_2CH_2NMe_2$ 反应提供硒-氮配位的镉配合物 $Cd(\kappa^2 Se,N$-$SeCH_2CH_2NMe_2)_2$，$PhSeSiMe_3$ 作为 PhSeH 的等价物与 $Mn(OAc)_2$ 反应产生预期的配合物 $Mn(SePh)_2$。

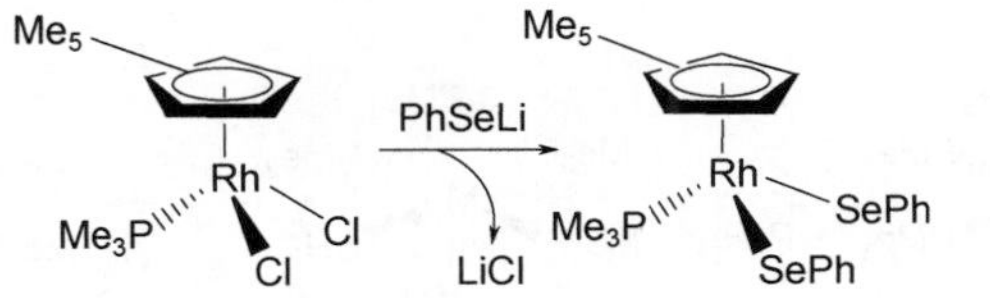

图 2.105 基于亲核取代反应的合成

利用插入反应：金属有机试剂如有机锂或格氏试剂与硫族单质或 EO_2 反应。例如，PhMgBr 和 Cp_2ZrMe_2 与单质硒反应生成 $PhSeMgBr$ 和 $Cp_2Zr(SeMe)_2$。$CpFe(CO)_2R$ 与 SeO_2 反应生成 $CpFe(CO)_2O_2SeR$。利用缩合反应：有孤电子原子（P、As、S、Se）的配合物取代其它配合物中的弱键合配体，形成桥连配合物。

单质 E 与低价金属配合物进行氧化加成反应可用于合成含 E 或 E_2 的配合物。二价锆配合物 $Cp^*_2Zr(CO)_2$ 与单质硒反应提供 Se 配位的四价锆配合物 $Cp^*_2ZrSe(CO)$，有吡啶存在时得到吡啶配位的产物 $Cp^*_2ZrSe(py)$，与 H_2Se 作用得到配合物 $Cp^*_2Zr(SeH)_2$（图 2.106A）。

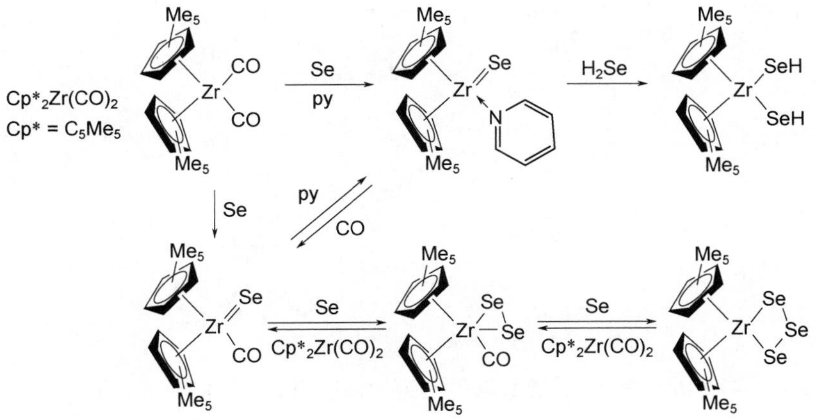

图 2.106A 基于低价金属化合物氧化反应的合成（一）

富电子的 $Mo(PMe_3)_6$ 与硫族单质如 Se、Te 反应生成端基配合物 trans-$Mo(PMe_3)_4(E)_2$，$HMo(PMe_3)_4(\kappa^2$-$CH_2PMe_2)$ 与 H_2E（E=S、Se）作用得到 trans-$Mo(PMe_3)_4(E)_2$（图 2.106B）。E_n^{2-} 与亲电金属配合物反应也能用于合成含 E 或 E_2 的配合物（图 2.107）[61]。

HE 化合物的合成方法主要有：单质 E 插入 M-H 键，或 M-H 化合物经 H_2E 酸解放出氢气、HE⁻配位；负离子 HE⁻与含卤素等离去基的金属化合物进行亲核取代反应（图 2.108）；H₂E 对后过渡金属化合物进行氧化加成（图 2.109）。含 HE 的端基化合物取代其它配合物中的弱键合配体，形成桥连配合物。配合物中 HE 具有酸性，在碱存在下转变为负离子，硒中心（硫中心）的负离子是好的亲核试剂，可与各种亲电试剂如卤代烷、卤硅烷、金属卤化物、卤化磷、卤化砷等作用产生结构新奇的配合物。

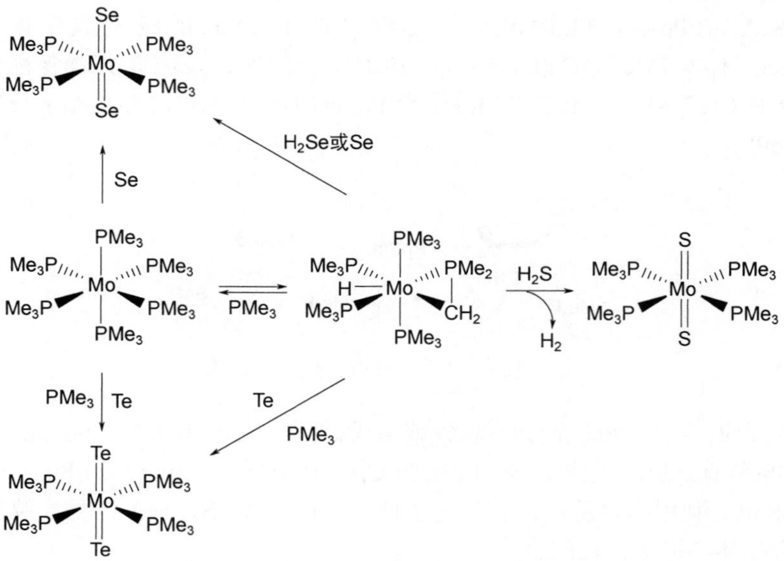

图 2.106B　基于低价金属化合物氧化反应的合成（二）

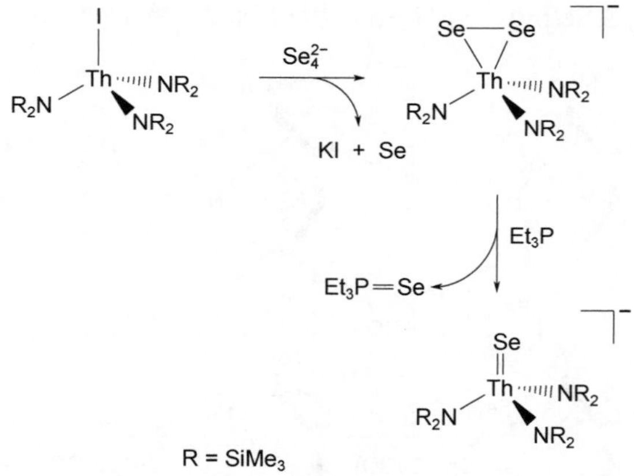

R = SiMe₃

图 2.107　基于 Se₄²⁻亲核取代反应的合成（正离子，K⁺@18-冠-6）

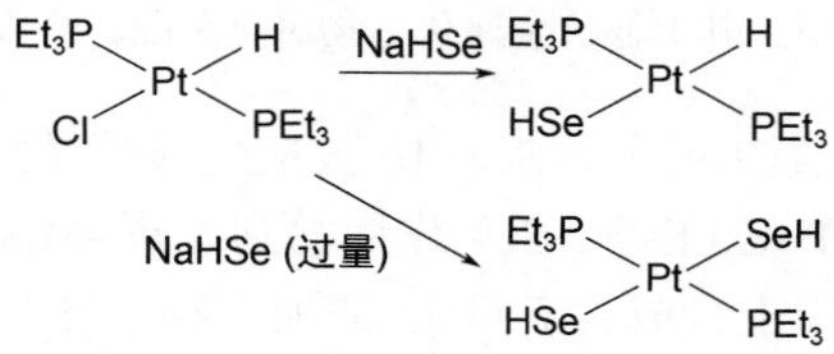

图 2.108　基于 HSe⁻亲核取代反应的合成

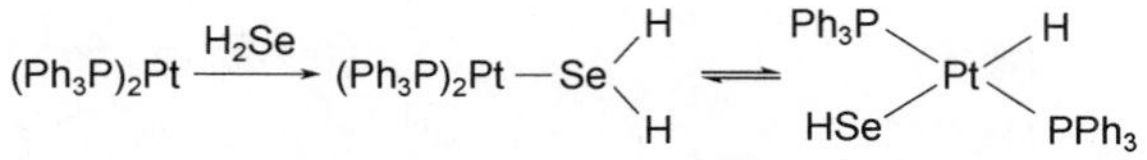

图 2.109　基于 H_2Se 氧化加成的合成

第七节　协同反应

1912 年发现的 Claisen 重排、1928 年发现的 Diels-Alder 反应和 1940 年发现的 Cope 重排，这些反应有共同点：不受溶剂极性影响，不被酸或碱催化，也不受引发剂和抑制剂的作用，具有立体化学专一性。这些特点不能用自由基机理或离子机理予以说明，是属于协同反应机理，即所有键的断裂与所有键的形成是同时进行的。大多数已发现的协同反应是通过环状过渡态进行的，因此常常把这类反应称为周环反应。它包括电环化反应、环加成反应、σ 键迁移反应和螯变反应等[62,63]。

一、环加成反应

两个或多个带有双键的分子相互作用，结合生成一个环状分子的反应称为环加成反应。环加成反应是加成反应的一种特殊形式，如乙烯在光照下二聚环化为环丁烷。Diels-Alder 反应（D-A 反应）也是一种环加成反应，这类反应能在加热条件下进行。环加成反应有两种分类法：第一种，根据提供的成环原子数来分类；第二种，根据参与反应的电子数来分类。根据原子数分类有[2+1]环加成、[2+2]环加成、[3+2]环加成和[4+2]环加成等。环戊二烯的二聚是放热的 D-A 反应；二聚环戊二烯加热解聚经逆 D-A 反应可得到环戊二烯。

1. [4+2]环加成

共轭二烯烃与烯烃、炔烃进行环化加成，生成环己烯衍生物的反应称为 Diels-Alder 反应，也称为双烯合成。它是六个 π 电子参与的[4+2]环加成协同反应（二烯烃的 HOMO 与烯烃的 LUMO 同相重叠）。共轭二烯烃简称二烯体（diene），而与其加成的烯烃、炔烃称为亲二烯体（dienophile）。亲二烯体加成到二烯的 1,4 位上。在上述 D-A 反应中，顺丁烯二酸酐就是一种常用的亲二烯体（图 2.110）。

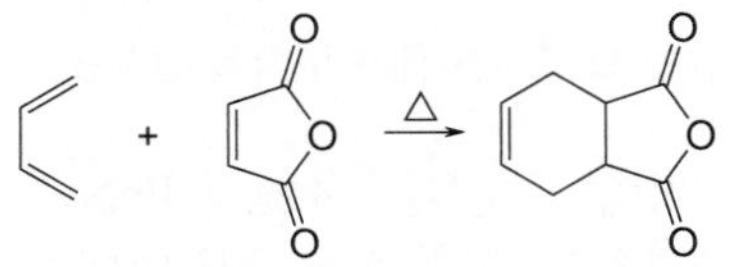

图 2.110　丁二烯与马来酸酐的环加成反应

非位阻的硒醛和硒酮是不稳定的，易于聚合。为研究它们的反应，采用现场捕获的方法，预期 C=Se 双键可作为两电子的亲二烯体与共轭二烯烃反应得到了实验的证实（参阅第十章）。硒醛与蒽反应得到环化产物，它加热分解（进行逆 D-A 反应）可再释放硒醛，因此硒醛的蒽加成物起了硒醛"贮存器"的作用（图 2.111）。

由硒氰酸酯在三乙胺存在下现场消除 HCN 产生硒酮，它可与丁二烯反应得到 D-A 反应产物，也能与氧化腈进行[3+2]环加成生成五元杂环化合物（图 2.112）。

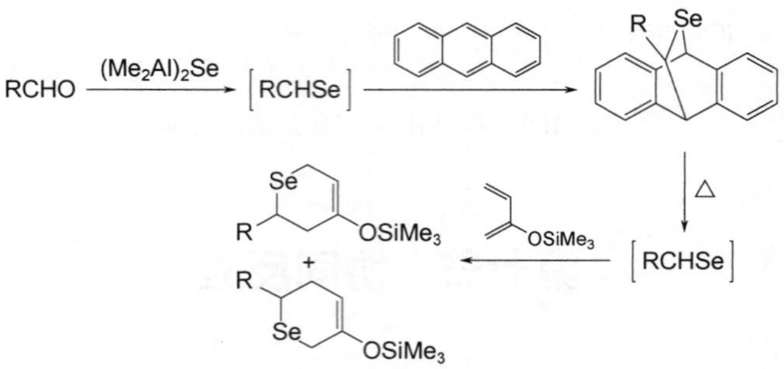

图 2.111　利用 D-A 反应捕获硒醛

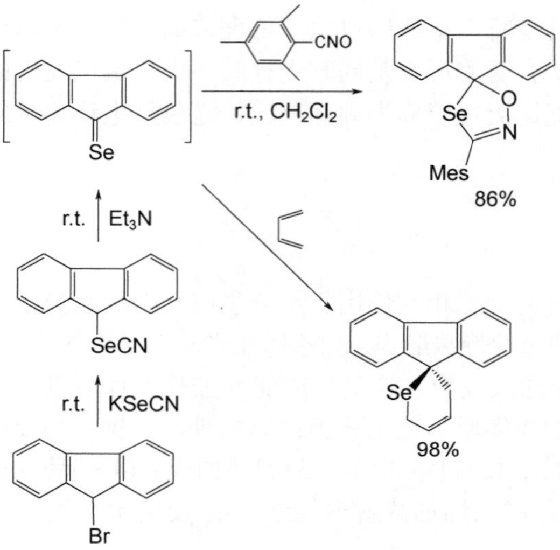

图 2.112　利用 D-A 反应捕获硒酮

2. [3+2]环加成

分子中含有如下结构（图 2.113）的化合物称为 1,3-偶极化合物，常见的有臭氧、重氮化合物和叠氮化合物等。

图 2.113　1,3-偶极化合物的共振式

这类物质（如臭氧 O_3、重氮甲烷 CH_2N_2、叠氮苯 PhN_3）有一个三中心四个电子 π 体系，像一个烯丙基负离子那样与烯烃进行[3+2]的六电子环加成（也称为 1,3-偶极环加成），广泛用于合成五元杂环有机化合物。叠氮苯与硒酮反应形成五元杂环化合物，经 N_2 挤出反应得到苯脒（参阅第十章）。

二、σ 键迁移反应

Cope 重排、Claisen 重排反应以及共轭体系的[1,5]-氢转移等分子内热重排已在有机合成中得到广泛应用。随着协同反应理论的发展，把这一类协同反应，即一个 σ 键所连接的氢原子或基团通过一个环状过渡态而转移位置的反应（反应条件包括加热和光照），统称为 σ 键迁移重排（sigmatropic rearrangement，SR），反应的结果表现为一个 σ 键发生了位移。σ 键的位移是沿着共轭体系进行的，按迁移的两端所跨越的原子数不同，可分为[1,*j*]-σ 键迁移反应和[*i,j*]-σ 键迁移反应，比较常见的是[3,3]-σ 键迁移反应（图 2.114），这类分子内的重排反应，福井谦一认为是分子内的 HOMO 与 LUMO 相互作用（即两个烯丙基之间的相互作用），反应物经过六个电子的椅式六元环过渡态转化为产物。

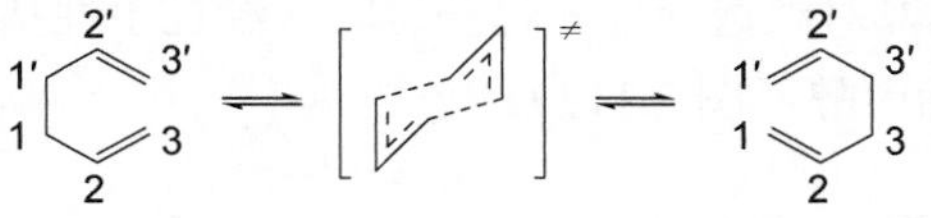

图 2.114A　全碳体系的[3,3]-σ 键迁移反应 　　　　图 2.114B　推广的[3,3]-σ 键迁移反应

1.　Claisen 重排

Claisen 重排分为脂肪族的烯丙基乙烯基醚类和芳香族的烯丙基芳基醚类重排。现在，Claisen 重排已从最初的氧杂[3,3]-σ 键迁移反应发展为氮杂、硫杂、硒杂版。正像烯丙基乙烯基醚类那样，烯丙基乙烯基硒醚类也容易制备，这一反应提供了制备 γ,δ-不饱和硒醛、硒酮以及 γ,δ-不饱和硒酰胺的新途径（图 2.115）。

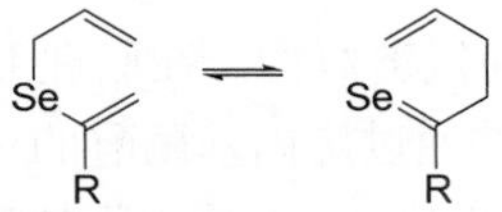

图 2.115　硒杂 Claisen 重排

2.　[2,3]-σ 键迁移反应

[2,3]-σ 键迁移反应（[2,3]-sigmatropic rearrangement，[2,3]-SR）是经过六个电子的五元环状过渡态的协同反应（图 2.116A）。

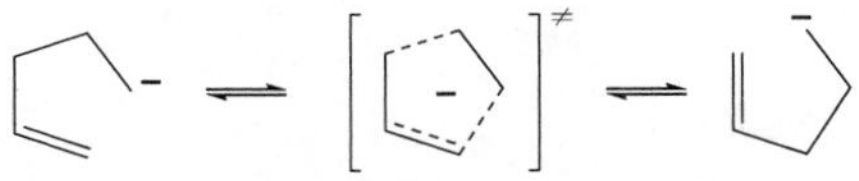

图 2.116A　全碳体系的[2,3]-σ 键迁移重排

像[3,3]-σ 键迁移反应那样，并不仅限于碳原子体系。更普遍的[2,3]-σ 键迁移反应用下面的通式表示：在通式中，a 不需要带有负电荷，它可以是带有孤对电子的杂原子；a 到 e 中可有一个或多个杂原子（图 2.116B）。

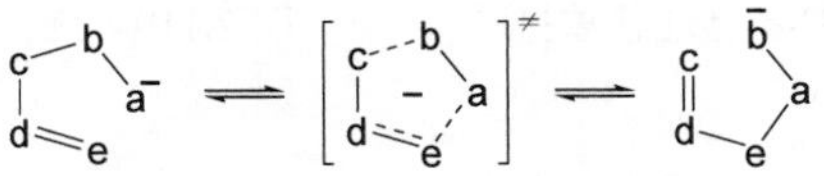

图 2.116B　推广的[2,3]-σ 键迁移重排

这类重排反应包括烯丙基苄基醚负离子的重排（[2,3]-Wittig rearrangement）、氮叶立德类的重排（Stevens rearrangement）、锍叶立德类的重排（Doyle-Kirmse reaction）、烯丙基叔胺氧化物的重排（Meisenheimer rearrangement）和烯丙基次磺酸酯的重排（Mislow-Evans rearrangement）等。

　　涉及有机硒化合物的[2,3]-σ 键迁移重排包括烯丙基硒亚砜的[2,3]-σ 键迁移重排（图 2.117）、烯丙基硒亚胺的[2,3]-σ 键迁移重排（图 2.118）和烯丙基硒叶立德的[2,3]-σ 键迁移重排（图 2.119）。

　　烯丙基硒亚砜（allylic selenoxide）的[2,3]-σ 键迁移重排涉及氧原子从硒原子转移到烯丙基碳原子上，生成的次硒酸（selenenic acid）烯丙酯经水解后提供相应的烯丙醇。当手性烯丙基硒亚砜能够通过烯丙基硒醚的对映选择性或非对映选择性氧化获得时，经过手性从硒转移到烯丙基碳上的重排，可望合成相应的手性烯丙醇（图 2.117）。

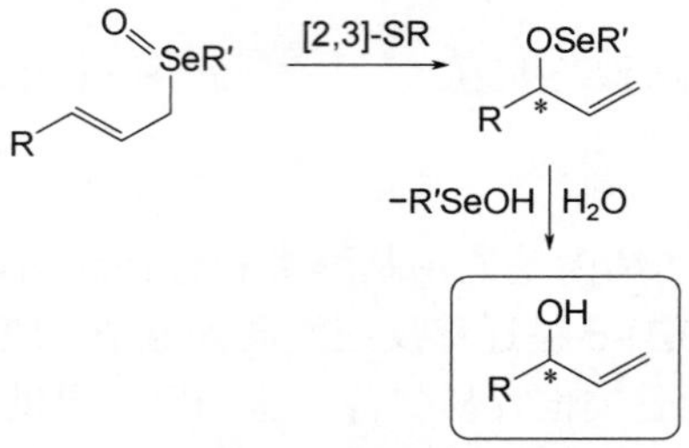

图 2.117　烯丙基硒亚砜的[2,3]-σ 键迁移重排产物经水解后提供烯丙醇

　　硒亚胺（selenimide），硒亚砜的氮类似物，在原理上具有与硒亚砜相似的[2,3]-σ 键迁移重排转化能力。当手性烯丙基硒亚胺通过烯丙基硒醚的对映选择性或非对映选择性亚胺化得到时，经过在重排反应中得到的中间体——手性次硒酰胺水解（或醇解）后，预期生成相应的手性烯丙胺（图 2.118）。

　　烯丙基硒叶立德（allylic selenium ylide）可通过烯丙基硒醚与重氮化合物在催化剂如铜或铑配合物存在下现场产生或通过相应的硒亚砜与活性亚甲基化合物缩合得到，经烯丙基硒叶立德的[2,3]-σ 键迁移重排提供高烯丙基硒醚（homoallylic selenide）（图 2.119）。迄今为止，具有高度不对称选择性的烯丙基和炔丙基硒叶立德的重排反应研究仍在进行中。

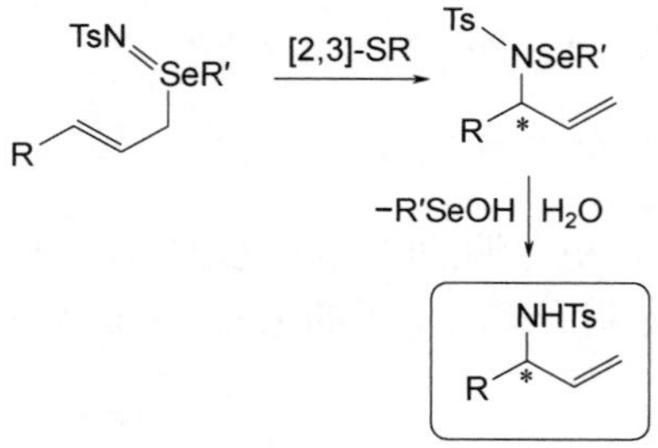

图 2.118　烯丙基硒亚胺的[2,3]-σ 键迁移重排

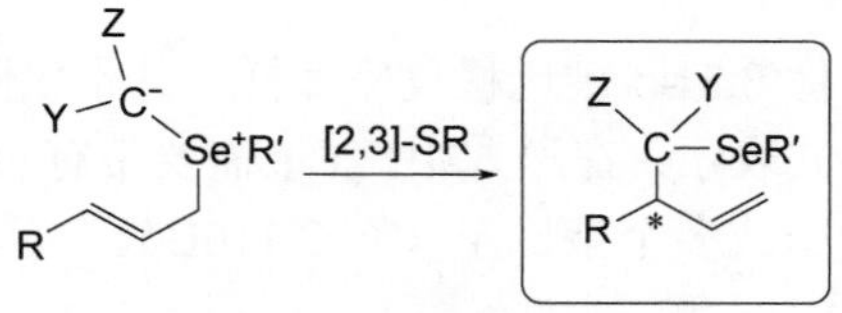

图 2.119　烯丙基硒叶立德的[2,3]-σ 键迁移重排

三、顺式热消除反应

1. 逆烯反应

　　含有烯丙氢的烯烃与烯烃发生的加成反应称为烯反应（ene reaction），其逆反应则称为逆烯反应（retroene reaction）（图 2.120）。这一可逆反应通过六个电子的六元环过渡态实现氢原子转移。

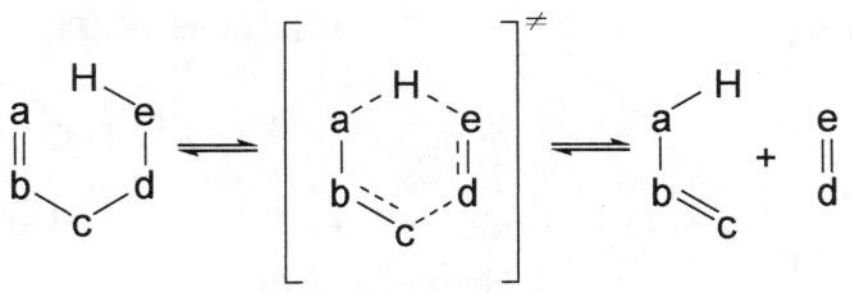

图 2.120　烯反应-逆烯反应

除全碳体系外，更普遍的是在过渡态中有一个或多个杂原子，如氮、氧、硫、硒等。这类反应包括了某些重要的烯烃生成反应和脱羧反应。酯的热消除（反应温度 300～500℃）生成烯烃，是协同的单分子顺式消除反应，为氘代同位素实验和动力学参数（负的活化熵）所支持。黄原酸酯的热解（Chugaev 反应，反应温度 100～250℃）也是立体专一的顺式消除。β-酮酸的脱羧，由于热不稳定，易受热失去二氧化碳。类似的反应如 β-羟基酮的热解，β-羟基酮加热到 200～250℃，发生逆羟醛反应，例如，二丙酮醇热解生成丙酮。在机理上，用单线态氧气或二氧化硒氧化烯丙氢也涉及烯反应与逆烯反应。

2. 硒亚砜的消除反应

脂肪族叔胺与过氧化氢水溶液反应［或与间氯过氧苯甲酸（mCPBA）在低温下反应］生成相应的叔胺氧化物，当将其加热到约 120℃时，氧化物碎裂产生烯烃和羟胺，此为 Cope 消除反应，它是立体专一的顺式消除（*syn*-elimination）。类似地，烷基亚砜加热到约 140℃左右，分解生成烯烃和次磺酸。如果 β-氢是苄基型的，消除反应可在较低的温度（≈80℃）下进行。相应的硒亚砜可由硒醚用各种氧化剂如过氧化氢、叔丁基过氧化氢、间氯过氧苯甲酸和高碘酸钠 $NaIO_4$ 等温和快速地制备。与亚砜不同，具有 β-氢的硒亚砜可在极其温和的条件下（在低于室温或稍高于室温）进行 β-氢的顺式消除反应产生相应的烯烃和次硒酸，成为构建碳碳双键最有用的工具。这些顺式消除反应都是通过六个电子（2 个 d-H 键电子，2 个 c-b 键电子，a 上的 2 个孤对电子）的五元环过渡态协同进行的，可用通式表示如下（图 2.121）。

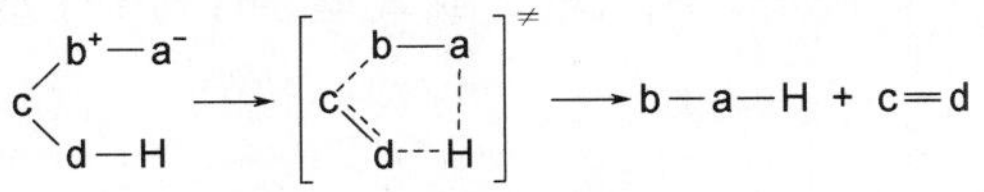

图 2.121　顺式消除反应

硒亚砜立体专一的顺式消除反应的实验证据（图 2.122）是：除由 β-甲基氢进行的顺式消除产生的共同产物外，氧化赤藓糖型硒醚（*erythro*-selenide）只得到(Z)-烯烃（图 2.122A），而氧化苏阿糖型硒醚（*threo*-selenide）只产生(E)-烯烃（图 2.122B）。

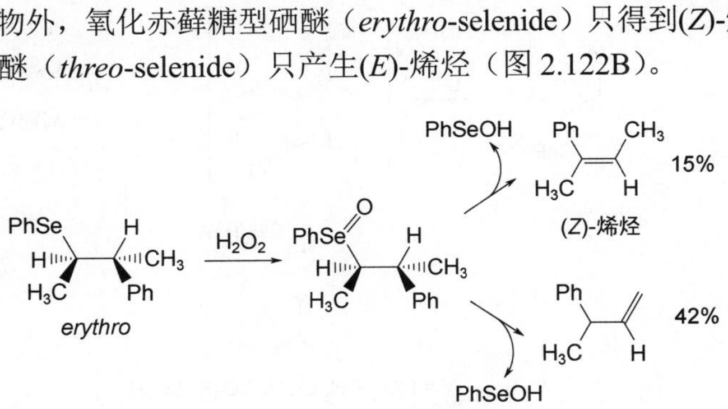

图 2.122A　氧化赤藓糖型硒醚得到(Z)-烯烃

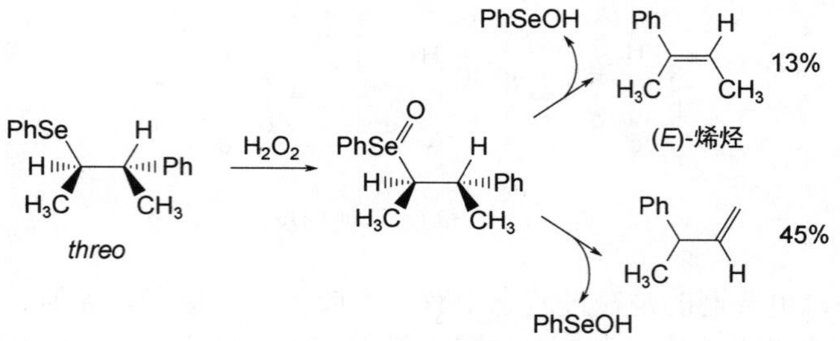

图 2.122B　氧化苏阿糖型硒醚产生(*E*)-烯烃

特别应该指出的是具有 *β*-氢原子的烷基硒亚砜虽然很容易发生顺式消除产生相应的烯烃以及次脂酸，但是在烯丙基硒亚砜的情况下，烯丙基硒亚砜的[2,3]-σ 键迁移重排（[2,3]-SR）（即使在−78℃下）优先于硒亚砜的顺式消除，重排生成的次脂酸酯水解提供相应的烯丙醇而不是由顺式消除产生共轭二烯烃（图 2.123）。

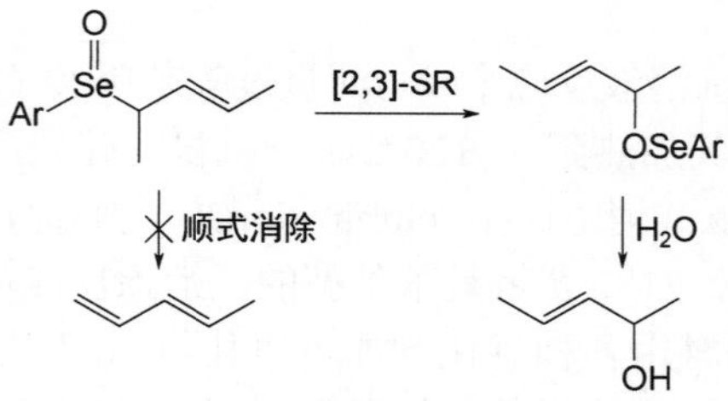

图 2.123　烯丙基硒亚砜的[2,3]-σ 键迁移重排

硒亚砜消除（selenoxide elimination）的区域选择性（regioselectivity）可以提供烯丙基或乙烯基产物，这取决于硒醚中取代基的性质。如图 2.124 所示，有两种 *β*-氢消除方式可能产生两种产物：不饱和基团如硝基、羰基、氰基、烯基等有利于生成共轭的烯基衍生物；饱和基团（指直接键连的原子）如羟基、烷氧基、酰氧基等有利于生成烯丙基产物。

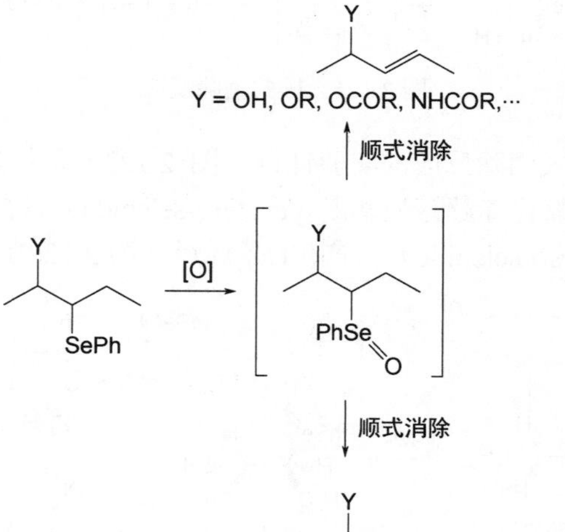

图 2.124　硒亚砜消除的区域选择性

已将均相硒亚砜消除发展到固相版，还有望推广到自动化合成。通过使用聚合物支持的硒醚高选择性地生成含有其它官能团的烯烃。在硒亚砜消除后，相应的聚合物载体次膦酸可回收和再利用。该方法具有分离容易、产物纯度高、与气味无关等优点，如果从光学活性的硒亚砜中除硒可以得到光学活性的烯烃，则该反应可能为在温和反应条件下不对称消除形成碳碳双键提供一种新的方法。此外，设计合适的烯基硒醚通过硒亚砜消除可以合成联烯化合物。

第八节　光化学反应

一、光化学原理

一个基态分子吸收光子后转变为激发态分子。吸收光子的能量决定于分子的激发态与其基态的能量差，一个分子的电子吸收谱带的位置、结构和强度与分子在基态和激发态的结构有关。激发态分子能够以各种物理的或化学的方式释放其过多的能量，转变为基态分子。由光激发的分子参与的化学反应称为光化学反应。光化学反应和普通的热反应（即基态反应）主要区别在于激发态和基态的结构不同，激发态的能量高，反应的活化能小；能实现热力学不自发或活化能高的反应，例如可以合成张力大的环状化合物如立方烷$(CH)_8$。激发态分子能量高、寿命短，除以化学反应方式释放能量外，还有各种光物理过程失活，其中包括辐射荧光（fluorescence）或磷光（phosphorescence）和非辐射的（内部转变 IC、系间穿越 ISC 和分子间能量传递 EnT）方式。这些过程一般都是很快的。因此通过激发态进行的光化学反应，其开始步骤的速率必须是高的，使其能与那些快速的光物理过程竞争并取得胜利。否则，实验结果不是光化学反应的量子产率降低，便是完全观察不到光化学反应。光化学反应一般包括如下几个部分：光激发（直接激发或敏化激发）产生单线态或三线态；激发分子的初级光化学过程；初级过程中的物种发生次级反应（黑暗反应）。光化学反应通常是单分子或双分子的。在单分子反应中，激发态分子本身发生化学变化而不涉及其它分子，反应可以看成是激发态分子的无辐射衰变过程。分子内的光异构化（双键的顺-反异构）和光裂解是典型的单分子反应。在双分子光化学反应中，通常是一个激发态分子和一个基态分子反应。两个激发态分子间的反应特别少见，因为在通常的光化学实验条件下，激发态分子的浓度非常低。衡量光化学反应的效率用量子产率（quantum yield）Φ 表示[1]，Φ=参与反应的分子数/吸收的光子数。

1. 分子的电子激发

电子在分子轨道之间跃迁时，通常需要吸收能量在几个电子伏特（$1eV=8066cm^{-1}$）范围的光子，因此分子的电子光谱位于可见光区和紫外光区，在电磁波谱中相应的波长范围为200～760nm。紫外光区（200～400nm）可分为 UVA 区（400～320nm）、UVB 区（320～280nm）和 UVC 区（280～200nm）。分析电子光谱可以确定分子的能量，检验结构理论。如果入射光的能量足够大使分子电离，测量被电离的电子的能量也能得到电子能态的信息，这就是光电子能谱（PES）。

（1）光能与波长的关系

光与波长、频率、能量的关系列于表 2.30。根据爱因斯坦光子理论，一个频率为ν、波

长为 λ 的光子的能量 ε_p 以及 1mol 光子的能量 E（称为一爱因斯坦）：当波长 λ 的单位为 nm，一个光子的能量（单位为 eV）和 1mol 光子的能量（单位为 kJ/mol）分别表示如下（能量单位换算：1eV=23.06kcal/mol=96.485kJ/mol）。

$$\varepsilon_p = h\nu = \frac{hc}{\lambda} \approx \frac{1240}{\lambda} \quad (\text{eV})$$

$$E = N_A\varepsilon_p \approx \frac{1.196 \times 10^5}{\lambda} \quad (\text{kJ/mol；波长 } \lambda\text{，单位 nm})$$

（阿伏伽德罗常数 N_A=6.022×10²³mol⁻¹；
普朗克常数 h=6.626×10⁻³⁴J·s；
真空中的光速 c=2.998×10⁸m/s）

根据表 2.30 可知：可见光能断裂烷基 C—Se 键（键能：Et_2Se，250.6kJ/mol；Ph_2Se，297.1kJ/mol）和 Se—Se 键（Se—Se 键能：197.6kJ/mol）；二硒键的键能低于二硫键的键能（273.6kJ/mol），因此二硒键以及硒-硫键的断裂比二硫键的断裂更温和，蓝色光能引发 S—Se 键断裂的反应。实验证实了这些预测[64]。在普通灯光照射下，两种不同的二硒醚之间的交换反应（exchange reaction）可在一至数小时内达到平衡。在光反应器中，反应速率更快，只需 1min 就能达到平衡。反应对光照的依赖性表明二硒醚的复分解是一种自由基机理，加入 TEMPO 能有效抑制反应证实了这一假设。在 70℃，二硒醚避光也发生交换反应，这进一步支持了自由基机理。

表 2.30　光与波长、频率、能量的关系

光	波长 λ/nm	频率 ν/10¹⁴Hz	波数/×10⁴cm⁻¹	能量 ε_p/eV	能量 E/(kJ/mol)
红外（infrared）	>1000	<3.00	<1.00	<1.24	<120
红（red）	700	4.28	1.43	1.77	171
橙（orange）	620	4.84	1.61	2.00	193
黄（yellow）	580	5.17	1.72	2.14	206
绿（green）	530	5.66	1.89	2.34	226
蓝（blue）	470	6.38	2.13	2.64	254
紫（violet）	420	7.14	2.38	2.95	285
紫外（ultraviolet）	<400	>7.5	>2.5	>3.10	>299
近紫外（near ultraviolet）	300	10.0	3.33	4.13	399
远紫外（far ultraviolet）	200	15.0	5.00	6.20	598

（2）电子能级和电子跃迁类型

分子中内层电子能量低，激发在远紫外区或 X 射线区，分子中各个原子在一定程度上保持着自己的个性，即分子中内层电子的跃迁与单独的原子十分相似，它们具有自己的特征谱带，研究内层电子激发是光电子能谱学（PES）的内容。通常，分子的电子光谱是指由属于整个分子的外层电子或价电子（包括成键电子、反键电子、孤对电子、孤电子等）的跃迁产生的光谱。

电子跃迁遵守能量守恒定律，吸收一个光子的能量等于跃迁前后分子轨道的能级差，$\Delta E = h\nu$。当吸收了合适频率的光子后，价电子就可能发生如图 2.125 所示的跃迁。通常跃迁所需的能量大致顺序为：$\sigma \rightarrow \sigma^* > n \rightarrow \sigma^* > \pi \rightarrow \pi^* > n \rightarrow \pi^*$。

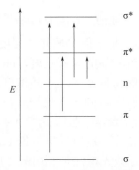

图 2.125　甲硒醛的分子轨道能级图与电子跃迁

① σ→σ*跃迁。对于不含有孤电子对的饱和分子如烷烃只有 σ→σ*跃迁。能级差大，吸收的光子能量在远紫外区。

② n→σ*跃迁。含有杂原子的饱和分子，其杂原子具有孤电子对，它（们）占有非键轨道，能级高于 σ 轨道，孤对电子由非键轨道 n 向 σ*轨道激发称为 n→σ*跃迁。对于含有孤电子对的饱和分子（如乙醚、甲硒醚）存在 n→σ*跃迁；$^nC_{10}F_{21}I$ 的 n→σ*跃迁在 270nm；脂肪硒醇的 n→σ*跃迁在 243～253nm。硫族化合物 PhEEPh 在己烷中的 n→σ*跃迁分别在 250nm（E=S）、330nm（E=Se）和 406nm（E=Te）（参阅自由基反应）。

③ n→π*跃迁。对于含有孤电子对的不饱和分子如甲醛、丙酮，存在 n→π*跃迁。含杂原子的双键基团，如 C=N、N=N、C=O、C=S、C=Se 等，它们作为生色基除有强的吸收外，还会出现孤对电子由非键轨道 n 向 π*轨道激发的 n→π*吸收（形成 R 吸收带），由于 n→π*跃迁是对称性禁阻的，因此此类吸收强度很弱。$2,4,6-^tBu_3C_6H_2CH$=E：在己烷中最大吸收波长 λ_{max}，硫醛在 564nm（E=S），硒醛在 758nm（E=Se）；在乙醇中最大吸收波长 λ_{max}，硫醛在 552nm（E=S），硒醛在 738nm（E=Se）。这表明与普通有机分子一样，当溶剂极性增大时，含 C=Se 基团化合物的 R 吸收带发生蓝移（blue shift）。

④ π→π*跃迁。对于不含有孤电子对的不饱和分子如烯烃分子，存在 π→π*跃迁（形成 K 吸收带）。发生在含有双键、三键或芳香环体系中，吸收强度大。吸收峰在近紫外附近，这类基团称为生色基。当共轭体系增长时，吸收峰波长变长，甚至吸收峰可移到可见光区变成有色物质。当连接上含有孤电子对的基团（称为助色基）如 NH_2、OH、OR、X（卤素）、NO_2、SO_3H、COOR 等时，这些基团的孤对 p 电子可参与形成 p-π 共轭使 π 分子轨道能级差变小，π 电子激发能降低，吸收向长波方向移动，物质颜色加深，称为红移（red shift）。$2,4,6-^tBu_3C_6H_2CH$=E：在己烷中，π→π*跃迁，硫醛在 338nm（E=S），硒醛在 362nm（E=Se）；当溶剂极性增大时，不饱和化合物的 K 吸收带红移。

⑤ 电荷转移跃迁。在过渡金属配合物中，除 d-d 跃迁吸收峰外，会出现电子由金属性质的轨道向配体性质的空轨道的跃迁（M→L）或电子由配体性质的轨道向金属性质的空轨道的跃迁（L→M），这两种电荷转移跃迁（MLCT 和 LMCT）都形成强吸收峰。如 $TiCl_3 \cdot 3py$，除 d-d 跃迁的弱吸收峰外，观察到电子从 d 轨道向吡啶的 π*轨道跃迁（M→L）形成的强吸收峰。

（3）吸收强度和选择规则

① 吸收强度。物质在溶液中的吸收光谱是在紫外-可见光谱仪上测定的，紫外光谱仪记录谱带强度 A 与波长 λ（或波数）的函数关系。物质的吸光强度与浓度的关系可以用如下 Lambert-Beer 定律描述：

$$A=\lg(I_0/I)=\lg(1/T)=\varepsilon c\iota$$

式中，I_0 是入射单色光的强度；I 是透射单色光的强度；A 是吸光度；T（$T=I/I_0$）是透光率；c 为摩尔浓度，mol/L；ι 为通过样品的光程长度，cm；ε 为摩尔吸光系数。摩尔吸光系数是物质在一定波长和溶剂条件下的特征常数，不随浓度和光程长度而变，在温度、波长和溶剂等条件一定时仅与物质的本性有关，同一吸收物质在不同波长下 ε 值不同，在最大吸收波长 λ_{max} 处的摩尔吸光系数常以 ε_{max} 表示。吸收光谱（A-λ 曲线）提供物质的结构信息，是对物质进行定性分析和定量分析的依据，定量分析根据 Lambert-Beer 定律采用最大吸收波长 λ_{max} 处的吸光度计算物质的浓度。导数光谱法是利用吸光度对波长的导数曲线（$d^nA/d\lambda^n$-λ 曲线；n 为导数的阶）确定和分析吸收峰的位置和强度。根据 Lambert-Beer 定律可知，各阶导数信号始终与物质的浓度成正比（$d^nA/d\lambda^n=c\iota\, d^n\varepsilon/d\lambda^n$），这是导数光谱法定量分析的依据。导数光谱法对于复杂光谱的分析具有极大的优越性：能够分辨重叠的吸收峰；能够分辨肩峰；能够消除背景干扰；能够大幅度提高测定的灵敏度和选择性。

② 电子激发的选择规则。一种电子跃迁是允许还是禁阻决定于跃迁过程中分子的几何形状和动量是否改变。

a. 自旋禁阻选律。在跃迁过程中，电子的自旋方向不变，即自旋守恒；不同的自旋多重态之间的跃迁是禁阻的。$S_0{\rightarrow}S_1$、$T_0{\rightarrow}T_1$ 这两种跃迁是自旋允许的；而 $S_0{\rightarrow}T_1$，这种跃迁是自旋禁阻的。例如 $H_2(\uparrow\downarrow)\longrightarrow H_2(\uparrow\uparrow)$ 是禁阻的。在含有重原子的分子中，弱的单线态向三线态的跃迁由于强烈的自旋-轨道偶合能够改变电子的自旋方向而被观察到。

b. 宇称禁阻选律。对于有对称中心的分子，跃迁必须改变分子波函数的中心对称性，否则这种跃迁是宇称禁阻的。宇称相同的两态间的跃迁如 $g{\rightarrow}g$ 和 $u{\rightarrow}u$ 跃迁是禁阻的；宇称不同的两态间的跃迁如 $g{\rightarrow}u$ 和 $u{\rightarrow}g$ 跃迁是允许的。在过渡金属配合物中，d-d 跃迁是宇称禁阻的，摩尔吸光系数一般小于 100。

c. 对称性禁阻选律。分子的对称性越高，跃迁禁阻的概率越大。对甲硒醛分子而言，$n{\rightarrow}\pi^*$ 跃迁是对称性禁阻的，而 $\pi{\rightarrow}\pi^*$ 跃迁和 $n{\rightarrow}\sigma^*$ 跃迁是对称性允许的。应该指出的是只有遵守上述所有选择定则的电子跃迁才是跃迁允许的，否则就是跃迁禁阻的，其发生的概率就低。

③ 振动结构和 Frank-Condon 原理。分子的内部运动包括绕质心的转动、原子核的振动和电子相对于原子核的（运动）跃迁。由于电子运动的速度大于原子核的振动速度，在电子激发的时间内，即在分子受激跃迁过程中，分子的核构型应该保持不变，这就是 Frank-Condon 原理。换言之，在电子跃迁过程中分子的几何形状和动量保持不变。符合这个原理的电子跃迁（垂直跃迁）是允许的，否则该电子跃迁是禁阻的。现在已证明这一原理也适用于电子转移反应，即在电子转移过程中反应物分子的几何形状保持不变。

电子轨道能级差 $\Delta E_e=1\sim20\mathrm{eV}$；原子核振动能级差 $\Delta E_v=0.05\sim1\mathrm{eV}$；分子转动能级差 $\Delta E_r=0.005\sim0.05\mathrm{eV}$，因此电子跃迁的同时伴随振动能级、转动能级的变化，这样每个电子跃迁给出由无数谱线组成的谱带。解析谱带的精细结构可以获得分子轨道的有用信息。

2. 激发态分子的光物理过程和结构

（1）激发态分子的光物理过程

① 单分子光物理过程。前面介绍了电子的跃迁类型以及跃迁遵守的选律。现在看一看跃迁后处于激发态的分子究竟有何变化，即激发态分子的命运或归宿（图 2.126）。由于激发态分子的存在寿命极短，因而研究激发态分子的物理化学性质就非常困难。处于单重态的基

态分子（单重态的基态，用 S_0 表示），吸收一个光子后依据吸收能量的大小将其转变成 S_1、S_2 等激发单重态。按 Frank-Condon 原理，此跃迁也产生振动激发态（用右上标指示同一电子态的振动激发态，例如 S_0^0，S_0^1，…；S_1^0，S_1^1，…）。在溶液或浓稠的气体中，某些过程可以在 $10^{-13} \sim 10^{-10}$ s 时间内发生。振动激发因碰撞而迅速消失称碰撞淬灭（collisional quenching），处于 S_2 或更高能态的分子因失活（失去能量）转变成 S_1 态（$S_n \rightarrow S_1$）。这些过程是非辐射的，称为内部转变（internal conversion，IC）。

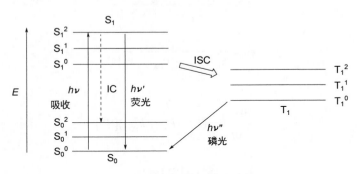

图 2.126　分子的光物理过程

处于 S_1 态的分子通常在稍长的 $10^{-10} \sim 10^{-6}$ s 时间内要完成下述几种过程中的一种：①发射荧光（fluorescence）恢复到 S_0，$S_1 \rightarrow S_0$；②按非辐射方式，恢复到 S_0，淬灭；③转变成三重激发态（依能量由低到高的顺序依次用 T_1，T_2，…表示不同的三重激发态），发生系间穿越（intersystem crossing，ISC），$S_1 \rightarrow T_n$；④发生化学反应。类似地，较高的三重激发态 T_n 发生内部转变成为 T_1 态，$T_n \rightarrow T_1$，而 T_1 态因淬灭或因发射磷光（phosphorescence）而恢复到 S_0（通常 $T_1 \rightarrow S_0$；少见 $T_n \rightarrow S_0$）或发生化学反应。内部转变发生在相同自旋多重度的能态之间，如 $T_m \rightarrow T_n$ 或 $S_m \rightarrow S_n$，过程非常迅速，只需 10^{-12} s。ISC 速度依赖于单重激发态与三重激发态的能量差，能量差越小，ISC 速度越快。酮类，两态能量差较小，ISC 速度较快，而芳烃两态能量差较大，ISC 速度较慢。ISC 是发生在不同自旋多重度的能态之间的一种无辐射跃迁，因过程伴随一个电子的自旋反转，如 $S_1 \rightarrow T_1$ 或 $T_1 \rightarrow S_0$，因此它是自旋禁阻的，只有当存在自旋角动量-轨道角动量偶合时，如分子或溶剂有重原子时，ISC 速度显著增加。三重态 T_1 的寿命长于单重态 S_1。轻原子的典型值为 $10^{-3} \sim 10^0$ s，这使 T_1 发生化学反应的概率较大，但分子中的重原子能缩短寿命到 10^{-7} s。由于最低单重激发态 S_1 和最低三重激发态 T_1 具有较长的寿命，因此通常认为光化学反应是从最低单重激发态 S_1 和最低三重激发态 T_1 开始的，这就是 Kasha 经验规则。如今这一经验规则已阻碍光化学的发展，受到研究工作者的挑战[65]。

②　双分子光物理过程。

a. Stern-Volmer 方程。单重激发态形成速率 $d[S^*]/dt = I_{abs}$，I_{abs} 为吸收光子的速率；激发态的浓度用 $[S^*]$ 表示，激发态的衰变（失活）速率可表示为这几项之和 $(k_F + k_{IC} + k_{ISC} + k_Q[Q])[S^*]$：荧光过程速率，$k_F[S^*]$；内部转变过程速率，$k_{IC}[S^*]$；系间穿越过程速率，$k_{ISC}[S^*]$；淬灭剂（quencher）的浓度用 $[Q]$ 表示，淬灭速率，$k_Q[S^*][Q]$。因此，激发态的失活速率是表观一级动力学，无淬灭剂时激发态的失活速率则是一级动力学。光照停止后，t 时刻激发态的浓度 $[S^*]$ 与其初始浓度 $[S^*]_0$ 的关系式如下：无淬灭剂时，激发态的（自然）寿命用 τ_0 表示，荧光量子产率用 $\phi_{F,0}$ 表示；存在淬灭剂时，激发态的寿命用 τ 表示，荧光量子产率用 ϕ_F 表示；由此得到三种形式的 Stern-Volmer 方程。根据 Stern-Volmer 方程，淬灭剂的浓度越高，淬灭效率就越高。

存在淬灭剂:

$$-\frac{d[S^*]}{dt} = (k_F + k_{IC} + k_{ISC} + k_Q[Q])[S^*]$$

$$[S^*] = [S^*]_0\, e^{\frac{t}{\tau}}$$

$$\tau \equiv \frac{1}{k_F + k_{IC} + k_{ISC} + k_Q[Q]}$$

$$\phi_F \equiv \frac{k_F}{k_F + k_{IC} + k_{ISC} + k_Q[Q]}$$

无淬灭剂:

$$-\frac{d[S^*]}{dt} = (k_F + k_{IC} + k_{ISC})[S^*]$$

$$[S^*] = [S^*]_0\, e^{\frac{t}{\tau_0}}$$

$$\tau_0 \equiv \frac{1}{k_F + k_{IC} + k_{ISC}}$$

$$\phi_{F,0} \equiv \frac{k_F}{k_F + k_{IC} + k_{ISC}}$$

Stern-Volmer 方程:

$$\frac{\phi_{F,0}}{\phi_F} = 1 + \tau_0 k_Q[Q]; \frac{I_{F,0}}{I_F} = 1 + \tau_0 k_Q[Q]; \frac{1}{\tau} = \frac{1}{\tau_0} + k_Q[Q]$$

$\phi_{F,0}/\phi_F$ 或 $I_{F,0}/I_F$ 对淬灭剂浓度[Q]作图得到一条直线,斜率是 $\tau_0 k_Q$,由此可得出淬灭速率常数 k_Q。

激发态分子另一条失活途径是能量传递(能量转移),一个激发态分子和一个基态分子相互作用,能量给体回到基态而能量受体变成激发态(图 2.127)。能量转移机理分为共振偶极能量转移和电子交换能量转移。

$$D^* + A \longrightarrow D + A^*$$

图 2.127　激发态分子的能量转移

b. 共振偶极能量转移。入射电磁波的振荡电场诱导分子 D 产生振荡的电偶极矩。如果入射辐射的频率是 $\Delta E_D/h$(其中 ΔE_D 是分子 D 的激发态与基态之间的能量差,h 是普朗克常数),那么电磁波的能量就被分子吸收成为激发态 D*。类似地,激发态分子的振荡偶极子也可以诱导附近的淬灭剂分子 A 中的电子产生振荡的偶极矩。如果 D*中电偶极矩的振荡频率为 $\Delta E_A/h$,那么 A 将吸收来自 D*的能量产生 A*。根据共振能量转移的 Förster 理论(图 2.128),有效的能量转移必须满足两个条件:能量给体和受体之间距离较小(纳米级);给体的发射光谱与受体的吸收光谱存在重叠区域,由能量给体激发态发射的光子可以被受体直接吸收。

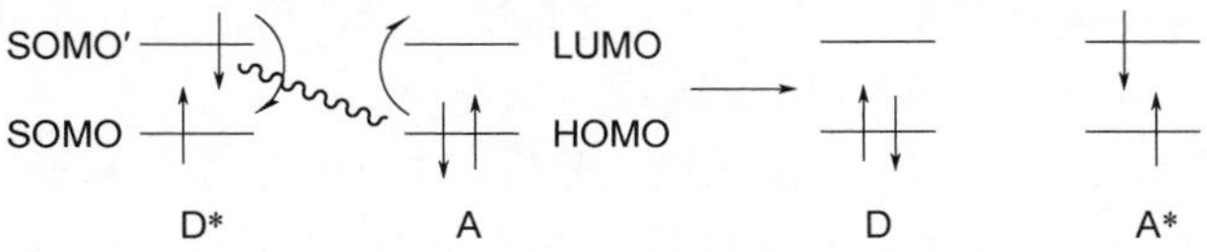

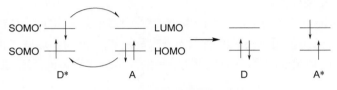

图 2.128　Förster 能量转移机理

c. 电子交换能量转移。如图 2.129 所示，在电子交换能量转移中，D*的 SOMO′电子转移到 A 的 LUMO，A 的一个 HOMO 电子转移到 D*的 SOMO，产生 A*。这种电子交换能量转移的机理常称为 Dexter 能量转移机理。由于是前线轨道相互作用，因此是一种短程能量转移。

图 2.129　Dexter 能量转移机理

能量转移要求 D*的能量大于 A*的能量，即当 $E(D^*)>E(A^*)$ 时，D*→A 的能量转移是允许的；否则当 $E(D^*)<E(A^*)$ 时，D*→A 的能量转移是禁阻的。此外，像化学反应一样，能量转移过程必须遵守自旋守恒规则（Wigner's spin conservation rule）。因此，有如下两种普遍性的能量转移形式：单重态-单重态能量转移（图 2.130A）；三重态-三重态能量转移（图 2.130B）。

$$D^*(S_1) + A(S_0) \longrightarrow D(S_0) + A^*(S_1)$$

图 2.130A　单重态激发分子的能量转移

$$D^*(T_1) + A(S_0) \longrightarrow D(S_0) + A^*(T_1)$$

图 2.130B　三重态激发分子的能量转移

目前利用三重态-三重态能量转移（triplet-triplet energy transfer，TTET），采用可见光活化有机分子开发新的有机化学反应已成为活跃的研究领域：[2+2]环加成、烯烃的 E-Z 异构化等。通过光敏剂的三重态能量转移形成底物的三重态激发态比直接光激发到能量更高的单重态对底物反应的选择性控制更有利，这是与早期光化学思想的巨大差别。

有趣的是，自然界利用这一反应从三线态的基态氧分子 $^3O_2$ 产生单线态的激发态氧分子 $^1O_2$，由此许多氧化反应得以进行（图 2.131）。$^3C_{60}$ 的能量（1.56eV）高于 $^1O_2$（0.98eV），因此从 $^3C_{60}$ 进行能量转移生成 $^1O_2$，$^3C_{60}+^3O_2 \longrightarrow {}^1C_{60}+^1O_2$。

$$^3PS^* + {}^3O_2 \longrightarrow PS + {}^1O_2$$

图 2.131　三重态光敏剂向基态氧分子的能量转移

d. 能量转移过程的识别与表征。在大多数情况下，三重态过程可以用瞬态吸收光谱研究来识别和分析，通过时间分辨的泵浦-探测实验，这种方法可以识别供体和受体的激发态，并在直接激发后立即识别它们各自的瞬态吸收属性。通过选择性激发给体和监测受体是否加入，可以获得一个瞬态事件的可能性：①激发给体的瞬态吸收特征被抑制；②激发受体的瞬态吸收特征出现。此外，通过对不同给体/受体比例的定量分析，可以用普通的动力学模型直接确定 EnT 速率常数（正向和反向）。然而，瞬态吸收研究往往是复杂的，需要专门的设备，这在普通的实验室是不常见的。在这些情形下，可以进行一些策略性的研究，以排除竞争性的 SET，并证实假设的 EnT 过程。

首先，通过经典的 Stern-Volmer 发光淬灭分析，电子和能量转移通常是可以区分的。与电荷分离的电子转移（ET）不同，能量转移（EnT）在很大程度上与溶剂无关。因此，如果一个过程是能量转移，溶剂性质的变化例如极性的改变将导致类似的淬灭常数。然而，能量转移的速率（也就是淬灭速率常数 k_Q）在很大程度上取决于光敏剂的三重态的能量 E_T 以及其它参数。因此，观察到的 k_Q 和光敏剂的 E_T 之间的实验相关性可以作为一个潜在 EnT 机理的证据。另外，紫外光直接激发实验通常提供很多信息，可以用来证明是否激发态中间体确实存在于反应机理中。最后，实验或理论氧化还原电势测定也可用于排除电子转移过程，从而提供致敏机理的间接证据。

e. 三重激发态能量。实验上，三重激发态能量可以通过不同的光谱技术来测定。最好的（也是最可靠的）方法是使用短波长的磷光光谱来测定 E_T。通常，这些光谱是在低温（77K）下记录下来的，以达到明确归属（0,0）跃迁所需的光谱分辨率，该跃迁与三重态激发能直接对应。

原则上，（0,0）跃迁能也可以通过单重态-三重态吸收光谱得到。然而，这种策略是不可推广的，因为（0,0）带的识别在许多情况下是困难的，并且通常需要广泛的实验数据。用一系列已知三重态能量的参考光敏剂或受体进行发光淬灭实验，也可以间接地确定近似三重激发态能量。这种实验上烦琐的方法只提供范围值，而不是精确的三重态激发能。在过去的几年里，通过 DFT 分析确定三重态能量也成为一种流行的替代方法，特别是在实验数据难以获得的情况下。虽然利用 DFT 表征激发态仍然是一个挑战性的课题，但是在 triple-zeta 基组［例如 6-311+(2d,p)］中使用杂化函数（例如 B3LYP、M06-2X）已被用于计算可靠的三重态能量。

自 20 世纪 50 年代初以来，为了收集各种有机化合物的三重态激发态能量数据，进行了大量的光谱研究，读者可参阅文献[66]。图 2.132 提供了常用光敏剂的三重态激发态能量（能量单位：kcal/mol）。

34.6 亚甲蓝	41.5 玫瑰红	44.0 曙红Y	44.7 MesAcr
50.0 核黄素	62.3 米氏酮	63.4 噻吨酮	69.2 BP

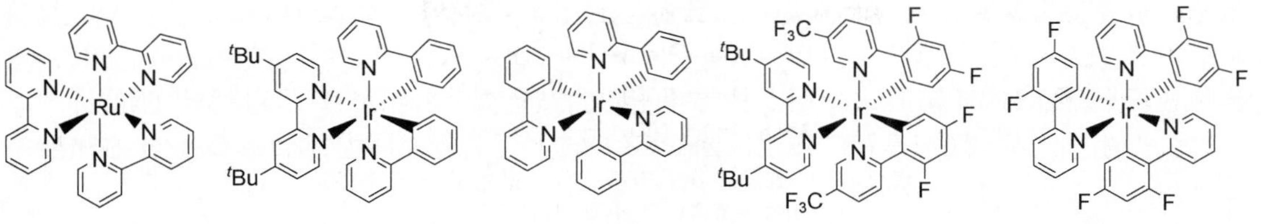

49.0	49.2	58.1	61.8	63.5
Ru(bpy)$_3^{2+}$	Ir(ppy)$_2$(dtbpy)$^+$	fac-Ir(ppy)$_3$	Ir(dF(CF$_3$)ppy)$_2$(dtbpy)$^+$	fac-Ir(dFppy)$_3$

图 2.132　光敏剂的三重态能量

（2）激发态分子的结构

前面已提及激发态的分子结构是不同于基态分子的。虽然获得激发态的详尽信息是困难的，但是 Walsh 还是提出了预测激发态分子结构的简单规则：有 n 个电子的分子，其第一激发态与有 $n+1$ 或 $n+2$ 个电子的相似分子的基态属于相同的点群。激发态的物种用*表示：N$_2$O*或 CO$_2$*=NO$_2$ 或 SO$_2$；NO$_2^-$*=SO$_3^-$；C$_2$H$_4$*=N$_2$H$_4$；C$_2$H$_2$*=N$_2$H$_2$；CH$_2$O*=NH$_2$F；HCN*=HCO。

对于分子 XY$_n$ 或 X$_2$Y$_n$，可以根据其电子数作出精确的预言。不仅可以预言它们的激发态的结构，而且也能预言它们的化学性质，例如，H$_2$O*具有 H$_2$Ne 的结构，应是线性的，并且易于离解。对于 NH$_3$*，预言是 T 形分子，CH$_4$*=SF$_4$，预言是平面构型分子，类似地有，SF$_4$*=XeF$_4$，PF$_5$*=IF$_5$。如果将电子添加规则应用于激发态的乙烷分子，得到 C$_2$H$_6$*=N$_2$H$_6$，表明像 N$_2$H$_6$ 一样，它易于分解为甲基自由基。

对于激发态的自由基，只能对添加一个电子的情形作出预言；因此 ClO$_2$*=ClO$_2^-$（弯曲的），NO$_3$*=NO$_3^-$（平面的）。丙烯醛，预言具有双负离子的构型：CH$_2$=CHCH=O*=$^-$CH$_2$—CH=CH—O$^-$。邻二酮，ArCOCOAr*= ArC(O$^-$)=C(O$^-$)Ar：基态的邻二酮中两个羰基是非共面的；在激发态中，两个 CO 基团则是共面的。

对过渡金属的简单配合物的激发态结构是容易作出预言的。例如，[Cr(NH$_3$)$_6$]$^{3+}$的激发态相当于一个电子进入 e$_g$*轨道，从而[Cr(NH$_3$)$_6$]$^{2+}$具有畸变的八面体的结构，即[[Cr(NH$_3$)$_6$]$^{3+}$]*=[Cr(NH$_3$)$_6$]$^{2+}$。光谱学证明[Fe(OH$_2$)$_6$]$^{2+}$、[CoF$_6$]$^{3-}$和[Fe(OH$_2$)$_6$]$^{3+}$的激发态也发生八面体畸变。一般规律是在 e$_g$*轨道上有 0 或 2 个电子的配合物总要按此方式发生畸变。如果基态已发生畸变（像在[Cu(OH$_2$)$_6$]$^{2+}$中那样），那么激发态则消除这种畸变；对于平面的 d^8 配合物，受激发后具有 d^9 结构的四面体构型。

3. 激发态分子的化学性质

（1）激发态分子的电子转移

一个激发态分子与一个基态分子进行电子转移时，如果一个激发态分子 D*是电子给体、基态分子 A 充当电子受体，那么是 D*的 SOMO'电子转移到 A 的 LUMO 形成自由基离子对 D$^+$、A$^-$。由于自由基离子有单电子，因此它们是二重的，可表示为 ^{2}D$^+$、^{2}A$^-$。在单重态的离子对 ^{1}(^{2}D$^+$^{2}A$^-$)中，两个单电子是自旋反平行的，在三重态的离子对 ^{3}(^{2}D$^+$^{2}A$^-$)中，两个单电子是自旋平行的。如果一个激发态分子 A*是电子受体、基态分子 D 充当电子给体，那么是 D 的 HOMO 电子转移到 A*的 SOMO 形成自由基离子对 ^{1}(^{2}D$^+$^{2}A$^-$)或 ^{3}(^{2}D$^+$^{2}A$^-$)（图 2.133）。

$$^1D^* + A \longrightarrow {}^1(AD)^* \longrightarrow {}^1(^2D^+ + {}^2A^-)$$
$$^3D^* + A \longrightarrow {}^3(AD)^* \longrightarrow {}^3(^2D^+ + {}^2A^-)$$
$$^1A^* + D \longrightarrow {}^1(AD)^* \longrightarrow {}^1(^2D^+ + {}^2A^-)$$
$$^3A^* + D \longrightarrow {}^3(AD)^* \longrightarrow {}^3(^2D^+ + {}^2A^-)$$

图 2.133　激发态分子与基态分子进行的电子转移

根据分子轨道理论，激发态分子和基态分子的电离能、电子亲和能与基态的电离能、电子亲和能的关系示于图 2.134，其中*E 为激发能——激发态与基态能量之差（前线轨道的能级差）。从电子亲和能和电离能关系式可知，激发态分子的电子亲和能*EA 大于基态分子的电子亲和能 EA，激发态分子的电离能*IP 小于基态分子的电离能 IP，因此激发态分子比基态分子更易得到电子和失去电子。

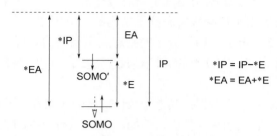

图 2.134　激发态分子和基态分子的电离能与电子亲和能相关图

如果 A 的电子亲和能大于 D*的电离能即 $\Delta G=$*$IP_D-EA_A<0$，那么 D*向 A 转移电子是能量允许的；否则是禁阻的。如果 A*的电子亲和能大于 D 的电离能即 $\Delta G=IP_D-$*$EA_A<0$，那么 D 向 A*转移电子是能量允许的；否则是禁阻的。

在极性溶剂中，自由基离子与溶剂之间存在静电吸引和溶剂化作用，随着溶剂极性和介电常数的变化，两个自由基离子的相互作用可表示如下图 2.135，其中$(D^{\delta+}A^{\delta-})_S$为溶剂化的激发复合物（exciplex）、$(D^+A^-)_S$为接触离子对（contact ion pair，CIP）、$(D^+\|A^-)_S$表示溶剂间隔离子对（solvent-separated ion pair，SSIP）、$D^+_S+A^-_S$表示自由的正负离子。大的溶剂极性有利于形成自由的正负离子。在极性溶剂中，可以根据循环伏安法测定的电极电势判断电子转移是否在热力学上有利。例如，$E([Ru(bpy)_3^{2+}]^*/Ru(bpy)_3^+)=0.77V$（vs.SCE），$E([Fe(CN)_6]^{3-}/[Fe(CN)_6]^{4-})$（对标准氢电极，0.36V）=0.36-0.24=0.12V（vs.SCE），电动势$E_{cell}=0.77-0.12=0.65$（V）>0，因此$[Ru(bpy)_3^{2+}]^*$作氧化剂、$[Fe(CN)_6]^{4-}$作还原剂的反应是自发的。

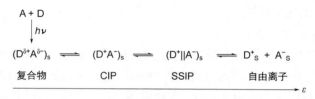

图 2.135　自由基离子的形成与溶剂极性的关系

（2）可见光催化剂的作用机理

一个激发态分子具有完全不同于其基态分子的物理化学性质，例如：具有不同的形状、不同的偶极矩以及不同的酸碱性（表 2.31）。激发态分子的氧化还原性质也不同于基态：正如

图 2.134 所示，一个电子被激发到反键轨道后，更易于失去；而产生的价层空轨道则易于接受电子。因此，激发态分子的氧化性和还原性强于基态分子。

表 2.31　激发态分子与基态分子的酸碱性

分子	$pK_a(S_0)$	$pK_a(S_1)$	$pK_a(T_1)$
质子化的 β-萘胺	4.1	−2	3.3
β-萘酚	9.5	2.8	8.1
质子化的 10-氮杂蒽	5.5	10.6	5.6

$Ru(bpy)_3Cl_2$ 广泛用作光敏剂（光催化剂），它吸收 452nm 的光子经 MLCT 跃迁转变为单线激发态，单线态迅速衰变为较为稳定的三线态，在 25℃水溶液中，寿命长达 600ns。三线态除辐射衰变为基态外还可进行单电子转移反应：$E[Ru(bpy)_3^{3+}/Ru(bpy)_3^{2+}]=1.29V$，$E[Ru(bpy)_3^{2+}/Ru(bpy)_3^+]=-1.33V$，$E\{Ru(bpy)_3^{3+}/[Ru(bpy)_3^{2+}]*\}=-0.81V$，$E\{[Ru(bpy)_3^{2+}]*/Ru(bpy)_3^+\}=0.77V$；电极电势指示激发态 $[Ru(bpy)_3^{2+}]*$ 是比基态 $Ru(bpy)_3^{2+}$ 更好的氧化剂和还原剂。

表 2.32 收录了常用光敏剂（光催化剂，PC）的光物理化学数据。激发态分子进行的光化学反应包括电离、电子转移、离解、加成、攫取（夺取）和异构化等。

表 2.32　光催化剂（PC）的光物理化学数据[†]

光催化剂	$E(PC/PC^-)$	$E(PC^+/PC)$	$E(PC^*/PC^-)$	$E(PC^+/PC^*)$	λ_{max}/nm	τ/ns
曙红 Y	−1.08	0.76	0.83	−1.15	520	
亚甲蓝	−0.30	1.13	1.14	−0.33	650	
玫瑰红	−0.99	0.84	0.81	−0.96	549	
MesAcr	−0.46～−0.79	—	2.32	—	425	
$Ru(bmp)_3^{2+}$	−0.91	1.69	0.99	−0.21	454	131
$Ru(bpz)_3^{2+}$	−0.80	1.86	1.45	−0.26	443	740
$Ru(bpy)_3^{2+}$	−1.33	1.29	0.77	−0.81	452	1100
$Ru(phen)_3^{2+}$	−1.36	1.26	0.82	−0.87	422	500
$Ir[dF(CF_3)ppy]_2(dtbbpy)^+$	−1.37	1.69	1.21	−0.89	380	2300
$Ir(ppy)_2(dtbbpy)^+$	−1.51	1.21	0.66	−0.96		557
$Cu(dap)_2^+$		0.62	—	−1.43		270
$fac\text{-}Ir(ppy)_3$	−2.91	0.77	0.31	−1.73	375	1900

[†]资料来源：Kavarnos G J. *Chem. Rev.*, **1986**, 86, 401; Prier C K. *Chem. Rev.*, **2013**, 113, 5322; Bogdos M K. *Beilstein J. Org. Chem.*, **2018**, 14, 2035; Hari D P. *Chem. Commun.*, **2014**, 50, 6688; Romero N A. *Chem. Rev.*, **2016**, 116, 10075. 所有电极电势都是相对饱和甘汞电极（SCE），单位：伏特。τ，激发态寿命。

可见光催化剂催化的反应主要是氧化还原反应，是有重要意义的研究课题（图 2.136）。光激发产生的激发态催化剂（PC*），依据反应物的电极电势不同而起氧化剂或还原剂的作用。当激发态催化剂 PC* 作为氧化剂时，称为还原淬灭循环（图 2.137 左）；相关电对的电极电势满足条件 $E(PC^*/PC^-)>E(D^+/D)$、$E(A/A^-)>E(PC/PC^-)$；PC* 接受来自电子给体 D 的电子形成 PC^-，PC^- 将电子传递给电子受体 A，回到 PC 基态。当激发态催化剂 PC* 作为还原剂时，称为氧化淬灭循环（图 2.137 右）；相关电对的电极电势满足条件 $E(A/A^-)>E(PC^+/PC^*)$、

$E(PC^+/PC)>E(D^+/D)$；PC*授予电子给受体 A 形成 PC^+，PC^+ 从电子给体 D 接受电子，回到 PC 基态。对于催化剂 $Ru(bpy)_3^{2+}$：PC*氧化淬灭的常见氧化剂是紫精（viologen）、多卤甲烷、二硝基苯、二氰基苯、重氮盐等；PC*还原淬灭的常见还原剂是叔胺。

$$D + A \xrightarrow{h\nu/PC} D^+A^-$$

图 2.136　光催化剂 PC 催化的氧化还原反应

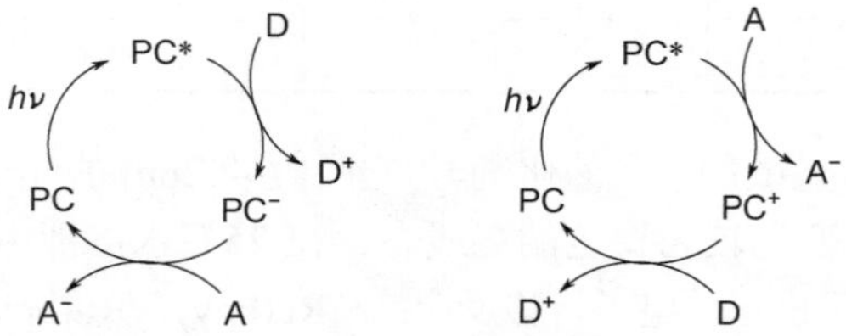

图 2.137　催化剂的还原淬灭循环（左）和氧化淬灭循环（右）

目前所选择的光催化剂主要基于 $Ru(bpy)_3^{2+}$、$Ir(ppy)_2(dtbbpy)^+$ 等（表 2.32），它们具有强的可见光吸收性质，可以利用非常方便的可见光源，包括荧光灯和环境阳光。就其机理而言，认为催化剂的激发态通过一个牺牲淬灭剂［抗坏血酸、胺、烯胺、甲基紫精（methyl viologen）MV^{2+} 等］电子转移反应产生一个强还原剂或强氧化剂金属配合物。例如，$Ru(bpy)_3^+$［或 $Ru(bpy)_3^{3+}$］是由苯胺（或甲基紫精）还原（或氧化）$Ru(bpy)_3^{2+}$ 激发态生成的。对于 $Ir(ppy)_2(dtbbpy)^+$，强还原剂 $Ir(ppy)_2(dtbbpy)$ 由相应 PC 的激发态与烯胺（enamine）反应产生。这些强还原剂或强氧化剂可以用来促进自由基反应，例如可以通过从 $Ir(ppy)_2(dtbbpy)$ 转移电子到 CF_3I 生成自由基 $CF_3^·$。利用钌基体系，芳基烯酮（enone）能够还原为自由基负离子；对富电子的烯烃，氧化途径可以产生相应的自由基正离子；这些中间体可用于[2+2]环加成反应[66]。

二、单线态氧的光化学反应

1. 单线态氧分子的产生

单线态氧分子（$^1O_2$）是一种生物相关的活性氧物种（reactive oxygen species，ROS），能与细胞成分发生有效反应[67]。氧化作用会对核酸、膜不饱和脂和蛋白质成分造成损害，引起关节炎、白内障和皮肤癌等几种疾病。

基态的三线态氧分子有第一激发态 S_1（$^1\Delta g$）（两个电子在一个 π^* 反键轨道上）和第二激发态 S_2（$^1\Sigma_g^+$）（两个电子各占据一个 π^* 反键轨道且自旋相反）（图 1.6）。第二激发态和第一激发态的能量分别比三线态氧分子（基态）高 154.8kJ/mol（37kcal/mol）和 92kJ/mol（22kcal/mol）[9]。由于第二激发态在水溶液中快速失活，通常只考虑第一激发态参与化学反应，并记为 $^1O_2$。

在生物系统中，光反应和暗反应都可能产生 $^1O_2$。暗反应（化学激发）的例子包括过氧化物酶（myeloperoxidase，髓过氧化物酶）或氧合酶（lipoxygenase，脂氧合酶）催化的反应、过氧化氢与次氯酸盐或过氧亚硝基负离子的反应、1,2-二氧杂环丁烷（1,2-dioxetane）的热分解或臭氧与生物分子的反应。此外，根据协同的 Russell 机理，生物分子所衍生的过氧化物自由基 ROO˙的结合导致瞬态四氧化物（ROOOOR）产生，其分解释放出 $^1O_2$。$^1O_2$ 也可以通过三线态激发分子向基态氧的能量转移在细胞中生成，典型的反应涉及内源性光敏剂，这些光敏剂由太阳辐射的 UVA 成分激发。

2. 光敏化氧化反应

基态光敏剂 PS 吸收光产生单重激发态 $^1PS^*$，通过系间穿越迅速转化为一种更稳定、寿命更长的物质，即三重激发态 $^3PS^*$。三重激发态的光敏剂能够触发两种不同的光敏氧化途径，即 I 型和 II 型反应。

在 I 型反应中，$^3PS^*$ 可能参与电子转移反应，或参与附近合适的分子或溶剂分子的夺氢反应，产生自由基离子或自由基。这些初级自由基参与随后的电子转移和氢原子转移反应。自由基直接提取氢原子或初生的自由基正离子脱质子后形成的碳自由基，可与氧反应或与超氧自由基负离子（O_2^-）反应生成氧化产物（过氧自由基、过氧化物）。

在 II 型反应中，$^3PS^*$ 将其激发能转移到基态分子氧中，随后生成 $^1O_2$。对于大多数三重态光敏剂来说，这个过程发生的速率常数为 $1×10^9 \sim 3×10^9$ L/(mol·s)。I 型反应产生的自由基中间体和通过敏化机理能量转移产生的 $^1O_2$ 都可以参与生物分子的氧化。氢过氧化物 ROOH 的产生是这些光氧化反应的例子。

在 II 型反应中，$^1O_2$ 与烯烃的反应可以通过三种机理进行（图 2.138）[9,68]。第一类是[2+2]环加成反应，生成 1,2-二氧杂环丁烷（1,2-dioxetane）。这类反应优先发生在富电子烯烃上，如烯醇醚、烯胺。环状过氧化物（1,2-二氧杂环丁烷）非常不稳定，裂解成两个羰基碎片，其中一个处于激发态。第二种类型，称为烯反应。有烯丙基氢的烯烃与 $^1O_2$ 生成烯丙基氢过氧化物（allylic hydroperoxide），其中双键转移到原烯丙碳上。单线态氧对双键的进攻以立体专一的同面方式进行，因此氢原子的移去发生在 $^1O_2$ 接近的同一侧。

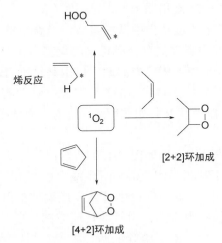

图 2.138　$^1O_2$ 的三类反应

第三种反应机理是[4+2]环加成反应，产生内过氧化物。这种反应类似于 Diels-Alder 反应，其中 $^1O_2$ 为亲二烯体。

以 2-脱氧核糖核酸（DNA）和核糖核酸（RNA）为代表的核酸碱基和糖基是多种活性氧物种（ROS）和单电子氧化剂参与的氧化反应的潜在靶标[69,70]。在 ROS 中，具有高活性的羟基自由基（HO·）和单线态氧分子（$^1O_2$）是最具破坏性的细胞 DNA 氧化剂。在 DNA 碱基中，只有鸟嘌呤能够与 $^1O_2$ 发生[4+2]环加成反应和[2+2]环加成反应，分别产生内过氧化物和 1,2-二氧杂环丁烷。

　　脂质氧化可通过自由基参与的氧化（称为"自动氧化"）、与自由基无关的氧化和酶促氧化三个主要途径触发。自由基和 $^1O_2$ 氧化脂质 LH 时产生的主要氧化物是脂质氢过氧化物（LOOH）。

　　$^1O_2$ 与游离的和酯化的不饱和脂肪酸反应，主要是通过烯反应，生成异构的烯丙基氢过氧化物。胆固醇（5α-cholestan-3β-ol，Ch）是生物膜的主要成分之一，它在调节细胞膜物理特性以及调节多种信号通路方面具有重要作用。$^1O_2$ 通过烯反应在 C5 位置产生氢过氧化物，其中 3β-5α-胆甾-6-烯-5α-氢过氧化物（5α-OOH）是主要产物[71]。

　　$^1O_2$ 可与蛋白质中的一些氨基酸残基包括半胱氨酸、组氨酸、蛋氨酸、色氨酸和酪氨酸发生选择性反应。迄今为止，$^1O_2$ 在细胞和生物体中对蛋白质损伤的研究仍然是一个具有挑战性的问题[67]。

三、有机硒化合物的光化学反应

　　C—Se、Se—Se、Se—S、Se—X 和 Se—H 键都是弱键，在光照或在自由基引发剂存在下均裂进行自由基反应如自由基加成、自由基取代等[72]。实验测定 H_2Se 和硒醇与碳自由基的反应速率常数分别为 $>1.6×10^8$L/(mol·s) 和 $2.1×10^9$L/(mol·s)；PhSH 与 5-己烯-1-基自由基反应的速率常数为 $8×10^7$L/(mol·s)［5-己烯-1-基与 TsSePh 反应的速率常数为 $3.0×10^6$L/(mol·s)］；这些动力学数据指示硒基上的氢转移反应接近扩散控制（扩散控制反应速率常数，10^{10}L/(mol·s)），表明含硒基的化合物是极好的供氢体（氢授予体）。在烷基芳基硒醚 RSeAr 中，R—Se 键稍弱于 Se—Ar 键（表 2.5），光解均裂的比例取决于光波长、溶液黏度等因素，稳定的烷基自由基的生成以及合适的波长有利于 R—Se 键的均裂，占绝对优势的 R—Se 键均裂提供有合成意义的烷基自由基 R·。在光敏剂存在下，形成[RSeAr]*，碎裂形成烷基自由基 R·。类似地，自由基试剂 $^nBu_3Sn·$（产生于 $^nBu_3SnH$ 或 $^nBu_3SnSn^nBu_3$）和 $TMS_3Si·$（产生于 TMS_3SiH）可与 RSeAr 进行 S_H2 取代生成 $^nBu_3SnSeAr$ 和 $TMS_3SiSeAr$ 并提供烷基自由基 R·。如前所述，目前，硒醚在有机合成方法学研究中广泛用作自由基前体。

　　$^nBu_3Sn·$ 在硒上的自由基取代过程如图 2.139 所示：经过一个硒中心的 T 型过渡态，PhSe 基团从 R 转移到三正丁基锡基团 $^nBu_3Sn$，生成自由基 R·。这里自由基 R·包括烷基自由基、烯基自由基、酰基自由基、亚胺酰自由基以及烃氧羰基自由基等。实验以及 ab initio 和 DFT 计算支持在硫、硒和碲中心的自由基取代反应都是通过 T 型过渡态进行的，而不是经过先加成形成 T 型中间体，然后消除的两步机理。与发生在碳上的反应不同，由于硒原子体积大，在硒上进行的反应一般不存在位阻问题。表 2.33 列入了自由基与硒醚进行双分子均裂取代反应（S_H2 反应）的速率常数。从 RCOSePh 提取 PhSe 的反应速率要快于烃基硒醚 RSePh，反应也是 S_H2 机理；在 80℃，$(TMS)_3Si·$ 和 $^nBu_3Sn·$ 提取 PhSe 的速率常数为 $2×10^8$L/(mol·s)。

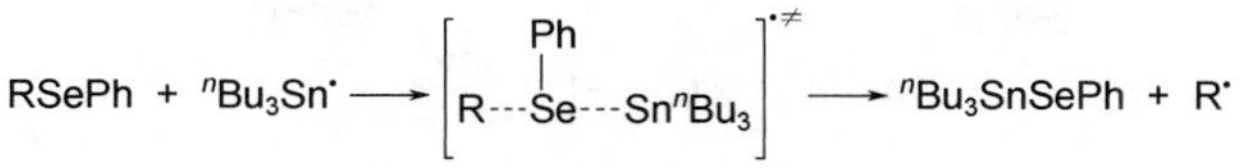

$$RSePh + {}^nBu_3Sn^{\cdot} \longrightarrow \left[\begin{array}{c} Ph \\ | \\ R\text{---}Se\text{---}Sn^nBu_3 \end{array} \right]^{\cdot\neq} \longrightarrow {}^nBu_3SnSePh + R^{\cdot}$$

图 2.139 通过 T 型过渡态的 S_H2 反应机理

表 2.33 在硒中心上进行 S_H2 反应的速率常数

自由基	PhSeR	温度/℃	反应速率常数/[L/(mol·s)]
${}^nBu_3Sn^{\cdot}$	$PhSeCH_2OBu$	25	$5.8\times10^{6*}$
${}^nBu_3Ge^{\cdot}$	$PhSeCH_2OBu$	25	2.3×10^7
${}^nBu_3Sn^{\cdot}$	$PhSeCH_2CO_2Et$	25	1.2×10^8
${}^nBu_3Ge^{\cdot}$	$PhSeCH_2CO_2Et$	25	9.2×10^8
$EtO_2CCH_2^{\cdot}$	$PhSeCH_2CO_2Et$	50	$1.0\times10^{5\dagger}$
$EtO_2CCH_2^{\cdot}$	$PhSeCMe_2CO_2Et$	50	2.3×10^5
$EtO_2CCH_2^{\cdot}$	$PhSeCMe(CO_2Et)_2$	50	8.0×10^5
$EtO_2CCH_2^{\cdot}$	$PhSeSePh$	25	2.6×10^7

*Beckwith A L J. *Aust. J. Chem.*, **1986**, 39, 1151; Beckwith A L J. *Aust. J. Chem.*, **1986**, 39, 77; †Newcomb M. *Tetrahedron*, **1993**, 49, 1151。

由表 2.33 可知,锡自由基和锗自由基提取 PhSe 的反应速率至少快于伯烷基自由基一个数量级。最快的 PhSe 提取速率来自 PhSeSePh,因此二硒醚 PhSeSePh 是 PhSe 重要转移试剂。在 25℃,伯碳自由基与 PhS—SPh、PhSe—SePh 和 PhTe—TePh 反应的速率常数分别为 2.0×10^5L/(mol·s)、2.6×10^7L/(mol·s)和 1.1×10^8L/(mol·s),因此捕获碳自由基的能力顺序是:PhTe—TePh>PhSe—SePh>PhS—SPh。例如,Barton 酯光解产生的碳自由基,能被 PhSeSePh 有效捕获(图 2.140)。

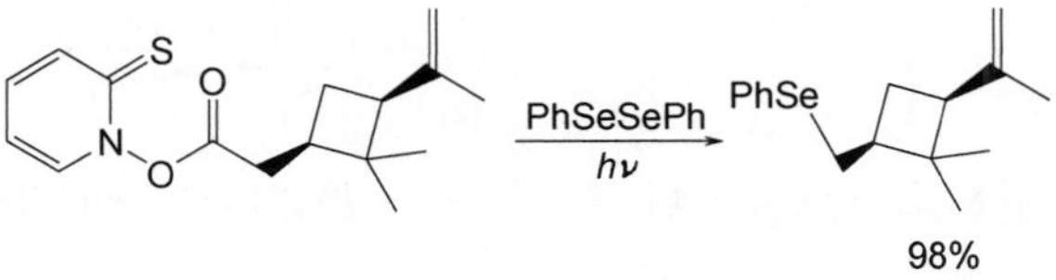

图 2.140 PhSeSePh 捕获碳自由基

实验测定 PhS${}^{\cdot}$ 和 PhSe${}^{\cdot}$ 对苯乙烯的加成速率常数分别为 5.1×10^7L/(mol·s)和 2.2×10^6L/(mol·s),这表明元素越重(原子序数越大),自由基的活性越低,因此自由基的活性顺序是:PhS${}^{\cdot}$>PhSe${}^{\cdot}$>PhTe${}^{\cdot}$。如果 PhS${}^{\cdot}$加成到不饱和键形成的碳自由基被 PhSeSePh 或 PhTeTePh 快速捕获,那么有望使两个不同的硫族基团 PhS 和 PhSe 或 PhTe 加成到不饱和键;基于碳自由基的选择性生成以及选择性捕获可以开发新的有机化学反应。

1. 自由基加成反应

一般而言,PhEEPh 不易加成到烯烃上,因为形成的 β-自由基易于进行 β-消除(表 2.22),PhSeSePh 和 PhTeTePh 对烯烃的加成是可逆的,其消除速率顺序是:E=Te>Se>S。根据上面文献报道的动力学数据,推测在 PhSSPh 存在下 PhSeSePh 或 PhTeTePh 可对烯烃加成,事实果真如此[72]:如图 2.141 所示,PhSeSePh 和 PhSSPh 与烯烃的三组分反应易于进行,一种新颖的硫-硒化反应被发现了。单独的 PhSSPh 不能与丙二烯 RCH=C=CH₂ 反应,但在催化量 PhTeTePh 存在下能得到加成产物:RCH=C=CH₂+PhSSPh ⟶ RCH=C(SPh)—CH₂SPh。

图 2.141　烯烃的硫-硒化反应

在氧气存在下，PhSeH 对丙二烯的加成是放热反应，通常认为氧气引发自由基加成。在紫外光照射下，PhSeSePh 和 PhSeH 可对丙二烯进行自由基加成：$^tBuCH=C=CH_2+PhSeH \longrightarrow$ $^tBuCH=C(SePh)-CH_3$；$^tBuCH=C=CH_2+PhSeSePh \longrightarrow$ $^tBuCH=C(SePh)-CH_2SePh$；光解产生的自由基 PhSe·加成在中间碳上有利于形成相对稳定的烯丙型自由基中间体，从而决定了加成的取向。

S—Se 键是弱键，除亲电加成外广泛用于对甲苯磺酸硒醇酯 RSeTs 对不饱和化合物进行自由基加成反应，反应可用可见光照射或采用加热或引发剂 AIBN 引发。对烯烃、炔烃进行自由基加成的反应及其机理分别示于图 2.142 和图 2.143：RSe—Ts 键均裂提供自由基 Ts· (RSe—Ts $\longrightarrow$ RSe·+Ts·)，Ts·加成到不饱和键上形成烃基自由基，它从 RSeTs 中夺取 RSe 生成最终加成产物并产生 Ts·进行链传递。

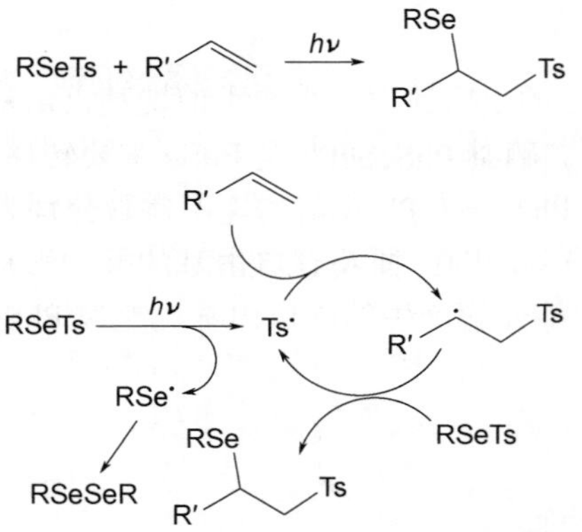

图 2.142A　RSeTs 对烯烃的加成反应及其机理

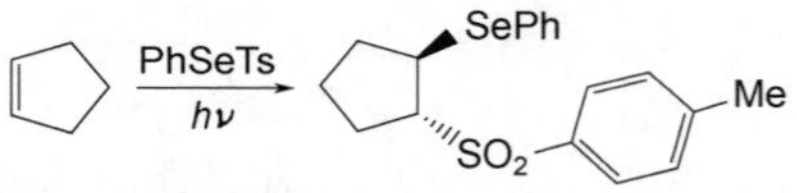

图 2.142B　PhSeTs 对烯烃的光加成反应

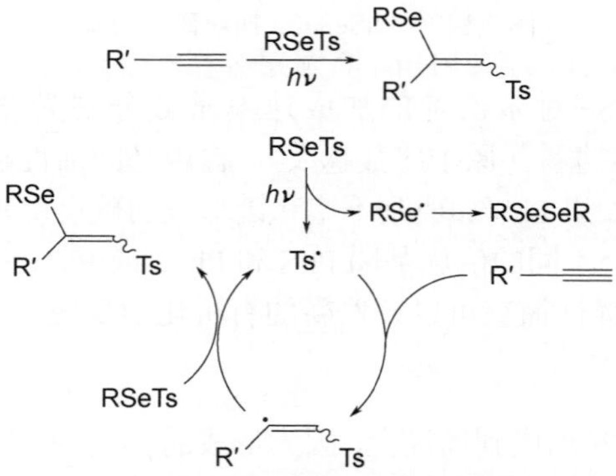

图 2.143　RSeTs 对炔烃的加成反应及其机理

二硒醚在可见光照射下对非活化的末端炔烃进行自由基加成，高产率提供 1,2-二取代烯烃，其中 Z 构型异构体占绝对优势，依据取代基的不同，Z 构型异构体所占的相对比例从 61%～93% 不等（图 2.144）[73]。

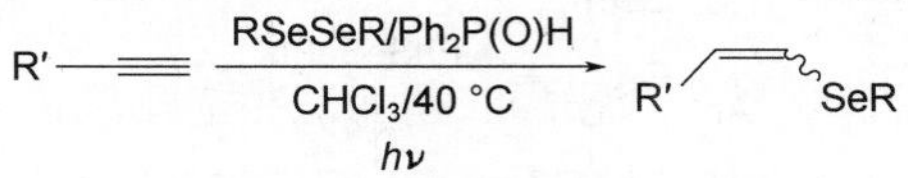

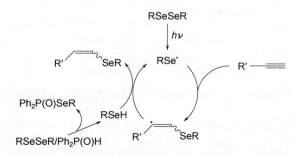

图 2.144A　RSeSeR 在 Ph$_2$P(O)H 存在下对末端炔烃的加成反应

图 2.144B　RSeSeR 在 Ph$_2$P(O)H 存在下对末端炔烃加成的反应机理

在可见光照射下，二硒醚 RSeSeR 均裂产生硒自由基 RSe·，然后对炔烃末端碳进行加成，得到烯基自由基，现场生成的硒醇作为供氢体，完成氢硒化加成反应。由于硒醇授予碳中心自由基的速率常数为 $2.1×10^9$L/(mol·s)，而 P—H（Cy$_2$PH）授予碳中心自由基的速率常数为 $2.5×10^3$L/(mol·s)，因此供氢体不会是 Ph$_2$P(O)H。

在紫外光照射下，二硒醚和二硫醚对炔烃或联烯进行自由基加成反应得到烯基苯基硒醚（图 2.145）。

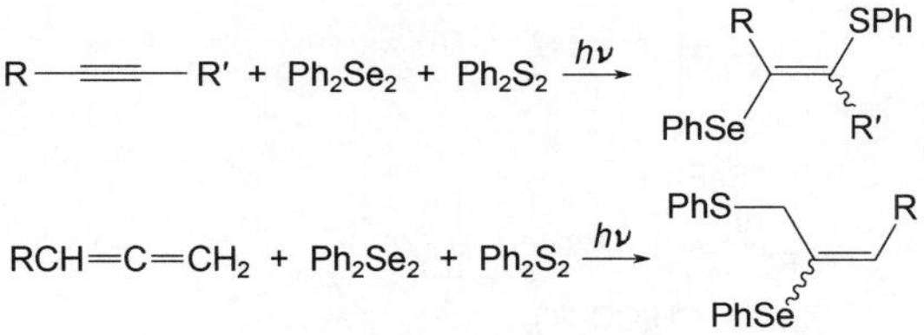

图 2.145　二硒醚和二硫醚对炔烃和联烯的自由基加成

在紫外光照射下，二硒醚和碘氟烃 R$_F$I 对末端炔烃进行自由基加成反应获得烯基苯基硒醚（图 2.146）[74]：首先，二硒醚 PhSeSePh 均裂形成硒中心自由基 PhSe·，然后它从 R$_F$I 中夺取 I（S$_H$2 反应）产生自由基 R$_F$·，继而氟烃自由基加成到炔烃的末端碳上形成烯基自由基，最后烯基自由基从 PhSeSePh 夺取 PhSe 形成产物并释放 PhSe·进入链反应。

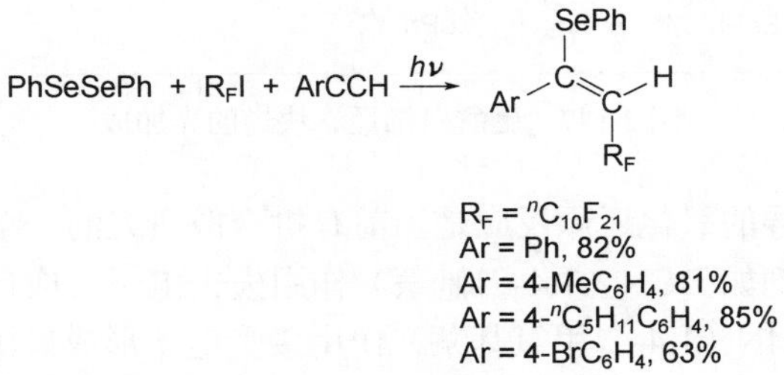

$$\text{PhSeSePh} + \text{R}_F\text{I} + \text{ArCCH} \xrightarrow{h\nu}$$

R$_F$ = ^{n}C$_{10}$F$_{21}$
Ar = Ph, 82%
Ar = 4-MeC$_6$H$_4$, 81%
Ar = 4-^{n}C$_5$H$_{11}$C$_6$H$_4$, 85%
Ar = 4-BrC$_6$H$_4$, 63%

图 2.146A　二硒醚和碘氟烃对末端炔烃的自由基加成

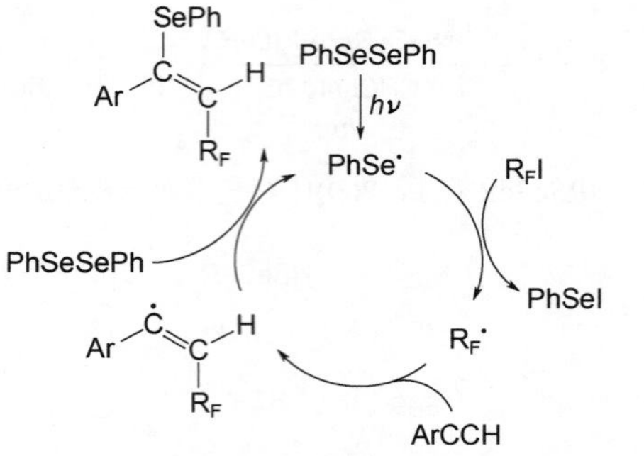

图 2.146B 二硒醚和碘氟烃对末端炔烃的自由基加成机理

在光照下，如图 2.147 类型的烷基苯基硒醚对烯烃、炔烃进行自由基加成，反应是自由基链反应机理：光照产生烷基自由基，然后对烯烃、炔烃加成形成碳自由基，形成的碳自由基从反应物烷基苯基硒醚夺取 PhSe 基团生成加成产物并释放烷基自由基进入链反应。

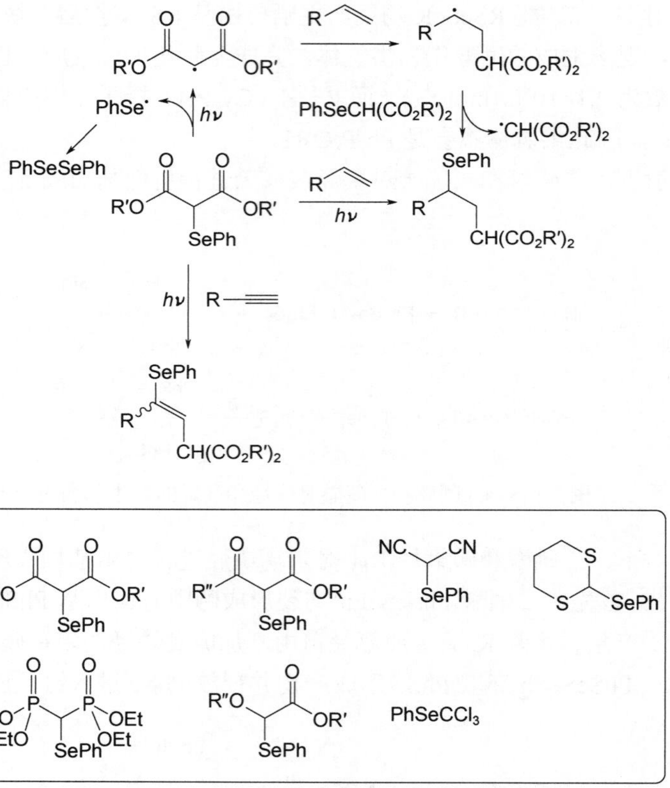

图 2.147 硒醚对烯烃、炔烃的光加成

光尤其是可见光诱导的氧化还原反应是当前有机合成研究的一个热门领域。硒醚 PhSeR 与氧化能力强的光催化剂如 DCN（1,4-二氰萘）作用失去电子形成自由基正离子，而与还原能力强的光催化剂如 DMN（1,4-二甲氧基萘）作用接受电子形成自由基负离子；自由基离子碎裂产生自由基和正离子或负离子进行后续反应。在乙腈中，钌催化剂催化 PhSeTs 对缺电子烯烃丙烯酸甲酯加成，如果没有催化剂，得到聚合物；也可对富电子烯烃如烯醇醚进行加成

（图 2.148）：PhSeTs 在钌催化剂存在下，经电子转移、碎裂形成 Ts·，它加成到不饱和键上生成烃基自由基，烃基自由基从 PhSeTs 中夺取 PhSe 导致最终加成产物生成并释放 Ts·进行链传递。

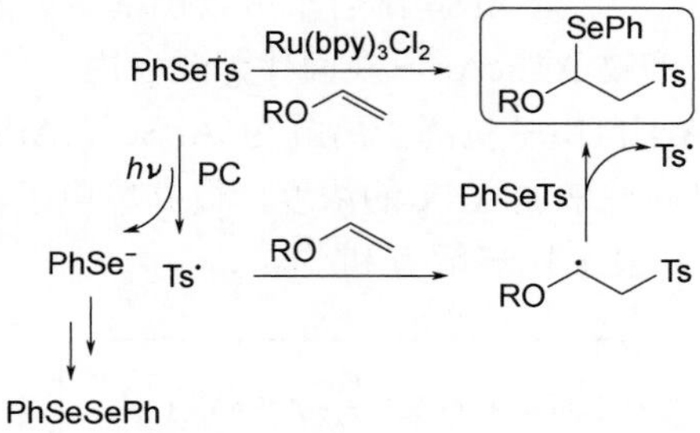

图 2.148　在光催化剂存在下 PhSeTs 对烯烃的自由基加成反应

在如图 2.149A 所示的例子中，激发态的催化剂向硒醚转移电子形成自由基负离子，它碎裂产生碳自由基，然后加成环化形成产物；维生素 C 作电子牺牲剂使催化剂再生。类似地，如图 2.149B 所示，硅硒醚也可引发自由基环硒化反应。

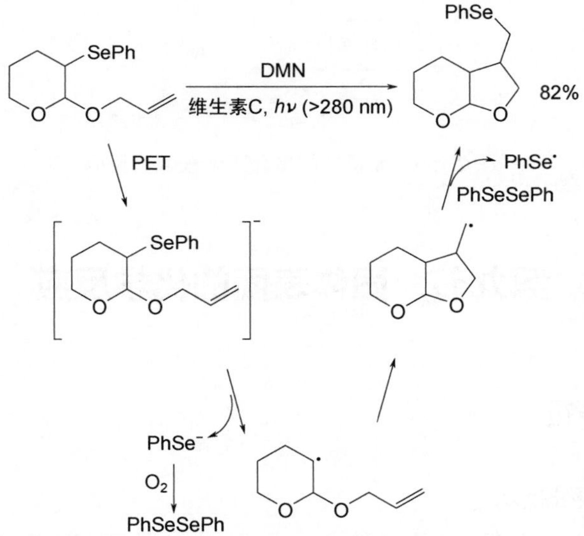

图 2.149A　光诱导催化加成环化（一）

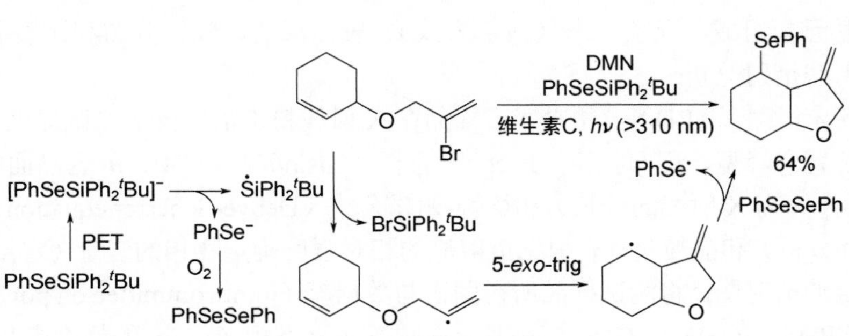

图 2.149B　光诱导催化加成环化（二）

2. 自由基取代反应

光诱导的单分子亲核取代反应是自由基单分子亲核取代反应（S$_{RN}$1）（图 2.150）：首先，ArSe⁻电子转移给卤代芳烃 Ar'X，生成卤代芳烃自由基负离子[Ar'X]⁻•；卤代芳烃自由基负离子，离解得到芳基自由基 Ar'•；它与 ArSe⁻缔合形成自由基负离子[Ar'SeAr]⁻•；[Ar'SeAr]⁻•电子转移给卤代芳烃 Ar'X，生成产物 Ar'SeAr 以及卤代芳烃自由基负离子[Ar'X]⁻•，后者参与链传递。潜在的副反应是[Ar'SeAr]⁻•自由基负离子离解为 Ar'Se⁻、ArSe⁻，它们参与反应形成副产物 Ar'SeAr'和 ArSeAr，这可通过增加 Ar'X 的浓度，提高单电子转移（SET）速率得到抑制。当 π*能量低于 σ*(C—Se)时，SET 比离解有利[75]。

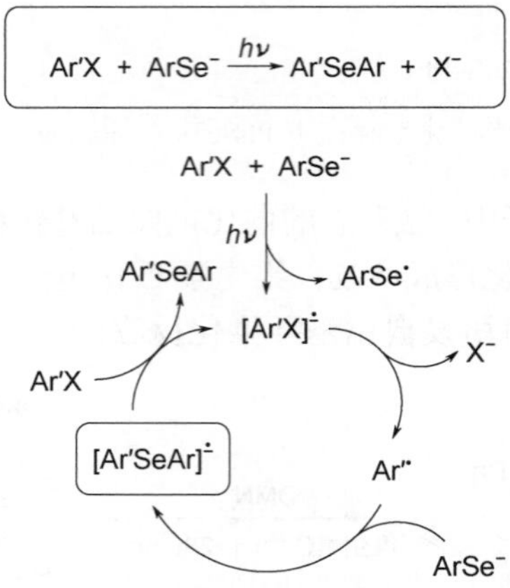

图 2.150　光诱导的单分子亲核取代反应

第九节　固体表面的化学反应

一、固体材料的表征

1. 固体材料的表征技术

在现代表面分析中，没有一种万能的分析方法，根据所研究内容的需要选择几种分析手段，然后对所得信息进行综合处理才能得到可信的正确结论。固体材料采用综合表征技术，包括确定化学元素组成、元素形态（成键方式）、表面形貌、粒径分布和比表面积等[76]。

（1）X 射线衍射分析

X 射线粉末衍射（XRD）分析技术：样品在 X 射线粉末衍射仪上测试提供衍射图谱，根据衍射峰的位置和峰型，用布拉格（Bragg）方程（$2d\sin\theta=\lambda$，式中，d 为晶面间距，θ 为掠射角或衍射角，λ 为 X 射线的波长）和德拜-谢乐公式（Debye-Scherrer equation）确定晶面间距（物相定性分析）和晶粒尺寸，根据衍射峰的相对强度确定物相的含量（定量分析）。每种晶体具有特定的衍射图，将测试样品所得图谱与数据库（joint committee on powder diffraction standards，JCPDS、ICSD、CCDC）标准卡片图谱（立方相 Cu$_2$Se 的标准卡片编号 JCPDS 65-2982；六方相 CuSe 的标准卡片编号 JCPDS20-1020；四方相 CuSe$_2$ 的标准卡片编号 JCPDS

71-0047；正交相 β-Ag$_2$Se 的标准卡片编号 JCPDS 24-1041；InSe 的标准卡片编号 JCPDS 12-0118；In$_2$Se$_3$ 的标准卡片编号 JCPDS 12-0117；In$_6$Se$_7$ 的标准卡片编号 JCPDS 25-0385；正交相 SnSe 的标准卡片编号 JCPDS 65-3767；六方相 SnSe$_2$ 的标准卡片编号 JCPDS 23-0602；立方相 PbSe 的标准卡片编号 JCPDS 78-1902；纤锌矿型 CdSe 的标准卡片编号 JCPDS 65-3436；纤锌矿型 ZnSe 的标准卡片编号 JCPDS 15-0105；闪锌矿型 ZnSe 的标准卡片编号 JCPDS 37-1463；三方相 Bi$_2$Se$_3$ 的标准卡片编号 JCPDS 33-0214；六方相 MoSe$_2$ 的标准卡片编号 JCPDS 29-0914；六方相 WSe$_2$ 的标准卡片编号 JCPDS 38-1388；三方相硒的标准卡片编号 JCPDS 06-0362）对照，判断样品的结晶度与物相，图谱分析可使用软件 Jade。X 射线单晶衍射分析：在单晶 X 射线衍射仪上收集样品衍射图谱，利用 SHELXTL 或 SIR 等程序确定单晶材料的结构。

（2）光电子能谱分析

X 射线光电子能谱（XPS）分析：通过 X 射线光电子能谱仪测试固体材料表面一定深度所激发的光电子，利用结合能和峰强度可进行除氢元素外所有元素的定性和定量分析以及化学形态分析（Se 3p$_{3/2}$ 信号的结合能（eV）：Na$_2$SeO$_4$，165.8；Na$_2$SeO$_3$，164.1；Se，161.2）。由 XPS 测定的元素组成来自样品表面的 1～10nm 深度，与 1μm 探测深度的能量色散 X 射线光谱（energy-dispersive X-ray，EDS 或 EDX）相比，它是一种近乎理想的超薄膜分析方法。此外，XPS 可以提供关于固体材料缺陷和边缘状态的信息。紫外光电子能谱（ultraviolet photoelectron spectroscopy，UPS）或角度分辨的光发射谱（angle-resolved photoemission spectroscopy，ARPES）和反相光发射谱（inverse photoemission spectroscopy，IPES）可确定半导体材料价带的最高位置（valence band maximum，VBM）和导带的最低位置（conduction band minimum，CBM）。

（3）紫外-可见漫反射光谱分析

利用紫外-可见漫反射光谱（UV-Vis DRS）数据采用 Tauc 作图法［Tauc 定律，$(\alpha h\nu)^n = \beta(h\nu - E_g)$，$n$ 取值范围 1/3～2；对直接带隙（direct band gap）半导体如 ZnSe、CuSe、CuSe$_2$、Cu$_2$Se，$n=2$；对间接带隙半导体如 MoSe$_2$、WSe$_2$，$n=1/2$］确定半导体材料的光学禁带宽度（带隙）（band gap）：①利用紫外漫反射光谱数据分别求$(\alpha h\nu)^n$ 和 $h\nu$，其中 $h\nu = hc/\lambda$、c 为光速、λ 为光的波长、α 为吸收系数（在实验过程中，通过漫反射光谱所测得的谱图的纵坐标一般为吸光度 A，如果得到的是透过率 $T\%$，可以通过公式 $A = -\lg(T\%)$进行换算；通过 Tauc 图求取 E_g 时，不论采用 A 还是 α 对 E_g 值都没有影响，因为吸光度 A 与吸收系数 α 成正比例，只不过是 Tauc 定律中的比例系数 β 有差异而已，所以为简单起见，可以直接用 A 替代 α）；②在 Origin 中以$(\alpha h\nu)^n$ 对 $h\nu$作图；③将所得到图形中的直线部分外推至横坐标轴，交点即为禁带宽度值。

（4）拉曼光谱分析

通过拉曼（Raman）光谱技术，样品在激光拉曼光谱分析仪上测试获得拉曼光谱，提供固体材料中分子振动或者转动的特征信号，以此分析材料表面的组成与形态（单质硒的特征振动峰：无定形，约 264cm^{-1}；单斜相，约 256cm^{-1}；三方相，约 235cm^{-1}）。

（5）红外光谱分析

通过红外光谱（FT-IR）技术在傅里叶变换红外光谱仪上测试样品，表征材料中分子内部原子间的相对振动等相关信息，确定物质存在的官能团并鉴定样品成分[76c]。

（6）热分析

通过热分析仪测试材料的物理性质随温度的变化：热重分析（thermogravimetric analysis，TGA），测定材料的质量 m 随加热温度 t 的变化 $m=f(t)$，提供热化学性质（如分解、异构）或物理性质（如熔化、升华等）信息；差热分析（differential thermogravimetric analysis，DTA），测定材料与参比物的温差 ΔT 随加热温度 t 的变化 $\Delta T=f(t)$，凡是在加热过程中，因物理-化学变化产生吸热或者放热效应的物质，均可以用差热分析法加以鉴定，从差热图（DTA 曲线）上可清晰地观察到差热峰的数目、位置、峰高、峰型和峰面积，峰的个数表示物质发生物理化学变化的次数，峰的位置表示物质发生变化的转化温度，峰的大小和方向代表热效应的大小和正负（放热为正峰，吸热为负峰）。

（7）比表面积与孔径分布分析

通过采用低温氮气吸附脱附分析仪得到氮气吸脱附平衡等温曲线，利用 Brunner-Emmet-Teller（BET）理论计算得到比表面积，利用 BJH 法计算得到孔径大小分布曲线及孔体积。

（8）扫描电子显微分析

扫描电子显微镜（scanning electron microscopy，SEM）是使用高电压将电子束打到样品表面产生的二次电子来成像，以此观察材料的表面形貌与尺寸大小。透射电子显微分析：透射电子显微镜（transmission electron microscopy，TEM）是使用高电压将电子束穿过样品并经过透镜聚焦放大而成像，以此分析固体材料更加微观的形貌与晶体结构，粒径分布图可通过 Nano Measurer 软件获得。此外，扫描隧道谱（scanning tunneling spectroscopy，STS）是一种直接而灵敏的测量半导体二维材料电子态密度、VBM、CBM 和带隙的技术。

2. 固体材料的宏观参量

（1）固体比表面积的测定

单位质量固体的表面积称为比表面积（specific surface area），用符号 S_g 表示，常用单位为 m^2/g。固体作为催化剂时，活性、选择性和稳定性（使用寿命）等不仅取决于固体催化剂的化学结构，还受其宏观结构的影响。表征宏观结构的量是比表面积、孔隙率、孔分布、粒子大小以及分布等。因为多相催化发生在固体催化剂的表面上，比表面积越大，活性中心越多，固体催化剂的活性越高。因此比表面积是表征固体催化剂性质的重要指标。固体催化剂的表面分为内表面和外表面。当固体催化剂是非孔的，它的表面可看成是外表面的，颗粒越细，其比表面积越大。当固体催化剂是多孔性的，它的表面有内表面和外表面之别。内表面指它的细孔的内壁，其余部分为其外表面，孔径越小，数目越多，比表面积越大。

测定固体表面积已发展多种方法，如气体吸附法、稀溶液吸附法、电镜测量法等。目前通用的方法是气体吸附法（BET 法）[77]。吸附质为惰性气体，最常用的吸附质是氮气，其分子截面积为 $1.62nm^2$，吸附温度在 77K 附近，低温避免化学吸附，此法测定误差为±10%。根据下面公式计算固体的比表面积 S_g。

$$S_g = \frac{S}{W} = \frac{V_m}{V_m^\circ} \times N_A S_m \times \frac{1}{W}$$

式中，S 为固体的总面积；W 为固体的质量；V_m° 是吸附质的摩尔体积；V_m 是固体表面吸附一单层分子所需的气体体积；N_A 是 Avogadro 常数；S_m 是一个吸附质分子的截面积。

对于固体吸附剂或固体催化剂，需要测定活性比表面积。采用选择吸附法测定固体的活性比表面积。对于负载型金属催化剂，以氢气、一氧化碳为吸附质进行选择性化学吸附，可以测定金属催化剂的活性比表面积。用碱性气体（如氨气、吡啶等）的选择性化学吸附可以测定固体酸的活性比表面积。单位质量的固体所具有的活性位置数或表面官能团数（单位为 mmol/g），称为固体表面浓度（用符号[S-]表示），是衡量固体吸附或催化活性的重要指标。

（2）粒径大小的测定

固体催化剂的粒径大小和颗粒度分布强烈影响固体催化剂的活性与选择性。测定颗粒大小的方法有：电子显微镜法、X 射线线宽法、小角 X 射线散射法和 X 射线吸收边法等。目前，粒径大小能方便地直接从电子显微镜颗粒度的测量中获得，粒径大小的分布可用直方图直观地表示。许多工业固体催化剂都是多孔性的。根据 IUPAC 的分类，固体催化剂的细孔可以分成三类：微孔（micropore），孔半径小于 2nm，如活性炭、沸石分子筛；中孔（mesopore），孔半径在 2～50nm，多数催化剂；大孔（macropore），孔半径大于 50nm，如四氧化三铁、硅藻土。

二、固体表面的吸附

当固体表面接触气体和液体时，气体和液体的一种或多种组分可在固气和固液界面（即固体表面）上富集（其表面浓度高于体相）的现象称为吸附（adsorption）。固气界面的吸附称为气体吸附；固液界面的吸附称为液相吸附或溶液吸附。吸附气体或液体的固态物质称为吸附剂（adsorbent），被吸附的气体或液体称为吸附质（adsorbate）。吸附质在固体表面的吸附状态称为吸附态。吸附是发生在固体表面的局部位置上，这样的位置称为吸附中心或吸附位。吸附中心与吸附质共同构成表面吸附络合物（配合物）（surface complex）。当固体表面上吸附质浓度由于吸附而增加时，称吸附过程；反之，当固体表面上的吸附质浓度减少时，称脱附或解吸（desorption）过程。当吸附和解吸速率相等时达到动态吸附平衡。

1. 吸附量和吸附曲线

描述固体的吸附能力用吸附量。所谓吸附量是指单位质量（1g）的吸附剂上吸附的物质的量，也称为比吸附量。在文献中其表示符号繁多如 a、q、n^s 等，饱和吸附量相应加右下标 m 表示如 a_m、q_m 等；本书用 q 表示比吸附量，饱和吸附量用 q_m 表示。显然，气体在固体表面上的吸附——气体吸附，吸附量是温度、气体平衡压强、吸附质以及吸附剂性质的函数。当吸附质和吸附剂固定后，吸附量只与温度、气体平衡压强有关，因而吸附曲线有三种：当温度恒定时吸附量与压强的关系曲线——吸附等温线（adsorption isotherm）；当压强恒定时吸附量与温度的关系曲线——吸附等压线（adsorption isobar）；当吸附量恒定时平衡压强与吸附温度的关系曲线——吸附等量线（adsorption isostere）。根据吸附等量线利用 Clapeyron-Clausius 方程可计算等量吸附热。在压强恒定时，无论吸附的本质是物理吸附还是化学吸附，在一定温度范围内吸附量随温度的升高而减小。如果气体在固体表面低温发生物理吸附而高温发生化学吸附，那么在吸附等压线上会出现最低点和最高点。在这三类吸附曲线中，吸附等温线最为重要。实验测定气体吸附等温线的原则是：在恒定温度下，将吸附剂置于吸附质气体中，待达到吸附平衡后测定或计算气体的平衡压强和吸附量。

固液界面吸附——液相吸附涉及吸附剂、溶质和溶剂等，因此与固气界面吸附比较，在实验方法、数据处理和对结果的分析方面都有其特点。在气相吸附时，吸附剂表面有被吸附的分子，也可有空白表面；在液相吸附时，固体表面要么被溶质占据，要么被溶剂占据，不能有空白表面。因而液相吸附受各组分竞争以及温度、溶解度等因素的影响，导致迄今为止关于液相吸附等温线的描述大多数是经验性的[78]。

液相吸附的吸附量是根据溶液中某组分在吸附平衡前后其浓度的变化计算，即

$$q_i = V \frac{C_{0,i} - C_i}{m}$$

式中，q_i 为平衡浓度为 C_i 的 i 组分的吸附量；$C_{0,i}$ 是在溶液中 i 组分的初始浓度；m 为与体积为 V 的溶液成平衡的吸附剂质量。根据这一定义式，吸附量是依据浓度变化计算得出，因而一切可用于溶液浓度测定的方法在液相吸附中都能得到应用。这些常见的方法有酸碱滴定法、分光光度法、色谱法、折射率法、电导法等。以何种方法最为适宜，视具体体系而定。

在溶液吸附实验中，最简便最有效的实验方法是所谓的密封振荡平衡法。将一定质量的固体和一定体积已知浓度的溶液加入洁净、干燥的试管或其它可密封的容器中，密封后恒温振荡一定时间直至达到吸附平衡。分析溶液浓度，得到吸附平衡前后溶液浓度的变化。

2. 液相吸附的等温方程

在各种界面吸附的理论研究中，除气液界面吸附中 Gibbs 吸附公式的应用外，气体在固体表面的物理吸附理论研究最为深入和成熟。气体的物理吸附研究累积的成果包括单分子层理想吸附的 Langmuir 吸附模型、BET 多层吸附模型以及 BET 等温式和 Freundlich 经验等温方程等现已成为溶液吸附研究的理论基础[79-81]。由于液相吸附比气体吸附复杂，因此目前液相吸附的理论大多沿袭气体吸附的理论，并作适当修正，基本上是经验性的。固体自溶液中的吸附研究和应用以稀水溶液体系为对象研究得最多且应用得最广。在恒定温度和压强下稀溶液吸附等温曲线——吸附量与吸附质平衡浓度的关系曲线，可分如下四种类型（图 2.151）：L 型描述强吸附，通常指示化学吸附如磷酸根-土壤相互作用；S 型描述吸附质-吸附质作用如成簇或吸附质与溶液配体的相互作用；C 型描述分配，特点是直线，指示憎水性吸附质与憎水吸附剂相互作用如杀虫剂与有机质相互作用；H 型描述强化学吸附作用，特点是吸附质在极低浓度即有大的吸附量，是 L 型的极端情形如磷酸根-氧化铁相互作用[2]。

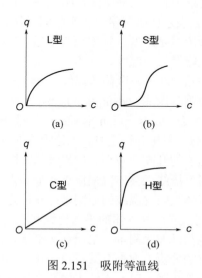

图 2.151　吸附等温线

（1）Langmuir 等温方程

对于这一吸附-解吸动态平衡（图 2.152），根据平衡常数 K_L 与浓度的关系得到理想吸附的 Langmuir 等温方程。

$$K_L = \frac{[SC]}{[S-][C]}; \quad [S_T] = [SC] + [S-]$$

$$\Downarrow$$

$$[SC] = \frac{K_L[S_T][C]}{1 + K_L[C]} \Rightarrow \begin{array}{l} K_L[C] \ll 1, [SC] = K_L[S_T][C] \\ K_L[C] \gg 1, [SC] = [S_T] \\ [SC] = \frac{1}{2}[S_T], K_L = \frac{1}{[C]} \end{array}$$

式中，K_L、$[S-]$、$[S_T]$、$[SC]$和$[C]$分别为吸附平衡常数、固体（吸附剂）表面吸附位的浓度、吸附位总浓度、表面吸附质（表面配合物）的浓度以及体相吸附质的浓度。当浓度很小时，吸附量与体相浓度成正比例函数关系；当浓度很大时，吸附达到饱和。当达到 50% 的吸附量时，$K_L[C]=1$，由此可确定吸附平衡常数。

$$S- + C \rightleftharpoons SC$$

图 2.152　吸附平衡

（2）Freundlich 等温方程

对于这一吸附-解吸动态平衡（图 2.153），根据平衡常数 K_F 与浓度的关系得到 Freundlich 经验等温方程。

$$K_F = \frac{[SC]}{[S-][C]^n}$$

$$\Downarrow$$

$$[SC] = K_F[S-][C]^n \Rightarrow [SC] = K_D[C]^n$$

式中，K_D、$[S-]$、$[SC]$和$[C]$分别为分配平衡常数、固体（吸附剂）表面吸附位的浓度、表面吸附质（表面配合物）的浓度以及体相吸附质的浓度。吸附量与体相浓度成指数函数关系（$0<n<1$）。

$$S- + nC \rightleftharpoons SC$$

图 2.153　吸附平衡

3. 吸附的本质

（1）物理吸附与化学吸附

根据固体与吸附质相互作用的强弱，可以把吸附分为化学吸附（chemisorption）与物理吸附（physisorption）两种情形。物理吸附是分子间力即 van de Walls 力所引起，它是弱力，因此物理吸附对吸附质的分子结构影响较小，这种（气体）吸附相当于气体分子在固体表面的凝聚。化学吸附是由于吸附质与固体表面活性中心原子形成了表面化学键（即吸附化学键）如表面共价键或表面离子键，因此化学吸附实际上就是固体表面的化学反应，对吸附质的分子结构影响较大。物理吸附与化学吸附都具有重要的实际意义和应用前景，物理吸附已应用于脱水、脱气、（气体）净化与分离等，化学吸附则在工业上广泛应用的多相催化中起重要作用[82,83]。

（2）溶液吸附中的化学键

固体表面配合物可分为内界配合物（inner-sphere complex）和外界配合物（outer-sphere

complex)。固体表面与吸附质通过共价键形成内界表面配合物（inner-sphere surface complex），通过氢键等分子间力和/或离子键（静电作用）形成外界表面配合物（outer-sphere surface complex）[2,84,85]。

（3）吸附的热效应

吸附过程产生热效应，可用来衡量吸附的强弱。在催化文献中，规定吸附热放热为正，吸热为负。物理吸附总是放热的，数值接近气体的凝聚热。化学吸附大多数是放热的，因为吸附是自发的，$\Delta G<0$：一般而言，$\Delta S<0$，根据公式 $\Delta G=\Delta H-T\Delta S$，得到 $\Delta H<0$，即吸附是放热的；但是，当吸附有解离时，混乱度增加，$\Delta S>0$，这样会存在 $\Delta H>0$ 的情况，因而会出现吸热吸附，例如氢在玻璃上的吸附，吸附热为-63kJ/mol。

对大多数固体催化剂，吸附热总是随覆盖度 θ 而变化，所谓覆盖度指发生吸附的面积与固体催化剂总面积之比。在单分子吸附层时，可用某时刻的吸附量 q 与饱和吸附量（最大吸附量）q_m 之比表示即 $\theta=q/q_m$。吸附热与覆盖度无关，称为理想吸附；吸附热随覆盖度变化，称为实际吸附。通常，吸附热随覆盖度增加而降低，提出的函数关系式典型的有两种：吸附热随覆盖度线性降低；吸附热随覆盖度的对数降低。

吸附热指示化学吸附键的强弱，而吸附键的强弱关联于催化活性。从有利于催化反应的角度考虑：吸附太弱，吸附量低，不利于活化分子；吸附太强，吸附物种太稳定，不利于分解和脱附，催化活性不高。苏联科学家巴兰丁（Баландин，Balandin）总结了分子和固体催化剂之间具有中等强度的吸附最有利于催化的规律，即火山型曲线规律。

三、硒在固体表面的吸附

1. 吸附剂

实际有用的吸附剂要求有较大的比表面积、适宜的孔结构和表面结构。吸附剂可以按孔径大小、颗粒形状、化学成分和表面性质等进行分类。常用的吸附剂有：以碳为基本成分的活性炭、炭黑、碳分子筛等非极性吸附剂；硅胶、氧化铝、沸石分子筛、黏土等极性吸附剂。在硒物种的吸附研究中，使用的是极性吸附剂。

（1）吸附剂的种类

将碱金属硅酸盐酸化，所得固体进行干燥、加热活化后得到硅胶。硅胶耐酸，但在碱性条件下不稳定，当 pH>8 时硅胶以硅酸盐的形式溶解。

硅胶是无定形的氧化硅，其表面存在三种类型的羟基；孤立的自由羟基；一个硅原子上的偕二羟基；形成氢键的缔合羟基。前两种羟基在红外光谱图上难于区分，常采用化学衍生法进行分析。硅胶的吸附和催化性能与其表面羟基的多少以及类型有关。表面羟基的数目通常用表面羟基的浓度，每平方纳米上羟基的个数表示。硅胶表面羟基浓度（个/nm²）主要取决于处理温度，与制备方法、孔结构、粒子大小关系不大。例如自制的除灰硅胶，热处理温度在 200℃时，表面羟基浓度为 5.46，当热处理温度在 900℃时，表面羟基浓度为 0.72，这与商品硅胶 Aerosil 十分相近（分别为 4.7 和 0.7）。测定表面羟基的浓度有物理法和化学法。物理法（失重法）：通过加热后失水量计算。化学法：通过与羟基的定量反应测定。例如用 BCl_3 反应，$SiOH+BCl_3 \longrightarrow SiOBCl_2+HCl$，根据三氯化硼的吸附量计算。也可采用甲基锂或甲基碘化镁反应，$SiOH+MeMgI \longrightarrow SiOMgI+CH_4$，根据产生的甲烷量进行计算。经化学法测定鳞石英以及 β-方石英的表面羟基浓度（个/nm²）分别为 4.6 和 4.55。

在硅胶-水界面，由于硅醇羟基的存在，硅胶所带电荷的符号和表面电荷密度由介质的

pH 值决定。表面电荷为零时的 pH 值称为零电荷点（point of zero charge，PZC），也称为等电点（isoelectric point，IEP）。当 pH>IEP 时，表面带负电荷；当 pH<IEP 时，表面带正电荷。由于硅胶的 IEP 大约在 2～3 范围内，硅胶在弱酸性、中性和碱性条件下均带负电，因此硅胶适合吸附正离子。

① 氧化铝。用碱与铝盐作用形成氢氧化铝，将氢氧化铝加热脱水制得氧化铝。氧化铝有九种晶型，但有吸附活性的（称为活性氧化铝）是 γ-氧化铝、χ-氧化铝和 η-氧化铝。在 γ-氧化铝的红外光谱图上显示 5 个羟基吸收峰，表明存在五种不同环境的羟基。用失重法测定表面羟基浓度（个/nm^2）为 10。在水溶液中，氧化铝表面所带电荷的符号和电荷密度由介质的 pH 值决定。实验测定氧化铝的 IEP 大约在 8～9 范围内。由此可知，在酸性和中性水中氧化铝带有正电荷，有利于吸附负离子，不利于吸附正离子。但是，对钙离子（Ca^{2+}）的吸附研究表明电性并不是引起钙离子在氧化铝上吸附的唯一因素，因为当 pH<9 时仍有一定的吸附量。

② 黏土。黏土是岩石风化形成的具有一定晶体结构的天然矿物质，其组成、结构复杂，但因价格低廉，在工业上有广泛的应用。黏土可以分成三类：蒙脱土（膨润土）类；海泡石、石棉类；高岭土、滑石、叶蜡石类。黏土吸附规律的研究对于农业、环境保护具有重要意义。

③ 硅藻土。天然硅藻土的主要成分是氧化硅，因此有人将其归于黏土一类中。将天然硅藻土（原土）除泥沙后用酸洗除金属氧化物等杂质可得硅藻土精土。与金属、非金属氧化物一样，硅藻土表面存在大量羟基，表面所带电荷的符号和电荷密度决定于介质的 pH 值。实验测定硅藻土原土的 IEP 为 1.83～1.84。在中性水中，硅藻土表面的羟基可与极性化合物形成氢键而使其吸附；表面的负电荷有利于吸附正离子。

（2）Zeta 电势和等电点

Zeta 电势是指固体与液体剪切面的电势，又称为电动电势（ζ 电势），是表征胶体分散系稳定性的重要指标。由于分散粒子表面带有电荷而吸引周围的反号离子，这些反号离子在两相界面呈扩散状态分布而形成扩散双电层（参阅氧化还原反应）。根据 Stern 双电层理论，可将双电层分为两部分，即 Stern 层（紧密层）和扩散层。Stern 层定义为吸附在固体表面的一层离子电荷中心组成的一个平面层，此平面层相对远离界面的流体的电势称为 Stern 电势。稳定层与扩散层内分散介质发生相对移动时的界面是滑动面（剪切面），该处相对远离界面流体的电势称为 Zeta 电势，即 Zeta 电势是连续相与附着在分散粒子上的流体稳定层之间的电势差。它可以通过电动现象直接测定。目前测量 Zeta 电势的方法主要有电泳法、电渗法、流动电位法以及超声波法，其中以电泳法应用最广。Zeta 电势是对颗粒之间相互排斥或吸引力强度的度量，Zeta 电势的绝对值代表其稳定性大小，正负号代表粒子带何种电荷。分散粒子越小，Zeta 电势的绝对值越高，体系越稳定。Zeta 电势随固体吸附水溶液中的离子而变，表面带有正电荷，可吸附反号离子，从而降低 Zeta 电势的绝对值，随着吸附增大，Zeta 电势会改变符号，表面净电荷为零的电势称为零电荷电势（ZCP），在此条件下溶液的 pH 值即为等电点 IEP。

正如前面提及的事实，固体的等电点既与固体的组成有关，也与其分散介质的性质有关。在纯水溶液中，等电点取决于固体表面的酸性或碱性基团的离解能力或接受质子的能力。已测定大多数氧化物吸附剂的等电点（范围）：二氧化硅等电点在 2.16～3.83；二氧化钛等电点在 5.24～6.31；FeOOH 等电点在 8.14～8.81；三氧化二铁等电点在 7.54～8.17；三氧化二铝等电点在 7.43～8.85；其它数据，读者可参考表 2.34 以及所列文献[86-89]。在 pH<IEP 条件下，

吸附剂带正电荷；在 pH>IEP 时，吸附剂表面的羟基脱质子，吸附剂表面将带负电荷，随着 pH 值增大，吸附剂所带负电荷越多。因此，低 pH 值有利于吸附负离子，高 pH 值有利于吸附正离子。吸附剂表面电势的测定提供吸附质离子处于双电层的信息，是推断吸附表面配合物类型的有用数据。

表 2.34　吸附剂的比表面积和等电点

吸附剂	比表面积 $S_g/(m^2/g)$ [1]	IEP（25℃）[2]
无定形氢氧化铁 $[am\text{-}Fe(OH)_3]$	250	8.5
针铁矿（goethite，$\alpha\text{-}FeOOH$）	21.8	9.3
磁铁矿（maghemite，$\gamma\text{-}Fe_2O_3$）	38	6.8~8.3
氧化铁（iron oxide）	98.2	6.4 [3]
二氧化锰	290	< 1.5
γ-氧化铝	100±15	9.2
纳米氧化铝（$\gamma\text{-}Al_2O_3$：$\delta\text{-}Al_2O_3$=30：70）	37	9.3 [4]
纳米二氧化钛	50	6.0
锐钛矿（anatase）	234	5.6~6.0
氧化硅（silicon oxide）	198.5	3.1 [3]

[1]BET: N_2, 77 K。[2]Kosmulski M. *Interface Sci.*, **2006**, 298, 730。[3]Sheha R R. *Chem. Eng. J.*, **2010**, 160, 63。[4]Jordan N. *Environ. Sci.: Nano*, **2018**, 5, 1661。

（3）表面配合物的类型

（亚）硒酸根内界配合物（inner-sphere complex）的生成是由于吸附质与吸附剂表面官能团之间形成化学键的结果（图 2.154 左），这种吸附称为专一性（特异性）的吸附。如果（亚）硒酸根负离子通过一个或两个氧原子与这样的官能团成键，它们的对称性就会比自由的水合离子低。一般来说，由于对称性的改变，振动模式可能由以前是非活性的变为红外活性的或者可能观察到多重简并模式的不同分裂。水分子分隔吸附质和表面官能团，这种通过静电作用和分子间作用力（包括氢键）进行的吸附称为非特异性的吸附，这导致外界配合物（outer-sphere complex）的形成（图 2.154 右）。在形成外界配合物的过程中，负离子保留了它们的水合层，因此外界配合物的对称性与溶液中自由负离子的对称性非常相似。振动光谱（表 2.35）[85,90-96]包含配合物类型的信息，根据拉曼光谱、原位衰减全反射傅里叶变换红外光谱（ATR-FTIR）、漫反射红外傅里叶变换光谱（DRIFT）以及扩展 X 射线吸收精细结构谱（EXAFS）可联合推断形成配合物的类型（表 2.36）。由于吸附离子会改变表面电势（Zeta 电势）的符号，显著的表面电势位移指示内界配合物的形成。

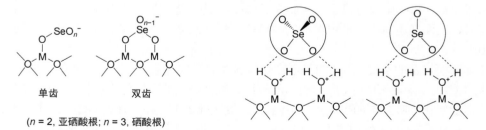

单齿　　　双齿

(*n* = 2, 亚硒酸根; *n* = 3, 硒酸根)

图 2.154　亚硒酸根和硒酸根形成的内界表面配合物（左）和外界表面配合物（右）

表 2.35 亚硒酸根和硒酸根以及相关物种的振动频率

硒物种	对称性	振动频率/cm^{-1}				检测方法
		ν_1	ν_2	ν_3	ν_4	
SeO_4^{2-}（selenate anion）	T_d	837	345	873	413	IR
	T_d	837		873		Raman
	T_d			872		DRIFT
[Co(SeO₄)(NH₃)₅]Cl（单齿配位）	C_{3v}	800		885，845	412，395	IR
[Co₂(SeO₄)₂(OH)(NH₃)₆]Cl（桥连配位）	C_{2v}	801		908，872，822		IR
水合氧化铁（桥连配位）				910，880，820		IR
α-Fe₂O₃（单齿）		820		880，850		IR
针铁矿（桥连配位）				911，885，815		DRIFT
磁铁矿（γ-Fe₂O₃，双齿配位）		829		904，879，859		ATR-FTIR
SeO_3^{2-}（selenite anion）	C_{3v}	810	425	740	372	
H₂SeO₃（selenious acid）	C_s	831	702	430	336	
[Co(en)₂(H₂O)(HSeO₃)](ClO₄)₂·H₂O（单齿配位）	C_s	830	530	770，580	400，350	
[Co(en)₂(SeO₃)]ClO₄·H₂O（桥连配位）	C_s	830	515	762，678	405，360	
无定型 Fe(OH)₃（桥连配位）		844		750		ATR-FTIR
针铁矿（桥连配位）		886	532	778，656	453	DRIFT

注：资料来源于 Wickleder M S. *Inorg. Chem.*, **2004**, 43, 5860。

表 2.36 亚硒酸根和硒酸根在吸附剂表面的配位方式

吸附质	吸附剂	表面配合物	检测技术
SeO_3^{2-}	针铁矿	双齿内界	EXAFS
			DRIFT
	α-Fe₂O₃	双齿内界	X-ray 驻波
	无定形氢氧化铁	双齿内界	DRIFT
	水合氧化铁	双齿内界	EXAFS
	γ-Al₂O₃	双齿桥连	EXAFS
	氢氧化铝	双齿内界	EXAFS, XANES
		外界	
	水合二氧化锰	双齿内界	EXAFS
		单齿内界	
	羟铝硅酸盐	双齿内界	EXAFS, XANES
		外界	
	蒙脱土	外界	EXAFS
		双齿内界	EXAFS, XANES
SeO_4^{2-}	无定形氢氧化铁	双齿内界	ATR FT-IR, DRIFT
	α-Al₂O₃	单齿内界	EXAFS, XANES
	γ-Al₂O₃	外界	EXAFS
	锐钛矿	外界	ATR FT-IR
	针铁矿	单齿内界	Raman, ATR FT-IR
		双齿内界	EXAFS
	水合氧化铁	双齿内界	EXAFS
	磁铁矿（γ-Fe₂O₃）	双齿外界	ATR FT-IR, EXAFS

（4）影响吸附的因素

影响吸附的因素除吸附剂和吸附质本身外，还有温度、离子强度、pH 值和竞争物种等。由于吸附是自发进行的，因此温度升高会减少吸附。

在一定 pH 值和吸附剂浓度下，无定形 FeOOH 吸附硒酸根和亚硒酸根的能力大于二氧化锰；亚硒酸根在 FeOOH 和二氧化锰上的吸附能力大于硒酸根，硒酸根在二氧化锰上无吸附；硒的吸附量随 pH 值升高而降低，随吸附剂的浓度降低而降低；磷酸根、硅酸根、钼酸根能与亚硒酸根竞争表面位点，在 pH=7 时，在 FeOOH 上的进攻顺序为磷酸根>硅酸根>钼酸根>>氟离子>硫酸根，在二氧化锰上的进攻顺序为钼酸根≥磷酸根>硅酸根>>氟离子>硫酸根。在 pH<6 时，酸根负离子在 γ-氧化铝上吸附强弱顺序为钼酸根>亚硒酸根>硒酸根≈硫酸根>铬酸根[97-99]。

① 离子强度。通常 SeO_4^{2-} 的吸附是外界配位，因此其吸附量与离子强度 I 有关，当离子强度降低时，吸附量增加。通常 SeO_3^{2-} 的吸附是内界配位，因此其吸附量与离子强度 I 无关。

② pH 值。吸附量是 pH 值的函数。实验发现两种酸根离子的吸附量都随着 pH 值降低而增加，随着 pH 值增加而降低。在 pH<IEP 时，吸附剂的表面羟基质子化，表面将带正电荷，与带负电荷的 SeO_4^{2-} 存在静电吸引（外界配位），与 SeO_3^{2-} 存在内界配位，促进吸附，吸附量增大；在 pH>IEP 时，吸附剂表面的羟基脱质子，表面将带负电荷，随着 pH 值增大，吸附剂所带负电荷越多，静电排斥越大，因此两种酸根离子的吸附量都随着 pH 值增加而降低，反之亦然。

2. 矿物对硒酸根的吸附

（1）磁铁矿对 SeO_4^{2-} 的吸附作用

通过宏观的批量吸附实验和 Zeta 电势测定以及微观的衰减全反射傅里叶变换红外光谱（ATR FT-IR）和扩展 X 射线吸收精细结构谱（EXAFS）对吸附过程进行了表征。批量实验证实了 SeO_4^{2-} 吸附到磁铁矿对 pH 值和离子强度 I 的依赖关系。在酸性条件下发生了极大的吸附作用，并随 pH 值的增加而减小。在电泳淌度（electrophoretic mobility）测定过程中，SeO_4^{2-} 吸附时磁铁矿的等电点（纯磁铁矿 IEP=7.7）没有明显的移动，这强烈地表明形成外界配合物。在原位红外光谱研究的基础上，在整个 pH 值（3.5~8）研究范围内，SeO_4^{2-} 作为二齿外界表面配合物吸附到磁铁矿表面，即硒酸根主要通过静电作用吸附到磁铁矿表面。然而，EXAFS 的结果揭示在酸性条件下，还存在一小部分内界配合物。光谱结果能够区分不同矿物表面上硒酸盐吸附产生的两种不同类型的外界配合物[85]。

（2）氧化铝对 SeO_4^{2-} 的吸附作用

结合宏观 pH 值范围数据、电泳淌度测量和 X 射线吸收光谱分析，研究了 SeO_4^{2-} 硒酸盐与水合的 $γ-Al_2O_3$ 表面的相互作用。硒酸根的吸附量与 pH 值（4~9）范围数据表明：随着 pH 值的降低，含氧酸根负离子的吸附量增加。硒酸根在 pH 值范围内的吸附依赖于离子强度，离子强度越大，吸附量越小。电泳淌度分析表明含氧负离子能降低 $γ-Al_2O_3$ 吸附剂的表面电势（Zeta 电势）。EXAFS 实验数据表明吸附在 $γ-Al_2O_3$ 表面的硒酸根离子没有邻近的 Al 散射现象，因此硒酸根离子吸附形成非质子化的外界配合物[89,100-104]。

（3）二氧化钛对 SeO_4^{2-} 的吸附作用

在宏观水平上，吸附批量实验和电泳迁移率测定表明：硒在锐钛矿（anatase）上的吸附量与 pH 值有关，硒的吸附量，在 pH 值 3.5~11 之间，随 pH 值的增大而减少。SeO_4^{2-} 的吸附与离子强度有关，当离子强度降低时，吸附增加。电泳淌度测定结果表明：SeO_4^{2-} 的吸附对锐钛矿的等电点没有影响。在微观水平上，XPS 测量证明在吸附过程中 SeO_4^{2-} 没有还原。

3. 矿物对亚硒酸根的吸附

（1）水合氧化铁对 SeO_3^{2-} 的吸附作用

在 pH 值（5～9）范围内，随着 pH 值的降低，亚硒酸根负离子在水合氧化铁（ferrihydrite）上的吸附量增加。采用 X 射线吸收近边结构（XANES）光谱技术对吸附亚硒酸根的水合氧化铁样品进行分析，证实在吸附过程中硒没有发生氧化还原反应。测定不含吸附质的水合氧化铁的等电点 IEP 为 7。亚硒酸根在表面的吸附导致铁水石的表面电势从正值显著地转变为负值，这表明亚硒酸根吸附形成内界配合物[95-97]。

（2）氧化铝对 SeO_3^{2-} 的吸附作用

结合宏观 pH 值范围数据、电泳淌度测量和 X 射线吸收光谱分析，研究亚硒酸根与水合的 $\gamma-Al_2O_3$ 表面的相互作用。pH 值（4～9）范围数据表明，随着 pH 值的降低，亚硒酸根的吸附量增加。在此 pH 值范围内亚硒酸根的吸附与离子强度无关，提示亚硒酸根的吸附是强的内界配位。电泳淌度分析表明，亚硒酸根能降低 $\gamma-Al_2O_3$ 吸附剂的 IEP 值。EXAFS 实验数据表明亚硒酸根离子以桥联双齿配位方式与表面 AlO_6 八面体配位[100-105]。

4. 在可溶性有机物存在下矿物对硒酸根和亚硒酸根的吸附

含硒土壤已引起全世界的关注。与硒酸根相比，亚硒酸根在土壤/矿物表面的吸附更强，硒酸根更易溶解，更易被生物利用。硒的安全窗口非常窄。因此，人类必须更好地了解土壤中控制生物利用度（bioavailability）的过程。被吸附硒的生物利用度受竞争负离子的影响。已研究其它无机物种（包括 SO_4^{2-}、PO_4^{3-}、SiO_4^{2-}、MoO_4^{2-}、CrO_4^{2-} 和 CO_3^-）对硒的吸附影响，确定这些相互作用是由浓度和亲和力所控制。目前只有有限的工作研究了硒特别是亚硒酸根与土壤中自然存在的低分子量溶解性有机碳（dissolved organic carbon，DOC）的行为，它们可以引起竞争性的相互作用[106,107]。有机酸在农业和森林系统的根际环境中都很丰富（它们的浓度高达 1mmol/L）。这些物种起源于植物根系分泌物、微生物排泄物或有机物分解。负离子的生物利用度可以通过土壤 DOC 进行的配体交换反应来提高。

柠檬酸和水杨酸与其它常见的有机配体一样，在根际环境中占有重要地位。在水合氧化铁上单独的柠檬酸和水杨酸的吸附量低于亚硒酸根的吸附量，高于硒酸根的吸附量。它们的吸附量都随 pH 值的增加而减小。在 pH 值 5～9 范围内亚硒酸根在水合氧化铁表面的吸附量比硒酸根高两倍，这说明在氧化铁表面亚硒酸根比硒酸根具有更强的亲和力。硒酸根在 pH 值 5～7 范围内发生吸附，在 pH 值为 8～9 时很少吸附。例如在 pH 值为 8 和 9 时，硒酸根分别占 $0.100\mu mol/m^2$ 和 $0.037\mu mol/m^2$ 的表面位。水合氧化铁的总表面活性位点密度一般在 $4.36～13.07\mu mol/m^2$ 范围内。这表明大多数位点在高 pH 值下未被占据。

在 pH 值为 5 和 6 时，柠檬酸对硒酸根的吸附有抑制作用，在 pH 值为 5 时抑制作用最强。在 pH 值为 5 和 6 时，柠檬酸分别抑制了水合氧化铁表面硒酸根吸附量的 55%和 38%。在 pH 7～9 之间，硒酸根的吸附量很小。这是因为 pH 值较高，吸附剂表面带负电荷，不利于负离子的吸附。

在 pH 5～9 范围内，柠檬酸对亚硒酸根的吸附均有抑制作用。在 pH 值为 5 时，32%的硒吸附被抑制，而在 pH 值为 9 时，31%的硒吸附被抑制。

柠檬酸对亚硒酸根和硒酸根的吸附抑制作用随 pH 值的降低而增强。水杨酸对亚硒酸根没有吸附抑制作用，对硒酸根的吸附抑制作用也很小。因此 DOC 分子结构的差异（例如羧酸官能团的数量以及位置）会影响水合氧化铁对硒的吸附。水合氧化铁等电点的明显位移表明像亚硒酸根一样柠檬酸形成了内界配合物。像硒酸根一样，水杨酸吸附引起表面电势较小位移表明外界配合物的形成。由于柠檬酸能形成稳定的螯合物而水杨酸不能形成螯合物，因此柠檬酸具有优先吸附能力，它的存在对两种含硒酸根负离子的吸附有抑制作用。硒的吸附被柠檬酸所抑制，指示一种可能机理——低分子量的 DOC（特别是柠檬酸）通过吸附抑制能增大（例如污染土壤系统中）硒的溶解度。

5. 土壤对硒的吸附

影响自然环境中硒形态的一个物理化学性质是土壤和沉积物的吸附效应。不同的土壤和沉积物中含有不同的矿物成分，这些矿物成分对硒物种的吸附（sorption）不同，从而影响硒的生物利用度。pH 值和氧化还原电势主要决定硒在土壤中铁、锰和铝羟基氧化物（oxyhydroxide）上的吸附行为。研究了高岭石、针铁矿、钠基膨润土/蒙脱土和石灰性土壤对硒的吸附作用。pH 值在 2～9 范围内或初始硒酸盐浓度在 27～270mg/L 范围内，硒酸盐在蒙脱石和石灰性土壤上的吸附不受 pH 值和硒酸盐浓度改变的影响。在针铁质土壤上，硒有一定的吸附作用，但这与硒(Ⅵ)的初始浓度和 pH 值有关。高浓度的硒(Ⅵ)（300mg/L）导致在酸性范围内较高的吸附，当 pH 值接近 7 时吸附逐渐降到最小。硒酸盐通过静电吸引很弱地吸附在这些矿物质土壤上，因此对植物是可利用的。在所研究的整个 pH 值范围内，当 Se(Ⅵ) 浓度低于 30mg/L 时没有观察到吸附。亚硒酸盐在几乎所有类型的土壤中的吸附都受到 pH 值变化和浓度的影响。亚硒酸盐的浸出（leach）潜力有限，在相关的环境 pH 值下无法为植物所利用，因为几乎所有类型的土壤都对亚硒酸根有强烈的吸附作用。在 pH 值 3.0～4.0 范围内有最大吸附，在 pH 值 8.0 以上有最小吸附。亚硒酸根被土壤中的氧化铁和氧化铝强烈吸附。

四、纳米材料

1. 纳米材料的分类与性质

纳米材料是指在某一个维度方向上的尺寸在纳米尺度范围内（1～100nm）的材料，它是一种介观体系，存在于分子与宏观物体的过渡区，是连接分子和块体材料的桥梁。根据纳米材料中原子的排列方式，可以将纳米材料分为纳米晶体材料、纳米非晶材料和纳米准晶材料；而按照其几何维度又可将纳米材料分为：零维材料，在三维方向上都在纳米尺度范围内，如原子簇、纳米微粒、量子点（quantum dot，QD）等；一维材料，在二维方向上都处于纳米尺度内，如纳米线、纳米棒、纳米管等；二维材料，一个维度在纳米尺度范围内，如纳米带、超薄膜等；三维纳米结构材料，由尺寸为 1～100nm 的粒子为主体形成的块体材料如纳米玻璃、纳米陶瓷、纳米介孔材料等。

纳米材料独特的结构决定其不同于块体材料的独特性质，主要表现在四个方面。表面和界面效应：粒子尺寸越小，表面原子所占总原子数的比例越大，从而引起表面能急剧增大的效应。表面原子越多，则垂悬的化学键也越多，使表面的活性急剧增大从而越容易与其它物质结合。量子尺寸效应（quantum size effect）：粒子尺寸变小导致电子能级由准连续变为离散能级的效应。小尺寸效应（small size effect）：粒子尺寸变小引起物理性质的变化。量子隧道效应（quantum tunneling effect）：微观粒子能够穿过比总能量高的势垒的现象。

纳米技术在当今世界是有前途的技术，纳米材料在力学、热学、电学和生物学等方面具有重要的应用前景。如在环境保护中的应用、在医学上的应用、在陶瓷领域的应用、在催化剂领域的应用、在建筑涂料中的应用、在光学方面的应用、在传感器材料方面的应用等。

除此以外，纳米材料还在诸如海水净化、航空航天、环境能源等其它领域也有着日趋广泛的应用。

目前纳米材料用于有机硒化合物合成的例子示于图 2.155A：在碱 KOH 存在下芳基碘与二硒醚在 DMSO 中经氧化铜纳米粒子（CuO NP）催化生成二芳基硒醚[108]。

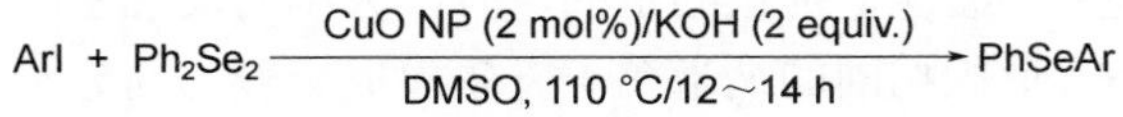

ArI + Ph2Se2
CuO NP (2 mol%)/KOH (2 equiv.)
DMSO, 110 °C/12～14 h
PhSeAr

图 2.155A　纳米氧化铜催化合成二芳基硒醚

如图 2.155B 所示，提出的反应机理是：首先，碘代芳烃在纳米粒子表面氧化加成，然后碱诱导二硒醚异裂产生硒亲核试剂，产生的亲核试剂取代碘，最后经还原消除生成产物二芳基硒醚同时再生催化剂完成催化循环。

PhSeAr
CuO
ArI
CuO
CuO NP
Ar
CuO
PhSe
Ar
CuO
I
KOH
KI
PhSeK
Ph2Se2

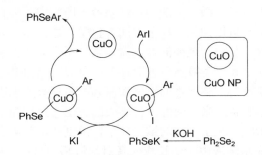

图 2.155B　纳米氧化铜催化合成二芳基硒醚的反应机理

这个反应已得到扩展：其它碱如 K_2CO_3，可用于末端炔烃 RCCH 与二硒醚 PhSeSePh 反应（80℃）生成炔基芳基硒醚 RCCSePh；ArI 或 $ArB(OH)_2$ 与硒脲反应（80℃）生成二芳基硒醚 Ar_2Se；ArI 与硒粉反应（90℃）生成二硒醚 Ar_2Se_2。

2．金属硒化物纳米材料的合成方法

金属硒化物是一类非常重要的半导体材料，其禁带宽度在 0.3～3.0eV 之间，涵盖了红外到紫外波段的光谱范围。金属硒化物因其优异的光电性能和结构特性而被广泛应用于太阳能电池、气体传感器、热电转换、固体润滑剂、光电探测器、激光器、声光器件、储氢材料以及光化学电池电极材料等领域[109-115]。常见的二元金属硒化物主要有ⅠB 族（11 族）硒化物（$Cu_{2-x}Se$ 和 Ag_2Se）、ⅡB 族（12 族）硒化物（ZnSe 和 CdSe）、ⅥB 族（6 族）硒化物（$MoSe_2$ 和 WSe_2）和ⅢA 族（13 族）硒化物（In_2Se_3 和 Ga_2Se_3）等；而三元硒化物则有ⅠB-ⅢA 族硒化物（$CuInSe_2$ 和 $CuGaSe_2$）和ⅠB-ⅣA 族硒化物如 Cu_2SnSe_3 等。

目前硒化物纳米材料的合成方法种类繁多，主要分为物理合成法和化学合成法。物理合成法主要包括：①物理粉碎法；②蒸汽冷凝法；③溅射法；④等离子法。

化学合成法可分为五种。①溶胶-凝胶法，将反应物溶于水或有机溶剂中，形成均匀的溶液，经过水解、缩合化学反应，形成稳定的溶胶。②化学气相沉积法，是制备纳米粒子一种常用的方法，指在一个加热的衬底上，通过一种或多种气态单质及化合物产生的单质反应形成纳米材料的过程，有热分解反应沉积法和化学反应沉积法两种。以 $Mo(CO)_6$ 和单质硒为反应的原料，采用 MOCVD（金属有机气相沉积）法可合成中空的 $MoSe_2$ 纳米颗粒。以 $SnCl_4$ 和 Et_2Se 为原料，在 350～650℃下通过化学气相反应，在玻璃基片上得到 SnSe 薄膜。③模

板法，利用纳米材料自身的纳米尺度控制或引导纳米晶体的生长，以此来制备一些具备特殊性质的纳米材料。该合成方法除可以控制纳米材料的形貌、结构和尺寸外，还具有很多优点，例如还可以解决材料分散的稳定性问题，另外该合成方法简单，适合大批量生产。模板法是比较常用的纳米材料制备方法之一，可以将其分为硬模板法和软模板法。硬模板多为分子筛、多孔氧化铝及各种多孔生物组织，提供固定的、有限大小的反应空间，物质在该空间内反应并形成与模板孔腔大小、形貌相同的纳米粒子。软模板一般为高分子、表面活性剂等可溶性的物质，诱导一定结构及形态的纳米粒子的形成，并能防止纳米粒子的团聚。水溶液体系中常用软模板来控制合成不同类型的纳米粒子。一些有机化合物如表面活性剂 CTAB（十六烷基三甲基溴化铵）、高分子化合物（聚乙烯吡咯烷酮 PVP、聚乙烯醇 PVA）、长链脂肪胺类、长链脂肪醇类和长链脂肪硫醇类等都可以作为控制不同类型纳米粒子生长的软模板。④微乳液法，是指两种互不相溶的溶剂在表面活性剂的作用下形成乳液，在微泡中经过成核、聚结、团聚、热处理后得到纳米粒子。微乳液法制备纳米粒子所需实验装置简单，能耗低，得到的纳米粒子的粒径分布较窄且可以控制，粒子表面会包覆一层或多层表面活性剂，使得粒子之间不容易聚，稳定性好。另外，表面活性剂对纳米粒子表面的包覆通过改善纳米材料的界面性质从而使其光学、催化等性质得到显著地改善。⑤水热/溶剂热法，在一个特定的密闭容器（反应釜）中，利用临近溶剂临界点的温度和压强的条件来增加固体的溶解度，从而提高反应的速率。溶剂热法是制备纳米材料的一种高效的方法，过程简单、容易控制、较易制备出纯度高、单分散以及形状、大小可控的纳米粒子，溶剂热法利用有机溶剂作溶剂，能够制备出易氧化、易水解等在水溶液中无法长成或者对水敏感的材料（图 2.156）。

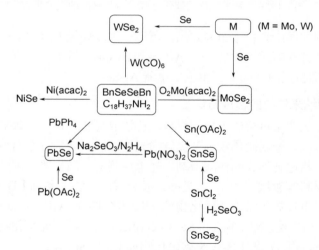

图 2.156A　硒化物纳米材料的合成方法（一）

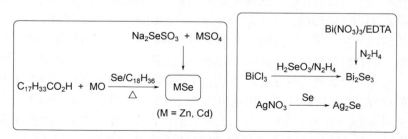

图 2.156B　硒化物纳米材料的合成方法（二）

对于水相反应，选择的金属前体以无机盐为主，包括氯化物、高氯酸盐、硝酸盐、硫酸盐等。而在有机溶剂中的反应，可以选择溶解性好的金属化合物［如长链羧酸盐（油酸盐）、醇盐、乙酰丙酮配合物］以及金属有机化合物［如 MR_2：R=Me，Et；M=Zn、Cd；$M(CO)_6$：M=Mo、W］。在硒化物的合成中主要使用的硒源有：无机物如单质 Se、SeO_2、Na_2SeO_3 和 Na_2SeSO_3；有机物如二甲基硒醚、二乙基硒醚、二叔丁基硒醚、二苄基二硒醚和硒化膦 R_3PSe。例如，将单质 Se 溶于三辛基膦 TOP 或氧化三辛基膦 TOPO 中形成有机硒化合物，在高温溶液中逐渐分解，以比较恒定的速率释放 Se，当用毒性小的 1-十八烯溶剂代替毒性大的 TOP 或 TOPO，这就提供了一种较为理想的硒源。

材料的结构、尺寸、形貌决定着材料的物理化学性质。在材料合成过程中实现对其组成、形貌、尺寸有效的调控，发展反应温和、成本低、操作简便的制备方法，对深入研究和改善材料的性能有着重要意义。

ZnSe 是 Ⅱ-Ⅵ组分半导体的重要成员，在室温下具有 2.7eV 的直接带隙，是光学和生物学应用的优良材料[115]。过渡金属掺杂到 ZnSe 量子点中，可以改善它们的发光性能，具有更广阔的光电子应用前景。因此，近年来在合成 ZnSe 纳米材料方面付出了巨大的努力：采用 1-十八烯作溶剂、三辛基膦硒或硒作为硒源，与硬脂酸锌和油酸锌反应，在高温下合成 ZnSe 纳米晶体；将硒粉注入油酸锌的 1,2,4-三氯苯中（210℃）反应 5h 得到 ZnSe 量子点；硒脲和乙酸锌在 70℃的十八胺中反应可提供 ZnSe 纳米线和 ZnSe 纳米棒。然而，已发表的方法既昂贵，又耗时，而且对环境不友好。因此，为光电子应用开发一种简单且成本较低的合成 ZnSe 纳米材料的方法仍然是一个挑战。最近，利用乙酸锌、亚硒酸钠和巯基乙酸（thioglycolic acid）通过控制光照时间室温反应可获得粒径可控的 ZnSe 量子点。例如 UV 光照 10min、15min 和 20min 分别得到粒径不同的 ZnSe 量子点：根据 Debye-Scherrer 公式 $D=k\lambda/(B\cos\theta)$，式中 D 是晶粒大小，k 是 Scherrer 常数（0.94），λ 是所用的 X 射线的波长（0.154nm），B 是衍射峰的半峰宽（full width at half maxima，FWHM），θ 是衍射角，计算粒径分别为 2.37nm、2.46nm 和 2.58nm。所获得的产品经 XRD、EDX、TEM、FT-IR 和 UV 谱表征。比较 ZnSe 量子点与巯基乙酸的 FT-IR 谱，发现 ZnSe 量子点被巯基乙酸包覆：无 HS 峰（2560cm^{-1}）和 COOH 峰（1700cm^{-1}）；出现可归属于羧酸根不对称伸缩振动和对称伸缩振动的两个新峰（1580cm^{-1} 和 1375cm^{-1}）。

在 XRD 谱中（图 2.157A），三个 2θ 峰 27.6°、45.8°和 54.2°相应于(111)、(220)和(311)晶面的反射，与立方闪锌矿相 ZnSe 晶体结构相一致（JCPDS 80-0021）。EDX 谱也确定化学组成确为 ZnSe（图 2.157B）。根据 TEM，15min UV 照射主要形成 4nm 的量子点（图 2.157C）。图 2.157D 是 15min UV 照射合成的 ZnSe 量子点的紫外吸收谱，其中内插 Tauc 图。通过 Tauc 图 $[\alpha h\nu \propto (h\nu - E_g)^{1/2}]$ 确定所合成的量子点的禁带宽度约为 3.46eV，高于相应块体材料的禁带宽度（2.7eV），表明量子限制（quantum confinement）影响禁带宽度：

$$E_g = E_{bulk} + \frac{h^2}{2D^2}\left(\frac{1}{m_e*} + \frac{1}{m_h*}\right) - \frac{3.572e^2}{\varepsilon D}$$

与这一纳米材料的禁带宽度公式相一致（式中，E_g 是纳米材料的禁带宽度；E_{bulk} 是块体材料的禁带宽度；m_e* 和 m_h* 分别是电子和空穴的有效质量）。

SnSe 为Ⅳ-Ⅵ组分的半导体[116]，禁带宽度（E_g）约为 0.9eV。用乙二胺作溶剂，草酸亚锡与 Se 粉反应，生成 SnSe 纳米棒。同样用乙二胺作溶剂，$SnCl_2$ 与 Se 粉反应，则得到 SnSe

纳米片。通过控制溶液的 pH 值和电极电势，利用电化学沉积法也可制备片状纳米晶 SnSe。用 NaHSe 与 Na$_2$SnO$_2$ 的水相反应也可获得 SnSe 纳米片。将柠檬酸铋铵和单质硒溶于二甲基甲酰胺（DMF）中，通过溶剂热法可合成 Bi$_2$Se$_3$ 纳米管。

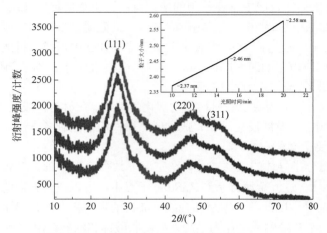

图 2.157A　ZnSe 量子点的 XRD 谱（曲线从上到下依次为 10min、15min、20min）

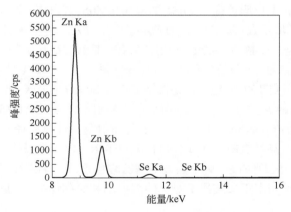

图 2.157B　ZnSe 量子点的 EDX 谱

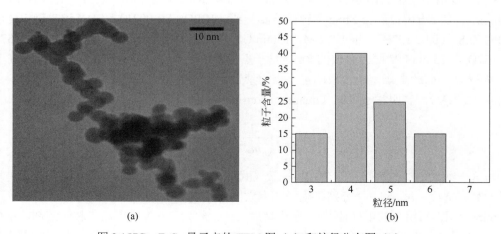

(a)　　　　　　　　　(b)

图 2.157C　ZnSe 量子点的 TEM 图（a）和粒径分布图（b）

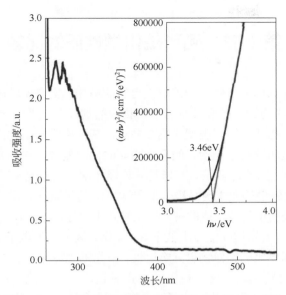

图 2.157D　ZnSe 量子点的紫外吸收谱（内插 Tauc 图）

像石墨烯一样，硫族的钼、钨化合物（group 6 transition metal dichalcogenide，G6-TMD）ME_2（M=Mo、W；E=S、Se、Te）为ⅥA-ⅥB 组分的半导体，是一类具有层状晶体结构的重要材料。

G6-TMD 纳米材料属于六方晶系（2H）和三方晶系（3R），因此可以用 X 射线衍射（XRD）分析区分这两种晶型，并测定它们的物相组成。单层 ME_2 纳米材料属于六方晶系（1H）和三方晶系（1T），分别表示为 $1H-ME_2$ 和 $1T-ME_2$。六方晶系（2H）G6-TMD 的三个特征峰分别归属于(002)、(100)和(110)晶面：$2H-MoSe_2$ 的三个 2θ 峰分别为 13.697°、31.418°和 55.918°；$2H-WSe_2$ 的三个 2θ 峰分别为 13.624°、31.410°和 55.901°。X 射线光电子能谱（XPS）是另一种被广泛用于检测 G6-TMD 的技术。通过 XPS 分析可以获得关于化学组成、组成元素的化学状态及其化学计量比的各种信息。在 $2H-MoE_2$ 中，Mo 3$d5/2$ 和 Mo 3$d3/2$ 态的结合能分别约为229eV 和232eV（精确值取决于具体的硫族元素 E），在 MoE_2 部分氧化时能量将发生大约 3eV 的上移，而在转化为金属性的 $1T-MoE_2$ 时能量将发生大约 1eV 的下移，还报道了 W 4$f7/2$（33eV）和 W4$f5/2$（35eV）在 WE_2 化合物中的相似行为。由于 ME_2 中的 M^{4+}氧化为 MO_3 中的 M^{6+}氧化态，从而提高了金属与硫属原子之间的结合强度，这可以解释 ME_2 氧化后测得的结合能的增加。从半导体的 $2H-ME_2$ 向金属性的 $1T-ME_2$ 转变时，结合能降低，这归因于金属配位从三棱柱体结构向八面体结构的转变。

已合成多种类型的 G6-TMD 纳米材料，如纳米片材、纳米管和量子点以及花状结构。在环境条件下的高热力学稳定性使得这些无机半导体的纳米片在现有的二维（2D）材料库中成为有价值的资产。G6-TMD 块体材料通常具有适当的间接带隙（indirect bandgap）（1～2eV），可以根据尺寸和维度调节，在单层纳米片中可以从间接半导体变为直接半导体，这对于光电子、传感和太阳能收集元件应用来说是非常有趣的。此外，丰富的插层化学和丰富的催化活性边缘位点使其有望制备新型储能装置和先进的催化剂，感兴趣的读者可以在提供的参考资料中找到更多的信息[117-119]。

第十节　硒和硫化学性质的比较

要理解大自然为什么选择了硒——破解大自然的奥秘，需要比较硒化合物和硫类似物的化学性质[120-125]。在许多方面，硒和硫具有非常相似的物理和化学性质（表 2.37）[45,121]：它们具有所有相同的氧化态和官能团类型（图 2.158），其结构常常是如此相似以至于类似的化合物很容易共结晶。这两种硫族元素之间存在明显的化学差异，这些差异表明大自然使用硒是极其合理的。硒和硫之间的许多显著差异是从较轻元素到较重元素变化（遵循元素周期律）的结果。较重的元素比较轻的元素更易极化（"更软"），这导致在较重元素上更快的亲电取代和亲核取代。与硒形成弱于与硫形成的键，这就导致更快速的 Se—X 键断裂反应。与硒形成弱键意味着 Se—X 键的 σ*轨道在能量上低于 S—X 键，因此作为电子受体更具反应性。也因此，硒的所有氧化态都要比硫类似物更具亲电性。一般也观察到较高的氧化态对较重的元素变得相对不稳定，硒对硫也是如此。更重的元素对超价成键情况也更有耐受性。合成有机化学家使用硒最重要的一个用途：形成烯烃的硒亚砜消除反应发生在室温，比亚砜大约温和 100℃，其速率是相关亚砜的约 100000 倍。

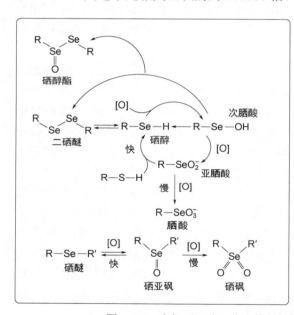
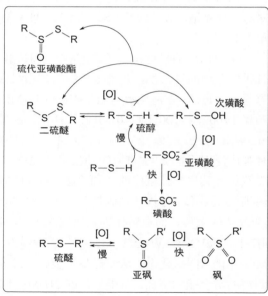

图 2.158　有机硒（硫）化合物的结构以及转化（[O]表示双电子氧化）

表 2.37　硒和硫的性质比较

项目	S	Se
基态电子构型	[Ne]$3s^2 3p^4$	[Ar]$3d^{10} 4s^2 4p^4$
平均相对原子质量	32.06	78.96
共价半径/pm	100	115
离子半径（E^{2-}）/pm	184	198
范德华半径/pm	180	190

项目		S	Se
键长/pm		134（S—H） 180（S—C） 205（S—S）	146（Se—H） 196（Se—C） 232（Se—Se）
键能/(kJ/mol)		421.6（S_2） 381.6（HS—H） 365（RS—H） 307.9（MeS—Me） 273.6（MeS—SMe）	325.2（Se_2） 334.9（HSe—H） 310（RSe—H）* 234（MeSe—Me） 197.6（MeSe—SeMe）
电离能/(kJ/mol)	I_1 I_2 I_3	999.6 2251 3361	940.9 2045 2974
电子亲和能/(kJ/mol)		200	195
Pauling 电负性		2.58	2.55
极化率（极化体积α_V）/Å^3（1Å=10^{-10}m）		2.90	3.77[120]
HgE 的溶度积（pK_{sp}）		51	64
pK_{a1}（$H_2E \rightarrow HE^-$）		6.88	3.89
pK_{a2}（$HE^- \rightarrow E^{2-}$）		14.15	15.1
pK_a（REH）		8.25 8.5[121]	5.24 5.2[121]
电极电势（pH 7.0）		RS$^{\cdot}$/RS$^-$，0.92V RSSR/RS$^-$，−0.223V GSSG/GSH，−0.240V	RSe$^{\cdot}$/RSe$^-$，0.43V RSeSeR/RSe$^-$，−0.386V GSeSeG/GSeH，−0.407V
自由基最大吸收 波长 λ_m/nm	HE$^{\cdot}$ [HEEH]$^-$ RE$^{\cdot}$ [REER]$^-$	240 380 330 410	350 410 340，460 455

*R=CH$_2$CH(CO$_2$H)NH$_2$。

一、酸度

与氢的弱键以及较重原子的大半径和极化性的增加导致硒醇负离子相对于硫醇负离子的碱性大大降低了 3～4 个 pK_a 单位（图 2.159）。因此，半胱氨酸在中性 pH 值下大部分处于硫醇状态，而硒半胱氨酸几乎完全电离为硒醇负离子。

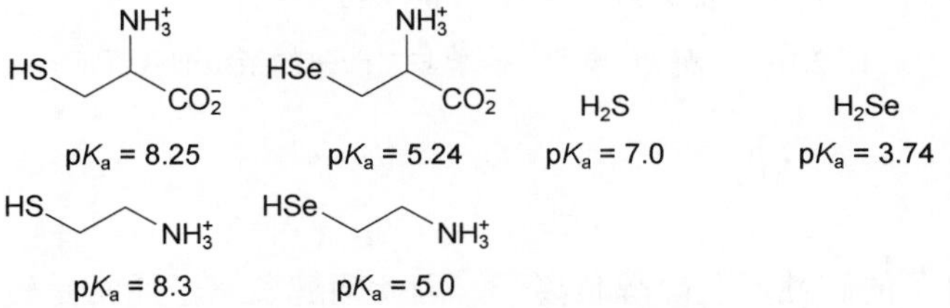

图 2.159　硒醇、硫醇的 pK_a 值比较

二、亲核性

尽管硒醇负离子的碱性较低，但它的亲核性比硫醇负离子大约高 1 个数量级，可能是由于硒的高极化率的缘故。这对于 S_N2 取代反应和芳香取代反应都是如此。在质子溶剂中，硒

醇负离子是比硫醇负离子弱的氢键受体，这导致更高的亲核性。硒化物也比硫化物更具亲核性（图 2.160）。

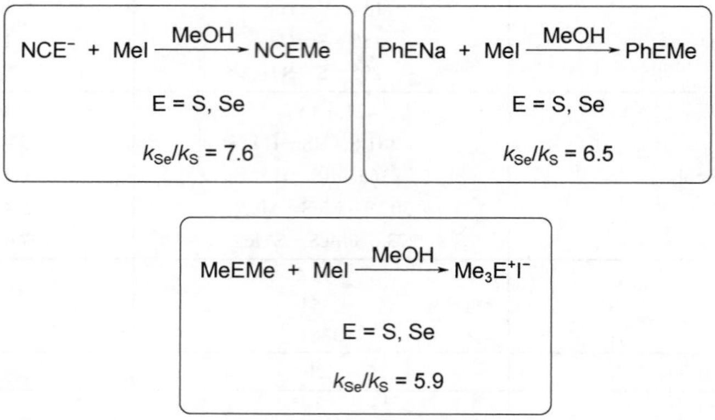

$$NCE^- + MeI \xrightarrow{\text{MeOH}} NCEMe$$

E = S, Se

$k_{Se}/k_S = 7.6$

$$PhENa + MeI \xrightarrow{\text{MeOH}} PhEMe$$

E = S, Se

$k_{Se}/k_S = 6.5$

$$MeEMe + MeI \xrightarrow{\text{MeOH}} Me_3E^+I^-$$

E = S, Se

$k_{Se}/k_S = 5.9$

图 2.160　硒、硫试剂的亲核性比较

在生理 pH 值（7.4）下，两个硫族元素之间的亲核性有更显著的区别，因为硒醇完全转化为硒醇负离子，而硫醇则只是稍微电离。因此，硒醇负离子既具有较高的内在亲核性，又具有较高的活性形式分数。在直接比较中，pH=7.4，这会导致硒醇负离子的活性比硫醇负离子升高 2 个数量级。图 2.161 显示了使用硒半胱胺增加反应活性的例子。虽然自然界可能利用生理 pH 值下亲核性的差异，但在蛋白质微环境中半胱氨酸的 pK_a 值会受到很大的扰动，如 Papain、Caricain 和 Ficin 的活性部位的 pK_a 值分别为 3.3、2.9 和 2.5。因此，自然界可以增加硫的亲核性，从而在生理 pH 值下最大限度地降低这一差异。

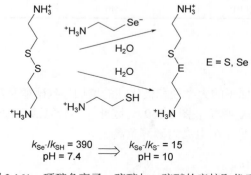

$k_{Se^-}/k_{SH} = 390$　　$\Longrightarrow$　　$k_{Se^-}/k_{S^-} = 15$
　　pH = 7.4　　　　　　　　　　pH = 10

图 2.161　硒醇负离子、硫醇与二硫醚的亲核取代反应

三、离去能力

由于硒醇负离子的碱性不及硫醇负离子，因此硒醇负离子通常是较好的离去基团。如图 2.162 所示，硒硫醚比二硫醚反应快 3 倍。这个相对较小的数字可能部分是由于更碱性的硫醇在过渡态时形成更强的氢键。

四、超价

Se—X 键强于 S—X 键的少数键合情况之一发生在超价化合物中，即键合数加上孤电子数大于 8 的键合情况。因此，硒烷（selenurane）（R_4Se）比硫烷（R_4S）更容易形成，并且更稳定。对配合物 R_3Se^- 和 R_3S^- 也是如此。反应（$Me_2E+Me^- \longrightarrow Me_3E^-$）缔合能的计算对于 E=S 是 -1.26kJ/mol（-0.3kcal/mol），对于 E=Se 是 -54.81kJ/mol（-13.1kcal/mol）。这一效应有复杂的起源，但贡献因素是较小的空间效应（因为与硒的长键长）和较低的 LUMO σ^* 轨道（这导致更有利的三中心两电子超价键的情况）。例如，超价的硫烷 Ph_4S 在 -67℃分解，半衰期为 46min，而硒烷 Ph_4Se 必须"加热"到 0℃，才可以比较分解速率，相当于 12.13kJ/mol 的活化能差异。氯和二烷基硫醚 R_2S 的加成产物是离子结构[R_2SCl]Cl，而二烷基硒醚的产物是共价分子 R_2SeCl_2。强的 Se—X 键也出现在与金属的成键中，例如，Hg—Se 键比 Hg—S 键更强。

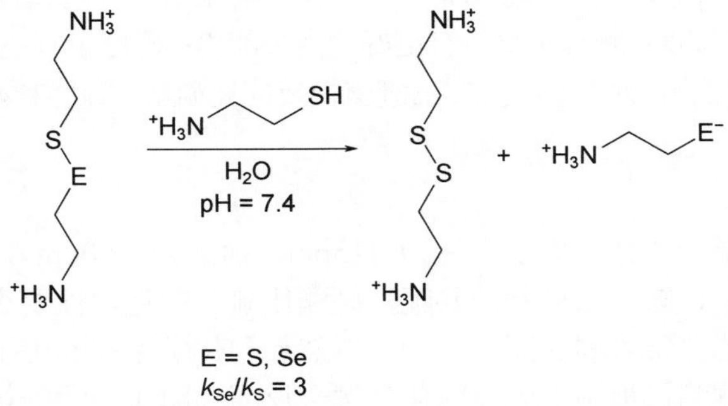

$$E = S, Se$$
$$k_{Se}/k_S = 3$$

图 2.162　硒醇负离子/硫醇负离子的离去能力比较

五、亲电性

硒的更大超价耐受性对硒的亲核进攻具有重要影响（通常通过超价中间体形成，如 R_4Se 或 R_3Se^-），导致反应比在硫上进行快得多，因为中间硒化合物的能量比硫类似物低。因此，各种类型的硒化合物是比硫类似物更好的亲电试剂。例如，双(苯硫基)甲烷是用丁基锂除质子化，而硒类似物则是硒被进攻（图 2.163A）。

在一个密切相关的比较中（图 2.163B），二苯基硒醚与对甲苯基锂的 Ph/Tol 交换速率是二苯基硫醚速率的 2.4×10^4 倍。

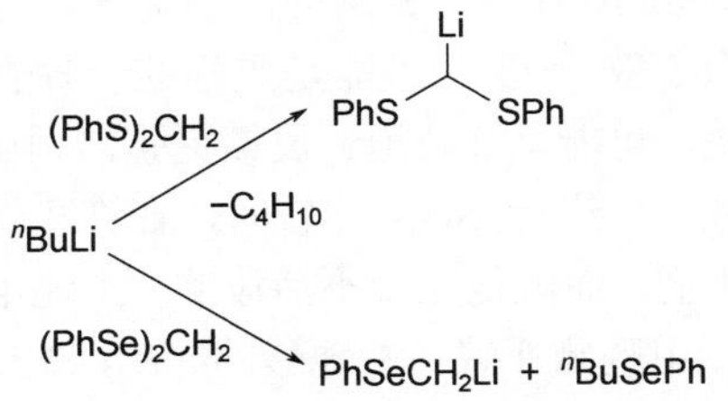

图 2.163A　(PhE)$_2$CH$_2$ 与丁基锂的反应

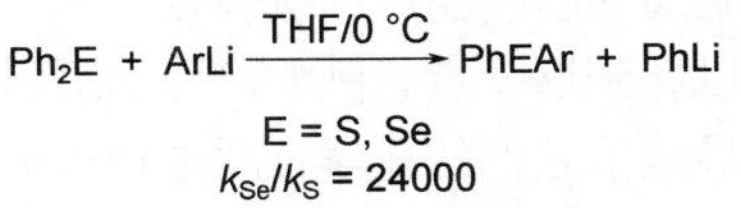

$$Ph_2E + ArLi \xrightarrow{THF/0\ ℃} PhEAr + PhLi$$
$$E = S, Se$$
$$k_{Se}/k_S = 24000$$

图 2.163B　芳基交换反应

次硒酰氯 ArSeCl 的亲核取代比类似的硫中心要快得多，k_{Se}/k_S 从二硫代氨基甲酸酯的 6000 到氰根的 147（图 2.164）。与之类似，氰根对 PhSeSO$_2$Ar 的亲核攻击比对 PhSSO$_2$Ar 的攻击快 5 个数量级[11]。

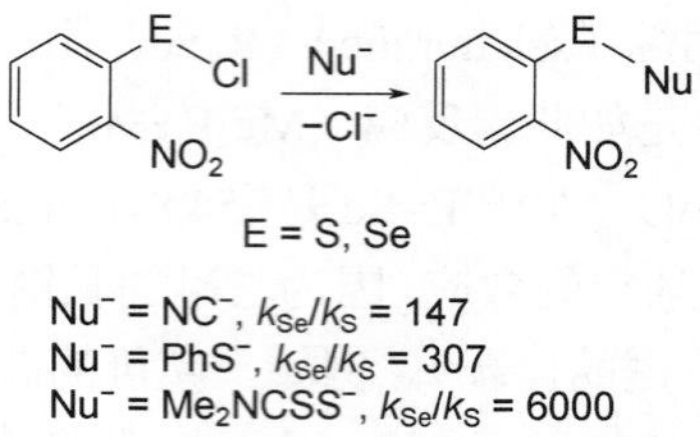
E
Cl
Nu⁻
−Cl⁻
E
Nu
NO2
NO2
E = S, Se
Nu⁻ = NC⁻, kSe/kS = 147
Nu⁻ = PhS⁻, kSe/kS = 307
Nu⁻ = Me2NCSS⁻, kSe/kS = 6000

图 2.164　ArSeCl 和 ArSCl 的亲核取代

六、亲核性、亲电性、离去能力的综合比较

在硒醇负离子/二硒醚交换反应的情况下，三种性质在相同方向起作用：在生理 pH 值下，硒醇负离子有更好的亲核性；硒醇负离子有更好的离去能力；硒原子有更强的亲电性。使用动态 NMR 技术，在 pH=7，测得硒醇负离子/二硒醚交换反应比硫醇/二硫醚交换反应快 7 个数量级。

七、更弱的 π 键

与硫相比，硒的半径较大（原子半径为 115pm，而硫为 100pm），更长的键长导致较弱的 π 键，其结果之一是，缺乏与羰基的共轭，硒酯比硫酯的稳定性要小得多。硒胱胺和胱胺之间的酰基转移对硫酯非常有利（图 2.165）。自然界和化学家都利用了硒酯作为酰基转移试剂的高反应性。羧酸硒酯已被用于天然的化学键合反应（NCL，参阅第十四章硒半胱氨酸在蛋白质化学合成中的应用），而硒蛋白质 K 利用其 SeCys 残基形成羧酸硒酯，催化棕榈酰基转移至钙通道。

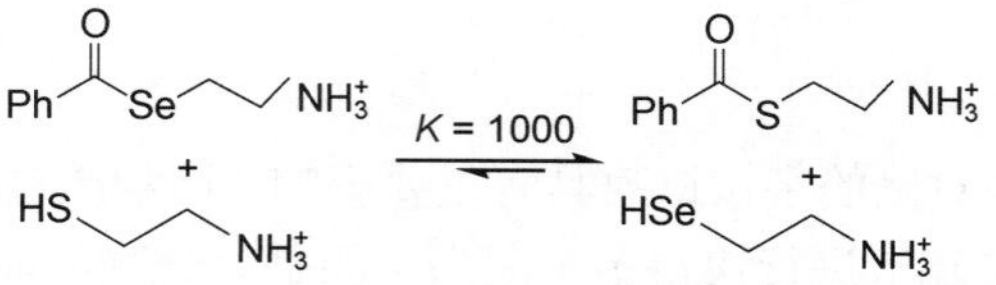
O
Ph
Se
NH3+
+
HS
NH3+
K = 1000
O
Ph
S
NH3+
+
HSe
NH3+

图 2.165　硒醇酯与硫醇酯的酰基转移平衡

八、氧化还原性质

硒与硫化学的最大差别发生在两种元素的氧化还原反应中，双电子过程和单电子过程都是如此。重元素键长较长的后果之一是如上所述，形成所有类型 π 键的能力降低。这就意味着通常描绘的 E═O 双键，特别是对于 Se═O，写成 Se^+—O^-，可能是更好的一种表示。因为与硒相比，氧上的孤对电子向硫上的受体轨道（σ*，可能是 d 轨道）反馈更强，硒亚砜、硒砜、亚脑酸和脑酸的反馈键较弱，具有明显的偶极性。当进行 Se/S 比较时，在许多性质变化中都可以看到这一点。例如，烷基硒砜是优良的烷化剂，而砜是完全不活泼的。上述电子结构的差异导致了它们的化学性质的巨大差异。例如，二甲基硒亚砜（共轭酸的 pK_a，2.55）比二甲基亚砜（共轭酸的 pK_a，−1.54）碱性更强。因此，在酸催化的反应中，在给定的 pH 值下，与质子化的亚砜比较，硒亚砜有大约高达 10^4 倍的活性质子化硒亚砜浓度。这将会导致反应活性高得惊人，此外硒能容纳更多的正电荷，本质上比硫更亲电，这些因素结合起来，导致对硒的亲核进攻呈现高得多的反应速率。与亚砜相比，硒亚砜的反应活性增强的另一个例子是它们的外消旋化。酸催化的外消旋，亚砜是一个缓慢的过程。硒亚砜的消旋化比相应的亚砜快多个

数量级。这归因于硒亚砜较高的碱性。烯丙基硒亚砜和烯丙基亚砜的[2,3]-σ 键迁移重排（[2,3]-SR）平衡：对硫，其平衡略在亚砜一边；对硒，平衡强烈偏向次硒酸酯这一边（图 2.166）。

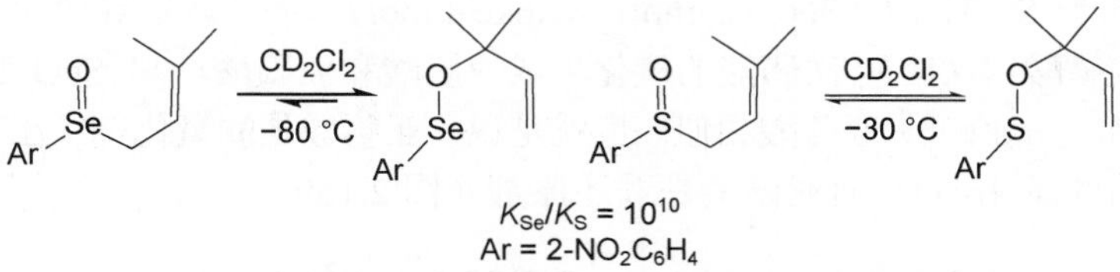

$$K_{Se}/K_S = 10^{10}$$
$$Ar = 2\text{-}NO_2C_6H_4$$

图 2.166　烯丙基硒亚砜和烯丙基亚砜的[2,3]-σ 键迁移重排

　　与此相关的是二氧化硫和二氧化硒的不同行为。SO_2 被认为是一种温和的还原剂，而 SeO_2 则是一种温和的氧化剂。两种试剂都与烯烃反应生成中间体烯丙基亚磺酸以及烯丙基亚硒酸。然而，前者简单地分解为烯烃和 SO_2；后者则经过[2,3]-σ 键迁移重排（[2,3]-SR）形成二价的烯丙基次硒酸酯，它迅速水解为烯丙醇。虽然硫化物/硒化物第一步氧化为亚砜/硒亚砜是相当相似的，而硒稍微活泼一些，但第二步氧化对硒亚砜来说要困难得多。这在一定程度上是由于 Se—O 键的高得多的偶极性质，导致了 Se 上的孤对电子亲核性较低。事实上，硫醚氧化为亚砜需要细致的控制，以避免过度氧化为砜，因为亚砜进一步氧化为砜只比硫醚氧化为亚砜稍慢一点。相比之下，任何合适的氧化剂都可以与硒醚一起使用，因为进一步将硒亚砜氧化为硒砜的速率要慢得多。硒亚砜比亚砜较高的偶极特性的另一个后果是硒上的孤对电子比硫上的孤对电子亲核性更小。因此，苯亚磺酸负离子烷基化在硫上，生成砜（这是砜的标准合成方法），而苯亚硒酸负离子烷基化在氧上，生成亚硒酸酯（图 2.167）。

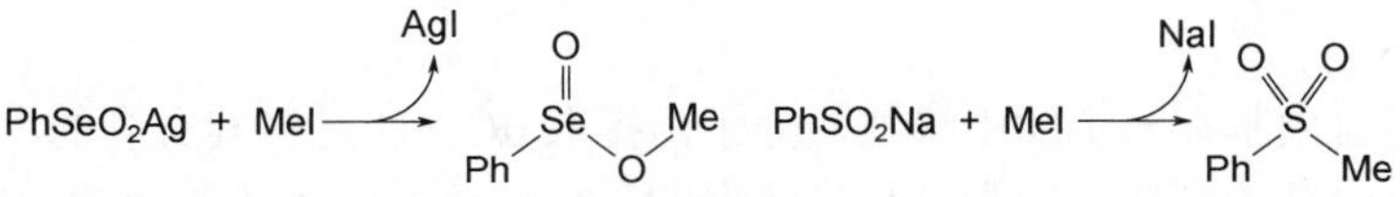

图 2.167　苯亚硒酸负离子和苯亚磺酸负离子的烷基化

SO_2/SeO_2 与共轭二烯烃的行为与此类似（图 2.168）：SO_2 形成环砜，而 SeO_2 形成环状亚硒酸酯。据认为，SO_2 反应也是通过环状亚磺酸酯进行的，但它迅速重排为更稳定的砜。

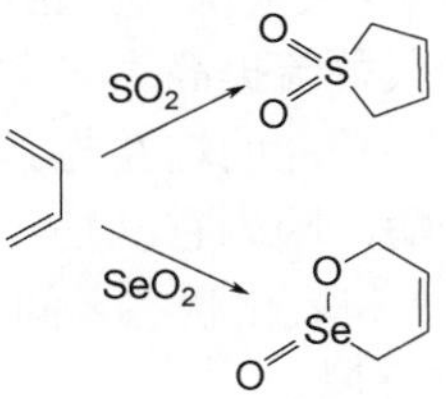

图 2.168　二氧化硒和二氧化硫与共轭烯烃的反应

　　硫醇/硒醇的氧化还原反应模式类似于硫醚/硒醚的关系。硒醇的氧化还原电势与硫醇相比要低得多（以二硫代苏糖醇为还原剂，−0.381V；以谷胱甘肽为还原剂，−0.179V）。这意味着将硒醇氧化为二硒醚的平衡常数极有利于二硒醚。与之相比，二硫醇/二硫醚对在同一实验条件下平衡常数低 600 倍，平衡有利于硫醇的形成。将硒醇氧化为次硒酸的速率可能比硫醇氧化成次磺酸的速率更快。但是关于这些化合物的现有数据很少，因为它们不稳定，并发生快速歧化反应，生成二硒醚或会进一步氧化。但是利用大体积取代基的策略，以空间拥挤保护其不发生缩合或歧化，还是合成了几个稳定的次磺酸类/次硒酸类化合物。重要的发现是

次胨酸 O—H 键的离解能（DBE）（339.7kJ/mol；81.2kcal/mol）高于 Se—H 键（330.1kJ/mol；78.9kcal/mol）（表 2.5）。硫的趋势相反，在次磺酸中 O—H 的键离解能（287.0kJ/mol；68.6kcal/mol）弱于 S—H 键（366.5kJ/mol；87.6kcal/mol）。因此，这导致次胨酸与过氧自由基的反应慢于次磺酸。次胨酸/次磺酸的氧化生成亚胨酸和亚磺酸，与 SeO_2/SO_2 相似，或者与它们的水合物——亚硒酸/亚硫酸相似。也就是说，亚胨酸是弱氧化剂（在有机合成中亚胨酸酐是一种有用的氧化剂），而亚磺酸是弱还原剂（图 2.169）。

$$PhSeO_2H + 2ArSO_2H \longrightarrow PhSeSO_2Ar + ArSO_3H + H_2O$$

图 2.169　亚胨酸与亚磺酸的氧化还原反应

亚胨酸比亚磺酸弱约 $2pK_a$ 个单位（$PhSeO_2H$，4.79；$PhSO_2H$，2.76），这是由于硫具有较高的电负性和较好的 π 受体性质。硫醇对亚胨酸的还原速率极快在生物化学上有重要意义。苯亚胨酸被硫醇极快地还原；在一个实验中，在-90℃，^iPrSH 与 $PhSeO_2H$ 反应迅速，时间在 30s 内，而 $PhSO_2H$ 在室温下在数周内不会与硫醇发生可察觉的反应。合成硒酶——硒代枯草杆菌蛋白酶（selenosubtilisin）的亚胨酸与 3-羧基-4-硝基-苯硫酚反应提供二级反应速率常数 $1.8 \times 10^4 L/(mol \cdot s)$（pH=5.0），烷基亚胨酸与其反应的速率约快 200 倍 [$3.3 \times 10^6 L/(mol \cdot s)$]。这些速率常数意味着当硫醇的浓度在毫摩尔范围内，亚胨酸的寿命是秒数量级，因此可以估计硫醇与亚胨酸的反应速率至少比硫醇与亚磺酸快 10^6。如上所述，与亚磺酸比较，亚胨酸还原为-2 和 0 氧化态是非常快的。这是代表两个硫族元素化学反应性的一个最大差异。亚胨酸氧化为胨酸与亚磺酸氧化为磺酸是它们的另一个差异，后者比前者快约 2200 倍。在 pH=7.1，以 H_2O_2 为氧化剂，苯亚磺酸的氧化速率常数为 $2.7 \times 10^{-3} L/(mol \cdot s)$，而苯亚胨酸则为 $1.2 \times 10^{-6} L/(mol \cdot s)$。

一个烃硫基自由基在一个肽中形成，分子内提取 αC—H 是极其有利的，$k_S = 10^4 \sim 10^5 s^{-1}$，而一个烃硒基自由基的同样反应则是相当缓慢的，$k_{Se} = 1s^{-1}$。两个硫族元素的单电子还原电势也不同；$RS^·/RSH$ 电对的电势为 0.92V，而 $RSe^·/RSeH$ 电对的电势为 0.43V。这一还原电势的差异意味着烃硫基自由基有能力氧化酪氨酸和色氨酸残基，形成相应的氨基酸自由基，而烃硒基自由基则不会起同样的氧化作用。

以 S 代替 Se 导致突变酶的催化活性大大降低。相反地，在含有 Cys 的酶中用硒取代 S，导致催化活性的增强。除了在酶中硒代替硫提高大多数反应类型的催化活性外，一个额外的功能增益是过氧化物酶活性的增益。该功能的增益与其相对于上述硫的优越氧化还原性质非常吻合。硒将过氧化物酶的活性赋予酶，因为它既是一个好的亲核试剂，又是一个好的亲电试剂。这种性质使得它可以在还原状态和氧化状态之间容易循环而不被永久氧化。在这方面，硒的氧化还原性质与硫相比更像过渡金属。

九、大自然选择硒的原因

几乎在所有化学反应中，硒都快于硫进行的同样反应，因此容易得出这样的结论：由于高的化学反应活性，大自然选择了硒来代替硫以加速酶催化反应。考虑到硒酶是氧化还原酶，因此对这个问题的回答是：大自然选择硒是因为它具有独特的能力，与氧气及相关的 ROS 以易于可逆的方式进行反应。在与 ROS 反应的双电子氧化中，硫和硒都是好的亲核试剂。在这样的过程中形成的硫氧化物和硒氧化物显示了非常大的化学活性差异，主要是由于在硒氧化物中非常弱的 π 键。因此，与硫氧化物相比，硒氧化物具有一种可以被快速还原为原始状态的更强能力。硒具有迅速被氧化然后迅速被还原的能力已被称为"硒悖论"（selenium paradox）。这个"硒悖论"的证据来自功能的增益，硒赋予天然硒酶和人造硒酶抵抗氧化失活的能力。与双电子氧化反应的可逆性密切相关的是，与硫自由基比较硒自由基具有增强的稳定性，这意味着硒蛋白质更能抵抗单电子氧化反应。这两种假设都很符合这一观点：生物圈中，氧气可能是地球生命历史上的最强的进化力量，硒的化学正好适应单电子的氧化反应和双电子的氧化反应。

参考文献

[1] Atkins P, De Paula J. Physical Chemistry: Thermodynamics, Structure, and Change[M]. New York: Oxford University Press, 2014.

[2] (a) Evangelou V P. Environmental Soil and Water Chemistry: Principles and Applications[M]. New York: John Wiley & Sons, Inc., 1998; (b) 李发虎. 土壤物理化学[M]. 北京: 化学工业出版社, 2006.

[3] (a) Warren J J, Tronic T A, Mayer J M. Chem Rev, 2010, 110(12): 6961-7001. (b) Wise C F, Agarwal R G, Mayer J M. J Am Chem Soc, 2020, 142(24): 10681-10691. (c) Gentry E C, Knowles R R. Acc Chem Res, 2016, 49(8): 1546-1556.

[4] Zielinski N, Presseau N, Amorati R, et al. J Am Chem Soc, 2014, 136(4): 1570-1578.

[5] Kang S I, Kice J L. J Org Chem, 1985, 50(16): 2968-2972.

[6] Liebman J F, Slayden S W. Thermochemistry of Organoselenium and Organotellurium Compounds. PATAI's Chemistry of Functional Groups[M]. New Jersey: John Wiley & Sons, Ltd., 2011.

[7] Tel'noi V I, Sheiman M S. Russ Chem Rev, 1995, 64: 309.

[8] Voronkov M G, Klyuchnikov V A, Kolabin S N, et al. Dokl Akad Nauk SSSR, 1989, 307: 1139.

[9] Ogawa S, Sato S, Furukawa N. Tetrahedron Lett, 1992, 33(51): 7925-7928.

[10] (a) Austad T. Acta Chem Scand A, 1977, 31(2): 93-103. (b) Austad T. Acta Chem Scand A, 1976, 30(8): 579-585. (c) Austad T. Acta Chem Scand A, 1975, 29(10): 895-906.

[11] Schmid G H, Garratt D G. Tetrahedron, 1985, 41(21): 4787-4792.

[12] (a) Mayr H, Breugst M, Ofial A R. Angew Chem Int Ed, 2011, 50(29): 6470-6505. (b) Mayer J M. Acc Chem Res, 2011, 44(1): 36-46.

[13] (a) Hansch C, Leo A, Taft R W. Chem Rev, 1991, 91(2): 165-195. (b) Okamoto Y, Inukai T, Brown H C. J Am Chem Soc, 1958, 80(18): 4969-4972. (c) Brown H C, Okamoto Y. J Am Chem Soc, 1958, 80(18): 4979-4987. (d) Jaffé H H. Chem Rev, 1953, 53(2): 191-261. (e) Kagn S I, Spears C P. J Med Chem, 1987, 30(4): 597-602.

[14] Reich H J, Willis W W Jr. J Org Chem, 1980, 45(25): 5227-5229.

[15] (a) Lewis E S, McLaughlin M L, Douglas T A. J Am Chem Soc, 1985, 107(23): 6668-6673. (b) Lewis E S, Yousaf T I, Douglas T A. J Am Chem Soc, 1987, 109(7): 2152-2156.

[16] Tobe M L, Burgess J. Inorganic Reaction Mechanisms[M]. New York: Pearson Eduction, Inc., 2001.

[17] Reichardt C, Welton T. Solvents and Solvent Effects in Organic Chemistry[M]. Weinheim: Wiley-VCH Verlag GmbH & Co. KGaA, 2010.

[18] Davis C A, McNeill K, Janssen E M L. Environ Sci Technol, 2018, 52(17): 9908-9916.

[19] Tiecco M, Chianelli D, Tingoli M, et al. Tetrahedron, 1986, 42(17): 4897-4906.

[20] (a) Pearson R G, Sobel H, Songstad J. J Am Chem Soc, 1968, 90(2): 319-326. (b) Swain C G, Scott C B. J Am Chem Soc, 1953, 75(1): 141-147.

[21] Mardyukov A, Tsegaw Y A, Sander W, et al. Phys Chem Chem Phys, 2017, 19(40): 27384-27388.

[22] Broggi J, Terme T, Vanelle P. Angew Chem Int Ed, 2014, 53(2): 384-413.

[23] (a) Newcomb M. Radical Kinetics and Clocks. Encyclopedia of Radicals in Chemistry, Biology and Materials[M]. New Jersey: John Wiley & Sons, Ltd., 2012. (b) Newcomb M. Tetrahedron, 1993, 49(6): 1151-1176. (c) Chatgilialoglu C, Newcomb M. Adv Organomet Chem, 1999, 44: 67-112.

[24] (a) Chatgilialoglu C, Ferreri C, Landais Y, et al. Chem Rev, 2018, 118(14): 6516-6572. (b) Lucarini M, Pedrielli P, Pedulli G F. Organometallics, 1995, 14(6): 2672-2676. (c) Chatgilialoglu C, Dickhaut J, Giese B. J Org Chem, 1991, 56(22): 6399-6403. (d) Ballestri M, Chatgilialoglu C, Clark K B, et al. J Org Chem, 1991, 56(2): 678-683. (e) Chatgilialoglu C, Griller D, Lesage M. J Org Chem, 1989, 54(10): 2492- 2494. (f) Alberti A, Chatgilialoglu C. Tetrahedron, 1990, 46(11): 3963-3972.

[25] Garden S J, Avila D V, Beckwith A L J, et al. J Org Chem, 1996, 61(2): 805-809.

[26] Rong X X, Pan H Q, Dolbier W R Jr, et al. J Am Chem Soc, 1994, 116(10): 4521-4522.

[27] (a) Beckwith A L J, Pigou P E. Aust J Chem, 1986, 39(7): 1151-1155. DOI: 10.1071/ch9861151; (b) Beckwith A L J, Pigou P E. Aust J Chem, 1986, 39(1): 77-87.

[28] Scaiano J C, Stewart L C. J Am Chem Soc, 1983, 105(11): 3609-3614.

[29] (a) Ito M. J Am Chem Soc, 1983, 105(4): 850-853. (b) Alam M M, Ito O, Koga Y, et al. Int J Chem Kinet, 1998, 30(3): 193-200.

[30] Tateno T, Sakuragi H, Tokumaru K. Chem Lett, 1992, 21(10): 1883-1886.

[31] Turro N J, Gould I R, Baretz B H. J Phys Chem, 1983, 87(4): 531-532.

[32] (a) Baldwin J E. J Chem Soc Chem Commun, 1976, 1976(18): 734-736. (b) Alabugin I V, Gilmore K. Chem Commun, 2013, 49(96): 11246-11250.

[33] Tansakul C, Braslau R. Nitroxides in Synthetic Radical Chemistry. Encyclopedia of Radicals in Chemistry, Biology and Materials[M]. New Jersey: John Wiley & Sons, Ltd., 2012.

[34] Back T G, Press D J. Advances in Free Radical Reactions of Organoselenium and Organotellurium Compounds. PATAI's Chemistry of Functional Groups[M]. New Jersey: John Wiley & Sons, Ltd., 2011.

[35] Kang S I, Kice J L. J Org Chem, 1986, 51(3): 287-290.

[36] McCullough J D, Gould E S. J Am Soc Chem, 1949, 71(2): 674-676.

[37] (a) Comasseto J V, Piovan L, Wendler E P. Synthesis of Selenium and Tellurium Ylides and Carbanions. Application to Organic Synthesis. PATAI's Chemistry of Functional Groups[M]. New Jersey: John Wiley & Sons, Ltd., 2014. (b) Wessjohann L A, Sinks U. J Prakt Chem, 1998, 340(3): 189-203. (c) Reich H J. Acc Chem Res, 1979, 12(1): 22-30.

[38] Hevesi L, Desauvage S, Georges B, et al. J Am Chem Soc, 1984, 106(13): 3784-3790.

[39] Kodama T, Kodani M, Takimiya K, et al. Heteroatom Chem, 2001, 12(4): 287-292.

[40] (a) Stephan D W, Erker G. Angew Chem Int Ed, 2015, 54(22): 6400-6441. (b) Wilkins L C, Günther B A R, Walther M, et al. Angew Chem Int Ed, 2016, 55(37): 11292-11295.

[41] Bachrach S M, Demoin D W, Luk M, et al. J Phys Chem A, 2004, 108(18): 4040-4046.

[42] Séby F, Potin-Gautier M, Giffaut E, et al. Chem Geol, 2001, 171(3-4): 173-194.

[43] Saji V S, Lee C W. RSC Adv, 2013, 3(26): 10058-10077.

[44] Jacob C, Giles G I, Giles N M, et al. Angew Chem Int Ed, 2003, 42(39): 4742-4758.

[45] Nauser T, Dockheer S, Kissner R, et al. Biochemistry, 2006, 45(19): 6038-6043.

[46] Gu X, Tang T, Liu X, et al. J Mater Chem A, 2019, 7(19): 11566-11583.

[47] (a) Bard A J, Faulkner L R. Electrochemical Methods: Fundamentals and Applications[M]. New Jersey: John Wiley & Sons, Inc., 2001; (b) Elgrishi N, Rountree K J, McCarthy B D, et al. J Chem Educ, 2018, 95(2): 197-206. (c) Krivenko A G, Kotkin A S, Kurmaz V A. Russ J Electrochem, 2005, 41(2): 122-136.

[48] Karnaukh E A, Walker L M, Lynch K A, et al. ChemElectroChem, 2017, 4(5): 1250-1255.

[49] Miessler G L, Fischer P J, Tarr D A. Inorganic Chemistry[M]. Taipei: Pearson Education Inc., 2014.

[50] (a) Jaworski J S. Electrochemistry of Organic Selenium and Tellurium Compounds. PATAI's Chemistry of Functional Groups[M]. New Jersey: John Wiley & Sons, Ltd., 2011; (b) Wilken M, Ortgies S, Breder A, et al. ACS Catal, 2018, 8(11): 10901-10912. (c) Detty M R, Logan M E. Adv Phys Org Chem, 2004, 39: 79-145. (d) Buica G O, Soare M L, Inel G A, et al. J Solid State Electrochem, 2016, 20(11): 3151-3164.

[51] Atkins P W, Overton T L, Rourke J P, et al. Shriver and Atkins' Inorganic Chemistry[M]. New York: Oxford University Press, 2010.

[52] Crabtree R H. The Organomet allic Chemistry of the Transition Met als[M]. New Jersey: John Wiley & Sons, Inc., 2005.

[53] Yurkerwich K, Quinlivan P J, Rong Y, et al. Polyhedron, 2016, 103: 307-314.

[54] (a) Labinger J A. Organometallics, 2015, 34(20): 4784-4795. (b) Canty A J, Denney M C, Patel J, et al. J Organomet Chem, 2004, 689(3): 672-677. (c) Racowski J M, Sanford M S. Top Organomet Chem, 2011, 35: 61-84. (d) Khusnutdinova J R, Milstein D. Angew Chem Int Ed, 2015, 54(42): 12236-12273.

[55] Shi Y C, Shi Y, Yang W. J Organomet Chem, 2014, 772-773: 131-138.

[56] Pushkarevsky N A, Virovets A V, Gerber S, et al. Z Anorg Allg Chem, 2007, 633(13-14): 2408-2413.

[57] Shieh M, Miu C Y, Chu Y Y, et al. Coord Chem Rev, 2012, 256(5-8): 637-694.

[58] Seyferth D, Henderson R S. J Organomet Chem, 1981, 204(3): 333-343.

[59] Li Y L, Xie B, Zou L K, et al. J Organomet Chem, 2012, 718: 74-77.

[60] Song L C, Sun X J, Jia G J, et al. J Organomet Chem, 2014, 761: 10-19.

[61] Smiles D E, Wu G, Hrobárik P, et al. J Am Chem Soc, 2016, 138(3): 814-825.

[62] 吉尔克里斯特 T L, 斯托尔 R C. 有机反应与轨道对称性[M]. 上海: 上海科学技术出版社, 1981.

[63] West T H, Spoehrle S S M, Kasten K, et al. ACS Catal, 2015, 5(12): 7446-7479.

[64] Ji S, Xia J, Xu H. ACS Macro Lett, 2016, 5(1): 78-82.

[65] Demchenko A P, Tomin V I, Chou P T. Chem Rev, 2017, 117(21): 13353-13381.

[66] (a) Kavarnos G J, Turro N J. Chem Rev, 1986, 86(2): 401-449. (b) Prier C K, Rankic D A, MacMillan D W C. Chem Rev, 2013, 113(7): 5322-5363. (c) Bogdos M K, Pinard E, Murphy J A. Beilstein J Org Chem, 2018, 14: 2035-2064. (d) Hari D P, König B. Chem Commun, 2014, 50(51): 6688-6699. (e) Romero N A, Nicewicz D A. Chem Rev, 2016, 116(17): 10075-10166. (f) Strieth-Kalthoff F, James M J, Teders M, et al. Chem Soc Rev, 2018, 47(19): 7190-7202.

[67] (a) Mascio P D, Martinez G R, Miyamoto S, et al. Chem Rev, 2019, 119(3): 2043-2086. (b) Fudickar W, Linker T. ChemPhotoChem, 2018, 2(7): 548-558.

[68] (a) Ghogare A A, Greer A. Chem Rev, 2016, 116(17): 9994-10034. (b) Pibiri I, Buscemi S, Piccionello A P, et al. ChemPhotoChem, 2018, 2(7): 535-547. (c) Bayer P, Pérez-Ruiz R, Von Wangelin A J. ChemPhotoChem, 2018, 2(7): 559-570.

[69] Zou X, Dai X, Liu K, et al. J Phys Chem B, 2014, 118(22): 5864-5872.

[70] Zou X, Zhao H, Yu Y, et al. J Am Chem Soc, 2013, 135(11): 4509-4515.

[71] Beckwith A L J, Davies A G, Davison I G E, et al. J Chem Soc Perkin Trans 2, 1989, 1989(7): 815-824.

[72] (a) Perkins M J, Turner E S. J Chem Soc Chem Commun, 1981, 1981(3): 139-140. (b) Russell G A, Tashtoush H. J Am Chem Soc, 1983, 105(5): 1398-1399. (c) Tsuchii K, Tsuboi Y, Kawaguchi S I, et al. J Org Chem, 2007, 72(2): 415-423. (d) Ogawa A, Obayashi R, Doi M, et al. J Org Chem, 1998, 63(13): 4277-4281. (e) Tsuchii K, Doi M, Ogawa I, et al. Bull Chem Soc Jpn, 2005, 78(8): 1534-1548. (f) Schiesser C H. Chem Commun, 2006, 2006(39): 4055-4065. (g) Ouchi A, Ando W, Oba M. Advances in the Photochemistry of Organoselenium and Organotellurium Compounds. PATAI's Chemistry of Functional Groups[M]. New Jersey: John Wiley & Sons, Ltd., 2013. (h) Renaud P. Radical Reactions Using Selenium Precursors. Topics in Current Chemistry, 2000, 81-112.

[73] Kobiki Y, Kawaguchi S I, Ogawa A. Tetrahedron Lett, 2013, 54(40): 5453-5456.

[74] Tsuchii K, Ogawa A. Tetrahedron Lett, 2003, 44(49): 8777-8780.

[75] (a) Rossi R A, Pierini A B, Peñéñory A B. Chem Rev, 2003, 103(1): 71-168. (b) Bouchet L M, Peñéñory A B, Pierini A B, et al. J Phys Chem A, 2019, 123(24): 5035-5042.

[76] (a) 姜兆华, 孙德智, 邵光杰. 表面应用化学[M]. 哈尔滨: 哈尔滨工业大学出版社, 2018; (b) Li H, Cao H, Chen T, et al. Mol Catal, 2020, 483: 110715. (c) Nakamoto K. Infrared and Raman Spectra of Inorganic and Coordination Compounds[M]. New Jersey: John Wiley & Sons, Ltd., 2009.

[77] 甄开吉, 王国甲, 毕颖丽, 等. 催化作用基础[M]. 北京: 化学工业出版社, 2005.

[78] 赵振国. 吸附作用应用原理[M]. 北京: 化学工业出版社, 2005.

[79] Tiwari A, Syväjärvi M. Advanced Materials for Agriculture, Food, and Environmental Safety[M]. New Jersey: Scrivener Publishing LLC, 2014.

[80] Wu C H, Kuo C Y, Lin C F, et al. Chemosphere, 2002, 47(3): 283-292.

[81] Yamani J S, Lounsbury A W, Zimmerman J B. Water Res, 2014, 50: 373-381.

[82] 韩维屏. 催化化学导论[M]. 北京: 科学出版社, 2003.

[83] Housecroft C E, Sharpe A G. Inorganic Chemistry[M]. London: Pearson Education Ltd., 2012.

[84] Bown G E Jr, Foster A L, Osterergren J D. Proc Natl Acad Sci USA, 1999, 96(7): 3388-3395.

[85] Jordan N, Ritter A, Foerstendorf H, et al. Geochim Cosmochim Acta, 2013, 103: 63-75.

[86] Goyne K W, Zimmerman A R, Newalkar B L, et al. J Porous Mater, 2002, 9(4): 243-256.

[87] Kosmulski M. J Colloid Interface Sci, 2006, 298(2): 730-741.

[88] Sheha R R, El-Shazly E A. Chem Eng J, 2010, 160(1): 63-71.

[89] Jordan N, Franzen C, Lützenkirchen J, et al. Environ Sci: Nano, 2018, 5(7): 1661-1669.

[90] Peak D, Sparks D L. Environ Sci Technol, 2002, 36(7): 1460-1466.

[91] Myneni S C B, Tokunaga T K, Brown G E Jr. Science, 1997, 278(5340): 1106-1109.

[92] Hayes K F, Roe A L, Brown G E, et al. Science, 1987, 238(4828): 783-786.

[93] Wickleder M S, Büchner O, Wickleder C, et al. Inorg Chem, 2004, 43(19): 5860-5864.

[94] Benelli C, Vaira M D, Noccioli G, et al. Inorg Chem, 1977, 16(1): 182-187.

[95] Su C, Suarez D L. Soil Sci Soc Am J, 2000, 64(1): 101-111.

[96] Balistrieri L S, Chao T T. Soil Sci Soc Am J, 1987, 51(5): 1145-1151.

[97] Gonzalez C M, Hernandez J, Peralta-Videa J R, et al. J Hazardous Mater, 2012, 211-212: 138-145.

[98] Balistrieri L S, Chao T T. Geochim Cosmochim Acta, 1990, 54(3): 739-751.

[99] Wu C H, Lo S L, Lin C F. Colloids and Surfaces A: Physicochem. Eng Aspects, 2000, 166(1-3): 251-259.

[100] Elzinga E J, Tang Y, McDonald J, et al. J Colloid Interface Sci, 2009, 340(2): 153-159.

[101] Goldberg S. Soil Sci Soc Am J, 2014, 78(2): 473-479.

[102] Boyle-Wight E J, Katz L E, Hayes K F. Environ Sci Technol, 2002, 36(6): 1212-1218.

[103] Schulthess C P, Hu Z. Soil Sci Soc Am J, 2001, 65(3): 710-718.

[104] Ghosh M M, Cox C D, Yuan-Pan J R. Environ Prog, 1994, 13(2): 79-88.

[105] Jordan N, Foerstendorf H, Weiß S, et al. Geochim Cosmochim Acta, 2011, 75(6): 1519-1530.

[106] Favorito J E, Eick M J, Grossl P R. J Environ Qual, 2018, 47(1): 147-155.

[107] Snyder M M, Um W. Int J Waste Resour, 2014, 4(2): 1-8.

[108] Didehban K, Vessally E, Hosseinian A, et al. RSC Adv, 2018, 8(1): 291-301.

[109] Stroyuk O, Raevskaya A, Gaponik N. Chem Soc Rev, 2018, 47(14): 5354-5422.

[110] Wei Z, Wang L, Zhuo M, et al. J Mater Chem A, 2018, 6(26): 12185-12214.

[111] Chia X, Eng A Y S, Ambrosi A, et al. Chem Rev, 2015, 115(21): 11941-11966.

[112] Chen X, Yang J, Wu T, et al. Nanoscale, 2018, 10(32): 15130-15163.

[113] Kameyama T, Yamauchi H, Yamamoto T, et al. ACS Appl Nano Mater, 2020, 3(4): 3275-3287.

[114] Wang X, Miao Z, Ma Y, et al. Nanoscale, 2017, 9(38): 14512-14519.

[115] (a) Molahossieni E, Molaei M, Karimipour M, et al. J Mater Sci: Mater Electron, 2020, 31: 387-393. (b) Patel J D, Mighri F, Ajji A. Mater Lett, 2014, 131: 366-369. (c) Stroyuk A L, Kryukov A I, Kuchmii S Y, et al. Theor Exp Chem, 2005, 41(2): 67-91.

[116] (a) Shi W, Gao M, Wei J, et al. Adv Sci, 2018, 5(4): 1700602. (b) Sobiech M, Bujak P, Luliński P, et al. Nanoscale, 2019, 11(25): 12030-12074.

[117] (a) Samadi M, Sarikhani N, Zirak M, et al. Nanoscale Horiz, 2018, 3(2): 90-204. (b) Singh J. Optical Properties of Materials and Their Applications[M]. New Jersey: John Wiley & Sons, Ltd., 2020.

[118] (a) Maity S, Bain D, Patra A. Nanoscale, 2019, 11(47): 22685-22723. (b) Kang X, Li Y, Zhu M, et al. Chem Soc Rev, 2020, 49(17): 6443-6514. (c) Liu Z, Wu Z, Yao Q, et al. Nano Today, 2021, 36: 101053.

[119] (a) Cuthbert H L, Wallbank A I, Taylor N J, et al. Z Anorg Allg Chem, 2002, 628(11): 2483-2488. (b) Corrigan J F, Fuhr O, Fenske D. Adv Mater, 2009, 21(18): 1867-1871. (c) Fenske D, Fischer A. Angew Chem Int Ed, 1995, 34(3): 307-309. (d) Eichhöfer A, Olkowska-Oetzel J, Fenske D, et al. Inorg Chem, 2009, 48(18): 8977-8984.

[120] Nagle J K. J Am Chem Soc, 1990, 112(12): 4741-4747.

[121] (a) Cupp-Sutton K A, Ashby M T. Antioxidants, 2016, 5(4): 42. (b) Beld J, Woycechowsky K J, Hilvert D. Biochemistry, 2007, 46(18): 5382-5390. (c) Arnér E S J. Exp Cell Res, 2010, 316(8): 1296-1303. (d) Jocelyn P C. Eur J Biochem, 1967, 2(3): 327-331. (e) Stadtman T C. Annu Rev Biochem, 1996, 65(1): 83-100.

[122] Wessjohann L A, Schneider A, Abbas M, et al. Biol Chem, 2007, 388(10): 997-1006.

[123] Reich H J, Hondal R J. ACS Chem Biol, 2016, 11(4): 821-841.

[124] Nauser T, Steinmann D, Koppenol W H. Amino Acids, 2012, 42(1): 39-44.

[125] Moroder L, Musiol H J. J Pep Sci, 2020, 26: e3232.

第二部分
硒的无机化学

硒属于周期表中第 16 族的一种非金属元素。与氧化合物相比，硒化合物的类型和立体化学是非常丰富的。硒的价电子层构型为 $4s^24p^4$，它可从电负性小的元素获得电子或共用两个电子形成–2 价化合物，与电负性大的元素形成+1、+2、+4 和+6 氧化数的化合物。硒成链和成环的能力远不如硫，但也能形成含有 Se—Se 键的化合物，这导致出现氧化数为–1 或+1 以及分数的情况。由于原子半径大（以及 4d 轨道参与成键），硒能形成高配位数的物质。孤电子对的存在和 d 轨道参与成键使硒化合物有丰富的立体化学。O、S、Se、Te 和 Po 系列中金属性质的增强反映了与硫相比硒的电负性小、氧化物的酸性弱以及氧化数+6 的低稳定性。硒的氧化还原化学中有一个鲜明的特征，就是很难达到最高的氧化数+6，这可能是由于"惰性 s 电子对效应"的缘故。硒化合物一般不如相应的硫化合物稳定。硒形成双键的趋势也比硫要小，在诸如 $SeOCl_2$ 这样的硒化合物中存在强的 Se—O 双键，表明形成显著的(p-d)π 键的能力，这与碲形成了鲜明的对比。硒与电负性大的元素如 N、O、F、Cl 和 Br 形成许多化合物，它们是正离子、卤化物、氧化物、卤代硒酸盐、硒酸盐、氧卤代硒酸盐以及同时含有硒和氮的相关化合物，这些是本部分介绍的内容。硒的地球化学循环、硒与微生物、硒与植物、硒与动物以及硒与人类健康方面的内容在第四部分介绍。

硒在生物环境中具有低浓度的必需营养素和高浓度的有毒物质的双重作用，因而引起人们的关注。硒被广泛应用于工业，从化学试剂、玻璃制造到光电池。由于在半导体中的应用，对其同素异形体的修饰是目前研究的热点之一。含硒的纳米材料也正在成为重要的研究对象。因为它能提供新的合成可能性、具有多样的配位方式以及显示出不寻常的成键模式，硒化合物的化学正在引起人们极大的兴趣。

第三章

单质硒

第一节　硒元素的分布以及同位素

硒在地球表面分布极不均匀，在地壳中的丰度为 0.05～0.09mg/kg，居元素丰度第 70 位，大约为硫的六千分之一[1]。已知硒存在 17 种同位素，其中 6 种是稳定的同位素，它们的相对天然丰度分别为：^{74}Se，0.87%；^{76}Se，9.36%；^{77}Se，7.63%；^{78}Se，23.8%；^{80}Se，49.6%；^{82}Se，8.73%。在人工合成的放射性同位素中，^{86}Se 的半衰期只有 17s，^{72}Se 的半衰期是 8.4d，^{75}Se 具有较长的半衰期（120d），能释放 γ 粒子，适合用于硒同位素示踪科学研究。同位素标记特别是 ^{75}Se 标记的硒化合物在研究微量元素硒的生物作用以及硒化合物的代谢等方面具有重要意义。市售同位素标记的无机硒有单质硒、二氧化硒、亚硒酸钠等。用 NaBH$_4$ 或 KBH$_4$ 还原放射性单质 ^{75}Se 得到 NaH^{75}Se 和 Na$_2$^{75}Se$_2$、KH^{75}Se 和 K$_2$^{75}Se$_2$，它们用于硒亲核试剂与烷基化试剂反应合成放射性有机硒化合物（参阅第十四章）。Na$_2$^{75}Se$_2$ 和 K$_2$^{75}Se$_2$ 也可由钠和钾在液氨中还原单质 ^{75}Se 得到。用氯化亚锡在酸性条件下还原放射性的二氧化硒 ^{75}SeO$_2$ 提供 H$_2$^{75}Se 气体。同位素标记的硒化合物在生物化学和放射医学中的应用主要包括：第一，阐明硒化合物的代谢；第二，分离、鉴定生物组织中含硒蛋白质特别是含硒酶；第三，研究其它含硒成分如硒糖、含硒 DNA 和 RNA 等的生物作用；第四，作为硫原子探针研究含硫组分的结构和性质。

第二节　单质硒的制备

硒主要是从电解铜的阳极泥中提取。硫酸厂的残泥和烟尘、铜矿和铅锌矿的焙烧烟尘、铋矿的碱性渣、黄铁矿焙烧残渣、铅电解阳极泥以及某些金矿石也是提取硒的原料。硒的提取和分离依据其与碲的二氧化物的挥发性和溶解性的差异，再考虑其它有用元素的综合利用，因此原料成分的多样性就决定了具体工艺的多样性。

一、硒的提取

电解铜阳极泥是由阳极粗铜中所含金、银、硒、碲和 CuS、Cu$_2$Se、Ag$_2$Se、Ag$_2$Te、SiO$_2$ 等不溶性杂质以及剥落的铜末在电解过程中飘落在槽底形成的银黑色粉末。其成分随粗铜的

成分而异。除提取硒、碲外，更主要是提取金、银和铜。提取的方法有硫酸化焙烧法、苏打烧结法和氧化焙烧法等，其中硫酸化焙烧法应用最为普遍。铅电解阳极泥、硫酸厂的烟尘和残泥等都可采用相似的方法处理[1]。

1. 硫酸化焙烧法

将阳极泥混合浓硫酸，在 170～300℃焙烧数小时，使其中的硒、碲转变为二氧化物，铜、银则转化为硫酸盐。升温使二氧化硒挥发，并在吸收塔中水合成为亚硒酸。由于烟气中含有大量的二氧化硫，亚硒酸被还原为无定形的红硒析出，加热红硒可转变为三方灰硒（t-Se），得到工业粗硒，收率大于 95%，纯度高于 99%。

$$Se + 2H_2SO_4 \longrightarrow SeO_2 + 2SO_2 + 2H_2O$$
$$Cu_2Se + 6H_2SO_4 \longrightarrow SeO_2 + 2CuSO_4 + 4SO_2 + 6H_2O$$
$$Ag_2Se + 4H_2SO_4 \longrightarrow SeO_2 + Ag_2SO_4 + 3SO_2 + 4H_2O$$

汞焙烧产生的烟灰（汞臬）中含硒达 5%～8%。为了回收硒，可将汞臬用过量的硫酸和过量的氧化剂（软锰矿）混合，加热搅拌，硒被氧化进入溶液，得到亚硒酸，向亚硒酸的溶液中通入二氧化硫 SO_2，析出红硒。

$$H_2SeO_3 + 2SO_2 + H_2O \longrightarrow Se + 2H_2SO_4$$

2. 从金矿石中提取硒

在氰化物浸提金的过程中，硒以硒氰酸根进入溶液，滤液用硫酸酸化析出硒，反应产生的剧毒 HCN 用碱液吸收后可再用于浸提。

$$2NaSeCN + H_2SO_4 \longrightarrow 2Se + Na_2SO_4 + 2HCN$$

考虑到剧毒的氰化氢 HCN 以及硒沉淀物对金、银生产的干扰，常在氰化法提取金之前，先用漂白粉处理金矿粉，使硒氧化成亚硒酸进入溶液，过滤，向酸化的滤液通入 SO_2，析出红硒。

二、硒的纯化

硒的提纯涉及与碲的分离以及与痕量硫和其它元素的分离，目前主要方法有化学法、（减压）蒸馏升华法和硒化氢热分解法，也使用过离子交换法和溶剂萃取法。为了提取超纯硒，常常需要联合使用多种提纯方法。

1. 化学法

将粗硒溶于 HNO_3 中，然后除去硝酸，制成浓的盐酸溶液，通入 SO_2 将亚硒酸还原成单质硒（Te 以 $TeCl_6^{2-}$ 形态存在于溶液）。在亚硒酸的溶液中，加入硫酸铝和硫化铵溶液，在搅拌下使硒中的杂质与氢氧化铝共沉淀析出。向滤出的清液中通入 SO_2 将亚硒酸还原成单质硒，得到不含碲、砷、汞、铅、铁、钛等杂质的纯硒。

2. （减压）蒸馏升华法

由于单质硒和二氧化硒具有挥发性，因此工业上采用蒸馏法和升华法大规模提纯硒。

硒中的杂质除硫、砷和汞外，沸点都高于硒（217℃）。将粗硒在常压下蒸馏然后冷凝，反复操作，可获得纯度为 99.99%（4N）的硒。反复进行减压蒸馏，可提高提纯的收率和效率。将粗硒在氧气流中燃烧生成二氧化硒，然后进行升华（除去碲），升华过的二氧化硒用氨气还原，得到纯度为 99.992% 的精硒。

$$3SeO_2 + 4NH_3 \longrightarrow 3Se + 2N_2 + 6H_2O$$

3. 硒化氢热分解法

在加热的石英反应瓶（650℃）中通入氢气使硒转变为硒化氢，将气体通过净化瓶以除去砷、碲和锑的氢化物，再通过一个低温捕集器（−20℃），收集（可能有的）水气和汞蒸气，最后将气体导入高温石英管（1000℃），硒化氢大部分分解为单质，未分解的硒化氢可再导入反应瓶进行循环或用硫酸铜溶液吸收使其转变为 CuSe。硒化氢热分解法可制得纯度为 99.9997% 的极纯硒。

4. 离子交换法

用离子交换法提纯，可制得符合半导体工业要求的高纯硒。将含硝酸的亚硒酸溶液通过酸性阳离子交换树脂，再通过阴离子交换树脂，用氢氧化钠溶液洗脱，洗出液酸化后，用二氧化硫 SO_2 将亚硒酸还原，得到纯度高于 99.999% 的高纯硒。

三、纳米硒的制备

硒是一种重要的半导体材料，也用作制备硒化物的原料。制备硒纳米粒子（Se-NP）的一般方法是：硒源如亚硒酸（H_2SeO_3）或亚硒酸钠（Na_2SeO_3）在还原剂如水合肼（$N_2H_4 \cdot H_2O$）、硫代硫酸钠（$Na_2S_2O_3$）或抗坏血酸（$C_6H_8O_6$）等作用下在水相溶液中还原成单质硒。利用硒代硫酸钠（Na_2SeSO_3）在酸性及中性环境下的不稳定性，会进行分解反应也可制备单质硒，通过改变反应溶液的 pH 值控制单质硒生成的速率，从而可以控制纳米硒的大小（图 3.1）。

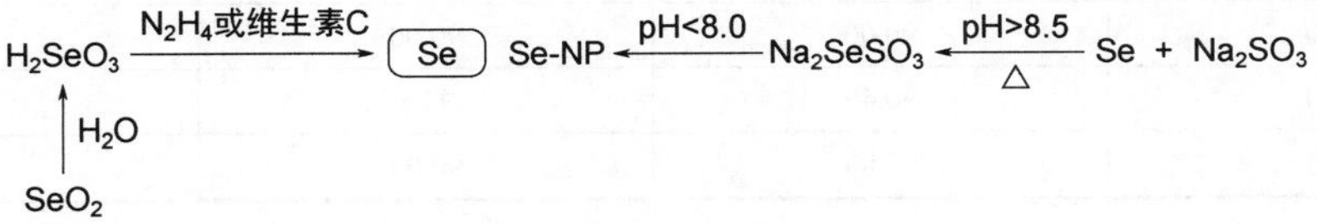

图 3.1 纳米硒的化学合成

采用半胱氨酸既作还原剂又作软模板还原亚硒酸，可得到均匀的单分散的纳米硒球[2]。硫醇还原亚硒酸的反应式如下，不稳定的中间体 RSSeSR 分解产生单质硒，反应物的理论计量比应为 4:1。

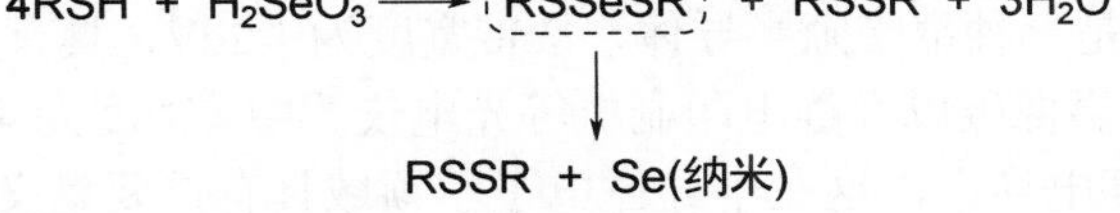

$$4RSH + H_2SeO_3 \longrightarrow [RSSeSR] + RSSR + 3H_2O$$
$$\downarrow$$
$$RSSR + Se(纳米)$$

纳米硒具有抗菌、抗癌等生物活性，是一种新的潜在药物。为降低细胞毒性，需发展纳米硒的绿色生物合成方法[3]。利用植物［如小麦、黄芪、芦荟（*Aloe vera*）、睡茄（*Withiania somnifera*）、山柿（*Diospyros Montana*）和葫芦巴（*Trigonella foenum-graecum*）等］提取物和微生物合成纳米粒子（NP）是近期纳米药物研究的重要课题之一。植物提取物除作为还原剂将高氧化态元素还原成单质纳米粒子外，同时也起纳米粒子稳定剂的作用。利用细菌（bacteria）、真菌（fungi）、原生动物（protozoa）等微生物合成纳米粒子，它们可能在细胞内或细胞外产生，但主要在细胞外。已研究参与合成硒纳米粒子的有益菌有乳酸菌、农杆菌（*Agrobacterium* sp.）、放线菌（*Actinomycetes*）、固氮弧菌（*Azoarcus* sp.）、平菇（*Pleurotus ostreatus*）、香菇（*Lentinus edodes*）和灵芝（*Ganoderma lucidum*）等。微生物的利用有助于大规模生产纳米粒子。硒呼吸菌如韦荣球菌（*Veillonella atypica*）、硒化杆菌（*Bacillus selenitireduces*）等微生物能还原硒酸根和亚硒酸根形成无定形的红色纳米粒子胶体。这为硒污染的生物修复以及废水处理提供了新希望[4]。

第三节　单质硒的物理性质

硒有五种同素异形体，它们是三方灰硒（t-Se）、两种（α 和 β）单斜硒（m-Se）、无定形红硒和玻璃状黑硒（表 3.1）[2]。

硒成环和成链的倾向不如硫显著，但也形成 Se_8 环以及长链分子。温度升高，硒-硒键断裂。硒在熔融态下，温度升高，黏度降低。在气态 550℃下，存在环状 Se_8 分子，若温度在 900℃，Se_8 离解为 Se_2 和 Se_6。

表 3.1　硒的同素异形体的晶体结构参数

项目	α-硒	β-硒	三方灰硒
空间群	$P2_1/n$	$P2_1/a$	$P3_121$
a/pm	905.4	1285	436.62
b/pm	908.3	807	
c/pm	1160.1	931	495.36
α/(°)	90.00	90.00	
β/(°)	90.49	93.8	
γ/(°)	90.00	90.00	

一、三方灰硒

缓慢冷却无定形硒热苯胺饱和溶液或熔融的硒以及在接近熔点的温度下凝结硒蒸气都可以得到灰硒。三方灰硒晶体由沿 c 轴方向的螺旋状长链分子堆积而成，每一螺旋周期为三个原子，分子中 Se—Se 键长为 2.374Å，Se—Se—Se 键角为 103.1°，Se—Se—Se—Se 扭转角为 100.7°。三方灰硒晶体是一种窄带隙半导体，禁带宽度为 1.2eV，具有光导电性，应用于制造光电管、整流器、电视摄像机以及静电印刷机等光电仪器中，密度为 $4.82g/cm^3$，不溶于 CS_2。掺杂的硒会极大地提高电导率，这在半导体电子学领域具有重要意义。

二、单斜硒

在室温缓慢或迅速蒸发玻璃状硒的 CS_2 或苯溶液，分别得到 α 和 β 型单斜硒。两种单斜硒都是由 Se_8 分子组成，密度为 $4.46g/cm^3$，易溶于 CS_2，得到深红色溶液并迅速转变为三方硒，在 130℃时的转型能为 0.753kJ/mol。在 Se_8 分子中，Se—Se 键长为 2.336Å，Se—Se—Se 键角为 105.7°，Se—Se—Se—Se 扭转角为 101.3°。

三、无定形红硒

用 SO_2 还原亚硒酸水溶液或酸化硒氰酸钾的水溶液都得到无定形红硒。无定形硒为非导体，其结构与三方硒类似，由长短不规则的螺旋链组成，微溶于 CS_2，密度为 4.26g/cm³，加热转变为三方硒，转型能为 6.63kJ/mol。红硒与 C_{60} 的暗紫色二硫化碳溶液室温下缓慢挥发获得一种黑色晶体——三元共晶物，CS_2-Se_8-C_{60}（$P2_1/c$ 空间群），硒和二硫化碳填充于 C_{60} 密堆积的八面体空隙，Se—Se 键长在 2.316～2.333Å 范围内[5]。

四、玻璃状黑硒

玻璃状黑硒由熔融硒急冷得到，密度为 4.28g/cm³，溶于 CS_2，无确定熔点，在 180～190℃ 迅速转变为三方硒，在 125℃时的转型能为 4.38kJ/mol。

第四节　单质硒的化学性质

单质硒的化学性质比较活泼：在室温下于空气中缓慢氧化生成二氧化硒；在高温下，硒燃烧发出蓝色火焰；在加热下，可被水氧化。发烟硝酸或王水可使硒氧化为亚硒酸。硒与单质硫在加热条件下形成导电性的 $Se_{8-n}S_n$；与卤素在低于室温或加热下产生各种卤化物。

在加热下，硒与大多数金属和非金属单质反应生成各种二元化合物。硒与熔融的 KCN 或其水溶液反应产生 KSeCN。硒溶于浓碱生成硒化物和亚硒酸盐的混合物，当酸化时可再析出单质硒。硒能溶于发烟硫酸、氟磺酸和液态 SO_3 中形成环状多硒正离子 Se_4^{2+} 和 Se_8^{2+} 的有色化合物。

一、单质硒与非金属单质的反应

硒能与非金属单质如氧气、氟气以及氢气等反应分别生成二氧化硒、六氟化硒以及硒化氢。硒化氢也可热分解成单质硒和氢气，在工业上此反应用于单质硒的提纯。

$$Se + O_2 \longrightarrow SeO_2$$
$$Se + 3F_2 \longrightarrow SeF_6$$
$$Se + H_2 \underset{}{\overset{\triangle}{\rightleftharpoons}} H_2Se$$

二、单质硒与金属单质的反应

硒粉与金属单质反应是合成金属硒化物的重要方法。硒粉与碱金属 M 在液氨中反应依计量比不同可得到多硒化合物 M_2Se_n（$n=1\sim5$）[6]，例如钾和硒粉以计量比 2∶3 在液氨中于-78℃下反应 2h，升温挥发除氨后得到 K_2Se_3。硒与铝粉在 600～650℃加热反应生成硒化铝。硒化铝酸性水解是制备高纯硒化氢的重要方法。

$$2K + 3Se \xrightarrow[-78\ ℃]{liq.NH_3} K_2Se_3$$

$$2Al + 3Se \xrightarrow{600\sim650\ ℃} Al_2Se_3$$

三、单质硒与无机化合物的反应

1. 与 KCN 反应

等物质的量的 KCN 与硒粉在乙醇中回流 5h 直至硒粉消失，蒸除乙醇得到 KSeCN 无色固体[7]。

$$KCN + Se \longrightarrow KSeCN$$

2. 与亚硫酸盐反应

硒在亚硫酸盐的水溶液中回流得到硒代硫酸盐，酸化后形成极不稳定的硒代硫酸，后者分解析出单质硒[8]。这一反应已被用于纳米硒的制备。硒代硫酸盐与锌盐、镉盐反应生成 ZnSe 和 CdSe[9]。硒代硫酸根作为硒中心的亲核试剂在有机合成中，与烷基化试剂反应，可以用于合成硒醚。

$$Se + M_2SO_3 \xrightarrow{\triangle} M_2SeSO_3 \xrightarrow{H_3O^+} \boxed{H_2SeSO_3} \longrightarrow Se + SO_2 + H_2O$$

$$M^{2+} + SeSO_3^{2-} + H_2O \longrightarrow MSe + H_2SO_4$$
$$(M = Cd, Zn)$$

3. 与 CO 反应

硒与 CO 在碱存在下生成 SeCO，遭亲核试剂 NuH 进攻，生成中间体 $NuCOSe^-$，后者进一步反应提供 NuCONu 并再生单质硒。硒与 CO 和水在碱（三乙胺）存在下生成硒化氢的铵盐，这个反应已被用于制备硒醚、二硒醚、硒羰基化合物和羰基化合物（尿素衍生物如 1,3-硒唑啉-2-酮、2-苯并咪唑酮等），用于还原硝基化合物以及碳-碳双键[10-13]。

$$Se + CO + H_2O \xrightarrow{Et_3N} H_2Se + CO_2$$

4. 与碱反应

硒在强碱存在下发生歧化反应，用于合成金属硒化物和亚硒酸盐。

$$3Se + 6NaOH \longrightarrow 2Na_2Se + Na_2SeO_3 + 3H_2O$$

5. 与肼反应

硒与肼反应得到过硒化氢 H_2Se_2 以及二亚氨 HN=NH，二亚氨可进一步还原单质硒，最终以 N$_2$ 形式释放。在氢氧化钠存在下，用水合肼有效地产生 Na$_2$Se$_2$，与烷基化试剂 R—L 如卤代烷、烷基磺酸酯等反应高产率提供二烷基二硒醚[14]。这个方法可以用 KOH 代替 NaOH，溶剂可以是醇以及非质子溶剂如 DMF、DMSO、HMPA 等，还可以采用相转移催化（PTC）更方便地执行。如果在 DMF 中回流进行，Na$_2$Se$_2$ 能取代 2-溴吡啶的溴以 72% 的产率得到二（2-吡啶基）二硒醚[15]。

$$4Se + N_2H_4 \longrightarrow 2H_2Se_2 + N_2$$
$$4Se + 4NaOH + N_2H_4 \longrightarrow 2Na_2Se_2 + N_2 + 4H_2O$$

四、单质硒与有机化合物的反应

1. 与卤代芳烃反应

苯并硒吩衍生物有希望用于发光二极管、有机导体和场效应管，为此正致力于发展它们的合成方法学。单质硒是合成杂环化合物的一种理想硒源。在加热的 DMF 中，单质硒与溴代芳烃{2-(2-bromophenyl)imidazo[1,2-a]pyridine}在 CuI 存在下反应以满意的产率生成苯并硒吩衍生物（图 3.2）[16]。ESR 和 TEMPO 自由基捕获实验证实这一反应是自由基反应机理：空气氧化一价铜形成二价铜，它氧化杂环反应物产生自由基正离子，该正离子脱除质子形成碳自由基，硒与碳自由基偶联得到硒自由基，它内部进攻苯环，随后脱除溴原子转变为目标产物。

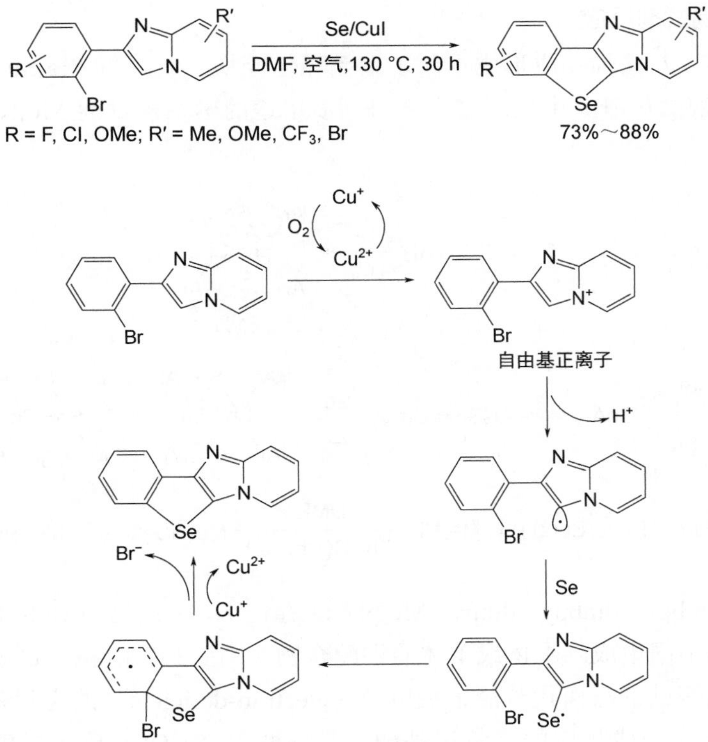

R = F, Cl, OMe; R′ = Me, OMe, CF$_3$, Br　　73%～88%

图 3.2　单质硒与卤代芳烃的反应

2. 与吲哚衍生物反应

在加热的 NMP 中，硒粉与 2-芳基取代的吲哚和芳基乙酮的三组分反应提供苯并硒吩衍生物[17]。

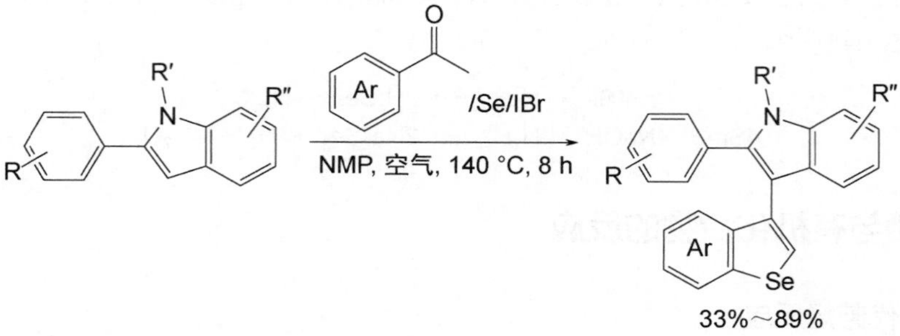

33%～89%

3. 与异腈反应

在 1h 内向搅拌回流的甲酰胺与三乙胺的二氯甲烷溶液中滴加三光气的二氯甲烷溶液，制得异腈，再加入硒粉搅拌回流 10h，过滤，滤液蒸除溶剂，用石油醚过柱分离得异硒氰酸酯，产率高于 83%[18]。

$$HCONHAr \xrightarrow[Et_3N]{Cl_3COCOOCCl_3} ArNC \xrightarrow[\triangle]{Se} ArNCSe$$

4. 与硅、锡试剂反应

硒可与硅烯以及锡烯加成形成重原子三元环化合物。红硒与 Me_3SiCF_3 以及 Me_4NF 在 DME（乙二醇二甲醚）中反应高产率得到多用途的硒亲核试剂 Me_4NSeCF_3（参阅第八章）[19]。

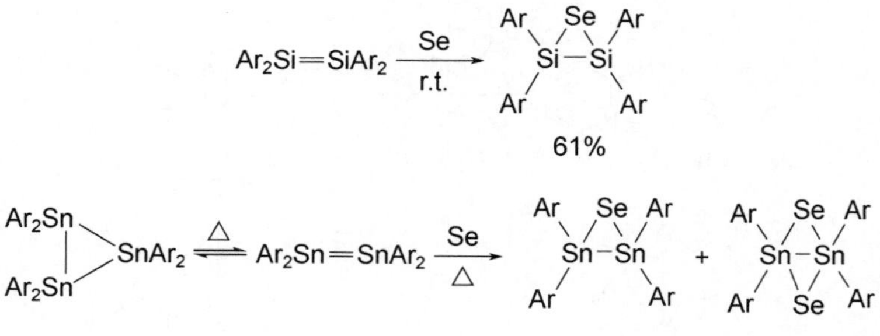

61%

$$Me_3SiCF_3 + Se(红) + Me_4NF \xrightarrow[-78\ ^\circ C(1\ h)\to r.t.]{DME} Me_4NSeCF_3 + Me_3SiF$$

在双氮配体（bpy、dmbpy、dtbpy、Me_2phen）存在下，单质硒与 CuI、KF 和 Me_3SiCF_3 反应，依据配体不同生成二聚体或单体的铜配合物（图 3.3）。$[(bpy)CuSeCF_3]_2$ 可以作为亲核的三氟甲硒基试剂与卤代芳烃、缺电子（electron-deficient）的卤代杂芳烃、卤代烯烃、卤代烷等反应合成相应的三氟甲基硒醚，与酰氯 RCOCl 反应提供相应的硒醇酯 $RCOSeCF_3$[20]。

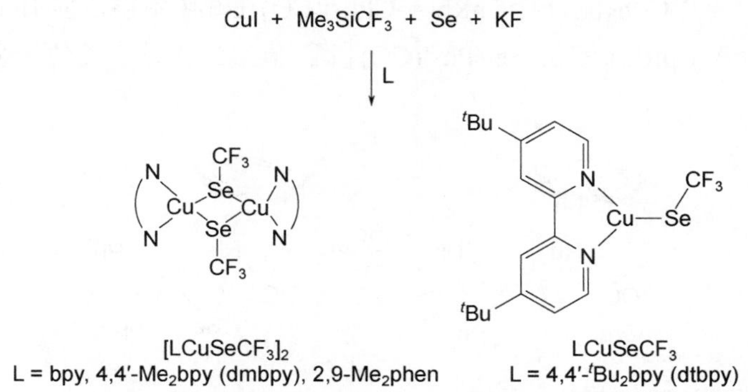

CuI + Me₃SiCF₃ + Se + KF

图 3.3　单质硒与 CuI、KF 和 Me₃SiCF₃ 的反应

5. 与膦反应

单质硒与膦在溶剂二氯甲烷、氯仿、苯、甲苯中搅拌回流高产率得到硒化产物。长链三烷基膦的硒化物或长链三烷基亚磷酸酯的硒化物控制热分解可制备纳米硒材料[21,22]。光控氧化分解也有望用于纳米硒材料的研究中。

$$\text{Se} + \text{PR}_3 \xrightarrow{\triangle} \text{SePR}_3$$

$$2\text{Ar}_3\text{PSe} + {}^1\text{O}_2 \xrightarrow{h\nu} 2\text{Ar}_3\text{PO} + 2\text{Se}$$

6. 与金属的碳配合物反应

类似于异腈，单质硒与碳配合物在室温（r.t.）的苯中反应，以 96% 的产率提供具有一硒化碳（硒羰基）的化合物[23]。

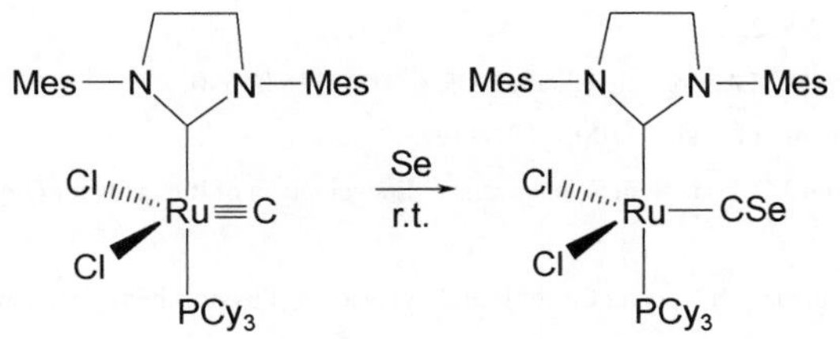

7. 与金属的卡宾配合物反应

单质硒与锇的卡宾 CH₂ 配合物反应生成甲硒醛的配合物。钨的卡宾 CHPh 配合物 (OC)₅W＝CHPh 与硒氰酸铵在 −90～−75℃ 反应，得到深蓝色的硒醛配合物 (OC)₅W(Se＝CHPh)，其中硒配位于金属原子钨 [C-Se，1.864(13)Å；W-CSe，2.409(14)Å；W-Se，2.635(2)Å]，产率 60%。

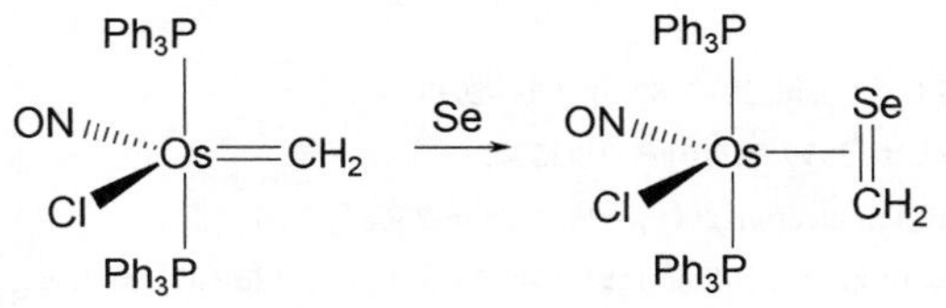

　　单质硒与铑的卡宾CPh$_2$配合物CpRh(=CPh$_2$)(CO)在苯中室温反应1h以82%的产率得到橙黄色的硒酮配合物CpRh(κ^2C,Se-SeCPh$_2$)(CO)［硒、碳以二齿螯合配位于金属原子铑，C-Se，1.908(5)Å］。

8. 与有机金属化合物的插入反应

　　硒与格氏试剂、有机锂试剂 RM 反应生成 RSeM；与三甲基铝反应生成 Me$_2$AlSeMe。此外，硒可与硫醇盐 RSM 和硒醇盐 RSeM 反应分别生成 RSSeM 和 RSeSeM，它们与卤代烷 R$'$X 反应提供 RSSeR$'$和 RSeSeR$'$[24]。

$$\text{Me}_3\text{Al} + \text{Se} \xrightarrow[\substack{\triangle \\ 2\,h}]{\text{PhCH}_3} \text{Me}_2\text{AlSeMe}$$

参考文献

[1] (a) 彭安，王子健，Whanger P D，等. 硒的环境生物无机化学[M]. 北京: 中国环境科学出版社, 1995; (b) Fernández-Martínez A, Charlet L. Rev Environ Sci BioTechnol, 2009, 8(1): 81-110. (c) 姚凤仪，郭德威，桂明德. 氧硫硒分族[M]. 北京: 科学出版社, 2018.

[2] Greenwood N N, Earnshaw A. Chemistry of the Elements[M]. Oxford: Reed Educational and Professional Publishing Ltd., 2001.

[3] Zhou Y, Linden A, Heimgartner H. Helv Chim Acta, 2000, 83(7): 1576-1598.

[4] (a) Nancharaiah Y V, Lens P N L. Microbiol Mol Biol Rev, 2015, 79(1): 61-80. (b) Khurana A, Tekula S, Saifi M A, et al. Biomed Pharmacotherapy, 2019, 111: 802-812.

[5] Panthöfer M, Shopova D, Jansen M. Z Anorg Allg Chem, 2005, 631(8): 1387-1390.

[6] O'Neal S C, Kolis J W. J Am Chem Soc, 1988, 110(6): 1971-1973.

[7] Guram A S, Krafft G A, Guillemin J C. Potassium Selenocyanate. Encyclopedia of Reagents for Organic Synthesis[M]. New Jersey: John Wiley & Sons, Ltd., 2011.

[8] Stroyuk A L, Raevskaya A E, Kuchmiy S Y, et al. Colloids and Surfaces A: Physicochem Eng Aspects, 2008, 320(1-3): 169-174.

[9] Raevskaya A E, Stroyuk A L, Kuchmiy S Y, et al. Colloids and Surfaces A: Physicochem Eng. Aspects, 2006, 290(1-3): 304-309.

[10] Kihlberg T, Karimi F, Långström B. J Org Chem, 2002, 67(11): 3687-3692.

[11] Zhao X, Yu Z, Zeng F, et al. Adv Synth Catal, 2005, 347(6): 877-882.

[12] Tian F, Chen Y, Li P, et al. Heteroatom Chem, 2013, 24(6): 524-528.

[13] Qi X, Zhou R, Peng J B, et al. Eur J Org Chem, 2019, 2019(31-32): 5161-5164.

[14] Potapov V A. Organic Diselenides, Ditellurides, Polyselenides and Polytellurides. Synthesis and Reactions. PATAI's Chemistry of Functional Groups[M]. New Jersey: John Wiley & Sons, Ltd., 2013.

[15] Toshimitsu A, Esteban J, Vilarrasa J. 2,2′-Dipyridyl Diselenide. Encyclopedia of Reagents for Organic Synthesis[M]. New Jersey: John Wiley & Sons, Ltd., 2007.

[16] Sun P, Jiang M, Wei W, et al. J Org Chem, 2017, 82(6): 2906-2913.

[17] Ni P, Tan J, Zhao W, et al. Org Lett, 2019, 21(10): 3518-3522.

[18] López Ó, Maza S, Ulgar V, et al. Tetrahedron, 2009, 65(12): 2556-2566.

[19] (a) Tyrra W, Naumann D, Yagupolskii Y L. J Fluorine Chem, 2003, 123(2): 183-187. (b) Zhang M, Lu J, Weng Z. Org Biomol Chem, 2018, 16(24): 4558-4562.

[20] Chen C, Ouyang L, Lin Q, et al. Chem Eur J, 2013, 20(3): 657-661.

[21] Turner E A, Huang Y, Corrigan J F. Eur J Inorg Chem, 2005, 2005(22): 4465-4478.

[22] Shi W, Gao M, Wei J, et al. Adv Sci, 2018, 5(4): 1700602.

[23] Mutoh Y. Coordination Chemistry of Organoselenium and Organotellurium Compounds. PATAI's Chemistry of Functional Groups[M]. New Jersey: John Wiley & Sons, Ltd., 2014.

[24] Ahrika A, Robert J, Anouti M, et al. New J Chem, 2002, 26(10): 1433-1439.

硒的二元化合物

第一节　硒化氢

一、硒化氢的制备

硒化氢作为生产半导体材料的原材料和还原气主要用于生产半导体器件时形成 P-N 结、保护层和隔离层，是国防尖端、航天航空急需的高纯气体。随着我国半导体工业的快速发展，对硒化氢气体的研制引起了人们极大的兴趣。目前，据国内外文献资料报道，硒化氢制备的方法主要有两种：其一是通过高纯氢和硒在 250~570℃时直接化合而得，在 570℃时硒化氢的产率最高；其二是通过金属硒化物与水发生分解反应来制备[1]。

实验室制备硒化氢的方法是利用硒化铝、硒化镁、硒化锌等在水中或非氧化性的稀酸中水解，产率 80%~90%（图 4.1）。还可以用硒粉与氢氧化镁 220~250℃加热反应制备。工业制备硒化氢的方法是利用硒和氢在加热条件下直接化合，产率 60%。

$$Al_2Se_3 + 6H_2O \longrightarrow 3H_2Se + 2Al(OH)_3$$

图 4.1　硒化氢的制备

H_2Se 的毒性强于 H_2S，因此制备操作只可在排气良好的通风橱中进行，实验装置必须特别注意其气密性，为安全起见，应将导出管直接通到通风橱的排气管道中。发生器是一个干燥的 500mL 的磨口烧瓶，上面装有滴液漏斗以及气体的导入和导出管。导出管与干燥装置和冷凝装置连接，它们是：一个装着 $CaCl_2$ 的 U 形管、一个装着 P_2O_5 和玻璃棉的 U 形管和两个冷却到-78℃的气体冷阱。将 Al_2Se_3 装在烧瓶中，用不含氧的、干燥的氮气流过装置，将空气排净。然后一面缓慢地继续通氮气流，一面将除氧的蒸馏水或稀盐酸由滴液漏斗慢慢滴入烧瓶中。调节滴加速度，使反应平稳进行，烧瓶微微温热即为适当，产物在冷阱中凝聚，H_2Se 的收率约 90%。

二、硒化氢的物理性质

硒化氢是无色有恶臭的剧毒气体，具有可燃性，允许极限含量为 0.05μmol/mol（或 0.2mg/m³）。硒化氢对上呼吸道和眼结膜有强烈的刺激作用，使人头晕、恶心，有溶血作用等危害。急性吸入较高浓度时，可发生化学性肺炎和中毒性肺水肿。硒化氢分子的形状为 V 形，键角为 91°（表 4.1）。硒化氢的红外光谱：不对称伸缩振动频率 ν_{as} 2357.8cm^{-1}；对称伸缩振动频率 ν_s 2344.5cm^{-1}；弯曲振动频率 ν_δ 1034.2cm^{-1}。

表 4.1 H_2Se 的性质

项目	数值	项目	数值
熔点/℃	−65.7	键角/(°)	91
熔化焓$\Delta_{fus}H°$/(kJ/mol)	2.515	电离常数（pK_{a_1}，pK_{a_2}）	3.89，15.1
沸点/℃	−41.3	标准电极电势/V	−0.36
气化焓$\Delta_{vap}H°$/(kJ/mol)	19.33	电离能/eV	9.89
临界温度/℃	128	质子亲和能/(kJ/mol)	707.8
液体密度/(g/cm³)	2.2（−60℃）	离解能/(kJ/mol)	305.4
键长/pm	146	生成焓$\Delta_fH°$/(kJ/mol)	85.78

三、硒化氢的化学性质

硒化氢易溶于水，水溶液呈酸性，具有两级电离常数（表 4.1），其酸性强于硫化氢（H_2Se：pK_{a_1}，3.89；H_2S：pK_{a_1}，7.05）[2]。在生理 pH 值条件下，硒化氢以 HSe$^-$ 存在而硫化氢以 H_2S 分子存在。硒化氢是二元酸，因此与硫化氢一样能形成两种金属盐：酸式盐如 NaHSe 和正盐如 Na_2Se。它们是重要的硒亲核试剂，可用于硒金属配合物和有机硒化合物的合成，例如 NaHSe 与(dppe)NiCl$_2$ 在乙醇-苯溶液中反应形成红棕色的配合物(dppe)Ni(SeH)$_2$，Na_2Se 与 R$_2$SiCl$_2$ 反应产生聚合物(R$_2$SiSe)$_n$（n=3、4）。硒化氢的热稳定性比硫化氢差，在 160℃时就分解成元素硒和氢（图 4.2）。硒化氢具有还原性，在空气中燃烧发出蓝色火焰，生成二氧化硒和水（图 4.3）。

$$H_2Se \xrightarrow{\triangle} Se + H_2$$

图 4.2 硒化氢的热分解

$$2H_2Se + 3O_2 \xrightarrow{\triangle} 2SeO_2 + 2H_2O$$

图 4.3 硒化氢的燃烧反应

由于水能催化其氧化，因此硒化氢的水溶液不稳定，易氧化析出红硒（图 4.4）。

在硒化氢的水溶液中，硫单质能置换出单质硒（图 4.5）。将硒化氢通入 SO$_2$ 的水溶液生成硒和硫的沉淀（图 4.6）。

$$2H_2Se + O_2 \longrightarrow 2Se + 2H_2O$$

图 4.4 硒化氢水溶液的氧置换反应

$$H_2Se + S \longrightarrow Se + H_2S$$

图 4.5 硒化氢水溶液的硫置换反应

$$H_2Se + 5SO_2 + 2H_2O \longrightarrow Se + 2S + 3H_2SO_4$$

图 4.6 硒化氢与 SO$_2$ 的水溶液反应

硒化氢能与金属单质反应，也能与金属配位继而进行氧化加成。例如硒化氢与铀、钍反应生成配合物 H$_2$AnSe（An=U、Th），其中硒-金属键为三重键（图 4.7）[3]。硒化氢与(Ph$_3$P)$_2$Pt 进行配位反应，随后得到氧化加成产物。硒化氢与 Pd$_2$Cl$_2$(μ-dppm)反应放出氢气[4]，形成配合物 Pd$_2$Cl$_2$(μ-dppm)(μ-Se)（dppm=Ph$_2$PCH$_2$PPh$_2$）。

硒化氢具有亲核性，与甲醛、胺溶液反应生成二（烃基氨基甲基）硒醚（图 4.8）。

$$An + H_2Se \xrightarrow{Ar} H_2AnSe$$
$$An = U, Th$$

$$H_2Se + 2RNH_2 + 2HCHO \longrightarrow (RNHCH_2)_2Se + 2H_2O$$

图 4.7 硒化氢与铀、钍的氧化加成反应　　　　图 4.8 硒化氢进行的亲核缩合反应

由于硒化氢是具有强烈难闻气味的气体并且有剧毒，使用十分不便，因此在合成中常常应用其等价物如 Se(SiMe₃)₂ [bis(trimethylsilyl)selenide，HMDSS]。Se—Si 键可通过 F⁻ 亲核进攻三甲硅基以 FSiMe₃ 形式除去。在低温下以 THF 为溶剂与三元环化合物发生开环反应，然后用柠檬酸酸化高产率制备硒醇（图 4.9）[5]。

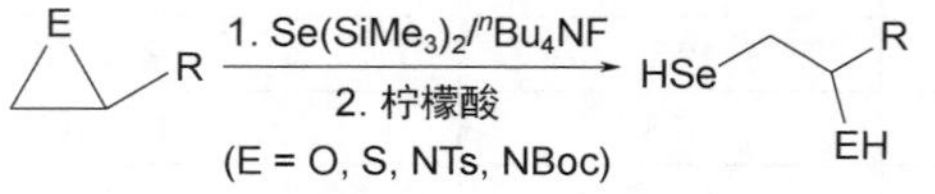

图 4.9 硒化氢合成等价物的开环反应

第二节　金属硒化物

金属硒化物常用作硒试剂特别是用作亲核硒试剂，在合成化学上有广泛用途。由于特殊的光、电性质，过渡金属硒化物在材料上也有重要应用。Ag_2Se 存在两种晶相，低温相（α-Ag_2Se）和高温相（β-Ag_2Se）。低温相 α-Ag_2Se 作为窄带系 n 型半导体，已经广泛在胶卷和热材料中作为光感器使用。高温相 β-Ag_2Se 是一种超离子导体，作为固体电解质能应用到光电池中。有趣的是，作为一种可组装化合物，硒化铜存在一系列理想配比的化合物（如 $CuSe$、Cu_3Se_2、Cu_2Se、$CuSe_2$、Cu_5Se_4 和 Cu_7Se_4 等）和非计量的化合物（$Cu_{2-x}Se$），并且能够构成多种晶型如单斜晶型（monoclinic）、立方晶型（cubic）和四方晶型（tetragonal）等。β-Cu_2Se 和 β-$Cu_{1.75}Se$ 都有高的离子导电性，例如在室温下 β-$Cu_{1.75}Se$ 的离子导电系数为 $3 \times 10^{-2} \Omega^{-1} \cdot cm^{-1}$，因此硒化铜因其组成多样性而广泛应用于太阳能电池、滤光片、超离子导体和热电转换器等领域。$CdSe$ 是 Ⅱ-Ⅵ 族元素之间形成的性能优良的半导体材料。实验发现 $CdSe$ 纳米粉末随着粒子尺寸的减小，发光带的波长由 609nm 移向 480nm。通过控制发光管中 $CdSe$ 纳米粒子的尺寸，制得了可在红、绿、蓝光之间变化的可调发光管。受到石墨烯纳米片的启发，人们开始逐渐关注一类与石墨烯结构类似的具有典型二维层状结构特征的化合物，例如层状过渡金属硫属化合物 LTMD 如 MoS_2、$MoSe_2$、WS_2 和 WSe_2 等。层状过渡金属硫属化合物由于其能带结构可调和丰富的电子特性使其在晶体管、光电探测器、电致发光器件和电催化等领域有创新性应用。二硒化钼 $MoSe_2$ 是一种典型的层状过渡金属硫属化合物半导体材料，它主要是由六配位的钼原子夹在上下两层硒原子之间，形成 Se-Mo-Se 三原子层，这种三原子层再通过弱范德华作用力相互堆积，形成层状晶体。二硒化钼超薄纳米片有多种物理和化学制备方法，其中包括机械剥离、化学气相沉积（CVD）、液相剥离、固态反应和水热溶剂热法等。目前，二硒化钼已经在很多领域都有广泛应用，例如光致发光、场效应晶体管、染料敏化太阳能电池、锂离子电池（LIB）和电催化产氢反应催化剂等[6]。

一、金属硒化物的制备

硒与绝大多数金属（包括准金属如硅）能形成正常价的计量二元化合物，也能形成非计

量化合物。在惰性气体保护下，由硒与金属单质按计量比进行（加热）反应制备金属硒化物。碱金属与硒在液氨中反应，改变计量比可以制备多硒化合物。由硒醇盐 $M(SeR)_n$ 或二硒代氨基甲酸盐 $M(Se_2CNRR')_n$ 的热分解可以制备金属硒化物。

硝酸银或氟化银与硒化铜 CuSe 在水溶液中反应得到 Ag_2Se，它也可由硝酸银或氯化银与硒水热反应合成。金属盐与硒化氢或碱金属硒化物或硒化铵在水溶液中经沉淀反应可制备金属硒化物（表 4.2）[1b]：例如硫酸锌或氯化锌与硒化氢反应得到硒化锌，氯化汞与硒氢酸反应提供硒化汞（图 4.10）。

表 4.2 难溶性硒化物的溶度积常数（pK_{sp}）

化合物	pK_{sp}（25 ℃）	化合物	pK_{sp}（25 ℃）
FeSe	26.0	SnSe	38.4
ZnSe	29.4	PbSe	42.1
CdSe	35.2	CuSe	48.1
HgSe	64.5	Ag_2Se	63.7

注：资料来源于 Séby F. *Chem. Geol.*, **2001**, 171, 173。

单质硒与碘化锌加热到 580℃，单质硒与硫化镉加热到 500℃，分别得到硒化锌和硒化镉（图 4.11）。用二氧化硒为硒源，硫化锌、硫化镉在加热下反应也得到硒化锌和硒化镉。用亚硒酸或亚硒酸钠或硒代硫酸钠为硒源也可制备某些金属硒化物如 CdSe（图 4.12）[7]。

$$M^{2+} + Se^{2-} \longrightarrow MSe\downarrow$$
$$(M = Zn, Cd, Hg, Cu)$$

图 4.10 沉淀法制备金属硒化物

$$ZnI_2 + Se \xrightarrow{\triangle} ZnSe + I_2$$
$$CdS + Se \xrightarrow{\triangle} CdSe + S$$

图 4.11 热熔法制备金属硒化物

$$Na_2SeSO_3 + Ag_2O \longrightarrow Ag_2Se + Na_2SO_4$$

图 4.12A 硒代硫酸钠为硒源制备硒化银

$$M^{2+} + SeSO_3^{2-} + H_2O \longrightarrow 2H^+ + SO_4^{2-} + MSe\downarrow$$

图 4.12B 硒代硫酸钠为硒源制备金属硒化物

二、金属硒化物的物理性质

硒化物在空气中不稳定，缓慢分解成单质硒。硒化物主要用于半导体工业：PbSe 是一种对红外线敏感的材料，广泛用于光电探测器，PbSe 纳米晶体可以用作太阳能电池的量子点；ZnSe 发射蓝光，用于二极管激光器，由晶体 ZnSe 制成的波导可用于光纤；硒化镉 CdSe 类似于 ZnSe，具有发光性能，可用于半导体激光器，它对红外光也是透明的，用于光敏电阻器和红外光窗口，CdSe 量子点在化学和生物传感器中用作光学成像剂。

三、金属硒化物的化学性质

金属硒化物依据金属以及结构不同其化学性质有所不同。活泼金属的硒化物与非氧化性酸如盐酸反应放出硒化氢。由于硒处于低氧化态，除过渡金属离子本身可能发生氧化还原反应外，过渡金属硒化物也能发生硒中心的氧化还原反应。

硒化钠与硅亲电试剂反应，可合成三甲硅基硒醚$(Me_3Si)_2Se$[8]：硒粉（42.0g，0.53mol）、钠（24.5g，1.06mol）和四氢呋喃（800mL）在催化量的萘存在下回流 12h，冷却到 0℃后，在 2h 内向其中滴加 $ClSiMe_3$（135mL，1.06mol），恢复至室温后搅拌过夜，混合物过滤，先蒸馏除 THF，然后减压蒸馏得到无色液体(Me₃Si)₂Se（77.1g），产率 64.6%。

$~~~~$硒化钠与磷亲电试剂反应，可合成沃林斯试剂（Woollins reagent，WR）（图 4.13）：硒化钠 Na₂Se（26.1mmol）与过量的 PhPCl₂（6.6mL）在 50mL 甲苯中回流 64h，加入硒粉（43mmol），混合物继续回流 3.5h，冷却，抽滤，用甲苯洗涤固体 2 次，干燥后得到红色固体 WR（Ph₂P₂Se₄）（5.68g），产率 82%。在硒化学中，含 C=Se 化合物的制备采用沃林斯试剂作为硒源（参阅第十章）[9,10]。

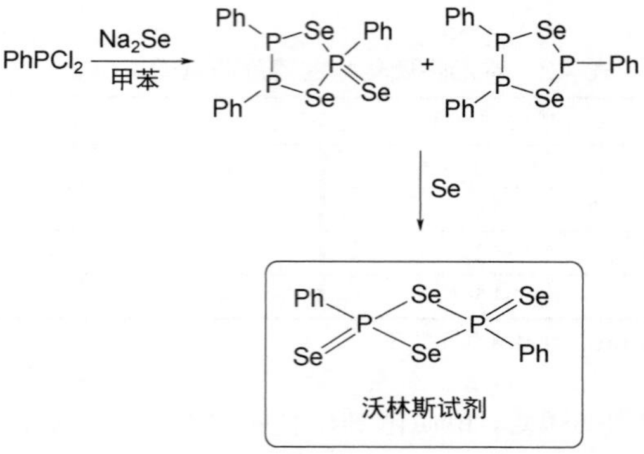

图 4.13　沃林斯试剂（WR）的制备

$~~~~$将 M(CO)₆（M=Mo、W）加入 K₂Se₃ 的 DMF 溶液中，在 90℃加热 1h，随后加入大体积的反离子盐如季鏻盐 Ph₄PBr 或季铵盐 Et₄NBr，过滤，加等体积的 THF，存放于 4℃冰箱过夜，以 60%的产率得到亮蓝色钼盐或樱红色钨盐[Ph₄P]₂MSe₄（图 4.14）。在原子簇化学中，硒钼酸盐和硒钨酸盐是合成硒簇合物的宝贵原料[11,12]。

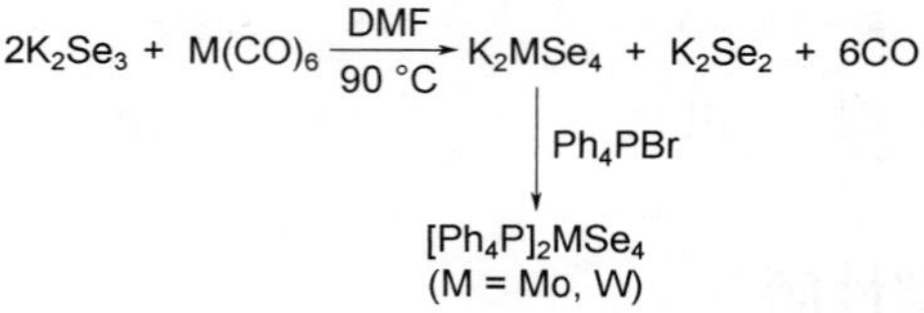

图 4.14　硒钼酸盐和硒钨酸盐的制备

$~~~~$硒化亚铁与二硫化碳加热反应得到硒硫化碳（图 4.15），它在室温下是深黄色液体，其蒸气具有洋葱味并有催泪性。在 SCSe 中，碳具有亲电性，在苛性碱存在下，与醇 ROH 反应生成盐 MSSeCOR，与有机胺 R₂NH 反应生成盐 MSSeCNR₂（M=Na、K）。

$$FeSe + CS_2 \xrightarrow{\triangle} FeS + SCSe$$

图 4.15　硒化亚铁与二硫化碳的反应

$~~~~$硒化铝与光气反应得到硒羰基（图 4.16），它在低温下液化为无色液体，有腐臭味，可进一步凝固为白色固体，是硒催化合成取代尿素的中间体[13]。

$$Al_2Se_3 + 3COCl_2 \xrightarrow{\triangle} 2AlCl_3 + 3OCSe$$

图 4.16　硒化铝与光气的反应

第三节　其它非金属硒化物

一、二硒化碳

二硒化碳 CSe_2 是金黄色有难闻的烂萝卜气味的液体，熔点 $-45.5℃$，沸点 $125\sim126℃$（760mmHg），蒸气压（0℃）4.7mmHg，折射率 n_D^{20} 1.845，^{77}Se NMR δ 243。通过硒粉与二氯甲烷的氮气流在 $550\sim600℃$ 反应制备或者通过硒化氢与四氯化碳在 500℃ 制备（图 4.17）[14]。

$$CH_2Cl_2 + 2Se \xrightarrow{\triangle} CSe_2 + 2HCl$$

$$CCl_4 + 2H_2Se \xrightarrow{\triangle} CSe_2 + 4HCl$$

图 4.17　二硒化碳的制备

在含水 DMSO 中和在 KOH 存在下，二硒化碳与卤代烷 RX 反应生成三硒代碳酸酯 $(RSe)_2CSe$（triselenocarbonate）。正如二硫化碳那样，二硒化碳中的碳原子也具有亲电性，在苛性碱存在下，与硫醇 RSH 反应生成二硒代硫代碳酸酯盐 $RSCSe_2M$，与醇 ROH 反应生成二硒代黄原酸盐 $ROCSe_2M$，与有机仲胺 R_2NH 反应得到二硒代氨基甲酸盐 R_2NCSe_2M（diselenocarbamate）（图 4.18）[15]。在 $-10℃$ 和氮气保护下，在 30min 内将二硒化碳（2.11g，0.0124mol）的 1,4-二氧六环（20mL）溶液滴加到搅拌的氢氧化钠（0.5g，0.0124mol）和仲胺（0.0124mol）的水（20mL）溶液中，过滤，得到二硒代氨基甲酸盐的溶液；相反的滴加方式将导致难溶聚合物的生成并极大地降低目标盐的产率。

$$CSe_2 + MOH + RSH \longrightarrow RSCSe_2M + H_2O$$
$$(M = Na, K)$$

$$CSe_2 + MOH + ROH \longrightarrow ROCSe_2M + H_2O$$
$$(M = Na, K)$$

$$CSe_2 + MOH + R_2NH \longrightarrow R_2NCSe_2M + H_2O$$
$$(M = Na, K)$$

图 4.18　二硒化碳与硫醇、醇、仲胺的反应

与黄原酸盐以及硫代氨基甲酸盐比较，迄今为止，它们的化学研究相当少。硒代黄原酸盐和硒代氨基甲酸盐都是好的亲核硒试剂、软配体，也用作 MOCVD 硒纳米材料的前体。例如，将二硒化碳的 1,4-二氧六环溶液滴加到快速搅拌的 N-甲基环己胺（HNMeCy）的氢氧化钠水溶液（$-10℃$）中，所得混合物过滤，橙色的滤液立即加到三氯化铟的水溶液中，得到黄色沉淀。经干燥后升华或用丙酮重结晶获得 $In(Se_2CNMeCy)_3$，产率为 64%。经 MOCVD 工艺提供薄膜材料 In_2Se_3[16]。与带吸电子基的炔烃进行加成反应，合成四硒富瓦烯（图 4.19）。氨基甲酸的硒化合物 $Se(S_2CNEt_2)_2$ 可作为 Se^{2+} 的合成等价物，与有机锂或格氏试剂反应制备硒醚（图 4.20）[17]。

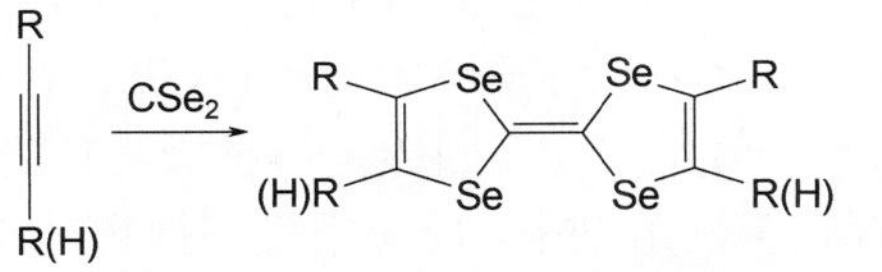

R = CO$_2$Me, CO$_2$H, CONH$_2$, SiMe$_3$

图 4.19　二硒化碳与炔烃的反应

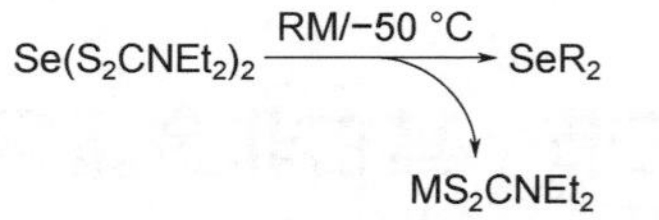

$$Se(S_2CNEt_2)_2 \xrightarrow{\text{RM}/-50\ ^\circ\text{C}} SeR_2$$
$$\downarrow$$
$$MS_2CNEt_2$$

(M = MgBr, Li; R = Me, Et, ^iPr, ^tBu, Ph, Mes, Tipp, 2-Me$_2$NCH$_2$C$_6$H$_4$)

图 4.20　Se(S$_2$CNEt$_2$)$_2$ 作为 Se^{2+}的合成等价物的反应

在金属有机化学中，二硒化碳可用于合成 CSe 的配合物（图 4.21）。CSe$_2$ 配位于 [Ru(CO)$_2$(PPh$_3$)$_2$]生成黄绿色的配合物[Ru(κ^2-CSe$_2$)(CO)$_2$(PPh$_3$)$_2$]，随后与碘甲烷反应再用酸处理释放出 MeSeH，生成无色的对空气以及水敏感的配合物[RuCl$_2$(CO)(CSe)(PPh$_3$)$_2$][18]。

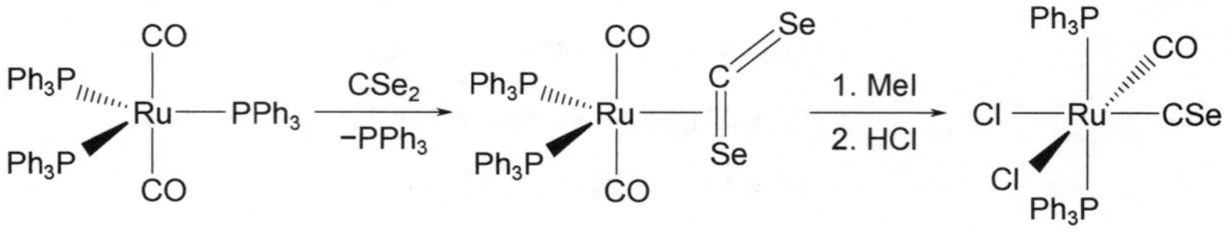

图 4.21　二硒化碳用于合成 CSe 的配合物

二、氮化硒

1. 氮化硒的制备

Se$_4$N$_4$ 可以用几种方法制备[19]。第一种方法：(EtO)$_2$SeO 与气态氨在苯中反应，这个方法已用于从 ^{15}NH$_3$ 制备 Se$_4$^{15}N$_4$。第二种方法：将氨气通入四卤化硒（SeCl$_4$ 或 SeBr$_4$）的苯溶液中反应，将橙色晶体过滤并用 10%KCN 水溶液洗涤除硒，再用大量水洗涤除盐，晾干，产率可达 80%以上。第三种方法：四卤化硒（SeCl$_4$ 或 SeBr$_4$）与液氨在高压釜中反应。第四种方法：二氧化硒与液氨在高压釜中反应。第五种方法：用(Me$_3$Si)$_2$NLi 与氯化硒反应，所得混合物用 10% KCN 水溶液洗涤除硒，再用大量水洗涤除盐以 66%的产率得到纯 Se$_4$N$_4$（图 4.22）。

二氮化四硒，Se$_4$N$_2$ 则由 Se$_2$Cl$_2$ 与三甲基硅叠氮 TMSN$_3$ 在 CH$_2$Cl$_2$ 中反应生成（图 4.23）。

$$6SeBr_4 + 32NH_3 \longrightarrow Se_4N_4 + 2Se + 2N_2 + 24NH_4Br$$
$$8(Me_3Si)_2NLi + 2Se_2Cl_2 + 5SeCl_4 \longrightarrow 2Se_4N_4 + 16Me_3SiCl + Se + 8LiCl$$

图 4.22　Se$_4$N$_4$ 的制备

$$2Se_2Cl_2 + 4Me_3SiN_3 \xrightarrow{CH_2Cl_2} Se_4N_2 + 5N_2 + 4Me_3SiCl$$

图 4.23　Se$_4$N$_2$ 的制备

2. 氮化硒的物理性质

Se$_4$N$_4$ 室温下为橙色固体，有温致变色现象，100℃为红色。不溶于水、乙醇和乙醚，溶于苯、二硫化碳和乙酸。Se$_4$N$_4$ 分子的八元环（图 4.24）是折叠的，Se-N 键长 1.77～1.80Å，N-Se-N 键角 102.1°～102.3°，Se-N-Se 键角 110.7°～111.7°，存在弱的分子内硒-硒相互作用（Se⋯Se 平均间距为 2.97Å）。干燥的 Se$_4$N$_4$ 固体是一种极其危险的物质，一旦受到振动就猛烈爆炸，因此，必须将其储存在惰性溶剂中，反应用量不得超过 500mg。与 Se$_4$N$_4$ 相比，Se$_4$N$_2$ 分子具有较好的热稳定性。根据红外光谱，六元环的 Se$_4$N$_2$ 分子呈椅式构象，具有 C_s 对称性（图 4.25）。

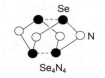

图 4.24　Se$_4$N$_4$ 的分子结构

图 4.25　Se$_4$N$_2$ 的分子结构

3. 氮化硒的化学性质

Se$_4$N$_4$ 在冷水中比较稳定，在热水和碱性水溶液中，缓慢水解成氨、单质硒和硒酸根。尽管 Se$_4$N$_4$ 具有特别大的危险性，但它是许多重要硒-氮化合物的来源（图 4.26）。在 CH$_2$Cl$_2$ 中，Se$_4$N$_4$ 与[Pd$_2$X$_6$]$^{2-}$（X=Cl、Br）反应生成 Pd$_2$X$_6$(μ-N$_2$Se$_2$)，而在 CH$_2$X$_2$ 环境温度下，AlX$_3$ 与同一试剂反应生成(AlX$_3$)$_2$(μ-N$_2$Se$_2$)。Se$_4$N$_4$ 与 WCl$_6$ 在沸腾的二氯甲烷中反应，生成[WCl$_4$(NSeCl)]$_2$；类似的钼配合物可用 MoCl$_5$ 处理 Se$_4$N$_4$ 得到。Se$_4$N$_4$ 与[Se$_4$][AsF$_6$]$_2$ 反应高产率生成热稳定的橙色固体[Se$_3$N$_2$]$_2$[AsF$_6$]$_2$，其中的硒-氮正离子是自由基正离子[Se$_3$N$_2$]$^+$的二聚体。相应的二价正离子[Se$_3$N$_2$]$^{2+}$可由 Se$_4$N$_4$ 与 AsF$_5$ 反应得到。Se$_4$N$_4$ 与 Se$_2$Cl$_2$ 在二氯甲烷中反应产生不溶性的具有爆炸性的深棕色粉末[Se$_3$N$_2$Cl]$_2$。

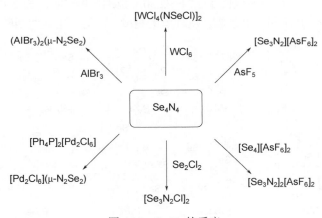

图 4.26　Se$_4$N$_4$ 的反应

在 CH$_2$Cl$_2$ 悬浮液中，Se$_4$N$_2$ 分别与 SnCl$_4$ 和 TiCl$_4$ 反应，得到两个路易斯酸碱加合物[SnCl$_4$(Se$_4$N$_2$)$_2$]和[TiCl$_4$(Se$_4$N$_2$)]。根据 Sn Mössbauer 谱和红外光谱，在锡配合物中，两个 Se$_4$N$_2$ 配体处于轴向的反式位置并各通过一个氮原子与锡配位，而在钛配合物中，Se$_4$N$_2$ 配体中的两个氮原子以螯合方式与钛结合。

三、硒化磷

1. 硒化磷的制备及其物理性质

依赖反应温度，硒和磷在宽的浓度范围内都形成黑色玻璃。对于富硒混合物（磷含量在 0～30%），温度在 250℃形成玻璃。当温度高于 400℃，磷含量在 52%的混合物也可形成玻璃，如果温度高于 600℃，则形成流体。通过 Raman、IR、^{31}P NMR、^{77}Se NMR、ND（中子衍射）和 EXAFS，已鉴定硒和磷可形成几种二元化合物（图 4.27）：P$_4$Se$_3$（tetraphosphorus triselenide），α-P$_4$Se$_4$（α-tetraphosphorus tetraselenide），β-P$_4$Se$_4$（β-tetraphosphorus tetraselenide），P$_4$Se$_5$

（tetraphosphorus pentaselenide），P_4Se_{10}（tetraphosphorus decaselenide），P_2Se_5（diphosphorus pentaselenide）。此外，理论预期还存在 P_4Se_6 和 P_4Se_7 等二元磷硒化合物[20-22]。十硒化四磷 P_4Se_{10} 有两种制备方法：P_4Se_3 与灰硒粉在 250℃下加热 1h，缓慢冷却（降温速率，30℃/h）至室温后得到 P_4Se_{10}；由白磷与硒粉在 120℃反应产生黑色的无定形 P_4Se_{10}。P_4Se_{10}，熔点 215℃，温度升高变为黏稠物，600℃时变为液体。产品经 IR 表征，认为存在 P═Se 键（伸缩振动在 500cm^{-1} 出现强峰），具有与 P_4S_{10} 相同的结构[23]。硒与磷以 2:5 摩尔比在熔融下反应，冷却熔体，再用二硫化碳萃取收获五硒化二磷（P_2Se_5）。五硒化二磷是黑色针状晶体，可用二硫化碳重结晶。^{31}P NMR 和 ^{77}Se NMR 信号表明它不同于所谓的五硫化二磷 P_2S_5（即十硫化四磷 P_4S_{10}），具有降冰片结构[21]。在氮气保护下，黑硒粉和红磷按计量比（4:3）在 427℃熔融，然后缓慢冷却熔体，固体用二硫化碳重结晶得到三硒化四磷 P_4Se_3[24]。在氮气保护下，单质黑硒和红磷按计量比（4:4）在 300~350℃熔融，然后缓慢冷却熔体获得晶体四硒化四磷 P_4Se_4[25,26]。等物质的量 P_4Se_3 与硒粉在 250~300℃下加热，冷却后形成黄棕色晶体 P_4Se_4。它不溶于二硫化碳和甲苯[26]，在拉曼光谱中，两个强的吸收峰分别在 350cm^{-1} 和 185cm^{-1}。P_4Se_4 以两种异构体（α-P_4Se_4 和 β-P_4Se_4）的混合物存在：α-P_4Se_4 在 300℃转变为 β-P_4Se_4，超过 350℃时聚合形成玻璃。三硒化四磷在二硫化碳中与溴在室温反应产生深红色的五硒化四磷，其结构相似于五硫化四磷[27]。P—Se 键长在 2.21~2.30Å 范围，P═Se 键长 2.12Å。在四面体 P_4 结构上，通过硒插入 P—P 键和对 P 加帽，从理解的角度，可衍生出这些四磷化合物的结构[20-22]。

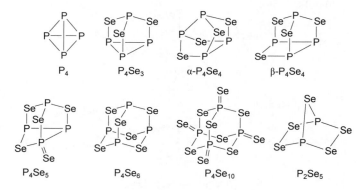

图 4.27　白磷 P_4 以及硒化磷的结构

2. 硒化磷的化学性质

十硒化四磷是将 C═O 转变为 C═Se 的廉价试剂。有文献报道，延长回流时间以及添加碳酸钡有利于提高产率。当确实遭遇低产率时，用稍微昂贵的沃林斯试剂是一种选择。在有机合成中，由红磷和硒粉以 2:5 摩尔比在二甲苯中回流得到十硒化四磷。硒酰胺由相应的酰胺与十硒化四磷在二甲苯中回流反应制备，更方便地也可三组分一锅煮制备（图 4.28）[28]。十硒化四磷与醇或硫醇 REH 在碱如三乙胺存在下加热反应可形成负离子 $(RE)_2PSe_2^-$（E=O、S）的盐：$P_4Se_{10}+8REH \longrightarrow 4(RE)_2PSe_2H+2H_2Se$。

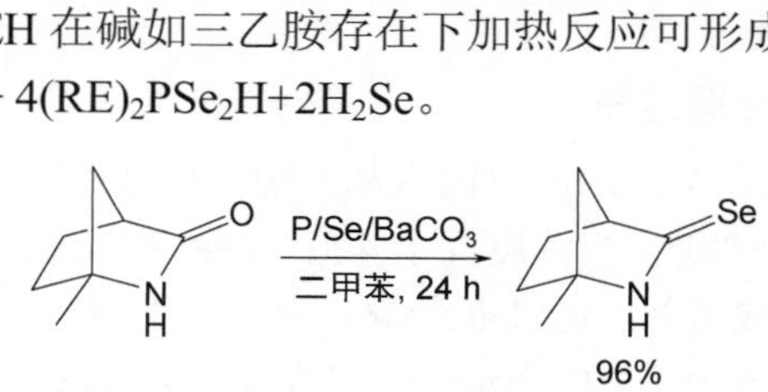

图 4.28　硒化磷作硒化剂

P$_4$Se$_3$ 与 Cp$'_2$Zr(CO)$_2$（Cp$'$=C$_5$H$_3$^{t}Bu$_2$）在甲苯中回流反应产生对空气和湿气高度敏感的新奇配合物 Cp$'_2$Zr$_2$(μ-κ^2Se:κ^2Se-Se$_2$P$_4$)（图 4.29）。配合物的几何参数[29]：键长 Zr(1)-Se(1)，2.6309(7)Å；Zr(1)-Se(2)，2.6329(6)Å；Zr(1)-C(1)，2.493(5)Å；Se(1)-P(1)，2.2538(14)Å；Se(2)-P(1)，2.2515(15)Å；P(1)-P(1a)，2.266(3)Å；键角 Se(1)-Zr(1)-Se(2)，86.52(2)°；Se(1)-P(1)-Se(2)，106.40(5)°；Se(1)-P(1)-P(1a)，103.04(8)°。

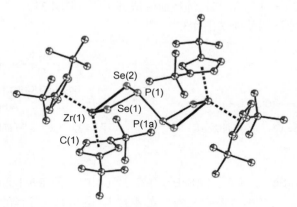

图 4.29 锆配合物的分子结构

P$_4$Se$_3$ 与[N(CH$_2$CH$_2$PPh$_2$)$_3$]Ni 反应得到配合物[N(CH$_2$CH$_2$PPh$_2$)$_3$]Ni(κP-P$_4$Se$_3$)，其中笼状配体 P$_4$Se$_3$ 通过顶端磷原子配位到零价镍上[30]。三组分 CuBr、P 和 Se 按计量比 3：4：4 在 600℃反应得到橙色晶体，经单晶 X 射线衍射分析确定结构为(CuBr)$_3$(κ^3P,P,P-P$_4$Se$_4$)，其中每个 β-P$_4$Se$_4$ 笼通过 P 原子与三个 Cu 原子配位，键长为 2.23Å[31]。

在 DMF 中，多硒负离子进攻 P$_4$Se$_4$，得到 P$_2$Se$_8$$^{2-}$ 的盐[32]。类似地，金属亲核试剂也可进攻 P$_4$Se$_4$，例如 WSe$_4$$^{2-}$ 反应得到结构不寻常的配合物，其中含有配体 PSe$_4$$^{3-}$和侧基配位的 PSe$_2$$^-$（图 4.30）。

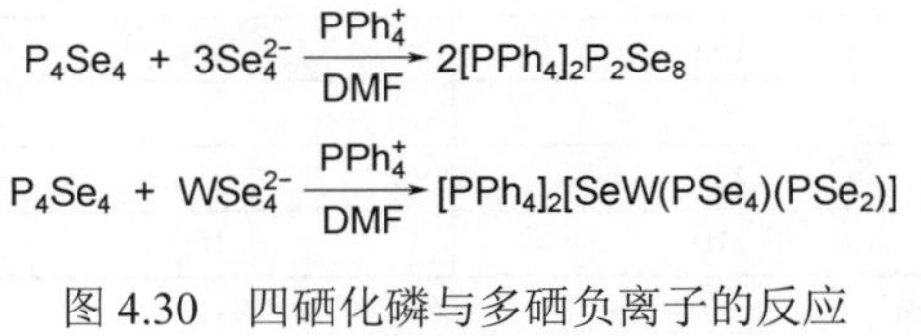

$$P_4Se_4 + 3Se_4^{2-} \xrightarrow[\text{DMF}]{PPh_4^+} 2[PPh_4]_2P_2Se_8$$

$$P_4Se_4 + WSe_4^{2-} \xrightarrow[\text{DMF}]{PPh_4^+} [PPh_4]_2[SeW(PSe_4)(PSe_2)]$$

图 4.30 四硒化磷与多硒负离子的反应

四、卤化硒

1. 一卤化硒

一氟化硒的混合物是在高度稀释的氩气中通过加热（210℃）硒与单质氟得到的。用红外光谱法检测了 FSeSeF 和其它物种[1,33]。紫外线照射 FSeSeF 产生热力学上不稳定的 Se=SeF$_2$。Se$_2$Cl$_2$ 和 Se$_2$Br$_2$ 可以通过单质 X$_2$ 加入硒的二硫化碳悬浮液中得到或通过 SeX$_4$ 与单质硒（1：3）在封管中 120℃加热反应制备。Se$_2$Cl$_2$，黄棕色液体：熔点-85℃，沸点 130℃（分解），25℃的密度 2.774g/cm^3；Se$_2$Br$_2$ 有两种不同的结构类型：α-Se$_2$Br$_2$，熔点 5℃；β-Se$_2$Br$_2$，血红色液体，沸点 225℃（分解），15℃时的密度 3.604g/cm^3。在 C_2 对称的 X—Se—Se—X 分子中，二面角分别为 87.4°（Se$_2$Cl$_2$）和 86.4°（Se$_2$Br$_2$）。平均 Se—X 键长为 2.202Å（Se—Cl）和 2.364Å

（Se—Br）[33]。固态时，通过 Se···Se 和 Se···X 的接触作用，分子间不同程度的缔合形成层状和三维网络结构。正交晶系的 α-Se$_2$Br$_2$ 比单斜晶系的 β-Se$_2$Br$_2$ 稳定。在气相中，Se$_2$Cl$_2$ 和 Se$_2$Br$_2$ 解离成硒和气态 SeX$_2$（X=Cl、Br）。Se$_2$Cl$_2$ 能与强路易斯酸形成离子型化合物。Se$_2$Cl$_2$ 与 BCl$_3$ 和 SbCl$_5$ 在-40℃的液体二氧化硫中反应生成 Se$_2$Cl$_2$·BCl$_3$ 和 Se$_2$Cl$_2$·SbCl$_5$。它们的红外光谱提示其为离子结构：[Se$_2$Cl]$^+$[BCl$_4$]$^-$ 和 [Se$_2$Cl]$^+$[SbCl$_6$]$^-$。在室温下，这两种物质歧化为单质硒和 SeCl$_4$·BCl$_3$ 或 SeCl$_4$·SbCl$_5$。与乙烯反应生成芥子气（图 4.31），与有机汞在室温下进行复分解反应高产率生成次胂酰卤（图 4.32）[34]。

$$Ar_2Hg \xrightarrow[r.t.]{Se_2Cl_2} ArSeCl$$
$$Se_2Cl_2/CHCl_3/r.t. \longrightarrow HgCl_2 + Se$$
$$ArHgCl$$

$$Se_2Cl_2 + 2C_2H_4 \longrightarrow (ClCH_2CH_2)_2Se + Se$$

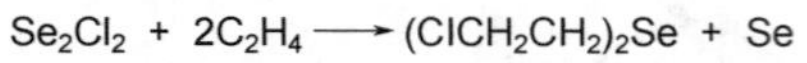

图 4.31　Se$_2$Cl$_2$ 与乙烯的反应 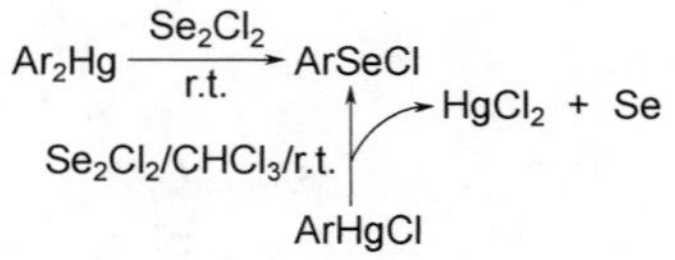　　　　图 4.32　Se$_2$Cl$_2$ 与有机汞化合物的反应

2. 二卤化硒

在二卤化合物中，SeF$_2$、SeCl$_2$ 和 SeBr$_2$ 存在于气相中，而 SeCl$_2$ 和 SeBr$_2$ 也存在于溶液中，SeCl$_2$ 和 SeBr$_2$ 的振动频率（波数）列于表 4.3[35]。硒与氩气稀释的氟气加热反应得到含 SeF$_2$ 的混合物。在氩气中，通过 CF$_3$SeF$_3$ 的紫外光解反应以较高产率提供 SeF$_2$。SeCl$_2$ 用硫酰氯（SO$_2$Cl$_2$）和单质硒在 23℃的 THF 中合成，减压蒸除溶剂得到红色的油状液体，它在不同溶剂中的 ^{77}Se NMR 化学位移列于表 4.4[35]。SeCl$_2$ 与 Me$_3$SiBr（1:2）在 23℃的 THF 中反应，减压蒸除溶剂提供红棕色的固体 SeBr$_2$。它们都是热不稳定的，易歧化为 Se$_2$X$_2$ 和 SeX$_4$；SeCl$_2$ 在 23℃的 THF 中可保存 1d 不分解；SeBr$_2$ 在 25℃的 THF 中 1h 后开始分解，12h 分解完全。

表 4.3　SeCl$_2$ 和 SeBr$_2$ 的振动频率

二卤化合物	实验值/cm^{-1}	计算值/cm^{-1}	振动模式*
SeCl$_2$	372	372.9	a_1
	346	346.0	b_2
	168	168.0	a_2
SeBr$_2$	261	260.9	a_1
	221	221.1	b_2
	110	109.5	a_2

*a_1 对称伸缩振动，b_2 不对称伸缩振动，a_2 弯曲振动。

表 4.4　SeCl$_2$ 在不同溶剂中的 ^{77}Se NMR 化学位移

溶剂	δ（^{77}Se）
THF*	1828
dioxane	1814
MeCN	1784
MeCN†	1773
CH$_2$Cl$_2$	1762
CCl$_4$	1748

*A. Maaninen, T. Chivers, M. Parvez, et al. *Inorg. Chem.*, **1999**, 38, 4093；†M. Lamoureux, J. Milne. *Polyhedron*, **1990**, 9, 589。

用气相电子衍射-质谱联合实验（GED/MS）和定量化学计算确定了二溴化硒的分子结构，得到 Se—Br 键长 2.306(5)Å 和 Br—Se—Br 键角 101.6(6)°的几何参数。根据自然键轨道（NBO）

的电子密度分布，在 SeX$_2$ 中硒原子的两个孤电子对是不等价的。

如果硒与负离子或电中性路易斯碱配位，则二卤化硒的稳定性显著增强（图 4.33）。SeCl$_2$ 和 SeBr$_2$ 与四甲基硫脲（tmtu）形成 1∶1 加合物 SeX$_2$·tmtu，它们通过卤桥以二聚体形式存在。在 0℃下，SeCl$_2$ 与四氢噻吩（THT）在 THF 中形成 1∶2 加合物 SeCl$_2$·2THT，这一加合物在溶液中不稳定，在 23℃下 30min 内分解，但作为固体在−20℃下可保存数周不分解，其结构经 X 射线单晶衍射确定，其中硒是四配位的。

$$RSeX_3 \ + \ Me_2NCSNMe_2 \longrightarrow RX \ + \ X_2Se(\kappa S\text{-}Me_2NCSNMe_2)$$
$$(R = Me, Et; X = Cl, Br)$$

图 4.33　生成 SeX$_2$ 的配合物

SeCl$_2$ 与 Ph$_3$PSe（1∶1）在 THF 中反应，得到单质硒和无色固体产物 Ph$_3$PCl$_2$。三芳基膦 Ar$_3$P 与 SeBr$_2$ 反应，产物（Ar$_3$PSeBr$_2$）为 T 形，其中两个 Br 原子成反式配位。二亚胺（包括 2,2'-联吡啶，bpy）作为螯合配体与 SeX$_2$ 反应形成稳定配合物（图 4.34）。

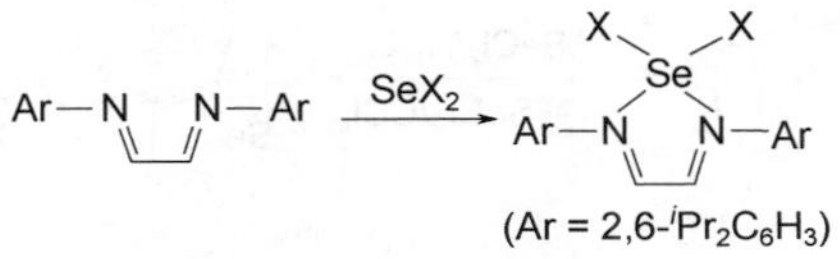

$$(Ar = 2,6\text{-}^iPr_2C_6H_3)$$

图 4.34　SeX$_2$ 与二亚胺的配位反应

这类配合物可作为 SeX$_2$ 转移试剂用于有机硒化合物的合成。SeCl$_2$ 与 TMS$_2$NMe 在−10℃反应高产率生成(SeNMe)$_4$。

二卤化硒作为亲电试剂：与双烯烃反应可合成硒杂环化合物（图 4.35A 和图 4.35B）[36]；与烯丙基芳基醚或炔丙基芳基醚反应形成苯并硒杂环化合物（图 4.35C）；与炔基苯反应生成苯并硒吩衍生物；与炔基噻吩反应产生噻吩并硒吩衍生物（图 4.35D）。由于含硒杂环在光电材料上的应用，近期含硒大环化合物的合成引起了人们特别的兴趣。二氯化硒与取代噻吩反应以满意产率提供含硒大环化合物（图 4.35E）。

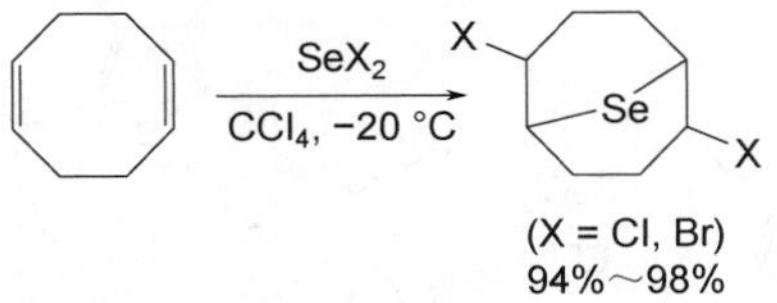

$$(X = Cl, Br)$$
94%～98%

图 4.35A　合成硒杂环化合物（一）

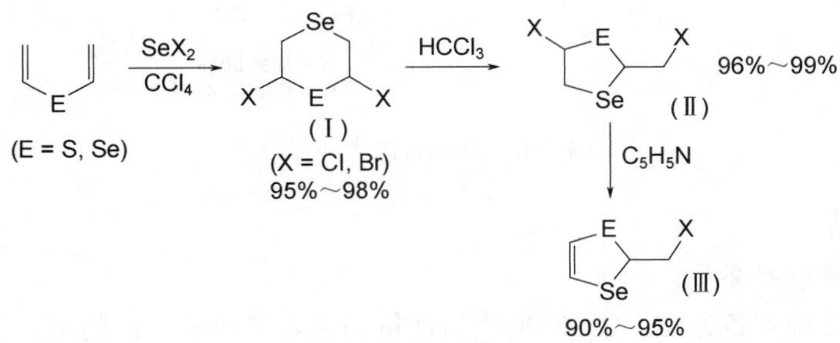

图 4.35B　合成硒杂环化合物（二）

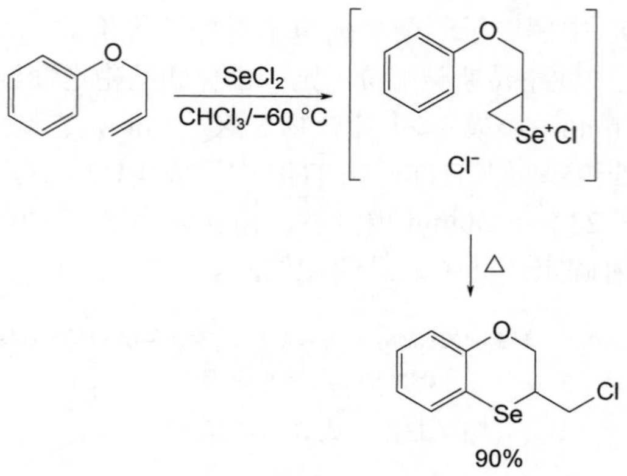

图 4.35C　合成苯并硒杂环化合物

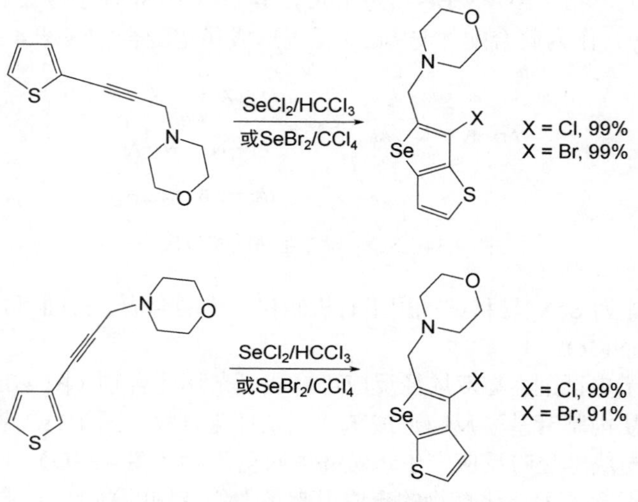

X = Cl, 99%
X = Br, 99%

X = Cl, 99%
X = Br, 91%

图 4.35D　合成噻吩并硒吩杂环化合物

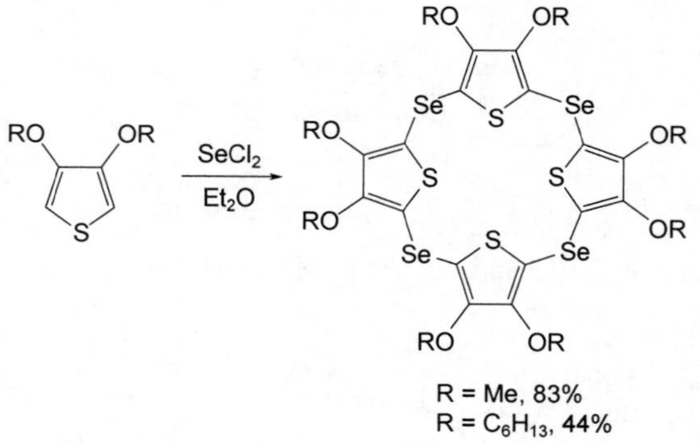

R = Me, 83%
R = C$_6$H$_{13}$, 44%

图 4.35E　合成含硒大环化合物

3. 四卤化硒

（1）四卤化硒的制备

四卤化物有三种制备方法。① 硒单质与计量的卤素单质反应：将氟、氯、溴通过 N$_2$ 流与单质硒作用，直接得到相应的四卤化物（图 4.36A）。

② 二氧化硒与卤化物反应（图 4.36B）：二氧化硒与 SF$_4$ 在加热下生成 SeF$_4$。二氧化硒与 CCl$_4$ 在加热下产生 SeCl$_4$。用氢溴酸溶解二氧化硒，再用乙醚等有机溶剂萃取，蒸发萃取物得到 SeBr$_4$。

$$Se + 2X_2 \longrightarrow SeX_4$$
$$(X = Cl, Br)$$

$$SeO_2 + 2SF_4 \xrightarrow{\triangle} SeF_4 + 2OSF_2$$
$$SeO_2 + CCl_4 \xrightarrow{\triangle} SeCl_4 + CO_2$$
$$SeO_2 + 4HBr \longrightarrow SeBr_4 + 2H_2O$$

图 4.36A　四卤化物的制备（一）　　　　图 4.36B　四卤化物的制备（二）

③ 一卤化硒与卤素单质反应（图 4.36C）：一卤化硒与卤素单质在室温下反应，溶剂是 CS$_2$ 或 C$_2$H$_5$Br 等。产物 SeCl$_4$ 从溶剂中析出，而将溶剂蒸发得到产物 SeBr$_4$。制备 SeF$_4$ 需在 0℃ 下反应（图 4.36D）。

$$Se_2X_2 + 3X_2 \longrightarrow 2SeX_4$$
$$(X = Cl, Br)$$

$$Se_2Cl_2 + 5F_2 \longrightarrow 2SeF_4 + 2ClF$$

图 4.36C　四卤化物的制备（三）　　　　图 4.36D　四氟化硒的制备

（2）四卤化硒的物理性质和化学性质

四卤化硒的热力学数据列于表 4.5。五对价电子的 SeX$_4$ 分子，其结构经气相电子衍射实验测定，与价层电子对互斥模型预期的 C_{2v} 对称性（翘板型几何结构）完全一致（图 4.37）。四氟化硒是无色发烟液体，熔点 -10℃，沸点 101℃，可溶于氯仿、四氯化碳，易溶于乙醚、乙醇以及硫酸。在气态 SeF$_4$ 分子中，Se—F$_{ax}$ 键长 1.77Å，Se—F$_{eq}$ 键长 1.68Å，F$_{eq}$—Se—F$_{eq}$ 键角 100.6° 和 F$_{ax}$—Se—F$_{ax}$ 键角 169.2°。^{19}F NMR 波谱学研究发现：在液体 SeF$_4$ 中存在快速的分子间氟交换。通过电导测量，在液体 HF 中 SeF$_4$ 的电离常数（K_b）为 4×10^{-4}，这表明在液体 HF 中 SeF$_4$ 是一个比 SF$_4$（$K_b=4\times10^{-2}$）弱的碱（图 4.38）。

表 4.5　四卤化硒的热力学数据

项目	SeF$_4$	SeCl$_4$
熔点/℃	-10	305
熔化焓 $\Delta_m H^\circ$/(kJ/mol)	2330	—
沸点/℃	101	223（升华）
气化焓 $\Delta_v H^\circ$/(kJ/mol)	47.03	—
生成焓 $\Delta_f H^\circ$/(kJ/mol)	-849.3±24.2	-192.9
密度/(g/cm^3)	2.72（18℃）	2.63

$$SeF_4 + HF \rightleftharpoons SeF_3^+ + HF_2^-$$

图 4.37　四卤化硒的分子结构　　　图 4.38　在液体 HF 中 SeF$_4$ 的电离平衡

SeCl$_4$ 是淡黄色的挥发性易吸湿的固体，SeBr$_4$ 是橘红色的易吸湿的固体。它们溶于非极性溶剂，在丙酮、乙腈、乙醇、二甲亚砜等极性溶剂中存在电离行为，以 1:1 型电解质存在。它们是热不稳定的，SeBr$_4$ 在室温即明显分解，在 70℃ 分解为 Se$_2$Br$_2$ 和 Br$_2$。

四卤化硒分子具有 Se—X 极性键并且硒处于中间氧化态（+4），因此它们可以起亲电试剂和氧化剂或还原剂的作用，化学性质活泼，易遭受亲核试剂如水、醇、胺等的亲核进攻。

SeF_4 遇水迅速水解为亚硒酸和 HF，是一种有用的氟化剂，与 SF_4 相比它具有不少优点，例如反应温和、合适的液态温度范围、使用方便等，能将一些金属和非金属转变为相应的氟化物，与二氧化硅反应产生 SiF_4（图 4.39A）。

$$SeF_4 + 3H_2O \longrightarrow H_2SeO_3 + 4HF$$
$$SeF_4 + SiO_2 \longrightarrow SeO_2 + SiF_4$$

图 4.39A SeF_4 的反应

四卤化硒易进行硒上的亲核取代反应，与亲核试剂如水、醇或醇钠或羧酸盐等进行取代卤素的反应（图 4.39B 和图 4.39C）。水解生成的产物依水量多少，得到亚硒酸或二氧化硒。它们可与不饱和亲核试剂如烯烃（氯乙烯）反应，对烯烃、炔烃进行亲电加成（图 4.39D）。四氯化硒与丁二炔醇反应得到水溶性硒醚，显示抗氧化活性[36a]。四氟化硒与 TMSN₃ 在−50 ℃的 CD_2Cl_2 中反应生成极具爆炸性的 $Se(N_3)_4$（柠檬黄固体），$SeF_4+4TMSN_3 \longrightarrow Se(N_3)_4+4TMSF$，$Se(N_3)_4$ 具有路易斯酸性，可形成配合物 $Ph_4P[Se(N_3)_5]$ 和 $[Ph_4P]_2[Se(N_3)_6]$。这三个化合物经 Raman、^{77}Se NMR（1323、1252、1246）和 ^{14}N NMR 表征，$[Ph_4P]_2[Se(N_3)_6]$ 的结构用单晶 X 射线衍射分析测定，负离子具有完美的 S_6 对称性，Se—N 键长在 2.113(2)~2.155(2)Å[37]。

$$SeX_4 + 3H_2O \longrightarrow H_2SeO_3 + 4HX$$
$$SeX_4 + 4NaOR \longrightarrow Se(OR)_4 + 4NaCl$$
$$SeX_4 + 4HOR + 4Et_3N \longrightarrow Se(OR)_4 + 4Et_3NHX$$

图 4.39B 硒上的亲核取代反应（一）

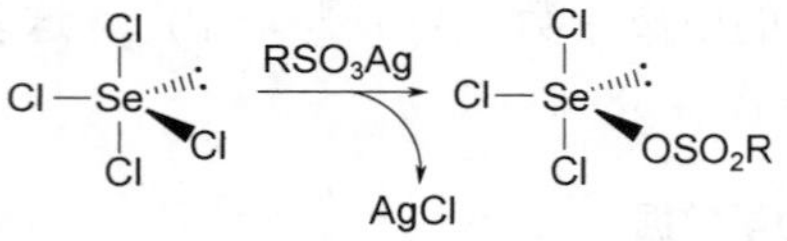

图 4.39C 硒上的亲核取代反应（二）

$$SeCl_4 + 2C_2H_3Cl \longrightarrow (Cl_2CHCH_2)_2Se$$

图 4.39D 对烯烃的亲电加成反应

伯胺作为亲核试剂时，除取代卤素外还常常伴随有消除卤化氢的反应，生成不饱和化合物。四氯化硒与伯胺在碱存在下反应可得到硒二亚胺（图 4.39E）。只有烃基是大体积的，它们才以单体形式存在，例如 R=^{t}Bu、Ad、2,4,6-$Me_3C_6H_2$、2,4,6-$^tBu_3C_6H_2$ 等，在低温下稳定，高于 20℃即发生热分解[38]。有趣的是：ArNHLi 与四氯化硒的反应依据芳基不同得到不同产物，Mes*N=Se=NMes* 和 MesNHSeHNMes（图 4.39F）。

$$2RNH_2 + SeCl_4 + 4Et_3N \longrightarrow RN=Se=NR + 4Et_3NHCl$$
$$4Mes*NHLi + SeCl_4 \longrightarrow Mes*N=Se=NMes* + 2Mes*NH_2 + 4LiCl$$

图 4.39E 硒上的亲核取代反应（三）

$$4MesNHLi + SeCl_4 \longrightarrow MesNH-Se-HNMes + 1/2MesN \longrightarrow NMes + MesNH_2 + 4LiCl$$

图 4.39F 硒上的亲核取代反应（四）

根据单晶 X 射线衍射研究，在 Mes*N=Se=NMes*（Mes*=2,4,6-$^tBu_3C_6H_2$）中，C—N 键长和 Se—N 键长分别为 1.45(2)Å 和 1.73(1)Å，N—Se—N 键角为 100.1(7)°，分子呈 *anti,anti*-构象。MesN=S=NMes 以及 AdN=Se=NAd 分子则呈 *anti,syn*-构象。

以前的 MO 理论计算给出的结论是 *syn,syn*-构象和 *anti,syn*-构象在能量上比 *anti,anti*-构象有利。然而，在 PBE0/TZVP 理论水平上的计算结果是 *syn,syn*-构象和 *anti,syn*-构象比 *anti,anti*-构象能量高 11kJ/mol 和 10kJ/mol，现在的理论计算与实验结果一致。硒二亚胺的异构体构象如图 4.40 所示。

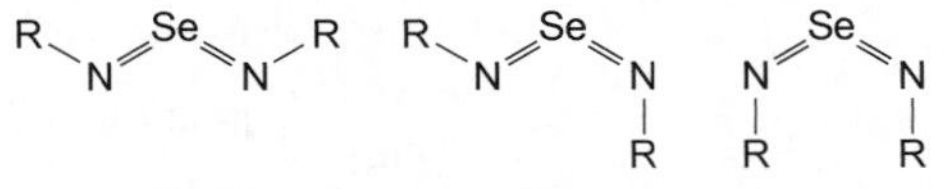

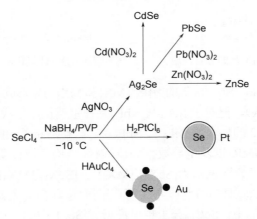

图 4.40　硒二亚胺的异构体

在 MesNHSeHNMes（Mes=2,4,6- Me$_3$C$_6$H$_2$）中，C—N 键长和 Se—N 键长分别为 1.421(4)Å 和 1.847(3)Å、1.852(3)Å，两个 Se—N 单键的键长略有差别，N—Se—N 键角为 109.9(1)°。

四卤化硒具有氧化性，可与还原剂反应，例如与液氨或氨的溶液作用产生爆炸性的 Se$_4$N$_4$（图 4.41A），与单质硒在三卤化铝存在下加热（熔化）反应生成多硒正离子的化合物（图 4.41B）。

$$12SeX_4 + 64NH_3(liq.) \longrightarrow 3Se_4N_4 + 48NH_4X + 2N_2$$

图 4.41A　四氯化硒与液氨的反应

$$SeCl_4 + 7Se + 4AlCl_3 \xrightarrow{\triangle} 2Se_4(AlCl_4)_2$$
$$SeCl_4 + 15Se + 4AlCl_3 \xrightarrow{\triangle} 2Se_8(AlCl_4)_2$$

图 4.41B　四氯化硒与单质硒和三氯化铝的反应

图 4.41C　四氯化硒作为硒源制备纳米材料

四氯化硒用 NaBH$_4$ 在低温下还原然后与金属盐如硝酸银、氯铂酸和氯金酸反应制备纳米材料（图 4.41C）。生成的 Ag$_2$Se 进一步与硝酸镉、硝酸锌和硝酸铅反应提供 CdSe、ZnSe 和 PbSe 纳米材料[39]。

图 4.41D　SeCl$_4$ 与 α-二亚胺的反应

在二亚胺配体或膦配体存在下，$SeCl_4$有被还原的倾向，这已成为获得低氧化态或低配位数正离子化合物的有用途径。$SeCl_4$（或 $SeBr_4$）与 α-二亚胺反应生成 1,2,5-硒二唑正离子（SeN_2C_2 杂环）（图 4.41D），与 Ph_3P 反应，产物依赖于反应物的计量比：计量比为 1∶1 时，生成 $SeCl_2$ 和膦盐；计量比为 1∶2 时，生成单质硒和膦盐；计量比为 1∶3 时，生成 Ph_3PSe 和膦盐（图 4.41E）。

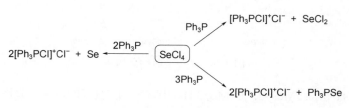

图 4.41E　$SeCl_4$ 与膦的反应

四卤化硒具有路易斯酸碱两性。SeF_4与碱金属氟化物 MF 反应生成 $MSeF_5$，$CsSeF_5$ 的拉曼光谱和红外光谱显示负离子是具有 C_{4v} 对称性的四方锥结构。在 Me_4NSeF_5 中，Se—F_{apex} 键长为 1.71Å，Se—F_{base} 键长为 1.85Å，F_{apex}—Se—F_{base} 键角为 84°。利用"裸"氟离子试剂 HMP^+F^-（HMP^+，1,1,3,3,5,5-六甲基哌啶离子），可得到 SeF_6^{2-} 的盐。根据 Jahn-Teller 定理，由于理想的正八面体存在简并态，因而这种几何构型是不稳定的，必须发生 Jahn-Teller 畸变。确实，X 射线单晶衍射实验发现 SeF_6^{2-} 具有扭曲的八面体构型，对称性介于 C_{3v} 和 C_{2v} 之间[33]。其它四卤化硒与 MX 盐反应生成八面体配负离子 SeX_6^{2-} 的盐，M_2SeX_6（图 4.42A）。$SeCl_4$ 与吡啶、硫脲、三苯氧膦等反应形成 1∶2 的加合物 $SeCl_4 \cdot 2L$（图 4.42B）。

$$SeF_4 + MF \longrightarrow MSeF_5$$
$$SeX_4 + 2MX \longrightarrow M_2SeX_6$$

图 4.42A　四卤化硒与 MX 盐的加合反应

$$SeCl_4 + 2OPPh_3 \longrightarrow SeCl_4 \cdot 2OPPh_3$$

图 4.42B　四氯化硒与路易斯碱的反应

与 B、Al、Ga、As、Sb、Nb、Ta 等的卤化物 MX_3 和 MX_5 分别形成 1∶1 的加合物 $SeX_4 \cdot MX_3$ 和 $SeX_4 \cdot MX_5$（图 4.43A），但对于 SeF_4 与 NbF_5 除在室温反应生成 1∶1 的加合物外还可在加热条件下反应形成 1∶2 的加合物 $SeF_4 \cdot 2NbF_5$。它们都是易于水解的固体，易溶于极性有机溶剂。红外、拉曼、NMR 以及电导数据和 X 射线结构分析证明它们在固体、熔融态和溶液中都是离子型的，可分别表示为$[SeX_3]^+[MX_4]^-$、$[SeX_3]^+[MX_6]^-$、$[SeF_3]^+[Nb_2F_{11}]^-$，其中$[SeX_3]^+$为锥形，具有 C_{3v} 点群对称性，MX_4^-为正四面体具有 T_d 对称性，$[MX_6]^-$为正八面体具有 O_h 对称性。在氟磺酸中，$SeCl_4$ 分子也电离形成$[SeCl_3]^+$离子（图 4.43B）。

$$SeX_4 + AlX_3 \longrightarrow [SeX_3]^+[AlX_4]^-$$
$$SeX_4 + SO_3 \longrightarrow [SeX_3]^+[SO_3X]^-$$

图 4.43A　四卤化硒与路易斯酸的反应

$$SeCl_4 + HSO_3F \longrightarrow [SeCl_3]^+ + HCl + SO_3F^-$$

图 4.43B　$SeCl_4$ 在氟磺酸中的电离

4. 六氟化硒

（1）六氟化硒的制备

六氟化硒可用硒单质与氮气稀释的氟单质进行化合反应制备，也可用二氧化硒与三氟化溴反应进行制备（图 4.44）。

$$Se + 3F_2 \xrightarrow[\triangle]{N_2} SeF_6$$

$$SeO_2 + 2BrF_3 \xrightarrow{\triangle} SeF_6 + Br_2 + O_2$$

图 4.44　六氟化硒的制备

（2）六氟化硒的物理性质和化学性质

六氟化硒是无色气体，熔点-35℃（2×101325Pa），升华温度-47℃，具有难闻臭味，分子构型为正八面体（O_h 点群），Se—F 键长为 1.69Å。它微溶于水，难于水解，不腐蚀玻璃，略比惰性的 SF_6 活泼。由于硒处于最高氧化态，因此六氟化硒可作氧化剂（和氟化剂）。与 KCl、KBr 在加热下反应，而与 KI 室温即可反应（图 4.45A）。由于产生单质碘，因此碘量法可用于 SeF_6 的定量分析。

$$SeF_6 + 6KCl \xrightarrow{\triangle} SeCl_4 + 6KF + Cl_2$$

$$SeF_6 + 6KI \longrightarrow Se + 6KF + 3I_2$$

图 4.45A　六氟化硒的还原反应（一）

六氟化硒与氨在加热下可还原成单质硒，与碱金属在加热下反应生成碱金属的硒化物和氟化物（图 4.45B）。有趣的是不活泼的 SeF_6 在室温下即可与汞、硒反应（图 4.45C）。

$$SeF_6 + 8M \xrightarrow{\triangle} M_2Se + 6MF$$
$$(M = Li, Na, K)$$

$$SeF_6 + 2NH_3 \xrightarrow{\triangle} Se + 6HF + N_2$$

图 4.45B　六氟化硒的还原反应（二）

$$SeF_6 + 6Hg \longrightarrow 3Hg_2F_2 + Se$$

$$2SeF_6 + Se \longrightarrow 3SeF_4$$

图 4.45C　六氟化硒的还原反应（三）

五、氧化硒

硒与氧能形成多种氧化物，研究最为深入的是二氧化硒和三氧化硒。它们的热力学数据总结于表 4.6。

表 4.6　氧化硒的热力学数据

项目	SeO$_2$	SeO$_3$
熔点/℃	340（封管）	118
沸点/℃	315（升华）	100（5.3 kPa）
升华焓$\Delta_{sub}H°$/(kJ/mol)	102.5	37.66
生成焓$\Delta_f H°$/(kJ/mol)	−230.1	−184.1
生成自由能$\Delta_f G°$/(kJ/mol)	−174.1	—
密度/(g/cm^3)	3.95	2.75（118℃）

1. 二氧化硒的制备及其物理性质

硒在空气中燃烧或将硒溶于热的 6mol/L 的硝酸，将制得的亚硒酸在 150℃下脱水，可得到二氧化硒，再真空升华得到纯二氧化硒。二氧化硒是白色挥发性固体，有腐败味，常压下 315℃升华[33]。在气态下，微波谱测定二氧化硒是弯曲型分子，其中键长 1.61Å，键角 113°。除单体分子外，气相中存在少量的二聚体（图 4.46）。二氧化硒在固态结晶为四方晶系，晶胞参数 a=8.353Å，b=5.051Å；借氧桥形成无限长链（图 4.46），Se—O 键长 1.78Å，Se＝O 键长 1.73Å；O—Se=O 键角 90°，O—Se—O 键角 98°，Se—O—Se 键角 125°。

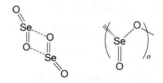

图 4.46　二聚体 $(SeO_2)_2$ 和无限长链 $(SeO_2)_n$

2. 二氧化硒的化学性质

二氧化硒是酸性氧化物，易溶于水生成亚硒酸，溶于硝酸或 50%的双氧水生成硒酸，在 0℃下与 100%的双氧水反应生成过氧亚硒酸 HOSe(O)OOH，溶于 100%的硫酸溶液呈亮绿色，生成含有多硒正离子 Se_8^{2+} 的溶液。二氧化硒与碳酸钾在室温的甲醇中反应放出二氧化碳生成亚硒酸钾甲酯 KO_2SeOMe，它的 N-甲基咪唑盐衍生物是胺生成取代尿素的催化剂[40]，$2SeO_2+K_2CO_3+2HOCH_3 \rightarrow 2KO_2SeOMe+H_2O+CO_2$。二氧化硒与 SO_3 在封管中熔融反应生成 $(SeO)SO_4$，这是白色易潮解的固体，易水解为亚硒酸和硫酸，加热则分解放出 SO_3。二氧化硒作为酸性氧化物，可与金属氧化物或硫化物高温反应，生成亚硒酸或硒酸盐。与 UO_2 生成 $(UO)SeO_3$，与 PbO_2 生成硒酸铅 $PbSeO_4$。但对于其它反应，产物甚为复杂。

二氧化硒具有路易斯酸性，与 KF 熔融反应生成氟基亚硒酸钾 $KSeO_2F$。二氧化硒有中强的氧化性，易与 NH_3、NH_2OH、N_2H_4、H_2S 的水溶液、SO_2 的水溶液、液态 SO_2 的吡啶溶液反应，生成单质硒（图 4.47）。这些反应可以用来合成纳米硒，有气体产生的反应能用于空心纳米球的制备。

$$SeO_2 + N_2H_4 \longrightarrow Se + N_2 + 2H_2O$$
$$SeO_2 + 2NH_2OH \longrightarrow Se + N_2O + 3H_2O$$
$$SeO_2 + 2SO_2 + 2H_2O \longrightarrow Se + 2H_2SO_4$$

图 4.47　二氧化硒与无机还原剂的反应

二氧化硒作为温和的氧化剂常常用于有机合成中。二氧化硒与丙二腈在 DMSO 中室温反应 30min，放出二氧化碳和氮气，以 85%的产率提供二氰化三硒（triselenium dicyanide，TSD）（图 4.48）[41]。TSD 可用于芳环的硒氰化反应，例如它与苯胺反应得到 4-$H_2NC_6H_4SeCN$。

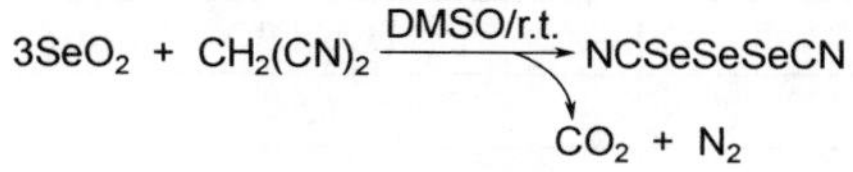

$$3SeO_2 + CH_2(CN)_2 \xrightarrow{DMSO/r.t.} NCSeSeSeCN$$
$$\searrow$$
$$CO_2 + N_2$$

图 4.48　二氧化硒与丙二腈的反应

二氧化硒可氧化醛、酮羰基 α-位的亚甲基、甲基成羰基，常用含水的 1,4-二氧六环、乙酸、乙腈、乙醇等作溶剂，在溶剂回流温度下反应。这是制备 α-二酮香料的一个重要反应。为防止 α-位 C—H 氧化成醇，应采用稍过量的二氧化硒。水的存在会加速氧化反应。α-位氧化反应是亲核消除机理：首先二氧化硒与水生成亚硒酸，然后与酮的烯醇式形成亚硒酸酯，继而发生 [2,3]-σ 键迁移重排（[2,3]-SR），最后进行 β-消除反应得到 1,2-二羰基化合物。由于二氧化硒脱氢生成 α,β-不饱和酮与羰基的 α-位氧化具有类似的中间体，在反应物结构许可的情况下，这两个反应存在竞争。采用叔丁醇、芳烃等溶剂则有利于生成 α,β-不饱和酮。(+)-樟脑（camphor）在乙酸酐中与二氧化硒回流 14h 以 96%产率得到黄色的二酮（camphorquinone）（图 4.49）。在对甲苯磺酸（*p*-toluenesulfonic acid，TsOH 或 PTSA）催化下，二氧化硒在伯、仲醇 R′OH 中加热（40～60℃）氧化甲基酮 RCOCH₃ 以良好的产率提供 α-羰基缩醛 RCOCH(OR′)₂[42]。

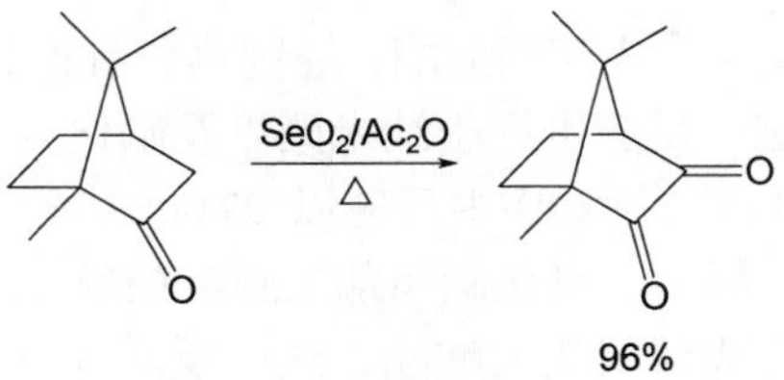

图 4.49　二氧化硒氧化樟脑

二氧化硒也能氧化烯丙位 C—H 键成烯丙醇（图 4.50A），其机理为：二氧化硒与烯进行烯反应，然后脱水生成烯丙基亚硒酸，继而进行[2,3]-σ 键迁移重排（[2,3]-SR）得到烯丙基次硒酸酯，最后烯丙基次硒酸酯水解得到烯丙醇（图 4.50B）。

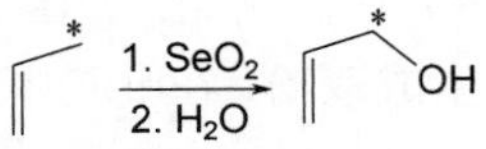

图 4.50A　二氧化硒氧化烯丙位 C—H 键

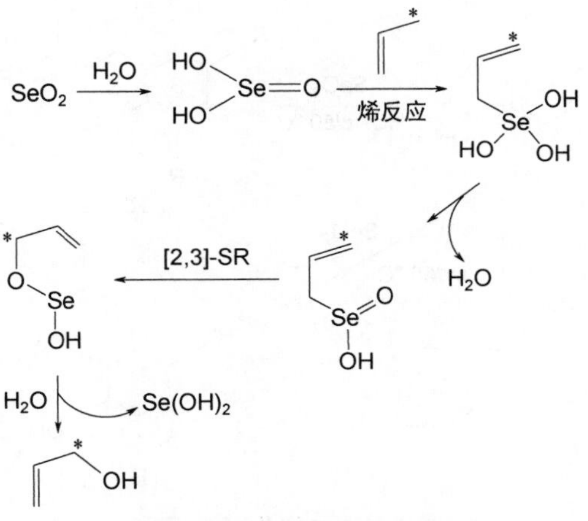

图 4.50B　二氧化硒氧化烯丙位 C—H 键的反应机理

这一反应已发展为以过氧化氢为氧化剂的催化反应。例如，β-蒎烯（β-pinene）在催化量的二氧化硒存在下用过氧化氢进行烯丙位氧化，以 49%～55%产率得到松香芹醇（pinocarveol）（图 4.50C）。

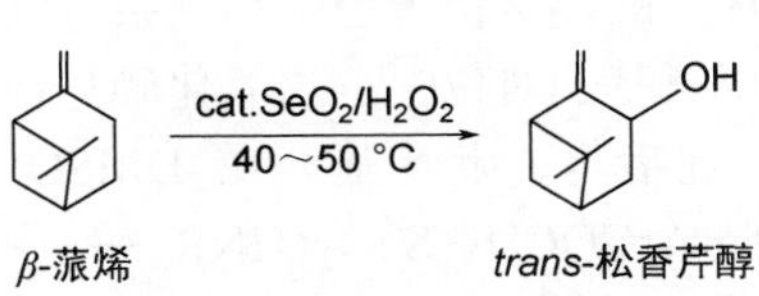

β-蒎烯　　　　　　　　　*trans*-松香芹醇

图 4.50C　二氧化硒氧化 β-蒎烯

二氧化硒与烯烃在高温（200～300℃）下反应生成邻二羰基化合物同时产生单质硒（图 4.51）。这个反应已用于十八烯（油烯）制备纳米硒化合物材料中。

$$2RCH{=\!\!=}CHR' + 3SeO_2 \xrightarrow{\triangle} 2RCOCOR' + 3Se + 2H_2O$$

图 4.51　二氧化硒与烯烃的反应

二氧化硒与醇在加热下反应生成亚硒酸酯，经过热分解得到醛（从伯醇）、酮（从仲醇），同时产生单质硒（图 4.52）。这一反应可用于纳米硒以及硒化合物纳米材料的制备，也能用于高纯硒的制备。邻二苄醇在 1,4-二氧六环中反应以 97%产率得到亚硒酸酯，在 180℃加热分解以 89%产率得到相应的邻二醛。二氧化硒与邻二醇如糖醇（赤藓糖醇、甘露糖醇等）在环己烷、苯、甲苯中回流分水生成环状亚硒酸酯，这一反应提供了硒修饰糖类的一种方法。

$$2RCH_2OH + SeO_2 \xrightarrow[-H_2O]{\triangle} (RCH_2O)_2SeO \xrightarrow[-H_2O]{\triangle} 2RCHO + Se$$

图 4.52　二氧化硒与伯醇的反应

二氧化硒可氧化酚，反应产物依赖于溶剂，在乙酸中 50℃反应生成双酚，在吡啶（py）中 55℃反应形成二芳基硒醚（图 4.53）[43]。例如，二氧化硒与 2,4-二甲基苯酚（投料摩尔比 0.6∶1）在乙酸中反应以 61%的产率生成双酚，在吡啶中反应以 56%的产率提供二芳基硒醚。

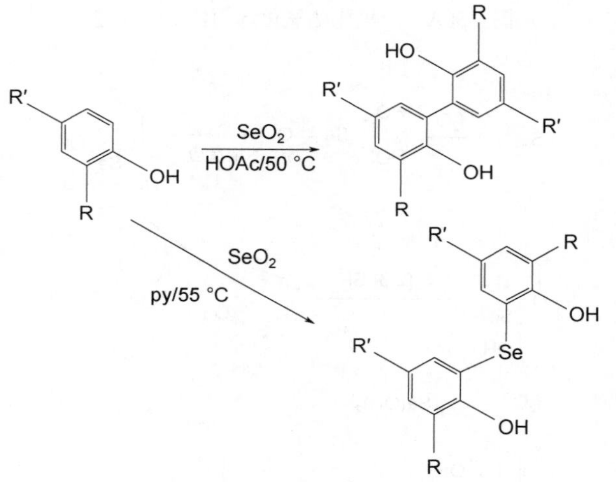

图 4.53　二氧化硒氧化酚

在对甲苯磺酸催化下，二氧化硒与有 α-氢的酮以及富电子芳烃 ArH 如酚、茴香醚的三组分反应（烷基芳基酮，60℃；脂肪酮，室温）生成 α-芳硒基酮：对存在两种 α-氢的不对称酮，反应具有区位选择性，取代发生在酮的多取代 α-位，RCOCH$_2$R′+SeO$_2$+ArH $\longrightarrow$ RCOCH(SeAr)R′+H$_2$O；硒在芳环上的连接位置遵守环上亲电取代反应的定位效应规律——在强的第一类定位基如酚羟基或甲氧基的对位[44]。二氧化硒与仲胺和甲基芳基酮（芳基=苯基、取代苯基、呋喃基、噻唑基、吡咯基、吡啶基）在 DMSO 中室温进行 α-硒酰胺化反应（α-selenoamidation）得到硒酰胺 ArCOCH$_3$+SeO$_2$+HNR$_2$ $\longrightarrow$ ArCOCSeNR$_2$+2H$_2$O[45]。

二氧化硒与吲哚在乙醇中反应提供 3,3′-二吲哚硒醚（图 4.54）[46]。

二氧化硒与卡巴腙反应生成 1,2,3-硒二唑，这类杂环化合物热分解可用于制备炔烃。一个有趣的例子是最小的环炔——环辛炔的制备：环辛酮与氨基脲缩合得到相应的酮腙，经氧化加热分解制得环辛炔（图 4.55）。

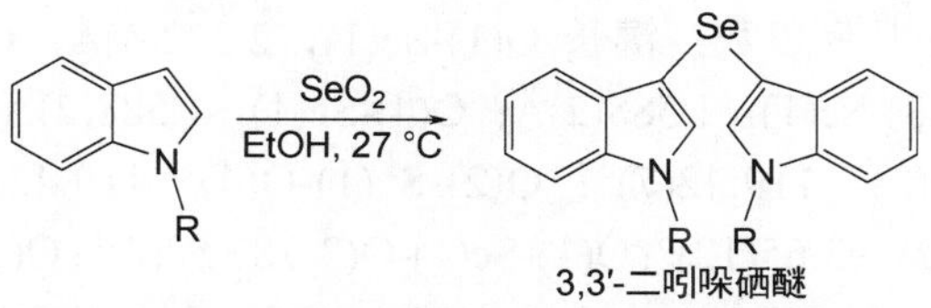

R = H, Me, Bn, Me$_2$CH, CH$_2$=CH—CH$_2$, CH$_3$CHCO$_2$Et, CH$_2$CN, CH$_2$CH$_2$CH$_2$Cl, Ph

图 4.54　二氧化硒与吲哚的反应

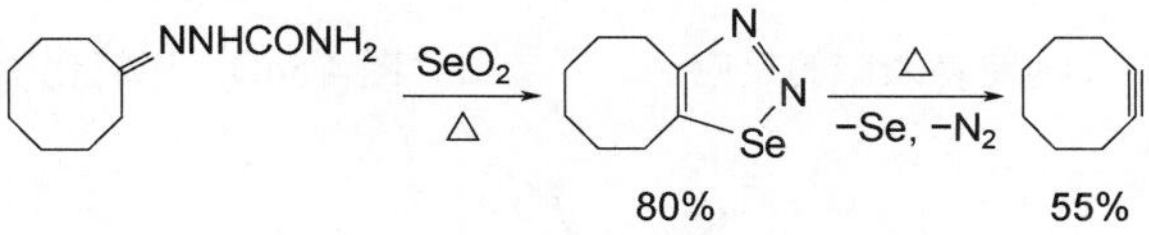

图 4.55　环辛炔的制备

3. 三氧化硒的制备及其物理性质

将硒酸 H$_2$SeO$_4$ 和脱水剂五氧化二磷 1：1 的混合物在 120℃真空升华脱水可制得三氧化硒。回流无水硒酸钾和三氧化硫的混合物，混合物为两层，上层为溶有三氧化硒的三氧化硫，下层为焦硫酸钾（K$_2$S$_n$O$_{3n+1}$）的混合物。分出上层，蒸发除掉三氧化硫得到三氧化硒。

三氧化硒是吸湿性的白色固体，熔点 118℃。固态三氧化硒有两种构型，稳定构型是具有 S_4 对称性的环状四聚体。由蒸气冷凝或由熔液缓慢固化得到介稳 D_{2d} 对称性的四聚体。

在气态，部分以单分子 SeO$_3$ 存在。它可溶于乙醚、1,4-二氧六环、乙酸酐、硝基甲烷和液态二氧化硫。

4. 三氧化硒的化学性质

三氧化硒快速溶解于水生成硒酸，溶于碱性溶液生成相应的硒酸盐。它具有氧化性，在乙醚中可被 S 和 H$_2$S 还原为单质硒。三氧化硒不稳定，在 N$_2$ 气氛或 O$_2$ 气氛下加热分解生成五氧化二硒，在温热下与氟磺酸反应生成硒酰氟，与焦硫酸作用发生硒和硫的交换反应，与硒酰氟作用，四聚体开环，生成二氟化五氧化二硒（图 4.56A）。

三氧化硒具有路易斯酸性，与叔胺如吡啶、喹啉、三甲胺形成 1：1 或 1：2 的加合物。这些加合物在强酸性介质中形成导电溶液。py·SeO$_3$、Me$_3$N·SeO$_3$ 具有对称性 C_{3v}。它与 HF 反应生成氟硒酸，与碱金属氟化物共热生成氟硒酸盐（图 4.56B）。

$$4SeO_3 \xrightarrow{\triangle} 2Se_2O_5 + O_2$$
$$SeO_3 + 2HSO_3F \xrightarrow{\triangle} SeO_2F_2 + H_2S_2O_7$$
$$SeO_3 + SeO_2F_2 \longrightarrow Se_2O_5F_2 \qquad SeO_3 + MF \longrightarrow MSeO_3F$$

图 4.56A　三氧化硒的反应　　　　　图 4.56B　三氧化硒作为路易斯酸的反应

三氧化硒具有路易斯碱性，在二氧化硫溶液中，与砷、锑的氯化物 ECl$_3$ 形成加合物。在这些加合物中 SeO$_3$ 是氧原子给体（图 4.56C）。

在二氧化硫溶液中，三氧化硒与醇 ROH 反应形成硒酸单烷基酯（图 4.56D）。三氧化硒与甲醚反应，生成硒酸二甲酯；与甲醚形成(Me$_2$O)$_2$·SeO$_3$、与乙醚形成(Et$_2$O)·SeO$_3$。它们都是热不稳定的，易转变为相应的硒酸二烷基酯，在溶液中的反应经 ^{1}H NMR 和 ^{77}Se NMR 跟踪证实[47]。在加合物(Me$_2$O)$_2$·SeO$_3$（图 4.57）中，硒具有不规则的三角双锥配位构型，醚氧与硒的键长大于处于平伏位的硒氧键。(Me$_2$O)$_2$·SeO$_3$ 结晶于 $Pnma$ 空间群，加合物

（CSD：WABNUJ）分子的几何参数：键长 O(1)-Se(1)，2.272(3)Å；O(5)-Se(1)，2.240(3)Å；O(2)-Se(1)，1.582(3)Å；O(3)-Se(1)，1.588(2)Å；O(4)-Se(1)，1.588(2)Å；键角 O(1)-Se(1)-O(5)，172.01(9)°；O(2)-Se(1)-O(3)，119.42(7)°；O(2)-Se(1)-O(4)，119.42(7)°；O(3)-Se(1)-O(4)，121.15(11)°；O(1)-Se(1)-O(2)，93.65(12)°；O(1)-Se(1)-O(3)，87.58(8)°；O(1)-Se(1)-O(4)，87.58(8)°；O(2)-Se(1)-O(5)，94.34(13)°；O(3)-Se(1)-O(5)，88.50(8)°；O(4)-Se(1)-O(5)，88.50(8)°。

$$SeO_3 + ECl_3 \longrightarrow Cl_3EOSeO_2$$
$$(E = As, Sb)$$

图 4.56C　三氧化硒作为路易斯碱的反应

$$SeO_3 + ROH \longrightarrow ROSeO_2OH$$
$$SeO_3 + Me_2O \longrightarrow (MeO)_2SeO_2$$

图 4.56D　三氧化硒与醇、醚的反应

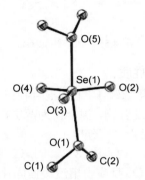

图 4.57　$(Me_2O)_2 \cdot SeO_3$ 的分子结构

　　三氧化硒作为亲电试剂与苯及其衍生物进行环上亲电取代反应生成芳基硒酸（图 4.58），伴随产生副产物，二芳基硒砜（Ar_2SeO_2）。

$$SeO_3 + Ar-H \longrightarrow ArSeO_3H$$

图 4.58　三氧化硒与苯及其衍生物的反应

参考文献

[1] (a) Greenwood N N, Earnshaw A. Chemistry of the Elements[M]. Oxford: Reed Educational and Professional Publishing Ltd., 2001;
(b) Séby F, Potin-Gautier M, Giffaut E, et al. Chem Geol, 2001, 171(3-4): 173-194.

[2] (a) Cupp-Sutton K A, Ashby M T. Antioxidants, 2016, 5(4): 42. (b) Młochowski J, Syper L, Recupero F, et al. Hydrogen Selenide. Encyclopedia of Reagents for Organic Synthesis[M]. New Jersey: John Wiley & Sons, Ltd., 2007.

[3] Vent-Schmidt T, Andrews L, Thanthiriwatte K S, et al. Inorg Chem, 2015, 54(20): 9761-9769.

[4] Besenyei G, Lee C L, James B R. J Chem Soc Chem Commun, 1986, 1986(24): 1750-1751.

[5] Tanini D, Tiberi C, Gellini C, et al. Adv Synth Catal, 2018, 360(17): 3367-3375.

[6] Chia X, Pumera M. Chem Soc Rev, 2018, 47(15): 5602-5613.

[7] Raevskaya A E, Stroyuk A L, Kuchmiy S Y, et al. Colloids and Surfaces A: Physicochem Eng Aspects, 2006, 290(1-3): 304-309.

[8] DeGroot M W, Taylor N J, Corrigan J F. J Mater Chem, 2004, 14(4): 654-660.

[9] Thompson D P, Boudjouk P. J Org Chem, 1988, 53(9): 2109-2112.

[10] Gray I P, Bhattacharyya P, Slawin A M Z, et al. Chem Eur J, 2005, 11(21): 6221-6227.

[11] O'Neal S C, Kolis J W. J Am Chem Soc, 1988, 110(6): 1971-1973.

[12] Zhang Q F, Leung W H, Xin X. Coord Chem Rev, 2002, 224(1-2): 35-49.

[13] Kihlberg T, Karimi F, Långström B. J Org Chem, 2002, 67(11): 3687-3692.

[14] Ives D J G, Pittman R W, Wardlaw W. J Chem Soc, 1947, 1947(0): 1080-1083.

[15] Barnard D, Woodbridge D T. J Chem Soc, 1961, 1961(0): 2922-2926.

[16] O'Brien P, Otway D J, Walsh J R. Chem Vap Deposition, 1997, 3(4): 227-229.

[17] Klapötke T M, Krumm B, Scherr M. Inorg Chem, 2008, 47(11): 4712-4722.

[18] Mutoh Y. Coordination Chemistry of Organoselenium and Organotellurium Compounds. PATAI's Chemistry of Functional Groups[M]. New Jersey: John Wiley & Sons, Ltd., 2014.

[19] Klapötke T M, Krumm B, Moll R. Compounds of Selenium and Tellurium with Nitrogen Bonds. PATAI'S Chemistry of Functional Groups[M]. New Jersey: John Wiley & Sons, Ltd., 2011.

[20] Georgiev D G, Mitkova M, Boolchand P, et al. Phys Rev B, 2001, 64(13): 134204.

[21] Blachnik R, Baldus H P, Lönnecke P, et al. Angew Chem Int Ed, 1991, 30(5): 605-607.

[22] Blachnik R, Lönnecke P. Phosphorus Sulfur Silicon, 1992, 65(1-4): 103-106.

[23] Monteil Y, Vincent H. Z Anorg Allg Chem, 1977, 428(1): 259-268.

[24] Blachnik R, Wickel U, Schmitt P. Z Narurforsch Teil B, 1984, 39: 1135-1138.

[25] Sarfati J D, Burns G R, Morgan K R. J Non-Cryst Solids, 1995, 188(1-2): 93-97.

[26] Monteil Y, Vincent H. Z Anorg Allg Chem, 1975, 416(2): 181-186.

[27] Penney G T, Sheldrick G M. J Chem Soc A, 1971, 1971(0): 245-248.

[28] Milewska M J, Połoński T. Tetrahedron: Asymmetry, 1999, 10(21): 4123-4128.

[29] Seitz A E, Heinl V, Timoshkin A Y, et al. Chem Commun, 2017, 53(6): 1172-1175.

[30] Vaira M D, Peruzzini M, Stoppioni P. J Organomet Chem, 1983, 258(3): 373-381.

[31] Reiser S, Nilges T, Pfitzner A. Z Anorg Allg Chem, 2003, 629(3): 563-568.

[32] Drake G W, Kolis J W. Coord Chem Rev, 1994, 137: 131-178.

[33] (a) Midura W H, Midura M. Selenium: Inorganic Chemistry. Encyclopedia of Inorganic and Bioinorganic Chemistry[M]. New Jersey: John Wiley & Sons, Ltd., 2014. (b) Housecroft CE, Sharpe AG. Inorganic Chemistry [M]. London: Pearson Education Ltd., 2012.

[34] Jones P G, De Arellano M C R. J Chem Soc Dalton Trans, 1996, 1996(13): 2713-2717.

[35] (a) Maaninen A, Chivers T, Parvez M, et al. Inorg Chem, 1999, 38(18): 4093-4097. (b) Lamoureux M, Milne J. Polyhedron, 1990, 9(4): 589-595.

[36] (a) Braverman S, Cherkinsky M, Kalendar Y, et al. Synthesis, 2014, 46(1): 119-125. (b) Potapov V A, Musalov M V, Kurkutov E O, et al. Molecules, 2020, 25(1): 194. (c) Amosova S V, Penzik M V, Potapov V A, et al. Synlett, 2016, 27(11): 1653-1658.

[37] Klapötke T M, Krumm B, Scherr M, et al. Angew Chem Int Ed, 2007, 46(45): 8686-8690.

[38] Maaninen T, Tuononen H M, Kosunen K, et al. Z Anorg Allg Chem, 2004, 630(12): 1947-1954.

[39] Park S H, Choi J Y, Lee Y H, et al. Chem Asian J, 2015, 10(7): 1452-1456.

[40] Kim H S, Kim Y J, Lee H, et al. Angew Chem Int Ed, 2002, 41(22): 4300-4303.

[41] Redon S, Kosso A R O, Broggi J, et al. Tetrahedron Lett, 2017, 58(28): 2771-2773.

[42] Shangpliang O R, Wanniang K, Kshiar B, et al. ACS Omega, 2019, 4(3): 6035-6043.

[43] Quell T, Mirion M, Schollmeyer D, et al. Chemistry Open, 2016, 5(2): 115-119.

[44] Wanniang K, Shangpliang O R, Marpna I D, et al. J Org Chem, 2020, 85(23): 15652-15659.

[45] Shangpliang O R, Kshiar B, Wanniang K, et al. J Org Chem, 2018, 83(10): 5829-5835.

[46] Talukdar R. Asian J Org Chem, 2019, 8(1): 88-92.

[47] Richtera L, Taraba J, Toužín J. Z Anorg Allg Chem, 2003, 629(4): 716-721.

第五章

硒的多元化合物

第一节　二卤氧化硒

一、二卤氧化硒的制备

二卤氧化硒（$OSeX_2$）有三种制备方法（图 5.1）：①二氧化硒与相应的四卤化物反应（图 5.1A）；②卤素交换反应，蒸馏得到产物（图 5.1B 和图 5.1C）；③对于 $OSeCl_2$，更方便地采用二氧化硒与三甲基氯硅烷的反应以 84%的产率制备（图 5.1D）[1]。

$$SeX_4 + SeO_2 \longrightarrow 2OSeX_2$$
$$(X = F, Cl, Br)$$

图 5.1A　二卤氧化硒的制备

$$OSeCl_2 + 2AgF \longrightarrow OSeF_2 + 2AgCl$$

图 5.1B　二氟氧化硒的制备

$$OSeCl_2 + 2NaBr \longrightarrow OSeBr_2 + 2NaCl$$

图 5.1C　二溴氧化硒的制备

$$SeO_2 + 2Me_3SiCl \longrightarrow OSeCl_2 + (Me_3Si)_2O$$

图 5.1D　二氯氧化硒的制备

二、二卤氧化硒的物理性质

$OSeF_2$ 和 $OSeCl_2$ 是无色的发烟液体，熔点分别为 15℃和 10.9℃，沸点分别为 125℃和 177.2℃，密度分别为 2.80g/cm³（21.5℃）和 2.445g/cm³（16℃）。$OSeBr_2$ 为橙色固体，熔点 41.6℃，沸点 217℃（分解），密度 3.38g/cm³（50℃）。氟代物不溶于四氯化碳，氯代物溶于二硫化碳、氯仿、四氯化碳等溶剂。溴代物易溶于苯、甲苯、二甲苯以及二硫化碳，微溶于四氯化碳。$OSeX_2$ 分子呈三角锥几何构型，属于 C_s 点群。$OSeCl_2$ 有较高的介电常数（ε_r=46.2）和偶极矩（在苯中 8.74×10^{-30}C·m，2.61D），在液态存在离解平衡（图 5.2），是许多金属卤化物的优良溶剂。

$$2OSeCl_2 \rightleftharpoons OSeCl^+ + OSeCl_3^-$$

图 5.2　$OSeCl_2$ 的电离平衡

三、二卤氧化硒的化学性质

Se—X 键是极性键，易受亲核试剂如水、醇、胺和羧酸盐等的进攻，发生卤素被取代的反应。三者都易水解生成亚硒酸和卤化氢（图 5.3），可用作卤化剂和氧化剂。

$$OSeX_2 + 2H_2O \longrightarrow H_2SeO_3 + 2HX$$
$$(X = F, Cl, Br)$$

图 5.3 $OSeX_2$ 的水解反应

$OSeCl_2$ 与胺在低温下反应，生成氨基衍生物（图 5.4）。氨基衍生物与醇 R'OH 进行配体交换反应可用于合成亚硒酸酯 $OSe(OR')_2$。

$$OSe(NR_2)_2 \xrightarrow[2R'OH]{2H_2O} \begin{array}{l} H_2SeO_3 + 2NHR_2 \\ OSe(OR')_2 + 2NHR_2 \end{array}$$

$$OSeCl_2 + 4HNR_2 \longrightarrow OSe(NR_2)_2 + 2R_2NH_2Cl$$

图 5.4A $OSeCl_2$ 的氨解反应   图 5.4B $OSe(NR_2)_2$ 的水解以及醇解反应

$OSeCl_2$ 与叔丁胺 ${}^tBuNH_2$（1∶3）在乙醚中于 −10℃ 下反应以 90% 产率得到橙色油状物 ${}^tBuNSeO$。$OSeCl_2$ 与乙酸钠、草酸银发生取代卤素的反应（图 5.5）。

$$OSeCl_2 + 2NaOAc \longrightarrow OSe(OAc)_2 + 2NaCl$$

$$OSeCl_2 + Ag_2C_2O_4 \longrightarrow OSe(C_2O_4) + 2AgCl$$

图 5.5A $OSeCl_2$ 与乙酸钠的反应   图 5.5B $OSeCl_2$ 与草酸银的反应

$OSeCl_2$ 与邻二芳伯胺在沸腾的甲苯中反应形成苯并硒二唑杂环化合物（图 5.6）。

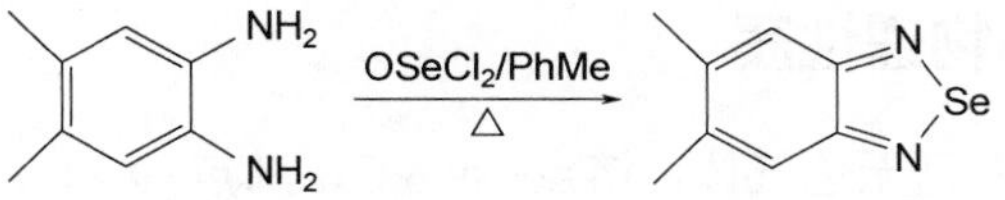

图 5.6 $OSeCl_2$ 与邻二芳伯胺的反应

$OSeCl_2$ 与富电子芳烃（如苯甲醚、N,N-二甲基苯胺）发生环上亲电取代反应，得到二卤硒化物（图 5.7），经还原可制备二芳基硒醚。与酮反应，生成不稳定产物。

$$ROC_6H_5 + OSeCl_2 \longrightarrow (ROC_6H_4)_2SeCl_2 + H_2O$$

图 5.7 $OSeCl_2$ 与富电子芳烃的反应

$OSeCl_2$ 能与金属如碱金属、碱土金属和过渡金属和非金属如单质硫、磷等反应，将它们转化为氯化物（图 5.8）。

$$4OSeCl_2 + 6K \longrightarrow Se_2Cl_2 + 2SeO_2 + 6KCl$$

$$4OSeCl_2 + 3Cu \longrightarrow Se_2Cl_2 + 3CuCl_2 + 2SeO_2$$

图 5.8A $OSeCl_2$ 与金属钾的反应   图 5.8B $OSeCl_2$ 与金属铜的反应

$$2OSeCl_2 + 3S \longrightarrow Se_2Cl_2 + S_2Cl_2 + SO_2$$

图 5.8C $OSeCl_2$ 与单质硫的反应

作为氯化剂，$OSeCl_2$ 能与许多金属氧化物反应将它们转化为氯化物（图 5.9）。类似地，氧化银、氧化亚铁则得到氯化银、氯化亚铁。与硫化氢或氨气反应，可还原或部分还原为硒（图 5.10）。

$$OSeCl_2 + CuO \longrightarrow SeO_2 + CuCl_2$$

图 5.9 $OSeCl_2$ 与氧化铜的反应

$$OSeCl_2 + 2H_2S \longrightarrow Se + 2S + H_2O + 2HCl \qquad 6OSeCl_2 + 16NH_3 \longrightarrow 3Se + 3SeO_2 + 12NH_4Cl + 2N_2$$

图 5.10A　OSeCl$_2$ 与硫化氢的反应　　　　图 5.10B　OSeCl$_2$ 与氨的反应

作为弱的路易斯碱，OSeCl$_2$ 能与四氯化锡、五氯化锑、三氧化硫分别形成 2∶1、1∶1、1∶1 的加合物；作为弱的路易斯酸，OSeCl$_2$ 与吡啶和氧化三苯膦分别生成 2∶1 和 1∶1 的加合物，与 KCl 形成加合物 KOSeCl$_3$。

第二节　二氟二氧化硒

一、二氟二氧化硒的制备

二氟二氧化硒有三种制备方法（图 5.11）：①无水硒酸或硒酸钡与氟磺酸回流；②三氧化硒与 SeF$_4$ 在加热下反应；③三氧化硒与 KBF$_4$ 在加热下反应。生成的气体用冷阱捕集然后分馏提纯得到二氟二氧化硒。

$$H_2SeO_4 + 2HSO_3F \xrightarrow{\triangle} O_2SeF_2 + 2H_2SO_4 \qquad SeO_3 + KBF_4 \xrightarrow{\triangle} O_2SeF_2 + KBOF_2$$

图 5.11A　O$_2$SeF$_2$ 的制备（一）　　　　图 5.11B　O$_2$SeF$_2$ 的制备（二）

二、二氟二氧化硒的物理性质

二氟二氧化硒 O$_2$SeF$_2$ 是无色气体，熔点 -99.6℃，沸点 -9.4℃，气化焓 28.334kJ/mol。分子构型为四面体，C_{2v} 点群。

三、二氟二氧化硒的化学性质

O$_2$SeF$_2$ 不腐蚀玻璃，易水解生成硒酸。与氨剧烈反应，还原为单质硒，是强氧化剂。与 100%HNO$_3$ 反应，生成氟硒酸硝鎓盐[NO$_2$]$^+$[SeO$_3$F]$^-$。O$_2$SeF$_2$ 与酸式硒酸盐进行复分解反应，生成氟硒酸盐和氟硒酸 HSeO$_3$F；与二烷基硒酸酯(RO)$_2$SeO$_2$ 进行再分配反应，生成(RO)SeO$_2$F（图 5.12）。O$_2$SeF$_2$ 与 SeO$_2$ 和 SeO$_3$ 进行加合反应生成 O$_2$Se(F)OSe(O)F 和 Se$_2$O$_5$F$_2$；O$_2$SeF$_2$ 具有路易斯酸性，能与吡啶和叔胺形成组成为 1∶1 型的加合物。

$$(RO)_2SeO_2 + O_2SeF_2 \longrightarrow 2(RO)SeO_2F$$

图 5.12　O$_2$SeF$_2$ 与二烷基硒酸酯的反应

第三节　含氧酸及其盐

一、亚硒酸及其盐

将二氧化硒溶解于少量的水，在水浴上缓慢蒸发结晶，得到白色的亚硒酸（图 5.13）。亚硒酸结晶于正交晶系，晶胞参数 $a=9.132$Å，$b=5.988$Å，$c=5.091$Å，$Z=4$，$\rho=3.07$g/cm^3。

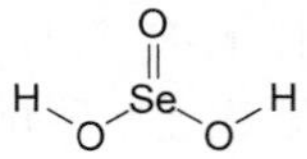

$$H-O-\underset{O}{\overset{O}{Se}}-O-H$$

图 5.13 亚硒酸的结构

亚硒酸极易溶解于水，浓度超过 4mol/L 时有二聚作用。固态的亚硒酸加热至 150℃脱水生成 SeO_2。

亚硒酸是二元酸，pK_{a_1}=2.70±0.06，pK_{a_2}=8.54±0.04，其酸性弱于亚硫酸，但强于乙酸。与碱能生成正盐或酸式盐。亚硒酸的碱金属以及铵盐，可由化学计量的碳酸盐或氢氧化物中和或部分中和亚硒酸溶液，蒸发结晶获得。它们是白色易潮解的晶体，易溶于水，从水中结晶得到水合物，这些水合物在干燥空气中易于风化，失去结晶水，最终得到无水盐。亚硒酸铵不稳定易失去 NH_3，得到亚硒酸氢铵，加热则完全分解。

其它金属的亚硒酸盐和酸式盐可用金属氧化物或盐从亚硒酸或亚硒酸钠的水溶液中沉淀而得，例如以 Bi_2O_3 和 SeO_2 为试剂通过水热反应可合成 $Bi(SeO_3)(HSeO_3)$；无水亚硒酸盐可以通过加热相关的金属氧化物与二氧化硒形成。它们难溶于水，部分难溶亚硒酸盐的溶度积常数列于表 5.1[2]。

表 5.1　亚硒酸盐的溶度积常数（pK_{sp}）

化合物	溶度积 pK_{sp}（20 ℃）	化合物	溶度积 pK_{sp}（20 ℃）
$Fe_2(SeO_3)_3$	30.7±0.5	$HgSeO_3$	18.4±0.3
$CoSeO_3$	6.8±0.3	$Ce_2(SeO_3)_3$	28.43±0.04
$NiSeO_3$	5.00±0.04	$CuSeO_3$	7.68±0.35

注：资料来源于 Séby F. *Chem. Geol.*, **2001**, 171, 173。

碱金属或碱土金属以及 d^0 过渡金属盐由配位八面体金属离子和亚硒酸根组成。单晶 X 射线衍射结果表明，$PdSeO_3$ 是由平面配位的 Pd^{2+} 离子和锥体 SeO_3^{2-} 组成的层状结构。

由于亚硒酸根具有多种可变的配位方式，基于亚硒酸盐的框架结构引起了人们的兴趣。亚硒酸根的锥体配位方式导致金属亚硒酸盐易于在非中心对称环境中结晶，产生有趣的物理性质，如非线性光学的二次谐波。

具有重要合成用途的亚硒酸盐是亚硒酸钠：硫粉在亚硒酸钠的水溶液中回流生成硫代硒酸钠，超过 30min 则异构为稳定的硒代硫酸钠（图 5.14）；亚硒酸钠与甲酸、乙酸（或丙二酸）和丙酸在紫外光照射下反应分别生成硒化氢、甲硒醚和乙硒醚（R=C_nH_{2n+1}；n=0、1、2）[3]：
$$2RCO_2H+Se(\text{IV})+h\nu \longrightarrow R_2Se+2CO_2+H_2.$$

$$S + Na_2SeO_3 \xrightarrow[<30\ min]{\triangle} Na_2SSeO_3 \xrightarrow{\triangle} Na_2SeSO_3$$

图 5.14　亚硒酸钠与单质硫的反应

亚硒酸也具有碱性，溶于 70%高氯酸得到氧质子化的高氯酸盐（图 5.15），其中正离子具有 C_{3v} 构型和强的 Se—O 键。

$$H_2SeO_3 + HClO_4 \longrightarrow (HO)_3Se^+ClO_4^-$$

图 5.15　亚硒酸的质子化

亚硒酸是中强的氧化剂，在酸性条件下的标准电极电势为 0.74V。能与还原剂 SO_2、H_2S、

$SC(NH_2)_2$、KI、$Na_2S_2O_3$、NH_3、NH_2OH、N_2H_4 等反应生成单质硒，用于硒的定量化学分析。与金属反应，视金属活性不同得到单质硒或金属硒化物。能被醇、甲醛、甲酸、乙酸、草酸、酒石酸、葡萄糖等有机物还原成单质硒。这些反应已被设计用于合成纳米硒以及纳米硒化物。

与 O_3、Cl_2、$KMnO_4$ 等强氧化剂反应，被氧化成硒酸。与邻芳二胺（如邻苯二胺、2,3-萘二胺）反应生成有色的硒二唑杂环化合物，可用于硒的分光光度测定。

二、硒酸及其盐

硒酸（图 5.16）及其盐的性质与硫酸及其盐的性质非常相似。硒酸盐与硫酸盐常常是异质同晶的。将二氧化硒溶解于水，再加 30%～50%过氧化氢水溶液，回流 12h，减压蒸发浓缩，冷却，得到结晶 H_2SeO_4。用卤素氧化亚硒酸银在水中的悬浮液，过滤除去卤化银沉淀，浓缩滤液，冷却结晶收获 H_2SeO_4 晶体（图 5.17）。

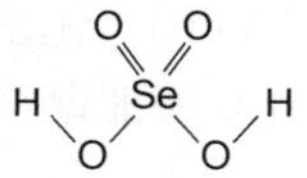

图 5.16　硒酸的结构

$$Ag_2SeO_3 + X_2 + H_2O \longrightarrow H_2SeO_4 + 2AgX$$

图 5.17　硒酸的制备

无水硒酸是易潮解的白色固体，可减压蒸馏，常压加热可分解释放氧气；加热脱水可生成焦硒酸 $H_2Se_2O_7$（pyroselenic acid）和三硒酸 $H_4Se_3O_{11}$（triselenic acid）。固体的结构经 X 射线单晶衍射测定：在固态，每个 SeO_4 四面体通过四个[O—H···O]氢键与相邻的 SeO_4 四面体相连，形成层状结构。硒酸是二元强酸，$pK_{a_1}=-2.01\pm0.06$，$pK_{a_2}=1.8\pm0.1$；能形成正盐和酸式盐，部分硒酸盐的溶度积常数列于表 5.2[2]。

表 5.2　硒酸盐的溶度积常数（pK_{sp}）

化合物	溶度积 pK_{sp}（25℃）	化合物	溶度积 pK_{sp}（25℃）
$Fe_2(SeO_4)_3$	23.19	$CuSeO_4$	7.05
$FeSeO_4$	6.52	Cu_2SeO_4	7.93
$CoSeO_4$	6.51	$Al_2(SeO_4)_3$	21.46
$NiSeO_4$	6.62	$PbSeO_4$	6.84
$MnSeO_4$	6.08	$CaSeO_4$	4.77
$ZnSeO_4$	6.73	$BaSeO_4$	7.46

注：资料来源于 F. Séby, M. Potin-Gautier, E. Giffaut, et al. *Chem. Geol.*, **2001**, 171, 173。

硒酸能溶解硫属单质，形成多核正离子（S_8^{2+}、Se_4^{2+}、Te_4^{2+}）的有色溶液。硒酸与 SO_3 反应形成加合物 $H_2SeO_4 \cdot nSO_3$（$n=1$、2）。与 SeO_3 形成焦硒酸 $H_2Se_2O_7$ 和多硒酸。硒酸是强氧化剂，98%的浓硒酸与金加热到 154℃反应 13h，可得到 $Au_2(SeO_4)_3$ 的金黄色晶体。与浓的氢卤酸反应则被还原成亚硒酸并游离出卤素单质（图 5.18）。因此，浓硒酸与浓盐酸的混合物像王水一样能溶解铂和金。与 S、SO_2、H_2S、羟胺、苯肼、甲酸、草酸、丙二酸等反应，被还原为单质硒。此外，浓硒酸能碳化有机物。

$$H_2SeO_4 + 2HX \Longrightarrow H_2SeO_3 + H_2O + X_2$$

图 5.18　硒酸与氢卤酸的反应

正如表 2.36 所总结的，硒酸根具有多种配位方式，可作螯合配体、桥连配体。与相应的硫酸根配合物不同，含有硒酸根桥连配体的双核过氧钨酸盐，(^{n}Bu$_4$N)$_2$[SeO$_4$\{WO(O$_2$)$_2$\}$_2$]，它具有催化活性，其合成方法如下：将 H$_2$WO$_4$（1.75g，7mmol）悬浮于 15% 的 H$_2$O$_2$ 水溶液中（9.25mL，42mmol），在 32℃ 下搅拌 30min，得到淡黄色溶液。溶液经过滤除去不溶性物质，然后加入 80% H$_2$SeO$_4$（2.1mL，28mmol）。在 0℃ 下搅拌 60min 后，一次性加入过量 ^{n}Bu$_4$NNO$_3$（3.05g，10mmol）。在 0℃ 下，继续搅拌 30min 后，过滤收集白色沉淀，用过量的水和乙醚洗涤。干燥后，将粗产物（0.2g，加一滴过氧化氢）的乙腈（1mL）溶液冷却至 4℃，通过乙醚蒸气扩散到乙腈溶液中，得到无色的片状晶体。产率：55%（基于粗产物，0.11g）。^{183}W NMR（11.20MHz，CD$_3$CN，298K，Na$_2$WO$_4$）：−569.2。^{77}Se NMR（51.30MHz，CD$_3$CN，298K，Me$_2$Se）：1046.4。UV/Vis（CD$_3$CN）：λ_{max}（ε），256.2nm（1258）。IR（KCl）：972cm^{-1}，915cm^{-1}，884cm^{-1}，864cm^{-1}，847cm^{-1}，831cm^{-1}，779cm^{-1}，739cm^{-1}，698cm^{-1}，654cm^{-1}，593cm^{-1}，576cm^{-1}，520cm^{-1}，463cm^{-1}，393cm^{-1}，371cm^{-1}。Raman：987cm^{-1}，974cm^{-1}，922cm^{-1}，884cm^{-1}，868cm^{-1}，838cm^{-1}，783cm^{-1}，599cm^{-1}，583cm^{-1}，542cm^{-1}，398cm^{-1}，336cm^{-1}，306cm^{-1}，264cm^{-1}。正离子 MS(CSI)：m/z，1398[(^{n}Bu$_4$N)$_3$SeO$_4$\{WO(O$_2$)$_2$\}$_2$]$^+$，2554[(^{n}Bu$_4$N)$_5$\{SeO$_4$\{WO(O$_2$)$_2$\}$_2$\}$_2$]$^+$，3709[(^{n}Bu$_4$N)$_7$\{SeO$_4$\{WO(O$_2$)$_2$\}$_2$\}$_3$]$^+$。C$_{32}$H$_{72}$N$_2$O$_{14}$SeW$_2$ 元素分析计算值（%）((^{n}Bu$_4$N)$_2$[SeO$_4$\{WO(O$_2$)$_2$\}$_2$])：C，33.26；H，6.28；N，2.42；Se，6.83；W，31.82（实验值：C，33.21；H，6.30；N，2.48；Se，6.53；W，31.21）。

用 H$_2$O$_2$ 作为氧化剂，这一具有 SeO$_4^{2-}$ 桥连配体的配合物是有效的均相催化剂，能选择性催化氧化各种有机物如烯烃、醇和胺。通过动力学、机理学和光谱学研究，发现它是环氧化反应中的活性物质，氧从化合物 I 转移到 C=C 双键是反应的速率决定步骤（图 5.19）[4]（氧化环己烯的动力学参数：E_a=40.2kJ/mol，ln$A$=12.1，$\Delta H^{\neq}$(298K)=37.7kJ/mol，$\Delta S^{\neq}$(298K)=−152.8J/(mol·K)，$\Delta G^{\neq}$(298K)=83.2kJ/mol）。此外，这一过氧钨酸盐也能高效催化过氧化氢（30%的水溶液）氧化硫醚为亚砜[5]。

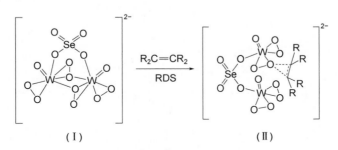

图 5.19　烯烃环氧化的速率决定步骤

三、卤基含氧酸及其盐

由三氧化硒与无水 HF 反应制得氟硒酸，在液态 SO$_2$ 中可提高产率。它是无色黏稠的液体，在空气中发烟，易水解为硒酸和 HF，HSeO$_3$F 是强氧化剂，能与有机物猛烈反应。由三氧化硒与碱金属氟化物 MF 在液态 SO$_2$ 中反应制得相应的氟硒酸盐 MSeO$_3$F，其易水解。由三氧化硒与 HCl 在液态 SO$_2$ 中反应制得氯硒酸 HSeO$_3$Cl，它是无色固体，易水解为硒酸和 HCl。迄今为止，尚未制得氯硒酸盐。与三甲基氯硅烷 Me$_3$SiCl 反应得到 Me$_3$SiSeO$_3$Cl。与 100%过氧化氢在低温下反应，可制备强氧化剂过氧硒酸，HOSe(O)$_2$OOH。

参考文献

[1] Greenwood N N, Earnshaw A. Chemistry of the Elements[M]. Oxford: Reed Educational and Professional Publishing Ltd., 2001.

[2] Séby F, Potin-Gautier M, Giffaut E, et al. Chem Geol, 2001, 171(3-4): 173-194.

[3] Guo X, Sturgeon R E, Mester Z, et al. Appl Organomet Chem, 2003, 17(8): 575-579.

[4] Kamata K, Ishimoto R, Hirano T, et al. Inorg Chem, 2010, 49(5): 2471-2478.

[5] Kamata K, Hirano T, Ishimoto R, et al. Dalton Trans, 2010, 39(23): 5509-5518.

第三部分
硒的有机化学

在 1836 年，第一个有机硒化合物，二乙基硒醚，由 Löwig 制备，但直到 1869 年才得到纯品。早期的有机硒化学仅仅涉及简单脂肪化合物如硒醇、硒醚、二硒醚的合成，由于恶臭以及不稳定而难于纯化，使得发展缓慢。到 20 世纪 50 年代，合成的硒化合物数量才显著增加，直到 20 世纪 70 年代，由于新反应的发现，硒的有机化学才引起广泛的研究兴趣。芳基的引入导致气味小的芳基硒化合物得以合成。空气和湿气敏感的含硒化合物需采用无水无氧操作技术。当今有机硒化合物在许多领域包括有机合成、生物化学、静电印刷术、导电材料、半导体、配体化学已有重要应用。

由于存在 $n \to \sigma^*_{C-Se}$ 作用，因此硒元素有稳定 α-碳负离子的能力；由于极化率大，硒原子自身可带有正电荷、负电荷、自由基，易发生亲电反应、亲核反应和自由基反应。

有机硒化合物的反应可分为两类：反应发生在硒上；反应发生在 α-碳上以及反应发生在 β-碳上（对 α,β-不饱和化合物）。发生在硒上的反应：亲核硒负离子 RSe^- 的亲核取代；金属有机试剂对亲电硒的亲核取代；亲电硒正离子 RSe^+ 对烯烃、炔烃的亲电加成；RSe^- 对缺电子烯烃、缺电子炔烃的亲核加成；硒自由基 $RSe^\bullet$ 对二烯烃、联烯烃、炔烃的自由基加成。发生在碳上的反应，主要是关于硒对 α-碳正离子的稳定化（孤对电子效应）和硒对 α-碳负离子的稳定化（σ^*_{Se-C} 效应），迄今为止没有可靠的证据支持硒具有稳定 α-碳自由基的能力。

目前的证据表明发生在硒上的双分子自由基取代反应（S_H2 反应）与发生在碳上的反应类似，都是通过过渡态的一步机理。然而，不同于碳上的双分子亲核取代反应（S_N2 反应），硒上的双分子亲核取代反应是经过超价中间体的两步反应机理即加成-消除机理。

在超价化合物中能发生协同的配体偶联反应（ligand coupling reaction，LCR）。所谓的配体偶联反应是以 σ 键结合于超价主族元素的两个配体（基团）以分子内协同方式直接偶联，反应后，中心原子的氧化数降低 2，两个偶联配体的立体化学保持不变。根据分子轨道对称守恒原理，对 10-E-5，三角双锥 D_{3h} 构型，两个轴向配体间以及两个平伏位配体间的偶联是对称允许的，而轴向配体与平伏位配体间的偶联是对称禁阻的；对 10-E-5，四方锥 C_{4v} 构型[一个配体位于顶点，其余四个配体位于基底（basal）平面]，顶端（apical）配体与基底配体间的偶联以及两个反式基底配体间的偶联是对称允许的，而两个顺式基底配体间的偶联是对称禁阻的；对 10-E-4，C_{4v} 构型，轴向配体与平伏位配体间的偶联是对称允许的，而其它偶联是对称禁阻的；对 10-E-3，T 构型，轴向配体与平伏位配体间的偶联是对称允许的，而其它偶联是对称禁阻的。四芳基硫族化合物（Ar_4E；E=S、Se、Te）是相对不稳定的，稳定性次序为：$Ar_4Te > Ar_4Se > Ar_4S$。

第六章

硒的有机化学导论

有机硒化合物（organoselenium compound）自 19 世纪以来就为人们所知，它们具有多种结构类型，具有独特的性质[1-5]。硒醇 RSeH（selenol）和它们的共轭碱——硒醇负离子（硒醇盐，selenolate）是强的亲核试剂，可以与卤代烷和环氧化物反应生成硒醚 RSeR（selenide），它们也是很强的还原剂，例如，可以将 N—O 和 N—N 化合物转化为胺，将邻二卤化物转化为烯烃，硒醇在氧气中很容易氧化成二硒醚 RSeSeR（diselenide）。硒醚通常是稳定的化合物，可以烷基化得到硒鎓盐 $R_3Se^+X^-$（selenonium salt），硒盐不溶于非极性溶剂，易溶于水，具有导电性，卤盐用氧化银处理得到强碱性的水溶液；可以用硼化镍或锡烷还原成相应的烃；在合适碱存在下，除掉 α-氢形成硒稳定的碳负离子，可以烷基化或加成到各种羰基化合物中；C—Se 键能被有机锂或锂/液氨断裂，提供产生有机硒负离子（硒醇盐）的新途径；在温和条件下氧化成相应的硒亚砜 R_2SeO（selenoxide）或者在更强条件下氧化成硒砜 R_2SeO_2（selenone）。在非常温和的条件下，含 β-氢原子的硒亚砜进行顺式消除生成烯烃，而烯丙基硒亚砜可进行[2,3]-σ 键迁移重排。$ArSeO_2^-$ 是极好的离去基团，因此烷基芳基硒砜 $ArSeO_2R$ 易进行亲核取代反应。二硒醚是其它类型的有机硒化合物的方便起始原料，因为它们在储存时相对稳定，但可以还原为硒醇；被氧化成次硒酸 RSeOH（selenenic acid）、亚硒酸 $RSeO_2H$（seleninic acid）或硒酸 $RSeO_3H$（selenonic acid）；经卤素解得到次硒酰卤 RSeX（selenenyl halide，X 为卤素）或 $RSeX_3$。硒代卤化物是亲电硒试剂的常用形式，可用于通过烯醇或烯醇盐（即 α-碳负离子）将烷基硒基或芳基硒基引入羰基化合物的 α-位置。它们与烯烃和其它不饱和化合物反应提供 1,2-加成产物：当存在比卤离子强的亲核试剂时，亲核试剂代替卤离子加成；当烯烃存在亲核基团如 NH、OH、CO_2H 时导致成环产物。次硒酰卤衍生物，其中卤素被 CN^-、OAc^-、$CF_3CO_2^-$、$ArSO_3^-$ 等取代，也是非常有用的亲电试剂。次硒酸通常不稳定，易歧化为二硒醚和亚硒酸的混合物。然而，它们也是亲电的，可以通过加成到烯烃被原位捕获。亚硒酸通常比较稳定，相应的芳基衍生物可以作为对各种有机官能团有用的氧化剂。它们可用于催化，例如酮的 Baeyer-Villiger 氧化和烯烃的环氧化反应。制备的硒酸数量很少，一个最新而赋有颠覆性的发现是过氧硒酸 $PhSe(=O)_2OOH$ 可能是烯烃环氧化的实际催化剂而不是一直认定的过氧亚硒酸[6]。有大体积取代基的硒酮 $R_2C=Se$（selone）是稳定的，它们可进行各种环加成反应，其中一些经过双重挤出反应可用于制备高度位阻的四取代烯烃。硒羧酸酯 RCSeOR'（selenoester）、硒羧酸硫酯 RCSeSR'（selenothioic acid S-ester）、二硒代羧酸酯 $RCSe_2R'$（diselenoic acid ester）和硒酰胺 $RCSeNH_2$（selenoamide）以及相关的硒羰基化合物也是已知的[7]。硒醇、硒醚、二硒醚等具有孤对电子，作为路易斯碱能与过渡金属形成配合物。手性硒醚及其配合物、不对称硒亚砜等许多光活性有机硒化合物被合成，它们作为手性催化剂在各种对映选择性转化中得到了应用。

第一节　有机硒化合物的分类与命名

有机硒化合物的分类与命名实例（图6.1）总结于表6.1。

表 6.1　有机硒化合物的分类与命名

分类		通式	实例
硒醇（selenols），硒醇盐（selenolates）		R—Se—H，R—Se$^-$M$^+$（M=Li，Na，K）	甲硒醇 MeSeH，苯硒醇 PhSeH
硒醚（selenides）		R—Se—R	二苯基硒醚 PhSePh
二硒醚（diselenides）		R—Se—Se—R	二苯基二硒醚 PhSeSePh
硒醛（selenoaldehydes）		R—CH=Se	苯甲硒醛 PhCH=Se
硒酮（selenoketones，selones）		R—C(=Se)—R′	二苯甲硒酮 PhCSePh
烯硒酮（selenoketenes）		RR′C=C=Se	
硒羧酸（selenocarboxylic acids）		R—C(=Se)—OH，R—C(=O)—SeH	
硒羧酸酯（selenocarboxylates）		R—C(=Se)—OR′	
羧酸硒酯（selenoesters）		R—C(=O)—SeR′	
硒酰胺（selenoamides，selenonylamides）		R—C(=Se)—NR$_2'$	
异硒氰酸酯（isoselenocyanates）		R—N=C=Se	异硒氰酸苯酯 PhNCSe
硒脲（selenoureas）		R$_2$N—C(=Se)—NR$_2'$	
硒亚砜（selenoxides）		R—Se(=O)—R	苯硒亚砜 PhSe(O)Ph
硒砜（selenones）		R—Se(=O)$_2$—R′	苯硒砜 PhSe(O)$_2$Ph
次䏡酸及其衍生物	次䏡酸（selenenic acids）	R—Se—OH	苯次䏡酸 PhSeOH
	次䏡酰卤（selenenyl halides）	R—Se—X	苯次䏡酰溴（溴化苯硒）PhSeBr
	硒氰酸酯（selenocyanates）	R—Se—CN	硒氰酸苯酯 PhSeCN
	次䏡酸酯	R—Se—OR′	
	次䏡酰胺	R—Se—NR$_2'$	
亚䏡酸及其衍生物	亚䏡酸（seleninic acids）	R—Se(=O)—OH	苯亚䏡酸 PhSeO$_2$H
	亚䏡酰卤（seleninyl halides）	R—Se(=O)—X	
	亚䏡酸酯	R—Se(=O)—OR′	
	亚䏡酰胺	R—Se(=O)—NR$_2'$	
䏡酸及其衍生物	䏡酸（selenonic acids）	R—Se(=O)$_2$—OH	苯䏡酸 PhSeO$_3$H
	䏡酰卤（selenonyl halides）	R—Se(=O)$_2$—X	
	䏡酸酯	R—Se(=O)$_2$—OR′	
	䏡酰胺	R—Se(=O)$_2$—NR$_2'$	

注：HSe—、氢硒基（hydroseleno）；—Se—、硒杂（selena 或 sela）；RSe—、烃硒基（R-seleno）；—C(=Se)—、硒羰基（selenoxo）；—CH=Se、硒甲酰基（selenoformyl）；—CSSeH、硒代硫羧基（selenothiocarboxyl）；—Se(=O)—、亚䏡酰基（seleninyl）；—Se(=O)$_2$—、䏡酰基（selenonyl）；—Se(=O)$_2$—OH、䏡酸基（selenono）；—Se(=O)—OH、亚䏡酸基（selenino）；—Se—OH、次䏡酸基（seleneno）。

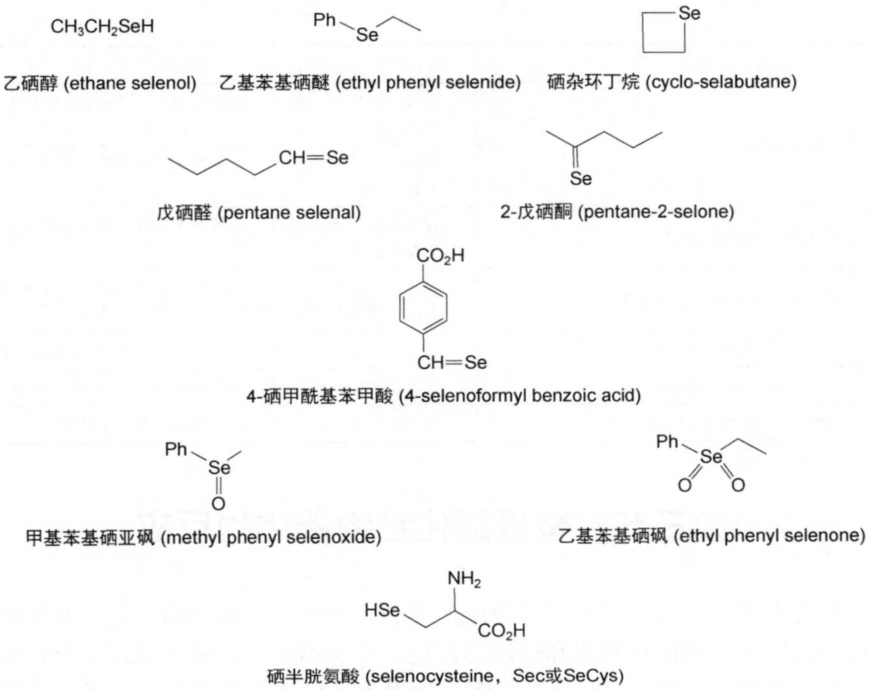
CH_3CH_2SeH
乙硒醇 (ethane selenol)
Ph
Se
乙基苯基硒醚 (ethyl phenyl selenide)
Se
硒杂环丁烷 (cyclo-selabutane)
CH=Se
戊硒醛 (pentane selenal)
Se
2-戊硒酮 (pentane-2-selone)
CO_2H
CH=Se
4-硒甲酰基苯甲酸 (4-selenoformyl benzoic acid)
Ph
Se
O
甲基苯基硒亚砜 (methyl phenyl selenoxide)
Ph
Se
O
O
乙基苯基硒砜 (ethyl phenyl selenone)
NH_2
HSe
CO_2H
硒半胱氨酸 (selenocysteine，Sec或SeCys)

图 6.1　有机硒化合物的结构及命名

第二节　有机硒化合物的性质

有机硒化合物的物理性质总结于表 6.2。

表 6.2　有机硒化合物的物理性质

化合物类型		物理性质
硒醇（selenol）	脂肪族	无色液体（含有二硒醚时为黄色），气味难闻。易溶于有机溶剂
	芳香族	除苯硒醇外为无色固体（含有二硒醚时为黄色），气味难闻。易溶于有机溶剂
硒醚（selenide）	脂肪族	无色液体，气味难闻。易溶于有机溶剂
	芳香族	无色固体（除苯基、对甲苯基硒醚外），有稍微难闻气味。易溶于有机溶剂
硒氰酸酯（selenocyanate）	脂肪族	无色液体，气味难闻。易溶于有机溶剂
	芳香族	无色固体（除苯基外），气味难闻。易溶于有机溶剂
二硒醚（diselenide）	脂肪族	黄色液体，气味难闻。易溶于有机溶剂
	芳香族	黄色固体，有稍微难闻气味。易溶于有机溶剂
含硒酸（selenium acid）		固体，无色，无气味。溶于极性有机溶剂、水和碱液
次硒酸（selenenic acid）		弱酸，不稳定
亚硒酸（seleninic acid）		亚硒酸稳定，酸性与乙酸相近
硒酸（selenonic acid）		强酸，氧化剂
硒醛（selenoaldehyde）、硒酮（selenoketone）	脂肪族	液体，深蓝色，气味难闻。易溶于有机溶剂
	芳香族	固体，绿色或深蓝色。易溶于有机溶剂

续表

化合物类型		物理性质
卤化硒（selenide halide）	氯化物（一、三）	固体，无色至浅黄色，卤素气味。溶于有机溶剂，在水中水解，溶于碱
	溴化物（一、三）	固体，橙色至深红色，卤素气味。溶于有机溶剂，在水中水解，溶于碱
二氯化物（selenide dichloride）		固体，无色至柠檬黄，微带卤素气味。溶于极性有机溶剂，在溶剂中部分离解；在水中水解
二溴化物（selenide dibromide）		固体，亮橙色至红宝石色，微带卤素气味。溶于极性有机溶剂，在溶剂中部分离解为硒醚和溴，脂肪族不稳定；在水中水解
硒亚砜（selenoxide）		固体，无色，无气味。溶于有机溶剂，部分溶解于水
硒砜（selenone）		固体，无色，无气味。难溶有机溶剂，可用乙酸重结晶
锍鎓盐（selenonium salt）		固体，无色，无气味。溶于极性有机溶剂和水中

第三节　有机硒化合物催化的反应

在过去的几十年里，有机硒化学是合成化学和药物学令人激动的课题。有机硒化合物作为试剂，仅分别用于烯烃的环氧化和烯烃的卤化。有机硒化学的最近发展是有机硒化合物作催化剂不仅用于形成碳-碳键、碳-杂原子键，还用于不对称合成中。有机硒化合物催化的反应往往不含过渡金属，避免产生有毒废物，因而有机硒化合物催化的方法既经济又环保。

有机硒化合物催化的反应可以分为三大类：①Lewis 酸催化；②Lewis 碱催化；③氧原子转移催化。

有机硒化合物催化的反应可根据官能团的类型进行分类：含硒基（氢硒基）的硒醇可催化硫醇氧化为二硫醚；硒醚作为 Lewis 碱催化弱亲电试剂进行的反应，活性中间体是三配位的锍鎓离子；硒醚可进行两电子氧化产生硒亚砜而在硫醇存在下再变回硒醚，因此硒醚能催化硫醇还原过氧化氢和过氧化物以及催化卤烷与醛形成环氧化合物；具有 β-氢的烷基芳基硒醚如含乙基或正丁基的硒醚 $ArSeC_2H_5$、$ArSe^nBu$ 经氧化剂作用产生硒亚砜，硒亚砜原位消除后形成次硒酸，次硒酸氧化为亚硒酸 $ArSeO_2H$，因此这些结构类型的硒醚可用作亚硒酸的前体。在二硒醚中，硒-硒键依据反应条件不同可异裂或均裂产生活性催化剂，可氧化形成亚硒酸，因此二硒醚广泛用作前催化剂（precatalyst）；亚硒酸能与过氧化氢反应形成过氧亚硒酸，目前一般认为它们是烯烃环氧化、酮氧化反应的实际物质（物种），因此亚硒酸用作氧化反应的催化剂（图 6.2）。

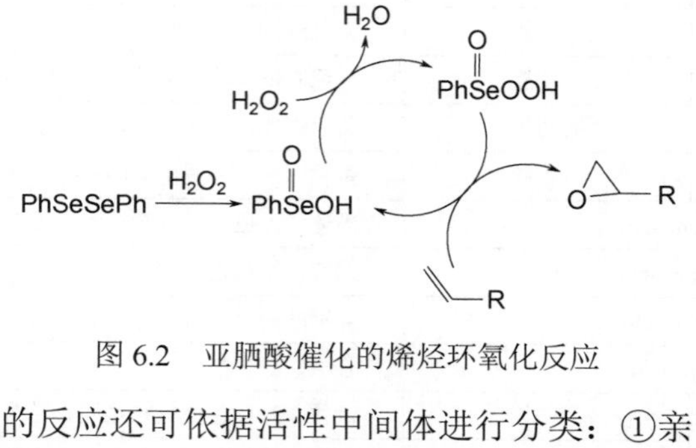

图 6.2　亚硒酸催化的烯烃环氧化反应

有机硒化合物催化的反应还可依据活性中间体进行分类：①亲电硒，一配位的锍离子 RSe^+，参与亲电加成、亲电取代；三配位的锍鎓离子（selenonium cation）R_3Se^+，作 Lewis

酸催化剂用于催化 Friedel-Crafts 反应、羟醛反应、Mannich 反应等，具有 α-氢烷基的硒鎓离子盐是硒叶立德的一种前体；环硒鎓离子（episelenonium ion），是亲电硒试剂与烯键形成的中间体，它们的真实存在直到最近才得以确认[8]。②亲核硒 RSe⁻。③自由基硒 RSe˙，与前两种活性硒中间体相比，目前硒自由基催化的例子特别少，可能与其反应性较低有关。

当烯烃带有亲核原子或亲核基团如氧原子（羟基氧、羰基氧）、氮原子（氨基、亚胺基、酰胺基、磺酰胺基）、硫原子时，可进行加成环化反应，反应的活性中间体是各种鎓离子如卤鎓离子、氧鎓离子、锍鎓离子以及硒鎓离子等（图 6.3）。

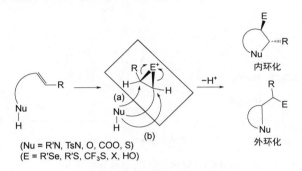

(Nu = R'N, TsN, O, COO, S)
(E = R'Se, R'S, CF₃S, X, HO)

图 6.3　烯烃官能团环化的共同机理

亲核基团的内部进攻可有两种方式：（a）内环化；（b）外环化。可能形成四元环、五元环时，主要形成五元环；可能形成五元环、六元环时，主要形成五元环；可能形成六元环、七元环时，主要形成六元环。这就是五、六元环优势形成规律。

一、加成环化反应

1. 吲哚的合成

Zhao 及其合作者报道了一种有机硒化合物催化的吲哚合成新方法：在 30℃的二氧六环溶剂中，2-对甲苯磺酰胺苯乙烯以 N-氟代苯磺酰亚胺（NFSI）为氧化剂的分子内环化反应（图 6.4）[9]。

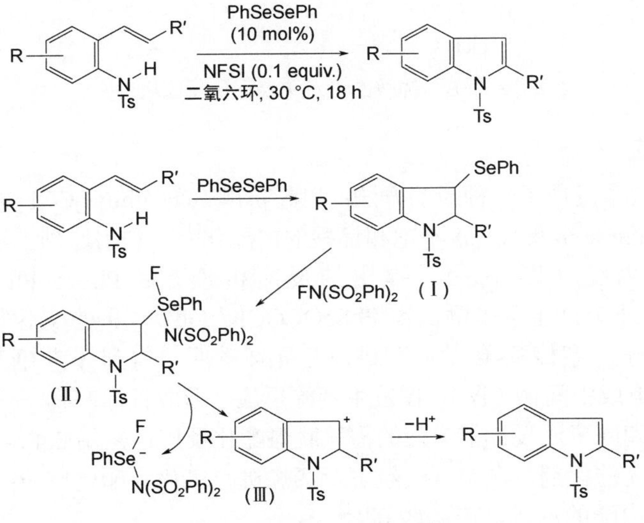

图 6.4　吲哚的合成及其机理

这一反应的可能机理是：硒环化形成中间体 I，然后 NFSI 对硒中心加成生成中间体 II，II 消除 PhSe⁻(F)N(SO₂Ph)₂ 形成碳正离子中间体 III，最后 III 消除 β-氢得到所需的吲哚产物。

2. 烯胺的溴环化反应

Yeung 和他的同事开发了一种手性硒醚催化构建具有两个立体中心的不对称吡咯烷的合成方法：以 N-溴代邻苯二甲酰亚胺（NBP）为溴源（图 6.5A）；反应表现出良好的非对映选择性（diastereoselectivity）（99% de）以及对映专一性（enantiospecificity）（高达 95%）[10]。

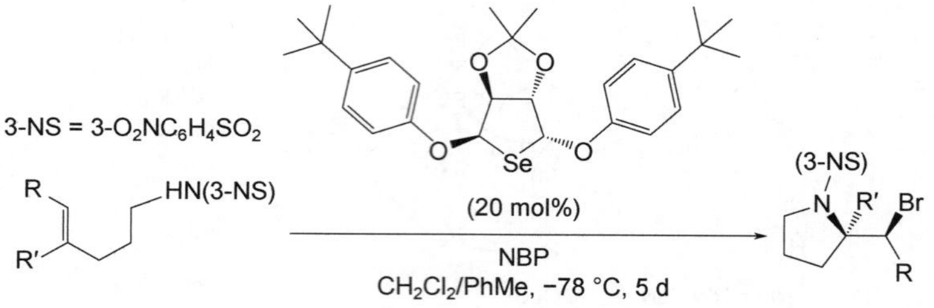

图 6.5A　烯胺的不对称溴环化反应

如图 6.5B 所示，烯烃卤胺化反应的机理是：首先，R*SeR* 与 NBP 形成 R*Se⁺(Br)R* 镓离子 I，然后 I 与烯烃底物形成硒配位的溴镓离子中间体 II，最后磺酰胺氮原子的孤对电子亲核攻击桥碳原子环化得到溴代吡咯烷产物并再生催化剂。

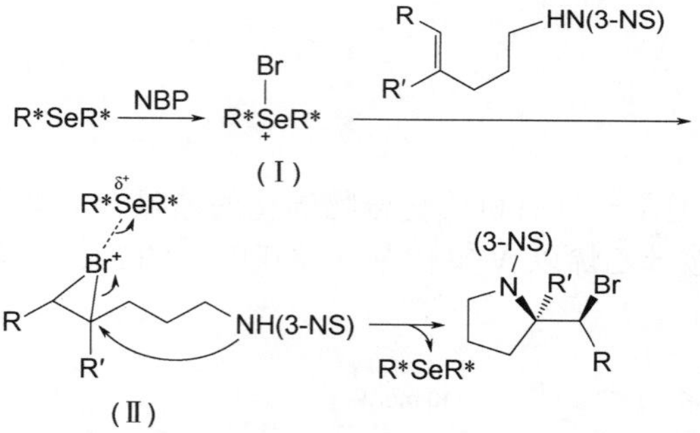

图 6.5B　烯胺的不对称溴环化反应机理

3. 内酯化反应

Wirth 和他的同事发现了一种新的方法：以超价碘试剂 PhI(O₂CCF₃)₂ 为氧化剂，在室温下二苯基二硒醚 PhSeSePh 催化 γ,δ-不饱和烯酸的内酯化[11]。利用这种方法，可以在无金属条件下合成六元环内酯（图 6.6）。提出的反应机理是：PhSeSePh 与超价碘试剂经 PhI(SePh)O₂CCF₃（I）产生亲电硒试剂 PhSeOCOCF₃（II），II 进攻不饱和烯酸的碳碳双键形成三元环硒镓离子，亲核基-羧基内部进攻三元环碳原子得到 γ-苯硒基内酯（III），III 与 PhI(O₂CCF₃)₂ 作用形成中间体（IV），IV 发生消除反应，形成目标产物——六元环内酯并再生 I。此外，Breder 和同事还设计了烯酸的需氧脱氢酯化反应：采用 2,4,6-三(4-甲氧基苯基)吡喃四氟硼酸盐作为光催化剂，在空气气氛下对烯烃进行氧化内酯化反应；这种反应有利于五元环内酯和六元环内酯的形成，产率较高[12]。

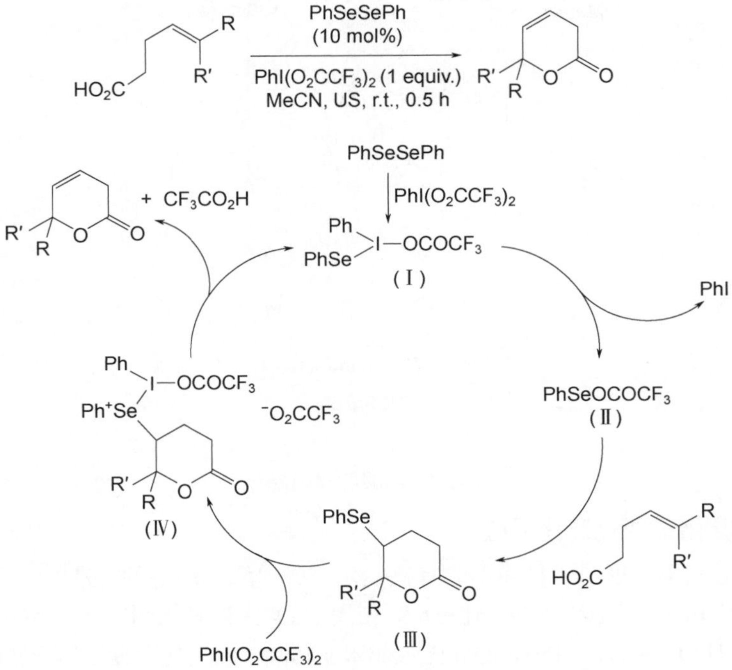

图 6.6　γ,δ-不饱和烯酸的内酯化及其机理

4. 溴内酯化反应

单质溴作为溴化剂对烯烃的加成通常是在室温或更高的温度下进行。有机溴化试剂如 N-溴代丁二酰亚胺 NBS 和 1,3-二溴-5,5-二甲基海因（1,3-dibromo-5,5-dimethylhydantoin，DBDMH）已被用作溴正离子（Br^+）的来源。根据最近的调查，使用分子溴作为溴正离子的来源比使用有机溴化试剂更经济，废弃物更少。在常温下，有机硒化合物催化烯烃与溴的反应尚未见报道。如果以 Br_2 为 Br^+ 源的有机硒催化剂可以提高反应活性和选择性，那么对烯烃和相关底物的溴化反应就具有实际意义。特别有趣的是烯烃使用高价有机硒化合物的溴化反应。二芳基硒醚 Ar_2Se 与单质溴反应生成二芳基硒二溴化物 Ar_2SeBr_2，然后转移 Br^+。然而，二芳基硒二溴化物与烯烃的反应只用化学计量的硒化合物进行了检验，并且要求较高的温度才能将溴转移到烯烃。其它类型的有机硒化合物，如烷基芳基硒醚 ArSeR、二芳基二硒醚 ArSeSeAr 和芳基次脒酰卤 ArSeBr 也与单质溴反应生成中间体 $ArSeBr_3$，原则上可将 Br^+ 转移到烯烃中，可加成到碳碳双键上生成芳硒基内酯（硒内酯化）。

如果有机硒化合物与溴反应生成的溴化中间体具有比分子溴本身更高的反应活性和选择性，那么有机硒化合物在过量溴存在下就具有催化作用。通过实验发现：在室温下，异硒唑酮能催化在碳酸钾存在下以单质溴或 NBS 为溴化剂的烯酸溴内酯化（图 6.7），反应时间大多需要 3～7h，γ,δ-烯酸、δ,ε-烯酸分别形成五元环内酯、六元环内酯[13]；在室温下，异硒唑酮能催化以 NBS 为溴源、羧酸根为亲核试剂的烯烃溴酯化（bromoesterification），反应时间 10h。

类似地，以 N-溴代（碘代）丁二酰亚胺（NBS、NIS）为卤源，在助催化剂 4-二甲氨基吡啶（DMAP）存在下 Ar_2Se（Ar=4-MeOC$_6$H$_4$）能催化 NaHCO$_3$ 为添加剂的直链烯酸的溴/碘内酯化反应，可合成普通环以及中环内酯。^{77}Se 核磁共振波谱、HRMS 和理论研究表明，该反应是通过活性催化剂[Ar$_2$Se(Br)DMAP]$^+$进行的[14]。

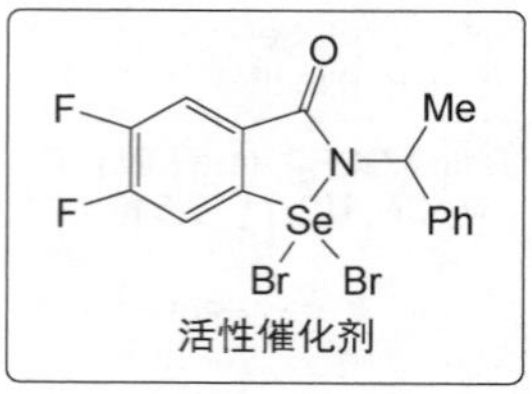

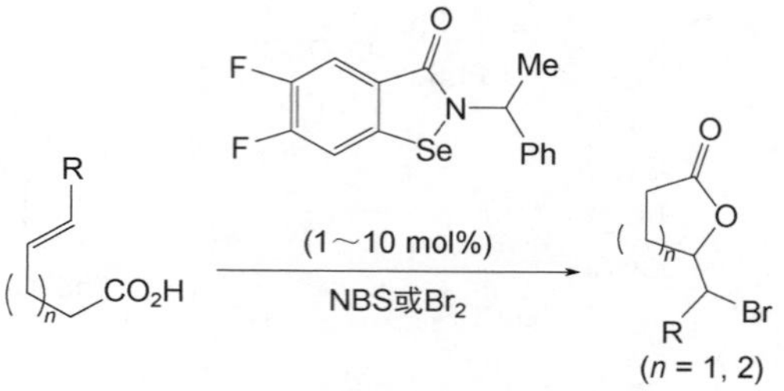

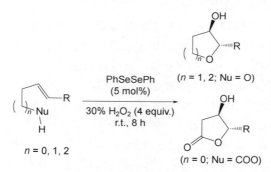

图 6.7　烯酸的溴内酯化

5. 烯酸和烯醇的氧化环化反应

Santi 和他的同事发展了一种简单的有机催化合成内酯或环醚的方法[15]（图 6.8）。该反应涉及 β,γ-不饱和酸和 γ,δ-不饱和醇的环化反应，使用 H_2O_2 作为氧化剂，以较高的立体选择性提供所需的产物。在 H_2O_2 存在下，PhSeSePh 先生成苯亚硒酸，然后转变为过氧亚硒酸，过氧亚硒酸进攻不饱和酸或醇的碳-碳双键形成质子化的环氧中间体（图 6.3），亲核基团羧基或醇羟基内部进攻环氧碳原子得到产物。两个环氧碳中带有给电子取代基的碳更易遭受进攻形成主要产物。

图 6.8　烯酸和烯醇的氧化环化反应

二、加成反应

1. 烯烃的氯胺化反应

Yeung 和他的同事发现以 20mol%二苯基硒醚为催化剂，在室温下，烯烃和 NCS 在乙腈-水溶液中，形成烯烃的氯胺化加成产物，收率在 40%～90%范围[16]（图 6.9）。提出的反应机理是：NCS 通过 Lewis 碱 PhSePh 活化氯原子形成中间体 Ph_2Se^+Cl，亲电性 Cl 进攻烯烃形成氯鎓离子，然后乙腈对其亲核进攻，继而水解形成所需的氯胺化产物。

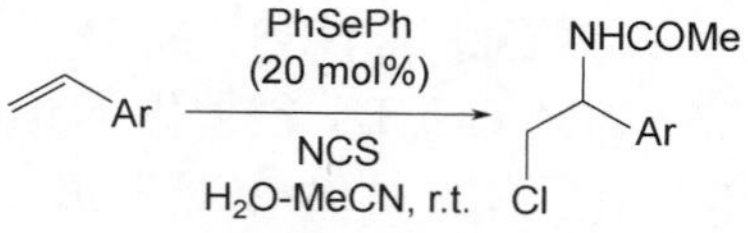

图 6.9　烯烃的氯胺化反应

2. 烯烃的三氟甲硫基化反应

Zhao 和他的同事报道了二芳基硒醚 Ar$_2$Se（Ar=4-MeOC$_6$H$_4$）催化烯烃的 CF$_3$S-羟基化反应[17]（图 6.10）：采用 N-CF$_3$S-糖精试剂作为三氟甲硫基转移试剂，硝基甲烷作为室温氧气气氛下的溶剂；对不对称的烯烃，加成反应的取向符合马氏规则（Markovnikov rule）；当烯烃带有亲核基团（如氨基、磺酰氨基、羟基、羧基）时，可进行环化反应。反应机理是：N-CF$_3$S-糖精试剂与 Ar$_2$Se 形成活性中间体 Ar$_2$Se$^+$-SCF$_3$；它与烯烃 RCH=CH$_2$ 反应，产生环锍鎓离子（episulfonium ion）；最后，H$_2$O 对其进攻生成目标产物 RCH(OH)CH$_2$(SCF$_3$)并再生催化剂 Ar$_2$Se。

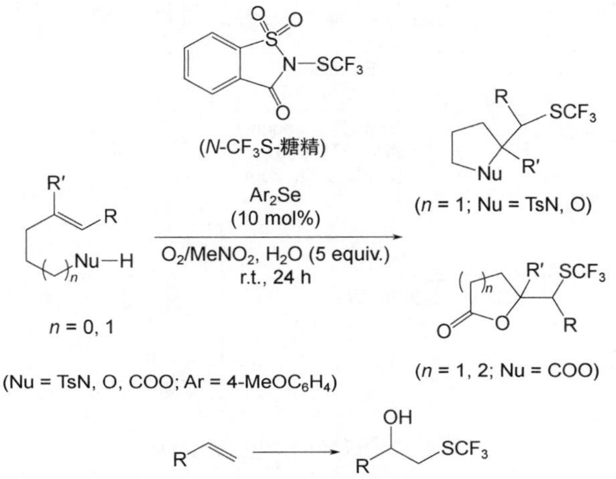

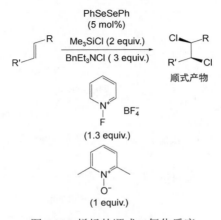

图 6.10　烯烃的三氟甲硫基化反应

3. 烯烃的顺式二氯化反应

Denmark 和他的同事用二苯基二硒醚实现了对烯烃底物的顺式二氯化，具有良好的立体选择性（图 6.11）。该反应是以苄基三乙基氯化铵（BnEt$_3$NCl）为氯源，N-氟吡啶盐为促进剂，2,6-二甲基吡啶氧化物为添加剂[18]。提出的机理是：PhSeSePh 在氧化剂和 Me$_3$SiCl 存在下先生成 PhSeCl$_3$，然后 PhSeCl$_2^+$进攻烯烃形成桥状正离子，Cl$^-$进攻该桥状正离子形成相应的电中性物质 [PhSeCl$_2$(R′CHCHClR)]，Cl$^-$对该电中性物质进行亲核取代反应生成顺式二氯化产物以及 PhSeCl 和 Cl$^-$，PhSeCl 和 Cl$^-$在氧化剂和 Me$_3$SiCl 存在下转变为 PhSeCl$_3$ 完成催化循环。

图 6.11　烯烃的顺式二氯化反应

251

三、取代反应

1. 烯烃的亲电氟化反应

Zhao 和他的同事发表了一种有效的有机硒催化烯丙基氟化反应的方法（图 6.12）[19]：以 TMPF$^+$OTf$^-$（N-fluo-2,4,6-trimethylpyridinium triflate）为氟源，TEMPO 为添加剂。提出的反应机理是：BnSeSeBn 与 TMPF$^+$OTf$^-$反应形成亲电硒试剂 BnSeF，它对碳-碳双键进行亲电加成得到 RR′C(F)CH(SeBn)CH$_2$Z，TMPF$^+$OTf$^-$对硒进行氟化产生[RR′C(F)CH(Se$^+$FBn)CH$_2$Z]OTf$^-$和 TMP（2,4,6-三甲基吡啶），原位进行消除反应得到目标产物并再生活性催化剂 BnSeF。

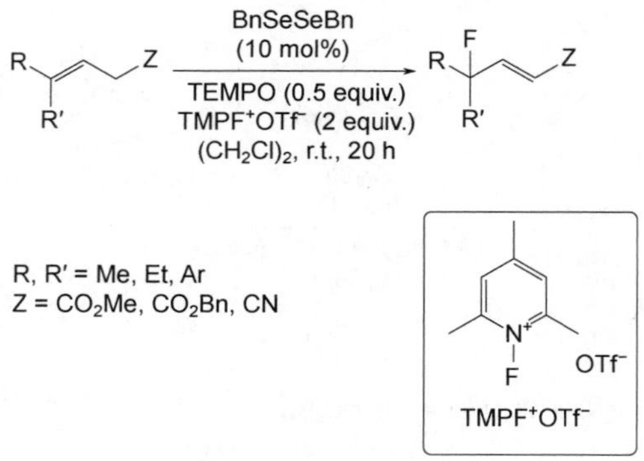

R, R′ = Me, Et, Ar
Z = CO$_2$Me, CO$_2$Bn, CN

图 6.12　烯烃的亲电氟化反应

2. 烯烃的胺化反应

Michael 和他的同事首先利用硒化膦作催化剂进行烯烃的胺化反应（aza-Heck 反应）。在催化剂存在下，一系列末端烯与 FN(SO$_2$Ph)$_2$（NFSI）反应生成胺化产物（图 6.13）。选择合适的膦配体（2-Tol=2-MeC$_6$H$_4$）比使用 PhSeSePh 提供更高的区域和立体选择性，从而能够高

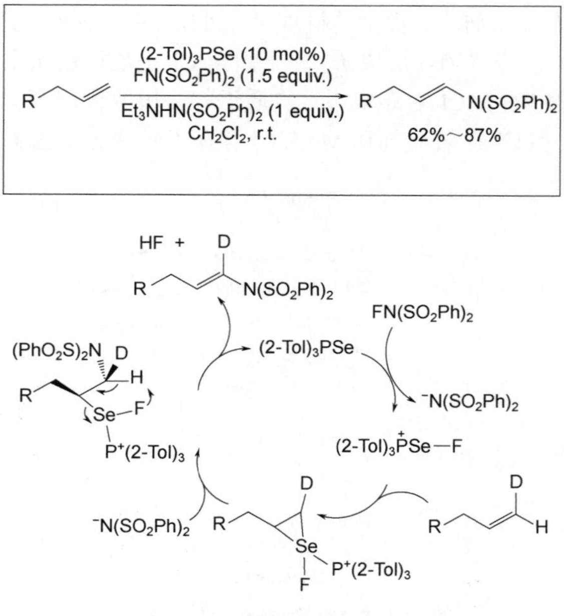

图 6.13　烯烃的胺化反应

产率地形成(*E*)-苯磺酰亚胺产物。同位素标记实验和动力学同位素效应测量表明，反应是通过不可逆的反式加成以及速率决定步骤的顺式消除进行的[20]。

3. 芳烃的溴代反应

Yeung 和他的同事发展了一种温和的方法[21]：用硒鎓盐作为路易斯酸催化剂，*N*-溴代丁二酰亚胺（NBS）作为溴源，使富电子苯环、萘环以及蒽发生亲电溴代反应（图 6.14）。

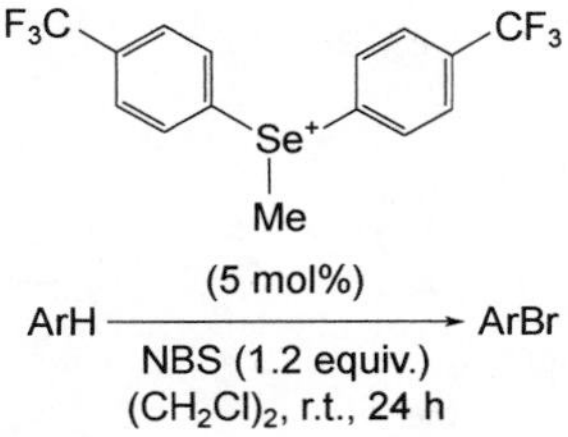

图 6.14　芳环的溴代反应

四、氧化反应

1. 苄基吡啶的氧化反应

用 O_2 为氧化剂、PhSeBr 为催化剂，从苄基吡啶合成了苯甲酰基吡啶（图 6.15）：在二甲基亚砜（DMSO）水溶液中，乙酸作为促进剂；通式中的芳基可以是苯基、杂芳基[22]。提出的反应机理：乙酸对苄基吡啶进行质子化，然后由 PhSeBr 均裂产生的自由基 PhSe· 夺取其 *α*-氢，形成 PhSeH 和 *N*-质子化的自由基，它与 O_2 偶联，形成 *N*-质子化的过氧自由基，继而夺取 PhSeH 中的氢原子再生自由基 PhSe· 并形成 *N*-质子化的氢过氧化物，最后 *N*-质子化的氢过氧化物消除脱水得到目标产物。

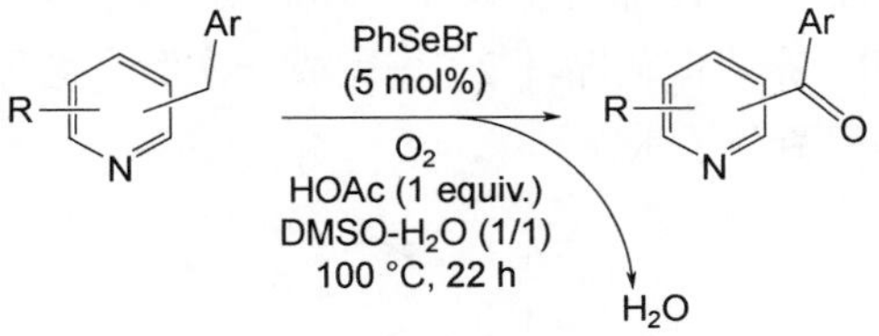

图 6.15　苄基吡啶的氧化反应

2. 仲醇的氧化反应

异硒唑酮除了能催化烯酸的溴内酯化以及烯烃的溴酯化（图 6.7）还可催化单质溴氧化仲醇生成酮（图 6.16）：在温度 −35～25℃下，依据仲醇的结构不同，反应时间最短者 0.5h，最长者 40h[13]。

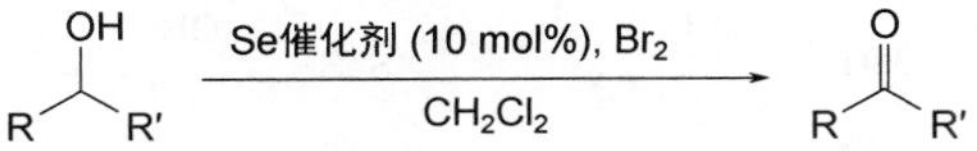

图 6.16

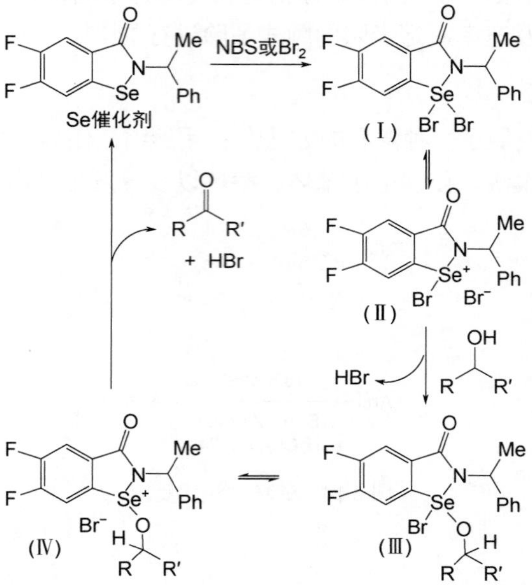

图 6.16　仲醇的氧化反应及其机理

3. 硫醇的氧化反应

Kumar 报道了如图 6.17 所示的二硒醚，在其催化下，用空气氧化硫醇制备二硫醚[23]。该二硒醚分别模拟了巯基氧化酶（$O_2 + 2RSH \longrightarrow RSSR + H_2O_2$）和谷胱甘肽过氧化物酶（$H_2O_2 + 2RSH \longrightarrow RSSR + 2H_2O$）的功能，其催化机理示于图 6.17：首先，二硒醚 ArSeSeAr 与硫醇 RSH 进行复分解反应转变成催化活性物质，硒醇 ArSeH（Ⅰ）和 ArSeSR（Ⅱ）；然后，Ⅱ 与 RSH 反应生成 Ⅰ，释放第一分子二硫醚 RSSR，Ⅰ 与 O_2 反应生成硒酮（Ⅳ）和过氧化氢 H_2O_2，Ⅳ 被 RSH 还原再生 Ⅱ，完成催化循环 1；接着，Ⅰ 被 H_2O_2 氧化成次肼酸 ArSeOH（Ⅲ），释放第一分子水，Ⅲ 与 RSH 缩合生成 Ⅱ，释放第二分子水，Ⅱ 进一步与 RSH 反应生成 Ⅰ，释放第二分子 RSSR，完成催化循环 2；每完成一次两个循环消耗四分子硫醇和一分子氧气，生成两分子二硫醚和两分子水。

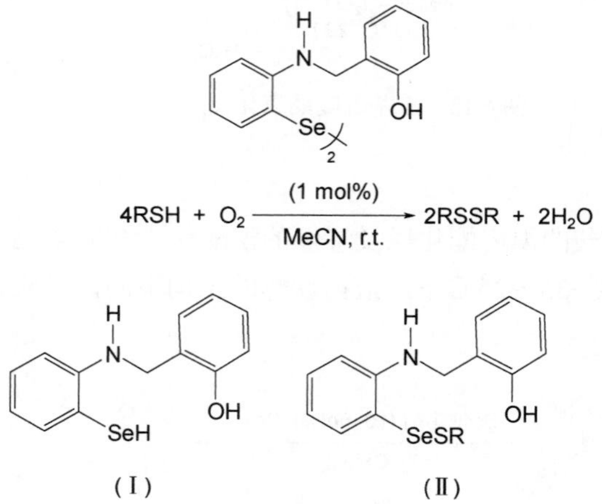

$$4RSH + O_2 \xrightarrow[\text{MeCN, r.t.}]{(1\ mol\%)} 2RSSR + 2H_2O$$

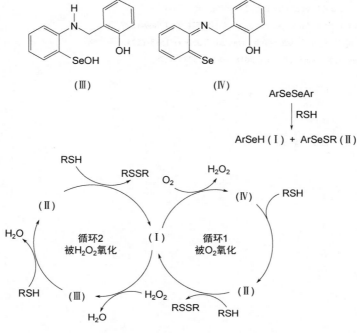

图 6.17　硫醇氧化为二硫醚的反应及其机理

参考文献

[1] Back T G. Selenium: Organoselenium Chemistry[M]. New Jersey: John Wiley & Sons, Ltd., 2011.

[2] (a) Wirth T. Organoselenium Chemistry: Synthesis and Reactions[M]. Weinheim: Wiley-VCH Verlag & Co. KGaA, 2012; (b) Singh F V, Wirth T. Organoselenium Chemistry[M]. New Jersey: John Wiley & Sons, Ltd., 2018.

[3] Lenardão E J, Santi C, Sancineto L. Organoselenium Compounds as Reagents and Catalysts to Develop New Green Protocols. New Frontiers in Organoselenium Compounds[M]. Switzerland: Springer, 2018.

[4] (a) Rathore V, Jose C, Kumar S. New J Chem, 2019, 43(23): 8852-8864. (b) Shao L, Li Y, Lu J, et al. Org Chem Front, 2019, 6(16): 2999-3041.

[5] Marini F, Sternativo S. Synlett, 2013, 24(1): 11-19.

[6] Sands K N, Rengifo E M, George G N, et al. Angew Chem Int Ed, 2020, 59(11): 4283-4287.

[7] Murai T. Synlett, 2005, 2005(10): 1509-1520.

[8] Poleschner H, Seppelt K. Chem Eur J, 2018, 24(64): 17155-17161.

[9] Zhang X, Guo R, Zhao X. Org Chem Front, 2015, 2(10): 1334-1337.

[10] Chen F, Tan C K, Yeung Y Y. J Am Chem Soc, 2013, 135(4): 1232-1235.

[11] Singh F V, Wirth T. Org Lett, 2011, 13(24): 6504-6507.

[12] (a) Ortgies S, Rieger R, Rode K, et al. ACS Catal, 2017, 7(11): 7578-7586. (b) Breder A, Depken C. Angew Chem Int Ed, 2019, 58(48): 17130-17147.

[13] Balkrishna S J, Prasad C D, Panini P, et al. J Org Chem, 2012, 77(21): 9541-9552.

[14] Verma A, Jana S, Prasad C D, et al. Chem Commun, 2016, 52(22): 4179-4182.

[15] Sancineto L, Mangiavacchi F, Tidei C, et al. Asian J Org Chem, 2017, 6(8): 988-992.

[16] Tay D W, Tsoi I T, Er J C, et al. Org Lett, 2013, 15(6): 1310-11313.

[17] Zhu Z, Luo J, Zhao X. Org Lett, 2017, 19(18): 4940-4943.

[18] Cresswell A J, Eey S T C, Denmark S E. Nat Chem, 2015, 7(2): 146-152.

[19] Guo R, Huang J, Zhao X. ACS Catal, 2018, 8(2): 926-930.

[20] Zheng T, Tabor J R, Stein Z L, et al. Org Lett, 2018, 20(21): 6975-6978.

[21] He X, Wang X, Tse Y L, et al. Angew Chem Int Ed, 2018, 57(39): 12869-12873.

[22] Jin W, Zheng P, Wong W T, et al. Adv Synth Catal, 2017, 359(9): 1588-1593.

[23] Rathore V, Upadhyay A, Kumar S. Org Lett, 2018, 20(19): 6274-6278.

第七章

硒　醇

第一节　硒醇的制备

硒醇（selenol）是硒化氢中的一个氢原子被烃基取代形成的化合物，具有硒基（SeH）官能团。烷基硒醇可由 NaHSe［由单质硒与 NaBH$_4$ 在乙醇中产生：Se+NaBH$_4$+3EtOH $\longrightarrow$ NaHSe+B(OEt)$_3$+3H$_2$］或 LiHSe 与卤代烷进行亲核取代反应制备。有机锂或有机镁 RM 与硒粉反应（硒插入 C-M 键），生成硒醇盐 RSeM，继而酸化获得硒醇，例如用苯基溴化镁与硒反应生成 PhSeMgBr，然后用盐酸淬灭反应即得到苯硒醇（苯硒酚）。利用类似的方法，N-甲基咪唑（图 7.1A）、噁唑啉（图 7.1B）在强碱 LDA（^{i}Pr$_2$NH，pK_a=36）、LHMDS［(Me$_3$Si)$_2$NH，pK_a=30］存在下，除质子（即碳金属化），然后与硒粉反应，酸化应得到"硒醇"，实际分离到的是其稳定的互变异构体，"硒酮"。

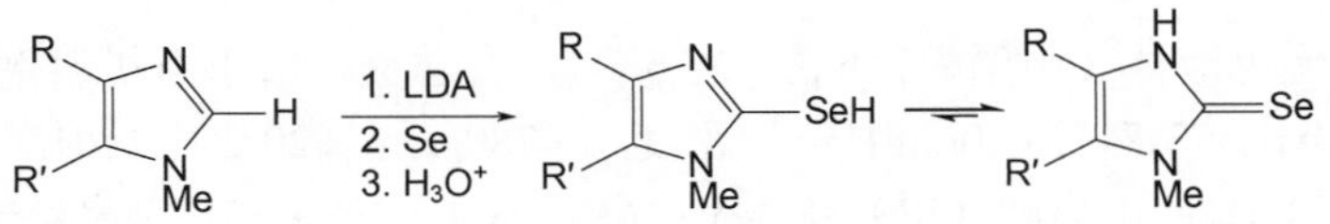

图 7.1A　2-硒基咪唑的制备

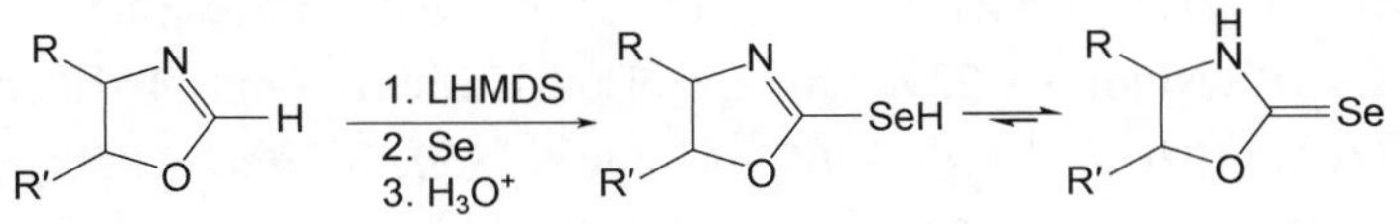

图 7.1B　2-硒基噁唑啉的制备

这类物质不易挥发，没有难闻气味，倒是噁唑啉-2-硒酮（R=Ph，R'=H）（图 7.1B）具有令人愉快的紫丁香气味，它们的结构得到 X 射线衍射实验的确证[1]。

在二硒醚可得的情况下，还原断裂 Se—Se 键，然后酸化处理获得硒醇。多种还原剂如 Na、NaH、NaBH$_4$、LiBEt$_3$H、LiAlH$_4$、^{n}Bu$_3$P-NaOH、^{i}Bu$_2$AlH（DIBALH）、SmI$_2$ 等可达到这一目的。用 LiAlH$_4$ 或 NaBH$_4$ 还原硒氰酸酯（RSeCN）或硒氰酸酯碱性水解制备硒醇盐 RSeM，酸化后，提供相应的硒醇（图 7.2）。^{n}Bu$_3$SnH 或 Ph$_3$SnH 能快速有效地还原二硒醚 RSeSeR（包括烯丙基二硒醚和炔丙基二硒醚）产生相应的硒醇（RSeH）：^{n}Bu$_3$SnH+RSeSeR $\longrightarrow$ ^{n}Bu$_3$SnSeR+RSeH。

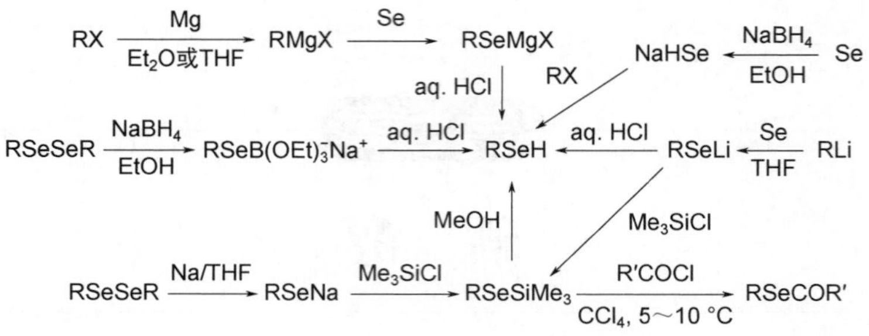

图 7.2　硒醇以及硒醇盐（负离子）的制备

由于低分子量的硒醇一般具有难于忍受的气味，除非必要，在研究中一般采用其它试剂代替它们或现场产生它们。

2,6-Mes$_2$C$_6$H$_3$SeH 的制备：

用注射器向 2,6-Mes$_2$C$_6$H$_3$I（4.40g，10mmol）的正己烷（50mL）溶液中加入 10mmol 正丁基锂（6.25mL，1.6mol/L 正己烷溶液），溶液在常温下搅拌 12h。减压蒸除所有挥发性物质，剩下的固体再溶解于 THF，并用干冰浴冷却，然后通过固体加料漏斗加入 1 当量的硒粉（0.79g，10mmol）。继续搅拌 2h，反应混合物自然恢复到室温。减压除掉所有挥发性物质，烧瓶中的剩余物溶解于甲苯。通过注射器滴入（54%乙醚，8.0mL）HBF$_4$，再搅拌 2h。静置使瓶内固体沉淀，上层清液通过导管导入另一个烧瓶。溶液浓缩后，混合物置于-20℃的冰箱中冷冻，产生黄色晶体（产率，60%）[2]。

第二节　硒醇的物理性质

烷基硒醇是无色液体（甲硒醇，b.p.，25.5℃），有恶臭，溶于有机溶剂，不溶于水。苯硒醇：无色液体 [b.p.，73-74℃（20mmHg）]；密度，1.4789g/cm^3（20℃）；折射率，1.6186（589nm，20℃）；偶极矩，1.1D；电离能（IP），8.3eV；pK_a，5.9；PhSe—H 键离解能（BDE），67～74kcal/mol。^{1}H NMR（CDCl$_3$）：δ 1.54（SeH）。^{13}C NMR（CDCl$_3$）：δ 124.46，126.45，129.26，132.71。^{77}Se NMR（C$_6$D$_6$）：δ -27.7[3]。较高分子量的硒醇如 MesSeH、2,6-Mes$_2$C$_6$H$_3$SeH {m.p.，222～225℃。IR（Nujol）：v 2298（m，Se—H），1715cm^{-1}（m），1610cm^{-1}（s），1565cm^{-1}（m），1195cm^{-1}（w），1030cm^{-1}（s），965cm^{-1}（w），860cm^{-1}（s），850cm^{-1}（s），810cm^{-1}（m），795cm^{-1}（s），740cm^{-1}（s），720cm^{-1}（s），580cm^{-1}（m），567cm^{-1}（m），540cm^{-1}（m），420cm^{-1}（m），335cm^{-1}（m），280cm^{-1}（w）。^{1}H NMR（CDCl$_3$）：δ 7.19（t，1H，^3J=7.5Hz），7.09（d，2H，^3J=7.4Hz），7.04（s，4H），2.41（s，6H），2.10（s，12H），1.11（s，1H，SeH）。^{13}C NMR（CDCl$_3$）：δ 141.1，138.9，137.3，136.0，129.1，128.4，128.0，126.0，21.2，20.0。^{77}Se NMR（CDCl$_3$）：δ 71.8 [d，^1J(^{1}H，^{77}Se)=63.4Hz]}，没有恶臭气味。低分子量的硒醇如甲硒醇、乙硒醇和叔丁硒醇等，在材料学中用作 CVD 的硒源。经微波谱测定，甲硒醇的几何参数：C—Se 键长，1.959Å；C—Se—H 键角，95.45°。

甲硒醇存在两种极端构象（图 7.3）：重叠式（eclipsed form）（图 7.3 左）和交叉式（gauche form；staggered form）（图 7.3 右）；最稳定的构象是交叉式。但是，这两种构象体（conformer）的能量差别不大，旋转能垒只有 4.2kJ/mol，因此甲基能绕 C—Se 键自由旋转。

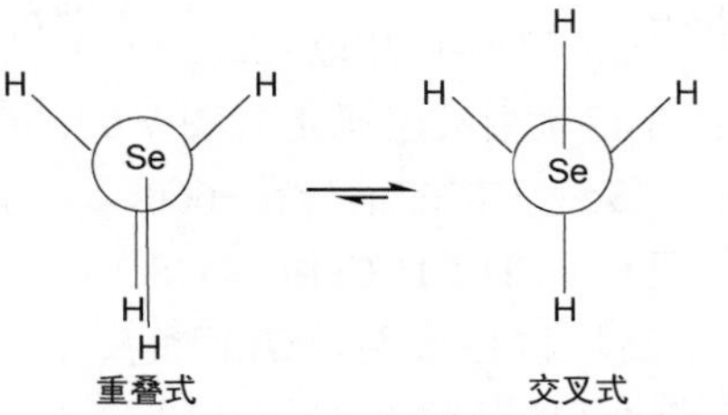

图 7.3　甲硒醇的两种极端构象（沿 C—Se 键的投影）——重叠式（左）、交叉式（右）

　　在合成中已广泛采用硒醇盐代替令人不快的硒醇。用 X 射线衍射晶体学方法测定了金属硒醇盐在固态下的多种分子结构。硒原子的配位模式可以分为几类（图 7.4）。"自由"的硒醇负离子（Ⅰ）很少被观察到。对于大多数硒醇负离子配合物，硒原子与正离子有着密切的相互作用。通常，硒醇负离子只与一个金属中心成键，形成端基配合物（Ⅱ，M—SeR）。在金属簇合物中，经常观察到硒醇负离子桥连两个金属（Ⅲ，μ_2-SeR），而桥连三个金属（Ⅳ，μ_3-SeR）〔Cu$_{20}$Se$_4$(μ_3-SePh)$_{12}$(PPh$_3$)$_6$〕和桥连四个金属（Ⅴ，μ_4-SeR）〔(pyH)$_6$(CuCl)$_9$(μ_3-SePh)$_5$(μ_4-SePh)〕的配位模式则极为罕见[4]。

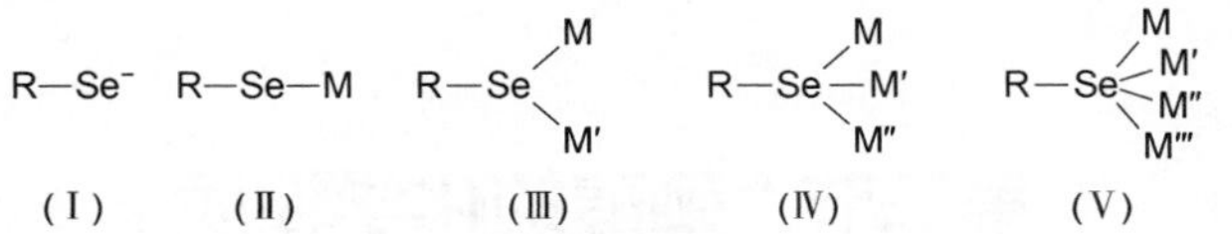

$$R{-}Se^- \qquad R{-}Se{-}M \qquad R{-}Se\big\langle{}^M_{M'} \qquad R{-}Se{-}M' \qquad R{-}Se\big\langle{}^M_{M''''}$$

（Ⅰ）　　（Ⅱ）　　（Ⅲ）　　（Ⅳ）　　（Ⅴ）

图 7.4　硒醇负离子的成键模式

　　带负电荷的硒原子与正离子之间没有密切接触的"裸"硒醇盐已被分离并表征。例如：在 18-C-6（18-冠-6）存在下，二苯基二硒醚与 KH 在 THF 中反应，得到苯硒醇负离子（图 7.5 上），其中硒钾距离为 3.3068(9)Å；在 18-C-6 存在下，二(2-吡啶基)二硒醚与 KB^{s}Bu$_3$H 在 THF 中反应，生成硒醇负离子（图 7.5 中），^{77}Se NMR 信号（δ=441.8）的低场位移表明硒酮式应有贡献；在 18-C-6 存在下，用 KH 处理 2,4,6-三叔丁基苯硒醇，产生"游离"的 2,4,6-三叔丁基苯硒醇负离子（图 7.5 下）[5]。

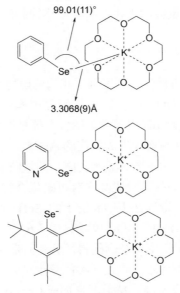

图 7.5　"游离"的硒醇负离子盐

正丁基硒醇锂在 TMEDA（N,N,N',N'-四甲基乙二胺）中以二聚体和四聚体的平衡混合物存在。二聚体的结构经 X 射线单晶衍射实验确定（图 7.6）：在[^{n}BuSeLi·TMEDA]$_2$ 中，硒-锂键长在 2.544～2.592Å 之间。^{77}Se NMR 的信号在−660，表明硒原子受强烈电子屏蔽，因此负电荷定域在硒原子上。硒醇锂 $CH_3CH_2CH_2CH_2C{\equiv}CSeLi$ 在 THF 中 ^{77}Se NMR 信号出现在−114.6，在苯中转变为−15.1。高场位移表明，硒醇负离子和锂离子在极性溶剂中分离：$Li^+\|^-SeR$。在−59.3 处观察到苯炔基硒醇锂 PhCCSeLi 的 ^{77}Se NMR 信号，表明负电荷存在离域。

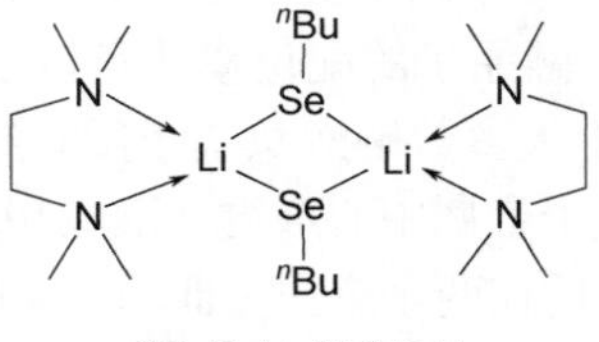

[^{n}BuSeLi·TMEDA]$_2$

图 7.6　正丁基硒醇锂的 TMEDA 配合物

第三节　硒醇的化学性质

硒醇具有硒基官能团，Se—H 键（平均键能，310kJ/mol；经实验测定，苯硒醇 Se—H 键的离解能是 326±17kJ/mol）[6]，可均裂或异裂：能与烯烃、炔烃以及缺电子共轭体系（缺电子烯烃、缺电子炔烃）反应，在自由基引发剂如 AIBN 存在下或在光照下进行自由基加成；在碱催化下，可作亲核试剂进行亲核加成；在酸催化下，对醛、酮进行亲核缩合反应高产率得到相应的硒缩酮、硒缩醛。与硒醇比较，相应的硒醇盐（硒醇负离子）是高度亲核的而且更容易被氧气和过氧化物等多种氧化剂氧化。考虑到 C—Se 键（键能，234kJ/mol）是弱键以及 Se—H 易于氧化，为防止副反应的干扰，必须严格控制硒醇的反应条件。

一、酸性

Se—H 键能异裂，硒醇具有酸性，酸度强于相应的硫醇［硒半胱氨酸，pK_a=5.24；半胱氨酸，pK_a=8.25；苯硒醇（苯硒酚），pK_a=5.9；苯硫醇（苯硫酚），pK_a=6.5；苯酚，pK_a=10］，pK_a 数据指示在中性水中或在生理 pH 值条件下硒醇主要是以负离子形式存在，换言之，硒醇是脱除氢离子的。硒醇溶于苛性碱溶液生成相应的硒醇盐，它们在空气中极易氧化成黄色的二硒醚；无水盐可在有机溶剂（如甲苯、无水乙醚、四氢呋喃）中用 NaH 或丁基锂或 LDA 或 KO^{t}Bu 或 KH 反应制备，这些盐是合成其它有机硒化合物的重要原料（图 7.7）。

正如上面提及，在溶液中，键连在不饱和键上的 SeH 基团可互变异构化为具有 C=Se 键的硒酮，例如 2-吡啶硒醇在溶液中以硒醇和硒酮（1∶6）的混合物存在（图 7.8）。对于 2-硒基咪唑，实验证明在互变异构平衡中也是硒酮占优势。但是应该指出的是有 α-氢的硒醛、硒酮是不稳定的，在液相条件下单体不能存在（参阅第十章）。其原因之一，就是硒醇式-硒酮式互变；另一原因是硒不易形成 π 键，易于聚合形成 C—Se 单键。

RSeH + NaOH $\longrightarrow$ RSeNa + H$_2$O

RSeH + NaH $\longrightarrow$ RSeNa + H$_2$

图 7.7　硒醇盐的制备

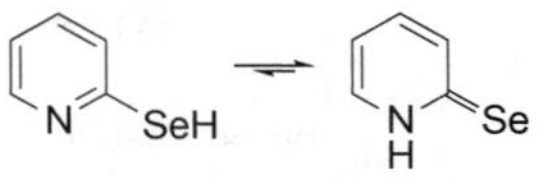

图 7.8　硒醇式-硒酮式互变异构平衡

二、还原性

硒醇易与氧化剂反应，具有还原性。依所用氧化剂不同，形成不同产物：弱氧化剂可生成二硒醚，强氧化剂得到相应的次硒酸、亚硒酸甚至硒酸。硒醇经空气、H$_2$O$_2$、Br$_2$、K$_3$Fe(CN)$_6$氧化生成相应的二硒醚，4RSeH+O$_2$ $\longrightarrow$ 2RSeSeR+2H$_2$O；反应通过氧分子夺取硒醇的氢原子形成硒基自由基，然后硒基自由基偶联得到二硒醚。硒基自由基的存在通过自由基捕获实验得到证明，例如苯硒基自由基出现 ESR 信号并呈现由硒产生的精细结构（图 7.9）。

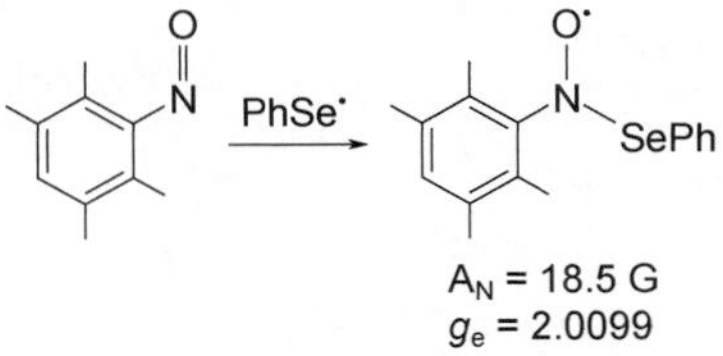

A_N = 18.5 G
g_e = 2.0099

图 7.9　苯硒基自由基的捕获

在有机合成中，硒醇可作为供氢体（还原剂），苯硒醇能还原亚砜、二硫醚、重氮盐和芳香族偶氮化合物，也能还原各种芳香硝基、芳香亚硝基和芳香羟基氨基化合物：还原芳香硝基化合物，ArNO$_2$+6PhSeH $\longrightarrow$ ArNH$_2$+3PhSeSePh+2H$_2$O；还原偶氮氧化物，ArN(=O)=NAr+6PhSeH $\longrightarrow$ 2ArNH$_2$+3PhSeSePh+H$_2$O；还原偶氮化合物，ArN=NAr+4PhSeH $\longrightarrow$ 2ArNH$_2$+2PhSeSePh；还原二芳基肼，ArNHNHAr+2PhSeH $\longrightarrow$ 2ArNH$_2$+PhSeSePh。还原这些含氮化合物的活性顺序是：ArN=O$\gg$ArN=NAr>ArNHOH>ArN(=O)=NAr≈ArNO$_2$$\gg$ArNHNHAr。此外，苯硒醇在光照下或在少量氧气存在下通过自由基机理还能还原 α,β-不饱和酮的 C=C 键和亚胺以及腙的 C=N 键[7]。

^{n}Bu$_3$SnH 是还原卤代烃的常用还原剂，在自由基引发剂存在下可用于卤代烃 RX 和芳基硒醚 RSeAr 产生烃基自由基 R$^\cdot$。一个重要发现是苯硒醇能催化卤代烃的这种自由基还原反应（图 7.10 中右图是作为对比的无催化剂的情况）：溴代烷和碘代烷都是合适的烃基自由基前体；对于不饱和卤代烃，苯硒醇的催化作用只能在不饱和碘代烃中观察到。这是由于碘代芳烃和碘代烯烃较弱的 C$_{sp^2}$-I 键优先裂解，使催化剂能够在反应混合物中持续存在，而 C$_{sp^2}$-Br 键的键离解能高于 C$_{sp^2}$-Se 键（表 2.5），导致催化剂在与所需自由基的生成竞争中被锡降解。

从表 7.1 可知，由于苯硒醇能快速捕获碳自由基［在 25℃的速率常数 k=1.2×10^{9}L/(mol·s)］，因此苯硒醇是极好的供氢体，可以抑制自由基的慢速重排反应以及催化 ^{n}Bu$_3$SnH 进行的自由基反应。

表 7.1　供氢体与伯烷基自由基的反应速率常数

供氢体	反应速率常数/[L/(mol·s)]（25℃）	供氢体	反应速率常数/[L/(mol·s)]（25℃）
^{n}Bu$_3$SnH	2.4×10^6	TMS$_3$SiH	3.8×10^5
PhSeH	1.2×10^9	^{n}Bu$_3$GeH	1.0×10^5
PhSH	1.4×10^8	1,4-环己二烯	2.0×10^5（50℃）

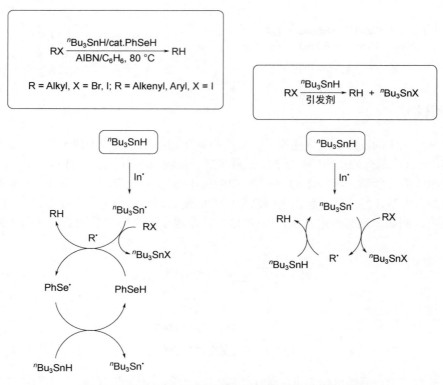

图 7.10　硒醇催化 $^{n}Bu_3SnH$ 还原卤代烃的反应及其机理

碘代芳烃在现场产生的催化量 PhSeH 存在下可加成到苯上形成芳基取代的 1,3-环己二烯和 1,4-环己二烯的混合物（图 7.11）：反应机理是通过芳基自由基加成到苯环上形成环状离域的碳自由基，它从供氢体提氢生成两种产物[8]。此外，现场产生的催化量 PhSeH 能调节成环比例，有利于 5-*exo*-trig 方式而抑制 6-*endo*-trig 方式（图 7.12）。

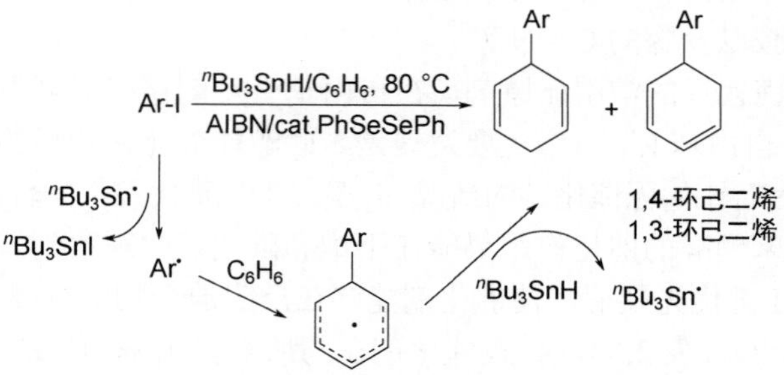

图 7.11　对苯的自由基加成反应

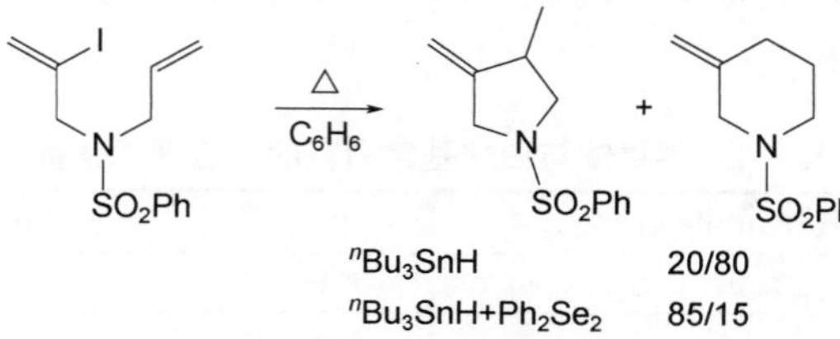

图 7.12　硒醇调节成环比例

三、加成反应

如图 7.13 所示，硒醇对末端炔烃的自由基加成主要生成顺式异构体，对末端联烯烃（allene，累积二烯烃）主要进行中间双键的加成，对共轭烯烃进行 1,4-共轭加成。

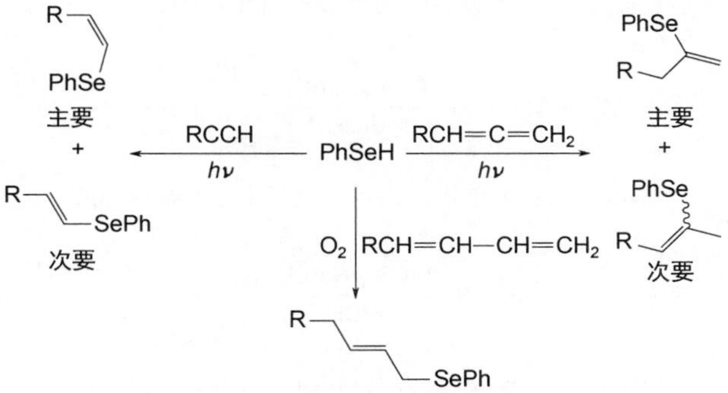

图 7.13　硒醇对炔烃、累积二烯烃的自由基加成

硒醇对 $Ph_2PCH=CH_2$ 进行反马氏的自由基加成，产生有用的二齿 PSe（软）配体（图 7.14）[9]。

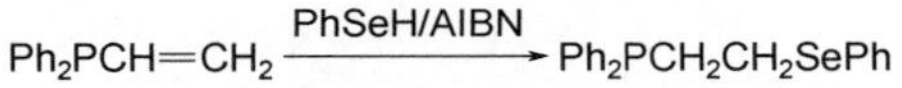

图 7.14　硒醇对烯烃的自由基加成反应

在路易斯酸催化下，硒醇可对烯醇醚（enol ether）进行加成（图 7.15）。

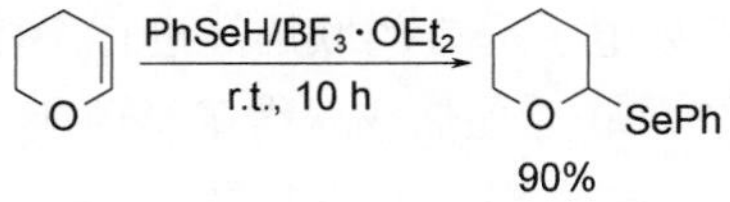

图 7.15　酸催化的硒醇加成反应

由于反应的可逆性（自由基的 β-裂解）（参阅第二章），硒醇不能对普通烯烃进行自由基加成，但是硒醇以及相应的硒醇盐能对缺电子的共轭体系进行共轭加成，即迈克尔（Michael）加成（图 7.16）[10]。在光活性碱——辛可尼丁（cinchonidine）存在下，硒醇对 α,β-不饱和酮进行不对称加成，产率高于 95%，但光学纯度不高（图 7.17）[11]。将 NaSePh 加入缺电子的炔烃中，立体选择性地生成乙烯基硒醚（图 7.18）。

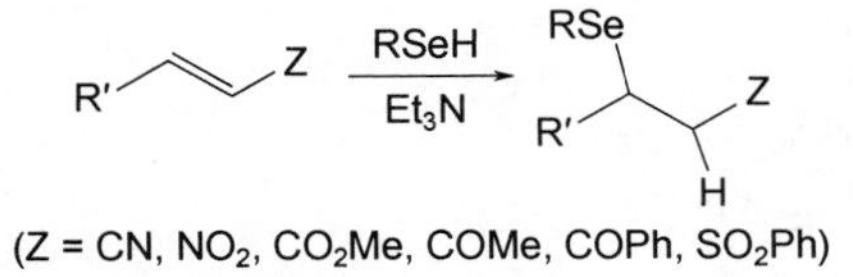

(Z = CN, NO₂, CO₂Me, COMe, COPh, SO₂Ph)

图 7.16　硒醇对缺电子烯烃的亲核加成

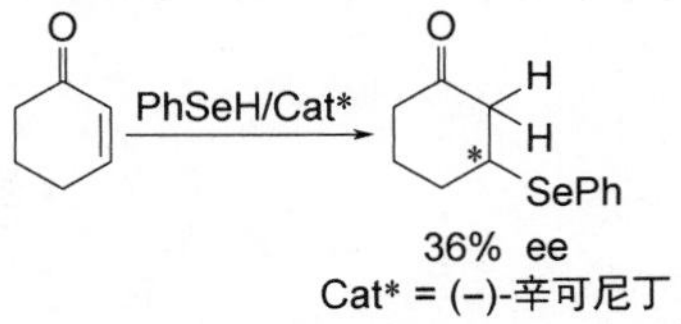

36% ee
Cat* = (−)-辛可尼丁

图 7.17　硒醇对缺电子烯烃的不对称亲核加成

图 7.18　硒醇盐对缺电子炔烃的亲核加成

　　亲核硒试剂，NaSeR，硒醇钠（由二硒醚 RSeSeR 经 NabH₄ 在乙醇中现场还原产生，实际存在形式为 Na[RSeB(OEt)₃]，RSeSeR+2NaBH₄+6EtOH ⟶ 2Na[RSeB(OEt)₃]+7H₂；这导致其活性弱于"真实的"NaSeR）对带吸电子基 Z 的炔烃或二炔烃进行亲核加成得到烯基硒醚（图 7.19A 和图 7.19B）。锌在酸性条件现场还原 PhSeSePh 形成 PhSeH，在两相反应条件下对末端炔烃进行亲核加成主要生成(Z)-烯基硒醚（图 7.19C）[12]。

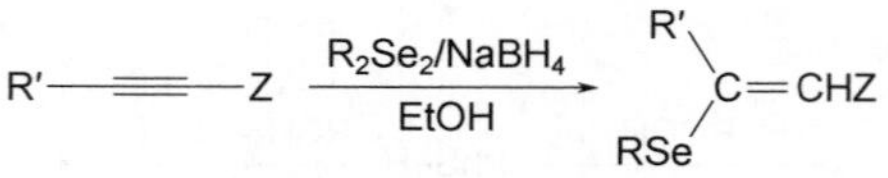

图 7.19A　亲核硒试剂对缺电子炔烃的亲核加成

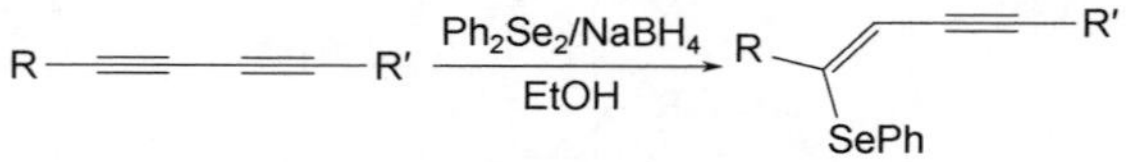

图 7.19B　亲核硒试剂对共轭二炔烃的亲核加成

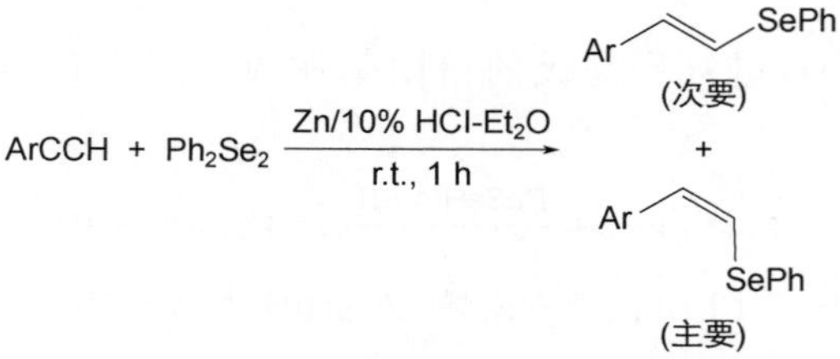

图 7.19C　两相反应条件下亲核硒试剂对末端炔烃的亲核加成

　　亲核硒试剂，硒醇钠，对带吸电子基 Z 的联烯烃进行亲核加成提供烯基硒醚（图 7.20）。在乙酸钯催化剂存在下，苯硒醇对联烯烃加成获得烯基硒醚（图 7.21）。

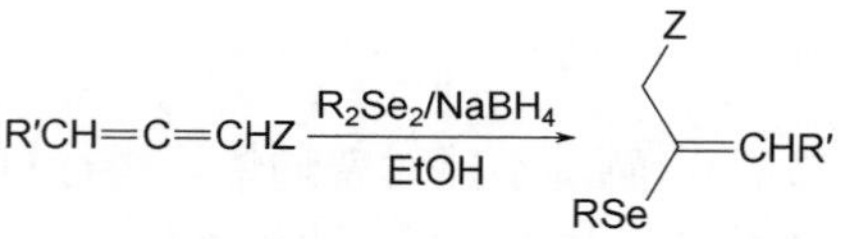

图 7.20　硒醇盐对缺电子联烯烃的亲核加成

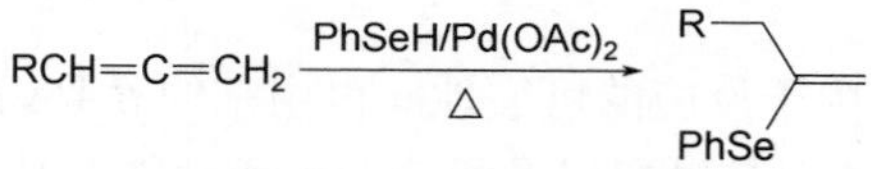

图 7.21　苯硒醇对联烯烃的加成

　　硒醇与醛和酮在路易斯酸如无水氯化锌催化下脱水缩合形成硒缩醛和硒缩酮（图 7.22），这类物质也可由缩醛和缩酮在路易斯酸如三氟化硼、无水氯化锌催化下与过量的硒醇反应制备。

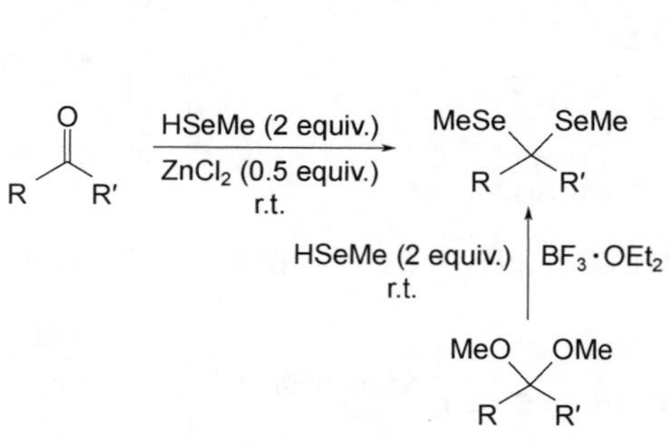

图 7.22　硒醇与醛和酮的缩合

四、取代反应

硒醇以及相应的硒醇盐作为亲核试剂可与各种亲电试剂如卤代烃、环氧化合物、酰卤、金属卤化物、卤化硅、卤化磷等进行取代反应。在无水氯化锌存在下，硒醇如甲硒醇与易形成碳正离子的醇如叔醇、烯丙醇（仲、叔）和苄醇等在二氯甲烷中形成相应的硒醚，$MeSeH+ROH \longrightarrow MeSeR+H_2O$。值得指出的是硒醇盐如甲硒醇钠与邻二卤化合物反应导致卤素消除形成烯烃而不是取代反应：顺式和反式二溴化合物分别生成反式烯烃和顺式烯烃。

卤代芳烃不活泼，但带有吸电子基的卤代芳烃（即吸电子基活化的卤代芳烃）却易于进行亲核取代反应。如图 7.23 所示的芳基化试剂（arylating agent）可用作硒酶抑制剂（selenoenzyme inhibitor）[13]。

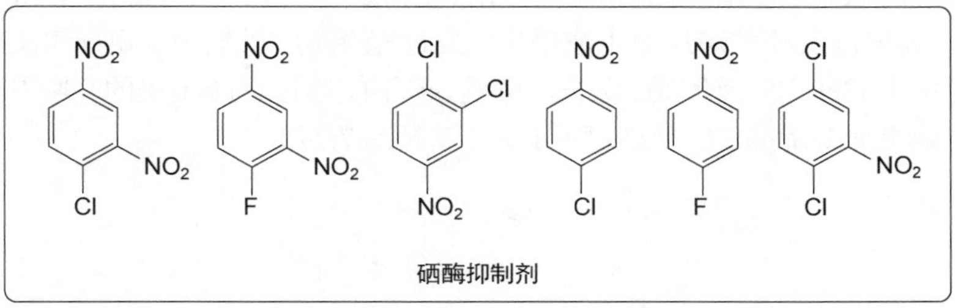

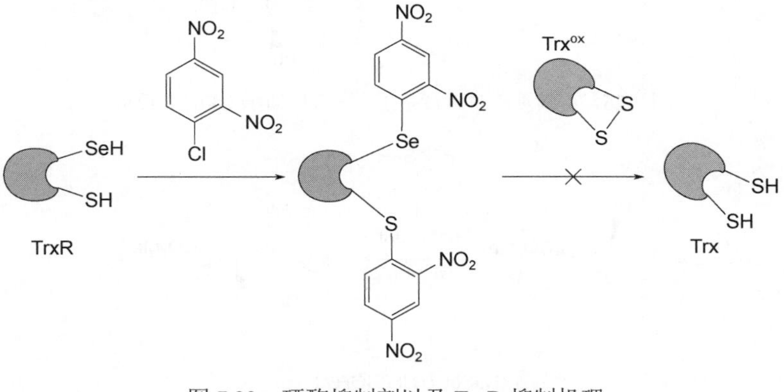

图 7.23　硒酶抑制剂以及 TrxR 抑制机理

目前，这些芳基化试剂如 1-氯-2,4-二硝基苯（CDNB）正被用作测定谷胱甘肽 *S*-转移酶（*S*-transferase）含量的底物以及细胞培养实验中的谷胱甘肽（GSH）消耗剂。在 NADPH（还原型烟酰胺腺嘌呤二核苷磷酸，nicotinamide adenine dinucleotide phosphate）存在下，CDNB 是硫氧还蛋白还原酶（thioredoxin reductase，TrxR）的不可逆抑制剂：亲电试剂使酶失活的机理涉及酶活性中心的硒醇和硫醇残基与抑制剂反应形成相对稳定的 Se—C 和 S—C 共价键；TrxR 是细胞抗氧化系统中不可缺少的一部分，其主要功能是还原 Trx^ox（thioredoxin）中的二硫键，还原型的 Trx 进而参与许多其它蛋白质二硫键的还原；CDNB 抑制 TrxR，完全改变 TrxR 的生物学效应。

硒醇在温热的离子液体（*N*-正丁基-*N*′-甲基咪唑四氟硼酸盐，[Bmin]BF$_4$）中对环氧化合物进行亲核开环高产率产生硒负离子进攻少取代环碳的产物（图 7.24）。

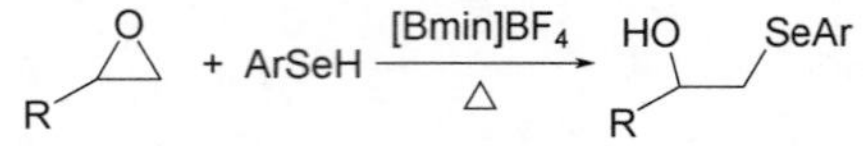

图 7.24 硒醇对环氧化合物的亲核开环反应

硒醇（在三乙胺存在下）或硒醇盐与酰氯反应形成羧酸硒醇酯（图 7.2），在有机合成中它们可以作为相应酰基自由基的前体（图 7.25）。

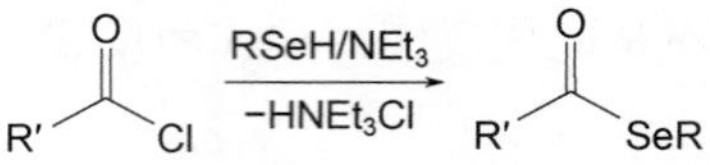

图 7.25 硒醇对酰氯的亲核取代反应

8-硒基喹啉（QSeH）与路易斯酸 BPh$_3$ 反应得到四配位的硼化合物 QSeBPh$_2$（图 7.26）。二硒醚 RSeSeR 与碘化铟和溴化铟 InX（X＝Br、I）反应，得到三价铟化合物(RSe)$_2$InX（X＝Br、I）。所得试剂与氮杂环丙烷反应生成硒半胱氨酸衍生物，虽然由二硒醚 RSeSeR 经 NaBH$_4$ 现场还原产生的 NaSeR 能开环 Boc 保护的吖啶，但不能通过官能团化的吖啶开环制备硒半胱氨酸衍生物，因此铟试剂的这一反应特别有价值（图 7.27）。

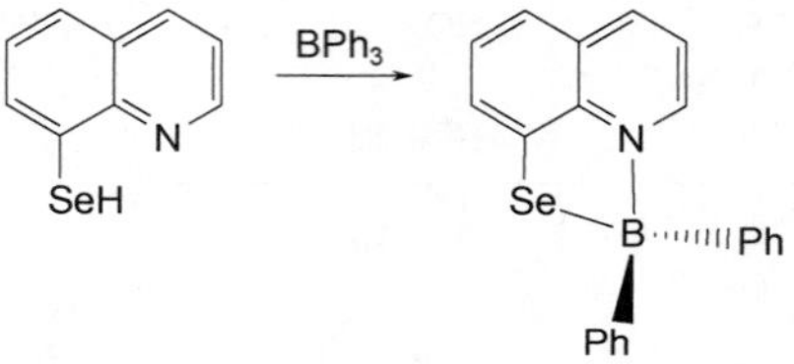

图 7.26 8-硒基喹啉（QSeH）与路易斯酸 BPh$_3$ 的反应

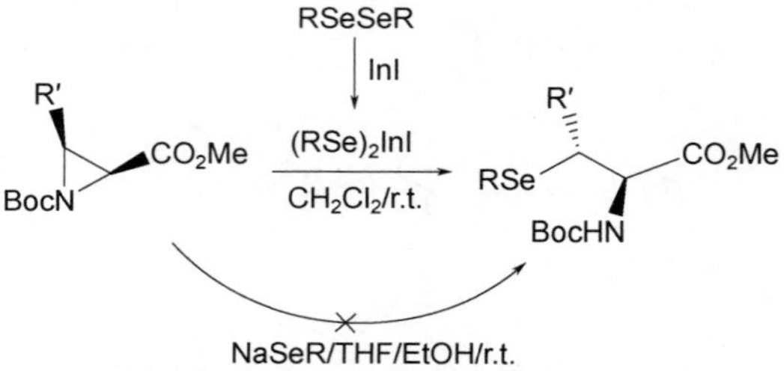

图 7.27 硒醇铟对吖啶的亲核开环反应

与第 14 族元素的卤化物进行亲核取代反应形成相应的配合物（图 7.28）。例如硒醇 RSeH 或硒醇盐 RSeNa 和 RSeLi 与 Me$_3$SiCl 反应得到硅基硒醚 Me$_3$SiSeR，这类物质在簇合物合成以及有机合成中有重要应用[14]。利用五配位氯化硅配合物与 PhSeH 反应得到含有硒醇负离子的五配位硅化合物（图 7.29）。PhSeLi 与 GeCl$_4$ 作用提供 Ge(SePh)$_4$。类似地，NaSePh 与 ^{n}Bu$_3$SnCl 反应得到 ^{n}Bu$_3$SnSePh。

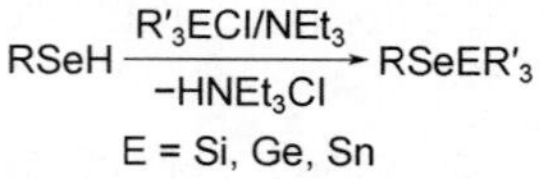

E = Si, Ge, Sn

图 7.28 硒醇与第 14 族元素卤化物的亲核取代反应

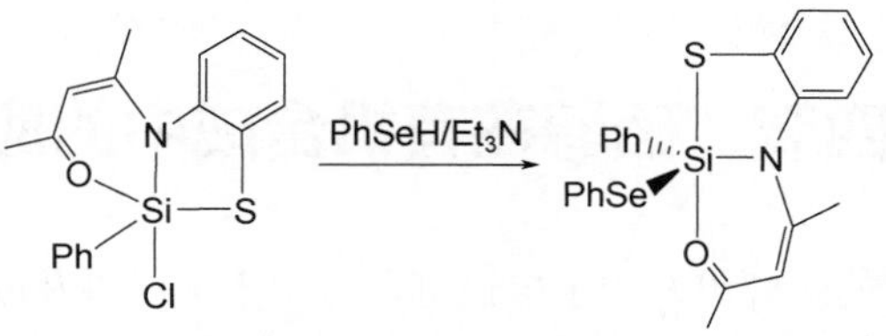

图 7.29　硒醇对硅的亲核取代反应

第 15 族的磷、砷、锑和铋的硒醇盐经常用作亲核硒试剂。PhSeH 在碱如三乙胺存在下与 EPCl$_3$（E=O、S）反应得到(PhSe)$_3$PE，与 Ph$_2$PCl 反应产生 Ph$_2$PSePh（图 7.30）。RSeNa 与 PCl$_3$ 反应提供(RSe)$_3$P。砷的硒醇负离子化合物 RSeAsMe$_2$ 可由 Me$_2$AsNEt$_2$ 与硒醇 RSeH 反应或 Me$_2$AsCl 与 NaSeR 反应得到。通过 As(SiMe$_3$)$_3$ 与 In(SePh)$_3$ 的配体交换反应可获得 As(SePh)$_3$。利用硫酚化合物 M(SPh)$_3$（M=As、Sb、Bi）与 PhSeH 进行酸碱反应可制备 M(SePh)$_3$。以 SbCl$_3$ 为原料，与 ArSeH 进行卤素交换反应，产生锑的硒醇盐 Sb(SeAr)$_3$（Ar=2,4,6-R$_3$C$_6$H$_2$；R=Me、^{i}Pr、^{t}Bu）。利用 2-硒基吡啶（HSepy）和 8-硒基喹啉（QSeH）可得到锑和铋配合物 M(Sepy)$_3$ 和 M(SeQ)$_3$（M=Sb、Bi）。在叔膦（^{i}Pr$_3$P 或 PPh$_3$）存在下，BiBr$_3$ 与 PhSeSiMe$_3$ 反应获得具有 PhSe 配体的多核簇合物（[^{i}Pr$_3$PH][Bi$_4$(SePh)$_{10}$]）和［Bi$_6$(μ-SePh)$_6$(SePh)$_{10}$Br$_2$］。

$$\text{PhSeH} + \text{Ph}_2\text{PCl} \xrightarrow[\substack{-10\ ^\circ\text{C} \\ -\text{HNEt}_3\text{Cl}}]{\text{NEt}_3} \text{Ph}_2\text{PSePh}$$

图 7.30　硒醇对 Ph$_2$PCl 的亲核取代反应

硒醇（硒醇盐）具有亲汞性，与汞形成稳定的化合物（图 7.31）。在甲醇中，4-H$_2$NC$_6$H$_4$SeNa 与乙酸汞反应生成 Hg(SeAr)$_2$（Ar=4-H$_2$NC$_6$H$_4$）[15]。在 ^{n}Bu$_4$NBr 存在下，PhSe$^-$ 与 Hg(SePh)$_2$ 反应得到三配位的平面构型配合物［^{n}Bu$_4$NHg(SePh)$_3$］，这一配合物与酰氯（RCOCl）反应生成羧酸硒醇酯（RCOSePh）。类似地，苯硒醇在室温的甲苯中与 Au$_{36}$(SAr)$_{24}$（Ar=4-^{t}BuC$_6$H$_4$）进行配体交换反应提供纳米分子 Au$_{36}$(SePh)$_{24}$[16]。

$$\text{PhSeH} + \text{HgCl}_2 \longrightarrow \text{PhSeHgCl} + \text{HCl}$$

图 7.31　硒醇与氯化汞的反应

五、氧化加成反应

硒醇能对低价金属进行氧化加成，例如三蝶烯硒醇 TripSeH 与 Pd(PPh$_3$)$_4$ 反应，得到双核钯配合物（[Ph$_3$PPd(μ-SeTrip)]$_2$）（图 7.32）；TripSeH 与 Pt(C$_2$H$_4$)(PPh$_3$)$_2$、Pt(C$_2$H$_4$)(dppe)、Pt(C$_2$H$_4$)(dppf)反应，生成单核铂配合物 cis-(Ph$_3$P)$_2$Pt(H)SeTrip、(dppe)Pt(H)SeTrip、(dppf)Pt(H)SeTrip[17]。

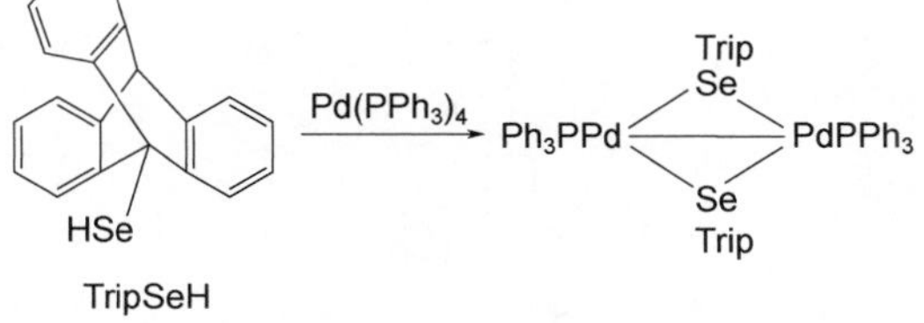

图 7.32　硒醇对金属的氧化加成

第四节　硒醇在有机合成中的应用

　　硒醇负离子是比相应的硒醇更好的亲核试剂，可用于加成以及取代反应。与烷基化试剂如卤代烷、烷基磺酸酯、烷基酯发生亲核取代反应，是合成硒醚特别是不对称硒醚（混合硒醚）的重要方法（图7.33）：RSeM（M=Li、Na、K）与Ph$_2$PCH$_2$CH$_2$Cl在乙醇中反应得到Ph$_2$PCH$_2$CH$_2$SeR[18]；与X(CH$_2$)$_n$X反应可得到二元硒醚RSe(CH$_2$)$_n$SeR；与1,3-二卤甲基苯或2,6-二卤甲基吡啶反应可得到钳型配体（pincer-type ligand）1,3-(RSe)$_2$C$_6$H$_4$或2,6-(RSe)$_2$C$_5$H$_3$N；与(BrCH$_2$)$_3$CMe反应得到三元硒醚(RSeCH$_2$)$_3$CMe。这类三元硒醚在配位化学中可用作三脚架配体（tripodal ligand）。与环氧化合物发生亲核开环反应生成β-羟基硒醚（图7.24），与内酯作用产生ω-羟硒基羧酸。在强碱KN(SiMe$_3$)$_2$存在下，苯硒醇负离子可作为苄氯生成二苯乙烯的催化剂[5]。

$$\text{RSeM} \xrightarrow{\text{R'L}} \text{RSeR'}$$

$$(L = X,\ OTs,\ OTf,\ OMs,\ O_2CR'',\ \cdots)$$

图7.33　硒醇盐对烷基化试剂的亲核取代反应合成硒醚

　　炔基硒醇负离子是多位反应性的亲核试剂，按共振论，存在如图7.34所示的两种共振贡献：质子化得到炔基硒醇以及互变异构体烯硒酮（selenoketene）；与醇、（伯、仲）胺反应生成相应的硒羧酸酯和硒酰胺；与卤代烷反应得到炔基硒醚；与三甲基氯硅烷反应提供三甲

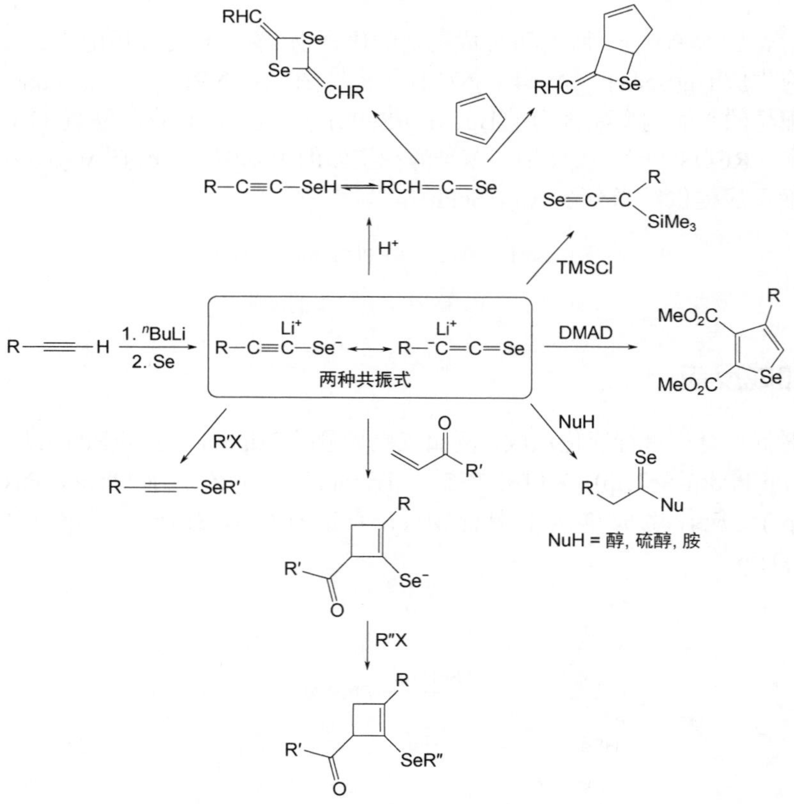

图7.34　炔基硒醇负离子的多位反应性

硅基烯硒酮；与 α,β-不饱和酮进行共轭加成生成硒醇负离子，继而用卤代烷、酰氯淬灭，提供 3-酰基-1-烃基-2-烃硒基环丁烯化合物；与丁炔二酸二甲酯（dimethyl acetylenedicarboxylate，DMAD）进行[3+2]环加成；此外，烯硒酮可与环戊二烯进行[2+2]环加成，与醇、硫醇和（伯、仲）胺反应生成相应的硒羧酸酯、硒羧酸硫醇酯和硒酰胺[19]。

硒醇盐与一卤代烯烃、二卤代烯烃在催化剂(bpy)$_2$NiBr$_2$ 存在下进行取代反应以较高的产率合成烯基硒醚（图 7.35）[20]。

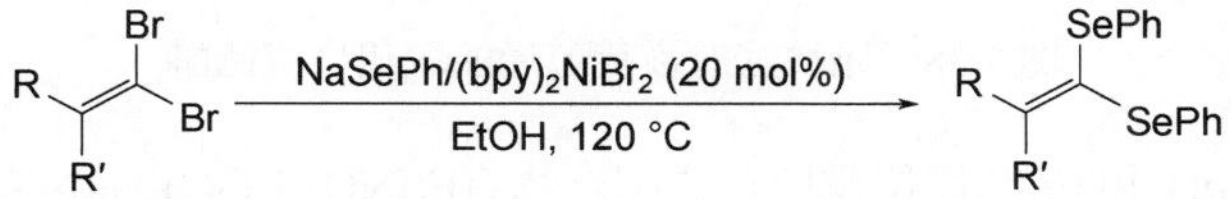

图 7.35　硒醇盐与卤代烯烃的取代反应合成硒醚

在偶极溶剂如 HMPA 或 DMF 或 DMA 中，烷基和芳基硒醇负离子与卤代烯烃进行取代反应以优良的产率提供构型保持的烯基硒醚（图 7.36）[21]。

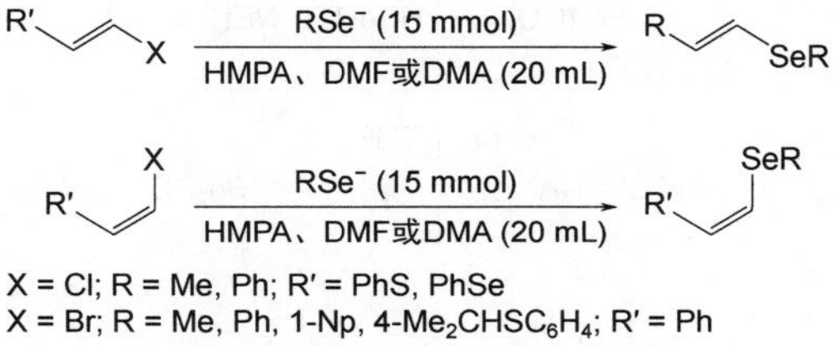

X = Cl; R = Me, Ph; R' = PhS, PhSe
X = Br; R = Me, Ph, 1-Np, 4-Me$_2$CHSC$_6$H$_4$; R' = Ph

图 7.36　硒醇负离子与卤代烯烃的取代反应提供构型保持的产物

β-二羰基化合物（1,3-dicarbonyl compound）如 β-二酮（1,3-环己二酮）、β-酮酸酯（乙酰乙酸甲酯、乙酰乙酸乙酯）形成的烯醇磷酸酯、磺酸酯特别活泼易于进行亲核取代反应（图 7.37）[22]。

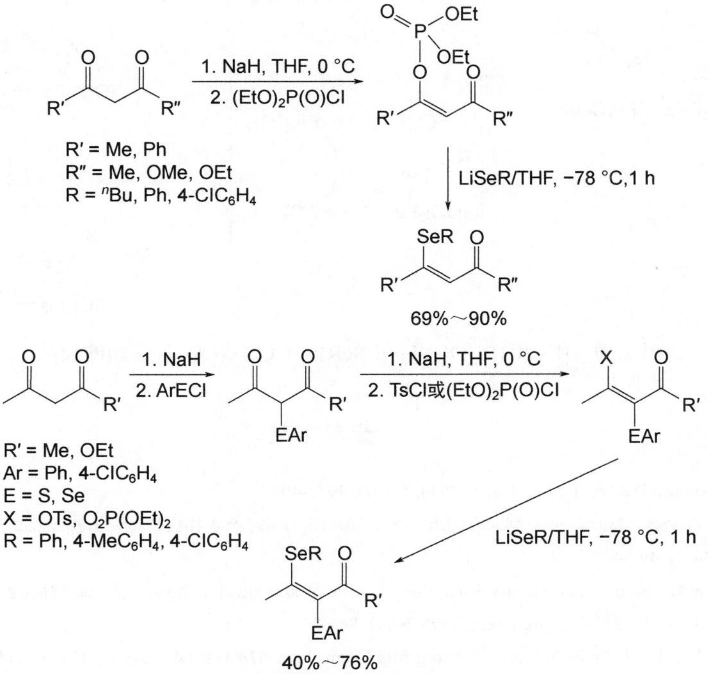

图 7.37　烯醇磷酸酯、烯醇磺酸酯的亲核取代反应

由于卤代芳烃 ArX 不活泼，合成 ArSeR 需要在高沸点的极性溶剂如 DMSO 或 DMF 或 DMA 中进行加热（图 7.38）[9]，发展催化的温和方法制备混合硒醚特别是不对称的二芳基硒醚是一个有意义的研究课题。

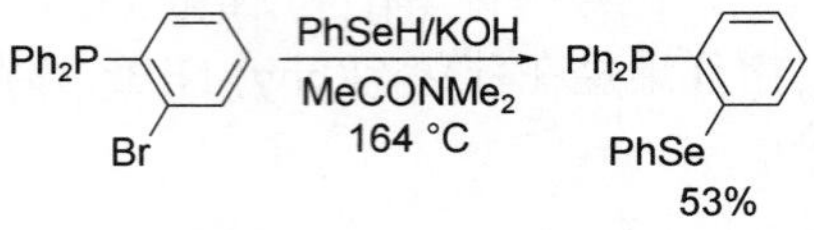

图 7.38　硒醇盐对卤代芳烃的取代合成硒醚

用 Fe3(CO)12、RSeH 和 Et3N 原位反应合成配合物（[Et3NH]+[(OC)3Fe(μ-SeR)(μ-CO)Fe(CO)3]−）。它具有丰富的反应化学，μ-CO 配体能被各种三电子配体（表 1.11，电子计数方法 B）如亚胺酰氯、膦烯、重氮化合物、异硫氰酸酯、CS2 以及 PhSeBr 等等取代，得到相应的双铁配合物。用亲电试剂 Et3O+BF4−（Meerwein reagent）处理，μ-CO 配体转化为桥连卡宾配体（图 7.39）[23]。

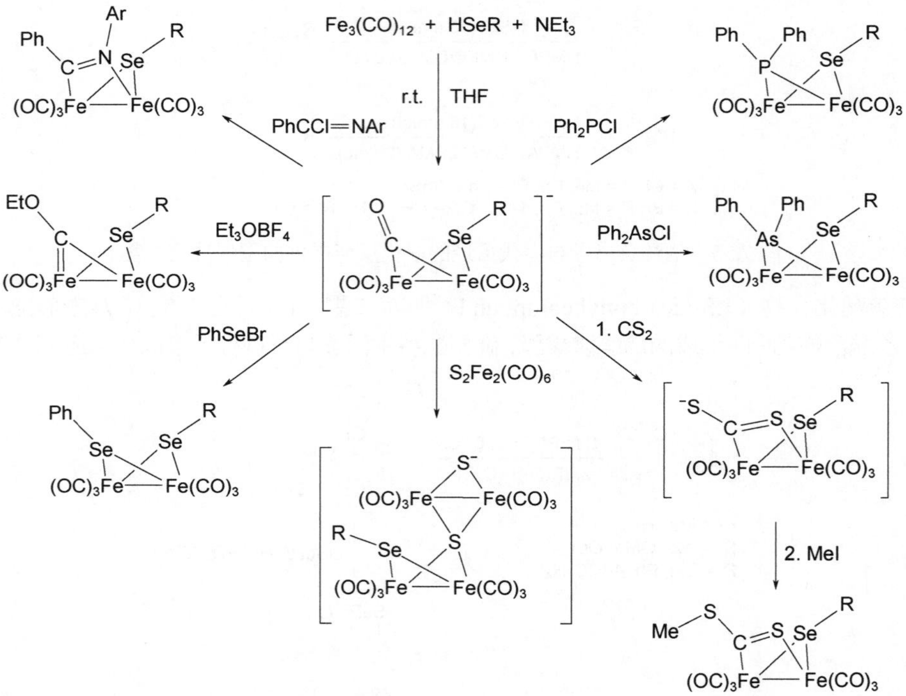

图 7.39　[Et3NH]+[(OC)3Fe(μ-SeR)(μ-CO)Fe(CO)3]−簇盐的反应

参考文献

[1] Peng J, Barr M E, Ashburn D A, et al. J Org Chem, 1994, 59(17): 4977-4987.

[2] (a) Mallow O, Khanfar M A, Malischewski M, et al. Chem Sci, 2015, 6(1): 497-504. (b) Ellison J J, Ruhlandt-Senge K, Hope H H, et al. Inorg Chem, 1995, 34(1): 49-54.

[3] (a) Sonoda N, Ogawa A, Recupero F. Benzeneselenol. Encyclopedia of Reagents for Organic Synthesis[M]. New Jersey: John Wiley & Sons, Ltd., 2011. (b) Crich D, Yao Q. J Org Chem, 1995, 60(1): 84-88.

[4] (a) Cuthbert H L, Wallbank A I, Taylor N J, et al. Z Anorg Allg Chem, 2002, 628(11): 2483-2488. (b) Zhang Q F, Liu Y J, Adams R D, et al. J Cluster Sci, 2006, 17(3): 445-455.

[5] (a) Englich U, Ruhlandt-Senge K. Z Anorg Allg Chem, 2001, 627(5): 851-856. (b) Trofymchuk O S, Zheng Z, Kurogi T, et al. Adv Synth Catal, 2018, 360(8): 1685-1692.

[6] Leeck D T, Li R, Chyall L J, et al. J Phys Chem, 1996, 100(16): 6608-6611.

[7] (a) Perkins M J, Smith B V, Turner E S. J Chem Soc Chem Commun, 1980, 1980(20): 977-978. (b) Fujimori K, Yoshimoto H, Oae S. Tetrahedron Lett, 1979, 20(45): 4397-4398. (c) Clive D L J, Chittattu G J, Farina V, et al. J Am Chem Soc, 1980, 102(13): 4438-4447.

[8] (a) Crich D, Grant D, Krishnamurthy V, et al. Acc Chem Res, 2007, 40(6): 453-463. (b) Newcomb M. Radical Kinetics and Clocks. Encyclopedia of Radicals in Chemistry, Biology and Materials[M]. New Jersey: John Wiley & Sons, Ltd., 2012. (c) Newcomb M. Tetrahedron, 1993, 49(6): 1151-1176.

[9] Cunningham T J, Elsegood M R J, Kelly P F, et al. Dalton Trans, 2010, 39(22): 5216-5218.

[10] Tanini D, Scarpelli S, Ermini E, et al. Adv Synth Catal, 2019, 361(10): 2337-2346.

[11] Pluim H, Wynberg H. Tetrahedron Lett, 1979, 20(14): 1251-1254.

[12] Tidei C, Sancineto L, Bagnoli L, et al. Eur J Org Chem, 2014(27): 5968-5975.

[13] (a) Reddy K M, Mugesh G. Chem Eur J, 2019, 25(37): 8875-8883. (b) Nordberg J, Zhong L, Holmgren A, et al. J Biol Chem, 1998, 273(18): 10835-10842. (c) Anestål K, Arnér E S J. J Biol Chem, 2003, 278(18): 15966-15972. (d) Arnér E S J, Holmgren A. Eur J Biochem, 2000, 267(20): 6102-6109.

[14] (a) Fenske D, Zhu N, Langetepe T. Angew Chem Int Ed, 1998, 37(19): 2639-2644. (b) Fard M A, Najafabadi B K, Hesari M, et al. Chem Eur J, 2014, 20(23): 7037-7047.

[15] Bublitz F, De Azevedo Mello M, Durigon D C, et al. Z Anorg Allg Chem, 2019, 645(5): 544-550.

[16] Rambukwella M, Chang L, Ravishanker A, et al. Phys Chem Chem Phys, 2018, 20(19): 13255-13262.

[17] Ishii A, Kamon H, Murakami K, et al. Eur J Org Chem, 2010, 2010(9): 1653-1659.

[18] Spokoyny A M, Rosen M S, Ulmann P A, et al. Inorg Chem, 2010, 49(4): 1577-1586.

[19] (a) Koketsu M, Mizutani K, Ogawa T, et al. J Org Chem, 2004, 69(25): 8938-8941. (b) Raasch M S. J Org Chem, 1980, 45(17): 3517-3518.

[20] Cristau H J, Chabaud B, Labaudiniere R, et al. J Org Chem, 1986, 51(6): 875-878.

[21] (a) Testaferri L, Tiecco M, Tingoli M, et al. Tetrahedron, 1986, 42(1): 63-69. (b) Tiecco M, Testaferri L, Tingoli M, et al. Tetrahedron Lett, 1985, 26(18): 2225-2228. (c) Tiecco M, Testaferri L, Tingoli M, et al. Tetrahedron Lett, 1984, 25(43): 4975-4978.

[22] Silveira C C, Guerra R B, Comasseto J V. Tetrahedron Lett, 2007, 48(29): 5121-5124.

[23] 宋礼成, 王佰全. 金属有机化学原理与应用[M]. 北京: 高等教育出版社, 2012.

第八章

硒醚和二硒醚

第一节　硒醚的制备

　　硒醚（selenide）是硒化氢中的两个氢原子被烃基取代形成的化合物，具有 C—Se—C 官能团；两个烃基相同者为简单硒醚、对称硒醚，不同者为混合硒醚、不对称硒醚，亚烃基与硒连接者则为环硒醚。硒醚是一类重要的有机硒化合物，已发展了多种制备方法。

一、以无机硒化合物为原料的制备

　　用还原剂还原硒粉生成 Se^{2-} 离子，现已发展了多种制备盐的方法[1]：直接在液氨中与碱金属反应；按计量比（硒粉：金属，1：2）在含少量萘（$C_{10}H_8$）的 THF 中回流一段时间（K，55min；Na，80min；Li，12h）；用三乙基硼氢化锂（$LiBEt_3H$）在 THF 中还原，$Se + 2LiBEt_3H \longrightarrow Li_2Se + 2BEt_3 + H_2$。$Se^{2-}$ 离子是强的亲核硒试剂：与烷基化试剂 RL（L=离去基）如卤代烷或磺酸酯（或锍鎓盐 $RS^+Ph_2BF_4^-$）进行亲核取代反应可合成对称二烷基硒醚 R_2Se（图 8.1）；与双烷基化试剂可合成环状硒醚，例如 Na_2Se 与 $Me_2C(CH_2Br)_2$ 反应生成 2,2-二甲基硒杂环丁烷，与 1,4-二溴丁烷在季铵盐催化下回流反应可提供硒杂环戊烷。

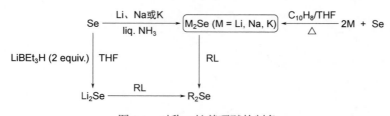

图 8.1　对称二烷基硒醚的制备

2,6-二硒杂螺环[3.3]庚烷的制备：

　　在快速搅拌和氮气保护下，将超氢化物（superhydride）$LiBEt_3H$（1.0mol/L，20mL，20.0mmol）的 THF 溶液一次性加入硒粉（0.80g，10.0mmol）中，有气体放出，混合物逐渐变成乳白悬浮液，补加 10mL THF，继续搅拌 20min，然后加入 1,3-二溴-2,2-二(溴甲基)丙烷 $C(CH_2Br)_4$（1.94g，5.0mmol）的 THF 溶液（10mL），反应混合物回流 4h，再室温搅拌 12h，真空脱溶，剩余物用中性氧化铝（洗脱剂：二氯甲烷/己烷，体积比为 1：2）进行柱色谱分离，得到无色固体 $C(CH_2SeCH_2)_2$（产率，70%）[2]。

　　N-Boc 保护的二元甲磺酸酯与 NaHSe 反应形成环状硒醚，酸性水解除保护后提供水溶性环状硒醚（3-氨基四氢硒吩）（图 8.2）。双环氧化物与 NaHSe 反应，得到亲水性的环状硒醚 *trans*-3,4-二羟基硒烷（3,4-dihydroxyselenolane，DHS^{red}），它能催化硫醇 RSH 还原过氧化氢（2RSH+H$_2$O$_2$ ⟶ RSSR+2H$_2$O），反应的定速步骤是 DHS^{red} 氧化为 DHS^{ox}。由于具有较高的 HOMO，因此它比链状硒醚［Se(CH$_2$CH$_2$OH)$_2$］显示更高的催化活性（图 8.3）[3]。

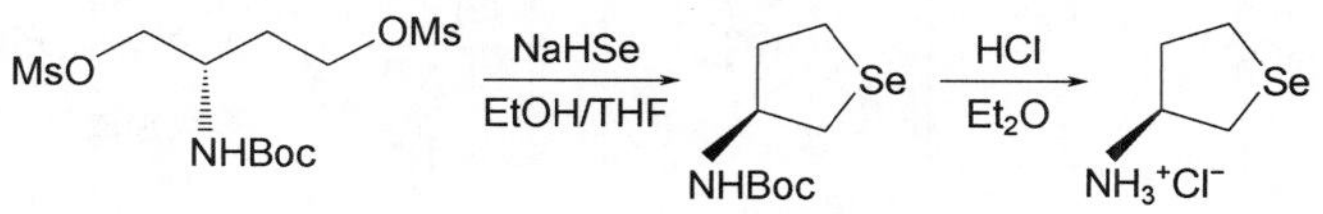

图 8.2　水溶性环状硒醚（3-氨基四氢硒吩）的制备

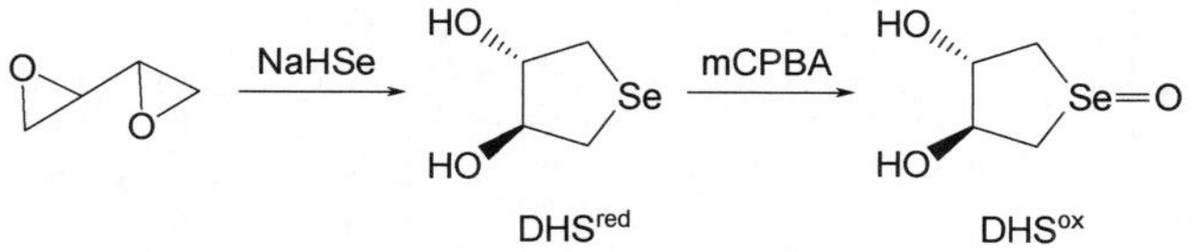

图 8.3　水溶性环状硒醚（DHS^{red}）的制备

二、以有机硒化合物为原料的制备

1. 使用亲电硒试剂

　　碳-硒键可以在温和的实验条件下方便地由亲电硒试剂与不饱和底物反应形成，这一过程通常具有高度的化学、区域和立体选择性。目前市场上最常见的亲电硒试剂是苯次硒酰氯 PhSeCl、苯次硒酰溴 PhSeBr 和 *N*-苯硒基邻苯二甲酰亚胺（NPSP），它们可以用稳定的、气味小的二硒醚制备。次硒酰卤与适当的银盐（四氟硼酸盐、六氟磷酸盐、六氟锑酸盐、对甲苯磺酸盐、三氟甲磺酸盐、*N*-糖精）原位反应，可以制备出无卤素的强亲电硒试剂如 PhSe$^+$BF$_4^-$ 和 PhSe$^+$PF$_6^-$，以避免由于强亲核负离子的存在而引起的副反应。许多无机氧化剂被用于硒-硒键的氧化裂解，其中过硫酸铵是常见的一种：以二硒醚 PhSeSePh 为原料生成高活性的硫酸盐（selenyl sulfate）PhSe$^+$OSO$_3$H$^-$。迄今为止，这一广泛应用的亲电加成反应（electrophilic addition）仍然没有得到充分的研究，因而提出的机理也只是初步的（图 8.4）。亲电硒试剂 PhSeX 与烯烃的反应是立体专一的反式加成[4-6]：首先亲电硒试剂进攻 π 键形成三元环中间体-环铈鎓离子（episelenurane ion），然后亲核试剂 NuH（Nu$^-$）占优势地进攻带有给电子基的桥碳原子导致开环，完成对烯烃的马氏加成（Markovnikov addition）（a）；在某些情况下，配位杂原子（如烯丙位上的羟基）的存在可以改变这种取向，从而导致反马氏加成（anti-Markovnikov addition）（b）产物的择优生成；亲核试剂可以是负离子如卤素负离子和叠氮负离子或中性分子如水、醇、胺、羧酸、磺酰胺等；X=Cl、Br 形成的加成物是热不稳定的，反应具有可逆性，易进行溶剂解，X=OAc、O$_2$CCF$_3$ 形成稳定的加成产物[7]。

　　根据这一机理：溶液中可能存在的其它亲核试剂将参与竞争开环反应，从而产生其它加成产物；在亲核性溶剂如含水乙腈、甲醇和乙酸中，是 OH、MeO 和 OAc 加成到产物中（图 8.5）；虽然乙腈是常用的溶剂，氮原子的亲核性很低，但在水和强酸如磺酸存在下也能发生反应，将 CH$_3$CONH 引入产物[8]。根据表 8.1 可知，利用叠氮负离子作亲核试剂的 PhSeOTf/NaN$_3$ 体系，可将叠氮基引入加成产物中[9]。

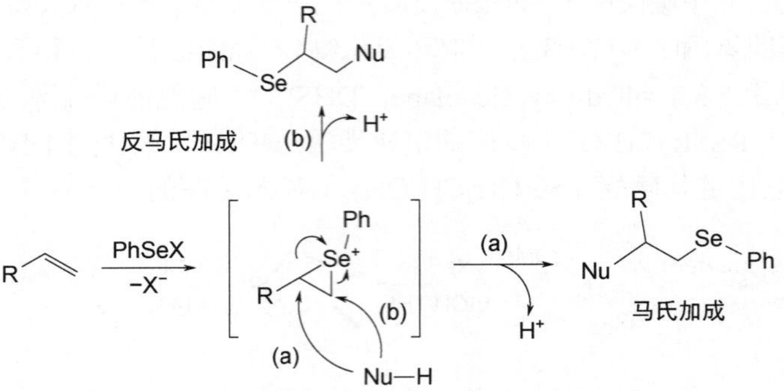

图 8.4 亲电硒试剂对烯烃的加成以及反应机理

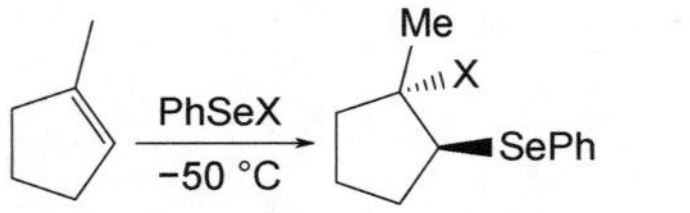

图 8.5A 亲电硒试剂对烯烃的加成（一）

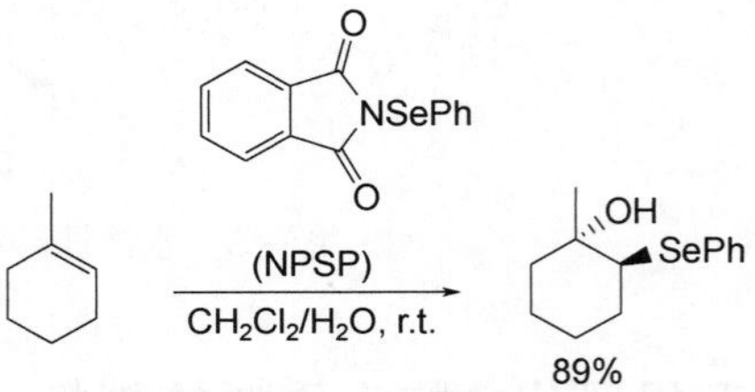

图 8.5B 亲电硒试剂对烯烃的加成（二）

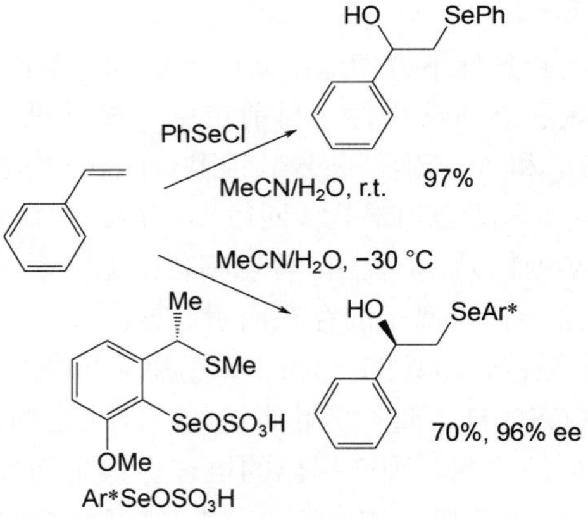

图 8.5C 亲电硒试剂对烯烃的加成（三）

表 8.1 烯烃的叠氮硒化反应

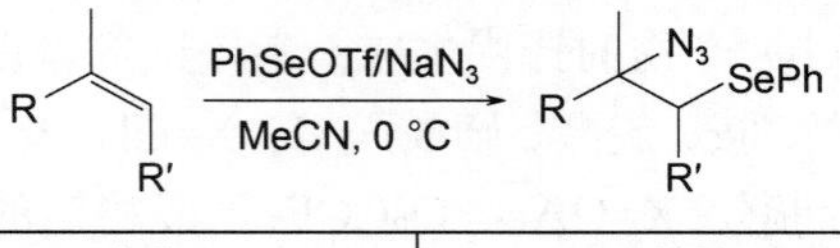

萜烯	产物	反应时间/h	产率/%
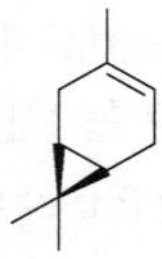	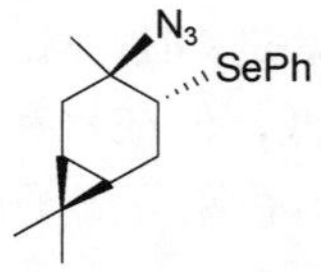	24	60

萜烯	产物	反应时间/h	产率/%
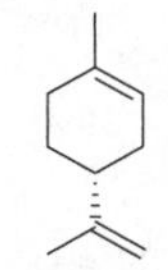	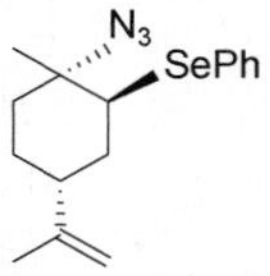	24	65
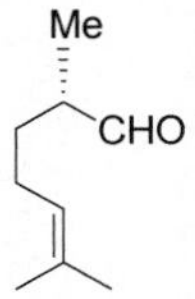	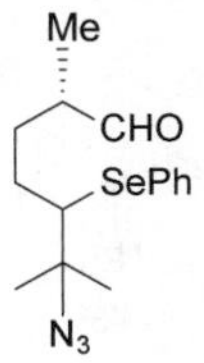	30	60
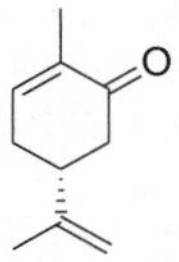	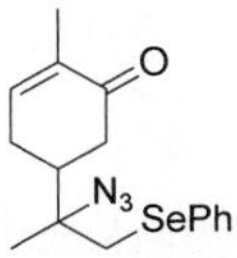	24	90

注：资料来源于 Tiecco M. *Tetrahedron*, **2007**, 63, 12373。

叠氮硒化反应实验：在 0℃下，将 AgOTf（257mg，1mmol）加入含有 PhSeBr（236mg，1mmol）的干燥乙腈（2.5mL）溶液中，15min 后加入 NaN₃（65mg，1mmol），在同一温度下搅拌 30min，混合物的颜色从橙黄色变为淡黄色。加入烯烃（1.0mmol）后，允许反应温度逐渐达到室温。采用薄层色谱法和气相色谱法监测反应进程。反应混合物通过无水碳酸钾过滤，滤液减压浓缩。反应产物用硅胶柱色谱法进行分离提纯。

亲电硒环化：

当烯烃带有处于合适位置的分子内亲核基团时，亲电硒试剂的加成导致亲电硒环化（图 8.6），形成环的大小取决于底物结构，一般遵守 Baldwin 环化规则。

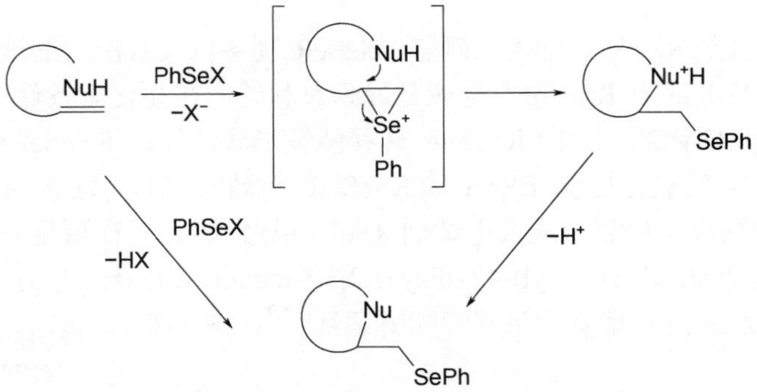

图 8.6　分子内亲电硒环化及其机理

反应采取有利的 5-*exo*-trig、6-*exo*-trig、7-*exo*-trig、6-*endo*-trig 和 7-*endo*-trig 闭环方式，但也发现不少违反 Baldwin 环化规则的 5-*endo*-trig 闭环反应[10,11]。分子内亲核基团可以是碳-碳不饱和键、巯基、氨基、羟基、醛酮羰基、亚氨基、羧基、酰胺基、磺酰胺基和氰基等（图 8.7）[12]。在 Lewis 酸催化下，PhSeX 对 N-烯丙基酰胺的加成环化得到有用的噁唑环化合物；根据图 8.7D，亲电硒试剂也可由二硒醚 PhSeSePh 在氧化剂存在下现场产生。

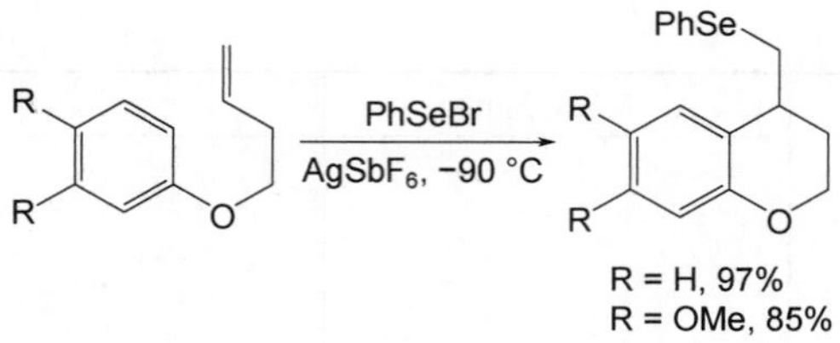

图 8.7A　硒碳环化

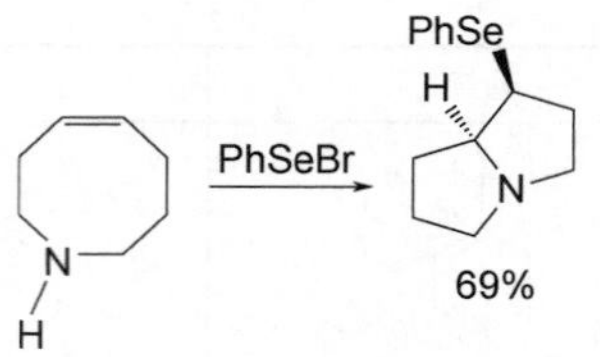

图 8.7B　不饱和胺的硒环化

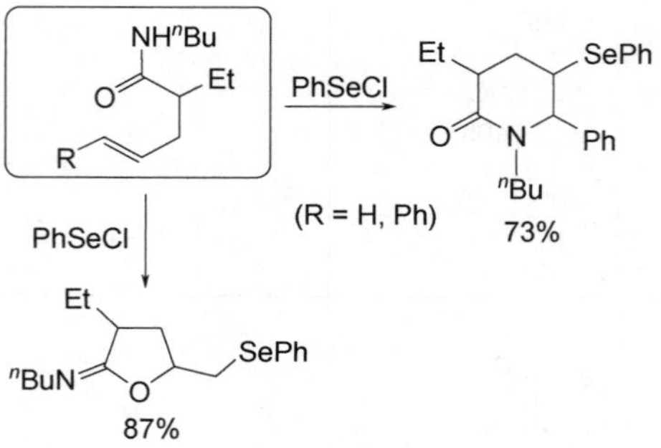

图 8.7C　不饱和酰胺的硒环化——两种成环方式

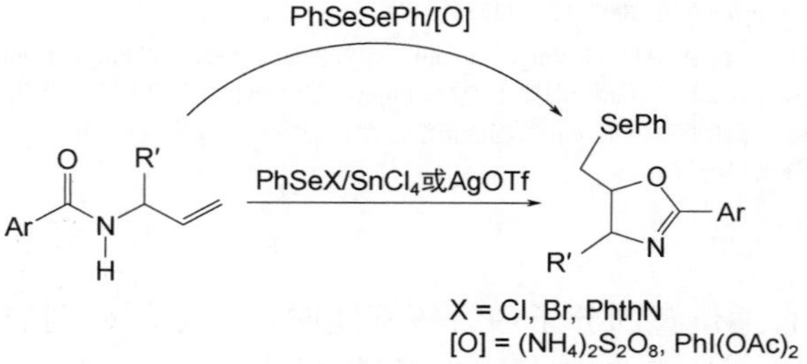

X = Cl, Br, PhthN
[O] = $(NH_4)_2S_2O_8$, PhI(OAc)$_2$

图 8.7D　N-烯丙基酰胺的硒环化

考虑到亲电硒试剂 RSeX 通常由二硒醚 RSeSeR 制备以及对湿气的敏感性，由稳定的二硒醚现场产生活性亲电试剂 RSe$^+$引发反应是最为有利的。在光化学条件下，产生 RSe$^+$的方法是：①激发态的光催化剂 PC*向 RSeSeR 转移能量形成激发态[RSeSeR]*，[RSeSeR]*碎裂产生自由基 RSe·，氧气氧化提供 RSe$^+$；②RSeSeR 向激发态的光催化剂 PC*转移电子形成[RSeSeR]$^+$，该自由基离子碎裂形成亲电试剂 RSe$^+$（以及 RSe·）。在可见光照射以及光催化剂 4CzIPN［1,2,3,5-tetrakis(carbazol-9-yl)-4,6-dicya1,2,3,5-tetrakis(carbazol-9-yl)-4,6-dicyanobenzene］存在下，N-烯丙基酰胺进行硒环化形成噁唑啉杂环[12e]（图 8.7E）。

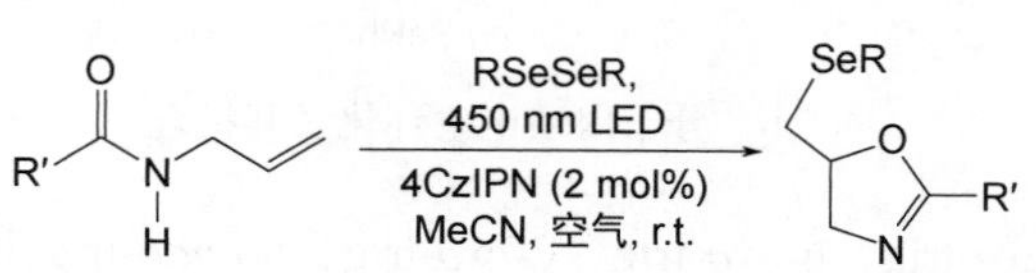

图 8.7E　可见光引发的亲电硒环化反应

亲电硒试剂与富电子芳烃如茴香醚、萘等发生芳环上的亲电取代反应高产率生成不对称二芳基硒醚（unsymmetrical diaryl selenide）（图 8.8），这一方法也可用于二芳硫醚、二芳碲醚[13]。

反应是通过两种途径（a）和（b）进行芳环上亲电取代，其中（a）是主要途径（图 8.8B）。

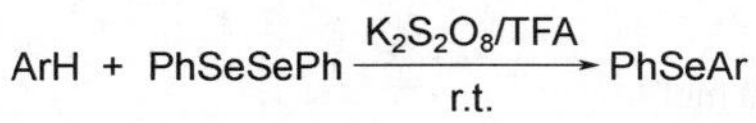

ArH + PhSeSePh
K2S2O8/TFA
r.t.
PhSeAr

图 8.8A　亲电硒化制备二芳基硒醚

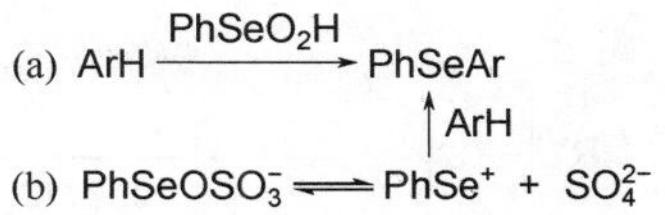

(a) ArH
PhSeO2H
PhSeAr
ArH
(b) PhSeOSO3-
PhSe+ + SO42-

图 8.8B　亲电硒化的两种取代途径

在碱 LDA 存在下亲电硒试剂取代醛、酮、酯、腈等的 α-氢提供 α-硒基产物[6,14]。类似地，亲电硒试剂与格氏试剂或有机锂反应可制备硒醚，例如 C_6F_5SeCl 与 C_6F_5Li 以 61%的产率得到 $C_6F_5SeC_6F_5$[15]。

亲电硒试剂 ArSeBr 与有机硼化合物、有机硅化合物和有机锡化合物等温和的亲核试剂反应合成不对称二芳基硒醚和烷基芳基硒醚（图 8.9）[16]。

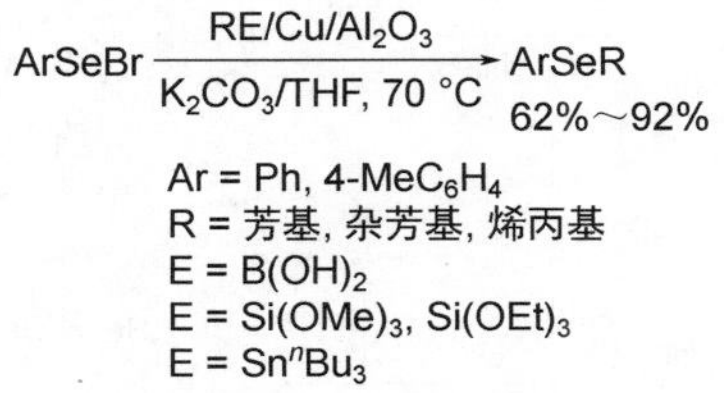

ArSeBr
RE/Cu/Al2O3
K2CO3/THF, 70 °C
ArSeR
62%～92%
Ar = Ph, 4-MeC6H4
R = 芳基, 杂芳基, 烯丙基
E = B(OH)2
E = Si(OMe)3, Si(OEt)3
E = SnnBu3

图 8.9　利用有机硼、有机硅和有机锡试剂制备二芳基硒醚

氟仿 HCF_3 在碱存在下产生负离子 CF_3^- 可亲核进攻硒氰酸酯 RSeCN、RSeSeR 生成 CF_3SeR；CF_3^- 也可由 Me_3SiCF_3 在氟盐 Me_4NF 或 $^nBu_4NF$ 下生成；还可由 ICF_3 用 TDEA 经 SET 产生（图 8.10）[17]。

Me3SiCF3 (2 equiv.)/nBu4NF (0.2 equiv.)
58%～75%
(c) RSeCN
THF, 0 °C→r.t.
HCF3
氟仿
KOtBu/CuCl/DMF
CuCF3
(a) RSeCN
80%～95%
RSeCF3
(b) RSeSeR
90%
(d) RSeSeR
DMF, 0 °C→r.t.
CF3I (5 equiv.)/TDEA (2.2 equiv.)
TDEA = (Me2N)2C=C(NMe2)2

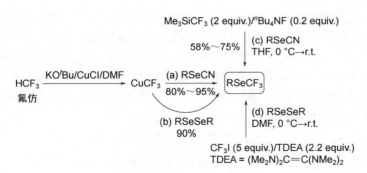

图 8.10　三氟甲基硒醚的制备

2. 使用亲核硒试剂

采用硒醇负离子（由二硒醚与钠、氢化钠、硼氢化钠、三乙基硼氢化锂还原产生或由硒氰酸酯与硼氢化钠还原产生）亲核试剂与卤代烷反应合成不对称的烃基硒醚。RSeM（M=Li、Na、K）与带配位原子的卤代烷（即官能团化的卤代烷）反应可合成有用配体如 $RSeCH_2CH_2PPh_2$、$RSeCH_2CH_2ER'$（E=O、S、Se、Te、NR′）。利用多卤代烃可合成多元硒醚和环硒醚；RSeM 与 $X(CH_2)_nX$ 反应可得到 $RSe(CH_2)_nSeR$，与 $(BrCH_2)_3CMe$ 作用提供 $(RSeCH_2)_3CMe$。这些方法也适用于三氟甲硒醇负离子，例如 Me_4NSeCF_3 与烷基化试剂在乙腈中室温反应可制备三氟甲基硒醚[17]。在镍配合物（cod，1,5-环辛二烯）以及配体 bpy 或 dppf 存在下，Me_4NSeCF_3 与卤代芳烃反应可合成三氟甲基芳基硒醚（图 8.11）。

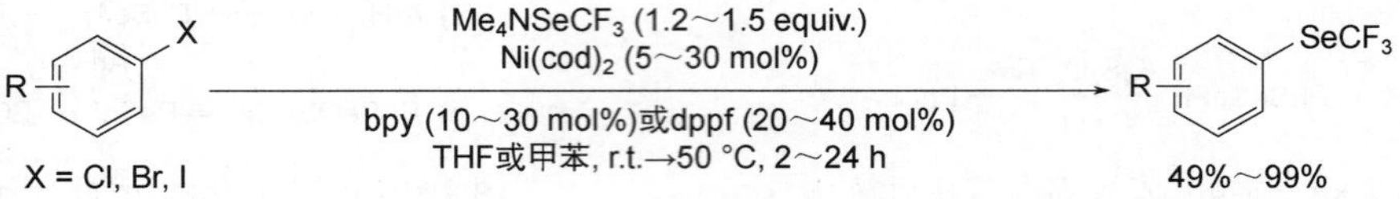

图 8.11　三氟甲基芳基硒醚的制备

中、大环醚在配位化学、离子识别、荧光探针等领域具有重要应用价值，它们的合成是具有挑战性的工作，图 8.12 示例是中环和大环硒醚的合成路线[18]。此外，4-取代(*R*)-1,2,3-硒二唑在碱性条件下碎裂产生的炔基硒醇负离子，RCCSe⁻，可用于合成不对称硒醚。

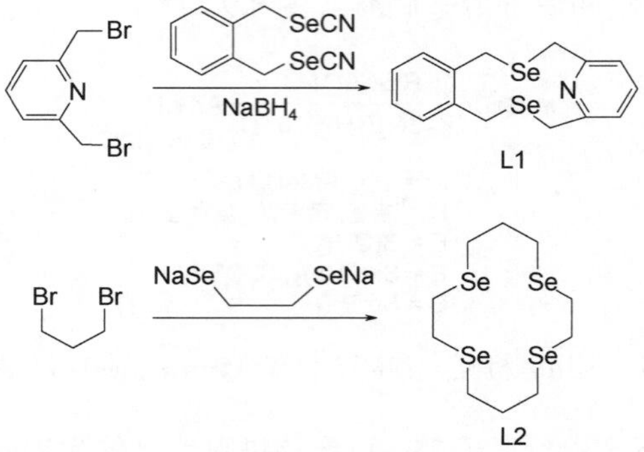

图 8.12　中、大环硒醚的合成

3. 使用自由基硒试剂

在 30℃下，盐酸芳香肼（0.5mmol）、二硒醚（0.25mmol）和一水合氢氧化锂（1.5mmol）的甲醇（3mL）混合物在空气中搅拌 22h 至反应完成，薄层色谱分离得到不对称二芳基硒醚（图 8.13A）[19]。这一方法不需要无水无氧条件，反应在空气中进行因而操作特别方便，其缺点是反应产率偏低。自由基捕获实验支持如图 8.13B 所示的机理：反应是通过 Ar′N=NH（diazene）产生芳基自由基 Ar′·，然后与二芳基二硒醚 ArSeSeAr 进行 S_H2 反应生成产物，不对称二芳基硒醚 Ar′SeAr。

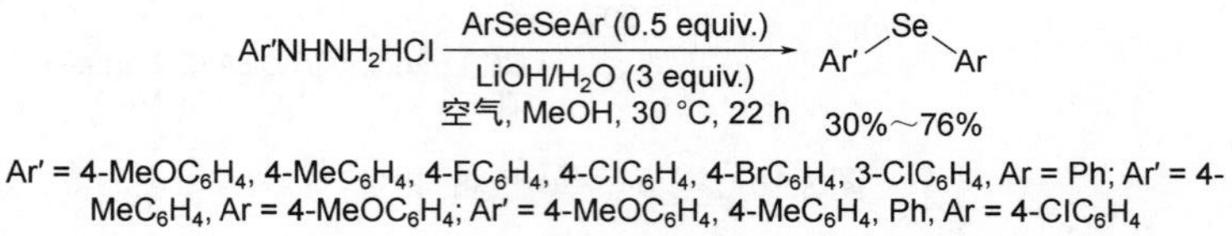

Ar′ = 4-MeOC₆H₄, 4-MeC₆H₄, 4-FC₆H₄, 4-ClC₆H₄, 4-BrC₆H₄, 3-ClC₆H₄, Ar = Ph; Ar′ = 4-MeC₆H₄, Ar = 4-MeOC₆H₄; Ar′ = 4-MeOC₆H₄, 4-MeC₆H₄, Ph, Ar = 4-ClC₆H₄

图 8.13A　芳肼反应产生不对称二芳基硒醚

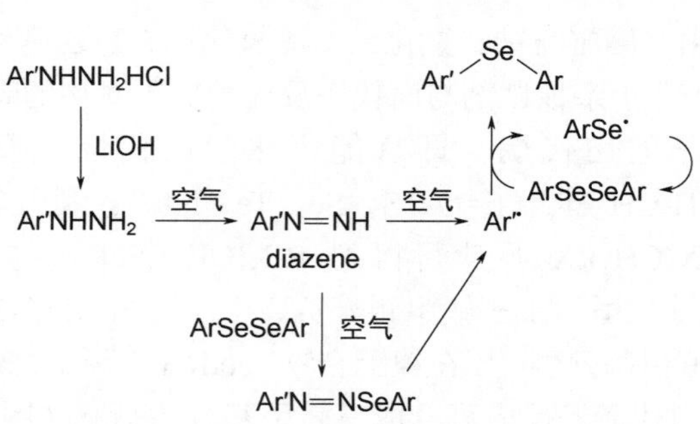

图 8.13B　不对称二芳基硒醚的生成机理

对甲苯磺酸硒酯 $TsSeR_F$（R_F 为全氟代烃基）在白色 LED 灯下对烯烃（图 8.14）、炔烃（图 8.15）进行自由基加成（称为硒-砜化反应，selenosulfonylation）：$TsSeR_F$ 均裂产生自由基 $Ts^{\bullet}$ 和 $R_FSe^{\bullet}$，$Ts^{\bullet}$ 进攻不饱和底物形成碳自由基，该碳自由基与 $TsSeR_F$ 反应生成最终产物并释放 $Ts^{\bullet}$ 进入链传递；与末端烯烃、末端炔烃反应显示优势取向，在占优势的产物中，对甲苯磺酰基 Ts 加成在末端碳上，硒基 SeR_F 则在有取代基的碳上[20]。

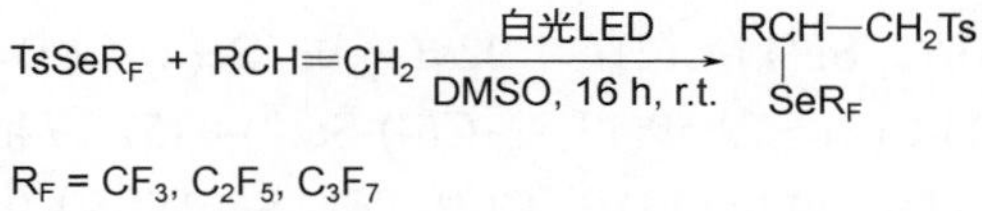
TsSeR_F + RCH═CH_2
白光LED
DMSO, 16 h, r.t.
RCH—CH_2Ts
SeR_F
R_F = CF_3, C_2F_5, C_3F_7

图 8.14 对末端烯烃的自由基加成（一）

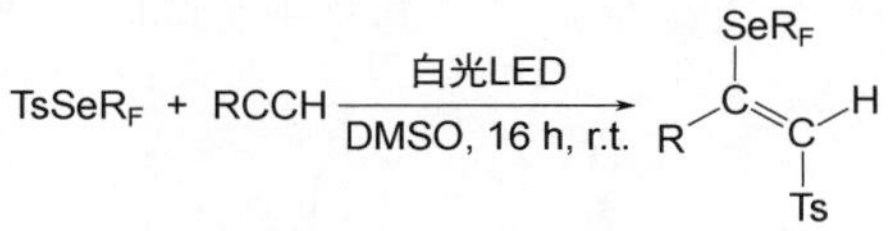
TsSeR_F + RCCH
白光LED
DMSO, 16 h, r.t.
SeR_F
R
H
Ts

图 8.15 对末端炔烃的自由基加成（二）

以磺酰伯胺和二硒醚为原料，通过烯烃的硒磺酰胺化反应，可高效、环境友好、区域选择性地合成 β-磺酰胺基硒醚（图 8.16）[21]。

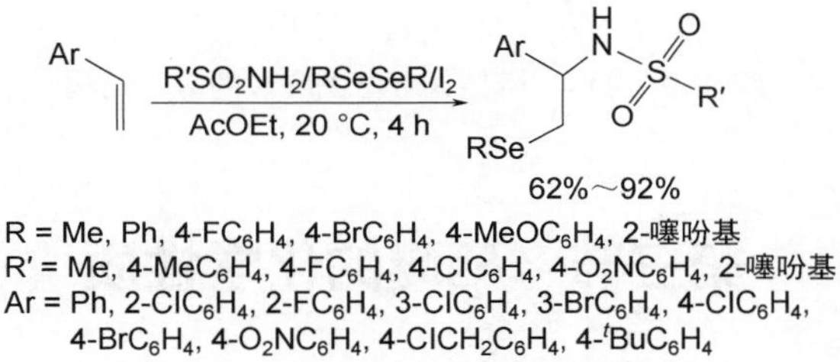
Ar
R'SO_2NH_2/RSeSeR/I_2
AcOEt, 20 °C, 4 h
Ar
H
N
O
S
R'
O
RSe
62%～92%
R = Me, Ph, 4-FC_6H_4, 4-BrC_6H_4, 4-MeOC_6H_4, 2-噻吩基
R' = Me, 4-MeC_6H_4, 4-FC_6H_4, 4-ClC_6H_4, 4-O_2NC_6H_4, 2-噻吩基
Ar = Ph, 2-ClC_6H_4, 2-FC_6H_4, 3-ClC_6H_4, 3-BrC_6H_4, 4-ClC_6H_4,
4-BrC_6H_4, 4-O_2NC_6H_4, 4-ClCH_2C_6H_4, 4-^tBuC_6H_4

图 8.16 烯烃产生 β-磺酰胺基硒醚

第二节 硒醚的物理性质

烷基硒醚是无色易挥发的液体，二芳基硒醚则多是白色低熔点的固体，易溶于有机溶剂，不溶于水。硒醚是稳定的，具有 V 型结构，经微波谱测定，二甲基硒醚的分子几何参数：C—Se—C 键角，96.3°；C—Se 键长，1.945Å。五氟苯硒醚（$C_6F_5SeC_6F_5$）[15]，白色固体［m.p.，76～77℃。IR（KBr）：ν 1640cm^{-1}（m），1588cm^{-1}（w），1519cm^{-1}（s），1511cm^{-1}（s），1490cm^{-1}（s），1398cm^{-1}（m），1378cm^{-1}（m），1353cm^{-1}（w），1341cm^{-1}（w），1288cm^{-1}（m），1153cm^{-1}（m），1113cm^{-1}（m），1092cm^{-1}（s），1047cm^{-1}（w），1016cm^{-1}（m），1003cm^{-1}（m），972cm^{-1}（s），827cm^{-1}（m），817cm^{-1}（s），722cm^{-1}（w），631cm^{-1}（m），619cm^{-1}（w），394cm^{-1}（m），363cm^{-1}（w），313cm^{-1}（m）。^{19}F NMR（$CDCl_3$）：δ −126.6（2-F，m，2F），−150.0（4-F，tt，1F，^3J=20.8Hz，^4J=3.5Hz），−159.7（3-F，m，2F）］，通过 X 射线单晶衍射实验测定：五氟苯硒醚结晶于 $P2_1$ 空间群，分子中两个 C—Se 键长分别为 1.920(4)Å 和 1.903(4)Å；C—Se—C 键角为 96.61(14)°。比较有兴趣的是小环硒醚（2,6-二硒杂螺环[3.3]庚烷）$C(CH_2SeCH_2)_2$，

白色固体［m.p.，67～69℃。IR（KBr）：ν 2985cm^{-1}（m），2925cm^{-1}（s），2819cm^{-1}（w），1429cm^{-1}（sh），1418cm^{-1}（m），1243cm^{-1}（w），1220cm^{-1}（w），1207cm^{-1}（w），1134cm^{-1}（s），1125cm^{-1}（s），1055cm^{-1}（w），1036cm^{-1}（w），966cm^{-1}（w），939cm^{-1}（m），874cm^{-1}（m），797cm^{-1}（w），780cm^{-1}（w），719cm^{-1}（m）。^{1}H NMR（300MHz，CDCl$_3$，22℃）：δ 3.14（s，8H）。^{13}C NMR（75MHz，CDCl$_3$，22℃）：δ 28.7，54.4］，它结晶于 $P2_1/c$ 空间群，经单晶 X 射线衍射实验测定的分子结构示于图 8.17，其分子（CSD：FEYFAR）的几何参数[2]：键长 C(1)-Se(1)，1.940(4)Å；Se(1)-C(2)，1.929(3)Å；Se(2)-C(4)，1.905(4)Å；Se(2)-C(5)，1.908(4)Å；键角 C(1)-Se(1)-C(2)，72.59(13)°；C(4)-Se(2)-C(5)，74.52(13)°；C(3)-C(2)-Se(1)，91.23(16)°；C(3)-C(1)-Se(1)，90.86(13)°；C(3)-C(4)-Se(2)，91.91(13)°；C(3)-C(5)-Se(2)，91.67(13)°；C(1)-C(3)-C(2)，96.96(12)°；C(4)-C(3)-C(5)，97.09(11)°。比较相关数据可知，该小环分子中有关硒的键角明显小于甲基硒醚和五氟苯基硒醚，表明该分子存在角张力。

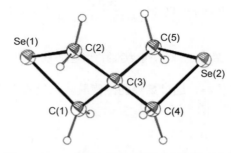

图 8.17　2,6-二硒杂螺环[3.3]庚烷的分子结构

第三节　硒醚的化学性质

　　除不稳定的环硒乙烷（episelenide）（室温易发生脱硒反应生成烯烃）外，已制得不同大小的环硒醚、冠硒醚和各种链硒醚。硒醚具有 C—Se—C 官能团，因此反应涉及硒原子、碳原子和弱的碳-硒键（尤其是烷基碳-硒键）。由于硒原子具有孤对电子，硒醚显示路易斯碱性：与路易斯酸形成配合物如(Ph$_2$Se)$_3$CuOTf、(Me$_2$Se)GaCl$_3$、(Me$_2$Se)InBr$_3$、[(MeSeCH$_2$CH$_2$SeMe)InBr$_2$]InBr$_4$、(Me$_2$Se)$_2$TeCl$_4$、(Et$_2$Se)$_2$TiCl$_4$、[1,2-C$_6$H$_4$(CH$_2$SeMe)$_2$]TiCl$_4$、(Me$_2$Se)$_2$VCl$_3$ 和(Me$_2$Se)TaCl$_5$，这些硒醚配合物如(Et$_2$Se)$_2$TiCl$_4$ 和(Me$_2$Se)$_2$VCl$_3$ 等高温热解可用于制备薄膜材料 TiSe$_2$ 和 VSe$_2$[22]；与卤代烷反应提供三配位的硒鎓盐（参阅第十一章）；可用作路易斯碱催化剂（亲核催化剂）。烷基芳基硒醚在四氯化碳中与过氧苯甲酰（BPO）进行放热反应，高产率生成四配位化合物，将其加热回流，可转化成 α-苯甲酰氧基硒醚（图 8.18）；如果与过量的过氧苯甲酰反应最终得到双（α-苯甲酰氧基）硒醚，它们可水解生成 PhSeSePh 和 RCH(OBz)$_2$[23]。硒醚在乙醚、二氯甲烷、氯仿或四氯化碳等溶剂中与卤素单质 X$_2$（X=Cl、Br）以 1∶1 摩尔比反应定量生成四配位的二卤化物即卤硒烷（haloselenurane），与单质碘形成电荷转移加合物，芳基硒醚与单质溴也可形成电荷转移加合物（CTC）[24]（图 8.19），与 AgF$_2$ 作用得到四配位的二氟化物，用 XeF$_2$ 作氟化剂在二氯甲烷中反应也得到相同产物。卤硒烷可用作卤化剂：Me$_2$SeCl$_2$（dichlorodimethyl selane）在 PPh$_3$ 存在下对醇进行氯代，对于手性醇，得到构型反转的氯化物。Ph$_2$SeF$_2$（暗紫色固体）与 PhLi 以 1∶2 摩尔比在乙醚中反应产生爆炸性的四苯

基硒 Ph₄Se。烷基芳基硒醚 RSePh 在室温和三乙胺存在下与单质溴反应生成 T 形中间体 [RSe⁺(Br)Ph]，然后溴负离子对烷基碳进行 S_N2 进攻生成产物 RBr 和 PhSeBr（图 8.20）。

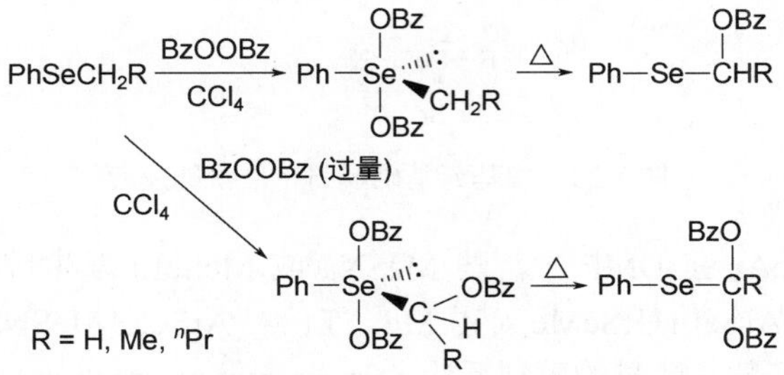

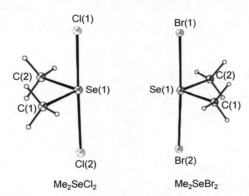

图 8.18 烷基硒醚与过氧苯甲酰的反应

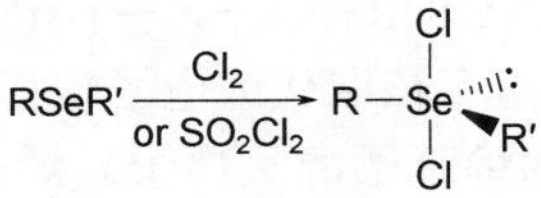

$$RSeR' \xrightarrow[\text{or SO}_2\text{Cl}_2]{\text{Cl}_2} R-Se\overset{\text{Cl}}{\underset{\text{Cl}}{\cdots}} R'$$

图 8.19A 硒醚的氧化加成反应

Me₂SeCl₂   Me₂SeBr₂

[Me₂SeCl₂(无色晶体)：Se(1)-C(1), 1.94(2) Å；Se(1)-C(2), 1.95(2) Å；Se(1)-Cl(1), 2.349(5) Å；Se(1)-Cl(2), 2.408(6) Å；Cl(1)-Se(1)-C(1), 89.6(7)°；Cl(1)-Se(1)-C(2), 92.5(7)°；C(1)-Se(1)-C(2), 98.9(9)°；Cl(1)-Se(1)-Cl(2), 177.6(2)°。Me₂SeBr₂(黄色晶体)：Se(1)-C(1), 1.916(18) Å；Se(1)-C(2), 1.93(3) Å；Se(1)-Br(1), 2.546(4) Å；Se(1)-Br(2), 2.551(4) Å；Br(1)-Se(1)-C(1), 91.3(7)°；Br(1)-Se(1)-C(2), 91.7(8)°；C(1)-Se(1)-C(2), 98.0(11)°；Br(1)-Se(1)-Br(2), 177.7(2)°]

图 8.19B 硒醚形成的二卤加成物

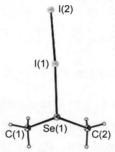

[Me₂Se·I₂(红色晶体)：Se(1)-I(1), 2.768(4) Å；Se(1)-C(1), 1.91(2) Å；Se(1)-C(2), 1.96(2) Å；I(1)-I(2), 2.916(3) Å；Se(1)-I(1)-I(2), 174.30(9)°；C(1)-Se(1)-C(2), 99(1)°]

图 8.19C 硒醚与单质碘形成的电荷转移加合物

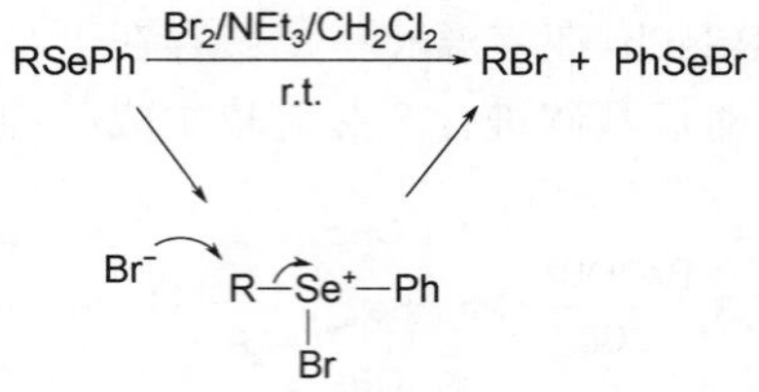

$$RSePh \xrightarrow[\text{r.t.}]{Br_2/NEt_3/CH_2Cl_2} RBr + PhSeBr$$

图 8.20 烷基芳基硒醚与单质溴的反应

烷基芳基硒醚 RSeAr 在 DMF 中，与 MeSNa 或 MeSeLi 发生烷基上的亲核取代反应：ArSeR+MeSeLi ⟶ ArSeLi+RSeMe（R=Me、Et）；ArSeR+MeSNa ⟶ ArSeNa+RSMe（R=Me、Et）。这一烷基芳基硒醚的碎裂反应（fragmentation reaction）提供了从硒醚上除去烷基的方法，也可作为制备硒醇盐的一种方法[25]。在 HMPA 中，钠可达到相同的目的，反应是通过 SET 途径进行的脱烷基反应：ArSeR+Na ⟶ [ArSeR]Na ⟶ ArSeNa+R·。

类似地，烷基烯基硒醚可以通过亲核取代或电子转移（SET）脱烷基（用于这一反应时，烷基一般是甲基）得到构型保持的烯基硒醇负离子。烯基乙酰基硒醚的电子转移也产生同样的烯基硒醇负离子。烯基硒醇负离子既可与卤代烷反应（25℃）生成烷基烯基硒醚又可与烯基卤化物反应（60℃）生成二烯基硒醚[26]。采用 4 当量（4equiv.）的甲硒醇锂从卤代烯烃出发原位制备烯基硒醇负离子然后再加入烃基化试剂就构成一锅煮合成烯基硒醚的方法（图 8.21）。

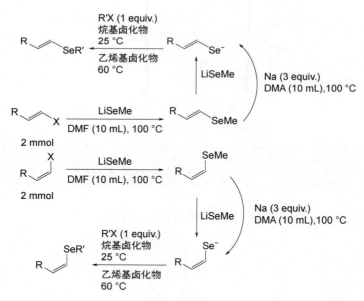

图 8.21 烯基硒醇负离子的产生及其烃基化

苄基硒醚 Bn_2Se 在光照或加热下经过自由基的硒挤出反应产生偶联产物 PhCH_2CH_2Ph。对烷基芳基硒醚 R—Se—Ar，光照有两种均裂方式：由于 R—Se 键弱于 Ar—Se 键 46kJ/mol（11.1kcal/mol）（Et_2Se，离解能 59.9kcal/mol；Ph_2Se，离解能 71kcal/mol），因此稍微易于断裂的键是 R—SeAr 键，形成的自由基 R·越稳定，（a）方式越占优势，两种断裂方式的比例与光波长、溶液黏度有关，应该控制条件以利于 R—Se 键占绝对优势断裂；而对于硒酯 RSe—COR'，酰-硒键易于断裂，提供酰基自由基（图 8.22）。除了光照产生烃基自由基外，在自由基引发剂 AIBN 存在下也可产生烃基自由基：如果存在供氢体如 $^nBu_3SnH$ 或 TMS_3SiH，那么它可夺取氢原子生成 R—H 完成还原反应，$RSeAr + ^nBu_3SnH \longrightarrow R—H + ArSeSn^nBu_3$；如果没有供氢体，但存在不饱和底物如烯烃或炔烃，那么可以发生分子间的自由基加成反应；如果不饱和官能团存在于自由基中，那么可以进行分子内加成环化[27]。在芳基硒醚中研究比较深入的是能产生稳定自由基的硒醚 YC(R)(Z)SeAr（Y、Z 为吸电子基如 CO_2Me、CO_2Et、CN；R 是氢或烃基）（图 8.23）。

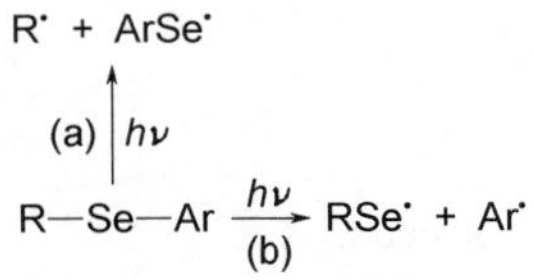

图 8.22　硒-碳键的均裂

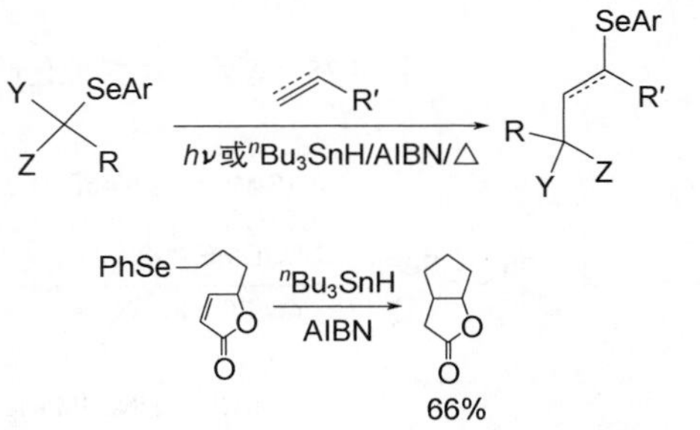

图 8.23　硒-碳键的均裂加成

酰基自由基容易由相应的醛产生，因此 $BnSeCF_2H$ 与醛 RCHO 在 AIBN 存在下可提供二氟甲硒酯 $RCOSeCF_2H$：在氩气氛下，$BnSeCF_2H$（0.5mmol）、RCHO（0.75mmol）和 AIBN（1.0mmol）在 1,2-二氯乙烷（2.5mL）中，加热（50℃）反应 24h，反应产率在 47%～92%范围；这一反应不仅适用于芳香醛、杂芳香醛，也适用于脂肪醛[28a]。

在空气或氧气存在下，烷基上带有官能团和无官能团的烷基芳基硒醚在光照下有效地转化为相应的羰基化合物，其中伯烷基芳基硒醚反应的产率较高（图 8.24）。羰基化合物的产率受溶剂黏度、反应温度、溶解氧浓度、光波长和芳基取代基结构等因素的影响。最佳的光解条件是以 1-萘基为芳基，在室温氧气气氛下，用装有 UV-33 截止滤光片的氙灯在正己烷溶液中光解。即使存在各种未保护的官能团，在非常温和的反应条件下也可以很容易地转化为羰基，因此烷基芳基硒醚可以被认为是一种隐蔽的羰基化合物[28b]。

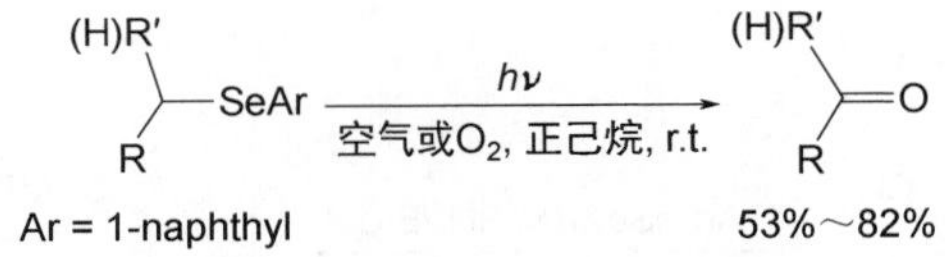

图 8.24　烷基芳基硒醚的光氧化

硒醚可氧化为硒亚砜[29]，硒亚砜也能还原为硒醚，因此硒醚可以作为氧化还原反应的催化剂。例如硒醚用作硫醇例如二硫代苏糖醇 DTT 还原过氧化氢和过氧化物的催化剂，一个亲水性硒醚的催化循环示于图 8.25。具有 ω-羟基的硒醚 $RSeCH_2CH_2CH_2OH$（R=Ph、$4-CF_3C_6H_4$、Et）与次氯酸叔丁酯反应得到四配位的氯硒烷 $RSeCl(\kappa^2C,O-CH_2CH_2CH_2O)$。

带 α-氢的硒醚具有弱的酸性：$PhSeCH_2Ph$、$PhSeCHPh_2$ 和 $(PhSe)_2CHPh$ 的 pK_a 值分别为 31.0、27.5 和 16.2，这些数据表明硒具有稳定碳负离子的能力。硒醚用强碱除（去）α-氢，形成硒稳定的碳负离子，它们作为碳亲核试剂在有机合成中有广泛的应用：与卤代烷烃进行烷基化[30]（图 8.26）；与酰氯进行酰基化；与醛、酮进行亲核加成。

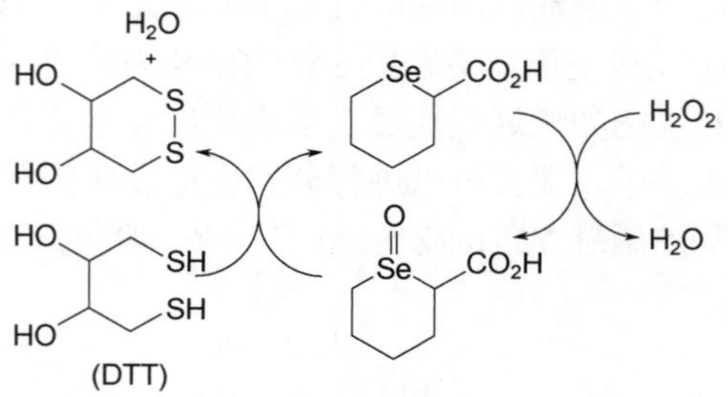

图 8.25　亲水性硒醚催化硫醇 DTT 还原过氧化氢

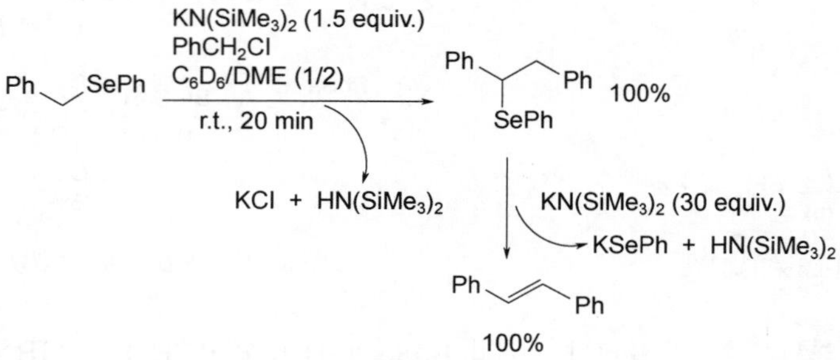

图 8.26　硒醚 α-氢的反应

第四节　硒醚在有机合成中的应用

一、叠氮芳基硒醚的合成及其应用

　　氨基芳基硒醚与亚硝酸异戊酯（*iso*-pentylnitrite）和三甲硅基叠氮（TMSN$_3$）在 THF 中以满意的产率提供叠氮芳基硒醚，随后铜催化的 1,3-偶极环加成生成芳硒基-1,2,3-三氮唑（图 8.27）[31]。

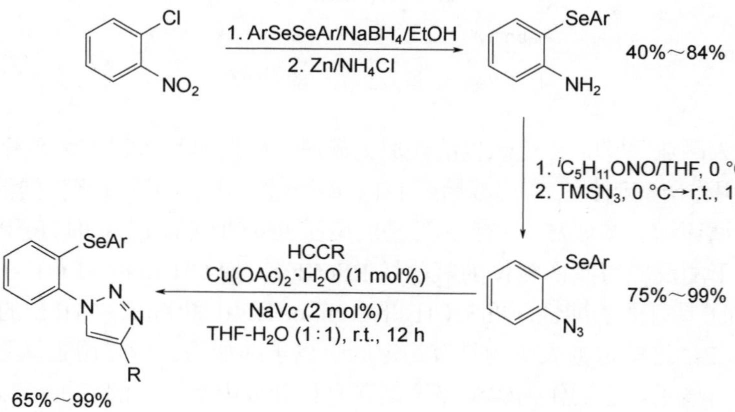

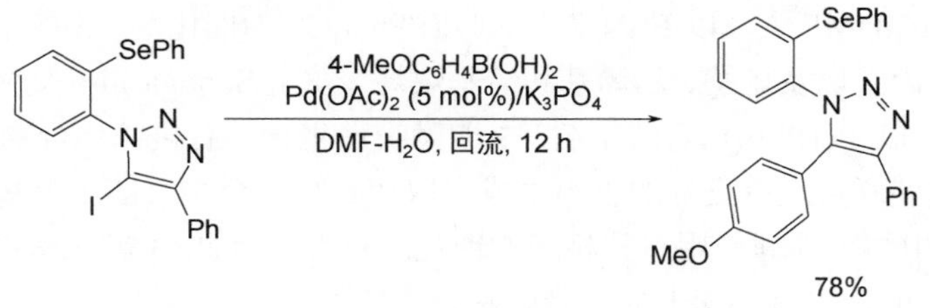

图 8.27 叠氮芳基硒醚的合成及其应用

实验表明 2-叠氮芳基硒醚 2-N₃C₆H₄SeAr 的生成产率受电子效应的影响：当芳环上有吸电子基如 Cl 时，产率降低（2-ClC₆H₄，80%；4-ClC₆H₄，88%）；没有取代基或有给电子基时产率优异（95%～99%）。此外，位阻效应也降低产率（Ar=2,4,6-Me₃C₆H₂，75%）。铜催化的 1,3-偶极环加成反应合成 1,2,3-三氮唑，最常见的实验步骤是在水介质中用抗坏血酸钠（NaVc）还原五水合硫酸铜原位生成一价铜物种。因此，研究了在不同的混合溶剂中，在硫酸铜（5mol%）和抗坏血酸钠（10mol%）存在下，2-叠氮苯基硒醚 2-N₃C₆H₄SePh 与苯乙炔的模型反应。对使用不同溶剂的结果分析表明：水是合成 1,2,3-三氮唑必需的助溶剂，因它有利于铜盐和抗坏血酸钠的溶解。使用超声波辐射和离子液体的反应效果较差。虽然所研究的大多数溶剂体系都能以高产率形成所需的化合物，但水-四氢呋喃混合溶剂（1∶1）是最有效的体系。

进一步研究了铜源种类（包括纳米氧化铜）和用量对模型反应的影响：测试了五水合硫酸铜、溴化铜、三氟甲磺酸铜和一水合乙酸铜，发现它们具有中等至良好的催化活性。在所检测的铜盐中，一水合乙酸铜（5mol%）的催化活性最高，模型反应的产物产率为 92%。当催化剂用量分别为 2.5mol% 和 1mol% 时，其收率也很高（90% 和 89%）。反应时间对模型反应有影响：在室温下 12h，用 1mol% 的催化剂获得最佳收率（97%）。

在上述优化的反应条件下，各种末端炔烃 RCCH 与 2-N₃C₆H₄SePh 顺利反应生成苯硒基-1,2,3-三氮唑，产率较高（75%～97%）。含有苯基、取代芳基、烷基、乙烯基和酯基的炔烃以及含有羟基和氨基的炔烃在这种 1,3-偶极环加成反应中是可容忍的。使用碘乙炔基苯（PhCCI）和十四碳-1,13-二炔得到了有趣的结果：这些炔烃能有效地环化获得相应的产物，产率分别为 83% 和 92%。

为了进一步扩大反应的范围，研究了苯乙炔与几种叠氮芳硒醚的反应：在芳硒基上含有给电子基和吸电子基的 2-叠氮基硒醚均产生相应的芳硒基-1,2,3-三氮唑，产率从良好到优异（75%～98%）；4-叠氮芳基硒醚 4-N₃C₆H₄SePh 以 65% 的产率提供期望的产物；此外，叠氮芳基二硒醚(2-N₃C₆H₄)₂Se₂ 与苯乙炔反应以 60% 的产率生成二芳基二硒醚-1,2,3-三氮唑。碘代苯硒基-1,2,3-三氮唑与对甲氧基苯硼酸进行 Suzuki 交叉偶联反应以 78% 的产率提供 4,5-二取代苯硒基-1,2,3-三氮唑。

类似地，以水-CH₂Cl₂（1∶1）为反应介质，在一水合乙酸铜（摩尔分数 3%）和抗坏血酸钠（摩尔分数 6%）存在下，硒醚 HCC(CH₂)ₙSeAr（n=0、1、2、3）与苄基叠氮进行点击反应得到相应的 1,2,3-三氮唑。

二、炔烯基硒醚的环化合成硒吩

二炔经氢硒化反应获得炔烯基硒醚，它与多种亲电试剂 E—Nu 反应生成 3-E 取代硒吩

（图 8.28A）。在室温的 DMF 中，以 Et₃N 为碱，Pd(PPh₃)₂Cl₂ 为催化剂，3-碘硒吩衍生物与各种端炔（炔丙醇和炔丙醚以及烷基、乙烯基和芳基炔烃）发生 Sonogashira 交叉偶联反应得到相应的 3-炔基硒吩。以 Pd(PPh₃)₄ 为催化剂，3-碘硒吩衍生物与有机锌化合物在室温的 THF 中进行 Negishi 交叉偶联反应以良好的收率生成多取代硒吩化合物（图 8.28B）。3-碘硒吩衍生物在−78℃的己烷中与丁基锂作用得到相应的锂化产物[32]。因此 3-碘硒吩衍生物是多用途的重要中间体，由此可合成材料学上的多聚硒吩。

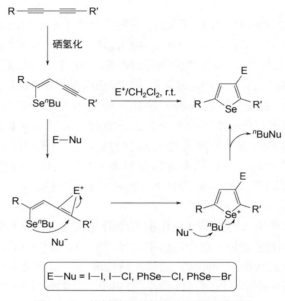

图 8.28A　炔烯基硒醚的亲电环化形成硒吩

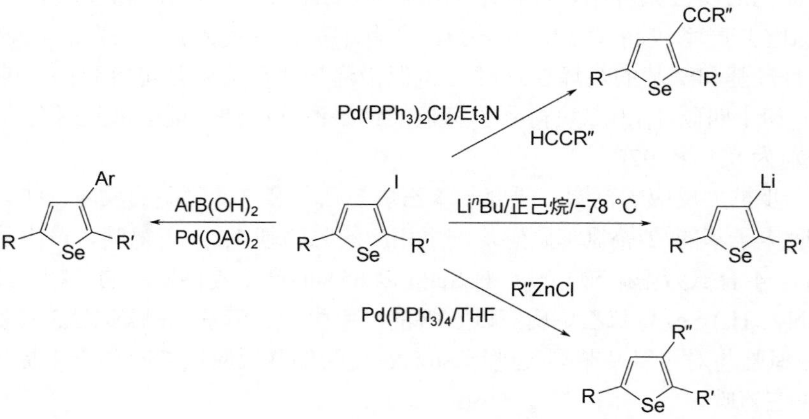

图 8.28B　3-碘硒吩的合成应用

如图 8.28C 的炔苯基硒醚与亲电试剂 E—Nu 进行亲电环化反应，得到苯并硒吩。这一反应不仅官能团容忍度大（氰基、羟基、甲氧基、硅基、硝基和酯基都不干扰反应），而且产率高。炔烯基硒醚与碲亲电试剂进行亲电环化反应，随后用 NaBH₄ 还原处理得到 3-丁碲基硒吩（图 8.28D）。

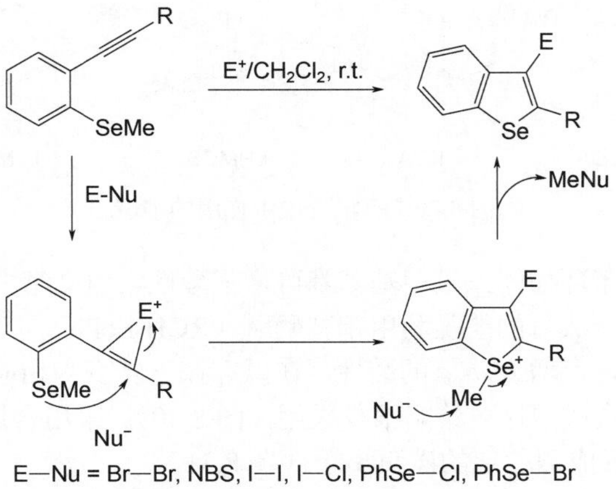

图 8.28C　炔苯基硒醚的亲电环化形成苯并硒吩

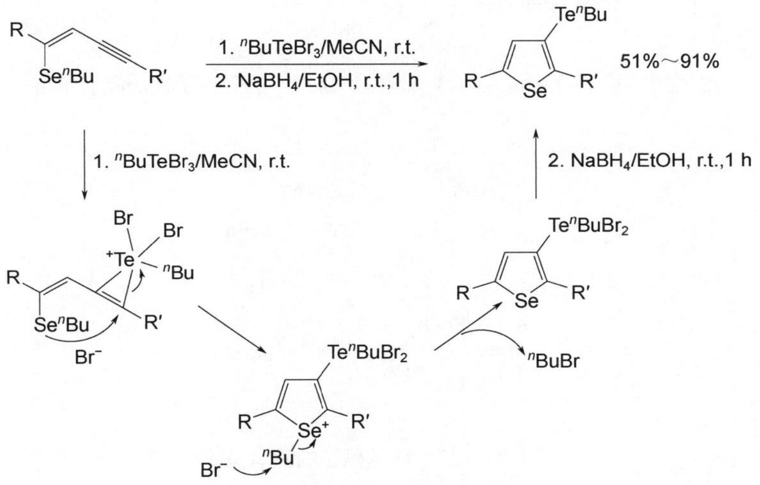

图 8.28D　炔烯基硒醚的亲电环化形成 3-丁碲基硒吩

三、硒稳定的碳负离子在有机合成中的应用

1. 产生硒稳定的碳负离子的方法

产生硒稳定的碳负离子的方法主要有三种：芳基硒醚除 α-氢法；硒-锂交换法；金属有机试剂加成法。

（1）除 α-氢法

芳 基 硒 醚　RCH_2SeAr　依 据 其 酸 性 的 强 弱 采 用 不 同 的 碱 ［LTMP，lithium 2,2,6,6-tetramethylpiperidide，2,2,6,6-tetramethylpiperidine，$pK_a=37$；LHMDS，$(Me_3Si)_2NLi$，$(Me_3Si)_2NH$，$pK_a=30$］（图 8.29），在大多数情况下采用 LDA ［lithium diisopropylamide（$^iPr_2NH$，$pK_a=36$）］为碱在 THF 中除硒醚的 α-氢。当硒醚有吸电子基（酸化基，acidifying group）或共轭基团时，其 α-氢的酸性增强，反应相对容易，如果存在硝基，只需使用 Na_2CO_3 即可；有给电子基时，反应困难以致反应不能发生，这时必须采用更强的碱 KDA（二异丙基氨基钾）。由于丁基锂（^nBuLi）进攻硒原子，生成 ^nBuSeAr 和有机锂 RCH_2Li，因此不能使用丁基锂。

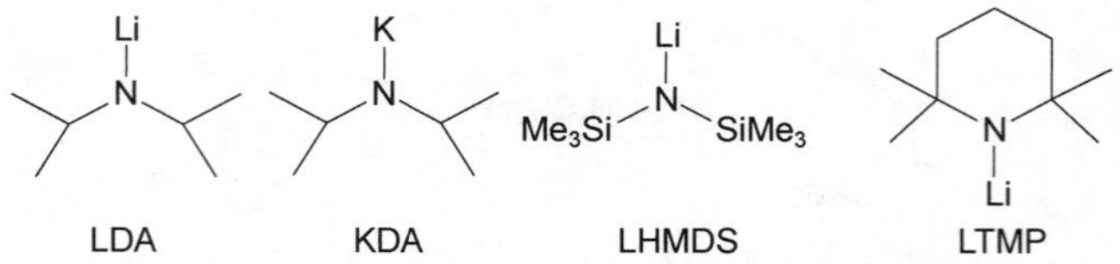

图 8.29 有机合成中使用的强碱

采用有吸电子基的苯环如间三氟甲基苯基可增强酸性，但文献中很少见，一般用的是苯基，也就是，用于有机合成目的的是利用苯基硒醚（RCH$_2$SePh）。当苯基硒醚经氧化转变为相应的硒亚砜和硒砜时，可增大 α-氢的酸性，在碱存在下转变为相应的负离子，但是由于它们不稳定，因此在有机合成中这一策略很少采用（图 8.30）。采用合适的碱如 KDA 除烯基硒醚的 sp^2 碳上氢能用于形成硒稳定的碳负离子（图 8.31）。

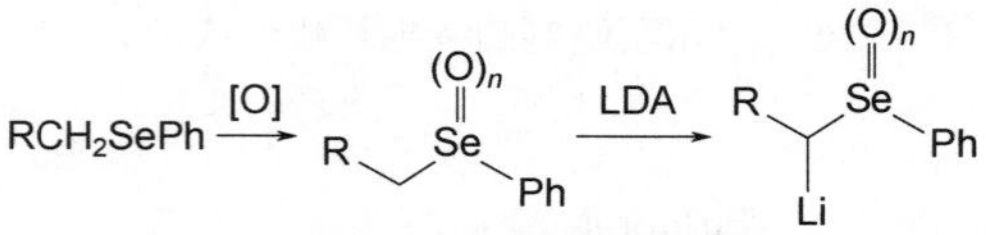

图 8.30 基于硒亚砜（$n=1$）和硒砜（$n=2$）的吸电子性的除氢策略

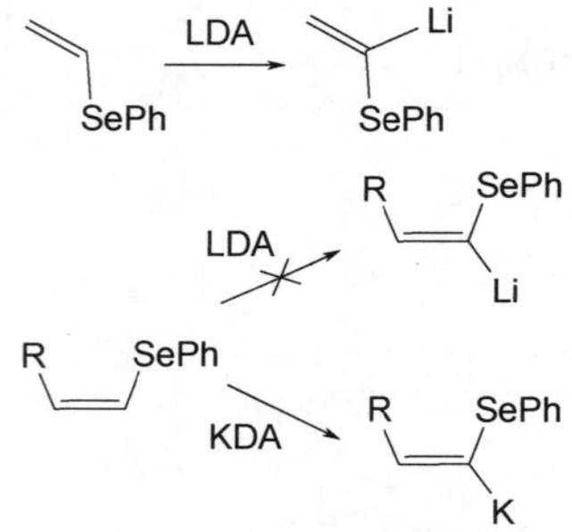

图 8.31 基于烯基硒醚的除氢策略

当通过硒缩醛（selenoacetal）除氢制备硒稳定的碳负离子时，采用丁基锂会发生锂-硒交换反应，因此必须用 LDA 除硒缩醛的 α-氢。给电子的烷基会降低酸性，此时必须采用 KDA（图 8.32）。

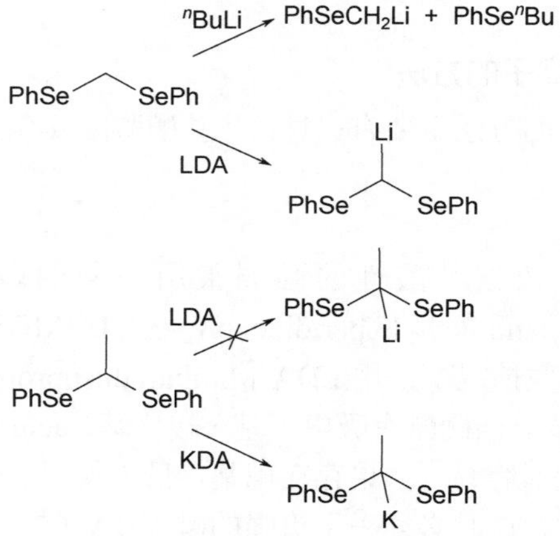

图 8.32 基于硒缩醛除 α-氢的策略

288

（2）硒-锂交换法

由于硒缩醛（酮）易于制备，利用上述"副反应"可用于制备硒稳定的碳负离子，产率80%～100%（图 8.33）。硒-锂交换反应用丁基锂对于硒缩醛是非常快的，但对于长链和大位阻的硒缩酮（selenoketal）反应较慢，这时可采用仲丁基锂（^{s}BuLi）。

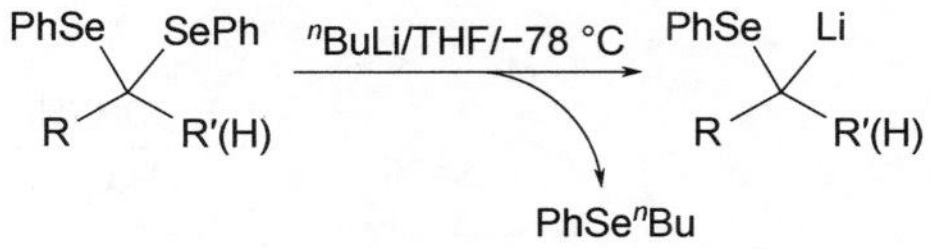

图 8.33　基于硒缩醛（酮）的策略

（3）加成法

通过金属有机试剂（R′M）对不饱和硒醚的加成反应得到：α 位的吸电子基 Z 有利于金属有机试剂对缺电子的硒醚进行共轭加成（图 8.34）。

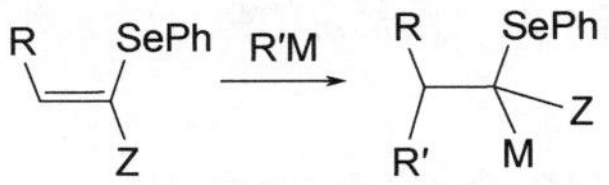

图 8.34　加成法产生硒稳定的碳负离子

这些金属有机试剂包括有机锂、有机铜、格氏试剂等。有机铝试剂 HAl^{i}Bu$_2$（DIBALH）（图 8.35）、有机锆试剂 Cp$_2$ZrHCl（图 8.36）对炔烃（炔基硒醚）进行顺式加成，产物中的 C—M 键可被亲电试剂如 PhSX、PhSeX、I$_2$、NBS、NCS、H$^+$（酸解）等断裂。

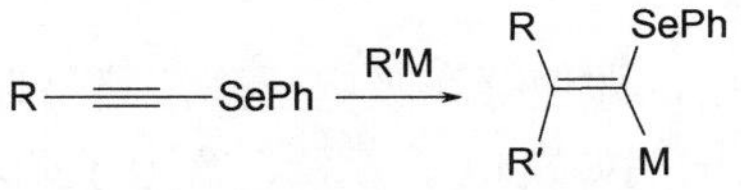

图 8.35　炔基硒醚的铝氢化反应

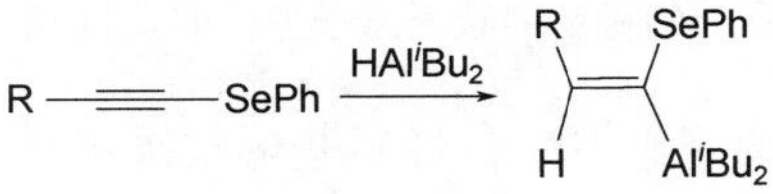

图 8.36　炔基硒醚的锆氢化反应

2. 硒稳定的碳负离子的反应

硒稳定的碳负离子具有丰富的反应化学，可与各种碳亲电试剂反应形成碳碳键（图 8.37）：与环氧化合物进行开环反应；与醛（酮）羰基进行亲核加成反应；与不饱和体系进行 1,2-加成反应和/或共轭加成反应；与卤代烷进行亲核取代反应。硒稳定的碳负离子与主族和过渡金属卤化物反应生成带有有机硒基团的主族和过渡金属化合物。

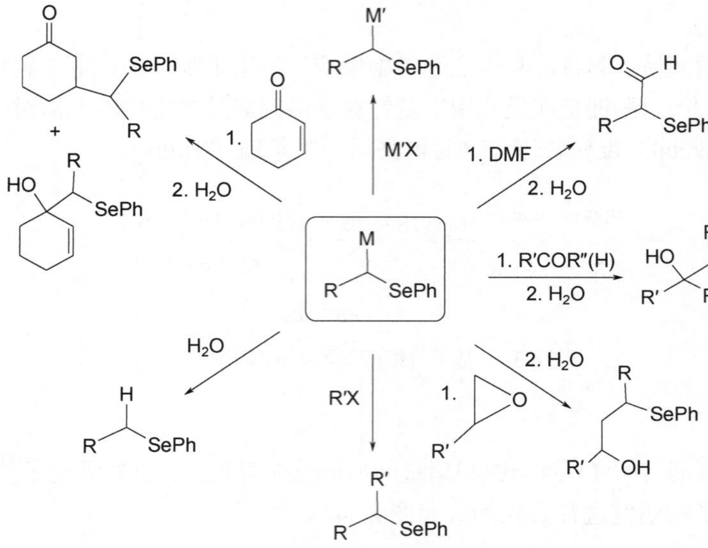

图 8.37 硒稳定的碳负离子的反应

四、硒稳定的碳正离子在有机合成中的应用

硒具有稳定碳正离子的作用，即使存在吸电子基，路易斯酸（Lewis 酸）也可与 α-卤代硒醚作用产生碳正离子与亲核试剂如富电子芳烃、富电子杂环芳烃进行亲电取代反应（傅-克反应，Friedel-Crafts 反应）（图 8.38）[33]。

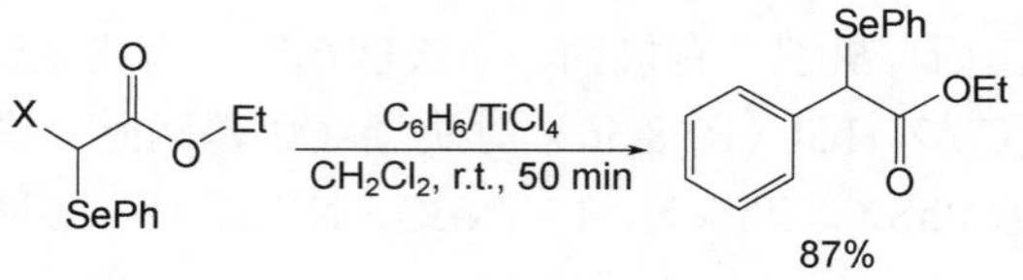

图 8.38 硒稳定的碳正离子进行的亲电取代反应

类似地，Lewis 酸可夺取硒缩酮中的 α-烃硒基形成碳正离子与烯醇硅醚（silyl enol ether）反应，实现对羰基化合物的 α-烃基化（图 8.39）[34]。

Lewis 酸可夺取原酸硒醇酯中的烃硒基形成碳正离子与亲核试剂如烯醇硅醚反应，实现对羰基化合物的 α-烃基化（图 8.40），与烯丙基硅烷（allyl silane）反应提供高烯丙基硒缩醛[35]。与预期相反[36]，硒稳定的烯丙基碳正离子并没有像氧稳定的烯丙基碳正离子那样对富电子杂环芳烃进行[4+3]环加成形成七元环化合物，而是对富电子杂环芳烃进行主要发生在 α 位的 Friedel-Crafts 反应（图 8.41）。

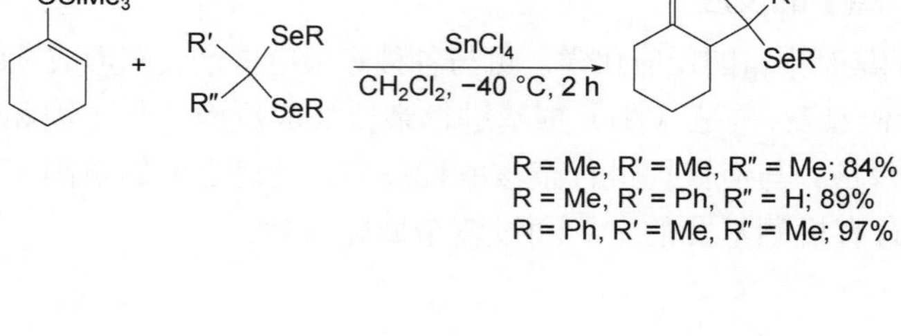

R = Me, R' = Me, R" = Me; 84%
R = Me, R' = Ph, R" = H; 89%
R = Ph, R' = Me, R" = Me; 97%

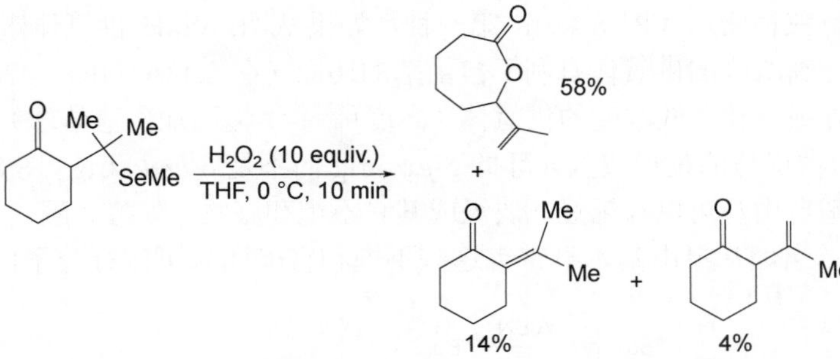

图 8.39　硒缩酮作亲电试剂的反应及其产物的转化

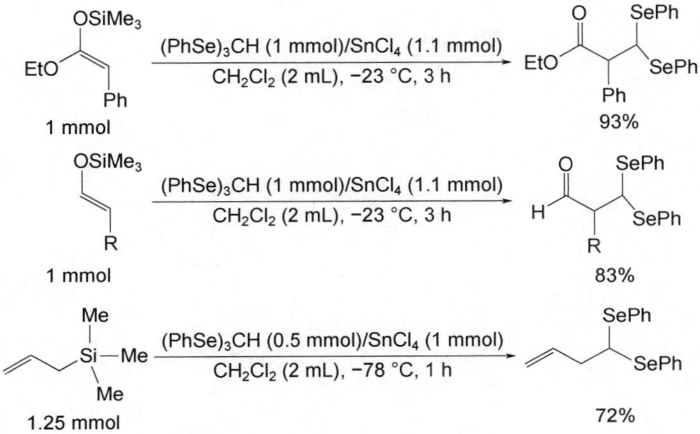

图 8.40　原酸硒醇酯作亲电试剂的反应

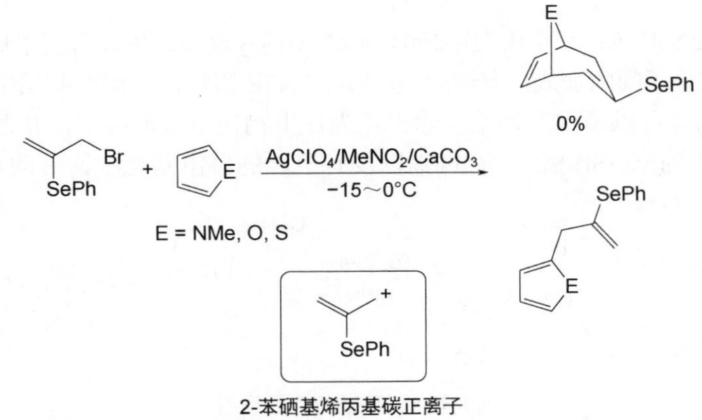

图 8.41　硒稳定的烯丙基碳正离子对富电子杂环芳烃的亲电取代反应

五、硒醚作为烃基自由基的前体在有机合成中的应用

硒醚 ArSeR 在有机合成中广泛用作烃基自由基的前体（在这种情况下，芳基一般就是苯基 Ph）：在三正丁基氢化锡或三苯基氢化锡以及引发剂如 AIBN 存在下，在回流的苯或甲苯中或采用三乙基硼（Et₃B）在氧气存在下室温或低于室温进行 R—Se 键断裂，产生烃基自由基 R˙。

　　烃基自由基有三种命运（图 8.42）：第一种，如果从 $^nBu_3SnH$ 供氢体攫取氢原子，得到相应的还原产物，高浓度的供氢体有利于自由基的还原（图 8.43A 和图 8.43B）；第二种，如果能进行分子内加成环化，低浓度的供氢体（高度稀释-缓慢滴加供氢体法）有利于环化（图 8.43C），环化反应占优势的是形成五元环即 5-*exo*-trig 而不是 6-*endo*-trig（图 8.43D）；第三种，在无供氢体时烃基自由基可以与烯烃、炔烃或其它不饱和底物（如醛、酮、亚胺、肟、腙等）进行分子间加成，当烃基自由基本身带有这些不饱和官能团时可进行分子内加成环化。

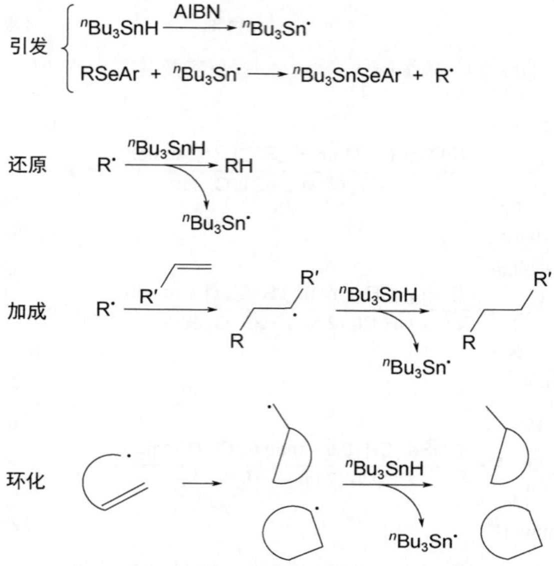

图 8.42　烃基自由基的三类反应

　　痕量的硒醇 ArSeH（它易于由 $^nBu_3SnH$ 还原 Ar_2Se_2 现场产生）有利于烃基自由基的还原而不利于分子内或分子间的加成。有趣的是，如图 8.43E 所示，β-苯硒基环丙烷形成开环产物。

　　考虑到锡试剂有毒以及副产物难于除去，为在生物化学获得应用，开发了相应的锗试剂 $^nBu_3GeH$ 以及硅试剂 $(Me_3Si)_3SiH$。有机锡以及有机硅的自由基化学请参阅相关文献[37,38]。

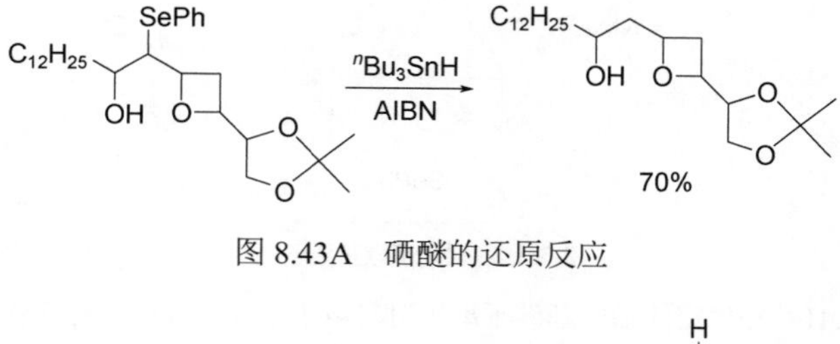

图 8.43A　硒醚的还原反应

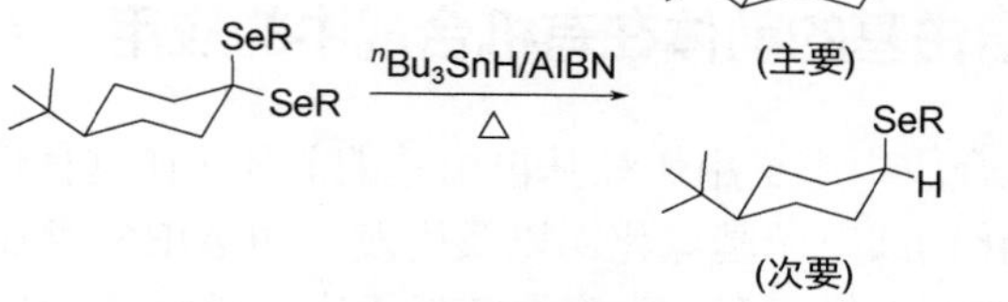

图 8.43B　硒缩酮的还原反应

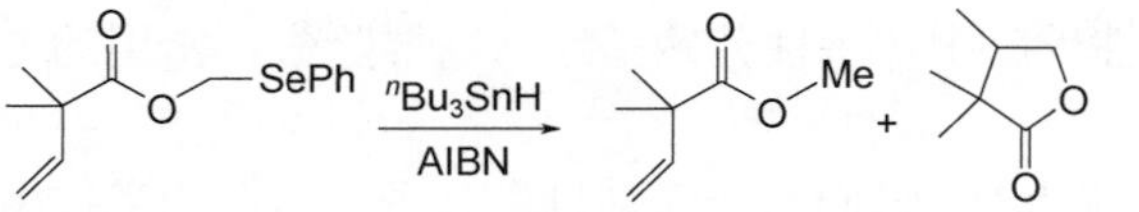

[^{n}Bu$_3$SnH] = 0.22 mol/L　　66　　　　　　　34　　A + B, 95%
[^{n}Bu$_3$SnH] = 0.055 mol/L　40　　　　　　　60　　A + B, 96%

图 8.43C　低浓度的供氢体有利于加成

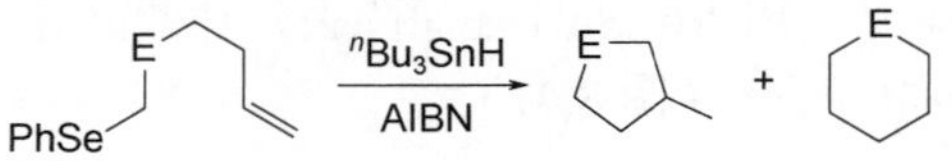

A　　　　　B
E = S　　　5.7　　　1
E = SO$_2$　3.2　　　1

图 8.43D　环化反应占优势的是形成五元环产物

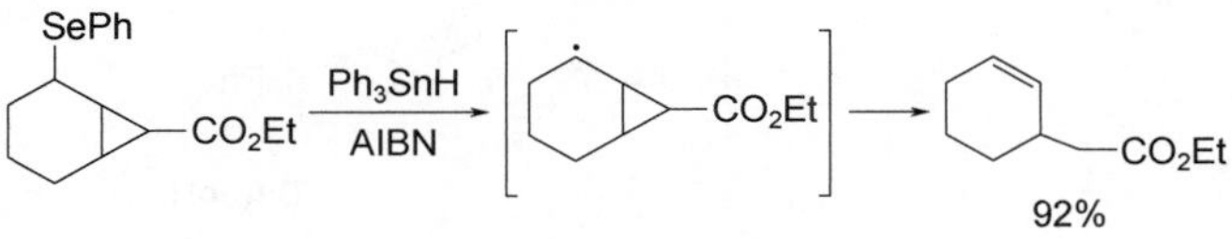

图 8.43E　β-苯硒基环丙烷形成开环产物

在有机合成中，在引入有机硒基团达到合成目的、完成目标反应后，常常需要除掉有机硒基团（苯硒基）。目前脱硒形成无硒有机物的方法有（其它方法参阅第十一章）：锂-液氨或 H$_2$/雷尼镍或三苯基氢化锡等还原法（图 8.44）。用过量的三苯基氢化锡在苯（甲苯）中回流 0.5～24h，羟基、酯基、硫醚都不干扰反应，痕量 AIBN 可缩短反应时间、降低反应温度，但硫缩酮也参与反应，这一试剂能还原卤素，但三正丁基氢化锡特别适合还原偕二卤化合物。反应是自由基机理，分离到 48% 的 Ph$_3$SnSePh 以及少量 Se(SnPh$_3$)$_2$（图 8.45）。如果用 DSnPh$_3$ 作还原剂，可向需还原的分子中引入氘。

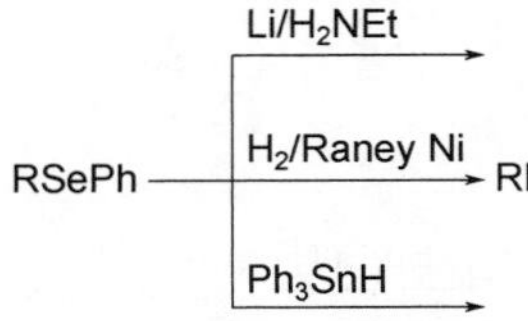

图 8.44　有机化合物的脱硒还原方法

Ph$_3$SnH + PhSeR $\xrightarrow{\triangle}$ Ph$_3$SnSePh + RH

Ph$_3$SnH $\longrightarrow$ Ph$_3$Sn$^\cdot$ + H$^\cdot$

Ph$_3$Sn$^\cdot$ + PhSeR $\xrightarrow{S_H2}$ Ph$_3$SnSePh + R$^\cdot$

R$^\cdot$ + Ph$_3$SnH $\longrightarrow$ Ph$_3$Sn$^\cdot$ + RH

图 8.45　自由基脱硒反应及其机理

虽然溴化物和碘化物也易产生相应的烃基自由基，但并没有在合成中得到广泛应用。卤化物常常发生副反应，例如碱性条件下的消除反应、亲核取代反应和热或光下的均裂反应。苯基硒醚作为自由基前体，在促进代替卤化物的 S$_H$2 反应方面的巨大优势是它们在大多数反应条件下的稳定性。PhSe 基团或相关的基团可以在合成序列的早期引入，在目标转化完成后，通过自由基提取 PhSe 基团被最终除去。这些硒基团通常被称为"自由基保护基团"，即保护潜在的自由基中心，直到用自由基试剂"除去保护"。

更广泛使用的是 PhSe 基团在醚、酮、腈、酯和酰胺的 α 位的前体，生成的碳自由基可加成环化到烯键、芳环、醛基上。还可利用烷基硒醚前体产生烷基自由基，加入一氧化碳，形成中间体——酰基自由基，然后进行加成环化。利用手性硒化合物的不对称反应已经被开发出来。在这些立体选择性反应中，手性芳硒基通常需要除去，常用的方法之一就是自由基还原。

PhSe 基团的一个主要优点是，它们不会受到目标分子中存在的亲核中心或含有胺或亚胺基团的进攻。与卤化物相比，PhSe 基团的另一个合成优点是它们不会受到许多生物活性靶分子中存在的碱性杂环芳烃如咪唑、苯并咪唑、吡唑等的亲核 N 中心的攻击。例如重要的抗癌生物碱丝裂霉素（Mitomycin）的模拟物的合成，除硒产生的碳自由基加成到咪唑环上（图 8.46）。考虑到固相合成的优点，可以设计合成有机硒基团固载的功能高分子（硒树脂），在固相反应完成后，固相硒基团用 $^nBu_3SnH$ 还原除去，功能高分子起无痕偶联剂的作用，或产生自由基用于进一步的加成环化（图 8.47）。

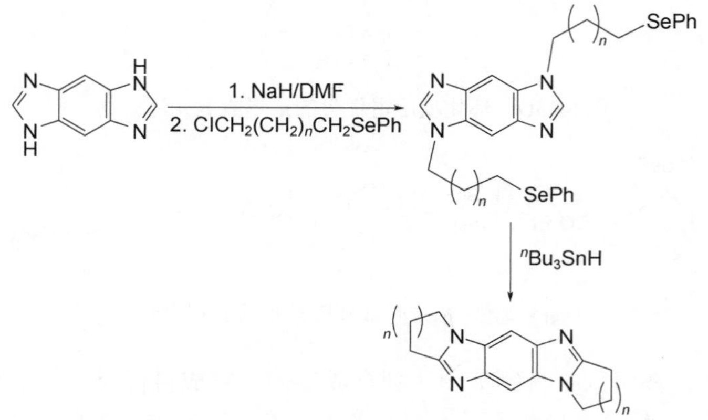

图 8.46　除硒产生的碳自由基加成到咪唑环上

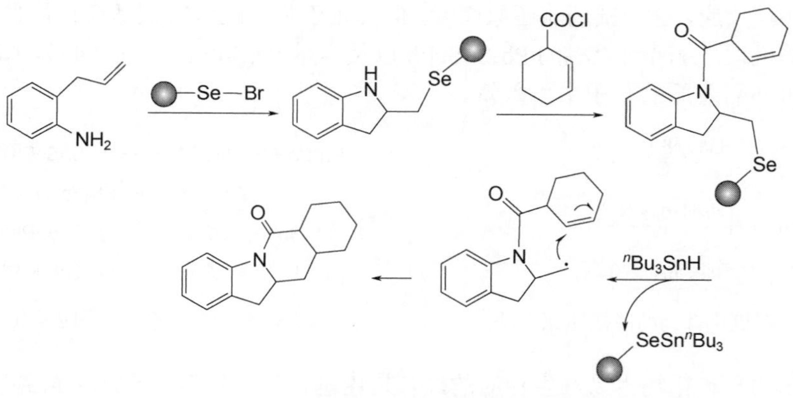

图 8.47　有机硒基团固载的功能高分子

六、硒醚作为配体用于合成金属催化剂

芳基硒醚 L，$RSe(CH_2)_nNMe_2$，在氮气氛下，由 RSeNa 与二甲氨基烷基氯化物 $Cl(CH_2)_nNMe_2$（$n=2$、3）进行亲核取代反应合成（图 8.48），用硅胶柱色谱法分离出硒醚。这些硒醚较为稳定，可以在室温下储存数月，而相应的碲醚由于在室温下分解，必须储存在 5℃冰箱中。N,N-二甲基氨基硒醚 L 与 $PdCl_2(NCPh)_2$ 和 $Pd(OAc)_2$ 反应提供配合物 cis-

PdCl$_2$(κ^2Se,N-L)和 cis-Pd(OAc)$_2$(κ^2Se,N-L)。含氯配合物难溶于氯仿、丙酮和苯，中等溶于二氯甲烷。所有这些配合物经元素分析、核磁、UV-Vis 表征。配合物 **1**、配合物 **2**、配合物 **3** 和配合物 **6** 的结构经单晶 X 射线衍射分析确定。在 ^{77}Se NMR 谱中，与自由配体比较，这些配合物中的硒是显著去屏蔽的。配合物 **3** 在其溶液中除单体外还存在二聚体。在单体配合物中，配体以二齿螯合方式（κ^2Se,N-L）与金属形成五元环或六元环；在钯中心周围，Se、N 和两个负离子配体构成畸变的平面四边形配位几何，两个负离子（氯离子和乙酸根）处于顺式（cis）位置[39]。

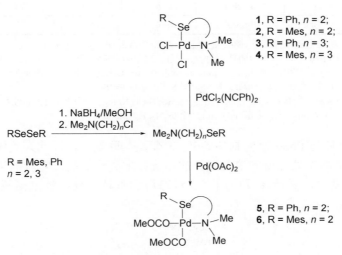

图 8.48　配体及其钯配合物的合成

为了评价钯的硒醚配合物是否可以作为 C—C 键形成的催化剂，研究了它们作为 Suzuki 偶联反应催化剂的适宜性（表 8.2）。以 0.1mol%配合物 **6** 为催化剂，对 4-碘甲苯与苯硼酸偶联的反应条件进行了初步优化，考察了溶剂、碱等因素对反应的影响。在溶剂 DMF、甲苯和甲醇等中，1,4-二氧杂环己烷（dioxane）是首选溶剂。使用无机碱 Na$_2$CO$_3$ 和 K$_2$CO$_3$，产率可观（76%），而有机碱 ^{n}Bu$_4$NOH 产率较高（94%）。在优化的反应条件下，偶联反应以中等至定量产率提供所需产物 ArPh。对配合物的比较研究表明，乙酸根配合物的催化性能优于相应的氯代类似物，这可能是由于在催化反应过程中，乙酸根易于被取代，形成了更多的活性催化剂物种。当配体从 CH$_2$CH$_2$ 链变为 CH$_2$CH$_2$CH$_2$ 链时，催化剂从五元螯合环改变为柔性的六元螯合环，催化活性显著提高。此外，实验还发现当配位原子用碲代替硒时催化剂的活性显著提高。

表 8.2　钯配合物催化的卤代芳烃与芳基硼酸的偶联反应

$$ArX \xrightarrow[\text{碱/二氧六环,100 °C, 6 h}]{\text{PhB(OH)}_2/\text{Pd配合物}} ArPh$$

Ar	X	碱	Pd 配合物*	用量/mol%	产率/%	周转数（TON）
4-MeC$_6$H$_4$	I	Na$_2$CO$_3$	**1**	0.1	59	590
4-MeC$_6$H$_4$	I	K$_2$CO$_3$	**2**	0.1	62	620
4-MeC$_6$H$_4$	I	Na$_2$CO$_3$	**3**	0.1	62	620
4-MeC$_6$H$_4$	I	^{n}Bu$_4$NOH	**3**	0.1	94	940
4-MeC$_6$H$_4$	I	^{n}Bu$_4$NOH	**3**	0.01	94	9400

续表

Ar	X	碱	Pd 配合物*	用量/mol%	产率/%	周转数（TON）
2-OHCC$_6$H$_4$	Br	^{n}Bu$_4$NOH	3	0.1	80	800
2-OHCC$_6$H$_4$	Br	^{n}Bu$_4$NOH	3	0.01	21	2100
4-O$_2$NC$_6$H$_4$	Br	^{n}Bu$_4$NOH	3	0.1	95	950
2-OHCC$_6$H$_4$	Br	K$_2$CO$_3$	5	0.1	65	650
4-MeC$_6$H$_4$	I	K$_2$CO$_3$	6	0.1	76	760
4-MeC$_6$H$_4$	I	^{n}Bu$_4$NOH	6	0.1	94	940
2-OHCC$_6$H$_4$	Br	^{n}Bu$_4$NOH	6	0.1	72	720

注：偶联反应实验，在氮气氛下，向一个双颈烧瓶中加入二氧六环（3 mL）、芳基卤化物（1.0mmol）、芳基硼酸（1.3mmol）、碱（2.0mmol）和催化剂（0.1mol%），加热至 100℃，搅拌 6h。反应混合物冷却至室温后，用水（5mL）稀释，然后用稀盐酸中和，正己烷（3×20mL）萃取。合并的有机相分别用水（2×15mL）、盐水（2×10mL）洗涤，经无水硫酸钠干燥，过滤，滤液减压除去溶剂。所得剩余物在硅胶柱上进行色谱分离，产品经 ^{1}H NMR 谱和 ^{13}C NMR 谱表征。

*配合物 1，PdCl$_2$(PhSeCH$_2$CH$_2$NMe$_2$)；配合物 2，PdCl$_2$(MesSeCH$_2$CH$_2$NMe$_2$)；配合物 3，PdCl$_2$(PhSeCH$_2$CH$_2$CH$_2$NMe$_2$)；配合物 5，Pd(OAc)$_2$(PhSeCH$_2$CH$_2$NMe$_2$)；配合物 6，Pd(OAc)$_2$(MesSeCH$_2$CH$_2$NMe$_2$)。

6,6′-二溴联吡啶与 PhSe$^-$ 反应制备 6,6′-二(苯硒基)联吡啶，以此为配体与三氯化钌水合物反应并用六氟磷酸铵处理得到溶剂配位的二价钌配离子的盐，它能催化氧气氧化三苯基膦以及烯烃的环氧化，氧转移反应用 ^{18}O 示踪得到确认，反应经过硒氧化的中间体进行（图 8.49）[40]。

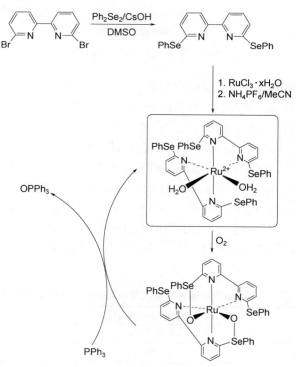

图 8.49　钌配合物的合成及其催化反应

七、硅硒醚在有机合成中的应用

PhSeSiMe$_3$（trimethylsilyl phenyl selenide）可用 PhSeNa 或 PhSeLi 与 ClSiMe$_3$ 在 THF 或

乙醚中反应制备[41]，是对氧气和湿气敏感的无色液体，因此制备和使用需在惰性气体保护下进行操作。它与 α,β-不饱和醛、酮在路易斯碱 PPh₃ 催化下在乙腈中室温反应定量转变为 1,4-加成产物，而饱和醛 RCHO 则需要加热（55℃）反应生成 RCH(SePh)OSiMe₃。在路易斯酸如碘化锌或氯化锌或三氟化硼催化下，PhSeSiMe₃ 与醛 RCHO（或酮 RCOR′）反应生成 RCH(SePh)OSiMe₃［或 RCR′(SePh)OSiMe₃］，与乙酸烯丙酯 ROAc 或 ω 内酯反应得到烯丙基苯基硒醚 RSePh 和 ω-苯硒基羧酸衍生物。PhSeSiMe₃ 与环氧化合物反应生成两种可能的开环产物，反应的区域选择性取决于取代基的数目和性质以及催化剂的性质：在路易斯酸如碘化锌或氯化锌或三氟化硼催化下，环氧丙烷、环氧氯丙烷和 1,2-环氧丁烷等生成苯硒基进攻少取代环氧碳的产物 RCH(OSiMe₃)CH₂SePh，环氧苯乙烯则生成 PhCH(SePh)CH₂OSiMe₃，2-甲基环氧丙烷和 2-甲基-2,3-环氧丁烷产生两种产物，其中苯硒基连接在叔碳上的异构体占优势；在路易斯碱如丁基锂存在下，环氧苯乙烯、2-甲基环氧丙烷和 2-甲基-2,3-环氧丁烷生成占绝对优势的苯硒基进攻少取代环氧碳的产物。

　　它经甲醇解提供 PhSeH，因此 PhSeSiMe₃ 可认为是掩蔽的 PhSe⁻ 亲核试剂，它与酰氯 RCOCl 反应高产率生成羧酸硒酯 RCOSePh。此外，它可用于亚砜、硒亚砜和碲亚砜的脱氧反应（图 8.50）。

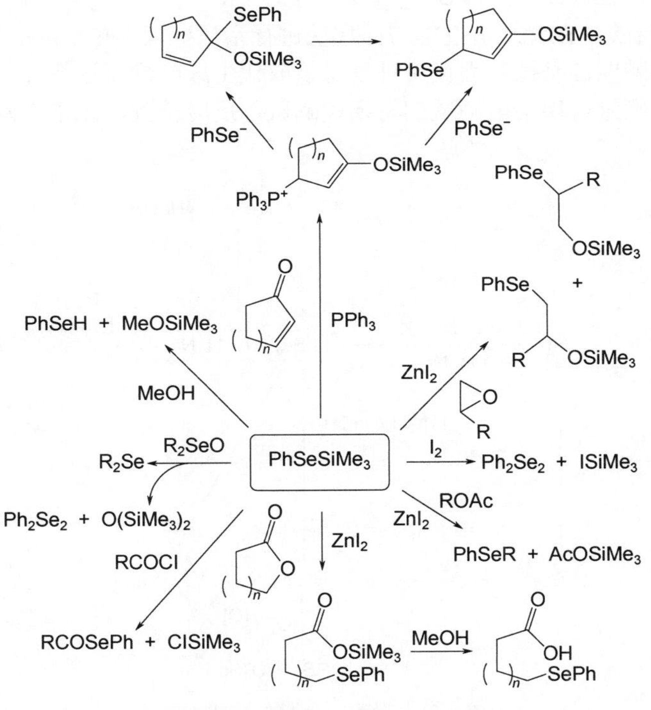

图 8.50　PhSeSiMe₃ 在有机合成中的应用

第五节　二硒醚的制备

　　二硒醚（diselenide）是过硒化氢中的两个氢原子被烃基取代形成的化合物，具有 C—Se—Se—C 官能团。除了有价值的化学反应外，它们还可以作为亲核硒试剂（硒醇负离子

RSe⁻)、亲电硒试剂（RSeX、RSeX₃）和自由基硒试剂（RSe·）的前体。二硒醚显示多种生物活性包括抗氧化活性，是一类重要的有机硒化合物，已发展了多种制备方法[42]（图 8.51）。以下择其主要介绍。

方法 1：格氏试剂或有机锂 RM 与硒进行插入反应，经空气或卤素氧化后得到产物；大体积的芳基锂 ArLi 与过量的硒粉反应，经氧化可制备稀有的化合物 ArSeSeSeAr。

方法 2：硒醇（硒酚，统称为硒醇）以及它们的盐经空气、卤素、过氧化氢或 K₃Fe(CN)₆ 氧化偶联提供产物[43]。

方法 3：二硒化钠或二硒化锂［二硒化钠或锂可由单质硒还原得到，采用的还原体系有：M/液氨；M/C₁₀H₈/THF；LiBEt₃H/THF（2Se+2LiBEt₃H ⟶ Li₂Se₂+2BEt₃+H₂）；M/C₁₀H₈/DMF；羟基甲磺酸钠（rongalite）；N₂H₄/NaOH/DMF；PhNHNH₂/NaOH/DMF］与卤代烷 RX 或烷基磺酸酯 TsOR 经亲核取代反应得到产物；与芳香重氮盐反应生成二芳基二硒醚[44]。

方法 4：硒脲与卤代烷经亲核取代反应，继而水解形成产物。

方法 5：硒氰酸酯经碱性水解或用硼氢化钠还原生成硒醇盐，在空气中氧化得到产物；最近文献报道了利用硒氰酸钾和卤代烷在相转移催化剂 TBAB（溴化四正丁基铵）存在下的水相一锅煮合成二烷基二硒醚的方法，操作方便、反应时间短、产率高[45]。

方法 6：硒氰酸酯经二碘化钐 SmI₂ 还原产生产物。

方法 7：硒代硫酸钠在含水溶剂中与卤代烷进行亲核取代，并原位空气氧化得到产物[46]。

方法 8：硒钨酸四乙基铵与卤代烷进行亲核取代生成产物。这些方法适合于制备对称二硒醚，不对称的二硒醚可用亲电硒试剂与亲核硒试剂反应得到，或采用两种对称二硒醚经复分解反应生成。

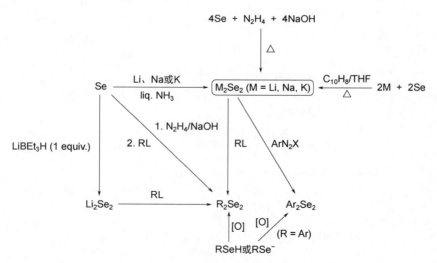

图 8.51　对称二硒醚的合成方法

一、(2,6-Mes₂C₆H₃Se)₂ 的制备

在 2,6-Mes₂C₆H₃SeLi 的 THF 溶液中滴加 K₃Fe(CN)₆ 的碱性水溶液。分离有机层，用 3×70mL 乙醚萃取水相。合并的有机相用 K₂CO₃ 干燥，过滤，滤液蒸发至干。剩余物用甲苯重结晶得到深红色晶体(2,6-Mes₂C₆H₃Se)₂（产率，35%）[43]。

二、$(C_6F_5Se)_2$ 的制备

在 150mL 无水乙醚中加入 30mmol 的五氟苯，在-70℃下 30min 内滴加 30mmol 的 ^nBuLi（2.5mol/L 正己烷溶液）。在-70℃下搅拌 1h 后，一次性加入 35.5mmol 的硒粉。产生的混合物允许在 4h 内自然升温到环境温度，然后加入 20mL 的 10%盐酸和 20mL 水进行水解。过滤，滤液经过多次乙醚萃取，合并后的乙醚溶液用无水硫酸镁干燥，过滤后的乙醚溶液在空气中搅拌 24h。除去溶剂后，残留物在 40℃/0.01Torr（1Torr=133.322Pa）下升华，提供$(C_6F_5Se)_2$ 橙色针状晶体（产率，81%）[15]。

三、二烷基二硒醚的制备

实验方法 1：在氮气氛下，向 15mL DMF 中加入硒粉（0.79g，10mmol）和氢氧化钠（0.40g，10mmol），在搅拌下，再加入苯肼（0.65g，6mmol）的 DMF（15mL）溶液。所得混合物在 50℃搅拌 5h，直到硒粉完全反应消失。在滴加含 10mmol 卤代烷的 DMF（2mL）溶液后，在 50℃继续搅拌 30min。通过蒸馏或从适当的溶剂中重结晶得到纯二烷基二硒醚。通过这个方法以 92%的产率得到黄色固体二苄基二硒醚[44a]。

实验方法 2：反应在氩气保护下进行，将 0.3mL 水合肼滴加到搅拌的含 22mmol 硒和 33mmol 氢氧化钠的 DMF（20mL）中。15min 后，滴加 22mmol 对甲苯磺酸烷基酯 TsOR 的 DMF（20mL）溶液，所得混合物在 100℃温度下加热 1h。冷却后将其倒入水（100mL）中，用石油醚萃取（3×100mL）。合并的有机相用 100mL 水洗涤一次，然后用无水硫酸镁干燥。过滤，滤液经减压蒸发除掉溶剂后，剩余物通过硅胶柱色谱法分离（洗脱剂，石油醚）提供目标产物 RSeSeR[R=Me，产率 87%；R=^iPr，产率 90%；R=^nBu，98%；R=$CH_3CHCH_2CH_2CH_3$，产率 96%；R=$CH_2CH_2CH(CH_3)_2$，产率 86%；R=$CH_3CH(CH_2)_5CH_3$，产率 90%；R=c-C_6H_{11}（环己基），产率 69%]。利用这一方法合成了手性的桃金娘基（myrtanyl）二硒醚（图 8.52），产率 91%[44b]。

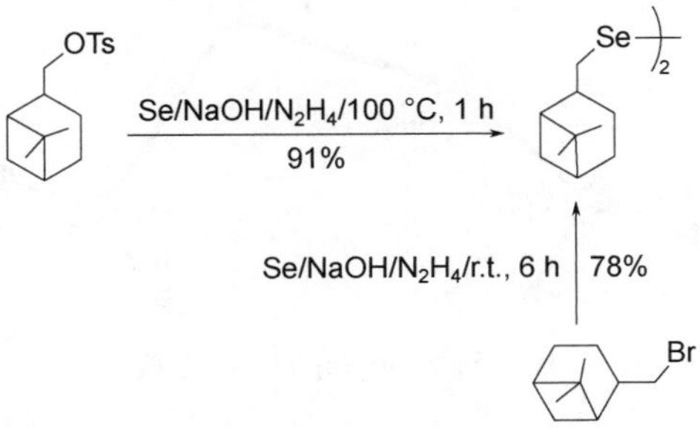

图 8.52　桃金娘基二硒醚（di(cis-myrtanyl)diselenide）的合成

实验方法 3：向 1.0mmol 卤代烷与 5mL 水的混合物中，加入 TBAB（0.1mmol）和 KSeCN（1.05mmol），在 65℃快速搅拌反应混合物 20～60min。然后加入 K_3PO_4（5.0mmol）在 65℃快速搅拌反应混合物 10～60min。冷却后，用乙酸乙酯（2×25mL）萃取，合并有机层，有机层用无水硫酸钠干燥。过滤，滤液浓缩，剩余物经硅胶色谱柱分离得到目标产物 RSeSeR，产率 70%～90%[45]。

第六节 二硒醚的物理性质

脂肪二硒醚是黄色的液体如 Me_2Se_2 [b.p.，155～157℃；m.p.，−82.2℃；^{77}Se NMR（CDCl₃）：δ 269.0]。二苄基二硒醚（Bn_2Se_2），黄色固体（m.p.，91～92℃）。二芳基二硒醚，黄色固体如 Ph_2Se_2 [m.p.，60～62℃；UV：λ_{max}（EtOH，n→σ*），329nm（$\varepsilon=1.1\times10^3$）]，$(p-H_2NC_6H_4Se)_2$（m.p.，78～80℃；^{77}Se NMR：$\delta$ 520.7）。大体积二硒醚$(2,6-Mes_2C_6H_3Se)_2$，红色晶体 {m.p.，265～267℃。IR（Nujol）：ν 1730cm⁻¹（w），1610cm⁻¹（s），1560cm⁻¹（w），1300cm⁻¹（w），1260cm⁻¹（w），1175cm⁻¹（m），1165cm⁻¹（w），1155cm⁻¹（w），1025cm⁻¹（m），860cm⁻¹（m），845cm⁻¹（s），800cm⁻¹（s），775cm⁻¹（m），740cm⁻¹（s），720cm⁻¹（m），575cm⁻¹（m）。^{1}H NMR（CDCl₃）：δ 1.74（s，12H，o-Me），2.34（s，6H，p-Me），6.75 [s，4H，m-H（Mes）]，6.84 [d，2H，m-H（Ph）]，7.20（t，1H，p-H）。^{77}Se NMR（CDCl₃）：δ 421.5（s）}。

Me_2Se_2 的固态分子（CSD：DEMQOC）结构示于图 8.53，实验测定的几何参数：键长 Se(1)-Se(2)，2.3101(13)Å；Se(1)-C(1)，1.938(9)Å；Se(2)-C(2)，1.948(9)Å；键角 C(1)-Se(1)-Se(2)，101.7(2)°；C(2)-Se(1)-Se(2)，100.00(15)°；扭转角 C(1)-Se(1)-Se(2)-C(2)，84.7(4)°。由于孤对电子间的排斥作用，二硒醚分子中两个 CSe_2 平面接近垂直。

二(五氟苯基)二硒醚[15]，橙色晶体[m.p.，52～54℃；IR（KBr）：ν 1641cm⁻¹（m），1633cm⁻¹（m），1587cm⁻¹（w），1513cm⁻¹（s），1489cm⁻¹（s），1393cm⁻¹（m），1376cm⁻¹（m），1349cm⁻¹（w），1282cm⁻¹（m），1249cm⁻¹（w），1146cm⁻¹（m），1105cm⁻¹（m），1086cm⁻¹（s），1081cm⁻¹（s），1029cm⁻¹（w），1014cm⁻¹（m），974cm⁻¹（s），819cm⁻¹（s），722cm⁻¹（w），626cm⁻¹（w），379cm⁻¹（w），310cm⁻¹（w）。^{19}F NMR（CDCl₃）：δ −125.6（2-F，m，2F），−149.0（4-F，tt，1F，^3J=20.8Hz，^4J=3.5Hz），−159.7（3-F，m，2F）]。

二硒醚具有温致变色性质[47]，例如二苯基二硒醚的二甲苯溶液，在−80℃下为无色，在室温下为黄色，升温，颜色加深。

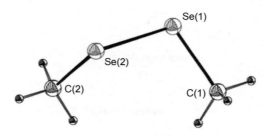

图 8.53 Me_2Se_2 的分子结构

第七节 二硒醚的化学性质

二硒醚 RSeSeR 的官能团是 C—Se—Se—C 原子团，其中弱于碳-硒键的硒-硒键是一种带有孤对电子的弱键（键能，197.6kJ/mol），因此二硒醚可异裂形成亲电硒试剂 RSe⁺和亲核硒试剂 RSe⁻，在加热下或在自由基引发剂（如 AIBN）存在下或在可见光照射下可均裂产生 RSe·

[当 R·是稳定自由基时，还存在碳-硒（R—Se）键的均裂：RSeSeR —→ R·+RSeSe·]。二硒醚具有配位能力可作为路易斯碱；可进行单电子氧化形成[RSeSeR]·⁺，进一步碎裂生成 RSe⁺和 RSe·；在合适的光催化剂 PC 存在下，向激发态 PC*转移电子形成[RSeSeR]·⁺[48]；在合适的光催化剂 PC 存在下，激发态 PC*向其转移能量形成瞬态[RSeSeR]*，进一步碎裂生成硒自由基 RSe·；在 γ 射线和脉冲辐解下，形成[RSeSeR]·⁻，进一步碎裂生成 RSe⁻和 RSe·。二硒醚的这些主要反应示于图 8.54。

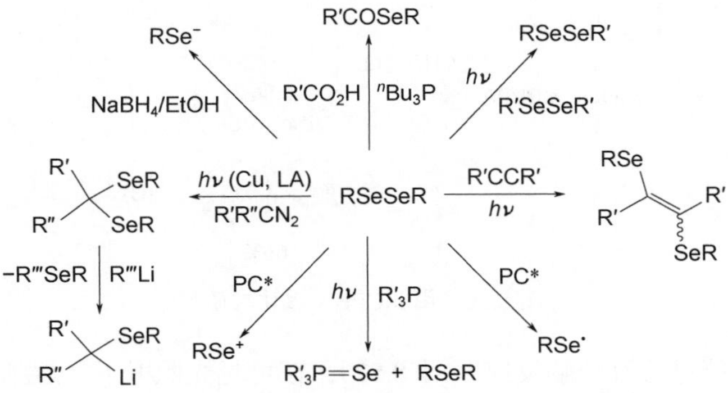

图 8.54 二硒醚的反应

前面提到二硒醚带有孤对电子，显示 Lewis 碱性：例如 MeSeSeMe 在二氯甲烷中与 SbCl₅反应生成[(MeSe)₃]⁺SbCl₆⁻；在不断裂 Se—Se 键的情况下，作为配体可与某些金属化合物形成配合物，2Mn(CO)₅Br+PhSeSePh —→ Mn(CO)₃(μ-Br)₂(μ-PhSeSePh)Mn(CO)₃+4CO。二硒醚处于+1 氧化态，具有氧化还原性质：在苛性碱以及相转移催化剂存在下发生歧化反应，2RSeSeR+4KOH —→ 2RSeK+2RSeO₂K+2H₂O；与还原剂如活泼金属 Li、Na、K 以及负氢离子试剂如 NaBH₄、LiBEt₃H 等发生 Se—Se 键断裂反应生成硒醇盐，使用比较多的还原体系是 NaBH₄/C₂H₅OH 或 LiBEt₃H/THF，黄色消失表明断裂反应完成；与有机锂或格氏试剂发生 Se—Se 键断裂反应，可用于合成混合硒醚（图 8.55）；与氧化剂反应用于制备高氧化态化合物，反应产物与氧化剂的类型以及计量等因素有关，如图 8.56 所示，二硒醚与 1equiv. mCPBA（间氯过氧苯甲酸）在-5℃的乙醚中生成次胂酸硒醇酯（selenoselenenate）A 和次胂酸酐 B，两者比例接近 1:1；与 3equiv. mCPBA 在室温的氯仿中得到亚胂酸酐 C。

$$R_2Se_2 + R'MgX \longrightarrow RSeR' + RSeMgX$$

图 8.55 格氏试剂断裂 Se—Se 键

大位阻（大体积）的二硒醚 ArSeSeAr（Ar=2,6-Mes₂C₆H₃）与单电子氧化剂 NO⁺AsF₆⁻反应生成蓝色的顺磁性盐[ArSeSeAr]⁺AsF₆⁻，其硒-硒键长［2.289(7)Å］稍短于 ArSeSeAr[Ar=2,6-Mes₂C₆H₃，2.339(2)Å][49]；与[ArSeSeAr]⁺不同，[MeSeSeMe]⁺能二聚为[MeSeSeMe]₂²⁺，其中存在硒四元环。

在二硒醚中，弱的 Se—Se 键具有强的反应活性：硫族单质可插入其中形成—Se(E)ₙSe—结构（E=S、Se、Te）[50]；二硒醚在加热或光照下会发生脱硒反应形成相应的硒醚；RSeSeR 与硫醇 R'SH 和硒醇 R'SeH 发生复分解反应 RSeSeR+2R'EH —→ R'EER'+2RSeH（E=S、Se），脂肪族二硒醚在水溶液中可与 DTT 快速定量反应生成相应的脂肪硒醇。

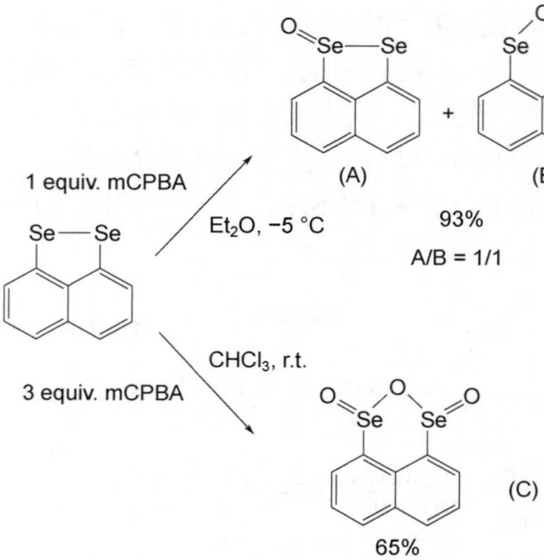

图 8.56　用 mCPBA 氧化二硒醚

　　二硒醚之间也能进行复分解反应（图 8.57）：在可见光照射下，达到平衡，产物 50%，原料各 25%（^{1}H NMR、^{77}Se NMR）。在避光下，加热到 70℃，平衡也可到达。在反应体系中，加入自由基捕获剂 TEMPO，反应受到抑制，证明这一复分解反应是自由基机理。反应可在多种溶剂中进行，除了氯仿和二甲基亚砜，反应也发生在丙酮、乙腈和甲醇中，因此二硒醚的复分解反应不依赖于特定的溶剂。用含二硒醚的聚苯乙烯证明了二硒醚交换也可以发生在聚合物中，利用这一反应可以制备具有记忆功能的高分子材料。两种不同分子量的聚苯乙烯之间交换反应的成功，为二硒醚的复分解反应在合成嵌段共聚物中的应用奠定了基础[51]。

　　二硒醚也易与含 P-P、As-As、Sn-Sn 键的化合物进行复分解反应（图 8.58）。

$$Ph_2Se_2 \; + \; R_2Se_2 \; \underset{}{\overset{h\nu}{\rightleftharpoons}} \; 2PhSeSeR \qquad\qquad R_2Se_2 \; + \; R'_4P_2 \longrightarrow 2RSePR'_2$$

图 8.57　二硒醚的复分解反应　　　　图 8.58　二硒醚与含 P-P 键的化合物进行的复分解反应

　　二硒醚与膦在光照下经自由基反应，硒转移到磷上（图 8.59A 和图 8.59B），反应速率顺序为：膦，Me$_3$P>Me$_2$PPh>MePPh$_2$>Ph$_3$P；二硒醚，PhCH$_2$SeSeCH$_2$Ph>EtSeSeEt>MeSeSeMe>PhSeSePh。Ph$_3$PSe 具有许多有趣的性质（参阅第四章），例如在有机合成中可用于环氧化物的立体专一脱氧产生烯烃（图 8.59C）。

$$RSeSeR \; + \; R'_3P \; \overset{h\nu}{\longrightarrow} \; R_2Se \; + \; R'_3PSe$$

图 8.59A　二硒醚与膦的硒转移反应

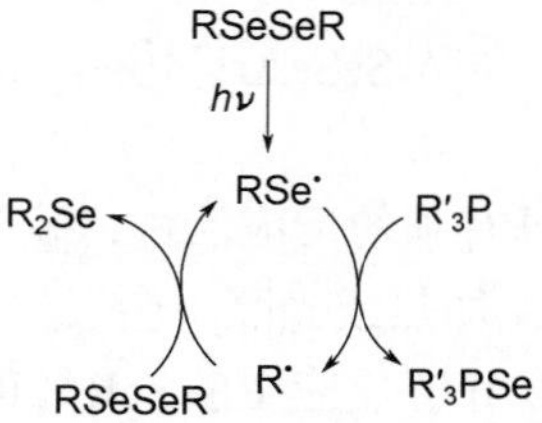

图 8.59B　二硒醚与膦的硒转移反应机理

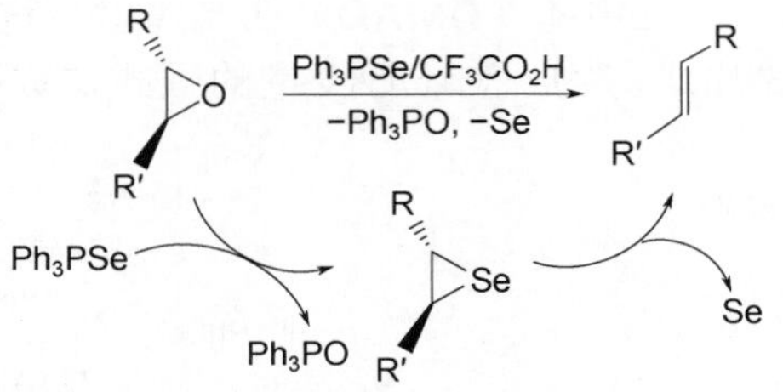

图 8.59C　硒化膦 Ph$_3$PSe 的脱氧反应

在正丁基膦和氧气存在下，二硒醚 PhSeSePh 可对醚的 αC-H 进行自由基 α-苯硒化反应（α-phenylselenylation），高产率得到产物（产率：四氢呋喃，95%；四氢吡喃，81%；1,4-二氧六环，92%；乙醚，81%）（图 8.60，其中 Ether-表示醚 Ether 除 α-氢外余下的部分）。初步的机理研究认为反应通过 $^nBu_3P^+$—O—O$^\cdot$ 夺取醚的 αC-H 形成 α-碳自由基，然后 α-碳自由基结合 PhSe$^\cdot$ 形成产物。当醚存在多个 αC-H 位时，取代反应优先发生在少取代的 α-碳上：2-甲基四氢呋喃生成两种位置异构体的比例是 18:5，A 中反式与顺式的比例为 10:8，总产率 90%；乙二醇二甲醚生成两种产物 [PhSeCH$_2$OCH$_2$CH$_2$OMe，MeOCH(SePh)CH$_2$OMe] 的比例为 11:5，总产率 91%[52]。

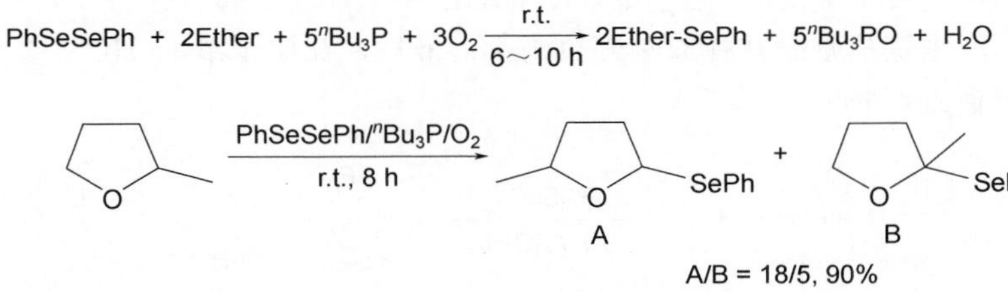

$$PhSeSePh + 2Ether + 5^nBu_3P + 3O_2 \xrightarrow[6\sim10\ h]{r.t.} 2Ether\text{-}SePh + 5^nBu_3PO + H_2O$$

A/B = 18/5, 90%

图 8.60　醚的 α-苯硒化反应

在太阳光照射下，二硒醚 RSeSeR（R=Ph、PhCH$_2$）与重氮甲烷反应，定量生成卡宾插入 Se—Se 键的产物 RSeCH$_2$SeR。二硒醚 RSeSeR 与 α-重氮化合物如 N$_2$CHCO$_2$Et 反应低产率形成 α-双硒基化合物(RSe)$_2$CHCO$_2$Et[53]。在加热条件下，二硒醚 RSeSeR 与二烃基汞 R$_2'$Hg 进行自由基反应生成硒醚 RSeR'：RSeSeR+R$_2'$Hg —→ 2RSeR'+Hg。

在氧化剂 PhI(OAc)$_2$ 存在下，PhSeSePh/NaN$_3$ 对烯烃 RCH=CH$_2$ 进行自由基加成生成 RCH(SePh)CH$_2$N$_3$。对于这一叠氮硒化反应（azidoselenenylation），提出的机理是：氧化剂氧化叠氮负离子形成叠氮自由基 N$_3^\cdot$ [PhI(OAc)$_2$+2NaN$_3$ —→ PhI+2NaOAc+2N$_3^\cdot$]，然后对烯烃 RCH=CH$_2$ 加成生成碳自由基 RCH$^\cdot$CH$_2$N$_3$，它被二硒醚 PhSeSePh 捕获形成产物 RCH(SePh)CH$_2$N$_3$[54]。

在加热、光照或 AIBN 引发下，二硒醚（经自由基）加成到炔键上，得到两种烯基硒醚异构体的混合物（图 8.61A）。反应受空间效应控制，活性顺序为：Ph$_2$Se$_2$≈Me$_2$Se$_2$>Et$_2$Se$_2$>$^iPr_2Se_2$>$^tBu_2Se_2$；RCCH>RCCR'。

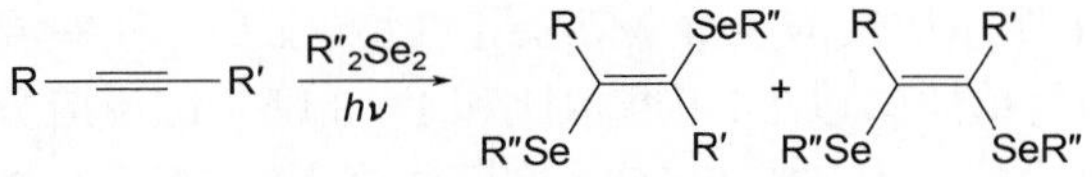

图 8.61A　二硒醚对炔烃的自由基加成

二苯基二硒醚与丁炔二酸二甲酯（DMAD）在光照射下进行自由基加成反应：如图 8.61B 所示，除主要的反式加成产物外，还有少量的顺式加成产物和自由基进一步进攻苯环形成的产物。

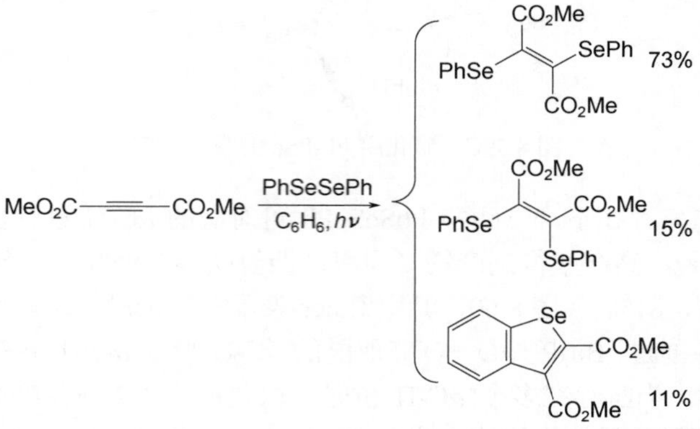

图 8.61B 二硒醚对炔烃的自由基加成反应

在 KF/Al$_2$O$_3$/PEG-400（polyethylene glycol，PEG）体系中，二硒醚对末端炔烃加成，在 90℃下或微波加热主要生成(Z)-二硒基烯烃（图 8.62）：末端炔在碱性条件下转变为炔负离子；它进攻二硒醚，产生炔基硒醚并释放硒醇负离子；最后，在质子溶剂 HOS 参与下硒醇负离子进攻炔基硒醚得到产物[55]。

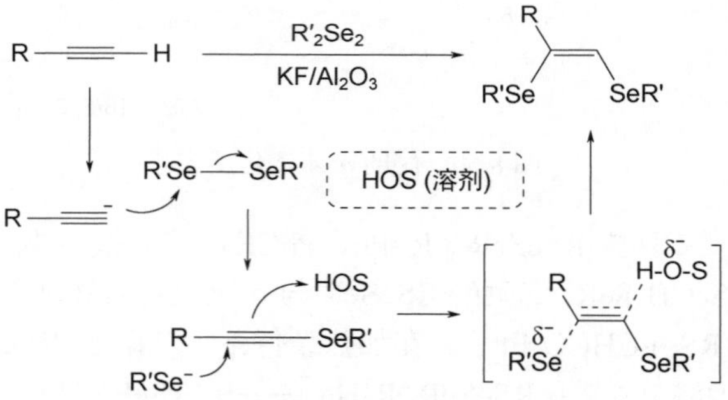

图 8.62 二硒醚对末端炔烃的加成反应

在 NaBH$_4$/Al$_2$O$_3$ 体系中，无溶剂室温或微波加热反应，对 α,β-炔基不饱和酮、腈、酯进行共轭加成主要生成(Z)-异构体，采用微波加热，反应时间从 6h 戏剧性地缩短为 3min。在 Pd(PPh$_3$)$_4$ 催化下，二芳基二硒醚与中间炔烃或末端炔烃无溶剂或在离子液体中加热反应，都主要生成(Z)-异构体。

二硒醚 RSeSeR 在乙醚、二氯甲烷、乙腈、氯仿或四氯化碳等溶剂中与卤素单质 X$_2$（X=Cl、Br）以 1：1 摩尔比反应生成烃基卤化硒 RSeX（次胂酰卤，参阅第九章），而以 1：3 摩尔比反应则得到烃基三卤化硒 RSeX$_3$，与单质碘易于形成电荷转移加合物：在室温的丙腈中，Me$_2$Se$_2$ 与单质碘以 1：1 摩尔比反应生成 Me$_2$Se$_2$I$_2$（图 8.63）；在室温的无水乙醚中，二硒醚 (4-XC$_6$H$_4$)$_2$Se$_2$（X=F、Cl）与单质碘以 1：1 摩尔比和 1：3 摩尔比反应分别形成(4-FC$_6$H$_4$)$_2$Se$_2$I$_2$、(4-ClC$_6$H$_4$)SeI 和(4-XC$_6$H$_4$)SeI·I$_2$（X=F、Cl）[24]。二芳基二硒醚 ArSeSeAr 与 AgF$_2$ 反应生成 ArSeF$_3$。最近，利用 XeF$_2$ 作为氟化剂在 0℃的二氯甲烷中，无论是二芳基二硒醚 ArSeSeAr

还是二烷基二硒醚 RSeSeR 以 3∶1 摩尔比反应都生成相应的三氟化物 ArSeF$_3$ 或 RSeF$_3$。ArSeSeAr 与过量 XeF$_2$ 反应形成六配位化合物 ArSeF$_5$，其中芳基 Ar 占据一个轴向键位置。

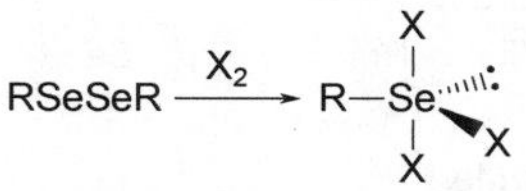

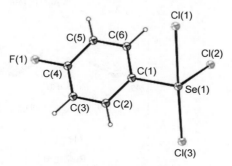

图 8.63A　二硒醚与卤素的反应

图 8.63B　烃基三卤化硒的结构

[Se(1)-C(1), 1.964(10) Å; Se(2)-C(2), 1.948(11) Å; Se(1)-Se(2), 2.3329(15) Å; Se(1)-I(1), 2.9324(14) Å; I(1)-I(2), 2.8057(12) Å; Se(1)-I(1)-I(2), 178.82(4)°; C(1)-Se(1)-Se(2)-C(2), 89.1(5)°]

图 8.63C　电荷转移加合物的结构

在超声（US）下，二硒醚与吲哚以及苯环上有取代基的吲哚发生亲电取代反应高产率生成 3-苯硒基吲哚衍生物，反应优于普通加热和微波反应。

芳基或烷基二硒醚在硝酸银催化下与芳基硼酸反应高产率生成对称或不对称硒醚（图 8.64）[56]。除操作方便外，这一反应的官能团适用性也较为广泛：芳基可以是 2-萘基、苯环、3-噻吩基、2-吡啶基，苯环上的取代基可以是卤素、三氟甲基、甲基、甲氧基。

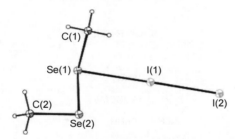

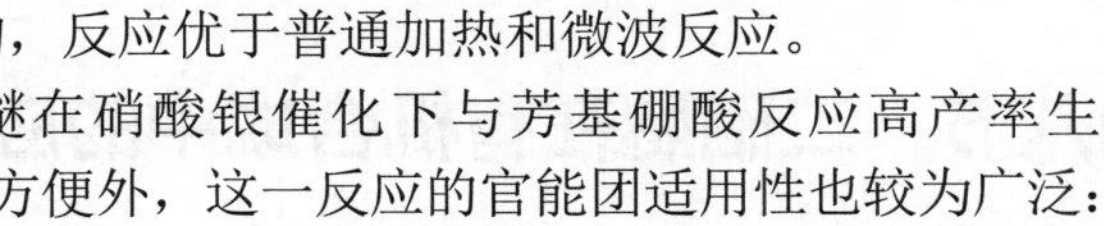

图 8.64　二硒醚与芳基硼酸的偶联反应

MeSeSeMe 与钌（Ⅱ）配合物（[Cp*Ru(μ$_3$-Cl)]$_4$）（Cp*，五甲基环戊二烯基）反应，得到折叠四元环的 Ru$_2$Se$_2$ 簇核的钌硒醇盐配合物（[Cp*Ru(μ-SeMe)Cl]$_2$）。当其中一个氯配体用银离子脱除时，产生溶剂分子配位的活性催化剂（图 8.65A），它能催化醇、酮、胺、内酰胺等亲核试剂取代炔醇羟基的反应（反应温度，60℃；反应时间，1～3h；最低产率 84%，最高产率大于 95%）（图 8.65B）[57]。

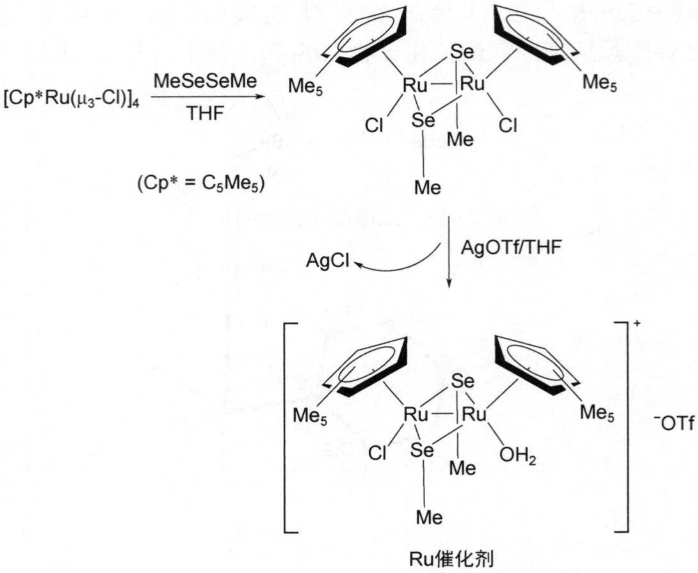

图 8.65A　钌配合物的合成

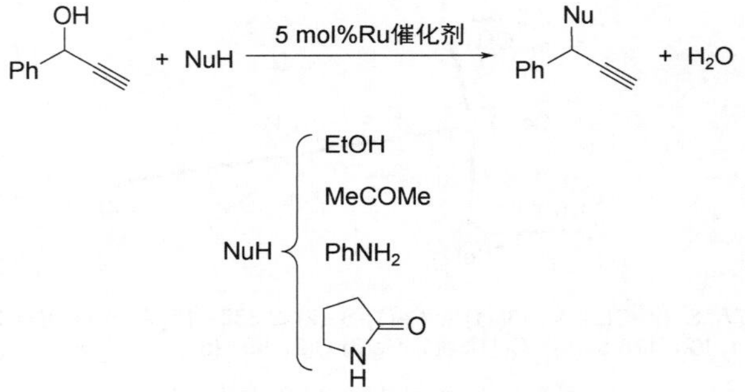

图 8.65B　钌配合物的催化反应

第八节　二硒醚在有机合成中的应用

一、原位产生亲电硒试剂的合成应用

　　有机硒化合物由于具有良好的生物活性和荧光特性，在医药和材料科学中受到广泛的关注。特别是在具有广泛生物活性的候选药物中经常发现不对称的硒醚骨架，图 8.66 显示了具有代表性的三个例子：化合物Ⅰ（抗增殖）、Ⅱ（脂氧合酶，5-lipoxygenase，抑制剂 5-LOX）和Ⅲ（抗肿瘤药物）。在已有的不对称硒醚合成方法中，使用二硒醚作为硒化剂是首选，因为二硒醚不仅稳定而且易于制备。二硒醚可在过硫酸铵和如图 8.67A 所示的氧化剂或氟化剂作用下或在阳极产生亲电硒试剂，用于催化或计量反应。环保、高效产生亲电硒试剂的方法是可见光诱导 PC 催化 RSeSeR 产生 RSe$^+$（图 8.67B）。

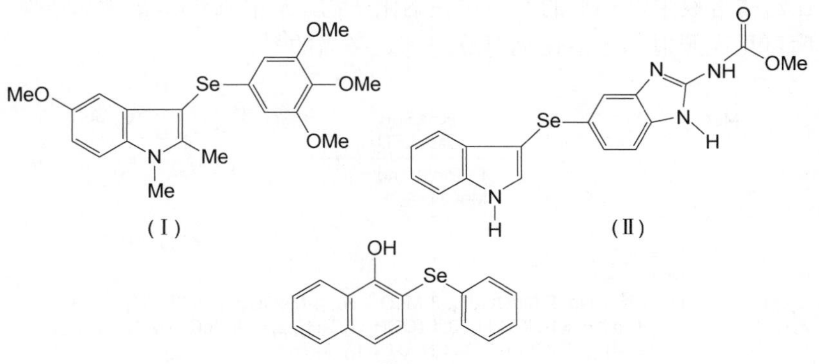

图 8.66　具有生物活性的硒醚

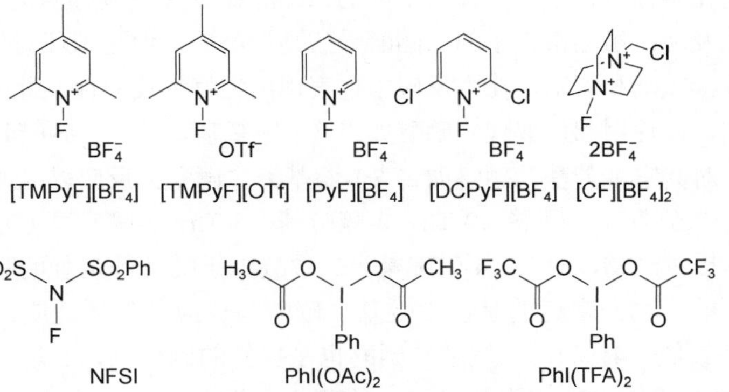

图 8.67A　用于产生亲电硒试剂的氧化剂和氟化剂

$$RSeSeR \xrightarrow{h\nu/PC/O_2} RSe^+$$

图 8.67B　二硒醚在有氧条件下氧化生成亲电硒试剂

1. 不对称硒醚的合成

二硒醚与官能化底物如芳基卤化物、芳基硼酸、芳基重氮盐和芳胺的偶联反应已被用于制备多种不对称的硒醚。虽然直接的 C—H 功能化是一种步骤经济的非常有吸引力的方法，但是通过 $C(sp^2)$—H 键断裂形成不对称硒醚的研究仍还很少。已建立的用二硒醚直接 C—H 硒化（杂环）芳烃的方法主要有：①由芳烃原位生成亲核试剂；②由二硒醚原位生成亲电试剂。虽然前者受到了狭窄底物范围的限制，但是开发活化二硒醚原位生成亲电试剂的方法是非常可取的。一般来说，通过活化二硒醚对（杂环）芳烃的直接 C—H 硒化反应有两种方式：①在氧化剂存在下原位生成亲电硒化剂 ArSeX；②过渡金属催化 C—H 键的金属化和 Se—Se 键活化。然而，这些方法都存在缺点，例如使用化学计量的添加剂，损失 PhSe⁻作为废物，需要有毒的氧化剂和苛刻的反应条件如较高的温度或无氧技术。最近，可见光光催化为有氧氧化提供了一个技术上有吸引力和经济的平台[58-62]。根据电极电势数据以及淬灭数据推断，二硒醚可在有氧条件下氧化生成 RSe^+（图 8.67B），进而 RSe^+ 参与亲电硒化反应。为证实这一推断，首先研究了 5-甲氧基吲哚与 PhSeSePh 在可见光下的直接硒化反应，经过广泛的筛选，发现以 FIrPic（bis[2-(4,6-difluorophenyl)pyridinato-*C2,N*](picolinato)iridium(Ⅲ)）（2mol%）

作光催化剂在乙腈溶液中以 91%的产率收获硒化产物，5-甲氧基-3-苯硒基吲哚（图 8.68A）；对照实验表明可见光照射和光催化剂对反应都是必需的[63]。

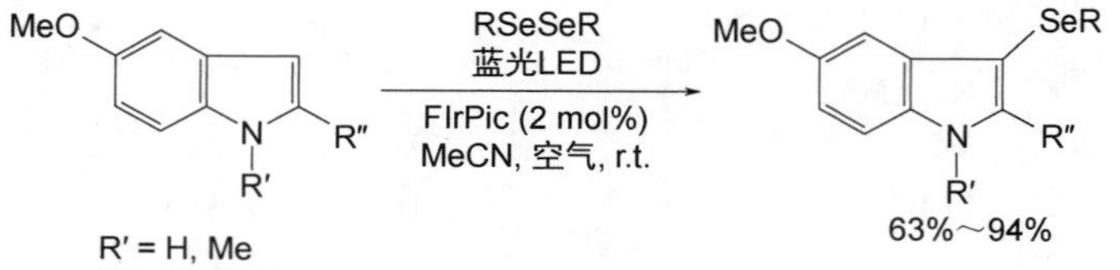

R' = H, Me
R″ = H, Me
R = Ph, 1-Np, 2-MeOC₆H₄, 3-MeOC₆H₄, 4-MeOC₆H₄, 4-ClC₆H₄,
4-FC₆H₄, 4-NCC₆H₄, 3,4-(OCH₂O)C₆H₃, 2,3,4-(MeO)₃C₆H₂,
2-Th, 3-Th, 2-MeOC₅H₃N, c-C₆H₁₁, Me

图 8.68A　吲哚的 C3 位亲电硒化反应（一）

在现有的优化条件下，进一步探索不同的二硒醚在 5-甲氧基吲哚的 C3 位进行硒化反应的通用性。研究发现：虽然富电子的二硒醚导致高的产率，但是苯环对位带有吸电子基团的二硒醚，如氯基、氟基和氰基，在本反应中也表现出良好的反应性；此外，立体效应对反应没有明显的影响，在使用邻位取代二硒醚如二（2-甲氧基苯基）二硒醚时，以 87%的产率得到相应的产物；对其它二芳基二硒醚如二（1-萘基）二硒醚，反应以 85%的产率获得硒化产物；重要的是，二杂芳基二硒醚（2-Th，2-噻吩基；3-Th，3-噻吩基）也是合适的硒化剂，并以良好的收率提供产物，而二（4-吡啶基）二硒醚由于吡啶基是强的吸电子基团而只得到低收率（30%）的产物；幸运的是，二烷基二硒醚与反应条件相适应，尽管二苄基二硒醚反应的产物收率较低（41%），二烷基二硒醚也是良好的硒化剂，二环己基二硒醚和二甲基二硒醚分别以 70%和 77%的产率提供相应的硒化产物。

为探索这一反应的适用范围以一系列的取代吲哚作为底物进行了实验（图 8.68B）。与未保护的吲哚相比，N-保护的甲基、苄基和苯基对其影响不大。然而，以 N-Ts-吲哚为底物时，没有分离到预期产物。对于 C2 位含有不同取代基的吲哚，除了 2-甲氧羰基吲哚外，其余均以优异的收率得到 C3 位的取代产物。由于是环上的亲电取代反应，可以预期的是富电子芳环有利于取代反应，因此吲哚苯环上的给电子基团有利于反应。然而，在 C5 位的卤素取代基对反应没有明显影响，仍以高产率（84%～87%）提供所需的产物。不仅吲哚，而且其它富电子的芳烃也易于进行这种转化反应。正如所料，富电子的 1,3,5-三甲氧基苯以优异的产率（90%）提供硒化产物。N-甲基苯胺和 1,2,3,4-四氢喹啉是有效的底物，产率分别为 69%和 54%。对于缺电子的芳烃，如薁（azulene）反应以 51%的产率得到相应的产物。

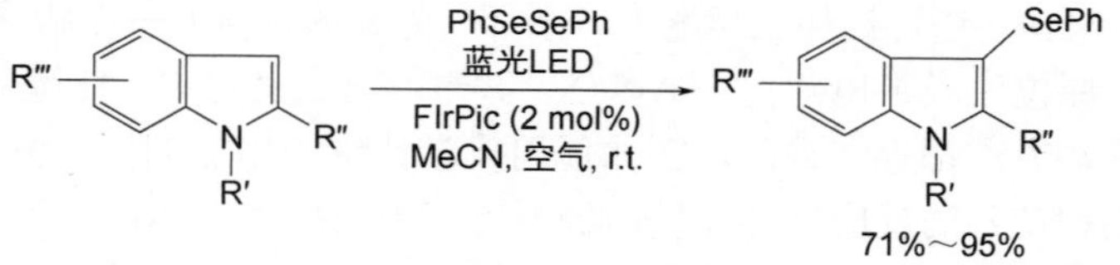

R' = H, Me, Bn, Ph
R″ = Me, Ph, C₆H₁₃
R‴ = 4-Me, 5-Me, 6-Me, 7-Me, 5-OBn, 5-F, 5-Cl, 5-Br, 5-NC

图 8.68B　吲哚的 C3 位亲电硒化反应（二）

在标准反应条件下检验了富电子杂环芳烃如取代吡咯、取代噻吩（2-甲氧基噻吩、3-甲氧基噻吩）和7-氮杂吲哚，获得了高产率的硒化产物。

为了证明这一反应的实用性，进行了克级规模的放大实验：N-甲基吲哚（1.31g）和PhSeSePh（1.87g）在 FIrPic（0.2mol%）存在下的反应，以 84%的转化率、89%的收率得到了理想的产物 N-甲基-3-苯硒基吲哚（2.15g）。另一方面，探讨了使用有机染料的可行性：用曙红 Y（Eosin Y）在可见光照射下进行相应的反应，产率为92%，仅略低于标准反应条件下的94%收率。

以 PhSeSePh 为原料在光反应中生成 PhSe$^+$ 的可行性得到以下实验的证实：首先，在优化条件下，3-甲基吲哚的反应没有观察到期望的 C—Se 键形成；其次，光反应不能完全抑制，即使在 1.5 倍量的 TEMPO 条件下，也能得到期望的产物，产率为58%；最后，在标准反应条件下，PhSeSePh 与 4-戊烯-1-醇反应以53%的产率得到 2-(苯硒基甲基)四氢呋喃。

FIrPic 用 PhSeSePh 作为淬灭剂，反应速率常数为 $1.47×10^4$L/(mol·s)，而 5-甲氧基吲哚对 FIrPic 的淬灭速率常数是 $3.38×10^3$L/(mol·s)，这一结果表明光反应主要是由激发态 FIrPic* 和 PhSeSePh 之间的相互作用引起的。PhSeSePh 的氧化电势为 1.35V（vs.SCE），高于激发态 FIrPic* 的还原电势 [0.79V（vs.SCE）]，表明从 PhSeSePh 到激发态 FIrPic* 的还原电子转移是不利的。

根据上述实验结果和相关文献，提出可能的反应机理：在可见光照射下，光催化剂 FIrPic 转化为激发态 FIrPic*，从 FIrPic* 到 PhSeSePh 的能量转移提供基态 FIrPic 和 PhSe·自由基，自由基通过分子氧进一步氧化为正离子 PhSe$^+$，PhSe$^+$ 进行后续反应得到目标产物。

2. 烯基环丁醇的扩环硒化

在蓝光 LED 灯照射和光催化剂（PC）存在下，PhSeSePh 对 1-(1-芳基乙烯基)环丁醇（1）加成生成环戊酮衍生物（2）。这类环戊酮衍生物在自由基引发剂 AIBN 存在下经加热进行 Dowd-Beckwith 重排生成 3-芳基环己酮（3）（图 8.69A）。

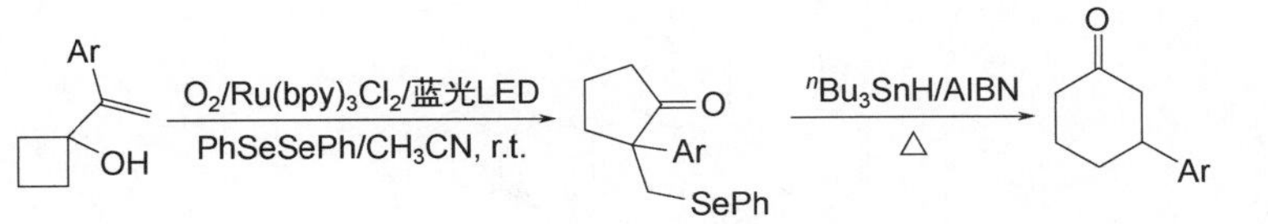

图 8.69A PhSeSePh 对烯基环丁醇的加成

通过模型反应（Ar=Ph）进行了反应条件优化筛选：在试验的溶剂如水、DMF、DMSO、DCM、DCE、THF、MeOH、丙酮、乙腈、甲苯、乙酸乙酯中，乙腈最好；在试验的光催化剂如曙红 Y、曙红 B、罗丹明 B、fac-Ir(ppy)$_3$、Ru(bpy)$_3$Cl$_2$·6H$_2$O 中，Ru(bpy)$_3$Cl$_2$·6H$_2$O 最好。对反应机理进行了研究：没有光催化剂、氮气氛以及黑暗反应产率都只有24%，氧气的存在大幅度提高产率（94%），自由基抑制剂 TEMPO 的加入完全阻碍反应的进行。在此基础上提出反应的机理示于图 8.69B：在光照下，PC 形成激发态 PC*，能量转移至 PhSeSePh，产生硒自由基 I（PhSe·），它有两种途径：a.对烯键加成形成中间体Ⅲ，Ⅲ经氧气氧化形成碳正离子中间体Ⅳ；b.自由基 I 经氧气氧化形成硒正离子中间体Ⅱ（PhSe$^+$），Ⅱ对烯键加成产生中间体Ⅳ；Ⅳ经半频哪醇重排最后得到产物（2）[64]。

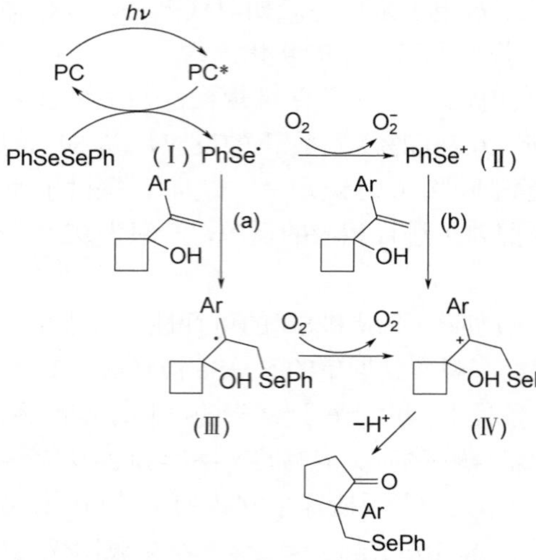

图 8.69B　PhSeSePh 对烯基环丁醇的加成机理

3. 二硒醚催化的反应

（1）二硒醚为催化剂的烯烃亲电加成

烯烃的对映选择性邻二胺化反应是立体控制加成反应的一种，这个问题的解决将有效和选择性地制备广泛应用于药物化学和催化的对映体二胺。

Denmark 首次报道了在手性有机硒催化剂的作用下，以 N,N'-二取代脲为双官能团亲核试剂，以[TMPyF][BF₄]为化学计量氧化剂，对简单烯烃进行对映选择性合成。各种各样的 trans-1,2-二取代烯烃以良好的产率和对映选择性进行顺式二胺化反应（图 8.70A）。芳基烷基烯烃的收率和选择性最好，对二芳基烯烃和二烷基烯烃的初步测定表明，该方法有望进一步发展。

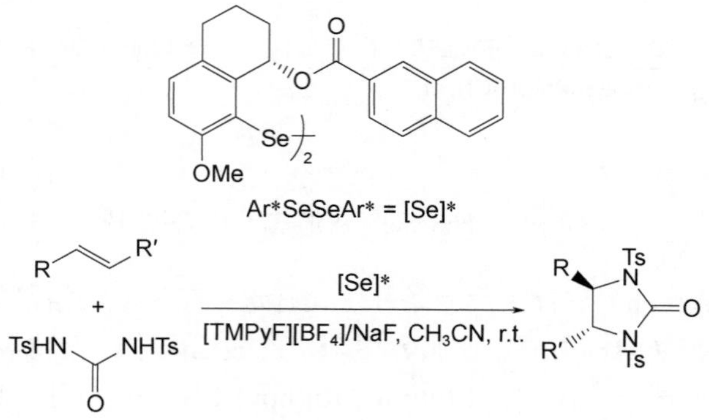

图 8.70A　烯烃的顺式二胺化反应

为这一新反应提出如下图 8.70B 所示的机理：手性二硒醚 Ar*SeSeAr*现场转变为活性催化剂 I（Ar*SeF），然后 I 对烯烃进行亲电加成形成环硒鎓盐 II，在碱 TMPy 存在下二取代脲 TsNHCONHTs 以脱质子形式亲核进攻鎓盐碳形成开环中间体 III，III 经硒上氟化得到中间体 IV，IV 进行内部亲核取代环化最终提供产物并再生催化剂完成催化循环[65]。

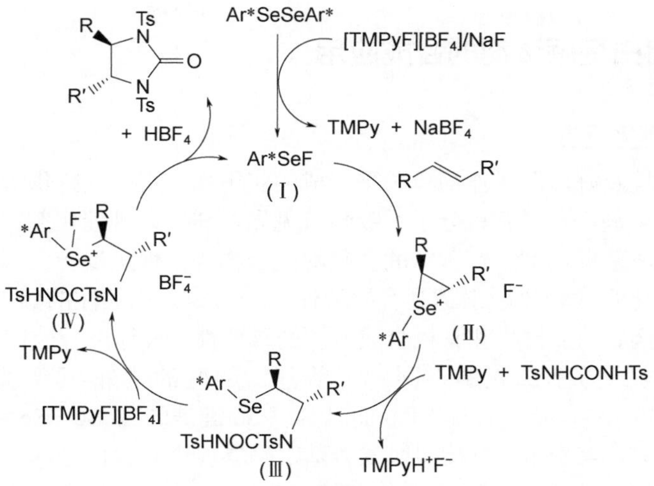

图 8.70B 烯烃的顺式二胺化反应机理

（2）二硒醚为催化剂的亲电环化

PhSeSePh 在氧化剂 NFSI 存在下催化烯腙与烯肟环化生成异喹啉亚胺与异喹啉氮氧化物。经条件筛选优化，氧化剂是 NFSI，溶剂是乙腈，室温 12h。这一工作不仅为异喹啉衍生物的合成提供了新的途径，而且扩大了亲电硒催化中氮源的范围（图 8.71）[66]。

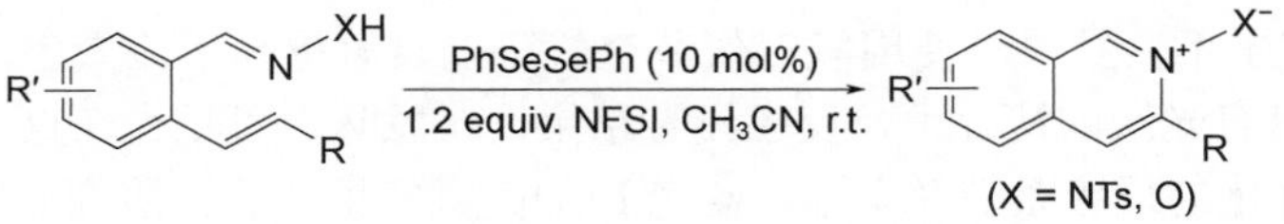

图 8.71 PhSeSePh 催化烯腙与烯肟的环化

二、原位产生亲核硒试剂的合成应用

亲核硒试剂，硒醇负离子广泛应用于构建 C—Se 键，虽然如果硒醇商品可得，硒醇负离子可由其在碱存在下产生，但是硒醇通常都有难以忍受的气味，因此常常由相对稳定而气味小的二硒醚现场产生[67,68]，通常采用 NaBH$_4$/EtOH 或 LiBEt$_3$H/THF 体系。

由二硒醚现场还原产生亲核性硒醇负离子，进攻环氧化合物生成 β-羟基硒醚，进攻 β-内酯得到 β-硒基羧酸，进攻吖啶（氮杂环丙烷，aziridine）形成 β-氨基硒醚（图 8.72）[69,70]。

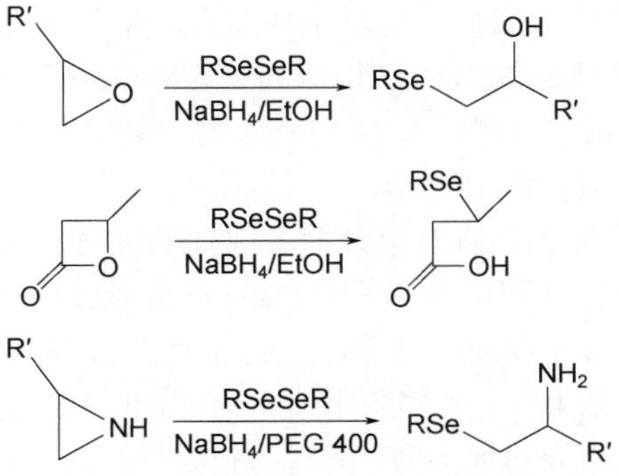

图 8.72 杂环的亲核开环反应

三、原位产生自由基硒试剂的合成应用

1. 炔酰胺螺硒化反应

原料价廉、环境友好以及操作简单关乎合成的实用性。可见光提供清洁、高效的能源，分子氧是理想的氧化剂。普通有机分子不吸收可见光，需要一种催化剂或光敏剂，通常是有机染料和昂贵的金属基催化剂如钌、铱的多吡啶配合物等来促进反应。因此，开发无催化剂的可见光诱导的氧化合成转化越来越具有挑战性，一直是人们关注的焦点。

鉴于硒醚在医药、功能材料和有机合成方面的重要性，设计出有效构建 C—Se 键的实用策略至关重要。与二芳基二硫醚不同，二芳基二硒醚的紫外-可见光谱在可见光区域（PhSeSePh：$\lambda_{max}=330nm$）有显著的吸光度，而且 Se—Se 键是弱键（Se—Se 键能：197.6kJ/mol）。因此，可见光（蓝光，455nm）直接照射二芳基二硒醚促进硒自由基的生成，硒自由基可以用于碳-硒键的形成。在可见光照射下，二芳基二硒醚与 N-芳基炔酰胺反应得到去芳构化的硒取代螺[4,5]三烯酮（图 8.73A），没有观察到二芳基二硒醚直接对炔键加成形成的双硒化产物[71]。模型反应以 N-甲基-N,3-二苯基丙炔酰胺作为底物，以 PhSeSePh 作为硒源。令人满意的是，它们的二氯乙烷（DCE）溶液在蓝光照射下搅拌时，容易发生硒代螺环化反应，得到期望的 3-苯硒基螺[4,5]三烯酮，收率为 22%。受到这个初步结果的鼓舞，进一步寻求对反应参数的评估。根据溶剂（DCE、THF、dioxane、HOAc、DMF、DMSO、MeCN）的筛选结果，模型反应产物在乙腈中的产率最高，达到 65%。对不同光源（绿光 LED、23 W CFL、5 W CFL）的检查导致了不良结果。使用氧气代替空气可以显著提高反应效率，模型反应产物的收率为 85%。在没有光源的情况下，反应没有结果，这意味着可见光在这个螺环化过程中是不可或缺的。在优化的反应条件（室温、蓝光 LED、氧气氛、乙腈溶剂）下，研究了硒代螺环化反应的范围：对于多种取代的 N-芳基炔酰胺化合物来说，这种反应具有普遍性。含有给电子基团以及间位和邻位带有吸电子基团的 N-芳基炔酰胺化合物都顺利地得到了期望的产物，产率达到 70%～92%。有趣的是，大体积的 N-萘基取代并没有阻碍环化过程，产率为 58%。N-Et 底物（R=Et；R′=Ph；R″=H；Ar=Ph、4-ClC$_6$H$_4$）也得到预期产物，产率 78%（Ar=Ph）和 83%（Ar = 4-ClC$_6$H$_4$）。

评价了不同二硒醚的作用效率。具有卤素、甲氧基和强吸电子硝基的二芳基二硒醚都是合适的硒源。同时考虑了炔基上取代基的变化，4-甲基苯基、2-噻吩基和甲基取代的 N-芳基丙炔酰胺都得到了目标产物，产率 54%～72%。这些化合物的结构通过产物（R=Me；R′=Me；R″=H；Ar=4-EtC$_6$H$_4$）的单晶 X 射线分析得到确证。重要的是，含杂环结构的二硒醚如二(2-噻吩基)二硒醚也具有良好的反应活性，提供杂环芳香基硒基螺[4,5]三烯酮（R=Me；R′=Me；R″=H；Ar=2-噻吩基），产率达到 52%。在相似的反应条件下，以 N-碘代丁二酰亚胺（NIS）为卤素源，以较好的收率合成了 3-碘代螺[4,5]三烯酮。采用二苯基二硫醚为原料，进行同样的实验时，没有反应发生，只回收到原料。

有趣的是，当测试 N-芳环上具有对位杂原子取代基如 4-F 和 4-MeO 的丙炔酰胺时，通过 C—F 和 C—OMe 键的裂解分别以 80% 和 72% 的产率形成模型反应的产物。

为了评价可见光促进螺环化反应的效率，进行了克级规模的反应，在放大后以 72% 的产率得到模型反应产物。3-硒螺[4,5]三烯酮的用途也被证明：用 LiBH$_4$ 还原模型反应的产物得到酮羰基还原的衍生物——相应的烯丙醇，产率 71%；与 mCPBA 反应得到相应的硒亚砜，产率 95%；与 MeONH$_2$ 反应得到相应的酮肟，产率 96%。

为了探讨反应机理，进行了控制性实验。自由基捕获剂 TEMPO（5equiv.）的加入完全抑制反应的进行；过量 2,6-二叔丁基对甲酚（BHT）（5equiv.）的存在极大地降低了模型反应的产率（11%）；在标准反应条件下，底物（R=Me；R'=Ph；R''=4-Me；Ar=Ph）与叔丁基过氧化氢联合使用，分离得到一种自由基捕获产物，产率为 15%。

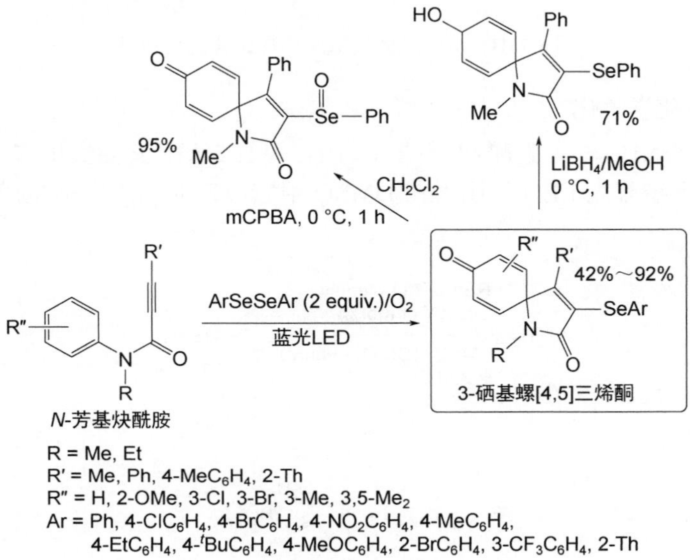

R = Me, Et
R' = Me, Ph, 4-MeC$_6$H$_4$, 2-Th
R'' = H, 2-OMe, 3-Cl, 3-Br, 3-Me, 3,5-Me$_2$
Ar = Ph, 4-ClC$_6$H$_4$, 4-BrC$_6$H$_4$, 4-NO$_2$C$_6$H$_4$, 4-MeC$_6$H$_4$,
　　 4-EtC$_6$H$_4$, 4-^{t}BuC$_6$H$_4$, 4-MeOC$_6$H$_4$, 2-BrC$_6$H$_4$, 3-CF$_3$C$_6$H$_4$, 2-Th

图 8.73A　3-芳硒基螺[4,5]三烯酮的合成及其转化反应

从这些结果推断出反应是经过自由基途径进行的：当反应混合物在 50℃下避光搅拌时，没有得到任何产物；反应也可以通过开关光源来控制，这进一步证实了可见光对于该反应的必要性。基于这些发现，一个合理的反应机理示于图 8.73B：在蓝光照射下，二芳基二硒醚 ArSeSeAr 均裂为硒自由基 ArSe·，它对炔加成形成烯基自由基（Ⅰ），然后Ⅰ发生 N-芳环的本位环化产生自由基（Ⅱ），Ⅱ与氧气反应生成过氧自由基（Ⅲ），Ⅲ再与二芳基二硒醚反应得到目标产物，3-硒基螺[4,5]三烯酮。

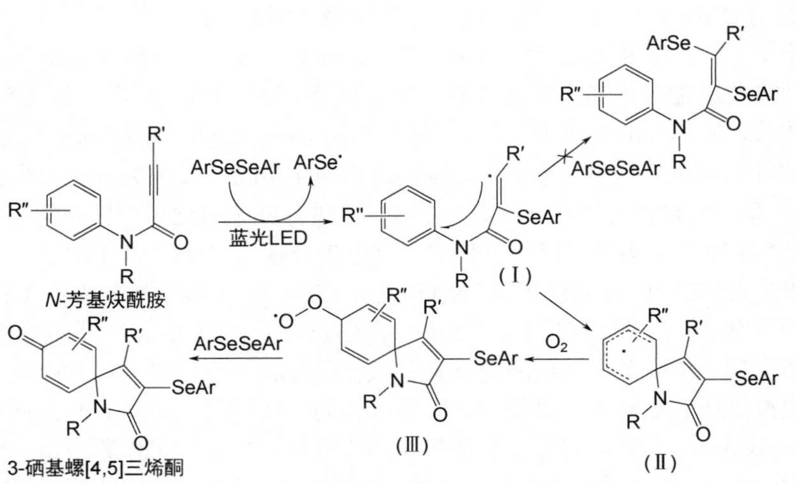

图 8.73B

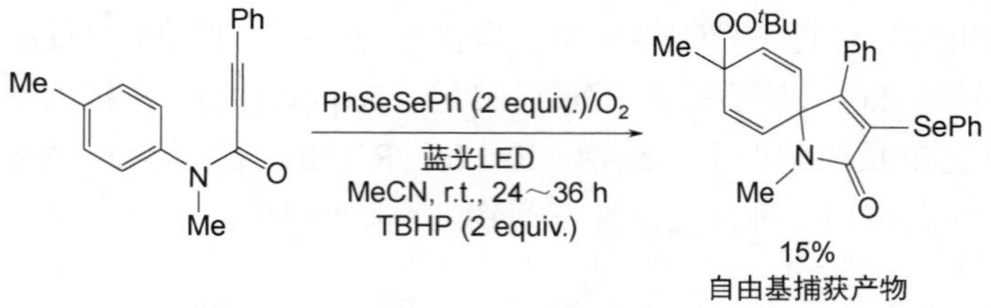

图 8.73B　*N*-芳基丙炔酰胺的环硒化反应机理

2. 芳胺的光化学硒化

（杂）芳胺 ArNH$_2$ 与亚硝酸叔丁酯（TBN）和二硒醚 RSeSeR 在光催化剂曙红 Y（Eosin Y）存在下经蓝光 LED 灯照射在 DMSO 中室温反应高产率地生成（杂）芳基硒醚（图 8.74A）[72]。

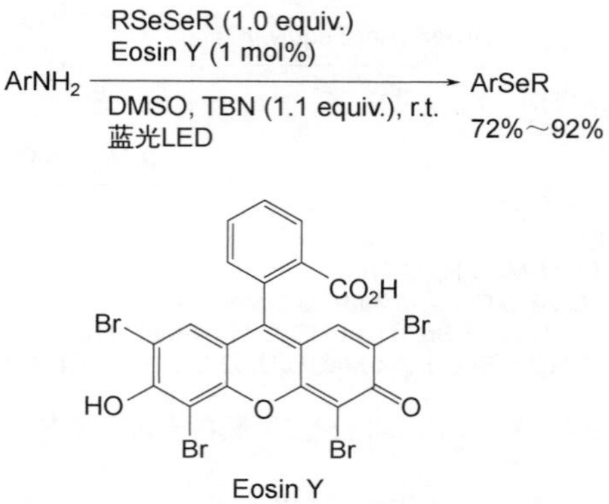

图 8.74A　芳胺的硒化反应

这个反应能够容忍范围广泛的官能团如硝基、卤素、酰基、酯基等，更重要的是，杂芳基（如噻吩杂环、噻唑杂环、咪唑杂环、吡啶杂环、吲哚杂环、喹啉杂环等）胺和 2-乙炔基苯胺在这个过程中成功地转化为相应的硒醚。

类似地，（杂）芳胺与 TBN 和 PhSeSePh 在四苯基卟啉合镍（NiTPP）存在下经蓝光 LED 灯照射在室温的 DMSO 中反应生成（杂）芳基硒醚（图 8.74B）[73]。

Adler 开发了紫色卟啉镍配合物的合成方法，并对其理化性质进行了研究。然而，这种容易获得的、廉价的配合物催化功能从未被开发利用。测定 UV-Vis 谱，催化剂在 417nm 处出现最大吸收峰，在 445nm 处出现小峰，尾波长（tail wavelength）在 478nm（跃迁能 2.61eV）。用不同浓度的催化剂进行发射光谱实验，激发波长为 417nm，在 650nm 处有最大发射峰。根据衰减/延迟计算，NiTPP 的激发态寿命为 12.9μs。进行基态氧化还原性质的循环伏安实验，计算[NiTPP]/[NiTPP$^-$]和[NiTPP$^+$]/[NiTPP]的电极电势分别为−1.44V 和 1.04V（vs.SCE），用公式计算激发态电对[NiTPP*]/[NiTPP$^-$]和[NiTPP$^+$]/[NiTPP*]的电极电势分别为 1.17V 和−1.57V（vs.SCE）。电势值表明，与研究深入的 Ru(bpy)$_3$Cl$_2$ 相比，NiTPP 是一个更有潜力的光催化剂。这一非贵金属光催化剂表现出激发态具有氧化反应和还原反应的双重特征，即既能经历氧化淬灭，也能经历还原淬灭。这使得它既可以作为光还原剂（photoreductant）又可作为光氧化剂（photooxidant）应用。过渡金属光氧化还原催化剂的基本工作原理是：光激发催化剂分子，从而将一个 t_{2g} 电子转移到共轭配体的 π*轨道上，以获得稳定的三重激发态。这种激发态最终通过单电子转移过程（SET）氧化或还原底物使催化剂分子回到基态，从而促进有机反应的进行（参阅第二章）。

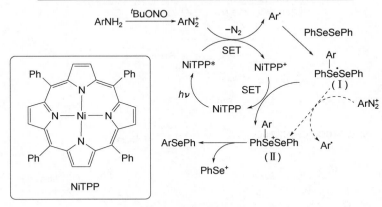

图 8.74B　芳胺的硒化反应及其机理

为了考察 NiTPP 作为光还原剂的性能，研究将芳胺/杂芳胺经过重氮盐转化为二芳基硒醚，这一模型反应是：在氩气气氛下，用蓝光 LED 灯光照射 2-氰基苯胺（0.5mmol）、二苯基二硒醚（0.6mmol）和亚硝酸叔丁酯（1.5equiv.）的二甲基亚砜（2.5mL）溶液。反应 6h，以 94%的产率得到脱氮硒化产物。通过如下实验进行反应条件的筛选：①在无光或无 TBN 存在下，反应不会发生；②无光催化剂，产率 13%；③H$_2$TPP 能够促进反应，产率 47%；④1,2-二氯乙烷（DCE）为溶剂，产率 51%；⑤甲苯为溶剂，产物痕量；⑥用 3W 蓝光 LED 照射，产率 79%。优化的条件被确定后，便研究了这一方法的通用性，结果表明邻位、对位和间位有吸电子基以及有给电子基的苯胺均可获得优异的产率。杂环芳胺也成功地反应，以满意的产率（85%）提供所需的产品。控制实验证明 TEMPO 完全阻止反应的进行，揭示这一反应是自由基机理。富电子的苯胺（4-MeOC$_6$H$_4$NH$_2$）和缺电子的苯胺（4-O$_2$NC$_6$H$_4$NH$_2$）之间的竞争实验表明：后者的反应速率几乎快了 5 倍，产生了 83%的硒化产物（前者产生 17%的硒化产物）。这很可能是由于芳基重氮正离子越缺电子越易接受电子从而迅速生成芳基自由基的缘故。用 4-O$_2$NC$_6$H$_4$N$_2^+$作为淬灭剂，对 NiTPP 进行了发光淬灭实验，确实观察到其发射极大值急剧降低以致消失。

根据上述证据提出反应的机理：激发态光催化剂转移电子到芳基重氮离子 ArN$_2^+$，经氧化淬灭途径生成芳基自由基 Ar·，然后与二硒醚作用生成三配位的自由基中间体（Ⅰ）。为了完成催化反应，NiTPP$^+$从（Ⅰ）夺取电子，形成三配位的硒锡离子中间体（Ⅱ），它裂解提供所需的产物 ArSePh。或者，电子从自由基中间体（Ⅰ）转移到芳基重氮离子也可以产生芳基自由基。

3. 烯酮的电化学环硒化

电化学合成是合成化学中一种可持续的和环境友好的合成工具。二硒醚与烯基羰基化合物的电化学氧化环化反应，在没有金属催化剂和外加氧化剂的情况下，可合成一系列官能团化的二氢呋喃化合物（图 8.75）[74]。

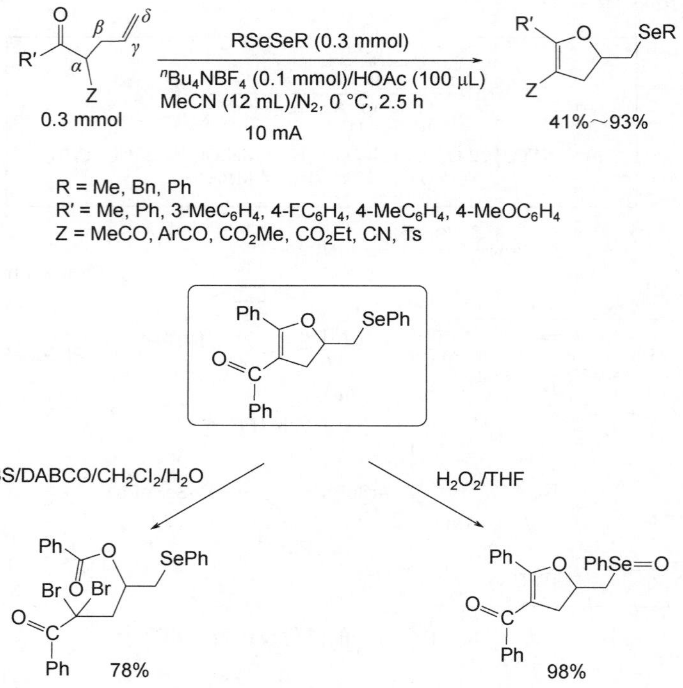

图 8.75　二氢呋喃化合物的合成及其转化反应

　　首先以 PhSeSePh 和 2-烯丙基-1,3-双(4-氟苯基)丙烷-1,3-二酮为模型底物，开始电化学环化反应，得到具有官能团化的二氢呋喃化合物。令人鼓舞的是，在单室电解池中，以石墨棒作阳极和铂片作阴极、^{n}Bu$_4$NBF$_4$ 为支持电解质，以 HOAc 为添加剂、乙腈为溶剂，以 90% 的产率获得模型反应的目标产物。当没有 HOAc 时，目标产物的产率略有下降（86%）。在其它溶剂如甲醇、乙腈中反应完全受到抑制。当 PhSeSePh 的用量从 0.3mmol 减少到 0.2mmol 时，只能得到 71% 的产率。当反应温度为 30℃时，产率仅为 68%。对于其它支持电解质，^{n}Bu$_4$NPF$_6$ 与 ^{n}Bu$_4$NBF$_4$ 的反应相似。当 TBAI（^{n}Bu$_4$NI）代替 ^{n}Bu$_4$NBF$_4$ 时，产物的产率急剧降低（为 23%）。随后进行了各种阴极材料测试，用石墨棒或铁片替代铂片导致产率明显下降（分别为 56%和 68%）。当反应在空气中进行时，产率几乎降低了一半，为 53%。控制实验表明，没有电流反应就不会发生。

　　在上述优化的反应条件下，首先进行了烯基羰基底物的扩展。对称的烯基羰基化合物无论在苯环对位或间位带有给电子基或吸电子基团都能顺利地与二硒醚反应，得到相应的二氢呋喃化合物，产率中等至良好。值得注意的是 γ-取代的（Ph、Me、CO$_2$Et、CO$_2$Me）对称的烯基羰基化合物也可以转化为目标产物，产率令人满意。随后，在标准反应条件下研究 δ-取代基的影响：当 δ-取代基是 Ph 和偕二甲基时产率只有 37%和 26%，显然，空间位阻不利于这种转变。令人高兴的是，含有 γ,δ-二取代基的烯基羰基化合物也可以与 PhSeSePh 反应生成目标产物。受这一结果的启发，尝试用非对称的烯基羰基化合物扩展这种方法学。2-烯丙基-1-苯基丁烷-1,3-二酮与 PhSeSePh 反应，以 88%的产率得到 2.6:1 的可分离的异构体产物（2-Ph、3-MeCO 异构体:2-Me、3-PhCO 异构体）。不对称的烯基羰基化合物，当 α-取代基是 CN、CO$_2$Me、CO$_2$Et、Ts 时，反应产率为 50%～93%，但是当 α-取代基是 CO$_2^t$Bu 时，产率只有 41%。其次，以两种不同的二硒醚探索了该反应的硒源范围。用二甲基二硒醚和二苄基二硒醚与对称的烯基酮（R=Ph，Z=PhCO）反应分别以 60%和 50%的产率收获相应的目标产物。说明二甲基二硒醚和二苄基二硒醚也是良好的底物。

为了进一步证明这种电化学氧化环化反应的潜在应用价值，进行了克级规模的反应，以 60%的产率提供进一步测试其合成应用的产品（R=Ph，R′=Ph，Z=COPh）；以 NBS 为溴源、DABCO 为催化剂得到开环产物 α,α-二溴酮化合物，产率 78%；用过氧化氢氧化生成相应的硒亚砜，产率接近定量。

为探讨反应机理，进行了对照实验：在标准反应条件下，当添加 2 当量 TEMPO 时，只检测到痕量的产品；对 PhSeSePh 进行了循环伏安实验，在 1.8V 和−1.5V（相对 AgCl/Ag 参比电极）处，分别观察到 PhSeSePh 的氧化峰和还原峰。因此，在电化学条件下，PhSeSePh 可参与氧化和还原过程。根据上述实验结果和有关文献报道，提出如下反应机理：首先，PhSeSePh 在阴极还原生成自由基负离子中间体[PhSeSePh]⁻，进一步分解得到 PhSe⁻ 和 PhSe˙，底物的烯基捕获 PhSe˙ 产生相应的烃基自由基，它进一步在阳极氧化形成相应的碳正离子，羰基氧原子内部亲核进攻正电荷中心得到环状中间体，最后环状中间体脱质子形成碳碳双键提供目标产物。

四、催化内过氧化反应

二硒醚能催化氧气氧化烯基环丙烷形成内过氧化合物。考虑到内过氧化合物可以作为单线态氧分子 $^1O_2$ 的来源，这一反应无疑是非常有趣的，反应的机理示于图 8.76。

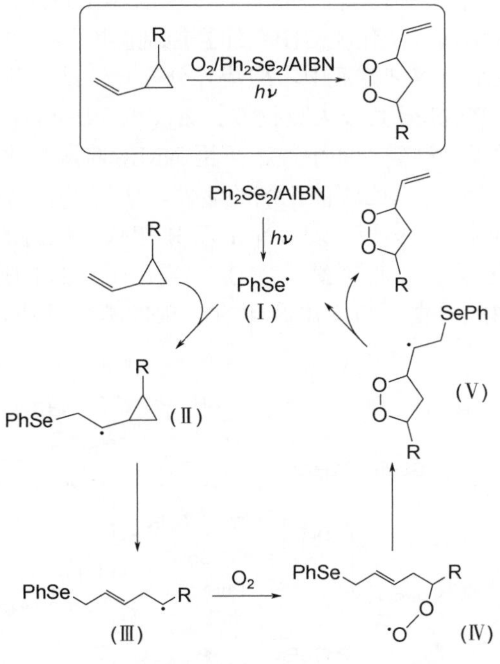

图 8.76　烯基环丙烷的氧化反应及其机理

首先，PhSeSePh 均裂形成活性催化剂 I（PhSe˙），然后它对末端双键进行自由基加成产生碳自由基 II，其三元环开环重排形成自由基 III，自由基 III 与氧分子结合得到过氧自由基 IV，它继而分子内环化生成内过氧化物碳自由基中间体 **V**，最后这一中间体通过消除 I（再生催化剂）形成产物完成催化循环。

五、二硒醚模拟 GPx 的抗氧化活性

谷胱甘肽过氧化物酶（GPx）是一种哺乳动物硒蛋白酶，以谷胱甘肽（GSH）为辅因子，催化还原有害的过氧化物。由于 GPx 活性位置的硒氧化还原化学在抗氧化损伤中起着重要作用，几个研究组已经致力于设计和合成低分子量的有机硒化合物，这些化合物在硫醇存在下能模拟 GPx 的抗氧化活性，抗炎化合物 Ebselen［依布硒林，2-苯基-1,2-苯并异硒唑-3(2*H*)-酮，2-phenyl-1,2-benzisoselenazole-3(2*H*)-one］就是其中最著名的例子（参阅第十四章）。根据 Ebselen 的抗氧化机理，设计合成了具有分子内 N···Se 非键相互作用的氨基二硒醚（图 8.77A）[75]。

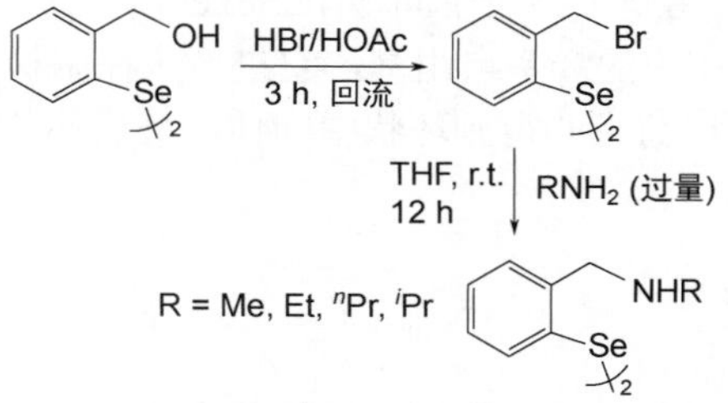

图 8.77A　氨基二硒醚的合成

为了比较 GPx 模型化合物的相对催化活性，采用的测试方法：将过氧化物（过氧化氢或叔丁基过氧化氢 TBHP 或枯基过氧化氢 CHP）加到控制温度的硒催化剂和硫醇（它作为 GSH 代替物）的乙醇、甲醇或混合溶剂溶液中，用紫外分光光度法监测反应进程（跟踪硫醇的消失或二硫醚的形成，对于 PhSSPh 其最大吸收波长 λ_{max} 为 305nm）；当用苄硫醇时，苄基化合物清晰的亚甲基信号提供了一种额外的手段，可用 NMR 监测氘化溶剂中的反应和研究中间体。为方便起见，用半衰期 $t_{1/2}$ 来比较催化剂的活性，所谓半衰期即是在上述条件下 50% 的硫醇转化为二硫醚所需的时间。实验发现：N 上双 R 取代二硒醚的活性低于 N 上单 R 取代二硒醚的活性。根据催化反应机理（图 8.77B），提出低活性的原因是：形成了含 Se—S 键的稳定中间体，不能由此再生参与催化循环的含 SeH 基（硒基）的物质。

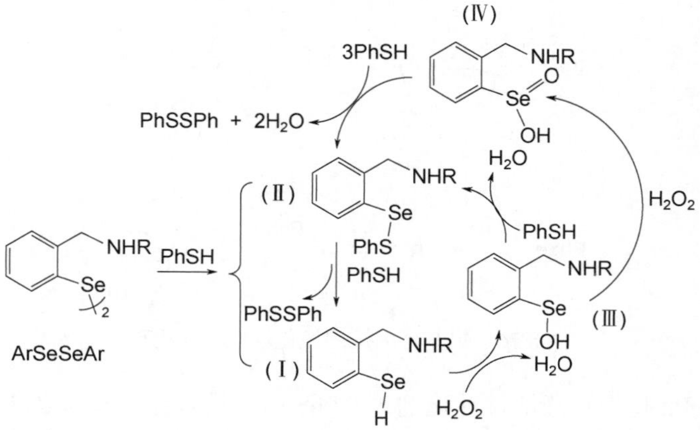

图 8.77B　氨基二硒醚的抗氧化机理

六、合成金属簇合物

三键化合物$(\eta^5\text{-RC}_5\text{H}_4)_2\text{M}_2(\text{CO})_4$（M=Mo、W）与$\text{Ph}_2\text{Se}_2$在回流的甲苯中反应，生成棕色的 *trans/syn*-$(\eta^5\text{-RC}_5\text{H}_4)_2\text{Mo}_2(\text{CO})_4(\mu\text{-SePh})_2$和绿色的 *trans/anti*-$(\eta^5\text{-RC}_5\text{H}_4)_2\text{Mo}_2(\text{CO})_4(\mu\text{-SePh})_2$（R=H、MeCO、$\text{MeO}_2\text{C}$、$\text{EtO}_2\text{C}$）；$(\eta^5\text{-EtO}_2\text{CC}_5\text{H}_4)_2\text{W}_2(\text{CO})_4$与$\text{Ph}_2\text{Se}_2$在回流的甲苯中反应，生成棕色的 *trans/syn*-$(\eta^5\text{-EtO}_2\text{CC}_5\text{H}_4)_2\text{W}_2(\text{CO})_4(\mu\text{-SePh})_2$和棕色的 *trans/anti*-$(\eta^5\text{-EtO}_2\text{CC}_5\text{H}_4)_2\text{W}_2(\text{CO})_4(\mu\text{-SePh})_2$。根据环戊二烯基和CO相对于$\text{M}_2\text{Se}_2$四元环的取向 *trans* 或 *cis* 以及两个Ph的取向 *anti* 或 *syn*，从理论上，存在五种可能的异构体，但在本反应中，只生成一对异构体。$(\eta^5\text{-RC}_5\text{H}_4)_2\text{M}_2(\text{CO})_4$（M=Mo、W）与$(\text{PhCH}_2)_2\text{Se}_2$在回流的甲苯中反应得到绿色的$\text{Mo}_2\text{Se}_4$簇合物和紫红色的$\text{W}_2\text{Se}_4$簇合物。这些簇合物也可采用固相反应合成（图8.78）[76]。

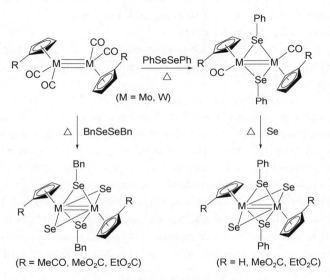

图8.78　二硒醚对金属-金属三键的加成

参考文献

[1] (a) Thompson D P, Boudjouk P. J Org Chem, 1988, 53(9): 2109-2112. (b) Krief A, Dumont W, Robert M. Chem Commun, 2005, 2005(16): 2167-2168.

[2] Dikarev E V, Shpanchenko R V, Andreini K W, et al. Inorg Chem, 2004, 43(18): 5558-5563.

[3] (a) Arai K, Moriai K, Ogawa A, et al. Chem Asian J, 2014, 9(12): 3464-3471. (b) Kumakura F, Mishra B, Priyadarsini K I, et al. Eur J Org Chem, 2010, 2010(3): 440-445.

[4] Wirth T. Organoselenium Chemistry[M]. Weinheim: Wiley-VCH Verlag & Co. KGaA, 2012.

[5] Loitta D. Acc Chem Res, 1984, 17(1): 28-34.

[6] Reich H J. Acc Chem Res, 1979, 12(1): 22-30.

[7] (a) Reich H J. J Org Chem, 1974, 39(3): 428-429. (b) Sharpless K B, Lauer F. J Org Chem, 1974, 39(3): 429-430.

[8] (a) Toshimitsu A, Aoai T, Owada H, et al. J Org Chem, 1981, 46(23): 4727-4733. (b) Tiecco M, Testaferri L, Tingoli M, et al. Tetrahedron, 1989, 45(21): 6819-6832.

[9] Tiecco M, Testaferri L, Santi C, et al. Tetrahedron, 2007, 63(50): 12373-12378.

[10] Denmark S E, Collins W R. Org Lett, 2007, 9(19): 3801-3804.

[11] (a) Gilmore K, Alabugin I V. Chem Rev, 2011, 111(11): 6513-6556. (b) Shao L, Li Y, Lu J, et al. Org Chem Front, 2019, 6(16): 2999-3041.

[12] (a) Shi H, Yu C, Zhu M, et al. Synthesis, 2016, 48(1): 57-64. (b) Zhou E, Han X, Li Y, et al. Heterocycles, 2015, 91(8): 1628-1636. (c) Conner E S, Crocker K E, Fernando R G, et al. Org Lett, 2013, 15(21): 5558-5561. (d) Cooper M A, Ward A D. Aust J Chem, 2011, 64(10): 1327-1338. (e) Zhang Q B, Yuan P F, Kai L L, et al. Org Lett, 2019, 21(4): 885-889.

[13] Prasad C D, Balkrishna S J, Kumar A, et al. J Org Chem, 2013, 78(4): 1434-1443.

[14] Movassagh B, Takallou A. Synlett, 2015, 26(16): 2247-2252.

[15] Klapötke T M, Krumm B, Polborn K. Eur J Inorg Chem, 1999, 1999(8): 1359-1366.

[16] Bhadra S, Saha A, Ranu B C. J Org Chem, 2010, 75(14): 4864-4867.

[17] (a) Billard T, Toulgoat F. When Fluorine Meets Selenium. Emerging Fluorinated Motifs[M]. Weinheim: Wiley-VCH Verlag GmbH & Co. KGaA, 2020. (b) Zhang C. J Chin Chem Soc, 2017, 64(5): 457-463.

[18] Batchelor R J, Einstein F W B, Gray I D, et al. J Am Chem Soc, 1989, 111(17): 6582-6591.

[19] Taniguchi T, Murata A, Takeda M, et al. Eur J Org Chem, 2017, 2017(33): 4928-4934.

[20] (a) Ghiazza C, Knrouz L, Monnereau C, et al. Chem Commun, 2018, 54(71): 9909-9912. (b) Gancarz RA, Kice JL. J Org Chem, 1981, 46(24): 4899-4906. (c) Back T G, Collins S, Kerr R G. J Org Chem, 1983, 48(18): 3077-3084.

[21] Liu Y, Li C, Mu S, et al. Asian J Org Chem, 2018, 7(4): 720-723.

[22] (a) Levason W, Reid G, Zhang W. Dalton Trans, 2011, 40(34): 8491-8506. (b) Hope E G, Levason W. Coord Chem Rev, 1993, 122: 109-170. (c) Gysling H J. Ligand Properties of Organic Selenium and Tellurium Compounds. Selenium and Tellurium Compounds[M]. Chichester: John Wiley & Sons, Inc., 1986.

[23] Okamoto Y, Chellappa K L, Homsany R. J Org Chem, 1973, 38(18): 3172-3175.

[24] (a) Godfrey S M, McAuliffe C A, Pritchard R G, et al. J Chem Soc Dalton Trans, 1997, 1997(6): 1031-1035. (b) Godfrey S M, McAuliffe C A, Pritchard R G, et al. J Chem Soc Dalton Trans, 1997, 1997(19): 3501-3504. (c) Du Mont W W, Martens-von Salzen A, Ruthe F, et al. J Organomet Chem, 2001, 623(1-2): 14-28. (d) Mueller B, Takaluoma T T, Laitinen R S. Eur J Inorg Chem, 2011, 2011(32): 4970-4977. (e) Medjanik K, Elmers H J, Schönhense G, et al. Phys Status Solidi B, 2019, 256: 1800745.

[25] Tiecco M, Testaferri L, Tingoli M, et al. J Org Chem, 1983, 48(23): 4289-4296.

[26] (a) Testaferri L, Tiecco M, Tingoli M, et al. Tetrahedron, 1986, 42(1): 63-69. (b) Tiecco M, Testaferri L, Tingoli M, et al. Tetrahedron Lett, 1985, 26(18): 2225-2228. (c) Tiecco M, Testaferri L, Tingoli M, et al. Tetrahedron Lett, 1984, 25(43): 4975-4978.

[27] (a) Back T G, Press D J. Advances in Free Radical Reactions of Organoselenium and Organotellurium Compounds. PATAI's Chemistry of Functional Groups[M]. New Jersey: John Wiley & Sons, Ltd., 2011. (b) Perkins M J, Turner E S. J Chem Soc Chem Commun, 1981, 1981(3): 139-140.

[28] (a) Guo R L, Zhu X Q, Zhang X L, et al. Chem Commun, 2020, 56(63): 8976-8979. (b) Hyugano T, Liu S, Ouchi A. J Org Chem, 2008, 73(22): 8861-8866.

[29] Ribaudo G, Bellanda M, Menegazzo I, et al. Chem Eur J, 2017, 23(10): 2405-2422.

[30] Trofymchuk O S, Zheng Z, Kurogi T, et al. Adv Synth Catal, 2018, 360(8): 1685-1692.

[31] (a) Deobald A M, Camargo L R S, Hörner M, et al. Synthesis, 2011, 2011(15): 2397-2406. (b) Saraiva M T, Seus N, De Souza D, et al. Synthesis, 2012, 44(13): 1997-2004.

[32] (a) Alves D, Luchese C, Nogueira C W, et al. J Org Chem, 2007, 72(18): 6726-6734. (b) Alves D, Prigol M, Nogueira C W, et al. Synlett, 2008, 2008(6): 914-918. (c) Barancelli D A, Alves D, Prediger P, et al. Synlett, 2008, 2008(1): 119-125. (d) Alves D, Dos Reis J S, Luchese C, et al. Eur J Org Chem, 2008, 2008(2): 377-382. (e) Schumacher R F, Alves D, Brandão R, et al. Tetrahedron Lett, 2008, 49(3): 538-542. (f) Sommen G, Comel A, Kirsch G. Synlett, 2003, 2003(6): 855-857. (g) Rhoden C R B, Zeni G. Org Biomol Chem, 2011, 9(5): 1301-1313.

[33] (a) Hevesi L. Phosphorus Sulfur Silicon, 2001, 171(1): 57-72. (b) Silveira C C, Lenardão E J, Comasseto J V, et al. Tetrahedron Lett, 1991, 32(41): 5741-5744. (c) Silveira C C, Braga A L, Machado A, et al. Tetrahedron Lett, 1996, 37(51): 9173-9176.

[34] Hevesi L, Lavoix A. Tetrahedron Lett, 1989, 30(33): 4433-4434.

[35] (a) Silveira C C, Fiorin G L, Braga A L. Tetrahedron Lett, 1996, 37(34): 6085-6088. (b) Hermans B, Hevesi L. Bull Soc Chim Belg, 1994, 103(5-6): 257-262. (c) Comasseto J V, Silveira C C. Synth Commun, 1986, 16(10): 1167-1171.

[36] Halazy S, Hevesi L. J Org Chem, 1983, 48(26): 5242-5246.

[37] Hale K J, Manaviazar S, Watson H A. Chem Rec, 2019, 19(2-3): 238-319.

[38] Chatgilialoglu C, Ferreri C, Landais Y, et al. Chem Rev, 2018, 118(14): 6516-6572.

[39] Paluru D K, Dey S, Wadawale A, et al. Eur J Inorg Chem, 2015, 2015(3): 397-407.

[40] Laskavy A, Shimon L J W, Konstantinovski L, et al. J Am Chem Soc, 2010, 132(2): 517-523.

[41] (a) Detty M R. Tetrahedron Lett, 1978, 19(51): 5087-5090. (b) Liotta D, Paty P B, Johnston J, et al. Tetrahedron Lett, 1978, 19(51): 5091-5094. (c) Miyoshi N, Kondo K, Murai S, et al. Chem Lett, 1979, 8(8): 909-912. (d) Nishiyama Y, Kajimoto H, Kotani K, et al. J Org Chem, 2002, 67(16): 5696-5700. (e) Capperucci A, Tiberi C, Pollicino S, et al. Tetrahedron Lett, 2009, 50(23): 2808-2810.

[42] (a) Perin G, Alves D, Jacob R G, et al. Chemistry Select, 2016, 1(2): 205-258. (b) Potapov V A. Organic Diselenides, Ditellurides, Polyselenides and Polytellurides. Synthesis and Reactions. PATAI's Chemistry of Functional Groups[M]. New Jersey: John Wiley & Sons, Ltd., 2013.

[43] Ellison J J, Ruhlandt-Senge K, Hope H H, et al. Inorg Chem, 1995, 34(1): 49-54.

[44] (a) Li J Q, Bao W L, Lue P, et al. Synth Commun, 1991, 21(6): 799-806. (b) Ścianowski J. Tetrahedron Lett, 2005, 46(19): 3331-3334.

[45] (a) Bublitz F, De Azevedo Mello M, Durigon D C, et al. Z Anorg Allg Chem, 2014, 640(12-13): 2571-2576. (b) Manna T, Misra A K. SynOpen, 2018, 2(3): 229-233. (c) Krief A, Dumont W, Delmotte C. Angew Chem Int Ed, 2000, 39(9): 1669-1672.

[46] Liu Y, Ling H, Chen C, et al. Synlett, 2019, 30(14): 1698-1702.

[47] Kunkely H, Vogler A, Nagle J K. Inorg Chem, 1995, 34(17): 4511-4512.

[48] (a) Pandey G, Gadre S R. Acc Chem Res, 2004, 37(3): 201-210. (b) Pandey G, Rao V J, Bhalerao U T. J Chem Soc Chem Commun, 1989, 1989(7): 416-417. (c) Tojo S, Fujitsuka M, Ouchi A, et al. ChemPlusChem, 2015, 80(1): 68-73.

[49] Mallow O, Khanfar M A, Malischewski M, et al. Chem Sci, 2015, 6(1): 497-504.

[50] Guziec F S Jr, Guziec L J. Recent Advances in the Insertion and Extrusion Reactions of Selenium and Tellurium in Organic Compounds. PATAI's Chemistry of Functional Groups[M]. New Jersey: John Wiley & Sons, Ltd., 2013.

[51] (a) Xu H, Cao W, Zhang X. Acc Chem Res, 2013, 46(7): 1647-1658. (b) Ji S, Cao W, Yu Y, et al. Angew Chem Int Ed, 2014, 53(26): 6781-6785. (c) Li Q, Zhang Y, Chen Z, et al. Org Chem Front, 2020, 7(18): 2815-2841.

[52] Sano R, Kudo A, Tsubogo T, et al. Asian J Org Chem, 2018, 7(4): 724-728.

[53] (a) Ceccherelli P, Curini M, Tingoli M, et al. J Chem Soc Perkin Trans 1, 1980, 1980(0): 1924-1927. (b) Back T G, Kerr R G. Tetrahedron, 1985, 41(21): 4759-4764.

[54] (a) Tingoli M, Tiecco M, Chianelli D, et al. J Org Chem, 1991, 56(24): 6809-6813. (b) Mironov Y V, Grachev A A, Lalov A V, et al. Russ Chem Bull, 2009, 58(2): 284-290. (c) Tingoli M, Tiecco M, Testaferri L, et al. J Org Chem, 1993, 58(22): 6097-6102.

[55] Lara R G, Rosa P C, Soares L K, et al. Tetrahedron, 2012, 68(51): 10414-10418.

[56] Goldani B, Ricordi V G, Seus N, et al. J Org Chem, 2016, 81(22): 11472-11476.

[57] Nishibayashi Y, Imajima H, Onodera G, et al. Organometallics, 2004, 23(1): 26-30.

[58] Narayanam J M R, Stephenson C R J. Chem Soc Rev, 2011, 40(1): 102-113.

[59] Prier C K, Rankic D A, MacMillan D W C. Chem Rev, 2013, 113(7): 5322-5363.

[60] Glaser F, Kerzig C, Wenger O S. Angew Chem Int Ed, 2020, 59(26): 10266-10284.

[61] Skubi K L, Blum T R, Yoon T P. Chem Rev, 2016, 116(17): 10035-10074.

[62] (a) Bogdos M K, Pinard E, Murphy J A. Beilstein J Org Chem, 2018, 14: 2035-2064. (b) Hari D P, König B. Chem Commun, 2014, 50(51): 6688-6699.

[63] (a) Zhang Q B, Ban Y L, Yuan P F, et al. Green Chem, 2017, 19(23): 5559-5563. (b) Zhou Y, Li W, Liu Y, et al. Dalton Trans, 2012, 41(31): 9373-9381.

[64] Jung H I, Kim D Y. Synlett, 2019, 30(11): 1361-1365.

[65] Tao Z, Gilbert B B, Denmark S E. J Am Chem Soc, 2019, 141(48): 19161-19170.

[66] Li H, Liao L, Zhao X. Synlett, 2019, 30(14): 1688-1692.

[67] Alberto E E, Soares L C, Sudati J H, et al. Eur J Org Chem, 2009, 2009(25): 4211-4214.

[68] Singh P, Batra A, Singh P, et al. Eur J Org Chem, 2013, 2013(34): 7688-7692.

[69] Braga A L, Lüdtke D S, Paixão M W, et al. Eur J Org Chem, 2005, 2005(20): 4260-4264.

[70] Tanini D, Capperucci A. New J Chem, 2019, 43(29): 11451-11468.

[71] Sahoo H, Mandal A, Dana S, et al. Adv Synth Catal, 2018, 360(6): 1099-1103.

[72] Kundu D, Ahammed S, Ranu B C. Org Lett, 2014, 16(6): 1814-1817.

[73] Mandal T, Das S, Sarkar S D. Adv Synth Catal, 2019, 361(13): 3200-3209.

[74] Guan Z, Wang Y, Wang H, et al. Green Chem, 2019, 21(18): 4976-4980.

[75] (a) Bhabak K P, Mugesh G. Acc Chem Res, 2010, 43(11): 1408-1419. (b) Bhabak K P, Mugesh G. Chem Eur J, 2009, 15(38): 9846-9854.

[76] (a) Song L C, Shi Y C, Hu Q M, et al. Polyhedron, 1999, 18(1-2): 19-23. (b) Song L C, Shi Y C, Zhu W F. Polyhedron, 1999, 18(16): 2163-2168. (c) Song L C, Shi Y C, Zhu W F, et al. J Organomet Chem, 2000, 613(1): 42-49.

第九章

次胂酸及其衍生物

第一节　次胂酸及其衍生物的制备

次胂酸（selenenic acid）是次硒酸（HO—Se—OH）中的一个羟基被烃基取代形成的化合物，具有官能团 SeOH。次胂酸在硒的氧化和还原化学中起着重要作用，然而，只有大位阻保护的次胂酸和邻位存在配位基如硝基或羰基或酯基的芳香次胂酸较为稳定。次胂酸的衍生物包括次胂酸酐（selenenic anhydride）、次胂酰卤（selenenyl halide）、次胂酸酯（selenenic acid ester）、次胂酰胺（selenenamide）以及硒氰酸酯（selenocyanate）等。

与次胂酸和次胂酸酐比较，相应的次胂酰氯、次胂酰溴比较稳定（但对湿气敏感），可由二硒醚直接卤化制备（图 9.1）。商品可得的 PhSeCl 和 PhSeBr 是在有机合成中广泛使用的亲电硒试剂。溴化时，需要缓慢滴加一当量（1equiv.）的溴于 Ph_2Se_2 的 THF 溶液中，否则有副产物 $PhSeBr_3$ 生成[1]。次胂酸酯通常可由次胂酰卤或硒氰酸酯醇解得到，例如，Mes*SeBr+NaOR $\longrightarrow$ Mes*SeOR+NaBr[2]。次胂酸可由硒亚砜顺式消除提供：$2\text{-}O_2NC_6H_4Se(\!=\!\!O)C_2H_5 \longrightarrow$ $2\text{-}O_2NC_6H_4SeOH+C_2H_4$[3]；$TripSe(\!=\!\!O)C_4H_9 \longrightarrow TripSeOH+C_4H_8$[4]；$BpqCH_2Se(\!=\!\!O)C_4H_9 \longrightarrow$ $BpqCH_2SeOH+C_4H_8$ $\left[Bpq\!=\!2,6\text{-}(3,5\text{-}(2,6\text{-}^iPr_2C_6H_3)_2C_6H_3)_2C_6H_3\right]$[5]。

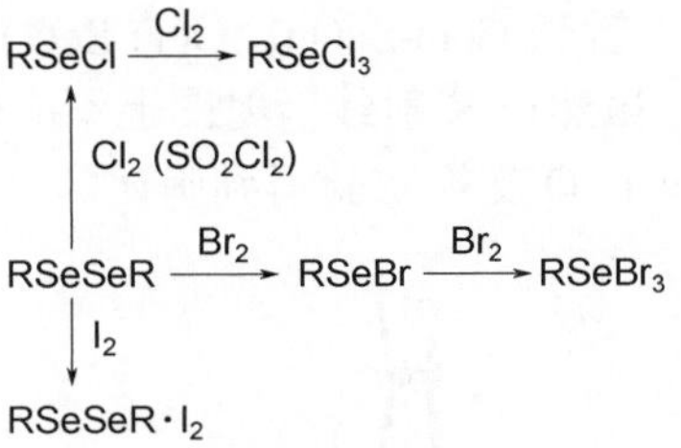

$$RSeCl \xrightarrow{\ Cl_2\ } RSeCl_3$$

$$\Big\uparrow Cl_2\,(SO_2Cl_2)$$

$$RSeSeR \xrightarrow{\ Br_2\ } RSeBr \xrightarrow{\ Br_2\ } RSeBr_3$$

$$\Big\downarrow I_2$$

$$RSeSeR\cdot I_2$$

图 9.1　次胂酰卤的制备

易于制备的是有邻位配位基如硝基的芳基次胂酸 ArSeOH（Ar=2-$O_2NC_6H_4$，2-$PhCOC_6H_4$），它们很容易脱水形成酸酐 ArSeOSeAr，以至于 ArSeOH 只存在于含水溶液中；而难于制备的是大位阻保护的脂肪族次胂酸如 R*SeOH（R*为大体积烃基如 Trip），它们在 CH_2Cl_2 中回流脱水或 R*SeSeR*用 mCPBA（0℃）氧化得到亚胂酸（seleninic acid）硒醇酯（selenoseleninate）R*Se(=O)SeR*。

硒氰酸酯相对稳定，易于制备：除利用 KSeCN 与重氮盐 $ArN_2^+X^-$ 反应制备硒氰酸芳香酯、与烷基化试剂 RL（L，好的离去基如 I、OTs、OTf）的亲核取代提供硒氰酸烷基酯外，$Ph_3P(SeCN)_2$ 与伯或仲醇反应以满意产率提供相应的硒氰酸烷基酯：在−70℃，将 Ph_3P 的二氯甲烷溶液滴加到等物质的量的$(SeCN)_2$四氢呋喃溶液中，搅拌 30min 得到 $Ph_3P(SeCN)_2$ 的浅黄色溶液；在−60℃，向其中滴加伯或仲醇的二氯甲烷溶液，搅拌反应 4h，提供硒氰酸酯；对于仲醇，除主产物硒氰酸酯外还有少量副产物异硒氰酸酯[6]。

一、CF_3SeCl 的制备

在氮气气氛中，将 $PhCH_2SeCF_3$（0.5mmol）和 SO_2Cl_2（0.5mmol）溶解于 0.5mL 的无水 THF 或 CH_2Cl_2 中，在 23℃搅拌 15min 直至反应完全，产率 95%，反应式为 $PhCH_2SeCF_3$+ $SO_2Cl_2 \longrightarrow CF_3SeCl$+$PhCH_2Cl$+$SO_2$。所得 CF_3SeCl 的混合物常常直接用于后续合成，由于存在副产物苄氯，直接使用时要考虑其对后续反应的可能影响。CF_3SeCl 易挥发（b.p.，21～31℃）、化学性质活泼，故一般需在冷却条件下使用[7]。

二、PhSeSCN 的制备

在氮气气氛中，将 PhSeCl（1.915g，10mmol）溶解于 50mL 的无水二氯甲烷中，在几分钟内滴加 Me_3SiNCS（1.41mL，10mmol）得到橙色溶液。将反应混合物搅拌一个晚上，然后减压除去溶剂和挥发性副产物（Me_3SiCl）。所得橙色的油状物用 30mL 新蒸馏的己烷洗涤，在 0℃下静置过夜，收获橙色固体（0.913g，产率 43%）[8]。

第二节　次脎酸及其衍生物的物理性质

次脎酸 TripSeOH，浅黄色晶体 [MS：m/z 350(M^+)；IR(KBr)：ν_{OH} 3444cm^{-1}；^1H NMR：δ 2.63（br s，1OH），5.42（s，1H），7.02～7.06（m，6H），7.35～7.40（m，3H），7.41～7.45（m，3H）；^{13}C NMR：δ 54.1（CH），64.1（C），122.9（CH），123.7（CH），125.3（CH），125.8（CH），144.1（C），145.7（C）；^{77}Se NMR：δ 1108]。经单晶 X 射线衍射实验测定的分子结构如图 9.2 所示[4]，其中键长 C(1)-Se(1)、O(1)-Se(1)分别是 1.956(2)Å、1.866(3)Å，C(1)-Se(1)-O(1)键角为 98.1(1)°。虽然在 X 射线衍射图上不能确定羟基氢原子的位置，但是在 ^1H NMR 谱上羟基峰的位置通过 D_2O 交换实验得到确认。

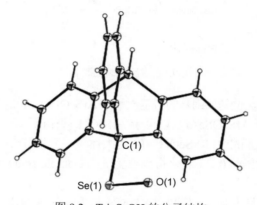

图 9.2　TripSeOH 的分子结构

前面提到，次脒酸脱水形成两种结构类型的产物，其结构通过对 ThtripSe(=O)SeThtrip（thiophenetriptycl，Thtrip）和 ArSeOSeAr（Ar=2-O$_2$NC$_6$H$_4$）的单晶 X 射线衍射测定得以确立[4]。

邻硝基苯次脒酸酐 ArSeOSeAr（Ar=2-O$_2$NC$_6$H$_4$）结晶于 *Pc* 空间群，其（CSD：ISUJUC）分子的几何参数：键长 C(1)-Se(1)，1.899(3)Å；C(7)-Se(2)，1.897(3)Å；Se(1)-O(1)，1.8230(17)Å；Se(2)-O(1)，1.8357(17)Å；键角 Se(1)-O(1)-Se(2)，118.23(9)°；C(1)-Se(1)-O(1)，96.92(10)°；C(7)-Se(2)-O(1)，96.13(10)°；扭转角 C(1)-Se(1)-O(1)-Se(2)，84.29(12)°；C(7)-Se(2)-O(1)-Se(1)，105.10(12)°。O(2)⋯Se(1)间距为 2.429(2)Å，O(4)⋯Se(2)间距为 2.416(2)Å，大于共价半径之和（r_O+r_{Se}，1.90Å），而小于硒氧范德华半径之和（R_O+R_{Se}，3.40Å），这表明存在如图 9.3 所示的用虚线表示的分子内非键相互作用（n$_O$→σ*$_{O-Se}$）。角 O(2)⋯Se(1)-O(1) 和 O(4)⋯Se(2)-O(1) 分别为 171.26(7)° 和 170.47(8)°，表明这三个原子接近线性排列，线性排列有利于 n$_O$→σ*$_{O-Se}$ 稳定化的相互作用（在文献中也称为配位作用）。从键角 C(1)-Se(1)-O(1)、C(7)-Se(2)-O(1)判断二配位的硒是非线性的，角度大于 90°。

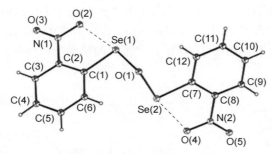

图 9.3　邻硝基苯次脒酸酐的分子结构（虚线表示分子内非键相互作用）

苯次脒酰溴 PhSeBr，暗红色晶体（m.p.,60~62℃）[1]，可从石油醚重结晶或经升华提纯，结晶于 *Cc* 空间群，其（CSD：ACIMUV）分子的几何参数：键长 C(1)-Se(1)，1.929(15)Å；Br(1)-Se(1)，2.390(2)Å；键角 C(1)-Se(1)-Br(1)，94.9(4)°；扭转角 C(2)-C(1)-Se(1)-Br(1)，87.8(11)°。扭转角以及测量的二面角［89.3(7)°］指明平面 C(1)-Se(1)-Br(1)与苯环接近垂直。如图 9.4A 所示，二配位的硒是非线性的，键角 C(1)-Se(1)-Br(1)稍大于 90°。

邻硝基苯次脒酰溴结晶于 *Pc*2$_1$*b* 空间群，其（CSD：ISUKAJ）分子的几何参数：键长 C(1)-Se(1)，1.894(15)Å；Br(1)-Se(1)，2.351(4)Å；键角 C(1)-Se(1)-Br(1)，98.3(4)°；扭转角 C(6)-C(1)-Se(1)-Br(1)，3.9(15)°；C(2)-C(1)-Se(1)-Br(1)，−176.5(12)°。与 PhSeBr 不同，平面 C(1)-Se(1)-Br(1)与苯环几乎共平面，二面角仅为 4.8(8)°。O(1)⋯Se(1)间距为 2.420(11)Å，大于共价半径之和（r_O+r_{Se}，1.90Å），而小于硒氧范德华半径之和（R_O+R_{Se}，3.40Å），这表明存在如图 9.4B 所示的用虚线表示的分子内非键相互作用（n$_O$→σ*$_{Br-Se}$）。角 O(1)⋯Se(1)-Br(1)为 175.2(3)°，指明这三个原子接近线性排列，线性排列有利于 n$_O$→σ*$_{Br-Se}$ 稳定化的相互作用。

次脒酸酯（7-硝基-3*H*-2,1-苯并噁硒咯，7-nitro-3*H*-2,1-benzoxaselenole）结晶于 *P*2$_1$/*n* 空间群，其（CSD：ISUJAI）分子的几何参数：键长 C(7)-Se(1)，1.862(3)Å；O(1)-Se(1)，1.832(3)Å；键角 C(7)-Se(1)-O(1)，87.63(12)°；角 O(2)⋯Se(1)-O(1)，157.07(10)°。O(2)⋯Se(1)间距为 2.579(3)Å，表明存在如图 9.5 所示的用虚线表示的分子内非键相互作用（n$_O$→σ*$_{O-Se}$）。五元环 O(1)-C(1)-C(2)-C(7)-Se(1)是非平面的，硒原子离开其它四个原子所在的平面的距离为 0.2742(4)Å。

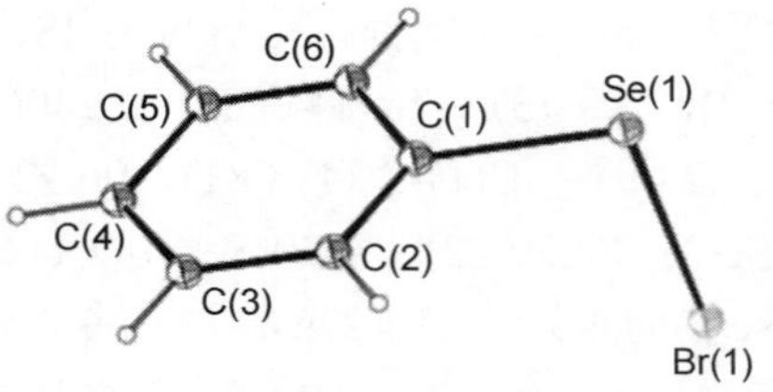

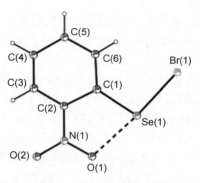

图 9.4A 苯次胩酰溴的分子结构

图 9.4B 2-$O_2NC_6H_4SeBr$ 的分子结构
（虚线表示分子内非键相互作用）

硒氰酸 2,4,6-三甲基苯酯结晶于 $Pna2_1$ 空间群，其（CSD：KABTAJ）分子的几何参数：键长 C(1)-Se(1)，1.834(10)Å；C(2)-Se(1)，1.936(9)Å；C(1)-N(1)，1.145(13)Å；键角 N(1)-C(1)-Se(1)，178.7(8)°；C(1)-Se(1)-C(2)，95.9(4)°；扭转角 C(10)-C(9)-C(2)-Se(1)，−3.2(7)°；C(4)-C(3)-C(2)-Se(1)，−2.7(12)°；C(3)-C(2)-Se(1)-C(1)，107.3(8)°。在这一分子中，C(1)-Se(1)键长明显短于 C(2)-Se(1)键。如图 9.6 所示，二配位的硒是非线性的，键角 C(1)-Se(1)-C(2)为 95.9(4)°。

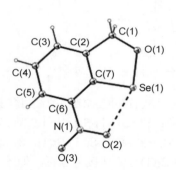

图 9.5 次胩酸酯的分子结构

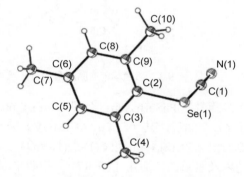

图 9.6 硒氰酸 2,4,6-三甲基苯酯的分子结构

第三节 次胩酸及其衍生物的化学性质

次胩酸和次胩酸酯都是不稳定的，因为次胩酸易歧化成二硒醚和亚胩酸，次胩酸酯易水解，反应是可逆的[9]（图 9.7）。次胩酸和次胩酸酯经 mCPBA 氧化得到相应的亚胩酸和亚胩酸酯。如前所述，迄今为止，只有少数的次胩酸被分离和表征，一般是由于空间位阻产生的动力学惰性的次胩酸如 Mes*SeOH 以及含杯芳烃（calix[6]arene）骨架的次胩酸[10]。利用电子效应稳定次胩酸及其衍生物的例子是邻硝基芳基次胩酸及其衍生物。次胩酸酸性弱于苯酚（pK_a=10）；通过测定一系列邻硝基芳基次胩酸 ArSeOH（Ar=4-X-2-$O_2NC_6H_3X$，X=H、Cl、Me、MeO）的电离常数（pK_a=10.45、10.17、10.73、10.83），依据 Hammett 方程推测 PhSeOH 的电离常数 pK_a≈11.5[11]。次胩酰胺具有碱性，其碱性强于相应的次磺酰胺[12]。

$$3RSeOH \rightleftharpoons RSeO_2H + RSeSeR + H_2O$$

图 9.7　次脒酸的歧化反应

ArSeOH 在有机溶剂如氯仿、四氯化碳或苯中脱水得到次脒酸酐 ArSeOSeAr，次脒酸酐水解转变回次脒酸[13]，与硫醇 RSH 反应得到 ArSeSR，ArSeOSeAr 酸性水解生成 ArSeOH，在强酸催化下 ArSeOH 与醇 ROH 进行酯化产生酯 ArSeOR[3]。ArSeOH 和 ArSeOR 与胺反应提供相应的次脒酰胺[2]。次脒酸一般不与烯烃加成，因为歧化通常快于加成[2]。

一、次脒酸酐的水解反应

虽然 R*SeOH 脱水生成 R*Se(═O)SeR*，但是其水解却比较复杂：碱性水解生成 R*SeSeR*和 R*SeO_2H；酸性水解才得到次脒酸 R*SeOH（图 9.8）[14]。

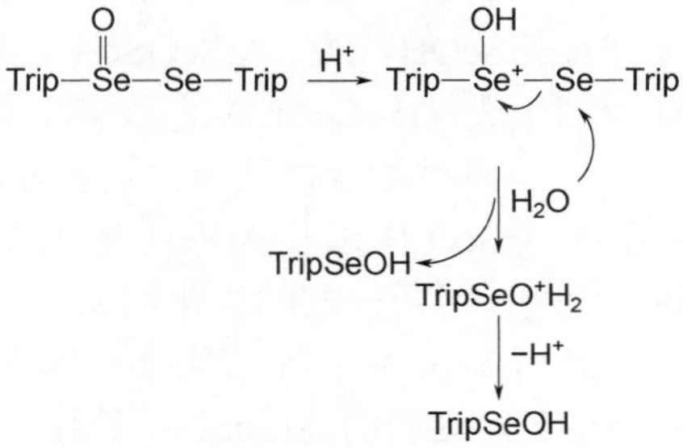

图 9.8　次脒酸酐的酸性水解机理

二、次脒酸以及次脒酸酐与硫醇进行的取代反应

在 60%的二氧六环（1,4-dioxane）中，Kice 等研究了丁硫醇（"BuSH）与 ArSeOH（Ar= 2-O_2NC_6H_4、2-PhCOC_6H_4）以及与相应的次脒酸酐在 pH 2.3～8.4 范围内的反应动力学（25℃）[15]。pH-lg$k$ 曲线表明，酸催化对于次脒酸酐与硫醇的反应不起重要作用。提出的反应机理是："BuSH 或 "BuS$^-$取代邻位的稳定化取代基形成中间体，然后由反应中间体失去 ArSeO$^-$（图 9.9A）。但是，2-O_2NC_6H_4SeOH 与硫醇反应需要酸催化，这可能是因为离去基 OH$^-$是比 ArSeO$^-$差得多的基团，OH$^-$的离去必须有质子转移的辅助。然而，酸催化在 pH<6 时对 2-PhCOC_6H_4SeOH 与丁硫醇的反应也有重要作用。在这种情况下，酸催化反应的机理如图 9.9B 所示：通过酸催化硫醇加成到羰基上形成硫半缩酮，然后特殊酸催化的分子内分解形成产物。

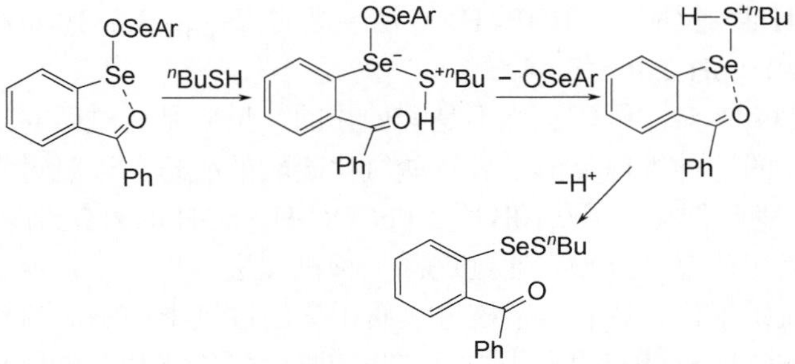

图 9.9A　硫醇与次脒酸酐(2-PhCOC_6H_4Se)_2O 的反应机理

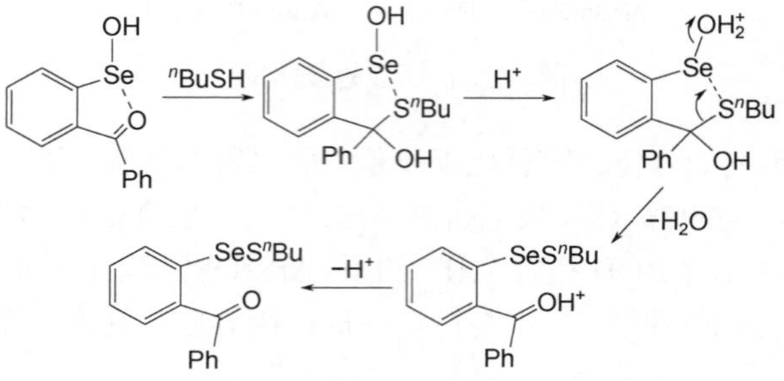

图 9.9B　硫醇取代 2-PhCOC$_6$H$_4$SeOH 的酸催化机理

三、次脌酸的氧化反应

Kice 等测定了在 25℃的乙醇中 mCPBA 氧化一系列邻硝基苯次脌酸衍生物的反应速率常数［L/(mol·s)］: ArSeH, $1.1×10^4$; ArSeOH, 80; ArSeOSeAr, 12; ArSeOEt, 4; ArSeSeAr, 0.15］以及 ArSeH 与 ArSeOH 反应生成 ArSeSeAr 的速率常数［$1.0×10^2$L/(mol·s)］, 这一反应在酸性范围内与 pH 值无关[16]。根据这些数据以及相关实验可得出结论: ①硒醇氧化为次脌酸的反应比 ArSeOH 氧化为亚脌酸 ArSeO$_2$H 以及 ArSeH 与 ArSeOH 的反应更快, 因此 1mol mCPBA 氧化硒醇高产率得到次脌酸; ②用较弱的氧化剂如过氧化氢, 硒醇的氧化速率远慢于 ArSeH 与 ArSeOH 的反应, 因此 ArSeSeAr 几乎成为唯一的产物; ③ArSeSeAr 的氧化速率比其它化合物的氧化速率都要慢得多, 这表明 ArSeSeAr 氧化为 ArSeOSeAr 是过量 mCPBA 氧化 ArSeSeAr 生成亚脌酸 ArSeO$_2$H 的速率控制步骤。在 60%的二氧六环溶液中研究了过氧化物（叔丁基过氧化氢 TBHP、枯基过氧化氢 CHP）、过氧化氢以及过氧酸 XC$_6$H$_4$CO$_3$H（X=H, 4-Me, 3-Cl, 4-NO$_2$）氧化次脌酸 ArSeOH（Ar=2-O$_2$NC$_6$H$_4$, 2-PhCOC$_6$H$_4$）的反应动力学。

对于过氧酸: ①反应对过氧酸是一级的; ②氧化不受所加的强酸（HClO$_4$）影响, 因此不是酸催化的; ③对于给定的过氧酸, 总是 2-PhCOC$_6$H$_4$SeOH 比 2-O$_2$NC$_6$H$_4$SeOH 反应速率约快 4.5 倍; ④反应常数 ρ=0.6。

对于 2-O$_2$NC$_6$H$_4$SeOH 的过氧化物氧化反应: ①在给定 pH 值, 反应对过氧化物是一级的; ②反应显著慢于过氧酸; ③2-O$_2$NC$_6$H$_4$SeOH 的氧化反应速率常数: k_{CHP}=$1.3×10^{-2}a(H^+)+5×10^{-5}$（pH 1.06~2.55）, k_{TBHP}=$3.1×10^{-2}a(H^+)+8×10^{-5}$（pH 0.99~1.95）［$a(H^+)$是氢离子的活度］, $k(H_2O_2)$=$6.0×10^{-2}a(H^+)+2.2×10^{-4}$（pH 2~3）。

2-PhCOC$_6$H$_4$SeOH 的过氧化物、过氧化氢氧化反应: ①在同样条件下, 2-PhCOC$_6$H$_4$SeOH 的氧化反应速率比 2-O$_2$NC$_6$H$_4$SeOH 快 10^4; ②在稀酸（pH 1.72~3.44）中, k_{CHP}=$3.5×10^2a(H^+)$, 在 H$_3$PO$_4$-H$_2$PO$_4^-$缓冲溶液（pH 4.5~5.1）中, k_{CHP}=$10.0×10^2a(H^+)$, 在 pH-lg$k$ 图上出现折线; ③在稀酸中, 给定 pH 值, 反应对 TBHP、H$_2$O$_2$ 是一级的, k_{TBHP}=$3.0×10^2a(H^+)$（pH 2.04~3.05）, $k(H_2O_2)$=$1.1×10^3a(H^+)$（pH 2.36~3.44）。

过氧酸 XC$_6$H$_4$CO$_3$H 对次脌酸氧化不是酸催化的, 反应是通过硒对羟基氧的亲核攻击进行的, 示于图 9.10A 的这种机理类似于过氧酸氧化硫醚的机理。以氢过氧化物和过氧化氢为氧化剂时, 氧化反应受酸催化（图 9.10B）; 2-PhCOC$_6$H$_4$SeOH 的氧化速率比 2-O$_2$NC$_6$H$_4$SeOH 快 10^4 倍。更快的氧化速率是因为它通过这样一种机理进行反应: 可逆地形成过氧半缩酮, 过氧半缩酮的羟基氧质子化, 然后硒亲核进攻质子化的过氧半缩酮（图 9.10C）。氢过氧化物和过氧化氢对 2-O$_2$NC$_6$H$_4$SeOH 的氧化与对烷基硫醚的酸催化和非催化氧化机理相同, 反应是通过缓慢的双分子途径进行的（图 9.10D, 考虑了质子溶剂 HOS 参与反应）。在 pH>2 时,

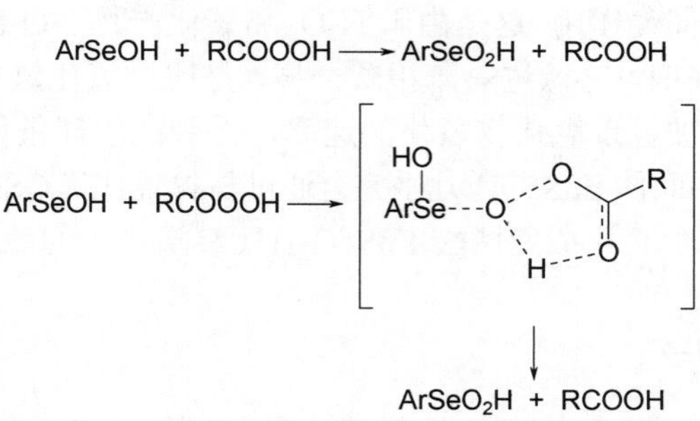
ArSeOH + RCOOOH → ArSeO2H + RCOOH
ArSeOH + RCOOOH
HO
ArSe
O
O
R
O
H
≠
ArSeO2H + RCOOH

图 9.10A　过氧酸氧化次胹酸的反应及其机理

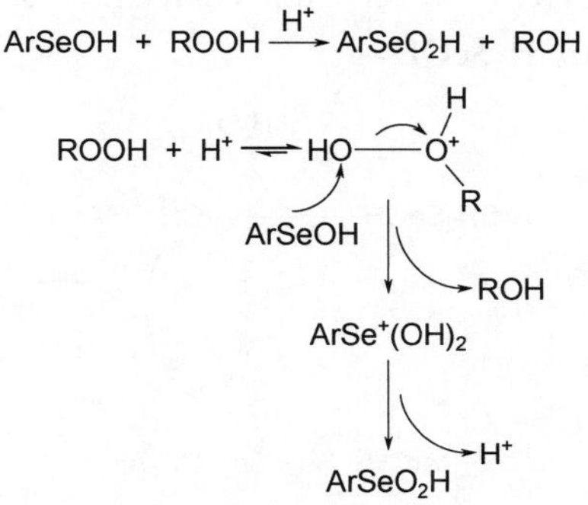
ArSeOH + ROOH → ArSeO2H + ROH
H+
ROOH + H+
HO
O+
H
R
ArSeOH
ROH
ArSe+(OH)2
H+
ArSeO2H

图 9.10B　酸催化过氧化物氧化次胹酸的反应及其机理

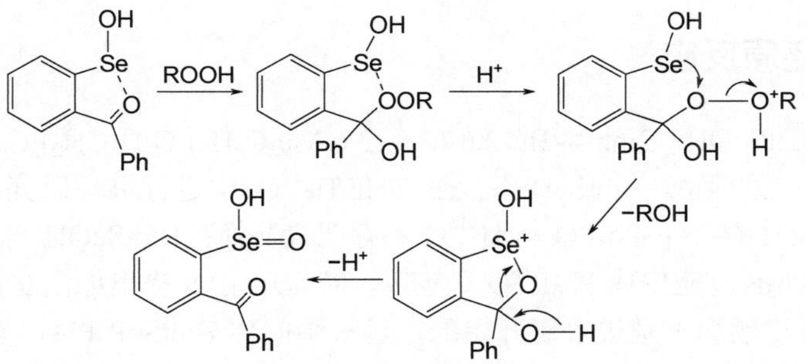
OH
Se
O
Ph
ROOH
OOR
OH
H+
O+R
H
−ROH
Se+
−H+
Se=O
O

图 9.10C　2-$PhCOC_6H_4SeOH$ 中邻近基团参与反应的机理

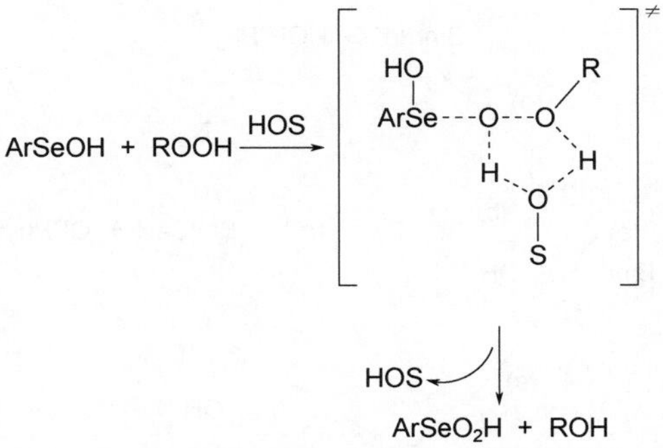
ArSeOH + ROOH
HOS
HO
ArSe
O
O
R
H
H
O
S
≠
HOS
ArSeO2H + ROH

图 9.10D　质子溶剂 HOS 参与的次胹酸氧化的反应机理

过氧化氢表现出明显的自催化作用。这是由于 H_2O_2 和氧化产物 2-$O_2NC_6H_4SeO_2H$ 形成过氧亚硒酸 2-$O_2NC_6H_4Se(=O)OOH$，它像过氧苯甲酸一样，是比过氧化氢更强的氧化剂。比较它们与硫醇的反应速率和它们被氢过氧化物氧化的速率，得到：生理条件下的谷胱甘肽过氧化物酶（EnSeH）反应循环的中间体 EnSeOH 几乎完全通过与谷胱甘肽 GSH 的反应转变为 EnSeSG，而不是被氢过氧化物进一步氧化成亚硒酸 $EnSeO_2H$（参阅第十四章）。

四、次硒酸的消除反应

利用大位阻的次硒酸 $BpqCH_2SeOH$ 经热消除脱水制备了第一个经单晶 X 射线衍射测定的芳香硒醛 BpqCH=Se。反应是自催化的，提出的机理如图 9.11[5]：首先 $ArCH_2SeOH$ 缩合脱水形成中间体亚硒酸硒醇酯 $ArCH_2SeSe(=O)CH_2Ar$，然后亚硒酸硒醇酯进行 β-消除得到硒醛 ArCH=Se 并再生催化剂 $ArCH_2SeOH$。

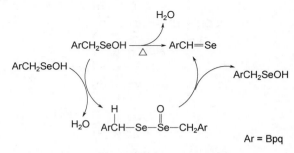

图 9.11　次硒酸脱水生成硒醛

五、次硒酸的还原反应

碗型次硒酸 BmtSeOH [Bmt=4-^{t}Bu-2,6-(2,6-(2,6-$Me_2C_6H_3$)$_2C_6H_3CH_2$)$_2C_6H_2$] 在室温下与三苯基膦反应得到相应的硒醇 BmtSeH[17]。在 THF/$H_2^{18}O$ 中进行机理研究，实验结果是：在 BmtSeOH 或 BmtSeH 存在下 Ph_3PO 与 $H_2^{18}O$ 不存在氧交换；BmtSeOH 与 $H_2^{18}O$ 不存在氧交换；BmtSeOH 与 Ph_3P 反应生成 $Ph_3P^{18}O$（交换率 87%）。由此提出如图 9.12 所示的机理：反应首先从磷亲核进攻硒而不是进攻氧开始的，经过中间体 BmtSeP$^+$Ph$_3$，然后转变为产物。

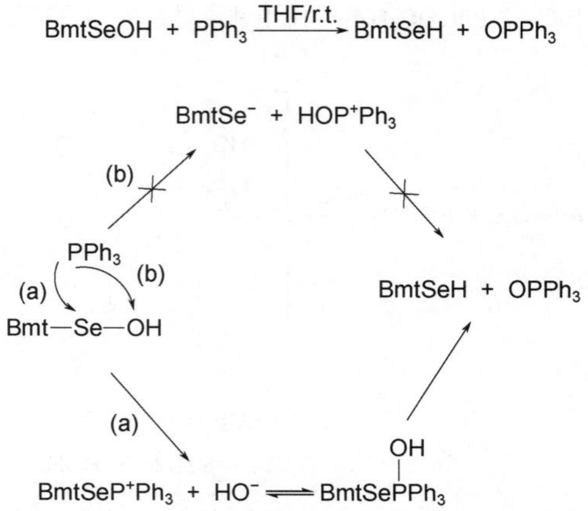

$$BmtSeOH + PPh_3 \xrightarrow{THF/r.t.} BmtSeH + OPPh_3$$

图 9.12　三苯基膦还原次硒酸的反应及其机理

六、次䏲酰卤及其衍生物的反应

次䏲酰卤及其衍生物对潮气敏感，需在惰性气体中保存和使用（图 9.13）。除可（经 O_3 或 NO_2）氧化生成亚䏲酰卤外，次䏲酰卤主要用作亲电硒试剂，其卤素易被多种亲核试剂如醇、酸根（$AgO_3SAr+PhSeCl \longrightarrow PhSeOSO_2Ar+AgCl$）、胺等取代形成新的有用试剂[18-20]，例如 C_6F_5SeCl 与 Me_3SiBr、Me_3SiCN、Me_3SiNMe_2 和 Me_3SiNEt_2 反应分别提供 C_6F_5SeBr、C_6F_5SeCN、$C_6F_5SeNMe_2$ 和 $C_6F_5SeNEt_2$[21]。值得指出的是进行同样的取代反应，$2\text{-}O_2NC_6H_4SeBr$ 比 $PhSeBr$ 慢 6 个数量级，这是由于硝基氧的配位作用阻碍了亲核试剂对亲电硒中心的进攻，当然，如图 9.4B 所示，邻位基团的非键相互作用也正是这类次䏲酸衍生物稳定的原因。

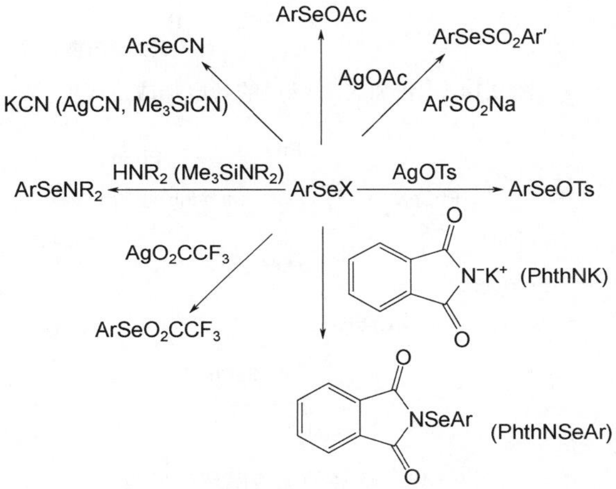

图 9.13　次䏲酰卤转化为其它亲电硒试剂

$(4\text{-}ClC_6H_4)SeI$ 与 Ph_3P 反应形成电荷转移加合物 $Ph_3PSe(4\text{-}ClC_6H_4)I$，它有预期的 P—Se—I 线性结构和硒中心的 T 型几何，而$(4\text{-}FC_6H_4)SeI$ 与 Ph_3P 反应则产生 Ph_3PI_2 和$(4\text{-}FC_6H_4)_2Se_2$ 的混合物。

次䏲酰卤 RSeX 在 Lewis 酸如 $AgBF_4$、SbX_5 存在下形成硒盐 $RSe^+BF_4^-$、$RSe^+SbX_6^-$；负离子的配位能力弱（即所谓非配位负离子，noncoordinating anion），正离子是"自由"的，因此它们是最强的亲电硒试剂。

亲电硒试剂 PhSeX（除非特别指明，X 不限于卤素；图 9.13）易经三元环硒鎓离子（selenium-bridged cation，seleniranium ion）中间体对碳碳不饱和键进行反式亲电加成（trans addition）：对不对称烯烃（unsymmetrical alkene）动力性控制生成反马氏加成产物（anti-Markovnikov adduct）；热力学控制生成马氏加成产物（Markovnikov adduct）；当溶液中存在其它强的亲核试剂或采用亲核性溶剂 NuH 如甲醇、乙醇、乙酸时，NuH 将与 X⁻竞争，因此生成相当于 PhSe-Nu 对不饱和键进行加成的产物（图 9.14A）；当亲核基团如 OH、CO_2H、HN 等存在于不饱和烯烃时，发生加成环化即硒环化反应（selenocyclofunctionalization），通常形成五元环或六元环的产物（图 9.14B）。

例如，它们对环己烯进行反式亲电加成，可将苯硒基引入其中（图 9.14C）；与烯醇，5-己烯-1-醇，反应得到六元环产物；与烯酸，4-戊烯酸，反应得到五元环的内酯产物（图 9.14D）。

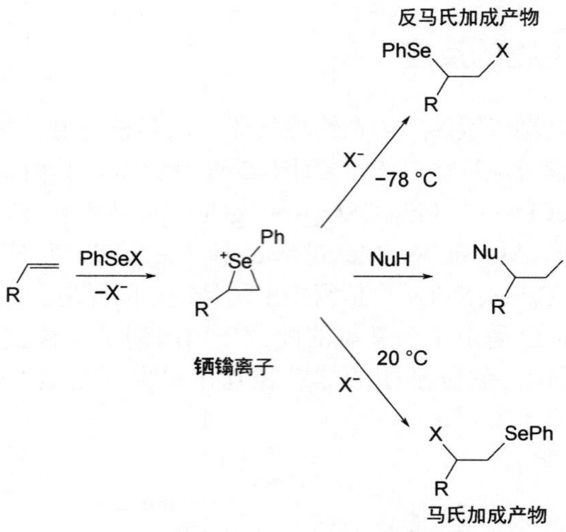

图 9.14A　PhSeX 对烯烃的亲电加成反应

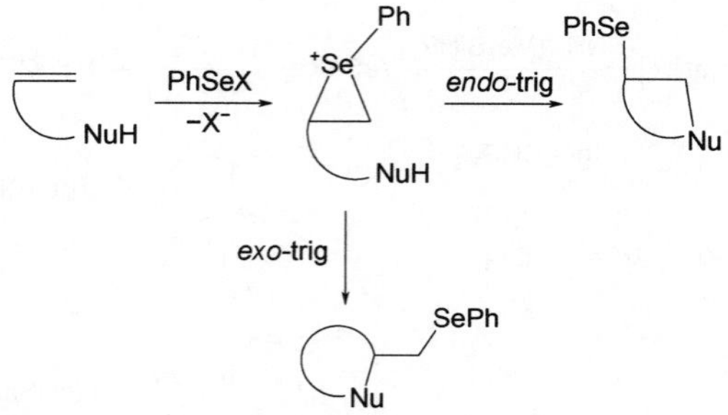

图 9.14B　烯烃的加成硒环化反应

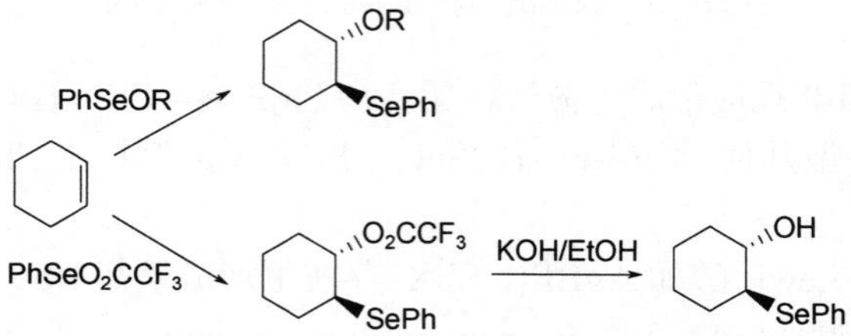

图 9.14C　次胂酰卤衍生物对烯烃的反式加成反应

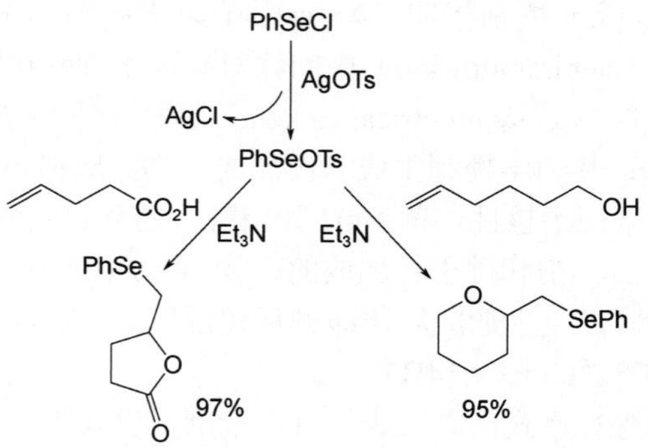

图 9.14D　次胂酰卤衍生物对烯烃的加成环化反应

　　N-二取代-2-碘苯胺（R=Me、Ph）与末端炔烃经 Sonogashira 偶联反应提供 *N*-二取代-2-炔基苯胺，在加热的二氯乙烷（DCE）中次䏲酰卤与其在碘化四丁基铵存在下进行加成环化生成 3-硒基吲哚衍生物（图 9.14E），而在二氯甲烷中次䏲酰卤仅对其进行反式加成。值得指出的是：碘化四丁基铵对加成环化是必不可少的，I⁻有利于中间体（indolium）脱除甲基以 MeI 形式离去；N 无取代以及一取代（NH₂、NHMe 和 NHBoc）底物不能生成环化产物[22]。

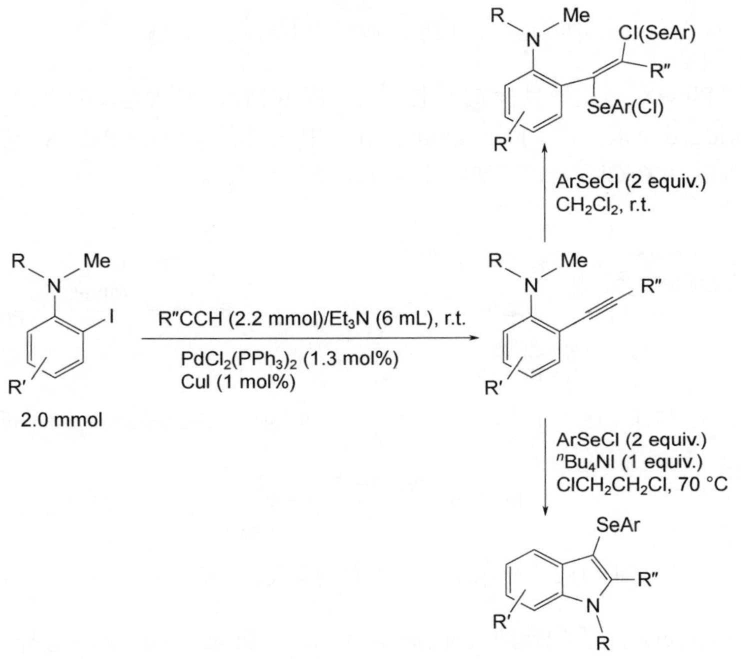

图 9.14E　次䏲酰卤对炔基苯胺的加成环化反应

　　在 Lewis 酸催化下，次䏲酰卤 PhSeCl 对缺电子烯烃（Z 为吸电子基）进行加成，用碱处理加成物获得 α-苯硒基取代产物(*E*)-异构体（图 9.14F）[23]。

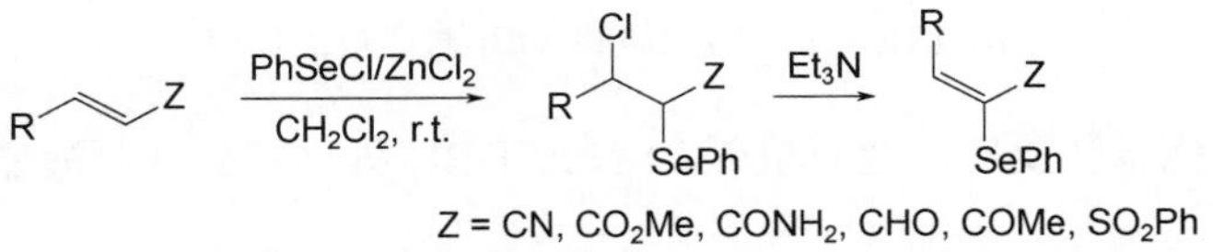

Z = CN, CO₂Me, CONH₂, CHO, COMe, SO₂Ph

图 9.14F　次䏲酰卤对缺电子烯烃的加成反应

　　如图 9.14G 所示，亲电硒试剂 PhSeX 与共轭二烯烃（conjugated diene）进行 1,2-加成反应而不是 1,4-加成反应[24]；在氯化汞存在下，PhSeX 与 AgNO₂ 反应现场产生亲电试剂"PhSeNO₂"，实现对烯烃的硝基硒化反应（nitroselenation）。

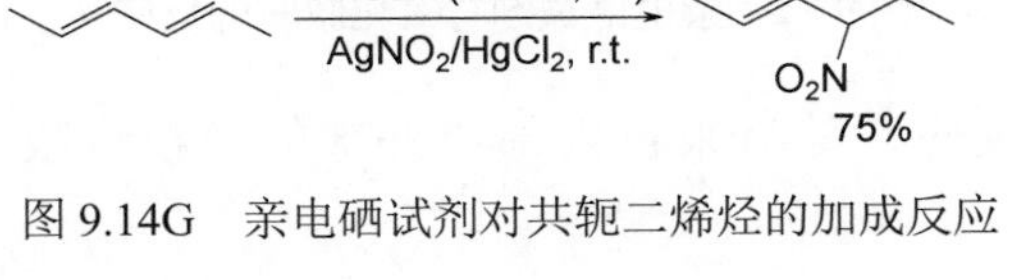

图 9.14G　亲电硒试剂对共轭二烯烃的加成反应

图 9.14H 是亲电硒试剂 PhSeBr 对丙二烯烃的加成反应：PhSe$^+$加成到丙二烯烃中间 sp 杂化的碳上，有利于产生稳定的 2-苯硒基烯丙基碳正离子中间体，因而决定了这一反应的取向。

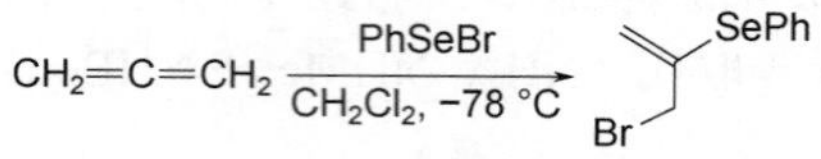

图 9.14H 亲电硒试剂对丙二烯烃的加成反应

亲电硒试剂 PhSeX 与炔烃是反式亲电加成（图 9.15），据认为反应是经过三元环硒鎓离子（selenium-bridged cation，seleniranium ion）中间体进行的。PhSeX 与乙炔反应生成 (E)-PhSeCH=CHX（X=Cl，产率 92%；X=Br，产率 88%）。

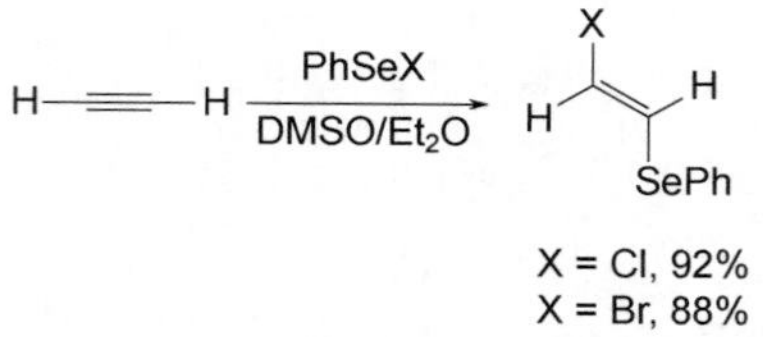

图 9.15A 亲电硒试剂对炔烃的反式加成反应（一） 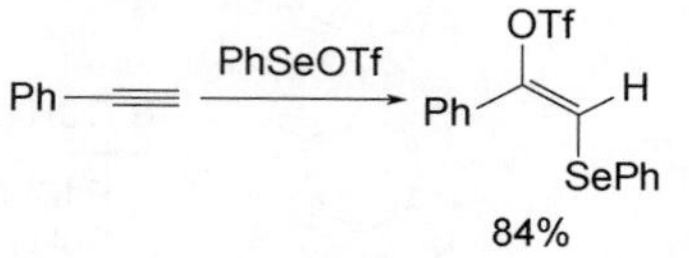　　图 9.15B 亲电硒试剂对炔烃的反式加成反应（二）

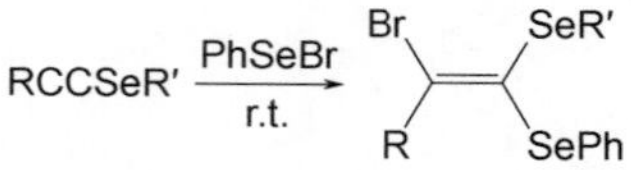

图 9.15C 亲电硒试剂对炔烃的反式加成反应（三）

亲电硒试剂 PhSeBr 加成到磷炔（phosphaalkyne），反应是高度区域选择性和立体选择性的（图 9.16）。

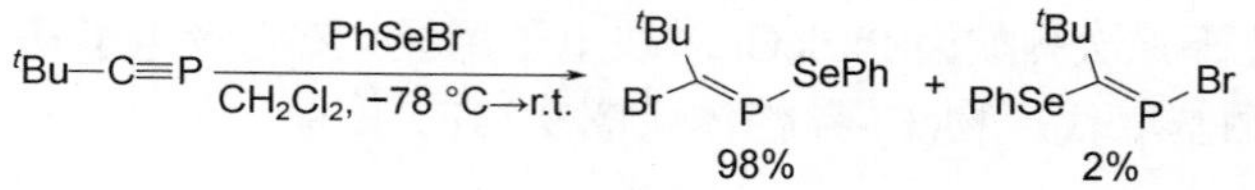

图 9.16 亲电硒试剂 PhSeBr 对磷炔的加成

PhSeOTf 与氧化叔胺反应，经有机碱 Et$_3$N 或 DBU 处理得到次脒酸酯（图 9.17）[25]。

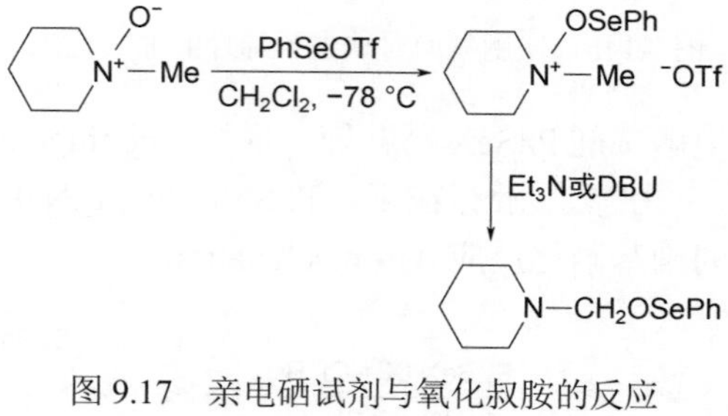

图 9.17 亲电硒试剂与氧化叔胺的反应

亲电硒试剂与硒醚反应，随后来自内部或外部的亲核进攻，提供了一种除硒方法（图 9.18）[26]。

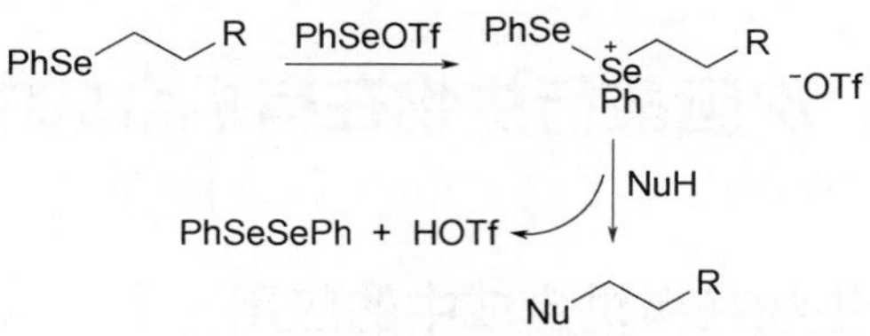

图 9.18　一种消除二硒醚的反应

亲电硒试剂与有机锆试剂的反应：有机锆试剂 $Cp_2Zr(H)Cl$ 对炔烃进行顺式加成（即锆氢化），再与亲电硒试剂反应得到烯基硒醚（图 9.19）。

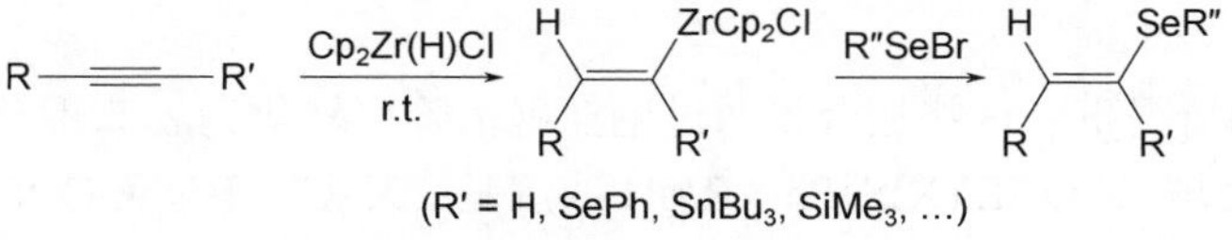

(R' = H, SePh, SnBu$_3$, SiMe$_3$, ...)

图 9.19　亲电硒试剂与烯基锆化合物的反应

亲电硒试剂与有机铜试剂的反应：铜锂试剂对带吸电子基 Z 的炔烃进行亲核加成，中间体烯基铜用亲电硒试剂处理提供烯基硒醚（图 9.20）。

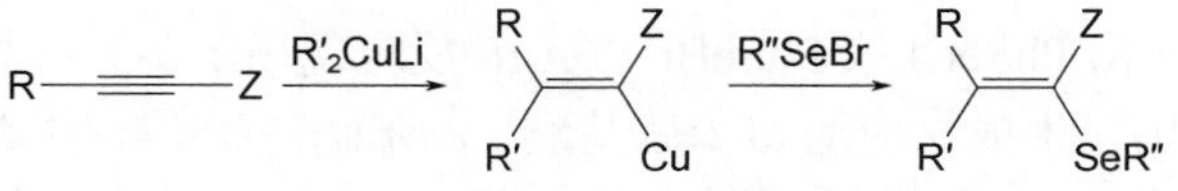

图 9.20　亲电硒试剂与烯基铜的反应

次膦酰卤与有机汞（芳基汞）进行复分解反应可合成混合硒醚。由于芳基汞易于制备，因而这是制备不对称二芳基硒醚的一种有用方法（图 9.21）。

$$2RSeBr + R'_2Hg \longrightarrow 2RSeR' + HgBr_2$$

图 9.21　次膦酰卤与有机汞的复分解反应

在 1,4-二氧六环中，PhSeBr 可催化酰胺的异构化（图 9.22）：对位没有取代基时得到对位产物酚酰胺，产率为 62%～92%；当对位有取代基时，以 56%～87%的产率生成烯酮[27]。

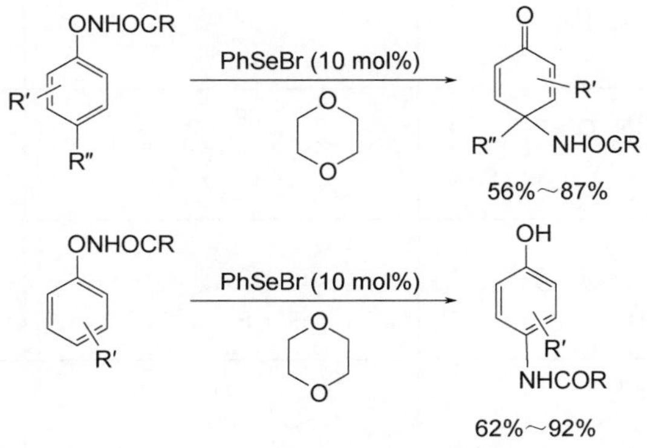

图 9.22　PhSeBr 催化的异构化反应

第四节　次硒酸衍生物在有机合成中的应用

一、次硒酰卤及其衍生物在有机合成中的应用

虽然 PhSeSePh 与重氮化合物 N₂CHCO₂Et 反应生成(PhSe)₂CHCO₂Et 需要铜作催化剂，产率不高（参阅第八章），但是苯次硒酸衍生物，PhSeX（X=Cl、Br、OCOCH₃、SCN），却容易在室温下与 α-重氮酮 RCOC(N₂)R′（R′=H 或烷基）反应，伴随氮气的释放生成加合物（adduct），RCOCR′(X)SePh。α-氯和 α-溴加合物可以在甲醇/碳酸氢钠中转化为 α-甲氧基加合物。

在结构许可的情况下，这些加合物通过硒亚砜消除可转化为 α-杂取代的 α,β-不饱和酮。用过氧化氢/吡啶处理 RCOCR′(X)SePh（R′=H 或烷基；X=Cl、Br、OCOCH₃、OMe）系列产生 α-氯-、α-溴-、α-乙酰氧基-和 α-甲氧基-α,β-不饱和酮，而在 DMF 中用碳酸锂处理 RCOCR′(X)SePh（R′=烷基；X=Cl、Br）系列产生 α-苯基硒-α,β-不饱和酮。用这种方法学合成了几种取代的环戊烯酮、环己烯酮和环庚烯酮，以无环化合物 3-重氮-2-丁酮 CH₃C(N₂)COCH₃ 为原料合成了 3-取代-3-丁烯-2-酮，CH₂═CH(X)COCH₃（X=Cl、Br、OCOMe、OMe、SePh）[28]。

次硒酰氟 PhSeF（由 PhSeCl 或 PhSeBr 与 AgF 反应现场制备）易与 α-重氮酮、α-重氮酯反应，伴随氮气的放出，生成相应的 α-苯硒基酮、α-苯硒基酯[29]。这类中间体不稳定，无需分离，直接加入浓度为 30%的过氧化氢水溶液，超声（US）30min，然后分离，以中等产率得到产品（表 9.1、图 9.23A）。对于无环酮，双键为 Z 构型；根据硒亚砜顺式消除的两种过渡态 A 和 B，从图 9.23B 可知，在 B 中存在 R 和 COR′的空间排斥效应，因此 A 是有利的过渡态，由此产生(Z)-异构体。类似地，对于无环酯其产物的双键也为 Z 构型。

表 9.1　PhSeF 与 α-重氮化合物的反应

	反应物	产物	产率/%	^{19}F NMR*
α-重氮酮	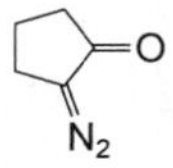	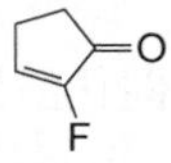	56	−139.9
	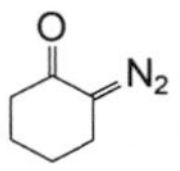	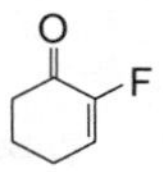	52	−130.6
	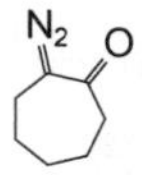	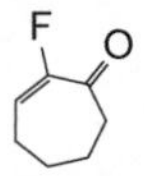	69	−119.4
	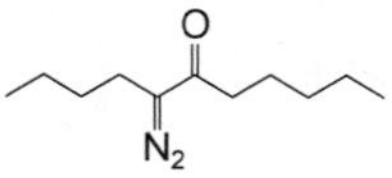	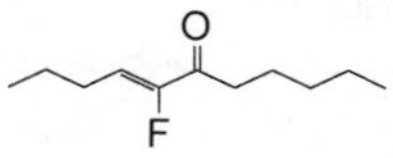	54	−129.0
	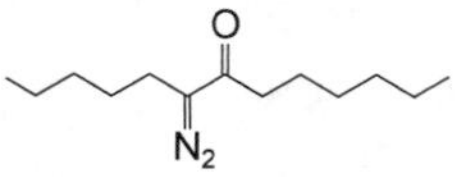	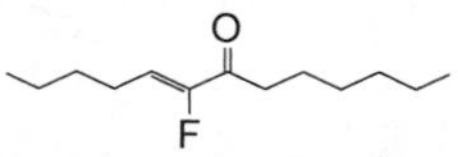	72	−129.1

反应物	产物	产率/%	^{19}F NMR*
α-重氮酯 Ph—CH₂—C(=N₂)—C(=O)—O—Me	Ph—CH=C(F)—C(=O)—O—Me	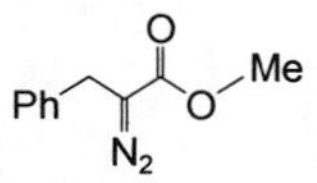 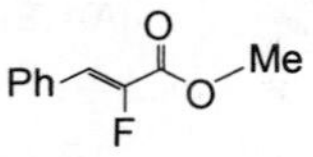 85	−126.1
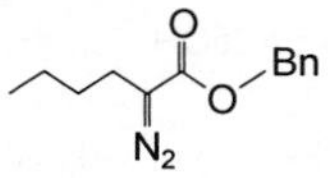 C₃H₇—CH₂—C(=N₂)—C(=O)—O—Bn	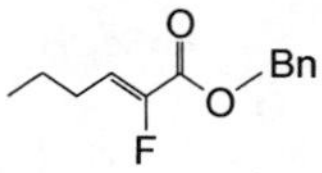 C₃H₇—CH=C(F)—C(=O)—O—Bn	81	−131.0
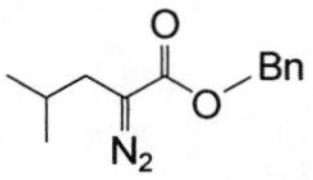 (CH₃)₂CH—CH₂—C(=N₂)—C(=O)—O—Bn	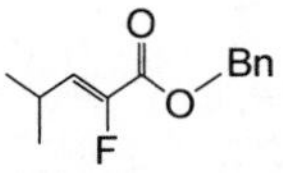 (CH₃)₂CH—CH=C(F)—C(=O)—O—Bn	58	−130.3
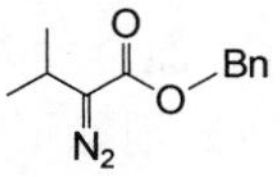 (CH₃)₂CH—C(=N₂)—C(=O)—O—Bn	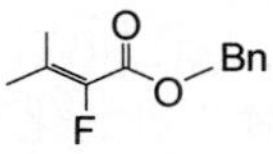 (CH₃)₂C=C(F)—C(=O)—O—Bn	51	−151.1
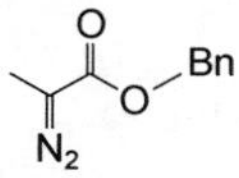 CH₃—C(=N₂)—C(=O)—O—Bn	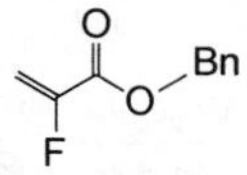 CH₂=C(F)—C(=O)—O—Bn	58	−117.4

注：资料来源于 Y. Usuki, M. Iwaoka, S. Tomoda. *J. Chem. Soc., Chem. Commun.*, **1992**, 1148。

*溶剂 CDCl₃，内标 CCl₃F。

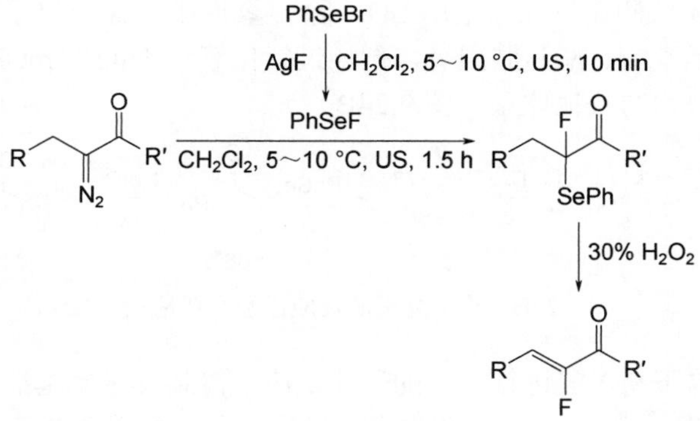

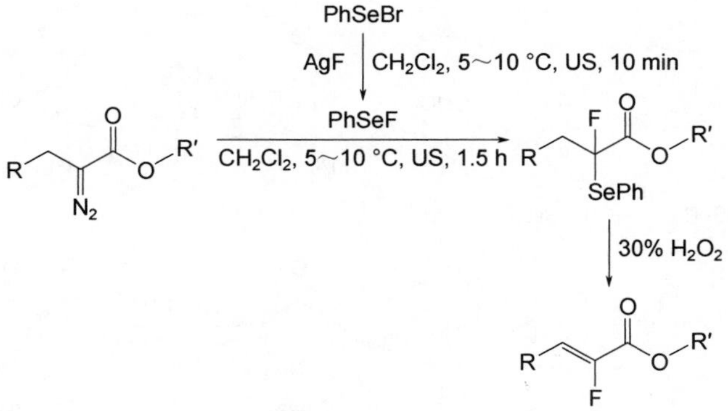

图 9.23A　次脌酰卤与 α-重氮化合物的反应

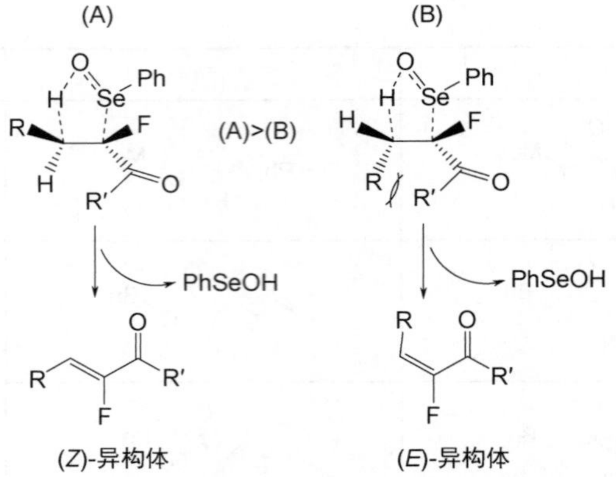

图 9.23B　硒亚砜顺式消除的两种过渡态

　　铜锂试剂对 α,β-不饱和酮进行共轭加成，生成 α-碳负离子，原位加入亲电硒试剂 PhSeBr 以便在 α 位引入苯硒基，再用过氧化氢氧化硒醚，经硒亚砜顺式消除形成新的 α,β-不饱和酮共轭体系（图 9.24A）。

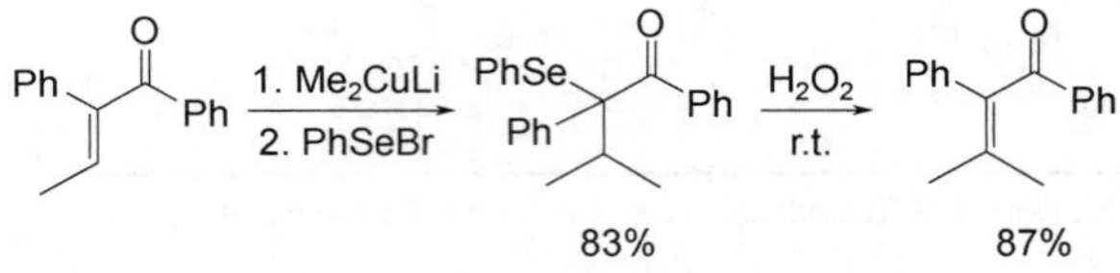

图 9.24A　次胂酰卤的反应以及合成应用（一）

　　酮、酯与腈的 α 位硒化反应需采用 LDA 除 α-氢形成 α-碳负离子后再与次胂酰卤反应的两步法，所得 α-苯硒基酮、酯与腈用氧化剂如过氧化氢、NaIO$_4$、mCPBA 氧化，经硒亚砜顺式消除形成 α,β-不饱和的共轭体系（图 9.24B）。

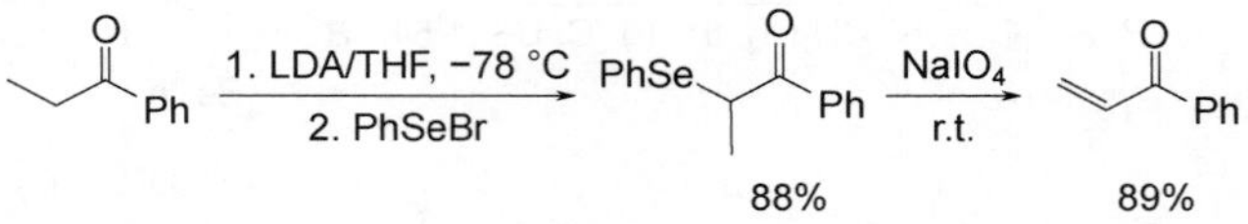

图 9.24B　次胂酰卤的反应以及合成应用（二）

　　次胂酰胺在室温下易对醛进行 α 位的硒化反应，得到 α-苯硒基醛，经硒醚氧化、硒亚砜消除提供 α,β-不饱和醛；对 α,β-不饱和酮进行加成，在 α 位引入苯硒基，所得 α-苯硒基酮用 mCPBA 氧化、经硒亚砜顺式消除形成新的共轭体系（图 9.24C）。

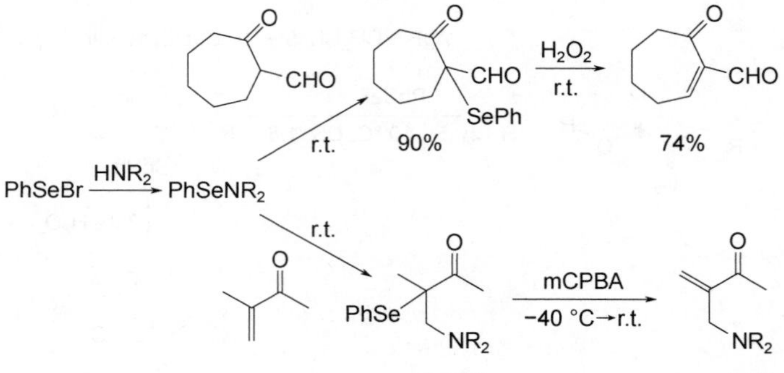

图 9.24C　次胂酰胺的反应以及合成应用

带吸电子基 Z 的膦酸酯在合适碱存在下转变为碳负离子，与亲电硒试剂作用得到 α-硒基衍生物，它们在碱存在下与醛进行缩合提供烯基硒醚（图 9.24D）。类似地，砷叶立德与醛进行缩合得到烯基硒醚（图 9.24E）。

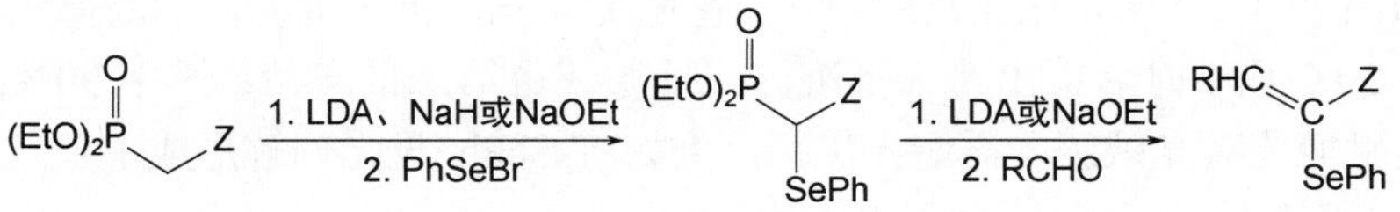

图 9.24D　次胂酰卤与膦酸酯的反应

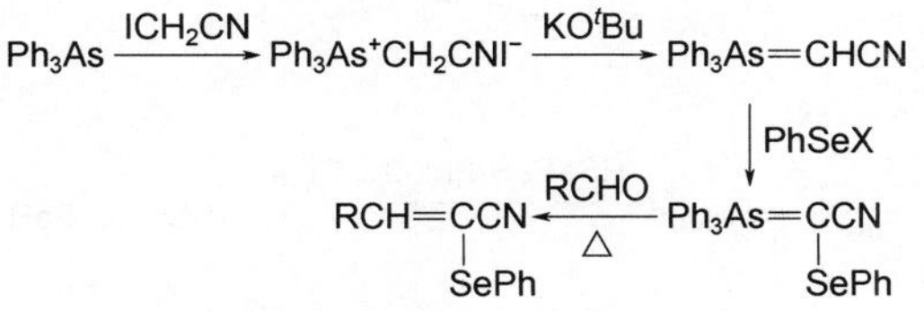

图 9.24E　次胂酰卤与砷叶立德的反应

此外，次胂酰卤 PhSeX 与烯醇醚（enol ether）、烯胺（enamine）反应，然后酸性水解也提供了向醛、酮 α 位引入苯硒基的方法（图 9.24F）。

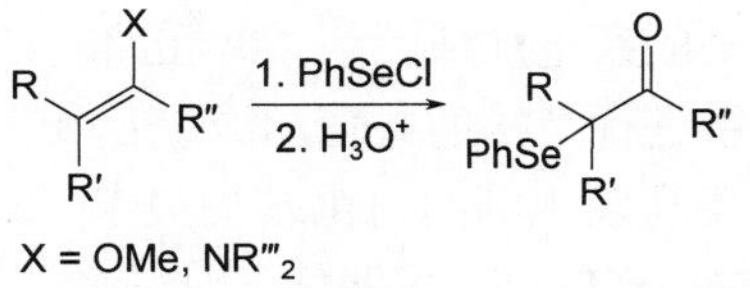

X = OMe, NR'''$_2$

图 9.24F　次胂酰卤与烯醇醚、烯胺的反应

如图 9.24G 所示，利用亲电硒试剂对烯烃硝基硒化，然后用氧化剂氧化生成的硒醚，经硒亚砜顺式消除合成硝基烯烃[30]。

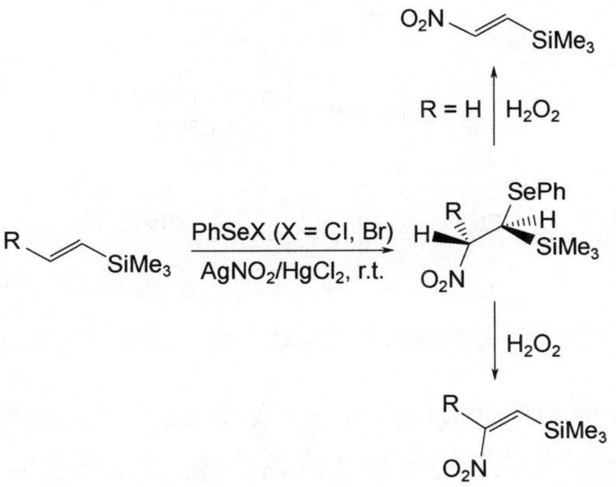

图 9.24G　利用硝基硒化-氧化反应序列合成硝基烯烃

二、硒-砜化反应及其在有机合成中的应用

磺酸硒醇酯（selenosulfonate）的加成反应称为硒-砜化反应（selenosulfonation）[20]，磺

酸硒醇酯这类物质已发展了多种制备方法（图 9.25）：①次脪酰卤与亚磺酸盐的反应[31]；②二硒醚现场形成的次脪酰卤与亚磺酸盐的反应；③二硒醚在氧化剂存在下现场形成的亲电硒试剂与亚磺酸盐的反应；④亚脪酸与亚磺酸的反应（亚脪酸 PhSeO$_2$H 与亚磺酸 p-MeC$_6$H$_4$SO$_2$H 以 1：2 摩尔比在乙醇中 0℃ 避光反应 2h，析出沉淀，抽滤得到第一批产品，滤液冷却到−20℃ 几小时后析出第二批沉淀，抽滤获得第二批产品：产率 90%；m.p.，76～78℃）。磺酸硒醇酯对光敏感，需避光保存，例如 TsSePh 见光分解形成主要产物 PhSeSePh 和磺酸酐[32]。

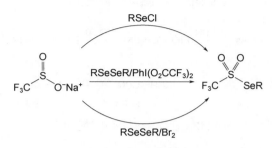

图 9.25　磺酸硒醇酯的制备

磺酸硒醇酯的加成反应依据反应条件不同，出现三种机理：①在路易斯酸催化下，对烯烃、炔烃进行取向符合马氏规则的亲电加成[20,33]；②在路易斯碱催化下，对缺电子的烯烃、缺电子的炔烃等不饱和共轭体系进行亲核的共轭加成[34]；③在可见光照射下或在自由基引发剂 AIBN 存在下，进行取向违反马氏规则的自由基加成[35]。

如图 9.26 所示，磺酸硒醇酯在 Lewis 酸催化下对烯烃、炔烃进行亲电加成，PhSe$^+$加成在少取代（位阻小）的碳上；在 AIBN 存在下加热或在光照条件下对烯、炔进行自由基加成，Ts$^\cdot$（ArSO$_2^\cdot$）加成在少取代（位阻小）的碳上（表 9.2）。

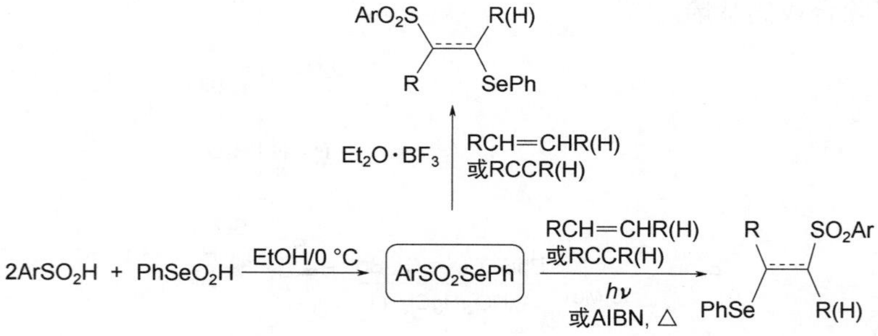

图 9.26　磺酸硒醇酯对烯烃、炔烃的硒-砜化反应

亲电加成与自由基加成实现加成取向互补，使硒-砜化反应成为有用的合成工具：β-苯硒基砜经氧化-硒亚砜顺式消除可立体专一地合成烯基砜；β-苯硒基烯基砜与铜锂试剂反应进行立体专一地取代苯硒基（图 9.27）。现在硒-砜化反应已经发展为不对称版本：在手性催化剂存在下，对 α,β-不饱和酮的碳-碳双键进行共轭加成，在 α 位构筑手性碳[36]；利用衍生自金鸡纳生物碱（cinchona）的手性催化剂，不对称共轭加成反应可以在水相中进行[37]。

虽然 TsSePh 与其它烯炔反应复杂，但是与末端烯炔却只对炔键进行加成，产物用 mCPBA 氧化再经烯基硒亚砜的[2,3]-σ 键迁移重排可得到联烯醇（allenic alcohol）（图 9.27C）。

表 9.2　磺酸硒醇酯对炔烃的自由基反式加成

$$ArSO_2SePh + RCCR' \xrightarrow[\substack{(AIBN^*) \\ \triangle}]{h\nu}$$

R, R′	溶剂（反应温度）	反应时间/h	产率/%
H, H	二氯甲烷（密闭，80℃）	72	53
Me(CH$_2$)$_7$, H	苯（回流）	24	88
HOCH$_2$CH$_2$, H	氯仿（回流）	24	88
Me$_3$Si, H	苯（密闭，80℃）	96	94
MeO$_2$C, H	氯仿（回流）	24	83
Ph, H	苯（回流）	4	93
Ph, Me	苯（回流）	20	92
Ph, Ph†	苯（回流）	4	92

注：资料来源于 Back T G. *J. Org. Chem.*, **1983**, 48, 3077。

*AIBN 用量 5mol%；炔过量。

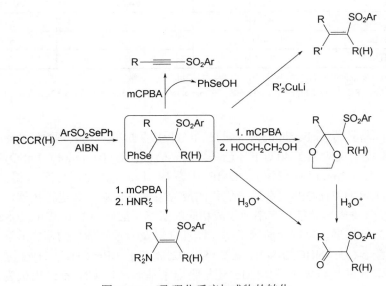

图 9.27A　硒-砜化反应加成物的转化

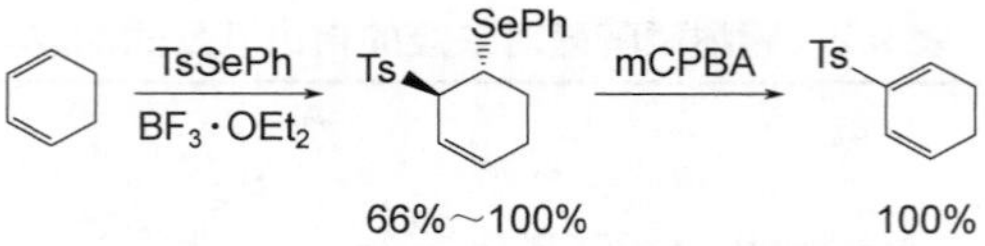

图 9.27B 硒-砜化反应加成物的转化（一）

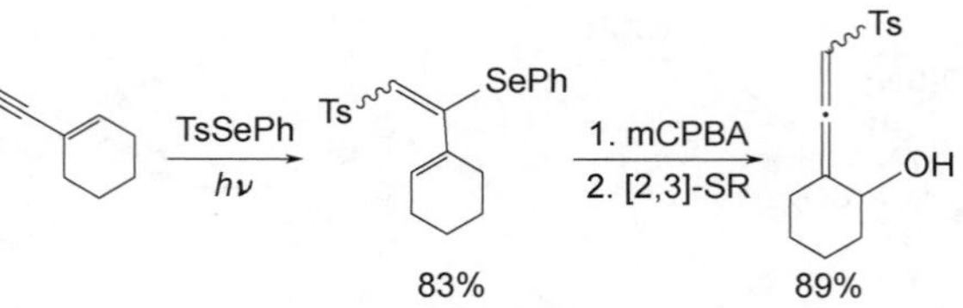

图 9.27C 硒-砜化反应加成物的转化（二）

如表 9.3 所示，最近的文献报道[38]：在氩气保护下，以 CoC$_2$O$_4$ 或金属铜作催化剂在蓝光 LED 照射下磺酸硒醇酯能在室温下对炔烃进行自由基加成，不仅产率较高而且官能团适用性广；对炔酯采用 CoC$_2$O$_4$ 催化剂，用量 5mol%；对炔酰胺采用 Cu 催化剂，用量 2mol%；产物中因烯键产生的异构体，E 和 Z 式，其中 E 式一般占优势（60/40～>99/1）。

表 9.3 可见光诱导的磺酸硒醇酯对炔烃的催化自由基加成*

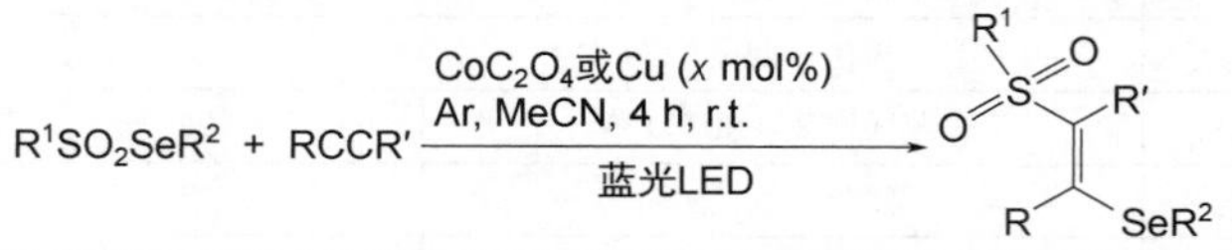

R，R′	R^1，R^2	催化剂（x%）	产率/%（E/Z）
Ph，H	Ph，Ph	Cu	89（75/25）
3-thienyl，H†	Ph，Ph	Cu	71（E/Z>99/1）
3-Py，H	Ph，Ph	Cu	89（E/Z>99/1）
Ph，CO$_2$Et	4-FC$_6$H$_4$，Ph	CoC$_2$O$_4$	80（70/30）
TsOCH$_2$CH$_2$，H	Ph，Ph	CoC$_2$O$_4$	63（E/Z>99/1）
Ph，CONH(3-MeC$_6$H$_4$)	Ph，Ph	Cu	89（86/14）
Ph，CONH^{t}Bu	Ph，4-FC$_6$H$_4$	Cu	87（67/33）
Ph，CONH^{t}Bu	Ph，Me	Cu	75（69/31）

*Zhang R. *J. Org. Chem.*, **2019**, 84, 12324。†3-Py，3-吡啶基；3-thienyl，3-噻吩基。

反应条件：氩气氛，RCCR′（0.2 mmol），R^{1}SO$_2$SeR^2（0.2mmol），CoC$_2$O$_4$（5mol%）或 Cu（2mol%），MeCN（1.0mL），r.t.，蓝光 LED，4h。

磺酸硒醇酯与异腈（isocyanide）、水的三组分反应生成氨基甲酸硒醇酯（selenocarbamate）（图 9.28A）[39]。模型反应是在 40℃下环己基异腈 c-C$_6$H$_{11}$NC（0.6mmol）、PhSO$_2$SeCH$_2$CH$_2$OPh（0.3mmol）和水（3mmol）在溶剂 DMF 中反应 12h 以 98%的产率得到目标产物，c-C$_6$H$_{11}$NHC(O)SeCH$_2$CH$_2$OPh。在这一优化的反应条件下，对异腈进行拓展，发现脂肪族异腈、脂环族以及芳香族异腈都高产率地生成相应的氨基甲酸硒醇酯 R′NHC(O)SeCH$_2$CH$_2$OPh；对磺酸硒醇酯进行拓展，发现脂肪族硒醇、脂环族以及芳香族硒醇的苯磺酸酯都提供相应的氨基甲酸硒醇酯 c-C$_6$H$_{11}$NHC(O)SeR，最高产率 92%，产物 [R=(CH$_2$)$_5$CH$_2$Cl] 的产率为 63%，无论苯环上的取代基是给电子基如 Me 还是吸电子基如 Cl、CN 都给出极为满意的产率，90%～92%，脂环族硒醇酯则导致稍低的产率；产物（R′=^{t}Bu；R=c-C$_5$H$_{11}$）的产率是 43%。

在标准反应条件下，用 $H_2{}^{18}O$ 进行同样的实验证明产物中的氧来自苯磺酸硒醇酯而不是来自空气和水；在 $PhSO_2SeR$ 的溶液中检测到 ESR 信号；加入 2 当量 TEMPO，反应受到完全抑制；自由基捕获实验得到产物 $c\text{-}C_6H_{11}NHC(\!=\!O)TEMPO$（70%）；$PhSO_2SeCH_2Ph$ 和 $PhOCH_2CH_2SeSeCH_2CH_2OPh$ 进行竞争反应得到 $c\text{-}C_6H_{11}NHC(\!=\!O)SeCH_2CH_2OPh$（31%）和 $c\text{-}C_6H_{11}NHC(\!=\!O)SeCH_2Ph$（64%）。根据这些实验数据，可为这一自由基反应提出如下的机理：首先，$PhSO_2SeR$ 均裂形成 $PhSO_2{}^{\bullet}$ 和 $RSe^{\bullet}$（$RSe^{\bullet}$ 偶联形成 $RSeSeR$）；然后，$PhSO_2{}^{\bullet}$ 进攻异腈 $R'NC$ 产生亚胺酰自由基 $PhSO_2C(NR')^{\bullet}$；继而，$PhSO_2C(NR')^{\bullet}$ 与 $PhSO_2SeR$ 或 $RSeSeR$ 反应夺取 RSe 生成 $PhSO_2C(NR')SeR$ 与 $PhSO_2{}^{\bullet}$，$PhSO_2{}^{\bullet}$ 继续进行链传递反应；最后，$PhSO_2C(NR')SeR$ 与水反应产生 $PhSO_2H$ 和 $R'NHC(O)SeR$（图 9.28B）。

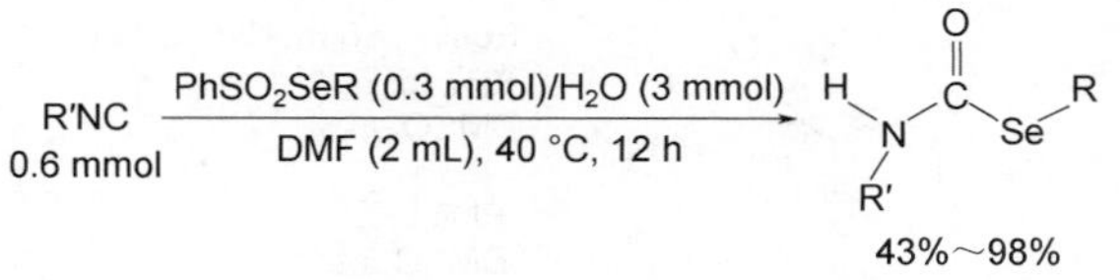

图 9.28A　磺酸硒醇酯、异腈和水的三组分反应

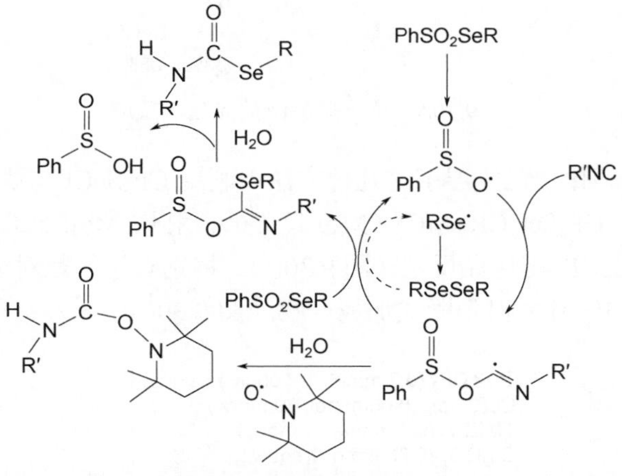

图 9.28B　磺酸硒醇酯、异腈和水的三组分反应机理

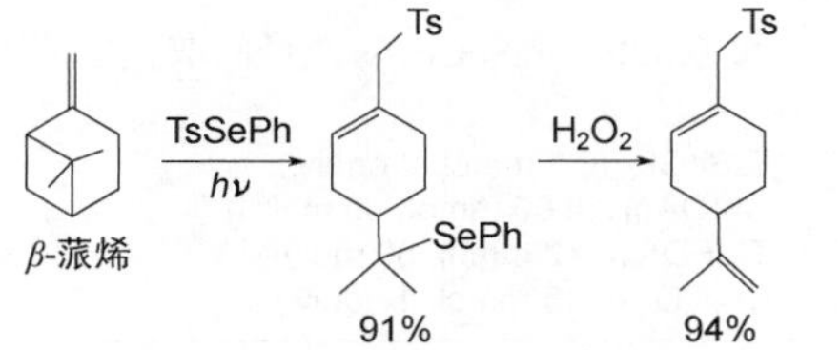

图 9.28C　带小环的烯烃进行的硒-砜化反应

带小环（三元环、四元环）的烯烃进行硒-砜化反应伴随小环开裂反应（图 9.28C）。磺酸硒醇酯对丙二烯化合物（allene）进行自由基加成，磺酰基加成到中间 sp 杂化的碳原子上（图 9.29）。

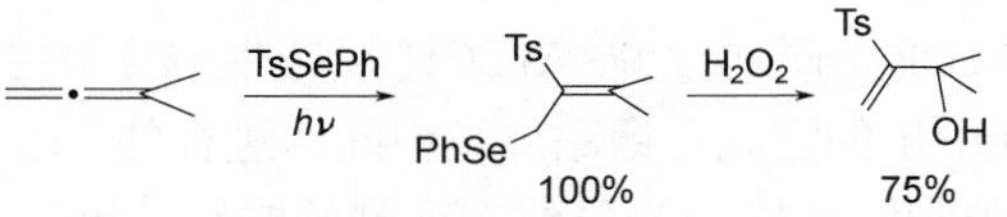

图 9.29　磺酸硒醇酯对丙二烯的自由基加成

磺酸硒醇酯另外的进展是制备对甲苯磺酸三氟甲硒醇酯 $TsSeCF_3$ 并研究其反应[40]。受 CF_3SO_2SePh 中 S—Se 键辐射敏感性的启发，研究了 $TsSeCF_3$ 的光化学反应：在白光 LED 照射下，$TsSeCF_3$ 产生自由基 $CF_3Se^{\bullet}$ 并快速二聚成 $CF_3SeSeCF_3$；这种原位产生的二硒醚可捕获碳自由基从而形成硒醚。

在可见光照射和曙红 Y 存在下，$TsSeCF_3$ 与芳香族和杂芳香族重氮盐反应生成（杂）芳香族三氟甲基硒醚。在可见光照射下，不使用光氧化还原催化剂（photoredox catalyst），对甲苯磺酸三氟甲硒醇酯 $TsSeCF_3$ 也能对烯烃或炔烃进行自由基加成反应（图 9.30A）。

(Hetero)ArN2BF4
(Hetero)ArSeCF3
38%～83%
Eosin Y (5 mol%)
白光 LED
DMSO, r.t.
SeCF3
白光 LED
DMSO, r.t.
R'
R
Ts
R'
R
SeCF3
33%～88%

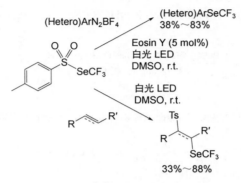

图 9.30A 磺酸硒醇酯的光化学反应

末端炔烃 sp 碳的硒化，已发展了这几种方法：利用 CF_3SeCl 与炔锂或炔铜 RCCM 反应 $CF_3SeCl+RCCM \longrightarrow CF_3SeCCR+MCl$（M=Li、Cu）；利用 Me_4NSeCF_3 与 RCCH 在氧化剂存在下反应；利用 $TsSeCF_3$ 与炔烃反应（图 9.30B）。特别有趣的是对于带有氧配位基团的炔烃，当 $TsSeCF_3$ 用量加倍时，得到顺式加成产物（图 9.30C）。

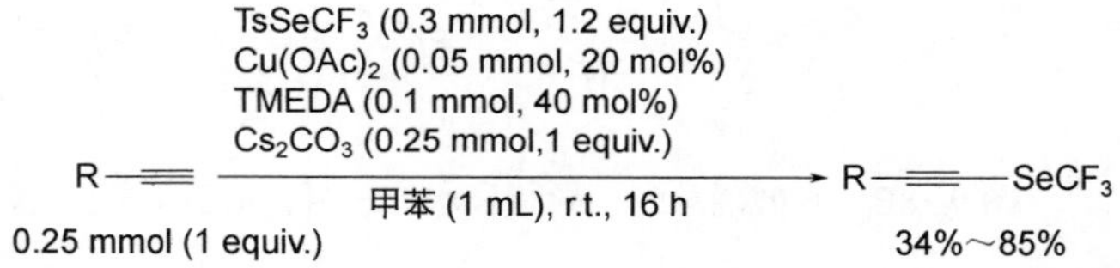

TsSeCF3 (0.3 mmol, 1.2 equiv.)
Cu(OAc)2 (0.05 mmol, 20 mol%)
TMEDA (0.1 mmol, 40 mol%)
Cs2CO3 (0.25 mmol,1 equiv.)
R
甲苯 (1 mL), r.t., 16 h
R
SeCF3
0.25 mmol (1 equiv.)
34%～85%

图 9.30B $TsSeCF_3$ 对炔烃的取代反应

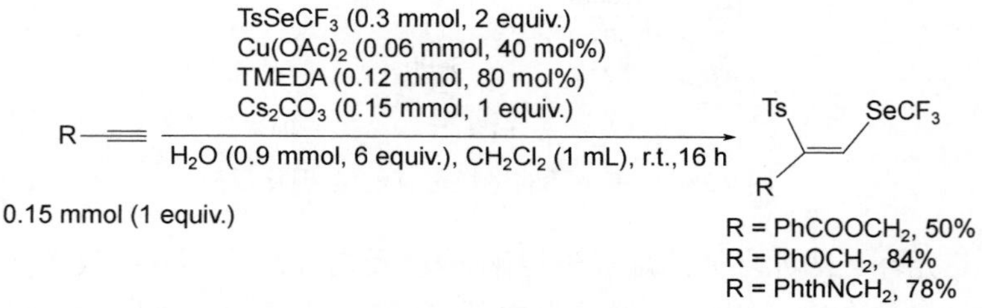

TsSeCF3 (0.3 mmol, 2 equiv.)
Cu(OAc)2 (0.06 mmol, 40 mol%)
TMEDA (0.12 mmol, 80 mol%)
Cs2CO3 (0.15 mmol, 1 equiv.)
R
H2O (0.9 mmol, 6 equiv.), CH2Cl2 (1 mL), r.t.,16 h
Ts
SeCF3
R
0.15 mmol (1 equiv.)
R = PhCOOCH2, 50%
R = PhOCH2, 84%
R = PhthNCH2, 78%

图 9.30C $TsSeCF_3$ 对炔烃的顺式加成反应

在无水 THF 中，$TsSeCF_3$ 与末端芳炔 ArCCH 反应生成位阻控制的反马氏加成产物，反应机理是经过如图 9.30D 所示的三元环硒鎓离子中间体进行的：由于第二种进攻方式（b）存在空间排斥，因此第一种进攻方式（a）导致观察到的实验结果。

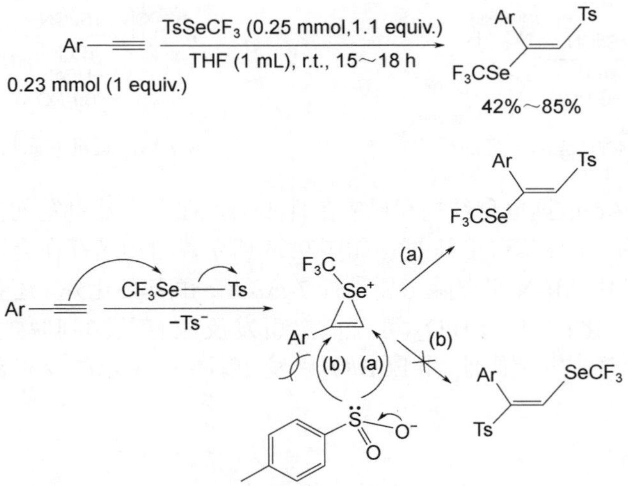

图 9.30D　TsSeCF$_3$ 与末端芳炔在 THF 中的反应

三、硒氰酸酯在有机合成中的应用

　　硒氰酸酯 ArSeCN 与醇的反应是 ArSe 取代羟基的 S$_N$2 型反应（图 9.31A）；不对称仲醇形成构型反转的产物。反应机理如下：首先，三正丁基膦亲核进攻硒氰酸酯 ArSeCN 生成 ArSeP^{+n}Bu$_3$；然后，醇亲核进攻膦释放 ArSe$^-$ 得到 RR'CHOP^{+n}Bu$_3$；最后，亲核试剂 ArSe$^-$ 背后进攻 C—O 键，释放 OP^{n}Bu$_3$ 形成构型与醇碳反转的产物——硒醚（图 9.31B）。烷基芳基硒醚用单质溴断裂，提供了从手性醇制备构型保持的溴代烷的方法（参阅第八章）。

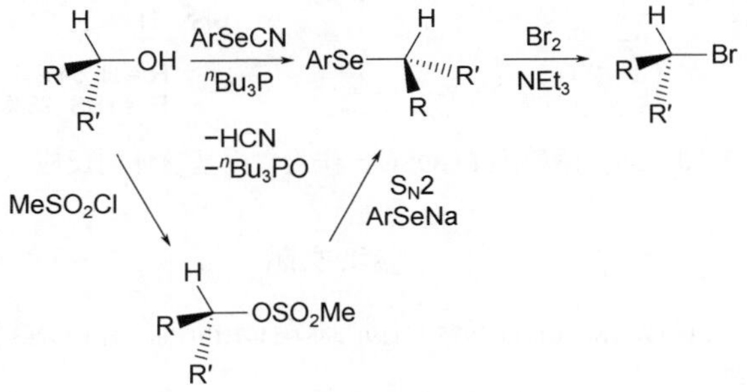

图 9.31A　硒氰酸酯与醇的反应

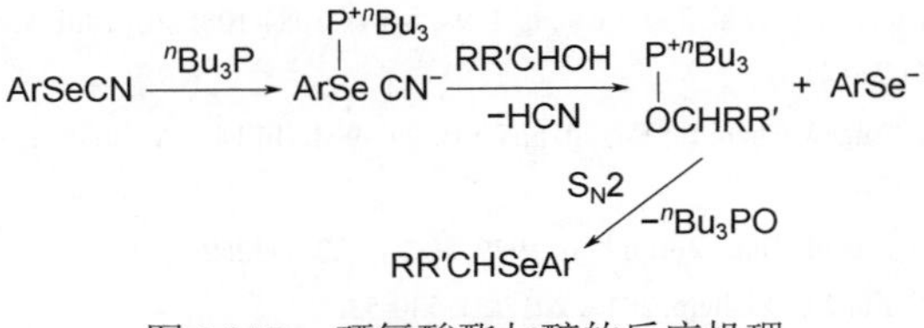

图 9.31B　硒氰酸酯与醇的反应机理

　　硒氰酸酯 ArSeCN 与醛 RCHO 反应提供 α-硒基腈 RCH(CN)SeAr（图 9.32），该产物可在强碱 LDA 存在下除质子，得到 α-锂化的芳硒基腈。羧酸 RCO$_2$H 可发生与醇类似的反应提供硒醇酯（selenoester）RCOSeAr（图 9.33）。

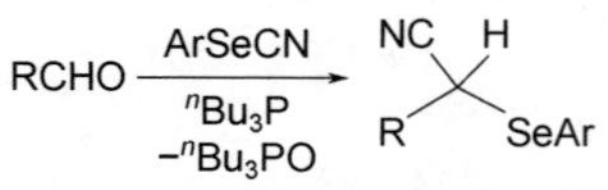

图 9.32 硒氰酸酯与醛的反应

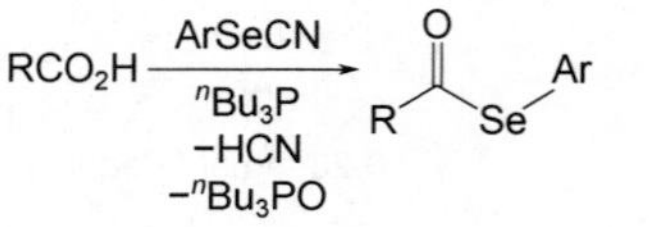

图 9.33 硒氰酸酯与羧酸的反应

硒醇酯 RCOSeAr 依据自身结构和反应条件不同，在自由基引发剂存在下提供酰基自由基 RCO·或其脱羧后产生烃基自由基 R·。如图 9.34 所示，自由基存在合适位置的不饱和键可发生加成环化反应：用 AIBN 引发除主要进行 7-*exo*-trig 酰基环化外，还有脱羧后烃基自由基进行的 6-*exo*-trig 环化；用 Et₃B/O₂ 可在低温引发反应有效抑制脱羧副反应从而只生成 7-*exo*-trig 酰基环化产物[41]。类似地，用 Et₃B/O₂ 引发如图 9.35 所示的反应高产率得到 7-*exo*-trig 酰基环化产物。

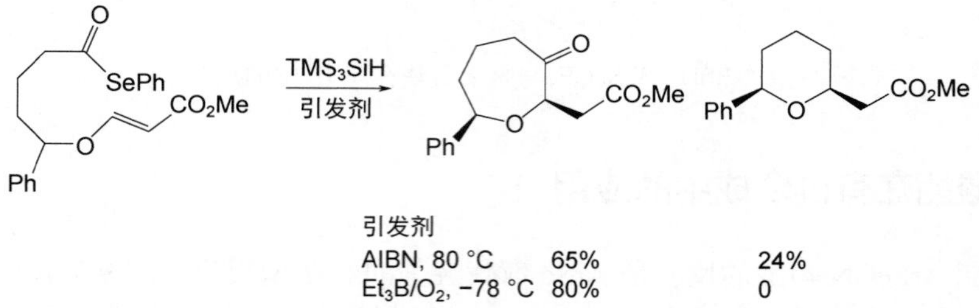

引发剂		
AIBN, 80 ℃	65%	24%
Et₃B/O₂, −78 ℃	80%	0

图 9.34 硒醇酯 RCOSeAr 作为自由基前体的反应

R = H 84%
R = TBS 93%

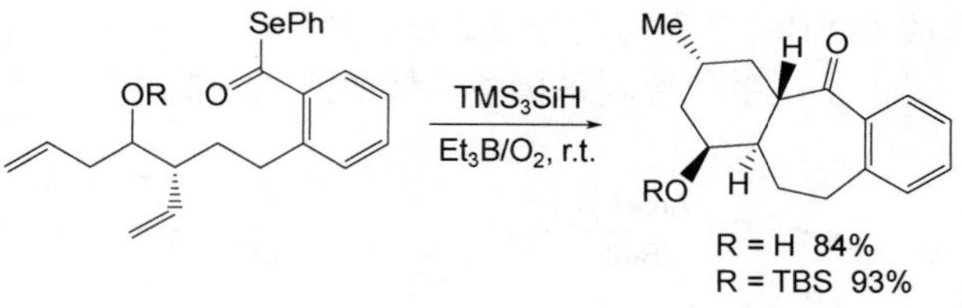

图 9.35 硒醇酯 RCOSeAr 作为自由基前体的反应

参考文献

[1] (a) Reich H J, Renga J M, Reich I L. J Am Soc Chem, 1975, 97(19): 5434-5447. (b) Reich H J, Cohen M L, Clark P S. Org Syn, 1988, 6: 533.

[2] Reich H J, Jasperse C P. J Org Chem, 1988, 53(10): 2389-2390.

[3] Kang S I, Kice J L. J Org Chem, 1985, 50(16): 2968-2972.

[4] (a) Ishii A, Matsubayashi S, Takahashi T, et al. J Org Chem, 1999, 64(4): 1084-1085. (b) Ishii A, Nakata N, Uchiumi R, et al. Angew Chem Int Ed, 2008, 47(14): 2661-2664.

[5] (a) Sase S, Kakimoto R, Goto K. Angew Chem Int Ed, 2015, 54(3): 901-904. (b) Ishii A, Ishida T, Kumon N, et al. Bull Chem Soc Jpn, 1996, 69(3): 709-717.

[6] Tamura Y, Adachi M, Kawasaki T, et al. Tetrahedron Lett, 1979, 20(24): 2251-2252.

[7] Glenadel Q, Ismalaj E, Billard T. Eur J Org Chem, 2017, 2017(3): 530-533.

[8] Barnes N A, Godfrey S M, Halton R T A, et al. Polyhedron, 2007, 26(5): 1053-1060.

[9] Kang S I, Kice J L. J Org Chem, 1986, 51(3): 295-301.

[10] Goto K, Saiki T, Akine S, et al. Heteroatom Chem, 2001, 12(4): 195-197.

[11] Kang S I, Kice J L. J Org Chem, 1986, 51(3): 287-290.

[12] Kice J L, Kutateladze A G. J Org Chem, 1993, 58(4): 917-923.

[13] (a) Reich H J, Willis W W Jr, Wollowitz S. Tetrahedron Lett, 1982, 23(33): 3319-3332. (b) Kice J L, McAfee F, Slebocka-Tilk H. Tetrahedron Lett, 1982, 23(33): 3323-3326.

[14] Ishii A, Takahashi T, Nakayama J. Heteroatom Chem, 2001, 12(4): 198-203.

[15] Kice J L, McAfee F, Slebocka-Tilk H. J Org Chem, 1984, 49(17): 3106-3114.

[16] (a) Kice J L, Chiou S. J Org Chem, 1986, 51(3): 290-294. (b) Kice J L, Chiou S, Weclas L. J Org Chem, 1985, 50(14): 2508-2516.

[17] Goto K, Shimada K, Nagahama M, et al. Chem Lett, 2003, 32(11): 1080-1081.

[18] Shao L, Li Y, Lu J, et al. Org Chem Front, 2019, 6(16): 2999-3041.

[19] Denmark S E, Kalyani D, Collins W R. J Am Chem Soc, 2010, 132(44): 15752-15765.

[20] Back T G, Muralidharan K R. J Org Chem, 1991, 56(8): 2781-2787.

[21] (a) Klapötke T M, Krumm B, Polborn K. Eur J Inorg Chem, 1999, 1999(8): 1359-1366. (b) Klapötke T M, Krumm B, Mayer P, et al. Phosphorus Sulfur Silicon Relat Elem, 2001, 172(1): 119-128.

[22] Chen Y, Cho C H, Shi F, et al. J Org Chem, 2009, 74(17): 6802-6811.

[23] Engman L, Törnroos K W. J Organomet Chem, 1990, 391(2): 165-178.

[24] Nájera C, Yus M, Karlsson U, et al. Tetrahedron Lett, 1990, 31(29): 4199-4202.

[25] Okazaki R, Itoh Y. Chem Lett, 1987, 16(8): 1575-1578.

[26] Tingoli M, Testaferri L, Temperini A, et al. J Org Chem, 1996, 61(20): 7085-7091.

[27] Yan D, Wang G, Xiong F, et al. Nature Commun, 2018, 9(1): 1-9.

[28] (a) Buckley D J, McKervey M A. J Chem Soc Perkin Trans 1, 1985, 1985(0): 2193-2200. (b) Kano T, Maruyama H, Homma C, et al. Chem Commun, 2018, 54(2): 176-179.

[29] Usuki Y, Iwaoka M, Tomoda S. J Chem Soc Chem Commun, 1992, 1992(16): 1148-1150.

[30] Hayama T, Tomoda S, Takeuchi Y, et al. J Org Chem, 1984, 49(17): 3235-3237.

[31] Billard T, Langlois B R, Large S, et al. J Org Chem, 1996, 61(21): 7545-7550.

[32] Gancarz R A, Kice J L. J Org Chem, 1981, 46(24): 4899-4906.

[33] Back T G, Collins S. J Org Chem, 1981, 46(16): 3249-3256.

[34] Shi Y L, Shi M. Org Biomol Chem, 2005, 3(9): 1620-1621.

[35] Back T G, Collins S, Kerr R G. J Org Chem, 1983, 48(18): 3077-3084.

[36] Luo S, Zhang N, Wang Z, et al. Org Biomol Chem, 2018, 16(16): 2893-2901.

[37] Chen Z, Hu F, Huang S, et al. J Org Chem, 2019, 84(12): 8100-8111.

[38] (a) Zhang R, Xu P, Wang S Y, et al. J Org Chem, 2019, 84(19): 12324-12333. (b) Liu Y, Zheng G, Zhang Q, et al. J Org Chem, 2017, 82(4): 2269-2275. (c) Huang X, Xu Q, Liang C G, et al. Synth Commun, 2002, 32(8): 1243-1249.

[39] Fang Y, Liu C, Wang F, et al. Org Chem Front, 2019, 6(5): 660-663.

[40] (a) Billard T, Toulgoat F. When Fluorine Meets Selenium. Emerging Fluorinated Motifs[M]. Weinheim: Wiley-VCH Verlag GmbH & Co. KGaA, 2020. (b) Ghiazza C, Tlili A, Billard T. Beilstein J Org Chem, 2017, 13: 2626-2630.

[41] Renaud P. Boron in Radical Chemistry. Encyclopedia of Radicals in Chemistry, Biology and Materials[M]. New Jersey: John Wiley & Sons, Ltd., 2012.

第十章

硒羰基化合物

第一节　硒醛和硒酮

一、硒醛和硒酮的制备

2p-4p 轨道不能有效重叠形成 π 键，导致 C═Se 双键的化合物难于分离提纯，得到的是 1,3-二硒烷（1,3-diselenetane），即它们的二聚体（dimer），反过来这也常常认为是硒醛 RCH═Se（selenoaldehyde）和硒酮 RCR′═Se（selenoketone）不稳定的一个证据。早期采用低温在 Ar 基质中检测以及利用共轭烯烃如环戊二烯、1,3-丁二烯、2,3-二甲基-1,3-丁二烯、2,3-二甲氧基-1,3-丁二烯等在甲苯等溶剂中经[4+2]环加成捕获产物，二氢-2H-硒吡喃衍生物，进行证明。当采用大体积基团提供官能团空间保护的策略后，已成功分离提纯几个动力学稳定的硒醛和硒酮（表 10.1）。

表 10.1　稳定的硒醛与硒酮的物理性质

化合物	状态	^{77}Se NMR	^{13}C NMR	$^1J(^{77}$Se，^{13}C)	λ_m（环己烷）/nm
—CH═Se	蓝色固体	2397.7*	258.2		722, 758
—CH═Se	绿色晶体	2321*	240.86		784（氯仿）
═Se	蓝色液体	2131	291.4	213.6	710

化合物	状态	^{77}Se NMR	^{13}C NMR	$^1J(^{77}$Se，^{13}C)	λ_m（环己烷）/nm
	蓝色液体	2135			689
	蓝色固体	1844		215.1	628，658
	蓝色液体	1803		216.0	623，656
	亮蓝色晶体	1613		220.8	616
	绿色晶体 98～99℃			240.1	744
	绿色晶体 74～75.5℃			244.4	750
	蓝色液体	2026	294.4		686
	蓝色晶体 39～41℃	2120	292.9		708
	蓝色晶体 161～162℃	2134	293.9		712

注：状态一列中温度为熔点。

* ^{1}H NMR（CH=Se）：17.38；17.08。

1. 硒醛的制备

已发展现场产生硒醛的方法——消除反应（图 10.1）：芳香硒醛、脂肪硒醛可以用 α-硅基硒氰酸酯在氟化四丁基铵或氰化四丁基铵存在下产生。带吸电子基的硒氰酸酯在碱如三乙胺存在下于四氢呋喃或二氯甲烷溶液中，现场产生硒醛。现场产生的硒醛能被共轭二烯烃捕获[1,2]。

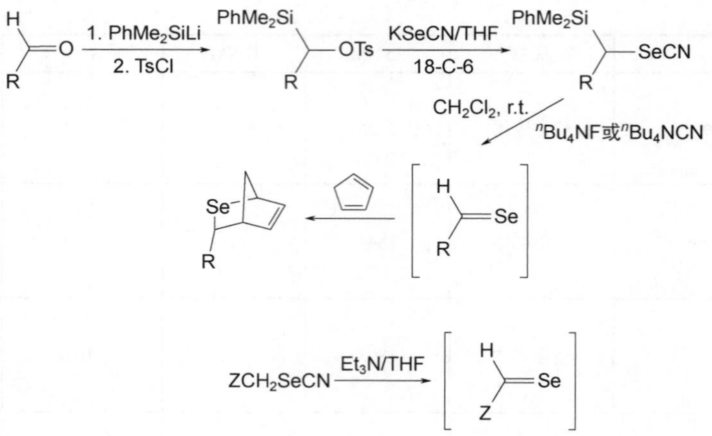

图 10.1　现场产生硒醛的方法

2. 硒酮的制备

大位阻硒酮有三种制备方法（图 10.2A、B）。第一种，$R_2C=NN=PPh_3$ 与硒粉在痕量三丁胺存在下反应[3]。利用这一方法制备了蓝色液体二叔丁基硒酮，产率 35%，有樟脑气味的亮蓝色晶体莳硒酮（selenofenchone），产率 28%。第二种，酮腙与 Se_2X_2 在三乙胺或三丁胺存在下，得到相应的硒酮以及 1,3,4-硒二唑啉副产物[4-6]。第三种，利用磷叶立德（Wittig 试剂）与两倍量的硒粉在苯中回流生成硒酮和 Ph_3PSe。这一方法产率高，适用性广[7]。当芳环上有给电子基时可以分离到单体硒酮（二芳基硒酮），否则分离得到二聚体的形式，二聚体在加热下可以解聚。利用这一方法制备了二(4-甲氧基)苯基硒酮，产率 58%，二(4-甲基)苯基硒酮，产率 38%。此外，利用烯丙基乙烯基硒醚进行[3,3]-σ 键迁移重排现场产生硒酮（硒醛），用于捕获实验研究（图 10.2C）。

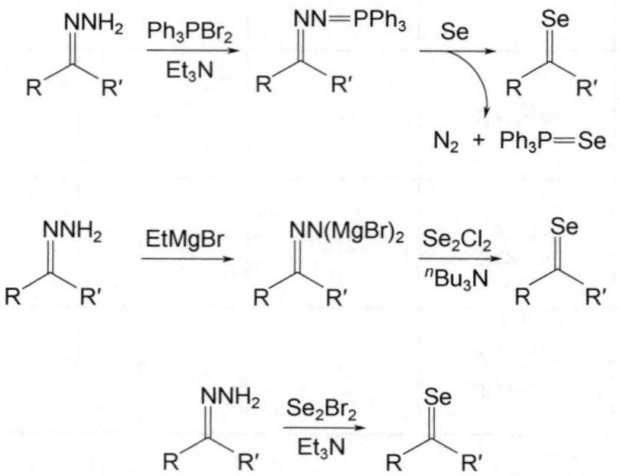

图 10.2A　从腙制备大位阻的硒酮

α,β-不饱和酮（醛）与二(二甲基铝)硒化物 $(Me_2Al)_2Se$［bis(dimethylaluminum)selenide］原位反应生成相应的 α,β-不饱和硒酮（硒醛），它们也是不稳定的，不能以单体形式分离，但是它们通过"头对头"的过渡态进行区域选择性[4+2]二聚（dimerization），从而得到二硒醚衍生物[8]。在密度函数理论（DFT）水平上的理论计算表明，这种选择性的发生是因为"头对头"的二聚化在热力学上比"头对尾"的二聚化有利约 58.6kJ/mol。

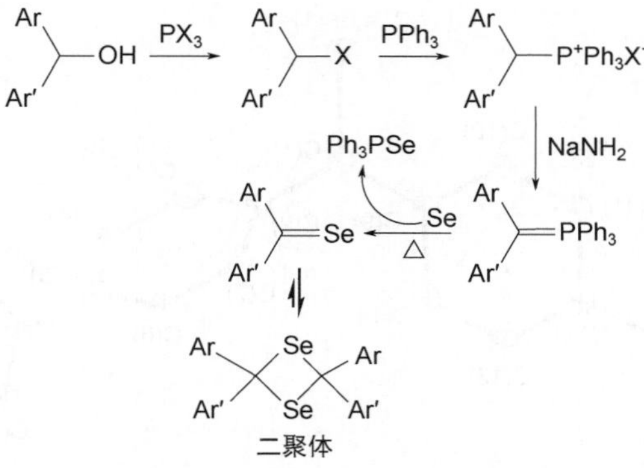

图 10.2B　从磷叶立德制备二芳基硒酮

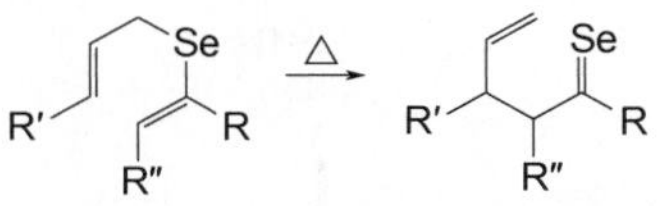

图 10.2C　从硒醚加热重排制备硒酮（R=H，硒醛）

二、硒醛和硒酮的物理性质

2,4,6-三叔丁基苯甲硒醛是第一个被分离提纯的稳定硒醛，蓝色液体，在-15℃为蓝色晶体。在 ^{1}H NMR 谱中，CHSe 信号在 17.38，这表明硒导致其强烈的去屏蔽。在固体状态下，它在室温和空气中可存在 7 天，在溶液中，对氧气敏感[2]。芳香硒醛 2,6-(3,5-(2,6-^{i}Pr$_2$C$_6$H$_3$)$_2$C$_6$H$_3$)$_2$C$_6$H$_3$CH=Se 的结构已通过单晶 X 射线衍射法测定[9]。二叔丁基硒酮是蓝色液体，有稍微不愉快的气味，热稳定，若见光，在空气中易氧化分解得到单质硒与二叔丁基酮。葑硒酮，亮蓝色晶体，有樟脑气味。二芳基硒酮，绿色晶体，其中二(对甲氧基苯基)硒酮的结构经单晶 X 射线衍射确证[7]。

微波法测定 CH$_3$CH=Se 分子中 C=Se 键长为 1.758Å；用 X 射线单晶衍射法测定绿色芳香硒醛 2,6-(3,5-(2,6-^{i}Pr$_2$C$_6$H$_3$)$_2$C$_6$H$_3$)$_2$C$_6$H$_3$CH=Se（CSD：XOSWEJ）分子中 C=Se 键长为 1.739(3)Å。二(对甲氧基苯基)硒酮（CSD：WIDJAU）分子结晶于 $P2_1/n$ 空间群（图 10.3A），其几何参数：键长 C(1)-Se(1)，1.791(4)Å；C(1)-C(2)，1.460(6)Å；C(1)-C(9)，1.474(7)Å；键角 Se(1)-C(1)-C(2)，118.8(3)°；Se(1)-C(1)-C(9)，121.7(3)°；C(2)-C(1)-C(9)，119.5(3)°。硒羰基碳的键角和为 360°，表明硒羰基是平面的，碳原子采用 sp^2 杂化成键。硒羰基平面与苯环 C(2)-C(7) 平面和 C(9)-C(14)平面的二面角为 43.2(2)°和 21.5(2)°，表明硒羰基平面与苯环不共面，没有 p-π 共轭效应。双环脂肪硒酮 [1,5-二甲基-3,7-二硫杂双环[3.3.1]壬烷硒酮[10]，nonaneselone（图 10.3B）](CSD：VOBKOM) 分子结晶于空间群 $Cmcm$，位于 b 轴方向的 C_2 对称轴上，其几何参数：键长 C(1)-Se(1)，1.773(6)Å；C(1)-C(2)，1.522(5)Å；C(2)-C(3)，1.530(6)Å；C(4)-S(1)，1.802(3)Å；键角 Se(1)-C(1)-C(2)，122.2(2)°；C(2)-C(1)-C(2)a，115.6(4)°；C(1)-C(2)-C(3)，114.0(4)°。

三、硒醛和硒酮的化学性质

2,4,6-三叔丁基苯甲硒醛的化学反应示于图 10.4：在溶解氧气的溶液中，即使在-50～-40℃也迅速转变为相应的醛；在苯中加热 50h 后定量转变为环状硒醚；与有机锂试剂反应，

Se(1)
C(10)
C(1)
C(3)
C(11)
C(9)
C(2)
C(4)
C(5)
O(2)
C(12)
C(14)
C(7)
C(6)
O(1)
C(13)
C(8)
C(15)

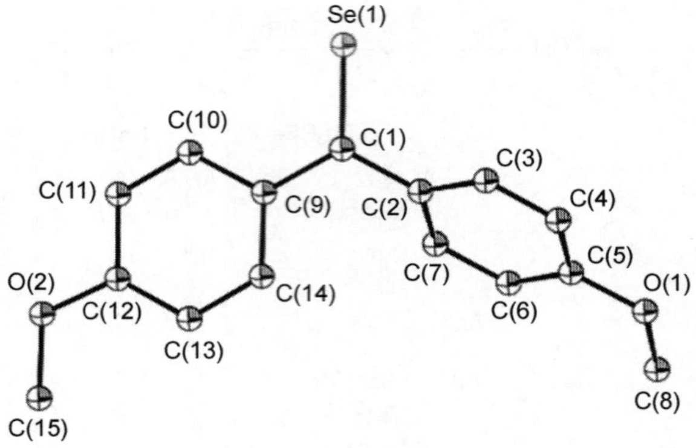

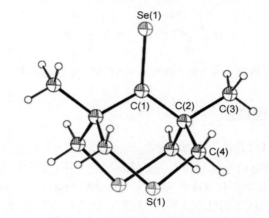

图 10.3A　二（对甲氧基苯基）硒酮的分子结构

Se(1)
C(1)
C(2)
C(3)
C(4)
S(1)

图 10.3B　双环脂肪硒酮的分子结构

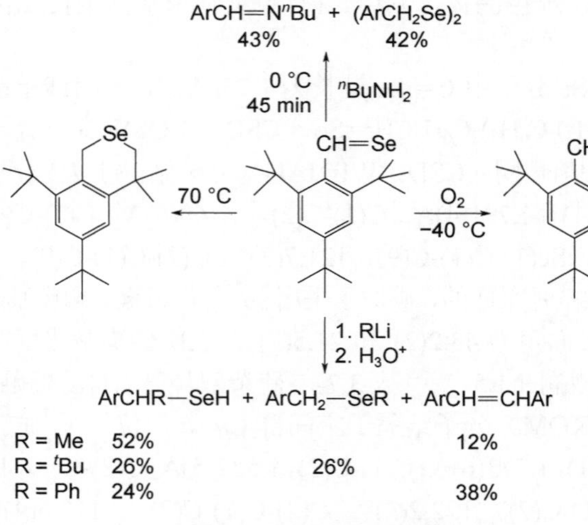

ArCH=N^{n}Bu + (ArCH$_2$Se)$_2$
43%
42%
0 °C
45 min
^{n}BuNH$_2$
Se
CH=Se
CH=O
70 °C
O$_2$
−40 °C
1. RLi
2. H$_3$O$^+$
ArCHR—SeH + ArCH$_2$—SeR + ArCH=CHAr
R = Me 52% 12%
R = ^{t}Bu 26% 26%
R = Ph 24% 38%

图 10.4　硒醛的化学反应

生成三种类型产物，比例依有机锂试剂的烃基而异；在甲苯中，0℃下，与丁胺反应，在 45min 内反应完成，得到亚胺（43%）以及硒醛还原的二聚产物（42%）[2,4]。硒酮的化学反应示于图 10.5：硒酮的 C═Se 单元作为 2π 电子供体可与烯烃、1,3-偶极体以及共轭二烯烃发生环加成反应形成四元环、五元环以及六元环化合物；与重氮化合物进行[3+2]加成形成五元杂环化合物，经 N_2 和 Se 挤出反应得到用一般方法难于制备的四取代烯烃；位阻大的硒酮与丙炔酸加成形成六元杂环；与酮不同，亲核试剂如 PhLi 等对硒酮的加成主要进攻 Se 而不是 C，生成硒稳定的碳负离子；硒酮可以作为自由基捕获剂，反应位置也在硒上；硒酮也能容易地被还原剂如 H_2Se、$NaBH_4$ 等还原形成二硒醚；稳定的硒酮能形成金属配合物，例如在二氯甲烷中它们与铂配合物室温反应（10min）得到黄色配合物(κ^2-RCSeR′)Pt(PPh$_3$)$_2$；在四甲基茚 2-硒酮形成的配合物中，C—Se 键长为 1.917(16)Å，介于单键与双键键长之间[11]。

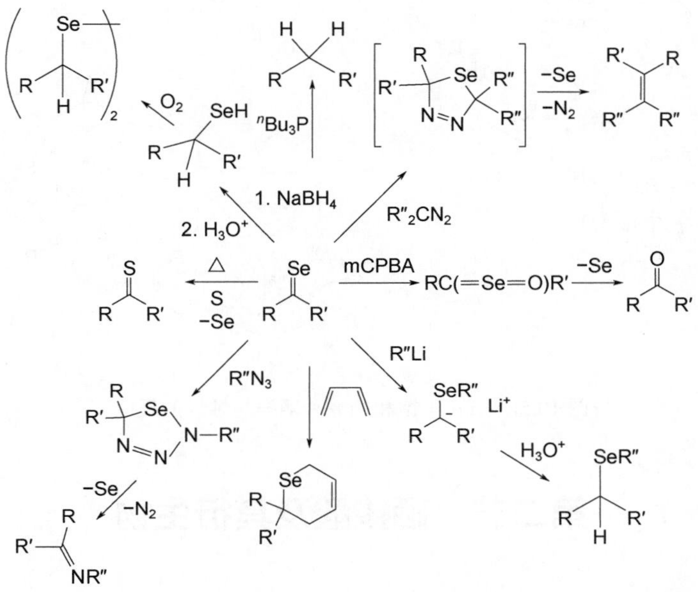

图 10.5A 硒酮的化学反应

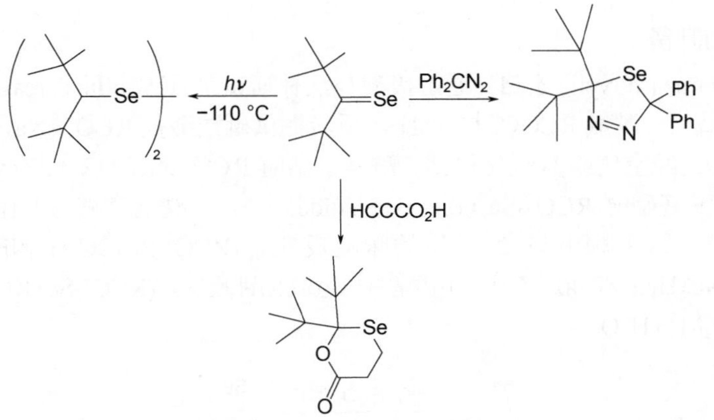

图 10.5B 二叔丁基硒酮的化学反应

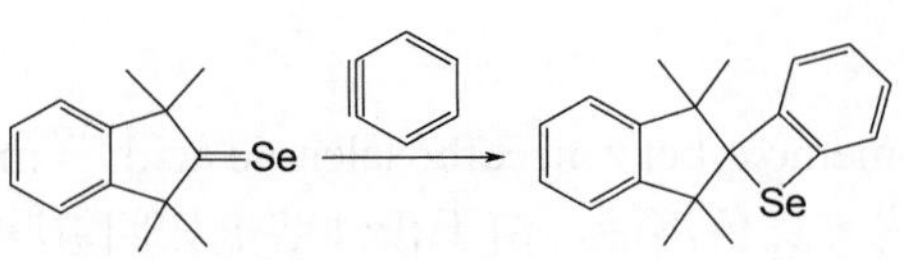

图 10.5C 硒酮的[2+2]环加成反应

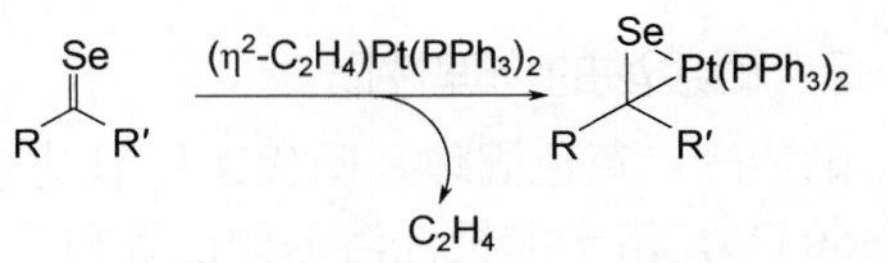

图 10.5D 硒酮的配位反应

共轭硒醛和共轭硒酮（图 10.5E），依据另一组分的不同，显示 2π 电子（C=Se）和 4π 电子（C=C—C=Se）的不同反应性。在降冰片二烯存在下，这些化合物作为 4π 杂二烯（heterodiene）（C=C—C=Se）生成相应的环加成产物。另外，它们在与环戊二烯的反应中起着 2π 亲二烯体（dienophile）（C=Se）的作用；但丙烯硒醛作为 4π 杂二烯类化合物只与环戊二烯中的一个 C=C 键（2π）反应[8]。

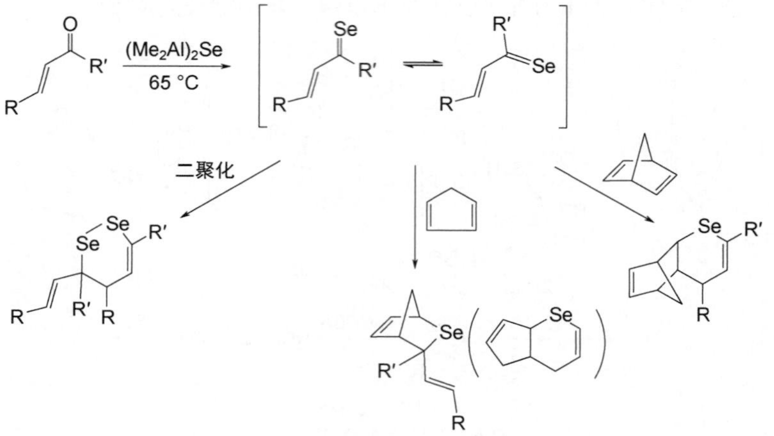

图 10.5E　α,β-不饱和硒醛和硒酮与烯烃的反应

第二节　硒羧酸及其衍生物

一、硒羧酸

1. 硒羧酸的制备

硒羧酸（selenocarboxylic acid）通过羧酸与沃林斯试剂（Woollins' reagent）在甲苯中加热反应制备[12]，或者，酰氯 RCOCl 与 NaHSe 反应提供硒羧酸盐 RCOSeNa，HCl 酸化得到硒羧酸[13]（图 10.6）；经空气或 I_2 氧化得到二酰基二硒醚 RCOSeSeCOR（diacyl diselenide），用 Ph_3P 脱硒形成二酰基硒醚 $(RCO)_2Se$（diacyl selenide）[14]。二酰基硒醚与碱作用可得到硒羧酸盐[15]：在 5℃ 的二氯甲烷中与 2 当量的哌啶反应，$(RCO)_2Se+2C_5H_{10}NH \longrightarrow RCOSe^-$$C_5H_{10}NH_2^+ + RCONC_5H_{10}$；在 40~50℃ 的甲醇中与氢氧化钾反应，$(RCO)_2Se+KOH+MeOH \longrightarrow$$RCOSe^-K^+ + RCO_2Me + H_2O$。

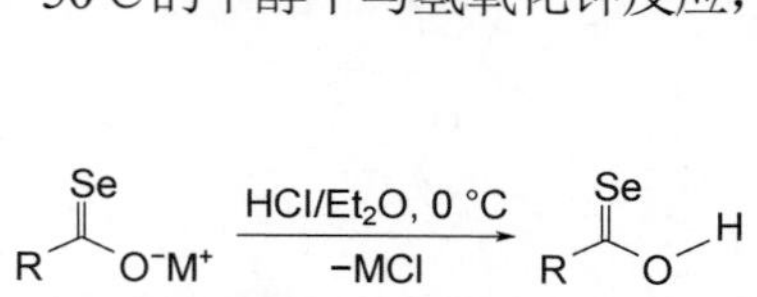

图 10.6　硒羧酸的制备

2. 硒羧酸的物理性质

硒羧酸，黄色固体，硒代 4-甲氧基苯甲酸（4-methoxybenzenecarboselenoic acid）（m.p.，49~50℃），溶于非极性溶剂如己烷和苯（氯仿）为亮黄色溶液，溶于极性溶剂如四氢呋喃、甲醇为红色溶液（图 10.7）。在固态，C=O 和 HSe 振动吸收峰在 1682cm^{-1} 和 2289cm^{-1} 处。

在 THF 中，C＝O 振动吸收峰的强度极大降低。

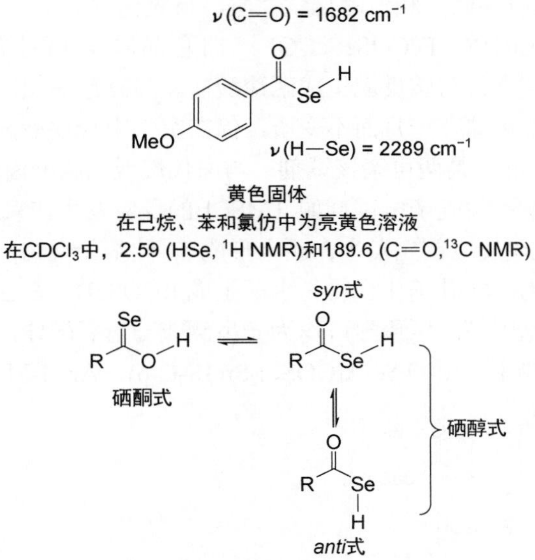

$\nu(\text{C}=\text{O}) = 1682 \text{ cm}^{-1}$

$\nu(\text{H}-\text{Se}) = 2289 \text{ cm}^{-1}$

黄色固体
在己烷、苯和氯仿中为亮黄色溶液
在 CDCl_3 中，2.59 (HSe, ^{1}H NMR)和189.6 (C＝O,^{13}C NMR)

syn 式

硒酮式

硒醇式

anti 式

图 10.7　硒羧酸的结构

在 DCCl_3 中，C＝O 和 HSe 的核磁信号在 189.6（^{13}C NMR）和 2.59（^{1}H NMR）以及 427.5（^{77}Se NMR）；在（−90℃）THF-d_8 中，C＝O 和 HSe 的核磁信号消失，在 15.3（^{1}H NMR）和 222.2（^{13}C NMR）、753.9（^{77}Se NMR）处出现 HO 和 C＝Se 的核磁信号。这些数据表明在极性溶剂中，硒羧酸存在硒酮式-硒醇式互变异构平衡（tautomeric equilibrium）（图 10.7），在低温下硒酮式占优势[13]。硒代乙酸（selenoacetic acid）：绿色液体［m.p.，−50℃；根据蒸气压方程 $\ln p=10.78-4111/T$，其中 p 单位为 atm（大气压）、T 单位为 K，外推得到正常沸点为 109℃］。在−30℃，CD_3OD 为溶剂，其核磁数据：^{1}H NMR，2.3（CH_3），4.1（HSe）；^{13}C NMR，37.8（CH_3），195.6（C＝O）；^{77}Se NMR，434.7（HSe）。通过对 MeCOSeH 的单晶 X 射线衍射分析［晶胞参数：正交晶系，$a=10.212(2)$Å，$b=11.741(2)$Å，$c=6.8652(10)$Å，$V=823.1(2)$Å^3，$Z=8$］以及 Møller-Plesset 微扰理论（MP2）和密度函数 B3LYP 方法计算证明硒羧酸存在两种构象：*syn* 和 *anti*（图 10.7）[16]。由于硒羧酸不稳定，使用其盐是方便的选择，部分硒羧酸钾的物理性质列于表 10.2。

表 10.2　硒羧酸钾的物理性质*

RCOSeK	产率/%	IR（KBr）νC＝O/cm^{-1}	UV（EtOH）λ_{max}/nm（lgε）
PhCOSeK	95	1538	231（4.19）325（3.61）
4-MeC$_6$H$_4$COSeK	90	1539	240（4.17）324（3.65）
4-ClC$_6$H$_4$COSeK	95	1529	239（4.22）333（3.63）
4-MeOC$_6$H$_4$COSeK	88	1540	259（4.11）319（3.79）
^{n}C$_{17}$H$_{35}$COSeK	94	1560	274（3.70）

*Ishihara H. *Chem. Lett.*, **1976**, 5, 203。

3. 硒羧酸的化学性质

硒羧酸 RCOSeH 具有与硒醇相似的化学性质，易氧化生成二酰基二硒醚 RCOSeSeCOR（MeCOSeSeCOMe，黄色固体；FcCOSeSeCOFc，红色晶体），可对烯烃和 α,β-不饱和化合物进行加成。硒羧酸具有酸性，与胺反应生成硒羧酸盐。与硒羧酸相比，硒羧酸（钾）盐在室温和氮气氛下相当稳定，可储存一月而不变质，但在空气中会逐渐分解产生单质硒。硒羧酸根（盐）（selenocarboxylate）是两可亲核试剂：与卤代烷或次膦酰卤或 Me₃SnCl 或 Me₃GeCl 在室温的反应发生在硒上；与硬亲电试剂如 TMSCl 的反应发生在氧上（图 10.8），通过 ¹³C NMR 跟踪反应进程，发现反应首先发生在硒上形成 Se-硅基化合物，然后快速重排为热力学稳定产物，O-硅基化合物；O-硅基化合物易水解生成 RCOSeH，在乙醚或二氯甲烷中与 RbF 或 CsF 反应提供硒羧酸盐[13,15]。硒羧酸可作为一齿硒或一齿氧配体，也可作为二齿配体与金属配位［例如在锶配合物中，($\kappa^2 O,Se$-ArCOSe)₂Sr(18-C-6)，Ar=4-MeC₆H₄］。

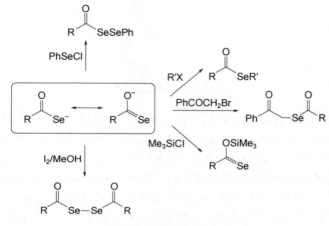

图 10.8　硒羧酸根的反应

二、硒羧酸酯

1. 硒羧酸酯的制备以及物理性质

酰胺与光气（phosgene）反应生成氯亚铵盐（chloroiminium salt），进一步与醇作用提供亚铵酯（iminium ester）盐酸盐，其与硒氢化钠反应得到硒羧酸酯（selenoester）（图 10.9A）。腈在乙醚中与乙醇在氯化氢存在下反应生成亚铵乙酯盐酸盐，低温（-15℃）下用氨处理得到亚胺乙酯，在-25℃下与硒化氢反应得到硒羧酸乙酯（图 10.9B）。炔基硒醇盐 RCCSeLi 或 RCCSeK（由 1,2,3-硒二唑在 KO^{t}Bu/HO^{t}Bu 条件下产生）与醇 HOR′反应提供 RCH₂C(=Se)OR′（参阅第七章）。原酸甲酯 RC(OMe)₃ 或原酸乙酯 RC(OEt)₃ 与(Me₂Al)₂Se［bis(dimethylaluminum) selenide］在甲苯/1,4-二氧六环中加热反应提供相应的硒羧酸甲酯 RC(=Se)OMe 或乙酯 RC(=Se)OEt。脂肪族乙酯是黄色液体，芳香族为暗红色油；芳香族比脂肪族稳定，但在室温下易分解，适合于冰箱低温储存。在 UV 谱中，在 450nm 左右显示归属于 n→π*跃迁的弱吸收。在 NMR 谱中，与硒酮相比（ca. 290），硒羧酸酯的硒羰基 ¹³C NMR 化学位移［PhC(=Se)OEt，222.4；HC(=Se)O^{t}Bu，215.0］处于高场，这是由于 p-π 共轭的缘故，根据共振论可表示为：RC(=Se)—OR′ ⟷ RC(—Se⁻)=O⁺R′；类似地，与硒酮（1613～2135）相比，硒羧酸酯的硒羰基 ^{77}Se NMR 化学位移（PhCSeOEt，915；HCSeO[t]Bu，1052）也处于高场[17]。

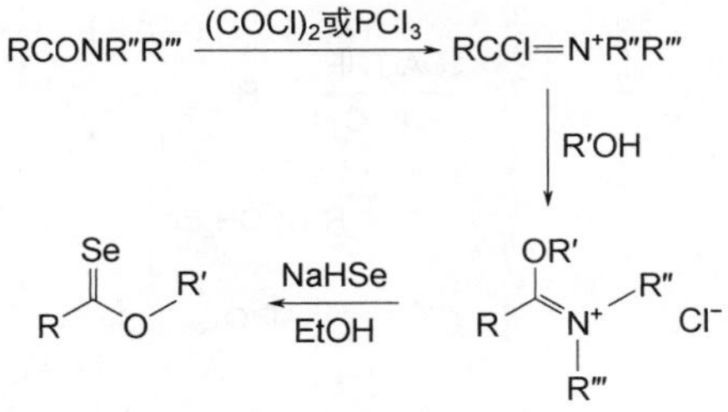

图 10.9A 硒羧酸酯的制备（一）

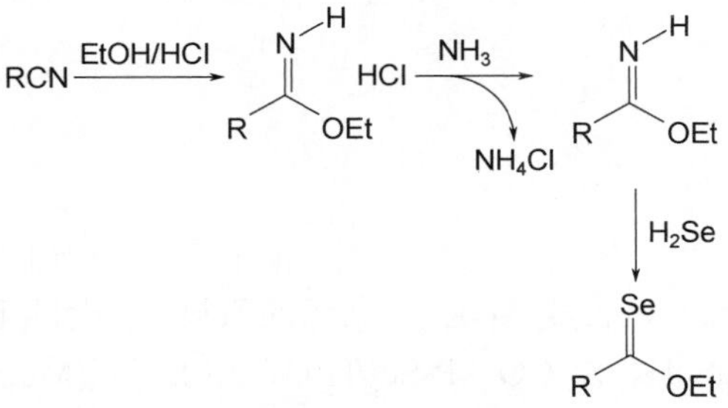

图 10.9B 硒羧酸酯的制备（二）

2. 硒羧酸酯的化学性质

硒羧酸酯 PhC(=Se)OR 用 H_2/Raney Ni 还原生成相应的醚 $PhCH_2OR$。$NaBH_4$ 还原硒羧酸酯得到硒醇负离子（即负氢加成到 C=Se 键的碳上）；经氧化偶联得到二硒醚；与烷基化试剂反应提供不对称硒醚。与 Wittig 试剂反应形成烯醇醚：PhC(=Se)OR+Ph_3P=CH_2 ⟶ PhC(=CH_2)OR+Ph_3PSe[18]。与单质硫加热反应生成相应的硫羧酸酯 ArC(=Se)OR+S ⟶ ArC(=S)OR+Se。硒羧酸酯可进行酯交换反应（transesterication），例如苯硒羧酸甲酯与 N,N-二甲基乙醇胺在甲苯中加热（87℃）生成相应的 O-酯，PhC(=Se)OMe+$HOCH_2CH_2NMe_2$ ⟶ PhC(=Se)$OCH_2CH_2NMe_2$+HOMe；与硒醇盐反应生成二硒羧酸酯（diselenocarboxylate），RC(=Se)OMe+Me_2AlSeMe ⟶ RSe_2Me+Me_2AlOMe；硒羧酸酯的氨解（aminolysis）提供合成硒酰胺的一种方法。硒羧酸酯 RC(=Se)OEt（O-ethyl selenocarboxylate）与邻氨基苯甲酰胺、邻氨基苯甲硫酰胺反应生成 2-取代(R)-4-羟基苯并嘧啶化合物、2-取代(R)-4-巯基苯并嘧啶化合物，与氨基脲 R′NHCONHNH₂、氨基硫脲 R′NHCSNHNH₂ 作用产生 1-取代(R′)-2-羟基-5-取代(R)-1,3,4-三唑化合物、1-取代(R′)-2-巯基-5-取代(R)-1,3,4-三唑化合物，与邻苯二胺、邻氨基苯酚和邻氨基苯硫酚反应分别得到苯并咪唑化合物、苯并噁唑化合物和苯并噻唑化合物。

硒羧酸酯 MeC(=Se)OR 在 TMS_2NK 存在下缩合生成 MeC(OR)=CHC(=Se)OR。有 α-氢的硒羧酸酯在 LDA 存在下，除 α-氢，产生负离子，与 α-卤代炔反应生成多取代硒吩，产率在 41%～62% 范围（图 10.10）。

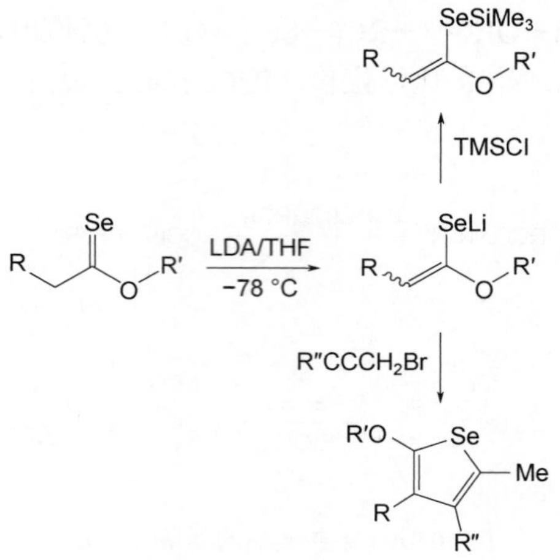

图 10.10　硒羧酸酯的化学反应

三、硒酰胺

1. 硒酰胺的制备

伯硒酰胺（selenoamide）是合成 Se-C-N 杂环的原料[19]，因此已发展了不少合成方法，如腈与硒化试剂 H_2Se、NaSeH、Se/CO、P_2Se_5/H_2O、Al_2Se_3 和$(Me_3Si)_2Se$ 等的反应，这些方法不仅耗时、反应温度高而且大多操作不便以及反应产率低。腈（5mol）在 $F_3B \cdot OEt_2$（1.2mol）存在下与硒羧酸钾（4-MeC_6H_4COSeK，1mol）在 0℃的四氢呋喃中反应 5h 得到红紫色溶液，加水，后处理以 63%～87%的产率提供伯硒酰胺[20]。芳腈（arylnitrile，20mmol）与 WR（10mmol）以计量比 2：1 在甲苯中回流 4h 至溶液为亮红棕色，冷却后加少量水（1mL），继续回流 1h，减压除去溶剂，剩余物经柱色谱分离、重结晶得到伯硒酰胺，产率在 60%～100% 范围；为这一反应提出的机理是：在回流温度下，WR 离解为单体，然后与芳腈进行[2+2]环加成形成环状中间体，它异构为硒酮式，与水反应后形成产物（图 10.11A）[21]。

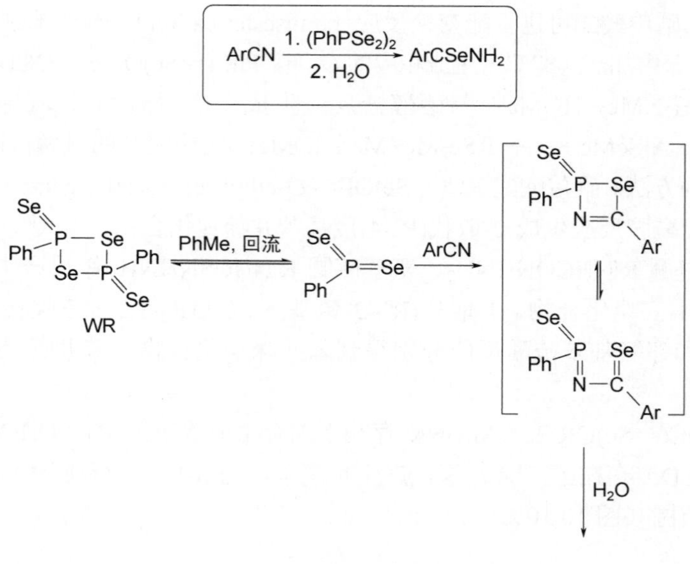

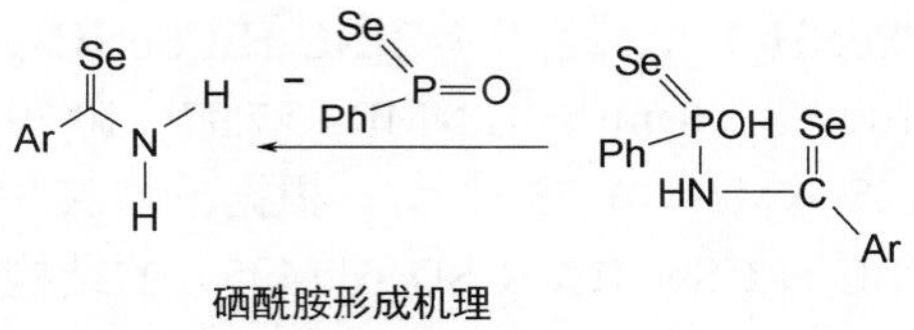

硒酰胺形成机理

图 10.11A　芳腈与硒化试剂 WR 反应制备硒酰胺

4-取代(R)-1,2,3-硒二唑在片状 KOH 存在下与伯胺 R′NH$_2$ 回流反应经中间体烯硒酮（selenoketene）RCH═C═Se 生成硒酰胺 RCH$_2$CSeNHR′，与仲胺 R′R″NH 在 1,4-二氧六环中反应提供硒酰胺 RCH$_2$CSeNR′R″[22]。酰胺与硒粉在氯硅烷以及 DMAP 存在下在回流的甲苯中反应，高产率得到相应的硒酰胺（图 10.11B）[23]。

仲酰胺、叔酰胺与草酰氯或三氯氧磷反应得到氯亚铵盐（chloroiminium salt），在−78℃下与硒钨酸四乙基铵盐作用，然后自然恢复到室温反应 30min 得到相应的硒酰胺（图 10.11C）[24]。

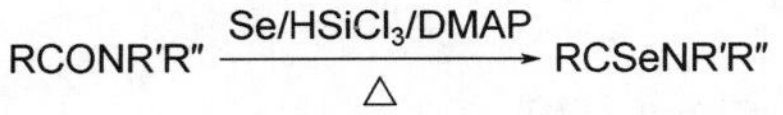

图 10.11B　酰胺硒化制备硒酰胺（一） 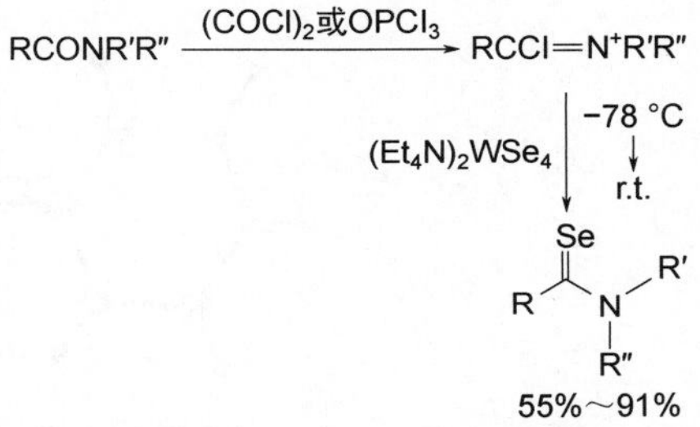　　　　图 10.11C　酰胺硒化制备硒酰胺（二）

类似的方法可制备含硒肽（selenoxopeptide）（图 10.11D）。硒试剂 LiAlHSeH 的制备：在氩气保护下，将氢化铝锂（lithium aluminum hydride，LAH；0.38g，10.0mmol）加入硒粉（0.80g，10.0mmol）与四氢呋喃（100mL）的混合物中（0℃），搅拌 30min 得到灰色溶液（LiAlHSeH），预制的硒试剂直接用于后续反应。N-保护二肽的酰基硒化（selenation）：在氩气保护下，向苯（5mL）的二肽酯（1.0mmol）悬浮物中加入固体 PCl$_5$（0.208g，1.0mmol）和 DMF（0.025～0.03mL），室温搅拌 10min 得到亮黄色溶液。继续搅拌 10～20min 后，加入刚制备的 LiAlHSeH（0.115g，1.0mmol），混合物在室温避光搅拌反应 10min。在反应完成后（TLC 跟踪），溶剂减压除去，剩余物用乙酸乙酯（10mL）稀释，依次用 1mol/L 碳酸氢钠（3×10mL）、1mol/L 柠檬酸（2×10mL）、水（2×10mL）和饱和食盐水（10mL）洗涤，过滤，滤液用无水 Na$_2$SO$_4$ 干燥。过滤，滤液减压蒸除溶剂后，剩余物经柱色谱分离（洗脱剂，己烷/乙酸乙酯；体积比为 9/1）提供所需产品[25]。

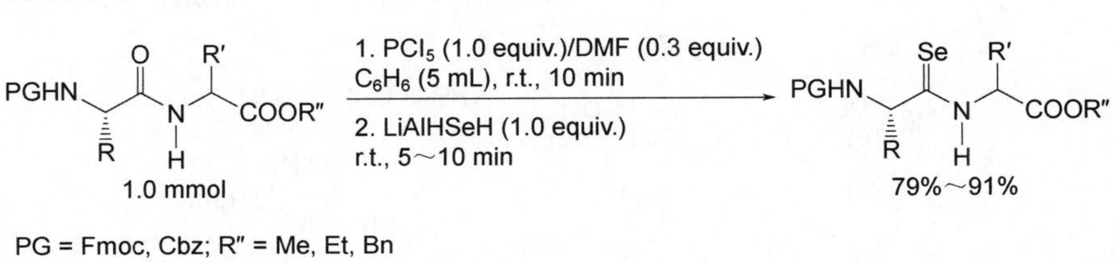

PG = Fmoc, Cbz; R″ = Me, Et, Bn

图 10.11D　肽硒化制备含硒肽

2. 硒酰胺的物理性质

脂肪族的仲、叔硒酰胺是液体，N-芳基硒酰胺是固体。芳伯硒酰胺是黄色（PhCSeNH$_2$），橙色（2-MeOC$_6$H$_4$CSeNH$_2$）至棕色（4-O$_2$NC$_6$H$_4$CSeNH$_2$）的稳定固体［IR：v_{as}(NH$_2$)3300～3350cm^{-1}，v_s(NH$_2$) 3100～3300cm^{-1}；^{1}H NMR：δ 7.97～10.79；^{13}C NMR：δ 202～208；^{77}Se NMR：δ 519.0～719.7，PhCSeNMe$_2$，δ 733］[21]。根据单晶 X 射线衍射测定（3-MeC$_6$H$_4$CSeNH$_2$，CSD 611494；2,6-Cl$_2$C$_6$H$_3$CSeNH$_2$，CSD 611495）的结构，在 H$_2$N—C≡Se 中，C≡Se 键长分别为 1.848(2)Å 和 1.820(4)Å，C—N 键长分别为 1.317(3)Å 和 1.303(6)Å，芳环与 CSeN 平面的二面角分别为 36°和 86.7°。

　　硒酰胺 PhCSeNHCH$_2$C$_6$H$_5$ 结晶于 $P2_1/c$ 空间群，其（CSD：NAHJOW01）分子几何参数（图 10.12）：键长 Se(1)-C(1)，1.827(3)Å；C(1)-C(2)，1.474(5)Å；C(1)-N(1)，1.313(4)Å；N(1)-C(3)，1.463(4)Å；键角 Se(1)-C(1)-C(2)，120.2(2)°；Se(1)-C(1)-N(1)，123.6(2)°；N(1)-C(1)-C(2)，116.2(3)°。C(1)的三个键角和为 360°，证明三个键处于同一平面，因此这个碳原子采用 sp^2 杂化成键，C(1)-N(1)键长明显小于单键 N(1)-C(3)键长，表明存在 p-π 共轭。在固态下，分子通过分子间 N—H···Se 氢键形成沿 c 轴方向的长链[26]。

图 10.12　PhCSeNHCH$_2$C$_6$H$_5$ 的分子结构

3. 硒酰胺的化学性质

　　硒酰胺水解生成相应的酰胺和 NH$_4$HSe，芳基硒酰胺用单质碘氧化形成杂环化合物，3,5-二芳基-1,2,4-硒二唑（3,5-diaryl-1,2,4-selenadiazole）。像硒酮和硒酯一样，硒酰胺在加热条件下与单质硫反应生成相应的硫代物——硫酰胺。在酸催化下，硒酰胺 PhCSeNH$_2$ 与环氧化合物反应得到构型保持的烯烃以及 PhCONH$_2$ 和单质硒。硒酰胺的烷基化和酰基化发生在硒上：与活性卤代烃反应生成 Se-烃化产物或在结构许可下随后环化产生硒杂环化合物。仲硒酰胺以及叔硒酰胺用三氟甲磺酸甲酯（MeOTf）进行甲基化，快速高产率以至定量地得到硒甲基化产物（图 10.13A）[27]。

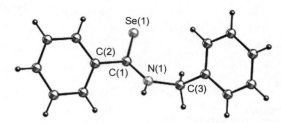

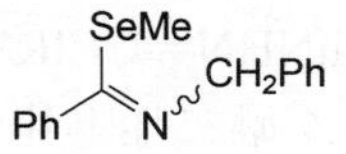

$(R = Ph, R' = Bn)$

碱/equiv.	产率/%	E/Z
$^nBu_4NF$ (1.5)	87	15/85
^nBuLi (1.2)	89	15/85
^nBuLi (1.0)	83	15/85
$^iBu_2AlH$ (1.0)	88	13/87

图 10.13A　硒酰胺的甲基化

伯硒酰胺与可烯醇化的酮如苯乙酮、环己酮等在超价碘 PhI(OH)OTs 存在下，以令人满意的产率提供相应的 1,3-硒唑（图 10.13B）。

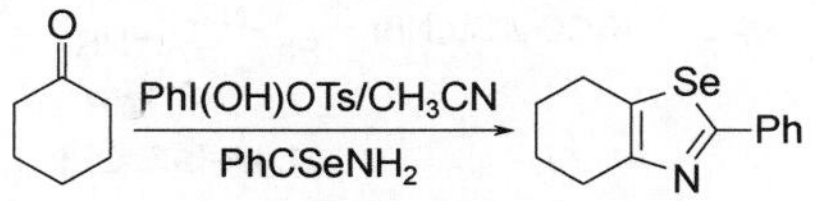

图 10.13B　硒酰胺与酮的反应

类似地，伯硒酰胺与 α-卤代酮反应得到 1,3-硒唑化合物（图 10.13C）[28]。2-芳甲基-1,3-硒唑化合物经氧化得到 2-酰基-1,3-硒唑化合物，碱性裂解或肟的 Beckmann 重排专一性生成相关产物[28b]。

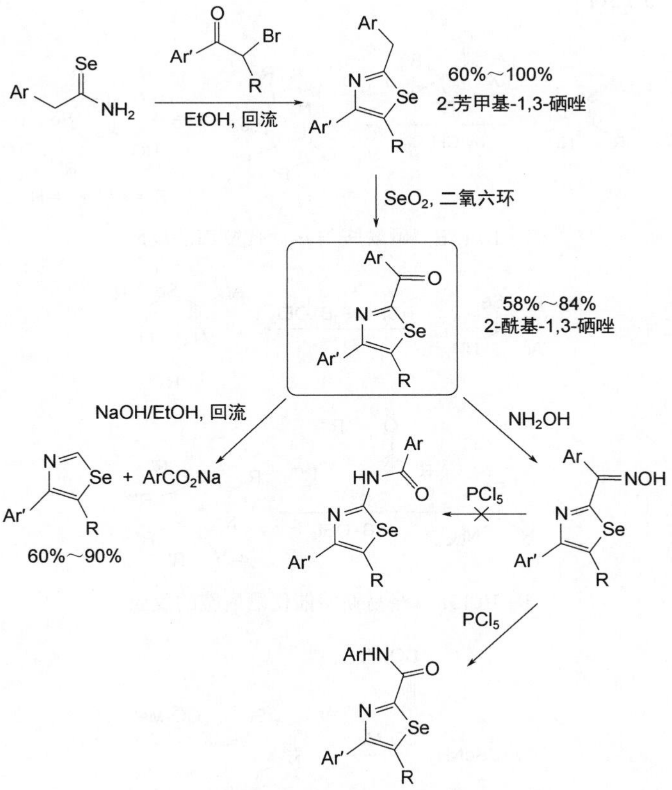

$R = H, Ar' = Ph, Ar = Ph, 80\%$
$R = H, Ar' = Ph, Ar = 4\text{-}ClC_6H_4, 92\%$

图 10.13C　伯硒酰胺与 α-卤代酮的反应

叔硒酰胺 RCH$_2$C(=Se)NR$_2'$ 与腙酰氯 PhNHN=CClR″（hydrazonoyl chloride）在碱和相转移催化剂存在下，生成 2-二烷基氨基-1,3,4-硒二唑啉化合物，经酸处理或加热形成脱仲胺产物（图 10.13D）[29]。

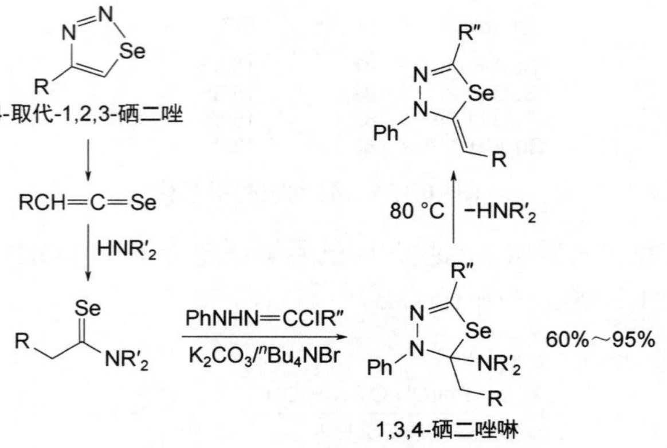

图 10.13D 叔硒酰胺与腙酰氯的反应

硒酰胺与 α-卤代酰卤在碱-吡啶存在下反应生成 1,3-硒唑-4-酮（图 10.13E），在路易斯酸催化下与 2 equiv. 醛以及 α,β-不饱和化合物反应形成六元杂环化合物（图 10.13F）。芳伯硒酰胺与丁炔二酸二甲酯（dimethyl acetylenedicarboxylate，DMAD）反应高产率生成 4,5-二氢-1,3-硒唑啉-4-酮（图 10.13G）[30]。

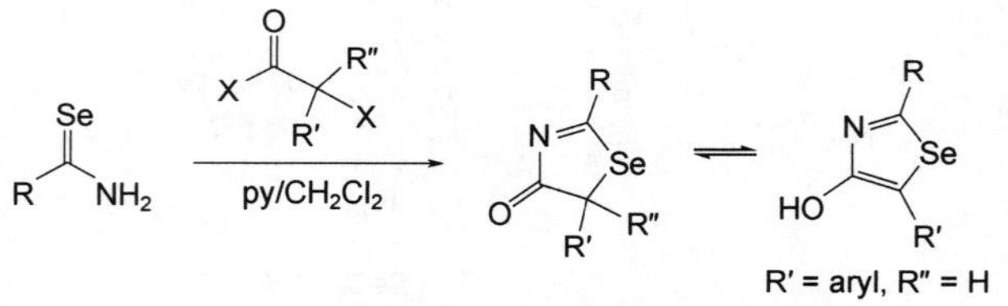

图 10.13E 硒酰胺与 α-卤代酰卤的反应

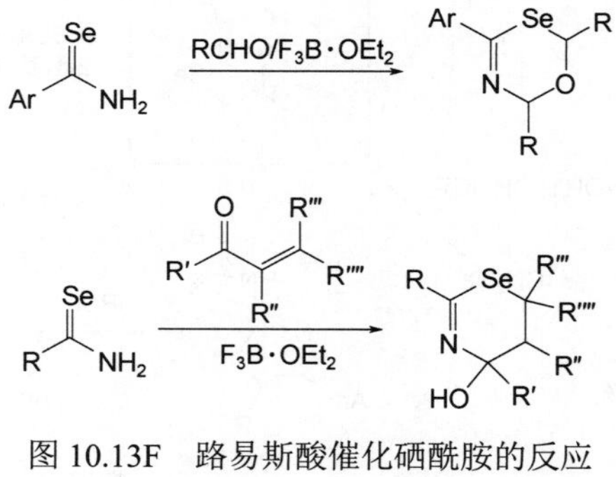

图 10.13F 路易斯酸催化硒酰胺的反应

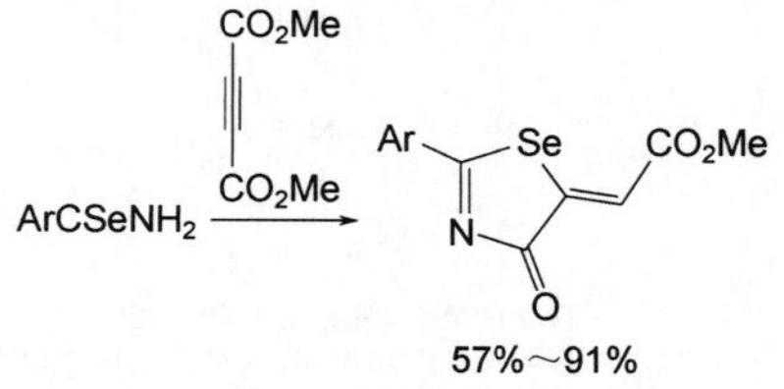

图 10.13G 硒酰胺与丁炔二酸二甲酯的反应

苯硒酰胺与卤代烷 RX 在热乙醇中反应 3～8h，产生硒醇，提纯处理在空气中进行，高产率得到二烷基二硒醚 RSeSeR（图 10.13H）[31]。

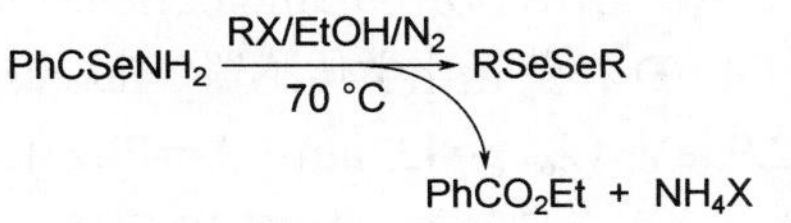

$$PhCSeNH_2 \xrightarrow[70\ ℃]{RX/EtOH/N_2} RSeSeR$$
$$\downarrow$$
$$PhCO_2Et\ +\ NH_4X$$

图 10.13H　硒酰胺与卤代烷的反应

具有 α-氢的叔硒酰胺在丁基锂或 LDA 存在下，形成 α-碳负离子：用于羟醛缩合反应，提供合成 α,β-不饱和共轭体系的方法；与 α,β-不饱和酮进行共轭加成，生成 δ-羰基硒酰胺；与亲电试剂 Me_3SiCl 反应生成三甲硅基硒醚；与烯丙基试剂反应进行硒代克莱森重排（seleno-Claisen rearrangement）（图 10.13I）[32]。

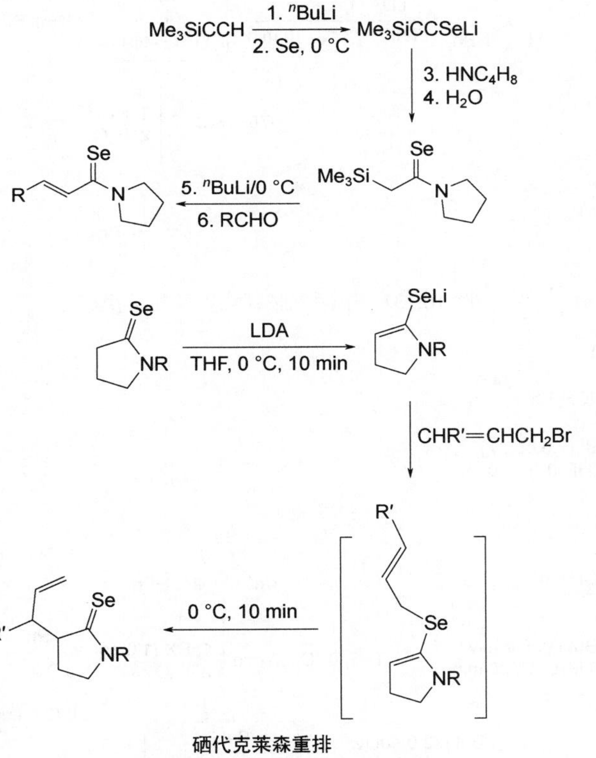

图 10.13I　叔硒酰胺脱氢形成 α-碳负离子以及相关反应

叔甲硒酰胺 $HC(\!=\!Se)NBn_2$ 与 LDA 反应生成 $LiC(\!=\!Se)NBn_2$，这类碳负离子试剂可与醛、酮进行亲核加成形成 α-羟基硒酰胺（图 10.13J）[33]。

硒酰胺 $PhC(\!=\!Se)NHBn$ 与 1 当量丁基锂反应生成单锂化试剂 $PhC(SeLi)\!=\!NCH_2Ph$，与 2 当量丁基锂反应生成双锂化试剂 $PhC(SeLi)\!=\!NCHLiPh$：单锂化试剂 $PhC(SeLi)\!=\!NCH_2Ph$ 与 2 当量亲电试剂 EtI 作用，反应发生在硒上生成 $PhC(SeEt)\!=\!NCH_2Ph$（产率 94%）；双锂化试剂 $PhC(SeLi)\!=\!NCHLiPh$ 与 1 当量亲电试剂如卤代烷（碘乙烷、溴代环己烷、烯丙基溴）、乙酰氯、环氧丙烷和 TMSCl 的反应，发生在苄基碳上；与 2 当量亲电试剂 EtI 的反应发生在苄基碳和硒上，生成 PhC(SeEt)=NCH(Et)Ph（产率 94%）；双锂化试剂 ArC(SeLi)=NCHLiPh（Ar=Ph、4-ClC$_6$H$_4$、4-MeOC$_6$H$_4$、2-C$_5$H$_4$N、4-PhC$_6$H$_4$）与亲电试剂 HCENR$_2$（E=Se、S；R=Me、Ph）反应，经碘氧化提供 5-氨基硒唑化合物（5-aminoselenazole）（图 10.13K）[34]。这类物质具有强的荧光性质，有望作为 OLED 和荧光化学传感器（fluorescent chemosensor）；根据 λ_{onset} 计算出 HOMO-LUMO 带隙：2.94eV（λ_{onset}=422nm；Ar=Ph，R=Ph）；2.81eV（λ_{onset}=442nm；Ar=2-C$_5$H$_4$N，R=Ph）；3.02eV（λ_{onset}=410nm；Ar=4-PhC$_6$H$_4$，R=Ph）。

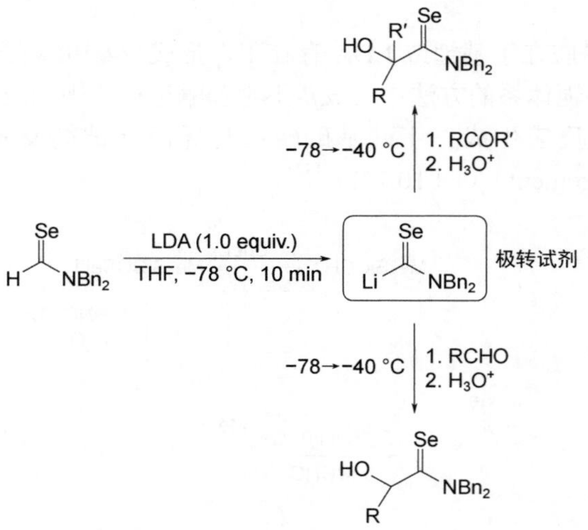

图 10.13J 甲硒酰胺锂化以及相关反应

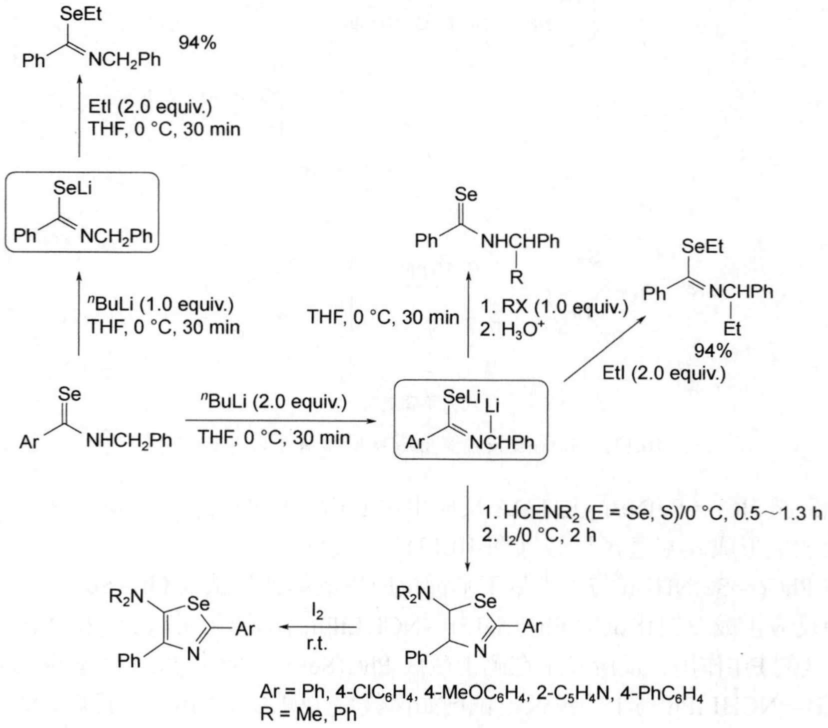

图 10.13K 芳硒酰胺锂化以及相关反应

叔硒酰胺与过量铜粉，在甲苯中回流加热 4h，以优异的产率得到叔硒酰胺除硒偶联产物——四取代乙烯；在缺电子烯烃存在下发生环加成反应生成环丙烷衍生物；在末端炔存在下，以优异的产率得到叔硒酰胺除硒结构单元插入末端炔 C—H 键的产物——氨基炔；据推测，反应是通过氨基卡宾中间体进行的；用 DCCPh 与对甲氧基苯乙炔进行竞争反应，实验表明这一反应存在 H/D 攀爬现象（scrambling）（图 10.13L）[35]。

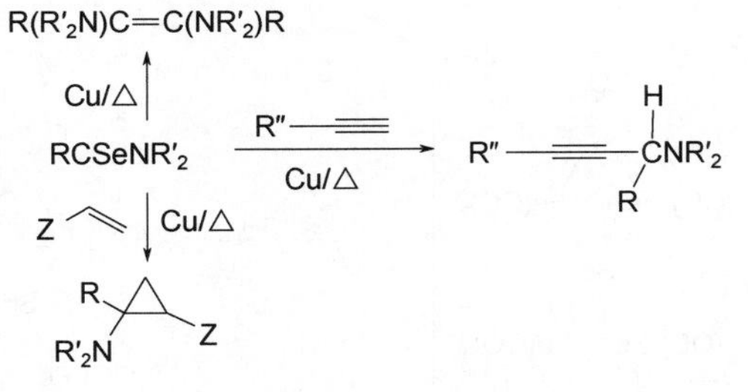

图 10.13L　叔硒酰胺与过量铜粉的反应

硒酰胺通过软的硒原子可与过渡金属配位形成配合物（图 10.13M），芳硒酰胺在与过渡金属形成配合物的过程中，可发生环金属化（cyclometalation）（图 10.13N）。

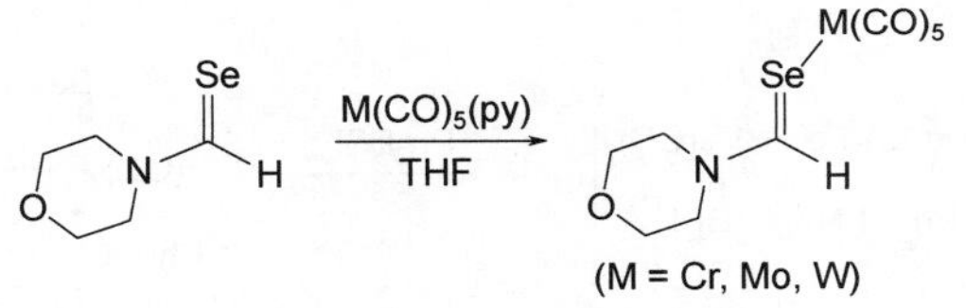

图 10.13M　硒酰胺的铬、钼和钨的配合物

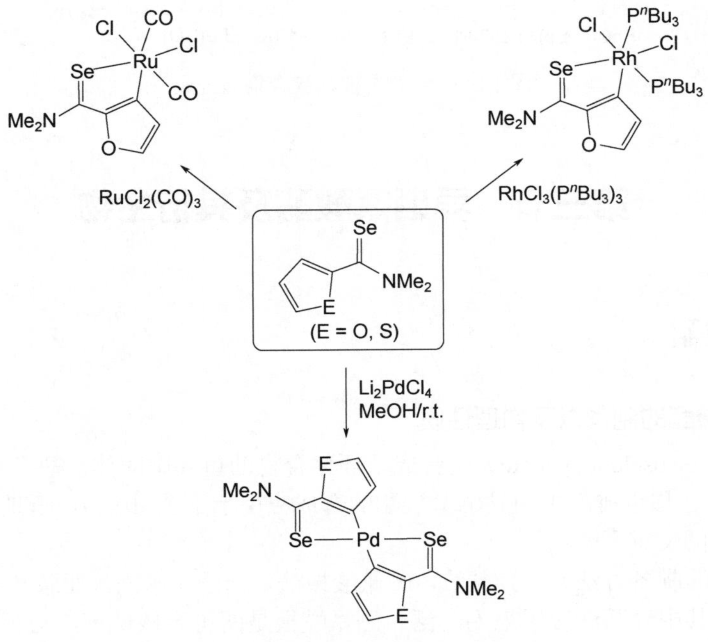

图 10.13N　芳硒酰胺的环金属化

如图 10.13O 所示，硒酰胺 PhC(=Se)NHCH₂Ph 在碱（三乙胺）存在下与十二羰基三铁 [Fe₃(CO)₁₂] 反应得到硒负离子活性中间体(μ-PhC=NCH₂Ph)Fe₂(CO)₆(μ-Se⁻)的红棕色溶液，它与碳亲电试剂 PhCH₂Br 作用生成蝶状铁硒簇合物；与磷亲电试剂 Ph₂PCl 反应得到书状簇合物；与 Fe₃(CO)₁₂ 反应提供带有桥羰基的四铁簇负离子活性中间体 [(μ-PhC=NCH₂Ph)Fe₂(CO)₆(μ₄-Se)Fe₂(CO)₆(μ-CO)]⁻，四铁簇负离子活性中间体与磷亲电试剂(1,2-O₂C₆H₄)PCl（CatPCl）反应产生新奇的四铁簇合物[26]。

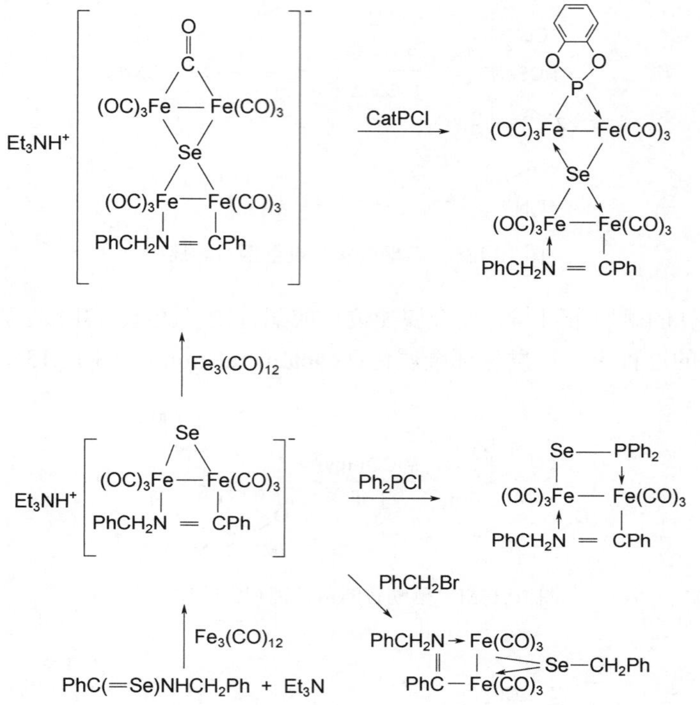

图 10.13O　新奇四铁簇合物的合成

第三节　异硒氰酸酯及其衍生物

一、异硒氰酸酯

1. 异硒氰酸酯的制备以及物理性质

异硒氰酸酯（isoselenocyanate）是合成杂环化合物的重要中间体，基于硒氰酸炔（或烯）丙酯的[3,3]-σ 键迁移重排产生的异硒氰酸酯的合成应用示于图 10.14，近期的合成以及生物方面的应用请参阅文献[36]。

异硒氰酸酯的制备方法有：异腈法，硒氰酸根法，二硒化碳法，亚胺盐-硒氢酸盐法，硒氰酸酯异构法，其中异腈法应用最为广泛。硒氰酸根是两可亲核试剂，与亲电试剂反应可生成两种产物，异硒氰酸酯和硒氰酸酯：依据亲电试剂的不同，两者主次有所不同，通常以硒氰酸酯为主要产物；三苯氯甲烷与硒氰酸钾在丙酮中反应，以满意的产率得到异硒氰酸三苯甲酯，它的结构经 X 射线单晶衍射分析确证；芳酰氯（ArCOCl）与硒氰酸钾在丙酮中反应，以满意的产率得到芳酰异硒氰酸酯（ArCONCSe），它们的结构经 X 射线单晶衍射分析确证；氯亚胺 ArCCl=NPh 与硒氰酸钾生成 ArC(NCSe)=NPh。少数硒氰酸苄酯类化合物 ArCH$_2$SeCN 可在光照下异构为相应的异硒氰酸酯：ArCH$_2$SeCN+$h\nu$——→ ArCH$_2$NCSe。

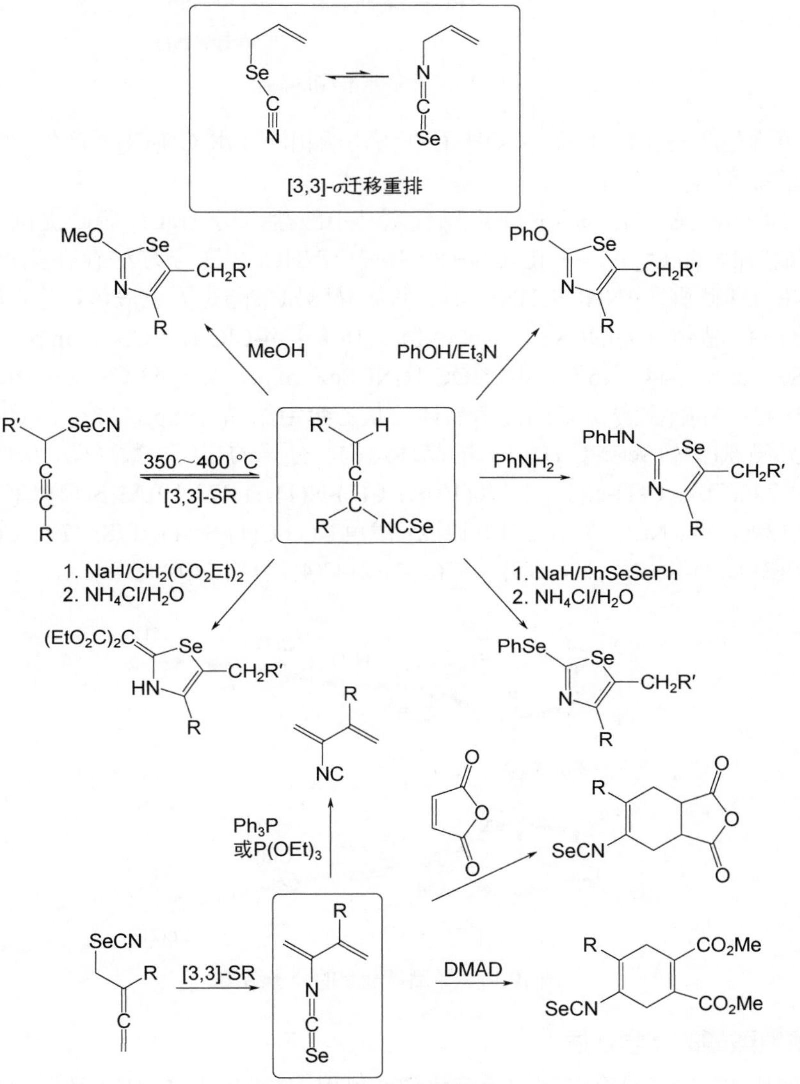

图 10.14　异硒氰酸酯的合成应用

甲酰胺与三光气在三乙胺存在下回流反应 3.5h 得到异腈，加入硒粉继续回流 4～18h 以满意产率提供异硒氰酸酯，这一方法也成功用于合成四乙酰葡萄糖基异硒氰酸酯（图 10.15）。它们对光敏感，易分解产生红硒，制备、提纯和使用必须避光进行。二茂铁基异硒氰酸酯（Fc-NCSe）以类似的方式得到[36d]：以 40mLCH$_2$Cl$_2$ 为溶剂，二茂铁基异腈 Fc-NC（0.49g，2.3mmol）与过量硒粉（0.37g，4.64mmol）室温搅拌反应四天，在氧化铝上过滤，滤液经减压蒸除挥发物得到棕绿色剩余物，用己烷萃取后，提供固体产品［0.41g，产率 61%；m.p.，45℃；

^{1}H NMR （250.1MHz，toluene-d_8）：δ 4.18（s，5H，Cp），4.36，4.21（m，m，4H，C$_5$H$_4$）]。

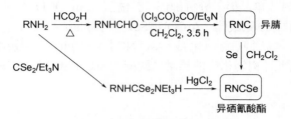

图 10.15　异硒氰酸酯的制备

异腈也可由伯胺与 CHCl$_3$ 在 NaOH 存在下用两相法（水-CH$_2$Cl$_2$）产生，然后加入硒粉得到异硒氰酸酯[36e]。

伯胺与二硒化碳在三乙胺存在下经硒代氨基甲酸盐，用 HgCl$_2$ 脱硒提供异硒氰酸酯：RNH$_2$+CSe$_2$+2Et$_3$N+HgCl$_2$ $\longrightarrow$ RNCSe+HgSe+2Et$_3$NHCl；这一方法存在副产物碳二亚胺（RN=C=NR）和硒脲（RNHCSeHNR）。脂肪族异硒氰酸酯是无色液体，芳香族异硒氰酸酯是低熔点的白色晶体：PhNCSe，m.p.，14～16℃；4-ClC$_6$H$_4$NCSe，m.p.，69～70℃；4-FC$_6$H$_4$NCSe，m.p.，44～46℃；4-MeOC$_6$H$_4$NCSe，m.p.，42～43℃；2,6-Me$_2$C$_6$H$_3$NCSe，m.p.，34～36℃；异硒氰酸 α-萘酯白色晶体，从乙醇中结晶，m.p.，73～74℃[36f]。

已测定异硒氰酸酯(SeCNC$_5$H$_4$)$_2$Fe 的晶体结构，分子的几何参数（图 10.16）[36d]：键长 C(1)-Se(1)，1.736(7)Å；C(1)-N(1)，1.146(10)Å；C(2)-N(1)，1.373(10)Å；Se(2)-C(3)，1.733(8)Å，C(3)-N(2)，1.139(11)Å；N(2)-C(4)，1.381(12)Å；键角 N(1)-C(1)-Se(1)，178.5(7)°；C(1)-N(1)-C(2)，168.6(8)°；N(2)-C(3)-Se(2)，178.2(8)°；C(3)-N(2)-C(4)，171.9(9)°。

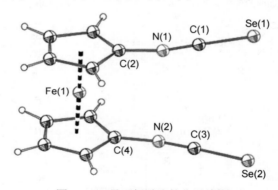

图 10.16　异硒氰酸酯的分子结构

2. 异硒氰酸酯的化学性质

异硒氰酸酯 RNCSe 具有丰富的反应化学，可用 LiAlH$_4$ 或 Zn/HCl 还原得到相应的伯胺 RNH$_2$，可与亲硒试剂（selenophile）如膦反应脱硒生成异腈 RNC。在其官能团 N=C=Se 中，碳具有强的亲电性，易遭受亲核试剂 NuH 的进攻，发生加成反应生成 RNHC(=Se)Nu。此外，异硒氰酸酯可进行[2+2]环加成反应。

（1）异硒氰酸酯与醇反应

异硒氰酸酯 RNCSe 与醇 R′OH 反应高产率生成硒代氨基甲酸酯 RNHC(=Se)OR′（selenourethane）（图 10.17A），它们在溶液中存在旋转异构现象；H$_2$NC(=Se)OR′则通过二硒代碳酸酯氨解得到。氨基甲硒酸酯：加热分解可制备烯烃，这是一条从醇制备烯烃的间接途径；在 Et_3B/O_2 引发下利用三正丁基氢化锡为供氢体，可进行自由基还原，实现从醇间接还原为烃[37]。

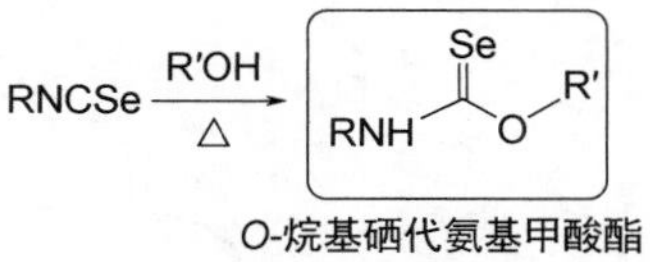

RNCSe $\xrightarrow[\triangle]{R'OH}$ （O-烷基硒代氨基甲酸酯结构式）

O-烷基硒代氨基甲酸酯

图 10.17A　异硒氰酸酯与醇的反应

（2）异硒氰酸酯与胺以及肼反应

异硒氰酸酯 RNCSe 与胺 $R'NH_2$ 反应生成硒脲，是制备硒脲（selenourea）的主要方法（图 10.17B）。类似地，异硒氰酸酯 RNCSe 与硫酰胺 $R'C(=S)NH_2$ 反应得到硫酰基硒脲 $R'C(=S)NHC(=Se)NHR$。

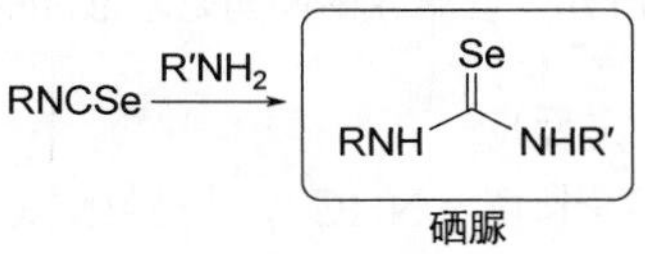

RNCSe $\xrightarrow{R'NH_2}$ （硒脲结构式 RNH–C(=Se)–NHR'）

硒脲

图 10.17B　异硒氰酸酯与胺的反应

异硒氰酸三苯甲酯与胺以及肼反应形成相应的硒脲和氨基硒脲（selenosemicarbazide）（图 10.17C）。类似地，芳酰异硒氰酸酯与胺的反应提供酰基硒脲（图 10.17D）[38]。类似于氨基硫脲，氨基硒脲在酸催化下可与醛、酮缩合生成硒代半卡巴腙（selenosemicarbazone）。4,4-二取代氨基硒脲 $RR'NCSeNHNH_2$ 在亚硝酸存在下生成 4-二烃基氨基-1,2,3,4-硒三唑（1,2,3,4-selenatriazole）。

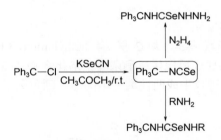

$Ph_3CNHCSeNHNH_2$

$\uparrow N_2H_4$

$Ph_3C-Cl \xrightarrow[CH_3COCH_3/r.t.]{KSeCN} \boxed{Ph_3C-NCSe}$

$\downarrow RNH_2$

$Ph_3CNHCSeNHR$

图 10.17C　异硒氰酸三苯甲酯的反应

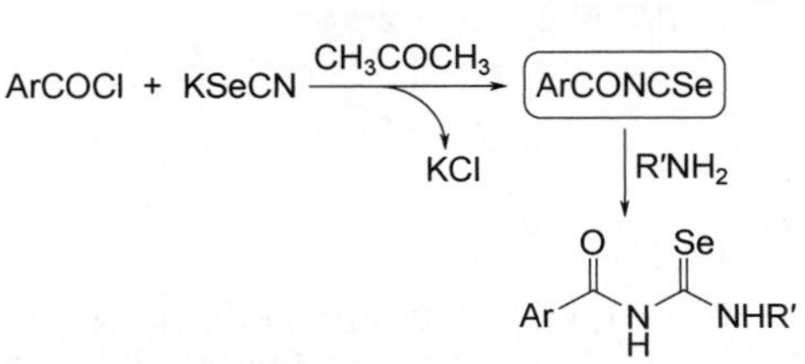

$ArCOCl + KSeCN \xrightarrow{CH_3COCH_3} \boxed{ArCONCSe}$

（副产物 KCl）

$\downarrow R'NH_2$

（产物结构式：Ar–C(=O)–NH–C(=Se)–NHR'）

图 10.17D　芳酰异硒氰酸酯与胺的反应

（3）异硒氰酸酯与氨基酸酯反应

异硒氰酸酯与氨基酸酯可生成两种类型的产物：乙内酰硒脲和硒脲。异硒氰酸苯酯反应定量得到乙内酰硒脲，而异硒氰酸 1-萘酯则得到两种产物，其中硒脲为主要产物（图 10.17E）[39]。

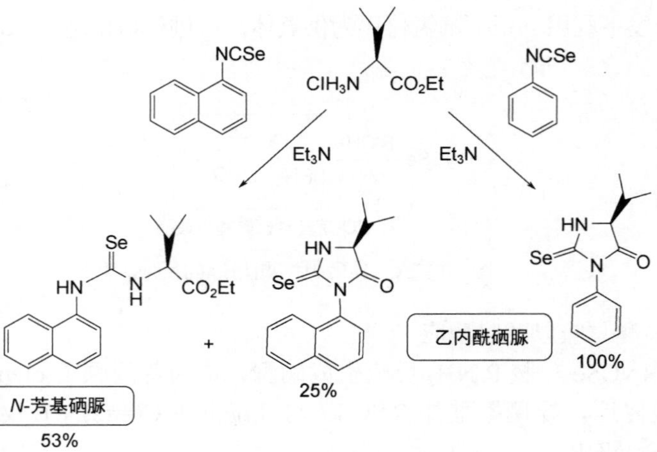

图 10.17E　异硒氰酸酯与氨基酸酯的反应

（4）异硒氰酸酯与氮杂环卡宾反应

噻唑盐用碱处理，得到氮杂环卡宾（NHC），与异硒氰酸酯反应生成内盐（inner salt），产率 55%～88%（图 10.17F）。

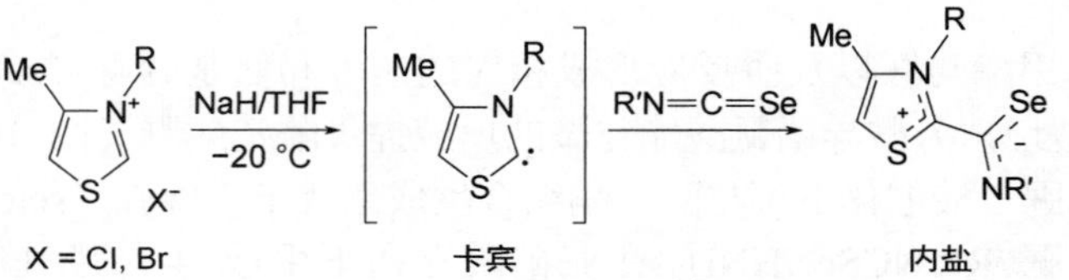

图 10.17F　异硒氰酸酯与卡宾的反应

（5）异硒氰酸酯与炔酮反应

异硒氰酸酯与 4-二乙基氨基-3-丁炔-2-酮（4-diethylamino-3-butyn-2-one）在回流的 THF 中反应，经形式上的[2+2]环加成反应生成硒杂环丁烯化合物（图 10.17G）。具有推-拉基团的炔烃对异硒氰酸酯进行亲核进攻生成两性离子中间体，硒负离子与烯亚铵的亲电碳关环形成硒杂环丁烯化合物[40]。

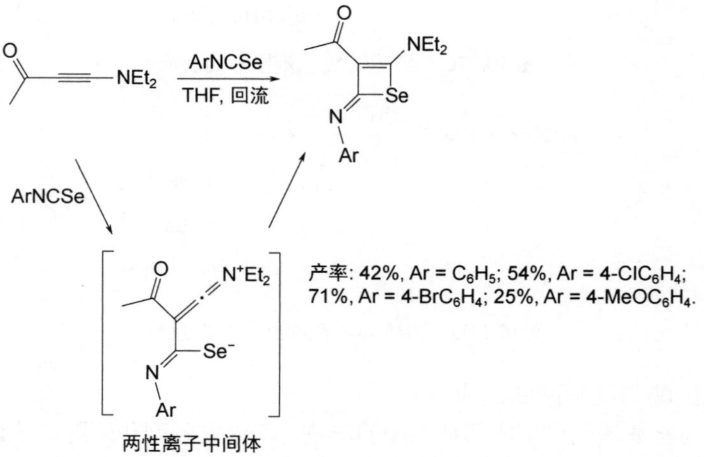

图 10.17G　异硒氰酸酯与炔的[2+2]环加成反应

二、硒脲

1. 硒脲的制备及其物理性质

硒脲（selenourea）是合成杂环化合物的重要中间体，能抑制黑色素生物合成的关键酶——酪氨酸酶，可作为黄褐斑、雀斑、老年斑等疾病的抑制剂，能清除超氧自由基，可作为抗氧化剂。硒脲近期的合成以及生物方面的应用请参阅综述文献[41]。

硒脲的制备方法（图10.18）有：硒代氨基甲酰氯胺解法（图10.18A）、硒酰胺法（图10.18B）、异硒氰酸酯法（图10.18C）、氨基腈法（图10.18D）、氨基卡宾法以及硫脲法等。

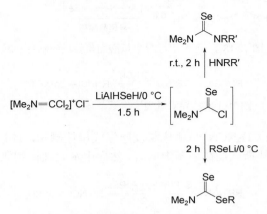

图 10.18A　硒代氨基甲酰氯的胺解及相关反应

其中，最为方便的是异硒氰酸酯法：异硒氰酸酯与氨、伯胺、仲胺反应生成一取代、二取代、三取代硒脲。此外，硒化氢对碳化二亚胺（carbodiimide）的加成反应可提供 *N,N'*-二取代硒脲。

N,N-二甲基氨基硒代甲酰氯不稳定，无需分离纯化，现场制备后直接进行后续反应，与硒醇盐反应得到相应的黄色固体二硒代氨基甲酸酯（*N,N*-dimethyldiselenocarbamate），与伯胺、仲胺反应产生相应的硒脲衍生物，其中仲胺反应的产率较高（表10.3）[42]。

表 10.3　硒脲和二硒代氨基甲酸酯的物理常数

化合物[②]	产率/%	^{77}Se NMR（DCCl$_3$）	化合物[②]	产率/%	^{77}Se NMR（DCCl$_3$）
Me$_2$NCSe$_2$Ph[①]	95	670.5,727.5	Me$_2$NCSeNC$_5$H$_{10}$	95	333.0
Me$_2$NCSe$_2$(4-MeC$_6$H$_4$)	83	663.5,716.9	Me$_2$NCSeNC$_4$H$_8$	93	310.7
Me$_2$NCSe$_2$(4-BrC$_6$H$_4$)	56	660.0,720.5	Me$_2$NCSeNC$_4$H$_8$O	80	359.7
Me$_2$NCSe$_2$Bn	51	606.6,644.5	Me$_2$NCSeNHC$_4$H$_9$	55	170.8

①表已测定晶体结构；②NC$_5$H$_{10}$、NC$_4$H$_8$、NC$_4$H$_8$O 分别为六氢吡啶基、四氢吡咯基、吗啉基。

肟酰氯（hydroximoyl chloride）在三乙胺存在下与硒酰胺反应现场生成异硒氰酸酯，然后与胺作用形成硒脲（图10.18B）[43]。

先合成异硒氰酸酯，再与氨（R'=H；R″=H）、伯胺（R″=H）、仲胺在合适的溶剂如苯或二氯甲烷中反应能以较好的产率制备取代硒脲（图10.18C）。

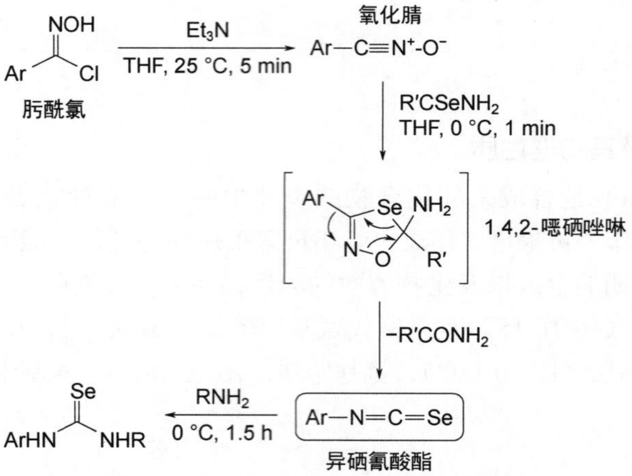

图 10.18B 肟酰氯经异硒氰酸酯与胺反应制备硒脲

$$\text{RNCSe} + \text{R'R''NH} \xrightarrow{\text{CH}_2\text{Cl}_2} \text{RNHC}(\text{=Se})\text{NR'R''}$$

图 10.18C 异硒氰酸酯与氨、胺反应制备硒脲

氨基腈（cyanamide）H_2NCN 与硒化氢反应生成母体硒脲，$H_2NC(\text{=Se})NH_2$；取代的氨基腈与等物质的量的沃林斯试剂在甲苯中回流，然后用水处理得到取代硒脲（图 10.18D）[44]。

$$\text{RR'NCN} \xrightarrow[\text{2. H}_2\text{O}]{\text{1. SePPh(Se)}_2\text{PhPSe}} \text{RR'NC}(\text{=Se})\text{NH}_2$$

图 10.18D 氨基腈与硒化试剂 WR 反应制备硒脲

单质硒与原甲酸三乙酯以及胺 RNH_2 的三组分反应提供对称硒脲：$Se+HC(OEt)_3+2RNH_2 \longrightarrow RNHCSeNHR+3HOEt$。此外，通过二氨基卡宾或四氨基乙烯与单质硒在室温反应可制备硒脲，但是二氨基卡宾或四氨基乙烯需要多步才能得到，因此这一方法应用有限。硫脲 $Me_2NC(\text{=S})NMe_2$ 与碘甲烷反应形成盐 $Me_2NC(SMe)\text{=}NMe_2^+I^-$，然后用 NaHSe 处理可制备四取代硒脲 $Me_2NC(\text{=Se})NMe_2$。

2. 硒脲的化学性质

硒脲广泛用作引入有机化合物的硒源。硒原子和氮原子都是亲核的，因此硒脲是双亲核试剂，可提供三原子组分（SeCN 或 NCN）与双亲电试剂如 α-卤代酮或丙二酸二乙酯反应合成五元或六元杂环化合物。硒脲可利用硒原子对 α,β-不饱和化合物进行共轭加成。硒原子和氮原子分别是软碱中心和硬碱中心，可作为一齿软配体或一齿硬配体或二齿软硬配体与金属配位。用过氧化氢或赤血盐或电化学方法硒脲可氧化形成 Se—Se 键的化合物。此外，硒脲可发生 C=Se 键的剪断反应形成卡宾化合物。

（1）硒脲与 α-卤代酮的反应

硒脲与 α-卤代酮的反应广泛用于合成硒杂环化合物：硒脲在咪唑盐离子液体中与 α-卤代酮反应，高产率（>95%）生成 2-氨基硒唑衍生物（图 10.19）。

（2）硒脲与 α,β-不饱和化合物的反应

不同于硒酰胺，硒脲与丁炔二酸二甲酯（DMAD）反应形成六元杂环化合物；硒脲 $H_2NCSeNH_2$ 与丙二酸二乙酯反应也生成六元杂环化合物（图 10.20）。

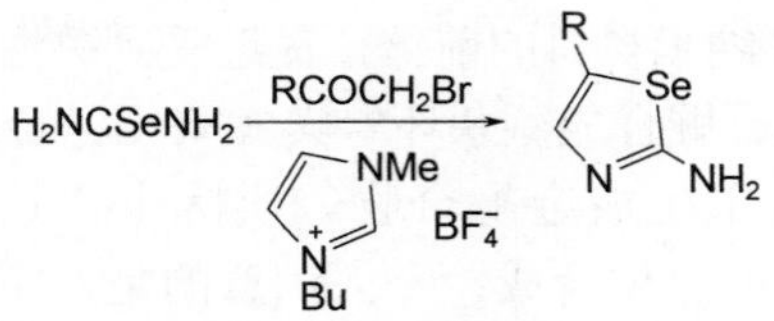

图 10.19　硒脲与 α-卤代酮的反应

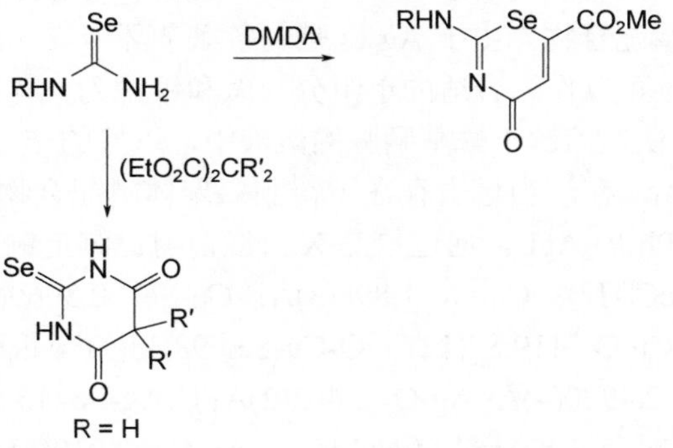

图 10.20　硒脲形成六元杂环化合物的反应

（3）原位生成硒脲进行的连串反应

2-卤苯异腈（2-XC_6H_4NC）与硒在碘化亚铜催化以及碱 DBU 存在下与亲核试剂如仲胺、硫醇、醇和酚反应高产率（83%～99%）生成 2-取代苯并硒唑衍生物（图 10.21）[45]：反应是通过原位生成硒脲，然后在碱存在下经硒醇负离子内部亲核进攻苯环形成产物。目前，CuI 的作用并不十分清楚，可能 Cu^+ 加速了中间体中卤素的离去，但是铜进行氧化加成形成的中间体也不能排除。

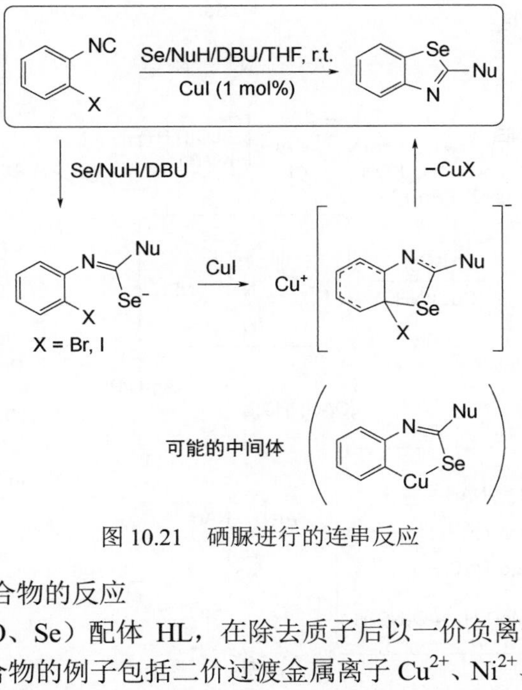

图 10.21　硒脲进行的连串反应

（4）硒脲与卡宾配合物的反应

酰基硒脲是双齿（O、Se）配体 HL，在除去质子后以一价负离子 L^- 与多种金属离子形成六元螯合环。这类化合物的例子包括二价过渡金属离子 Cu^{2+}、Ni^{2+}、Pd^{2+}、Pt^{2+}、Zn^{2+} 和 Cd^{2+} 的螯合物 ML_2，与三价金属离子 Fe^{3+}、Co^{3+} 和 In^{3+} 形成的螯合物 ML_3。在主族元素中，含铅的螯合物 PbL₂ 作为各种 PbSe 纳米材料的前体，最近受到关注。然而，银和金的配合物非常罕见，示于图 10.22 的是酰基硒脲合成氮杂环卡宾（NHC）金属配合物的最新进展[46]。酰基硒脲与 AuCl(NHC) 在碱存在下生成金配合物。实际上，这类金配合物可以更方便地从 AuCl(THT)（THT，四氢噻吩）原位合成：令人满意的是，室温下，AuCl(THT) 与酰基硒脲和咪唑盐在两当量的叔丁醇钾存在下的一锅反应，在两小时内以良好产率提供所期望的配合物。酰基硒脲与 CuCl(NHC) 反应在碱 KOH 存在下生成卡宾配合物。类似地，酰基硒脲与 CuNO₃(PPh₃)₂ 反应得到膦配合物。由于 Ag₂O 是制备氮杂环卡宾（NHC）银配合物的一种方便的起始原料，它也应该可以作为合适的单组分（碱和银源为一体）前体制备酰基硒脲的银配合物。确实地，Ag₂O 快速溶解于酰基硒脲的溶液中，以好的产率得到银配合物。Ag₂O 无共配体得到四聚体 (AgL)₄，在一当量膦存在下得到二聚体膦配合物 (Ph₃PAgL)₂，在二当量膦存在下得到单核配合物 (Ph₃P)₂AgL。通过单晶 X 射线衍射已测定铜、银和金配合物的几何参数。铜配合物（Ar=4-MeC₆H₄）：Cu-C，1.898(3)Å；Cu-Se，2.3069(6)Å；Cu-O，2.029(2)Å；C-Cu-Se，141.73(9)°；C-Cu-O，119.87(12)°；O-Cu-Se，98.38(7)°。银配合物（Ar=4-O₂NC₆H₄）：Ag-C，2.102(3)Å；Ag-Se，2.4920(4)Å；Ag-O，2.465(2)Å；C-Ag-Se，154(8)°；C-Ag-O，116.55(9)°；O-Ag-Se，88.82(5)°。金配合物（Ar=4-O₂NC₆H₄）：Au-C，2.010(5)Å；Au-Se，2.3974(12)Å；C-Au-Se，174.47(15)°。有趣的是：在铜、银配合物中，酰基硒脲一价负离子以二齿（O、Se）方式配位于金属离子，而在相应的金配合物中酰基硒脲一价负离子仅以单齿方式通过硒配位于金离子。与自由的配体（502）相比，在配合物中，^{77}Se NMR（DCCl₃）信号显示高场位移（金配合物，122.4）。

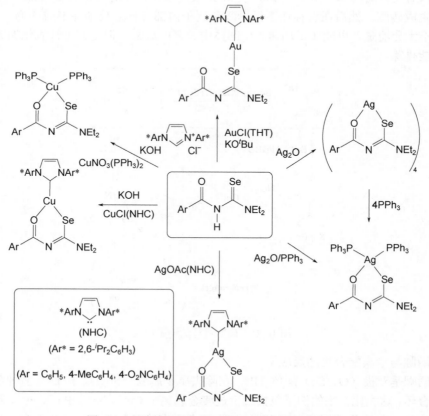

图 10.22 酰基硒脲与铜、银和金离子的配位反应

（5）硒脲与羰基铁的反应

在避光条件下，硒脲与羰基铁室温反应，随取代基不同得到不同簇核的卡宾配合物[47]：与烯丙基硒脲生成$(\mu_3\text{-Se})Fe_3(CO)_7(\mu\text{-CO})(\kappa^3C,C,C\text{-}C_3H_5NHCNHPh)$，含嘧啶基和含吡啶基的硒脲生成$(\mu_3\text{-Se})_2Fe_3(CO)_7(\kappa^2C,N\text{-}PhNHCNH(2\text{-}C_4H_3N_2))$和$(\mu_3\text{-Se})_2Fe_3(CO)_7(\kappa^2C,N\text{-}(2\text{-}MeOC_6H_4)NHCNH(2\text{-}C_5H_4N))$；它们的结构经单晶 X 射线衍射学确定（图 10.23）并用红外光谱、核磁共振谱表征。在 IR 谱图中：NH 伸缩振动分别出现在 $3328cm^{-1}$、$3331cm^{-1}$、$3363cm^{-1}$，低的波数表明存在氢键，这为其测定的晶体结构所证实；末端羰基在 $1920\sim2045cm^{-1}$ 出现三至四个强峰；在 $1856cm^{-1}$ 处出现一个归属于半桥羰基的中强峰。

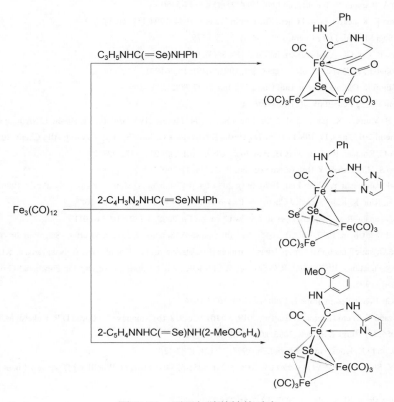

图 10.23　硒脲与羰基铁的反应

在 $SeFe_3$ 簇合物中，由于烯丙基的双键碳参与配位，因此卡宾配体以三齿螯合方式配位于一个铁原子；硒原子以 μ_3-方式桥连三个铁原子，距离三个铁原子构成的平面 1.7469(3)Å；具有螯合卡宾配体的铁原子只有一个末端羰基，其它两个铁原子各有三个末端羰基；此外，一个羰基桥连带卡宾的铁原子和一个 $Fe(CO)_3$ 单元。

从形式上，两个 Se_2Fe_3 簇合物可以看成是二齿卡宾配体取代母体簇合物$(\mu_3\text{-Se})_2Fe_3(CO)_9$中四方锥基底上一个 $Fe(CO)_3$ 单元中两个羰基配体的结果。在$(\mu_3\text{-Se})_2Fe_3(CO)_9$中，两个硒原子和两个 $Fe(CO)_3$ 基团构成四方锥的基底而第三个 $Fe(CO)_3$ 基团则位于四方锥的顶端，三个Fe 原子均满足 18 电子规则。与 $SeFe_3$ 簇合物不同，在 Se_2Fe_3 配合物中，三个铁原子只有两个 Fe-Fe 键，因此构成开放的三角形，两个硒原子分别位于三角形平面的上下并桥连三个铁原子。螯合卡宾（平面）配体导致显著的结构效应：三铁键角［85.56(2)°］大于母体中的三铁键角［83.21(3)°］；两个 Fe-Fe 键的键长差别增大。

参考文献

[1] Meinke P T, Krafft G A. J Am Chem Soc, 1988, 110(26): 8671-8679.

[2] Okazaki R, Kumon N, Inamoto N. J Am Chem Soc, 1989, 111(15): 5949-5951.

[3] Back T G, Barton D H R, Britten-Kelly M R, et al. J Chem Soc Chem Commun, 1975, 1975(13): 539.

[4] (a) Okazaki R, Ishii A, Inamoto N. J Chem Soc Chem Commun, 1983, 1983(23): 1429-1430. (b) Ishii A, Okazaki R, Inamoto N. Bull Chem Soc Jpn, 1988, 61(3): 861-867.

[5] (a) Okuma K, Munakata K, Matsui H, et al. Heterocycles, 2014, 89(2): 473-480. (b) Guziec F S Jr, Moustakis C A. J Org Chem, 1984, 49(1): 189-191.

[6] Okazaki R, Ishii A, Inamoto N. Tetrahedron Lett, 1984, 25(45): 5147-5150.

[7] Okuma K, Kojima K, Kaneko I, et al. J Chem Soc Perkin Trans 1, 1994, 1994(15): 2151-2159.

[8] Li G M, Niu S, Segi M, et al. J Org Chem, 1999, 64(5): 1565-1575.

[9] Sase S, Kakimoto R, Goto K. Angew Chem Int Ed, 2015, 54(3): 901-904.

[10] Brooks P R, Counter J A, Bishop R, et al. Acta Cryst, 1991, 47(9): 1939-1941.

[11] Shigetomi T, Shioji K, Okuma K, et al. Bull Chem Soc Jpn, 2007, 80(2): 395-399.

[12] Knapp S, Darout E. Org Lett, 2005, 7(2): 203-206.

[13] (a) Kageyama H, Murai T, Kanda T, et al. J Am Chem Soc, 1994, 116(5): 2195-2196. (b) Takahashi T, Niyomura O, Kato S, et al. Z Anorg Allg Chem, 2013, 639(1): 108-114. (c) Takahashi T, Niyomura O, Kato S, et al. Z Anorg Allg Chem, 2013, 639(1): 96-107. (d) Castaño J A G, Romano R M, Beckers H, et al. Inorg Chem, 2010, 49(21): 9972-9977.

[14] Ishihara H, Sato S, Hirabayashi Y. Bull Chem Soc Jpn, 1977, 50(11): 3007-3009.

[15] (a) Ishihara H, Hirabayashi Y. Chem Lett, 1976, 5(3): 203-204. (b) Ishihara H, Muto S, Kato S. Synthesis, 1986, 1986(2): 128-130. (c) Kageyama H, Kido K, Kato S, et al. J Chem Soc Perkin Trans 1, 1994, 1994 (8): 1083-1088.

[16] Castaño J A G, Romano R M, Beckers H, et al. Angew Chem Int Ed, 2008, 47(52): 10114-10118.

[17] (a) Cohen V I. J Org Chem, 1977, 42(15): 2645-2647. (b) Ogawa A, Sonoda N. 5.05-Acylsulfur, -Selenium, or -Tellurium Functions. Comprehensive Organic Functional Group Transformations[M]. Elsevier Ltd., 1995; (c) Ishii A, Nakayama J. 5.12-Thio, Seleno, and Telluro Acyloxy Functions, $R^1C(S)OR^2$, $R^1C(Se)OR^2$, $R^1C(Te)OR^2$, etc. Comprehensive Organic Functional Group Transformations [M]. Elsevier Ltd., 1995.

[18] Hansen P E. J Chem Soc Perkin Trans 1, 1980, 1980(0): 1627-1634.

[19] (a) Milen M, Szabó T. Chem Heterocycl Compd, 2019, 55(10): 936-938. (b) Ninomiya M, Garud D R, Koketsu M. Heterocycles, 2010, 81(9): 2027-2055. (c) Murai T. Synlett, 2005, 2005(10): 1509-1520.

[20] Ishihara H, Yosimura K, Kouketsu M. Chem Lett, 1998, 27(12): 1287-1288.

[21] (a) Hua G, Li Y, Slawin A M Z, et al. Org Lett, 2006, 8(23): 5251-5254. (b) Hua G, Woollins J D. Angew Chem Int Ed, 2009, 48(8): 1368-1377.

[22] Malek-Yazdi F, Yalpani M. Synthesis, 1977, 1977(5): 328-330.

[23] Shibahara F, Sugiura R, Murai T. Org Lett, 2009, 11(14): 3064-3067.

[24] (a) Müller A, Diemann E, Jostes R, et al. Angew Chem Int Ed, 1981, 20(11): 934-955. (b) Saravanan V, Porhiel E, Chandrasekaran S. Tetrahedron Lett, 2003, 44(11): 2257-2260. (c) Saravanan V, Mukherjee C, Das S, et al. Tetrahedron Lett, 2004, 45(4): 681-683.

[25] (a) Vishwanatha T M, Narendra N, Chattopadhyay B, et al. J Org Chem, 2012, 77(6): 2689-2702. (b) Ishihara H, Koketsu M, Fukuta Y, et al. J Am Chem Soc, 2001, 123(23): 8408-8409.

[26] (a) Shi Y C, Shi Y, Yang W. J. Organomet Chem, 2014, 772-773: 131-138. (b) Shi Y C, Shi Y. Inorg Chim Acta, 2015, 434: 92-96.

[27] (a) Mutoh Y, Murai T. Organometallics, 2004, 23(16): 3907-3913. (b) Mutoh Y, Murai T. Org Lett, 2003, 5(8): 1361-1364. (c) Li G M, Zingaro R A, Segi M, et al. Organometallics, 1997, 16(4): 756-762.

[28] (a) Geisler K, Künzler A, Below H, et al. Synthesis, 2004, 2004(1): 97-105. (b) Chu S, Cao H, Chen T, et al. Catal Commun, 2019, 129: 105730.

[29] Petrov M L, Abramov M A. Phosphorus Sulfur Silicon, 1998, 134(1): 331-343.

[30] Koketsu M, Sasaki T, Ando H, et al. J Heterocycl Chem, 2007, 44(1): 231-232.

[31] Ruan M D, Zhao H R, Fan W Q, et al. J Organomet Chem, 1995, 485(1-2): 19-24.

[32] (a) Murai T, Fujishima A, Iwamoto C, et al. J Org Chem, 2003, 68(21): 7979-7982. (b) Shibahara F, Suzuki M, Kubota S, et al. J Org

Chem, 2018, 83(6): 3078-3089.

[33] Murai T, Mizutani T, Ebihara M, et al. J Org Chem, 2015, 80(13): 6903-6907.

[34] (a) Murai T, Yamaguchi K, Hori F, et al. J Org Chem, 2014, 79(11): 4930-4939. (b) Murai T, Aso H, Kato S. Org Lett, 2002, 4(8): 1407-1409.

[35] Mitamura T, Ogawa A. Org Lett, 2009, 11(10): 2045-2048.

[36] (a) Garud D R, Koketsu M, Ishihara H. Molecules, 2007, 12(3): 504-535. (b) Frieben E E, Amin S, Sharma A K. J Med Chem, 2019, 62(11): 5261-5275. (c) Banert K, Toth C. Angew Chem Int Ed, 1995, 34(15): 1627-1629. (d) Wrackmeyer B, Maisel H E, Milius W, et al. Z Anorg Allg Chem, 2008, 634(8): 1434-1438. (e) Zakrzewski J, Huras B, Kiełczewska A. Synthesis, 2016, 48(1): 85-96. (f) López Ó, Maza S, Ulgar V, et al. Tetrahedron, 2009, 65(12): 2556-2566.

[37] Barton D H R, Parekh S I, Tajbakhsh M, et al. Tetrahedron, 1994, 50(3): 639-654.

[38] (a) Andaloussi M B D, Mohr F. J Organomet Chem, 2010, 695(9): 1276-1280. (b) Molter A, Kathrein S, Kircher B, et al. Dalton Trans, 2018, 47(14): 5055-5064.

[39] Merino-Montiel P, Maza S, Martos S, et al. Eur J Pharm Sci, 2013, 48(3): 582-592.

[40] Atanassov P K, Linden A, Heimgartner H. Heterocycles, 2004, 62(1): 521-533.

[41] Hussain R A, Badshah A, Shah A. Appl Organom et al Chem, 2014, 28(2): 61-73.

[42] Koketsu M, Fukuta Y, Ishihara H. J Org Chem, 2002, 67(3): 1008-1011.

[43] Koketsu M, Suzuki N, Ishihara H. J Org Chem, 1999, 64(17): 6473-6475.

[44] Hua G, Zhang Q, Li Y, et al. Tetrahedron, 2009, 65(31): 6074-6082.

[45] Fujiwara S-i, Asanuma Y, Shin-ike T, et al. J Org Chem, 2007, 72(21): 8087-8090.

[46] (a) Dörner M, Rautiainen J M, Rust J, et al. Eur J Inorg Chem, 2017, 2017(4): 789-797. (b) Kuchar J, Rust J, Lehmann C W, et al. New J Chem, 2019, 43(27): 10750-10754.

[47] (a) Shi Y C, Wang S, Xie S. J Coord Chem, 2015, 68(21): 3852-3883. (b) Li J P, Shi Y C. J Organomet Chem, 2018, 866: 95-104. (c) Li J P, Shi Y C. Inorg Chim Acta, 2018, 482: 77-84.

第十一章

硒鎓盐

第一节 硒鎓盐的制备

硒鎓盐（selenonium salt）可用作离子液体溶剂、电解质、催化剂或用作活性中间体——硒叶立德的前体，有些还可以用作药物。

配位数为 3 的一价硒正离子即硒鎓离子以三种形式存在：①硒与三个烃基成键；②硒以内盐即叶立德（ylide）形式存在；③硒桥连两个相邻碳原子（selenium-bridged cation，seleniranium ion）。其中环状的硒鎓离子是亲电硒试剂对烯烃加成形成的一类活性中间体，但它们也可由 β-卤代硒醚在路易斯酸作用下产生。三芳基硒鎓盐的合成方法有：①Ar_2SeCl_2 与芳烃 ArH 在三氯化铝存在下进行傅-克反应；②芳烃与二氧化硒在三氯化铝存在下进行傅-克反应（图 11.1）；③Ar_2SeCl_2 与芳基汞 $Ar_2'Hg$ 进行复分解反应。

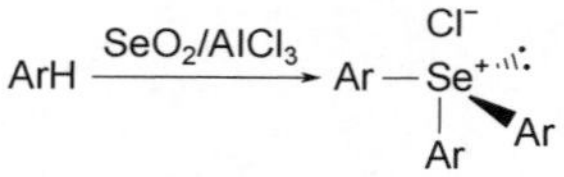

$$ArH \xrightarrow{SeO_2/AlCl_3} Ar-Se^{+}\overset{Cl^-}{\underset{Ar}{\mid}}Ar$$

图 11.1 芳烃与二氧化硒的反应

目前广泛应用的方法是硒醚与卤代烷在 $AgBF_4$ 存在下室温反应生成硒鎓盐（图 11.2）[1,2]；硒醚与活泼烷基化试剂 Me_3OBF_4 或 CF_3SO_3Me（MeOTf）在低于室温或室温下反应生成硒鎓盐（图 11.3）。在 0℃下，将 Me_3OBF_4（4.60g，31mmol）的乙腈溶液滴加到苄基苯基硒醚（7.41g，30mmol）的乙腈溶液中搅拌一小时，减压除掉溶剂后得到无色油。加乙醚于无色油中，冷却混合物，得到白色固体。白色固体用乙醇重结晶得到苄基甲基苯基硒鎓盐（benzylmethylphenylselenonium tetrafluoroborate）（9.46g，产率 90%）[3]。硒化膦与过量卤代烷 RX 反应适合制备 $R_3Se^+X^-$ 盐（图 11.4）[4]。不可多得的溴鎓盐 Ad_2Br^+ 与二硒醚 RSeSeR 反应用于制备特别不稳定的 Ad_2Se^+R 盐（图 11.5）[5]。

当负电荷的碳是共轭体系的一部分或连有两个吸电子基时，由于负电荷离域，硒叶立德能稳定存在（图 11.6）。硒叶立德越稳定，与亲电试剂的反应活性越低。目前在合成中有用的是不稳定的硒叶立德，它们可用于与 α,β-不饱和化合物和芳香醛反应合成环丙烷化合物和环氧化合物，主要有两种现场产生方法：第一种，硒醚与活性卤代烷反应生成硒鎓盐，然后脱除 α-酸性氢产生；第二种，硒醚与重氮化合物在金属催化剂如铜配合物、铑配合物存在下生成。

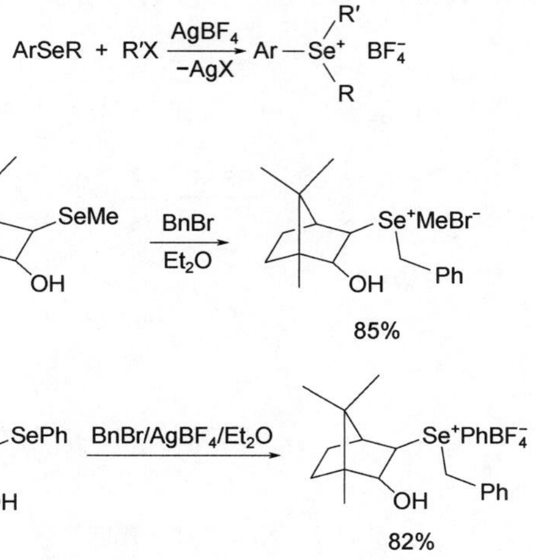

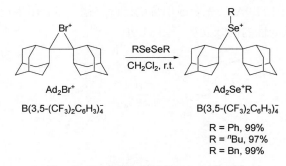

ArSeR + R′X
AgBF4
−AgX
Ar—Se+ BF4−
R′
R
SeMe
BnBr
Et2O
Se+MeBr−
OH
Ph
85%
SePh
BnBr/AgBF4/Et2O
Se+PhBF4−
82%

图 11.2 硒醚与卤代烷的反应

$$\mathrm{PhCH{=}C{=}CHSeMe \xrightarrow[Et_2O]{MeOTf/-40\ ^\circ C} PhCH{=}C{=}CHSe^{+}Me_2{}^{-}OTf}$$

$$\mathrm{Ph{-}C{\equiv}C{-}SeMe \xrightarrow{Me_3O^{+}BF_4^{-}} Ph{-}C{\equiv}C{-}Se^{+}Me_2BF_4^{-}}$$

图 11.3 不饱和硒醚与活泼烷基化试剂的反应

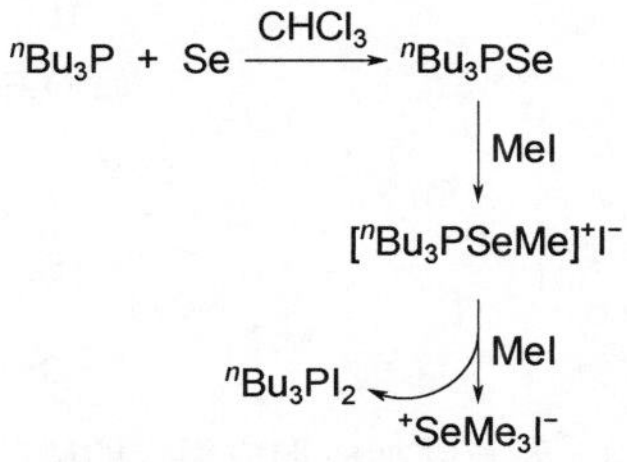

nBu3P + Se
CHCl3
nBu3PSe
MeI
[nBu3PSeMe]+I−
MeI
nBu3PI2
+SeMe3I−

图 11.4 硒化膦与卤代烷的反应

Br+
RSeSeR
CH2Cl2, r.t.
R
Se+
Ad2Br+
B(3,5-(CF3)2C6H3)4−
Ad2Se+R
B(3,5-(CF3)2C6H3)4−
R = Ph, 99%
R = nBu, 97%
R = Bn, 99%

图 11.5 二硒醚与溴鎓盐 Ad_2Br^+的反应

$R_2Se^{+}\text{-}{}^{-}CZ_2$ $R_2Se^{+}\text{-}{}^{-}CHZ$

图 11.6 两种硒叶立德——稳定的硒叶立德（左）和不稳定的硒叶立德（右）

9-溴代芴（9-bromofluorene）与硒醚反应得到硒鎓盐，脱除 HBr 产生相应的硒叶立德（图 11.7）。

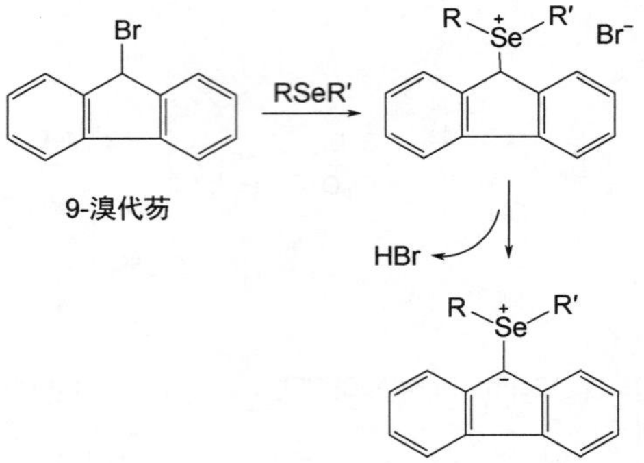

图 11.7 芴基硒叶立德的产生

硒亚砜与丁炔二酸二乙酯在乙腈中加热反应 12 小时以 86% 的产率得到稳定的硒叶立德（图 11.8）[6]。

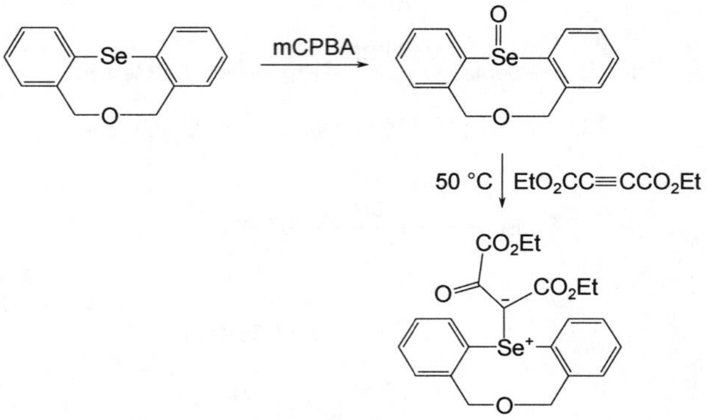

图 11.8 硒亚砜加成形成稳定的硒叶立德

手性硒亚砜与活性亚甲基化合物 ZCH$_2$Y（active methylene compound）脱水缩合，得到稳定的手性硒叶立德（图 11.9A）。先合成消旋的硒叶立德，然后用手性试剂如樟脑磺酸 CSA 进行拆分也可得到光学活性的硒叶立德（图 11.9B）[7,8]。

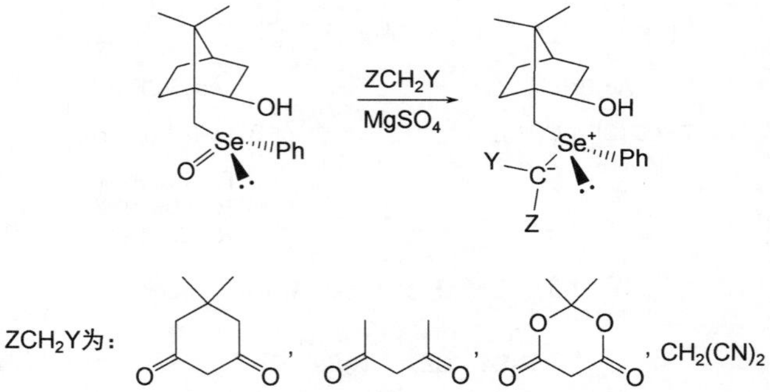

ZCH$_2$Y 为：

图 11.9A 手性硒亚砜缩合形成的手性硒叶立德

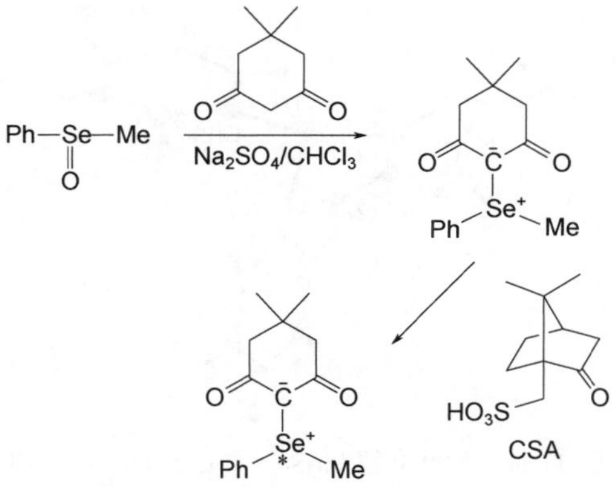

图 11.9B　硒亚砜缩合-手性拆分形成的手性硒叶立德

第二节　硒鎓盐的物理性质

硒鎓盐是无色或白色固体，易溶于水，具有导电性。Me$_3$SeI [m.p., 150℃；^{77}Se NMR（CDCl$_3$）：δ 245]。经单晶 X 射线衍射测定，Me$_3$SeI（CSD：METSEI01）的几何参数为：键长 Se—C，1.935(5)Å、1.941(8)Å；键角 C—Se—C，98.3(3)°、98.0(3)°。[Ph$_2$SeCH$_3$]BF$_4$，白色晶体（m.p.，119～121℃）；[Ph$_2$SeCH$_2$Ph]BF$_4$，白色晶体（m.p.，122～123℃）；[PhSe(CH$_2$Ph)CH$_3$]BF$_4$，白色固体（m.p.，92.5～94.0℃）。

经单晶 X 射线衍射分析测定硒鎓盐 Ad$_2$Se$^+$Ph 正离子（CSD：STU9262）的结构示于图 11.10，其几何参数为：键长 Se(1)-C(1)，2.0897(16)Å；Se(1)-C(2)，2.0842(16)Å；Se(1)-C(3)，1.9350(18)Å；C(1)-C(2)，1.522(2)Å；键角 C(1)-Se(1)-C(2)，41.79(6)°；Se(1)-C(1)-C(2)，68.91(9)°；Se(1)-C(2)-C(1)，69.30(9)°。

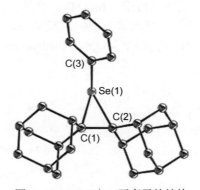

图 11.10　Ad$_2$Se$^+$Ph 正离子的结构

乙酰丙酮硒叶立德 Ph$_2$Se^{+-}C(COCH$_3$)$_2$（CSD：ACMSEU）（图 11.11）的几何参数为：键长 Se(1)-C(1)，1.9059(10)Å；Se(1)-C(2)，1.9254(11)Å；Se(1)-C(3)，1.8981(10)Å；键角 C(1)-Se(1)-C(2)，105.05(10)°；C(1)-Se(1)-C(3)，107.48(10)°；C(2)-Se(1)-C(3)，100.76(10)°。

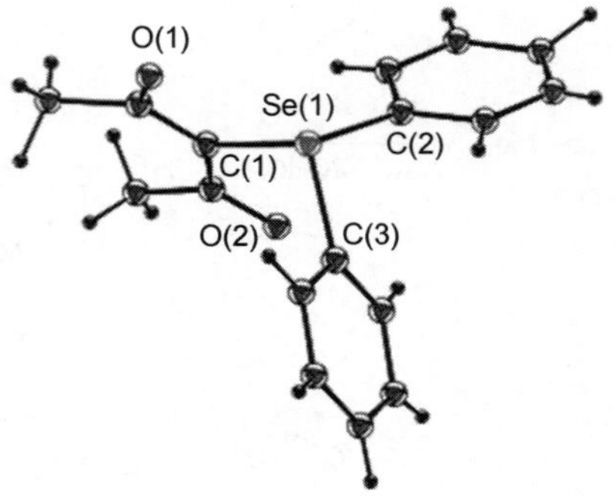

图 11.11 硒叶立德 Ph$_2$Se$^+$-$^-$C(COCH$_3$)$_2$ 的结构

第三节 硒锡盐的化学性质

一、负离子交换反应

硒锡盐中的卤素负离子可与其它负离子如氟硼酸根、氢氧根等交换。在水溶液中用氧化银处理硒锡盐得到强碱性的溶液——硒锡碱溶液（图 11.12）。

$$2RR'R''Se^+X^- + Ag_2O + H_2O \longrightarrow 2RR'R''Se^+OH^- + 2AgX$$

图 11.12 硒锡盐的负离子交换反应

二、亲核取代反应

如下环硒醚在氯仿中用三氟甲磺酸酯（MeOTf）甲基化，以 98% 的产率制备硒锡盐，硒锡盐与亲核试剂乙酸钠在乙腈-甲醇水溶液中回流反应 8h 以 75% 的产率得到开环产物（图 11.13）。类似地，Me$_3$Se$^+$OH$^-$ 作为甲基化试剂（methylating agent）可与羧酸、醇、酚和胺等进行甲基化反应。

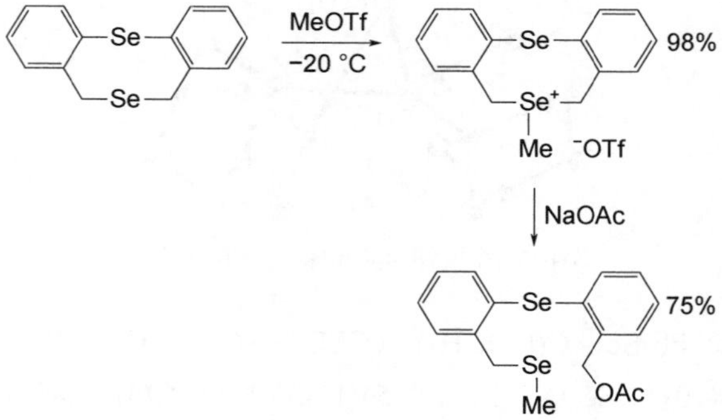

图 11.13 亲核试剂在硒锡盐上的取代反应

三、重排反应

苯基硒鎓盐[ArCH₂Se(CH₃)R]⁺在强碱 NaNH₂（液氨）存在下现场生成硒叶立德 ArCH₂Se⁺(R)-CH₂⁻，然后进行[2,3]-σ 键迁移重排反应，得到 Sommelet-Hauser 型重排产物（图 11.14）[3]。此外，反应还产生其它产物 ArCH=CHAr 和 CH₃SeR（Ar=Ph，4-CH₃C₆H₄，4-ClC₆H₄，3-ClC₆H₄，2-ClC₆H₄；R=CH₃，Ph）。

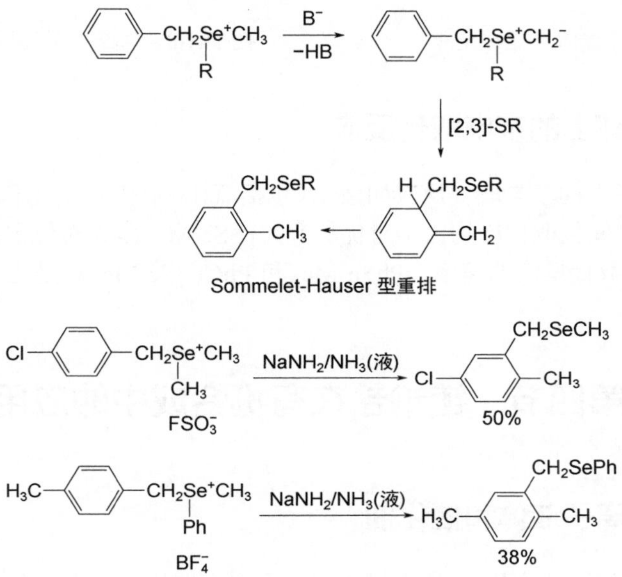

图 11.14　苯基硒鎓盐的 Sommelet-Hauser 型重排反应

四、消除反应

硒醚用碘甲烷、三氟甲磺酸甲酯（MeOTf）、硫酸二甲酯或氟磺酸甲酯（methyl fluorosulfonate）进行甲基化生成硒鎓盐，然后在碱如氢氧化钾、叔丁醇钾（在 DMSO 中）存在下进行消除反应得到烯烃，主要产物为少取代的烯烃。像季铵盐进行的消除反应一样，反应取向遵守霍夫曼规则（图 11.15）。这一消除反应提供了由硒醚制备烯烃的另一条途径。

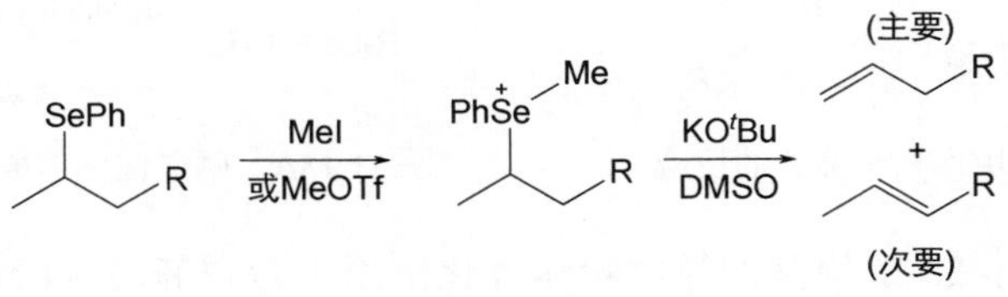

图 11.15　硒鎓盐在碱存在下的 β-消除反应

五、还原反应

硒鎓盐还原为硒醚和烃（图 11.16A）。用 γ 射线照射水可产生水合电子，照射 N₂O 饱和的含硒鎓盐和甲酸钠的水溶液 12min，可现场产生二氧化碳负离子自由基（carbon dioxide radical anion）还原剂，还原产物的分布依赖硒鎓的（烃基）组成、还原剂以及供氢体，反应机理是自由基链式反应（图 11.16B）[1]。

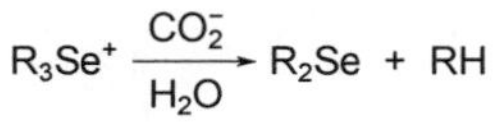

图 11.16A　硒鎓盐的还原反应

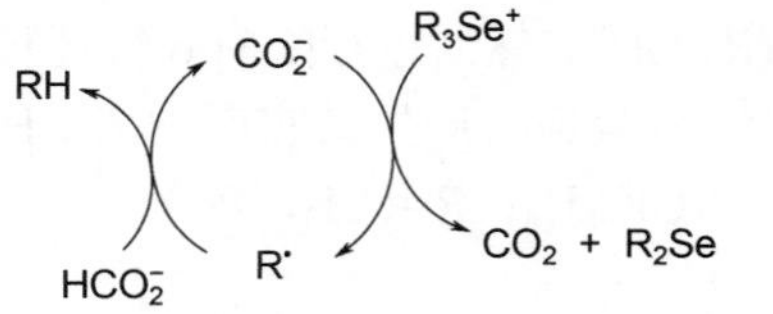

图 11.16B　硒鎓盐的还原反应机理

六、硒鎓盐芳香环上的亲电取代反应

在硒鎓盐芳香环上的亲电取代反应如卤化（包括氯化、溴化）、硝化和磺化反应中，Se^+Me_2 是强的间位定位基（间位取代产物占绝对优势），$CH_2Se^+Me_2$ 是邻对位定位基（对位取代产物占优势）；进行亲电取代反应的速率，$PhSe^+Me_2$ 和 $PhCH_2Se^+Me_2$ 总是比硫的同类物 PhS^+Me_2 和 $PhCH_2S^+Me_2$ 快。

第四节　硒鎓盐在有机合成中的应用

一、硒鎓盐作为离子液体和催化剂

有些硒鎓盐在室温下是液体，作为离子液体可用作催化剂。丁基乙基苯基硒鎓氟硼酸盐（[BEPSe]BF_4）在羰基化合物缩合形成硫缩酮时，用量 15mol%，反应无需另加溶剂，反应速率快，条件温和（室温），产率高（图 11.17），它还可用作 Baylis-Hillman 反应的共催化剂。

由硒醚与活性卤代物形成硒鎓盐，在碱存在下脱除酸性氢，原位生成硒叶立德，它与醛羰基进行亲核加成生成氧负离子，然后氧负离子内部进攻，生成环氧化合物，再生催化剂——硒醚完成催化循环（图 11.18A）。

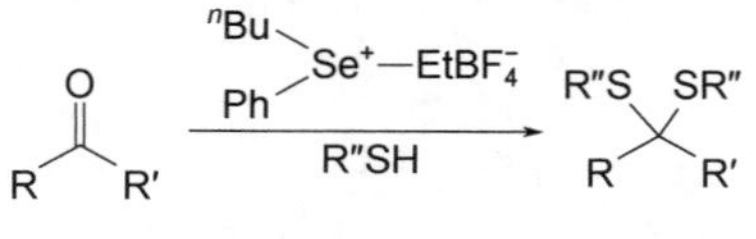

图 11.17　硒鎓盐用作离子液体的反应

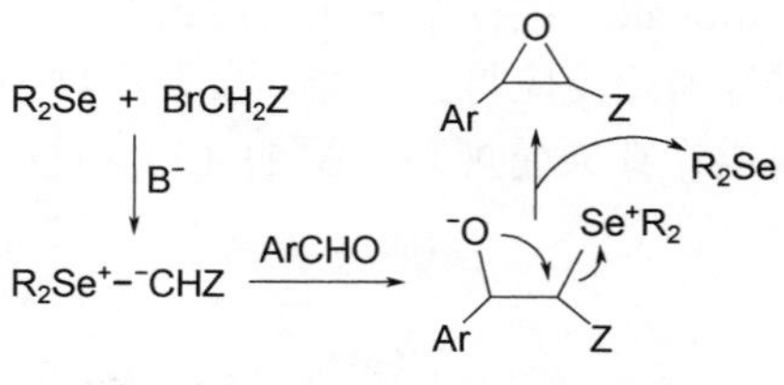

图 11.18A　硒醚催化形成环氧化合物的反应

手性硒醚(2R,5R)-2,5-二甲基四氢硒吩作催化剂用于芳香醛与苄卤反应合成手性环氧化合物，产率 66%～97%，对映体过量 76%～94% ee（图 11.18B）。

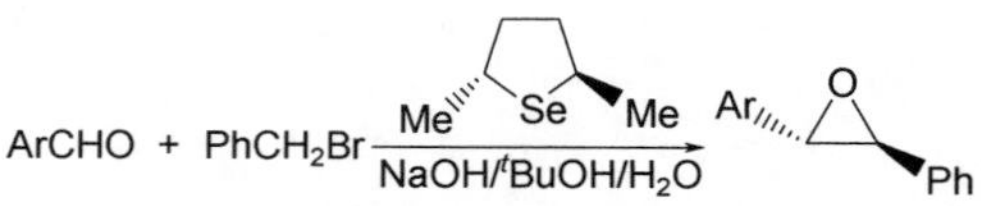

图 11.18B　手性硒醚催化形成手性环氧化合物的反应

二、合成 α,β-不饱和酮

由烯基硒鎓盐用强碱 NaH 或 KH 除氢形成的硒叶立德与芳香醛反应得到烯键构型保持的 α,β-不饱和酮（图 11.19）。

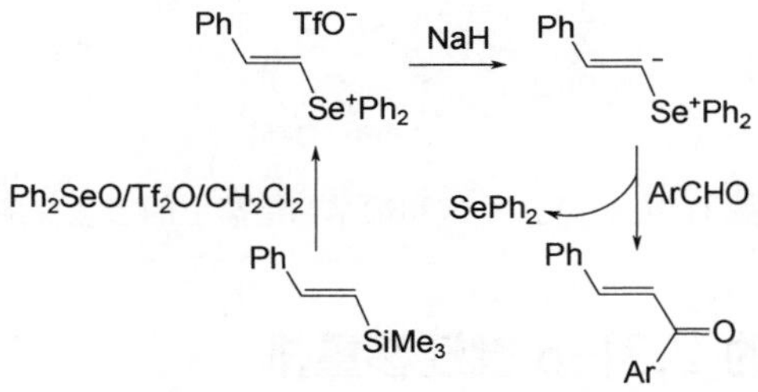

图 11.19　烯基硒鎓盐与醛的反应

三、不饱和硒鎓盐的亲核反应

在烯基硒鎓盐和炔基硒鎓盐中，碳碳不饱和键无疑是缺电子的，易遭受亲核试剂的进攻。例如，氢氧根对炔基硒鎓盐（1）加成生成硒叶立德，它与芳香醛亲核加成然后消除二苯基硒醚得到反式二取代环氧化合物（2）；硫醇在三乙胺存在下与炔基硒鎓盐（1）反式加成生成产物（3）；活性亚甲基化合物如苯甲酰丙酮（1,3-二酮）产生的碳负离子对炔基硒鎓盐（1）加成然后消除二苯基硒醚得到环丙烷衍生物（4）而不是预期的化合物（4′）（图 11.20A）[2]。

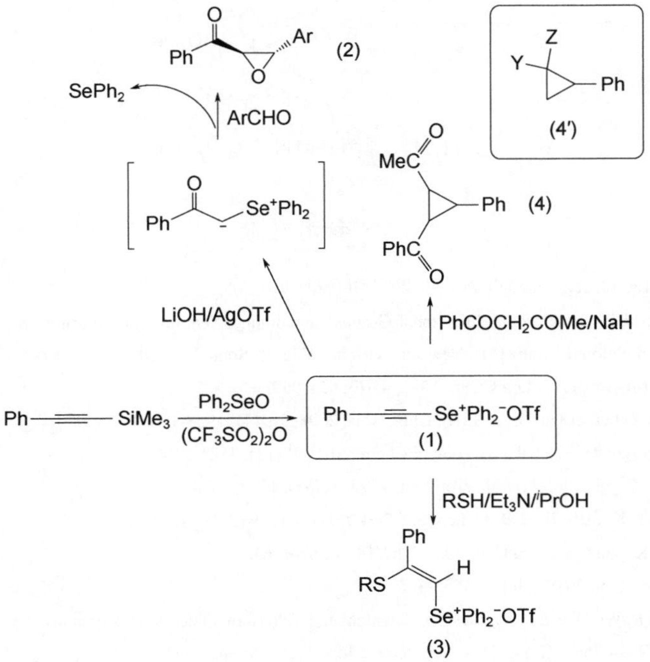

图 11.20A　α,β-不饱和炔基硒鎓盐上的亲核反应

羰基化合物用强碱 LHMDS 现场产生的 α-碳负离子对烯基钖鎓盐亲核加成,经消除 Ph_2Se 得到 α-位烯基化产物（图 11.20B），即通过加成-消除完成取代反应。

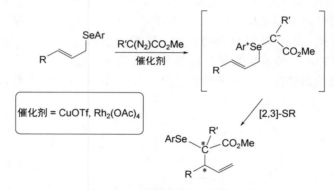

图 11.20B　α,β-不饱和烯基钖鎓盐上的亲核反应

四、烯丙基硒叶立德的[2,3]-σ 键迁移重排

烯丙基硒醚和重氮化合物在催化剂如铜、铑存在下，现场生成烯丙基硒叶立德，这一类中间体容易经过[2,3]-σ 键迁移重排（[2,3]-SR），形成高烯丙基硒醚，构筑新的手性碳（＊）（图 11.21）。采用手性配体或手性催化剂就发展为不对称反应版，可用于合成光学活性的化合物[8-10]。

图 11.21　烯丙基硒叶立德的重排

参考文献

[1] Eriksson P, Engman L, Lind J, et al. Eur J Org Chem, 2005, 2005(4): 701-705.

[2] Midura W H, Kiełbasiński P, Drabowicz J. Functional Groups Containing Selenium and Tellurium in Oxidation States from 3 to 6. PATAI's Chemistry of Functional Groups[M]. New Jersey: John Wiley & Sons, Ltd., 2011.

[3] Gassman P G, Miura T, Mossman A. J Org Chem, 1982, 47(6): 954-959.

[4] Pietschnig R, Spirk S, Rechberger G N, et al. Inorg Chim Acta, 2008, 361(7): 1958-1964.

[5] Bock J, Daniliuc C G, Bergander K, et al. Org Biomol Chem, 2019, 17(12): 3181-3185.

[6] Fujihara H, Nakahodo T, Furukawa N. Tetrahedron Lett, 1995, 36(35): 6275-6278.

[7] Kamigata N, Nakamura Y, Kikuchi K, et al. J Chem Soc Perkin Trans 1, 1992, 1992(13): 1721-1728.

[8] Kurose N, Takahashi T, Koizumi T. J Org Chem, 1997, 62(14): 4562-4563.

[9] Jana S, Koenigs R M. Org Lett, 2019, 21(10): 3653-3657.

[10] Comasseto J V, Piovan L, Wendler E P. Synthesis of Selenium and Tellurium Ylides and Carbanions. Application to Organic Synthesis. PATAI's Chemistry of Functional Groups[M]. New Jersey: John Wiley & Sons, Ltd., 2014.

第十二章

硒亚砜和硒砜

第一节 硒亚砜

一、硒亚砜的制备

硒亚砜（selenoxide）是亚硒酸中的两个羟基被烃基取代形成的化合物，具有 Se(=O)官能团。它们可用氧化剂过氧化氢、叔丁基过氧化氢（TBHP）、间氯过氧苯甲酸（mCPBA）、臭氧（O_3）和高碘酸钠（$NaIO_4$）等氧化硒醚进行制备[1]，也可用染料敏化现场产生的单线态氧氧化硒醚制备。用 $PhICl_2$ 在含水吡啶中（$-40℃$）氧化芳基硒醚以满意的产率生成芳基硒亚砜。用卤素单质氧化硒醚生成二卤化合物（$RR'SeX_2 \rightleftharpoons RR'Se^+X+X^-$）继而碱性水解提供硒亚砜；类似地，用 NCS 或 NBS 氧化硒醚（经中间体 $RR'Se^+X$）然后碱性水解得到硒亚砜；更好的制备硒亚砜的方法是用次氯酸叔丁酯（^tBuOCl）氧化硒醚继而碱性水解。有趣的是两可亲核试剂次脎酸根（$ArSeO^-$），与卤代烷 RX 反应能够收获硒亚砜 ArSe(O)R。由于硒亚砜在有机合成中有许多应用，这类有机硒化合物的合成方法一直在发展中，例如最近研究发现：在 DMF 中用次氯酸钠与硒醚室温反应 5min，以好的产率得到相应的硒亚砜。水溶性的硒醚如 $Se(CH_2CH_2CO_2H)_2$ 用过氧化氢水溶液氧化提供相应的硒亚砜。这些硒亚砜能被二硫代苏糖醇 DTT 还原成硒醚，而 DDT 则氧化为 3,4-二羟基-1,2-噻烷（3,4-dihydroxy-1,2-dithiane）。类似地，硒蛋氨酸用过氧化氢水溶液氧化提供相应的硒亚砜（硒蛋氨酸的氧化物）；用硫醇处理，可回收硒蛋氨酸，而硫醇转变为相应的二硫醚。

1. 二甲基硒亚砜的制备

将（13g，30%，0.12mol）过氧化氢置于$-10℃$下的 50mL 圆底烧瓶中，用注射器缓慢加入（10g，0.09mol）二甲基硒醚，反应混合物搅拌 30min，在一小时内升温至室温。加入 25mL 二氧六环，反应烧瓶置于$-78℃$下冷冻 2h，冷冻后的固体减压干燥直至恒重，剩余物由苯重结晶得到二甲基硒亚砜（8.8g，75%）。

2. (2-PhCOC₆H₄)Se(=O)Et 的制备

在$-20℃$下，向 2-$PhCOC_6H_4SeEt$（0.58g，2.0mmol）的 15mL 二氯甲烷溶液中加入间氯过氧苯甲酸（0.46g，2.1mmol）的乙醚（3mL）溶液。所得溶液在$-20℃$下放置 30min。混合物先用冰冷的稀碱水溶液洗涤两次，再用冰水洗涤，分液，有机层用无水硫酸钠干燥。过滤后所得的滤液在 0℃下减压除去溶剂，剩余物为无色晶体 2-PhCOC$_6$H$_4$Se(═O)Et。

3．8-二甲氨基-1-萘基苯基硒亚砜的制备

在-25℃和氮气条件下，向搅拌的 8-二甲氨基-1-萘基苯基硒醚（3.27g，10.0mmol）的二氯甲烷（200mL）溶液中，缓慢加入次氯酸叔丁酯（1.30g，12.0mmol）的二氯甲烷（50mL）溶液，滴加完毕后再搅拌 30min，自然升温至室温。向搅拌的反应混合物中加入含 0.6g NaOH 的 20mL 氢氧化钠溶液，分离有机层。用 3×50mL 二氯甲烷萃取水溶液中残留的有机组分，将萃取液与有机层合并，经无水硫酸钠干燥后，过滤，减压除掉溶剂，剩余物用硅胶柱色谱法分离（洗脱剂：二氯甲烷/甲醇，体积比为 100/6）提供产品（3.28g，88%）。

4．手性硒亚砜的制备

高光学活性硒亚砜的制备对于实现高不对称性诱导的硒亚砜消除和[2,3]-σ 键迁移重排至关重要。研究和制备高纯度手性硒亚砜的主要困难在于它们的构型易变性[2]。在早期的研究中，发现手性烷基芳基硒亚砜很容易通过非手性水合物的形成在有水的情况下消旋，加入酸可以大大加速消旋，但在碱性介质中不能。随后的详细研究表明速率决定步骤（RDS）是硒亚砜氧的质子化。芳基上邻位的大体积取代基通过空间效应抑制非手性水合物的生成可减缓外消旋化的速率。因此，在无水、无酸条件下，手性硒亚砜的分离是可能的。现已成功地制备了空气中稳定的对映体纯(−)-4-(甲氧羰基)苯基-2,4,6-三异丙基苯基硒亚砜，方法是先将非对映体薄荷酯分级结晶，然后除去手性辅基。通过其 X 射线晶体学分析，确定了硒亚砜的绝对构型（图 12.1）。也成功地用光学活性柱色谱分离了外消旋的硒亚砜混合物，氨基分子内配位稳定的光学纯硒亚砜 2-Me$_2$NCH$_2$C$_6$H$_4$Se(═O)R（R=Me、Ph）。一个有趣的例子是通过外消旋硒亚砜与光学活性联萘酚的络合（complexation）实现对硒亚砜的光学拆分（optical resolution）。然而，通过立体选择性反应直接合成手性化合物显然是高效的方法，两种直接氧化硒醚获得手性硒亚砜的方法是：第一种，前手性硒醚的对映选择性（enantioselectivity）（用对映体过量百分数表示；enantiomeric excess，% ee）氧化；第二种，含手性结构单元硒醚的非对映选择性（diastereoselectivity）（用非对映体过量百分数表示；diastereomeric excess，% de）氧化。戴维斯氧化剂是各种前手性硒醚对映选择性氧化最有效的试剂。通过在 0℃下用 1equiv. 的 Davis 氧化剂（[O]*）处理前手性硒醚 RSeAr 产生相应的手性硒亚砜 RSe(═O)Ar，对映选择性高达 95% ee（图 12.2）。在-60℃下，间氯过氧苯甲酸氧化甲基环番基硒醚（methyl[2.2]paracyclophanyl selenide）3min，得到相应的手性硒亚砜，立体选择性为 64% de。

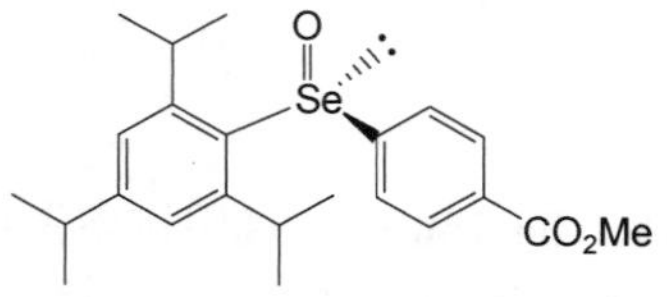

图 12.1　手性硒亚砜

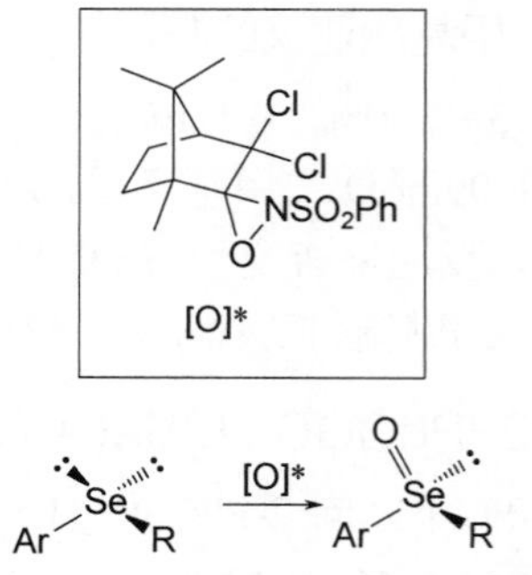

图 12.2　手性氧化剂氧化硒醚制备手性硒亚砜

二、硒亚砜的物理性质

硒亚砜是固体，其分子具有强极性，可溶于醇，微溶于水；二芳基硒亚砜易吸水。8-二甲氨基-1-萘基苯基硒亚砜，m.p.：152～155℃；IR（KBr）：ν 2980cm^{-1}，2360cm^{-1}，1440cm^{-1}，1360cm^{-1}，815cm^{-1}；UV：λ_{max}（环己烷，nm）（ε），295（4.5×10^3），218（2.6×10^4）；^{1}H NMR（500MHz，CDCl$_3$，Me$_4$Si）：δ 2.13（3H，s，NMe），2.51（3H，s，NMe），7.13～7.18（5H，m，Ph），7.22（1H，d，J=7.4Hz，Ar-H），7.35（1H，dd，J=7.9Hz，7.9Hz，Ar-H），7.66（1H，d，J=7.9Hz，Ar-H），7.69（1H，dd，J=7.4Hz，7.4Hz，Ar-H），7.92（1H，d，J=7.9Hz，Ar-H），8.77（1H，d，J=7.4Hz，Ar-H）；^{13}C NMR（125MHz，CDCl$_3$，Me$_4$Si）：δ 43.2，49.4，119.3，125.9，126.1，126.3，126.6（×2），127.7，128.8，129.8，131.2，134.2，134.9，145.7，148.9。（E）-苯基苯乙烯基硒亚砜[3]，（E）-PhCH＝CHSe（＝O）Ph，白色固体，m.p.：100～101℃；IR（KBr）：ν（SeO）972.0cm^{-1}；^{77}Se NMR（CDCl$_3$，25℃）：δ 853。2-PhCOC$_6$H$_4$Se（＝O）Et，m.p.：48.5～50℃（dec.）；IR（KBr）：ν 3061cm^{-1}，1643cm^{-1}，1282cm^{-1}，829cm^{-1}；^{1}H NMR（CDCl$_3$）：δ 1.31（t，3H），3.15（q，2H），7.1～8.6（m，9H）；UV（二氧六环）：λ_{max}，250nm[1b]。

二甲基硒亚砜具有热不稳定性，在达到沸点前开始分解，m.p.：92～93℃；IR（KBr）：ν 3033（w）cm^{-1}，3017（w）cm^{-1}，2940（w）cm^{-1}，2930（w）cm^{-1}，1395（w）cm^{-1}，1375（w）cm^{-1}，1119（s）cm^{-1}，1109（s）cm^{-1}，1065（s）cm^{-1}，1009（s）cm^{-1}，969（m）cm^{-1}，890（s）cm^{-1}，747（s）cm^{-1}，723（m）cm^{-1}；^{1}H NMR（CDCl$_3$）：δ 2.66；^{13}C NMR（CDCl$_3$）：δ 33.78；^{77}Se NMR（CDCl$_3$）：δ 945。

二甲基硒亚砜结晶于 P-1 空间群，其（CSD：LAWBIV）分子（图 12.3）的几何参数[4]：键长 O(1)-Se(1)，1.6756(15)Å；C(1)-Se(1)，1.933(2)Å；C(2)-Se(1)，1.930(3)Å；键角 O(1)-Se(1)-C(1)，102.79(9)°；O(1)-Se(1)-C(2)，103.13(10)°；C(1)-Se(1)-C(2)，95.96(11)°。根据硒的键角可知，分子是锥形的，硒离三个原子所在平面的距离为 0.8381(1)Å。在固态时，分子通过 C—H…O 分子间氢键形成沿[100]方向的长链。

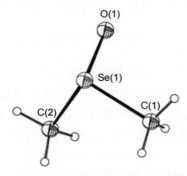

图 12.3　二甲基硒亚砜的分子结构

由于硒亚砜具有锥形几何构型，当两个烃基不同时，硒原子就成为一个手性中心，因而不对称硒亚砜 RSe（＝O）R′（R≠R′）存在一对对映异构体（参阅第一章），由于存在消旋化（图 12.4），如何获得光学纯的异构体是手性硒亚砜不对称催化应用的一个主要瓶颈。

三、硒亚砜的化学性质

硒亚砜具有碱性，可在非水溶剂中用 HClO$_4$ 进行滴定；可与质子酸如盐酸、硝酸、高氯

酸生成加合物 $R_2Se(OH)X$（X=Cl、NO_3、ClO_4），但是单晶 X 射线衍射实验证明硒亚砜与磺酸形成盐 $R_2Se^+(OH)TsO^-$ 而不是加合物[5]，$R_2Se^+(OH)$ 可作为亲电硒试剂对富电子芳烃如酚类进行亲电取代。二甲基硒亚砜与过量盐酸作用，蒸发溶剂后得到 Me_2SeCl_2；在 $HOAc-HCCl_3$ 中对烯烃进行反式加成向双键碳分别引入 OAc 和 SeMe 得到乙酰氧基硒醚，这一反应（oxyselenation）据认为是经过中间体 MeSeOAc 进行的；与吡啶、单质碘等形成加合物。通过与羟基形成氢键，硒亚砜能与醇、酚形成加合物。由于硒处于中间氧化态，因此硒亚砜既具有氧化性又具有还原性，与 KI 反应生成单质碘，被亚硫酸盐、肼、硫醇等还原形成硒醚，$R_2SeO+2R'SH \longrightarrow R_2Se+R'SSR'+H_2O$；与强氧化剂 $KMnO_4$、mCPBA 作用，生成硒砜。当硒亚砜是目的物时，为防止其进一步氧化成硒砜导致副反应，在硒醚进行氧化时必须严格控制氧化剂（mCPBA）的计量[6]。类似于亚砜的 Pummerer 重排反应，具有 α-氢的硒亚砜 $RCH_2Se(=O)R'$ 与乙酸酐作用生成相应的 α-乙酰氧基硒醚 RCH(OAc)SeR'。硒亚砜是热不稳定的：二烷基硒亚砜 $R'CH_2Se(=O)R$ 受热分解为硒醇 RSeH 和醛 R'CHO；二芳基硒亚砜加热至熔点时，脱氧生成硒醚；具有 β-氢的烷基硒亚砜一般在室温或稍高于室温下即自发消除次脿酸，形成碳-碳双键，这一反应具有重要的合成方法学意义，根据需要既可合成次脿酸，又可形成烯键，如果设计巧妙还可构筑炔键。

1. 硒亚砜的异构化

二芳基亚砜易吸水生成二羟基化合物 $Ar_2Se(OH)_2$，二烷基硒亚砜 R_2SeO 则生成水合物 $R_2SeO \cdot H_2O$，分子中存在 $R_2SeO \cdots H_2O$ 氢键。前面提到：当两个烃基不同时，硒亚砜 RSe(=O)R' 的硒原子是手性中心，因此这类硒亚砜具有手性。除可能进行构型翻转外，它们在水中易发生消旋化，这是由于生成的中间体——非手性的双羟基化合物存在两种脱水方式所致（图 12.4）。

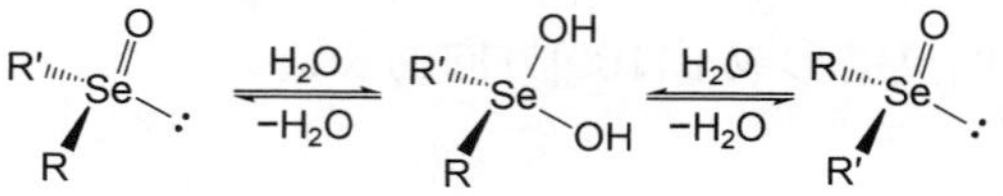

图 12.4　手性硒亚砜的消旋化机理

2. 硒亚砜的顺式消除和[2,3]-σ 键迁移重排

硒亚砜的顺式消除和烯丙基硒亚砜的[2,3]-σ 键迁移重排是有机化学中非常有用的合成方法。与相应的有机硫化合物反应相比，有机硒化合物的有利之处在于 C—Se 键的键能比 C—S 键弱以及过渡态的有利构象，使得上述两个反应的活化能要低得多。这导致了有机硒化合物进行立体选择性反应（stereoselective reaction）的高潜力。

具有 β-氢的硒亚砜一般在室温或稍高于室温下即自发消除次脿酸，形成碳-碳双键（图 12.5A），硒亚砜消除中的区域选择性可以提供烯丙基或烯基产物，这取决于硒醚中取代基的性质（图 12.5B）[2b]：β-位的饱和基团（指直接键连的原子）如卤素、羟基、烷氧基、酰氧基等有利于生成烯丙基产物；β-位的不饱和基团如硝基、氰基、羰基、酯基、磺酰基、烯基（碳-碳不饱和键）等有利于形成烯基产物（即新形成的双键与这些不饱和基团共轭）；不带官能团的烷基，优势的产物是少取代双键的产物（图 12.5C）[2c]。对于烯基硒亚砜的顺式消除可能存在生成炔烃（acetylene）和联烯烃（allene）的竞争，顺式氢的存在有利于其中一种产物的生成（12.5D）。

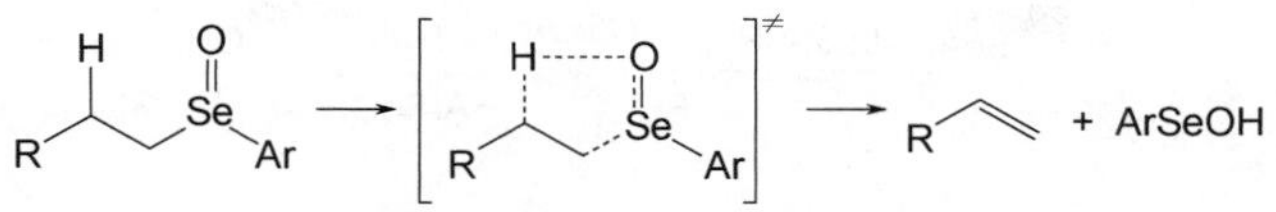

图 12.5A　硒亚砜经过五元环过渡态的顺式消除反应

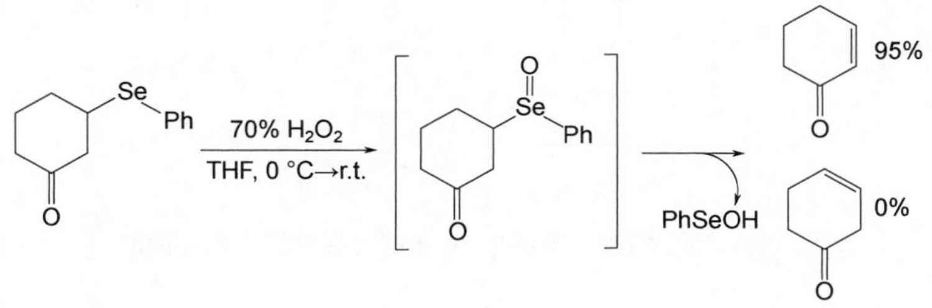

图 12.5B　硒亚砜的顺式消除反应（一）

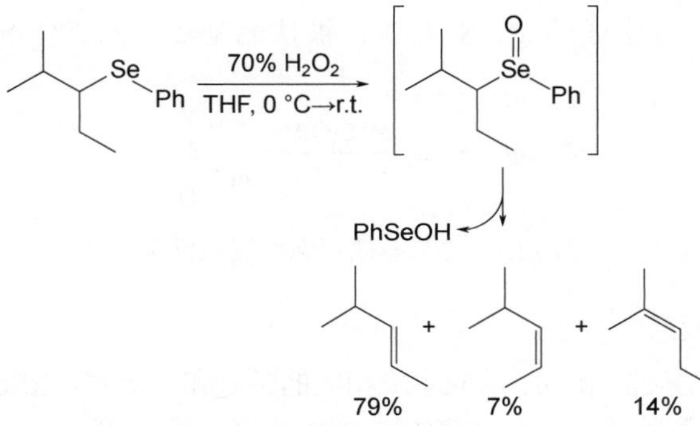

图 12.5C　硒亚砜的顺式消除反应（二）

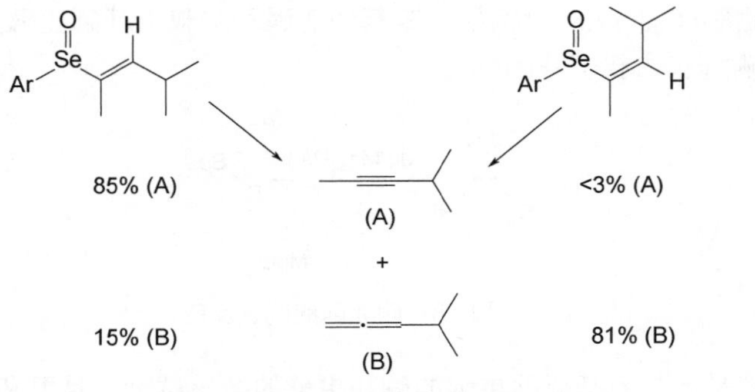

图 12.5D　硒亚砜生成炔烃与联烯烃的竞争反应

　　由于硒醚的过氧化氢氧化形成烯烃是两步反应，为防止过度氧化为硒砜以及硒砜的亲核裂解反应而降低产率，利用正烷基芳基硒亚砜 RSe(=O)Ar［R=(CH$_2$)$_{11}$CH$_3$］对反应条件进行了优化：芳环上的给电子基有利于硒醚氧化为硒亚砜，但不利于硒亚砜的消除反应形成烯烃；无论是 NO$_2$、CO$_2$Me 还是 Me，处于邻位的取代基比对位的有利于消除反应；吸电子基如 NO$_2$、CO$_2$Me 处于邻位比对位更有利于消除反应[2d]。

　　烯丙基硒亚砜易（在室温及以下）进行[2,3]-σ 键迁移重排形成次胂酸酯，其水解后提供烯丙醇（图 12.6）。

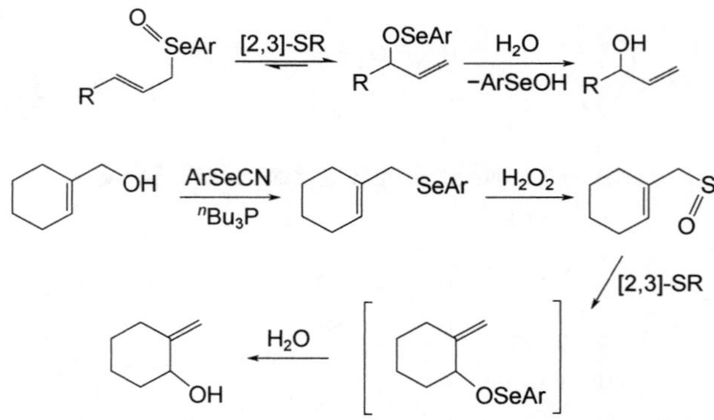

图 12.6　烯丙基硒亚砜的[2,3]-σ 键迁移重排合成烯丙醇

3. 硒亚砜的氧化反应

二芳基硒亚砜对单线态氧 $^1O_2$ 是惰性的，但在二甲基亚砜（DMSO）存在下，可定量氧化成硒砜（图 12.7），现场生成的 $Me_2S^+\text{-}OO^-$，被认为是实际的氧化剂。

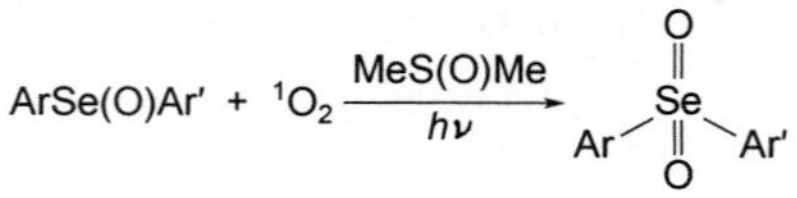

图 12.7　二芳基硒亚砜的氧化反应

4. 硒亚砜的还原反应

硒亚砜 RSe(=O)R′与硫醇 R″SH 反应生成相应的硒醚和二硫醚，RSe(=O)R′+2R″SH ⟶ RSeR′+R″SSR″+H_2O；硒亚砜 RSe(=O)R′用 $PhSeSiMe_3$ 温和脱氧提供硒醚，RSe(=O)R′+2$PhSeSiMe_3$ ⟶ RSeR′+PhSeSePh+$O(SiMe_3)_2$（图 8.50）；在甲醇中，硒亚砜用镁脱氧，高产率获得相应的硒醚（图 12.8），例如二苯基硒亚砜和二叔丁基硒亚砜分别以 80%和 70%的产率得到二苯基硒醚和二叔丁基硒醚。

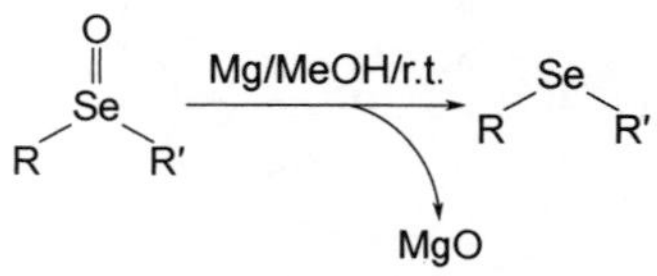

图 12.8　硒亚砜的脱氧反应

二甲基硒亚砜是比二甲基亚砜更强的碱和更软的亲核试剂，是温和的氧化剂：将邻苯二酚和对苯二酚转化为邻苯二醌和对苯二醌；将膦转化为氧化膦；将硫化膦、硒化膦和硫羰基化合物转化为相应的含氧化合物。因此常用于硫尿嘧啶和相应的硫核苷和硫核苷酸的修饰。此外，它能将卤化物 RCH_2X 或伯醇（在分子筛 MS 存在下加热回流）转变为相应的醛类（图 12.9）[7]。

$$RCH_2X + OSeMe_2 \xrightarrow[\triangle]{K_2HPO_4} RCHO + SeMe_2 + HX$$

$$RCH_2OH + OSeMe_2 \xrightarrow[\triangle]{MS/C_6H_6} RCHO + SeMe_2 + H_2O$$

图 12.9　二甲基硒亚砜作氧化剂的反应

5. 硒亚砜与金属试剂的反应

硒亚砜能与有机锂或格氏试剂反应形成一类高配位数的化合物——硒烷。二苯基硒亚砜在-78℃下与苯基锂反应得到四苯基硒，用氢溴酸处理定量转变为 Ph₃SeBr，Ph₃SeBr 与苯基锂在-78℃下反应也得到四苯基硒。四苯基硒是热不稳定的，在室温下经配体偶联反应（ligand coupling reaction，LCR）分解为二苯基硒醚 Ph₂Se 和联苯 Ph—Ph（图 12.10）[8]。

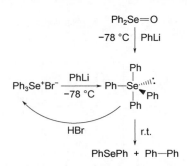

图 12.10　硒亚砜与有机锂的反应

6. 硒亚砜的缩合反应

在 DCC/DMAP 存在下硒亚砜与磺酰胺 TsNH₂ 反应得到硒亚胺。硒醚与 PhI＝NTs 或 TsNClNa 在 0℃下反应也提供相应的硒亚胺。这类物质特别是含烯丙基者，易进行[2,3]-σ 键迁移重排，重排产物——次胂酰胺经水解后，提供烯丙胺，可用于合成手性烯丙胺类化合物。

硒亚砜在除水剂如无水硫酸镁存在下或在碱如三乙胺催化下易与活性亚甲基化合物反应生成相应的硒叶立德，其中烯丙基硒叶立德可进行[2,3]-σ 键迁移重排生成高烯丙基硒醚。

7. 硒吩氧化物的反应

大位阻保护的硒吩形成的氧化物相对比较稳定。2,4-二叔丁基硒吩（1）易氧化为双氧化物（2）。在-50℃用 DMDO（dimethyl dioxirane）的丙酮溶液氧化生成单氧化产物（3），这一环状"硒亚砜"具有类似于一般硒亚砜的性质：溶于水，形成水合物（4）（但溶液呈弱酸性 pH=6.6）；氧原子具有碱性，与对甲苯磺酸 TsOH 生成盐（5），与手性樟脑磺酸 [(1S)-(+)-10-camphorsulfonic acid，CSA] 形成非对映体的盐（6），与三氟化硼反应获得加合物（7）；与活性亚甲基化合物如丙二腈在除水剂硫酸镁存在下缩合得到硒叶立德（8）（图 12.11）[9]。

四、硒亚砜在有机合成中的应用

1. 合成光学活性的联烯烃

现在，硒亚砜温和的顺式热消除反应构筑碳-碳双键已成为合成化学家以及蛋白质合成家最为有用的工具。利用烯基硒亚砜消除合成光学活性的联烯有两种策略：利用手性源制备光学活性的烯基硒醚（非对映氧化）；利用手性氧化剂（包括催化剂）氧化（对映氧化）前手性烯基硒醚[2]。

以手性二茂铁基（*Fc）作为手性辅基（chiral auxiliary），从光学活性的二茂铁基二硒醚（*Fc₂Se₂）制备烯基手性二茂铁基（*Fc）硒醚，在低温下用 mCPBA 氧化处理手性硒醚（非对映性硒亚砜消除，diastereoselective selenoxide elimination）获得光学活性的联烯，对映选择性最高达 89% ee（图 12.12A）。

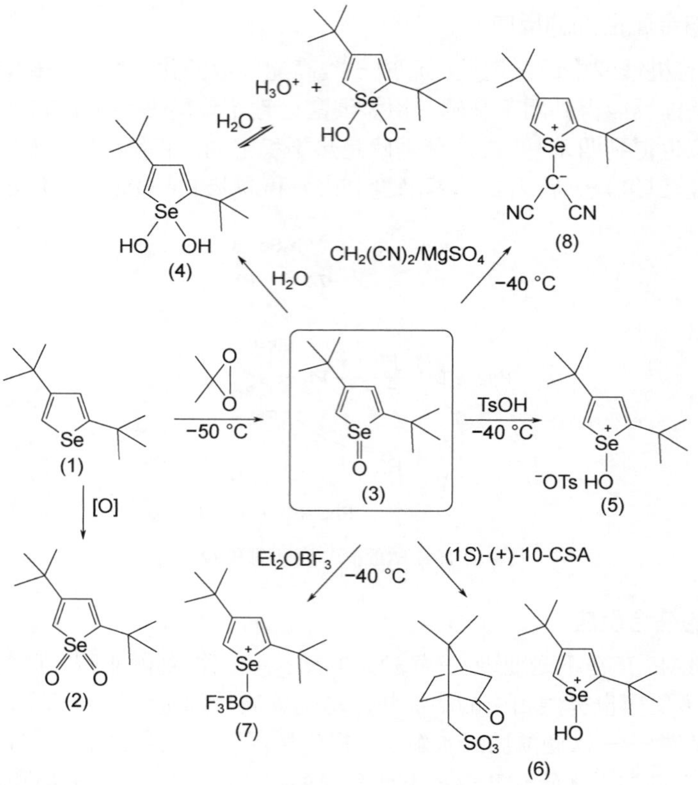

图 12.11   特殊硒亚砜的反应

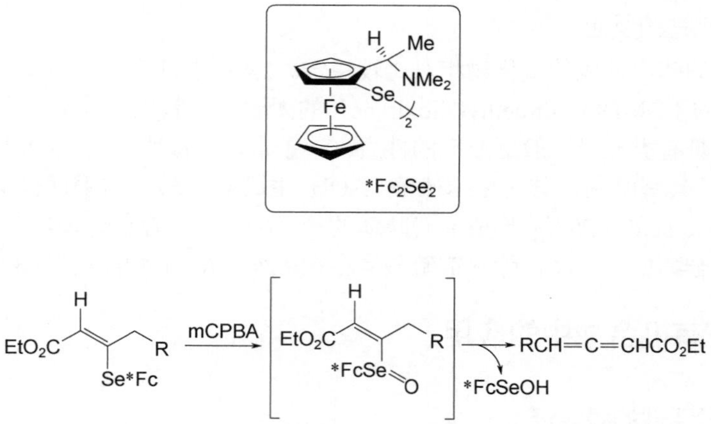

图 12.12A   手性二茂铁基（*Fc）为手性辅基合成光学活性的联烯

　　利用手性氧化剂[O]*氧化苯基烯基硒醚，现场制备手性硒亚砜，其顺式消除（对映选择性硒亚砜消除，enantioselective selenoxide elimination）提供光学活性的联烯（图 12.12B）。

2. 合成光学活性的硒叶立德

　　采用冰片基（bornyl moiety）作为手性辅基，以 2-羟基-10-冰片基苯基硒醚为原料用两种方法合成光学纯硒亚砜。一种是用 mCPBA 对硒醚进行直接非对映选择性氧化，另一种是用次氯酸叔丁酯（^tBuOCl）对硒醚进行非对映选择性氧化得到氯硒烷（chloroselenurane），继而进行亲核取代反应（水解）。(R_{Se})-氯硒烷的碱性水解得到构型保留的产物，(R_{Se})-硒亚砜。在0℃下 10min 内，次氯酸叔丁酯对硒醚氧化完全，高产率得到氯硒烷。在 0℃下，加入 $NaHCO_3$ 水溶液，氯硒烷瞬间完全水解，生成单一的非对映异构体硒亚砜。由于冰片基团的大体积以及硒氧和羟基之间的分子内氢键，导致这种硒亚砜在室温下是稳定的。手性硒亚砜在无水硫酸镁存在下与活性亚甲基化合物（ZCH_2Y）脱水缩合提供光学活性的硒叶立德（图 12.13）。

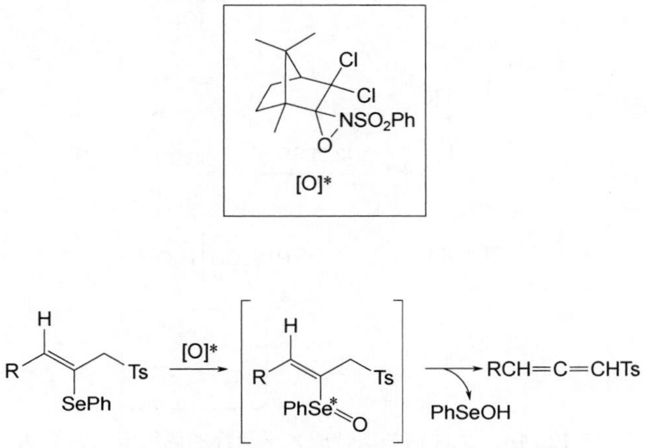

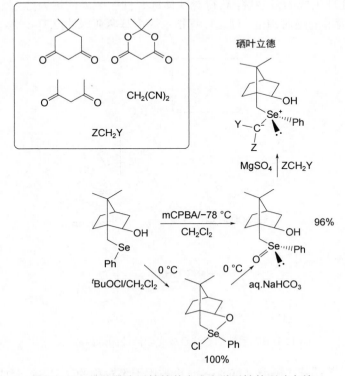

图 12.12B　手性氧化剂[O]*氧化苯基烯基硒醚合成光学活性的联烯

图 12.13　冰片基为手性辅基合成光学活性的硒叶立德

3. 合成光学活性的烯丙醇

利用硒亚砜的[2,3]-σ 键迁移重排（[2,3]-SR）合成光学活性烯丙醇的策略：利用手性源制备光学活性的烯丙基硒醚（手性源基团用 R*表示）；利用手性氧化剂（催化剂）氧化前手性烯丙基硒醚（图 12.14A）。

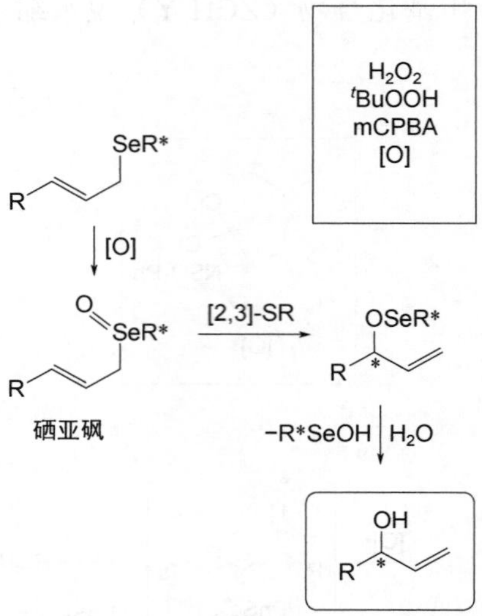

图 12.14A　手性辅基法合成光学活性的烯丙醇（一）

2-羟基-10-冰片基为手性辅基（用 R*表示）的烯丙基硒醚，用次氯酸叔丁酯氧化，再用 NaHCO₃ 水溶液处理生成的氯硒烷，获得对映体选择性中至高的烯丙醇（最高达 88% ee）（图 12.14B）。根据烯丙醇的绝对构型，理论计算指示烯丙基硒亚砜的[2,3]-σ 键迁移重排主要是通过内式过渡态进行的。

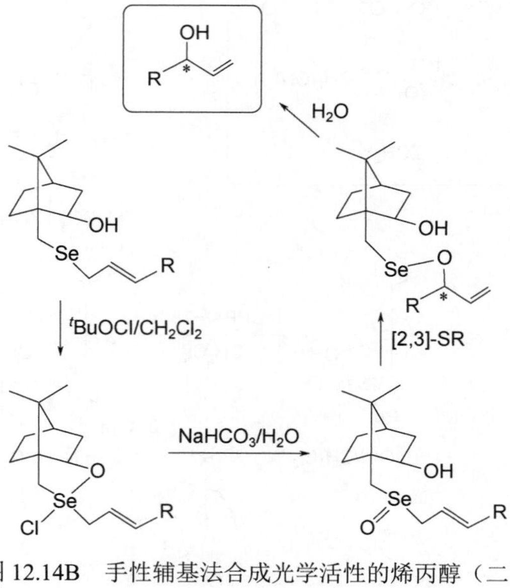

图 12.14B　手性辅基法合成光学活性的烯丙醇（二）

光学活性的二茂铁基二硒醚（*Fc₂Se₂）也被用于不对称的[2,3]-SR 合成光学活性的烯丙醇。已制备的光学活性二茂铁基肉桂基硒醚在甲醇中于 0℃下用 mCPBA 氧化，以 60%的产率得到光学活性的 1-苯基-2-丙烯-1-醇（89% ee）。已知光学活性的硒亚砜在甲醇中很容易消旋，因此在甲醇中获得高对映选择性的事实说明中间体——手性二茂铁硒亚砜发生了快速的 [2,3]-SR。在这种情况下，导致(R)-烯丙醇的内式过渡态比外式过渡态更稳定，因为在外式过渡态中苯乙烯基和手性二茂铁基*Fc 的空间排斥力较大。

前已述及，Davis 氧化剂[O]*是氧化前手性硒醚最优秀的试剂。甲基苯基硒醚的氧化反应在 1min 内即可完成，而含有较大烷基的烷基苯基硒醚的氧化反应则需要几个小时。烯丙基硒醚的对映选择性氧化产物经[2,3]-SR，再经水解后，提供光学活性的烯丙醇（图 12.14C）。

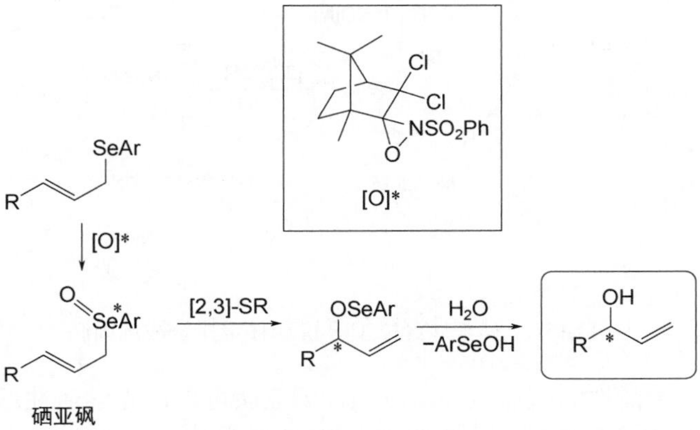

图 12.14C　手性氧化剂法合成光学活性的烯丙醇

4. 合成光活性的烯丙胺

与已有的合成光学活性烯丙醇的制备方法相比，获得光学活性烯丙胺的途径还相当有限。这里介绍手性硒亚胺的制备以及手性烯丙基 N-硒基酰亚胺重排产生手性烯丙胺的一些实例。

（1）手性硒亚胺的制备

硒亚砜的氮类似物，N-硒亚胺（selenimide），是三配位的四价化合物，在原理上具有与硒亚砜相似的[2,3]-σ 键迁移重排转化能力。在甲醇中的无水氯胺 T（TsNClNa）是一种高效的试剂，可以将烯丙基硒醚转化为相应的 N-烯丙基对甲苯磺酰胺（N-对甲苯磺酰基烯丙基胺）。这个反应是通过相应的烯丙硒基亚胺中间体，经过[2,3]-SR 得到 N-烯丙硒基酰胺（selenamide），继而甲醇解（methanolysis），最后获得相应的烯丙胺。如果加热到 130℃以上，有害的无水氯胺 T 可能会剧烈分解，取而代之的是 N-氯代丁二酰亚胺（NCS）和胺的混合物，也可用于类似目的。已发展用 NCS 一步法制备叔丁氧羰基（Boc）或苄氧羰基（Cbz）保护的烯丙基伯胺：从光学活性的烯丙基苯基硒醚与 BocNH$_2$ 或 CbzNH$_2$ 反应获得具有高对映选择性的烯丙基伯胺。类似地，如下光学活性的硒醚（96% ee）通过[2,3]-SR 转化为相应的烯丙胺（92% ee）（图 12.15A）。

92% ee

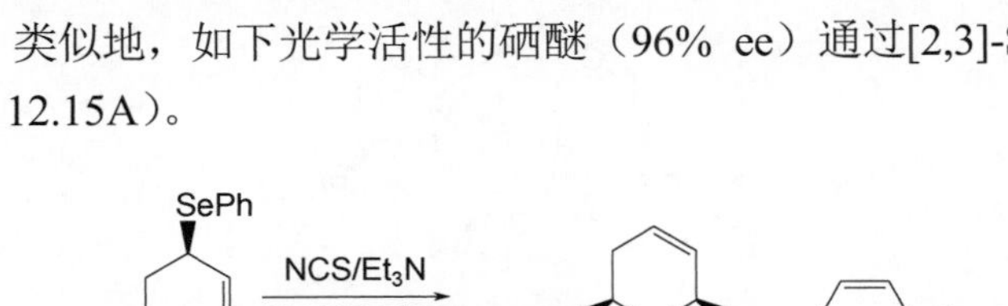

图 12.15A　手性硒醚在 NCS 和胺存在下转变为手性烯丙胺

作为一种亚胺化（imidation）试剂，碘烷［(N-tosylimino)phenyliodinane］（PhI＝NTs）可以方便地将硫醚和硒醚分别转化为相应的硫亚胺和硒亚胺。

如前所述，不对称的[2,3]-SR 是通过前手性硒醚对映选择性或手性硒醚非对映选择性的氧化制备手性硒亚砜进行的。如果将烯丙基硒醚通过对映选择性或非对映选择性的亚胺化反应得到手性硒亚胺作为中间体，则手性转移预期发生在中间体中（图12.15B）。

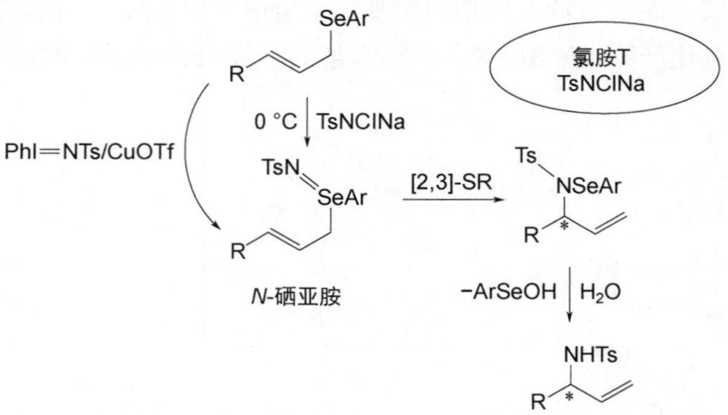

图12.15B　硒亚胺经[2,3]-σ 键迁移重排合成烯丙胺

由于已知具有光学活性的硫亚胺，所以预计硒亚胺可以以光学活性形式分离。已有文献报道：用手性柱拆分方法分离到一个光学纯的硒亚胺［(S_{Se})-(−)-2,4,6-$^tBu_3C_6H_2Se(NTs)Ph$］，并研究了它的消旋化动力学[10]。详细的研究表明，硒亚胺比相应的硫亚胺具有更好的稳定性。因此，硒亚胺的构型翻转需要较高的反应温度。在 N,N'-二环己基碳二亚胺（DCC）存在下，手性硒亚砜转化为相应的硒亚胺，硒手性中心的构型保持不变（图12.16A）。

图12.16A　光学活性的硒亚砜转变为光学活性的硒亚胺

在手性配体 L*（双噁唑啉，BOX）存在下，CuOTf 催化 PhI＝NTs 对前手性硒醚——烯丙基芳基硒醚进行对映选择性亚胺化反应，最后获得相应的手性烯丙胺（产率35%～71%，对映选择性17%～30% ee）（图12.16B）。

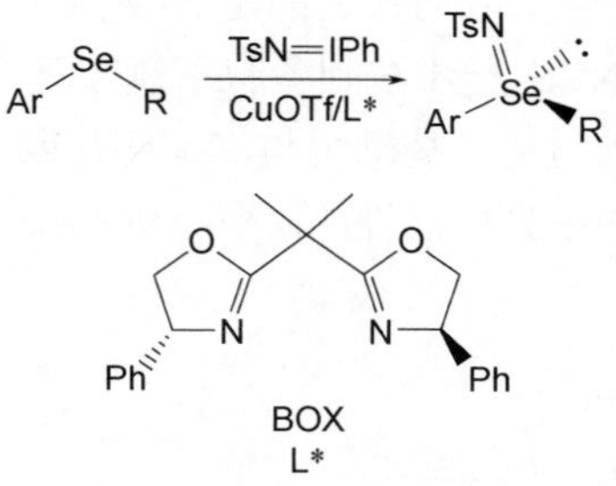

图12.16B　硒醚的不对称亚胺化

（2）不对称的[2,3]-σ 键迁移重排产生光学活性的烯丙胺

由于光学活性的烯丙胺具有重要合成化学意义，将合成烯丙胺的研究从外消旋版升级到

了不对称版。手性芳基肉桂基硒醚 PhCH═CHCH₂SeAr 的手性亚胺化，再通过[2,3]-SR，得到了相应的烯丙胺，不仅产率不高而且对映选择性也很低，因此对映选择性合成光学活性的烯丙胺没有获得成功。

通过非对映选择性的[2,3]-SR 制备光学活性的烯丙胺也只取得部分成功。光学活性的肉桂基二茂铁基硒醚 PhCH═CHCH₂Se*Fc 在 0℃下与 PhI═NTs 或 TsNClNa 反应，可得到对映选择性高（87% ee）的烯丙基胺。使用带有 2-羟基-10-冰片基结构的光学活性烯丙基氯硒烷可产生光学活性的烯丙胺：用次氯酸叔丁酯对烯丙基冰片基硒醚进行处理，生成相应的烯丙基氯硒烷（图 12.17）。选择 CbzNH₂、BocNH₂、对甲苯磺酰胺等作为 N 保护胺类化合物制备硒亚胺，经[2,3]-SR 后获得烯丙胺，具有低至高的对映选择性（最高可达 93% ee）。从 N 保护的烯丙胺的绝对构型以及它们的高对映异构体过剩，可以推断硒亚胺的[2,3]-SR 主要是通过内式过渡态进行的[11]。

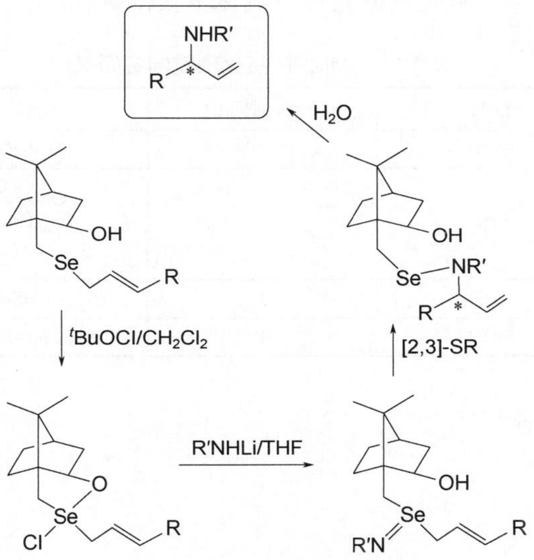

图 12.17　烯丙基冰片基硒醚转化为光学活性的烯丙胺

第二节　硒砜

一、硒砜的制备

硒砜（selenone）是硒酸中的两个羟基被烃基取代形成的化合物，具有 Se(═O)₂ 官能团。用氧化剂如过氧化氢、间氯过氧苯甲酸（mCPBA）、臭氧和高锰酸钾等氧化硒醚或硒亚砜可制备硒砜[4,6,12]；硒醚或硒亚砜与过量[MoO(O₂)₂(H₂O)(HMPA)]（硒醚，3 当量；硒亚砜，1.5 当量）在 THF 中回流以优良的产率提供硒砜。

将 mCPBA（10.35g，65%，39.0mmol）的二氯甲烷（25mL）溶液滴加到二甲硒醚（1.41g，13.0mmol）的二氯甲烷（5mL）溶液中，在 20℃下搅拌 2h，除去溶剂后用乙醚（3×20mL）萃取以除掉间氯过氧苯甲酸，过滤，所得固体用甲醇重结晶得到无色无味的二甲硒砜晶体 [0.78g，产率 43%；m.p.，147～148℃；¹H NMR（DMSO-d_6，22℃）：δ3.27（s）；¹³C NMR（DMSO）：

$\delta\,42.97$]。在 0℃下，将二苯硒醚（5.33g，22.9mmol）滴加到（13.9g，183.0mmol）过氧乙酸中，室温搅拌 4d，用碳酸钠调节 pH 值至 7，过滤除去固体，滤液浓缩后用二氯甲烷（3×100mL）萃取，浓缩后剩余物经柱色谱法分离（洗脱剂：MeOH/CH₂Cl₂，体积比为 1/15）得到无色固体二苯硒砜 [3.71g，产率 61%；m.p.，142～143℃；^{1}H NMR（CD₃OD）：$\delta\,7.73$（m，3H），8.02（m，2H）；^{13}C NMR（CD₃OD）：$\delta\,127.96$，131.88，135.89]。

烯基芳基硒醚与 KHSO₅（oxone）在 60℃的水中反应以满意产率提供相应的硒砜：向溶解 KHSO₅（2.2equiv.）的水（5mL）溶液中滴加硒醚（1equiv.），在 60℃剧烈搅拌 3～24h，然后冷却至室温，用乙酸乙酯（3×5mL）萃取，所得有机层用无水硫酸钠干燥，过滤后滤液浓缩，剩余物经硅胶柱色谱法分离得到硒砜 [(E)-苯基苯乙烯基硒砜，phenyl (E)-phenylvinyl selenone；产率 83%][3]。如表 12.1 所示，最近的文献报道了用更廉价、更温和的氧化剂 MMPP [magnesium bis(monoperoxyphthalate)] 在室温下氧化硒醚制备硒砜的方法[13]。此外，二卤硒化合物在 85%H₂O₂/三氟乙酸酐条件下氧化也获得硒砜。

表 12.1　MMPP 氧化硒醚制备硒砜

硒醚	溶剂	反应时间/h	硒砜*	产率/%
$^nC_{10}H_{21}SePh$	EtOH	3	$^nC_{10}H_{21}SeO_2Ph$	94
	THF	3		54
$CH_2{=}CHSePh$	THF	2	$CH_2{=}CHSeO_2Ph$	80
$TsNH(CH_2)_3SePh$	EtOH	1	$TsNH(CH_2)_3SeO_2Ph$	63

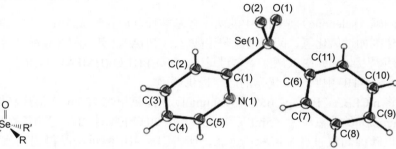

$*MMPP$: Mg²⁺

二、硒砜的物理性质

二芳基硒砜是无色或白色固体，微溶于有机溶剂。(E)-苯基苯乙烯基硒砜，[(E)-PhCH=CHSeO₂Ph] 白色固体[3] [m.p.，87～89℃；IR（KBr）：ν_{as} 938.0（Se=O 不对称伸缩振动）cm⁻¹，ν_s 878.4（Se=O 对称伸缩振动）cm⁻¹；^{77}Se NMR（DCCl₃，25℃）：$\delta\,964$]。硒砜具有如图 12.18A 所示的四面体分子几何构型（四配位硒的配位几何），经单晶 X 射线衍射测定确证（图 12.18B 和图 12.18C）。

图 12.18A　硒砜的立体几何构型　　　　　　图 12.18B　苯基吡啶基硒砜的分子结构

结晶于 *P*-1 空间群，苯基吡啶基硒砜（CSD：HISCET）分子（图 12.18B）的几何参数：键长 O(1)-Se(1)，1.6220(18)Å；O(2)-Se(1)，1.6229(17)Å；C(1)-Se(1)，1.929(2)Å；C(6)-Se(1)，1.924(2)Å；键角 O(1)-Se(1)-O(2)，117.61(8)°；C(1)-Se(1)-O(1)，110.38(8)°；C(6)-Se(1)-O(1)，106.79(10)°；C(1)-Se(1)-C(6)，106.17(9)°；C(6)-Se(1)-O(2)，109.13(9)°；C(1)-Se(1)-O(2)，106.22(9)°；扭转角 O(1)-Se(1)-C(1)-N(1)，−60.17(18)°；O(1)-Se(1)-C(6)-C(7)，164.22(17)°。硒距离苯环平面和吡啶环平面的距离分别为 0.1122(2)Å 和 0.0849(2)Å。在固态下存在 C—H(Py)···O 分子间氢键。

结晶于 *Pbcn* 空间群，苯基乙烯基硒砜（CSD：BAGTOT）分子（图 12.18C）的几何参数：键长 O(1)-Se(1)，1.617(2)Å；O(2)-Se(1)，1.617(3)Å；C(1)-Se(1)，1.904(3)Å；C(2)-Se(1)，1.909(3)Å；键角 O(1)-Se(1)-O(2)，116.45(12)°；C(1)-Se(1)-O(1)，108.72(12)°；C(1)-Se(1)-C(2)，106.57(13)°；C(1)-Se(1)-O(2)，108.28(14)°；C(2)-Se(1)-O(2)，108.03(12)°；扭转角 O(1)-Se(1)-C(1)-C(3)，123.2(3)°；O(1)-Se(1)-C(2)-C(4)，−154.6(2)°。硒距离苯环平面 0.1384(3)Å。在固态下存在 C—H(Ph)···O 分子间氢键。

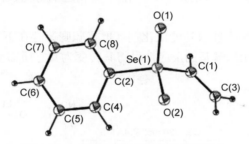

图 12.18C　苯基乙烯基硒砜的分子结构

三、硒砜的化学性质

二芳基硒砜加热脱氧提供相应的二芳基硒醚。烷基芳基硒砜加热发生异构化，$PhSe(=O)_2Me \longrightarrow PhSe(=O)OMe$；有 β-氢的烷基芳基硒砜加热发生顺式热消除反应生成烯烃，$PhSe(=O)_2CH_2CH_2R \longrightarrow PhSe(=O)OH + CH_2=CHR$。硒砜是强氧化剂，可被浓盐酸、KI 溶液还原成硒醚，用盐酸处理二甲基硒砜得到 CH_3Cl 和甲亚硒酸 CH_3SeO_2H。硒砜与肼（联氨）和过氧化氢反应生成相应的硒醚和水以及 *cis*-HN=NH 或氧气（来自联氨或过氧化氢）。在室温下，硒砜在甲醇中用镁处理几乎定量得到相应的硒醚（图 12.19）。

烷基芳基硒砜常用作烷基化试剂：由于亚硒酸根 $ArSeO_2^-$ 是好的离去基（表 12.2），在亲核试剂存在下发生 C—Se 键断裂的反应[5,14]（图 12.20），例如甲基苯基硒砜在氘代甲醇中与二甲硫醚反应，$PhSeO_2Me + Me_2S \longrightarrow Me_3S^+ + PhSeO_2^-$；烷基硒砜的亲核取代反应在生物体系中具有潜在重要意义，可能存在不同于 SAM（*S*-腺苷基甲硫氨酸）、*N*-甲基四氢叶酸和甲基钴胺的第四种甲基化试剂——甲基硒砜。烷基芳基硒砜 $ArSe(=O)_2R$ 在溶剂中能进行溶剂解，例如在室温下的甲醇中生成 ROMe 以及 $ArSeO_2H$。

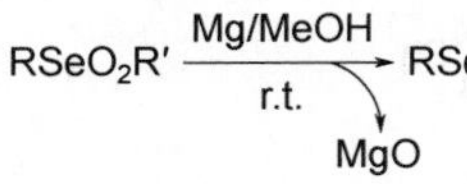

$$RSeO_2R' \xrightarrow[\text{r.t.}]{\text{Mg/MeOH}} RSeR' + MgO$$

图 12.19　硒砜的脱氧反应

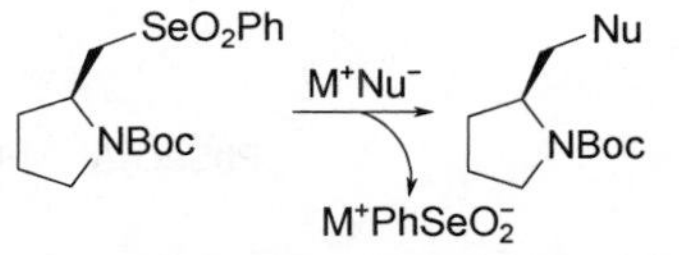

(MNu = NaI, NaN₃, KCN, NaSMe, ···)

图 12.20　烷基芳基硒砜的亲核取代反应

表 12.2　硒砜与亲核试剂的反应

$$PhSe(O)_2{}^nC_{10}H_{21}+Nu^- \longrightarrow PhSeO_2^-+{}^nC_{10}H_{21}-Nu$$

亲核试剂	反应条件	产率/%
NaI（2 equiv.）	MeCOMe, 20 ℃, 1 h	97
NaN₃（5 equiv.）	DME/H₂O, 20 ℃, 0.7 h	93
NaSPh（1.1 equiv.）	EtOH/H₂O, 20 ℃, 0.5 h	94
H₂O（过量）	DMF, 80 ℃, 1.25 h	95

除作为好的离去基外，胂酰基是强的吸电子基：它能起酸化基的作用，使 α-氢原子具有酸性，有 α-氢的烷基芳基硒砜在碱存在下，可形成 α-碳负离子，在有机合成中用于构筑碳-碳键[15]；它能活化 α,β-碳碳双键，有利于亲核试剂的加成，α,β-不饱和硒砜可以作为 Michael 加成反应（共轭加成）的受体[16]。在甲醇中，乙烯基硒砜与甲硫醇钠反应，得到共轭加成产物和随后胂酰基被取代的产物，在醇中与相应的醇盐反应以极高产率提供共轭加成产物。

α,β-不饱和硒砜在一种手性双功能催化剂（取代硫脲）存在下与活性氢化合物进行共轭加成可构筑手性季碳，利用胂酰基的反应性可将其转变为其它所需的化合物（图 12.21）[17]。

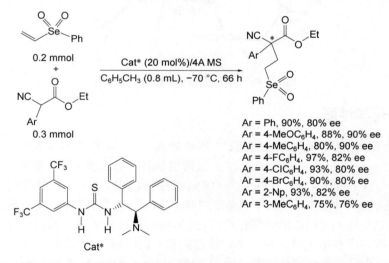

图 12.21　α,β-不饱和硒砜作为 Michael 加成反应的受体构筑手性季碳

二芳基硒砜与 TsNSO 在无水硫酸镁存在下反应得到硒酰亚胺（selenoximine）（图 12.22），当 Ar≠Ph 时，这类化合物因硒是手性中心而具有对映异构体，拆分的异构体在中性、碱性以及酸性条件下没有消旋现象（racemization）。此外，硒砜经历光降解，断裂 C—Se 键产生自由基，生成包括硒醚、二硒醚等在内的复杂产物。

$$PhSeO_2Ar + TsN{=}S{=}O \xrightarrow[-SO_2]{\triangle} \underset{NTs}{\overset{O}{\underset{|}{\overset{\|}{Ar-Se-Ph}}}}$$

图 12.22　二芳基硒砜的亚胺化反应

四、硒砜在有机合成中的应用

1. 碱促进的分子内环化

如果亲核基团存在于硒醚中，改变氧化反应条件可得到相应的硒砜，也可在碱存在下硒砜进一步发生内部亲核取代（苯硒酰基 $PhSeO_2$ 以苯亚硒酸根 $PhSeO_2^-$ 形式离去）导致环化产物的形成，如表 12.3 所示[13]。

表 12.3　MMPP 氧化硒醚经硒砜合成杂环化合物

$$R \overset{NuH}{\underset{SePh}{\frown}} \xrightarrow[\text{THF、MeOH或EtOH, r.t.}]{MMPP} R \overset{Nu}{\frown}$$

NuH = OH, NHCOPh, OCONHBz, HNTs, OCONHTs

硒醚	溶剂	反应时间/h	产物	产率/%
TsHN⌒⌒SePh	EtOH*	3	N-Ts 氮杂环丁烷	55
'Bu 环己基 SePh/OH	THF†	16	'Bu 环己基 O	77
Ph SePh NHCOPh	MeOH	4	Ph—N=⟨O⟩—Ph 噁唑啉	84
Ph SePh NHCOPh	MeOH	7	N=⟨O⟩—Ph 六元环	67
C₁₀H₁₁ SePh OCONHTs	THF†	10	C₁₀H₁₁ 噁唑烷酮 N-Ts	94
BnO OCONHBz SePh	THF†	6	BnO 噁唑烷酮 N-Bz	82
3-FC₆H₄ SePh OH	MeOH	7	3-FC₆H₄ 四氢呋喃	69

*加 KOH；†加 K_2HPO_4；‡在丙酮中，加碳酸钾。

用光学活性的 β-苯硒基醇与异氰酸酯 BzNCO 反应得到氨基甲酸酯，经 mCPBA 氧化生成硒砜，碱（KOH）促进分子内氮亲核进攻产生光学活性的 1,3-噁唑啉-2-酮（oxazolidinone）（图 12.23）[18]。

2. 硒酰基稳定的碳负离子的反应

具有 α-氢的烷基芳基硒砜在合适碱如 KO^tBu、LDA 等存在下，除掉酸性 α-氢，提供 α-碳负离子，可与卤代烷发生亲核取代反应引入烷基；与芳香醛亲核加成继而内部亲核进攻、苯亚硒酸根离去生成环氧化合物，与 α,β-不饱和化合物进行共轭加成继而内部亲核进攻、苯亚硒酸根离去产生环丙烷衍生物（图 12.24）[15,16,19]。

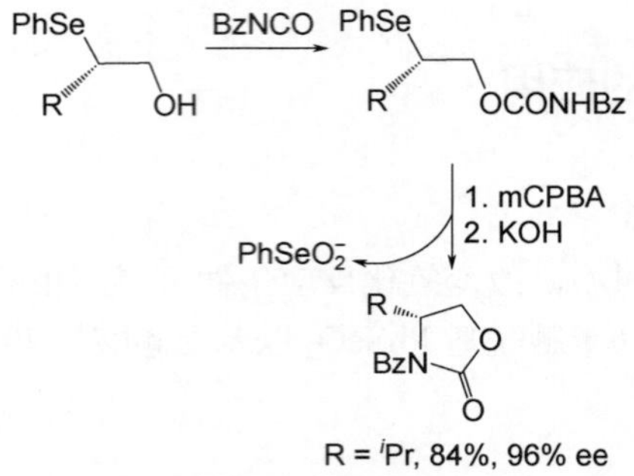

图 12.23　光学活性的 1,3-噁唑啉-2-酮的合成

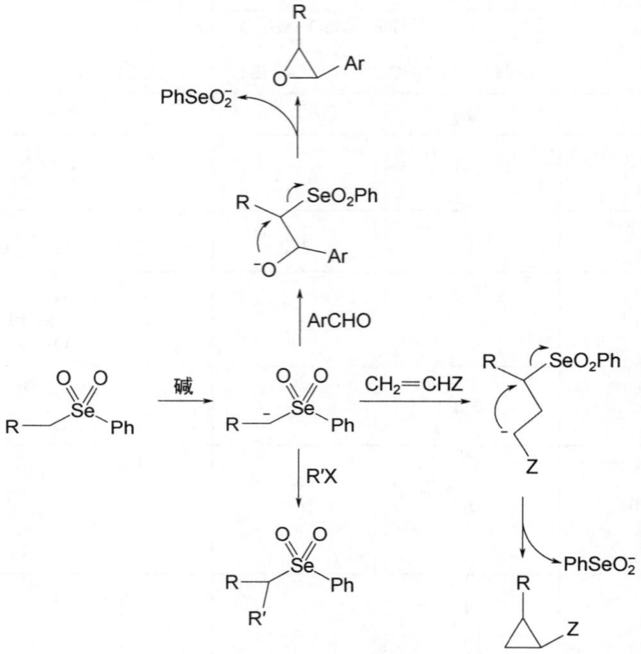

图 12.24　烷基芳基硒砜除 α-氢形成碳负离子的反应

3. 烯基硒砜的加成环化

羟基烯基硒砜在亲核试剂如甲醇钠存在下，形成氧杂环丁烷衍生物或氧杂环戊烷衍生物（图 12.25）[12]。

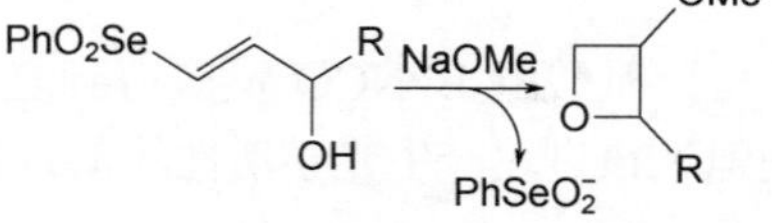

图 12.25A　γ-羟基硒砜的反应

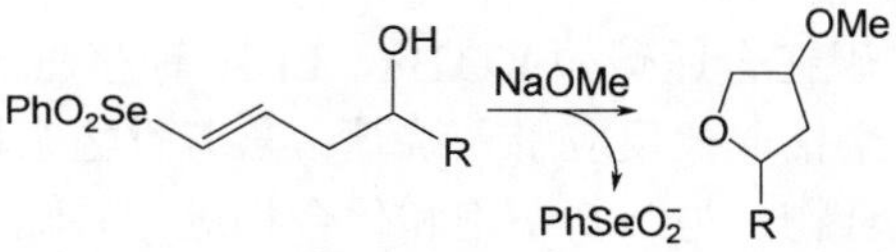

图 12.25B　δ-羟基硒砜的反应

烯基硒砜在氢氧化钾的水溶液中与 3-羟基吲哚-2-酮室温反应形成螺氧杂环丁烷衍生物，而相应的烯基砜只得到对其烯键加成的产物（图 12.26）[20]。

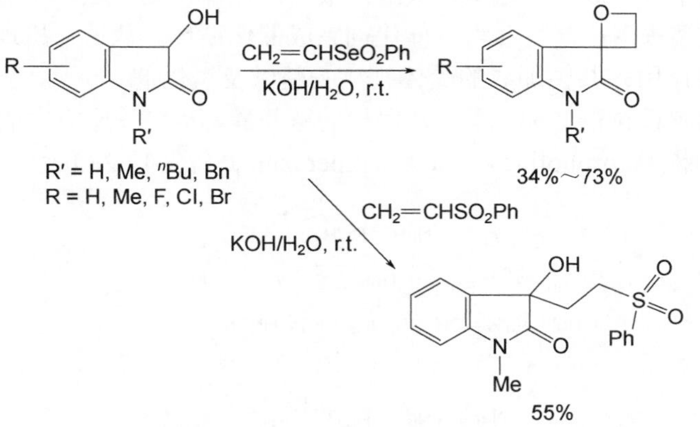

图 12.26　烯基硒砜及烯基砜与 3-羟基吲哚-2-酮的反应

PhSeO₂CH=CH₂ 与异腈、水的三组分反应提供 1,3-噁唑啉-2-酮（图 12.27A）[21]。机理研究证明：同位素标记的异腈 RN¹³C 以及 H₂¹⁸O 指明产物中的氧来自水，羰基碳来自异腈而不是来自碳酸根。在控制实验以及 ¹³C NMR 跟踪的基础上提出如图 12.27B 所示的反应机理。

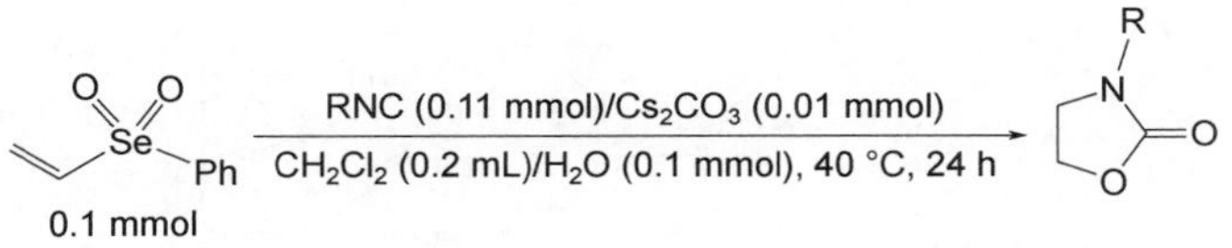

图 12.27A　烯基硒砜与异腈、水三组分的反应

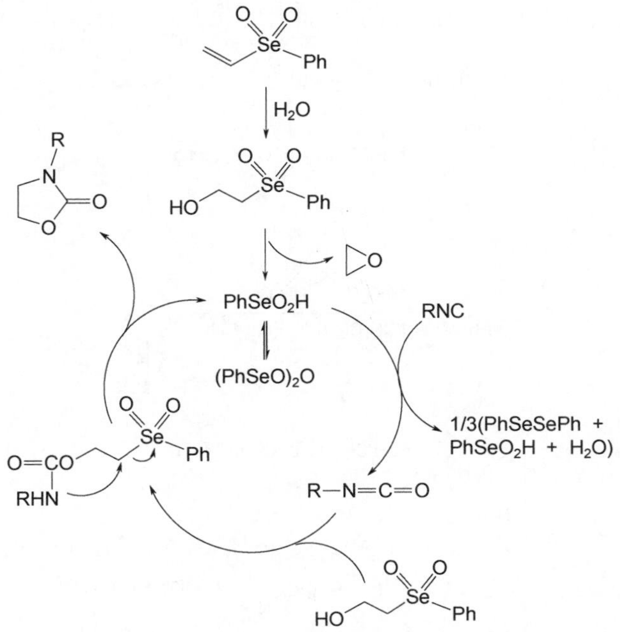

图 12.27B　烯基硒砜与异腈、水三组分反应的机理

水亲核加成到苯基乙烯基硒砜上生成 2-苯硒砜基乙醇，少量的 2-苯硒砜基乙醇发生消除反应产生苯亚硒酸进入催化循环。首先，苯亚硒酸氧化异腈形成异氰酸酯 RNCO；然后，2-苯硒砜基乙醇对其亲核加成生成氨基甲酸酯；最后，在碱协助下氨基甲酸酯进行分子内亲核取代、苯亚硒酸根离去形成产物并再生催化剂完成催化循环。从这一机理可以看出，苯基乙烯基硒砜起了三重作用：共轭加成的受体、离去基以及氧化剂。

烯基硒砜与双亲核试剂如邻二醇、β-保护的氨基醇、β-二胺反应生成 1,4-二氧杂环己烷（1,4-dioxane）、吗啉（morpholine）、哌嗪（piperazine）（图 12.28）[22]。环化反应的机理如

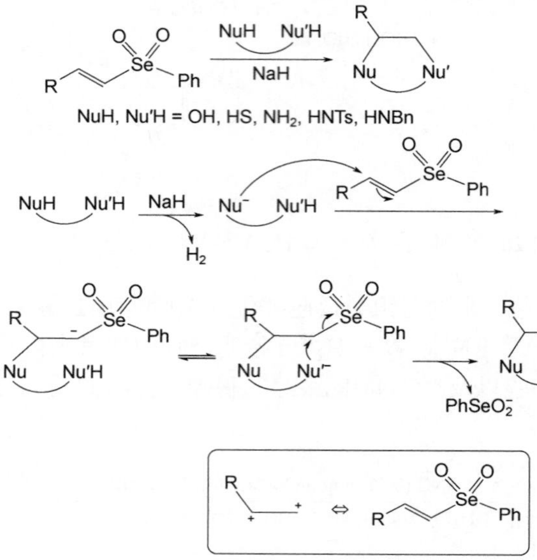

图 12.28A　烯基硒砜与双亲核试剂的环化反应及其机理

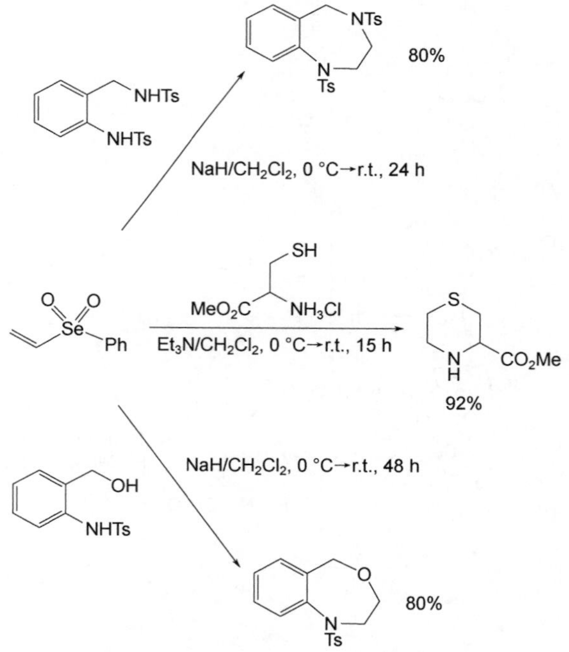

图 12.28B　烯基硒砜与双亲核试剂的环化反应

图 12.28A 所示：碱产生负离子亲核基 Nu⁻，然后加成到烯基硒砜的 β-碳原子上形成 α-碳负离子，亲核基 Nu'H 上的氢原子转移至 α 位形成负离子亲核基 Nu'⁻，它内部进攻 α-碳原子，苯硒酰基以苯亚硒酸根形式离去生成环化产物。在环化反应中，烯基硒砜起双亲电试剂的作用，碱通常用 NaH，当 NuH 酸性强时可用 Et₃N 或 DBU 等；除合成六元杂环外，这一环化反应还可合成七元杂环（图 12.28B）。

4. 烯基硒砜的加成合成氨基酸

考虑到硝基是强的酸化基以及硝基可还原为氨基，研究了一种金鸡纳生物碱衍生物催化的 α-烷基-α-硝基乙酸甲酯与乙烯基硒砜的共轭加成（表 12.4）（图 12.29A）。由此产生的加成物，α-二取代的 α-硝基乙酸甲酯，可以利用苯硒酰基和硝基的反应性，合成含有季碳的 α-氨基酸（图 12.29B）[23]。

表 12.4 取代乙酸甲酯与乙烯基硒砜的共轭加成产物

R	Ar	产率/%	Er[①]
Et	Ph	96	96：4
^{i}Bu	Ph	100	92：8
CH₂CH₂COMe	Ph	84	96：4
CH₂CH₂CN	Ph	86	91：9
CH₂CH₂SO₂Ph	Ph	90	87：13
Bn	Ph	95	91：9
4-MeOC₆H₄CH₂	Ph	88	91：9
4-BrC₆H₄CH₂	Ph	85	91：9
Ph	Ph	83	61：39
Et	4-MeOC₆H₄	99	95：5

①对映异构体的比例。

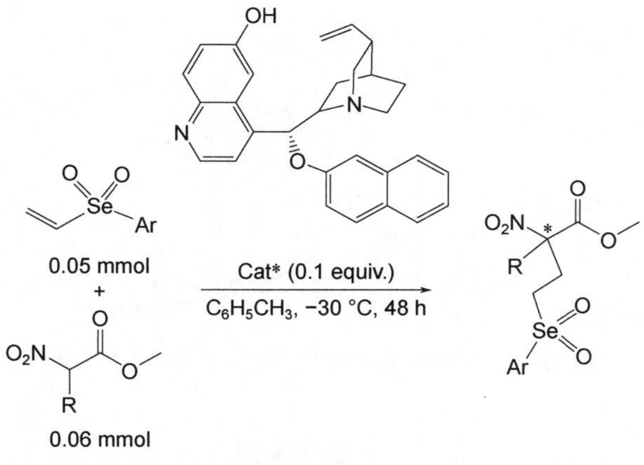

图 12.29A 在光活性催化剂存在下取代乙酸甲酯与烯基硒砜的共轭加成

5. 环状烯基硒砜的开环反应合成不饱和酮

环状的烯基硒砜在亲核试剂如甲醇钠或乙醇钠存在下发生开环反应生成 δ-烯酮；碱如 NaH、KO^{t}Bu 或 LDA 则诱导碎裂生成 δ-炔酮（图 12.30）。

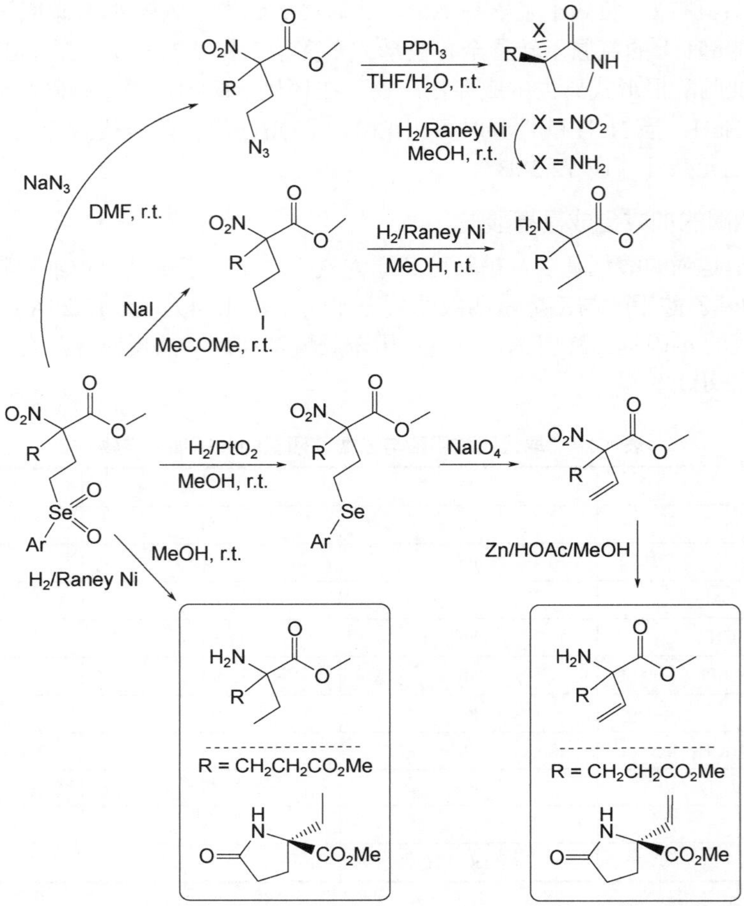

图 12.29B　取代乙酸甲酯与烯基硒砜的加成物转变为 α-氨基酸

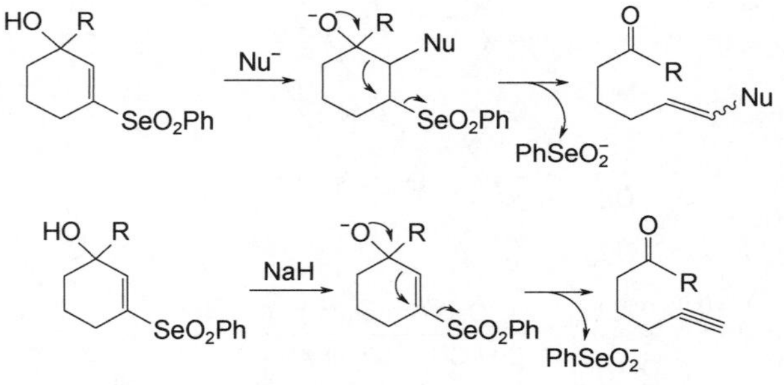

图 12.30　环状烯基硒砜的碎裂反应合成不饱和酮

参考文献

[1] (a) Campbell T W, Walker H G, Coppinger G M. Chem Rev, 1952, 50(2): 279-349. (b) Kang S I, Kice J L. J Org Chem, 1985, 50(16): 2968-2972.

[2] (a) Nishibayashi Y, Uemura S. Selenoxide Elimination and [2,3]-Sigmatropic Rearrangement[M]. Weinheim: Wiley-VCH Verlag GmbH & Co. KGaA, 2012. (b) Młochowski J, Lisiak R, Wójtowicz-Młochowska H. Organo-selenium and Organotellurium Oxidation and Reduction. PATAI's Chemistry of Functional Groups[M]. New Jersey: John Wiley & Sons, Ltd., 2011. (c) Sharpless K B, Young M

W, Lauer R F. Tetrahedron Lett, 1973, 14(22): 1979-1982. (d) Sayama S, Onami T. Tetrahedron Lett, 2000, 41(29): 5557-5560. (e) Kurose N, Takahashi T, Koizumi T. Tetrahedron, 1997, 53(36): 12115-12129.

[3] Palomba M, Trappetti F, Bagnoli L, et al. Eur J Org Chem, 2018, 2018(29): 3914-3919.

[4] (a) Dikarev E V, Petrukhina M A, Li X, et al. Inorg Chem, 2003, 42(6): 1966-1972. (b) Filatov A S, Block E, Petrukhina M A. Acta Cryst, 2005, 61(10): o596-o598.

[5] Procter D J, Rayner C M. Tetrahedron Lett, 1994, 35(9): 1449-1452.

[6] Uemura S, Fukuzawa S I. J Chem Soc Perkin Trans 1, 1985, 1985(0): 471-480.

[7] Syper L, Młochowski J. Synthesis, 1984, 1984(9): 747-752.

[8] (a) Ogawa S, Sato S, Erata T, et al. Tetrahedron Lett, 1991, 32(27): 3179-3182. (b) Bienfait A M, Kubella P, Mueller B, et al. Heteroatom Chem, 2011, 22(3-4): 576-578. (c) Ogawa S, Sato S, Furukawa N. Tetrahedron Lett, 1992, 33(51): 7925-7928.

[9] Umezawa T, Sugihara Y, Ishii A, et al. J Am Chem Soc, 1998, 120(47): 12351-12352.

[10] Taka H, Shimizu T, Iwasaki F, et al. J Org Chem, 1999, 64(20): 7433-7438.

[11] Kurose N, Takahashi T, Koizumi T. J Org Chem, 1997, 62(14): 4562-4563.

[12] Shimizu M, Ando R, Kuwajima I. J Org Chem, 1984, 49(7): 1230-1238.

[13] Temperini A, Curini M, Rosati O, et al. Beilstein J Org Chem, 2014, 10: 1267-1271.

[14] Krief A, Dumont W, Denis J N. J Chem Soc Chem Commun, 1985, 1985(9): 571-572.

[15] Krief A, Dumont W, Laboureur J L. Tetrahedron Lett, 1988, 29(26): 3265-3268.

[16] (a) Tiecco M, Chianelli D, Testaferri L, et al. Tetrahedron, 1986, 42(17): 4889-4896. (b) Tiecco M, Chianelli D, Tingoli M, et al. Tetrahedron, 1986, 42(17): 4897-4906.

[17] Marini F, Sternativo S, Del Verme F, et al. Adv Synth Catal, 2009, 351(1-2): 103-106.

[18] Tiecco M, Carlone A, Sternativo S, et al. Angew Chem Int Ed, 2007, 46(36): 6882-6885.

[19] Krief A, Dumont W, De Mahieu A F. Tetrahedron Lett, 1988, 29(26): 3269-3272.

[20] Palomba M, Scarcella E, Sancineto L, et al. Eur J Org Chem, 2019, 2019(31-32): 5396-5401.

[21] Buyck T, Pasche D, Wang Q, et al. Chem Eur J, 2016, 22(7): 2278-2281.

[22] Bagnoli L, Scarponi C, Rossi M G, et al. Chem Eur J, 2011, 17(3): 993-999.

[23] Clemenceau A, Wang Q, Zhu J. Chem Eur J, 2016, 22(51): 18368-18372.

第十三章

亚硒酸和硒酸及其衍生物

第一节 亚硒酸和硒酸的制备

一、亚硒酸的制备

亚硒酸（seleninic acid）是亚硒酸中的一个羟基被烃基取代形成的化合物，具有 SeO_2H 官能团。亚硒酸的衍生物有亚硒酰卤、亚硒酸酐、亚硒酸酯和亚硒酰胺等。亚硒酸主要有四种制备方法（图 13.1）：①用强氧化剂如浓硝酸、过氧化氢、高锰酸钾、过硫酸铵等氧化硒氰酸酯 [烷基硒氰酸酯可由相应的次硒酰氯与氰根或 Me_3SiCN 反应获得，或用硒氰酸钾与卤代烷进行亲核取代反应制备；芳基硒氰酸酯可由重氮盐与 KSeCN 反应或直接用 $Se(SeCN)_2$、$(SeCN)_2$ 对芳烃进行取代制备]；②用过氧化氢、叔丁基过氧化氢、臭氧、N_2O_4 或硝酸在合适溶剂（乙腈、CH_2Cl_2、$HCCl_3$ 或 CCl_4）中氧化二硒醚；③由有机三卤化合物水解：$RSeX_3+2H_2O \longrightarrow RSeO_2H+3HX$；④由格氏试剂与 SeO_2 反应：$RMgX+SeO_2 \longrightarrow RSeO_2MgX$，然后水解。

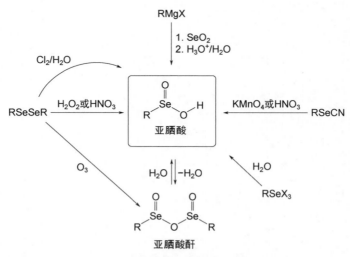

图 13.1 亚硒酸和亚硒酸酐的制备

目前应用最多的是过氧化氢氧化二硒醚法，$RSeSeR+3H_2O_2 \longrightarrow 2RSeO_2H+2H_2O$：维持适当温度（$-15\sim20℃$），向搅拌的二硒醚（5mmol）的乙腈（或 CH_2Cl_2）（50mL）溶液中滴

加浓度为 30% 的过氧化氢（1.53mL，15mmol），反应 2～18h，过滤或减压浓缩后用适当溶剂进行重结晶获得目标产物（表 13.1，$C_6F_5SeO_2H$ 根据文献[1c]制备）[1]。

表 13.1　30% 过氧化氢氧化二硒醚制备亚硒酸

R	溶剂	反应时间/h	反应温度/℃	产率/%
Me	CH_2Cl_2	2	0	82
Bu	MeCN	2	−15	23
^tBu	MeCN	3	−15	57
F_3CCH_2	MeCN	5	−15	69
Bn	THF	2	−15	24
$2\text{-}HOC_3H_6$	MeCN	5	−15	56
$HO_2CC_3H_6$	MeCN	5	−15	68
C_6H_5	CH_2Cl_2	3～4.5	r.t.	92
C_6F_5	CH_2Cl_2	1	r.t.	80
$2\text{-}HO_2CC_6H_4SeO_2H$	MeCN	7	−15	73
$2\text{-}Me_2NCOC_6H_4$	MeCN	5	−15	62
$2\text{-}O_2NC_6H_4$	CH_2Cl_2	16	20	96
$4\text{-}O_2NC_6H_4$	$CHCl_3$	18	20	80
$2,4\text{-}(O_2N)_2C_6H_3$	CH_2Cl_2	200	20	82

$TripSeO_2H$ 的制备：将次胹酸 TripSeOH（64.9mg，0.186mmol）溶解于二氯甲烷（15mL）中，在 −78℃ 下加入 DMDO（0.069mol/L，2.7mL，0.186mmol）。维持 −78℃ 搅拌 1h 后，将混合物自然升温至室温，干燥，蒸发至干，获得无色晶体 $TripSeO_2H$（64.7mg，95%）[2]。

二、胹酸的制备

胹酸（selenonic acid）是硒酸中的一个羟基被烃基取代形成的化合物，具有 SeO_3H 官能团。胹酸的衍生物有胹酰卤、胹酸酐、胹酸酯和胹酰胺等。胹酸主要有四种制备方法。①$KMnO_4$ 氧化法，$KMnO_4$ 氧化脂肪族或芳香族的亚硒酸形成胹酸钾，然后经离子交换得到相应的胹酸（图 13.2）[3]。②芳环上的亲电取代法，如图 13.3 所示，在硝基烃溶剂中，H_2SeO_4 或 H_2SeO_4/SeO_3 对芳烃进行亲电取代可制备芳香族胹酸，由表 13.2 可知，取代反应的位置遵守定位效应规律。③氧化次胹酰氯法，将苯基氯化硒（1.0028g，5.23mmol）溶于 100mL 氯仿中，冷却至 0℃，加入浓度为 30% 的过氧化氢（2.7mL，26mmol），室温搅拌 2h，红色消失。减压浓缩得苯胹酸（0.9713g，91%）[4]。④氧化二硒醚法，如图 13.4 所示，二(2-苄胺)二硒醚与浓度为 30% 的过氧化氢反应依据计量和氨基的取代程度可获得相应的亚硒酸和胹酸，对于叔胺类二硒醚，用 30equiv. 的氧化剂生成的是相应的胹酸，测定一个代表物（$R=R'={}^iPr$）的晶体结构，发现由于过度氧化，没有分子内 Se⋯N 相互作用（n→σ* 相互作用）存在[5]。

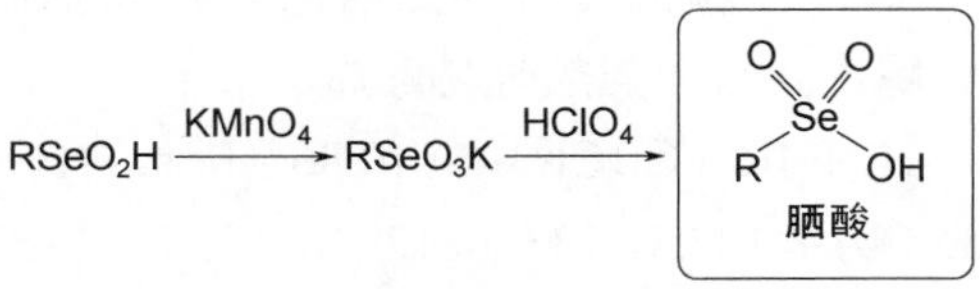

$$RSeO_2H \xrightarrow{KMnO_4} RSeO_3K \xrightarrow{HClO_4} $$

胹酸

图 13.2　高锰酸钾氧化法制备胹酸

$$ArH \xrightarrow[2.\ Na_2CO_3]{1.\ H_2SeO_4/RNO_2} ArSeO_3Na$$

图 13.3　芳环取代法制备芳香硒酸（盐）

表 13.2　芳环取代法制备芳香硒酸（盐）

ArH	RNO_2	硒化剂	反应温度/℃	产物	产率/%
C_6H_6	$PhNO_2$	H_2SeO_4/SeO_3	7~10→r.t.	$PhSeO_3Na$	77
C_6H_5Cl	$PhNO_2$	H_2SeO_4/SeO_3	10~15→r.t.	$4\text{-}ClC_6H_4SeO_3Na$	86
C_6H_5Me	$PhNO_2$	H_2SeO_4	6~7→30~33	$4\text{-}MeC_6H_4SeO_3Na$ (67%)；$2\text{-}MeC_6H_4SeO_3Na$	74
$o\text{-}C_6H_4Me_2$	$MeNO_2$	H_2SeO_4	6~7→r.t.	$3,4\text{-}Me_2C_6H_3SeO_3Na$ (89%)；$2,3\text{-}Me_2C_6H_3SeO_3Na$	73
$p\text{-}C_6H_4Me_2$	$EtNO_2$	H_2SeO_4	6~7→30~33	$2,5\text{-}Me_2C_6H_3SeO_3Na$	91

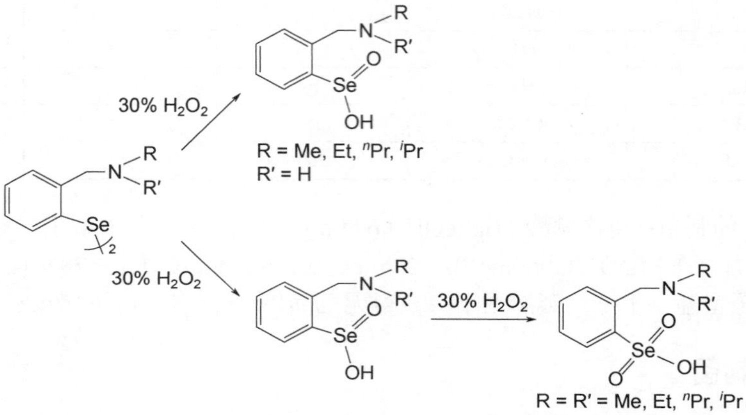

图 13.4　过氧化氢氧化二硒醚制备亚硒酸和硒酸

第二节　亚硒酸和硒酸的物理性质

纯的亚硒酸是无色或白色无臭的固体，可溶解于水[1,4]，部分芳香亚硒酸的熔点列于表 13.3 中。$TripSeO_2H$，白色固体，m.p.：170℃（dec.)；IR（KBr)：ν 3416cm^{-1}，2476cm^{-1}，847cm^{-1}；^1H NMR （$CDCl_3$)：δ 5.40（s，1H)，7.08～7.09（m，6H)，7.45～7.47（m，3H)，8.06（br s，3H)；^1H NMR（DMSO-d_6)：δ 5.66（s，1H)，7.04～7.10（m，6H)，7.52～7.54（m，3H)，7.94（s，3H)。

除硝基芳香硒酸有颜色外，一般硒酸是无色或白色无臭的固体，可溶解于水，难溶于有机溶剂，加热至熔点以上分解，其盐在强热时易爆炸。

苯硒酸，吸湿性固体，^1H NMR（$CDCl_3$)：δ 10.86（br s，1H)，8.09（m，2H)，7.79～7.70（m，3H)；^{13}C NMR（D_2O)：δ 142.3，133.5，129.8，125.2；^{77}Se NMR（$CDCl_3$)：δ 1027.4；^{77}Se NMR（D_2O)：δ 1024.9[4]。

表 13.3　芳香亚硒酸和芳香硒酸的熔点

化合物	熔点/℃	化合物	熔点/℃
PhSeO$_2$H	121[1b]（124～125）	4-MeOC$_6$H$_4$SeO$_2$H	101
C$_6$F$_5$SeO$_2$H	132～133[1c]	3-MeOC$_6$H$_4$SeO$_2$H	118
4-MeC$_6$H$_4$SeO$_2$H	170	4-O$_2$NC$_6$H$_4$SeO$_2$H	209[1a]
3-MeC$_6$H$_4$SeO$_2$H	121（分解）	3-O$_2$NC$_6$H$_4$SeO$_2$H	152
4-FC$_6$H$_4$SeO$_2$H	132（分解）	2-O$_2$NC$_6$H$_4$SeO$_2$H	190（分解）[1a]
3-FC$_6$H$_4$SeO$_2$H	115（分解）	2,4-(O$_2$N)$_2$C$_6$H$_3$SeO$_2$H	140～143（分解）[1a]
4-ClC$_6$H$_4$SeO$_2$H	170～180[3a]	2-HO$_2$CC$_6$H$_4$SeO$_2$H	212～215（分解）[1a]
3-ClC$_6$H$_4$SeO$_2$H	145～147（分解）	2-Me$_2$NCOC$_6$H$_4$SeO$_2$H	90～91[1a]
4-BrC$_6$H$_4$SeO$_2$H	177～181	2-PhC$_6$H$_4$SeO$_2$H	89
3-BrC$_6$H$_4$SeO$_2$H	157～159		
PhSeO$_3$H	58～60[4a],64[4b]	4-BrC$_6$H$_4$SeO$_3$H	156～158
4-ClC$_6$H$_4$SeO$_3$H	145～147[3a]；146～147.5[3c]		

甲亚硒酸结晶于 $P2_12_12_1$ 手性空间群，其结构已通过单晶 X 射线衍射实验测定（图 13.5）；甲亚硒酸（CSD：AWAVOJ）分子的几何参数：键长 C(1)-Se(1)，1.914(4)Å；O(1)-Se(1)，1.753(2)Å；Se(1)-O(2)，1.669(2)Å；键角 O(1)-Se(1)-C(1)，93.59(15)°；O(2)-Se(1)-C(1)，100.79(15)°；O(2)-Se(1)-O(1)，103.51(12)°。

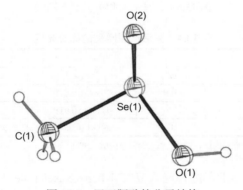

图 13.5　甲亚硒酸的分子结构

如图 13.5 所示，在亚硒酸中，锥形的三配位硒是手性中心，因此原则上外消旋的亚硒酸能拆分成一对对映异构体[6]。当亚硒酸给出质子时，形成非手性的亚硒酸根，其中两个相同的氧原子都接受质子，因而导致消旋化。为了降低或抑制消旋化速率从而拆分出光学纯的手性异构体以便获得硒中心的手性催化剂，研究了如图 13.6 的芳香亚硒酸（硒手性中心用*标记）；在液相手性色谱柱（Daicel ChiralpakAS，4.6×250mm）上进行 HPLC 拆分实验（洗脱剂：正己烷/异丙醇，体积比为 85/15～99/1）：在 25℃的色谱图上，PhSeO$_2$H 只出现一个峰，这是由于质子交换太快的缘故；2,4,6-Me$_3$C$_6$H$_2$SeO$_2$H 出现部分分辨的两个异构体峰，指示存在部分的消旋化；降低温度有望获得好的分辨效果，为此，将实验温度设定为 0℃，实验发现 2,4,6-Me$_3$C$_6$H$_2$SeO$_2$H 确实出现两个异构体峰；当苯环上有更大的基团时，即使温度在 25℃，2,4,6-R$_3$C$_6$H$_2$SeO$_2$H（R=Et、^{i}Pr）也能拆分成两个对映异构体；但是，可能由于手性中心被邻位更大体积的叔丁基所掩盖以致不能在手性色谱柱上被有效识别，2,4,6-^{t}Bu$_3$C$_6$H$_2$SeO$_2$H 不能有效拆分为两个对映异构体。根据表 13.4 可知，第一流出物是(+)-2,4,6-Me$_3$C$_6$H$_2$SeO$_2$H、(+)-2,4,6-Et$_3$C$_6$H$_2$SeO$_2$H、(−)-2,4,6-^{i}Pr$_3$C$_6$H$_2$SeO$_2$H 对映体；第二流出物是(−)-2,4,6-Me$_3$C$_6$H$_2$SeO$_2$H、(−)-2,4,6-Et$_3$C$_6$H$_2$SeO$_2$H、(+)-2,4,6-^{i}Pr$_3$C$_6$H$_2$SeO$_2$H 对映体，第一流出物拖尾导致第二流出物含有第一流出物组分，其光学纯度分别为58%、30%和68%。它们的圆二色谱（circular dichroism spectrum）测定指示：正比旋光度的异构体分别在 283nm、283nm、281nm 出现正的第一 Cotton 效应，负的第二 Cotton 效应出现在 229nm、239nm、240nm；它们的另一个异构体在各自同一区域显示有符号相反的 Cotton 效应，这进一步支持了对拆分的异构体的归属。对对映体纯的异构体进一步研究了它们的消旋化动力学，实验测定的 25℃消旋化速率常数和半衰期分别是 $6.97×10^{-5}s^{-1}$、$3.81×10^{-5}s^{-1}$、$1.11×10^{-5}s^{-1}$ 和 2.76h、5.05h、17.3h；对(−)-2,4,6-^{i}Pr$_3$C$_6$H$_2$SeO$_2$H 而言，浓度为 $1.46×10^{-3}$mol/L 时，其半衰期是 2.06h，当浓度是 $2.02×10^{-5}$mol/L 时，速率常数为 $5.85×10^{-6}s^{-1}$，半衰期为 32.9h。这些数据表明苯环上取代基的体积越大，亚脶酸的消旋化速率越慢；亚脶酸的浓度越大，消旋化速率越快，这就解释了当流出液浓缩时导致彻底的消旋化这一实验事实。

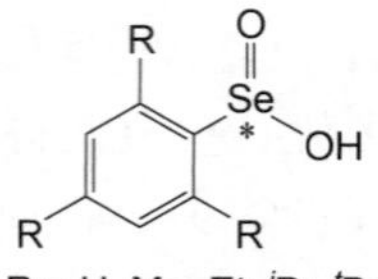

R = H, Me, Et, ^{i}Pr, ^{t}Bu

图 13.6　拆分研究用的芳香亚脶酸

表 13.4　光活性亚脶酸的比旋光度

亚脶酸（2,4,6-R$_3$C$_6$H$_2$SeO$_2$H）	第一流出物		第二流出物	
	ee/%	$α_{435}$	ee/%	$α_{435}$
2,4,6-Me$_3$C$_6$H$_2$SeO$_2$H	100	709.4 (c 0.01)†	58	−337.4 (c 0.01)†
2,4,6-Et$_3$C$_6$H$_2$SeO$_2$H	100	471.4 (c 0.01)‡	30	−131.9 (c 0.01)‡
2,4,6-^{i}Pr$_3$C$_6$H$_2$SeO$_2$H	100	−493.1 (c 0.01)$^‖$	68	395.1 (c 0.01)$^‖$

†正己烷/异丙醇，90/10；‡正己烷/异丙醇，98/2；‖正己烷/异丙醇，99/1。

如图 13.7 所示的一个 γ-亚脶酸内酯（3H-2,1-benzoxaselenole 1-oxide），无色针状晶体，产率：59%；m.p.：133～135℃；MS（EI，30eV）：m/z 202（M$^+$，^{80}Se），200（M$^+$，^{78}Se），186（M$^+$-O，^{80}Se），184（M$^+$-O，^{78}Se），157，106，78；IR（KBr）：ν 3078cm^{-1}，2859cm^{-1}，1435cm^{-1}，1200cm^{-1}，976cm^{-1}，861cm^{-1}（Se=O），838cm^{-1}，773cm^{-1}，555cm^{-1}；UV（异丙醇）：$λ_{max}$ 263（ε=$1.38×10^3$），220（sh，ε=$9.25×10^3$），200（ε=$1.99×10^4$）nm；^{1}H NMR（500MHz，CDCl$_3$）：δ 5.61（1H，d，J=13.8Hz），5.95（1H，d，J=13.8Hz），7.45～7.48（2H，m），7.57（1H，t，J=7.64Hz），7.88（1H，d，J=7.64Hz）；^{13}C NMR（125MHz，CDCl$_3$）：δ 78.1，122.5，125.6，128.9，131.8，143.3，147.9；^{77}Se NMR（95MHz，CDCl$_3$）：δ 1345。

它结晶于 Pbca 空间群，其（CSD: LAYFAT）分子的几何参数：键长 Se(1)-O(1)，1.630(5)Å；Se(1)-O(2)，1.794(4)Å；Se(1)-C(1)，1.939(5)Å；O(2)-C(3)，1.425(8)Å；C(2)-C(3)，1.494(9)Å。五元环是非平面的，原子 O(2)距离三碳原子平面 0.232(4)Å，硒原子在平面的另一侧，距离为 0.2775(6)Å。正像亚脶酸一样，三配位的硒也是锥体的，是一个手性中心，从原理上亚脶酸酯也能拆分成两个对映异构体。

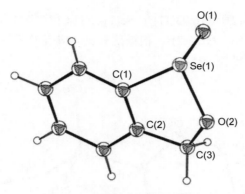

图 13.7　亚硒酸内酯的分子结构

光学活性的亚硒酸酯易于消旋化，引入大体积基团或成环可以阻止或减慢消旋，从而实现对映体的分离。基于这一考虑，合成了环状亚硒酸内酯（图 13.8）。通过手性柱，分离一对对映体，分别研究了它们在不同介质［异丙醇、二氯甲烷、异丙醇/水（4∶1，体积比）、异丙醇/重水（4∶1，体积比）、异丙醇/0.1mol/L HCl、异丙醇/1mol/L HCl、异丙醇/0.1mol/L NaOH］中的消旋化：水以及酸的存在加速消旋，在水中消旋速率是在重水中的五倍[7]。

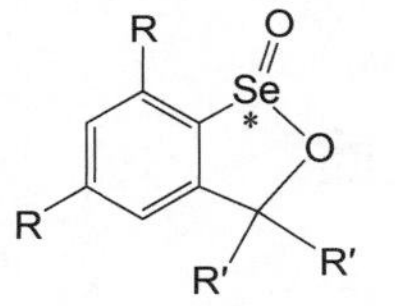

(R = H, R′ = H; R = H, R′ = ^{n}Bu; R = ^{t}Bu, R′ = H)

图 13.8　拆分研究用的环状亚硒酸内酯

硒酸的结构测定只是最近才完成的事，倒是苯硒酸锂很早就得到测定。如图 13.9 所示，苯硒酸根以一齿配体配位于锂离子，锂离子的配位几何是四面体。苯硒酸锂（CSD：SEHFOB）结晶于空间群 $P2_1/c$，其几何参数：键长 C(1)-Se(1)，1.890(5)Å；Se(1)-O(1)，1.626(3)Å；Se(1)-O(2)，1.622(3)Å；Se(1)-O(3)，1.627(3)Å；键角 C(1)-Se(1)-O(1)，107.54(17)°；C(1)-Se(1)-O(2)，107.7(2)°；C(1)-Se(1)-O(3)，106.19(17)°；O(2)-Se(1)-O(3)，111.71(14)°。根据硒的成键键角可知，硒的配位几何也是四面体。

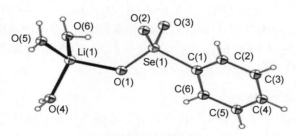

图 13.9　苯硒酸锂的分子结构

如图 13.10 所示，硒酰胺 $PhSeO_2NMe_2$（CSD：TAYTAO）结晶于空间群 $P2_1/c$，其几何参数：键长 C(1)-Se(1)，1.903(3)Å；Se(1)-N(1)，1.815(2)Å；Se(1)-O(1)，1.614(2)Å；Se(1)-O(2)，1.620(2)Å；键角 C(1)-Se(1)-O(1)，100.80(10)°；C(1)-Se(1)-O(2)，108.73(13)°；C(1)-Se(1)-N(1)，

101.31(11)°；O(1)-Se(1)-O(2)，116.93(11)°；Se(1)-N(1)-C(7)，111.37(17)°；Se(1)-N(1)-C(8)，113.30(17)°；C(7)-N(1)-C(8)，112.5(2)°。根据硒和氮的成键键角可知，硒的配位几何是四面体，氮的配位几何是三角锥体。

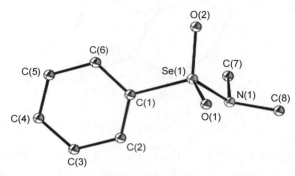

图 13.10　硒酰胺 $PhSeO_2NMe_2$ 的分子结构

第三节　亚硒酸和硒酸及其衍生物的化学性质

一、亚硒酸及其衍生物的化学性质

1. 亚硒酸的酸碱性

像亚硒酸一样，具有官能团 SeO_2H 的亚硒酸显示酸碱两性：酸性弱于相应的羧酸 [$MeSeO_2H$，$pK_a=5.19$；$EtSeO_2H$，$pK_a=5.27$；$^nPrSeO_2H$，$pK_a=5.25$；$^nBuSeO_2H$，$pK_a=5.29$；苯亚硒酸（$PhSeO_2H$），$pK_a=4.79$（最新测定值 4.56）；乙酸，$pK_a=4.76$；苯亚磺酸（$PhSO_2H$），$pK_a=1.2$；苯甲酸，$pK_a=4.21$]$^{[4]}$；与碱如氢氧化钠反应生成亚硒酸钠和水，与碱性氧化物如 Ag_2O 反应产生亚硒酸银和水；与醇钠或醇钾在醇中反应提供无水亚硒酸钠或无水亚硒酸钾；在强质子酸如盐酸、硝酸中则接受质子，显示碱性；与对甲苯磺酸反应形成 $RSe(OH)_2^+TsO^-$；类似地，与苯亚硒酸反应生成 $RSe(OH)_2^+PhSeO_3^-$，其中 $PhSe(OH)_2^+PhSeO_3^-$ 的结构通过单晶 X 射线衍射测定确认。质子化的亚硒酸盐还可通过在计量对甲苯磺酸存在下在乙酸或乙酸乙酯中用过氧化氢氧化二硒醚 $RSeSeR$ 制备，$RSeSeR+3H_2O_2+2TsOH \longrightarrow 2RSe(OH)_2^+TsO^-+2H_2O$，质子化的亚硒酸盐 $RSe(OH)_2^+TsO^-$ 与碳酸氢钠的水溶液作用，游离出相应的亚硒酸；在回流的甲醇或甲醇/氯仿或乙酸中 $RSe(OH)_2^+TsO^-$ 与富电子（杂）芳烃 Ar-H 如茴香醚、噻吩等进行亲电取代反应生成不对称硒醚 $RSeAr^{[4c]}$。

2. 亚硒酸的氧化还原性

亚硒酸处于中间氧化态，具有氧化还原性质，依据还原剂不同可还原（如用 Zn/HCl 还原）为硒醇或二硒醚，与氧化剂反应生成相应的硒酸。

（1）芳香亚硒酸与硫醚的反应

正丁基硫醚 $^nBu_2S$ 或苄基硫醚 Bn_2S 与 p-$ClC_6H_4SeO_2H$ 在乙腈中，即使在室温下搅拌 24h 也没有观察到反应发生，但在加入一定量的强酸 [0.25mol（对甲苯磺酸）/mol（硫醚）] 后，反应迅速进行，从最初含有 1.03mmol 苄硫醚和 1.1mmol p-$ClC_6H_4SeO_2H$ 的 10mL 乙腈溶液中，分离得到 1.0mmol 二苄基亚砜和 0.31mmol 二(对氯苯基)二硒醚，由此确定如图 13.11A 所示的反应计量方程式[3a]。

$$3R_2S + 2ArSeO_2H \xrightarrow{H^+} 3R_2S{=}O + ArSeSeAr + H_2O$$

图 13.11A　芳香亚硒酸氧化硫醚

利用烷基硫醚在 240～400nm 范围内（浓度在 0.01mol/L 以下）无显著吸收，芳香亚硒酸对烷基硫醚的氧化反应动力学可用实验方法进行测定：硫醚的计量大于 $PhSeO_2H$（[$PhSeO_2H$]，1×10^{-4}mol/L）；随着 $PhSeO_2H$ 转化为 PhSeSePh，在 240nm 处的吸光度 A 增大；实验在 25℃ 的含水乙腈（含水量 1%～3%）中进行，以高氯酸作催化剂考察硫醚的结构、硫醚的浓度、催化剂的浓度、水的浓度对反应速率的影响；在这样的条件下，$\lg(A_\infty{-}A)$-t 图线性关系良好，表明反应对亚硒酸是一级的，根据直线的斜率得到表观一级速率常数 k_{obs}，k_{obs} 随[R_2S]呈线性变化，表明反应对硫醚也是一级的；在强酸低浓度（0.001～0.002mol/L）时，速率常数与氢离子浓度成线性关系，在强酸高浓度（0.005～0.020mol/L）时，速率常数与氢离子浓度无关；含水量增加显著减小速率常数，例如在 0.005mol/L $HClO_4$ 下，含水量从 1%增加到 3%，速率常数减小为约 1/35。

反应动力学研究表明：反应速率对硫醚结构（$^nBuS^nBu$、$EtSCH_2CH_2OH$、$HOCH_2CH_2SCH_2CH_2OH$、$HO_2CCH_2CH_2SCH_2CH_2CO_2H$）有明显的依赖性（$\rho={-}2$），表明速率决定步骤的过渡态中硫原子上的电子密度明显降低，吸电子基阻碍反应的进行。前面提到苯亚硒酸具有酸碱两性，在水中是一种弱酸，因此在含水量为 1%～3%的乙腈中，苯亚硒酸不应显著解离成 $PhSeO_2^-$。然而，亚硒酸是有一定碱性的，很容易被强酸（HA）质子化形成盐 $PhSe^+(OH)_2A^-$。烷基硫醚-亚硒酸的反应速率与外加强酸浓度的关系表明：在含水量为 1%～3%的乙腈中 $PhSeO_2H$（1×10^{-4}mol/L）是被 H^+质子化的，产生了活性物种；在乙腈–1%H_2O 中，外加强酸浓度达到 3×10^{-3}mol/L 亚硒酸才能质子化；在乙腈–3%H_2O 中，需要较高的强酸浓度（0.02mol/L）才能完全质子化。考虑到亚硒酸具有明显的碱性，假设 $PhSeO_2H$ 在此条件下可以完全质子化为 $PhSe^+(OH)_2$，这应该是合理的。已知次硒酸易歧化为亚硒酸和二硒醚，$3ArSeOH \longrightarrow ArSeO_2H+ArSeSeAr+H_2O$（参阅第九章）；一旦次硒酸生成它就歧化产生二硒醚，因此提出如图 13.11B 所示的反应机理。

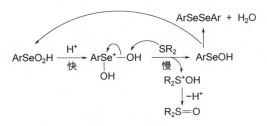

图 13.11B　酸催化亚硒酸氧化烷基硫醚的机理

随着乙腈的水含量从 1%增加到 3%，$PhSe^+(OH)_2$ 与烷基硫醚的反应速率大大降低。因此，可以认为 $PhSe^+(OH)_2$ 很可能通过与水分子的氢键作用而达到显著的稳定；如果这样，容易解释上面的实验事实：当介质中水的含量增大时，烷基硫醚的反应速率显著降低。

（2）芳香亚硒酸与三苯基膦的反应

即使在 0℃的乙腈中，$PhSeO_2H$ 和 p-$ClC_6H_4SeO_2H$ 也能将三苯基膦迅速氧化为氧化三苯基膦。唯一分离出的含硒还原产物是二芳基二硒醚；对于每摩尔的膦，可以得到 1.0mol 的氧化膦和 0.33mol 的 ArSeSeAr；由此，确定如图 13.12 所示的化学计量方程式。

$$3Ph_3P + 2ArSeO_2H \longrightarrow 3Ph_3P{=}O + ArSeSeAr + H_2O$$

图 13.12　芳香亚硒酸氧化三苯基膦

不同于烷基硫醚的氧化，膦的氧化不需要强酸催化剂。在芳香亚硒酸（$4.0 \sim 10.0 \times 10^{-4}$ mol/L）的化学计量超过三苯基膦（$[Ph_3P]$，1×10^{-4} mol/L）的条件下，在 25℃ 的乙腈中，通过测定 265～280nm 处膦的吸光度的降低研究反应的动力学：与烷基硫醚-亚硒酸反应（见上文）中吸光度变化的对数曲线一般呈良好的线性关系相反，Ph_3P 与 $PhSeO_2H$ 或 $p\text{-}ClC_6H_4SeO_2H$ 反应的 $\lg(A-A\infty)\text{-}t$ 图总是呈一定的弯曲，曲率在反应后期呈明显的上升趋势，只好使用每个图的初始线性部分来估计实验的表观一级速率常数 k_{obs}；k_{obs} 随 $[ArSeO_2H]$ 呈线性变化，表明亚硒酸的反应是一级的。溶剂的水含量从 5% 增加到 10% 时，速率常数略有降低。虽然在没有添加任何强酸的情况下，该反应很容易进行，但即使只添加 5×10^{-4} mol/L 的对甲苯磺酸，也会导致反应速率的大幅度增加，以至于用常规分光光度法无法测量出来。将亚硒酸的芳基从 $p\text{-}ClC_6H_4$ 改变为 C_6H_5，可以小幅提高反应速率。

芳香亚硒酸 $ArSeO_2H$ 和三苯基膦的反应与芳香亚硒酸和烷基硫醚的反应具有相同的化学计量比。这两个反应在动力学上的主要区别在于：在膦的氧化过程中，即使在没有加入强酸的情况下，反应也以相对较快的速率进行。因此，较易氧化的底物 Ph_3P 可以以合理的速率攻击亚硒酸本身；而与硫醚反应只有在亚硒酸质子化形成 $ArSe^+(OH)_2$ 后才以显著的速率进行。因此作出推测：反应的速率决定步骤是膦对硒的亲核进攻形成氧化膦和次硒酸，$ArSeO_2H+Ph_3P \longrightarrow ArSeOH+Ph_3P{=}O$；一旦形成，次硒酸 ArSeOH 可以继续以如前所述的同样方式形成二硒醚，$3ArSeOH \longrightarrow ArSeO_2H+ArSeSeAr+H_2O$。

（3）亚硒酸与硫醇的反应

亚硒酸可被硫醇还原为次硒酸 RSeOH（图 13.13），在过量硫醇存在下则还原为硒醇。根据最近的文献报道亚硒酸与硫醇的反应甚为复杂，反应机理有待深入研究[8]。半胱氨酸是一种硫醇，易与亚硒酸反应，因此这可用于解释硒的毒性。

$$RSeO_2H + 4R'SH \longrightarrow RSeH + 2R'SSR' + 2H_2O$$

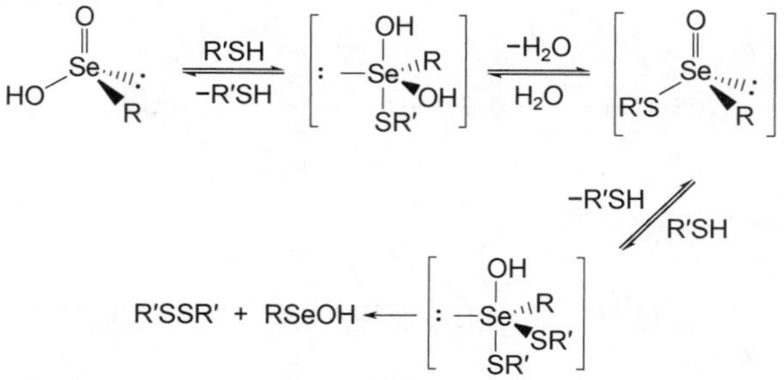

图 13.13　亚硒酸与硫醇的反应及其机理

（4）亚硒酸与双甲酮的反应

双甲酮（dimedone）不与亚磺酸作用但能还原亚硒酸，在甲醇中双甲酮定量还原亚硒酸 $RSeO_2H$，形成相应的二硒醚 RSeSeR（图 13.14）[9]。

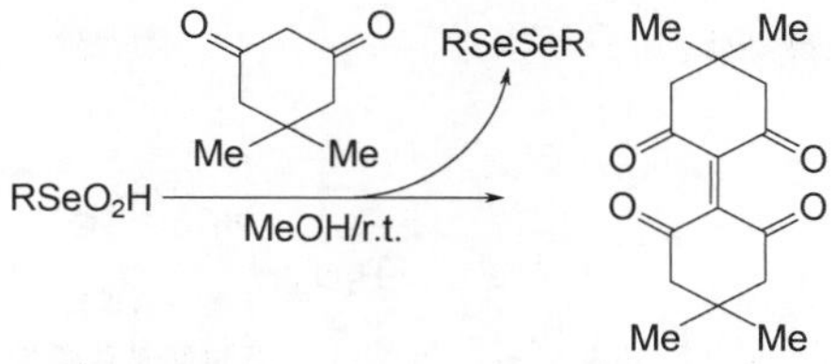

图 13.14　双甲酮还原亚硒酸

（5）亚硒酸与过氧化氢的反应

芳香亚硒酸/过氧化氢（$ArSeO_2H/H_2O_2$）是重要的氧化体系，能进行烯烃的环氧化和酮的 Baeyer-Villiger 氧化。根据 Syper 和 Młochowski 的研究[10]，反应的活性物质是过氧亚硒酸 $ArSe(\!=\!O)OOH$：$ArSe(\!=\!O)OH+H_2O_2 \longrightarrow ArSe(\!=\!O)OOH+H_2O$。已发表的制备过氧苯亚硒酸的方法如下：方法一，用铝箔遮光，在-5℃搅拌下，将苯亚硒酸（0.5019g，2.64mmol）分批加入 3.0mL 的 30%过氧化氢中，搅拌 1.5h 后，过滤，用少量冷过氧化氢溶液洗涤固体，吸干，提供白色固体 $PhSe(\!=\!O)OOH$（0.4456g，82%；m.p.，53℃，分解），它可在-25℃的固态条件下存放数天，但在溶液中迅速分解；方法二，向激烈搅拌的用冰盐浴冷却的 30%H_2O_2 溶液（15mL）中，在 15min 内分批加入 PhSeSePh（2.0g，6.4mol），反应在 0℃继续进行 2h，产物过滤后用冷水、冷二氯甲烷依次洗涤，在黑暗中室温干燥 24h，然后在 5℃干燥 15h 得到白色粉末（3.45g，87%；m.p.，52℃，爆炸分解）。最近，Back 等重新研究了苯亚硒酸（benzeneseleninic acid）（Ⅰ）与过氧化氢的反应（图 13.15）[4]：根据 DFT 计算研究，认为过氧苯亚硒酸（peroxyseleninic acid）（Ⅲ）在乙腈中加热异构化为更稳定的苯硒酸（benzeneselenonic acid）（Ⅴ），不是通过 Syper 和 Młochowsk 提出的中间体——硒杂二氧烷（selenadioxirane）（Ⅳ）而是经过中间体——过氧硒烷（peroxyselenurane）（Ⅱ）相互转化；苯亚硒酸（Ⅰ）与 0.5 当量的过氧化氢反应生成盐——硒酸硒鎓盐（selenonium selenonate salt）（Ⅵ），过氧苯亚硒酸（Ⅲ）在乙腈中放出氧气也生成盐（Ⅵ），等当量的苯亚硒酸（Ⅰ）与苯硒酸（Ⅴ）作用也提供盐（Ⅵ），在乙腈中该盐与 2.2 当量的过氧化氢反应生成苯硒酸（Ⅴ）；苯硒酸（Ⅴ）与过氧化氢作用经不稳定中间体（Ⅶ）转化为过氧苯硒酸（peroxyselenonic acid）（Ⅷ）（图 13.15A）；单独的苯亚硒酸（Ⅰ）、盐（Ⅵ）和苯硒酸（Ⅴ）都不与环辛烯（cyclooctene）反应，它们在过氧化氢存在下可氧化环辛烯，环氧化反应的速率顺序为：$Ⅴ/H_2O_2>Ⅵ/H_2O_2>Ⅲ$（图 13.15B）；在此基础上 Back 等提出过氧苯硒酸（Ⅷ）是环辛烯环氧化反应的主要活性中间体而不是过氧苯亚硒酸（Ⅲ）。由于中间体Ⅱ、Ⅶ和Ⅷ并未充分表征，因此芳香亚硒酸/过氧化氢这一重要的氧化体系仍有待进一步深入广泛地研究。

3. 亚硒酸衍生物的反应

亚硒酰氯在三氯化铝存在下，作氯化剂，与富电子芳烃 C_6H_5R（R=OMe、OEt、OPh、NMe_2）进行亲电取代将氯引入原有取代基的对位，苯酚和甲苯则得到邻位、对位取代的混合物。以 $PhSe(\!=\!O)Cl$ 为例，这一反应的活性亲电试剂是 $Cl^+[PhSeOAlCl_3]^-$。

亚硒酸酐与六甲基二硅氮烷（hexamethyl disilazane，HMDS）反应放出氮气生成二硒醚（图 13.16A），在有酚存在时反应得到醌类，后者经还原处理提供氨基酚类化合物，机理研究表明反应是经过活性中间体 RSeN 的四聚体以及[2,3]-SR 进行的（图 13.16B）[11]。

亚硒酸盐与烷基化试剂反应是制备亚硒酸酯的一种方法；与三烃基氯化硅反应生成相应的亚硒酸硅酯（图 13.17）；亚硒酸酯不稳定，烷基具有 β-氢时易消除产生相应的羰基化合物。

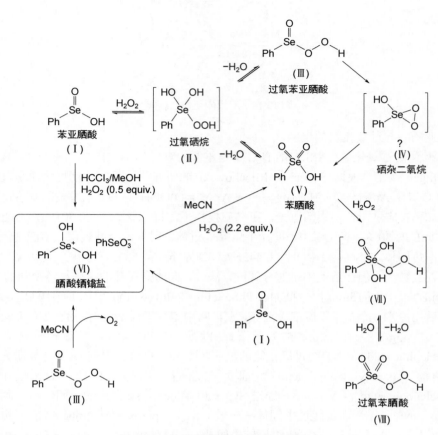

图 13.15A　苯亚晒酸与过氧化氢的反应

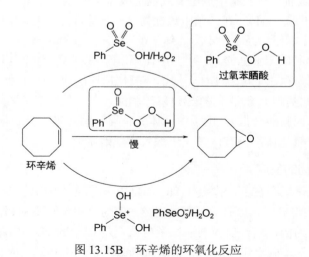

图 13.15B　环辛烯的环氧化反应

$$(RSeO)_2O \ + \ 2(Me_3Si)_2NH \longrightarrow R_2Se_2 \ + \ 2(Me_3Si)_2O \ + \ H_2O \ + \ N_2$$

图 13.16A　亚晒酸酐与 HMDS 的反应（一）

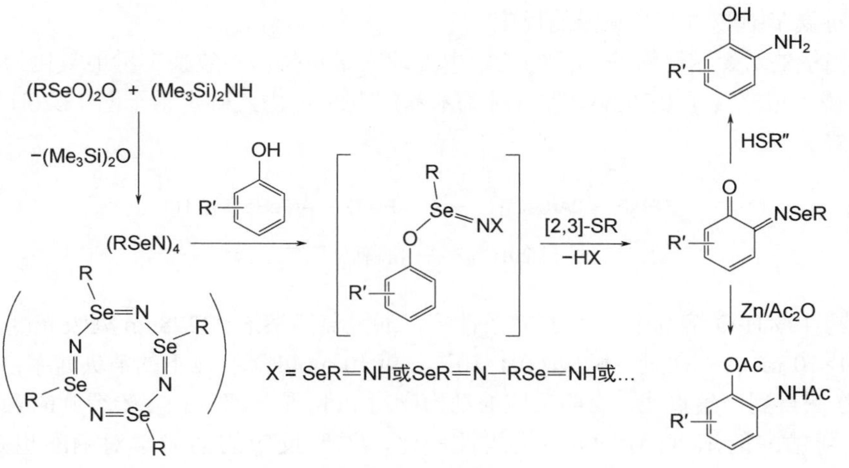

图 13.16B　亚硒酸酐与 HMDS 的反应（二）

$$PhSeO_2Ag + Ph_3SiCl \longrightarrow PhSeO_2SiPh_3 + AgCl$$

图 13.17　亚硒酸盐与三烃基氯化硅的反应

二、硒酸及其衍生物的化学性质

像硒酸一样，具有官能团 SeO_3H 的硒酸是强酸（但直接测定的数据少，$PhSeO_3H$，$pK_a=1.82$）[4a]；与碱如氢氧化钠反应生成硒酸钠和水；与碱性氧化物如 Ag_2O 反应生成硒酸银和水；利用其酸性诱导产生碳正离子的反应示于图 13.18；五氟苯硒酸加热脱水形成相应的硒酸酐。处于最高氧化态的硒酸是强氧化剂：被 SO_2、H_2S 和 Zn/HCl 还原为硒醇；与盐酸反应产生氯气（图 13.19）；与 HI 反应生成单质碘和相应的二硒醚。此外，由于含有弱的 C—Se 键，硒酸对热和光是不稳定的。

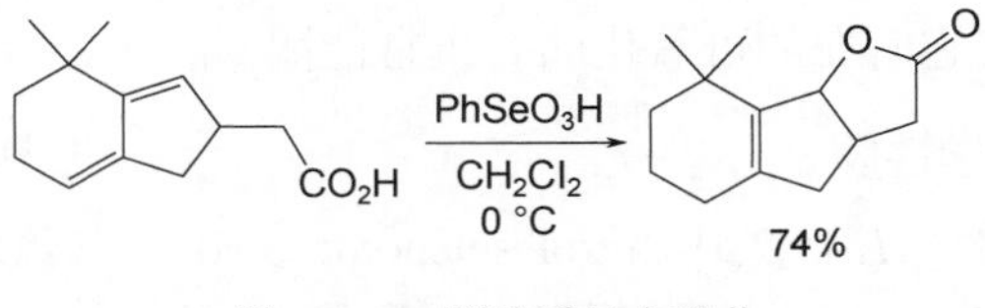

图 13.18　硒酸诱导内酯化

$$ArSeO_3H + 2HCl \longrightarrow ArSeO_2H + H_2O + Cl_2$$

图 13.19　硒酸与盐酸的反应

1. 芳香硒酸的氧化反应

（1）对氯苯硒酸与硫醚的反应

在室温的乙腈中，用等当量的对氯苯硒酸处理二苄基硫醚，可使硫醚定量氧化成二苄基亚砜，1mol 硫醚生成约 0.2mol 的二(对氯苯基)二硒醚，由此确定示于图 13.20A 的反应化学计量方程式[3a]。在乙酸中进行的氧化反应也观察到类似的化学计量比。

$$5R_2S + 2ArSeO_3H \xrightarrow{H^+} 5R_2S{=}O + ArSeSeAr + H_2O$$

图 13.20A　芳香硒酸氧化硫醚

（2）对氯苯脛酸与三苯基膦的反应

用等当量的对氯苯脛酸在 0℃的乙腈中处理三苯基膦，导致膦定量地氧化为氧化三苯基膦，1mol 膦生成略高于 0.20mol 的二(对氯苯基)二硒醚，由此确定示于图 13.20B 的反应化学计量方程式。

$$5Ph_3P + 2ArSeO_3H \longrightarrow 5Ph_3P{=}O + ArSeSeAr + H_2O$$

图 13.20B　芳香脛酸氧化三苯基膦

在乙腈-10%H_2O 溶剂中，在 25℃条件下，通过监测溶液在 278nm 处吸光度 A 的下降确定 Ph_3P（$1{\times}10^4$mol/L）在过量脛酸（$0.4{\times}10^3{\sim}1.0{\times}10^3$mol/L）存在下的消失速率；以 $\lg(A{-}A_\infty)$ 对时间 t 作图得到一条直线，表明反应的动力学对 PPh_3 是一级的；实验得到的表观一级速率常数 k_{obs} 随脛酸的浓度[$ArSeO_3H$]呈线性变化，说明反应的动力学对脛酸也是一级的，$k_{obs}/[ArSeO_3H]$的值是$(15.4{\pm}0.2)$L/(mol·s)。

芳香亚脛酸 $ArSeO_2H$ 能氧化硫醚生成亚砜以及氧化三苯基膦形成 $Ph_3P{=}O$；这两个反应具有相同的化学计量比（图 13.11 和图 13.12），显著地被少量加入的强酸所催化。对反应的动力学研究表明，当对甲苯磺酸浓度即使为 $5{\times}10^{-4}$mol/L 时，膦被 $ArSeO_2H$ 氧化的反应速率比被 $ArSeO_3H$ 氧化的速率至少快 10 倍。当考虑到脛酸本身就是一种较强酸时，二硒醚的来源以及反应中观察到的特殊化学计量学就容易理解了：首先，膦与脛酸反应生成氧化膦和亚脛酸，$Ph_3P+ArSeO_3H \longrightarrow Ph_3PO+ArSeO_2H$；然后，在酸 $ArSeO_3H$ 催化下，生成的亚脛酸 $ArSeO_2H$ 迅速与尚存的膦反应，$3Ph_3P+2ArSeO_2H \longrightarrow 3Ph_3PO+ArSeSeAr+H_2O$；求和这两个反应式就给出了该过程的总化学计量式（图 13.20B）。脛酸与硫醚的反应与此类似：首先脛酸与硫醚反应生成亚砜和亚脛酸，$R_2S+ArSeO_3H \longrightarrow R_2SO+ArSeO_2H$；然后，在酸 $ArSeO_3H$ 催化下生成的亚脛酸与尚存的硫醚更加迅速反应，$3R_2S+2ArSeO_2H \longrightarrow 3R_2SO+ArSeSeAr+H_2O$；因此具有如图 13.20A 所示的总化学计量反应式。

尽管对氯苯脛酸具有很强的氧化能力，而且能容易地氧化烷基硫醚和 Ph_3P，但它不能氧化诸如醇、烯烃或酮等其它潜在的可氧化的有机官能团。

2. 脛酸衍生物的化学性质

脛酸，三氮唑-3-脛酸（1H-[1,2,4]-triazoleselenonic acid），与氯化亚砜反应（40〜45℃）制得脛酰氯（selenonyl chloride）；脛酰氯可进行酯化，与酚（2,6-二甲苯酚和 2,4,6-三甲苯酚）在氯仿中室温反应提供相应的酯（aryl selenoate）。如图 13.21 所示，脛酸盐与烷基化试剂反应可生成脛酸酯（表 13.5）；脛酸甲酯可用脛酸与重氮甲烷反应获得，例如对氯苯脛酸和对溴苯脛酸用重氮甲烷的乙醚溶液处理得到相应的脛酸酯。脛酸酯可氨解生成相应的脛酰胺，脛酰胺也可由脛酰氯氨解合成。例如在-40℃下进行反应：$CF_3SeO_3Et+HNMe_2 \longrightarrow CF_3SeO_2NMe_2+EtOH$，脛酰胺 $CF_3SeO_2NMe_2$ 不稳定，-20℃以上即分解为二氧化硒以及其它未鉴定的物质[12]。

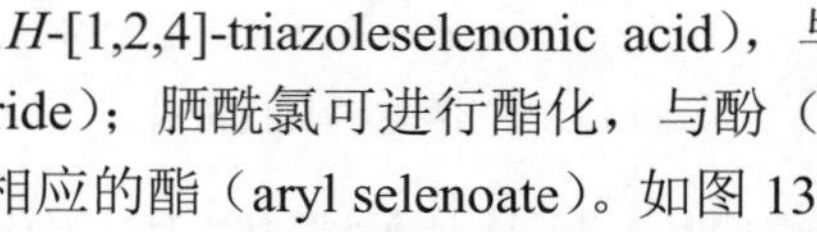

图 13.21　脛酸盐与烷基化试剂的反应

表 13.5　晒酸盐与烷基化试剂的反应

R	R'—X	反应时间/h	产率/%
CF$_3$	EtI	16	63
C$_6$F$_5$	EtI	16	68
C$_6$F$_5$	^{n}PrI	48	51
C$_6$F$_5$	TMSCl	4	62

第四节　亚晒酸和晒酸及其衍生物在有机合成中的应用

一、作为氧化剂和催化剂在有机合成中的应用

苯亚晒酸和苯亚晒酸酐是多用途的氧化剂[13]；利用过氧化氢、叔丁基过氧化氢和臭氧等试剂氧化二苯基二硒醚，可在原位产生苯亚晒酸和苯亚晒酸酐。在早期的工作中，通常使用化学计量的硒试剂，导致成本较高，产生更多的废物，有时还会因为所需产物与还原的硒物质的进一步反应而出现复杂化。最近的研究表明：只要存在一种化学计量的共氧化剂如过氧化氢，可以再生活性硒催化剂；硒化合物的用量通常低至 1mol%，就可以满足所需的氧化要求；过氧化氢是一种环境友好的氧化剂，只会产生水作为副产品，可用于水介质中；适当取代的亚晒酸、亚晒酸酐及其前体——二硒醚具有良好的催化活性，有利于催化剂与反应产物的分离。

长期以来，元素硒及其化合物一直是各种合成过程中的氧化剂。元素硒作为脱氢芳构化试剂，包括胆固醇脱氢制备甲基环戊并菲（methylcyclopentanophenanthrene），建立了甾体骨架的正确结构。二氧化硒作为一种合成有用的氧化剂也有很长的历史，尤其是烯烃的烯丙基羟基化和酮转化为 α-二酮。在 20 世纪 70 年代末和 80 年代，Barton 等人以及其他几个小组的开创性工作，证明了苯亚晒酸及其酸酐可以进行各种高选择性和有用的氧化反应。这些试剂是稳定、无臭和易于从二苯基二硒醚与过氧化氢、叔丁基过氧化氢、臭氧或其它氧化剂氧化得到的苯亚晒酸，通过减压加热脱水苯亚晒酸可以转化为苯亚晒酸酐。在许多例子中，苯亚晒酸或苯亚晒酸酐是原位氧化二苯基二硒醚产生的。现在，这两种试剂都可以从各种渠道获得。此外，苯亚晒酸在过氧化氢存在下产生相应的过氧苯亚晒酸 PhSe(=O)OOH，它被认为是某些氧化反应如环氧化反应和 Baeyer-Villiger 反应中的活性氧化剂（参阅第六章）。值得注意的是，过氧苯亚晒酸及其取代的同系物具有潜在的爆炸性，因此它们通常是原位产生的。由于残余过氧化物可能造成爆炸，因此在分离亚晒酸时，还必须谨慎，因为亚晒酸是由相应的二硒醚用过氧化氢氧化而制备的。多种取代的亚晒酸及其酸酐，通常含有吸电子的取代基如硝基或三氟甲基，有时在合成中是有利的。

利用苯亚晒酸酐进行甾酮或甾醇的脱氢反应提供烯酮或二烯酮。内酰胺和内酯的脱氢生成相应的 α,β-不饱和化合物或其它产物。二硫缩醛、二硒缩醛、腙类化合物、氨基脲类化合物和肟类化合物与苯亚晒酸酐的氧化脱保护再生相应的酮类化合物和醛类化合物，硫羰基化合物转化为相应的羰基化合物。醇可被氧化成醛、酮或羧酸，而酚生成相应的醌。伯胺 Ph$_2$CHNH$_2$ 与苯亚晒酸酐作用经 Ph$_2$CHNHSe(=O)Ph 然后消除 PhSeOH 高产率生成亚胺 Ph$_2$C=NH。肼类容易与苯亚晒酸酐或苯亚晒酸发生氧化反应，生成取决于原料中取代基性质

的产物：1,1-和1,2-二取代衍生物可以分别产生四氮烯 $R_2NN{=}NNR_2$（tetrazene）和偶氮化合物 $RN{=}NR$；酰肼 $RCONHNH_2$ 转化成羧酸硒醇酯 $RCOSePh$；磺酰肼 $TsNHNH_2$ 的氧化提供磺酸硒酯 $TsSePh$（selenosulfonate）。

　　一般而言，上述早期例子是用化学计量或近化学计量的硒基氧化剂进行的。虽然可以通过还原反应将硒副产物转化为二硒醚，或者通过再氧化成亚硒酸提取到碱性水溶液中来回收这些反应中的硒副产物，但需要额外的步骤对废物进行回收和再纯化。另外，任意处置含硒废物而不回收再利用会带来毒性问题。尽管如此，基于亚硒酸及其衍生物的催化使用与化学计量的环境友好的共氧化剂如过氧化氢相结合的氧化反应的发展给这些过程提供了更绿色更现代的方法，发展绿色和环境友好的催化反应方法是现代合成化学的主题。

1. 酮的催化脱氢

　　在使用化学计量的苯亚硒酸酐作氧化剂的 Barton 甾体酮脱氢反应报道后不久，出现了如图 13.22A 所示的甾体酮脱氢反应的催化版：利用 0.2 当量的苯亚硒酸酐与化学计量的共氧化剂 $PhIO_2$（碘酰苯，iodoxybenzene，iodylbenzene）进行脱氢。由于在这些条件下二苯基二硒醚可以被原位氧化成苯亚硒酸酐，所以它也可以作为（前）催化剂，利用该方法二环酮以接近定量的产率得到目标产物（图 13.22B）。

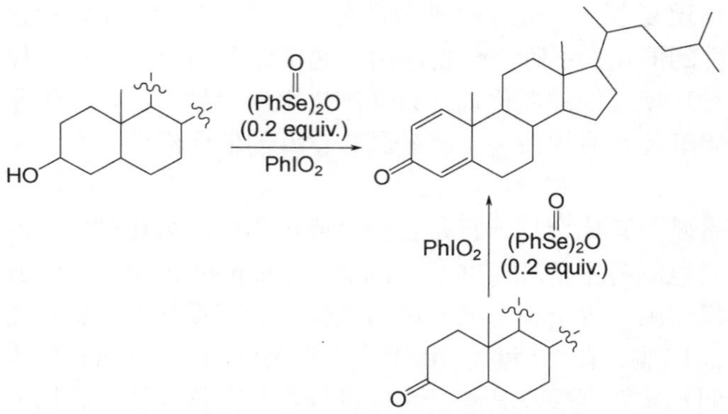

图 13.22A　使用共氧化剂的甾体酮脱氢反应

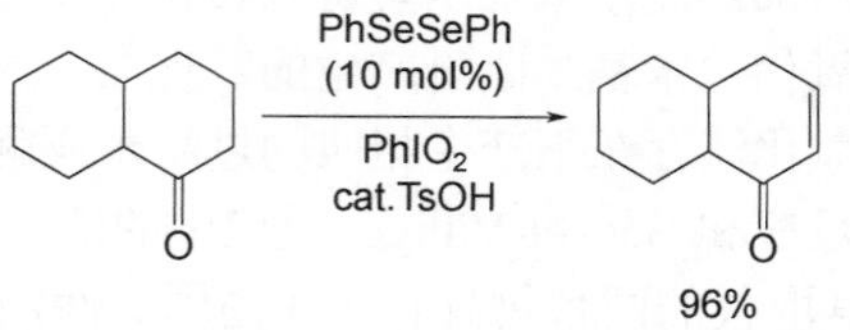

图 13.22B　使用二苯基二硒醚现场产生苯亚硒酸酐的脱氢反应

2. 烯丙基（苄基）的氧化

　　烯丙基氧化反应是从实验室到工厂都具有重要性的基本反应。它一直在不断地改进，以期开发更环保、更高效和高选择性的方法。二氧化硒长期以来一直是这一转变的最佳试剂，也期望将其发展为催化剂。正如前面提到的，缺电子的亚硒酸及其酸酐比苯亚硒酸及其酸酐更容易催化氧化反应，基于这一思想，现已合成了不少缺电子的亚硒酸，业已发现：不同于苯亚硒酸，在化学计量的 $PhIO_2$ 存在下，2-吡啶亚硒酸（$PySeO_2H$）是烯烃氧化为 α,β-不饱和酮的有效催化剂；五氟苯亚硒酸 $C_6F_5SeO_2H$ 和氧化 2-吡啶亚硒酸是更有效的烯丙基氧化催化剂；Barton 发展了这一催化氧化反应，其中 β-蒎烯和二苯并吡喃的氧化示于图 13.23。

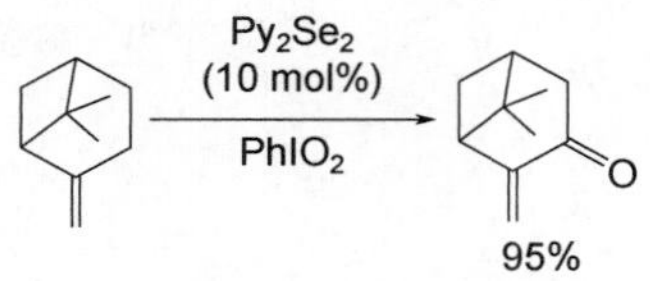

图 13.23A　β-蒎烯的氧化

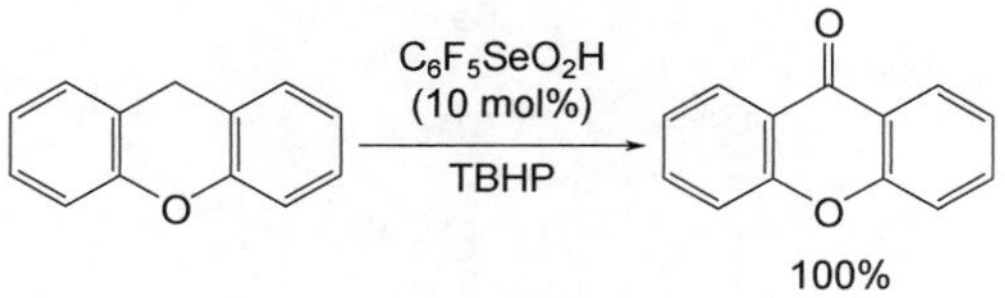

图 13.23B　二苯并吡喃的氧化

　　不幸的是，这些催化剂有令人不满意的若干特点，尤其是易于爆炸分解。如果用全氟烷基，形成缺电子的亚硒酸至少可以避免芳基亚硒酸发生爆炸的问题。实验证明情况确实如此，全氟辛基亚硒酸 R_FSeO_2H 是烯烃在碘酰苯存在下氧化为 α,β-不饱和酮的有效催化剂。全氟烃基亚硒酸催化剂很容易合成：硒醇负离子与全氟辛基碘反应生成 R_FSe^nBu，然后用过氧化氢处理，提供全氟辛基亚硒酸 R_FSeO_2H（无定形白色稳定固体，m.p. 为 135～137℃，不溶于大多数有机溶剂，易溶于热三氟甲基苯）（图 13.24）[14]。

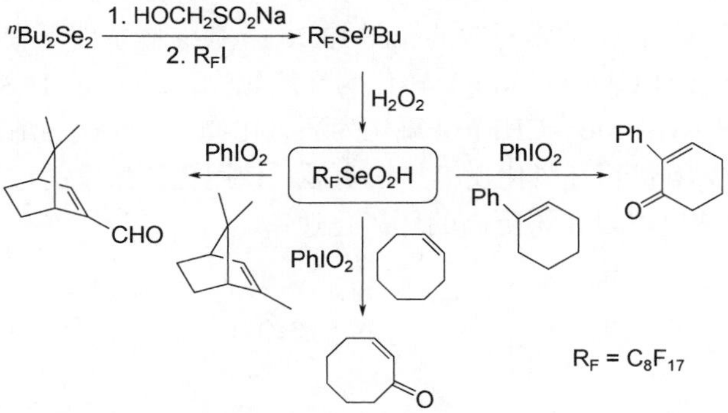

图 13.24　全氟辛基亚硒酸的制备及其催化烯烃的烯丙位氧化

　　这些催化的氧化反应类似于二氧化硒引起的烯丙位氧化反应；在机理上很可能也是先进行烯反应然后通过[2,3]-SR 得到产物。缺乏竞争性环氧化合物的生成（见下文，环氧化），这可能是由于催化剂中硒原子的高亲电性和缺乏过氧化氢，排除了环氧化所需的过氧亚硒酸。

3. 烯烃的环氧化

　　Syper 和 Młochowski 提出过氧苯亚硒酸 $PhSe(=O)OOH$ 可以重排成相应的苯䏲酸 $PhSe(=O)_2OH$，认为过氧苯亚硒酸是环氧化的活性催化剂[10]，目前这一假设正受到质疑[4]，有证据表明过氧苯䏲酸是环氧化的活性催化剂，因此本书作者提出如图 13.25 所示的烯烃环氧化反应的简化机理。

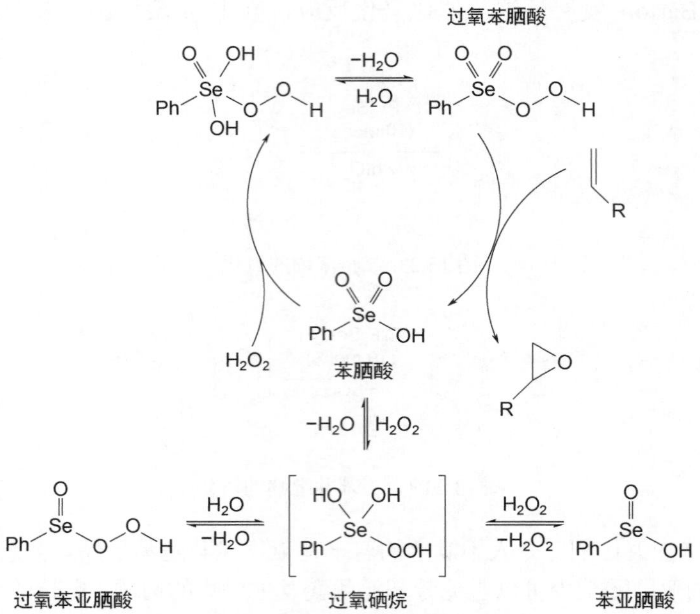

过氧苯胂酸

苯胂酸

过氧苯亚胂酸　　　　　过氧硒烷　　　　　苯亚胂酸

图 13.25　胂酸催化烯烃的环氧化

在亚胂酸催化环氧化反应的最早例子中，Reich 等人研究了芳香亚胂酸在两相条件下烯烃与过氧化氢的环氧化反应[15]：在两相条件下使用溶剂二氯甲烷和催化量（通常为 1mol%）的芳香亚胂酸［苯亚胂酸、2-$O_2NC_6H_4SeO_2H$ 和 2,4-$(O_2N)_2C_6H_3SeO_2H$］，以 30%的过氧化氢水溶液对烯烃进行环氧化是非常有效的（图 13.26）。在这些条件下，苯亚胂酸可方便地将四取代的烯烃（$PhCH_2CH_2CMe{=}CMe_2$）转化为环氧化物；2-$O_2NC_6H_4SeO_2H$ 的活性足以将三取代的烯烃（$PhCH_2CH_2CMe{=}CHMe$）氧化为环氧化物；二取代的烯烃可以用更强的氧化剂 2,4-$(O_2N)_2C_6H_3SeO_2H$ 进行环氧化反应。很明显，使用更高浓度的过氧化氢、更高的反应温度或更高的催化剂浓度可以获得更高的环氧化速率。

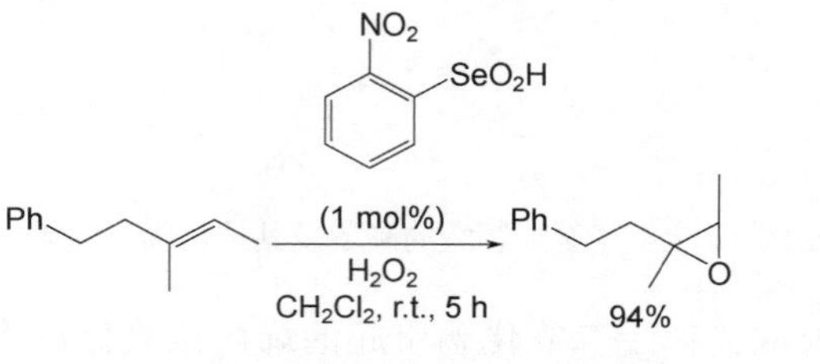

（1 mol%）

H_2O_2

CH_2Cl_2, r.t., 5 h

94%

图 13.26　亚胂酸催化烯烃的环氧化

H_2O_2/$ArSeO_2H$ 法具有多重优点：①各取代双键之间具有高选择性；②使用廉价的氧化剂；③粗产物仅受溶剂和痕量催化剂（具有酸性易于碱萃取除去）污染；④实验操作过程极为方便，芳香亚胂酸 $ArSeO_2H$ 可以作为催化剂直接使用，也可以加入还原型催化剂（前催化剂，Ar_2Se_2、Ar-Se-C_2H_5、Ar-Se-Br）和足够的 mCPBA（对硒醚或二硒醚进行氧化现场产生活性催化剂）。在氟化溶剂条件下的两相硒催化也得到研究[16]。以全氟烷基硒醚 2,4-$R_{F2}C_6H_3Se^nBu$（$R_F{=}C_8F_{17}$）作为前催化剂，经过硒亚砜消除反应产生相应的次胂酸 2,4-$R_{F2}C_6H_3SeOH$，然后以通常的方式生成相应的过氧亚胂酸 2,4-$R_{F2}C_6H_3Se({=}O)OOH$，催化剂在反应混合物氟相中的高溶解度有利于催化剂的分离和回收；环烯烃和无环烯烃的环氧化率可达 63%～97%。令人惊讶的是，在这些条件下，环十二烯和八氢萘分别得到相应的反式二醇。用类似的方法，Sheldon 和同事筛选了各种二硒醚作为催化剂，发现 ArSeSeAr（Ar=3,5-(CF$_3$)$_2$C$_6$H$_3$）特别有效，尤其是在 2,2,2-三氟乙醇溶剂中进行的反应[17]。二取代烯烃和三取代烯烃的环氧化合物的产率一般为 74%～99%，而苯乙烯和 1-辛烯的收率分别为 12%和 25%。

在环氧化条件下，尤其是以过氧化氢水溶液作为辅助氧化剂（共氧化剂）时，初生的环氧化物可以进一步水解，因此常能检测到少量的邻二醇。然而，在某些情况下，如果二醇是理想的产物，那么环氧化物的水解可以在现场进行：使用二苯基二硒醚作为催化剂，过氧化氢作为化学计量氧化剂，在 3∶1 的水和乙腈混合物中，可以制备中等到优良产率的邻二醇。此外，如图 13.27 所示，手性催化剂（硒胱氨酸）的使用允许二醇产物在水或水-二氯甲烷混合物中对映选择性形成。

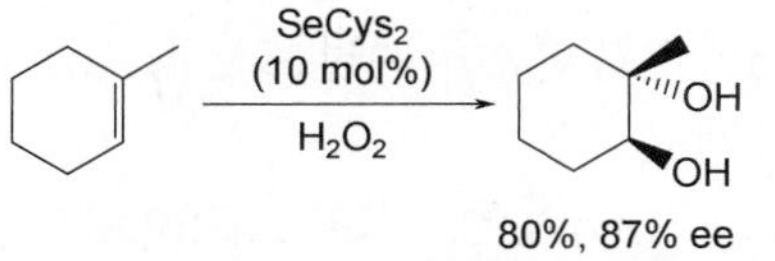

80%, 87% ee

图 13.27　硒胱氨酸催化的烯烃邻二羟基化反应

4. Baeyer–Villiger 氧化

与环氧化反应一样，硒催化的 Baeyer-Villiger 反应也是通过过氧亚硒酸进行的。这个过程的一个早期版本是由 Syper 报道的，他主要使用硝基取代的二硒醚 ArSeSeAr（Ar=2-O$_2$NC$_6$H$_4$）作为催化剂，过氧化氢氧化 α,β-不饱和醛 RR′C=CR″CHO。这些条件通常使酯 RR′C=CR″O$_2$CH 成为主要产物，并伴有相应的环氧化物和进一步氧化或氧化裂解的微量产物。最近，Xu 和同事以高产率将 α,β-不饱和酮转化为相应的烯醇酯（图 13.28）[18]。在所研究的催化剂中，二苄基二硒醚 BnSeSeBn 是最有效的催化剂，且易于回收和再利用。类似地，用过氧化氢氧化靛红（isatin）得到酸酐。Sheldon 等人将用于环氧化反应的含氟硒醚应用于酮和醛的 Baeyer-Villiger 反应研究，发现：以过氧化氢为终端氧化剂、二硒醚 ArSeSeAr（Ar=3,5-R$_F$$_2C_6H_3$，R$_F$=C$_8F_{17}$）为催化剂在 2,2,2-三氟乙醇中的应用尤为有效。富电子的芳香醛如 3,4,5-三甲氧基苯甲醛经过这一步骤时，最初形成的甲酸酯经过原位水解可得到相应的酚。另外，有吸电子基团的芳香醛如对硝基苯甲醛导致醛氧化成相应的羧酸。通过假设富电子的三甲氧基苯基相对于氢的迁移优先，而氢的迁移优先于缺电子的对硝基苯基，可以解释所生成的产物。Ichikawa 等人报道了三氟甲磺酰氧基取代的二硒醚 ArSeSeAr（Ar=2-TfOC$_6$H$_4$，Tf=CF$_3$SO$_2$）及其亚硒酸 ArSeO$_2$H（Ar=2-TfOC$_6$H$_4$，Tf=CF$_3$SO$_2$）在与过氧化氢联合使用时是优秀的催化剂，即使在二苯基二硒醚及其相关催化剂完全失效的情况下，氧化环酮都得到了高产率的内酯，例如 4-苯基环己酮以 85%的产率提供相应的内酯。Taylor 和 Flood 合成了聚合物键合的亚硒酸，并将其用于催化 Baeyer-Villiger 氧化反应，以及将烯烃氧化成反式二醇，将苄醇氧化成羰基化合物和将酚类化合物氧化为醌[19]。

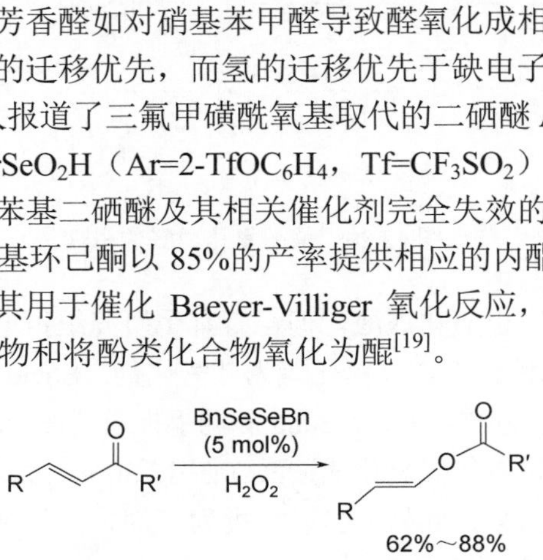

62%～88%

图 13.28

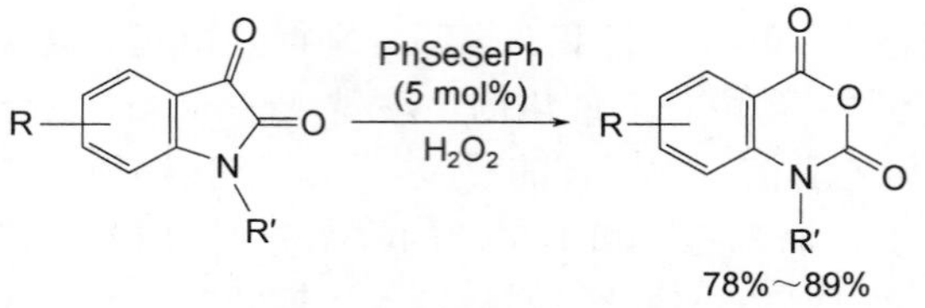

图 13.28 酮的 Baeyer-Villiger 氧化反应

5. 醇和醛的氧化

除了早期关于化学计量的苯亚硒酸酐氧化醇的报道之外，还有 3-胆甾烷醇的 Barton 氧化生成相应的 A-环二烯酮（图 13.22A）：在催化条件下氧化 3-胆甾烷醇生成 3-酮，然后进行脱氢反应。Onami 等利用二硒醚 Ar_2Se_2（$Ar=$2-MeO$_2$CC$_6$H$_4$，2-PyC$_6$H$_4$）作催化剂（0.2~1mol%）、使用氯胺（4-ClC$_6$H$_4$SO$_2$NClNa）代替更常用的过氧化物共氧化剂，获得了优异的酮产率，但使用这种方法只以中等产率得到醛。

Arends 和同事研究了以低于 1mol% 的二苯基二硒醚和叔丁基过氧化氢作为化学计量氧化剂氧化苄醇和肉桂醇生成相应的醛的机理（图 13.29）：首先，二苯基二硒醚和叔丁基过氧化氢 TBHP 现场产生活性催化剂——苯亚硒酸酐，然后它与醇反应生成酯和苯亚硒酸，最后酯发生顺式消除反应得到产物醛和苯次硒酸；苯次硒酸和苯亚硒酸在 TBHP 存在下再生活性催化剂——苯亚硒酸酐完成催化循环[20]。在优化的反应条件下，醛的转化率接近定量，过度氧化为羧酸的程度很小。

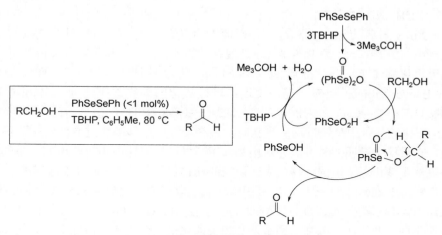

图 13.29 伯醇氧化成醛的机理

如前所述，虽然伯醇可以氧化成醛，但已有几个研究组报道了醛可以氧化成羧酸：Choi 等以 5mol% 的苯亚硒酸为催化剂，过氧化氢为共氧化剂；Sheldon 和同事则利用原位氧化前催化剂 3,5-R$_{F2}$C$_6$H$_3$Se^{n}Bu 的方法。最近，Santi 和同事报道了在 2mol% 的二苯基二硒醚存在下，烷基醛和芳基醛在水中用过氧化氢氧化成羧酸（图 13.30）；对于芳香酸，水相条件允许产物直接从反应混合物中沉淀出来。此外，当以醇类为溶剂时，除对甲氧基苯甲酸甲酯外，相应的酯类的收率均达到良好或优良水平[21]。

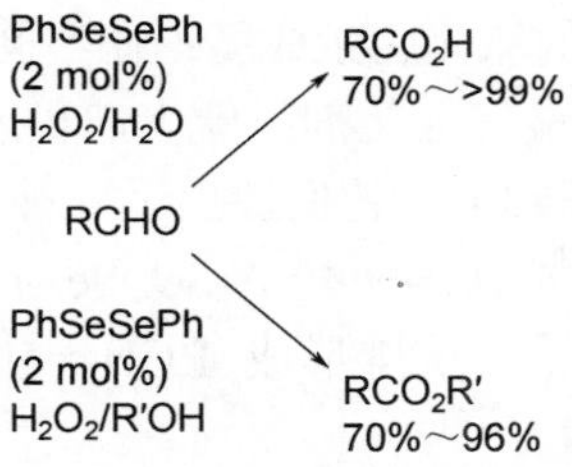

图 13.30 醛氧化制备羧酸

6. 酚的氧化

Barton 和同事发现苯酚氧化成醌后[22]，Młochowski 和同事进行了进一步的研究。

实验表明：萘-1,2-二酚以及烷氧基、乙酰基、甲酰基和相关衍生物在聚合物$[SeC_6H_4Se]_n$ 和过氧化氢存在下氧化为邻羧基肉桂酸，同时伴随有其它副产物；相应的取代二元酸类似地由 1-和 2-萘酚用二硒醚 Ar_2Se_2（Ar=4-CF_3-2-$O_2NC_6H_3$）或 Ebselen 作催化剂得到。2,4-二叔丁基苯酚在二硒醚和过氧化氢存在下氧化成 γ-内酯（muconic lactone）和邻二醌（图 13.31）。

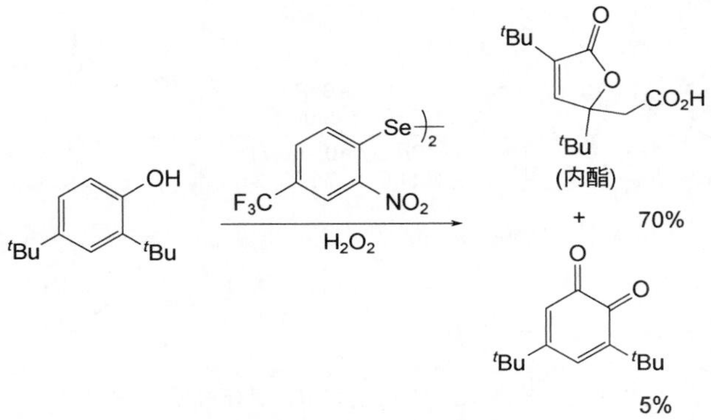

图 13.31 2,4-二叔丁基苯酚的氧化

7. 胺、亚胺、烯胺以及相关物质的氧化

除了化学计量氧化胺类生成亚胺或腈、腙和相关化合物转化为羰基化合物以及用苯亚胂酸酐氧化氮杂环胺和烯胺外，报道了几个相关的催化反应。Bäckvall 和同事利用二苯基二硒醚作催化剂，用过氧化氢氧化苯胺原位生成 C-亚硝基化合物，还形成了少量的偶氮化合物。亚硝基化合物随后被用作亲二烯体参与杂 D-A 环加成反应。如图 13.32 所示，Młochowski 等人在高分子催化剂存在下对各种 ArCH=NX 化合物进行过氧化氢氧化反应，二氮杂二烯化合物（azine）（X=N=CHAr）、对甲苯磺酰腙（X=NHTs）和肟（X=OH）形成腈[23]。

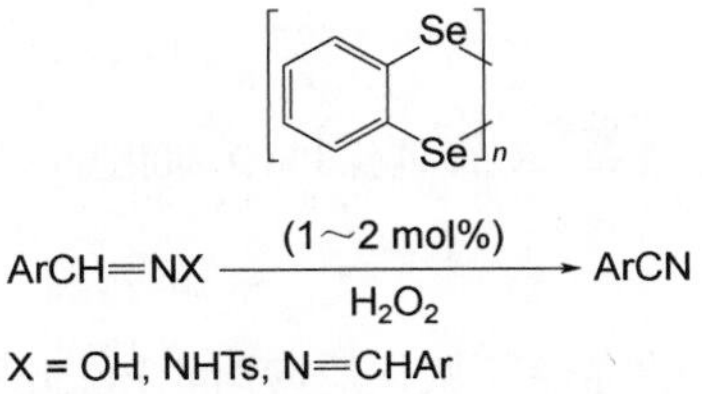

图 13.32 高分子催化剂催化 ArCH=NX 化合物的氧化反应

最近，Xu 和同事报道了类似的氧化肟生成腈：在不同的二芳基二硒醚 ArSeSeAr 中筛选出 ArSeSeAr（Ar=3-FC$_6$H$_4$）作为最优催化剂；催化剂和过氧化氢的用量各为 4mol%，空气作为终端氧化剂。在文献调查的基础上，他们提出了一种机理：ArSeSeAr 被 H$_2$O$_2$ 原位氧化成次胨酸 ArSeOH，然后脱水转变成次胨酸酐 ArSeOSeAr，后者与肟 RCH=NOH 的羟基反应生成中间体 RCH=NOSeAr，然后重排形成 RCH=NSe(=O)Ar，最后顺式消除次胨酸 ArSeOH 并得到产物——腈（RCN）[24]。

在这一工作基础上，Yu 和同事报道了进一步的工作：PhSeO$_2$H 在 65℃的乙腈中可催化醛肟 RCH=NOH 脱水形成腈［RCN，R：苯基（取代苯基）、1-萘基、2-吡啶基、2-噻吩基］[25]。

Magnus 等报道：在加热的甲苯中用 PhIO$_2$ 和催化量的二苯基二硒醚氧化吲哚生物碱中的烯胺结构，生成如图 13.33 所示的环氧化物、叔醇（图 13.33A）和烯酮、叔醇（图 13.33B）[26]。

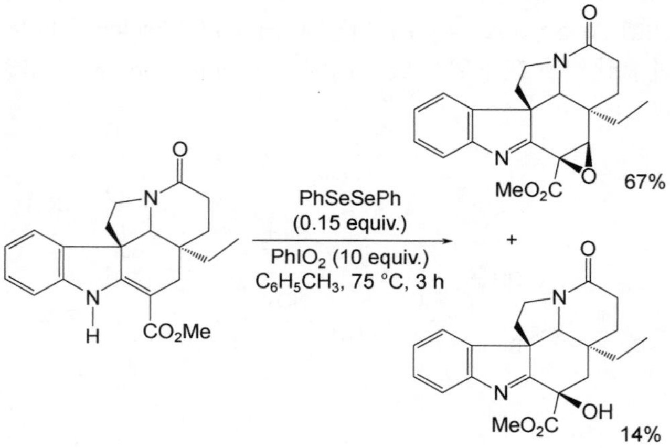

图 13.33A　二苯基二硒醚催化 PhIO$_2$ 氧化吲哚生物碱（一）

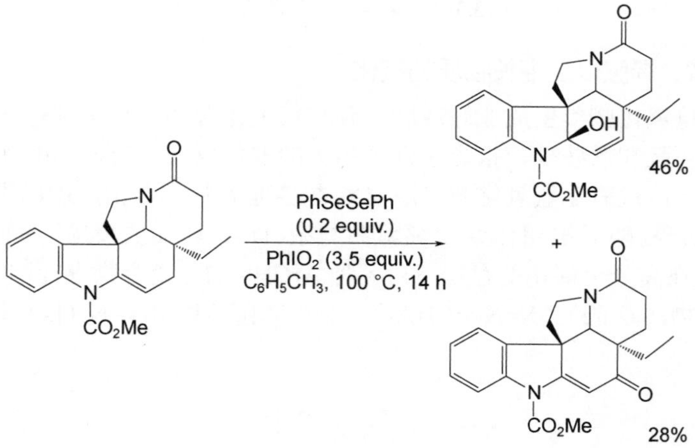

图 13.33B　二苯基二硒醚催化 PhIO$_2$ 氧化吲哚生物碱（二）

8. 硫醚的氧化

在研究邻硝基苯亚胨酸催化的烯烃环氧化反应时，Reich 和同事还观察到：H$_2$O$_2$/ArSeO$_2$H 试剂可用于硫醚 RSR'氧化成亚砜和砜，在过量氧化剂作用下，硫醚可以定量转化为相应的砜，而亚砜则需在严格的控制条件下才能得到。Kim 和同事发现（图 13.34）：在催化量的苯亚硒酸存在下，PhIO（亚碘酰苯，iodosobenzene，iodosylbenzene）氧化硫醚高产率生成亚砜，反应时间短（一般 1h）、条件温和（室温～45℃）[27]。

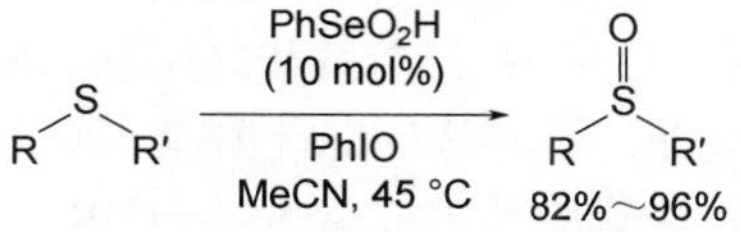

$$\underset{R}{\overset{S}{\diagdown}}R' \xrightarrow[\substack{PhIO \\ MeCN,\ 45\ ℃}]{\substack{PhSeO_2H \\ (10\ mol\%)}} \underset{R\quad R'}{\overset{O}{\underset{}{\diagup\diagdown S\diagup}}} \quad 82\%～96\%$$

图 13.34　苯亚硒酸催化 PhIO 氧化硫醚

9. 亚胼酸内酯催化的反应

Back 研究小组和 Singh 等人先后研究了环状亚胼酸酯（图 13.35A）并将其作为硒酶——谷胱甘肽过氧化物酶（GPx）的小分子模型[28,29]。这种酶，GPx，通过催化三肽硫醇——谷胱甘肽（γ-Glu-Cys-Gly，GSH）还原对生物有害的过氧化物 ROOH 来保护生物体，GSH 本身被氧化成 GSSG：ROOH+2GSH ——→ ROH+GSSG+H$_2$O。因此，与前面所描述的许多反应不同的是，在前面的章节中，过氧化氢作为一种对环境无害的有用的氧化剂对其它底物进行氧化，以提供有价值的产品，现在这个过程包括有意用牺牲性硫醇来破坏不需要的氢过氧化物或脂质过氧化物。

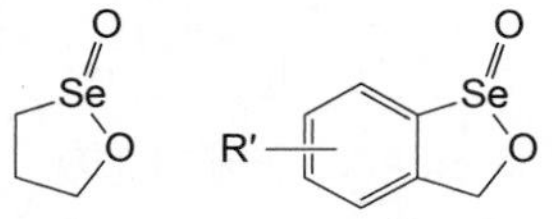

图 13.35A　作为 GPx 模型的环状亚胼酸酯

在对亚胼酸酯进行抗氧化性能评价的过程中，通常监测来自苄硫醇 BnSH 的二苄基二硫醚 BnSSBn 的生成速率。

环状亚胼酸酯（Ⅰ）由烯丙基 3-羟基丙基硒醚经过量叔丁基过氧化氢（TBHP）现场氧化产生。以苄硫醇为还原剂、TBHP 为氧化剂，发现其活性大大高于 Ebselen（图 13.35B）。

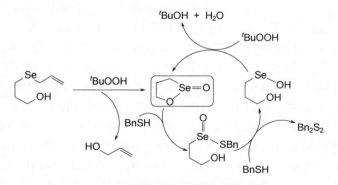

图 13.35B　环状亚胼酸酯的抗氧化活性机理

然而，对于一些更强的催化剂，实验观察到：在反应后期，二硫醚的形成常常达到一个平台；在某些情况下，它的浓度开始下降，这表明硒催化了过氧化物对二硫醚的进一步氧化。不幸的是，这种特性很可能排除了亚胼酸酯在生物学上的应用，因为亚胼酸酯"无意中"氧化了其它天然肽和蛋白质的二硫醚，阻碍了这些通常至关重要生物分子正常功能的发挥。

虽然使用 GPx 模型化合物作为催化剂可以提供一个过氧化物氧化硫醇合成二硫醚的有用方法，但是这个反应的制备价值还没有被彻底研究。

然而，经过进一步的研究，发现这个催化反应可以用作相应的硫代亚磺酸酯（thiolsulfinate）的制备方法（图 13.35C）：二芳基和二烷基二硫醚都容易以这种方式氧化，但部分过氧化成相应的硫代亚磺酸酯；不对称的二硫醚具有较差的区域选择性，而芳基烷基二硫醚（ArSSR）更倾向于氧化烷基硫原子生成 ArSS(＝O)R。

当胱氨酸衍生物暴露在相同的条件下，它也提供了相应的硫代亚磺酸酯作为非对映异构体的混合物，从而证实了对环状亚硒酸酯及其不希望攻击旁观二硫醚反应的生物学适应性的关注。此外，实验还发现：环状亚硒酸酯可以催化硫醚氧化为亚砜，催化烯烃氧化为环氧化合物和催化烯胺氧化（经水解）为羟基酮（图 13.35D）。

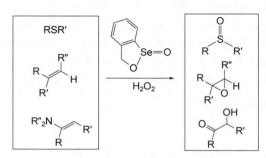

图 13.35C　环状亚硒酸酯催化二硫醚的氧化　　　　图 13.35D　环状亚硒酸酯作为催化剂的反应

二、作为硒化剂在有机合成中的应用

硒醇、二硒醚作硒化剂都有难闻的气味，迫切需要发展绿色、友好的合成方法。最近文献报道了一种用亚硒酸钠（无味，耐储存）作硒化剂的新方法[30]。在室温下，将甲醇钠滴加到容易获得的亚硒酸中，直到 pH 值为 7.0 时，得到一种对空气和水分不敏感的白色固体亚硒酸钠（NaO$_2$SeR）；用 ^{1}H 和 ^{13}C NMR 光谱法对其进行了全面表征；在常温条件下，NaO$_2$SeR 在架子上即使储存三个多月后，也没有观察到分解现象。选择 NaO$_2$SeMe 与吲哚和二甲基亚砜在甲苯中的反应作为模板反应。考察了不同的还原剂 Ph$_3$P、Ph$_2$PCl、(EtO)$_2$P(O)H、(MeO)$_2$P(O)H，其中，(MeO)$_2$P(O)H 的还原效率最高，在 90℃下反应 10h，以 38% 的产率得到目标产物 3-甲硒基吲哚。偏低的产率提示需要采用一种催化剂。在测试了铜盐（CuI、CuCl、CuOAc、CuCl$_2$）和银盐 AgNO$_3$ 以及 I$_2$ 之后，发现用 CuCl（10mol%）进行反应显著地提高产率到 85%。对其它溶剂如 THF、DMF、MeCN、DCM、PhCl、二氯苯和茴香醚进行测试，发现使用茴香醚的反应产率最高，达到 94%。有趣的是，当二甲基亚砜用作这个反应的溶剂时，只获得了 54% 的产率。总之，反应条件的优化表明（图 13.36）：在 90℃下，吲哚（1mmol）、NaO$_2$SeMe（2mmol）、CuCl（10mol%）、(MeO)$_2$P(O)H（2mmol）和 DMSO（3mmol）在茴香醚（2mL）中反应 10h 以 94% 的产率提供 3-甲硒基吲哚；克级规模的产率为 82%。在优化的反应条件下，考察了不同官能团的吲哚对反应的底物范围的影响。首先，吲哚与 NaO$_2$SeMe 反应，得到产率中等至优良的目标产物。甲基硒化反应选择性地发生在含有甲基、氰基、乙酯基、甲酰基、硝基和卤素的吲哚的第 3 位，产率为 71%～89%。在 5、6、7 三个位置含有给电子基团或吸电子基团的吲哚，都得到产率较高的产物。

当取代基位于 1、2、4 位时，可能受到空间位阻效应的影响，反应只以中等产率得到相应的产物。

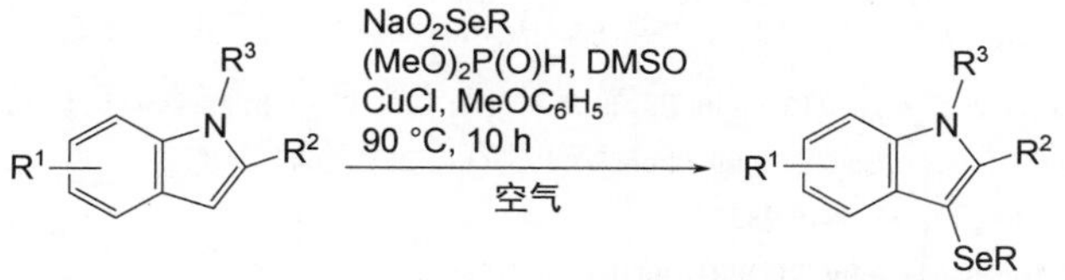

R^1 = H, Me, F, Cl, Br, CN, OBn, CO$_2$Et, CHO, NO$_2$
R^2 = H, Me, Ph, CO$_2$Me
R^3 = H, Me, Et
R = Me, Ph, 4-MeC$_6$H$_4$, 4-ClC$_6$H$_4$, 4-BrC$_6$H$_4$

图 13.36　亚脒酸盐作硒化剂合成 3-烃硒基吲哚

值得注意的是 3-甲基吲哚不能发生硒化作用。下一个目标是测试不同的苯亚脒酸钠盐在该反应中的适用性。一般来说，NaO$_2$SePh 的反应使产品达到了良好到优良的产率：在 5 位取代的吲哚（5-R^1=Cl、Br，R^2=H，R^3=H）、6 位取代的吲哚（6-R^1=F、CN，R^2=H，R^3=H）和 7 位取代的吲哚（7-R^1=Me、NO$_2$，R^2=H，R^3=H）上不仅有供电基团，而且还有吸电基团，产率在 74%～90% 之间。具有较大的空间位阻基团如苯基、甲酯基（CO$_2$Me）的 2-位或 4-位取代的吲哚类化合物如 R^2=Ph、R^3=H（产率，71%），R^2=Ph、R^3=Et（产率，53%），R^2=CO$_2$Me、R^3=H（产率，62%）或 4-R^1=OBn、R^2=H、R^3=H（产率，46%）的反应，产率在 46%～71%。此外，还检测了其它苯亚脒酸钠盐包括 4-甲基苯亚脒酸钠盐、4-氯苯亚脒酸钠盐和 4-溴苯亚脒酸钠盐的反应，产率在 81%～87%。为了探究硒化反应的机理，推测二硒醚 RSeSeR 与硒化反应有关，从而进行了一些控制实验。在 90℃ 加热 10h，NaO$_2$SePh 在茴香醚中只产生 PhSeSePh，收率为 27%；用 (MeO)$_2$P(O)H 处理 NaO$_2$SePh 分别以 61% 和 39% 的产率得到 PhSeSePh 和副产物 (MeO)$_2$P(O)SePh（M_W 565.86，GCMS 检测）。为了证实 CuCl 确实促进反应，进行对照实验：在没有 CuCl 的情况下，PhSeSePh 和吲哚进行反应，产率仅为 33%；在 CuCl（10mol%）存在下，反应产率大幅度提高，达 91%。根据这些实验和相关文献调查，为这一反应提出如下机理：首先由 NaO$_2$SeR 在 (MeO)$_2$P(O)H 存在下生成 RSeSeR，然后 CuCl 催化 RSeSeR 生成 RSe$^-$ 和 RSe$^+$，RSe$^+$ 亲电进攻吲哚提供所需的产物；与此同时，DMSO 作为氧化剂，将 RSe$^-$ 再转化为 RSeSeR。

在吲哚的硒化反应成功后，进一步研究了酮与亚脒酸钠的硒化反应。在与吲哚相同的反应条件下，大量的酮类化合物可以很容易地与不同的亚脒酸钠反应，获得较高的产率。以芳香酮类化合物为原料，用 NaO$_2$SePh 成功地合成了相应的 α-苯硒基酮类化合物，产率为 66%～87%（苯乙酮反应产率 73%，4-甲基苯乙酮反应产率 83%，2-羟基苯乙酮反应产率 66%，苯丙酮反应产率 87%）。（杂）环酮类化合物如 1-茚酮和色酮也是适用的，反应产率分别为 58% 和 69%。对烷基酮和脂环酮，结果表明：丙酮和环戊酮可以转化为 α-苯硒基酮，产率分别为 79% 和 82%。为了验证反应的适用性，用 NaO$_2$SeMe 对酮进行反应，结果表明：NaO$_2$SeMe 在该反应中也得到了期望的 α-甲硒基酮；4-甲基苯乙酮和苯丙酮的反应产率分别为 75% 和 78%。

参考文献

[1] (a) Kloc K, Młochowski J, Syper L. Liebigs Ann Chem, 1989, 1989(8): 811-813. DOI: 10.1002/jlac.198919890229; (b) McCullough J D, Gould E S. J Am Chem Soc, 1949, 71(2): 674-676. (c) Klapötke T M, Krumm B, Polborn K. Eur J Inorg Chem, 1999, 1999(8):

1359-1366. (d) Ayrey G, Barnard D, Woodbridge D T. J Chem Soc, 1962, 1962(0): 2089-2099.

[2] Ishii A, Takahashi T, Nakayama J. Heteroatom Chem, 2001, 12(4): 198-203.

[3] (a) Faehl L G, Kice J L. J Org Chem, 1979, 44(14): 2357-2361. (b) Rebane E. Acta Chem Scand, 1967, 21: 657-660. (c) Rebane E. Acta Chem Scand, 1969, 23: 1817-1819.

[4] (a) Sands K N, Rengifo E M, George G N, et al. Angew Chem Int Ed, 2020, 59(11): 4283-4287. (b) Paetzold R, Lienig D. Z Chem, 1964, 4(5): 186. (c) Stuhr-Hansen N, Sølling T I, Henriksen L. Tetrahedron, 2011, 67(14): 2633-2643.

[5] Bhabak K P, Mugesh G. Chem Eur J, 2009, 15(38): 9846-9854.

[6] Shimizu T, Watanabe I, Kamigata N. Angew Chem Int Ed, 2001, 40(13): 2460-2462.

[7] Nakashima Y, Shimizu T, Hirabayashi K, et al. J Org Chem, 2005, 70(13): 5020-5027.

[8] Abdo M, Knapp S. J Org Chem, 2012, 77(7): 3433-3438.

[9] Payne N C, Barber D R, Ruggles E L, et al. Prot Sci, 2018, 28(1): 41-55.

[10] Syper L, Młochowski J. Tetrahedron, 1987, 43(1): 207-213.

[11] Barton D H R, Parekh S I. J Am Chem Soc, 1993, 115(3): 948-955.

[12] Žák Z, Marek J, Keznikl L. Z Anorg Allg Chem, 1996, 622(6): 1101-1105.

[13] (a) Rathore V, Jose C, Kumar S. New J Chem, 2019, 43(23): 8852-8864. (b) Młochowski J, Lisiak R, Wójtowicz-Młochowska H. Organoselenium and Organotellurium Oxidation and Reduction. PATAI's Chemistry of Functional Groups[M]. New Jersey: John Wiley & Sons, Ltd., 2011. (c) Alberto E E, Braga A L. Activation of Peroxides by Organoselenium Catalysts: A Synthetic and Biological Perspective. Selenium and Tellurium Chemistry[M]. Heidelberg: Springer, 2011.

[14] Crich D, Zou Y K. Org Lett, 2004, 6(5): 775-777.

[15] Reich H J, Chow F, Peake S L. Synthesis, 1978, 1978(4): 299-301.

[16] Betzemeier B, Lhermitte F, Knochel P. Synlett, 1999, 1999(4): 489-491.

[17] Ten Brink G J, Fernandes B C M, Van Vliet M C A, et al. J Chem Soc Perkin Trans 1, 2001, 2001(3): 224-228.

[18] Zhang X, Ye J, Yu L, et al. Adv Synth Catal, 2015, 357(5): 955-960.

[19] Taylor R T, Flood L A. J Org Chem, 1983, 48(26): 5160-5164.

[20] Van der Toorn J C, Kemperman G, Sheldon R A, et al. J Org Chem, 2009, 74(8): 3085-3089.

[21] Sancineto L, Tidei C, Bagnoli L, et al. Molecules, 2015, 20(6): 10496-10510.

[22] Barton D H R, Finet J P, Thomas M. Tetrahedron, 1988, 44(20): 6397-6406.

[23] Giurg M, Said S B, Syper L, et al. Synth Commun, 2001, 31(20): 3151-3159.

[24] Zhang X, Sun J, Ding Y, et al. Org Lett, 2015, 17(23): 5840-5842.

[25] Yu L, Li H, Zhang X, et al. Org Lett, 2014, 16(5): 1346-1349.

[26] Magnus P, Ladlow M, Cairns P M. Tetrahedron Lett, 1987, 28(29): 3307-3310.

[27] Roh K R, Kim K S, Kim Y H. Tetrahedron Lett, 1991, 32(6): 793-796.

[28] (a) Back T G, Moussa Z. J Am Chem Soc, 2002, 124(41): 12104-12105. (b) Mercier E A, Smith C D, Parvez M, et al. J Org Chem, 2012, 77(7): 3508-3517. (c) Sands K N, Tuck T A, Back T G. Chem Eur J, 2018, 24(39): 9714-9728.

[29] (a) Singh V P, Singh H B, Butcher R J. Chem Asian J, 2011, 6(6): 1431-1442. (b) Tripathi S K, Patel U, Roy D, et al. J Org Chem, 2005, 70(23): 9237-9247.

[30] Cao Y, Liu J, Liu F, et al. Org Chem Front, 2019, 6(6): 825-829.

第四部分
生命中的硒

大气是重要的硒库，大气硒源可分为两类：自然排放（如火山爆发、生物挥发）和人为排放；自工业化开始以来，人为排放量大大增加；如不控制，人为排放量将超过自然排放量，硒污染将日益严重。大气对硒在环境中的分散、运输和转化起着重要作用。大气沉降是地球表面（土壤和水体）硒的重要来源。

在硒循环中，微生物将水溶性和有毒的硒酸根和亚硒酸根转化为难溶的元素硒或难溶的金属硒化物，是有希望的微生物修复方法的基础。

硒是生物学中最有趣的元素之一，因为它对大多数物种来说既是必需的，又是有毒的，与其它微量元素相比，硒的缺乏和毒性之间的窗口很窄。硒的另一个有趣的特性是，它可以多种氧化态存在于无机和有机形式中，这些形式可以通过化学或生物化学方式相互转化，或者非专一性地通过硫代谢途径（硒和硫在化学上相似），或者专一性地通过硒酶途径。许多原核生物和包括藻类在内的真核生物所具有的必需的硒代谢似乎是一种古老的特征，但在植物和真菌中却消失了，这可能是因为在陆生环境中硒不容易获得的缘故。硒虽然不是必需的，但被认为是对植物有益的元素，可促进植物生长和抗逆。需要硒的生物之所以这样做，是因为含有大量的硒蛋白质（人类为 25 种），它们的活性位置含有硒半胱氨酸残基（SeCys，也称为第 21 种蛋白质氨基酸）。硒蛋白质具有氧化还原功能；哺乳动物硒蛋白质参与清除自由基（预防癌症）、免疫功能（抵抗病原体）、甲状腺功能和生殖功能；因此，适量的硒浓度有利于动物和人类的健康。在美国，成人每日摄入硒的推荐量为 55μg；WHO 推荐量为 34μg（男性）和 26μg（女性）；中国营养学会的推荐量是 60～200μg。据估计，全世界有 10 亿人缺乏硒。人和牲畜的硒缺乏症发生在土壤硒浓度较低的地区，包括中国部分地区、西北欧、澳大利亚、新西兰、撒哈拉以南非洲、巴西南部和美国部分地区。世界范围内大多数硒缺乏者以素食为主，从而依赖植物摄取硒，因此植物硒代谢对人体健康十分重要。另外，对人类和家畜的硒毒性（硒中毒）是土壤硒污染的问题，例如在美国、加拿大、中国和印度的部分地区。

植物可以通过硫转运体和硫的同化途径吸收和消化无机形式的硒，转化为硒半胱氨酸（SeCys）和硒蛋氨酸（SeMet）。当这些硒氨基酸非专一性地进入蛋白质，取代半胱氨酸（Cys）和蛋氨酸（Met），这会扰乱蛋白质功能并导致毒性。为了防止硒毒性，已经进化出了一些机制，包括将硒酸盐或亚硒酸盐还原为不溶性的元素硒，使硒半胱氨酸和硒蛋氨酸甲基化，并使这些化合物进一步转化为挥发性的二甲基（二）硒醚。在全球范围内，生物挥发对硒通量有很大贡献，甚至是某些地方富硒的原因，例如中国的东南部。

植物对硒的积累是硒进入食物链和全球硒循环的重要途径。不同的植物物种在硒的积累、同化和挥发方面表现出巨大的差异。硒超积累（超积聚）至少在三个植物科中独立进化。高的植物硒浓度可保护植物免受食草动物和病原体的攻击，但也导致抗硒植物的进化。植物的硒积累影响与食草动物、传粉者、邻近植物和微生物的生态相互作用。超积累会对硒敏感的生态伙伴产生负面影响，然而有利于抗硒植物，从而影响含硒生态系统的物种组成和硒循环。植物中硒的生理生化变化对人类和动物的营养以及环境健康也有重要意义。利用植物对硒的积累、生物转化和挥发能力，可以在缺硒的地区（生物强化）提供充足的膳食硒，还可以清除污染的土壤和废水中过量的硒（植物修复）。这两种植物技术可以结合起来清除硒污染，同时创造营养丰富的作物。

谷胱甘肽过氧化物酶（glutathione peroxidase，GPx）、碘甲状腺原氨酸脱碘酶（iodothyronine deiodinase，DIO）和硫氧还蛋白还原酶（thioredoxin reductase，TrxR）是哺乳动物和人体内硒半胱氨酸（SeCys）作为催化中心的三种主要硒酶。谷胱甘肽过氧化物酶是一种抗氧化酶，利用硫醇（GSH）作为辅助因子催化过氧化物的还原，保护各种生物免受氧化应激伤害。脱碘酶与甲状腺激素（thyroid hormone）的激活/失活有关。TrxR 在多种生物学功能如 DNA 合成中起着重要作用。虽然这三种酶的活性位置都含有 SeCys，但它们的催化机理、底物专一性和辅助因子系统有着明显的不同。

硒作为硒半胱氨酸存在于蛋白质中，这带来了挑战和研究天然和非天然蛋白质的机会。最大的挑战之一就是围绕 25 种人类硒蛋白质的谜团，至少一半尚未被充分表征。但是，作为半胱氨酸的电子"表兄弟"，SeCys 提供给科学家们前所未有的工具来修饰没有天然残基的蛋白质。现在，硒和 SeCys 已经成为蛋白质折叠的工具，亲核修饰的手柄，翻译后修饰模拟物的前体，密码子重排的目标，连接各种氨基酸（native chemical ligation，NCL）的通道以及了解酶功能的窗口；硒在天然和非天然体系中的化学研究为化学家提供修饰和理解目标蛋白质的方法。

正在研究用硒标记的生物分子的类似物，其中硒要么取代氧原子（或硫原子），要么取代碳原子。也许这些努力主要与肽和蛋白质的化学有关，因为其中硒半胱氨酸和硒蛋氨酸是最重要的分子。这种重原子标记可用于确定蛋白质和蛋白质复合物的晶体结构。在碳水化合物、核苷和核苷酸领域，获得被标记的小分子化合物，希望它们具有良好的抗病毒或抗癌特性。不幸的是，到目前为止，实际测量的活性大大低于预期。此外，在许多情况下，改性化合物的毒性太高，稳定性太低，不支持治疗应用的想法。尽管如此，化学家们仍然在研究新的类似物，不断地在结构研究中发现新的应用。近年来，α-硒核苷酸如 ATPαSe、dNTPαSe 和相关寡聚核苷酸（PSe-RNA、PSe-DNA）的化学合成和酶法合成也取得了显著进展。这些类似物为研究 DNA 或 RNA 分子与其它寡聚核苷酸、受体或酶的高度专一性相互作用开辟了新的可能性，对它们的深入研究可能有助于开发精确调控基因表达和蛋白质生物合成的新工具。

第十四章

具有生物活性的硒化合物

第一节　合成的硒药物

一、抗氧化剂和抗炎药

1. 依布硒林

活性氧物种 ROS 参与了包括炎症反应在内的许多生物过程。依布硒林 [Ebselen，2-苯基-1,2-苯并异硒唑-3(2H)-酮] 是一种抗氧化和抗炎药物，已完成三期临床试验[1]，依布硒林以及相关化合物的合成路线示于图 14.1，采用放射性同位素单质 ^{75}Se 制备 $Na_2^{75}Se_2$ 可合成 ^{75}Se 标记的依布硒林以及相关化合物[1e]。依布硒林的抗炎作用是由于它能够通过其抗氧化能力或直接抑制酶活性来干扰一系列炎症途径。依布硒林催化还原由一氧化氮与超氧负离子反应产生的过氧亚硝酸根（ONOO⁻）；在生理条件下，过氧亚硝酸根可导致高反应性自由基物质 NO_2 和 HO·的形成。依布硒林作为一种一氧化氮诱导的凋亡抑制剂(nitric oxide-induced apoptosis)，可能是通过与过氧亚硝酸根反应产生依布硒林的氧化物而实现的，依布硒林的氧化物氧化硫醇（巯基）从而抑制细胞凋亡的关键调节因子——蛋白质激酶 JNK1。作为 GPx 的模拟物，依布硒林将氢过氧化物 ROOH 还原成水（R=H）或相应的醇 ROH（图 14.2）。当硫醇浓度超过过氧化物时，依布硒林首先与一分子硫醇反应生成硒硫醚，硒硫醚再与另一分子硫醇作用形成硒醇，硒醇还原过氧化物，产生次硒酸，它失水后再生依布硒林。硒醇形成的证据是：1-氯-2,4-二硝基苯能捕获硒醇，碘乙酸可抑制活性。当氢过氧化物浓度较高时，另一种机理发挥作用，即依布硒林首先被氢过氧化物氧化成氧化物，然后再被两当量（two equivalents）的硫醇再生。

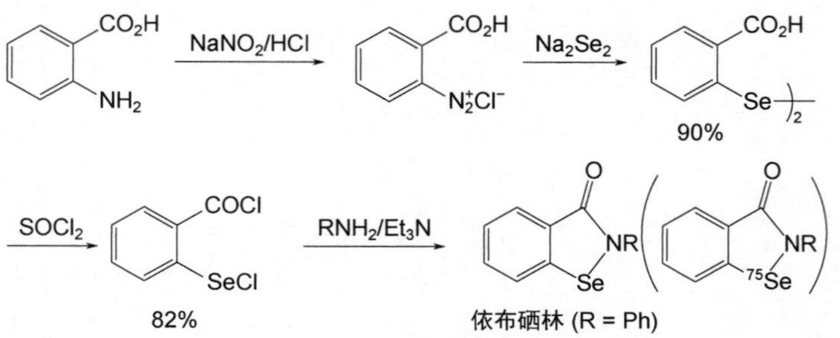

图 14.1　依布硒林及其相关化合物的合成路线

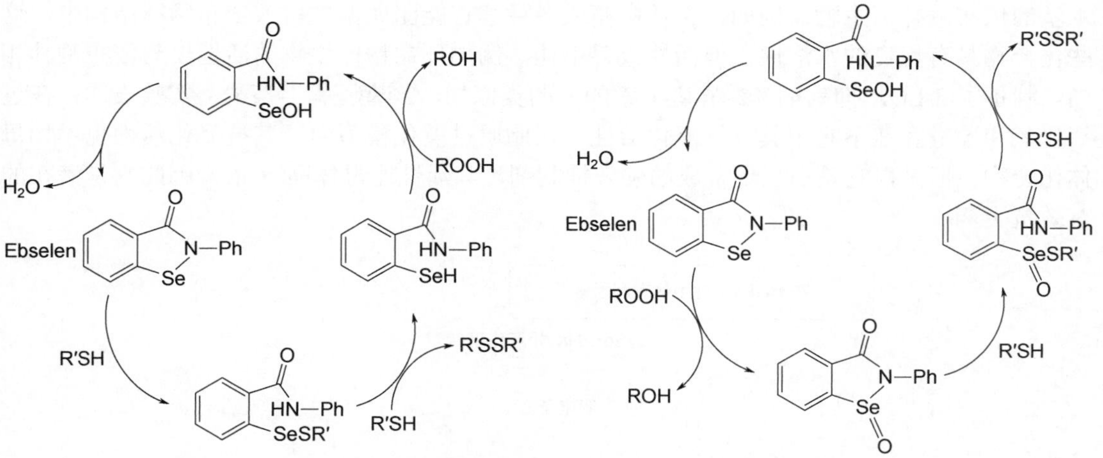

图14.2 依布硒林的抗氧化活性机理（左，硫醇过量；右，过氧化物过量）

自从发现依布硒林模拟谷胱甘肽过氧化物酶的活性以来，已有几个研究组通过改变Ebselen 的基本结构或加入天然酶的某些结构特征，开发出了许多小分子化合物。文献报道的合成模拟物可分为三大类：①具有 Se—N 键的环硒酰胺；②二芳基二硒醚；③芳香族或脂肪族硒醚。

依布硒林在体内对过氧化氢和其它氢过氧化物的还原具有显著的抗氧化活性，然而近年来的研究表明：在以芳基硫醇或苄基硫醇还原过氧化物时，依布硒林及其相关化合物是一种比较低效的催化剂。如图14.2 所示，已提出的依布硒林的催化循环涉及三种活性中间体：硒硫醚、硒醇和次硒酸。虽然依布硒林中的 Se—N 键很容易被 PhSH 断裂为硒硫醚，但是它与 PhSH 的反应并不产生硒醇。即使使用过量的 PhSH 也是如此。这是由于在硒硫醚中存在强的分子内 Se···O 非键相互作用，它有利于硫醇对硒而不是对硫的进攻，导致硫醇交换反应。这种不希望的硫醇交换反应（thiol exchange）阻碍了硒醇的形成，这是这些化合物在芳基硫醇或苄基硫醇还原过氧化物中催化活性相对较低的原因。有利于化合物的抗氧化活性的空间效应和电子效应总结于图 14.3[2]。

依布硒林也能够通过与 Trx 体系的反应催化还原氢过氧化物：它是 TrxR 的底物，是还原型硫氧还蛋白（Trx）的快速氧化剂；硒醇可以直接由 TrxR/NADPH 反应生成，也可以由还原型 Trx 反应产生；硒醇快速还原氢过氧化物形成次硒酸；次硒酸自发脱水再生依布硒林。依布硒林与 Trx 体系和 GSH 相互作用的比较表明：TrxR（50nmol/L）对过氧化氢的还原速率比 GSH（1mmol/L）高 8 倍；当测试 TrxR/Trx 体系时，依布硒林的过氧化氢还原酶活性增加了 13 倍。氢过氧化物激活炎性酶——脂氧合酶（lipoxygenase，LOX）和环加氧酶（cyclooxygenase，COX）：在脂氧合酶中，5-LOX 对炎症至关重要，因为它催化花生四烯酸生成促炎性的白三烯。对开发新型抗炎药来说，LOX 和 COX 是有吸引力的靶点。依布硒林对 LOX 的抑制作用机理尚不清楚，可能与其抗氧化活性有关，也可能与 LOX 的直接相互作用有关。

2. 其它抗氧化剂和抗炎药

依布硒林的功效因其在水中的不良溶解性而受到一定程度的限制。因此合成了带有亲水基的依布硒林衍生物，例如，将环糊精或多羟基官能团如糖类引入依布硒林结构中，这些化合物具有优良的水溶性，但活性改善不佳，例如环糊精衍生物的活性仅与依布硒林相当。制备了 5-LOX 抑制剂（2-苄基-1-萘酚）的类似物，2-苯硒基-1-萘酚，实验表明：在过氧化氢和硫醇存在下它不具有抗氧化活性；在脂质过氧化模型中，其抗氧化活性也不如母体化合物；但是，它是白三烯合成的强效抑制剂，其活性比母体高 5 倍，因此它是潜在的有效抗炎药。

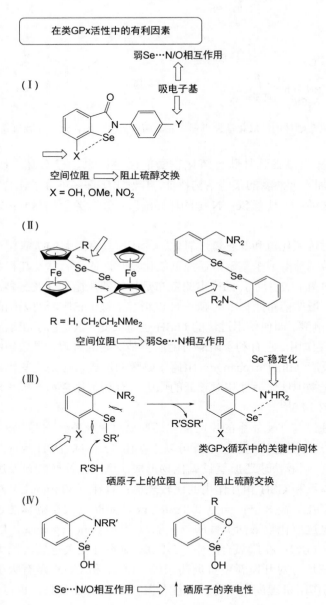

图 14.3 有利于抗氧化活性的空间效应和电子效应

环状亚硒酸酯（seleninate ester）也能充当 GPx 的模拟物：与两当量的硫醇反应生成亚硒酸，该亚硒酸能够还原氢过氧化物以再生环状亚硒酸酯；使用叔丁基过氧化氢和苄基硫醇模型，测试其 GPx 活性，结果显示环状亚硒酸酯比依布硒林具有更高的催化活性（参阅第十三章，图 13.35B）。如图 14.4 所示的二硒醚具有较好的抗氧化活性，其硫醇/过氧化物酶（thiol peroxidase，TPx）活性比 PhSeSePh 高出 4.6 倍。高抗氧化活性的原因是分子内的硒和氧非键相互作用［Se···O 距离分别为 2.711(2)Å 和 2.735(2)Å：大于硒和氧的共价半径之和 1.89Å，而小于硒和氧的范德瓦耳斯半径之和 3.4Å］可促进硒硫醚转化为硒醇或硒醇盐[2]。正如图 14.2 所示，这一转化是化合物抗氧化活性的一个重要步骤。

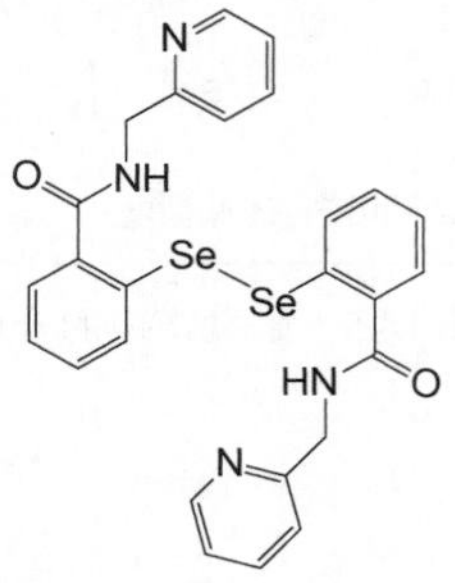

图 14.4　高抗氧化活性的二硒醚

硒勒诺内（Selenoneine）存在于海洋鱼类（蓝鳍金枪鱼，bluefin tuna）和因纽特人（Inuit）中。还原型的硒勒诺内（reduced selenoneine）（2-硒基组氨酸甜菜碱）的全化学合成路线已报道：以组氨酸甲酯为原料，经氨基用 Boc（叔丁氧基羰基）保护、咪唑基氮原子用苯基烯丙基保护，咪唑盐在碱存在下与单质硒反应生成咪唑啉硒酮；再用叔丁基锂除保护基（苯基烯丙基），氧化偶联得到二硒醚；用三氟乙酸（TFA）除保护基 Boc，然后进行氨基的氮上甲基化反应（即还原胺化），继而还原断裂硒硒键并用乙氧羰基保护硒和咪唑氮，用碘甲烷季铵化，最后用氢氧化锂碱性水解除乙氧羰基，硒醇负离子经空气氧化提供被氧化（oxidized）的二硒醚型硒勒诺内（图 14.5）[3]。实验证明硒勒诺内是比麦角硫因（2-巯基组氨酸甜菜碱，Ergothioneine）更好的抗氧化剂，其不可逆降解速率慢于麦角硫因。

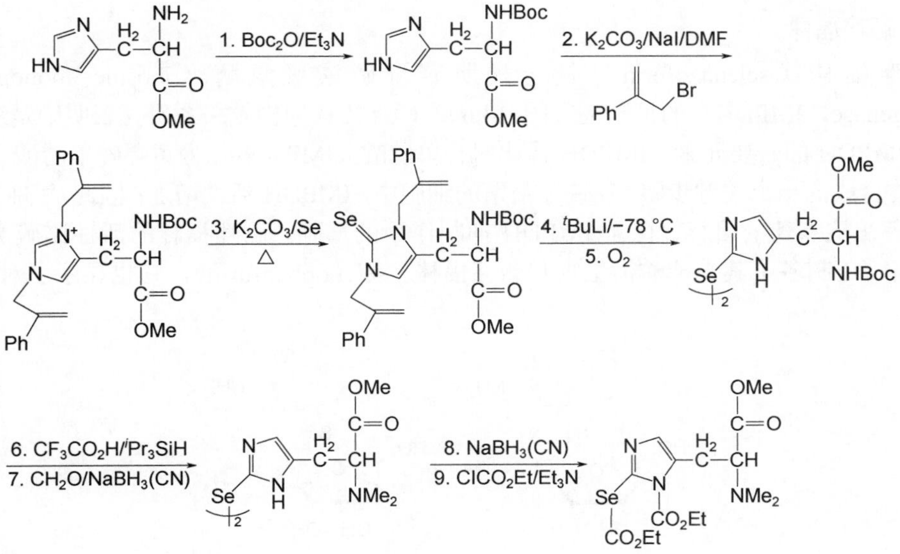

图 14.5

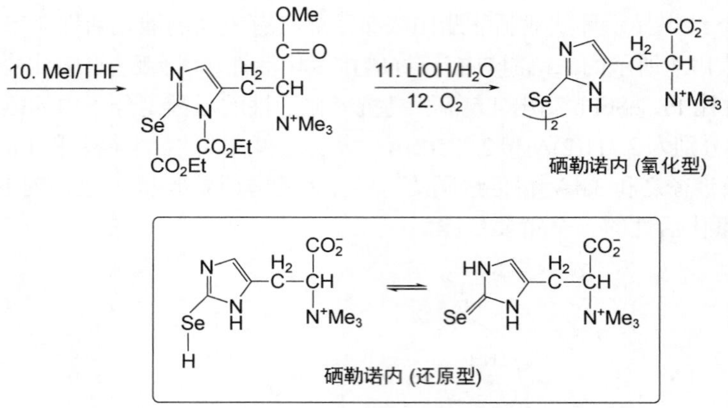

图 14.5 硒勒诺内的合成

二、抗癌药

硒蛋白质 TrxR 的活性影响多种生物学过程。与癌症预防相关的是 TrxR 在细胞凋亡和抗氧化应激中的作用。TrxR 活性增加导致提高（增加）还原型硫氧还蛋白质（Trx）的水平（浓度）。还原型的 Trx 能够结合凋亡信号激酶（ASK-1），导致凋亡抑制；另外，抑制 TrxR 能导致 ASK-1 活性增加，随后细胞凋亡。有许多临床上使用的化学治疗剂抑制 TrxR，也有证据表明硒是 TrxR 抑制剂，这导致人们推测硒是抗癌活性的关键。由于围绕这一假设存在相互矛盾的证据，很明显，需要更多的研究来确定硒的作用机理。

尽管研究非常有前途，但迄今为止，还没有合成的有机硒化合物在临床上用作抗癌药。早期的研究涉及在已知活性的硫化合物中用硒取代硫，这通常很少改善活性或毒性。但是，许多具有抗癌活性的有机硒化合物得到合成，例如三苯基硒镒离子 Ph_3Se^+、硒氰酸苄酯 $PhCH_2SeCN$、硒唑福林（selenazofurin）、1,3-硒嗪衍生物（1,3-selenazine）和硒半胱氨酸衍生物 $RSeCH_2CH(NH_2)CO_2H$。

1. 硒唑福林

硒唑福林（selenazofurin）是一种肌苷单磷酸脱氢酶（inosine monophosphate dehydrogenase，IMPDH）的抑制剂（图 14.6）。硒唑福林的构效关系研究表明硒是细胞毒性和抑制 IMPDH 的必要元素。IMPDH 催化肌苷单磷酸（IMP）氧化为黄嘌呤单磷酸（XMP），这是嘌呤合成的一个关键步骤。在快速繁殖的细胞中，IMPDH 活性增加；因此，抑制 IMPDH 是某些潜在抗癌药的目标。由于 IMPDH 抑制作用的增强，硒唑福林的活性比硫类似物高 5～10 倍。还制备了其一磷酸衍生物和硒芬福林（selenophenfurin），它也显示了对 IMPDH 的抑制。

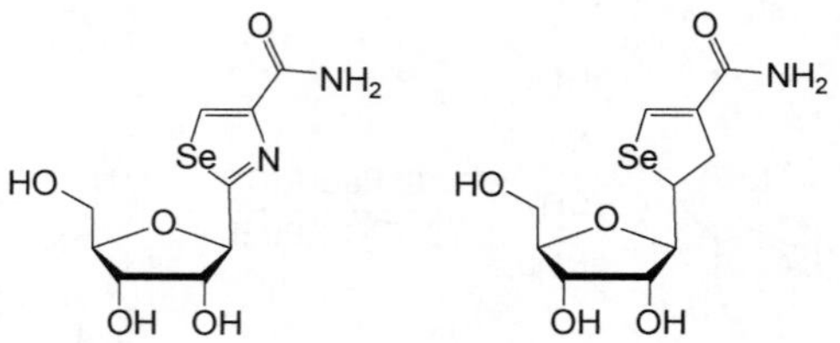

图 14.6 硒唑福林和硒芬福林

2. 硒半胱氨酸衍生物

甲基硒半胱氨酸（MSeCys）经 β-裂解酶催化的消除反应，生成甲硒醇，这是饮食硒抗癌活性中的关键代谢产物。制备了非天然的硒半胱氨酸衍生物，它们也可以通过 β-裂解酶得到硒醇、氨和丙酮酸（图 14.7）。

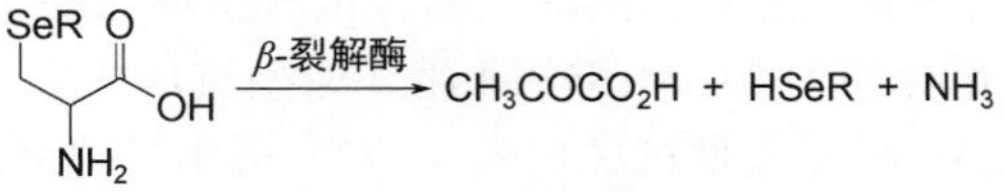
SeR
O
OH
NH2
β-裂解酶
CH3COCO2H + HSeR + NH3

图 14.7　酶催化的硒半胱氨酸衍生物的消除反应

Ip 发现 *Se*-烯丙基-DL-硒半胱氨酸对大鼠的乳腺肿瘤表现出出色的抗肿瘤活性。研究表明：硒半胱氨酸衍生物是比相应的硫类似物更好的 β-裂解酶底物，显示 β-消除速率高达两个数量级。硒半胱氨酸（SeCys）衍生物，特别是 $HO_2CCH(NH_2)CH_2SePh$，有望作为前药物能够将硒醇选择性地递送至 β-裂解酶含量高的肾脏和肝脏。SeCys 衍生物的另一用途是改善顺铂（cisplatin）的毒性作用：顺铂具有严重的肾毒性，目前临床上还没有化合物可用于防止其毒性。

通过 SeCys 衍生物选择性递送硒醇，这些化合物可抵抗毒性作用而对顺铂的癌症疗效没有不利影响。顺铂的毒性与 ROS 的过量产生有关。因此，SeCys 衍生物保护作用的一种可能机理涉及诱导抗氧化酶。另一种假设是硒醇与顺铂的铂配位，从而使其失活。有证据表明甲硒醇能够与铂结合，从而证明了这一假设。

3. 硒氰酸酯

硒氰酸酯（图 14.8），如硒氰酸苄酯，特别是双硒氰酸酯，在许多不同的模型中表现出抗癌活性。实验发现双硒氰酸酯能抑制与肿瘤生长密切相关的蛋白质激酶 C（PKC）的活性。据认为硒氰酸酯通过谷胱甘肽和谷胱甘肽转移酶以与硫氰酸酯相同的方式代谢成相应的硒醇。事实上，硒醇似乎是有抗癌活性的有机硒化合物的常见代谢产物。

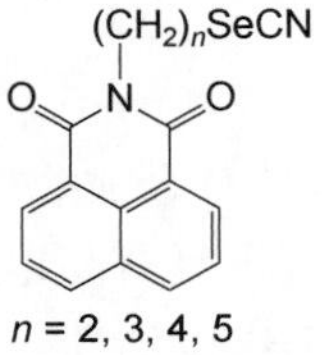
(CH2)nSeCN
O
N
O
n = 2, 3, 4, 5

图 14.8　有抗癌活性的硒氰酸酯

4. 苯并咪唑硒酮

最近合成了一系列苯并咪唑硒酮化合物，并对人类大肠癌细胞（HCT116）进行了初步筛选。在所有测试的有机硒化合物中，如下化合物（图 14.9）有最强的抗癌活性（IC_{50}=3.5μg/mL）。

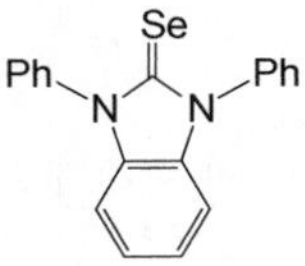
Se
Ph
N
N
Ph

图 14.9　*N*,*N*′-二苯基苯并咪唑硒酮

三、抗高血压药

　　已经开发出一系列具有抗高血压（anti-hypertensive）性能的苯基氨乙基硒醚（PAESe）类化合物（图 14.10）。PAESe 的抗高血压活性是由于对多巴胺单加氧酶（DBM）的抑制作用。DBM 催化多巴胺转化为去甲肾上腺素，其催化活性依赖抗坏血酸（VC）（图 14.11）。PAESe 通过消耗细胞中的抗坏血酸来抑制 DBM。DBM 用还原型抗坏血酸作为辅因子将 PAESe 氧化为硒亚砜，氧化后的 PAESe 经还原型抗坏血酸（VC）再生，建立起消耗还原型抗坏血酸变成氧化型抗坏血酸（VC^{ox}）的循环。研究发现，其中对羟基苯基（2-甲基-2-氨基）乙基硒醚具有口服抗高血压活性，中枢神经系统通透性小。PAESe 类物质也具有抗氧化活性，它们还原过氧亚硝酸根的速率比还原过氧化氢大四个数量级。

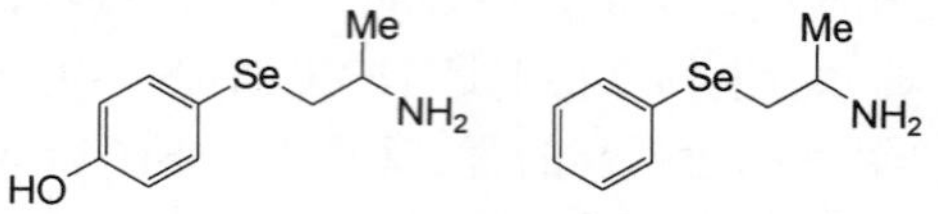

图 14.10　PAESe 类化合物

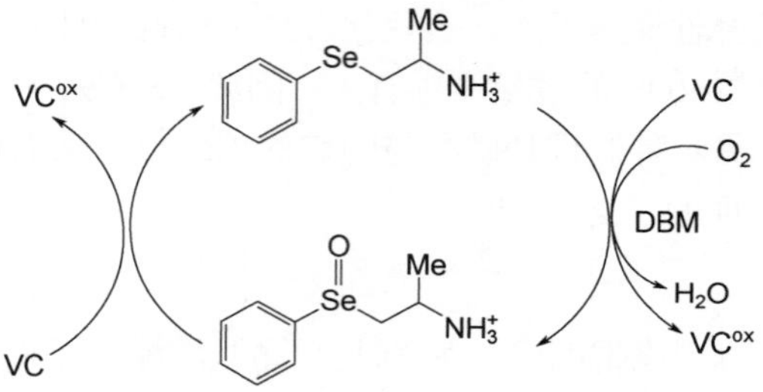

图 14.11　PAESe 类化合物的抗高血压作用机理

四、抗病毒药和抗菌药

1. 抗病毒药

　　含硒抗病毒药物（anti-viral）通常以核苷合成酶抑制剂的形式出现。硒唑福林（selenazo-furin）显示广谱杀毒活性，但在治疗浓度下具有高毒性。如下硒杂环化合物（图 14.12），在 nmol/L 浓度下表现出体外抗艾滋病毒（HIV）活性。硒水平（浓度）的下降伴随着 HIV 的发展和 CD4$^+$T 细胞的减少，硒缺乏会导致 HIV 患者死亡率大大增加。已经发现涉及慢性氧化应激和 HIV 进展的证据：HIV 患者显示氧化应激的膜损伤和高剂量的脂质过氧化副产物。如果氧化应激促进了 HIV 的发展，那么抗氧化硒酶（抗氧化剂）可能会减缓患者疾病就不足为奇了。大量研究证明充足的硒对于健康的免疫功能是必需的。

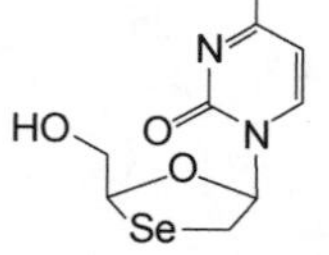

图 14.12　具有抗艾滋病毒活性的硒核苷

2. 抗菌药

虽然在传统的内酰胺类抗生素中用硒代替硫只取得有限成功,合成的几种硒杂环化合物,例如 1,3-硒嗪（图 14.13）却表现出对几种病原菌包括金黄色葡萄球菌强烈的抑制活性。有趣的是,在这种情况下,硫同类物几乎没有相似的活性,表明硒原子是其抗菌作用的关键因素。对于硒唑衍生物（咪唑硒酮,图 14.14）以及硫唑类似物（咪唑硫酮）,在抗分枝杆菌活性试验中观察到相似的结果。此外,依布硒林在体外具有抗金黄色葡萄球菌活性。

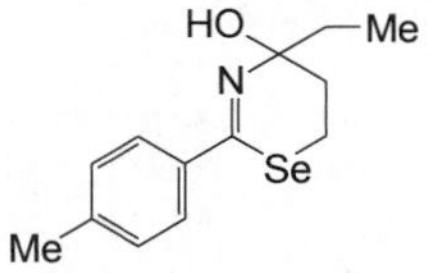

图 14.13　1,3-硒嗪

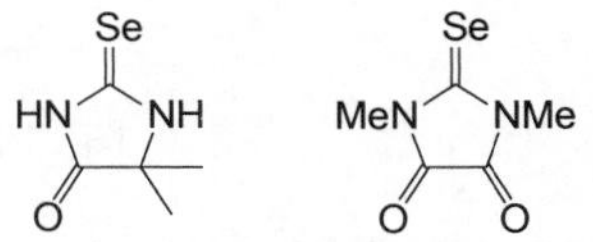

图 14.14　两种咪唑硒酮

五、抗阿尔茨海默病药

阿尔茨海默病（Alzheimer's disease）是一种神经衰退性疾病,导致认知功能障碍和记忆损害。实际使用的药物是乙酰胆碱酯酶抑制剂。氧化应激是许多衰退性和慢性疾病的危险因素,如心血管疾病、癌症、糖尿病、癫痫、肥胖和阿尔茨海默病。已注意到抗氧化作用可能是减轻阿尔茨海默病症状的原因。因此,合成具有抗阿尔茨海默病和抗氧化作用的化合物越来越受到人们的重视。在如图 14.15 所示的二吡啶二硒醚类化合物中,化合物（R^1, R^4=NH$_2$;其它为 H）具有良好的抗乙酰胆碱酯酶活性[4]。含二氢嘧啶酮的硒氰酸酯（图 14.16）也具有抗乙酰胆碱酯酶活性,它们能够减轻阿尔茨海默病的症状[5]。

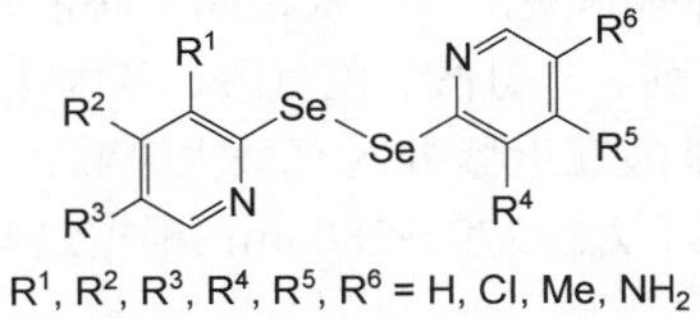

R^1, R^2, R^3, R^4, R^5, R^6 = H, Cl, Me, NH$_2$

图 14.15　二吡啶二硒醚类化合物

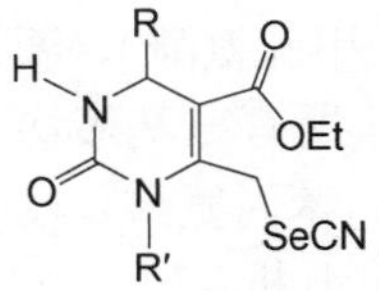

图 14.16　含二氢嘧啶酮的硒氰酸酯

六、抗原生动物活性药

合成了如下硒醚化合物（图 14.17）,并对其抗南美锥虫病（chagas disease）作了评价。活性最高的药物为苯基硒醚（R=Ph）,IC_{50}/24h 值为(54.9±3.19)μmol/L。与标准药物（苄硝唑）[IC_{50}/24h 值为(103.6±0.6)μmol/L] 比较,其药效是标准药物的两倍[6]。

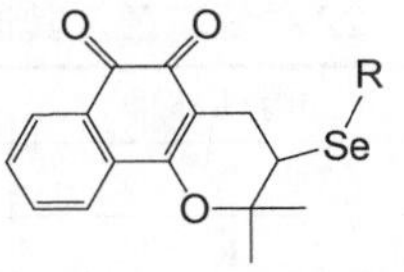

图 14.17　具有抗南美锥虫活性的硒醚

七、抗抑郁药

对雌性大鼠的体内研究表明:甲巯咪唑（MTZ）提高硫代巴比妥酸活性物种（thiobarbituric

acid reactive species，TBARS）和 ROS 的水平；因此，增强 MTZ 所抑制的单胺氧化酶的活性可降低 MTZ 的效果从而可能恢复 TBARS 和 ROS 的水平。如图 14.18 所示的硒醚具有抗抑郁活性[7]。

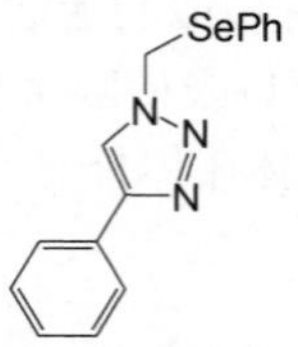

图 14.18　具有抗抑郁活性的硒醚

除了有机硒化合物外，许多研究人员已经把重点放在合成有机硒化合物的过渡金属配合物上，以增强硒衍生物的生物活性。例如硒唑本身具有很好的生物活性，然而，经平行试验证明硒唑配合物的抗菌效果优于硒唑。类似地，与硒蛋氨酸相比，硒蛋氨酸的金属配合物具有更好的抗癌效果。有机硒化合物的金属配合物的应用不仅仅局限于医学领域，还扩展到催化、材料领域（参阅第八章）。

第二节　硒氨基酸和硒肽

组成蛋白质的氨基酸是 α-氨基酸，除甘氨酸外，其它氨基酸的 α-碳原子（用*标注）因连接四个不同的基团具有手性，存在旋光异构体（对映异构体），实验发现天然存在的 α-氨基酸大都是 L-氨基酸（图 14.19）。人体共有 22 种氨基酸，其中八种属于必需氨基酸，它们是：蛋氨酸（甲硫氨酸）、缬氨酸、亮氨酸、异亮氨酸、苏氨酸、色氨酸、苯丙氨酸和赖氨酸。在可见光区，所有氨基酸均无吸收，其中三种氨基酸在近紫外区有最大吸收：酪氨酸，λ_{max} 275～278nm；苯丙氨酸，λ_{max} 257～259nm；色氨酸，λ_{max} 279～280nm；根据这些数据可以对它们进行光度分析。

迄今为止，已发现二十二种基因编码的氨基酸，它们的缩写以及遗传密码列于表 14.1。新近发现的两种氨基酸是第 21 种和第 22 种氨基酸：L-硒半胱氨酸（(R)-硒半胱氨酸）（selenocysteine；SeCys，Sec）和吡咯赖氨酸（pyrrolysine）；其三联体密码分别为 UGA 和 UAG。有些蛋白质存在少数特殊的氨基酸，如弹性蛋白质和胶原蛋白质中含有羟脯氨酸和 5-羟基赖氨酸，肌球蛋白和组蛋白含有 6-N-甲基赖氨酸，凝血酶原中存在 γ-羧基谷氨酸，哺乳动物的肌肉中存在 N-甲基甘氨酸（肉氨酸），酪蛋白中存在磷酸丝氨酸。

表 14.1　22 种氨基酸及其遗传密码

氨基酸名称	三字母缩写	单字母缩写	遗传密码
丙氨酸	Ala	A	GCU；GCC；GCA；GCG
精氨酸	Arg	R	CGU；CGC；CGA；CGG
天冬酰胺	Asn	N	AAU；AAC
天冬氨酸	Asp	D	GAU；GAC
半胱氨酸	Cys	C	UGU；UGC
谷氨酰胺	Gln	Q	CAA；CAG
谷氨酸	Glu	E	GAA；GAG

续表

氨基酸名称	三字母缩写	单字母缩写	遗传密码
甘氨酸	Gly	G	GGU；GGC；GGA；GGG
组氨酸	His	H	CAU；CAC
异亮氨酸	Ile	I	AUU；AUC；AUA
亮氨酸	Leu	L	UUA；UUG；CUU；CUC；CUA；CUG
赖氨酸	Lys	K	AAA；AAG
蛋氨酸	Met	M	AUG
苯丙氨酸	Phe	F	UUU；UUC
脯氨酸	Pro	P	CCU；CCC；CCA；CCG
吡咯赖氨酸	Pyl	O	UAG
硒半胱氨酸	Sec	U	UGA
丝氨酸	Ser	S	UCU；UCC；UCA；UCG；AGU；AGC
苏氨酸	Thr	T	ACU；ACC；ACA；ACG
色氨酸	Trp	W	UGG
酪氨酸	Tyr	Y	UAU；UAC
缬氨酸	Val	V	GUU；GUC；GUA；GUG

除上述氨基酸外，自然界还存在着许多其它氨基酸，它们大多以游离状态存在于生物的某些组织或细胞中，β-丙氨酸是维生素泛酸的组成成分，高丝氨酸、高半胱氨酸是某些氨基酸合成代谢的中间产物。脑组织中存在 γ-氨基丁酸，西瓜中含有瓜氨酸。牛磺酸广泛存在于动物细胞中，多以游离态存在，它不参与任何蛋白质的合成。D-氨基酸在生物界普遍存在。如人体牙齿蛋白含有 D-精氨酸，其含量的变化与人的年龄和衰老有关。在微生物体内，D-氨基酸多以结合态存在，如多黏菌肽中存在 D-丝氨酸和 D-亮氨酸。在动物体内，D-氨基酸多以自由态或小肽存在。D-氨基酸的存在与某些蛋白质的功能密切相关，如萤火虫尾部的荧光素就含有 D-半胱氨酸而不是 L-半胱氨酸，否则不能发光。下面先概述氨基酸的一般化学性质，然后介绍多肽的合成方法学（保护基化学），最后重点介绍硒半胱氨酸的特性以及在多肽和蛋白质化学合成上的应用。

一、氨基酸的化学性质

1. 两性和等电点

氨基酸分子含有酸性的羧基以及碱性的氨基，具有酸碱两性，因此它们实际以两性离子（zwitterion）即内盐（inner salt）存在（图 14.19）。

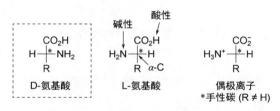

图 14.19　氨基酸的结构（电中性形式和内盐形式）

氨基酸在溶液中的带电情况，与溶液的 pH 值有关，改变溶液的 pH 值，可以使其带正电荷或负电荷（图 14.20）。当在一定 pH 值条件下，氨基酸所带的正负电荷数目相等，此时的 pH 值称为该氨基酸的等电点（isoelectric point，pI）（图 14.20A）。不同氨基酸所含酸性官能团和碱性官能团的数目不同，因而其等电点不同。在等电点，氨基酸有最低的溶解度，这是分离不同氨基酸的依据。氨基酸的等电点既可以通过实验测定，也可根据离解常数进行计算。

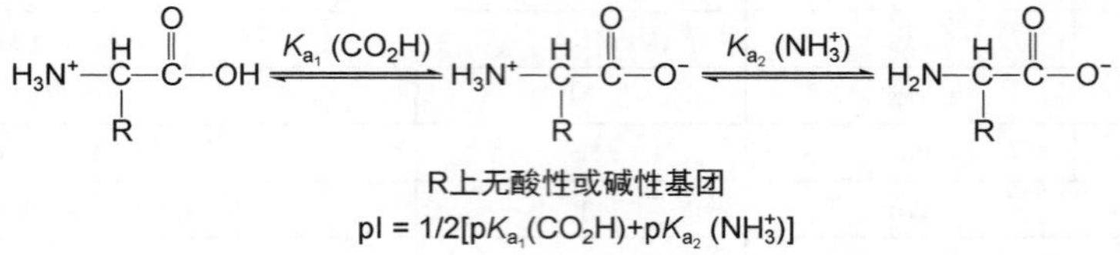

图 14.20A　氨基酸的电离平衡

根据等电点的定义，可以得到计算公式：$pI=1/2\left[pK_{a_1}(CO_2H)+pK_{a_2}(NH_3^+)\right]$。由此，氨基酸的等电点与离子浓度无关，只取决于两性离子的两级离解常数，例如甘氨酸的两级电离常数分别为 2.3 和 9.6，其等电点为 6.0。根据实验测定的电离常数，计算 Cys 和 SeCys 的等电点分别为 5.1 和 3.62（图 14.20B）。

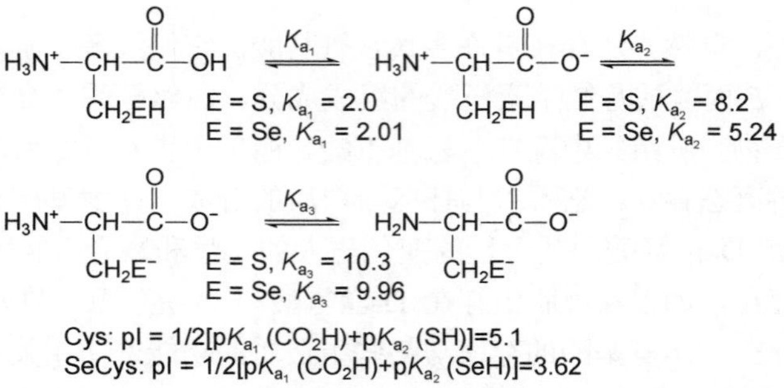

图 14.20B　氨基酸 Cys 和 SeCys 的电离平衡

2. 氨基的反应

氨基酸与强酸如盐酸或硫酸能生成相应的盐；与亚硝酸反应（图 14.21），放出氮气，生成羟基酸，根据氮气量可对氨基酸进行定量测定。氨基酸与甲醛反应，生成 N-羟甲基衍生物（图 14.22），可用于测定氨基的数目。

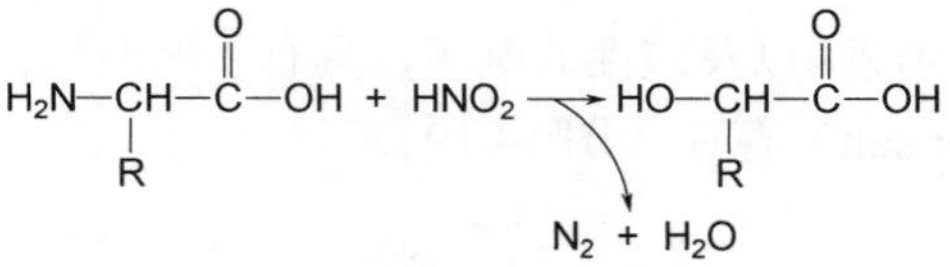

图 14.21　氨基酸与亚硝酸的反应

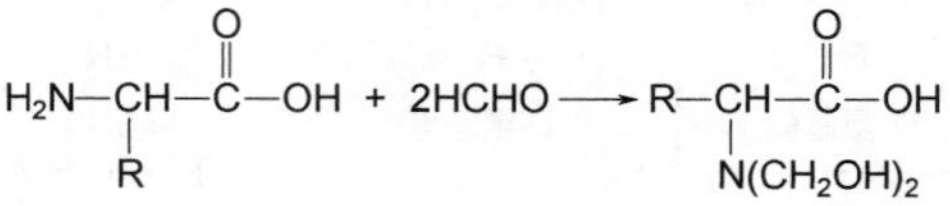

图 14.22　氨基酸与甲醛的反应

氨基酸能进行 N 上烃基化，例如与 2,4-二硝基氟苯反应：在弱碱性条件下，氨基与 2,4-二硝基氟苯（DNP-F）进行苯环上的亲核取代反应，生成黄色的衍生物（图 14.23）；此反应用于多肽或蛋白质 N-端氨基酸的测定。

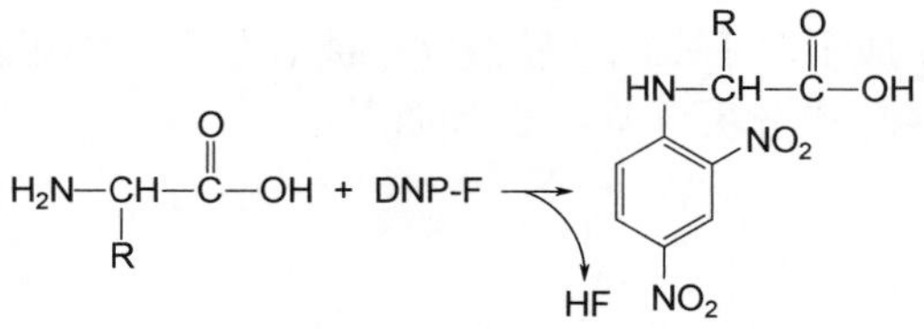

图 14.23　氨基酸与 2,4-二硝基氟苯的反应

氨基酸能进行 N 上酰基化，例如与磺酰化试剂 5-二甲氨基萘-1-磺酰氯（丹磺酰氯，DNS-Cl）反应，生成有荧光的萘磺酰胺（图 14.24）。

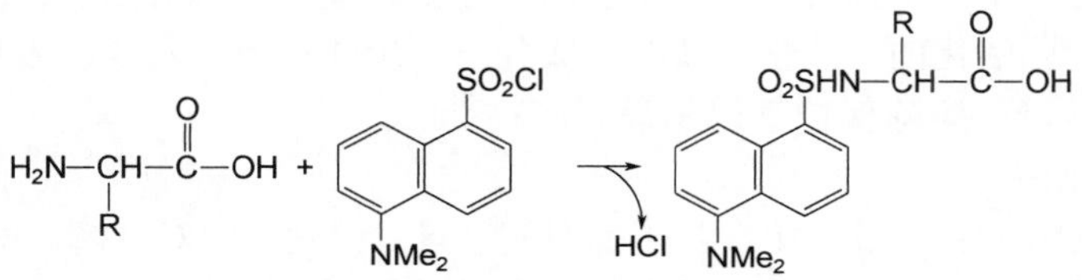

图 14.24　氨基酸与丹磺酰氯的反应

3. α-氨基和 α-羧基共同参与的反应

氨基酸与茚三酮的反应：大多数 α-氨基酸与茚三酮的乙醇溶液反应形成蓝紫色的化合物并放出氨和二氧化碳，这一反应可用于氨基酸的定性分析。氨基酸的离子交换反应：不同氨基酸在一定的 pH 值条件下，所带净电荷不同，带正电荷者可与阳离子交换树脂反应，带负电荷者能与阴离子交换树脂反应，据此可以分离纯化氨基酸的混合物。氨基酸与异硫氰酸苯酯的反应：生成苯乙内酰硫脲氨基酸（图 14.25），这个反应可用于蛋白质 N-端氨基酸的测定。

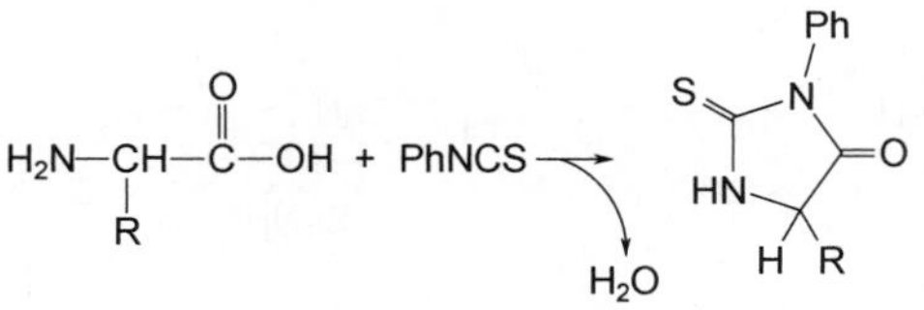

图 14.25　氨基酸与异硫氰酸苯酯的反应

4. 羧基的反应

氨基酸含有羧基，可以与强碱如氢氧化钠反应生成氨基酸的盐，与醇发生酯化反应生成氨基酸酯。在这些衍生物中，羧基被掩蔽，氨基活性提高，可进行氨基的烷基化和酰基化等反应。一个氨基酸的羧基和另一个氨基酸的氨基缩合脱水形成含有肽键（peptide bond）（酰胺键，—CO—NH—）的化合物称为肽。根据肽所含氨基酸的数目分别称为二肽、三肽、四肽等等。多肽（polypeptide）的书写规定是：用组成多肽的氨基酸的中文名或三字母或单字母缩写表示，每个名称、缩写之间用圆点或短线隔开；含自由氨基的氨基酸（N-端）写在左边，含自由羧基的氨基酸（C-端）写在右边。例如存在于动植物细胞中的三肽——谷胱甘肽（GSH）

可表示为：Glu·Cys·Gly 或 E-C-G；甘氨酸、丝氨酸、蛋氨酸、赖氨酸和谷氨酸形成的五肽可表示为：甘·丝·蛋·赖·谷或 Gly·Ser·Met·Lys·Glu 或 G-S-M-K-E。像氨基酯、氨基酸酰胺那样，多肽也可进行肼解反应，这种肼解法可用于多肽的 C-端分析：多肽与过量的无水肼在加热（100℃）下反应生成自由的 C-端氨基酸和所有其它氨基酸的酰肼；加入苯甲醛与氨基酸酰肼反应生成不溶于水的亚胺沉淀；离心分离，C-端氨基酸在水相，加入 2,4-二硝基氟苯与之反应，经色谱分析可鉴定 C-端氨基酸。

二、肽的化学合成

1. 保护基策略

在多官能团复杂分子的合成中为提高反应的选择性常常采用保护基（protecting group，PG）的策略：首先将对目标反应有干扰的官能团掩蔽起来即将其变为对目标反应呈惰性的结构，待目标反应完成后，在无损其它结构的情况下温和再现原官能团。显然保护基应满足这些条件：易于引进，不再干扰目标反应，能温和除去。迄今，有机化学已发展了内容丰富的官能团保护和官能团活化的方法学。肽的合成分三个步骤：保护氨基、羧基、侧链官能团；羧基的活化形成肽键；脱除保护基得到最后产物[8]。

（1）氨基的保护

叔丁氧羰基（Boc）：通过氯甲酸叔丁酯对氨基进行酰化；它对氢解、钠/液氨以及碱性条件稳定。由于对酸性条件不稳定，因此脱除这一保护基采用酸性条件：HCl/HOAc，HBr/HOAc，液体 HF，CF$_3$CO$_2$H（TFA）等。苄氧羰基（Cbz）：通过氯甲酸苄酯对氨基进行酰化，这一保护基可通过 Pd/C 氢解除去（图 14.26）。三苯甲基（Trityl）：利用三苯氯甲烷（TrCl）对氨基进行烷基化，大体积的保护基因空间位阻保护氨基；它在碱性条件下稳定，但对酸敏感，除去这一保护基可采用氢解或用酸如乙酸、三氟乙酸、乙酸水溶液、盐酸水溶液处理。对甲氧基三苯甲基作为保护基可以在更温和的酸性条件下脱除。甲酰基保护基通过甲酸乙酸酐对氨基酰化引入；它对催化氢化、钠/液氨稳定，易于被酸或肼的醇溶液处理而除去。三氟乙酰基：通过三氟乙酸酐或三氟乙酸硫乙醇酯对氨基酰化引入；它可在温和的碱性条件下水解除去，其缺点是三氟乙酰氨基酸易消旋化。

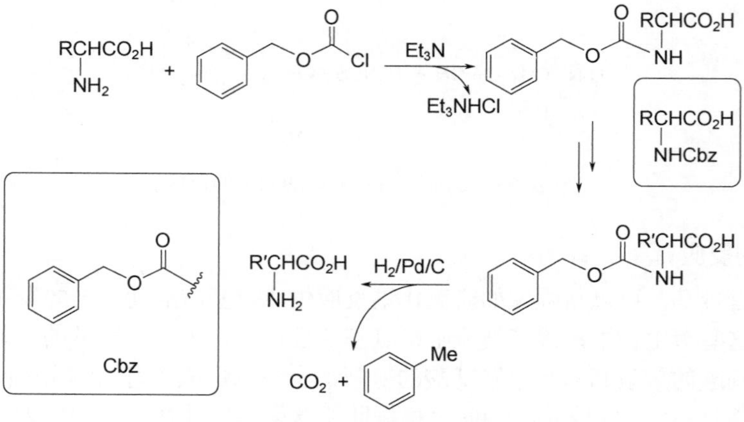

图 14.26　Cbz 保护基的利用

9-芴甲氧羰基（Fmoc）是使用广泛的氨基保护基：利用氯甲酸芴甲酯对氨基酰化引入，对酸稳定；作为保护基，它可在碱性条件下用六氢吡啶（哌啶）除去（图 14.27）。

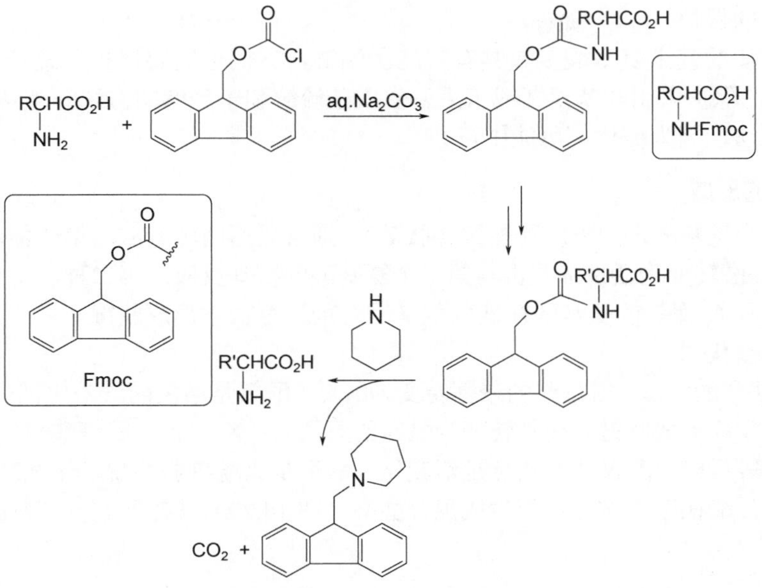

图 14.27 Fmoc 保护基的利用

邻硝基苄基 ^{o}NB 是一种光敏保护基，既可用于保护氨基又可用于保护羧基还可用于保护醇羟基，它的引入有多种方法：氯甲酸邻硝基苄酯与需保护的官能团如氨基、羟基在缚酸剂存在下的反应；邻硝基苄醇的反应（保护羧基）；邻硝基苄基溴的反应（保护氨基、醇羟基）。待目标反应完成后，光照（>300nm）即可除去保护基 ^{o}NB[9]。

（2）羧基的保护

羧基的保护采用生成酯的方法，常用的酯有甲酯、乙酯、苄酯、叔丁酯。将氨基酸在盐酸中与甲醇或乙醇进行酯化反应；作为保护基，它们可通过碱性水解除去，但碱性水解会引起消旋化。比较好的是苄酯和叔丁酯保护法。制备苄酯有三种方法：羧酸盐与苄溴反应；酰氯与苄醇反应；羧酸甲酯与苄醇交换反应。作为保护基，苄基可在中性条件下氢解除去。叔丁酯可用羧酸对异丁烯在酸催化下加成制备或采用与乙酸叔丁酯进行酯交换反应制备；作为保护基，叔丁基可在温和的酸性条件下除去。2-三甲硅基乙基保护基：由羧酸与 2-三甲硅基乙醇（TMSCH$_2$CH$_2$OH）在 DCC 下缩合引入，它可在中性条件下用氟化四丁基铵（^{n}Bu$_4$NF）除去（图 14.28）。

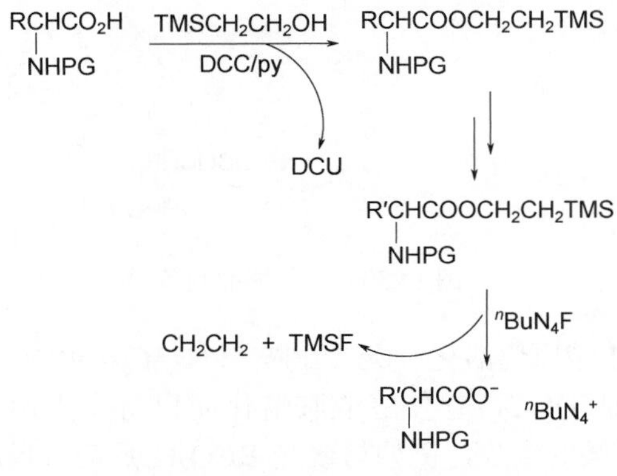

图 14.28 羧基的保护与除保护

（3）侧链的保护

正常蛋白质的基本氨基酸多数具有官能团侧链，它们也需要保护。巯基（HS）与硒基（HSe），它们的保护采用与苄溴（或苄氯）生成苄硫醚和苄硒醚的方法。苄基的除去一般不能用催化氢解法，因为催化剂可能中毒。

2. 肽键的形成

为了使两个氨基酸定向形成酰胺键（肽键），通常采用两种方法：第一种，羧基活化法，将 N-保护氨基酸转变为活性形式再与第二个氨基酸的氨基反应；第二种，将一种 N-保护的氨基酸与另一种 C-保护的氨基酸在偶联剂（缩合剂）存在下形成肽键。

（1）羧基活化法

① 酰氯法和酸酐法。氨基酸的羧基转变为酰氯，酰氯是活泼的酰基化试剂，它易与另一氨基酸的氨基反应形成肽键。羧基转变为酰氯的方法有：N-保护的氨基酸与氯化剂如氯化亚砜、五氯化磷等反应。酰氯法的缺点是消旋化。酸酐是比酰氯弱的酰基化试剂。N-保护的氨基酸与氯甲酸乙酯在三乙胺存在下生成混合酸酐（图 14.29）。酸酐的合成应在低温下进行，以防分解。

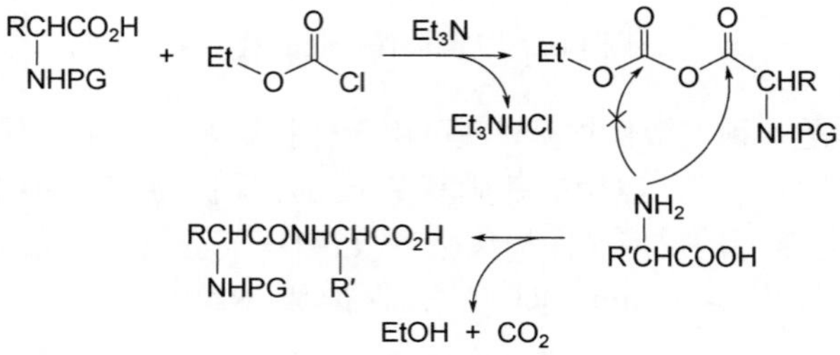

图 14.29 酸酐的制备及其偶联反应

② 酰基叠氮法。N-保护的氨基酸与氯化剂反应生成酰氯，然后与叠氮化钠反应生成酰基叠氮。为避免利用酰氯导致消旋化，采用 N-保护的氨基酸甲酯进行肼解得到其酰肼，然后用亚硝酸处理提供酰基叠氮。为防止酰基叠氮分解转变为异氰酸酯，必须低温储存使用。基于此，可将酰基叠氮与 N-羟基丁二酰亚胺反应得到更方便使用的固体——活化酯（图 14.30）。

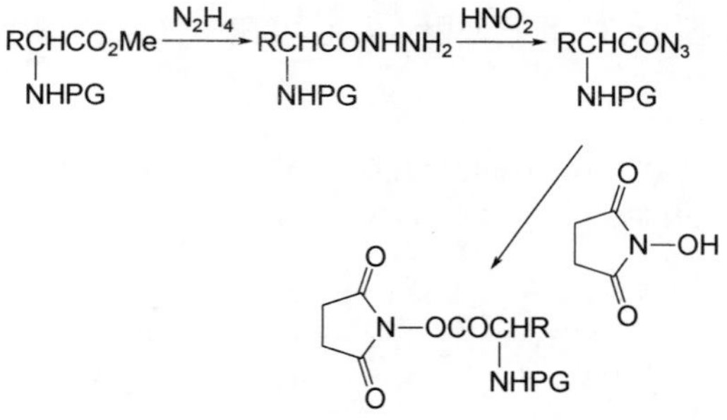

图 14.30 活化酯的制备

③ 在偶联剂存在下羧酸原位活化。碳二亚胺 $R'N{=}C{=}NR'$ 是一类强的亲电试剂，常用的是二环己基碳二亚胺即 DCC，它使醇或胺酰化而自身变为不溶性的 *N,N'*-二环己基脲（DCU）。它们易受各种弱酸的进攻，例如与羧酸 RCO_2H 反应现场产生酸酐，但伴随有副产物（by-product）——酰基脲（图 14.31）。

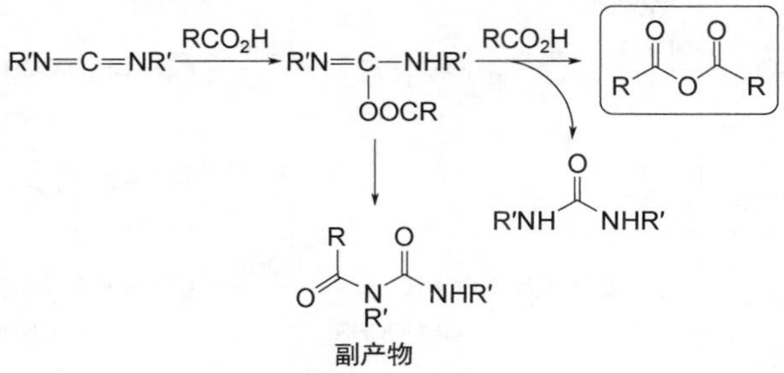

图 14.31　碳二亚胺活化羧酸

（2）利用 DCC 合成肽

利用 DCC 合成肽的原理：第一步，引入保护基（PGA），分别保护氨基与另一氨基酸的羧基；第二步，执行目标反应形成肽键（在偶联剂下缩合形成肽键）；第三步，除去保护基（PGR），分别除去氨基保护基以及羧基保护基得到所需的肽（图 14.32）。

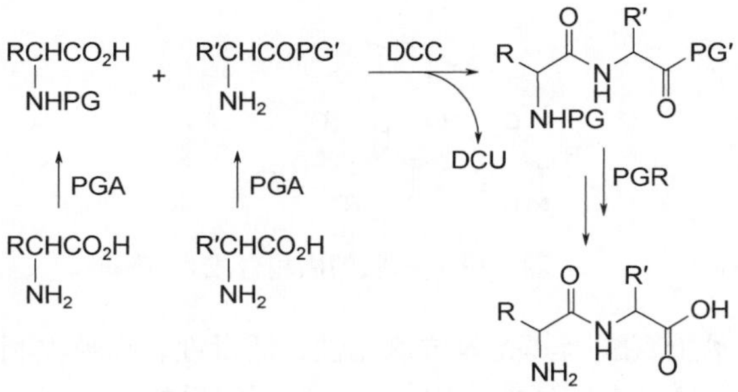

图 14.32　肽的合成原理

（3）肽的固相合成

将 N-保护的 C-端氨基酸以共价键（形成酯）连接在不溶性高分子（一般采用聚苯乙烯，用黑球表示）上，然后除去其氨基保护基，在缩合剂 DCC 存在下与另一个 N-保护的氨基酸缩合形成肽键，再除去其氨基保护基，与下一个 N-保护的氨基酸缩合形成肽键，这些步骤循环进行直至最后一个肽键形成完毕，除去最后一个氨基酸的氨基保护基，洗涤后，将肽链从高分子载体上断裂（即除去 C-端氨基酸羧基保护基），得到所需的多肽。如果选择 Boc 保护氨基，那么除去最后一个氨基酸的氨基保护基以及多肽从载体断裂可利用 HF 一步完成。如果选择 Cbz 保护氨基，那么除去最后一个氨基酸的氨基保护基以及多肽从载体断裂可利用 Pd/C 催化氢解一步完成。在多肽自动化合成中，每一步反应后，进行过滤和洗涤固体除去多余的试剂以及副产物，再继续下一步反应，如此循环合成多肽。图 14.33 以三肽的合成示例上述合成原理。

三、硒氨基酸的化学合成

1. 硒蛋氨酸的合成

硒蛋氨酸（SeMet）是蛋氨酸中的 S 被 Se 所取代的一种含硒氨基酸，它对维持人体的生理功能，预防和治疗某些疾病起着重要作用。硒蛋氨酸是人工生产的富硒天然食品中有机硒的存在形式之一。日常补硒是我国养殖业预防缺硒的常规措施。在畜禽养殖业中，选择有机

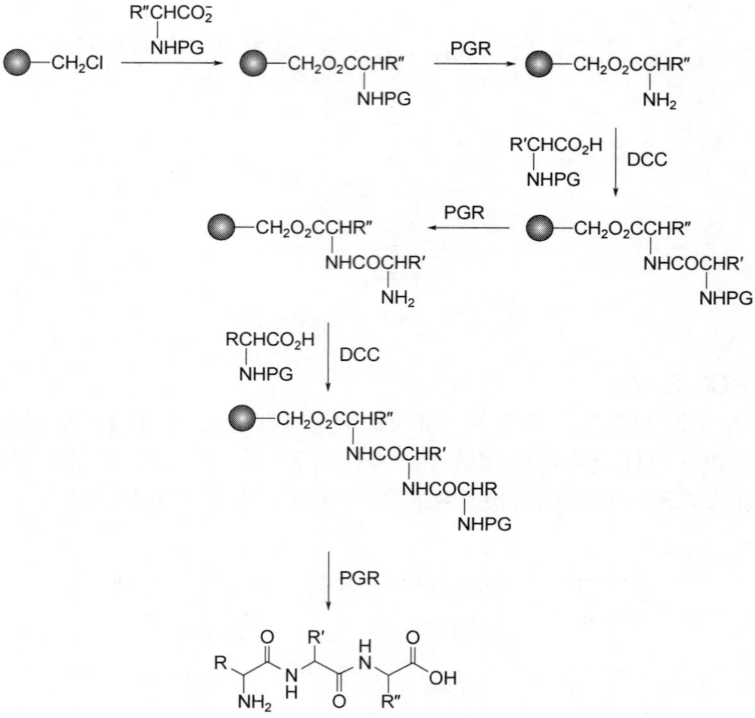

图 14.33 肽的固相合成

硒源以硒蛋氨酸为主。硒蛋氨酸因其高效抗氧化性、低毒性、高吸收利用率等独特的生物学效应，使其在医疗、饲料行业具有广泛的应用前景。硒蛋氨酸的合成已发表多种方法如硒甲基取代 2-氨基-4-溴-丁酸法、硒甲基丙醛加成法等，这里介绍两种原料易得、步骤较少的方法[10]。

（1）γ-丁酸内酯法

以γ-丁酸内酯为原料经α-位溴化得到α-溴-γ-丁酸内酯，然后氨解形成α-氨基-γ-丁酸内酯，用 NaSeMe 开环、酸化后提供外消旋的硒蛋氨酸（图 14.34）。

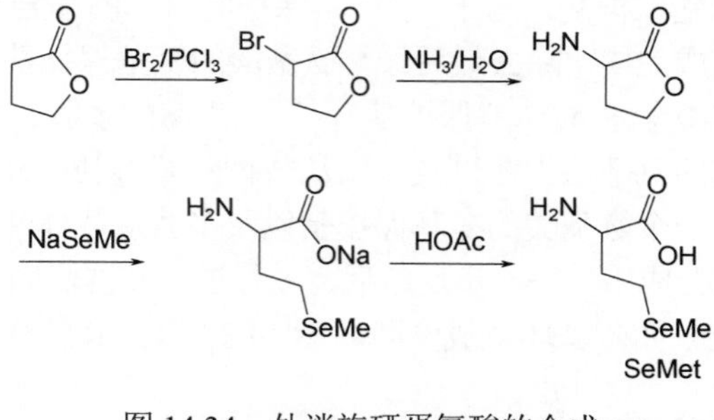

图 14.34 外消旋硒蛋氨酸的合成

（2）蛋氨酸法

以蛋氨酸为原料制备 α-氨基-γ-丁酸内酯，用 NaSeMe 开环、酸化后提供硒蛋氨酸；或者以蛋氨酸为原料制备 2-氨基-4-溴-丁酸酯（溴代高丝氨酸酯），用 NaSeMe 取代溴，酯基水解后收获硒蛋氨酸。根据蛋氨酸是外消旋体还是单一对映体，可得外消旋硒蛋氨酸或 D-硒蛋氨酸或 L-硒蛋氨酸（图 14.35）。

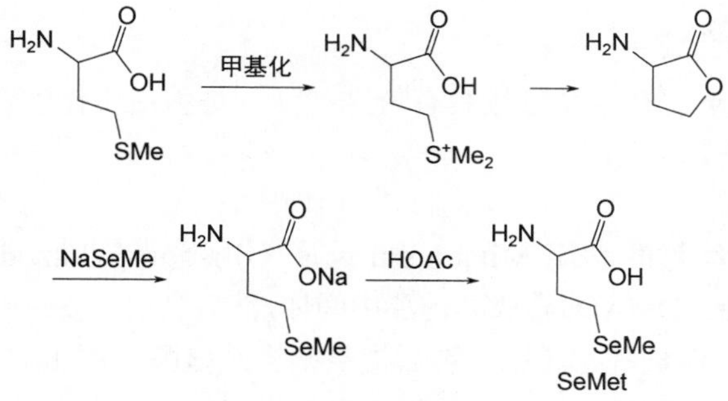

图 14.35　硒蛋氨酸的合成

2. 甲基硒半胱氨酸的合成

L-甲基硒半胱氨酸（L-MSeCys）是一种天然含硒氨基酸，是第 21 种人体必需氨基酸——硒半胱氨酸的甲基化衍生物，为甲基硒的重要前体物质，具有防治癌症、抗氧化、抗衰老、治疗心脑血管疾病、解重金属毒等作用。与亚硒酸钠等现有补硒剂相比，L-甲基硒半胱氨酸具有毒性小、补硒效果好、抗癌生物活性强等优点，应用前景广阔。鉴于 L-甲基硒半胱氨酸已于 2009 年被原卫生部（现卫健委）批准为新型营养强化剂（食品添加剂新品种 2009 年第 11 号公告），并收录于食品安全国家标准食品营养强化剂使用标准（GB 14880—2012），可广泛应用于食品和医疗保健品等方面。化学合成得到的甲基硒半胱氨酸产品一般为 D,L-消旋体。L-甲基硒半胱氨酸可供人体安全使用，但是 D-甲基硒半胱氨酸的生物活性和安全性尚不明确。因此，为提升产品质量标准，保证产品安全，有必要建立甲基硒半胱氨酸的对映体拆分以及分析方法。

甲基硒半胱氨酸（MSeCys）主要有五种合成方法。第一是二硒化钠取代 3-氯丙氨酸-还原裂解法：将氯丙氨酸与二硒化钠反应生成硒代胱氨酸，然后还原断裂硒-硒键，再用碘甲烷烷基化得到甲基硒半胱氨酸。第二是甲硒醇钠取代 3-氯丙氨酸法：用甲硒醇钠取代氯丙氨酸或氯丙氨酸甲酯中的氯提供甲基硒半胱氨酸。第三是 β-内酯开环法：在膦存在下，N-Boc 保护的丝氨酸与偶氮二甲酸二乙酯（diethyl azodicarboxylate，DEAD）反应生成 β-内酯，然后与甲硒醇钠反应生成 N-Boc 保护的甲基硒半胱氨酸，最后脱保护获得甲基硒半胱氨酸。第四是二卤丙腈取代法：甲硒醇钠与 2,3-二卤丙腈反应得到 2-卤-3-甲硒基丙腈，经水解、氨解收获甲基硒半胱氨酸。第五是示于图 14.36 的 2-乙酰氨基丙烯酸酯加成法。这些方法提供甲基硒半胱氨酸消旋体，经拆分得到 L- 和 D-甲基硒半胱氨酸。

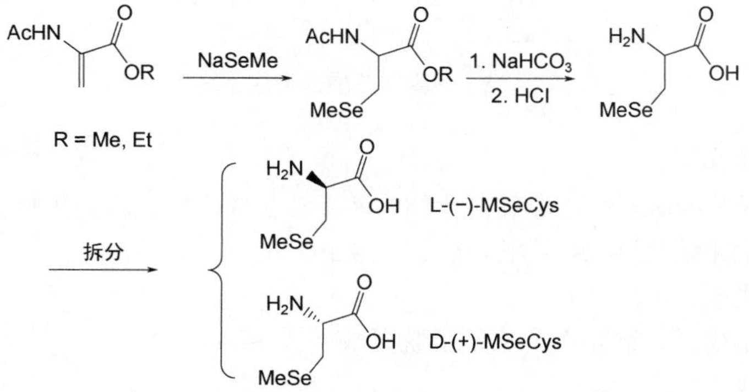

图 14.36　甲基硒半胱氨酸消旋体的合成及其拆分

3. 硒半胱氨酸的合成

硒半胱氨酸（SeCys）在生命领域具有特殊意义，是蛋白质化学合成的重要工具，它的合成已发表如下五种方法。

（1）合成路线 1

从 N-Boc 保护的丝氨酸利用 Mitsunobu 反应（diisopropyl azodicarboxylate，DIAD；dimethyl azodicarboxylate，DMAD）合成 β-内酯中间体，然后利用 Li_2Se_2 的开环反应得到 N-Boc 保护的硒胱氨酸，经除保护基、还原断裂后提供硒半胱氨酸（图 14.37）[10]。

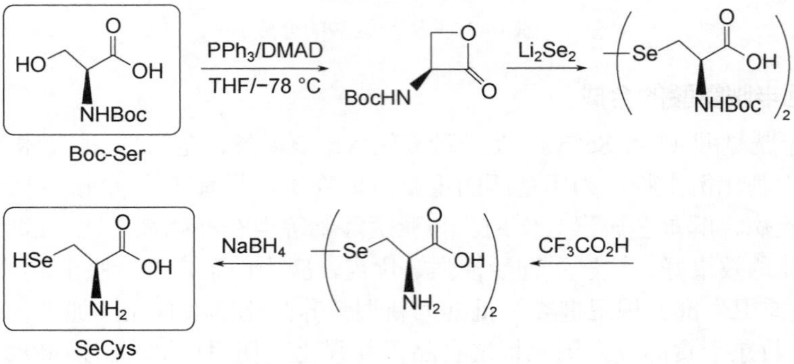

图 14.37 硒半胱氨酸的合成路线 1

（2）合成路线 2

从 N-Boc 或 Cbz 保护的丝氨酸甲酯或苄酯经其磺酸酯或溴代物，利用硒化试剂 $(Et_4N)_2WSe_4$ 得到 N-Boc 或 Cbz 保护的硒胱氨酸酯，经除保护基、还原断裂后提供硒半胱氨酸（图 14.38）。

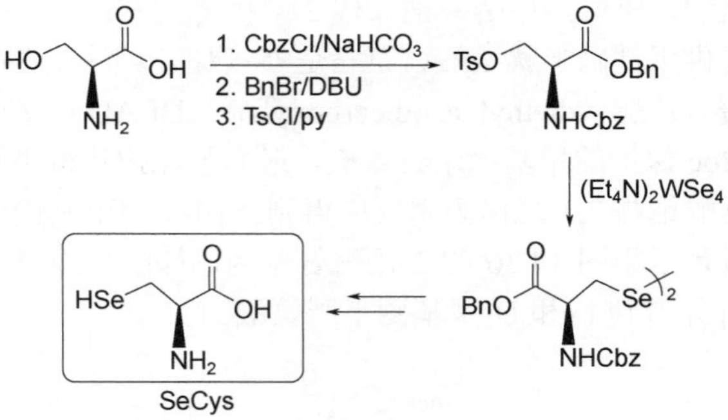

图 14.38 硒半胱氨酸的合成路线 2

（3）合成路线 3

从 N-Fmoc 保护的胱氨酸乙酯经碘代物的两步法合成硒胱氨酸衍生物，进一步还原断裂硒-硒键、水解除保护基得到硒半胱氨酸（图 14.39）。

（4）合成路线 4

通过硒羧酸路线"一锅烩"合成硒半胱氨酸（图 14.40）。

（5）合成路线 5

消旋的硒胱氨酸的合成路线如图 14.41 所示，还原断裂硒-硒键可得到硒半胱氨酸。

图 14.39　硒半胱氨酸的合成路线 3

图 14.40　硒半胱氨酸的合成路线 4

图 14.41　硒半胱氨酸的合成路线 5

4. 放射性同位素标记的硒氨基酸的合成

同位素标记的硒化合物在生物化学和放射医学中有重要应用：研究硒化合物的代谢与生物作用，分离、鉴定硒蛋白质以及作为硫原子探针研究硫组分的结构和性质。

用还原剂如次磷酸在酸性条件下还原放射性的 $^{75}SeO_3^{2-}$ 可制备 $H_2^{75}Se$ 气体，与 DCC 加成形成 N,N'-二环己基硒脲 $CyNHC(=^{75}Se)NHCy$。$CyNHC(=^{75}Se)NHCy$ 是合成 ^{75}Se 标记硒醇的重要原料，与卤代烷 RX 反应经碱性水解、酸化可制备硒醇 $R^{75}SeH$。

^{75}Se 单质也是制备放射性同位素标记的硒化合物的重要原料，利用 ^{75}Se 单质插入碳-金属键 R-M 形成多用途的合成中间体 $R^{75}SeM$。图 14.42 示例 ^{75}Se 标记的高硒半胱氨酸（selenohomocysteine，SeHCys）以及硒蛋氨酸酯的合成路线[10]。

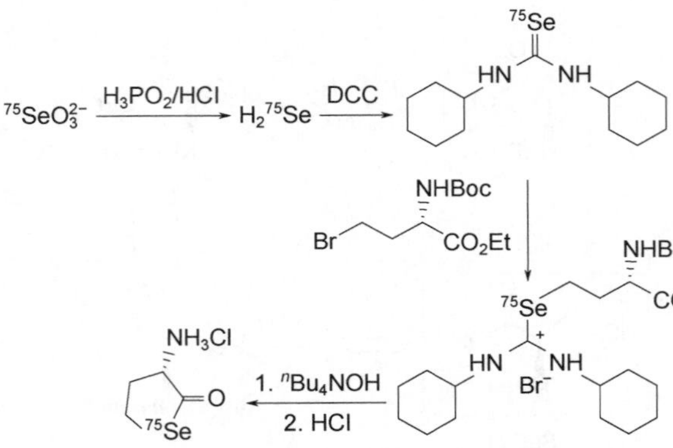

图 14.42A　^{75}Se 标记的高硒半胱氨酸的合成

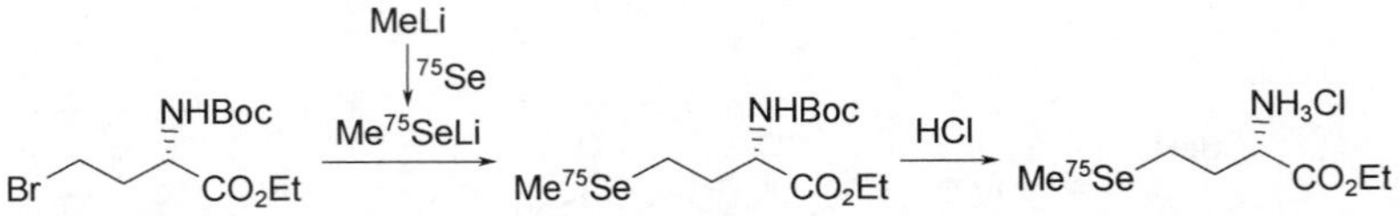

图 14.42B　^{75}Se 标记的硒蛋氨酸酯的合成

四、硒半胱氨酸在蛋白质化学合成中的应用

尽管在天然蛋白质中很少见，但硒的化学性质，包括 SeCys 的低还原电势和易去质子化，使硒半胱氨酸成为化学家对蛋白质进行多种反应的有力工具[11]。SeCys 参与 NCL（native chemical ligation）的能力，并易于转化为 Ala 和 Ser 使它在具有挑战性的蛋白质的化学合成中大显身手。非天然硒氨基酸可以化学方式或重组掺入蛋白质中，氧化成脱氢丙氨酸（Dha），由此可以用于修饰整个侧链。

除了硒的共价修饰外，SeCys 掺入非自然体系的关键位置可以戏剧性地改变酶的功能。SeCys 已成功用于诱导多种非 GPx 酶的 GPx 活性以及一种脱碘酶活性。

目前，已知 25 种硒蛋白质存在于人体中，其中许多尚未完全表征。SeCys 掺入方法的进展以及重组表达技术会用于产生天然硒蛋白质。另外，利用选择性脱硒和使用硒唑啉可合成无法利用 Cys-NCL 技术的蛋白质。在蛋白质折叠领域，硒的影响才刚刚显露，使用 SeCys 加速折叠，稳定蛋白质，或者控制折叠路径，提供了研究其它模型体系的可能性。可以预期硒和硒半胱氨酸在化学生物学领域具有巨大而尚未开发的潜力。

1. 硒半胱氨酸的反应性与选择性

SeCys 在蛋白质化学中的关键特征是相对较低的 pK_a（5.24），这意味着大多数侧链硒醇在生理 pH 值下是去质子化的。此外，电对 SeCys$_2$/SeCys 的还原电势（$E^{O'}=-388mV$）低于电对 Cys$_2$/Cys（$E^{O'}=-220mV$）。因此，SeCys 在环境条件下容易氧化形成硒胱氨酸（selenocystine）（SeCys$_2$）。硒具有较大的原子半径使其易于极化，因此既可以充当亲电试剂，又可以充当亲核试剂。这些化学性质已被广泛利用与肽和蛋白质进行反应。

一种利用硒的背景是脱氢丙氨酸（Dha）的产生。Dha 长期被蛋白质化学家和生物化学家作为工具，引入翻译后修饰（PTM）模拟物：包括磷酸化、糖基化、脂化（lipidation）、烷基化和乙酰化（图 14.43）。通过对 Ser、Cys 和硫醚的修饰可获得 Dha。最近，在金属存在下

Dha 与卤代烷之间容易形成 C—C 键的方法大大扩展了 Dha 的应用。但是，这些反应不是位置专一性的，蛋白质中的所有 Cys 或 Ser 残基可能受到影响。

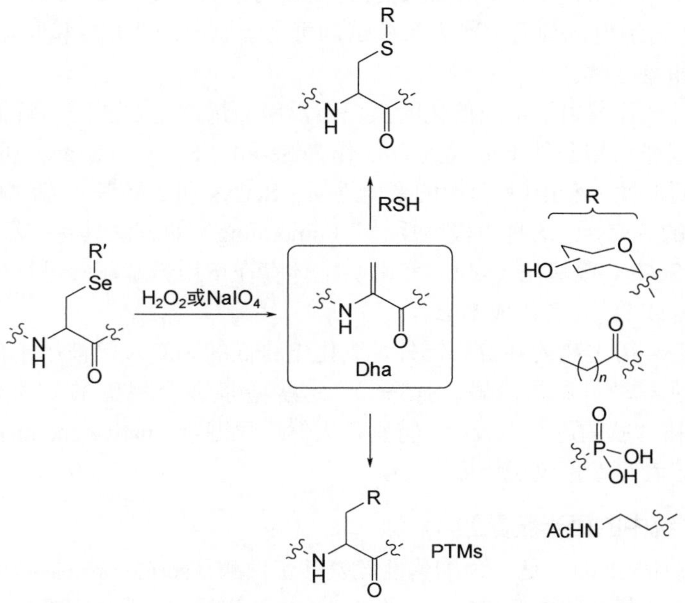

图 14.43　硒半胱氨酸衍生物在后转录修饰中的应用

另一个非天然氨基酸和 Dha 前体是硒杂赖氨酸（SelenaLysine），使用突变的氨酰基-tRNA 合成酶（AARS）将 SelenaLys 成功引入肽，转换为 Dha。尽管重组表达 Ph-SeCys 和 SelenaLys 都显示出希望，但是产量不高。例如文献报道 Ph-SeCys-GFP 的产量为 5mg/L，而在相同条件下未修饰的绿色荧光蛋白质（green fluorescent protein，GFP）是 40mg/L。

另外，有不希望的副产物报道，例如在 Cys 转化中形成锍鎓盐。为了解决这个问题，非天然硒氨基酸（图 14.44）可以在第一步掺入蛋白质中，然后氧化成 Dha。第一个这样的例子是在溶液相合成四肽交替糖内酯。用 NaIO₄ 或 H₂O₂ 处理利用固相肽合成（solid-phase peptide synthesis，SPPS）法合成的肽，苯基硒代半胱氨酸（Ph-SeCys）容易氧化成 Dha。来自 Ph-SeCys 的 Dha 进行共轭加成以形成糖修饰的蛋白质（图 14.43）。使用重组蛋白质表达的方法掺入含硒的 Dha 前体也已开发。人类硒蛋白质 M（SELENOM）的 SeCys，通过将 SeCys 加入大肠杆菌而引进，进行双烷基化，然后消除形成 Dha，而附近的 Cys 并未受到影响。Ph-SeCys 通过重组进入 GFP，然后被 H₂O₂ 氧化成 Dha，再修饰以产生棕榈酰化和糖基化的 GFP[12]。

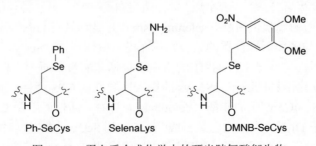

Ph-SeCys　　SelenaLys　　DMNB-SeCys

图 14.44　蛋白质合成化学中的硒半胱氨酸衍生物

除了消除产生 Dha 外，硒在蛋白质化学中还有其它用途，包括在肽和蛋白质中作为反应工具。SeCys 作为化学选择性工具的一个实例是：控制 pH 值用马来酰亚胺-PEG2-生物素修饰 SeCys-GFP；在相似条件下，含半胱氨酸的类似物未被标记。

SeCys 既可作为亲电试剂又可作为亲核试剂可用于肽段的"混合和匹配"，在温和的条件下进行转酰胺化和复分解。

硒的亲电性已被开发用于金属催化的蛋白质反应。烯丙基官能团，钌催化的烯烃复分解反应的前体，通过在水相条件下加成到 Dha 作为 Se-allyl-SeCys（Seac）引入。

另一项研究创造性地利用硒-硫键的亲电性质，SeCys 和 2-巯基-5-硝基吡啶（TNP）反应形成硒-硫键修饰的 SeCys。这种"极性反转"（umpolung）的方法具有广泛的氨基酸耐受性，允许未保护肽的 SeCys 残基在 $CuSO_4$ 和吡啶配体存在下用芳基硼酸进行化学选择性的芳基化，然后用 $NaIO_4$ 或 H_2O_2 氧化成 Dha。

除了上述 SeCys 衍生物的共价修饰外，氧化电势低的 SeCys 已被用于糖的修饰，例如作为硒硫键连接的糖-枯草杆菌蛋白酶（S156C）。这些糖/肽复合物在 37℃的大鼠血浆中可稳定存在 95h。SeCys 掺入肽的进一步应用，特别是天然化学键合（native chemical ligation，NCL），将在稍后讨论，读者可参阅文献[13]。

2. 非天然系统中的硒半胱氨酸

枯草杆菌素（subtilisin）是一种细菌性丝氨酸蛋白酶（serine protease）[EC3.4.21.14]。采用类似于合成硫代枯草杆菌蛋白酶(thiolsubtilisin)的两步法，将活性位置的丝氨酸残基 Ser221 转化为硒半胱氨酸：醇羟基用 $PhCH_2SO_2F$ 进行磺酰化，然后用硒氢化钠水溶液进行亲核取代得到硒代枯草杆菌蛋白酶（selenosubtilisin），即第一个半人工合成的硒酶（图 14.45）[14]。

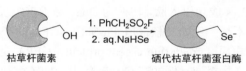

图 14.45　硒代枯草杆菌蛋白酶的合成

对硒代枯草杆菌蛋白酶（selenosubtilisin）的动力学研究和晶体结构的测定表明 SeCys 取代 Ser 将该酶转化为过氧化物酶，具有类似于天然谷胱甘肽过氧化物酶（GPx）的活性：用过氧化氢氧化生成亚硒酸 $EnSeO_2H$，等电点 pI=5.7；与 3 当量的硫醇 ArSH（3-羧基-4-硝基苯硫醇）（利用这一硫醇是为了便于波谱测定）反应生成 EnSeSAr，$EnSeO_2H + 3ArSH \longrightarrow EnSeSAr + 2H_2O + ArSSAr$；能催化硫醇 ArSH 还原叔丁基过氧化氢，在 60μmol/L 的硫醇存在下，催化反应具有 Michaelis-Menten 动力学行为，速率常数 k_a 为$(430\pm10)min^{-1}$、米氏常数为$(160\pm10)mmol/L$（参阅第二章）。与硒代枯草杆菌蛋白酶一样，另一种丝氨酸蛋白酶，胰蛋白酶（trypsin），转换为硒代胰蛋白酶（selenotrypsin）并显示具有 GPx 活性。

为了增强 GSH 与硒酶活性位置的结合，从而提高整体活性，SeCys 取代 Ser 的共价修饰已应用于许多蛋白质。这些已结合 GSH 的蛋白质包括非酶蛋白质——白蛋白（albumin）和谷胱甘肽转移酶。在这两种情况下，SeCys 的掺入诱导产生 GPx 活性。有趣的是，有一个共价修饰的含硒抗体 Se-4C5 产生脱碘酶（deiodinase，DIO）活性而不是 GPx 活性[15]。另外，许多含有硒的小分子 DIO 的模拟物已经合成[16]。Ser 到 SeCys 的共价修饰仅对折叠蛋白质中的 Ser 残基有效。为解决这个问题，重组表达已被用于将 SeCys 人工掺入蛋白质。

3. 硒半胱氨酸在蛋白质化学合成中的应用

酰胺键（amide bond）的构建无疑是最重要的合成转变之一。虽然已经开发和改进了许多试剂和方法用于小分子的酰胺合成，但是多肽（polypeptide）和蛋白质通常通过天然化学连接（native chemical ligation，NCL）方法获得。这个反应利用了一个 N-端带有一个 Cys 残基的肽（peptide）和一个 C-端带有硫酯（thioester）的肽（图 14.46）：先进行硫酯交换反应，然后经过快速的分子内从 S 到 N 的酰基迁移反应（acyl shift）形成天然的肽键。这个反应有两个缺点：第一，需要大量的硫醇以生成硫酯；第二，需要额外的还原剂来防止二硫键的形成[17]。

为了将这种技术扩展到 Cys 以外的氨基酸残基,最近的努力集中在硫醇衍生化的氨基酸,用于通过 NCL-脱硫（desulfurization）方法组装多肽和蛋白质。虽然 NCL-脱硫技术彻底改变了蛋白质的合成化学，但是这些方法存在两个缺点：第一，由于空间位阻效应，C-端硫酯上的反应速率非常慢，导致反应时间延长（>48h），硫酯的水解副反应严重；第二，脱硫反应没有选择性，序列中的其它 Cys 残基也会转变为 Ala。为了解决这些限制，发展了硒半胱氨酸（SeCys）或硒醇衍生的氨基酸和硫酯之间 NCL 方法（图 14.46）。

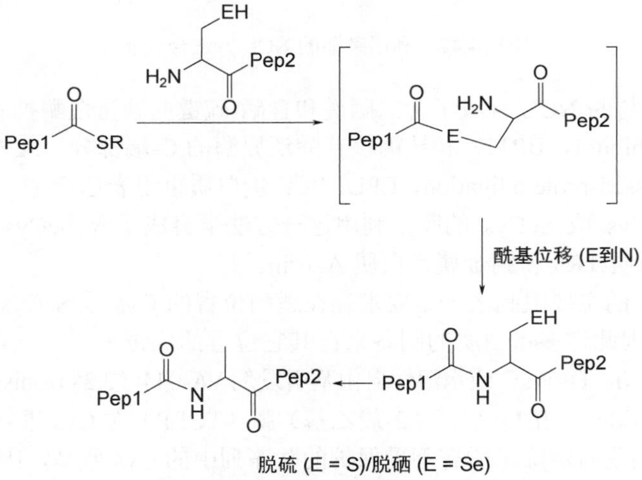

图 14.46 利用 NCL 方法合成肽

由于 SeCys 的氧化还原电势低，在标准条件下，硒肽以相应的二硒醚即二聚体存在；在没有还原剂的情况下，不参与化学连接（成键）反应，如芳基硫醇可产生活性硒醇。尽管硒醇的亲核性相对于硫醇有所增强，但芳基硫醇的弱还原能力导致硒醇的稳态浓度较低，从而减缓了硒醇的反应速率。不幸的是，使用较强的还原剂，如膦，会促进 SeCys 中弱 C—Se 键的均裂，但是这种转化已被利用于 SeCys 的化学选择性脱硒（deselenization）形成 Ala。通过改变酰基供体，特别是通过使用烷基硒酯（selenoester）来代替硫酯，可以提高 Cys-NCL 的产率。由此推断，如果能有效利用 SeCys 增强的亲核性以及硒酯酰基供体增强的亲电性，则 NCL 反应速率将显著提高。为了避免膦除硒途径，Payne 等提出了用肽硒酯（selenoester）而不是肽硫酯与 N-端二硒醚反应的 NCL 方法，不需要任何硫醇或硒醇添加剂[18]；反应在室温下以一锅（one-pot）方式进行，不仅时间短而且产率高（图 14.47）。

当前，最人性化的制备含有非正则或非天然氨基酸多肽的技术是 SPPS。此方法已被用作 SeCys 掺入重组的替代方法。使用 Fmoc-SPPS 或 Boc-SPPS 制备了许多硒肽和硒蛋白质。NCL 是一种强大的中等大小（最多约 300 个氨基酸）蛋白质合成的技术。

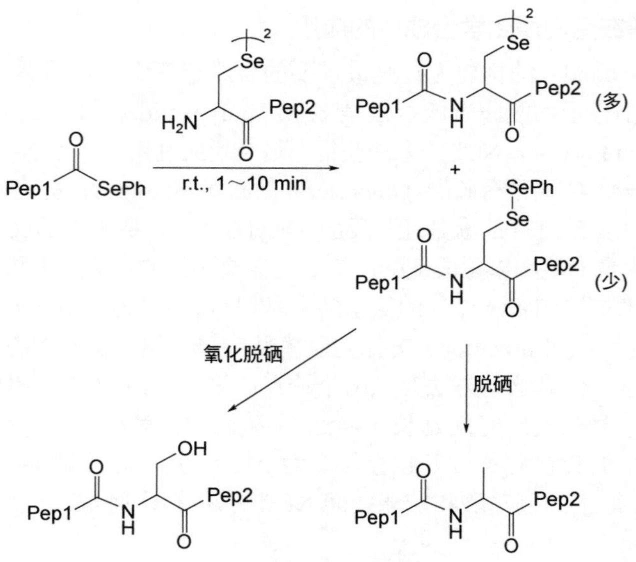

图 14.47 利用硒酯的 NCL 方法合成肽

利用 SeCys 参与的 NCL 合成了含二硒键和含硒-硫键的胰蛋白酶抑制剂类似物（bovine pancreatic trypsin inhibitor，BPTI）和核糖核苷酸还原酶的 C-端部分。此外，SeCys 参与的表达蛋白连接（expressed-protein ligation，EPL）[19]：蛋白质重组表达产生一个 C-端硫酯，连接到一个 N-端含有 Cys 或 SeCys 的肽；利用这一方法半合成了含 SeCys 变体的核糖核酸酶（RNaseA）、硒蛋白质 TR3 和铜金属蛋白质 Azurin。

但是 NCL/EPL 的主要限制之一是要求存在适当位置的 Cys 或 SeCys 残基。由于两种氨基酸都是稀有的，因此许多蛋白质的制备来自其它位置的成键。

使用 H_2/Raney Ni、H_2/Pd/C 或水溶性自由基引发剂 VA-044（2,2'-azobis[2-(2-imidazolin-2-yl)propane]dihydrochloride，AIBI）与三（2-羧乙基）膦（TCEP）对 Cys 进行脱硫，转化为常见的丙氨酸 Ala。因为脱硫消除了所有不受保护的肽序列中的 Cys 残基，因此其它天然 Cys 残基必须进行保护。这些附加的步骤会导致合成复杂化以及降低总产率。相反，将 SeCys 脱硒转化为 Ala 既是化学选择性的，也不影响未保护的半胱氨酸。与脱硫类似，脱硒方法已扩展到其它通过人工引入硒醇的氨基酸（Pro、Phe、Leu、Asp 和 Glu）。此外，在 NCL 后高硒半胱氨酸可以在未保护的 Cys 存在下通过控制 pH 值进行化学选择性的甲基化给出硒蛋氨酸（selenomethionine）。

脱硒反应的深入机理研究表明自由基促进的条件如紫外线照射、加热和自由基引发剂提高了脱硒速率。相反，自由基淬灭剂如抗坏血酸钠几乎完全阻止反应。脱硒反应的自由基机理的研究是在有氧条件下进行的，观察到 Ser 副产物，因此增加氧气将有利于 Ser 的生成。为了证实这个假设，将硒肽在氧饱和或在过一硫酸氢钾（oxone）存在下进行脱硒反应，确实得到主要产物 Ser。运用这一策略合成了糖蛋白质 MUC5AC 和 MUC4[20]。最近，硒唑啉（selenazolidine，Sez）被开发用于需要多步连接（成键）的蛋白质的合成。作为一个概念证明，合成砌块 Sez 已用于人类磷酸组氨酸磷酸酶 1（phosphohistidine phosphatase1，PHPT1）的化学合成。这种 125 个残基的蛋白质含有三个 Cys 残基，这些残基并不适用于传统的 NCL。PHPT1 的合成路线是基于三个肽片段和 Cys 以及 Ala 的连接：Ala35Sez 通过 $MeONH_2$ 转化为 SeCys-peptide，在第二次连接之后，脱硒产生天然 Ala 残基（图 14.48）。这些最新发现已应用于两种人类硒蛋白质 SELENOM 和 SELENOW 的合成。

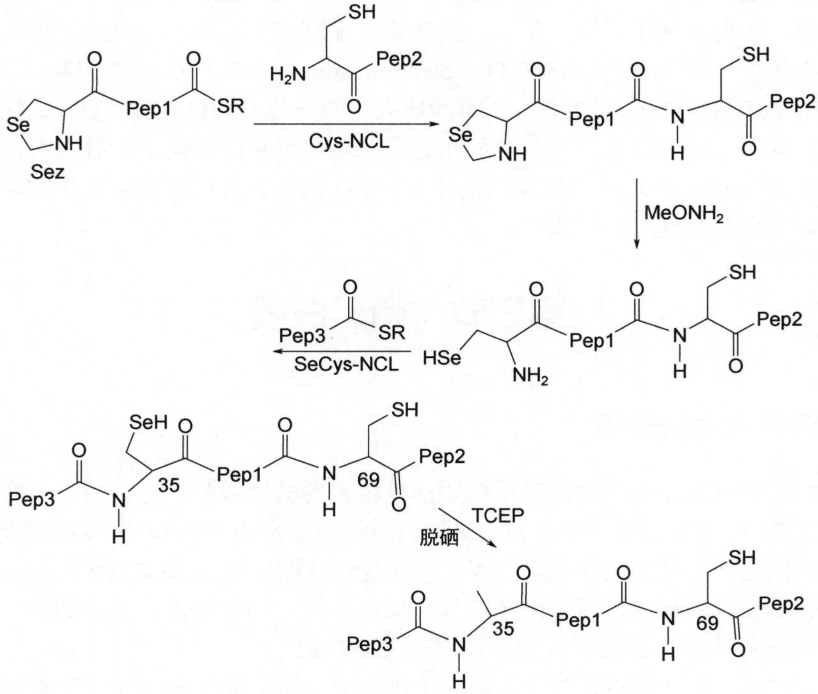

图 14.48 硒唑啉用于合成 PHPT1

4．硒半胱氨酸作为蛋白质折叠的工具

由于低的氧化还原电势和 pK_a 以及强的亲核性和亲电性，SeCys 能促进在蛋白质折叠（protein folding）过程中的硫醇-二硫醚的交换反应（图 14.49）[21]。正确的蛋白质折叠，对于蛋白质的功能至关重要，在适当的体外条件下自然发生。对于富含 Cys 的蛋白质折叠过程更加复杂，由于可能会形成非天然蛋白质以及中间体。因此，以满意的产率获得适当折叠的具有生物活性的蛋白质是一个重大挑战。二硒醚和硒氰酸根可作为硫醇-二硫键交换反应的催化剂。

SeCys 取代 Cys 可能会增强富含 Cys 的肽和蛋白质的体外折叠而不影响其天然构象或生物活性。有 21 个残基的内皮素 1（endothelin-1，ET-1）就是这种情况：优先形成的二硒键减少了异构体的生成，提高了折叠效率，但仍保持 ET-1 的原始功能和结构。

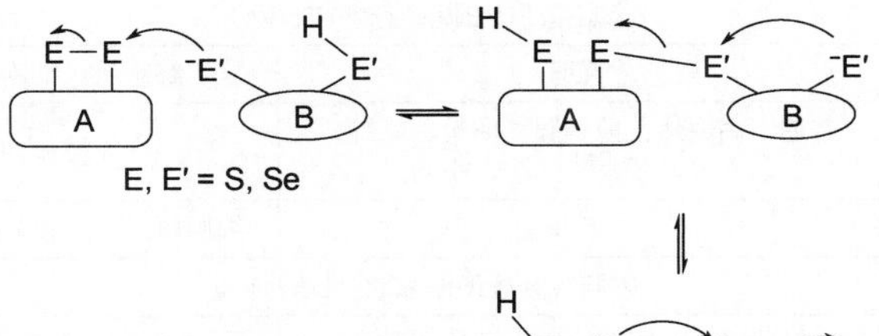

图 14.49 蛋白质折叠过程中硫醇、硒醇以及二硫醚、二硒醚交换反应的机理

这个概念也已应用于 apamin（18 个残基的蜂毒，其中有四个 Cys 残基）的折叠。即使蛋白质序列中没有硒，硒也能加速折叠。研究表明，小分子二硒醚比二硫醚如谷胱甘肽（GSSG）有明显的优势，主要有两个原因：第一，在催化二硫醚的生成中产生硒醇；第二，大气氧快速氧化硒醇再生催化剂。因此，GSeSeG（selenoglutathione），GSSG 的类似物，已用于 BPTI、RNaseA 和 BPTI(C5U-C14U)的折叠。所有的研究表明：与 GSSG 相比，GSeSeG 极大地加快了折叠速率。除了 GSeSeG 外，还有各种小分子二硒醚已合成并用于折叠具有挑战性的蛋白质，例如干扰素 α-2a、溶菌酶、BSA 和抗体 MAK33 的 Fab 片段。在所有这些研究中，作为折叠催化剂，二硒醚优越于二硫醚。

第三节　硒蛋白质

一、人体硒蛋白质的分类

硒是几种具有基本生物学功能硒蛋白质活性位置的关键成分。迄今为止，在人体蛋白质组中已鉴定出 25 种硒蛋白质，小鼠和大鼠蛋白质组中鉴定出 24 种。大多数硒蛋白质表现出抗氧化作用，但也参与其它生物化学过程，包括脱氧核糖核酸三磷酸（dNTPs）的生物合成、氧化蛋白质和氧化膜的还原、转录因子的氧化还原调控、凋亡调控、免疫调节、甲状腺激素调节、硒的运输和储存、蛋白质折叠和错误折叠蛋白质的降解。

值得注意的是，对许多硒蛋白质来说其生化作用仍然是部分未知的。除了 SelP 之外，所有的硒蛋白质都只包含一个 SeCys 残基，它在确定其生物化学活性方面起中心作用。根据 SeCys 残基的位置，硒蛋白质可分为两组：第一组由硫氧还蛋白还原酶组成，SelK、SelL、SelR、SelO 和 SelI，其中 SeCys 位于 C-端；第二组包括所有其它的硒蛋白质，其中 SeCys 残基处于 N-端[22]。人体中硒蛋白质的主要特点概括于表 14.2。

表 14.2　人体中硒蛋白质的主要特点

蛋白质	组织分布	亚细胞位置	分子量/kD
谷胱甘肽过氧化物酶家族（GPxs）			
GPx1（cGPx）	普遍，最高表达在红细胞、肝、肾、肺	细胞质	87（四聚体）
GPx2（GIGPx）	肝、胃肠道上皮	细胞质	93（四聚体）
GPx3（pGPx）	血浆	分泌	93（四聚体）
GPx4（PHGPx）	睾丸	细胞质、线粒体、细胞核	22
GPx6	嗅觉上皮、胚胎	分泌	23
硫氧还蛋白还原酶家族（TrxRs）			
TrxR1（TxnRd1）	普遍	细胞质、细胞核	60～108（二聚体）
TrxR2（TxnRd2）	普遍，高表达在前列腺、卵巢、肝脏、睾丸、子宫、结肠、小肠	线粒体	60～106
TrxR3（TxnRd3，TGR）	睾丸	细胞质、细胞核、内质网	75
碘胸腺苷脱碘酶家族（DIOs）			
DIO1	肝、肾、甲状腺、脑下垂体、卵巢	内质网、血浆、膜	4～29
DIO2	甲状腺、心脏、大脑、脊髓、骨骼肌、胎盘、肾、胰腺	内质网膜	30，34
DIO3	胎盘、胎儿组织、皮肤	细胞、内膜	31

续表

蛋白质	组织分布	亚细胞位置	分子量/kD
硒蛋白质 15 和 M 家族			
SelM	大脑（高水平）；肾、肺和其它组织	核周区域、内质网腔、高尔基体	14
Sep15	前列腺和甲状腺（高水平）；肺、脑、肾、H9T 细胞	内质网腔	15，13
硒蛋白质 S 和 K 家族			
SelS（VIMP）	血浆、各种组织	内质网膜	21
SelK	各种组织，（最丰富）心脏	内质网膜	10
Rdx 蛋白质家族			
SelW（SEPW1）	各种组织，（丰富）肌肉	细胞质	9
SelH	各种组织，主要在胚胎和肿瘤细胞中	核	13
SelT	普遍	内质网、高尔基体	20
SelV	睾丸	未知	17
其它硒蛋白质			
SelP（SEPP1）	在肝脏、心脏和大脑中表达，分泌到血浆中；也存在于肾脏中	分泌	45~57
SPS2	肝脏	细胞质	47
SelR（MrsB1，SelX）	心脏、肝脏、肌肉、肾脏	细胞质、细胞核	5~14
SelN	普遍；骨骼肌、脑、肺、胎盘（丰富）	内质网膜	61~62
SelI（hEPTI）	各种组织；脑（丰富）	内质网膜	45
SelO	各种组织	未知	73

二、硒蛋白质的功能

1. 谷胱甘肽过氧化物酶

谷胱甘肽过氧化物酶（GPx）是一类具有抗氧化功能的酶。GPx 家族由 8 个成员组成，但只有 5 个成员具有 SeCys 残基，可以用 GSH 作为还原辅因子催化过氧化氢（H_2O_2）和脂质过氧化物的还原。这一组包括普遍存在的胞质 GPx（cGPx，GPx1）、胃肠 GPx（GI-GPx，GPx2）、血浆 GPx（pGPx，GPx3）、磷脂过氧化物 GPx（PHGPx，GPx4）和嗅觉上皮 GPx（GPx6）。谷胱甘肽过氧化物酶的催化循环（图 14.50A）包括过氧化物（ROOH）与酶的硒醇形式（En-SeH）反应生成相应的次胼酸（En-SeOH），与 GSH 反应生成酶结合的硒硫醚（selenenyl sulfide）（En-Se-SG），第二分子 GSH 进攻 Se—S 键上的硫原子再生酶的活性形式（En-SeH），同时释放出氧化形式的辅因子（GSSG）。在整个过程中，两分子的谷胱甘肽被氧化成一分子的二硫醚（GSSG），而过氧化氢被还原成水。

在过氧化物浓度较高时，反应产生的次胼酸（En-SeOH）可进一步氧化生成亚胼酸（En-SeO₂H），这些反应降低了 GPx 的催化效率。据报道，通过非共价相互作用（noncovalent interaction），SeCys 残基的硒中心与另外两个氨基酸残基——色氨酸（Trp）和谷氨酰胺（Gln）形成"催化三联体"（catalytic triad），这些非键相互作用有利于活化 SeCys（图 14.50B）[22]。

GPx 的相对生物学重要性顺序为 GPx2>GPx4≫GPx3=GPx1。GPx1 是一种普遍存在于细胞液和线粒体中的蛋白质。这种酶完全利用 GSH 还原 H_2O_2 和有限数量的有机氢过氧化物（organic hydroperoxide），包括过氧化氢异丙苯和叔丁基过氧化氢底物。由 GPx1 参与的反应意味着这种酶与由过氧化物调节的细胞过程有关，包括细胞因子信号和细胞凋亡。在其家族成员中，GPx1 对硒状态和氧化应激条件的变化最为敏感。但作为一种保存细胞资源的手段，在应激条件下所有蛋白质的合成减少，而且 GPx1 与其它硒蛋白质相比恢复迅速。

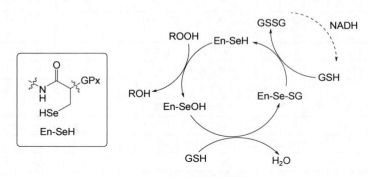

图 14.50A GPx 的催化循环

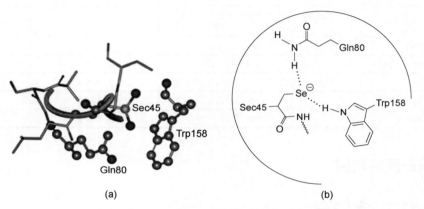

图 14.50B GPx 的活性位置——催化三联体[22]

GPx2 是一种分泌的四聚体同源酶（homotetrameric enzyme），主要表达在胃肠系统黏膜中，包括鳞状食管上皮；在人体中，也可在肝脏中检测到。它在肠道中的表达并不均匀，但在隐蔽处较高，并逐渐向结节表面下降，提示了在细胞增殖中的作用。GPx2 的功能主要是保护肠道上皮免受氧化应激，保证黏膜内稳态。GPx2 表现出类似于 GPx1 的底物特异性，其中包括 H_2O_2、叔丁基过氧化氢、枯基过氧化氢和亚油酸（linoleic acid）过氧化氢，但不包括磷酸胆碱过氧化氢。GPx2 的表达比 GPx1 或 GPx3 更能抵抗饮食硒缺乏症。GPx2 的位置和抗性表明，这种硒蛋白质可以作为暴露于被摄入的氧化剂或肠道微生物群引起的氧化应激的第一道防线。

GPx3 是 GPx 族唯一的细胞外酶。它是一种糖基化的同源蛋白质，产生于近端管状上皮的细胞和鲍曼肾囊的顶叶细胞中。然后，GPx3 的一部分被分泌到血浆中，在血浆中，它大约占总硒的 15%～20%，但大部分仍然束缚在肾脏的基底膜上。这种膜结合能力在胃肠道、肺和男性生殖系统中也得到了证明。在几种组织中，尤其是在心脏和甲状腺（thyroid gland）中，还检测到 GPx3 蛋白质和 mRNA。这种酶可能在细胞外抗氧化能力的局部来源中起作用。与 GPx1 不同的是，GPx3 呈现了更受限制的过氧化氢底物专一性（specificity）。虽然它可以

还原 H_2O_2 和有机过氧化物，但它的活性比 GPx1 的活性低大约 10 倍。考虑到 GSH 是 GPx3 的较差的还原底物和人体血浆中 GSH 的浓度较低，有人提出，GPx3 与基底膜的结合使酶分泌的 GSH 水平（level）更高，从而提高 GPx3 在上皮细胞外的活性。

GPx4 是一种单体细胞内酶，表现出三种异形体：胞质酶、线粒体酶和核酶。这种蛋白质的表达和活性存在于许多组织中，尤其是在内分泌器官、线粒体和精子中，已经被证实并且受到激素的调控。不同于其它的 GPxs，它可以直接使用磷脂过氧化物作为底物通过使用蛋白质硫醇和 GSH 的电子，还原 H_2O_2、胆固醇、胆固醇酯和胸腺嘧啶的过氧化物。GPx4 在胚胎发育和精子形成的细胞分化过程中起着重要的抗氧化防御作用，并参与了精子形成过程中染色质的缩合。最近的一项研究表明，GPx4 对感光细胞的氧化应激有重要的保护作用。

GPx6 是 GPx3 的一个同系物。与其它 GPx 蛋白质相比，GPx6 被鉴定的时间较晚，只在胚胎和嗅觉上皮中表达，其特异性功能仍然未知。

2. 硫氧还蛋白还原酶

硫氧还蛋白还原酶（thioredoxin reductase，TrxR）是属于黄素蛋白质家族的同源二聚体酶，其中包括脂酰胺氢化酶、谷胱甘肽还原酶和汞离子还原酶。在哺乳动物中有三种异形体被鉴定：胞质类（TrxR1）、线粒体类（TrxR2）和硫氧化还原谷胱甘肽还原酶（thioredoxin glutathione reductase，TGR；TrxR3）。与黄素蛋白质家族的其它酶一样，每个 TrxR 单体包括一个 FAD 单元、一个 NADPH 结合位点和一个活性位点（含有氧化还原活性的二硫化物）。电子从 NADPH 通过 FAD 流向 TrxR 的活性位点——二硫化物，然后还原图 14.51 中所表示的底物。TrxR 是一组小的（10～12kD）普遍存在的氧化还原活性肽如核糖核酸还原酶、硫氧化还原过氧化物酶和一些转录因子，它们专一性地还原氧化型的 Trx（thioredoxin）。哺乳动物的 TrxR 也被证明可以起细胞生长因子的作用和抑制细胞凋亡。除了 Trxs 之外，还发现了 TrxRs 的许多其它内源底物，包括硫辛酸（lipoic acid）、脂类过氧化氢、细胞毒肽 NK-赖蛋白、脱氢抗坏血酸、抗坏血酸自由基、Ca-结合蛋白质、谷氧化还原蛋白酶 2（glutaredoxin 2）和肿瘤抑制蛋白 p53。然而，TrxR 在大多数底物的还原中所起的生理作用仍然是未知的（图14.51）。TrxR 还原抗坏血酸自由基的能力表明，通过抗坏血酸 VC 的再循环，TrxR 可能起到额外的作用。人类缺乏合成抗坏血酸的能力，而抗坏血酸是保护细胞免受氧化应激的重要抗氧化剂；因此，饮食摄取和从其氧化形式（脱氢抗坏血酸和抗坏血酸自由基）还原到抗坏血酸的循环是维持抗坏血酸水平（level）的必要条件。通过观察证实了 TrxR 水平与抗坏血酸循环的关系。对大鼠维持缺硒饮食导致其肝脏抗坏血酸、GPx 和 TrxR 水平的下降。有趣的是，硒化合物包括亚硒酸盐、GS-Se-SG 和 SeCys 也是 TrxRs 的底物，因此这些硒酶本身

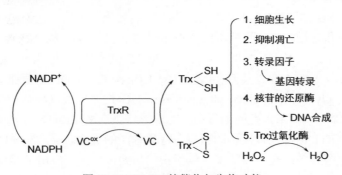

图 14.51 TrxRs 的催化与生物功能

就通过生成硒化物进行同化而参与到硒蛋白质的合成中。异形体 TrxR2 和 TrxR3 最近被发现，尚未深入的研究限制了对它们特定作用的了解。但清楚的是 TrxR1 和 TrxR2 对胚胎发育至关重要。线粒体 TrxR2 的功能包括在胚胎发育过程中防止线粒体介导的氧化应激和细胞凋亡。TrxR3 主要在雄性生殖细胞中表达，通过影响结构蛋白质中二硫键的形成在精子成熟中起作用。

3. 碘胸腺苷脱碘酶

碘胸腺苷脱碘酶（DIO）是一个三个结构相似的膜蛋白质家族。DIO1 和 DIO3 是质膜蛋白质，而 DIO2 是定位在内质网膜（endoplasmatic reticulum，ER）。所有的 DIO 都是在活性位置有 SeCys 残基的氧化还原酶。如图 14.52 所示，DIO2（D2）催化外环单脱碘（从 T4 至 T3，从 rT3 至 T2），DIO3（D3）催化内环单脱碘（从 T4 至 rT3，从 T3 至 T2），DIO1（D1）无专一性催化单脱碘。这些甲状腺激素调节各种代谢过程，如脂质代谢、生长和听力，是胎儿大脑正常发育所必需的。与其它硒蛋白质家族一样，各自功能上的差异在异形体中还没有很好地阐明。三种异形体有不同的表达方式和组织分布情况。DIO1 主要表达在肝脏、肾脏、甲状腺和脑垂体；DIO2 主要在甲状腺、中央神经系统、脑垂体和骨骼肌。DIO3 由于主要存在于胚胎和新生儿组织中，所以呈现出更具体的表达模式。DIO3 酶的贫乏会导致异常的发育模式，因此 DIO3 被认为是一种胎儿酶。假设 DIO1 主要负责控制 T3 的水平，而 DIO2 和 DIO3 则参与了局部调控脱碘过程，然而，详细的作用机理仍不特别清楚。

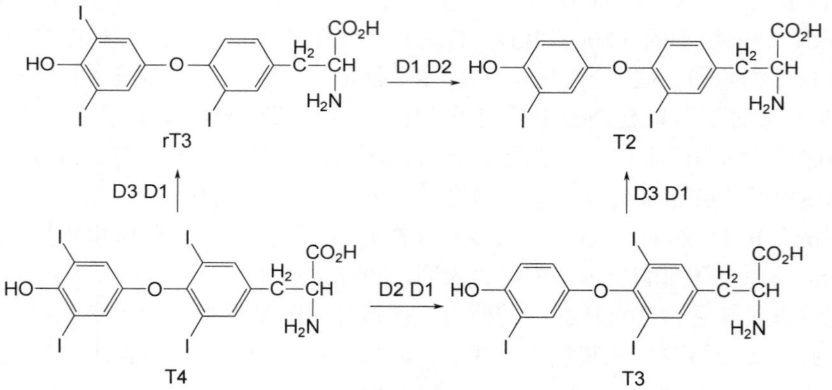

图 14.52　DIOs 调节的甲状腺激素代谢

4. 硒蛋白质 15 和 M

硒蛋白质 15（Sep15）和 M（SelM）是硫醇-二硫氧化还原酶，它们构成了一个独特的硒蛋白质家族。在哺乳动物中，这两种蛋白质用相似的组织分布表达，Sep15 在前列腺、肝脏、肾脏、睾丸和大脑中，而 SelM 主要在大脑中。Sep15 和 SelM 定位在 ER 中；这两个蛋白质编码一个 N-端的肽。Sep15 通过其 N-端富含 Cys 的结构域与 UDP-葡萄糖：糖蛋白葡糖转移酶（UDP-glucose：glycoprotein glucosyltransferase，UGGT）形成复合物。通过启动带有钙联蛋白（calnexin，CNX）的未折叠的糖蛋白和二硫异构蛋白酶 ERp57 的关联，UGGT 起折叠传感器的作用，UGGT 也可以直接协助糖蛋白特定基团的折叠。Sep15 与 UGGT 形成的复合物与其被内质网保留有关，提示可能参与糖蛋白的折叠或分泌。Sep15 呈现了一个硫氧化还原类结构域，具有表面可接近的氧化还原活性单元，Cys-X-SeCys，其中 SeCys 和 Cys 残基形成可逆的 Se—S 键。就氧化还原电势而言，Sep15 有可能催化异构化或还原二硫键。Sep15 也可能对细胞凋亡起调节作用，但缺乏足够证据。SelM 与 Sep15 共享序列的 31%。与后者不同的是，SelM 缺乏 UGGT 结合域，并且出现内质网保留信号，SelM 的氧化还原活性单元是 Cys-X-X-SeCys，其结合伙伴和具体作用仍有待确定。

5. 硒蛋白质 S 和 K

硒蛋白质 S（VIMP、SelS）和 K（SelK）同属一个家族，其成员共享一个短的 N-端的 ER 结节序列（luminal sequence）、一个 N-端单通道跨膜螺旋体和一个 C-端活性位点（在硒蛋白质中为 SeCys）。SelS 和 SelK 具有相似的结构特征，因为两者都是 ER 的跨膜蛋白质。SelK 是一种普遍存在的蛋白质，在脾脏、免疫细胞、大脑和心脏中有很高的表达。不同于其它硒蛋白质，它的催化位点 SeCys 没有与附近的 Cys、Ser 或 Thr 成对，这意味着可能存在其它氢键授体用于保护 SeCys。SelS 有相同的结构单元，它的 SeCys 位于 188 位置，最近被证明与 174 位置上的 Cys 残基形成 Se—S 键。SelS 和 SelK 的结构与氧化还原特性表明，它们作为还原酶的功能适合于广泛的底物。SelS 和 SelK 参与了 ER 相关的未折叠和错误折叠的蛋白质的降解（ERAD），这是一个涉及许多蛋白质的多步骤过程，其作用还没有被清楚地阐明。SelS 和 SelK 在 ERAD 中的作用，在葡萄糖缺乏（glucose deprivation）和 Ca^{2+} 耗尽（depletion）的情况下，通过它们的正向调节（upregulation）得到了证实，这两个过程都导致了在 ER 中错误折叠蛋白质的聚集。SelS 的表达是由 ER 应激引起的，其消耗增加了炎症细胞因子的释放。研究还表明，SelS 与血清纤维蛋白 A（serum amyloid A）相互作用，表明其在 2 型糖尿病中的潜在作用，与炎症响应的调节有关。

6. 硒蛋白质 W

硒蛋白质 W（Sepw1、SelW）是一种小的蛋白质，SeCys 残基是定位在一个暴露环的 Cys-X-SeCys 氧化还原单元的一部分。与 Trx 的结构单元 Cys-X-X-Cys 类似，对 GSH 的亲和力，以及对肌肉组织中氧化应激的过度表达表明了抗氧化功能。然而，精确的分子途径尚未阐明，所以具体的功能仍然是未知的。最近的研究表明，SelW 与 14-3-3 蛋白质的特定异形体相互作用。这些蛋白质参与几个细胞过程，包括调节细胞周期、代谢控制、凋亡、蛋白质转运和基因转录。SelW 普遍存在于组织中，在硒缺乏时有一种特殊的表达方式保存到大脑。在胶质细胞中，SelW 表达专一性受自由基引发剂诱导，指示其在大脑中存在潜在的特定功能。它也被表达在早期胚胎发育中，随后在神经系统、四肢和心脏。肌肉祖细胞 SelW 的早期发育表达模式及其在增殖肌细胞中的高表达水平，表明 SelW 在肌肉发育和疾病中的特殊作用。过度表达明显降低了中国仓鼠卵巢（CHO）和肺癌细胞对 H_2O_2 细胞毒性的敏感性。SeCys 残基 13 和 37 对 SelW 的抗氧化活性是必要的，但似乎与细胞内活性氧物种（ROS）的浓度无关。SelW 也被发现是人类神经元细胞中甲基汞的特定分子靶点，而其它硒蛋白质则不受影响。

7. 硒蛋白质 H

硒蛋白质 H（SelH）是一种类似硫氧化还原酶的蛋白质。它在各种小鼠组织中适度表达，而在早期发育的大脑中以及在甲状腺、肺、胃、肝和人类肿瘤中表达水平都有所提高。这些数据表明 SelH 可能在发育过程或者癌症发展中对细胞增殖起作用。SelH 还参与了 GSH 水平、GPx 活性和总抗氧化能力的正向调节，对紫外线 B（UVB）辐射引起的超氧化物和细胞损伤有保护作用。最近的一项研究表明，SelH 可以提高编码调节器 PGC-1α、NRF1 和 Tfam 的水平，通过激活线粒体信号传递通道来发挥其保护作用。

8. 硒蛋白质 T

硒蛋白质 T（SelT）是一种类似硫氧化还原酶的蛋白质，已经被预测为糖基化跨膜蛋白质。在小鼠和大鼠的细胞中，它定位于高尔基体（Golgi body）、ER 和质膜。它普遍分布，高表达在睾丸。SelT 的表达受神经肽-垂体腺苷-环化酶激活多肽（PACAP）的调控。在胚胎组织中发现了较高的表达，其次是在大多数成人组织中，但不包括脑垂体、甲状腺和睾丸。SelT 被发现有很高的表达还在缺氧诱导的小鼠大脑和肝部分切除术后的再生肝细胞中。总之，这些观察表明，SelT 在神经和内分泌组织的细胞代谢、组织成熟/再生中具有重要作用，可能在 Ca^{2+} 稳态中具有氧化还原作用。SelT 和 SelW 以结构类似为特征，表明它们有潜在的功能关系，这已被这一观察所支持：小鼠成纤维细胞中 SelT 的下降可以通过增加 SelW 的表达来补偿。

9. 硒蛋白质 V

硒蛋白质 V（SelV）是一种类似硫氧化还原酶的蛋白质，专门在精母细胞（spermatocyte）中表达。它有富含脯氨酸的 N-端域和位于疏水域的 SeCys。SelV 的可能合作伙伴最近已经提出，包括 O-乙酰氨基葡萄糖转移酶（OGT）、Asb-9 和 Asb-17；Asb-家族蛋白质具有 SOCS 结构域，是细胞因子（cytokine）信号的抑制者。

10. 硒蛋白质 P

硒蛋白质 P（SEPP1、SelP）是小鼠、大鼠和人类中唯一含有十个 SeCys 残基的硒蛋白质。它是一种糖基化的蛋白质，因为硒蛋白质 P 具有 3 个 N-糖基化（N-glycosylation）位点和一个 O-糖基化（O-glycosylation）位点。在纯化后的大鼠 SelP 中发现了几种二硫醚键和硒硫醚键。这些键可能具有结构功能，可用于保护 SeH 基团的反应性。从大鼠血浆中纯化而成的 SelP 有 4 种异形体，含有 6 个 SeCys 残基。最近的一项研究报道人体血浆中三种不同的 SelP 异形体被分离和表征，分子量 M_w 分别为 45000、49000 和 57000。SelP 主要产自肝脏，然后分泌到血浆中。实验证据支持 SelP 在全身硒输运和稳态中的作用。除掉 SelP 导致小鼠的大脑、睾丸和胎儿中的硒浓度很低，每个组织都有严重的病理生理后果。这些老鼠会在尿液中排出适量的硒。饮食硒缺乏会导致肝脏的硒浓度大幅下降，但是 SelP 似乎优先维持大脑和睾丸的硒，其具体生化活性尚不清楚。有迹象表明蛋白质 SelP 可能在抗氧化防御中起作用。血浆的 SelP 水平与脂质和低密度脂蛋白的过氧化和内皮细胞损伤的预防有关，SelP 与缺硒大鼠的抗氧化损伤所致的 GSH 消耗之间也有关联。此外，SelP 与大鼠内皮细胞结合，内皮细胞释放初级自由基 NO 和 O_2^-，由此形成过氧亚硝酸负离子（$ONOO^-$）和 H_2O_2 次级产物。因此，内皮细胞及其环境被认为是氧化应激场所，SelP 在内皮细胞附近的定位与其具有与膜保护相关的抗氧化防御功能是一致的。

11. 硒磷酸合成酶

硒磷酸合成酶 2（selenophosphate synthetase，SPS2）通过将 ATP 的 γ-磷酰基转移到硒化物中，催化了硒蛋白质生物合成的关键硒供体 SePhp（selenophosphate）的合成。硒蛋白质 SPS2 唯一负责产生 SePhp，但是这一反应的确切机理还有待确定。

12. 硒蛋白质 R

硒蛋白质 R（MsrB1、SelX、SelR）属于蛋氨酸亚砜（methionine sulfoxide）还原酶家族。这些蛋白质将蛋氨酸残基的氧化形式，蛋氨酸亚砜（MetSO），还原成 Met 残基。

ROS 作用于甲硫氨酸（蛋氨酸），形成的甲硫氨酸亚砜由两种非对映异构体的混合物

（Met-*S*-SO 和 Met-*R*-SO）组成，其中还原是由不同的酶族（分别命名为 MsrA 和 MsrB）专一性调节。至少有四种由特定基因编码的 MsrB 在人体内被确认，每种都具有适当的亚细胞位置：细胞质和细胞核中的 MsrB1，线粒体中的 MsrB2 和 MsrB3B，以及 ER 中的 MsrB3A。然而，只有 MsrB1 是一种硒蛋白质，而在其它三个的活性部位中 Cys 残基替代了 SeCys。MsrB1 的催化步骤如图 14.53 所示：首先，SeCys 残基进攻底物（Met-*R*-SO）形成蛋氨酸，并转化为次胎酸中间体；随后，Cys 残基攻击次胎酸形成一个 Se—S 键，它会被 Trx 进一步还原，从而完成 SeCys 循环。有趣的是，SelR 也是一种含锌酶，四个 Cys 残基配位于锌。

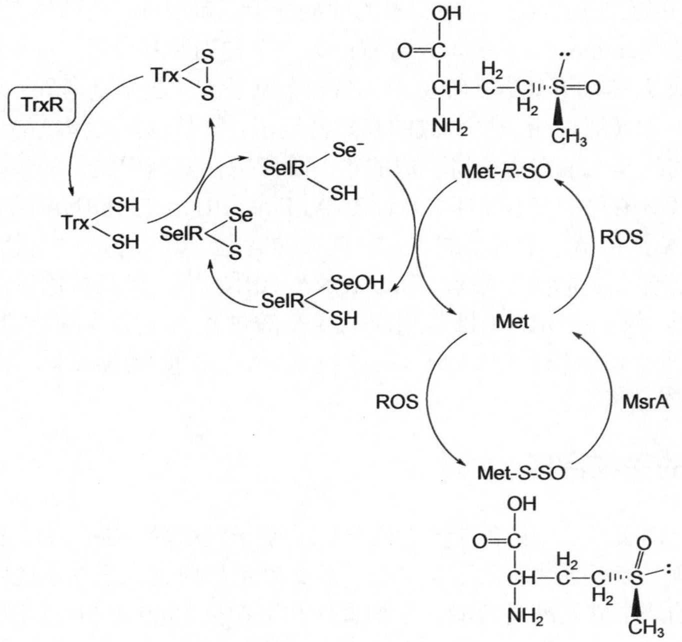

图 14.53　SelR（MsrB1）催化蛋氨酸亚砜的还原

13. 硒蛋白质 N

硒蛋白质 N（SelN）是一种普遍存在的在胎儿组织、肌肉、大脑和肺中高度表达的糖蛋白质。催化位点由结构单元 Ser-Cys-SeCys-Gly 组成，类似于 TrxR（Gly-Cys-SeCys-Gly），因此可以假定硒蛋白质 N 具有还原酶的功能。不过，位于蛋白质的中心，接近催化位点受限制，以及没有典型 FAD 和 NADPH 的结合域，这可能反映了 SelN 对于尚未被识别的不同底物的更高专一性。SelN 定位于 ER 膜中，N-端区域面向细胞质，而蛋白质的大部分，包括潜在的活性位置，位于 ER 腔内。最近的一项研究表明，SelN 调节 RyR（ryanodine receptor）的活性并保护其免受氧化应激，Ca^{2+} 释放关联 SelN 在胚胎中慢肌肉纤维生长的潜在功能。尽管 SelN 在肌肉组织中的关键作用已经得到证实，但其特定的生物学功能仍然是未知的。矛盾的是，它是唯一一种与一种疾病——与 SEPN1 相关的因 SelN 基因突变产生的肌病，有直接关联的硒蛋白质。

14. 硒蛋白质 I

硒蛋白质 I（SelI），也被命名为乙醇胺磷酸转移酶 1（CEPT1），是一种最近发现的蛋白质，参与了磷酸乙醇胺（PE）的生物合成。PE 位于质膜的内层，在哺乳动物的细胞磷脂中，它占全部细胞磷脂的大约 25%。

三、蛋白质的生物合成

蛋白质的合成是氨基酸依序逐步形成酰胺键的复杂需能过程。氨基酸通过氨酰合成酶与 ATP 反应形成活化的氨基酸（氨基酸-AMP），然后氨基酸转移到 tRNA 上形成氨酰基-tRNA（aminoacyl-tRNA）。蛋白质的合成是在称为核糖体的细胞器上进行的，核糖体由蛋白质和 RNA 组成，它包含两个亚单位，较大的称为 50S 亚单位，较小的称为 30S 亚单位。核糖体的功能是使 mRNA 和氨酰基-tRNA 与增长着的肽链处于正确取向。核糖体有两个结合位置：一个称为氨酰基位置（aminoacyl site），A 位置；另一个称为肽基位置（peptidyl site），P 位置。

蛋白质的合成从 N-端开始。在细菌中，第一个氨基酸（起始氨基酸）总是氨基甲酰化的蛋氨酸，其编码为 AUG，即蛋白质合成的起始密码子。氨基保护的蛋氨酸保证第二个氨基酸定向地结合在它的羧基上。在蛋白质合成的第一阶段中，氨基甲酰化的蛋氨酸在其 tRNA 合成酶催化下形成其氨酰化的 tRNA 即 Fmet-tRNA，Fmet-tRNA 与 mRNA 结合并占据核糖体的 P 位；第二个 tRNA 携带第二个氨基酸进入核糖体的 A 位，第二个氨酰基的氨基与启动 tRNA 所携带的甲酰蛋氨酸的羧基形成肽键，启动 tRNA（tRNA^{Met}）脱离核糖体，所生成的二肽酰-tRNA 转移至 P 位，第三个 tRNA 携带相应的氨基酸进入 A 位，重复上述过程直到 mRNA 出现终止密码（即空白密码）UAA 或 UAG 或 UGA，多肽合成结束，肽酰-tRNA 的酯键水解，肽链脱离核糖体。

四、硒蛋白质的生物合成

前面已提到，硒蛋白质中硒的唯一存在形式为硒半胱氨酸（SeCys），在谷胱甘肽过氧化物酶（GPx）中硒半胱氨酸是催化活性中心。那么硒是如何进入蛋白质的呢？是专一性的还是随机的？游离的硒半胱氨酸是否能为生物直接利用？至 1980 年初，硒半胱氨酸是如何被特异性地结合到蛋白质中的机理仍然是一个谜。1986 年，英国学者 Chambers 等人取得了研究突破，DNA 密码子 TGA，对应 RNA 密码子 UGA，是核糖体蛋白质表达过程中的转录终止信号，即终止码。然而，对小鼠红细胞中谷胱甘肽过氧化物酶的 cDNA 测序，发现对应氨基酸序列在硒半胱氨酸位置的 DNA 密码子竟然也是 TGA。同年，Zinoni 等人也证实了终止码 TGA，在细菌甲酸脱氢酶中负责编码硒半胱氨酸参与其合成。当时，对硒蛋白质基因序列中负责编码硒半胱氨酸 DNA 密码子 TGA 的发现，是一项重要突破。然而，这并不能完全解释游离的硒半胱氨酸为何无法直接通过 RNA 密码 UGA 参与硒蛋白质的合成。伴随着后期的重要发现，硒半胱氨酸形成以及掺入硒蛋白质合成的独特机理才逐渐明朗：首先，在生命体内包括游离硒半胱氨酸在内的所有硒化合物，都必须先转化为硒化物 HSe$^-$（selenide），在硒磷酸合成酶 SPS2（E.coli 用 SelD 符号）的作用下利用 ATP 形成硒磷酸 SePO$_3^{3-}$（selenophosphate，SePhp）；丝氨酸经丝氨酸合成酶（seryl-tRNA synthetase，SerRS）在特定 tRNA（标记为 tRNA^{Sec}）上合成含有丝氨酰残基的 Ser-tRNA^{Sec}；在古细菌（archaea）和真核生物（eukaryotes）中，磷酸丝氨酰-tRNA 激活酶（O-phosphoseryl-tRNA kinase，PSTK）利用 ATP 将 Ser-tRNA^{Sec} 转变为磷酸丝氨酰-tRNA^{Sec}（O-phosphoseryl-tRNA^{Sec}，PSer-tRNA^{Sec}），硒半胱氨酸合成酶（古细菌和真核生物用 SepSecS 符号）催化 PSer-tRNA^{Sec} 形成脱氢丙胺酰-tRNA^{Sec}（dehydroalanyl-tRNA^{Sec}，Dha-tRNA^{Sec}），SePhp 作为硒源对其加成产生硒半胱氨酰-tRNA^{Sec}（Sec-tRNA^{Sec}）；而在细菌（bacteria）中，硒半胱氨酸合成酶（SelA）催化 Ser-tRNA^{Sec} 形成 Dha-tRNA^{Sec}，

SePhp 作为硒源对其加成生成 Sec-tRNA^{Sec}。这两条途径是为了完成在硒蛋白质合成前硒半胱氨酸残基的准备，也说明在硒蛋白质合成途径中，硒半胱氨酸并不能独立存在，必须通过从头合成（现场合成）途径与特定的 tRNA^{Sec} 结合，形成含有硒半胱氨酰残基的 Sec-tRNA^{Sec} 才能进入硒蛋白质合成步骤；下一步，在硒蛋白质合成步骤，由于具有茎环结构特征的硒半胱氨酸特定插入序列（Sec insertion sequence，SECIS）的调控，Sec-tRNA^{Sec} 得以区分并识别 mRNA 的硒半胱氨酸密码 UGA，并在转录因子——硒半胱氨酸转录特定延长因子（specific elongation factor for Sec-tRNA^{Sec}，EFSec）以及 SECIS 绑定蛋白质（SBP2）的作用下，逐步展开基因序列的表达，进行硒蛋白质的合成，示于图 14.54[23]。由于合成是被遗传编码在核糖体中进行的，因此 SeCys 被认为是第二十一种氨基酸（表 14.1）。硒蛋白质合成的机理建立后，各种硒蛋白质的发现以及硒蛋白的功能也逐渐引起人们的重视。最近，一个有趣的发现是用 HS$^-$（sulfide）代替 HSe$^-$，在硒磷酸合成酶 SPS2 的作用下利用 ATP 形成硫磷酸 SPO$_3^{3-}$（thiophosphate，SPhp），硒半胱氨酸合成酶（SepSecS）催化 SPhp 将 PSer-tRNA^{Sec} 转化成半胱氨酰-tRNA^{Sec}（Cys-tRNA^{Sec}），因此导致 Cys 利用 SeCys 的 UGA 编码进入硒蛋白质的合成中。

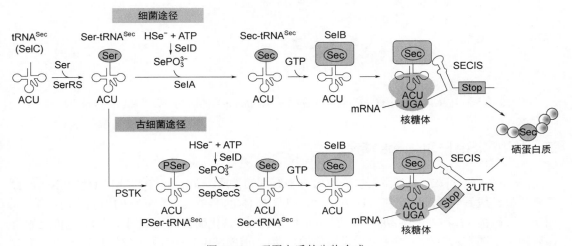

图 14.54　硒蛋白质的生物合成

第四节　氢化酶

一、氢化酶的分类及功能

氢化酶（hydrogenase）是自然界厌氧微生物体内存在的一种金属酶，它能够催化氢气的氧化或者氢离子的还原这一可逆化学反应。依据活性中心所含的金属元素，氢化酶分为[FeFe]-氢化酶、[FeNi]-氢化酶和[Fe]-氢化酶等三大类。[FeFe]-氢化酶主要催化氢离子的还原生成氢气，周转频率高达 $10^4 s^{-1}$，超电势很小，因此它是最高效的非贵金属产氢（H$_2$）催化剂。金属中心的内配位层由半胱氨酸、2-氮杂丙二硫醇负离子（仅在[FeFe]-氢化酶中）、一氧化碳和氰根组成。自从氢化酶的晶体结构被确定后，合成化学家们希望通过模拟氢化酶的结构来人工地实现它的功能，从而为氢能的生产找到一种更加经济环保的新途径。

由于硒半胱氨酸的合成需要特定的翻译机制，硒半胱氨酸掺入蛋白质是一个高能耗的过程（掺入 1mol 硒半胱氨酸需要 25mol ATP）。因此，硒半胱氨酸一定有一种特殊的功能，而这种功能是半胱氨酸所不具备的。[FeNiSe]-氢化酶是自然界使用硒的一个有趣的例子，它的活性中心与上述[FeNi]-氢化酶相同，只是一个端基配位的半胱氨酸残基被硒半胱氨酸残基取代（图 14.55）[24]。

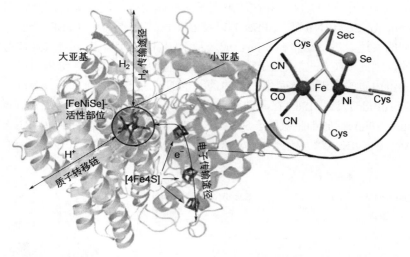

图 14.55 [FeNiSe]-氢化酶（*Desulfomicrobium baculatum*）的活性中心以及物质传输路径

二、[FeNiSe]-氢化酶的特性

[FeNiSe]-氢化酶在产氢系统中表现出许多有利的性质：第一，与[FeNi]-氢化酶相比，含硒氢化酶一般具有较高的产氢（H_2）活性，氢气对 H_2 的产生没有实质性的抑制作用；第二，测定的脱硫菌（*Desulfomicrobium baculatum*）[FeNiSe]-氢化酶在氧化铟锡（ITO）电极上的蛋白质膜伏安图指示氧化还原是热力学可逆的；第三，[FeNiSe]-氢化酶在低氧化还原电势下对氧气失活表现出快速的再活化（复活）。在 H_2 氧化过程中，[FeNiSe]-氢化酶对 O_2 的敏感性限制了它在酶燃料电池和其它领域中的应用，因此只关注它独特的产氢活性。在细菌生长培养基中，硒的加入导致表达[FeNiSe]-氢化酶而[FeFe]-氢化酶和[FeNi]-氢化酶的产生受到抑制。[FeNiSe]-氢化酶的产氢活性比[FeNi]-氢化酶高 40 倍。

三、[FeNiSe]-氢化酶高活性的化学基础

镍离子是[FeNiSe]-氢化酶和[FeNi]-氢化酶的活性氧化还原中心：它的氧化态在 Ni(Ⅰ)、镍(Ⅱ)和镍(Ⅲ)之间变化，而在所有氧化态下铁都以低自旋二价铁存在。已表征[FeNi]-氢化酶的三种不同催化活性状态，即 Ni-SI$_a$、Ni-R 和 Ni-C。通过红外光谱和电子自旋共振光谱（ESR）类推确定[FeNiSe]-氢化酶的 Ni-R 态为最低还原态（图 14.56）。

在[FeNi]-氢化酶中，半胱氨酸硫醇负离子起质子中继的作用，因为这种半胱氨酸残基存在于晶体结构中的许多不同位置，表明硫醇负离子的各种质子化状态产生了灵活多变的构象。在[FeNiSe]-氢化酶的晶体结构中，硒半胱氨酸也有一个高温因子，说明硒醇负离子可能是质子化的。

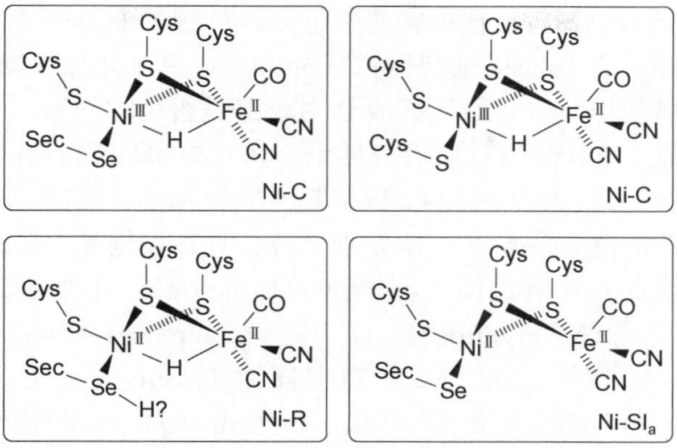

图 14.56 [FeNiSe]-氢化酶的三种催化活性状态

已提出反应（$2H^+ + 2e^- \longrightarrow H_2$）的初步机理[24e,f]：质子通过蛋白质内质子转移链传递到硒半胱氨酸的硒上，然后与金属上的负氢结合形成暂态的 H_2 配合物，继而释放 H_2。硒半胱氨酸的 pK_a 值 5.24，低于半胱氨酸的 pK_a 值 8.25，这有利于负氢质子化形成 H_2。在[FeNiSe]-氢化酶和[FeNi]-氢化酶中，蛋白质整体结构几乎是相同的，都由两个亚基组成。除表示活性中心（active site）外，图 14.55 描绘了反应的物质（质子、电子和氢分子）传输途径。活性部位被埋在大亚基的深处。小亚单位一般包含三个铁硫簇，组成一个电子转移链，使电子能够在活性中心和酶表面之间传递。在标准的（O_2 敏感的）[FeNi]-氢化酶中，近端和远端的簇是[4Fe4S]，而中间的簇是[3Fe4S]。然而，在[FeNiSe]氢化酶中，所有三个簇都是[4Fe4S]。这些差异可能在调节这些酶的电子性质方面具有重要意义。H_2 通过一个疏水通道在酶活性位置和酶表面之间运动。分子动力学对[FeNiSe]-氢化酶进行的模拟表明，活性位置和四周水之间的 H_2 分配系数远远高于脱硫弧菌[FeNi]-氢化酶。[FeNiSe]-氢化酶具有额外的 H_2 扩散途径，可在活性位置容纳更高浓度的 H_2。

[FeNi]-氢化酶和[FeNiSe]-氢化酶都是通过氧气或厌氧氧化失活，通过接触 H_2 或应用负电势还原被重新激活。这两种酶之间的关键区别是[FeNiSe]-氢化酶极其迅速地复活，而[FeNi]-氢化酶的复活是一个缓慢的过程（需要几个小时的厌氧时间）。大体积的硒原子使活性位置空间拥挤从而有利于保护镍中心免受 O_2 的攻击。硒半胱氨酸中的硒比半胱氨酸中的硫更容易氧化，这可解释在空气下分离到的[FeNiSe]-氢化酶中硒都是部分氧化的。氧化的硒比氧化的硫也更容易还原，这与[FeNiSe]-氢化酶因 O_2 失活后的快速复活相一致。

第五节 硒糖

一、糖的结构与化学性质

1. 糖的结构

糖（saccharide），也称为碳水化合物（carbohydrate），是指多羟基醛、酮以及水解能生成它们的化合物。按结构可分为单糖（monosaccharide）、由几个单糖残基组成的低聚糖（oligosaccharide）和由至少十个单糖残基组成的多糖（polysaccharide）；根据单糖的碳原子数分为丙糖、丁糖、戊糖和己糖等，根据官能团可分为醛糖（aldose）和酮糖（ketose）。按性质可分为还原性糖（能还原 Tollens 试剂和 Fehling 试剂）和非还原性糖。具有手性碳的糖，依据编号最大的手性碳的构型与 L-甘油醛或 D-甘油醛是否相同分为 L-型糖和 D-型糖。例如丁醛糖具有两个手性碳 [C(2)和 C(3)]，存在四个立体异构体即两组对映异构体：一对赤藓糖和一对苏阿糖；C(3)是编号最大的手性碳，根据其构型分为 L-赤藓糖、L-苏阿糖和 D-赤藓糖、D-苏阿糖。自然界存在的糖大多数属于 D-型糖（著名的 L-型糖是 6-脱氧-L-甘露糖即 L-鼠李糖，L-rhamnose；6-脱氧-L-半乳糖即 L-岩藻糖，L-fucose），几种重要 D-型糖 [D-甘油醛（glyceraldehyde）、D-赤藓糖（erythrose）、D-苏阿糖（threose）、D-核糖（ribose）、D-阿拉伯糖（arabinose）、D-半乳糖（galactose）、D-甘露糖（mannose）、D-葡萄糖（glucose）和 D-果糖（fructose）] 的 Fischer 投影式、Mills 投影式和 Haworth 投影式示于图 14.57 和图 14.58 中。

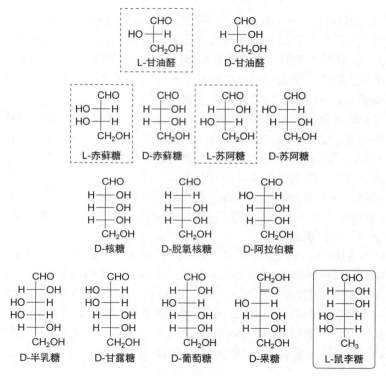

图 14.57　单糖的开链结构

当结构许可时，存在羰基和羟基的开链（open-chain）糖可自发形成具有五元和六元环状结构的半缩醛（hemiacetal，对醛糖）或半缩酮（hemiketal，对酮糖），分别称为呋喃糖（furanose）和吡喃糖（pyranose），例如果糖的 C(2)羰基与 C(5)和 C(6)的羟基分别形成呋喃果糖和吡喃果糖、葡萄糖的醛基与 C(4)和 C(5)的羟基分别形成呋喃葡萄糖和吡喃葡萄糖。核糖和脱氧核糖也可形成相应的呋喃核糖、吡喃核糖和呋喃脱氧核糖、吡喃脱氧核糖。在水溶液中，单糖的五元环状结构和六元环状结构通过少量的开链形式而相互转化，处于平衡时它们的含量依单糖而异。当羰基碳转化为 sp³ 碳时，产生新的手性碳，因此形成两种非对映异构体，分别标记为 α-异构体（在 Haworth 投影式中半缩醛羟基在环平面下方）和 β-异构体（在 Haworth 投影式中半缩醛羟基在环平面上方），在溶液中这两种异构体通过开链形式相互转变

（图 14.58）。以葡萄糖为例，由于差别只在 C(1) 位置，因此这两种异构体也称为异头异构体，即异头物（anomer）：在 25℃的水溶液中，β-异构体占优势（D-葡萄糖的 α-异构体/β-异构体，36/64）。

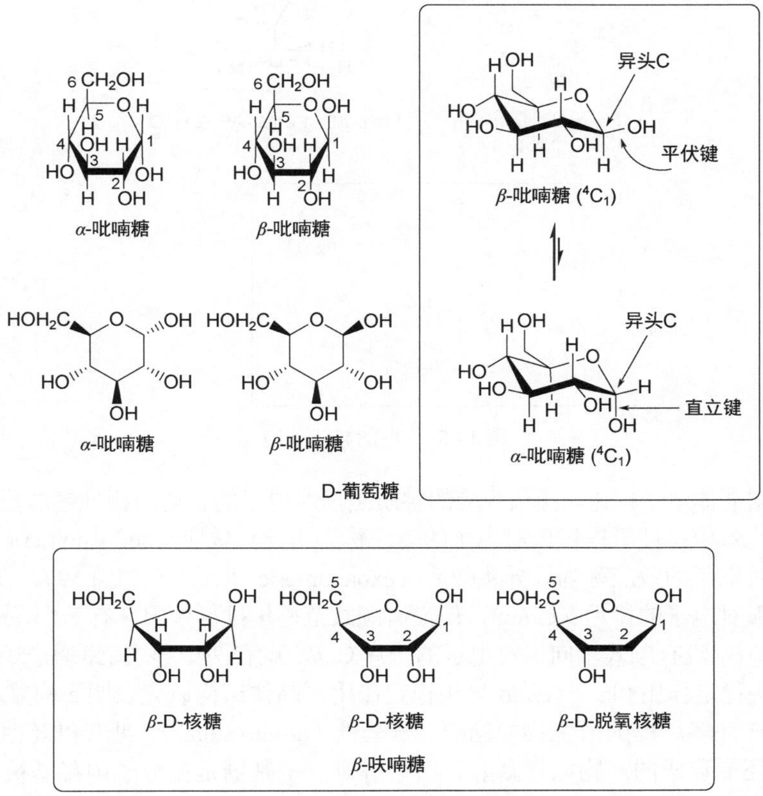

图 14.58　单糖的环状结构

像环己烷及其衍生物一样，吡喃环存在椅式（chair, C）、半椅式（half-chair, H）、扭船式（skew, S）和船式（boat, B）等构象，吡喃环的优势构象也是椅式构象（图 14.58）。标记构象式可用构象符号以及在其左上角标注参考平面上的原子编号，右下角标注参考平面下的原子编号，杂原子如氧原子就用元素符号 O 标注；标号之间用逗号间隔开[25]，例如 β-D-吡喃葡萄糖的构象可表示为 $^4C_1$。

在环己烷衍生物中取代基处于平伏键是能量有利的；如果大取代基位于轴向位置（axial position），存在不利的 1,3-二直立键排斥相互作用（1,3-diaxial interaction）。对于吡喃糖类，β-半缩醛确实占优势；然而，当吡喃糖端基中心的取代基是卤素、烷氧基、烷硫基等时，它们倾向于占据轴向位置：D-吡喃葡萄糖甲苷，在甲醇中 α-异头物占 67%；1-氯-四-O-乙酰基-D-吡喃葡萄糖，在 30℃的乙腈中 α-异头物占 94%。这种 α-异头物占优势的现象称为异头效应（anomeric effect）。异头效应的起源是什么？一种解释是电子对的相互排斥作用：键合到端基碳 C(1) 上的杂原子取代基（如甲氧基）具有孤对电子，如果取代基位于平伏键位置（equatorial position）（D-糖的 β-异头物）而不是位于直立键位置（axial position），这将与环氧的孤对电子产生排斥相互作用。另一解释是由于环氧的非键电子轨道（n 轨道）和 C(1) 的反键 σ^* 轨道 [例如 C(1)-OMe] 的共平面取向，超共轭作用（n→σ*作用）稳定轴向取代基（D-糖的 α-异头物）；β-异头物不会发生这种情况，因为环氧的非键电子轨道和 C(1)的反键 σ*轨道不共平面（图 14.59）。

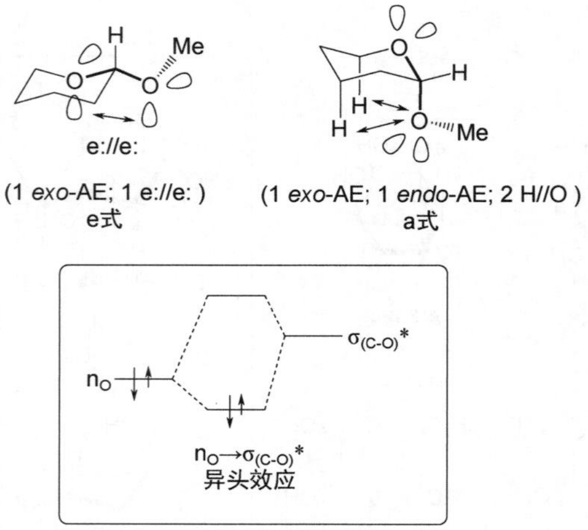

(1 *exo*-AE; 1 e://e:)
e式

(1 *exo*-AE; 1 *endo*-AE; 2 H//O)
a式

$n_O \rightarrow \sigma_{(C-O)}^*$
异头效应

图 14.59　糖的异头效应

因此，根据立体电子理论，异头效应的实质是孤对电子的轨道与极性键的反键轨道相互作用导致的稳定化效应；环氧提供孤对电子的效应称为内异头效应（endoanomeric effect），环外杂原子提供孤对电子的效应称为外异头效应（exoanomeric effect）（图 14.59）。在 e 式构象中，存在顺式轴向孤对电子的排斥（e://e:），但没有顺式范德华排斥作用，有一个 *exo* 异头稳定作用；在 a 式构象中，没有顺式轴向孤对电子的排斥（e://e:），有两个顺式范德华排斥作用（H//O），有一个 *exo* 异头稳定作用和一个 *endo* 异头稳定作用。晶体结构研究表明 a 构象是有利构象。

自然界存在许多单糖的衍生物如糖醇、氨基糖（amino sugar）、糖苷以及糖酯等。糖醇是糖分子中羰基还原形成的产物如甘露醇、山梨醇等。氨基糖是糖分子中羟基被氨基取代形成的产物，氨基取代多在 2-位上且为乙酰化的如 *N*-乙酰-*α*-D-2-氨基葡萄糖（存在于甲壳质、黏液酸中）、*N*-乙酰-*α*-D-2-氨基半乳糖（软骨的组成成分）和谷胱甘肽硒基-*N*-乙酰基半乳糖胺（GS-Se-*N*-acetyl-galactosamine，GS-SeGal；GSSeGalNAc），半缩醛羟基被氨基取代则形成糖胺（glycosyl amine）。糖苷（glycoside），是单糖的半缩醛羟基与其它物质脱水缩合形成的化合物，依据成苷键的原子不同而称为氧苷、硫苷、硒苷（selenoglycoside）、氮苷、碳苷等。糖酯是糖羟基与有机酸和无机酸形成的酯如乙酸酯、磷酸酯、硫酸酯和亚硒酸酯等。

二糖（disaccharide）是两个单糖分子缩合脱水的产物，共有两种方式：①通过两个半缩醛羟基除水而结合，如蔗糖（sucrose）、海藻糖（trehalose），这类二糖没有半缩醛羟基，因此它们没有还原性，故称为非还原性二糖；②通过一个单糖的半缩醛羟基与另一个单糖分子的醇羟基缩合除水而连接，如麦芽糖（maltose）、乳糖（lactose）和纤维二糖（cellobiose），这类二糖含有半缩醛羟基，因此它们具有还原性，故称为还原性二糖。

蔗糖（*α*-D-glucopyranosyl-*β*-D-fructofuranoside 或 *β*-D-fructofuranosyl-*α*-D-glucopyranoside）是一个 *α*-D-葡萄糖分子的半缩醛羟基与一个 *β*-D-果糖的半缩酮羟基失水以 *α*-(1→2)-糖苷键连接的非还原性二糖。海藻糖（*α*-D-glucopyranosyl-*α*-D-glucopyranoside）是两个 *α*-D-葡萄糖分子的半缩醛羟基失水以 *α*-(1→1)-糖苷键连接的非还原性二糖。麦芽糖（4-*O*-*α*-D-gluco-pyranosyl-D-glucopyranose）是一个 *α*-D-葡萄糖分子的半缩醛羟基与另一个 D-葡萄糖分子的4-位羟基失水以 *α*-(1→4)-糖苷键连接的还原性二糖。乳糖（4-*O*-*β*-D-galactopyranosyl-D-glucopyranose）是一个 β-D-半乳糖分子的半缩醛羟基与一个 D-葡萄糖分子的 4-位羟基失水以 β-(1→4)-糖苷键连接的还原性二糖。纤维二糖（4-O-β-D-glucopyranosyl-D-glucopyranose）是一个 β-D-葡萄糖分子的半缩醛羟基与另一个 D-葡萄糖分子的 4-位羟基失水以 β-(1→4)-糖苷键连接的还原性二糖。

前已述及，规定含有十个以上单糖残基的糖称为多糖。根据单糖残基是否相同，多糖可分为同多糖和杂多糖；根据单糖残基是否具有酸碱性，多糖可分为中性多糖和酸性多糖。淀粉，分子式为$(C_6H_{10}O_5)_n$，是白色无定形的粉末，没有还原性，由直链淀粉和支链淀粉组成，两者的比例随植物而异。直链淀粉是由 α-D-葡萄糖分子以 α-(1→4)-糖苷键连接的聚合物 $[(C_6H_{10}O_5)_n$；聚合度，$n=200\sim1000]$。支链淀粉除由 α-(1→4)-糖苷键形成的主链外，还存在 α-(1→6)-糖苷键连接的支链。纤维素，分子式为$(C_6H_{10}O_5)_n$（聚合度，$n=600\sim3000$），是由 β-D-葡萄糖分子以 β-(1→4)-糖苷键连接的直链高聚物（图 14.60）。

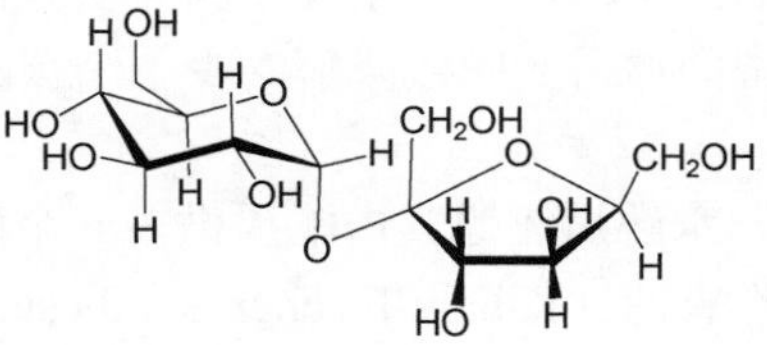

蔗糖 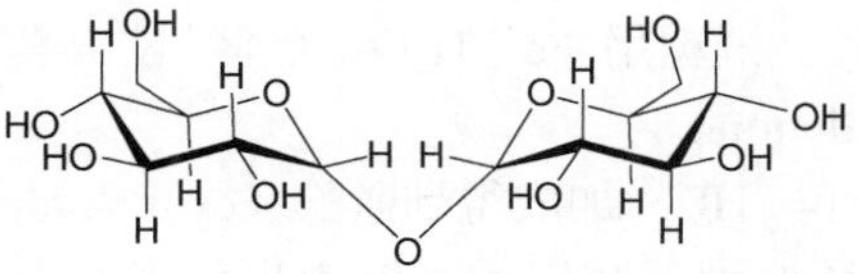　　　海藻糖

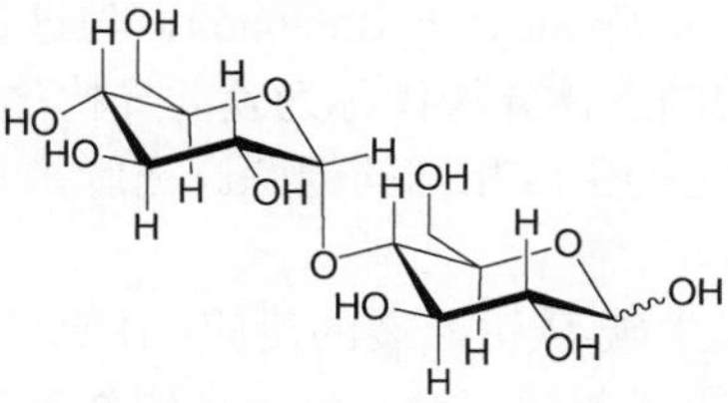

麦芽糖 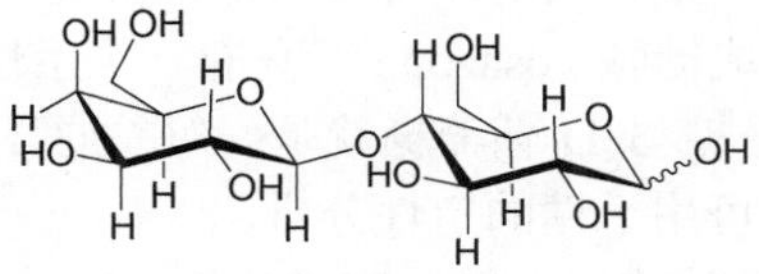　　　乳糖

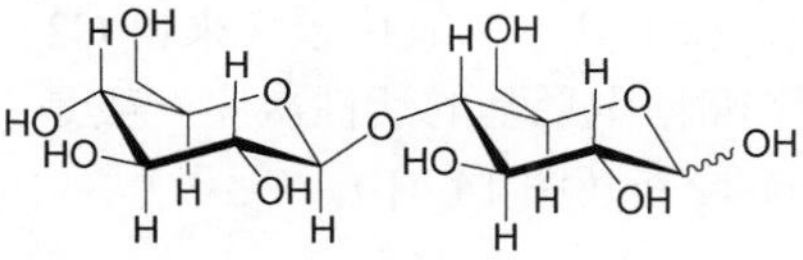

纤维二糖

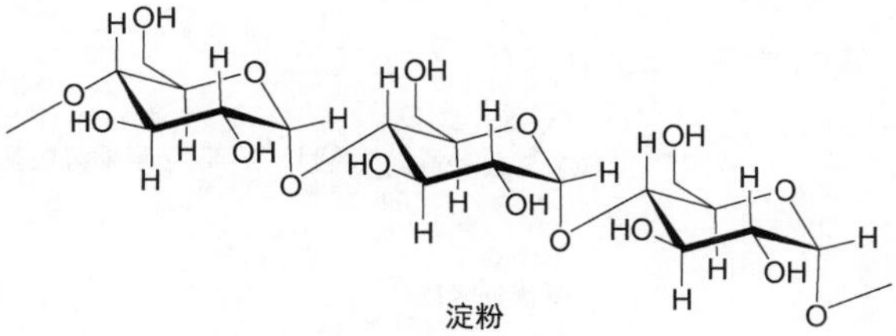

淀粉

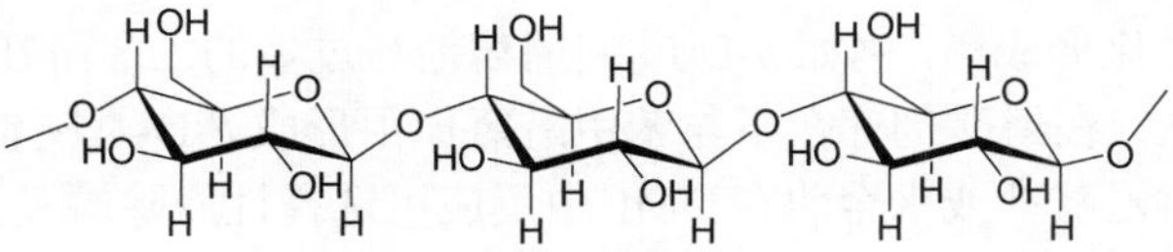

纤维素

图 14.60　二糖和多糖的结构

2. 糖的化学性质

（1）单糖的化学性质

单糖是含有羰基和羟基的多官能团化合物（开链式），既具有羰基和醇羟基的性质也具有因相互影响产生的特殊性质。单糖的呋喃型和吡喃型环状结构与其开链结构之间存在快速平衡，因此醛糖和酮糖的溶液具有变旋光现象（mutarotation）；它们与各种试剂反应的相对速率决定了某一特定转化的产物分布。这两种结构含有不同的官能团，因此可以将糖的反应分为两组：开链的和环状的。虽然这两种形式有时会发生竞争反应，但醛糖与氧化剂的反应发生在开链形式的醛基上，而不是环状异构体的半缩醛上。

单糖的醛基可氧化为羧基，具有还原性。例如醛糖——葡萄糖和塔罗糖（talose）经溴水或 Tollens 试剂或 Fehling 试剂氧化可生成醛糖酸（aldonic acid）——葡萄糖酸和塔罗糖酸，与稀硝酸作用末端伯醇也被氧化生成糖二酸（aldaric acid）——葡萄糖二酸和塔罗糖二酸，只末端伯醇氧化则生成相应的糖醛酸（uronic acid）；酮糖在碱性条件下因互变异构为醛糖也具有还原性。醛糖用 Fe^{3+}/H_2O_2 处理经过 α-酮酸中间体得到脱羧降解的少一个碳的醛糖（即 Ruff degradation）。

醛糖可与 HCN 加成得到氰醇（cyanohydrin），水解后还原其内酯提供多一个碳的醛糖，氰醇控制还原到亚胺然后水解也提供多一个碳的醛糖（Kiliani-Fischer synthesis）。单糖用 $NaBH_4$ 在甲醇或乙醇中可还原为糖醇。

单糖可与苯肼反应：与一当量苯肼反应形成苯腙（phenyl hydrazone），与过量苯肼在加热下反应形成糖脎（osazone）。只有一个手性碳不同的立体异构体称为差向异构体（epimer），例如 D-甘露糖与 D-葡萄糖就是一对差向异构体，它们生成相同的糖脎。糖脎是具有固定熔点的晶体，可用于糖的定性分析。

与多元醇相似，单糖与高碘酸（periodic acid）发生碳-碳键断裂的反应：在高碘酸存在下，两端的羟基氧化为醛基，中间碳生成甲酸，例如 1 分子葡萄糖经 5 分子高碘酸氧化生成 5 分子甲酸和 1 分子甲醛（它来自 C6）、1 分子果糖氧化生成 3 分子甲酸（来自 C3、C4 和 C5）、2 分子甲醛（来自 C1 和 C6）和 1 分子二氧化碳（来自 C2）。

根据竞争实验，在 D-吡喃糖中羟基的活性次序一般是：1-羟基（半缩醛羟基）>6-羟基（伯羟基）>2-羟基>3-羟基>4-羟基（图 14.61）。

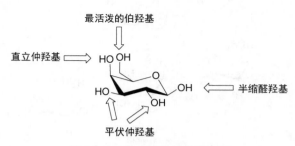

图 14.61　吡喃糖羟基的反应性

单糖的羟基可酰化形成酯，例如 β-D-吡喃葡萄糖与过量的乙酸酐在吡啶中反应生成 β-D-吡喃葡萄糖五乙酸酯，在缚酸剂存在下与苯甲酰氯作用形成 β-D-吡喃葡萄糖五苯甲酸酯；全乙酰化的葡萄糖与肼乙酸盐或水合肼在 DMF 中反应可选择性脱除端基乙酰基得到 2,3,4,6-四-O-乙酰基-D-吡喃葡萄糖。单糖的羟基可烷基化形成醚：在氢氧化钠存在下，β-D-吡喃葡萄糖与硫酸二甲酯（或碘甲烷）反应生成五甲基醚（全甲基化反应），它用稀盐酸水解得到 2,3,4,6-

四-O-甲基-D-吡喃葡萄糖；在 Ag$_2$O 存在下与苄氯或苄溴反应形成五苄基醚（全苄基化反应）。半缩醛羟基比较活泼，在酸催化下 D-吡喃糖与甲醇、乙醇、苄醇、4-戊烯-1-醇等反应形成相应的 D-吡喃糖苷（Fischer glycosidation，Fischer 成苷反应）；D-吡喃葡萄糖与甲醇在氯化氢（4%）催化下回流反应得到 α-D-吡喃葡萄糖甲苷和 β-D-吡喃葡萄糖甲苷，而在氯化氢（0.7%）催化下室温反应生成 α-D-呋喃葡萄糖甲苷和 β-D-呋喃葡萄糖甲苷。此外，两个羟基可与丙酮反应形成五元环缩酮。

（2）单糖衍生物的化学性质

重要的单糖衍生物有：糖苷、卤代糖、不饱和糖、脱氧糖、脱水糖和氨基糖。它们是合成低聚糖的重要原料。

① 糖苷。糖苷的伯醇选择性氧化为醛用 TEMPO/TCC（trichloroisocyanuric acid）或 TEMPO$^+$BF$_4^-$；伯醇选择性氧化为羧酸用 TEMPO（催化量）/NaOCl，为避免盐对分离的干扰可采用 TEMPO（催化量）/^{t}BuOCl。

糖苷的羟基可被卤代（氟代、氯代、溴代、碘代）生成卤代糖：氟代用 Et$_2$NSF$_3$（diethylaminosulfur trifluoride，DAST）在低温下反应；氯代用 PPh$_3$/NCS 或 PPh$_3$/CCl$_4$；溴代用 PPh$_3$/Br$_2$ 或 PPh$_3$/CBr$_4$；碘代用 PPh$_3$/I$_2$/Im（咪唑）或 P(OPh)$_3$/MeI。

② 不饱和糖。不饱和糖是糖化学的一类合成中间体：根据碳-碳双键的位置，可分为烯、烯醚以及烯二醇；端基脱氧的烯特称为烯糖（glycal），这类烯醇醚的双键是高度富电子的，具有独特的反应性；在吡喃糖中，已制备 1,2-烯、2,3-烯、3,4-烯、4,5-烯和 5,6-烯。

烯糖由全乙酰化的糖基溴化物（端基溴化物）经 Zn/HOAc 还原消除或羟基保护的糖基氯化物（端基氯化物）用 Zn/Ag/石墨还原消除制备。

将邻二醇（例如 2,3-二醇）转化为二磺酸酯，然后用 NaI/Zn 在 DMF 中回流，经消除反应形成双键：第一个（例如 3-）磺酸酯被碘代，然后被锌还原伴随消除第二个（2-）磺酸酯形成双键。将邻二醇（例如 2,3-二醇）转化为二黄原酸酯，然后用 Ph$_2$SiH$_2$/AIBN 处理，经消除反应形成双键：第一个（例如 3-）黄原酸酯被自由基脱除，得糖自由基，然后该中间体进行自由基消除形成双键。4,5-双键、5,6-双键通过二醇或卤化物消除形成；5,6-不饱和糖可由 6-碘代糖经 DBU 促进的消除反应制备。

路易斯酸（如三氟化硼/乙醚、三氯化铟）催化乙酰化的烯糖导致烯丙基重排，得到 2,3-不饱和化合物（Ferrier 反应）。路易斯酸与乙酰基配位，活化离去基形成氧稳定的烯丙基碳正离子（氧碳离子，oxocarbenium ion），然后与各种亲核试剂——氧亲核试剂（醇、酚）、硫亲核试剂（硫醇）、氮亲核试剂（氨、胺、肼、叠氮化物）、磷亲核试剂、碳亲核试剂等反应生成端基产物：利用炔基氟硼酸钾 K[F$_3$BCCR] 在乙腈中，经 [F$_2$B(OAc)CCR]$^-$ 将炔基引入端基碳，其中 α-碳苷产物占绝对优势；利用 mCPBA 则得到不饱和内酯以及间氯苯甲酸（图 14.62A）。

2,3-不饱和糖的烯丙苷在 NBS/Zn(OTf)$_2$ 存在下与醇、糖羟基反应形成 α-糖苷。机理研究表明：反应是经过氧碳离子进行的，由于 6-苄氧基的参与，阻碍亲核试剂从 β 面进攻端基碳正离子，因此得到 α-糖苷（图 14.62B）[26]。

5,6-不饱和糖在含水丙酮中经催化量的汞盐（如乙酸汞、三氟乙酸汞、氯化汞）处理得到环己酮衍生物：底物碳碳双键先羟汞化，糖开环得到酮醛中间体，接着进行分子内羟醛反应关环，质子化形成产物（图 14.62C）。此外，苄基保护的烯糖可用叔丁基锂对烯碳进行锂化获得多用途的锂试剂。

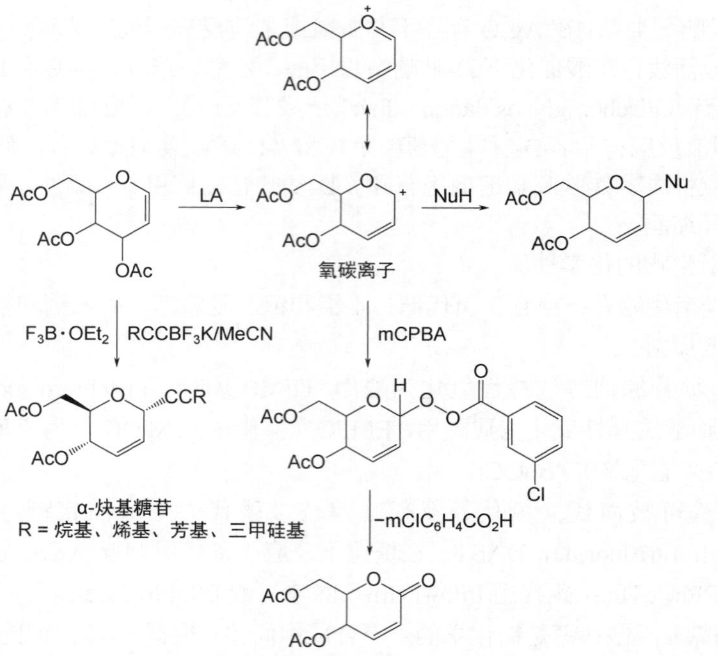

图 14.62A　1,2-不饱和糖的反应

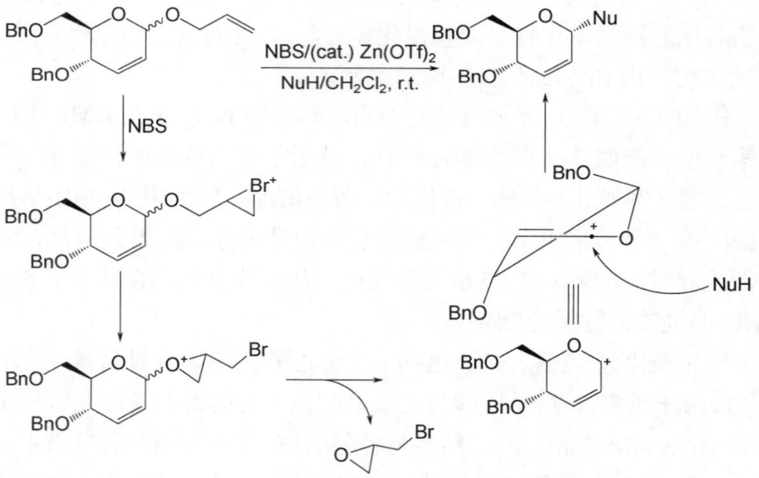

图 14.62B　2,3-不饱和糖的反应

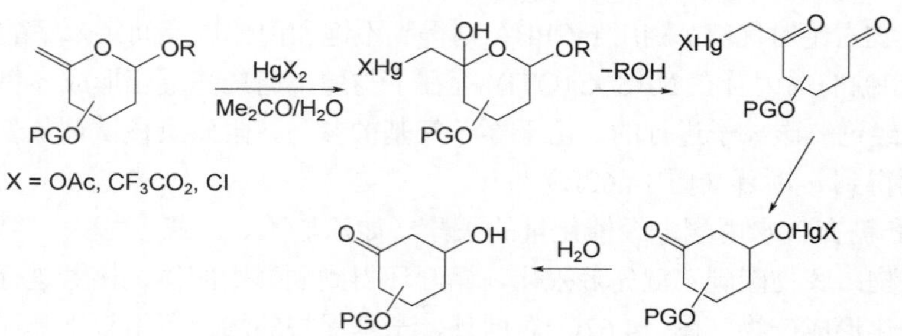

图 14.62C　5,6-不饱和糖的反应

③ 脱氧糖。卤代物、磺酸酯（对甲苯磺酸酯、甲磺酸酯、三氟甲磺酸酯）、环氧化合物、*S*-甲基黄原酸酯、硫代碳酸酯经还原处理可生成脱氧糖：卤代物、磺酸酯、环氧化合物与负氢供体如 NaBH$_4$、^{n}Bu$_4$NBH$_4$ 等反应；*S*-甲基黄原酸酯、硫代碳酸酯与 ^{n}Bu$_3$SnH/AIBN（或 TMS$_3$SiH/AIBN）反应。对伯、仲羟基形成的环状硫代碳酸酯采用 ^{n}Bu$_3$SnH/AIBN（或 TMS$_3$SiH/AIBN）可选择性生成仲位脱氧的产物。

④ 脱水糖。脱水糖（anhydrosugar）是由一个单糖单元内两个羟基失水形成的产物：1,2-脱水产物（环氧化合物）如 1,2-脱水-3,4,6-三-*O*-苄基-*α*-D-吡喃葡萄糖、2,3-脱水产物（环氧化合物）、1,6-脱水产物如 1,6-脱水-*β*-D-吡喃葡萄糖。

能满足分子内亲核取代反应立体化学要求的邻羟基磺酸酯、邻羟基苯甲酸酯、邻二磺酸酯等在碱如 NaOMe 或 NaOH 存在下反应提供环氧化合物（脱水糖）。不饱和糖用 DMDO 在丙酮中进行氧化：3,4,6-三-*O*-苄基葡萄烯糖、3,4,6-三-*O*-TBDMS-半乳烯糖环氧化得到相应的 *α*-环氧化合物；3-*O*-TBDMS-4,6-*O*-苯亚甲基阿洛烯糖则 *β*-面氧化生成 *β*-环氧化合物。酮与硫叶立德 Me$_2$S(O)$^{\pm}$CH$_2$ 反应也生成环氧化合物。脱水糖的亲核开环反应是合成修饰糖衍生物的重要方法：不对称环氧化合物原则上可以生成两种区域异构体，但在六元环中通常只得到反式二直立键产物。在甲醇或乙醇中用甲醇钠或氢氧化钡处理如下的 6-溴（或 6-*O*-对甲苯磺酰基）葡萄糖苷、半乳糖苷和甘露糖苷提供相应的 3,6-脱水糖苷（图 14.63）[27]。

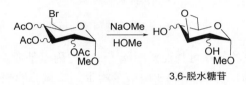

3,6-脱水糖苷

图 14.63　3,6-脱水糖苷的合成

⑤ 氨基糖。氨基糖是重要的修饰糖，最常见的是 2-氨基-D-吡喃葡萄糖和 2-氨基-D-吡喃半乳糖。引入氨基的方法有[28]：利用氮亲核试剂如氨、肼、邻苯二甲酰亚胺盐（PhthNK）、叠氮化钠、叠氮化锂、^{n}Bu$_4$NN$_3$ 等对活化糖（如卤代物、各种磺酸酯）进行亲核取代；利用氮亲核试剂如氨、肼、邻苯二甲酰亚胺盐（PhthNK）、叠氮化钠、叠氮化锂、^{n}Bu$_4$NN$_3$ 等对环氧化合物进行开环反应；利用硝酸铈铵 CAN/NaN$_3$ 对 1,2-烯糖进行自由基加成生成 2-叠氮糖基硝酸酯，利用 PhSeSePh/NaN$_3$ 在氧化剂 PhI(OAc)$_2$ 存在下对 1,2-烯糖进行自由基加成生成 2-叠氮硒苷（叠氮硒化反应）；这些叠氮糖经催化氢化或用 NaBH$_4$ 还原可转化为氨基糖。肟经催化氢化或硼烷/四氢呋喃还原是合成氨基糖的一条途径。分子内取代提供一种方便以及立体选择性引入氨基的方法：将不饱和糖衍生物的羟基用 Cl$_3$CCN/NaH 转化为三氯乙酰亚氨酯（trichloroacetimidate），随后用 NBS 或 NIS（*N*-碘代丁二酰亚胺）进行分子内环化，得到溴代或碘代噁唑啉，经温和酸性水解生成氨基，卤素则用 ^{n}Bu$_3$SnH/AIBN（或 TMS$_3$SiH/AIBN）脱除（图 14.64）。

⑥ 硫酸化的糖。糖的羟基可与三氧化硫-吡啶加合物或三氧化硫-叔胺加合物在 DMF 或吡啶中反应生成硫酸酯，硫酸酯在温和的酸性和碱性条件下是稳定的，但可在低或高 pH 值下水解。

⑦ 磷酸化的糖。

a. 磷酸三酯法。糖的羟基可与氯磷酸二苯酯［ClP(═O)(OPh)$_2$］形成磷酸三酯。氯磷酸二苯酯可在仲羟基存在下与伯羟基反应。DMAP 或咪唑（Im）可促进磷酸酯化反应。氯磷酸二苄酯和氯磷酸二（三氯乙酯）［ClPO(OCH$_2$CCl$_3$)$_2$］也可用于形成磷酸酯。合成不对称的磷酸酯需采用双功能化的磷酸化试剂——含有两个离去基和一个保护基如双(1-苯并三唑基)-2-氯苯基磷酸酯(BTO)$_2$PO(2-ClC$_6$H$_4$O)：先与第一个糖 ROH 反应，生成一个中间体，其中留下的 1-苯并三唑基经 *N*-甲基咪唑活化再与第二个糖 R′OH 反应得到不对称的磷酸酯 (RO)PO(OR′)(2-ClC$_6$H$_4$O)。

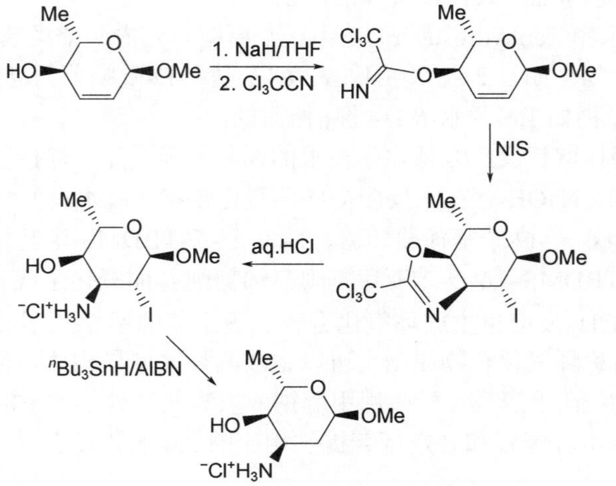

图 14.64　2,3-不饱和糖的反应

b. 亚磷酸三酯法。糖的羟基可与亚磷酸酯［如二异丙氨基亚磷酸二苄酯 I、二异丙基氨基氯亚磷酸氰乙酯 II、双(二异丙氨基)亚磷酸苄酯 III、二氯亚磷酸三氯乙酯 IV］形成亚磷酸三酯，经原位用 mCPBA、过氧化氢、叔丁基过氧化氢、单质碘等氧化形成磷酸酯[29]。合成不对称的亚磷酸酯需采用双功能化的亚磷酸化试剂，例如：二异丙基氨基氯亚磷酸氰乙酯 II 在缚酸剂 DIPEA 存在下与第一个糖反应生成二异丙氨基亚磷酸酯中间体，然后在四氮唑（tetrazole）存在下与第二个糖偶联，随后原位氧化所得亚磷酸三酯生成磷酸三酯（图 14.65）。氰乙基保护基可在温和碱存在下经 *β*-消除脱除。

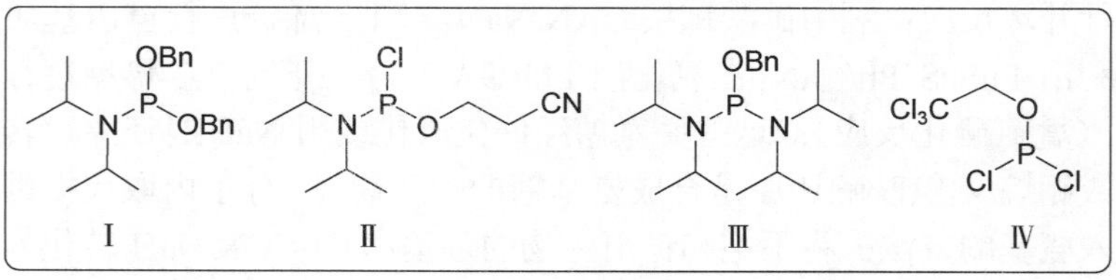

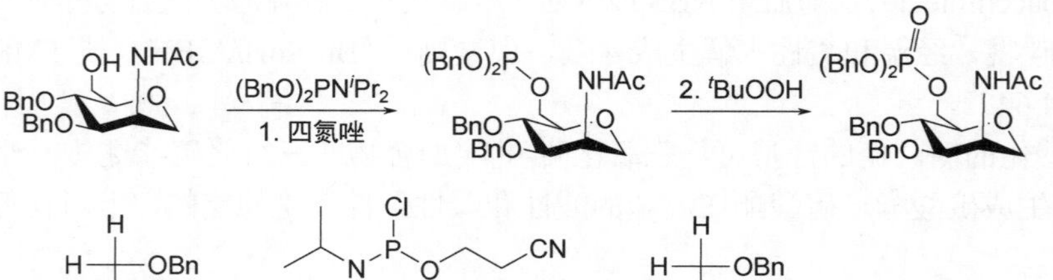

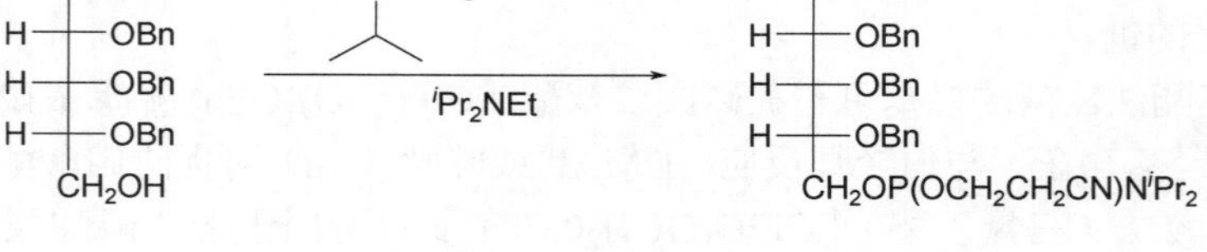

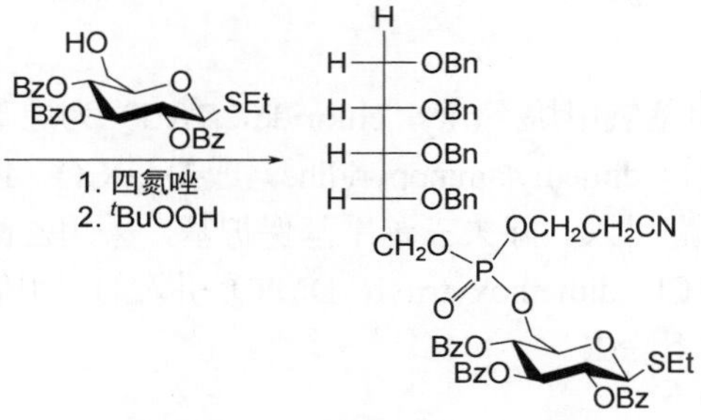

图 14.65　亚磷酸酯法磷酸化

c. *H*-膦酸法。糖与水杨基氯化磷（salicylchlorophosphite）反应经水解后形成的 *H*-膦酸酯（*H*-phosphonate）在新戊酰氯（PivCl）存在下与另一糖偶联得到 *H*-膦酸二酯，经单质碘氧化提供磷酸二酯（图 14.66）。对于端基磷酸酯，还可采用糖基亲电试剂与磷酸二苄酯在碱性条件下反应得到（图 14.67）。

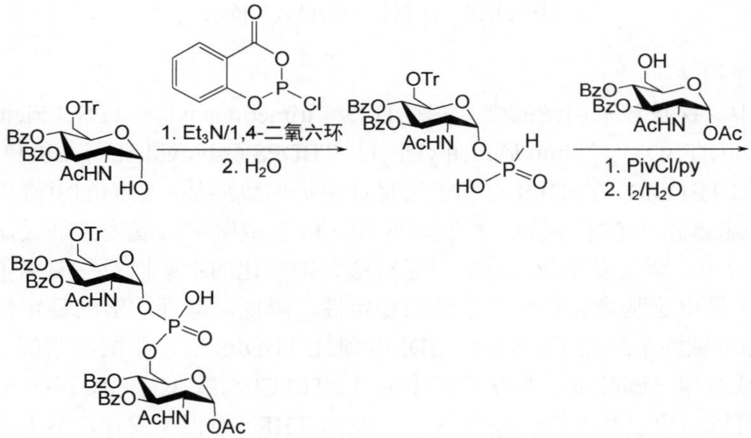

图 14.66　*H*-膦酸法磷酸化

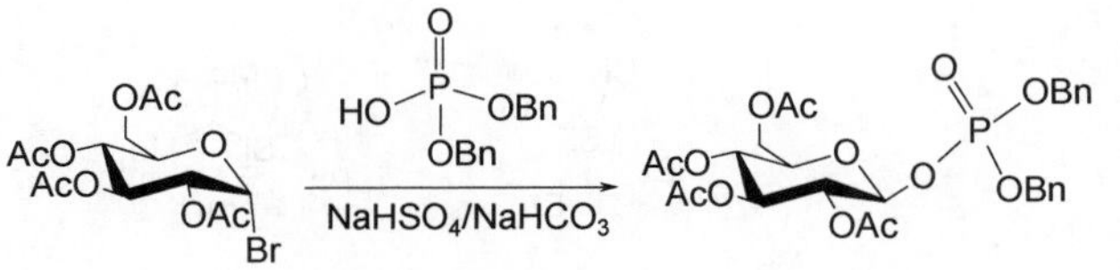

图 14.67　磷酸酯法端基磷酸化

二、糖的保护基化学

糖是多官能团化合物，含有羟基和羰基，有些带有氨基，在合成中为进行选择性反应必须对某些官能团进行保护[9,30]。醇羟基的保护利用生成醚或酯的方法：苄醚法、烯丙基醚法、硅醚法以及选择性保护伯醇羟基的三苯甲基醚法；乙酸酯法、苯甲酸酯法。氨基的保护采用生成酰胺的方法：乙酰胺法、邻苯二甲酰亚胺法（酞酰亚胺法）。

1. 伯醇羟基的保护

（1）三苯甲基醚法

三苯甲基 Tr 用三苯甲基氯甲烷（trityl chloride，TrCl）为烷基化试剂，以吡啶为碱和溶剂，或另加催化剂 DMAP（4-dimethylaminopyridine）或 DABCO（1,4-diazabicyclo[2.2.2]octane）与伯醇反应生成三苯甲基醚引入。除去三苯甲基保护基，采用乙酸或三氟乙酸（TFA）水溶液（图 14.68）。利用 DMTCl（dimethoxytrityl，DMT）引入的二甲氧基三苯甲基（DMT）保护基可在更温和的酸性条件下除去。

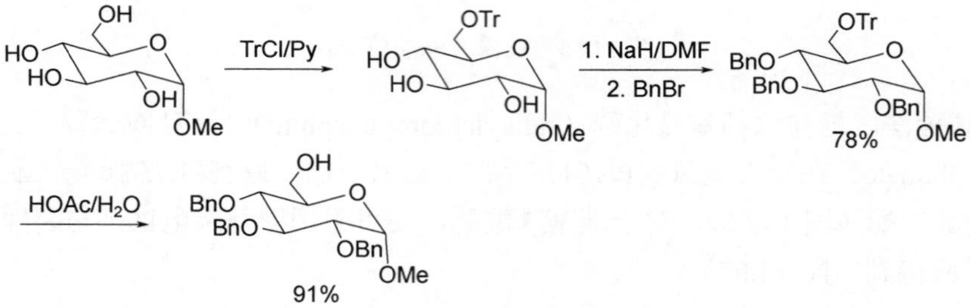

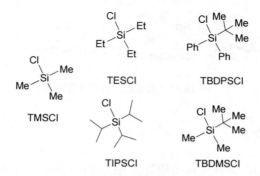

图 14.68　Tr 保护基的引入与除去

（2）硅醚保护法

在糖化学中，保护羟基用到的硅基有：TMS（trimethylsilyl）、TES（triethylsilyl）、TIPS（triisopropylsilyl）、TBDMS（t-butyldimethylsilyl）、TBDPS（t-butyldiphenylsilyl）等（图 14.69）。大体积的硅基如 TBDMS、TBDPS 有利于选择性保护伯醇羟基。它们的引进用等物质的量的氯硅烷（chlorosilane）与醇在碱如三乙胺、咪唑（Im）或吡啶（既为溶剂又作碱）存在下加催化剂 DMAP 在 0℃至室温反应。硅醚可进行酸、碱催化的水解以及与氟离子配位：硅上烃基越大越稳定；吸电子基增强对酸性水解的稳定性、降低对碱性水解的稳定性。TBDMS 醚和 TBDPS 醚都对碱性水解稳定，但是 TBDMS 醚比 TBDPS 醚易于酸性水解；它们的除去可用乙酸水溶液或对甲苯磺酸吡啶盐在甲醇中处理。TESCl 与醇在三乙胺存在下引入 TES 保护基，它的除去可以在更温和的酸性条件下（乙酸/水/THF，室温）进行，不影响分子中可能存在的环氧、缩酮、酯等官能团以及 TBDMS、TBDPS。由于硅的亲氟性，除去这些保护基也可利用氟化四丁基铵（TBAF）/THF 或 HF/MeCN 或 HF/py 进行处理。

图 14.69　用于保护醇羟基的有机硅试剂

（3）磺酸酯法

利用对甲苯磺酰氯在干燥吡啶中与伯醇反应，转化为磺酸酯的目的常常是后续需将其还原或被卤素取代。

（4）酯保护法

用酰氯如乙酰氯、新戊酰氯、苯甲酰氯在缚酸剂（如吡啶、三乙胺）存在下与醇反应。酰基保护基的除去采用氢氧化钾（或氢氧化钠）在甲醇中的碱性裂解或用甲醇钠在甲醇中进行酯交换。

2. 1,2-二羟基和1,3-二羟基的保护

糖中羟基的活性依据类型有所不同，可利用其活性差异进行保护。端基碳的半缩醛羟基特别活泼，通常先于其它羟基进行保护。酸催化半缩醛羟基与醇如甲醇、乙醇、烯丙醇、4-戊烯-1-醇、苄醇等脱水生成缩醛（Fischer 成苷反应）；酸可以用少量乙酰氯现场产生 HCl 或用阳离子交换树脂。端基保护基的除去：甲苷，用硫酸加热水解；烯丙苷和苄苷，用盐酸/二氯甲烷；苄苷，还可用催化氢解。

在低聚糖的合成中，端基保护基的引入和除去要特别温和，采用保护基如 CH$_2$CH$_2$TMS：通过端基卤化物在银盐存在下与2-三甲硅基乙醇（HOCH$_2$CH$_2$TMS）反应引入；CH$_2$CH$_2$TMS 的除去可采用三氟乙酸（TFA），用 BF$_3$/Ac$_2$O 处理则将其转变为1-O-乙酰基衍生物。

苯亚甲基用来保护吡喃糖的 4,6-二羟基。吡喃糖甲苷用苯甲醛/ZnCl$_2$ 得到 4,6-O-苯亚甲基缩醛。更温和的方法是用 PhCH(OMe)$_2$ 在催化量的强酸如 CSA 存在下进行缩醛化。除去苯亚甲基保护基可采用乙酸或三氟乙酸水溶液或催化氢解（图 14.70）；利用对甲氧基苯亚甲基保护基或邻、对二甲氧基苯亚甲基保护基可在温和的条件下除去。区域选择性开环可提供单-O-苄基化衍生物：用 LiAlH$_4$/AlCl$_3$ 或 NaBH$_3$CN 开环得到区域选择性相反的单-O-苄基化衍生物；用 NBS 开环生成6-溴-4-O-苄基己糖。

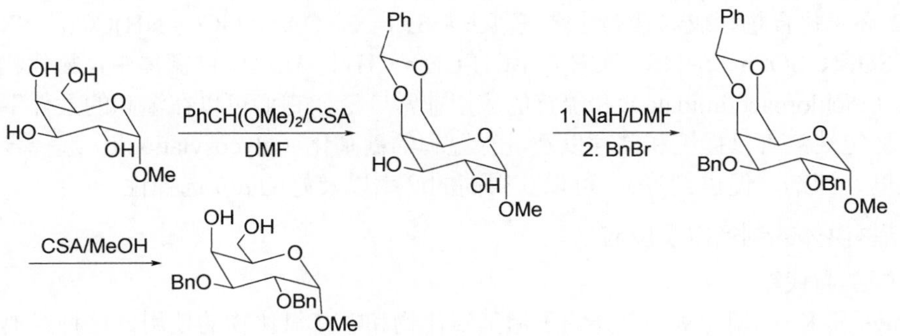

图 14.70 苯亚甲基的引入和除去

亚异丙基用来保护邻二羟基：丙酮在酸（如对甲苯磺酸、CSA、硫酸）催化下与醇反应生成缩酮，加吸水剂如无水硫酸铜、4A 分子筛有利于提高产率；利用与 Me$_2$C(OMe)$_2$ 在酸催化下进行缩酮交换反应也可形成亚异丙基缩酮。2-甲氧基丙烯在酸催化下可以亚异丙基形式形成 1,3-二氧六环保护 1,3-二醇。丙酮在不同酸或 Lewis 酸催化下可生成不同亚异丙基保护的合成砌块：D-甘露糖醇在硫酸-硼酸催化下或在氯化锌催化下分别生成 1,2：3,4：5,6-三-O-亚异丙基-D-甘露糖醇和 1,2：5,6-二-O-亚异丙基-D-甘露糖醇。丙酮在催化量硫酸存在下，葡萄糖可生成 1,2：5,6-二-O-亚异丙基呋喃糖，甘露糖可生成 2,3：5,6-二-O-亚异丙基呋喃糖。除去缩酮保护基可采用乙酸或硫酸水溶液、硅胶或阳离子交换树脂。

原乙酸酯［MeC(OEt)$_3$］或原苯甲酸酯［PhC(OEt)$_3$］在酸催化下与顺式邻二醇反应生成

相应邻二醇的原酸酯（orthoester），用稀乙酸选择性开环得到乙酸酯或苯甲酸酯以及游离羟基，因此糖的原乙酸酯或原苯甲酸酯是非常有用的合成中间体。

3. 氨基的保护

氨基糖与乙酸酐反应生成乙酰化的氨基糖，N-乙酰基可在 O-乙酰基存在下用 HBr 在 HOAc 中或 $Et_3O^+BF_4^-$ 在 CH_2Cl_2 中选择性脱除。N-乙酰氨基糖因易生成稳定的噁唑啉，不太适合用作糖基供体。为避免糖基化时生成 1,2-噁唑啉，2-氨基的保护常常采用邻苯二甲酰基 Phth，通过氨基与邻苯二甲酸酐在碱如碳酸钾、三乙胺、吡啶存在下引入。除去邻苯二甲酰基可采用水合肼肼解法以及乙二胺氨解法。氯甲酸三氯乙酯与氨基糖在碱存在下反应引入三氯乙氧羰基 TOC，这一保护基可用锌粉在含水乙酸中温和脱除。与 N-乙酰氨基糖不同，TOC 保护的氨基糖可用于糖基化反应。

三、低聚糖的合成方法学

糖苷键通常是通过一个完全保护的带有离去基团的糖基供体与一个适当保护的只包含一个自由羟基的糖基受体的缩合形成（图 14.71）。成苷反应（α/β 比例）的控制因素包括：反应溶剂、反应温度、离去基（LG）和促进剂（如路易斯酸 LA）等；涉及的中间体包括氧碳离子、邻基参与（NGP）形成的酰氧镓离子以及配位溶剂分子参与形成的离子中间体等。

实验发现在糖基受体中羟基的亲核性活性顺序是：伯羟基＞平伏的仲羟基＞直立的仲羟基；醚保护的糖（也称为活化的糖，armed sugar）羟基＞酯保护的糖（也称为去活化的糖，disarmed sugar）羟基。传统上，最广泛使用的糖基供体是端基卤代物。然而，这些化合物往往不稳定，需要相对苛刻的条件才能制备。原酸酯（orthoester）和亚氨酯（imidate）的引入是寻找替代糖基卤化物的最初尝试。从此以后，报道了许多其它离去基团的糖基供体如硫苷、硒苷、1,2-环氧化合物、戊烯苷等［端基离去基 LG＝X、OAc、OC(＝NH)CCl₃、SMe、SPh、SCN、SCSOEt、SOPh、SePh、OCH₂CH₂CH₂CH＝CH₂]。在这些供糖体中，氟代物、三氯乙酰亚氨酯（trichloroacetimidate）和硫苷的应用非常广泛，它们可以在温和的条件下制备，具有足够的稳定性，可以提纯和储存以及进行温和的糖基化（glycosylation）。选择合适的反应条件（温度、溶剂、促进剂等），可以获得高的产率以及好的 α/β 选择性。

1. 糖基供体的制备以及反应

（1）端基卤代糖

Koenigs 和 Knorr 于 1901 年介绍了糖基溴化物和糖基氯化物的使用。这种经典的方法使用重金属盐（主要是银盐和汞盐）或烷基卤化铵作为催化剂。异头溴化物或氯化物与银盐或汞盐的络合作用促进卤素的离去，离去基团离开产生氧碳离子（oxocarbenium ion）（—O—C⁺—$\longleftrightarrow$—O⁺＝C—），其与醇反应生成糖苷（图 14.71）。或者，醇以 S_N2 方式取代活化的卤化物形成糖苷。糖基化的详细反应机理将在下面讨论。糖基卤化物（glycosyl halide）的反应性是由保护基决定的，一般来说，醚保护的衍生物比酯保护的糖基供体更活泼。此外，C(2) 处的保护基对糖基供体的反应性有最大的影响。这些观察结果可以容易地条理化：离去基的离开在端基碳中心（即异头碳中心）产生部分正电荷，酯类强烈地吸电子，使产生正电荷的中间体去稳定化，因此从能量上看取代这种卤化物是不利的。保护基也决定糖卤化物的稳定性。例如，2,3,4,6-四-O-乙酰基-α-溴化糖是一种相当稳定的化合物，可以储存相当长的时间。然而，类似的 O-苄基衍生物在制备后几小时内就会分解。糖基溴化物比糖基氯化物更活泼，但也更不稳定。一般来说，糖基碘代物太不稳定，不能用于糖基化。

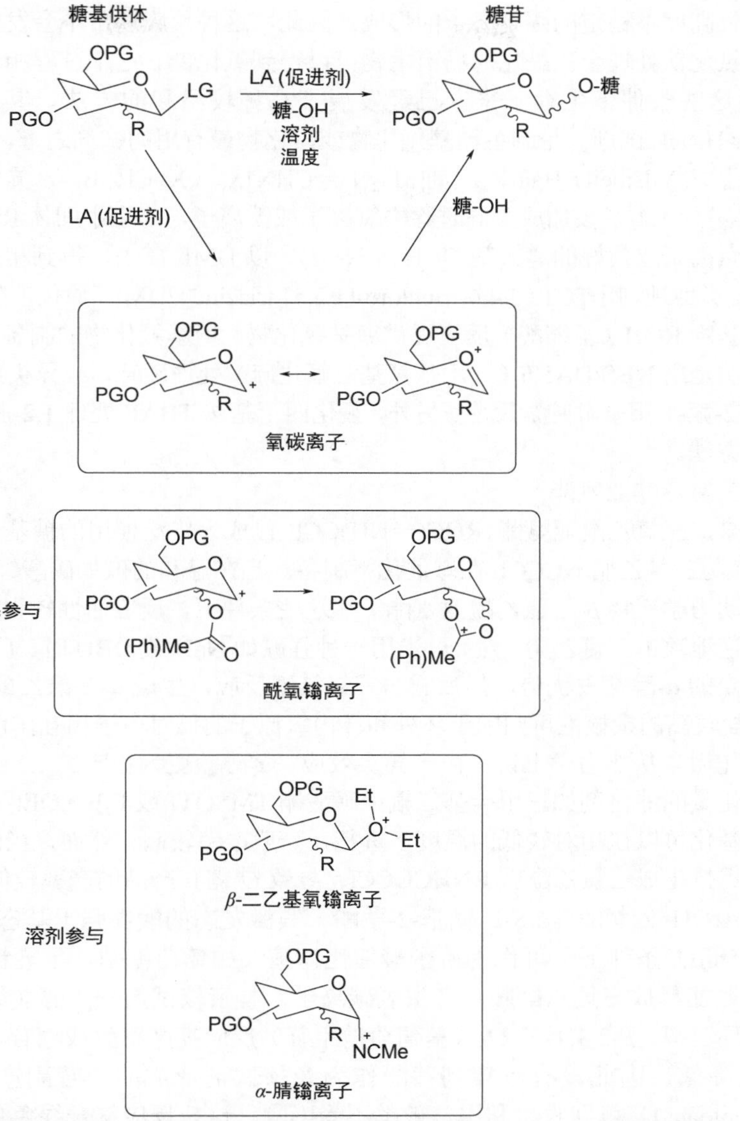

成苷反应中影响 α/β 比例的因素：溶剂、温度、离去基、路易斯酸 (促进剂)、C(2) 上的取代基 (a键
或e键)、供体和受体上的其他取代基

图 14.71　成苷反应及其控制因素

　　长期以来，人们认为糖基氟化物过于稳定，不能用作糖基供体。然而这些化合物可以用
AgClO$_4$/SnCl$_2$ 活化。后来的研究扩展了糖基氟化物的催化剂，常用的促进剂（promoter）包
括 F$_3$B・OEt$_2$、Cp$_2$MCl$_2$（M=Ti、Zr、Hf）/AgClO$_4$、Cp$_2$MCl$_2$（M=Ti、Zr、Hf）/AgOTf 等。
氟化物可以用硅胶柱纯化，并且有很好的保质期。它们甚至可以经受一定数量的保护基反应
操作。

　　糖基溴化物最常用的制备方法是在乙酸中用溴化氢处理全乙酰化的糖衍生物。通常以高
产率获得较稳定的 α-异头物。在这个反应中，端基乙酰基通过质子化转化为一个良好的离去
基团，然后，乙酸离去，生成氧碳离子。在第一种情况下，形成异构溴化物的混合物，很快
平衡会有利于热力学上更稳定的 α-异构体。其它乙酰基也可能被质子化，然而，这些基团的

离开将导致高度不稳定的碳正离子的形成。因此，这种反应通常不会发生。用氯化铝或五氯化磷或四氯化钛处理全乙酰化的糖衍生物可以得到氯化糖。这个过程相对苛刻，许多官能团都无法在这些条件下生存下来。已经发展了几种较温和的方法，其中威迈尔-哈克试剂（Vilsmeier-Haack 试剂）是制备糖基氯化物或溴化物最有用的试剂之一。DMF 与草酰氯或草酰溴反应生成 Vilsmeier-Haack 试剂$[Me_2N^+{=}CHX]X^-$（X=Cl、Br），异头羟基物（半缩醛）ROH 对其进行 1,2-亲核加成，同时除去氯离子或溴离子，产生中间体 $ROCH{=}^+NMe_2$，氯负离子或溴负离子取代好的离去基 $OCH{=}^+NMe_2$，以 DMF 离去，得到相应的糖基氯化物和糖基溴化物。类似地，用 TCT（2,4,6-trichloro-[1,3,5]-triazine）/DMF（原位产生$[Me_2N^+{=}CHCl]Cl^-$）与异头羟基物 ROH（半缩醛）反应提供糖基氯化物。糖基氟化物的制备方法已有报道，但最常见的方法是用 NBS/DAST（二乙基氨基三氟化硫）处理硫苷，或异头羟基物与 DAST 或对甲苯磺酸 2-氟-1-甲基吡啶盐反应。另外，氟化四丁基铵 TBAF 处理 1,2-脱水-吡喃糖苷也是一种有效的方法。

（2）三氯乙酰亚氨酯

近年来，三氯乙酰亚氨酯 $ROC({=}NH)CCl_3$ 已成为广泛使用的糖基供体。它们很容易通过醇 ROH 与三氯乙腈 $NCCCl_3$ 在碱催化下制备。当在温和的碱如碳酸钾存在下进行反应时，产生反应动力学产物 β-三氯乙酰亚氨酯；在这些条件下，反应活性较强的 β-醇盐优先形成，然后不可逆地攻击三氯乙腈。然而，当用一种强碱如 NaH 或 DBU 时，反应的醇盐到达平衡，热力学稳定的 α-醇盐占优势，然后它与三氯乙腈反应，生成 α-三氯乙酰亚氨酯[31]。

β-醇盐较高的亲核性可归因于环外和环内氧原子的孤对电子相互排斥引起的不利的偶极-偶极相互作用。从热力学上讲，由于异头效应，α-醇盐更为稳定。

在催化量的催化剂如三甲硅基三氟甲磺酸酯 TMSOTf 或 $F_3B \cdot OEt_2$ 存在下，三氯乙酰亚氨酯的糖基化可以在相对较低的温度下进行，一般产率较高。然而，当受体极不活泼时，可能会发生重排生成三氯乙酰胺 $RNHCOCCl_3$，导致 O-糖苷产品的产率较低。萘酚类化合物（有机光酸；ArOH=2-萘酚、5,8-二氰基-2-萘酚）其激发态的酸性强于基态（参阅第二章），在光照（365nm）条件下，可作为质子酸催化糖基（如葡萄糖基、半乳糖基和甘露糖基）三氯乙酰亚氨酯释放三氯乙酰胺，产生氧碳离子，与亲核试剂——醇（如异丙醇、正辛醇、苯乙醇、环己醇、β-2,3,4-三-O-苄基葡萄糖甲苷）反应高产率生成糖苷。激发态的萘酚其亲核性大大降低，因此没有收集到萘酚作为亲核试剂形成的糖苷副产物；而且有机光酸（organophotoacid）可回收再利用，效率不受影响。这一反应符合绿色化学的理念，具有光明的应用前景（图 14.72）[32]。

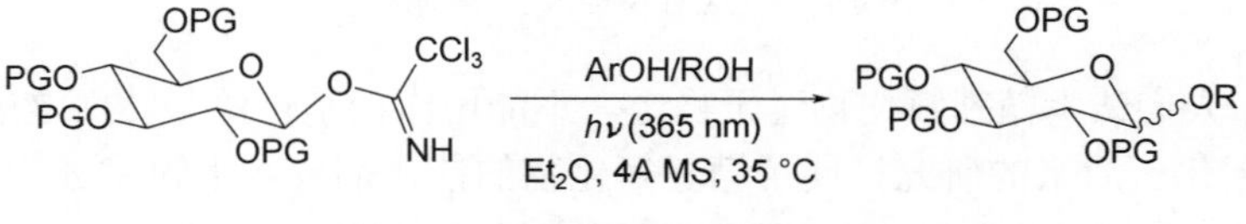

图 14.72　有机光酸催化的成苷反应

（3）戊烯苷

正戊-4-烯苷可方便地制备，例如，糖如葡萄糖与正戊-4-烯-1-醇在 CSA 催化下反应得到（Fischer 成苷反应）；利用 Koenigs-Knörr 反应，由正戊-4-烯-1-醇与溴代糖或 1-O-乙酰糖在 AgOTf 或 $SnCl_4$ 存在下提供。在碱如 2,6-二甲基吡啶存在下，正戊-4-烯-1-醇与 2-O-酰基溴代糖反应生成 1,2-原酸酯，经酸催化可转变为相应的正戊-4-烯苷。正戊-4-烯苷与 NBS/H_2O 作用生成 1-羟基糖；与单质溴反应经消除 2-溴甲基四氢呋喃提供溴代糖；与单质溴和 Et_4NBr（铵盐提供过量溴负离子）反应生成溴加成的糖，它经过 $Zn/^nBu_4NI$ 脱溴处理再生正戊-4-烯苷。作为糖基供体，正戊-4-烯苷的成苷活化采用 NBS、NIS、NIS/TESOTf 或 TfOH[33]。

（4）硫苷

烷（芳）基硫苷已经成为合成低聚糖的多功能砌块。它们可以很方便地由路易斯酸 $F_3B \cdot OEt_2$ 催化端基乙酸酯与硫醇的反应制备。为避免大气味的硫醇，可由路易斯酸 $SnCl_4$ 催化端基乙酸酯与烷基硫代锡烷 $^nBu_3SnSMe$ 或烷基硫代硅烷 TMS_3SiSMe 反应。用硫醇盐与卤代糖的亲核取代反应形成硫苷，产率较高。与之相关的制备硫苷的方法有：硫脲或硫乙酸盐与卤代糖反应，水解得到 1-巯基糖，然后在缚酸剂如三乙胺存在下与卤代烷原位烷基化；黄原酸盐 $EtOCS_2K$ 与卤代糖反应，用甲醇钠处理，酸化后得到 1-巯基糖，在缚酸剂存在下与卤代烷原位烷基化。烷（芳）基硫苷具有优异的化学稳定性，可以有效地保护端基中心，与许多碳水化合物的化学反应条件相适应。然而，在软亲电试剂存在下，硫苷可以被活化并直接用于糖基化。最常用的催化剂有 MeOTf、$Me_2S^+SMe^-OTf$ [dimethyl(methylthio)sulfonium triflate，DMTST]、NIS/TfOH、IDCP（iodonium dicollidine perchlorate，二可力啶碘鎓高氯酸盐）、MeSBr、MeSOTf 和 PhSeOTf。在这些反应中，亲电活化剂与硫反应生成锍鎓中间体，后者是一个很好的离去基团，可以被糖羟基取代。硫苷另一个吸引人的特点是它们可以转化为一系列其它糖基供体。如果用单质溴处理硫苷，得到糖基溴化物；用 NBS/DAST 处理硫苷提供糖基氟化物，将其水解生成羟基异头物，可作为制备端基三氯乙酰亚氨酯的适宜底物；硫苷可用 mCPBA 氧化成相应的亚砜，然后在低温下被三氟甲磺酸酐 Tf_2O 活化。

（5）硒苷

① 硒苷的制备。硒苷通常是在 $F_3B \cdot OEt_2$ 存在下用苯硒醇与糖基乙酸酯来制备的，从次磷酸还原 PhSeSePh 得到苯硒醇；或者用烷基（芳基）硒醇盐 [由相应的二烷基（芳基）二硒醚与 $NaBH_4$、$Zn-ZnCl_2$ 或 InI 反应原位产生] 与糖基卤化物反应（图 14.73）[34]。

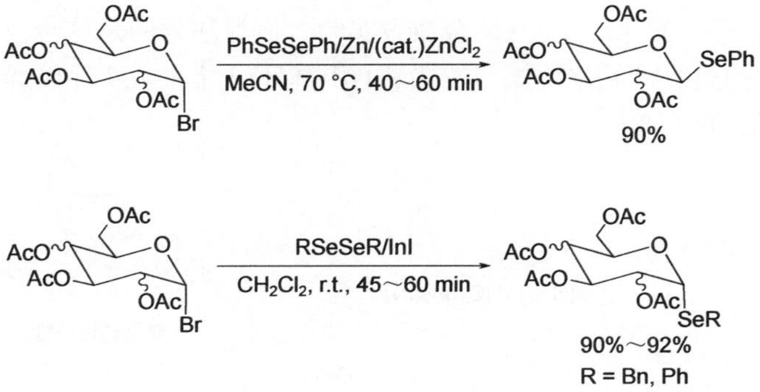

图 14.73 原位产生硒醇盐合成硒苷

后一种化学方法对制备碲苷也是有效的。在 $HgBr_2$ 或 $SnCl_4$ 存在下，可以用苯硒醇处理原酸酯制备硒苷（图 14.74）。硒锡烷 $Me_2Sn(SePh)_2$ 在催化量的 $^nBu_2Sn(OTf)_2$ 存在下与 2,3,4,6-四-O-苄基糖基乙酸酯反应，也能提供硒苷，其中 α-硒苷占优势。类似地，硫苷也可以通过使用相应的硫锡烷来实现。立体选择性合成 α-硒苷可以通过硒羧酸酯的反应实现：糖基氯化物与硒代对甲苯甲酸钾反应生成硒糖基对甲基苯甲酸酯，与哌啶亲核试剂反应生成 α-硒醇负离子，在 Cs_2CO_3 存在下，随后与各种亲电试剂原位反应得到 α-硒苷，包括烷基硒苷和芳基硒苷、硒糖基氨基酸和硒二糖（图 14.75）。

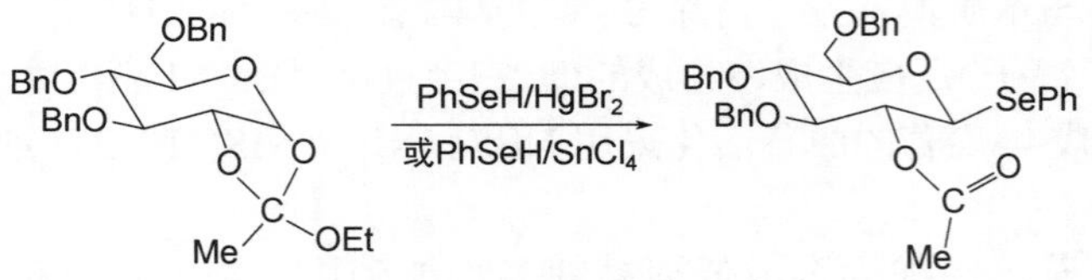

图 14.74　从原酸酯合成硒苷

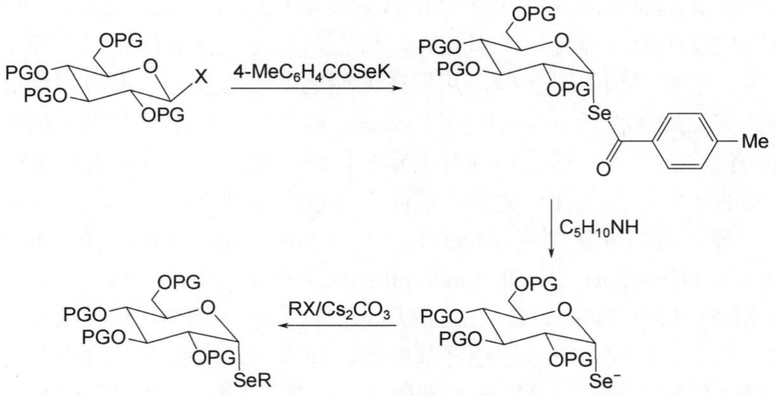

图 14.75　利用硒代羧酸盐合成硒苷

在含 2-氨基-2-脱氧糖的聚糖（glycan）合成中，区域选择性的叠氮苯硒化是比较流行的方法。这种方法源于经典的叠氮硝化（azidonitration）（CAN/NaN₃/MeCN/H₂O）反应。各种不同保护的烯糖进行自由基的反马氏叠氮苯硒化提供 2-叠氮-2-脱氧-1-苯硒苷（图 14.76）。Nifantiev 报道了一种改进的制备方法，用于烯糖的均相叠氮苯硒化：烯糖与 TMSN₃ 和 PhSeSePh 在 PhI(OAc)₂ 存在下反应（CH₂Cl₂，−10℃）。使用 TMSN₃ 代替 NaN₃，不仅缩短反应时间（从数天缩短为 2～4h）而且适合放大实验。值得注意的是这一反应同样适用于非烯糖（即普通烯烃）的叠氮苯硒化，如苯乙烯、1-甲基环戊烯和 α,β-环戊烯甲酸甲酯反应的产率分别为 92%、73% 和 69%[35]。

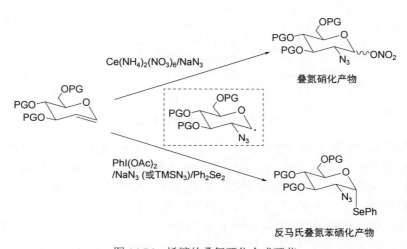

图 14.76　烯糖的叠氮硒化合成硒苷

② 硒苷作为糖基供体。硒苷是一类很有吸引力的供体，因为有许多促进剂通过正离子和自由基正离子对其活化和随后的糖基化（图 14.77）。除了直接激活糖基化，硒苷可以很容易地转化为其它糖基供体。例如，在 AgOTf 存在下水解为半缩醛进一步与氯乙腈或氯亚胺 CF₃CCl=NPh 反应提供糖基三氯乙酰亚氨酯或糖基 N-苯基三氟乙酰亚氨酯。与单质碘作用生成热力学稳定产物 α-碘化物，而用单质溴则生成动力学控制的产物，β-溴化物。

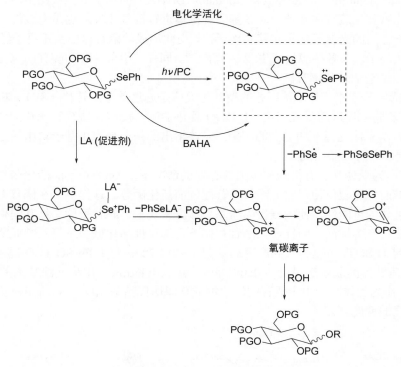

图 14.77 硒苷的活化以及糖基化

③ 硒苷活化的促进剂。

a．基于正离子的活化。苯基硒苷能被 AgOTf/K₂CO₃、MeOTf、PhSeOTf、NIS/TfOH 等促进剂活化。要注意的是：在有机碱如可力啶或四甲基脲存在下，AgOTf 不能活化苯基硒苷，这为部分保护的苯基硒苷用作受体提供了机会。亲电试剂 PhSeOTf 是苯基硒苷包括 2-叠氮-2-脱氧糖糖基化的有效促进剂。完全苄基化或完全苯甲酰化的苯基硒苷可以用 NIS/TfOH 或 IDCP 活化。前者已用于几种硒糖苷的合成，包括以中等产率得到 4,4'-二羟基联苯的双糖基化反应。分子碘（碘正离子的等价物）作为促进剂可以活化以硫代原酸酯、糖基亚砜、亚磷酸酯、硒苷、三氯乙酰亚氨酯和戊烯基糖苷为基础的糖基供体。单独使用 NIS 也能活化硫苷和硒苷，可惜糖苷化的产率不太稳定。硫苷和硒苷发生糖基化反应的立体化学结果取决于促进剂碘离子的来源和溶剂，NIS 和 NIS/TfOH 的结果不同：NIS/TfOH 导致高的反应产率；采用乙腈溶剂有利于生成 α-异构体糖苷。进一步的研究表明在没有亲核试剂醇的情况下碘对供体的活化作用：活化的（armed）硫苷发生端基异构，除（去）活化的（disarmed）硫苷则不起反应；活化的和去活化的硒苷都会产生相应的糖基碘化物。糖基碘化物作为中间体，与活化的（armed）硫苷和硒苷有关，这潜在影响糖基化反应的立体化学结果。当溶剂乙腈参与立体控制时，这可能是一个问题，但它可以通过 I₂ 与 DDQ（2,3-dichloro-5,6-dicyano-1,4-

benzoquinone，2,3-二氯-5,6-二氰基-1,4-苯醌）联合应用作为糖基化促进剂原位氧化碘负离子为单质碘而克服（DDQ 本身并不是硫苷和硒苷的有效激活剂）。AgOTf/K$_2$CO$_3$ 在乙基硫苷存在下对苯基硒苷进行选择性活化，可以有效地从硒苷供体和硫苷受体合成双糖。

b．基于自由基正离子的活化。正像硫苷和碲苷一样，苯基硒苷可以进行单电子转移活化：光化学氧化、电化学活化以及使用有机单电子氧化剂如三(4-溴苯基)铵基六氯锑酸盐〔tris(4-bromophenyl)ammoniumyl hexachloroantimonate，BAHA〕的化学活化（图 14.77）。光化学氧化法用于活化糖苷、硫苷和碲苷，对苯基硒苷供体进行糖基化反应也是有效的：通过光催化剂和苯基硒苷之间的光诱导电子转移实现活化，由此形成的硒苷自由基正离子经 C—Se 键断裂产生糖基正离子，与各种醇反应生成 α-糖苷[36]。同样，用于芳苷和硫苷的电化学糖基化方法也可应用于苯基硒苷和碲苷。

BAHH 诱导苯基硫苷与苯基硒苷的糖基化反应是通过单电子转移（SET）机理进行的。与 BAHA 在乙腈中促进的反应相比，I$_2$/DDQ 促进的同一反应，硫苷和硒苷给体在乙腈辅助下提供更好的 β-立体选择性和更高的产率。应该指出的是迄今为止基于自由基正离子的活化方法尚未广泛应用于制备用途。

④ 硒苷作为受体。在有机碱如可力啶存在的情况下，AgOTf 不能活化苯基硒苷，这表明银离子与碱的优先配位使得它无法与硒苷配位而活化硒苷。这提供了在硒苷存在下选择性活化另一个供体的可能性，使硒苷作为糖基受体。事实上，硒苷受体与糖基溴化物供体的反应产生了双糖，产率很高。同样，在硒苷存在下可选择性活化糖基三氯乙酰亚氨酯：采用催化量的促进剂 TESOTf 可以得到高产率的双糖（图 14.78）。利用 Ph$_2$SO/Tf$_2$O 促进硫苷、硒苷受体与 1-羟基供体的脱水糖基化（dehydrative glycosylation）开辟了糖基化的新途径（图 14.79），硒苷作为受体与产生于硒苷的溴化物成苷即迭代糖基化反应（iterative glycosylation）是最近才研究的课题。

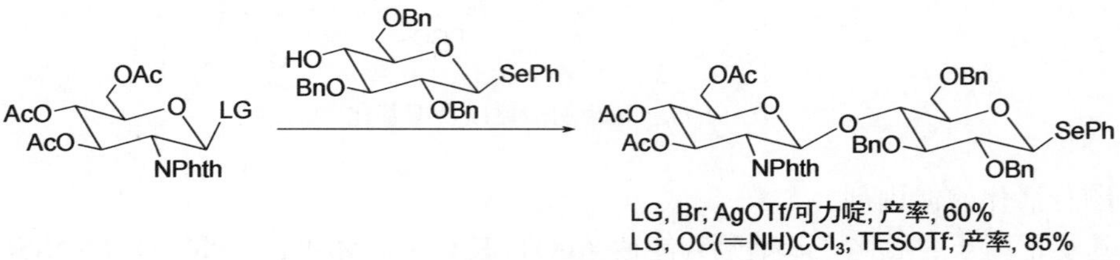

LG, Br; AgOTf/可力啶; 产率, 60%
LG, OC(＝NH)CCl$_3$; TESOTf; 产率, 85%

图 14.78　硒苷作为受体与糖基溴化物和糖基三氯乙酰亚氨酯的反应

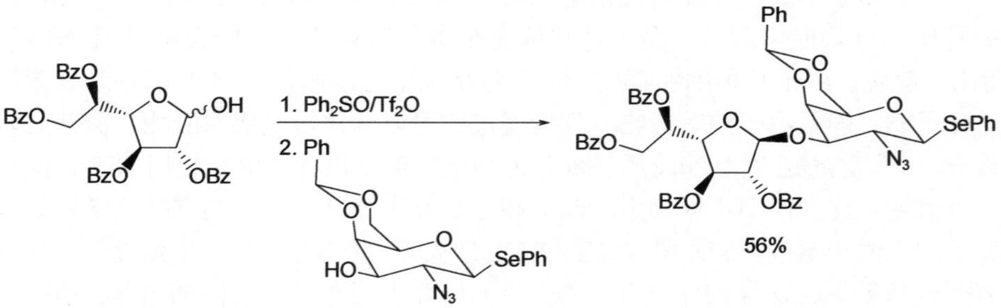

图 14.79　硒苷作为受体的脱水糖基化反应

2. 糖苷合成的立体选择性控制

根据 C(1)和 C(2)的相对构型和绝对构型将苷键分为：1,2-顺式和 1,2-反式。糖苷键的立体选择性形成是低聚糖（寡糖）合成最具挑战性的方面之一。糖基供体 C(2)保护基的性质对控制端基选择性起主导作用。位于 C(2)的保护基团可在糖基化过程中产生邻基参与效应，会产生 1,2-反式糖苷键。然而，当 C(2)没有邻基参与官能团时，反应条件如溶剂、温度和促进剂也可以决定端基反应的选择性。糖基供体和受体的构成（如糖类型、离去基、保护和取代模式）也对 α/β 选择性有重要影响。

（1）邻基参与

构建 1,2-反式苷键最可靠的方法是利用 2-O-酰基的邻基参与。这种方法的原理已在图 14.71 中简要说明。因此，促进剂活化一个离去基团，以协助其离开，这导致氧碳离子（—O—C⁺— ⟷ —O⁺＝C—）的形成。随后 2-O-酰基保护基 RCO 的邻基参与导致形成更稳定的酰氧鎓离子（二氧碳离子）（acyloxonium ion）（—O—RC⁺—O—）（图 14.71）。在后一种中间体中，两个氧原子提供了额外的正电荷共振能力。对于氧碳离子来说，只有环状氧原子参与共振稳定，因此不太稳定。醇对端基碳的攻击导致了 1,2-反式糖苷的形成：葡萄糖型供体可以获得具有 β-键的产物；甘露糖型供体则会产生 α-糖苷。相邻基团辅助的糖基化程序可以与许多不同的糖基化程序兼容。在某些情况下，醇 R′OH 进攻碳离子（—O—RC⁺—O—）生成不需要的 1,2-原酸酯。但在有些反应中，它可以重排为所需的糖苷或醛糖和酰化糖。可以通过使用 C(2)-O-新戊酰基来防止原酸酯的形成。在这些情况下，二氧杂环己烷环上的大体积叔丁基不利于原酸酯（—O—RCOR′—O—）的形成。在某些情况下，糖基化也可以通过氧碳离子（—O—C⁺— ⟷ —O⁺＝C—）进行，从而产生异头物的混合物。

（2）原位异构化

引入 1,2-顺式苷键，需要在 C(2)有一个非参与保护基团的糖基供体。合成 α-葡萄糖型糖苷的一个有趣的方法涉及由一个糖羟基直接取代 β-卤化物。这种反应会使端基中心的构型发生反转，从而形成一个 α-糖苷。然而，大多数 β-卤化物非常不稳定，很难制备。此外，这些衍生物迅速平衡到相应的 α-异构体。α-糖苷合成的一个重大突破是引入原位异构化过程。通过加入溴化四正丁基铵，可以快速建立 α-和 β-卤化物之间的平衡。据悉，异构化通过几个中间体进行。在平衡状态下，因内异头效应，平衡有利于 α-溴代物。因为，醇对 β-溴代物的亲核性反应比较稳定的 α-溴代物更活泼，糖基化反应主要以 S_N2 机理发生，因此主要形成 α-糖苷。这个反应的一个重要要求是平衡速率比糖基化快得多。

这些糖基化的异头结果可以用更一般的机理来讨论。首先，产物的比例是由形成 α-和 β-糖苷的竞争速率控制，因此糖基化是动力学控制。其次，Curtin-Hammett 原理描述了当两种反应物处于快速平衡时，反应物的比例将不会决定产物的比例。然而，产物的比例取决于两种反应物（α-和 β-卤化物）反应的相对活化能。在原位异构化过程中，β-卤代物糖基化的活化能明显低于 α-卤代物，因此反应主要通过 β-异构体进行。这一动力学异头效应（kinetic anomeric effect）可能是由于基态大的异头稳定作用，α-异构体的活化能较大，导致反应活性较低。在极性溶剂中，反应通过氧碳离子进行，α/β 异构选择性降低。原位异构化过程的有效性通过溴化四正丁基铵存在下，一个岩藻糖基溴化物与一个糖基受体缩合生成一个主要作为 α-异构体的三糖而得到证明。值得注意的是，卤化四正烷基铵只与活性很强的卤化糖反应。因此开发更活泼的促进剂势在必行。目前已有一系列具有不同反应活性的活化剂，包括 Hg(CN)₂、HgBr₂、AgClO₄ 和 AgOTf。用其它离去基团也获得了高 α-异构体选择性。例如，TMSOTf 在低温下调节三氯乙酰亚氨酯（苄基保护的）的偶联反应，在许多情况下具有优良的 α-选择性。在已报道的许多例子中，硫苷和糖基氟化物也具有很高的 α-选择性。值得注意的是，这些糖基化的反应机理还没有得到很好的研究。然而，可以合理地假设它们是通过一个原位异构化经过

α-和 β-离子对中间体进行的。正如前面所述，这两个离子对之间的平衡作用比糖基化作用快是非常重要的，而且许多不同的参数影响这一要求。需要试验许多不同条件以获得满意结果。此外，糖基供体或受体的构成发生细微变化，也可能对糖基化的立体化学结果产生显著影响。

（3）构型反转糖基化

原位异构化需要在 α-和 β-卤化物或离子对之间建立一个快速的平衡。然而，一些糖基化过程是基于防止这种预平衡。这些过程依赖于糖基化和构型反转。例如，在不溶性的银盐存在下 α-卤化物的糖基化主要是形成 β-糖苷。在这种情况下，由于卤负离子亲核试剂从反应混合物中沉淀析出，卤化物的异构化被阻止。因此，反应随着构型的反转而进行。硅酸银和硅铝酸银常用于这种异相催化。当 β-甘露糖苷不能通过相邻基团的参与或原位异构化来制备时，这些催化剂在制备 β-苷键连接的甘露糖苷方面已被证明是有价值的。在 C(2)上存在一个不参与的取代基是使用异相催化剂进行糖基化的一个重要条件，然而，C(3)、C(4)和 C(6)上取代基的性质也会影响偶联产物的异头物比例。在非极性溶剂中进行糖基化也可以通过构型反转进行，特别是在用温和的促进剂进行活化的情况下。在二氯甲烷或二氯甲烷/正己烷混合物中，$F_3B \cdot OEt_2$ 介导的 α-葡萄糖基和 α-半乳糖基三氯乙酰亚氨酯给体的糖基化反应主要生成 β-糖苷。β-甘露糖苷也可以通过直接取代 α-甘露糖基对甲苯磺酸酯制备，由于难以生成这类中间体，因此这种方法在低聚糖合成中应用不多。用三氟甲磺酸酐 Tf_2O 处理糖基亚砜可以方便地原位合成 α-糖基三氟甲磺酸酯，由于异头效应，反应优先形成 α-糖基三氟甲磺酸酯。在加入一种醇时，三氟甲磺酸根以 S_N2 的方式被取代，从而形成 β-甘露糖苷。当把三氟甲磺酸酐加入亚砜和醇的混合物中时，很明显地得到了异头混合物。在这种情况下，糖基化很可能是通过一个氧碳离子进行的，因为三氟甲磺酸根的亲核性较小。β-甘露糖苷形成的另一个先决条件，就是将甘露糖供体保护为 4,6-O-苄亚基缩醛。这种现象很难解释，但有人认为这种中间体的半椅式构象由于扭转应变的产生而不利于氧碳离子的形成。应该指出的是，β-甘露糖苷是很难生成的。正如已经指出的，基于邻基参与的方法可以导致 α-甘露糖苷（α-mannoside）的生成。此外，甘露糖基供体的轴向 C(2)取代基立体地阻挡了从 β 面进入的亲核试剂。Kochetkov 等报道了一种利用 1,2-反式糖基硫氰酸酯作为糖基供体和三苯甲基糖衍生物作为糖基受体合成 1,2-顺式吡喃糖苷的有效方法。这种偶联反应是由硫氰酸酯的氮原子与 Tr^+ 的络合作用引起的，继而 Tr 保护糖醇的氧原子以 S_N2 方式亲核攻击端基碳。在适当条件下，糖基供体的取代模式也可以防止原位异构化。例如，在 $ZnCl_2$ 存在下，通过葡萄烯糖与 DMDO 的环氧化反应得到的 1,2-环氧化物与糖的反应立体选择性地提供 1,2-反式糖苷。在这种糖基化反应中，环氧化物被路易斯酸 $ZnCl_2$ 活化。在端基碳中心发生亲核攻击有两个原因：第一，环氧化合物的反式二直立（$trans$-diaxial）键开环是比反式平伏（$trans$-equatorial）键开环立体电子有利的；第二，环氧上的孤对电子帮助端基离去基，使这种进攻方式更有利。$ZnCl_2$ 调节的 1,2-环氧化合物的糖基化在某些情况下会产生混合物，如果 1,2-环氧化合物是由半乳糖衍生而来的；在这种情况下，反应是通过 S_N1 机理进行的。

（4）溶剂参与

在 C(2)无邻基参与基团的糖基供体糖基化的端基结果显著地受到溶剂性质的影响（图14.71）。一般认为，低极性溶剂可提高 α-选择性。在这些情况下，端基异构反应被促进，氧碳离子的形成被抑制。中等极性的溶剂，如甲苯和硝基甲烷的混合物，对有 C(2)邻基参与基团的糖基供体有利。这些溶剂可能稳定了带正电荷的中间体，一些溶剂可能与氧碳离子中间体形成配合物，从而影响糖基化反应的结果。例如，已知乙醚增加 α-选择性，可能是乙醚参与二乙氧镓离子（diethyl oxonium ion）的形成。这种中间体的 β 构型是有利的，因为它具有反向异头效应。构型反转的 S_N2 亲核取代会产生 α-苷键。最近，有研究表明，甲苯和 1,4-二氧六环的混合物提供了一种更有效的参与溶剂混合物。

乙腈是另一种参与溶剂，在许多情况下形成了 e 键苷。据推测，这个反应是通过一个在 S_N1 条件下生成的 α-腈离子（α-nitrilium ion）进行的。为什么腈离子采用轴向取向还不是很清楚，然而，光谱研究支持所提出的异头构型。醇对 α-腈离子的取代形成 β-苷键。已有研究表明，不同类型的糖基供体（如三氯乙酰亚氨酯、氟化物、磷酸酯、4-戊烯苷、1-丙烯苷和硫苷）在乙腈中能够形成高活性的腈离子中间体。在较低的反应温度下，活性醇的反应提供最好的 β-选择性。不幸的是，甘露糖苷在这些条件下给出了较差的异构体选择性。最后，特别应该强调的是溶剂控制端基中心的一个重要要求是在 C(2) 上没有邻基参与基团。

（5）氨基糖苷的控制合成

氨基糖广泛存在于生物体内，氨基葡萄糖是最常见的氨基糖，一般以 N-乙酰和 β-糖苷形式存在。含有氨基糖的复合寡糖的化学合成是广泛研究的焦点，需要氨基的保护基与通常的保护基操作和糖基化反应相容。这样的基团必须能够在温和的条件下被选择性除去或易于转变。此外，对于含有 2-羟基的糖苷的制备，当需要 1,2-反式糖苷时，要求 C(2) 存在邻基参与基团，而对于合成 1,2-顺式 2-氨基糖苷则需要非参与基团。传统上，2-乙酰氨基糖基供体被用于合成 1,2-反式糖苷。乙酸酯或氯代糖的活化导致相对稳定的 1,2-噁唑啉的形成。这些化合物可以被分离出来，随后用于酸催化的糖基化反应，得到 β-二糖。伯醇的收率一般较高，仲醇的收率一般较低。在仲醇的糖基化过程中，需要使用更活泼的糖基供体。为了防止噁唑啉的形成，引入邻苯二甲酰基（Phth）保护糖基供体。近年来，已开发四氯代邻苯二甲酰基和 N,N-二乙酰基等用于代替邻苯二甲酰基。这些基团可以在较温和的反应条件下除去。然而，这些保护基团的问题在于，它们对基本反应条件的稳定性较差，只能容忍有限的反应条件。

N-烃氧羰基也用于 1,2-反式糖苷的合成，这些基团通过邻基参与形成环氧碳离子引导糖基化反应生成 1,2-反式糖苷。

α-葡萄糖胺和 α-半乳糖胺的糖苷的合成需要在 C(2) 有一个不参与的官能团，通常选择 N_3 基团。为了获得高的 α-选择性，反应应该通过一个端基原位异构化过程。正如其它在 C(2) 没有邻近参与基团一样，以乙腈为溶剂可制备 β-糖苷。叠氮基可以通过几种不同的方法引入，通过取代或加成引进，还可以通过使用各种还原试剂来还原，从而得到一个氨基。叠氮基团与许多不同的糖基化方法相容。此外，这个基团还有一个额外的优势，就是在酸性和碱性反应条件下很稳定，可以适应许多化学操作。

3. 低聚糖的合成

依据所用的供糖体不同，低聚糖的合成有这些主要方法：卤代糖法、三氯乙酰亚氨酯法、烯糖法、脱水糖法、戊烯苷法、硫苷法和硒苷法等。为提高产率，应尽量减少上保护基步骤，为此必需使用和研发高选择性的反应；为有利于低聚糖的骨架构筑完成后方便除去所有保护基，应最少采用不同的保护基，这对低聚糖的固相合成尤为重要。使用载体合成低聚糖比溶液法有两个主要优点：一是不需要中间体的色谱纯化；二是使用过量的糖基受体（或供体）可用于提高反应产率，偶联完成后多余的糖基受体（或糖基供体）可清洗除去。与多肽的固相合成相比，低聚糖的固相合成存在两个主要困难：第一，需要立体选择性形成糖苷键（α-或 β-）；第二，需要偶联的单糖的选择性保护比多肽要复杂得多。根据第一个单糖与聚合物的连接方式，固相合成低聚糖有两种主要方法：第一种称为受体法，通过端基碳与聚合物连接，第一个单糖作为糖基受体；第二种称为供体法，通过第一个单糖上的羟基之一与聚合物连接，第一个单糖作为糖基供体。目前，糖基受体的固相合成法应用较为普遍。

硒苷在合成低聚糖（寡糖）方面的多功能性可以通过含有呋喃半乳糖的寡糖的合成得到证实：采用 NIS/TfOH 介导的选择性活化苯基硒呋喃糖苷或苯基硒吡喃糖苷供体以及乙基硫苷受体（图 14.80）。既然 NIS/TfOH 也能够活化硫苷，那么必须仔细控制反应条件和化学计量比以实现这种选择性。虽然硒苷在硫苷存在下的选择性活化已有先例，但这并不总是可靠的。通过选择性地引入不同的保护基和离去基来调节糖基供体的反应性，使得低聚糖的高效合成成为可能。利用苯基硒苷和乙基硫苷与环己烷-1,2-二缩酮（CDA）保护基团，提供了四种不同水平的反应活性。三组分的一锅连续糖苷化使三糖和四糖得以形成，进一步扩展这种方法，使单糖到甘露聚糖（triantennary mannan）的步骤数减少到只有五步。在类似的规模上，将硒苷转化为 β-糖基溴化物的容易性使硒苷的迭代糖基化成为可能。用溴处理 2-O-酰基保护的硒苷选择性生成 β-糖基溴化物作为糖基供体。将 β-糖基溴化物与另一硒苷偶联得到相应的糖基硒苷，可直接用于下一轮糖基化反应。这种迭代糖基化已用于多种低聚糖包括七糖植物毒素的合成，它的一个特点是在引入糖基受体之前，具有相同端基反应活性的糖基供体和糖基受体可以通过糖基供体的活化选择性地偶联。因此，苯基硒苷是低聚糖的多用途合成砌块：通过明智地选择保护基，特别是促进剂，它们可以作为糖基化的供体或受体使用。

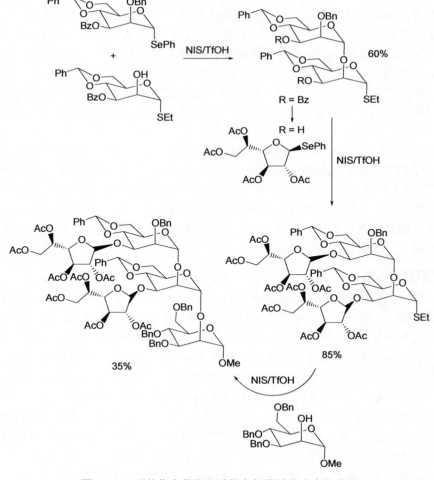

图 14.80　硒苷作为供体和受体在低聚糖合成中的应用

四、硒糖的合成方法学

硒糖（selenosugar）——合成的糖模拟物以便保留天然糖的功能和结构特性，构成了一类特殊的物质。它们作为工具来破译聚糖的生物学作用以及用作药物开发的候选物（图 14.81）[37-41]，为开发水溶性的抗氧化剂，合成了在环状位置含硒的碳水化合物。

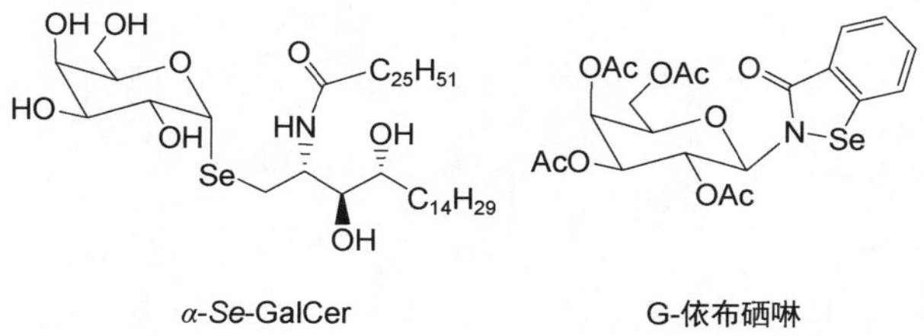

图 14.81　作为药物的硒糖

这些硒糖是强有力的抗氧化剂，特别是 1,4-脱水-4-硒-D-塔力糖醇（1,4-anhydro-4-seleno-D-tallitol，SeTal）可作为多种重要生物氧化剂的有效清除剂。以消耗细胞中的 NADPH 为代价，硒醚氧化产生的硒亚砜很容易被低分子量的酶还原系统循环利用。在所合成的硒糖中，SeTal 可以修复受损的皮肤组织，包括加速糖尿病伤口的愈合，因此 SeTal 具有显著的治疗潜力。

1. 硒杂环硒糖的合成

利用亲核硒试剂 NaHSe 或 Na₂Se 与二元磺酸酯进行亲核取代（1,4-二元磺酸酯形成五元环、1,5-二元磺酸酯形成六元环）得到目标产物。

以甘露糖（D-mannose）为原料，合成硒代古力糖醇（1,5-anhydro-5-seleno-L-gulitol，SeGul）和硒代塔力糖醇（1,4-anhydro-4-seleno-D-tallitol，SeTal）的合成路线示于图 14.82：经邻二羟基保护，醛基还原，用甲磺酰氯 MsCl 对羟基进行磺酰化，最后用亲核试剂 Se²⁻ 对二元磺酸酯进行环硒醚化（1,4-二元磺酸酯形成五元环、1,5-二元磺酸酯形成六元环）得到目标产物[41]。

在硒糖化学中，均裂的自由基成环反应只适用于合成羟基保护的硒糖。有限成功的例子示于图 14.83。以苄基硒代戊糖底物为原料，在 THF/HMPA 中加入碘化钐，制得 2,3,4-三-O-苄基-5-脱氧-5-硒代吡喃糖。类似物通过苯硒酯热解得到[42]。

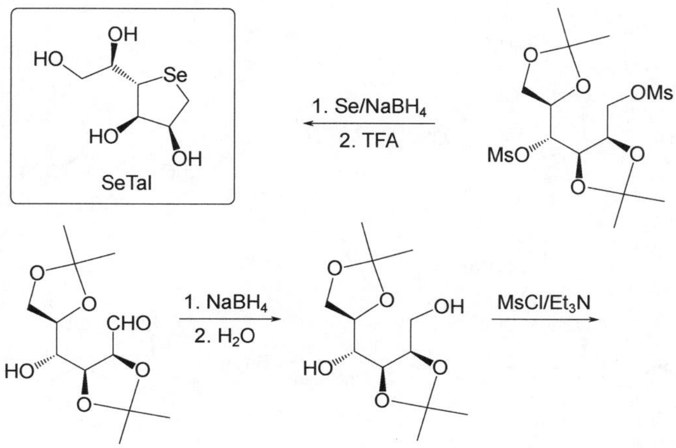

图 14.82

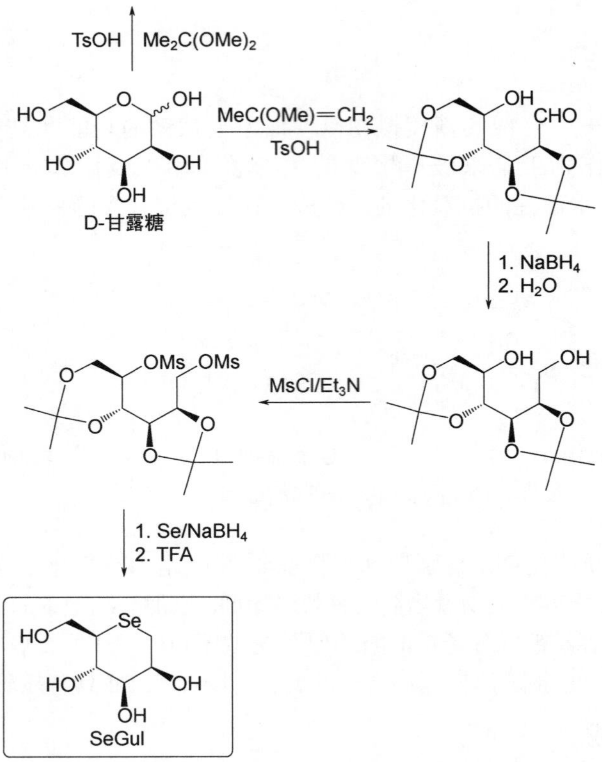

图 14.82　利用甘露糖合成硒糖

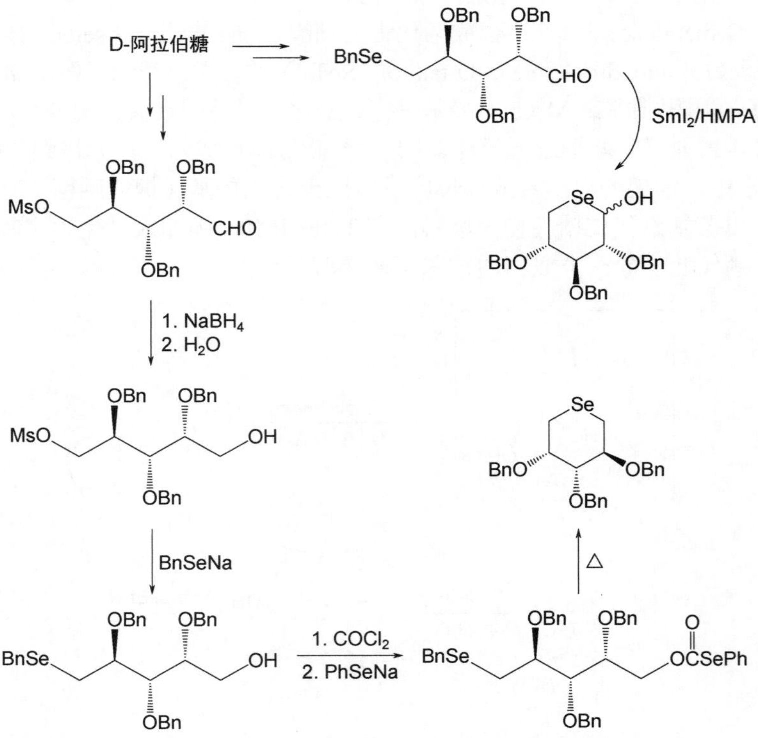

图 14.83　自由基反应合成羟基保护的硒糖

2. 环外硒糖的合成

环外硒糖的合成方法有：硒源与糖基卤化物进行取代反应、与烯烃（不饱和糖）进行加成反应和与杂环化合物进行开环反应。已发展了多种合成硒氰酸酯的方法，硒氰酸酯经 NaBH$_4$ 还原现场产生的硒醇负离子与羟基保护的糖基亲电试剂（如卤代烷、磺酸酯）进行亲核取代形成羟基保护的糖基硒醚，当脱除保护基后得到糖基硒醚——硒苷（selenoglycoside），这一方法可采用"一锅"的方式进行[43]（图 14.84）。

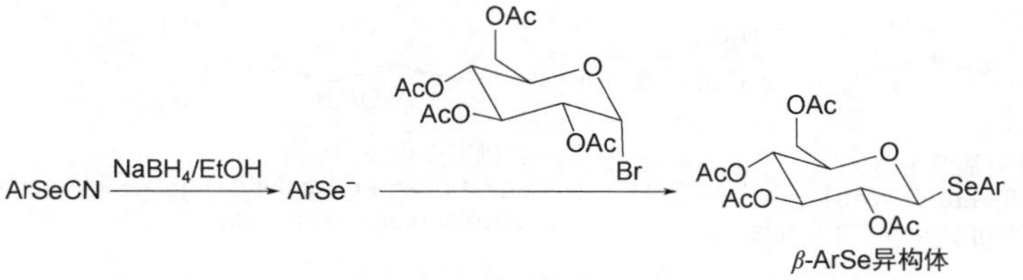

图 14.84　亲核取代合成硒苷

以 2-氨基半乳糖为原料，经乙酰化、氯化后，用 NaSeMe 进行亲核取代，最后室温脱除乙酰基得到目标产物——尿硒糖[44]（图 14.85）。

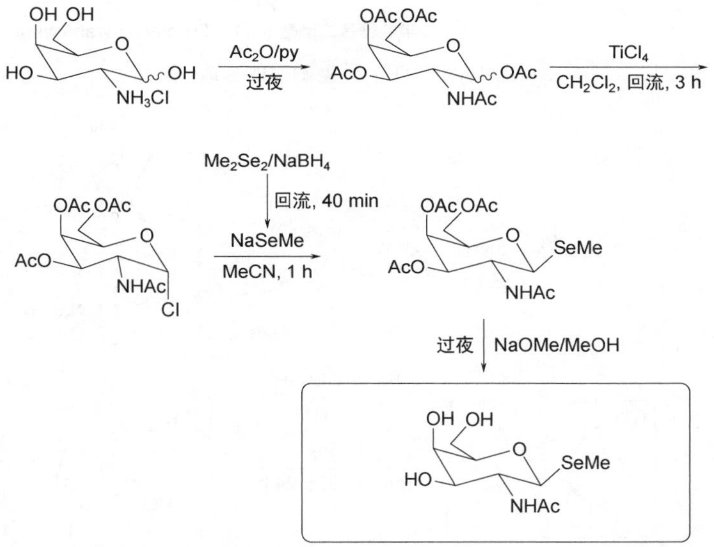

图 14.85　尿硒糖（1-β-methylseleno-N-acetyl-D-galactosamine）的化学合成

以乙酰基保护的半乳糖端基溴代物（galactopyranosyl bromide）与硒脲反应得到中间体——异硒脲溴化物（isoselenuronium bromide），这一中间体用甲醇钠除乙酰基保护基：空气氧化得到二半乳糖基二硒醚；与另一当量的乙酰基保护的半乳糖端基溴代物反应，最后除掉所有保护基得到半乳糖基硒醚（selenodigalactoside）（图 14.86）[45]。

木糖（D-xylose）在丙酮中经单质碘催化形成羟基全保护的呋喃木糖（D-xylofuranose），用稀盐酸水解得到 1,2-保护的呋喃木糖。5-位伯羟基用 TsCl/py 磺酰化以 81% 的产率得到相应的磺酸酯。磺酸酯与 NaSeR（用 NaBH$_4$ 断裂 RSeSeR 产生）作用生成 5-RSe 取代的硒糖（R=^{n}Bu，产率 88%；R=Bn，产率 72%；R=Ph，产率 83%；R=4-MeC$_6$H$_4$，产率 83%；R=4-MeOC$_6$H$_4$，产率 84%；R=4-ClC$_6$H$_4$，产率 84%；R=4-CF$_3$C$_6$H$_4$，产率 79%；R=2-噻吩基，产率 81%）。用 Li$_2$Se$_2$ 处理磺酸酯经氧化后以 89% 的产率得到 5-脱氧-5-硒代呋喃木糖（图 14.87）。

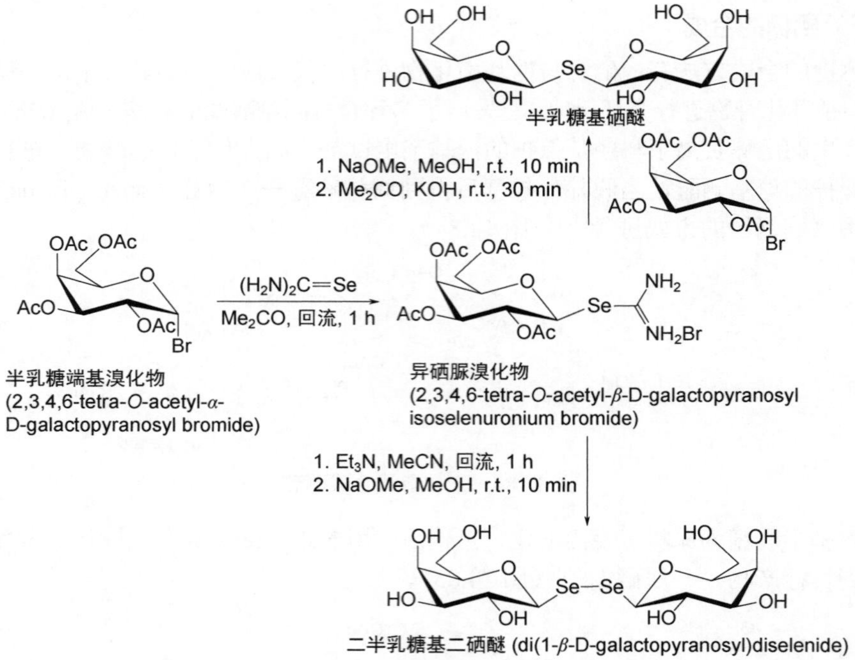

半乳糖基硒醚
1. NaOMe, MeOH, r.t., 10 min
2. Me2CO, KOH, r.t., 30 min
(H2N)2C=Se
Me2CO, 回流, 1 h
半乳糖端基溴化物
(2,3,4,6-tetra-O-acetyl-α-D-galactopyranosyl bromide)
异硒脲溴化物
(2,3,4,6-tetra-O-acetyl-β-D-galactopyranosyl isoselenuronium bromide)
1. Et3N, MeCN, 回流, 1 h
2. NaOMe, MeOH, r.t., 10 min
二半乳糖基二硒醚 (di(1-β-D-galactopyranosyl)diselenide)

图 14.86　D-半乳糖硒醚的合成

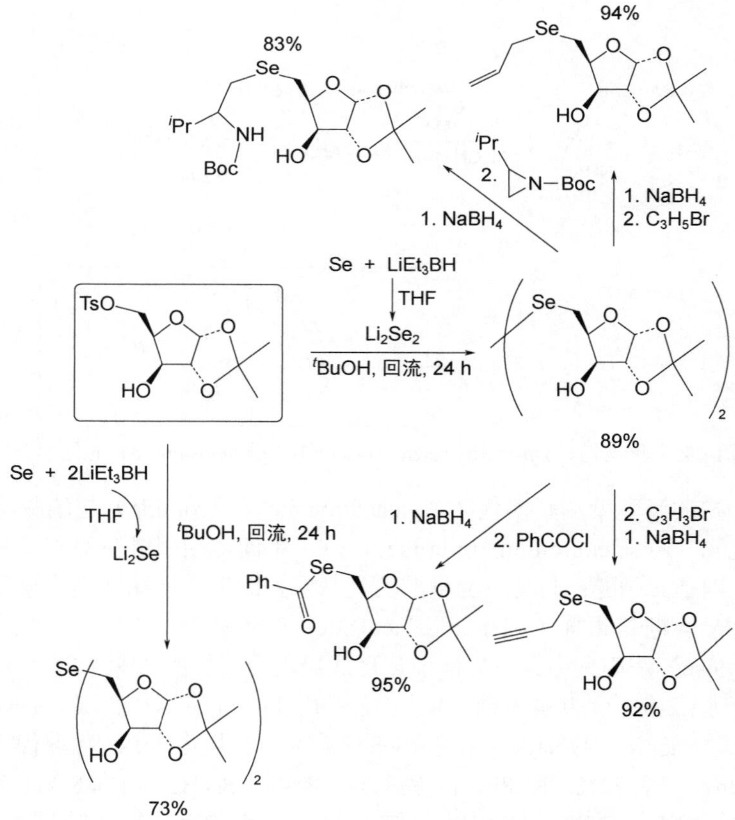

83%
94%
1. NaBH4
2. N—Boc
1. NaBH4
2. C3H5Br
Se + LiEt3BH
THF
Li2Se2
tBuOH, 回流, 24 h
89%
Se + 2LiEt3BH
THF
Li2Se
tBuOH, 回流, 24 h
1. NaBH4
2. PhCOCl
2. C3H3Br
1. NaBH4
95%
92%
73%

图 14.87　5-脱氧-5-硒代呋喃木糖的合成

用 NaBH₄ 断裂该二硒醚，然后用亲电试剂如炔丙基溴、烯丙基溴和苯甲酰氯捕获形成的硒醇负离子以 92%、94% 和 95% 的产率得到预期产物。用衍生于缬氨酸（L-valine）的吖啶开环以 83% 的产率得到对映纯产物。用 Li₂Se 处理磺酸酯以 73% 的产率得到 5-脱氧-5-硒糖的硒醚[46]。半乳糖（D-galactose）在丙酮中经单质碘催化形成 1,2：3,4-二-O-亚异丙基保护的吡喃半乳糖，6-位伯羟基用 TsCl/py 和 MsCl/py 磺酰化以 65% 和 70% 的产率得到相应的磺酸酯，然后与硒亲核试剂反应得到硒代吡喃半乳糖衍生物（图 14.88）[47]。

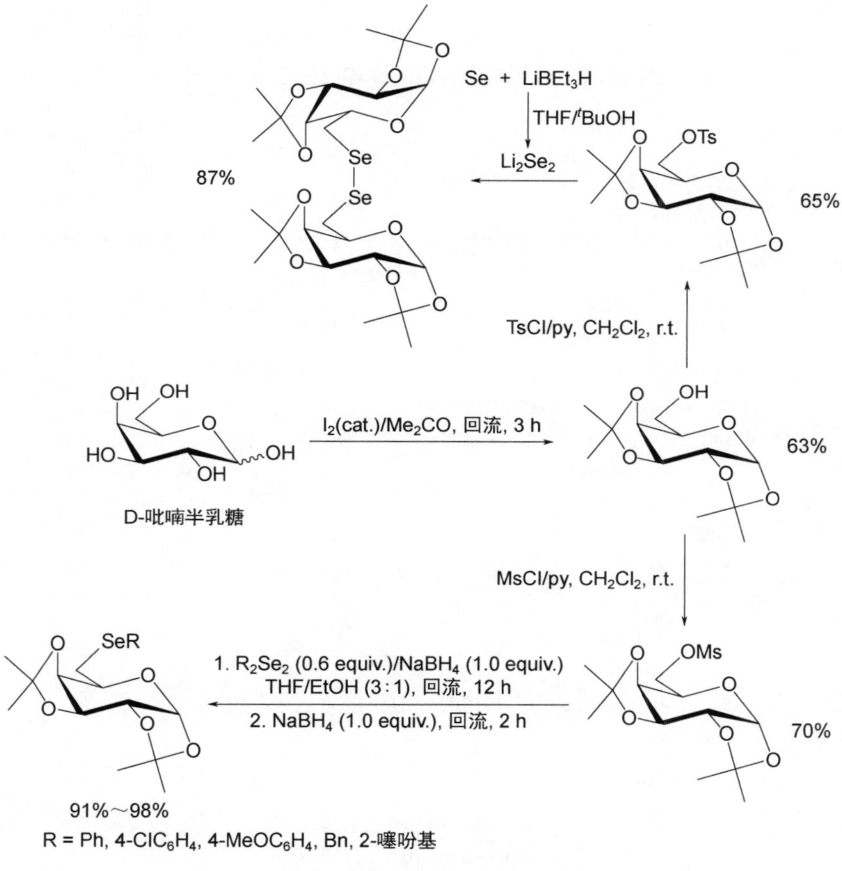

图 14.88　6-脱氧-6-硒代吡喃半乳糖的合成

图 14.89 是利用亲核硒试剂对环氧化合物开环反应合成糖硒苷的例子[48]：不同的开环反应条件得到不同的异头产物。硒羧酸（selenocarboxylate）由相应的羧酸与 Woollins 试剂在甲苯中加热反应制备（参阅第十章），它可作为硒源与卤代烷进行取代反应（图 14.90）、与烯烃（烯糖）进行加成反应和与杂环化合物进行开环反应（图 14.91）合成硒糖[49]。

3. 糖硒苷的立体选择性合成

糖硒苷是有机硒化合物的一个子集，已知具有多种有用的生物活性。糖硒苷类化合物具有抗转移作用、抗癌作用和免疫刺激作用，并可作为糖与蛋白质相互作用的探针[37-41]。此外，糖硒苷作为糖基供体具有独特的反应活性。在光和电化学条件下，C—Se 键容易断裂，生成自由基、离子或自由基离子。

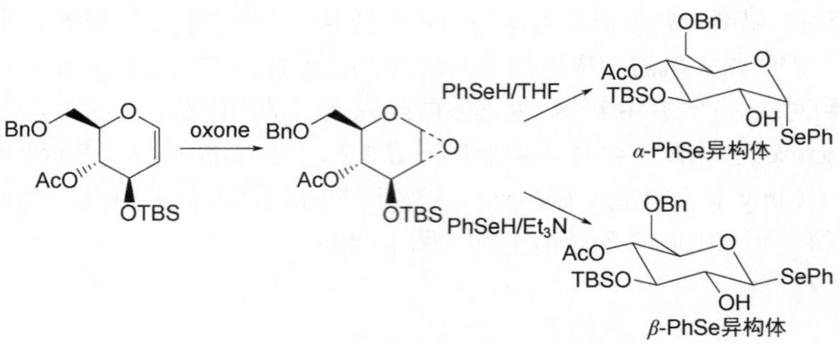

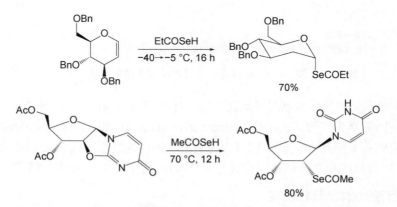

图 14.89 对环氧化合物的开环反应合成糖硒苷

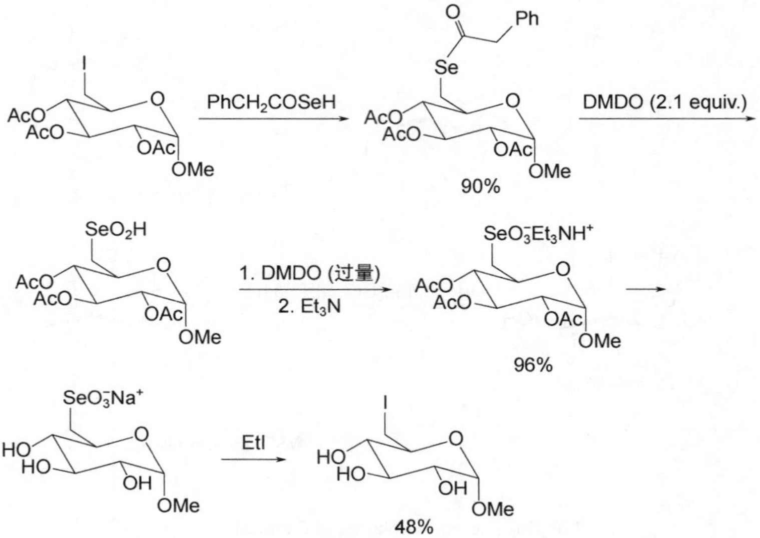

图 14.90 硒羧酸的取代反应制备硒糖

图 14.91 硒羧酸与烯糖的加成反应和与杂环化合物的开环反应制备硒糖

尽管糖硒苷具有许多有价值的特性，但其制备方法固有的局限性阻碍了糖硒苷化学的实际应用，迫切需要发展使用底物简单、最少保护基操作、具有高度立体选择性的合成硒苷化合物的方法，为它们在寡糖（低聚糖）合成、药物化学和化学生物学中的应用开辟道路。

一般来说，制备硒苷的主要方法是：利用亲核硒试剂取代糖基卤代物；路易斯酸催化硒苷的异构化（图 14.92）[50]；烯糖的叠氮硒化和 1,2-脱水糖的亲核开环。在 C(2)参与（邻基参与）的情况下，通常只能提供 β-异构体。此外，存在的羟基与需要产生的氧碳离子中间体的不相容性限制了底物的范围。单糖基和低聚糖基锡烷是构型稳定的亲核体的来源，可以在环境条件下储存和使用。C(1)锡烷的两个异构体都可以通过直接操作糖基底物来制备，这些糖基底物可以提供 1,2-顺式和 1,2-反式异构体以及 2-脱氧糖的两个异头物。用 Ag、Cu、Fe、Ni 和 Pd 配合物建立了促进 $C(sp^2)$—Se 键形成的方法，为将这些方法合理地推广到 $C(sp^3)$-硒化物的立体选择性合成提供了先例。Walczak 等发展了立体专一性合成糖硒苷化合物的方法：最少的保护基团操作、广泛的官能团耐受性；与含有自由羟基的糖、肽和没有导向基的小分子的反应（图 14.93）[51]。

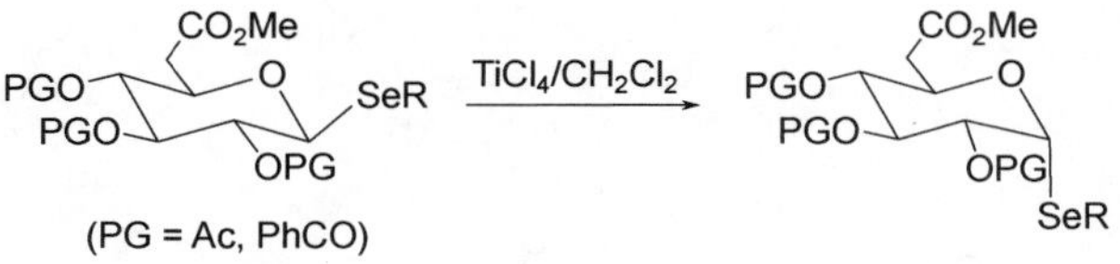

图 14.92　路易斯酸催化硒苷的 $\beta \to \alpha$ 异构化

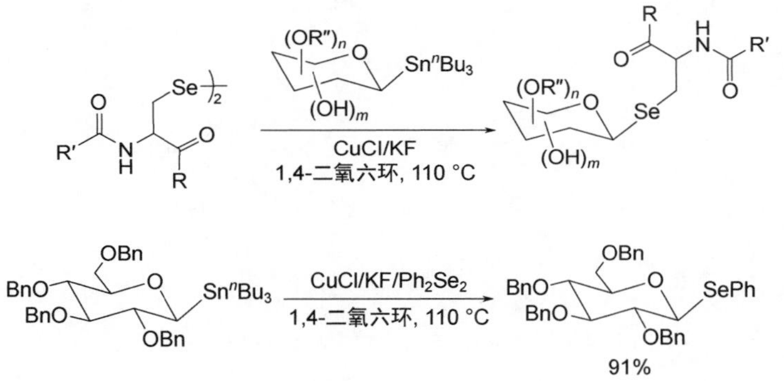

图 14.93　利用糖基锡烷制备硒苷

五、多糖的硒化

1. 多元醇以及糖苷的硒化

单糖是多羟基化合物，易与亚硒酸形成环状亚硒酸酯（即亚硒酸内酯），对它们的硒化反应进行深入研究有助于确定硒化多糖的结构。

乙烷-1,2-二醇、丙烷-1,2-二醇、顺式环戊烷-1,2-二醇、顺式环己烷-1,2-二醇、反式环己烷-1,2-二醇、1,1′-二环戊基-1,1′-二醇、1,1′-二环己基-1,1′-二醇、丙烷-1,3-二醇、2,2-二甲基丙烷-1,3-二醇、1,1-二(羟甲基)环丙烷、1,1-二(羟甲基)环戊烷和 1,4-脱水赤藓糖醇与等物质的量的二氧化硒在环己烷中回流除水生成环状亚硒酸酯（图 14.94 中化合物 1～12）；类似地，β-D-呋喃核糖、β-D-吡喃核糖、α-D-吡喃甘露糖、β-D-吡喃木糖的甲基糖苷与等物质的量的二氧化硒在 1,4-二氧六环中回流除水也生成相应的环状亚硒酸酯（图 14.94 中化合物 13～16）。

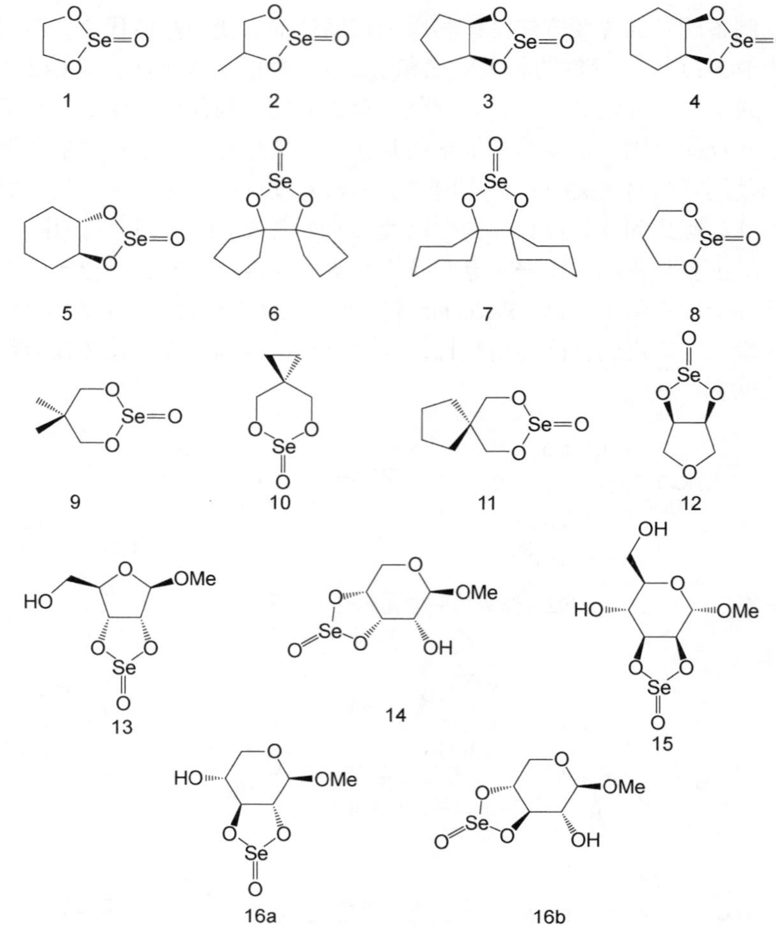

图 14.94 二氧化硒与二元醇、糖苷形成的亚硒酸酯

这些产物用多核核磁共振波谱法和单晶 X 射线衍射法进行了表征：1,2-二醇形成五元环状亚硒酸酯，1,3-二醇产生六元环状亚硒酸酯，五元亚硒酸酯环采取半椅式构象（一个环氧原子位于平面上方、硒原子位于该平面下方），六元亚硒酸酯环呈椅式构象，端基氧（Se=O）位于直立键方向（axial position）；1,4-脱水赤藓糖醇亚硒酸酯的呋喃环采取信封构象 ^OE，其中环氧原子位于其它四个碳原子组成的平面外；β-D-呋喃核糖甲苷亚硒酸酯的呋喃环采取半椅式构象 ^1T_O，其中环氧原子位于其它三个碳原子组成的平面下方，端基碳原子（异头碳）处于该平面的上方。在 ^{77}Se NMR 谱中，^{77}Se 的化学位移（除化合物 14 用 DMSO-d_6 外，其它用溶剂 CDCl$_3$）：六元环内酯 8、9、10、11 的信号在 1301、1285、1295、1289（在 1295 左右）；因环上取代基与端基氧（Se=O）的取向不同存在异构现象，五元环内酯 2、3、4、13、14 各出现两个 ^{77}Se 信号（1424~1483），五元环内酯 1、5、6、7、12 分别出现在 1430、1407、1407、1409、1492（1400~1500）。在 ^{13}C NMR 谱中，与自由醇相比，成环导致醇碳 ^{13}C 的化学位移发生改变 [$\Delta\delta=\delta$(C—O—SeO—O—C) $-\delta$(C—OH)]：对五元环化合物，$\Delta\delta>0$，$\Delta\delta$ 在 3.3~17.3；对六元环化合物，$\Delta\delta<0$，$\Delta\delta$ 在 -1.5~-3.6。从这些数据可以看出，醇碳的 ^{13}C 化学位移变化和 ^{77}Se 的化学位移都可以明确指定 SeO 基团是否由多元醇中的 1,2-或 1,3-二羟基官能团进行环化，因此核磁共振波谱学是归属碳水化合物中硒(IV)的键合模式的有用工具。

值得注意的是：虽然二氧化硒具有氧化能力但是在这些反应中底物并没有发生氧化反应；所合成的亚硒酸酯在低 pH 值条件下（pH<2.6）具有水解稳定性。等物质的量的二氧化硒与糖苷反应：在存在 1,2-二羟基和 1,3-二羟基的情况下，顺式-1,2-二羟基优先形成五元环状亚硒酸酯（13～15）；在没有顺式-1,2-二羟基的情况下，反式-1,2-二羟基也能生成五元环状亚硒酸酯（16a、16b）[52]。

利用同样的方法[53]，以 1∶1 计量比研究了二氧化硒与赤藓糖醇（$C_4H_{10}O_4$）、木糖醇（$C_5H_{12}O_5$）和甘露糖醇（$C_6H_{14}O_6$）的反应，所得产物经 IR、^{13}C NMR、UV 等表征。与相应的糖醇相比，三种产物分别在 923cm^{-1} 和 904cm^{-1}、921cm^{-1} 和 870cm^{-1}、909cm^{-1} 和 804cm^{-1} 处出现两个新峰，归属于 $\nu_{Se=O}$ 和 ν_{Se-O}；在 25℃的水溶液中，三种产物的 UV 最大吸收波长 λ_{max} 分别在 226.3nm、226.9nm 和 226.3nm，与 Na_2SeO_3 的最大吸收 225.1nm 相近（二氧化硒的水溶液即亚硒酸的水溶液，λ_{max}=229.7nm）。通过 Se^{4+} 与邻苯二胺形成苯并硒二唑采用紫外分光光度法（λ_{max}=333nm）测定硒的含量：实测三种产物的硒含量（C_{Se}）分别为 30.37%、26.07%和 22.46%。考虑到这三种产物（$C_4H_8O_5Se$、$C_5H_{10}O_6Se$ 和 $C_6H_{12}O_7Se$）的理论硒含量分别为 36.71%、32.22%和 28.70%，至少这三种产物的纯度值得怀疑，因而其生物活性的测定结果也令人怀疑。

2. 低聚糖的硒化

分别制备糖和氯化硒亚砜（$OSeCl_2$）的溶液：在 35℃，将蔗糖（0.01mol）分散在无水吡啶（20mL）中，搅拌 12h；在 0℃，将氯化硒亚砜（$OSeCl_2$）缓慢加入吡啶（体积比 1/50）中，在 25℃搅拌 12h。在室温下，将氯化硒亚砜溶液缓慢加入蔗糖溶液中，然后在 35～40℃密封反应 4h。粗产品溶于二甲基亚砜，离心分离 10min，收集上层清液。向清液中加入氯仿以沉淀硒化蔗糖，混合物离心分离 10min，收集并真空冷冻干燥硒化蔗糖。用元素分析法测定硒化蔗糖的硒含量（C_{Se}）为 13.0%。通过比较醇碳的 ^{13}C NMR 谱数据可以确定硒化的位置（其它碳原子的化学位移变化非常小）：蔗糖，C-6（葡萄糖环），60.9；硒化蔗糖，C-6，64.2；因此推断在 C-6（葡萄糖环）的 OH 上发生了亚硒酸的酯化作用从而导致低场位移。与蔗糖相比，在硒化蔗糖的红外光谱中，在 924cm^{-1} 和 681cm^{-1} 处有两个新的吸收峰，分别归属于 Se=O 和 Se—OH 的伸缩振动。遗憾的是论文作者[53b,53c]提供的元素分析数据表明这一产品并非纯净物。硒化蔗糖的分子式是 $C_{12}H_{22}O_{13}Se$，由此计算出硒的理论含量为 17.42%，因此他们测试的生物活性值得怀疑。

3. 多糖的硒化

硒多糖（selenylated polysaccharide，Se-PS）具有抗肿瘤、抗氧化、调节免疫等生物学性质。不幸的是，迄今为止，从植物中只发现了少量的天然硒多糖，即使是富硒地区的植物硒多糖其硒含量也很低，小于 50μg/g。因此，硒化（selenization）修饰成为多糖研究领域的热点[54]。应该指出的是这里所谓的多糖硒化修饰是利用无机硒化合物亚硒酸（由稀硝酸/亚硒酸钠现场产生）和氯化硒亚砜（$OSeCl_2$）与多糖羟基形成环状亚硒酸酯或亚硒酸单酯（它们中并没有 C—Se 键）。

由于硒含量和硒多糖的生物活性有直接的相关性，因此，寻找新的更绿色的方法来获得高硒含量的 Se-PS 仍然是一个开放的研究领域。到目前为止，硒以四价硒的形式引入多糖骨架，但是最近的文献证据表明：六价硒可能产生有价值的药理性质和其它一些对人类有益的作用。因此，引入六价硒（例如在酸性介质中使用 Na_2SeO_4 作为硒源）和检测 Se(Ⅵ)-PS 应该是未来深入的化学和生物学研究的问题。作为 Se-PS 来源的植物清单显示，除了 *C. spinosa*、*I. batatas* 和 *L. barbarum* 外，其余都属于亚洲国家的草药，主要是中国的中药。因此，对西方的药用植物多糖的硒化作用进行研究以及对其生物学特性进行评价，是一个值得探索和开发的研究领域。对天然多糖进行其它化学修饰（chemical modification）的例子包括硫酸化（sulfation）、磷酸化（phosphorylation）、乙酰化（acetylation）、羧化（carboxylation）、羧甲基化（carboxymethylation）和烷基化（alkylation）等。引入和/或除去所选择的化学基团和官能团对所得聚合物的生物活性有较大影响。化学修饰与生物性质的变化和结构-活性关系已有文献报道[54d]。然而，这些对 Se-PS 仍然缺乏。作为最后的考虑，需要进一步研究 Se-PS 在体外和体内的作用机理以及它们在不同溶剂和不同时间的化学稳定性。首先需要明确的是 Se-PS 是否是无机硒的唯一来源（产生于亚硒酸酯的水解）或者它们像许多天然多糖那样与特定的生物靶点发生相互作用。这是正确应对未来研究活动的关键。事实上，许多已报道的亚硒酸根生物学效应都归因于 Se-PS，必须准确评估多糖是否是其载体。如果是，未来的研究还应包括选择更有效的多糖作为亚硒酸根在细胞/身体中的载体，以最大限度地提高其生物利用率（bioavailability）。

（1）天然硒多糖的提取方法

硒多糖的提取类似于普通多糖：粉碎的原料先经石油醚、乙醇进行除蜡（脂肪）、脱色处理；然后在一定温度下用蒸馏水（对糖酸可采用稀碱溶液）提取多糖，离心分离；清液浓缩后用氯仿/丁醇的混合物（3/1）沉淀蛋白质，离心分离；所得清液进行透析（dialysis）除去低分子量化合物；加乙醇沉淀多糖，离心分离；固体冷冻干燥得到多糖粗品（用紫外分光光度法检测确保其在 250～300nm 没有蛋白质和核酸的吸收峰）；多糖粗品进一步用离子交换树脂分离，用合适洗脱液如蒸馏水或 NaCl 溶液进行洗脱，用苯酚-浓硫酸法检验洗脱液；收集含糖的洗脱液，浓缩，真空冷冻干燥得到硒多糖。利用这种方法从安康的一种绿茶提取了两种硒多糖，SeTPS-1 和 SeTPS-2：SeTPS-1，由葡萄糖和半乳糖按 80.1∶2.3 摩尔比组成的中性杂多糖，分子量和硒含量分别为 1.7×10^4 和 23.50μg/g；SeTPS-2，由阿拉伯糖、葡萄糖、半乳糖和半乳糖酸（galacturonic acid）按摩尔比 2.04∶48.83∶3.21∶1.30 组成的酸性杂多糖，分子量（M_w）和硒含量（C_{Se}）分别为 1.3×10^4 和 13.47μg/g[55]。

（2）多糖的硒化方法

前已述及，多糖的硒化主要有两种方法：①使用活泼的氯化硒亚砜 $OSeCl_2$ 作为硒化剂，例如以吡啶作溶剂制备黄芪（*Astragalus spp*）硒化多糖，硒含量为 1.4294×10^4μg/g；②使用稀 HNO_3-Na_2SeO_3 原位生成 H_2SeO_3，在如图 14.95 中所示的多糖骨架的伯羟基上进行选择性酯化生成亚硒酸单酯[54,56]。第二种硒化法是目前广泛采用的，加入 $BaCl_2$ 会加速反应。对每一植物多糖的硒化需要通过实验优化反应条件（投料比、反应温度、反应时间）以获得最佳结果。由于硒化法采用加热（5～10h，50～75℃）以及酸性介质，条件过于剧烈、反应时间过长，常常导致多糖部分降解。即使采用微波加热可大大缩短反应时间（1h 以内），多糖的降解仍不可避免[54]。

① $OSeCl_2$ 硒化多糖法。用甲酰胺溶解多糖，然后在搅拌下加入 $OSeCl_2$，在 60℃加热反应 3h。溶液冷却至室温，用 NaOH 溶液调节 pH 值至 7。用蒸馏水透析直至加入抗坏血酸（VC）后溶液是无色（即检测无亚硒酸钠）为止。混合物浓缩，加 95%的乙醇沉淀产品，离心分离后真空冷冻干燥获得硒多糖。利用这一方法，对青蒿多糖（artemisia sphaerocephala polysaccharide，ASP）进行硒化：ASP 由阿拉伯糖（L-arabinose）、木糖（D-xylose）、甘露糖（D-mannose）、

葡萄糖（D-glucose）和半乳糖（D-galactose）以摩尔比 1∶4.21∶45.90∶9.74∶11.43 组成，$M_w=7.35\times10^4$；硒化的青蒿多糖（Se-ASP），$M_w=7.77\times10^4$，硒含量（C_{Se}）$= 2.24\times10^4\mu g/g$[57]。

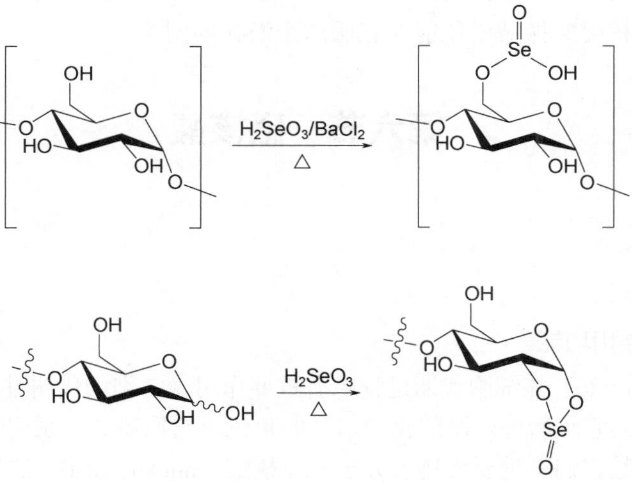

图 14.95 多糖的硒化位置

② HNO₃/Na₂SeO₃/BaCl₂ 硒化多糖法。用稀硝酸溶解多糖，然后在搅拌下加入 Na₂SeO₃ 和 BaCl₂，在 50～75℃加热反应 5～10h。冷却至室温，用饱和 Na₂CO₃ 调节 pH 值至 6～7（对酸性糖）或 7～8（对中性糖）。离心分离 10min。收集上层清液，用超滤膜在蒸馏水中透析一定时间（例如 24h），直至加入抗坏血酸（VC）后蒸馏水不呈红色。溶液浓缩、冷冻干燥后提供硒化多糖。利用这一方法获得的人参硒多糖和锁阳硒多糖的硒含量（C_{Se}）分别为 $1.543\times10^3\mu g/g$ 和 $2.925\times10^3\mu g/g$[58]。

（3）硒多糖的表征方法

采用苯酚-浓硫酸法测定聚合物的含糖量，高效凝胶渗透色谱（high-performance gel permeation chromatography，HPGPC）测定硒化多糖的分子量 M_w，确定多糖的单糖组成除色谱分离法外，还可将其经水解-还原-（用乙酸酐）全乙酰化或（用碘甲烷）全甲基化后转化为易挥发的衍生物用 GC-MS 测定。例如合成的南瓜硒多糖是由 D-葡萄糖、D-半乳糖、L-阿拉伯糖、D-木糖和葡萄糖醛酸按摩尔比 18.1∶8.4∶7.1∶2.1∶17.9 组成的酸性杂多糖，分子量和硒含量分别为 1.5×10^4 和 215.7μg/g。硒含量（C_{Se}）的测定方法有：原子吸收分光光度法、电感偶合等离子体原子发射光谱法、荧光法、极谱法和紫外分光光度法等，利用硒含量（C_{Se}）的计算公式，$C_{Se}=78.96N/M_w$，根据硒多糖的分子量 M_w 可计算出高分子链中硒的原子数 N。例如硒化的党参（Codonopsis pilosula）多糖（CPP1b），测定其分子量 $M_w=1.91\times10^5$，硒含量 $C_{Se}=478.17\mu g/g$，计算 $N\approx1.16$，这表明一个多糖链中只有一个硒原子（图 14.95）[59]。

表征天然的或化学合成的硒多糖的方法包括：粒度分布分析、Zeta 电势、DSC 分析、X 射线衍射、XPS 和 EDX 等。更常见的技术是红外光谱（诊断峰：840～850cm⁻¹，ν_{Se-O}；920～1080cm⁻¹，$\nu_{Se=O}$）、拉曼光谱（诊断峰：835～849cm⁻¹，ν_{Se-O} 和 990～1130cm⁻¹，$\nu_{Se=O}$）、紫外光谱和 ¹³C NMR 谱。由于在红外光谱中，ν_{Se-O} 和 $\nu_{Se=O}$ 吸收峰非常微弱，难于指认，因此多糖硒化的位置通常由 ¹³C NMR 谱确定：比较天然多糖与其硒化多糖的 ¹³C NMR 谱，明显除屏蔽低场位移的碳即为硒化位置（—CH₂OH —— —CH₂OSeO₂H）（图 14.95）[54]。应该指出的是这些文献都没有使用 ^{77}Se 核磁共振波谱法来表征 Se-PS 的结构。这项技术应该非常有用，可以一目了然地揭示聚合物骨架中硒的存在，并为它的定量提供一种手段。可以质疑的是，^{77}Se 的低同位素丰度、低含量和产品的溶解性都可能妨碍获得有效和可读的光谱。然而，当今的多核核磁共振波谱仪能够克服这个潜在的困难。

第六节 硒核酸

一、核酸

1. 核酸的分类和功能

核苷酸（nucleotide）在细胞代谢过程中有重要作用。它们为代谢过程提供或贮存能量，还承担传递激素及其它细胞外刺激的化学信号的角色，它们还是一系列酶的辅因子和代谢中间体。尤其重要的是它们是重要生物大分子——核酸（nucleic acid）的组成单位。核苷酸含有三种成分（图 14.96）：一种含氮杂环碱；一种戊糖；一个磷酸基团。杂环碱称为碱基（Base）是两种母体化合物嘌呤和嘧啶的衍生物：腺嘌呤（adenine，A）、鸟嘌呤（guanine，G）；胞嘧啶（cytosine，C）、胸腺嘧啶（thymine，T）、尿嘧啶（uracil，U）。戊糖分为 D-核糖和 D-2-脱氧核糖，在核酸中它们都以 β-呋喃糖形式存在。核苷（nucleoside）是碱基中嘌呤环 9 位氮原子或嘧啶环 1 位氮原子上的氢原子与戊糖的 1′位半缩醛羟基失水形成的 β-氮苷。为了区分碱基和糖中原子的位置，糖中原子的编号用带撇号码。核苷命名时，如果糖组分是核糖，名称由碱基名加苷字组成，例如鸟苷、腺苷；如果糖组分是脱氧核糖，名称由脱氧加碱基名加苷字组成，例如 2-脱氧鸟苷、2-脱氧腺苷。核苷酸是核苷的 3′-羟基或 5′-羟基与磷酸形成的酯。核苷酸的第一个磷酸基上可通过焦磷酸键再加入一个或两个磷酸基形成核苷二磷酸（NDP）或核苷三磷酸（NTP）。腺苷三磷酸（ATP）在细胞代谢中作为高能物质承载着重要任务，当高能键-焦磷酸键水解时，释放储存的能量，传递给需能的反应。核酸是一个核苷酸的 5′-羟基与另一个核苷酸的 3′-羟基通过磷酸二酯键彼此连接形成的高聚物（图 14.96），根据戊糖的类型，核酸分为两大类（表 14.3）：一类是脱氧核糖核酸（DNA），四种碱基——腺嘌呤（A）、鸟嘌呤（G）、胞嘧啶（C）、胸腺嘧啶（T）存在于 DNA 中；另一类是核糖核酸（RNA），四种碱基——腺嘌呤（A）、鸟嘌呤（G）、胞嘧啶（C）、尿嘧啶（U）存在于 RNA 中；除了这五种主要碱基外，在 RNA 和 DNA 中还存在稀有的碱基如 5-甲基胞嘧啶（存在于一些植物和细菌的 DNA 中）、5-羟甲基胞嘧啶（存在于噬菌体 T、病毒中）、4-硫尿嘧啶（存在于一些细菌的 tRNA 中）。与单链的 RNA 不同，DNA 是由两条脱氧核糖核苷酸链通过分子间氢键组成的双螺旋，存在二重氢键的碱基对 A⋮⋮⋮T 和三重氢键的碱基对 G⋮⋮⋮C。核苷酸链可用缩写符号表示：最左边用 P（下标）指明 5′-末端磷酸，最右边用 OH（下标）指明 3′-羟基；然后在中间，从左至右依次列出核苷酸链的碱基缩写；例如，一个四个碱基的核苷酸链可表示为 $_pA-T-C-G_{OH}$ 或 $_pATCG_{OH}$，也可以省略为 $_pATCG$。碱基是发色团，在近紫外区大约 $\lambda_{max}=260nm$ 处存在最大吸收，藉此可用紫外光谱测定核酸。

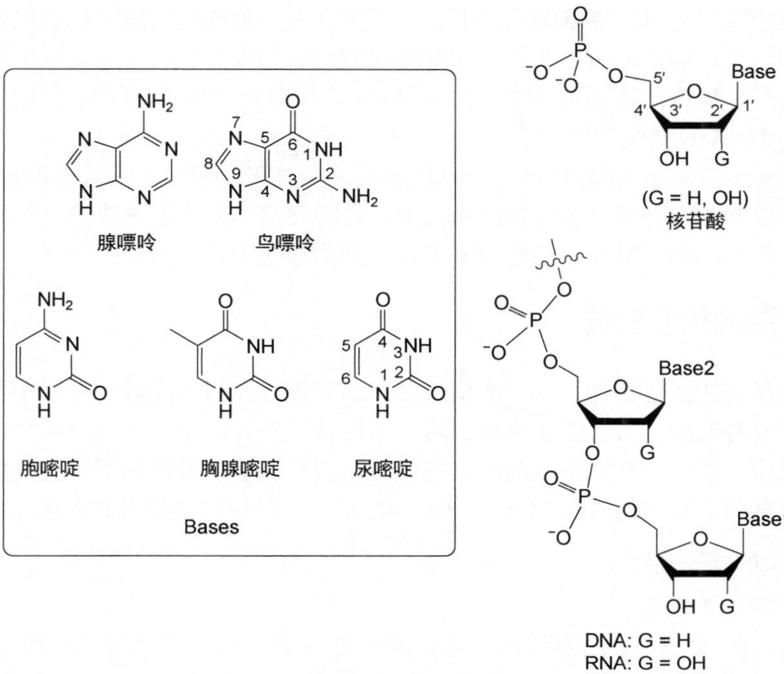

图 14.96　自由碱基、核苷酸和核酸

表 14.3　DNA 和 RNA 的核苷酸

脱氧核糖核苷酸（DNA）	核糖核苷酸（RNA）
脱氧腺嘌呤核苷酸（dAMP）	腺嘌呤核苷酸（AMP）
脱氧鸟嘌呤核苷酸（dGMP）	鸟嘌呤核苷酸（GMP）
脱氧胞嘧啶核苷酸（dCMP）	胞嘧啶核苷酸（CMP）
脱氧胸腺嘧啶核苷酸（dTMP）	尿嘧啶核苷酸（UMP）

　　每种蛋白质的氨基酸序列和 RNA 的核苷酸顺序都是由细胞中 DNA 的核苷酸顺序决定的。含有合成氨基酸信息的 DNA 片段称为基因（gene），因此 DNA 是生物信息的贮存载体。细胞中的几类 RNA 分子也都有独特的功能：核糖体 RNA（ribosome RNA，rRNA）是核糖体的结构成分。核糖体作为 RNA 和蛋白质的复合物负责细胞内蛋白质的合成。信使 RNA（messenger RNA，mRNA）是携带基因到核糖体的核酸，它们指导蛋白质的合成。转移 RNA（transfer RNA，tRNA）是把 mRNA 中的信息准确地翻译成蛋白质中氨基酸顺序的适配器分子。

2. 核酸的化学反应

　　配位反应：天然核酸中的氧原子和氮原子是硬的配位原子，能与硬金属离子发生配位反应。脱氨基反应：核苷酸中的碱基通过水解脱除氨基，转变为羰基（胞嘧啶→尿嘧啶、5-甲基胞嘧啶→胸腺嘧啶、腺嘌呤→次黄嘌呤、鸟嘌呤→黄嘌呤）；亚硝酸前体（亚硝酸钠、硝酸钠、二甲基亚硝胺等）会进攻杂环氨基，经亚硝胺导致碱基脱氨基。磷酸二酯键的水解：由于 2'-羟基的邻基参与，RNA 易于碱性水解。糖苷键的水解：糖苷键的水解导致核酸发生脱碱基反应。嘧啶碱基的光二聚反应：紫外光照射能引起烯烃双键的[2+2]环加成，DNA 中的嘧啶杂环碱也能发生类似的[2+2]环加成反应。烷基化反应：高度活泼的烷基化亲电试剂如硫酸二甲酯、碘乙烷、碘乙酰胺和氮芥［$HN(CH_2CH_2Cl)_2$］等能与碱基的杂原子反应，碱基中最易甲基化的是鸟嘌呤，特别是鸟嘌呤的 O^6 和 N^7，甲基化后成为 O^6-甲基鸟嘌呤和 N^7-甲基鸟嘌呤，可使 DNA 复制发生错配。

核酸的碱基和糖基是 ROS 和单电子氧化剂反应的潜在靶标（参阅第二章）。在 ROS 中，高度活性的 $HO^·$ 和 $^1O_2$ 是最具破坏性的氧化剂；鸟嘌呤是 $^1O_2$ 优先进攻的目标。此外，高能的电离辐射（X 射线和 γ 射线）能断裂共价键，导致发生复杂反应。

二、聚核苷酸的化学合成

核苷酸是多官能团化合物，为完成指定序列的聚核苷酸的合成必须采用保护基的策略：将其它官能团暂时掩蔽，只在需要成键的两个结构单元中各保留一个反应活性官能团以进行所需的目标反应，然后再现被掩蔽的其它官能团。需要保护的基团包括碱基（Base）上游离的氨基（如果有的话），糖上的 2′,3′-位羟基（RNA）、3′,5′-位羟基以及核苷酸的 5′-位磷酸基。

1. 使用保护基的策略

（1）保护游离的氨基

在磷酰化反应中，为了防止磷酰胺的生成必须将腺嘌呤、鸟嘌呤或胞嘧啶中的氨基保护（图14.97）。主要使用的保护基有酰基如乙酰基、异丁酰基、苯甲酰基（Bz）和对甲氧苯甲酰基等。

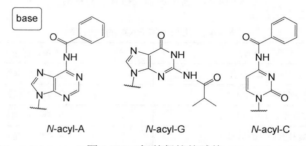

N-acyl-A　　　　*N*-acyl-G　　　　*N*-acyl-C

图 14.97　氨基保护的碱基

氨基经酰化后降低其亲核反应活性。酰基的引入分两步：首先将核苷上的亲核基团（氨基和羟基）全部酰化，然后选择性脱除糖上的酰基。酰基的除去可采用氨水或氢氧化钠碱性水解。中性条件下使用水合肼肼解可选择性除去氨基保护基而保留糖上的酰基。

（2）保护糖基

5′-位羟基（伯羟基）以及 2′,3′-位仲羟基要分别保护与选择性除去保护基。虽然 2′,3′-位都是仲羟基，但所处空间环境有所不同，分别保护与选择性除去保护基是可能的。

① 三苯甲基。单甲氧三苯甲基（MMT）、双甲氧三苯甲基（DMT）以及三苯甲基可通过相应的氯化物（MMTCl、DMTCl 以及 TrCl）与醇羟基反应形成醚用于保护羟基。由于其空间位阻大，在温和条件下，仲羟基以及氨基基本上不能三苯甲基化，故特别适合保护伯醇羟基（5′-位羟基）；引入保护基和除去保护基都是以 S_N1 机理进行的，因此除去这些三苯甲基类的保护基可用酸性条件如乙酸水溶液或吡啶-乙酸水溶液处理。

② 酰基。核苷的醇羟基酰化是一种保护策略。常用的有甲酰基、乙酰基和苯甲酰基。用酸酐或酰卤对羟基酰化保护时，若存在游离的氨基，氨基也可以酰化，因此需选择合适的反应条件。除去这些保护基可采用碱性水解法。也发展了更好的保护基如三氟乙酰基、苯氧

乙酰基等，它们可以用水合肼肼解除去。

用氯甲酸异丁酯在缚酸剂如吡啶存在下，可对伯羟基（5'-位）保护，它在酸性条件下稳定，可在碱性条件下除去。利用这一性质，可以再用其它保护基保护 2',3'-位仲羟基，脱除 5'-位保护基后，得到 5'-位游离羟基。在对伯羟基（5'-位）保护后利用碳酸酯或氯甲酸酯反应可对 2',3'-位的两个仲羟基形成环状碳酸酯保护基。环状碳酸酯保护基可被温和的碱除去。

③ 有机硅保护基。使用的有机硅保护基有：三甲基硅基（TMS）、三异丙基硅基（TIPS）、叔丁基二甲基硅基（TBDMS）和叔丁基二苯基硅基（TBDPS）。用相应的氯硅烷在碱如三乙胺、吡啶、咪唑等存在下形成硅醚对伯羟基进行保护。

④ 四氢吡喃基。在酸催化下，醇 ROH 对二氢吡喃（DHP）进行加成生成四氢吡喃醚衍生物（THPOR），当目标反应完成后通过酸性水解，恢复羟基（R'OH）。四氢吡喃醚衍生物是一种缩醛，它们在碱性条件是稳定的，在酸性水溶液中易于水解，因此这类保护基容易除去（图 14.98）。

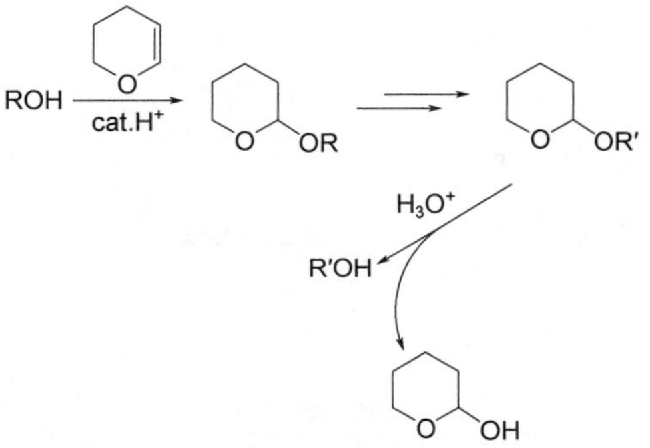

图 14.98　四氢吡喃醚保护法

⑤ 亚异丙基。顺式 1,2-二醇以及顺式 1,3-二醇的经典保护方法是生成丙酮的缩酮，形成亚异丙基保护基。将二醇与丙酮在酸催化下与除水剂如 2,2-二甲氧基丙烷或原甲酸乙酯反应即可引入亚异丙基保护基。基于形成缩醛或缩酮保护二醇羟基的例子还有苯亚甲基、环亚己基等。除去这些保护基利用酸性水溶液处理即可。

（3）保护磷酸酯基

开发的磷酸酯保护基有：三氯乙基、β-氰乙基和芳基（苯基、2-氯苯基）。将三氯乙醇、β-氰基乙醇以及酚与亚磷酰氯或磷酰氯反应，保护基引入适当的磷酰化试剂中。首先引入保护基，完成与另一核苷形成 3',5'-磷酸二酯键（即目标反应）后，再除去保护基。保护基三氯乙基利用锌或氟化四丁基铵（TBAF）处理转变为二氯乙烯除去，β-氰乙基可在温和的碱或氟化四丁基铵存在下经 β-消除转变为丙烯腈除去，芳基通常采用氢氧化钠水溶液或氟化四丁基铵处理。

2. 核苷的合成

核苷的合成早期采用卤化糖（糖基卤化物）与杂环的银盐或汞盐反应（Koenigs-Knorr 反应），后来发现硅烷化的杂环碱与卤化糖在路易斯酸催化剂如 SnCl₄、AlCl₃ 存在下的偶联反应能极大提高反应产率（silyl-Hilbert-Johnson 反应），但溶剂（乙腈、1,2-二氯乙烷）和路易斯酸催化剂影响产物的分布。迄今为止，Vorbrüggen 开发的 TMSOTf/ClCH₂CH₂Cl 条件（Vorbrüggen 糖基化，Vorbrüggen glycosylation）不仅提供了最高产率而且可以方便地一锅操作（图 14.99）[60]。C(2)'的酰氧基参与控制端基中心的反应立体化学，亲核试剂只能从 β 面

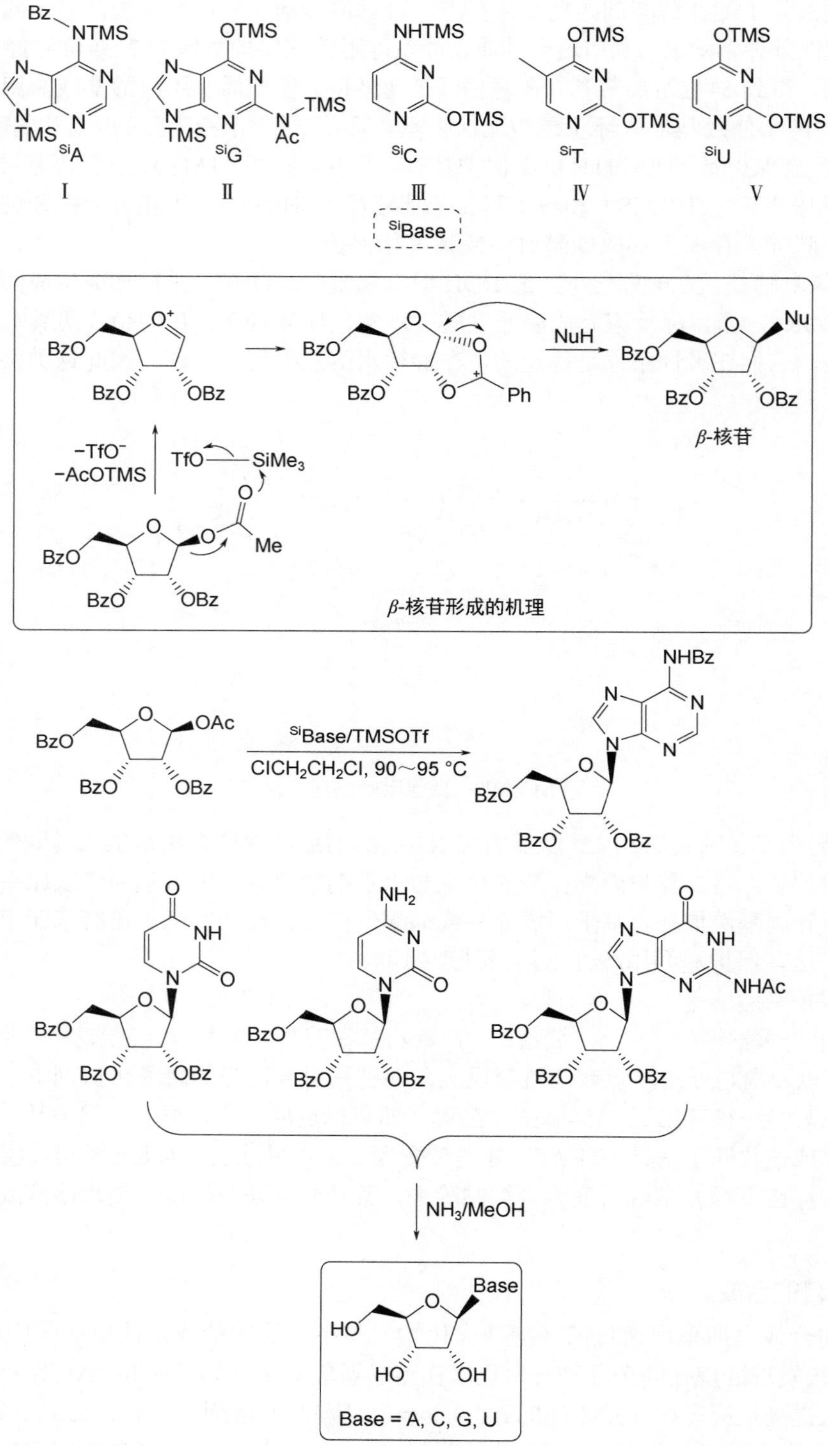

^{Si}A
^{Si}G
^{Si}C
^{Si}T
^{Si}U
I
II
III
IV
V
^{Si}Base
NuH
β-核苷
−TfO⁻
−AcOTMS
β-核苷形成的机理
^{Si}Base/TMSOTf
ClCH₂CH₂Cl, 90～95 °C
NH₃/MeOH
Base = A, C, G, U

图 14.99　核苷的合成

进攻导致生成 1′,2′-反式产物即 β-核苷。将 N^6-苯甲酰基保护的腺嘌呤、N^2-乙酰基保护的鸟嘌呤、胞嘧啶、尿嘧啶分别与 BSA [N,O-bis(trimethylsilyl)acetamide] 在 1,2-二氯乙烷中室温搅拌至溶液澄清（30～60min）得到三甲硅基保护的碱基（^{Si}Base）；然后向其中加入保护的核糖（1′-乙酰基-2′,3′,5′-三-O-苯甲酰基核糖）和 TMSOTf，加热（90～95℃）反应 1～4h，生成 N^6-苯甲酰基-2′,3′,5′-三-O-苯甲酰基腺嘌呤核苷、N^2-乙酰基-2′,3′,5′-三-O-苯甲酰基鸟嘌呤核苷、2′,3′,5′-三-O-苯甲酰基胞嘧啶核苷、2′,3′,5′-三-O-苯甲酰基尿嘧啶核苷；这些酰基保护的核苷经 NH_3 的甲醇溶液处理（室温过夜反应）提供相应的核苷（腺嘌呤核苷、鸟嘌呤核苷、胞嘧啶核苷、尿嘧啶核苷）。同一方法用于制备脱氧核苷，没有邻基参与因而得到 α- 和 β-异构体的混合物。

Vorbrüggen 糖基化也适用于合成碱基修饰的核苷和糖修饰的核苷。在后一种情况下，根据反应机理，1′,2′-二酰基（酰基=乙酰基、苯甲酰基、……）的保护是获得 β-核苷所必需的。

对于天然存在的核苷和密切相关的碱基，偶联产率在 80%～95%（嘧啶类）和 60%～85%（嘌呤类）。所有反应可以按比例放大产生约 500mmol 的核苷。反应时间必须通过 TLC 监控进行调整。除去保护基的 β-核苷（A、C、G、U）和密切相关的核苷可在 2 天之内获得：第一天，进行糖基化反应（硅烷化时间约 1h，偶联反应 2～4h），然后经快速色谱法获得纯净的、受保护的核苷衍生物，脱保护反应选择在夜间进行；第二天，干燥和光谱表征产品。当糖基化非天然杂环碱时，获得产品所需的时间取决于糖基化反应的时间（大多数情况下，在 2～10h 之间）。

3. 磷酸二酯键的形成

磷酸单酯和二酯的水解自由能分别为-12.6kJ/mol（-3kcal/mol）和-25kJ/mol（-6kcal/mol），因此合成磷酸酯需提供能量。如同肽的合成一样，有两种方法：活化的核苷酸与适当的核苷羟基形成酯键；核苷酸单磷酸酯与核苷在偶联剂存在下反应，偶联剂原位活化磷酸酯的适当部位。通常是一个核苷的 3′-磷酸酯与另一核苷的 5′-位羟基形成磷酸二酯键。

（1）磷酰氯

用三氯氧磷，在适当条件下可只在 5′-位磷酰化。由三氯氧磷可衍生出选择性高的磷酰化试剂，例如二(2-叔丁基苯基)磷酰氯 [(2-^{t}BuC$_6$H$_4$O)$_2$POCl] 可选择性地在 5′-位磷酰化。适合于 3′-位磷酰化的试剂是 2,2,2-三氯乙基-2-氯苯基磷酰氯 [(2-ClC$_6$H$_4$O)(Cl$_3$CCH$_2$O)POCl]。

（2）三氯化磷衍生物

利用(CCl$_3$CH$_2$O)PCl$_2$、(^{i}Pr$_2$N)(CCl$_3$CH$_2$O)PCl、(^{i}Pr$_2$N)$_2$PCl 和(^{i}Pr$_2$N)(NCCH$_2$CH$_2$O)PCl（在活化剂四氮唑存在下）作磷酰化剂，是核苷酸合成的重要进展。完成偶联后，用单质碘氧化得到磷酸酯。

4. 聚核苷酸的固相合成

第一步，将保护的核苷通过 3′-位酯键连接到 SiO$_2$ 载体（用黑色椭球表示）上。第二步，除去 5′-位保护基（DMT）。第三步，与 3′-位有亚磷基 [(^{i}Pr$_2$N)(NCCH$_2$CH$_2$O)P] 的另一核苷在乙腈溶液中在四氮唑存在下偶联，得到亚磷酸酯；循环除保护基（第二步）和偶联（第三步）等步骤直至所需要的核苷酸序列构筑完成。第四步，在 2,6-二甲基吡啶存在下在四氢呋喃水溶液中用单质碘氧化，得到相应的磷酸酯。第五步，用氨水处理以除去所有的保护基并将核苷酸链从键合的硅胶上断裂下来（图 14.100）。合成的核苷酸链可用电泳（electrophoresis）和 HPLC 等进行纯化。

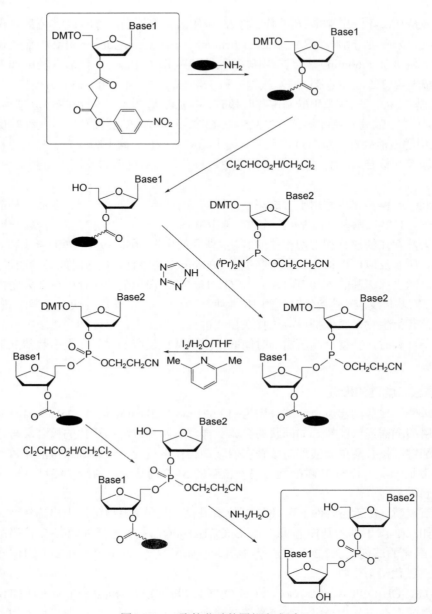

图 14.100　聚核苷酸的固相合成原理

三、硒核苷酸

硒衍生化的核酸产生具有新的生物物理性质的生物聚合物。图 14.101 描绘了核酸的糖基、碱基和磷酸基在不同位置可能发生的硒功能化。Huang 和他的同事开创了硒修饰核酸的合成并分析了结构-功能活性。

1. 硒碱基

（1）硒碱基的合成

在乙醇钠存在下，甲酰乙酸乙酯或 2-甲基甲酰乙酸乙酯与硒脲在乙醇中回流反应提供 2-

硒尿嘧啶（2-selenouracil）和 2-硒胸腺嘧啶（2-selenothymine）。6-氯嘌呤与硒氢化钠或硒脲在乙醇中回流分别以 76%和 92%的产率提供 6-硒嘌呤（6-selenopurine），等当量 6-硒嘌呤钠的水溶液与碘甲烷室温反应得到 6-甲硒基嘌呤（6-methylselenopurine）（图 14.102）[61]。

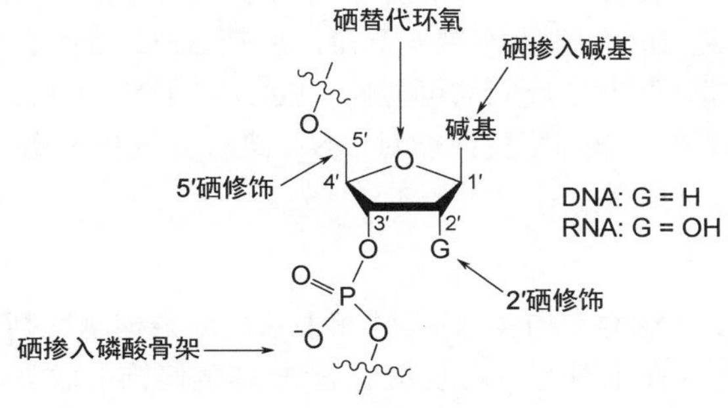

图 14.101 核酸的硒修饰位置

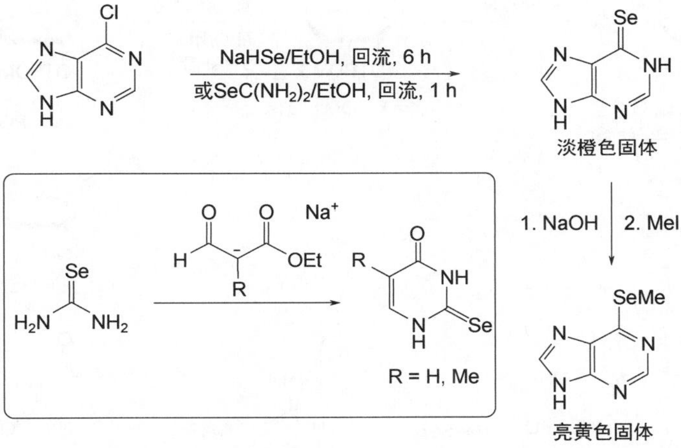

图 14.102 硒碱基的合成

（2）硒碱基的应用

自然存在的碱基、核苷和核苷酸能在激发后 1ps 内恢复其电子基态。超快的基态恢复使核酸能够抵抗太阳紫外线辐射的攻击。反之，碱基中的羰基氧原子被硫取代可以高产率地形成长寿命的三重态激发态。因此，硫取代的 DNA/RNA 中的碱基（又称硫碱基，thiobase）已被用于光动态疗法和结构生物学。高的三重态产率使硫碱基成为靶向 DNA/RNA 损伤的首要敏化剂，然而，它们的吸收特性限制了在皮肤癌细胞治疗中的应用。硒或碲取代硫使碱基的吸收光谱红移至可见光区。因此，硒或碲取代的碱基被认为相对于硫化合物更有利于深部组织癌的治疗，但其光动力学机理尚未探索。最近，利用飞秒宽带瞬态吸收光谱（TAS）证明了硒取代鸟嘌呤的羰基氧原子可以显著提高系间穿越（ISC）寿命[62]。特别重要的是 6-硒鸟嘌呤（Se^{6}G）ISC 到基态的速率比 6-硫鸟嘌呤前药（S^{6}G）增加了 835 倍，超过 2 个数量级。因此，6-硒鸟嘌呤敏化分子氧形成单线态氧（^{1}O$_2$）的产率大大低于 6-硫鸟嘌呤。

根据量子化学的计算结果：在溶液中的激发态为 S$_2$(ππ*)，其它低能激发态是一个单重态和三个三重态即 S$_1$(nπ*)和 T$_1$(ππ*)、T$_2$(nπ*)、T$_3$(ππ*)；在计算误差范围内，S$_2$(ππ*)与 T$_3$(ππ*)以及 S$_1$(nπ*)与 T$_2$(nπ*)能量简并，S$_1$(nπ*)能量高 T$_1$(ππ*)能量 0.64eV；Se^{6}G 激发到 S$_2$(ππ*)后

经内部转变（IC）然后系间穿越到三重态，$S_2 \rightarrow S_1 \rightarrow T_2 \rightarrow T_1$。实验测定 Se^6G 与 S^6G 的三重态寿命分别为 1.7ns 和 1420ns，这是由于前者存在更强的 T_1/S_0 旋-轨偶合以及更小的接近 T_1 势能面能垒的缘故。

Se^6G 已引入 DNA 和 RNA 中，实验和分子动力学模拟表明 Se^6G 取代的 DNA 双链是稳定的，因此，尽管只有近 2ns 的三重态衰变寿命，但是 Se^6G 结合于 DNA/RNA 双链应该提高了 Se^6G 三重态与相邻碱基发生反应的可能性。Se^6G 与 DNA/RNA 双链中 π-π 堆积的相邻碱基的密切接触使 Se^6G 在三重态衰变前能对 DNA 进行光敏化损伤。确实地，Se^6G 已用作化学治疗剂。

2. 硒核苷

将 5′-羟基转化为 Br、MsO 和 TsO 等好的离去基，用亲核硒试剂在相转移催化剂四己基铵硫酸氢盐（THAHS）存在下进行 S_N2 反应，合成 5′-硒修饰的脱氧核苷（图 14.103）[63]。

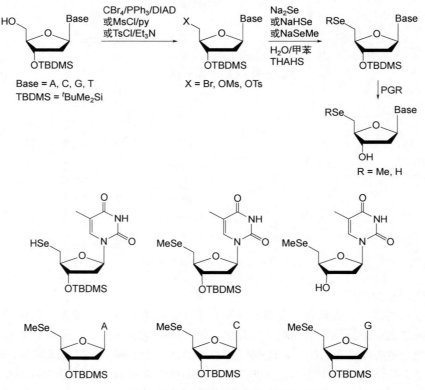

图 14.103　5′-硒修饰的脱氧核苷

图 14.104 是发现于大肠杆菌（*Escherichia coli*）和产甲烷球菌（*Methanococcus vannielii*）的 tRNA^{Glu}、tRNA^{Gln} 和 tRNA^{Lys} 的 2-硒代尿嘧啶核苷（Se^2U）系列。YbbB 酶是由 U 形成 Se^2U 所必需的，存在于所有的生命王国。尽管硒修饰的核苷具有重要的生物学意义，但是由于这些核苷的难得性限制了对其功能作用的理解。为了结构和生物学研究，发展它们的合成方法是特别有用的。

已发展了六种合成 2-硒尿苷（Se^2U）的方法，这里只介绍路线最短、产率最高的一条最新路线（图 14.105）：以易得的尿苷为原料经四步反应以 55% 的产率得到羟基保护的 2-硫代尿苷，再经两步反应以 90% 的产率提供羟基保护的 2-硒尿苷，用三氟乙酸水溶液处理脱除羟基保护基得到 2-硒尿苷（Se²U）[64]。它是合成硒修饰的 RNA 的重要原料：用 TBS 保护 3′,5′-位的羟基，再用 TBDMS 保护 2′-位羟基，用 F⁻ 脱除 TBS 保护基再现 3′,5′-位的羟基，继而用 DMT 保护 5′-位的伯羟基，最后亚磷酰化得到可供固相合成聚核苷酸的产品。

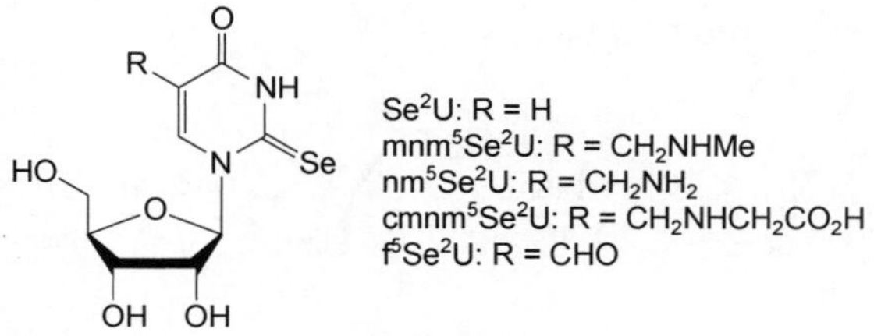

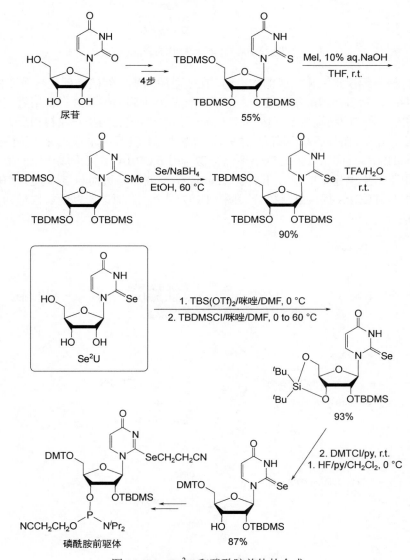

图 14.104　存在于 tRNA 中的 2-硒代尿嘧啶核苷

图 14.105　Se²U 和磷酰胺前体的合成

氧杂硒烷（oxaselenolane）核苷，其中 3′-CH₂ 被硒原子取代，它们的合成路线示于图14.106。外消旋的 C 核苷和 5-F-C 核苷显示抗 HIV 和 HBV 活性。通过手性 HPLC 分离可得到光学异构体，其中左旋的 C 核苷和 5-F-C 核苷显示更好的抗 HIV 活性[65]。

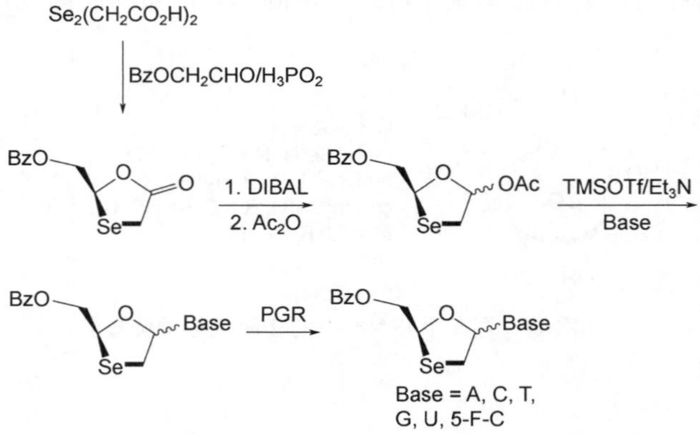

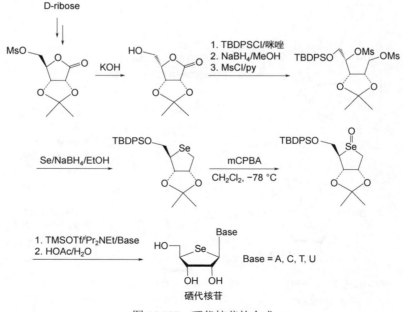

图 14.106　3′-硒代核苷的合成

以核糖为原料经溴水氧化生成糖酸内酯，在室温的丙酮中经硫酸催化生成亚异丙基 2′,3′-保护的糖酸内酯，然后在缚酸剂吡啶中与 MsCl 形成 5′-甲磺酸酯，进一步用氢氧化钾处理提供亚异丙基 2′,3′-保护的糖酸内酯（因 S_N2 反应，其中 4′-碳的构型与原料相反）。在 TBDPS 保护伯羟基后，用 $NaBH_4$ 还原内酯为二醇，该二醇与 MsCl 反应形成二元甲磺酸酯，它与亲核硒试剂（NaHSe）反应生成五元硒杂环化合物。用 mCPBA 氧化形成相应的硒亚砜，它在 TMSOTf 作用下产生硒稳定的 α-碳正离子（Pummerer 重排），进而与自由碱基（Base）偶联，最后脱除保护基 TBDPS 提供硒代核苷（图 14.107）[66]。类似地，以脱氧核糖为原料可以制备硒代脱氧核苷。

图 14.107　硒代核苷的合成

考虑到 1,4-氧杂硒杂环己烷化合物具有抗癌活性，因此采用类似的方法合成了一系列含 1,4-氧杂硒杂环烷的假核苷（碱基 Base=A、C、G、U）。将 DMT 保护的核糖核苷氧化成双醛，进一步用 NaBH$_4$ 还原成相应的二醇。在甲磺酰化（mesylation）后，二元磺酸酯用 NaHSe 溶液处理，最后脱保护基得到目标产物[67]。

3. 聚硒核苷酸

利用 TIPDS 保护阿拉伯呋喃鸟苷的 3′-和 5′-位羟基，TMS 保护 2′-羟基和 O^6，然后用异丁酰基保护氨基（N^2），脱除 TMS 保护基，将 2′-羟基用 CF$_3$SO$_2$Cl 反应转变为好的离去基团 OTf，经 Me$_2$Se$_2$ 现场还原产生的 MeSe$^-$ 取代 $^-$OTf 后，用 TBAF 除保护基 TIPDS 得到二醇。用 DMT 保护二醇的伯羟基，亚磷酰化（phosphitylation）得到 DMT 保护的 2′-硒甲基修饰的鸟苷，其经固相合成提供 2′-位硒甲基修饰的聚核苷酸（图 14.108）。

对于嘧啶核苷的 2′-位硒代步骤较少：在沸腾的 DMF 中，碱促进分子内环化，然后用 DMT 保护伯羟基，经 MeSe$^-$ 进行开环反应得到 DMT 保护的 2′-位硒代胞嘧啶和胸腺嘧啶核苷，亚磷酰化得到 2′-硒甲基修饰的嘧啶核苷，其经固相合成提供 2′-位硒甲基修饰的聚核苷酸[68]。

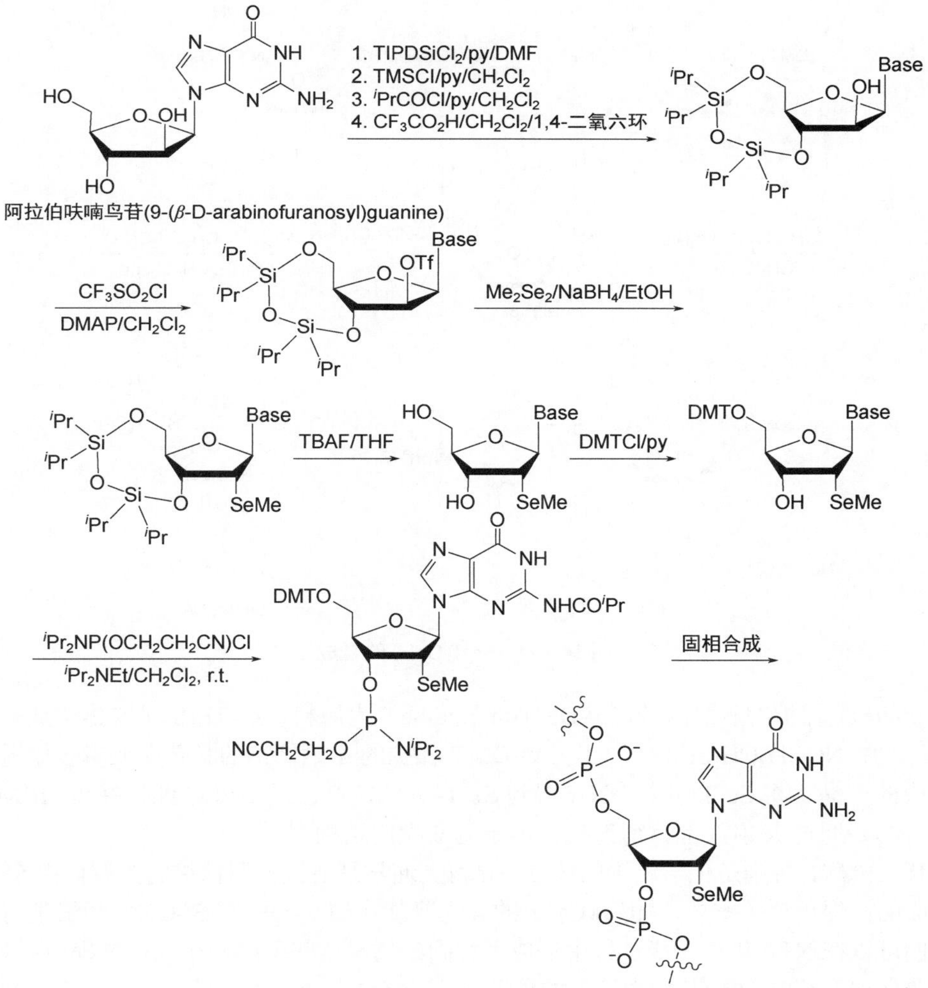

图 14.108　合成 2′-位硒甲基修饰的聚核苷酸

　　以 2-硫胸苷（2-thiothymidine，S^2T）为原料，经 DMT 保护、硫甲基化，用 HSe^- 取代 MeS^- 得到 DMT 保护的 2-硒胸苷（2-selenothymidine，Se^2T），在硒上引入 CH_2CH_2CN 后亚磷胺化提供固相合成的产品，每步产物经 NMR 和 HRMS（ESI-TOF）表征。将 Se^2T 引入 DNA 得到 Se^2T-DNA，产品经 HPLC 纯化并用 HRMS 表征（图 14.109）。通过 X 射线晶体衍射技术测定其双螺旋结构[69]。2-硒胸苷（Se^2T）为核酸及其蛋白质复合物的 X 射线晶体结构研究提供了一种有用的工具。硒原子的特异性探测技术将为进一步研究碱基对识别和 DNA 复制、RNA 聚合酶转录和 mRNA 翻译的高保真性提供新的机会。

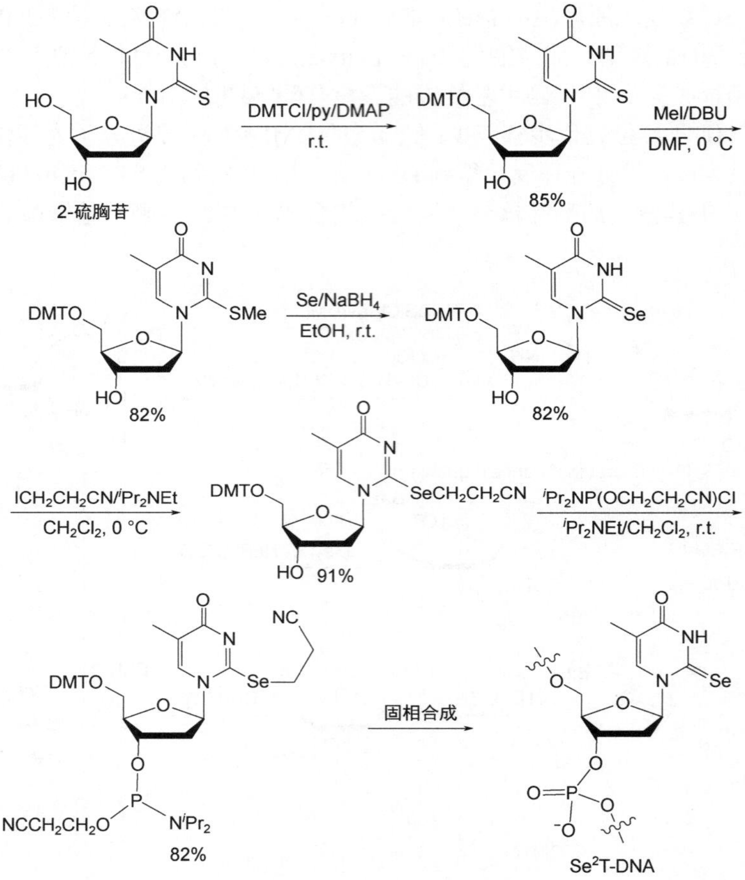

图 14.109　Se^2T-DNA 的合成

　　以 5'-DMT 保护的脱氧胸苷（5'-DMT-thymidine）为原料，经 TMS 保护 2-位羰基、氯化 4-位羰基，用 $NCCH_2CH_2Se^-$ 取代 Cl^- 得到 DMT 保护的 4-硒修饰的胸苷，亚磷胺化提供用于固相合成的产品，将 Se^4T 引入 DNA 得到 Se^4T-DNA，产品经 HPLC 纯化并用 HRMS 表征（图 14.110），通过 X 射线晶体衍射技术测定为双螺旋结构[70]。

　　核苷三磷酸，特别是化学修饰的核苷三磷酸，通常是通过使用保护的具有自由 5'-羟基的核苷合成的。保护至关重要，如果碱基上的其它羟基（如 2'-OH 和 3'-OH）和氨基得不到保护，它们可以在 NTP 化学合成过程中形成多种副产物，这些副产物在纯化过程中很难除去。为了使非保护核苷的 5'-羟基发生清洁的磷酸化反应（phosphorylation），Huang 等研制了一种选择性磷酸化试剂。

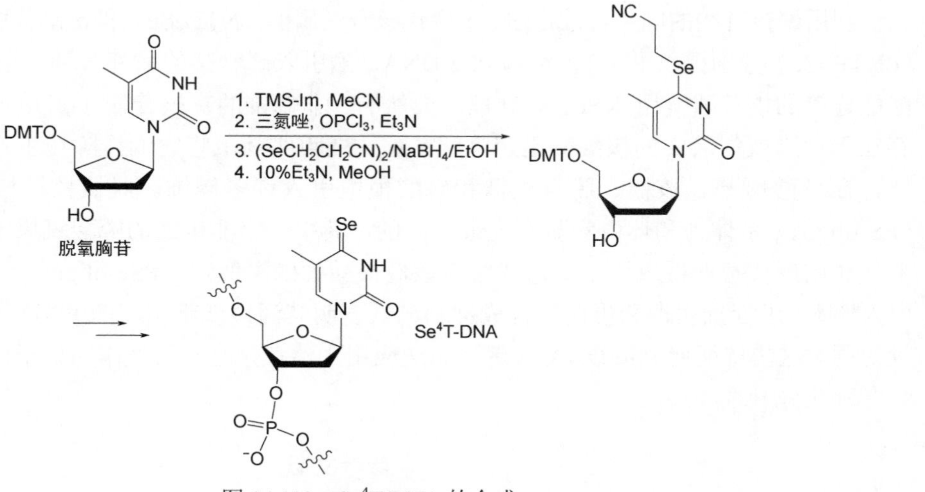

图 14.110　Se⁴T-DNA 的合成

　　焦磷酸盐（tributylammonium pyrophosphate，TBAP）与 2-氯-4*H*-1,3,2-苯并二氧杂磷烷-4-酮（2-chloro-4*H*-1,3,2-benzodioxaphosphorin-4-one）原位反应，然后将核苷加入到环状亚磷酸盐中。经过硒化和水解，成功地合成无核苷保护的 α-硒代核苷三磷酸（NTPαSe）（图 14.111）[71]。类似的方法可合成 α-硒代脱氧核苷三磷酸（dNTPαSe）[72]。

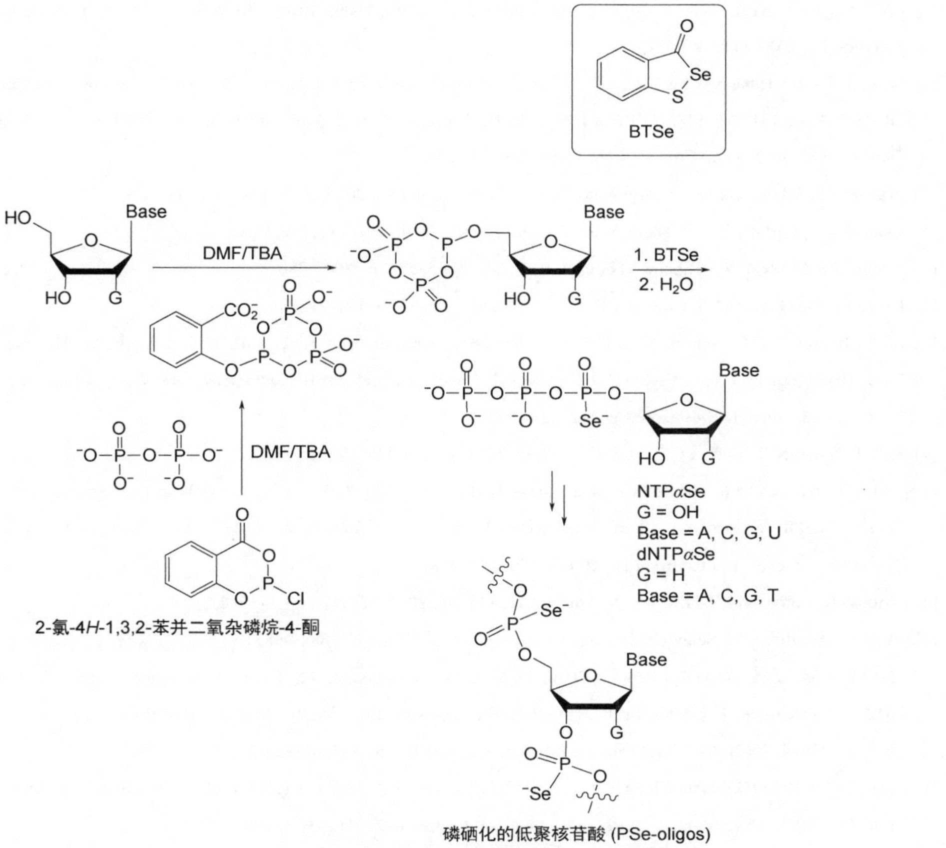

图 14.111　α-硒代核苷三磷酸和 α-硒代脱氧核苷三磷酸的合成

　　利用聚核苷酸的固相合成方法，α-硒代核苷三磷酸（NTPαSe）和 α-硒代脱氧核苷三磷酸（dNTPαSe）分别提供 PSe-RNA 和 PSe-DNA。硒引入磷骨架的另外一种方法是将 3′,5′-亚磷酸酯连接的核苷酸链用 KSeCN 处理。天然的、非修饰的寡核苷酸（oligonucleotide）会被存在于细胞或体液中的核酸酶迅速降解，这一弱点实际上将它们排除在生物应用之外。因此，在核酸碱基、核糖、脱氧核糖和磷酸根中引入许多修饰。脱氧核糖核酸的硫类似物（PS-oligos）是体外和体内实验研究最广泛的，其中一个非桥连的磷酸氧原子被一个硫原子取代。用硒代替非桥氧原子，形成脱氧核糖核酸的硒类似物（PSe-oligos）。使用 PSe-DNA（17 聚体）进行抗病毒和蛋白质合成抑制测试表明其活性低于相应的 PS-DNA，并且细胞毒性更强。这些特征使 PSe-DNA 低聚物无法应用于治疗，但它们可作为分子探针用于结构生物学和生物化学。

参考文献

[1] (a) Ruberte A C, Sanmartin C, Aydillo C, et al. J Med Chem, 2020, 63(4): 1473-1489. (b) Kamal A, Iqbal M A, Bhatti H N. Rev Inorg Chem, 2018, 38(2): 49-76. (c) Akhoon S A, Naqvi T, Nisar S, et al. Asian J Chem, 2015, 27(8): 2745-2752. (d) Carland M, Fenner T. The Use of Selenium-based Drugs in Medicine. Metallotherapeutic Drugs and Metal-Based Diagnostic Agents: The Use of Metals in Medicine[M]. New Jersey: John Wiley & Sons, Ltd., 2005. (e) Helfer A, Ermert J, Humpert S, et al. J Label Compd Radiopharm, 2015, 58(3): 141-145. (f) Cantineau R, Tihange G, Plenevaux A, et al. J Label Compd Radiopharm, 1986, 23(1): 59-65.

[2] (a) Rafique J, Saba S, Canto R F S, et al. Molecules, 2015, 20(6): 10095-10109. (b) Barbosa N V, Nogueira C W, Nogara P A, et al. Metallomics, 2017, 9(12): 1703-1734.

[3] (a) Lim D, Gründemann D, Seebeck F P. Angew Chem Int Ed, 2019, 58(42): 15026-15030. (b) Yamashita Y, Yamashita M. J Biol Chem, 2010, 285(24): 18134-18138. (c) Rohn I, Kroepfl N, Bornhorst J, et al. Mol Nutr Food Res, 2019, 63(12): 190080. (d) Achouba A, Dumas P, Ouellet N, et al. Chemosphere, 2019, 229: 549-558.

[4] Peglow T J, Schumacher R F, Cargnelutti R, et al. Tetrahedron Lett, 2017, 58(38): 3734-3738.

[5] Canto R F S, Barbosa F A R, Nascimento V, et al. Biomol Chem, 2014, 12(21): 3470-3477.

[6] Jardim G A M, Reis W J, Ribeiro M F, et al. RSC Adv, 2015, 5(95): 78047-78060.

[7] Donato F, De Gomes M G, Goes A T R, et al. Life Sci, 2013, 93(9-11): 393-400.

[8] (a) Vollhardt K P C, Schore N E. Organic Chemistry: Structure and Function[M]. New York: W. H. Freeman and Company, 2011; (b) Solomons T W G, Fryhle C B, Snyder S A. Organic Chemistry[M]. New Jersey: John Wiley & Sons, Inc., 2014; (c) McMurry J. Organic Chemistry[M]. Boston: Cengage Learning, 2016.

[9] Klán P, Šolomek T, Bochet C G, et al. Chem Rev, 2013, 113(1): 119-191.

[10] (a) Iwaoka M, Ooka R, Nakazato T, et al. Chem Biodiv, 2008, 5(3): 359-374. (b) Wessjohann L A, Schneider A. Chem Biodiv, 2008, 5(3): 375-388. (c) Ermert J, Blum T, Hamacher K, et al. Radiochim Acta, 2001, 89(11-12): 863-866. (d) Bhat R G, Porhiel E, Saravanan V, et al. Tetrahedron Lett, 2003, 44(28): 5251-5253.

[11] Mousa R, Dardashti R N, Metanis N. Angew Chem Int Ed, 2017, 56(50): 15818-15827.

[12] Wang J, Schiller S M, Schultz P G. Angew Chem Int Ed, 2007, 46(36): 6849-6851.

[13] (a) Moroder L, Musiol H J. J Pep Sci, 2020, 26(2): e3232. (b) Kulkarni S S, Sayers J, Premdjee B, et al. Nat Rev Chem, 2018, 2(4): 0122. (c) DeGruyter J N, Malins L R, Baran P S. Biochemistry, 2017, 56(30): 3863-3873. (d) Malins L R, Mitchell N J, Payne R J. J Pept Sci, 2014, 20(2): 64-77. (e) Dawson P E. Isr J Chem, 2011, 51(8-9): 862-867.

[14] (a) Wu Z P, Hilvert D. J Am Chem Soc, 1989, 111(12): 4513-4514. (b) Wu Z P, Hilvert D. J Am Chem Soc, 1990, 112(14): 5647-5648.

[15] Lian G, Ding L, Chen M, et al. Biochem Biophys Res Commun, 2001, 283(5): 1007-1012.

[16] (a) Mondal S, Raja K, Schweizer U, et al. Angew Chem Int Ed, 2016, 55(27): 7606-7630. (b) Mugesh G, Du Mont W-W, Wismach C,

et al. ChemBioChem, 2002, 3(5): 440-447.

[17]　(a) Gieselman M D, Xie L, Van der Donk W A. Org Lett, 2001, 3(9): 1331-1334. (b) Quaderer R, Sewing A, Hilvert D. Helv Chim Acta, 2001, 84(5): 1197-1206. (c) Hondal R J, Nilsson B L, Raines R T. J Am Chem Soc, 2001, 123(21): 5140-5141. (d) Metanis N, Keinan E, Dawson P E. Angew Chem Int Ed, 2010, 49(39): 7049-7053.

[18]　Mitchell N J, Malins L R, Liu X, et al. J Am Chem Soc, 2015, 137(44): 14011-14014.

[19]　Muir T W, Sondhi D, Cole P A. Proc Natl Acad Sci USA, 1998, 95(12): 6705-6710.

[20]　Hondal R J, Marino S M, Gladyshev V N. Antioxid Redox Signaling, 2013, 18(13): 1675-1689.

[21]　Mitchell N J, Kulkarni S S, Malins L R, et al. Chem Eur J, 2017, 23(4): 946-952.

[22]　(a) Bhowmick D, Mugesh G. Org Biomol Chem, 2015, 13(41): 10262-10272. (b) Roman M, Jitaru P, Barbante C. Metallomics, 2014, 6(1): 25-54. (c) Reddy K M, Mugesh G. Chem Eur J, 2019, 25(37): 8875-8883.

[23]　(a) Turanov A A, Xu X M, Carlson B A, et al. Adv Nutr, 2011, 2(2): 122-128. (b) Itoh Y, Bröcker M J, Sekine S I, et al. Science, 2013, 340(6128): 75-78.

[24]　(a) Huber R E, Criddle R S. Arch Biochem Biophys, 1967, 122(1): 164-173. (b) Baltazar C S A, Marques M C, Soares C M, et al. Eur J Inorg Chem, 2011, 2011(7): 948-962. (c) Thauer R K. Eur J Inorg Chem, 2011, 2011(7): 919-921. (d) Wombwell C, Caputo C A, Reisner E. Acc Chem Res, 2015, 48(11): 2858-2865. (e) Niu S, Hall M B. Inorg Chem, 2001, 40(24): 6201-6203. (f) Yagi T, Ogo S, Higuchi Y. Int J Hydrogen Eng, 2014, 39(32): 18543-18550. (g) Yang X, Elrod L C, Le T, et al. J Am Chem Soc, 2019, 141(38): 15338-15347. (h) Xu T, Chen D, Hu X. Coord Chem Rev, 2015, 303: 32-41.

[25]　(a) Boons G J, Hale K J. Organic Synthesis with Carbohydrates[M]. England: Sheffield Academic Press Ltd., 2000. (b) 蔡孟深, 李中军. 糖化学[M]. 北京: 化学工业出版社, 2008; (c) Miljkovic M. Electrostatic and Stereoelectronic Effects in Carbohydrate Chemistry[M]. New York: Springer, 2014.

[26]　(a) Vieira A S, Fiorante P F, Hough T L S, et al. Org Lett, 2008, 10(22): 5215-5218. (b) Kumar B, Aga M A, Rouf A, et al. J Org Chem, 2011, 76(9): 3506-3510.

[27]　(a) Basava V, Hanawa E, Marzabadi C H. The Preparation and Reactions of 3,6-Anhydro-D-Glycals[M]. New Jersey: John Wiley & Sons, Inc., 2016. (b) Basava V, Gorun S M, Marzabadi C H. Carbohydr Res, 2014, 391: 106-111. (c) Misra A P, Mathad V T, Raj K, et al. Bioorg Med Chem, 2001, 9(11): 2763-2772.

[28]　Demchenko A V. Handbook of Chemical Glycosylation: Advances in Stereoselectivity and Therapeutic Relevance[M]. Weinheim: Wiley-VCH Verlag GmbH & Co. KGaA, 2008.

[29]　Broxterman H J G, Van der Marel G A, Van Boom J H. J Carbohydr Chem, 1991, 10(2): 215-237.

[30]　Vidal S. Protecting Groups Strategies and Applications in Carbohydrate Chemistry[M]. Weinheim: Wiley-VCH Verlag GmbH & Co. KGaA, 2019.

[31]　Nielsen M M, Pedersen C M. Chem Rev, 2018, 118(17): 8285-8358.

[32]　Iwata R, Uda K, Takahashi D, et al. Chem Commun, 2014, 50(73): 10695-10698.

[33]　(a) Mootoo D R, Date V, Fraser-Reid B. J Am Chem Soc, 1988, 110(8): 2662-2663. (b) Fraser-Reid B, Lopez J C, Bernal-Albert P, et al. Can J Chem, 2013, 91(1): 51-65.

[34]　(a) Mukherjee C, Tiwari P, Misra A K. Tetrahedron Lett, 2006, 47(4): 441-445. (b) Tiwari P, Misra A K. Tetrahedron Lett, 2006, 47(14): 2345-2348.

[35]　(a) Lemieux R U, Ratcliffe R M. Can J Chem, 1979, 57(10): 1244-1251. (b) Mironov Y V, Sherman A A, Nifantiev N V. Tetrahedron Lett, 2004, 45(49): 9107-9110.

[36]　(a) Spell M, Wang X, Wahba A E, et al. Carbohydr Res, 2013, 369: 42-47. (b) Furuta T, Takeuchi K, Iwamura M. Chem Commun, 1996, 1996(2): 157-158.

[37]　Suzuki T, Hayashi C, Komura N, et al. Org Lett, 2019, 21(16): 6393-6396.

[38]　Maciaszek A, Tomaszewska A, Guga P. Selenium and Tellurium Derivatives of Carbohydrates and Nucleotides. PATAI's Chemistry of Functional Groups[M]. New Jersey: Wiley & Sons, Ltd., 2014.

[39] Caton-Williams J, Huang Z. Chem Biodiv, 2008, 5(3): 396-407.

[40] Bijian K, Zhang Z, Xu B, et al. Eur J Med Chem, 2012, 48: 143-152.

[41] Davies M J, Schiesser C H. New J Chem, 2019, 43(25): 9759-9765.

[42] Liu H, Pinto B M. Can J Chem, 2006, 84(4): 497-505.

[43] Guan Y, Townsend S D. Org Lett, 2017, 19(19): 5252-5255.

[44] Kobayashi Y, Ogra Y, Ishiwata K, et al. Proc Natl Acad Sci USA, 2002, 99(25): 15932-15936.

[45] (a) André S, Kövér K E, Gabius H J, et al. Bioorg Med Chem Lett, 2015, 25(4): 931-935. (b) Kónya Z, Bécsi B, Kiss A, et al. Bioorg Med Chem, 2018, 26(8): 1875-1884.

[46] Braga H C, Stefani H A, Paixão M W, et al. Tetrahedron, 2010, 66(19): 3441-3446.

[47] (a) Braga H C, Wouters A D, Zerillo F B, et al. Carbohydr Res, 2010, 345(16): 2328-2333. (b) Kartha K P R. Tetrahedron Lett, 1986, 27(29): 3415-3416. (c) Lu Y, Just G. Tetrahedron, 2001, 57(9): 1677-1687.

[48] Bussolo V D, Fiasella A, Balzano F, et al. J Org Chem, 2010, 75(12): 4284-4287.

[49] (a) Abdo M, Knapp S. J Am Chem Soc, 2008, 130(29): 9234-9235. (b) Knapp S, Darout E. Org Lett, 2005, 7(2): 203-206.

[50] McDonagh A W, Mahon M F, Murphy P V. Org Lett, 2016, 18(3): 552-555.

[51] Zhu F, O'Neill S, Rodriguez J, et al. Angew Chem Int Ed, 2018, 57(24): 7091-7095.

[52] Klüfers P, Reichvilser M M. Eur J Inorg Chem, 2008, 2008(3): 384-396.

[53] (a) 刘莉娜. 糖醇亚硒酸酯的合成及其生物活性研究[D]. 武汉: 华中师范大学, 2011; (b) Guo P, Zhao P, Liu J, et al. Biol Trace Elem Res, 2013, 151(2): 301-306. (c) Guo P, Wang Q, Liu J, et al. Biol Trace Elem Res, 2013, 154(2): 304-311.

[54] (a) Cheng L, Wang Y, He X, et al. Int J Biol Macromol, 2018, 120: 82-92. (b) Fiorito S, Epifano F, Preziuso F, et al. Phytochem, 2018, 153: 1-10. (c) Liao K, Bian Z, Xie D, et al. Biol Trace Elem Res, 2017, 177(1): 64-71. (d) Chen F, Huang G. Int J Biol Macromol, 2018, 112: 211-216.

[55] (a) Huang S, Yang W, Huang G. Carbohydr Polym, 2020, 242: 116409. (b) Gu Y, Qiu Y, Wei X, et al. Food Chem, 2020, 316: 126371. (c) Wang Y, Chen J, Zhang D, et al. Carbohydr Polym, 2013, 98(1): 1186-1190.

[56] Qin T, Chen J, Wang D, et al. Carbohydr Polym, 2013, 92(1): 645-650.

[57] (a) Wang J, Zhao B, Wang X, et al. Int J Biol Macromol, 2012, 51(5): 987-991. (b) Zhu S, Hu J, Liu S, et al. Carbohydr Polym, 2020, 246: 116545.

[58] (a) Zhao B, Zhang J, Yao J, et al. Int J Biol Macromol, 2013, 58: 320-328. (b) Zhang J, Wang F X, Liu Z W, et al. Nat Prod Res, 2009, 23(17): 1641-1651.

[59] Chen W, Chen J, Wu H, et al. Int J Biol Macromol, 2014, 69: 244-251.

[60] (a) Vorbrüggen H, Lagoja I M, Herdewijn P. Curr Protoc Nucleic Acid Chem, 2006, 27: 1.13.1-1.13.16. (b) Vorbrüggen H. Acc Chem Res, 1995, 28(12): 509-520. (c) Gallou F, Seeger-Weibel M, Chassagne P. Org Proc Res Develop, 2013, 17(3): 390-396.

[61] Mautner H G. J Am Chem Soc, 1956, 78(20): 5292-5294.

[62] Farrell K M, Brister M M, Pittelkow M, et al. J Am Chem Soc, 2018, 140(36): 11214-11218.

[63] Carrasco N, Ginsburg D, Du Q, et al. Nucleosides Nucleotides Nucleic Acids, 2001, 20(9): 1723-1734.

[64] (a) Kogami M, Davis D R, Koketsu M. Heterocycles, 2016, 92(1): 64-74. (b) Wise D S, Townsend L B. J Heterocycl Chem, 1972, 9(6): 1461-1462.

[65] Chu C K, Ma L, Olgen S, et al. J Med Chem, 2000, 43(21): 3906-3912.

[66] (a) Jayakanthan J, Johnston B D, Pinto B M. Carbohydr Res, 2008, 343(10-11): 1790-1800. (b) Jeong L S, Tosh D K, Kim H O, et al. Org Lett, 2008, 10(2): 209-212. (c) Alexander V, Choi W J, Chun J, et al. Org Lett, 2010, 12(10): 2242-2245. (d) Sahu P K, Naik S D, Yu J, et al. Eur J Org Chem, 2015, 2015(28): 6115-6124.

[67] Chen Y, Peng Y, Zhang J, et al. Nucleosides Nucleotides Nucleic Acids, 2008, 27(8): 1001-1008.

[68] Moroder H, Kreutz C, Lang K, et al. J Am Chem Soc, 2006, 128(30): 9909-9918.

[69] (a) Sheng J, Jiang J, Salon J, et al. Org Lett, 2007, 9(5): 749-752. (b) Höbartner C, Micura R. J Am Chem Soc, 2004, 126(4): 1141-1149.

[70]　Hassan A E A, Sheng J, Zhang W, et al. J Am Chem Soc, 2010, 132(7): 2120-2121.

[71]　(a) Carrasco N, Caton-Williams J, Brandt G, et al. Angew Chem Int Ed, 2006, 45(1): 94-97. (b) Lin L, Caton-Williams J, Kaur M, et al. RNA, 2011, 17(10): 1932-1938.

[72]　(a) Hu B, Wang Y, Sun S, et al. Angew Chem Int Ed, 2019, 58(23): 7835-7839. (b) Wilds C J, Pattanayek R, Pan C, et al. J Am Chem Soc, 2002, 124(50): 14910-14916. (c) Sun H, Jiang S, Caton-Williams J, et al. RNA, 2013, 19(9): 1309-1314.

硒与微生物

在自然界中，硒在有氧和缺氧的环境中活跃循环，这一循环通过细菌厌氧呼吸在碳和氮矿化中发挥重要作用。硒呼吸细菌（selenium-respiring bacteria，SRB）分布在不同的地理环境、原始环境和污染环境中，在硒循环中起着关键作用。与氧和硫不同，硒元素及其微生物循环受到科学界的关注较少。本章首先介绍大气的硒循环，然后着重介绍以硒酸盐和亚硒酸盐为终端电子受体的微生物，最后概述近年来硒呼吸细菌在生物硒循环中的作用、硒生物矿化机理和环境生物技术应用等方面取得的重大进展。

第一节　大气的硒循环

硒是生命系统中重要的微量元素，存在于所有的自然环境中，包括岩石、土壤、水体和大气。在这些环境中，它通过不同的化学和物理途径被运输和转化，因此硒的分布极不均匀。

它具有多种氧化态，从$-II$到$+VI$，并且有不同的化学（无机和有机）和物理（固体、液体和气体）形式，因此自然界的硒循环是相当复杂的（图15.1）[1]。硒以6种稳定同位素的形式存在，^{74}Se、^{76}Se、^{77}Se、^{78}Se、^{80}Se 和 ^{82}Se，其中 ^{80}Se 和 ^{78}Se 是地球上最常见的形态（参阅第三章）。不同种类的硒在环境中的分布有所不同，这取决于氧化还原条件。

高氧化态的硒如硒酸根（SeO_4^{2-}）和亚硒酸根（SeO_3^{2-}）存在于含氧环境，例如表层水中。自然环境中的含硒酸盐和亚硒酸盐的矿物有：①硒铅矾（olsacherite）[$Pb_2(SeO_4)(SO_4)$]、羟硒铜铅矿（schmiederite）[$Pb_2Cu(II)_2(Se(IV)O_3)Se(VI)O_4(OH)_4$]；②蓝硒铜矿（chalcomenite）[$CuSeO_3 \cdot 2H_2O$]、汉纳巴赫石（hannebachite）[$Ca_2(SeO_3)_2 \cdot H_2O$]、白硒铅矿（molybdomenite）[$PbSeO_3$]、苏菲矿（sophiite）[$Zn_2SeO_3Cl_2$]。

亚硒酸盐和硒酸盐溶解性好，具有较高的生物利用度（bioavailability）和毒性。在缺氧或厌氧环境中，由于还原条件，硒以单质硒（也称为元素硒）形式存在。虽然单质硒可以以不同的同素异形体（晶态和非晶态）形式存在，但是由于其低溶解性，通常被认为是自然环境中无法利用的形态。然而，以胶体形式存在的元素硒却可以在环境中迁移，并为水生生物所利用。在高度还原条件下，单质硒可进一步还原为 Se^{2-}，继而与金属和有机物结合，分别形成金属硒化物和有机硒化物。因此，单质硒矿在自然界中很少发现。自然环境中的金属硒化物矿有：硒银矿 [Ag_2Se]、硒银铜矿 [$(AgCu)_2Se$]、硒铜矿 [Cu_2Se]、红硒铜矿 [Cu_3Se_2]、硒铅矿 [$PbSe$]、硒汞矿 [$HgSe$]。

自然污染和人为污染将硒释放到大气、土壤和 [以可溶形式——含氧酸根（Se oxyanion）如 SeO_4^{2-} 和 SeO_3^{2-}] 水体。作为一种有益元素，硒被处于食物链底端的微生物和植物从亚硒酸

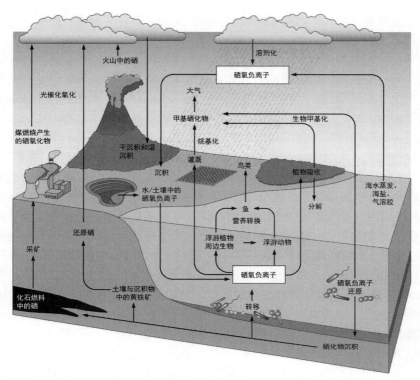

图 15.1　自然界中的硒循环[1]

盐或硒酸盐中吸收，然后在活的生物体中被同化为有机硒化合物。死亡生物的分解会将硒释放回环境中。在硒循环中微生物的还原性硒转化，将水溶性和有毒的硒酸根和亚硒酸根转化为难溶的元素硒或难溶的金属硒化物，是有希望的生物修复方法的基础。

　　长期以来，硒一直被认为是一种毒素。1856 年人类首次发现硒的生物毒性，确认硒是"碱性疾病"（alkali disease）（现在称为"硒中毒"，selenosis）的罪魁祸首。硒中毒的症状包括异常脱发、指甲断裂、指甲脱落、厚指甲和皮肤损伤。这种元素的有益作用直到 1957 年才被发现，当时在大鼠体内发现硒可以防止肝坏死。今天，硒被认为是人体和动物必需的微量元素，在许多生理功能中起着重要作用，如生物合成硒半胱氨酸（第 21 种氨基酸）、辅酶 Q、谷胱甘肽过氧化物酶和硫氧还蛋白还原酶。然而，它的过度和缺乏会导致严重的生物学和生态问题，如硒中毒和慢性克山病。其中一个最重要的特点是，对脊椎动物来说，营养最佳和潜在有毒的饮食之间的差距非常小，只有 1 个数量级的差别。这种二重性（duality）取决于其浓度和化学形态。

　　大气是重要的硒库。根据最近对全球硒的评估，每年有 13000～19000 吨（13～19Gg/y）的硒经过对流层循环。大气沉积（大气沉降，atmospheric deposition）是重要的硒（污染）来源。硒是从各种自然和人为源排放到大气中的，前者占全球硒总排放量的 50%～65%。然而，自工业化开始以来，人为排放量大大增加。因此，科学界越来越关注大气硒的来源、运输、扩散、转化和沉积，努力限制其在环境中的重要性。

一、大气硒源和全球通量

　　大气硒源可分为两类：自然排放和人为排放。自然来源包括海洋生物圈和陆地生物圈的挥发、火山喷发以及海盐和矿物粉尘的微小贡献；人为来源（人为硒，anthropogenic Se）主要是焚烧（煤、油、木材、生物质）、金属冶炼、农产品制造业产生。

大气对硒在环境中的分散、运输和转化起着重要作用。因此，评价自然和人类硒排放的相对贡献已成为一个长期的研究热点。为了完成这项任务，可用的数据，特别是从实地测量中获得的数据是必不可少的。然而，硒排放通量（emission flux）和硒物种（speciation）的现场测量数据非常少。一旦出现在大气中，易挥发的硒物种被氧化，最终形成元素硒和二氧化硒这样的硒物种。这些物种会分配到颗粒相（particulate phase）；以前的测量发现 75%～95% 的硒存在于颗粒物中。大气硒的命运是干沉降（dry deposition）和湿沉降（wet deposition），其中湿沉降估计占全球总硒沉降量的 80%[2]。大气化学模拟研究已应用于其它微量元素以便预测其大气寿命和大气沉降模式。然而，据作者所知，硒化学以前从未被包括在大气化学——气候模型（CCM）中，因此围绕大气硒运输的许多问题例如硒的大气寿命以及它被输送的范围仍然没有得到确切解答[3]。Mosher 等提出了第一个全球硒排放量系统预算。根据他们的评估，每年有 13000～19000 吨硒在对流层中循环流动。利用类似的方法，Nriagu 等估计，每年有 15500 吨硒通过对流层转移，这个值在 Mosher 平均值的 2% 以内。煤的燃烧和金属冶炼（包括采矿、铜铅锌冶炼以及初级和次级硒生产）造成了大约 70% 的人为排放，其中 50% 的排放来自煤炭的燃烧，使其成为大气硒污染的主要来源；Nriagu 的结果与 Mosher 的结果相近，煤的燃烧和金属冶炼占人类硒总排放量的 83%～90%。Mosher 等提出，自然硒源占全球硒总排放量的 60% 左右，大于人类排放量。量化与硒排放有关的工业活动可用于估算人为源硒通量趋势。自 1980 年以来，全球每年的煤炭燃烧量与硒的大气排放量显著增加。根据国际能源署（IEA）统计数据，2021 年全球煤炭产量已达到 78.89 亿吨。因此，认真考虑如何减少硒和其它有毒气体的排放，成为国际社会的当务之急。关于自然硒排放，海洋生物硒是主要来源。Mosher 等估计，每年有 5000～8000 吨海洋生物硒释放到大气中，占自然排放总量的 60%～80%。Nriagu 提供了一个较宽的范围，400～9000 吨，但平均 4500 吨，这与 Mosher 等估计的值是一致的。因此，海洋生物硒在全球硒质量平衡中起着重要作用。

二、大气硒的物理和化学形态

大气中的硒可能会经历各种物理和化学变化，然后沉积到地面上。由于它们在大气中的不同行为，大气中的硒可分为如下三类：①挥发性的有机硒（二甲基硒醚 DMSe、二甲基二硒醚 DMDSe、甲硒醇 MeSeH 和二甲基硒硫醚 DMSeS 等）；②挥发性的无机硒（元素硒、硒化氢和二氧化硒）；③颗粒状硒（particulate Se）。

1. 挥发性的有机硒化合物

硒是以挥发性甲基硒化合物的形式自然释放到大气中的。Challenger 等首次报道了陆地生态系统的真菌培养物能够将无机硒化物甲基化为 DMSe。随后，更多的近期研究表明，细菌、土壤微生物、污泥中的微生物和植物也能够产生 DMSe 和 DMDSe。然而，在土壤中生成挥发性甲基硒化合物的实验证明，虽然二甲基硒醚和二甲基二硒醚都可以在野外条件下生成和挥发，但是大部分进入大气的是 DMSe。这可能是由于 DMDSe 的快速吸附和不稳定性。文献资料表明，在海洋环境中，甲基硒化物通常是大气样品中检测到的最多的物种，但不同海洋环境中甲基硒化物的种类不同[4]。

在法国吉伦特河口和北大西洋的表层水中，DMSe 占主导地位，其次是 DMDSe，最后是 MeSeH。然而，公布的地中海东部的数据表明，DMDSe 和 MeSeH 占海水中总挥发硒（总挥发性硒：Se_{TV}=[DMSe]+[DMDSe]+[MeSeH]）的 49%，占空气中总挥发硒的 64%。此外，对北大西洋海水的测量也表明，目前存在的挥发性硒的主要物种是 DMSe 和 DMSeS，它们的数量大致相等。因此，空气-海洋界面上的挥发性甲基化硒主要是 DMSe、DMDSe、MeSeH 和 DMSeS。它们的相对比例取决于海洋环境。陆地生态系统以 DMSe 为主，海洋生物圈似乎更加复杂，存在不同种类的甲基硒化合物。在大气-海洋界面，甲基硒化合物的变化取决于温度、盐度（salinity）、海水矿物组成、光合作用、气候条件、特定种类的生物体及其浓度。例如，Amouroux 等的工作表明："Cocolithophorid"，海洋中普遍存在的一种浮游生物，与 DMSe 和 DMS（二甲基硫醚）比任何其它浮游生物（相关系数分别为 0.77 和 0.88）成强的正相关；这种浮游生物具有最高的生产甲基化硒化合物的能力。叶绿素 a 在海洋中的分布也很广泛，但是在任何一个给定的地点，叶绿素 a 与 DMSe 和 DMS 没有显著的相关性，这表明光合作用对 DMSe 和 DMS 的生产可能不是必要的。Fan 等报道[5]：在培养基中加入无机硒，耐盐性微藻（euryhaline microalgae）可以生产大量的 DMSe。DMSe 在细胞内的潜在前体是硒鎓盐（Me_2Se^+R），海藻释放这种化合物，然后进行酶解，生成 DMSe；据此，可以解释海洋环境中 DMSe 占优势的原因。Karlson 等通过实验测定了 DMSe 和 DMDSe 的理化性质，并给出它们的蒸气压与温度的回归方程（表 15.1）[6]。

表 15.1　有关化合物的蒸气压方程式

化合物	蒸气压方程	温度范围/K
DMSe	$\lg P=10.093-1665.9/T$	278.15～312.15
DMDSe	$\lg P=15.709-3912.8/T$	288.15～313.15
DMS*	$\lg P=9.287-1201.3/(T-29.906)$	250.60～293.24
DMDS	$\lg P=9.196-1397.6/(T-49.163)$	273～333

注：资料来源于 Karlson U. *J. Chem. Eng. Data*, **1994**, 39, 608。
*DMS，二甲基硫醚；DMDS，二甲基二硫醚。

假设海水中二甲基硒醚和二甲基二硒醚的浓度相近，在相同的温度条件下，DMSe 的蒸气压远远大于 DMDSe。根据亨利定律（Henry's law），空气中 DMSe 的摩尔分数应该远高于 DMDSe。此外，蒸气压只与温度有关，而与盐度、pH 值或电极电势无关。这就解释了为什么二甲基硒醚 DMSe 的排放量随着温暖夏季的到来而急剧增加，并且由于蒸气压随着温度的变化而变化，甚至在一天中也会变化。

2. 挥发性的无机硒

大气中除了挥发性有机硒外，还鉴定出硒化氢、单质硒和二氧化硒等挥发性无机硒。但挥发性无机硒在大气中极不稳定，其寿命很短。通常，易挥发的形式容易转化为颗粒相（particulate phase）。与硫磺一样，温泉地区的火山活动有可能产生少量的硒化氢。由于硒化氢强烈的不稳定性，它可以迅速氧化并转化为二氧化硒或亚硒酸，然后被释放到大气中。自然释放的元素硒和二氧化硒主要来自火山喷发。Mosher 估计，每年在对流层循环的硒有 400～1200 吨来自火山活动。

大多数挥发性无机硒来源于人为排放，煤燃烧是挥发性无机硒释放的主要原因。有工作表明，在煤燃烧过程中，硒在颗粒相（粉煤灰约占 70%）和气相（vapour phase）（30%）之间分配。由于燃煤电厂有效地除去飞灰，所以发现大约 93%排放的硒以元素形式存在于气相中。油燃烧也是大气中硒的重要来源。在高温下，石油燃烧可能释放硒作为蒸气相（硒和或二氧化硒），尽管这一点尚未被证实。垃圾焚烧（refuse incineration）正在成为一个潜在的重要的人为硒源。虽然在全球范围内，垃圾焚烧只占大气总通量的不到 2%，但其对城市地区的环境影响可能很大，Mosher 认为释放到大气中的硒应该是以气相（硒和或二氧化硒）的形式存在。

3. 粒状硒

大气中的硒颗粒相主要来自自然释放的海盐、风尘和火山灰，以及煤燃烧产生的人造飞灰，采矿和金属冶炼产生的垃圾焚烧飞灰。然而，人们认为这些类型的初级颗粒相（particulate phase）是有限的。大多数大气颗粒态硒（particulate Se）是次生的，由气体-粒子转化形成。例如，挥发性无机硒会凝结或吸附在大气气溶胶上；挥发性有机硒会通过大气反应转化为固体气溶胶。对煤飞灰的分析表明，亚硒酸盐和硒酸盐是煤飞灰中的优势物种。在大气气溶胶中，Kagawa 认为硒以 0、+4 和+6 的形式存在，Se^0 占 40%～50%[7]。在过去几十年的大量研究中，人们测量了气溶胶和雨水中硒的浓度，并利用这些结果来评价大气中硒对环境的影响。全球颗粒硒的分布并不均匀，受地理和季节变化的控制。例如，最低的颗粒硒浓度出现在南极，远离工业和高密度人口地区。在类似的地区，比如美国东部，在夏季和冬季，颗粒物中的硒含量不同，可能是由于冬季大量的煤或油燃烧造成的。

三、硒的大气传输、转化和沉积

硒一旦排放到大气中，就会受到各种物理、化学和光化学过程的影响。遗憾的是迄今为止很少有研究涉及全球大气硒排放到硒沉积的硒循环。由于硒化学和硫化学的相似性，以及它们在大气气溶胶中浓度的相关性，可以用硫大气化学来估计大气中的硒行为。然而，应该注意到硫和硒可能有相同的来源，但是大气循环不同。

1. 硒的大气传输

与单质汞不同，挥发性硒在大气中的停留时间非常短，因此很难以气态形式长距离输送硒。关于挥发性有机硒，Atkinson 等测量了二甲基硒醚 DMSe 和大气氧化剂，如 $HO^\bullet$、O_3 和 NO_x 之间的反应速率常数（表 15.2）[8]：计算得到 DMSe 在大气中的停留时间很短，小于 6h；DMSe 与 $HO^\bullet$ 和 $NO_3^\bullet$ 自由基的反应活性比 DMS 大约高一个数量级。

表 15.2　DMSe 与大气氧化剂的气相反应速率常数

反应	速率常数*	寿命
DMSe+$HO^\bullet$ ——→ 产物	$(6.78\pm1.70)\times10^{-11}$	2.7h
DMSe+$NO_3^\bullet$ ——→ 产物	1.40×10^{-11}	5 min
DMSe+O_3 ——→ 产物	$(6.80\pm0.72)\times10^{-17}$	5.8 h

注：资料来源于 Atkinson R. *Environ. Sci. Technol.*, **1990**, 24, 1326。
*温度 23℃；压强，1.01bar（1bar=10^5Pa）；氮气氛。

迄今为止，还没有关于挥发性无机硒化合物及其大气反应的研究，因此只能从理论上利用它们的物理和化学性质对潜在反应作出估计。由于单质硒（685℃）和二氧化硒（340℃）的沸点相对较高，在正常大气条件下，挥发性元素硒和二氧化硒可以凝聚并快速转化为颗粒硒。根据元素硒的蒸气压（0.2～1.2mmHg，STP），可以用理想气体定律计算气相中的硒浓度：硒的平衡浓度为 1～5ng/m^3，与现场测定结果一致。

气态硒（元素硒和硒化氢）的停留时间（寿命）可能接近 DMSe，或至少是同一数量级，因此大气中的硒不可能以气态形式长距离运输。相反，气态硒可以通过一系列大气物理和化学过程，转化为颗粒状的形式，然后经过长距离传输。显然，这个距离也将在很大程度上取决于粒子的尺寸范围。小的粒子更容易从它们的排放源转移，而大的气溶胶在大气中的寿命往往较短。许多研究报告表明，小粒子气溶胶富集了硒。由于粒子的比表面积与粒子的大小成反比，粒子气溶胶的数量随半径的减小而增加，因此硒应该富集在最小粒子中。实验发现：在北美的 7 个地点，近 70%的硒是由直径小于 1.0μm 的气溶胶组成的；在来自百慕大的海洋气溶胶中，大部分硒存在于半径在 1.0μm 以下的气溶胶中；在 Rugen 岛的 Kap Arkona 海岸气象站记录了硒在气溶胶中的大小分布，大约 60%的微粒硒存在于直径在 0.25μm 到 0.50μm 的小颗粒组分中。对北大西洋两个岛屿（百慕大和巴巴多斯）的气溶胶研究表明：在百慕大，大多数气溶胶是由北美的大气团输送的，由此认为硒可能被长距离输送。Wen 等的研究表明[2]：海洋生物硒可以吸附在微米颗粒物（主要是海盐）上，在大气中停留时间较长；海洋大气中的硒可以在陆地上空长距离传输（大约 1000 公里）。从沿海地区到内陆地区采集的地衣样品中硒和氯的浓度具有很好的相关性，说明这两种元素来自同一源。

2. 大气硒的转化

在大气条件下硒的化学反应一直很少是实验室研究的主题。因此硒在大气中的许多转化反应现在还不清楚，虽然已提出了许多假设但还有待实验的证实。在存在氧的情况下，有机硒（甲基化硒）按照下列反应类型进入气相：$Me_2Se_2 + 0.5O_2 \longrightarrow MeSeH + CH_2O + Se$。此外，二硒醚 Me_2Se_2 中的硒-硒键可以被氢氧根断裂产生 $MeSe^-$。DMSe 与臭氧或过氧化氢反应生成二甲基硒亚砜：$Me_2Se + O_3 \longrightarrow Me_2SeO + O_2$；$Me_2Se + H_2O_2 \longrightarrow Me_2SeO + H_2O$。通过将 $HO^{\cdot}$自由基和 NO_x 与有机硫化合物如甲硫醇和 DMS 的反应进行类比，Atkinson 提出，DMSe 与 $HO^{\cdot}$自由基和 NO_x 在大气中的反应可能通过以下途径进行：$Me_2Se + HO^{\cdot} \longrightarrow MeSeCH_2^{\cdot} + H_2O$；$Me_2Se + NO_3 \longrightarrow MeSeCH_2^{\cdot} + HNO_3$；$MeSeCH_2^{\cdot} + NO_3^- \longrightarrow MeSeCH_2O^{\cdot} + NO_2^-$；$MeSeCH_2^{\cdot} + O_2 \longrightarrow MeSeCH_2OO^{\cdot}$；$2MeSeCH_2OO^{\cdot} \longrightarrow 2MeSeCH_2O^{\cdot} + O_2$；$MeSeCH_2O^{\cdot} \longrightarrow MeSe^{\cdot} + CH_2O$；$MeSe^{\cdot} + O_2 \longrightarrow MeSeOO^{\cdot} \longrightarrow MeSeO_2H \longrightarrow MeSeO_3H$；$MeSeOO^{\cdot} \longrightarrow Me^{\cdot} + SeO_2$。像有机硫化合物那样，通过除 CH_2O 和一系列的氧化反应，$MeSeCH_2O^{\cdot}$可转化为无机物（硒、二氧化硒和硒化氢）。

涉及无机硒的大气反应途径也是模糊的。在煤燃烧过程中排放到大气中的硒主要是元素硒，这一反应可以表示为：$SeO_2 + 2SO_2 \longrightarrow Se + 2SO_3$；在有水的情况下，$H_2SeO_3 + H_2O + 2SO_2 \longrightarrow Se + 2H_2SO_4$。

虽然仍有一些研究人员认为元素硒和二氧化硒是在煤燃烧时释放到大气中的，但由于上述化学反应，大部分释放到大气中的硒应该是以元素形式存在的。Se(Ⅳ)和 Se(Ⅵ)应该是大气转化的结果。由于气溶胶被雨水清洗，生成的二氧化硒立即溶解形成亚硒酸：$SeO_2 + H_2O \longrightarrow H_2SeO_3$。在硫酸存在下，单质硒可能发生反应：$Se + 2H_2SO_4 \longrightarrow 2SO_2 + H_2SeO_3 + H_2O$；由于 $E^{\circ} = 0.91V > 0$，因此这一反应在热力学上是有利的。

最近，Bronikowski 等研究了硫氧基负离子与元素硒之间的化学反应，为理解大气元素硒的降解行为提供了重要信息[9]。实验结果表明，不溶性的元素硒能与硫氧自由基发生相互作用，转化为可溶性的 Se(Ⅳ)和 Se(Ⅵ)。主要的化学反应是：$Se_n + SO_5 \longrightarrow Se—(Se)_{n-2}—SeSO_5^-$；$Se—(Se)_{n-2}—SeSO_5^- + SO_5^- \longrightarrow {}^-O_5SSe—(Se)_{n-2}—SeSO_5^-$；${}^-O_5SSe—(Se)_{n-2}—SeSO_5^- + 2SO_3^{2-} \longrightarrow 2O_5SSe^{2-} + {}^-O_3SSe—(Se)_{n-4}—SeSO_3^-$；${}^-O_3SSe—(Se)_{n-4}—SeSO_3^- + 2SO_3^{2-} \longrightarrow 2O_3SSe^{2-} + {}^-O_3SSe—$

$(Se)_{n-6}$—$SeSO_3^-$。多硒二硫酸根（polyselenodithionate）是水溶性的，一般不稳定，在氧化条件下进一步转化为硒酸盐和硒代硫酸盐。硒通过清除 S(IV) 自由基，有利于未反应的 S(IV) 和硒的长距离迁移。

3. 大气硒的沉积

硒通过干沉积和湿沉积过程返回到地表。通常，大气中硒的除去是在区域和局部范围上考虑的。1985 年，Ross 对 30°N～90°N 之间的大气中硒的排放和沉降（沉积）进行了全球平衡估算[10]。大气中硒的总排放量为 8400～17600 吨，总沉降量为 8800～25000 吨，其中湿沉降量在 7500～20000 吨之间，干沉降量在 1400～5000 吨之间。虽然 Ross 使用的大气通量与 Mosher、Nriagu 和 Pacyna 报道的大气通量略有不同，但证明了大气排放和硒沉降之间的基本质量平衡。此外，估算的沉降通量强烈表明湿沉降远比干沉降重要，约占总沉降量的 80%。Cutter 等计算了 1983 年 8 月至 1984 年 1 月期间，特拉华州的路易斯 [57pmol/(cm^2·y)] 和大西洋西部的百慕大 [190pmol/(cm^2·y)] 的大气沉降速率[11]。这些速率低于大西洋中部上升流量的平均值，估计为 264pmol/(cm^2·y)。百慕大较低的沉积通量强烈地表明，海洋环境中的大气硒排放物向大陆地区输出。因此，在大陆上的大气硒很大一部分可能来自海洋生物源。

四、硒的同位素分馏

20 世纪 60 年代早期，随着 Krouse 和 Thode 的开创性工作，硒的同位素地质学开始了[12]。20 世纪 90 年代以来硒同位素测量分析技术的进步使得对低浓度自然样品的研究成为可能。实验工作表明硒的同位素分馏（isotope fractionation）发生在 Se(VI) 或 Se(IV) 到 Se(0) 或 Se(−II) 的（生物或非生物）还原反应中[13]。分馏因子（fractionation factor）$\{\delta^{82/76}Se=[(^{82}Se/^{76}Se)_{样品}$ $-(^{82}Se/^{76}Se)_{标准物}]/(^{82}Se/^{76}Se)_{标准物}\times1000$；$(^{82}Se/^{76}Se)_{样品}$ 和 $(^{82}Se/^{76}Se)_{标准物}$ 分别为样品和标准物的同位素丰度比；$\delta=0$ 的物质即标准物质，NIST 3149 Se 溶液$\}$ 可能在 7‰～11‰ 变化，这取决于环境条件（还原剂、硒浓度等）。反应速率对于确定还原过程中的分馏因子（fractionation factor）具有重要意义。然而，在许多实验中，没有观察到硒氧化的产物中可测量的同位素分馏。这表明，在 SeO_3^{2-} 和 SeO_4^{2-} 还原过程中，Se—O 键的断裂会导致动力学同位素分馏（亚硒酸钠和硒酸钠还原反应的动力学同位素效应：对于反应 $Se^{IV}\rightarrow Se^0$ 和 $Se^{VI}\rightarrow Se^{IV}$，$^{76}Se$ 和 ^{82}Se 物种在室温下的速率常数比 $^{76}k/^{82}k$ 分别为 1.017 和 1.018）。由于它们对氧化还原反应以及其它过程的敏感性，硒的同位素在各种地质/环境库中被分馏。陨石、玄武岩和其它陆相火成岩的硒同位素组成均匀，$\delta^{82/76}Se$ 接近 0‰；现代和古代沉积物——土壤和水热沉积物的 $\delta^{82/76}Se$ 值变化高达 10‰。然而，Krouse 和 Thode 报道了来自高温沉积富硒样品的小得多的 $\delta^{82/76}Se$ 值。Wen 等报道了恩施鱼塘坝硒矿样品中 $\delta^{82/76}Se$ 在 −12.77‰～4.93‰ 范围[14]。

如上所讨论的，大多数影响大气硒的反应涉及氧化。这些反应不会导致同位素分馏，因此可以推断气溶胶中硒的同位素组成应该反映其源排放。海洋生物源硒是大气中最重要的自然硒源之一，需要对其进行详细研究，包括浮游生物吸收海洋硒和 DMSe 合成中所涉及的分馏因子。陆地环境实验和野外实验表明，藻类还原过程中所涉及的分馏因子很小，但是可以测量，为 1‰～2‰[15]。另外，人为活动，如金属冶炼和废物燃烧，涉及挥发和凝结过程，可能导致动力学同位素效应。测定大气物质中硒的同位素组成有助于区分人为来源和自然来源。

第二节 微生物与硒循环

硒代谢存在于生命的所有领域，包括细菌、古细菌、真核细胞和病毒[16]。早在 1964 年，Shrift 就提出了自然界存在硒循环[17,18]。硒是人体必需的微量元素，硒污染会对生态造成重大损害，硒呼吸细菌（selenium-respiring bacteria，SRB）分布广泛，代谢活跃，影响自然界的碳、氮和磷循环，因此硒的生物化学循环正受到越来越多的关注。在自然界中，硒的转化（氧化和还原）是通过化学机理和生物机理调节的（图 15.1）。微生物在环境的硒循环中通过氧化和还原反应起着关键作用。

硒还原细菌（selenium-reducing bacteria，SeRB）能够使用硒酸盐或亚硒酸盐作为电子受体的缺氧呼吸：SeO_4^{2-} 和 SeO_3^{2-} 的还原与有机物在厌氧沉积物中的降解相偶合。SeO_4^{2-} 和 SeO_3^{2-} 都能在厌氧条件下被细菌还原成单质硒（Se^0）：硫螺菌（*Sulfurospirillum barnesii*）和亚砷酸杆菌（*Bacillus arseniciselenatis*）还原 Se(Ⅵ)或 Se(Ⅳ)，产生不溶性单质硒。其它微生物，例如硒化还原杆菌进一步还原单质硒生成硒化物。反过来，单质硒和硒化物可被硒氧化细菌（selenium-oxidizing bacteria，SeOB）如硫杆菌（*Thiobacillus*）、丝硫细菌（*Thiothrix*）氧化。烷基化反应（产生挥发性 DMSe 和 DMDSe）和脱烷基化也是土壤和水中微生物调节的重要过程[19,20]。

一、硒还原细菌

硒酸根和亚硒酸根的异化还原在环境中具有重要意义，并涉及微生物代谢能的守恒。在厌氧条件下，古细菌和细菌都可以利用硒酸根和亚硒酸根作为终端电子受体，将可溶性硒酸根和亚硒酸根还原为不溶性单质硒[21]。在需氧或微需氧条件下，不同菌株通过光合细菌解毒或氧化还原稳态将硒氧负离子（Se oxyanion）还原为单质硒。元素硒在微生物中可进一步还原为可溶性硒化物，与金属离子结合形成不溶性金属硒化物。硒化物也可以以挥发性和高活性的 H_2Se 气体的形式排放，但是在有氧存在的情况下，硒化物可以自发和迅速地氧化成元素硒。

二、硒氧化细菌

硒氧化细菌（SeOB）将硒化物和单质硒氧化为亚硒酸盐或硒酸盐，完成了硒循环的另一半。Sarathchandra 和 Watkinson 首次报道了细菌（*Bacillus megaterium*）氧化元素硒生成 SeO_4^{2-} 或 SeO_3^{2-} 的过程[22]。SeO_3^{2-} 是主要的产物，而 SeO_4^{2-} 只有微量。后来，Dowdle 和 Oremland[23] 证明元素硒在土壤泥浆中氧化为 SeO_4^{2-} 或 SeO_3^{2-}。土壤泥浆进行高压消毒或使用代谢抑制剂，如福尔马林、抗生素、叠氮化物和 2,4-二硝基苯酚，可抑制 SeO_4^{2-} 或 SeO_3^{2-} 的产生。另外，乙酸盐、葡萄糖或硫化物的加入增强硒的氧化作用，提示化能生物或化能自养硫杆菌的参与。以硫杆菌（*Thiobacillus* ASN-1）和纤毛菌（*Leptothrix* MnB1）为培养基异养土壤富集氧化硒，SeO_4^{2-} 为主要产物。几乎在同一时间，Losi 和 Frankenberger 报道了土壤中元素硒的微生物氧化和增溶[24]。他们证明，土壤中元素硒的氧化主要是由生物机理调节的，使用无机碳源（$NaHCO_3$）有利于硒的氧化而不是糖氧化。元素硒的氧化速率较低，最终产物为 SeO_4^{2-} 和 SeO_3^{2-}。氧化速率是溶解氧浓度的函数，在环境条件下，例如小溪、河流、湖泊或池塘，氧化速率可能有很大差异。但一般来说，氧化速率比硒循环中还原部分的速率低 3~4 个数量级。这可能导致沉积物中元素硒（单质硒）或硒化物成比例增加。

第三节 硒还原细菌

一、硒酸根呼吸菌

SeO_4^{2-}/SeO_3^{2-} 的还原电势为 0.48V（表 15.3）。在自由能比较的基础上，以 H_2 为电子供体，SeO_4^{2-} 还原为 SeO_3^{2-}。SeO_3^{2-} 还原为元素硒的反应介于氢氧化铁 [$Fe(OH)_3$] 和砷酸盐（AsO_4^{3-}）的还原反应之间，但其氧化还原电势高于硫酸盐还原所需的氧化还原电势。还原 SeO_4^{2-} 和 SeO_3^{2-} 偶合到 H_2 氧化的自由能为 $-64.98kJ/mol$ 和 $-37.36kJ/mol$（图 15.2）。

$$SeO_4^{2-} + H_2 + H^+ \longrightarrow HSeO_3^- + H_2O \quad \Delta G^{o'} = -64.98 \text{ kJ/mol}$$
$$HSeO_3^- + 2H_2 + H^+ \longrightarrow Se + 3H_2O \quad \Delta G^{o'} = -37.36 \text{ kJ/mol}$$

图 15.2 硒酸根的还原（氢气为还原剂）

上述方程表明，硒氧负离子的还原作用是某些微生物在自然环境中保存能量的重要机理。SeO_4^{2-} 的氧化还原电势应比硝酸盐还原电势略低，但氧化还原电势高于硫酸盐还原电势。热力学计算表明，SeO_4^{2-} 的还原对微生物有利，这是由于 SeO_4^{2-} 被乙酸盐和乳酸盐还原为 SeO_3^{2-} 的自由能变为 $-575kJ/mol$ 和 $-343kJ/mol$。以乙酸盐和乳酸盐为电子供体，将 SeO_4^{2-} 还原为 SeO_3^{2-} 的化学计量方程示于图 15.3。

$$4SeO_4^{2-} + MeCO_2^- + H^+ \Longleftrightarrow 4SeO_3^{2-} + 2CO_2 + 2H_2O$$

图 15.3A 硒酸根的还原（乙酸盐为还原剂）

$$2SeO_4^{2-} + MeCH(OH)CO_2^- \Longleftrightarrow 2SeO_3^{2-} + MeCO_2^- + HCO_3^- + H^+$$

图 15.3B 硒酸根的还原（乳酸盐为还原剂）

表 15.3 硒以及其它电子受体的电极电势

电对	氧化数	电极反应	$E^{o'}/V$
O_2/H_2O	0/-2	$O_2+4H^++4e^- \Longleftrightarrow 2H_2O$	0.81
NO_3^-/N_2	5/0	$2NO_3^-+12H^++10e^- \Longleftrightarrow 6N_2+6H_2O$	0.75
MnO_2/Mn^{2+}	4/2	$MnO_2+4H^++2e^- \Longleftrightarrow Mn^{2+}+2H_2O$	0.53
SeO_4^{2-}/SeO_3^{2-}	6/4	$SeO_4^{2-}+2H^++2e^- \Longleftrightarrow SeO_3^{2-}+H_2O$	0.48
NO_3^-/NH_4^+	5/-3	$NO_3^-+10H^++8e^- \Longleftrightarrow NH_4^++3H_2O$	0.36
SeO_3^{2-}/Se	4/0	$SeO_3^{2-}+6H^++4e^- \Longleftrightarrow Se+3H_2O$	0.21
Fe^{3+}/Fe^{2+}	3/2	$Fe(OH)_3+3H^++e^- \Longleftrightarrow Fe^{2+}+3H_2O$	0.1
SO_4^{2-}/SO_3^{2-}	6/4	$SO_4^{2-}+2H^++e^- \Longleftrightarrow SO_3^{2-}+2H_2O$	-0.52
Se/HSe^-	0/-2	$Se+H^++2e^- \Longleftrightarrow HSe^-$	-0.73

硒酸根是可还原的，在缺氧或厌氧条件下，微生物可将其作为生长的电子受体。因此，微生物能在生物地球化学硒循环中发挥重要作用。Oremland 等首先报道了使用沉积泥浆进行

的实验中存在 SeO_4^{2-} 异化还原的证据[25]。SeO_4^{2-} 的异化还原可用于元素硒的产生。其它电子受体如 O_2、NO_3^-、CrO_4^{2-}、MnO_2 抑制 SeO_4^{2-} 的还原，而 SO_4^{2-} 或 FeOOH 不能抑制 SeO_4^{2-} 的还原。在沉积泥浆中添加电子供体（H_2 或乙酸盐）可加速 SeO_4^{2-} 还原为元素硒。从沉积物中分离到的一种未经鉴定的细菌，通过乙酸盐氧化和 SeO_4^{2-} 还原反应生长，并产生元素硒和 CO_2 作为呼吸末端产物。几乎在同一时间，Macy 等发现了一种新的细菌呼吸方式，使用厌氧共培养和 ^{14}C 标记的乙酸盐[26]。他们从圣华金谷的农业排水系统中分离出一种能够将 SeO_4^{2-} 和 SeO_3^{2-} 还原为元素硒的厌氧共培养物。共培养物由严格厌氧革兰氏阳性杆菌和单胞菌（*Pseudomonas* sp.）组成，前者将 SeO_3^{2-} 还原为元素硒，后者可将 SeO_4^{2-} 呼吸为 SeO_3^{2-}。然后将细胞厌氧培养，在培养基中添加乙酸盐和 SeO_4^{2-}。共培养使[^{14}C]乙酸盐氧化为 $^{14}CO_2$，同时使 SeO_4^{2-} 还原为 SeO_3^{2-} 并最终还原为元素硒。后续的研究表明，不同类型的微生物能够将 SeO_4^{2-} 的异化还原与厌氧生长相结合。有趣的是，SeO_4^{2-} 还原细菌不仅在系统发育上具有多样性，而且能够将生长与大范围的电子受体的还原相结合。属于 γ-变形菌的细菌（*Gammaproteobacteria*）可以偶合 SeO_4^{2-} 还原到脂肪族（即乙酸盐、乙醇和乳酸盐）和芳香族（即苯甲酸盐、间羟基苯甲酸盐和对羟基苯甲酸盐）化合物的氧化而生长。这些细菌是从 Arthur Kill 和 Kesterson 水库分离出来的。Narasingarao 和 Häggblom 富集和分离了来自印度金奈和美国新泽西的沉积物样本中的 SeO_4^{2-} 呼吸细菌[27]。分离到的 4 株可通过异化 SeO_4^{2-} 呼吸作用生长的细菌，分属于 γ-变形菌、δ-变形菌、脱铁杆菌（*Deferribacteres*）和砷酸产金菌（*Chrysiogenetes*）。分别以 4-羟基苯甲酸盐和 SeO_4^{2-} 为唯一电子供体和受体分离得到沉积型硒化还原菌（*Sedimenticola selenatireducens*）。虽然以丙酮酸和 SeO_4^{2-} 为唯一的电子供体和受体分离得到了脱硫元螺菌（*Desulfurispirillum indicum*），但该菌株能够将乳酸和乙酸等其它短链有机酸的氧化偶合到 SeO_4^{2-} 的还原。在厌氧条件下，*D. indicum* 菌株表现出代谢灵活性，可以还原 SeO_4^{2-} 到 SeO_3^{2-} 进一步到元素硒。在厌氧生长过程中，对 SeO_3^{2-}、AsO_4^{3-} 和 NO_3^- 也有异化还原作用。

二、亚硒酸根呼吸菌

在许多微生物中都可以观察到 SeO_3^{2-} 还原为单质硒。微生物还原 SeO_3^{2-} 可大致分为解毒和缺氧呼吸。微生物中 SeO_3^{2-} 还原为单质硒的解毒是通过各种机理实现的，如 Painter 反应，硫氧还蛋白还原酶系统，以及硫化物和铁载体参与的还原。微生物通过还原 SeO_3^{2-} 到硒纳米球来解毒的不同机理将在下面讨论。虽然 SeO_4^{2-} 还原为元素硒被证明是一个重要的环境过程，但只有少数 SeO_4^{2-} 呼吸细菌被分离出来。某些 SeO_4^{2-} 还原细菌也异化还原 SeO_3^{2-}。乙酸盐和乳酸盐还原 SeO_3^{2-} 是能量有利的，分别为−529.5kJ/mol 和−164kJ/mol。将 SeO_3^{2-} 还原为 Se^0 与电子供体——乳酸不完全氧化为乙酸盐或丙酮酸盐偶合的化学计量方程如图 15.4 所示。

$$SeO_3^{2-} + MeCH(OH)CO_2^- + H^+ \rightleftharpoons Se + MeCO_2^- + HCO_3^- + H_2O$$
$$SeO_3^{2-} + MeCH(OH)CO_2^- + H_2 + 2H^+ \rightleftharpoons Se + MeCOCO_2^- + 3H_2O$$

图 15.4　亚硒酸根的还原（乳酸为还原剂）

以 H_2 作为电子供体时，韦荣菌（*Veillonella atypica*）可以达到高效还原 SeO_3^{2-} 的目的。有趣的是，使用乳酸作为电子供体时几乎没有观察到还原作用，而使用乙酸盐或甲酸盐作为电子供体时完全没有还原作用。无色的 SeO_3^{2-} 依次还原为红色的不溶性硒，最后还原为无色的水溶性硒化物。Pearce 等比较了硫还原地杆菌（*Geobacter sulfurreducens*）、希瓦氏菌（*Shewanella oneidensis*）和韦荣菌（*Veillonella atypica*）的 SeO_3^{2-} 还原能力[28]。这三种细菌在含有硒氧负离子和电子供体的培养基中生长时，都能将 SeO_3^{2-} 转化为单质硒 Se^0。结果表明，在三株菌中，韦荣菌是最有效的 SeO_3^{2-} 还原剂。已经提出，SeO_3^{2-} 还原过程涉及在 *G. sulfurreducens* 和 *S. oneidensis* MR-1 中形成中间体，而在 *V. atypica* 细胞中则没有。微生物类型和生物还原机制影响硒氧负离子的还原速率和生物还原硒形态的性质。在某些微生物中，缺氧呼吸的呼吸还原酶，例如亚硝酸盐还原酶和亚硫酸盐还原酶，都能活跃地还原 SeO_3^{2-}。到目前为止，通过呼吸还原 SeO_3^{2-} 的详细研究仅限于使用 *S. oneidensis* MR-1[29]。

三、单质硒呼吸菌

在环境条件下，硒通常以金属硒化物的形式存在于岩石和沉积物中，而不是单质硒（元素硒）。然而，沉积岩成岩作用中硒化物掺入的机理尚不清楚。通过非生物机理，从 Se^0 形成硒化物的歧化反应在热力学上是不利的（图 15.5）。因此，可能是生物机制，如同化和异化的硒还原，导致在环境中出现硒化物。在同化代谢中，硒进入氨基酸然后掺入蛋白质，主要以二价硒化合物的形式存在。通过动植物的分解释放硒化物（DMSe 和 DMDSe）是环境中硒化物的来源。生物甲基化是一种被广泛研究的代谢，它涉及金属和类金属挥发性和非挥发性化合物的形成。在淡水沉积物中观察到变形菌（*Gammaproteobacteria*）成员的硒甲基化作用。微生物对硒的甲基化形成挥发性化合物如 DMSe、DMDSe、DMSeS 和 MeSeH，在环境条件下具有重要意义，要了解更多的细节，读者可参阅文献[19,20]。除甲基化（demethylation）是由缺氧沉积物中的产甲烷菌（methanogen）进行的，可能遵循二甲硫醚的途径。此外，不溶性元素硒通过硫醇参与的还原在细胞质（cell cytoplasm）中还原为可溶性的硒化氢。微生物还原硒氧负离子为 Se^{2-} 的研究很少。到目前为止，只有少数种类的细菌能够将硒还原途径延伸到不溶解的元素硒之外。有些 SeO_4^{2-} 或 SeO_3^{2-} 呼吸细菌也具有还原元素硒的能力。观察到海德堡肠道沙门氏菌（*Salmonella enterica* serovar Heidelberg）细胞或乳酸微球菌（*Micrococcus lactilyticus*）、巴氏梭菌（*Clostridium pasteurianum*）和脱硫脱硫弧菌（*Desulfovibrio desulfuricans*）的细胞提取物接触 SeO_3^{2-} 后硒化物的形成。Zehr 和 Oremland[30]曾报道硫酸盐还原细菌（*Desulfovibrio desulfuricans*）和缺氧河口沉积物（estuarine sediment）在硫酸盐存在下还原了微量的 $^{75}SeO_3^{2-}$ 到 $^{75}Se^{2-}$。Herbel 等[31]提供了元素硒作为 SeRB 和河口沉积物的终端电子受体。硒化还原菌（*Bacillus selenitireducens*），一种 SeO_3^{2-} 呼吸细菌，从 Se^0 或 SeO_3^{2-} 产生大量的硒化物。河口沉积物中存在微生物还原 $Se^0 \rightarrow Se^{2-}$ 现象，而福尔马林灭活的对照沉积物中则没有。正如图 15.6 所示，电子供体——乳酸不完全氧化为乙酸盐时，Se^0 异化还原为 HSe^- 是能量有利的。在介质中水溶性的硒化物以 FeSe 沉淀析出。令人惊讶的是，在 SeO_4^{2-} 呼吸细菌，即硫酸螺菌（*Sulfurospirillum barnesii*）、亚砷酸杆菌（*Bacillus arseniciselenatis*）和硒代厌氧细菌（*Selenihalanaerobacter shriftii*）中，没有观察到 $Se^0 \rightarrow Se^{2-}$。开发了一株能将 SeO_3^{2-} 转化为 HSe^- 的还原细菌（*V. atypica*），用于生产金属硫属化合物即 CdSe 和 ZnSe[28]。HSe^- 的形成只有在 SeO_3^{2-} 被韦荣菌（*V. atypica*）或硒化还原菌（*B. selenitireducens*）完全还原后才能观察到。观察到的两步 SeO_3^{2-} 还原：SeO_3^{2-} 还原为 Se^0，接着 Se^0 还原为 HSe^-；表明只有当其它更有利的电子受体，包括 SeO_3^{2-} 不能为厌氧呼吸提供时，元素硒的还原才能有利于微生物。然而，仍然令人困惑的是，为什么在 SeO_4^{2-} 呼吸细菌中没有观察到 Se^0 的还原。

$$4Se + 4H_2O \longrightarrow SeO_4^{2-} + 3HSe^- + 5H^+ \quad \Delta G^{\circ\prime} = 61.09 \text{ kJ/mol}$$

图 15.5　单质硒的歧化

$$2Se + MeCH(OH)CO_2^- + 2H_2O \longrightarrow 2HSe^- + MeCO_2^- + HCO_3^- + 3H^+$$
$$\Delta G^{\circ\prime} = -11.72 \text{ kJ/mol}$$
$$2Se + MeCH(OH)CO_2^- + 2Fe^{2+} + 2H_2O \longrightarrow 2FeSe + MeCO_2^- + HCO_3^- + 5H^+$$
$$\Delta G^{\circ\prime} = -30.12 \text{ kJ/mol}$$

图 15.6 单质硒的还原

四、微生物引起的硒的同位素分馏

使用硒同位素的研究表明，同位素分馏是非生物和微生物还原过程的结果。在非生物过程中，硒的同位素分馏发生在硒酸根转化为亚硒酸根的化学还原过程中，而不是在硒的氧化过程中。无机还原：$Se^{+6} \to Se^{+4}$，$\delta^{80/76}Se$ 为-5.5‰。硒的同位素分馏效应在硒氧负离子的细菌呼吸过程中显著，分馏程度取决于细菌种类和微生物的代谢状态。Herbel 等发现 SeRB（*B. selenitireducens*、*B. arseniciselenatis* 和 *S. barnesii*）对硒酸盐或亚硒酸盐向元素硒异化还原过程中存在显著的同位素分馏[15]。相对于反应物，产物的轻同位素富集：在反应 $Se^{+4} \to Se^0$ 中，$\delta^{80/76}Se$ 分别为-8‰、-6‰和-8.4‰；在反应 $Se^{+6} \to Se^{+4}$ 中，*B. arseniciselenatis* 和 *S. barnesii* 诱导同位素分馏，$\delta^{80/76}Se$ 分别为-5‰和-4‰。在不添加电子供体的情况下，利用沉积泥浆进行实验，测定了天然微生物群落还原硒氧负离子所引起的稳定同位素分馏：在反应 $Se^{+4} \to Se^0$ 中，$\delta^{80/76}Se$ 为-5.5‰～-5.7‰；在反应 $Se^{+6} \to Se^{+4}$ 中，$\delta^{80/76}Se$ 为-2.6‰～-3.1‰。

第四节 硒酸根和亚硒酸根的还原机理

自然环境中普遍存在着硒氧负离子（Se oxyanion）的还原。它是在有氧和厌氧条件下由多种微生物参与的。

一、硒酸根的还原

许多微生物进化出了利用 SeO_4^{2-} 作为厌氧呼吸的终端电子受体的生化机理。在厌氧条件下，SeO_4^{2-} 首先还原为亚硒酸根，然后亚硒酸根进一步还原为不溶性的单质硒（元素硒）。SeO_4^{2-} 的呼吸作用通常与红色元素硒的形成有关。图 15.7 中的方程给出了微生物还原 SeO_4^{2-} 形成元素硒（Se^0）的两步反应。

$$SeO_4^{2-} + 2H^+ + 2e^- \longrightarrow SeO_3^{2-} + H_2O$$
$$SeO_3^{2-} + 6H^+ + 4e^- \longrightarrow Se + 3H_2O$$

图 15.7 硒酸根的还原反应

利用透射电镜确定了 SeO_4^{2-} 呼吸细胞中硒纳米球的位置，在细胞内和细胞外培养介质。由于硒是合成硒蛋白质的必需微量元素，因此硒必须进入细胞才能被同化。然而，细胞质内硒的还原导致硒沉淀的形成，这可能对细胞向细胞外输出造成负担。一般来说，硒氧负离子通过厌氧呼吸异化还原可分为两步过程，包括元素硒的形成和硒纳米球的组装。与硒纳米球的组装和分泌相比，SeO_4^{2-} 还原过程中所涉及的酶和电子传递途径已经得到了较好的研究；主要涉及 2 株革兰氏阴性菌（*Thauera selenatis* 和 *Enterobacter cloacae* SLD1a-1）和 1 株革兰氏阳性菌（*Bacillus selenatarsenatis* SF-1）。

　　T.selenatis 是一种革兰氏阴性的变形杆菌，以 SeO_4^{2-} 为电子受体，从加利福尼亚州圣华金谷的含硒水体中分离得到。红色元素硒纳米球在细胞质和胞外介质中富集[32]。生化分析表明，硒酸还原酶（Ser）位于周质空间。硒酸根到亚硒酸根的还原反应是在三聚体钼酶（SerABC，硒酸盐还原酶）的催化下进行的，并发生在周质空间中。这种酶包括一个催化单元（SerA；96kDa）、一个铁硫蛋白质（SerB；40kDa）、一个血红素蛋白质（SerC；23kDa）和一个钼辅因子。SerA 和 SerB 都富含半胱氨酸组分。电子顺磁共振（electron paramagnetic resonance，EPR）分析显示含有两种类型的铁硫簇（[3Fe4S]和[4Fe4S]）。电子通过细胞色素 c 氧化还原酶 QCR（Quinol cytochrome *c* oxidoreductase）转移到周质的细胞色素 c₄。利用硒酸盐还原抑制剂破译电子转移途径。*T. selenatis* 的生长仅在 QCR 抑制剂——黏噻唑的存在下被部分抑制，这表明存在一个替代的电子转移到 SerABC 的途径。黏噻唑（myxothiazol，$C_{25}H_{33}N_3O_3S_2$）和 2-庚基-4-羟基喹啉-*N*-氧化物 HQNO（2-*n*-heptyl-4-hydroxyquinoline *N*-oxide，$C_{16}H_{21}NO_2$）同时存在能完全抑制 SeO_4^{2-} 的还原反应，指明 QCR 和脱氢酶 QDH（quinol dehydrogenase）都参与 SeO_4^{2-} 的还原反应[33]。这个模型解释了 SeO_4^{2-} 在周质空间中还原为 SeO_3^{2-}，但是并没有提供进一步将 SeO_3^{2-} 还原为元素硒的证据。在周质区形成的 SeO_3^{2-} 通过硫酸根运载体（transporter）运输到细胞质，并在细胞质中还原为元素硒。据推测，SeO_3^{2-} 还原为元素硒是通过硫醇参与在细胞质内进行的。最近，从 *T.selenatis* 细胞分泌元素硒的胞外培养基中分离到一种新的 95kDa 蛋白质 SefA（硒辅因子 A）。有证据表明，SefA 蛋白质通过阻止硒纳米球的聚集而参与稳定硒纳米球，并可能有助于硒纳米球的分泌[34]。

　　SLD1a-1 是一种从排水沟富硒水体中分离出来的 SeO_4^{2-} 呼吸细菌。在 SLD1a-1 中，没有观察到细胞内硒纳米球在 SeO_4^{2-} 呼吸过程中的积累。生化研究表明，阴沟肠杆菌 SLD1a-1 的 SeO_4^{2-} 还原酶是一种膜结合的三聚体复合物，其催化亚基为 100kDa。钨酸盐对阴沟肠杆菌 SLD1a-1 的 SeO_4^{2-} 还原酶活性有抑制作用，而钼酸盐对其有激活作用，表明该酶为钼酸盐酶。在纯化的阴沟肠杆菌 SLD1a-1 酶中检测到钼。SeO_4^{2-} 还原酶位于细胞内膜，使活性部位面向周质腔。周质区发生 SeO_4^{2-} 还原为元素硒，硒纳米球被排入细胞外环境。

　　B. selenatarsenatis SF-1 是一种革兰氏阳性细菌，分别以乳酸和 SeO_4^{2-} 为电子供体和受体。*B. selenatarsenatis* SF-1 的 SeO_4^{2-} 还原酶是一种膜结合的三聚体钼酶。来自奎诺池 QH₂（quinol pool）的电子通过 SrdC 和一个铁硫蛋白质 SrdB 导入催化亚单位 SrdA。SeO_4^{2-} 通过钼辅因子从 SrdA 接受电子还原为 SeO_3^{2-}。活性部位面向细胞外，SeO_4^{2-} 呼吸作用的终产物，即元素硒-纳米球，释放到细胞外介质中。在阴沟肠杆菌 *E. cloacae* SLD1a-1 和 *B. selenatarsenatis* SF-1 中，SeO_4^{2-} 的还原主要发生在周质空间或细胞外，生物源性的硒纳米球被释放到胞外培养基中。

二、亚硒酸根的还原

　　作为微生物解毒策略的一部分，SeO_3^{2-} 还原为元素硒 Se^0 被认为是由细胞质中的硫醇参与的（参阅第三章和第十三章），已经提出了几种不同的机理：①Painter 型反应；②硫氧还蛋白还原酶系统；③铁载体参与还原；④硫化物参与还原；⑤异化还原（图 15.8）。Painter 观察到 SeO_3^{2-} 和硫醇 RSH 之间有很高的反应活性，并证明了硒代三硫化物（selenotrisulfide）（RS-Se-SR）的形成。^{77}Se NMR 证实，接触 SeO_3^{2-} 的大肠杆菌细胞在体内形成 RS-Se-SR。

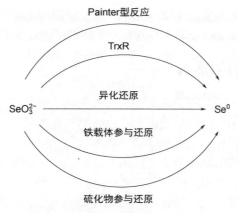

图 15.8 亚硒酸根的可能还原途径

随后，Ganther 提出了还原型谷胱甘肽与 SeO_3^{2-} 之间的类 Painter 反应，并证明了谷胱甘肽的硒代三硫化物（GS-Se-SG）的形成。GS-Se-SG（selenodiglutathione）被谷胱甘肽还原酶转化为硒过硫化物负离子（GSSe⁻）。GSSe⁻（selenopersulfide anion）不稳定，经过水解反应生成 GSH 和 Se^0，具体反应如图 15.9 所示。Kessi 和 Hanselmann 修正了 Painter 和 Ganther 的反应：大肠杆菌细胞的谷胱甘肽对亚硒酸盐的非生物还原过程中产生了超氧负离子[35]。在需氧细菌和一些厌氧细菌中，超氧化物歧化酶和过氧化氢酶会清除超氧负离子，保护细胞免受氧化应激的伤害。

$$4GSH + SeO_3^{2-} + 2H^+ \longrightarrow GSSeSG + GSSG + 3H_2O$$
$$6GSH + 3SeO_3^{2-} + 4H^+ \longrightarrow 3GSSeSG + 2O_2^- + 5H_2O$$
$$GSSeSG + NADPH \longrightarrow GSH + GSSe^- + NADP^+$$
$$\xrightarrow{H^+} GSH + Se$$

图 15.9 亚硒酸根与谷胱甘肽的反应

如图 15.10 所示，还原型的硫氧还蛋白［$Trx(SH)_2$］与 GS-Se-SG 反应生成氧化型的硫氧还蛋白（$Trx(S_2)$）、谷胱甘肽 GSH 和 GSSe⁻。后者在酸性条件下，释放元素硒。因此，还原型的硫氧还蛋白（thioredoxin）和硫氧还蛋白还原酶分别参与了亚硒酸盐和 GS-Se-SG 的还原。此外，SeO_3^{2-} 能与生源 H_2S 进行无机反应，生成元素硒和硫（图 15.11）。

$$GSSeSG + Trx(SH)_2 \longrightarrow GSH + GSSe^- + Trx(S_2) + H^+$$
$$Trx(S_2) + NADPH + H^+ \longrightarrow Trx(SH)_2 + NADP^+$$

图 15.10 硫氧还蛋白还原酶参与的还原反应

$$SeO_3^{2-} + 2HS^- + 4H^+ \longrightarrow Se + 2S + 3H_2O$$

图 15.11 亚硒酸根与 H_2S 的反应

单胞菌（*Pseudomonas stutzeri* KC）产生的铁载体（iron siderophore），吡啶-2,6-双硫代羧酸 PDTC［$2,6-C_5H_3N(COSH)_2$］，能水解产生吡啶-2,6-二甲酸和 H_2S。H_2S 作为还原剂与 SeO_3^{2-} 反应形成元素硒（图 15.11）。

除了谷胱甘肽参与的还原反应外，呼吸还原酶（亚硝酸盐还原酶、亚硫酸盐还原酶和氢化酶）在某些微生物（亚硒酸根瘤菌 *T. selenatis* AX、根瘤菌 *Rhizobium sullae* strain HCNT1 和巴氏梭菌 *Clostridium pasteurianum*）中也能支持 SeO_3^{2-} 的还原。

三、元素硒的产生位置与排出

微生物还原硒酸根和亚硒酸根形成无定形的红色纳米颗粒[36]。硒纳米球的大小、形状和表面特性是决定其在环境中命运的重要因素。微生物制备的硒球具有胶体特性，难以实现生物修复或废水处理的最终目标——完全除硒。胶体硒仍然可以流动，并且可以与经过处理的水一起排放。为了满足排放限制和减少环境污染，必须从生物反应器的废水中除去胶体污染物。硒纳米球的胶体性质主要取决于与其相关的有机层。硒纳米粒子有机包覆层成分的性质和起源可能与其形成的位置有关。细胞内和细胞外硒纳米粒子的微生物生成，特别是细胞内产生的硒纳米粒子的分泌，仍然存在未解决的问题。为了解释细胞内和细胞外介质中硒纳米球的出现，已经提出了不同的假说。

在异化还原过程中，硒纳米球的胞外积累远远大于胞内积累。当使用硝酸盐呼吸细菌或大肠杆菌进行 SeO_3^{2-} 还原时，差异更为明显。在细胞外聚集如此大量的硒纳米球不能用细胞内的产生和分泌来解释。SeRB 的生物化学研究表明，SeO_4^{2-} 还原酶主要位于周质空间，这从根本上支持了这样一种观点，即 SeO_4^{2-} 还原的大部分发生在胞质周围或胞外。SeO_3^{2-} 的异化还原也是由周质还原酶系统参与的，这表明 SeO_4^{2-} 和 SeO_3^{2-} 还原为 Se^0 的大部分发生在周质或细胞外。部分 SeO_3^{2-} 绕过在周质的异化还原进入细胞质，通过巯基参与的解毒机理使其还原为细胞内积累的硒粒子。这可能是 SeRB 呼吸 SeO_4^{2-} 的一个重要问题，其中大部分硒粒子形成在细胞质中。在这种情况下，需要从细胞中输出硒粒子。例如，*T. selenatis* 没有使用 SeO_3^{2-} 作为呼吸底物，似乎已经发展出一种生化机理，可以输出细胞内形成的硒纳米球。看起来内部和外部的硒纳米球可能是由不同的独立机理形成的。硒纳米球的细胞外聚集似乎与缺氧呼吸直接相关，而硒纳米球的细胞内积累可能是由于对 SeO_3^{2-} 的解毒作用：SeO_3^{2-} 在 SeRB 中从呼吸电子传输途径逃脱，通过硫酸盐、亚硝酸盐或一种尚未确定的独立运载体进入细胞质。

第五节　硒还原菌的生物技术应用

一、微生物还原硒处理废水

硒广泛应用于许多工业过程和产品如电子、玻璃制造、颜料、不锈钢、冶金添加剂、光电池和农药，从而产生含有 SeO_4^{2-} 和/或 SeO_3^{2-} 的废水。发电厂中含硒煤的燃烧导致 SeO_4^{2-} 和或 SeO_3^{2-} 释放到烟气或飞灰中。在自然环境中，含硒黄铁矿的氧化导致酸性矿山废水和地下水中硒酸盐的含量升高。与地壳和地表水相比，煤和磷矿开采活动产生的固体废物和液体废水中的硒含量较高。铁盐化学共沉淀法常用于除去工业废水中的 SeO_4^{2-} 和/或 SeO_3^{2-}。然而，这种方法产生的含硒污泥是不可回收的形式，需要额外的处理。从这些工业废水中除去硒需要环境可持续的替代技术，最好是以可回收的形式。微生物的异化还原可将水溶性硒即 SeO_4^{2-} 和/或 SeO_3^{2-} 转化为不溶解的元素硒。工业废水处理必须考虑硒的回收，以部分抵消修复所产生的成本。然而，许多研究表明，经细菌回收的硒并不是纯硒，常含有不同形态的硒、重金属和有机物。硒的回收仍然具有挑战性，因为细菌产生的硒具有胶体特性，需要开发新的方法从处理过的废水中分离胶体硒。

二、除硒酸根和亚硒酸根的生物反应器

利用不同类型的生物反应器和工艺结构，已成功地将硒氧负离子还原为不溶性元素硒，用于除去废水或工业水中的硒。以微生物生物膜和生物颗粒形式存在的微生物群落有望开发新的生物技术应用。微生物和微生物群落是通过生物还原氧化污染物和金属及金属氧负离子而进行生物修复的广泛研究对象。在生物反应器中加入有机废物基质或特定的有机基质（乙酸盐和乳酸盐）作为碳源和电子供体，以促进微生物生长和还原硒氧负离子。采用生物膜反应器 BSeR、膜生物膜反应器（membrane biofilm reactor，MBFR）、上流式厌氧污泥床（upflow anaerobic sludge bed，UASB）反应器和生物滤池（ABMet）开发除硒工艺。

三、微生物制备功能硒化物纳米材料

微生物利用各种电子给体催化硒酸根和亚硒酸根的转化。元素硒在纳米尺寸范围内以球形颗粒的形式产生，不管是在细胞内部还是外部。最近的研究表明，纳米尺度的半导体材料可以通过使用微生物代谢合成。硒呼吸微生物被用来还原 SeO_4^{2-} 和 SeO_3^{2-} 生成硒化物 Se^{2-}，硒化物与金属离子 Cd^{2+} 和 Zn^{2+} 结合形成金属硒化物即 CdSe 和 ZnSe 量子点[28,37]。

参考文献

[1] (a) Nancharaiah Y V, Lens P N L. Microbiol Mol Biol Rev, 2015, 79(1): 61-80. (b) Mosher B W, Duce R A. J Geophys Res, 1987, 92(11): 13289-13298. (c) Nriagu J O. Nature, 1989, 338(6210): 47-49. (d) Nriagu J O, Pacyna J M. Nature, 1988, 333(6169): 134-139. (e) El-Ramady H, Abdalla N, Alshaal T, et al. Environ Chem Lett, 2014, 13(1): 1-19.

[2] Wen H, Carignan J. Atmos Environ, 2007, 41(3): 7151-7165.

[3] (a) Feinberg A, Maliki M, Stenke A, et al. Atmos Chem Phys, 2020, 20(3): 1363-1390. (b) Feinberg A, Stenke A, Peter T, et al. Environ Sci Technol, 2020, 54(12): 7146-7155.

[4] (a) Amouroux D, Liss P S, Tessier E, et al. Earth Planet Sci Lett, 2001, 189(3-4): 277-283. (b) Amouroux D, Pecheyran C, De Souza Sierra M M, et al. Influence of Photochemical and Biological Processes on the Selenium Cycle at the Ocean-atmosphere Interface. Exchange and Transport of Air Pollutants over Complex Terrain and the Sea[M]. Heidelberg: Springer, 2000.

[5] Fan T W M, Lane A N, Higashi R M. Environ Sci Technol, 1997, 31(2): 569-576.

[6] Karlson U, Frankenberger W T Jr, Spencer W F. J Chem Eng Data, 1994, 39(3): 608-610.

[7] Kagawa M, Ishizaka Y, Ohta K. Atmos Environ, 2003, 37(12): 1593-1600.

[8] (a) Atkinson R, Aschmann S M, Hasegawa D, et al. Environ Sci Technol, 1990, 24(9): 1326-1332. (b) Rael R M, Tuazon E C, Frankenberger W T Jr. Atmos Environ, 1996, 30(8): 1221-1232.

[9] Bronikowski T, Pasiuk-Bronikowska W, Ulejczyk M, et al. J Atmos Chem, 2000, 35(1): 19-31.

[10] Ross H B. Biogeochemical Cycling of Atmospheric Selenium. Metal Speciation in the Environment[C]. London: Springer, 1990.

[11] Cutter G A, Church T M. Nature, 1986, 322(6081): 720-722.

[12] (a) Krouse H R, Thode H G. Can J Chem, 1962, 40(2): 367-375. (b) Rees C E, Thode H G. Can J Chem, 1966, 44(4): 419-427.

[13] Johnson T M. Chem Geol, 2004, 204(3-4): 201-214.

[14] Wen H, Carignan J, Hu R, et al. Chin Sci Bull, 2007, 52(17): 2443-2447.

[15] (a) Herbel M J, Johnson T M, Oremland R S, et al. Geochim Cosmochim Acta, 2000, 64(21): 3701-3709. (b) Ellis A S, Johnson T M, Herbel M J, et al. Chem Geol, 2003, 195(1-4): 119-129.

[16] Fernández-Martínez A, Charlet L. Rev Environ Sci Biotechnol, 2009, 8(1): 81-110.

[17] Shrift A. Nature, 1964, 201(4926): 1304-1305.

[18] (a) Eswayah A S, Smith T J, Gardiner P H E. Appl Environ Microbiol, 2016, 82(16): 4848-4859. (b) Sharma V K, McDonald T J, Sohn M, et al. Environ Chem Lett, 2014, 13(1): 49-58.

[19] Chasteen T G, Bentley R. Chem Rev, 2003, 103(1): 1-26.

[20] Chasteen T G, Bentley R. Appl Organomet Chem, 2003, 17(4): 201-211.

[21] Knight V K, Nijenhuis I, Kerkhof L J, et al. Geomicrobiol J, 2002, 19: 77-86.

[22] Sarathchandra S U, Watkinson J H. Science, 1981, 211(4482): 600-601.

[23] Dowdle P R, Oremland R S. Environ Sci Technol, 1998, 32(23): 3749-3755.

[24] (a) Losi M E, Frankenberger W T Jr. Appl Environ Microbiol, 1997, 63(8): 3079-3084. (b) Dungan R S, Frankenberger W T Jr. J Environ Qual, 1998, 27(6): 1301-1306. (c) Losi ME, Frankenberger WTJr. J Environ Qual, 1998, 27(4): 836-843.

[25] Oremland R S, Hollibaugh J T, Maest A S, et al. Appl Environ Microbiol, 1989, 55(9): 2333-2343.

[26] Macy J M, Michel T A, Kirsch D G. FEMS Microbiol Lett, 1989, 61(1-2): 195-198.

[27] Narasingarao P, Häggblom M M. Syst Appl Microbiol, 2006, 29(5): 382-388.

[28] (a) Pearce C I, Coker V S, Charnock J M, et al. Nanotechnology, 2008, 19: 155603. (b) Pearce C I, Pattrick R A D, Law N, et al. Environ Technol, 2009, 30(12): 1313-1326.

[29] Li D B, Cheng Y Y, Wu C, et al. Sci Rep, 2014, 4(1): 3735.

[30] Zehr J P, Oremland R S. Appl Environ Microbiol, 1987, 53(6): 1365-1369.

[31] Herbel M J, Blum J S, Oremland R S, et al. Geomicrobiol J, 2003, 20(6): 587-602.

[32] Steinberg N A, Oremland R S. Appl. Environ Microbiol, 1990, 56(11): 3550-3557.

[33] Lowe E C, Bydder S, Hartshorne R S, et al. J Biol Chem, 2010, 285(24): 18433-18442.

[34] Butler C S, Debieux C M, Dridge E J, et al. Biochem Soc Trans, 2012, 40(6): 1239-1243.

[35] Kessi J, Hanselmann K W. J Biol Chem, 2004, 279(49): 50662-50669.

[36] Debieux C M, Dridge E J, Mueller C M, et al. Proc Natl Acad Sci USA, 2011, 108(33): 13480-13485.

[37] Fellowes J W, Pattrick R A D, Lloyd J R, et al. Nanotechnology, 2013, 24(14): 145603.

第十六章

硒与植物

植物（食用作物）是人类和牲畜食物链的基础。然而，虽然硒是动物必需的营养素，但它不是植物所必需的。由于硒与硫的化学相似性，植物对硒的吸收存在硒-硫竞争。有关硒在植物体内的吸收、运输和代谢的最新知识主要是基于硫类似物。根据植物对硒的吸收能力，可分为三大类：硒超积聚植物（Se-hyperaccumulator plant）、硒积聚植物（Se-accumulator plant）和非积聚植物（non-accumulator plant）；硒超积聚植物总是生长在硒质土壤（seleniferous soil）上，因此常称为"硒指示植物"（Se-indicator plant），如黄芪属植物，含硒量常超过1mg/g；硒积聚植物，如紫菀属植物，含硒量>100μg/g；许多杂草和大部分农作物类植物是非硒积聚植物，含硒量在 10～100μg/g 范围。植物之间积累硒的能力通常与其次级代谢的差异有关。

本章首先介绍土壤中硒的浓度和土壤中硒的化学反应，然后介绍植物中硒的代谢和可食用作物中硒的化学形式，最后描述利用硒对食用作物进行生物强化的农艺方法策略。

第一节　土壤中的硒

一、土壤中硒的浓度

植物中硒的浓度是由土壤溶液中硒的植物利用度（phytoavailability）决定的，它受地质、气候和土壤化学控制。土壤中硒的植物利用度的差异是造成各国之间和各国内部某一可食用作物硒浓度差异的主要原因。大多数土壤的硒浓度在 0.01～2.0mg/kg。农业土壤的 S/Se 为500～3000[1]。然而，与特定地质构造或气候条件有关的土壤硒浓度高达 1200mg/kg。这些硒质土壤（seleniferous soil）对很多植物是有毒的，支持一种独特的植物群。硒质土壤广泛分布，例如，从美国和加拿大的大平原，印度的旁遮普，到中国的华中地区、南美、澳大利亚和俄罗斯。在大陆和区域范围，土壤中的总硒浓度存在相当大的差异性。在非硒系土壤中，植物可利用度与土壤中的总硒之间通常呈线性关系，当在这些土壤上种植作物施用硒肥料时植物组织中硒的浓度线性升高。但在硒质土壤中，植物可利用度和总硒浓度之间没有多少关联。从原则上讲，土壤硒可以来自局部过程如母岩的风化和通过大气中硒沉积的远距离过程，大气中的硒来自人类的活动如化石燃料的燃烧，以及自然资源如火山的喷发和活有机体的硒挥发。

在区域范围内，地质情况似乎是影响土壤硒浓度的最重要因素。因为 Se^{2-} 的半径（198pm）和 S^{2-}（184pm）相近（表 2.37），Se 可以取代未风化岩石和矿石中硫化物矿物中的 S。火成岩中的硒浓度一般在 0.05～0.09mg/kg，变质岩中的硒浓度在 0.02～10mg/kg。硒也存在于石炭纪至第四纪由于岩石风化和侵蚀以及硒的大气沉积和海洋生物累积而形成的所有沉积岩中，但硒含量最丰富的页岩形成于白垩纪晚期至第三纪早期。沉积岩的硒浓度可以在 0.03～6500mg/kg。缺硒土壤主要来自火成岩，而中国和美国等地的许多高硒土壤则起源于白垩纪的沉积岩。其它土壤的硒被认为主要是来自大气。硒的大气沉积估计在 1.4～5.0g/(ha·y)之间，主要由雨水沉积。大气中约有一半的硒来自自然过程，如火山爆发、矿尘侵蚀和生物体自身挥发。气候因素，如干旱和降水，会对整个大陆的土壤硒浓度产生很大影响。例如，微生物的硒挥发和东亚夏季季风降水以及东亚冬季季风干旱产生的大气硒沉积似乎决定了中国地表土壤中硒的分布，而不仅仅是当地地质条件。人类的活动也大大增加了土壤中的硒含量。这些问题可能产生于化石燃料的燃烧，农业中化肥、石灰和肥料的使用，煤产生的粉煤灰、矿渣和尾矿以及污水污泥的处理。通过给作物施用硒化肥或用富硒水灌溉土壤，硒也可以累积在农业土壤中：硫酸铵肥料含有硒 36mg/kg；磷酸盐矿石中含硒高达 178mg/kg；单过磷酸根化肥含硒 25mg/kg，而三重过磷酸钙化肥的硒含量低于 4mg/kg。硒自然存在于四种氧化态之一：+6（硒酸盐）、+4（亚硒酸盐）、0（元素 Se）和-2（硒化物）。植物的根可以从土壤溶液中吸收硒酸盐、亚硒酸盐和有机硒化合物，如硒半胱氨酸 SeCys 和硒蛋氨酸 SeMet，但不能吸收不溶性硒化物和胶体硒。

土壤溶液中硒的含量和化学形式将取决于各种土壤因素，包括 pH 值、氧化还原电势（pe；电子浓度的负对数）、有机质（organic matter，OM）和黏土的含量，以及与之竞争的负离子如硫酸根和磷酸根的存在。反过来，它们又受到土壤水分和土壤的物理、化学和生物性质的影响，这些既取决于天气，也取决于环境条件。硒酸根（SeO_4^{2-}）是含氧物土壤中 Se 的主要水溶性形式（pH+pe>15），而亚硒酸根（SeO_3^{2-}、$HSeO_3^-$、H_2SeO_3）在厌氧土壤（中性至酸性pH 值）中占主导地位（pH+pe=7.5～15）。硒酸盐在土壤溶液中易于迁移，但亚硒酸盐被铁和铝的氧化物/氢氧化物强烈吸附，在较小的程度上，被黏土和有机质吸附。土壤对硒酸盐和亚硒酸盐的保留随土壤酸化而增加，相应地植物对硒的吸收随土壤溶液 pH 值的降低而降低。硒化物（Se^{2-}）仅存在于严重厌氧的土壤中（pH+pe<7.5）。有机硒化合物如硒蛋氨酸 SeMet、硒胱氨酸（selenocystine）$SeCys_2$、甲基亚硒酸（$MeSeO_2H$）和三甲基硒（Me_3Se^+），由于有机质的降解和其生物活性只以很低的浓度存在于土壤溶液中。通过释放质子、有机化合物和降解有机物质的酶，植物的根能影响根际化学（rhizosphere chemistry），影响土壤溶液中硒的存在形式以及它们吸收硒的能力。在植物物种之间和植物内部，根液的差别都已经观察到。根分泌物也会影响根际生物学，影响土壤溶液中硒的存在形式和田间硒的植物利用度。

二、土壤中硒的化学反应

硒通过吸附、沉淀和络合反应留在土壤中，它可以通过解吸、淋溶、溶解和挥发从土壤中除去。每个反应的强度由土壤理化性质、植物、气候条件和农艺决定[2]。

1. 吸附-解吸反应

土壤表面吸附是控制土壤溶液中硒浓度的一个重要因素（参阅第二章，硒在固体表面的吸附）。总的来说，任何减少硒吸附和增加硒解吸的有效方法都可以提高硒的有效性。硒的吸附，特别是 Se^{+4} 的吸附，显著地受土壤理化性质的影响，如 pH 值、电极电势、黏土、有机质（OM）、金属氧化物和竞争性阴离子（如 PO_4^{3-}、SO_4^{2-}、NO_3^-）。土壤组分如黏土、（铝、铁和锰）金属氧化物和 OM 等影响 Se^{+4} 的吸附容量（adsorption capacity）。然而，由于不同的吸附机理，它们对 Se^{+6} 吸附贡献很小。Se^{+6} 在土壤颗粒上（通过其水化层）形成弱的外界吸附，而 Se^{+4}（直接通过硒原子）形成强的内界吸附，这导致 Se^{+4} 在土壤中的流动性和可利用性降低。解吸对土壤硒的有效性起着至关重要的作用。低解吸速率不利于植物吸收硒。硒的解吸率与金属氧化物呈负相关，与土壤 pH 值呈正相关。实验观察到，硒从钙高岭石悬浮液中的解吸与相应的吸附等温线有很大的偏差。土壤 pH 值从 5.6 调节到 8.7 时，溶液中硒的浓度增加，而土壤 pH 值从 5.6 降低到 3.6 时，溶液中硒的浓度降低。实验室研究表明，土壤 pH 值对 0.25mol/L 和 0.1mol/L KH_2PO_4 土壤中硒的解吸量有很大影响。在酸性土壤中，KH_2PO_4 对吸附态硒的解吸作用大于 KCl，而碱性土壤则相反。

2. 络合反应

络合反应（配位反应，complexation reaction）对土壤中硒的固定起着重要作用。先前的研究表明，Se，特别是 Se^{+4}，可能与土壤中的 OM 和含铁或含铝矿物发生了络合反应。也有人假设 Se 与 OM 的官能团直接结合。当然，这些官能团应该是尚未充分表征的腐殖酸结构中出现的带正电荷的官能团。

考虑到 OM 的官能团一般是带负电荷的，因此，这些负电荷可以通过带正电荷的金属离子桥连起来，形成三元复合物（ternary complex，Se-M-OM）。在这方面，实验发现：在腐殖酸（胡敏酸，humic acid，HA）存在下，OFe(OH)对 Se^{+4} 的吸附增加；同样地，在富里酸（黄腐酸，fulvic acid，FA）存在下，无定形铁氧化物对 Se^{+4} 的吸附增加。许多关于 Se^{+4} 和腐殖酸间通过 Fe^{+3} 桥的相互作用研究进一步证实了 OM 与含氧硒负离子结合形成三元复合物。

3. 沉淀-溶解反应

沉淀和溶解反应是影响土壤溶液中硒有效性的重要过程。沉淀反应通过固定土壤中的硒降低了硒的生物利用度（bioavailability）。有文献报道：Se^{+4} 在低 pH 值时还原为元素 Se 或 Se-S 沉淀；Se-S 沉淀在 pH 4 时比 pH 7 时更明显，Se-S 沉淀形式在 pH 7 时较稳定。这说明 pH 值在硒的沉淀过程中也起着重要作用。此外，溶解的有机碳（DOC）可能增强硒的溶解性，并阻止硒与吸附位点如 Al/Fe/Mn-（水合）氧化物共沉淀（co-precipitation）。在还原条件下，金属硒化物的反应（例如 FeSe 和 $FeSe_2$）决定硒的溶解度。

4. 氧化还原反应

Se^{+4} 在还原条件下是土壤溶液中最热力学稳定和最主要的硒种类，而 Se^{+6} 在氧化条件下是主要的硒种类。硒通常受到微生物转化反应的影响，影响其在土壤中的流动性和有效性。在环境中，硒往往被还原而不是被氧化。微生物活性、竞争性电子受体和环境条件决定了硒的还原速率。微生物还原硒发生在需氧和好氧的环境条件下。一些细菌（如 *Arsenciselenatis*、*Thauera selenatis* 和 *Sulfurospirillum barnesii*）可以在厌氧条件下将 Se^{+6} 还原为 Se^{+4} 并进一步还原为元素硒 Se^0。Se^{+4} 和 Se^{+6} 在微生物吸收含氧硒负离子的过程中被输送到细胞中，并通过同化还原作用被还原为 Se^{-2}。除了同化还原，硒的异化还原是含硒环境生物修复的一个重要过程。在缺氧条件下，Se^{+4} 通过化学还原剂如硫化物或羟胺或在异化还原反应中经谷胱甘肽还原酶还原为元素硒。先前的研究表明，在氧化铁存在下，硒可以从+6 还原为-2。然而，硝酸盐的存在明显阻碍 Se^{+4} 的还原，使硒保持在最高氧化态（+6），从而维持硒的生物利用度。

与还原反应相比，氧化反应并不常见。已有的研究发现 Se^{+4} 可被氧化成 Se^{+6}，提高硒的生物利用度。氧化过程主要是由微生物调节，但也可能是由非生物因素控制。硒的氧化还与环境条件和氧化剂有关。当通风条件改善和 pH 值增加时，根际微生物活性变得充分，Se^{+4}

可被氧化成 Se^{+6}。其它研究表明土壤中的微生物能够进行 Se^0 和 Se^{+4} 的需氧氧化。过氧二硫酸根的存在和温度升高也产生类似的结果。Se^{+4} 的非生物氧化发生在氧化锰和水钠锰矿（birnessite）的表面。

但是，如上所述，硒的还原过程比氧化过程更为普遍，而且这两个过程都主要由微生物调节；Se^{+4} 的生物氧化速率慢于 Se^{+4} 的生物还原速率。这一发现可以解释为什么 Se^{+4} 能在有氧条件下持续存在，并且在自然环境中能与 Se^{+6} 共存（参阅第十五章）。

5. 甲基化和除甲基化

甲基化（methylation）是与土壤中硒的挥发和除去有关的关键过程之一。甲基化包括化学机理和生物机理，但生物过程占主导地位。甲基化和挥发性硒化合物毒性较小，被认为是生物的解毒过程。已有的研究表明硒化物可以发生如下的甲基化反应：$H_2Se \rightarrow MeSeH \rightarrow Me_2Se \rightarrow Me_3Se^+$。甲基化反应的最终产物是二甲基硒醚还是三甲基硒离子存在争论，这是由于甲基化反应受到存在的硒物种、微生物活性、OM 和各种环境条件如温度和土壤含水量等的控制。在适度还原或氧化条件下，可以在沉积物中检测到甲基化的化合物。一些研究已经报道了细菌、微藻类、真菌和植物能够进行生物甲基化（biomethylation）。除（去）甲基化（demethylation）是脱甲基化的过程，与土壤中硒的甲基化形成对比。在需氧和厌氧条件下，硒可以发生去甲基化。二甲基硒醚在缺氧沉积物中通过生物体（产甲烷菌和硫酸盐还原菌）快速去甲基化产生剧毒的硒化氢。此外，二甲基硒醚的需氧去甲基化可以产生 Se^{+6}。

第二节　植物中硒的吸收与代谢

一、植物中硒的吸收与代谢的机理

硒酸根穿过根细胞质膜的吸收（图 16.1）是由 H^+/硫酸盐运载体催化，它们与模型十字花科植物（arabidopsis）的 AtSULTR1;1 和 AtSULTR1;2 同源[3]。然而，虽然硒酸根和硫酸根具有相同的运载体，但增加根际（rhizosphere，RH）硒酸根浓度往往会增加硫的摄取量，因为植物组织中的硒积累会导致类似于硫饥饿所诱导的转录变化。在十字花科植物 Arabidopsis 中，通过植物的根（root）运载体 AtSULTR1;2 催化了大部分硒酸根的吸收。但是，如果植物缺乏足够的硫以达到最佳生长，或者如果它的组织硒浓度增加，AtSULTR1;1 对亚硒酸盐吸收的贡献增加。相比之下，在根际增加硫酸根会减少硒酸根的吸收，因为运输的竞争和 AtSULTR1;1 表达的降低。亚硒酸盐作为 $HSeO_3^-$ 的吸收是由磷酸根运载体 PHT2 催化，亚硒酸盐作为 H_2SeO_3 的吸收是由水通道蛋白质 NIP2;1 运载体催化。很可能植物的根吸收硒半胱氨酸 SeCys 和硒蛋氨酸 SeMet 是通过半胱氨酸 Cys 和蛋氨酸 Met 的运载体进行的。

植物在相同环境条件下吸收硒的能力各不相同，取决于硒/硫选择性和对硫营养状况及硒供给的响应。在吸收进根细胞后，硒酸根通过共质体移动到中柱，加载到木质部，运输到芽体，而就在根部亚硒酸盐转化为有机硒化合物。尽管 AtSULTR2;1、AtSULTR2;2 和 AtSULTR3;5 的活性，通过控制硒酸根在木质部细胞中的吸收，能影响木质部的加载速度。在许多作物品种中，AtSULTR2;1 和 AtSULTR2;2 及其同系物的表达是因为 S 饥饿和增加硒供给所致。大多数硒以硒酸根的形式存在于木质部，但也有少量的硒蛋氨酸 SeMet 和

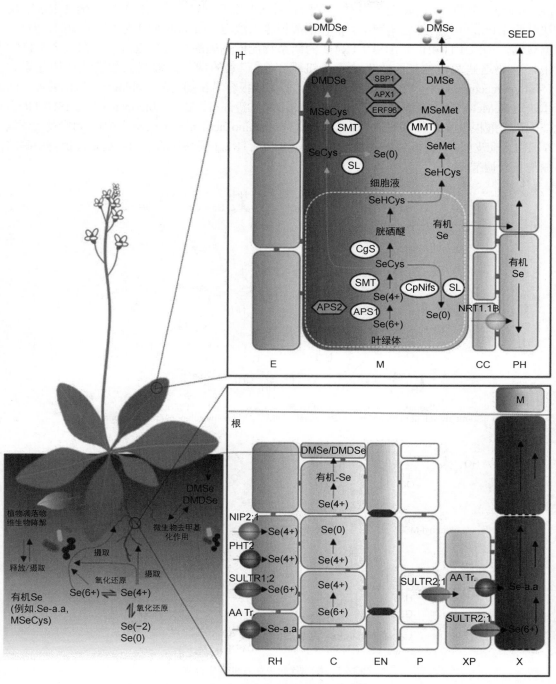

图 16.1　植物中硒的吸收与代谢[4b]

［皮层细胞（cortical cell，C）；伴胞（companion cell，CC）；胱硫醚 γ-合成酶（cystathionine γ-synthase，CgS）；
硒氨基酸（Se-amino acid，Se-a.a）；根皮（rhizodermis，RH）；木质部（xylem，X）；木质部薄壁
组织细胞（xylem parenchyma cell，XP）；韧皮部（phloem，PH）；中柱（pericycle，P）；
表皮层（epidermis，E）；内皮层（endodermis，EN）；叶肉（mesophyll，M）］

它的氧化物（SeMetSeO）被报道（图 16.2）。在通过木质部传递到芽体内后，借助细胞膜（plastid membrane）上的 SULTR 运输载体，硒酸根进入叶细胞。在大多数植物中，硒酸根被隔离在脉管系统和叶肉的细胞胞液中。催化硒酸根输入液泡（vacuole）的载体是未知的，但是，据认为，AtSULTR4;1 和 AtSULTR4;2 的同系物能催化硒酸根从液泡流出。在大多数植物中，编码这些载体的基因的表达受 S 饥饿和 Se 积累的调节，但它们的表达在硒超累积（Se-hyperaccumulator）植物中占有很高的比例。硒很容易在韧皮部（phloem）以硒酸根、硒蛋氨酸 SeMet 和甲基硒半胱氨酸 MSeCys 的形式重新分布。在 Arabidopsis 中，AtSULTR1;3 能催化硒酸根吸收进入韧皮部，而氨基酸载体（amino acid transporter，AATr）可能携带硒氨基酸进入韧皮部。同样，编码 AtSULTR1;3 和 AtSULTR2;2 同系物的基因表达是由植物中硒的累积正向调节。

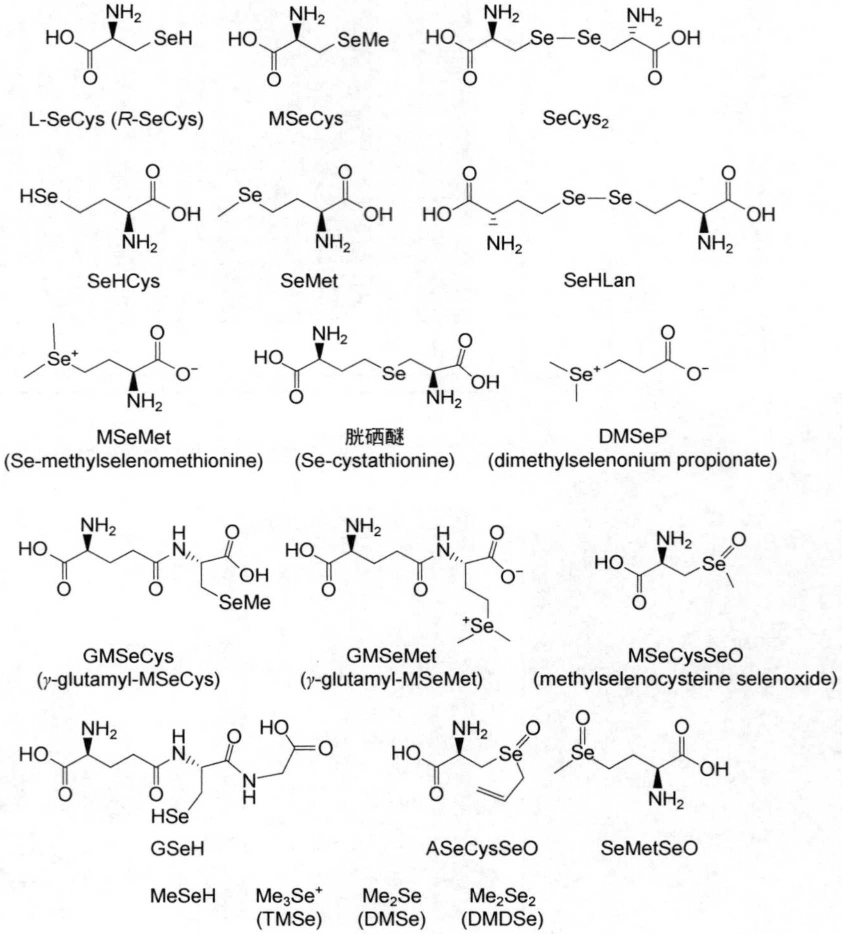

图 16.2　植物代谢中的有机硒化合物

关于植物中硒代谢的大部分知识是基于硫的代谢。在被叶细胞吸收后，硒酸根可能通过 AtSULTR3;1 载体的同系物进入质体，在那里由三磷酸腺苷硫化酶（adenosine triphosphate sulfurylase，APS）激活形成腺苷 5′-磷硒酸（adenosine 5′-phosphoselenate，APSe），以还原型谷胱甘肽（GSH）为电子供体经腺苷 5′-磷硫酸还原酶（adenosine 5′-phosphosulfate reductase，

APR）还原为亚硒酸根。硒酸根转化为亚硒酸根是把硒变成有机化合物同化过程中的限速步骤。硒也有可能从 APSe 转化为硒谷胱甘肽和硒脂类（selenolipid），遵循类似的硫代谢途径。亚硒酸根能被还原为硒化物，或者通过亚硫酸盐还原酶（sulphite reductase，SIR）的酶还原途径，或者通过与还原型谷胱甘肽作用的非酶途径。然后硒化物和 O-乙酰丝氨酸被半胱氨酸合成酶转变为 SeCys，这种酶同时含有丝氨酸乙酰转移酶（serine acetyl transferase，SAT）和 O-乙酰丝氨酸(硫醇)裂解酶［O-acetylserine(thiol)lyase，OAS-TL］亚单位。SeCys 通过胱硫醚 γ-合成酶（cystathionine γ-synthase，CgS）催化形成胱硒醚（selenocystathionine，SeCysthi），随后胱硫醚 β-裂解酶（cystathionine β-lyase，CBL）催化产生高硒半胱氨酸（selenohomocysteine，SeHCys），蛋氨酸合成酶（methionine synthase，MS）催化高硒半胱氨酸转化为硒蛋氨酸。在一些植物中，包括甘蓝类蔬菜，高硒硫氨酸（selenohomolanthionine，SeHLan）及其衍生物可以由高硒半胱氨酸 SeHCys 形成。SeCys 也可以转变为硒胱氨酸（selenocystine，SeCys$_2$），这是一种主要的有机硒化合物，存在于许多双子叶植物中，包括硒超积聚植物（*Cardamine hupingshanensis*），豆蔻黄芪。催化硒代谢的酶被小的多基因家族编码。例如，Arabidopsis 基因组包含四个基因编码的 APS（一个，APS2，同时存在于质体和细胞质中），三个基因编码的 APR，一个基因编码的 SIR，五个基因编码的 SAT，九个基因编码的 OAS-TL，两种基因编码的 CgS，一种基因编码的 CBL 和三种基因编码的 MS。在大多数植物中，当植物缺硫或硒供给增加时，涉及初级 S/Se 同化途径的酶的编码基因的表达受正向调节，但是在硒超积聚植物中编码 APS、APR、SAT/OAS-TL 和 MS 的基因显示出高度表达。在细胞质（cytoplasm）中，通过 SeCys 甲基转移酶（SeCys methyltransferase，SMT）和甲硫氨酸甲基转移酶（methionine methyl transferase，MMT）的催化，经过 S-腺苷-甲硫氨酸（S-adenosyl-methionine，SAM）：SeCys 和 SeMet 可以转化为甲基硒半胱氨酸（MSeCys）和甲基硒蛋氨酸（Se-methylseleno-methionine，MSeMet）。许多植物包括 Arabidopsis，并不拥有编码功能性 SMT 的基因，很少有编码 MMT 的基因。然而，大浓度的 MSeCys 存在于用硒酸盐或亚硒酸盐施肥的 Poales 和洋葱（allium）以及叶菜（brassicas）中。MSeCys 和 MSeMet 都能与谷氨酸形成二肽 GMSeCys（γ-glutamyl-Se-methyl-selenocysteine）或 GMSeMet（γ-glutamyl-Se-methyl-selenomethionine），或转化为挥发性的 DMSe 或挥发性的 DMDSe。在非积聚和积聚植物中，DMSe 的产生受到 SeCys 转化为 SeMet 的限制。DMDSe 是通过将 MSeCys 转化为甲基硒半胱氨酸氧化物（MSeCysSeO）而形成的，MSeCysSeO 在半胱氨酸亚砜裂解酶（cysteine sulphoxide lyase）催化下转变为 MeSeH，由此进一步转变为 DMDSe。MSeMet 可以通过传统的硫挥发途径或通过丙酸二甲基硒（dimethyl selenonium propionate，DMSeP）转化为 DMSe，DMSeP 是存在于 Poales 及其它多种植物中的主要有机硒化合物。

　　植物种类的差异主要在于挥发硒的能力。非硒积聚植物产生的主要挥发性有机硒化合物一般为 DMSe，而由硒超积聚植物产生的挥发性有机硒化合物为 DMDSe。硒酸根通常是非积聚植物中最丰富的硒形式。最丰富的有机硒化合物因植物种类、生长条件和组织样本而不同。当生长在非硒化土壤中时，如果不添加硒肥，在可食用种子和谷粒中，在叶类蔬菜和马铃薯块茎中，在胡萝卜根中，硒蛋氨酸 SeMet 通常是最丰富的有机硒化合物，虽然相当浓度的 MSeCys 和 GMSeCys 在葱中发现。相比之下，在用亚硒酸盐施肥的蔬菜的嫩枝中，在硒化马铃薯的块茎中和在硒化豆类的种子中都有大量的 MSeCys，而在硒化的洋葱作物（allium）中则有大量的 MSeCys 和 GMSeCys。

　　除上述初级代谢物中的硒替代硫外，在胞质或质体中，硒半胱氨酸 SeCys 经硒半胱氨酸裂解酶（selenocysteine lyase，SL）转化为单质硒和丙氨酸，硒可被纳入次级（二级）代谢物如硒谷胱甘肽（selenoglutathione，GSeH）[它可能是经 γ-谷氨酰半胱氨酸合成酶（γ-glutamylcysteine synthetase）和谷胱甘肽合成酶（glutathione synthetase）催化 SeCys、谷氨酸和甘氨酸反应合成的]和硒葡糖苷（selenoglucosinolate）。次级硒代谢物和生物合成类似于硫同类物。洋葱属植物（allium，如细香葱、大蒜、韭菜、葱、洋葱）和芸苔类蔬菜（如西兰花、卷心菜、花椰菜、洋白菜、甘蓝、萝卜）的特点是具有复杂的 S/Se 次生代谢和芽中累积高浓度的硫和硒。虽然洋葱属植物不会非常有效地挥发硒，但它们有相当的能力对 SeCys 进行甲基化，导致高的组织硒——MSeCys 和 GMSeCys 浓度。挥发性硫化合物是洋葱（allium）的特征。虽然硒酸盐的应用会增加这些化合物在葱中的浓度，但是组织硒浓度过高有相反的效果。除作为 MSeCys 和 GMSeCys 的前体外，SeCys 还可转化为元素硒，可被纳入蛋白质或成为硒谷胱甘肽、Se-烯丙基-L-半胱氨酸硒亚砜（ASeCysSeO）和硒化氢的前体。它也可以转化为 SeMet，SeMet 可以被结合到蛋白质中，也可以被代谢成 DMSe。

　　甘蓝（brassica）约占世界蔬菜产量的 10%。葡糖苷类化合物导致了甘蓝类蔬菜的强烈味道，当植物受到伤害时，通过肌氨酸酶（myrosinase）的作用，它们被转化为诸如吲哚和异硫氰酸酯等化合物。在甘蓝中有三类葡糖苷类化合物：由色氨酸衍生的吲哚类葡糖苷类化合物；由苯丙氨酸和酪氨酸衍生的芳香类葡糖苷类化合物；由丙氨酸、亮氨酸、异亮氨酸、缬氨酸或蛋氨酸衍生的脂肪族葡糖苷类化合物。硒似乎没有进入葡糖苷类化合物的异氰酸酯基中，尽管其前体似乎存在于芸苔植物（brassica）中，所有硒葡糖苷是从 SeMet 中衍生。脂肪族硒葡糖苷（甲基硒葡糖苷）及其代谢物[甲基硒腈（methylselenonitrile）和甲基硒异硫氰酸酯]已被报道存在于几种施硒酸盐肥的甘蓝类蔬菜中。硒在甘蓝植物中的应用导致基因表达以及硒和硫次级代谢的复杂变化。虽然硒酸盐的应用可以增加硫的吸收，从而增加总葡糖苷和硫烷（一种脂肪族葡糖苷醇的降解产物）的浓度，过量的组织硒积累一般会导致它们的减少和肌氨酸酶活性的降低。硒的生物强化作用（biofortification）对组织的硫、氨基酸、谷胱甘肽和葡萄糖苷浓度的影响也因硒肥料是供给叶还是提供给根而有所不同。硒酸盐对萝卜的叶面应用导致大的叶硫、谷胱甘肽、MSeCys 和葡糖苷浓度，但是当硒酸盐在营养液中供给水培植物生长时，增加硒酸盐浓度导致叶硫和叶硒（MSeCys）的浓度增加，但降低叶半胱氨酸、谷胱甘肽和葡萄糖苷的浓度。这些观察表明硒和硫之间在其摄取、组织间运输和代谢中的复杂相互作用。

二、硒在植物中的作用

　　由于植物不需要硒，因此植物的生长和繁殖不受硒缺乏的限制[4]。但是，植物组织的硒积聚可以通过减轻来自环境挑战引起的氧化应激的影响来改善植物的生长和存活[5]。如果硒的含量足够，可以防止草食动物和病原体的侵害。另外，过量的硒积累可以是致命的，因为 Se 和 S 在初级代谢和次级代谢的竞争、SeCys 和 SeMet 掺入蛋白质以及氧化应激对新陈代谢和细胞结构造成的破坏。因此，限制硒的吸收，将 Se 隔离在液泡中，将 SeCys 和 SeMet 转化为非代谢的有机硒化合物或将硒挥发到大气中阻止 SeCys 和 SeMet 掺入蛋白质的能力，造就了硒质土壤的定殖（colonization）和硒超积聚物种的进化（图 16.3）。

　　硒质土壤的定殖需要从植物中有效除去硒，或具有解毒能力或隔离硒的能力。一般而言，定殖在硒质土壤上的植物可以忍受比其它植物更高的组织硒浓度。它们包括硒指示植物和硒积聚植物。硒积聚植物从非积聚植物的演变一直是进化生物学家关注的焦点。大的耐硒性是植物的硒超积聚进化的前提，正如对十字花科植物沙漠王羽（*Stanleya pinnata*）超积聚演化研究所证明的。在苋科、菊科、十字花科、豆科、列当科和茜草科等，硒超积聚植物已独立进化。

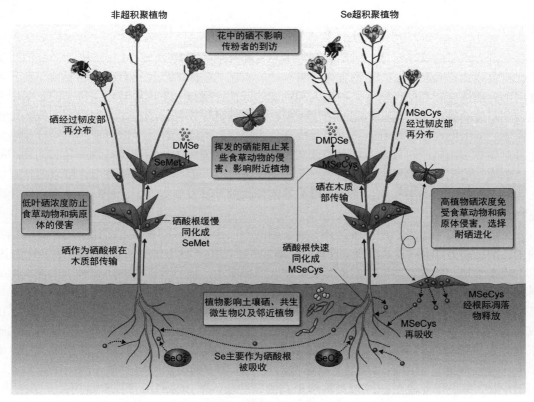

图16.3 非积聚植物和超积聚植物中硒的传输与生态效应[5]

在被子植物之间，根际吸收硒的能力和组织中发生毒性的硒浓度都有很大的遗传差异。因此，既然硒的积累有利于植物的生长和生存，这种非积聚物种的遗传变异就导致对土壤吸收硒能力更大和组织耐硒性更强的个体选择。减少氧化应激，提高组织的耐硒性可增强抗氧化能力。对控制硒的吸收和迁移的转运蛋白质的持续表达以及SeCys和SeMet转化为无毒或挥发性的有机硒化合物途径的演化，这些特征的进一步选择，然后可能允许硒化土壤的定殖和硒指示物种的进化。随硒质土壤最初定殖而来的是硒超积聚植物的进化。生态优势来自累积异常大的组织硒浓度，可以保护植物免受草食动物和病原体的侵害。因此，阻止有害生物（草食动物、竞争者和病原体）的能力可能导致组织超耐硒性进化和硒超积聚植物的进化。后者是与硒超积聚植物生殖组织中最大的硒浓度以及叶毛和表皮细胞中大的硒浓度相一致。

硒超积聚植物通过如下基因的表达进行表征：①硒转运蛋白质的编码基因；②参与初级硒同化的基因，可以大量代谢到SeCys和SeMet；③涉及SeCys和SeMet转化为无毒或易挥发性化合物的基因。所谓硒超积聚植物是指从自然环境中取样时，其叶子（干物质，DM）的硒含量>1mg(Se)/g，具有如下特征：①植物内大的硒吸收和迁移；②根部吸收的S/Se选择性低于非积聚植物；③硒初级同化中的相关基因高表达；④SeCys有效转化为MSeCys、GMSeCys和DMDSe。

第三节　植物的生物强化

据估计，全世界多达 10 亿人的饮食缺乏足够的硒以满足最佳健康状况。增加硒缺乏人群饮食中硒摄入量的策略包括：①硒补充，用药片和补剂；②食物强化，通过添加硒到面粉、烹饪材料或加工食品中；③生物强化，将有效的农艺与基因的改良结合在一起，生产在其可食用部分硒浓度较高的作物[5,6]。由于人和牲畜的低饮食硒摄入量一般与作物生产的土壤中低植物利用度的硒相关，因此硒肥的应用是粮食作物的硒生物强化的根本。使用硒肥提高可食用作物的硒浓度在增加饮食硒摄入量和提高人类硒状态方面已在芬兰取得成功。这一策略，通过对作物施用硒肥料以及对畜禽喂食硒饲料，在一些国家中，提高了植物产品和动物产品的硒浓度（应用硒肥料增加各种植物产品包括加工食品、面包和茶的硒浓度，喂食硒饲料增加各种动物产品如肉类和鸡蛋的硒浓度）。基因作物的互补发展提高了硒肥料用于食用作物硒生物强化的效率。

在过去的二十年里，许多研究都考察了硒的不同化学形式的潜力，对比了用于食用作物的硒肥的施用方法。从本质上讲，肥料可以添加到土壤中或种植作物的田地和温室的基质中，或供应在水培作物的营养液中，或喷洒在树叶或果实上。进一步的策略是在种子上涂上硒肥料涂层，这成功地提高了草原牧草和人类农产品中硒的浓度。在田间种植作物时，一般建议在土壤中施用硒肥，特别是在作物可能经历水分和热应力的情况下。虽然叶面的应用硒化肥成功地提高了许多作物的硒浓度，但是，当硒肥直接作用于树叶而不是施于土壤，过量的硒浓度导致植物毒性的可能性更大。经常使用硒酸或亚硒酸（钾、钠或钡）的盐直接进入土壤或作液体滴灌。可溶性硒酸盐肥料通常对提高作物中硒的浓度更有效，因为硒可以立即用于作物，但应用亚硒酸盐或较难溶解形式的硒酸盐，如 $BaSeO_4$，可以提供更持久的效果。在土壤中添加富硒植物材料也已成功使用，并在施用后提供植物可利用的硒数年。作物从施用硒肥料的土壤中获取硒的效率取决于作物、施用硒的形式、施用方法、施用硒的数量和施用硒肥料的时间，作物获得硒的百分数从不到 1% 到超过 50% 不等。硒的获取效率受到气候条件和土壤化学、浸出（淋溶）和挥发造成的损失、土壤中的保留和土壤生物群的活动等因素的影响。它也会受到氮、磷、钾和硫肥施用的时间、形式和数量的影响，直接的影响是通过与硒竞争吸收，间接的影响是通过土壤化学或植物生长和代谢的变化。含硒酸盐或亚硒酸盐溶液的叶面应用已成功提高许多作物的硒浓度，包括谷物、豆类、叶类蔬菜。一般而言，在树叶上施用硒肥料比在土壤上施用更为有效，无论是在实现特定的硒生物强化目标所需的化肥数量方面，还是在回收农产品中的硒方面。然而，在对树叶施用硒肥料时，必须注意避免植物毒性，通过避免刮风或下雨天和保证足够的叶子表面积以利吸收，防止损失到环境。对温室蔬菜和水果进行硒生物强化最有效的策略是为水培作物提供硒酸盐。这个系统可以控制传递给作物的时间、硒的数量和硒的化学形式，从而控制植物组织硒的化学形式和浓度，这个系统可以很容易地适应不同的作物品种，以实现其可食用部分的目标硒浓度。

最近，人们为鉴定作物的硒累积基因做了大量的工作，可直接用于硒生物强化方案和基因育种。据报道，遗传变异存在于：主要谷物包括面包小麦、硬麦、大米、小米、大麦和燕麦；常见豆类如鹰嘴豆、扁豆、绿豆和大豆；马铃薯中的块茎；果实包括西红柿和胡椒；多叶蔬菜如洋葱、花菜、羽衣甘蓝、中国大白菜、印度芥菜、生菜和菊花菜；茶。

　　作物硒积累的遗传学研究突显了这些基因的重要性，即催化植物体内的硒吸收和运输的转运蛋白质基因以及参与初级和次级硒代谢的基因，但要将这些知识实际应用，仍有许多工作要做。

参考文献

[1] (a) Dinh Q T, Cui Z, Huang J, et al. Environ Int, 2018, 112: 294-309. (b) Winkel L H E, Vriens B, Jones G D, et al. Nutrients, 2015, 7(6): 4199-4239.

[2] Dinh Q T, Wang M, Tran T A T, et al. Crit Rev Environ Sci Technol, 2019, 49(6): 443-517.

[3] (a) White P J. Selenium in Soils and Crops. Selenium[M]. Switzerland: Springer, 2018. (b) He Z L, Shentu J, Yang X E. Manganese and Selenium. Trace Elements in Soils[M]. New Jersey: Blackwell Publishing Ltd., 2010. (c) Wiesner-Reinhold M, Schreiner M, Baldermann S, et al. Front Plant Sci, 2017, 8: 1365.

[4] (a) White P J. BBA, 2018, 1862(11): 2333-2342. (b) Schiavon M, Nardi S, Dalla Vecchia F, et al. Plant Soil, 2020, 453: 245-270.

[5] Schiavon M, Pilon-Smits E A H. New Phytologist, 2017, 213(4): 1582-1596.

[6] (a) Michalke B. Molecular and Integrative Toxicology[M]. Switzerland: Springer, 2016. (b) Pilon-Smits E A H, Winkel L H E, Lin Z Q. Selenium in Plants [M]. Switzerland: Springer, 2017. (c) Pilon-Smits E A H. Plants, 2019, 8(7): 197. (d) Yin X, Yuan L. Phytoremediation and Biofortification[M]. Heidelberg: Springer, 2012. (e) 郑文杰, 欧阳政. 植物有机硒的化学及其医学应用[M]. 广州: 暨南大学出版社, 2001.

第十七章

硒与动物

第一节　动物对硒的吸收方式

一、硒在动物中的存在形态

　　虽然硒存在于所有细胞和组织中，但是其分布浓度视组织和饮食硒浓度而异，一般而言，动物肝（liver）、肾（kidney）、胰腺（pancrea）、垂体及毛发含硒量较高，肌肉、骨骼和血相对较低，脂肪组织最低。肌肉组织中心肌含硒量总是高于骨骼肌。动物肝中硒含量对饮食水平中硒的改变十分敏感，在低摄入水平时，肌肉和肝的硒含量远低于肾，随着饮食硒浓度的提高，肝中硒浓度提高快于肾，至中等硒水平摄入时，肝硒浓度会高于肾，肌肉中硒浓度总是低于肾。基于此，可以将肝、肾硒浓度作为硒营养状况的诊断指标。中毒水平的硒摄入，组织硒浓度会稳定上升，直至肝、肾硒含量高达 $5\sim7\mu g(Se)/g$，肌肉硒含量达到 $1\sim2\mu g(Se)/g$，在此之后，排泄和吸收同步，硒在组织中的积累不再进一步增加。硒在动物细胞内的分布随组织和硒浓度不同而变化。通过 ^{75}Se 示踪研究，对肝而言，硒分布于细胞的颗粒及可溶性部分；在肾皮质，近 75%的放射性集中在核部分，依饮食中的硒水平而变。研究授乳羊对 $Na_2{}^{75}SeO_3$、硒蛋氨酸和硒牧草的代谢，结果表明硒蛋氨酸与牧草标记物相比能有效地转移到羊奶中。分布于动物体的硒可以活性形式保存相当长的时间，狗服用亚毒剂量的 ^{75}Se 后，同位素在各种血液蛋白质中保持可检测的浓度达到 310 天，注射放射性亚硒酸钠 $Na_2{}^{75}SeO_3$ 的狗在 278 天后乳汁中仍有 ^{75}Se 存在。

　　分布于动物体内的硒存在多种化学形态，动物具有将亚硒酸根、硒酸根还原为 Se^{2-} 的能力，能在动物体内合成硒氨基酸并结合于蛋白质：注射 $Na_2{}^{75}SeO_3$ 的狗，肝蛋白质水解产物中有放射性硒半胱氨酸和硒蛋氨酸存在；注射放射性硒酸盐的动物可由肺部排出放射性的二甲硒醚。硒在动物体内的存在形式以及转化机理仍是硒代谢研究的重要课题[1]。

二、动物对硒的吸收方式

　　作为食物链末端的动物和人类，通过胃肠道进行硒的摄入，其吸收程度取决于硒的化学形态和摄入量，并与动物的种类有关。通过对大量动物的研究，实验得到的一般规律是：可溶性无机硒盐和硒氨基酸最易吸收；而硒化物以及有机硒化合物如硒代二乙酸、硒代二丙酸、硒代嘌呤等吸收缓慢；单质硒则几乎完全不吸收。大多数植物来源的硒是较易吸收的，而动物来源的硒则较难吸收。不同形态的硒化合物吸收程度不同，可能吸收机理不同。用 ^{75}Se 进行的研究表明动物十二指肠是吸收硒的主要部位。单胃动物较反刍动物（ruminant）有更高的肠吸收，可能是瘤胃（rumen）细菌能将亚硒酸盐转变为不溶性硒而影响吸收。硒经胃肠道吸收后首先由血浆运载，硒结合于血浆蛋白（主要是 α 和 β 球蛋白），由此进入所有组织包括骨、毛发以及白细胞和红细胞。

硒的吸收以及代谢概况示于图 17.1。亚硒酸盐通过肠壁被动吸收，而硒酸盐是通过钠介导的与硫相同的载体机理运输的；硒的有机形态主动地传输。硒元素分布于全身，从肝脏到大脑、胰腺和肾脏。最高的硒浓度位于肝脏和肾脏。对鸡和羊进行的剂量-响应研究发现：在肌肉组织中，硒蛋氨酸 SeMet（硒甲硫氨酸）和硒半胱氨酸（SeCys）的比例是相当的，这表明硒蛋氨酸和硒半胱氨酸的蛋白质都能被吸收并转移到周围组织。然而，其机理尚不清楚。硒在血液中通过两种途径转运，硒蛋白质 P（SePP1，SelP）[2]和谷胱甘肽过氧化物酶 GPx。血浆 SePP1 含有超过 50% 的循环硒。在血液中只有微量的游离 SeMet。研究还表明，膳食补充（dietary supplementation）富硒酵母可以增加 SeMet，但 SeCys 保持不变。这些循环硒氨基酸的变化可能反映了硒酶的饱和度，以及从硒掺入功能性硒蛋白质（SeP）转变为 SeMet 非特异性进入肝组织蛋白质。这表明存在另外的 SeMet 运输机理，需要通过进一步的研究加以确认。随着蛋白质周转，释放出来的硒，可以通过肠、肝循环回收或排泄。硒主要通过尿液和粪便排出，两种途径之间的分布随硒水平和接触后时间的不同而变化。

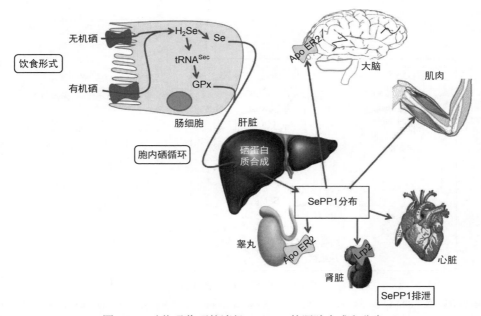

图 17.1　动物吸收硒的途径、SePP1 的肝脏合成和分布

在反刍动物中，亚硒酸盐是可以被吸收的主要化合物，因为瘤胃内的还原条件使大部分硒酸盐转化为亚硒酸盐。在瘤胃中，大约三分之一的亚硒酸盐转化为不溶的形式，进而转化为粪便。可溶性亚硒酸盐到达肠道时，约 40% 会被吸收，而 SeMet 的吸收率约为 80%。随后，在反刍动物中，亚硒酸盐的消化率约为 50%，而硒酵母的消化率约为 66%。

无机硒被消化组织识别、吸收并转化为硒蛋白质（SeP）。相反，哺乳动物细胞不能识别有机硒化合物（SeMet）。因此，SeMet 会因蛋氨酸 Met 的需要而被吸收和代谢（图 17.2）。

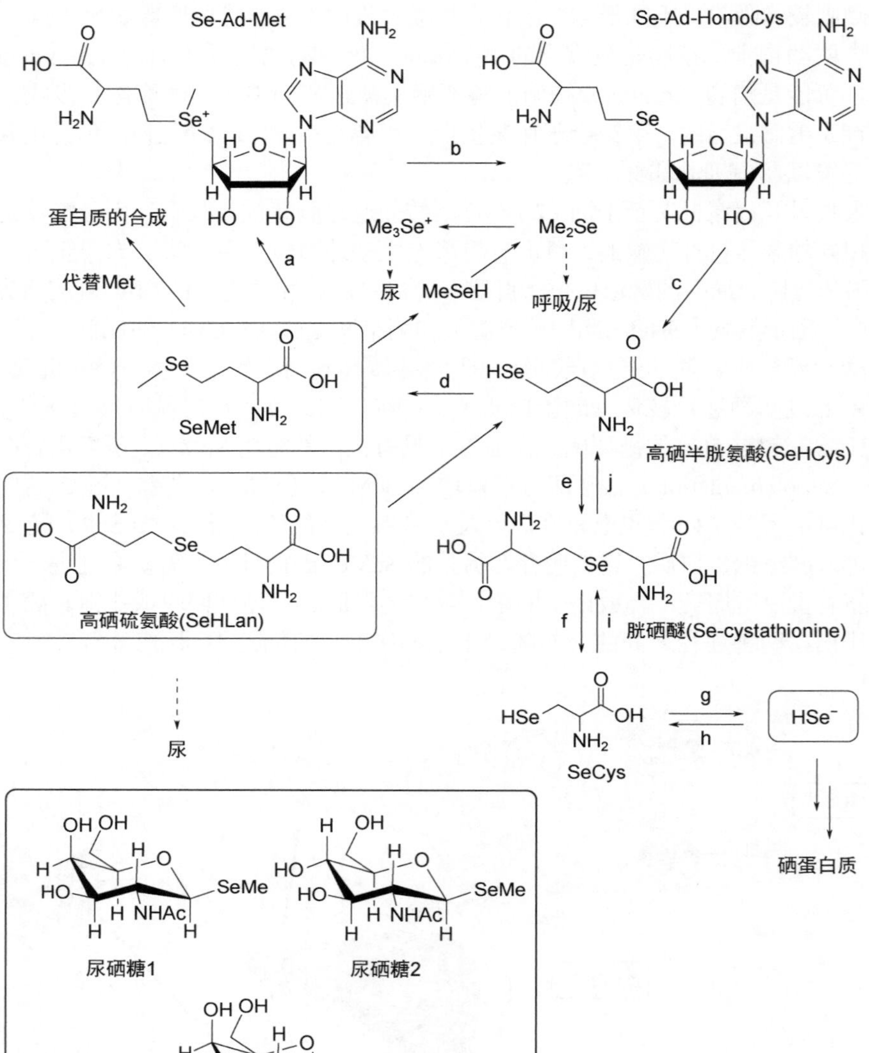

图 17.2 动物中硒的代谢途径

Se-腺苷-硒蛋氨酸，Se-Ad-Met，SeAM；a，SAM 合成酶，SAM synthetase；b，甲基转移酶，methyl transferase；c，SAH 水解酶，SAH hydrolase；d，蛋氨酸合成酶，methionine synthase；e，胱硫醚 β-合成酶，cystathionine β-synthase；f，胱硫醚 γ-裂解酶，cystathionine γ-lyase；g，半胱氨酸裂解酶，cysteine lyase；h，半胱氨酸合成酶，cysteine synthase；i，胱硫醚 γ-合成酶，cystathionine γ-synthase；j，β-胱硫醚酶，β-cystathionase

如果 SeMet 在细胞内被分解，硒被释放出来，并被细胞识别为矿物质，然后根据对硒的需要进行处理。然而，如果细胞没有分解硒蛋氨酸，它可能会随机进入许多种蛋白质中，因此硒不是迅速排泄出来，但是，这些蛋白质在遗传学上并不包含硒，如此错误地将硒掺入蛋白质，可能是有毒的。作为一种新陈代谢保障，膳食中的硒半胱氨酸和硒蛋氨酸都不会直接进入蛋白质。食物中所有形式的硒如硒半胱氨酸（来自动物组织）和硒蛋氨酸（来自植物、海藻、酵母和细菌）都必须在细胞内的遗传控制机理下代谢并在肝脏中被酶转化为 HSe^-（selenide），作为硒半胱氨酸合成的硒源（"从头开始"为己所用）（参阅第十四章，硒蛋白质的生物合成；图 14.54）[1b]。这表明硒完全不同于其它营养元素。细胞的硒浓度是硒进入硒蛋白质 SeP 的一个关键调节因素，并主要在转录后起作用，以应对自身可利用性的改变[2]。SeP 合成的调节是理解内稳态和紊乱的关键。

<h1 style="text-align:center">第二节　硒在动物中的作用</h1>

一、硒的营养功能

虽然硒是动物的一种必需的微量元素，但是其营养需求和毒性之间的差别很小，因此它是一个营养学难题。正是由于硒的这种特性，使得它可以被看作是朋友，也可以被看作是敌人。硒作为硒蛋白质（SeP）的一个组成部分发挥着生物学作用，其活性部位含有硒半胱氨酸。已发现的硒蛋白质大约有三十种，其中主要是酶，包括一系列谷胱甘肽过氧化物酶、硫氧还蛋白还原酶和碘甲状腺原氨酸脱碘酶。大多数硒蛋白质在氧化还原调节、解毒、免疫和病毒抑制中发挥重要作用。缺硒或低硒状态导致许多生物化学途径发生显著变化，产生一系列与 SeP 功能缺陷相关的病理学改变[3]。

硒的作用与维生素 E 的抗氧化作用是密切联系的。两者在营养学上的相互作用表现在细胞抗氧化损伤上的相互补充。脂溶性维生素 E 存在于细胞及亚细胞膜上，硒则存在于细胞水相的水溶性蛋白酶的组成成分中。两种物质在其不同的位置上协同完成对细胞膜脂质过氧化的引发剂和中间产物的代谢还原，从而保护细胞的结构乃至功能免受损伤。由于维生素 E 与硒在抗氧化作用上有交叉，致使抗体在充分得到一种物质后可以耐受另一种物质的相对缺乏。由于这种代谢上的协同作用使两种营养素在预防缺乏病过程中有相互制约的作用。此外，硒还参与辅酶 A 和辅酶 Q 的合成，并且是与电子转移有关的细胞色素组分。硒在机体内可促进蛋白质的生物合成，特别是促进胰脂酶的合成。

二、硒缺乏与硒补充

当动物硒摄入量不足时，将患缺硒症。硒缺乏（deficiency）的临床表现形式多种多样，不同物种之间也有差异。所有物种都不同程度地发生肌肉变性或白色肌肉病（white muscle disease），同时在所有缺硒物种中观察到抵抗力降低。牛：骨骼肌和心肌变性（白肌病），生长缓慢，消瘦，胎衣不干，犊牛腹泻；羊：羔羊白肌病，肌营养不良，生长缓慢，消瘦，母羊不育；猪：肝营养不良，白斑肝病（hepatosis diatetica）（严重坏死性肝损伤），仔猪白肌病，桑椹心脏病（mulberry heart disease），胃溃疡；马：劳肌病（exertional myopathy），肌营养不良，肌红素尿病，幼驹腹泻，心肌变性；鸡：渗出素质病（exudative diathesis）（皮下可见全身性水肿），胰腺变性坏死，鸡营养不良，脑软化，成年鸡产蛋率或孵化率降低；狗：骨骼肌和心肌营养不良，小肠脂褐质症。

饲料硒含量低于 0.05mg/kg，畜禽会出现缺硒症，但只有含量低于 0.025mg/kg 才会出现典型临床症状。未出现临床症状的缺硒畜禽，往往存在缺硒的亚临床症状，同样严重阻碍畜禽的正常生长。畜禽缺硒与否不能简单以是否出现临床症状为唯一依据。当使用硒作为添加剂而提高了畜禽的产量和生产性能时，即表明畜禽处于潜在缺硒状态。动物的肝、毛、全血和血清硒含量也可以作为硒缺乏症的诊断依据。正常牛、羊肝硒含量0.1μg/g（湿重）或0.35μg/g（干重），缺硒的临界标准为0.05μg/g（湿重）或0.175μg/g（干重），严重缺硒标准为0.02μg/g（湿重）或0.07μg/g（干重）。动物全血硒水平的临界值通常规定为0.05μg/g。由于GPx活性和血硒含量成正相关，也可以通过检测GPx活性来诊断动物硒缺乏症。

前已述及，足够的硒摄入量和毒性之间的范围相对较窄。日粮硒水平为0.2～0.3mg/kg可预防缺乏症和由此引起的疾病，如牛羊白色肌肉病、马的劳肌病、猪的白斑肝病和鸡的渗出素质病。虽然有些人认为4～5mg/kg（日粮）可抑制生长，但大部分家畜饲料中硒的耐受浓度一般为2～5mg/kg（日粮）。如果动物在数周或数月内食用含有5～40mg/kg的食物，就会患上慢性硒中毒（chronic selenosis）。

缺硒就要补硒，补充什么硒化合物，补充的方式，补充量的多少，是实际应用亟待解决的问题。补硒必须考虑动物的生物利用率[3]。研究表明影响生物利用率的主要因素有两个：第一、动物不同，硒的生物利用率不同；第二，硒的化学形态不同利用率不同。关键是选择毒性小、生物利用率高的硒产品，补充的量也要合适。在畜禽日粮中添加适量的硒（目前应用最多的是亚硒酸钠和硒酸钠）有利于防治硒缺乏症，硒制剂注射或口服效果好，操作麻烦，不适合大群应用且易产生应激刺激。对于动物急性硒中毒可用20%硫代硫酸钠静脉注射或用二巯基丙醇肌肉注射。对于慢性中毒的病畜立即停止饲喂高硒饲料。文献报道的家畜推荐补硒用量（recommended dietary allowance，RDA；每天喂食的干饲料，μg/kg）列于表17.1[4]。

表 17.1　推荐的容许量

动物	RDA/[μg/(kg·d)]	动物	RDA/[μg/(kg·d)]
绵羊和山羊	100～200	奶牛	100
猪	150～300	肉牛	300
马	100	小牛	100
驴	150	骆驼	400～800

土壤是植物硒的主要来源，而植物是动物硒的主要来源。土壤中的硒含量变化很大（参阅第十六章）。在土壤硒生物利用度低的地区，人类和动物食用在这些土壤中生长的植物性食物会导致硒缺乏。在许多国家和地区，包括中国、日本、韩国和西伯利亚、北欧、美国、加拿大、新西兰和澳大利亚，都报道有硒缺乏症。在每个国家内部，土壤硒的状况有很大的区域差异，在一些地方，有些植物积累硒导致放牧动物的毒性（硒中毒，selenosis）。然而，健康结果不仅取决于土壤的总硒含量，而且还取决于植物和动物吸收的硒的数量——生物可利用的硒。

为了改善在缺乏硒土壤上生长的植物的硒状况，可以使用富硒化肥或采用植物育种策略。尽管采取了这些策略，硒还是经常被添加到动物饲料中，以确保满足要求。近来，人们对膳食补充以丰富动物产品的兴趣越来越浓厚；富硒肉类、牛奶和鸡蛋的生产被认为是改善人体硒状况的一种有效而安全的方法。虽然硒通常作为亚硒酸钠添加到日粮中，但是人们对有机硒的饮食补充越来越感兴趣。有机来源比无机来源更容易被吸收，而且毒性更小，因此更适合作为饲料补充剂。酵母因其生长迅速、培养简便、富集硒的能力强等特点，已成为添加有机硒最常用的载体。硒蛋氨酸（L-selenomethionine）是硒化酵母的主要产物，硒蛋氨酸在预防鸡缺硒引起的胰腺变性方面比亚硒酸钠有效4倍；硒酵母（硒蛋氨酸）在增加牛奶的硒浓度方面比无机硒有效得多；硒蛋氨酸在增加硒肌肉含量方面比无机硒更有效。

高硒硫氨酸 SeHLan（selenohomolanthionine；4,4′-selenobis[2-aminobutanoic acid]）是在日本辣萝卜（pungent radish）中发现的一种化合物，由于其在人体细胞培养中的毒性小于硒蛋氨酸，因而引起了人们的广泛关注[5]。如图 17.2 所示，SeHLan 和硒蛋氨酸之间的代谢差异可以部分解释明显的毒性差异。硒蛋氨酸通过共享相同的代谢途径来模拟蛋氨酸，可以代替多肽合成中的蛋氨酸，如上所述，从而引起硒中毒的症状。提出的 SeHLan 代谢途径（图 17.2）并不复杂，SeHLan 只用于硒蛋白质合成的转移硒化途径，因此预期不会干扰蛋氨酸代谢途径。这两种硒氨基酸的组织分布也可能导致毒性差异：两者均分布于全身，肝脏和胰腺积累硒蛋氨酸，而 SeHLan 则优先积累在肝脏和肾脏[6]。高剂量时，硒蛋氨酸已被证明会引起胰腺损伤，而 SeHLan 通过肾脏排泄而不会引起胰腺损伤。Tsuji 等已经报道了 SeHLan 对肾脏的特定毒性，如果给药剂量低于他们的研究，这种毒性是可以避免的。

富含硒蛋氨酸的酵母多年来一直被用作畜牧业的饲料补充剂。最近，一种富含 SeHLan 的酵母产品已经出现，并用这些硒氨基酸源对猪和肉鸡进行了药效（功效）研究（efficacy studies）。有趣的是，富含 SeHLan 的酵母在肉鸡肌肉组织中的硒浓度明显高于富含硒蛋氨酸的酵母产品。这些有趣的结果应该成为进一步研究的主题。

参考文献

[1] (a) 徐碧辉, 黄开勋. 硒的化学、生物化学及其在生命科学中的应用[M]. 武汉: 华中科技大学出版社, 1994; (b) Turanov A A, Xu X M, Carlson B A, et al. Adv Nutr: An Int Rev J, 2011, 2(2): 122-128.

[2] Hill K E, Wu S, Motley A K, et al. J Biol Chem, 2012, 287(48): 40414-40424.

[3] Qazi I H, Angel C, Yang H, et al. Antioxidants, 2019, 8(8): 268.

[4] Qazi I H, Angel C, Yang H, et al. Molecules, 2018, 23(12): 3053.

[5] Shini S, Sultan A, Bryden W L. Agriculture, 2015, 5(4): 1277-1288.

[6] Tsuji Y, Mikami T, Anan Y, et al. Metallomics, 2010, 2(6): 412-418.

第十八章

硒与人类健康

第一节　人体中硒的吸收与代谢

　　人类（哺乳动物）对硒的吸收与代谢示于图 18.1[1]。硒物种的吸收主要发生在小肠（small intestine）的下部，在许多情况下，是通过与硫类似物的共享途径进行的。几乎所有形式的硒，无论是无机的还是有机的，都很容易被吸收，在正常的生理和摄入条件下，效率接近完全（70%～90%）。亚硒酸钠是个例外，因为它的直接吸收不超过 60%。然而，在还原型谷胱甘肽（GSH）存在的情况下，如发生在胃肠液中，亚硒酸盐的吸收会增加达到定量的比例。在这些条件下，亚硒酸钠与 GSH 的巯基反应生成硒二谷胱甘肽（GSSeSG，图 18.1 途径 a），随后 GSSeSG 被谷胱甘肽还原酶分解为 HSe⁻（图 18.1 途径 b）。

　　由于 pH 值低，胃中的 GSSeSG 应该保持稳定，但在肠道中会变得不稳定因而具有反应活性。直接或间接吸收 SeO_3^{2-} 所涉及的转运蛋白质尚不清楚。直接吸收的亚硒酸盐在红细胞（RBC）中进行同样的还原，使其转化为 HSe⁻。或者，硒化物可以是硫氧化还原蛋白酶体系（硫氧化还原蛋白酶 Trx、NADH 和硫氧化还原蛋白还原酶 TrxR）的底物，并直接按照类似于上述谷胱甘肽还原酶的反应路径还原为 HSe⁻（图 18.1 途径 c）。氧化型的谷胱甘肽（GSSG）不是硫氧化还原蛋白还原酶的底物，对还原型的硫氧化还原蛋白酶而言是一种较差的二硫底物。然而，插入一个硒原子使该化合物成为硫氧化还原蛋白酶体系的高度活性底物，能够在氧气存在下进行氧化-还原循环。

　　硒酸盐通过被动扩散过程被细胞吸收。吸收后，如硫酸盐还原那样，被 ATP 硫化酶（ATP sulfurylase）还原为 SeO_3^{2-}（图 18.1 途径 d）。硒氨基酸 SeCys 和 SeMet 由转运蛋白质参与的跨细胞途径被吸收。SeMet 通过一个 Na⁺依赖的过程被吸收，但是转运蛋白质仍需明确。SeMet 也可以非专一性地进入蛋白质如血清白蛋白和血红蛋白中，随机取代蛋氨酸（甲硫氨酸）（图 18.1 途径 e）。或者，经过如图 17.2 所示的转移硒化途径，SeMet 转化为 SeCys（图 18.1 途径 f），然后转化为 HSe⁻（图 18.1 途径 g）。通过蛋白质代谢过程释放的 SeMet 以同样的方式进入转移硒化途径。过量的 SeMet 经 γ-裂解酶得到 MeSeH（图 18.1 途径 h）。硒甲基半胱氨酸（MSeCys）的吸收可能与 SeMet 共享部分转运机理，但其区别仍未阐明。目前认为二肽 GMSeCys 起 MSeCys 载体的作用[1b]。在作为膳食成分摄入后，大部分 GMSeCys 在胃肠道中被 γ-谷氨酰转肽酶水解（图 18.1 途径 i），释放出 MSeCys 用于吸收或系统地输送到其它组织。GMSeCys 像 MSeCys 一样从胃肠道中被定量吸收。GMSeCys 和 MSeCys 在半胱氨酸 β-裂解酶存在下得到 MeSeH（图 18.1 途径 j），因此尿液排泄是消除这些硒物种过剩的主要途径。

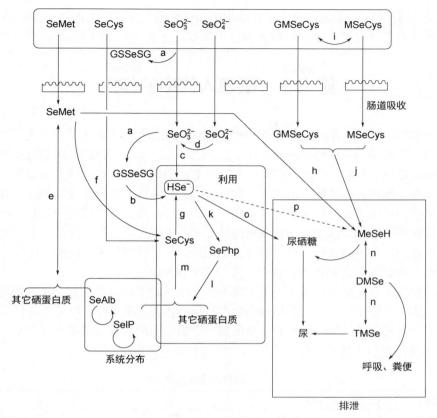

图 18.1　人体中硒的吸收与代谢

　　硒的利用（utilization）需要由 HSe⁻ 和 ATP（图 18.1 途径 k）生成的硒磷酸（SePhp，$SePO_3^{3-}$），它是由硒磷酸合成酶 2（SPS2）参与的，用于将 SeCys 组装到氨基酸序列中，形成硒蛋白质（图 18.1 途径 l）（参阅第十四章，硒蛋白质的生物合成；图 14.54）。硒蛋白质的分解代谢释放出 SeCys，SeCys 周期性地再转化为硒化物（图 18.1 途径 m）。胃肠道吸收的硒物种首先运输到肝脏，SeCys 通常以硒白蛋白（Se-albumin，SeAlb）形式运输，其它物种可能通过仍未被阐明的机理运输。肝脏是硒新陈代谢中最重要的器官，因为它能合成大部分硒蛋白质和调节硒代谢产物的排泄。产生于肝脏中的 SelP 被释放到血液中，并负责其分布到其它器官，在那里可以合成其它硒蛋白质。血浆中硒的局部吸收已被证实是由胞吞作用引起的，由载脂蛋白质家族的受体参与，如睾丸和大脑中的 apoER2 以及肾脏中的 Lrp2。因此，通过在硒蛋白质合成和排泄物合成两种途径之间分配可利用的硒，肝脏调节全身硒的分布。这样的调节可能是被动的，因此不能用于硒蛋白质合成的部分硒进入了排泄路径。

　　人类硒的排泄有两种可能的途径，这两种情况下都导致甲基化产物。主要代谢物的比例取决于来源物种以及硒的浓度。处于毒性状态下，TMSe 是公认的主要代谢产物。它的产生开始于已经是单一甲基化的硒物种如 MSeCys 和硒甜菜碱（SeBet），随后经过甲基转移酶参与的逐步甲基化途径（图 18.1 途径 n）而转化，形成的中间物种 DMSe，通过呼吸排出。在低毒硒状态下，硒化物的代谢遵循另一条途径，即硒化物转化为硒糖-GS 共轭物（GS-*Se-N*-acetyl-galactosamine，GS-SeGal），然后转化为 *Se*-甲基-*N*-乙酰半乳糖胺（MSeGalNAc），排泄到尿液中（图 18.1 途径 o）。尿液中也检测到少量其它硒糖，包括 *Se*-

甲基-*N*-乙酰葡萄糖胺（MSeGluNAc）和 *Se*-甲基-半乳糖胺（MSeGalNH$_2$）（图 17.2）。也有人假设在硒过量的情况下，HSe$^-$可以代谢进入甲基化途径（图 18.1 途径 p）。

第二节　硒在人体中的作用

在过去的二十年里，硒已经被证明可能直接或间接地与大量的人类疾病有关[2]。这些关联大多是由于 GPx 和 TrxR 酶在降低氧化应激中的作用，氧化应激已被确定为几种疾病发展和进展的主要原因。其它一些硒蛋白质也参与了 Ca^{2+}信号、脑功能和精子生成等特定过程。基因的改变或与硒缺乏相关的不足表达已被确定为相应病理的可能原因。然而，对与人类疾病有关的硒蛋白质作用机理还远远没有确切了解。在大量流行病学调查中，对食物补充剂、血液组分和趾甲中的硒总浓度的评估与病理状态的发生或发展有关，因此产生了明显相互矛盾的数据。相反，关于硒和硒蛋白质的特定细胞过程，已经收集了广泛的生化信息。通过个体寻找细胞和种群水平之间的因果联系，是一个重大挑战。

表 18.1 总结了有关硒蛋白质在人类健康中的作用及其变化与几种人类疾病之间的关系的最新信息。大多数硒蛋白质对人类疾病表现出有益的作用，这意味着缺乏的活性可能与病理状态的发生或进展有关。但是，重要强调的是单个蛋白质所起的作用必须放在复杂的生化环境中进行考量，因为这种环境会产生拮抗、叠加和协同效应。

表 18.1　硒蛋白质与人类疾病

疾病	硒蛋白质	作用	机理
肌肉失调	SelN, SelW	预防	Ca^{2+}信号稳态
心血管疾病	GPxs, TrxRs, SelR	预防/缓解	抗氧化防护
	DIO1	预防/缓解	用于脂质代谢的 T3 激素供给
	SelS	预防	未知
肝病	GPxs	缓解	抗氧化防护
肾衰竭	GPxs	预防/缓解	抗氧化防护
癫痫，情绪紊乱	GPxs	预防	抗氧化防护
神经系统疾病	SelP, GPxs, TrxRs, SelW, SelH, SelM	缓解	抗氧化防护
炎症反应	TrxRs	促进	免疫细胞信号的早期调控
	SelS	抑制	抗氧化防护，细胞因子调节
	GPxs	抑制	免疫细胞信号的高级调节
艾滋病	GPxs，others	缓解	抗氧化防护
2 型糖尿病	TrxRs	预防/缓解	刺激胰岛素信号/抗氧化防护
	SelP	促进	抑制胰岛素的合成
	GPxs	预防/缓解	胰岛素信号抑制/抗氧化防护
内分泌失调	DIOs		抗氧化防护
男性不育	GPx4		抗氧化防护
癌症	GPxs, SelP, TrxRs		抗氧化防护

硒是人类必需微量营养元素，维持合适的硒浓度有利于身体健康，对清除细胞的自由基起到强大的抗氧化作用。由于其耐受范围狭窄（40～400μg/d），硒缺乏（40μg/d）和硒中毒

（400μg/d），都导致严重的健康问题。因此，WHO 和美国 NAS（National Academy of Science）提出了每日摄入量的参考值：哺乳期的妇女每天的摄入量最高，为 70μg/d（表 18.2）。2013年，中国营养学会推荐的硒供给量为 60～200μg/d。硒缺乏症通常通过服用硒补充剂来治疗，而其毒性水平则通过饮食实践来控制。

表 18.2　推荐的人体每日硒摄入量　　　　　　　　　　　　　　　单位：μg/d

人群		USA	WHO
男性		55	34
女性	正常	55	26
	孕期	60	30
	哺乳期	70	35～42
婴儿	0～6 月	15	6
	7～12 月	20	10
儿童	1～3 岁	20	17
	4～8 岁	30	22
	9～18 岁	40	26～32

第三节　硒与有毒元素的相互作用

硒与人类疾病的特殊关系关联它与有毒金属和准金属的相互作用[3]。硒与有毒元素一般存在拮抗（antagonistic）和协同双重作用。硒起直接隔离毒物和缓解金属诱导的氧化应激的作用。低分子量的硒物种，包括硒化物、游离的 SeCys 和 SeMet，同 GSH、Cys 和硫醇竞争与金属结合。理论上，许多金属正离子可能与硒化物形成不溶性的配合物（参阅第四章），但只有银（Ag）已被证明在哺乳动物细胞中积累。相反，硒通常与减少砷和镉的生物积累相联系，因此通过这些结合物的排泄是有利的途径。硒蛋白质的抗氧化作用减轻了金属生成的 ROS 引起的细胞损伤。另一方面，硒蛋白质也是金属毒性的靶标，由于两种作用：①硒基（HSe）使它们易与金属结合并因此失活；②每个与金属结合的硒代谢物中间体退出同化途径，因此失去生物学功能，导致间接损伤。迄今为止，有限数目的研究调查了这些分子水平上的作用机理，其中大多数集中于砷和汞的代谢，而大多数工作是仅限于观察生理/摄入硒和金属水平或生物标志物之间的关联。硒与砷的相互作用导致甲基化途径的相互抑制和砷诱导的信号传输抑制，在锌蛋白质失活的情况下，也会产生协同毒性。在动物模型中，亚砷酸盐和亚硒酸盐会在红细胞和肝脏中与 GSH 发生反应，形成配合物$(GS)_2AsSe^-$，该配合物经胆汁排泄到胃肠道。砷的胆汁排泄降低其在尿液中的水平。大量流行病学研究支持人类的血液硒和尿砷之间存在反向关联，但硒和砷形成的结合物尚未得到证明。最近，银被认为是新兴的重要污染物。Ag 纳米粒子的生物转化已经提出：通过胃发生纳米颗粒溶解和离子吸收，硫醇循环转运，光还原成 Ag 颗粒和表面硫化。实验也发现还原型硒物种会与 Ag 纳米颗粒的表面反应（表面硒化）。动力学和热力学证据支持这个假设：表面硒化不能与最初的表面硫化竞争，之后的 Se/S 交换反应导致形成 Ag/S/Se 颗粒沉淀在组织中。强烈需要进一步研究以阐明确切的代谢途径，硒物种对重金属的生物转化和体内毒性的影响。

硒-汞相互作用可能会导致拮抗作用或协同作用，取决于具体环境条件。汞（Hg）是严重威胁人类健康的有害元素，因此汞的生物化学循环得到了较为深入的研究。

与铜、锌等必需金属不同，汞不参与任何生命形式的基因或蛋白质的基本生化功能。因此，汞金属组学（metallomics）关注于汞的存在是如何不利地影响细胞或全身的基因和蛋白质的正常功能（毒性效应），以及细胞的防卫机理或修复策略是如何减轻这种有害影响的（解毒作用）。

生物系统中的汞组学（图 18.2）包括：Hg 物种与生物分子的相互作用，主要由含硫醇和硒醇的生物分子（分别用 RSH 和 RSeH 表示）控制；环境地球化学主要由氧化-还原反应以及被配体 CH_3 和其它配体 L 的配位决定。在环境中，Hg 循环主要由 Hg^0 和二价 Hg^{2+} 间的氧化还原反应以及 Hg^{2+} 的配位反应控制。一价汞在大气中也能发现，但在水溶液中它很快歧化成零价汞和二价汞。特别重要的是 Hg^{2+} 被甲基负离子（CH_3^-）配位形成 CH_3Hg^+（以下用 $MeHg^+$ 表示）及其配合物，这一个过程称为 Hg 的甲基化。其它烷基汞（如乙基汞）也出现在环境中，但它们的浓度通常要低得多。Hg^0、Hg^{2+} 和 $MeHg^+$ 都可以被生物吸收，而控制其吸收和随后体内转化和传输的化学过程是汞组学的研究领域。在所有生物系统中，含硫醇的氨基酸、蛋白质和酶都是很丰富的。因此，Hg^{2+} 和 $MeHg^+$ 离子对硫醇和硒醇的强烈亲和力决定了生物中的汞化学主要是与含硫醇和硒醇的生物分子的相互作用。

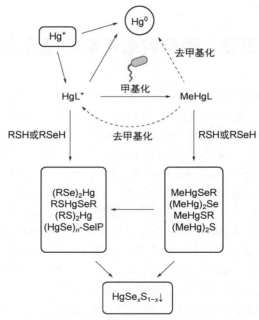

图 18.2 生物系统中的汞组学（甲基化只存在于某些细菌中）

（L，非硫醇、硒醇配体如 Cl^-；R，基团；SelP，蛋白质 P；n，整数，$0 \leqslant x \leqslant 1$）

一、硫醇和硒醇生物分子的汞和甲基汞的配合物

Hg^{2+} 和 $MeHg^+$ 离子是软的路易斯酸，因此对软的路易斯碱，硫醇基团 SH 以及硒醇基团 SeH，具有强的热力学亲和力。在生物体中 SH 基团（SeH）出现在半胱氨酸（硒半胱氨酸）、谷胱甘肽、蛋白质和酶的半胱氨酸（硒半胱氨酸）残基中。它们位于许多酶的活性中心、直接参与催化，在蛋白质化学中起重要的结构和功能作用。$Hg(ER)_2$ 和 $MeHgER$（E=S、Se）

配合物的形成常数在 $10^{15}\sim10^{30}$ 范围，考虑到 SH 浓度远大于 SeH，因此在生物体内巯基是汞键合的主要位置。半胱氨酸（CysH）是一种必需的氨基酸。虽然在细胞内"游离"CysH 的浓度通常是低的，但在生物系统中，CysH 是与肽或蛋白结合最丰富的硫醇（半胱氨酸部分）。因此，CysH 经常作为模型硫醇以研究 Hg 和 MeHg 与含硫醇的多肽和蛋白质的键合。

最稳定和丰富的半胱氨酸配合物是 S-Hg-S 键角约 170° 和二配位的 Hg(Cys)$_2$（为了简单起见，配合物将不标注电荷）。在水溶液中存在较高配位数的 Hg(Cys)$_3$ 和 Hg(Cys)$_4$。这些配合物中的 Hg-S 键长范围为 2.3～2.5Å，键长随着 Hg 配位数的增加而增大。MeHg$^+$ 的半胱氨酸配合物，MeHgCys 具有跨越血液-大脑屏障（blood-brain barrier，BBB）的能力。与 Hg(Cys)$_2$ 相比，MeHgCys 极性小，具有接近线性的 C-Hg-S 键角（约 179°），Hg-S 和 Hg-C 键长分别是约 2.35Å 和 2.10Å。也存在高配位数的配合物如 MeHg(Cys)$_2$ 和 MeHg(Cys)$_3$。

谷胱甘肽（GSH）在动物组织、植物以及微生物中是细胞最丰富的"自由"硫醇。微摩尔级的 GSH 存在于哺乳动物细胞中。GSH 是 CysH 单元的存储和传输形式，承担催化、代谢和传输等功能。它参与蛋白质和核酸的合成以及自由基和过氧化物的解毒作用，是各种酶的辅因子，与各种毒性物质包括 Hg 和 MeHg 形成配合物。Hg 与 GSH 的键合主要发生在巯基上。在生理 pH 值下，Hg(SG)$_2$ 是 Hg^{2+} 和 GSH 主要的配合物。

高半胱氨酸是一种非必需的含硫氨基酸（HcysH）。高半胱氨酸由蛋氨酸在细胞内代谢产生，它可以进行转硫作用至半胱氨酸 CysH，或再甲基化返回到蛋氨酸。与 CysH 相似，实验研究表明，Hg^{2+} 和 MeHg$^+$ 的高半胱氨酸配合物通过某些氨基酸和有机负离子转运体可以穿越生物膜。在许多重要的蛋白质如金属硫蛋白（metallothionein，MT）、金属调节蛋白 MerR（在某些细菌中）、血清白蛋白和血红蛋白（在哺乳动物中）中，CysH 是一种常见的组分。Hg^{2+} 与蛋白质结合是非常强的，尽管这些蛋白质的体积很大，而且有潜在的位阻，但它们因为存在着多个 CysH 残基，因此有可能形成多齿配合物。特别令人感兴趣的是金属硫蛋白 MT，它是低分子量蛋白质（6000～7000），通常由 20 个 CysH 残基组成。金属硫蛋白 MT 存在于所有的动物、一些植物以及真菌和细菌中，它们在金属离子包括 Hg 的运输和解毒方面发挥重要作用。Hg$_{18}$MT 的形成已被报道。然而，MeHg$^+$ 与 MT 的结合不太为人所知，但 MT 对 MeHg$^+$ 的亲和力似乎比对 Hg^{2+} 的亲和力弱得多，而且成键最可能是通过直线型的 MeHgCys 方式。

因为硒醇在化学性质上与硫醇相似，它们能容易地代替氨基酸中的硫醇。含硒醇生物分子的 Hg 和 MeHg 配合物广泛存在于生物系统中。然而，有一个主要的区别——硒醇是比硫醇更强的亲核试剂。例如，硒半胱氨酸（HSeCys）的—SeH 基团在生理 pH 值条件下它是除质子化的（即为—Se$^-$）（参阅第二章和第七章）；在 CysH 中的—SH 基团在生理 pH 值条件下它主要是未除质子化的（即为—SH）。因此，在热力学上，Hg 和 MeHg 与硒醇的配合物比它们的硫醇类似物更稳定，这种性质在 Hg-Se 拮抗中特别重要。

虽然游离的硒半胱氨酸（HSeCys）作为硒蛋白质和硒蛋氨酸的降解产物能存在于体内，但大多数硒半胱氨酸是作为残基结合于硒蛋白质中。人体血液中含硒 0.5～2.5μmol/L，主要是硒半胱氨酸。硒谷胱甘肽（GSeH）是硒半胱氨酸的生理来源。另一种硒氨基酸是硒蛋氨酸（SeMet），它是天然存在于大多数食物中的最主要的硒物种。遗憾的是，虽然 Hg 与 GSH 的配合物已被报道，迄今为止仍没有 HSeCys 和 GSeH 类似物的结构和热力学数据。只有少数硒氨基酸的 MeHg 配合物的数据可得，包括 MeHgSeCys、MeHgSeG 以及两个 MeHg$^+$-SeMet 配合物（一个经 Hg-Se 成键，另一个经 Hg-N 成键）[3c]。不同于 HSeCys 和 GSeH，SeMet 不是硒醇，是硒醚，因此它对 MeHg$^+$ 的亲和力是弱的。在所有这些配合物中 Hg-Se 键长大于它们的硫类似物，但配合物却热力学更稳定。已知有 25 类硒蛋白质存在于细菌、真核生物或脊椎动物（包括人类）中。其中，最为重要、研究最为深入的是过氧化物酶 GPx。硒蛋白质 P（SelP）是唯一含有多个硒半胱氨酸残基的蛋白质（人体 10 个、斑马鱼 17 个），是最主要的血浆硒蛋白质；它在肝脏中合成，携带硒到其它器官和组织。尽管存在许多亲核的 SeH 基团以及 SH 基团，SelP 令人惊讶地并没有显示对无机 Hg^{2+} 离子的高亲和性。弱亲和性的一个可能原因是在 SelP 中由组氨酸残基的咪唑基组成的正离子中心以及由羧基官能团组成的负离子中心间离子键的形成；这种离子相互作用可能阻碍了 Hg-Se 或 Hg-S 的相互作用。然而，值得注意的是：HgSe 是不溶性的，但 SelP 能够结合和溶解 HgSe。这种结合是由于$(HgSe)_n$聚合物的形成，它通过分子内的离子相互作用附着在 SelP 上，配合物的形式是$[(HgSe)_n]_m$-SelP，其中 n 是 HgSe 配合物的数目（n 约为 100）、m 是在 SelP 中键合的位置数（$\leqslant 35$）。这种不寻常键合的本质以及它在生物系统中的相关性还有待进一步研究。有人提出了一种不同的机理，其中硒化物与白蛋白结合的 Hg 形成$(HgSe)_n$核。在核的表面，通过 Se 或 Hg 原子，GSH（或其它硫醇）分子被附着使得$(HgSe)_n$具有水溶性，SelP 取代 GSH，形成配合物$[(HgSe)_n]_m$-SelP。虽然几种硒蛋白质包括 GPx 和硒蛋白质 W 的活性受 MeHg 的影响已经被证实，然而没有关于 $MeHg^+$ 和硒蛋白质相互作用的结构和热力学数据，考虑到 SelP 对 Hg^{2+} 的弱亲和性，可以预计 $MeHg^+$ 不会强烈结合在硒蛋白质上。

虽然热力学形成常数很高，但是 Hg^{2+} 或 $MeHg^+$ 与硫醇或硒醇的配合物在动力学上是不稳定的，在自由硫醇或硒醇存在下会发生快速配体交换。配体的交换是通过一个三配位 Hg 中间体的缔合机理进行的（参阅第二章）。这种快速的硫醇/硒醇配体交换在汞组学中起如下几个关键作用：①增强流动性，自由形式与配位形式之间的硫醇交换，特别是与细胞内最丰富的硫醇 GSH 之间的交换，可能会促进 Hg 或 MeHg 在生物系统内的传输；②降低选择性，在不同的硫醇或硒醇之间交换 Hg^{2+} 或 $MeHg^+$ 的能力使得每一种含有硫醇或含有硒醇的蛋白质是 Hg 或 MeHg 结合的潜在靶点，这是导致其广谱毒性的原因；③解毒的可能性，快速的配体交换也使之成为可能用于通过体内存在的硒醇来解 Hg 或 MeHg 毒，或通过其它硫醇的治疗应用（如 2,3-二巯基丙醇、2,3-二巯基丙磺酸、青霉胺）从体液和组织中的硫醇配合物中"提取" Hg 或 MeHg。

三个对环境有重要意义的 Hg 物种：Hg^0、Hg^{2+}、$MeHg^+$。当 Hg^0 被生物吸收时，它可以很容易地穿过细胞膜并被携带分布到全身所有组织。Hg^0 的脂溶解度和扩散率是其重要原因。Hg^0 也可在体内通过 Hg^{2+} 还原或 MeHg 脱甲基化形成。一旦进入细胞，Hg^0 可被迅速氧化，通过过氧化氢酶-H_2O_2 途径，转化为 Hg^{2+}；剩余的未氧化的 Hg^0 被排出体外。Hg^0 穿越 BBB 的能力以及随后被氧化为 Hg^{2+} 会引起无机汞的神经毒性，尽管与 MeHg 相比，这通常是微不足道的，因为环境中一般汞的浓度比较低。没有证据表明含硫醇的生物分子参与了 Hg^0 的摄取、运输或排泄。但是，由于体内氧化 Hg^0 为 Hg^{2+} 是激活其毒性的主要模式，GSH 和抗氧化硒酶或硒蛋白质例如 GPx 可以通过控制细胞中的 H_2O_2 水平来减轻 Hg^0 的毒性。此外，一旦被氧化为 Hg^{2+}，则含有硫醇的生物分子成为其主要的结合靶点。

无机 Hg^{2+} 如何通过细胞膜被吸收存在很大的不确定性。在文献中已经提出了被动吸收和促进吸收两种途径。被动途径将有利于非极性或中性配合物如 $HgCl_2$ 和 HgS 的吸收，它们更容易扩散通过细胞膜。然而，促进吸收表明可能细胞对所有 Hg^{2+} 物种的吸收都是可能的。特别重要的是最近的研究发现，从水溶液中吸收无机 Hg^{2+} 是通过一种硫酸还原细菌（SRB）进行的。CysH 的存在能促进这一吸收过程，这是由于形成了推测的 Hg-Cys 配合物，$Hg(Cys)_2$。类似的增强吸收也在一种厌氧细菌（*Vibrio anguillarum*）中在组氨酸存在下观察到。这表明增强吸收对必需氨基酸可能是普遍存在的，不一定涉及 S-Hg 相互作用。值得注意的是：在这两种情况下，增强吸收发生在厌氧条件下；在有氧条件下，组氨酸的存在并没有导致 *V. anguillarum* 对 Hg^{2+} 增强的吸收。一旦进入生物系统，无机 Hg^{2+} 的运输几乎完全是通过 Hg^{2+} 与硫醇的配合物 $Hg(SR)_2$ 进行的。肾脏是无机 Hg^{2+} 累积的主要器官，会导致肾毒性。有人推测一种机理，无机 Hg^{2+} 穿越肾近端管状上皮细胞膜涉及 $Hg(Cys)_2$ 和 $Hg(Hcys)_2$ 配合物，由于它们与胱氨酸分子相似，它们可能是通过 $b^{0,+}$ 氨基酸载体进行传输的。然而，没有证据表明 $Hg(Cys)_2$ 和 $Hg(SG)_2$ 或无机 Hg^{2+} 可以越过 BBB；因此，大脑中的无机 Hg^{2+} 必须是在体内由 Hg^0 氧化或 MeHg 脱甲基形成。

尽管无机 Hg^{2+} 到 MeHg 的非生物甲基化可以并且确实发生在环境中，大部分的 MeHg 被认为是微生物形成的。已知几种 SRB 和 Fe(Ⅲ)-还原菌能够甲基化 Hg^{2+}。目前还没有确凿的证据表明在动物体内发生了 Hg 甲基化；相反，包括人类在内的动物，主要从饮食摄取 MeHg。在器官之间运输 MeHg 完全通过与硫醇的 $MeHg^+$ 配合物进行。然而，与无机 Hg^{2+} 的一个重要区别是 MeHg 可以穿过 BBB，从而引起神经毒性。MeHg 的 BBB 转移一般认为是由于 $MeHg^+$ 与 L-CysH 形成配合物 MeHgCys 以及可能 $MeHg^+$ 与高半胱氨酸形成配合物 MeHg（Hcys）所致。这些配合物是通过 L 型大的中性氨基酸载体 LAT1 和 LAT2 进入脑毛细血管内皮细胞。$MeHg^+$ 与 D-CysH 和 GSH 的配合物不能通过 BBB 表明 MeHgCys 或 MeHg（Hcys）与必需氨基酸——蛋氨酸存在分子识别，因为蛋氨酸是由 LAT 运输的。然而，最近的研究表明，这种识别只发生在分子的 Lα 区域。已知 MeHg 会在体内逐渐脱甲基形成无机 Hg（Hg^{2+} 和 Hg^0）。事实上，无机 Hg^{2+} 存在于大脑、肝脏和肾脏主要是因为 MeHg 脱甲基反应所致。因为 Hg^{2+} 与含硫醇生物分子的结合强于 $MeHg^+$，体内的 MeHg 脱甲基到无机 Hg^{2+} 可增强毒性，除非所产生的 Hg^{2+} 被固定为固体 HgS 或 HgSe。有理由相信 MeHg 的神经毒性是由于它跨越 BBB 和随后在大脑中脱甲基化为 Hg^{2+}。MeHg 主要通过胆汁排出，在某种程度上通过尿液排出。在胆汁中排出的 MeHg 配合物大多与小分子量的硫醇有关，它们可以在肠道中被再吸收。这种循环是 MeHg 在动物体内的半衰期很长的主要原因之一。

二、硒促进汞元素的生物矿化

自 1967 年发现硒对实验室大鼠肾中毒的保护作用以来，广泛的研究表明在实验室中和在大自然中硒可以改变无机 Hg 和 MeHg 的毒性。而大多数的研究报告了拮抗性的相互作用，硒和 Hg 之间的协同性相互作用也有文献记载。关于 Hg-Se 拮抗的分子水平机理可总结如下：①存在或者添加含硒的生物分子通过生成 Hg-硒醇或 MeHg-硒醇配合物来降低无机 Hg^{2+} 或 MeHg 的毒性以防止 Hg^{2+} 或 $MeHg^+$ 与硫醇位点结合；②MeHg 的去甲基化，形成生物上"惰性"的固体 HgSe；③各种器官中 Hg 的再分配；④抑制从 MeHg 产生甲基自由基；⑤预防 Hg 引起的硒缺乏症。虽然在不同的生理条件下，它们在不同的生物系统中的相对重要性可能有所不同，但所有这些过程都可能对 Hg-Se 拮抗有贡献。如前所述，含硒生物分子上的硒基团往往在热力学上与 Hg^{2+} 或 $MeHg^+$ 形成更稳定的配合物；因此，它们在生物系统中的存在会倾向于从硫醇位置"提取" Hg^{2+} 或 $MeHg^+$ 从而降低其毒性作用。更为重要的是硒化合物也能有效地将 Hg^{2+} 和 $MeHg^+$ 转化为化学和生物惰性的固体 HgSe。据报告，海洋哺乳动物和海鸟的肝脏和肾脏中确实存在 HgSe 颗粒或纳米颗粒，最近也发现它们存在于人脑中。

仅仅 GSH 就能溶解由 Hg(Ⅱ)和亚硒酸盐相互作用形成的 HgSe，不需要 SelP。最近文献报道了在一个 pH 可逆反应中的 GSH 辅助增溶（图 18.3）：在过量 GSH 存在下，由亚硒酸盐还原产生的硒化物与 Hg(Ⅱ)反应生成 HgSe，后者通过在中性至微碱性 pH 下形成 GS_m-(HgSe)$_n$ 物种（"黑色溶液"）保持可溶。然而，一旦酸化，氢键就会导致形成[GS_m-(HgSe)$_n$]纳米簇，并从溶液中沉淀出黑色沉淀，最终老化成 HgSe 固体。这种沉淀-溶解过程仅仅通过改变溶液的 pH 值即可。这就可能解释在海洋哺乳动物中血浆中缺乏固体 HgSe 的原因。在血液的生理 pH 值（约 7.4）条件下，HgSe 纳米粒子以水溶性的 GS_m-(HgSe)$_n$ 形式存在，因此不形成 HgSe 固体颗粒。在胃液中，pH 值低得多（2.0），GS_m-(HgSe)$_n$ 聚合成不溶性的 HgSe 纳米簇，最终生成 HgSe 固体。进一步研究表明，用固体 HgS，类似的过程也能发生，导致组成为 $HgSe_xS_{1-x}$（$0 \leqslant x \leqslant 1$）形式的混合固体的生物矿化。

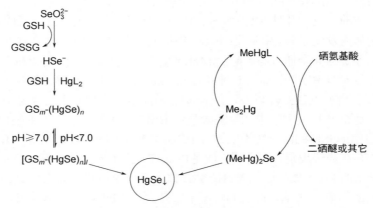

图 18.3　硒促进的 Hg^{2+} 和 MeHg 的生物矿化

硒也能促进 MeHg 的生物矿化。由于 C-Hg 的动力学稳定性，在自然界的脱甲基化被认为主要是通过光解或微生物过程进行的。为 MeHg 脱甲基建立的第一个化学机理是 MeHg 和 H_2S 经中间体$(MeHg)_2S$，最终形成 HgS。长久以来人们推测硒可能参与脱甲基化过程，与硫类似，涉及中间体$(MeHg)_2Se$。如今这一推测已得到实验支持。用各种硒氨基酸包括 HSeCys、GSeH、硒青霉胺和硒蛋氨酸等都能合成 MeHg 的配合物，这些配合物在水溶液中产生 HgSe 黑色沉淀（经 XRD 确证）。$(MeHg)_2Se$ 和 Me_2Hg 的存在也得到 NMR 和 GC-MS 的证实。虽然 MeHg 与含硫醇的氨基酸如 CysH 和 GSH 形成的配合物能进行类似的脱甲基化，但是实验证明硒氨基酸更为有利。

虽然硒促进的汞元素生物矿化既发生在无机离子 Hg^{2+} 也发生在有机汞 MeHg，但后者可能是 HgSe 粒子形成的主要途径。HgSe 粒子存在于海洋哺乳动物的肝脏中，这些哺乳动物几乎完全通过饮食摄取 MeHg 而接触 Hg[4]。这一点得到了最近 X 射线吸收光谱证据的支持，HgSe 纳米粒子存在于急性中毒或食用鱼后的人的大脑冷冻组织中。非极性$(MeHg)_2Se$ 作为脱甲基化过程中的一个中间体也提供了 MeHg 穿越血脑屏障 BBB 的新机理。此外，有可能在 MeHg 主要存在的水生环境中发生硒氨基酸协助的 MeHg 脱甲基反应。

参考文献

[1]　(a) Roman M, Jitaru P, Barbante C. Metallomics, 2014, 6(1): 25-54. (b) Rayman M P, Infante H G, Sargent M. Br J Nutr, 2008, 100(2): 238-253.

[2]　(a) Rayman M P. Hormones, 2020, 19: 9-14. (b) Qazi I H, Angel C, Yang H, et al. Antioxidants, 2019, 8(8): 268. (c) Flohé L. Selenium and Human Health: Snapshots from the Frontiers of Selenium Biomedicine. Selenium and Tellurium Chemistry[M]. Heidelberg: Springer, 2011. (d) Tan H W, Mo H Y, Lau A T Y, et al. Int J Mol Sci, 2019, 20(1): 75. (e) Hatfield D L, Berry M J, Gladyshev V N.

Selenium[M]. New York: Springer, 2012.

[3] (a) Liu G L, Cai Y, O'Driscoll N. Environmental Chemistry and Toxicology of Mercury[M]. New Jersey: John Wiley & Sons, Inc., 2012; (b) Khan M A K, Wang F. Environ Toxicol Chem, 2009, 28(8): 1567-1577. (c) Khan M A K, Asaduzzaman A M, Schreckenbach G, et al. Dalton Trans, 2009, 2009(29): 5766-5772.

[4] (a) Scheuhammer A, Braune B, Chan H M, et al. Sci Total Environ, 2015, 509-510: 91-103. (b) Lemire M, Kwan M, Laouan-Sidi A E, et al. Sci Total Environ, 2015, 509-510: 248-259. (c) Kumari B, Kumar V, Sinha A K, et al. Environ Chem Lett, 2017, 15(1): 43-64.

附　录

附录1　物质的标准生成焓

表 1S1　碳元素的单质及化合物在 25℃的标准生成焓　　　单位：kJ/mol

单质及化合物	标准生成焓	化合物	标准生成焓
C(石墨)	0	$CH_3Cl(g)$	−82
C(金刚石)	1.9	$CBr_4(g)$	50
C(g)	718	$CS_2(g)$	115
$C_2(g)$	982	COS(g)	−137
CO(g)	−111	$(CH_3)_2S(g)$	−38
$CO_2(g)$	−394	HCHO(g)	−116
CH(g)	595	$CH_3CHO(g)$	−166
$CH_2(g)$	397	$(CH_3)_2CO(g)$	−216
$CH_3(g)$	134	HCOOH(g)	−363
$CH_4(g)$	−75	$CH_3COOH(g)$	−435
$C_2H_2(g)$	227	$CH_3OH(g)$	−201
$C_2H_4(g)$	52	$C_2H_5OH(g)$	−237
$C_2H_6(g)$	−85	$(CH_3)_2O(g)$	−185
$CF_4(g)$	−912	$C_3H_6(g)^*$	38
$CCl_4(g)$	−107	$C_6H_{12}(g)^*$	−126
$CHCl_3(g)$	−100	$C_6H_{10}(g)^*$	−6
$CH_2Cl_2(g)$	−88	$C_6H_6(g)^*$	83

*分别为环丙烷、环己烷、环己烯和苯。

表 1S2　硅分族元素的单质及化合物在 25℃的标准生成焓　　　单位：kJ/mol

单质及化合物	标准生成焓			
	M=Si	M=Ge	M=Sn*	M=Pb
M(g)	368	328	301	194
MO	−113(g)	−95(g)	−286(c)	−219(c)
$MO_2(c)$	−859	−537	−581	−277

单质及化合物	标准生成焓			
	M=Si	M=Ge	M=Sn*	M=Pb
MH₄(g)	−62			
MF₂(c)				−663
MF₄	−1548(g)			−930(c)
MCl₂(c)			−350	−359
MCl₄(l)	−640	−544	−545	
MBr₂(c)			−266	−277
MBr₄	−398(l)		−406(c)	
MI₂(c)			−144	−175
MI₄(c)	−132			
MS(c)			−78	−94

*白锡为标准状态；灰锡的标准生成焓为 2.5kJ/mol。

表 1S3　氮元素的单质及化合物在 25℃的标准生成焓　　　单位：kJ/mol

单质及化合物	标准生成焓	化合物	标准生成焓
N₂(g)	0	HN₃(g)	294
N(g)	473	N₃⁻(aq)	245
NO(g)	90	HNO₂(aq)	−119
NO₂(g)	34	HNO₃(l)	−173
NO₃(g)	54	NO₂⁻(aq)	−106
N₂O(g)	82	NO₃⁻(aq)	−207
N₂O₃(g)	84	NH₂OH(c)	−107
N₂O₄(g)	44	NH₂OH(aq)	−367
N₂O₅(g)	13	H₂N₂O₂(aq)	−57
NH(g)	331	NH₄NO₃(c)	−365
NH₃(g)	−46	NF₃(g)	−114
NH₃(aq)	−81	NCl₃*	229
NH₄⁺(g)	628	NH₄F(c)	−467
NH₄⁺(aq)	−133	NH₄Cl(c)	−315
N₂H₄(l)	50		

*溶剂 CCl₄。

表 1S4　磷分族元素的单质及化合物在 25℃的标准生成焓　　　单位：kJ/mol

单质及化合物	标准生成焓			
	E=P	E=As	E=Sb	E=Bi
E(c)*	0	0	0	0
E(g)	315	254	254	208
E⁺(g)	1380	1273	1094	917
E₂(g)	142	124	218	249
E₄(g)	55	149	204	

单质及化合物	标准生成焓			
	E=P	E=As	E=Sb	E=Bi
EO(g)	−41	20	188	67
E$_4$O$_6$(c)	−1640	−1314	−1409	−1154
E$_4$O$_{10}$(c)	−2984	−1829	−1961	
EH$_3$(g)	9	171		
HEO$_3$(c)	−955			
H$_3$EO$_2$(aq)	−609			
H$_3$EO$_3$(aq)	−972	−742		
H$_3$EO$_4$(aq)	−1289	−899	−902	
EO$_4^{3-}$(aq)	−1279	−870		
E$_2$O$_7^{4-}$(aq)	−2276			
ECl$_3$(g)	−255	−299	−315	−271
ECl$_5$(g)	−343		−393	
ECl$_3$O(g)	−592			
EBr$_3$	−150(g)	−195(c)	−260(c)	
EBr$_5$(c)	−276			
EBr$_3$O(c)	−479			

*标准状态：磷，白磷，立方晶型；砷，六方晶型；锑，六方晶型；铋，六方晶型。黑磷的标准生成焓，−43kJ/mol。

表 1S5　硫族元素的单质及化合物在 25℃的标准生成焓　　　　单位：kJ/mol

单质及化合物	标准生成焓		
	E=S	E=Se	E=Te
E(c)*	0	0	0
E(g)	279	202	199
E$^+$(g)	1284	1149	1074
E^{2-}(aq)	42	132	
E$_2$(g)	125	139	172
E$_6$(g)	106		
E$_8$(g)	101		
EO(g)	6	40	180
EO$_2$	−297(g)	−230(c)	−325(c)
EO$_3$(g)	−395		
H$_2$E(g)	−20	86	154
H$_2$EO$_3$(aq)	−633	−512	−605
H$_2$EO$_4$	−811(l)	−538(c)	
H$_2$EO$_4$(aq)	−908	−608	−697
ECl$_2$(g)		−41	
ECl$_2$(l)	−60		
EF$_6$(g)	−1209	−1029	−1318

*标准状态：硫，单斜晶型；硒，六方晶型；碲，六方晶型。

表 1S6　卤族元素的单质及化合物在 25℃的标准生成焓　　　单位：kJ/mol

单质及化合物	标准生成焓			
	E=F	E=Cl	E=Br	E=I
$E_2(g)$	0	0	31	62
E_2			0(l)	0(c)
$E_2(aq)$		−25	−5	21
$E(g)$	77	121	112	107
$E^+(g)$	1764	1378	1261	1120
$E^-(g)$	−256	−229	−218	−193
$E^-(aq)$	−329	−167	−121	−56
$HE(g)$	−269	−92	−36	26
$KE(c)$	−563	−436	−392	−328
EO_2	23	76		
$HEO(aq)$		−118		−159
$HEO_2(aq)$		−52		
$HEO_3(aq)$		−98	−40	−230
$HEO_4(aq)$		−131		
$H_5EO_6(aq)$				−766

附录 2　氧族元素的标准电势图

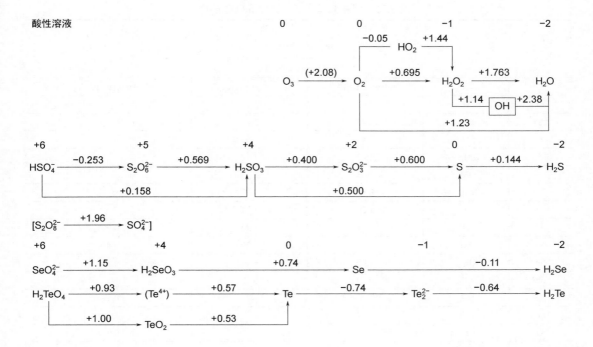

碱性溶液

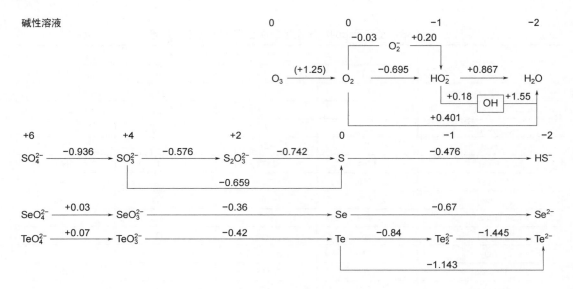

附录 3   硫族有机化合物的电势

电势数据的获得除脉冲辐解外主要来自循环伏安法。由于大多数硒化合物以及相应的碲化合物其单电子氧化是不可逆的，因此提供的是氧化峰电势 E_{pa} 而不是氧化电势 $E_{1/2}$（可逆 CV），采用脉冲辐解获得的数据（vs. NHE）用 E^o 标记；由于各种文献采用的参比电极多有不同，讨论问题时需根据各参比电极的标准电极电势换算到同一参比标准。

表 3S1   甲基芳基硫醚、硒醚和碲醚的电势

$$X \text{—} C_6H_4 \text{—} E \text{—} Me$$

E=O，S，Se，Te

E	X	E^{oa}(vs. NHE)/V	E_{pa}^{b}(vs. Ag/AgCl)/V	$E_{1/2}^{c}$(vs. Ag/0.1mol/L AgNO$_3$)/V
O	H	1.62		
S	CF$_3$	1.45	1.80	
S	H	1.45	1.56	
S	Me	1.42	1.48	
S	OMe	1.43	1.43	
S	NMe$_2$	0.65	0.88	
Se	CF$_3$	1.20	1.34	
Se	H	1.09	1.22	0.965
Se	Me	1.07	1.20	0.870
Se	OMe	1.09	1.12	0.745
Se	NMe$_2$	0.60	0.80	
Se	NH$_2$			0.410
Se	NO$_2$			1.185
Se	F			0.935
Te	CF$_3$		0.78	
Te	H		0.77	

E	X	$E^{\circ a}$(vs. NHE)/V	$E_{pa}{}^{b}$(vs. Ag/AgCl)/V	$E_{1/2}{}^{c}$(vs. Ag/0.1mol/L AgNO$_3$)/V
Te	Me		0.71	
Te	OMe		0.66	
Te	NMe$_2$		0.52	

测试方法：a，脉冲辐解；b，工作电极-玻碳，扫速 100mV/s，样品浓度 1～3mmol/L，35mmol/L Et$_4$NClO$_4$ 的乙腈溶液；c，工作电极-铂旋转圆盘电极，转速 24s^{-1}，样品浓度 1mmol/L，100mmol/L Et$_4$NClO$_4$ 的乙腈溶液。

数据来源：a，Jonsson M. *J. Chem. Soc. Perkin Trans.* 2, **1995**, 67；Jonsson M. *J. Phys. Chem.*, **1993**, 97, 11278。b，Engman L. *J. Chem. Soc. Perkin Trans.* 2, **1992**, 1309。c，Latypova V Z. *Zhurnal Obshchei Khimii*, **1985**, 55, 2050。

表 3S2　苯并二氢呋喃硫族化合物、1-萘酚衍生物和烷基苯基硒醚的电势

E	$E_{pa}{}^{a}$ 或 $E_{1/2}{}^{b}$ 或 $E^{\circ c}$(vs. SCE)/V	E	E_{pa}(vs. SCE)/V	R	$E_{1/2}$(vs. Ag/0.1mol/L AgNO$_3$)/V
O	1.11^a	CH$_2$	1.24	Me	0.96
S	1.11^b	S	1.27	Et	0.99
Se	0.88^b	Se	1.25	^{n}Pr	1.02
Te	0.49^c	Te	1.00	^{i}Pr	1.04
				^{s}Bu	1.06
				^{t}Bu	1.13
				^{n}C$_5$H$_{11}$	1.04
				^{n}C$_6$H$_{13}$	1.05

测试方法：a、b，工作电极-玻碳，扫速 500mV/s，样品浓度 1mmol/L，100mmol/L ^{n}Bu$_4$NClO$_4$ 的乙腈溶液；c，水中脉冲辐解，苯酚 1.3V、对甲氧基苯酚 1.1V。数据来源：a、b，Malmström J. *J. Am. Chem. Soc.*, **2001**, 123, 3434；c，Lind J. *J. Am. Chem. Soc.*, **1990**, 112, 479。

测试方法：工作电极-圆盘铂，扫速 100mV/s，样品浓度 1mmol/L，130mmol/L ^{n}Bu$_4$NClO$_4$ 的二氯甲烷溶液。数据来源：Engman L. *Bioorg. Med. Chem.*, **1995**, 3, 1255。

测试方法：工作电极-玻碳旋转圆盘电极，转速 25s^{-1}，样品浓度 1mmol/L，10mmol/L Et$_4$NBF$_4$ 的乙腈溶液。数据来源：Jouikov V. *J. Electroanal. Chem.*, **1995**, 398, 159。

表 3S3　二芳基硫醚、硒醚和碲醚的电势

E = S, Se, Te

E	X，Y	$E^{\circ a}$(vs. NHE)/V	$E_{pa}{}^{\circ b}$(vs. Ag/AgCl)/V
S	H，H	1.54	
Se	H，H	1.37	1.38
Te	H，H	1.14	0.95
Se	NO$_2$，NO$_2$		1.76
Se	CO$_2$H，CO$_2$H		1.54

E	X，Y	$E^{\circ a}$(vs. NHE)/V	$E_{pa}^{\circ b}$(vs. Ag/AgCl)/V
Se	Cl，Cl		1.44
Se	F，F		1.38
Se	Me，Me		1.32
Se	NHAc，NHAc		1.25
Se	OMe，OMe		1.22
Se	NH_2，NH_2		0.80
Se	NMe_2，NMe_2		0.68
Se	NO_2，NHAc		1.44
Se	NO_2，NH_2		0.98
Se	NH_2，NHAc		0.84
Te	NO_2，NO_2		1.14
Te	CF_3，CF_3		1.12
Te	CO_2Me，CO_2Me		1.09
Te	Br，Br		0.96
Te	Cl，Cl		0.98
Te	F，F		0.98
Te	Ph，Ph		0.89
Te	Me，Me		0.89
Te	OMe，OMe		0.80
Te	OH，OH	0.95	0.80
Te	NHPh，NHPh		0.66
Te	NH_2，NH_2	0.80	0.56
Te	NMe_2，NMe_2		0.50
Te	NMe_2，OMe		0.65
Te	OH，H		0.93

测试方法：a，脉冲辐解；b，工作电极-玻碳，扫速 100mV/s，样品浓度 1～3mmol/L，35mmol/L Et_4NClO_4的乙腈溶液。数据来源：a，Engman L. *J. Phys. Chem*., **1994**, 98, 3174；b，Engman L. *J. Chem. Soc. Perkin Trans. 2*, **1992**, 1309。